中国科学院科学出版基金资助出版

现代物理基础丛书·典藏版

自旋电子学

翟宏如 等 编著

科学出版社

北京

内 容 简 介

本书由十余位国内对自旋电子学前沿有研究经验的著名学者撰写，共 10 章．较深入地论述了自旋电子学的主要内容、形成与展望，兼顾理论、实验和应用．包括，多层膜与颗粒体系的磁性和巨磁电阻；磁性隧道结，特别是最新发展的 MgO 单晶隧道结的结构、理论和应用；庞磁电阻材料的理论、实验与应用；稀磁半导体的磁性、磁输运等以及相关的异质结构和自旋注入等研究；磁电阻理论，包括铁磁金属的散射理论、界面效应和介观体系中的磁电电路理论；铁磁/反铁磁界面的交换偏置在器件中的作用和基本性能，主要的实验研究和理论模型；自旋动量矩转移效应、电流引起磁化的原理和在自旋阀、隧道结、铁磁体–量子点耦合等系统中的研究，自旋动量矩转移引起的磁畴转动、畴壁位移、自旋波激发、自旋泵浦、自旋流等的原理和应用，电流引起磁化与传统的磁场引起磁化的比较；自旋电子学的应用及代表性的器件，包括传感器、读出头、磁电阻随机存储器以及自旋晶体管等．

本书适用于从事物理和自旋电子学领域学习和研究的大学本科高年级学生、研究生、教师、工程师和相关的科研教学工作者．

图书在版编目(CIP)数据

自旋电子学/翟宏如等编著. —北京：科学出版社，2013
(现代物理基础丛书·典藏版)
ISBN 978-7-03-034982-8

Ⅰ. ①自…　Ⅱ. ①翟…　Ⅲ. ①磁性–研究　Ⅳ. ①O441.2

中国版本图书馆 CIP 数据核字(2012) 第 135219 号

责任编辑：刘凤娟　尹彦芳/责任校对：钟　洋
责任印制：赵　博/封面设计：陈　敬

科 学 出 版 社 出版
北京东黄城根北街 16 号
邮政编码：100717
http://www.sciencep.com

中煤（北京）印务有限公司印刷
科学出版社发行　各地新华书店经销
*
2013 年 1 月第一版　开本：720×1000　1/16
2024 年 4 月印　刷　印张：41 3/4　彩插：12
字数：824 000
定价：198.00 元
(如有印装质量问题，我社负责调换)

序

电子学和微电子学是 20 世纪的重大成就. 半导体和晶体管的出现使电子学的发展发生质变, 并为微电子学的大发展奠定了基础. 近几十年来, 集成电路和大规模集成电路技术突飞猛进、日新月异, 使人类进入信息时代. 信息技术和微电子学进入人类社会的各个方面, 科学技术、工农业生产、军事与国防、交通运输、文化教育、医疗卫生、通信、金融、贸易、商业、服务性行业以及家庭生活等都受其影响, 迅速发生变化. 但是传统的微电子学的发展, 仅仅利用了电子具有电荷这一特征. 早在 80 年前, 理论物理学家狄拉克将量子力学与爱因斯坦的相对论相结合, 建立了相对论量子力学, 明确指出电子不仅具有电荷, 还具有自旋 $\pm\hbar(\hbar = h/2\pi, h$ 为普朗克常量). 近 20 年来人们发展了与自旋有关的电子学, 构成一个新的科技分支, 即自旋电子学 (spintronics) 或磁电子学 (magneto-electronics), 它是磁学、材料科学和电子学新进展的一项重大成果. 传统的导电过程和电子学均基于电子电荷的移动, 而与电子自旋无关. 自旋电子学的核心是自旋相关导电, 电导或电阻随导电电子自旋而异. 新近的发展进而实现了利用传导电子散射过程自旋动量矩的转移引起纳米磁体磁化的变化, 而不需要通过磁场. 将电子自旋引入电子学增加了电子运动的维度和调节了电子学性能的参数, 并增加了电子学中自旋的动力学作用, 大大丰富了电子学的功能, 使电子学和微电子学发生很大的变化. 把这个新的科技分支称为自旋电子学是名副其实的.

自旋相关导电可追溯到 1964 年 Mott 对过渡族金属电导的解释, 20 世纪六七十年代 Fert 与 Campbell 通过对铁磁金属电导的系统研究, 提出了自旋相关散射的两通道导电机制. 此外, 1975 年 Julliére 发现 Fe/Ge/Co 隧道结的电阻也依赖于传导电子的自旋. 1988 年巨磁电阻现象的发现及其规律的确认奠定了自旋电子学的基础. 1986 年德国 Grünberg 等采用布里渊光散射和磁光克尔效应技术, 首次发现了在人工制备的纳米尺度单晶 Fe/Cr/Fe 磁性三层膜中, 铁磁层间可形成反铁磁耦合状态; 随后又于 1989 年发表了文章, 发现这种反铁磁排列的 Fe/Cr/Fe 三明治结构在磁场作用下磁化为铁磁排列时, 电阻发生远比 Fe 的超薄膜各向异性磁电阻大得多. 1988 年法国 Fert 等利用分子束外延 (MBE) 方法制备了 (001) 晶向 [Fe/Cr] 纳米磁性多层膜, 在低温 $T = 4.2\text{K}$ 时观测到高达 50% 的磁电阻, 比传统的各向异性磁电阻 (AMR) 大了一个数量级以上, Fert 在文中将其命名为巨磁电阻效应 (giant magneto resistance, GMR), 并用自旋相关导电的原理给予了解释. 1990 年美国的 Parkin 等利用磁控溅射方法制备了多种纳米多晶磁性多层膜, 观测到巨磁电阻, 为巨磁电阻材料的大规模生产迈出了关键性的一步. Parkin 在多种纳米磁性多层膜中发现层间反铁磁与铁磁交换耦合和磁电阻的强弱随中间层厚的变化而振荡变化, 它不仅是一个基础研究的贡献, 而且证实了巨磁电阻效应和层间耦合在室温条件下是人工可调控的. 1991 年 Dieny 等将反铁磁薄膜改进为具有 GMR 的三明治结构, 发展了结构简单、低场灵敏度高的自旋阀结构, 使 GMR 器件化, 引起传感器和磁盘读出头的巨大革新. GMR 的发展诱发了具有更高磁电阻的隧道结的突破性的研究与开发. 继 FM/Al_2O_3/FM 之后, 在单晶 MgO 势垒磁性隧道结理论和实验研究中发现了更高室温隧穿磁电阻, 这是近些年自旋电子学及磁电阻材料研究中的又一重要突破. 目前, 在单晶 MgO 单势垒和双势垒磁性隧道结中观测到的室温隧穿磁电阻比值已经分别超过 600% 和 1000%, 远高于已有的金属性三明治结构自旋阀的磁电阻比值. 这些工作成为当前自旋电子学产业化的主流. 与此同时, 50 年代已发现的钙钛矿型锰氧化物重新获得重视. 在低温强磁场作用下, 观察到的超大的磁电阻被称为庞磁电阻 (colossal magneto resistance, CMR). 例如, 在 30K, 50kOe 的磁场作用下 $Nd_{0.65}Ca_{0.35}MnO_3$ 的 MR 值高达 10^6%. 在自旋电子学的发展中, 出现的另一个历史性突破是自旋动量矩或力矩的转移 (spin transfer torque, STT), 从而可用电流直接引起纳米磁体的磁化状态的变化, 它是巨磁电阻的逆效应. 1996 年首先出现了理论预言, 并很快地得到了实验证实. 自从古代发现磁铁矿以来, 实践和理论均认为, 只有磁场才能使磁矩改变方向, 使铁磁体改变其磁化. 电流能直接引起磁化, 而不通过磁场, 无疑是几千年来物理上的一个历史性的突破. 另外, 在微电子学中有一个长期的技术困难, 即磁场的植入, 产生磁场的器件难以微型化. 因此, 电流直接引起磁化提出了解决这一难题的崭新途径, 是技术上的历史性突破. 除电流诱导磁矩转动和反转外, 电流诱导磁矩进动和自旋波的激发, 电流诱导畴壁位移, 基于 STT 效应的纳米微波振荡器和整流器的研发, 基于电流诱导畴壁位移的新型逻辑元件和高密度存储器等, 新的研究与开发不断涌现, 自旋电子学在全面形成和发展. 还值得注意的是, 100 多年来强磁体的磁化理论已经相当系统而完备, 但都基于磁场诱导磁化, 现在正被 STT 效应, 即电流直接诱导磁化的理论和实验补充和更新. 此外, 磁性半导体、铁磁/半导体间的自旋极化电流的注入、自旋极化率达到100% 的半金属材料等方面的研究均有许多令人瞩目的进展.

2007 年诺贝尔物理学奖授予了 Fert 与 Grünberg. 瑞典科学院在获奖的材料中指出, 他们二人的这项发现所导致的技术可以视为前景广阔的纳米技术领域中最早实现的各种应用的一种. 这种物理现象的应用, 使读取硬盘数据的技术发生了革命性的改变, 它还对各式各样的磁性传感器以及新一代的电子产品的开发起了重要的作用. 巨磁电阻效应的故事是一个很好的例子, 它展示了一个令人完全预料不到的科学发现是如何带来全新技术和商业产品的.

自旋电子学也受到国内学术界的重视, 在过去 20 年, 国内发表的 GMR 相关的

SCI 论文约 300 篇, 赖武彦、梅良模、戴道生等研究了 Fe/Mo、Fe/Ag、NiFe/Mo、Fe/Pd、CoNb/Pd 等多层膜体系中的 GMR、层间交换耦合和非铁磁层中的自旋极化效应. 翟宏如等利用核磁共振在 GMR 体系的 Fe/Cu 多层膜中, 首次证实 Cu 层的传导电子处于自旋极化状态, 并观测到其实空间内的振荡分布状态. 在理论方向, 蒲富恪、李伯臧对 GMR 理论的电子平均自由程进行了修正, 并提出了简化的量子力学理论来描述 GMR 效应. 邢定钰等对 GMR 的准经典理论进行了修正. 国内 TMR 效应的研究始于 2000 年左右, 发表 SCI 论文 200 篇以上. 中国科学院物理研究所磁学实验室 M02 组在国内率先开始这项研究, 利用磁控溅射技术实现了室温下 80% 磁电阻的优异成果; 还提出了一种新的观测自旋相干长度的方法; 并基于第一性原理研究了国内外的一个热点 —— 单晶双势垒隧道结 Fe(001)/MgO/Fe/MgO/Fe 中的量子阱以及量子阱共振隧道效应, 这有助于研发基于隧道结的自旋晶体管. 都有为等在 $Zn_{0.41}Fe_{0.29}O_4$-(α-Fe_2O_3) 复相多晶铁氧体发现的 TMR 效应, 室温下可达 159%, 4.2K 温度下可达 1280%, 且在相当宽温区内磁电阻几乎不随温度变化. 李正中等的研究深入地分析了隧道结中自旋相干散射问题, 该结果可有效地推广到双势垒隧道结体系中, 并可为实验提供有力的理论支持.

该书系由南京大学翟宏如教授负责编撰, 得到国内物理学界在自旋电子学前沿工作的著名科学家参与撰写和大力支持. 历经数年, 现将出版, 成为国内这一重要科技领域的一部高水平的专著.

冯 端

2011 年 12 月 30 日

目　　录

第 1 章 自旋电子学的形成与发展

1.1 两个历史性突破

近 20 年来, 在物理和电子学方面出现了两个历史性的突破. 第一个是 1988 年巨磁电阻[1,2] 的发现. 调控金属磁性纳米多层膜中磁性层中磁矩的相对取向可引起其电阻或电流的巨大变化, 这个突破的核心是自旋相关导电. 第一次使电子的两个基本秉性 —— 电荷和自旋均成为电子导电可调控的自由度, 而传统的电子学和微电子学仅仅利用了电子具有电荷这一特征. 1988 年巨磁电阻一经发现, 其重要的物理内涵和应用前景立即引起科技界的高度重视, 针对它的基础研究和应用开发在世界各国大量进行: 巨磁电阻和自旋相关导电的机理, 磁性纳米多层膜中层间交换耦合, 比巨磁电阻效应更大的隧道磁电阻 (TMR) 和庞磁电阻 (CMR), 铁磁/超导和铁磁/半导体间的自旋电流注入, 居里温度达到室温的磁性半导体等新理论、新现象和新材料在几年之内不断涌现. 1995~1996 年巨磁电阻传感器和硬盘读出头进入了市场, 约 10 年以后隧道磁电阻器件也进入市场, 成为基础研究的重大发现迅速转化为重要产品的典范. 很快地, 一个新兴学科 —— 自旋电子学被人们提出并获得公认[3,4]. 在自旋电子学的发展中, 出现的第二个历史性突破是自旋动量矩或力矩的转移 (STT) 和电流直接引起纳米磁体的磁化状态变化, 它是巨磁电阻的逆效应. 1996 年 Slonczewski 和 Berger 首先给出了自旋力矩转移的理论预言[5,6], 并很快地得到了实验证实[7~9]. 自从古代发现磁铁矿以来, 实践和理论均认为, 只有磁场才能使磁矩改变方向, 使铁磁体改变其磁化. 电流能直接引起磁化, 无疑是几千年来物理上的另一个历史性的突破. 另外, 在微电子学中有一个长期的技术困难, 即磁场的植入, 产生磁场的器件难以微型化. 因此, 电流直接引起磁化提出了解决这一难题的崭新的途径, 这将是技术上的历史性突破. 自旋动量矩转移掀起了自旋电子学新的研究与开发的另一个高潮, 物理和应用上的发展层出不穷. 电流诱导磁矩转动和反转, 电流诱导磁矩进动和自旋波激发[7~9], 电流诱导畴壁位移并在磁性半导体中实现[10], 基于 STT 效应的纳米微波振荡器和整流器[11,12], 基于电流诱导畴壁位移的新型逻辑元件和高密度存储器[13] 等, 新的研究与开发不断涌现, 自旋电子学在全面形成和发展. 还值得注意的是, 100 多年来基于磁场诱导磁化的强磁体的磁化理论已经相当系统而完备, 现在正被 STT 效应/电流直接诱导磁化的理论和实验补充和更新.

2007 年 10 月瑞典皇家科学院宣布, 将该年的诺贝尔物理学奖授予在 1988 年分别独立地发现金属磁性纳米多层膜中巨磁电阻的法国 Fert 教授和德国 Grünberg 教授. 瑞典皇家科学院在有关颁发2007年诺贝尔奖的材料中有如下的一些叙述 [14]: GMR 效应是一个很好的例子, 它展示了一个并未预料到的基础科学的新发现是如何很快地带来新的技术和商业产品的. GMR 的发现为一个新兴科学 —— 自旋电子学打开大门. 发现 GMR 的基本前提是正在发展的纳米技术, 而自旋电子学又反过来成为纳米技术新应用发展的动力. 在此领域, 令人激动的科学与技术上的要求互为因果, 大大地加强了纳米技术的发展. 因此, 这项发现所导致的技术可以视为前景广阔的纳米技术领域中最早实现的各种应用的一种. 本章将围绕两个历史性的突破, 介绍什么是磁电阻和巨磁电阻, 发现巨磁电阻的背景及其原理、自旋电子学的形成、自旋力矩转移的原理和发展状况和对自旋电子学的展望.

1.2   各种磁电阻和巨大磁电阻

磁电阻是指磁场使导体的电阻发生变化的现象. 根据其特点和来源, 主要有各向异性磁电阻、正常磁电阻和近 20 多年发现的巨大磁电阻, 后者包括巨磁电阻、隧道结磁电阻和庞磁电阻等.

1.2.1   各向异性磁电阻

各向异性磁电阻 (AMR) 是最早被发现的铁磁金属中的磁电阻. 因为在较低的磁场下 AMR 可有百分之几的数值, 易于观察. 1857 年 Thomson(Kelvin 勋爵) 发现了铁和镍的磁电阻[15], 他指出: “铁在磁力作用下, 磁化方向的导电电阻升高, 而在垂直方向的电阻降低.” 故称之为各向异性磁电阻. 磁电阻的相对比值 MR 可表示为 MR= $\Delta R/R = (R_H - R_0)/R_0$. R_H 和 R_0 分别为磁场作用下和磁场为零时的电阻. 通常, 沿磁场方向的磁电阻比为正, 而垂直于磁场方向的磁电阻比为负, 也有少数材料有相反的表现. AMR 来源于铁磁体磁畴中由于轨道自旋耦合效应导致的电阻率的各向异性[16], 磁畴的电阻率依赖于电流方向与磁畴中磁化方向的夹角. 铁磁体的电阻率为所有磁畴电阻率的平均值. 零场、退磁状态下和磁场作用下 $M \neq 0$ 时, 磁畴的分布不同, 使其磁电阻呈现上述各向异性. 在磁化未饱和前, 磁电阻的绝对值随磁场增加而增大, 当磁化饱和后, 磁电阻也达到饱和. 铁磁体的磁电阻饱和值为 1% ~ 5%. 图 1-1 为镍的磁电阻曲线, 其趋近饱和的磁场为 2~4Oe(1Oe=(1000/4π)A/m). 软磁合金 (如 Ni-Fe 合金) 的饱和磁场更低, 因而具有对弱磁场的传感效应. 然而, 技术应用以发展的需要为前提, AMR 被发现 100 多年来一直只作为一个物理性能来研究, 而未获应用. 直至 20 世纪 70 年代才进入传感器市场, 用于机械运动的自动控制. 90 年代初应硬盘磁记录发展的需要, AMR 读出头取代了灵敏度较低的感应式磁头, 使硬盘的记录密度每年以 60% 的速度增长, 达到 1~3Gbit/in²(1in² = 6.4516 × 10⁻⁴m²) 的水平, 获得了重大效益.

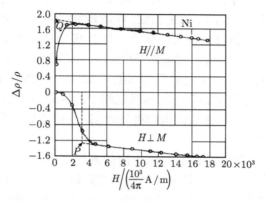

图 1-1　Ni 的磁电阻与磁场的关系

1.2.2　正常磁电阻

非铁磁金属和半导体也有磁电阻性能, 一般非常微弱, 需要灵敏的仪器才能检测到, 因此在实验上发现较迟. 它来源于磁场使运动的传导电子发生回旋运动. 磁场总是使电阻增加, 称为正常磁电阻 (OMR), 其各个方向的磁电阻均大于 0, 且常 $MR_\perp$ >$MR_{//}$, 如 Cu 的 OMR 很小. 当磁场高达 300kOe 时, 其 MR 比值也可达约 40%. OMR 约正比于磁场 H 的平方, 故当 H 为 10Oe 时, 其 MR~10⁻⁸%, 十分微弱. 实际上, 铁磁金属除有 AMR 外, 也有非常微弱的 OMR. 由于特殊的能带结构, Bi 有相当大的 OMR. 单晶 Bi 薄膜在 5K 和室温下, 磁场 H = 50kOe 时, MR 分别达 3.8×10⁵% 和 250%[17]. 半导体 InSb-NiSb 共晶合金有较高的 OMR, 磁场 H = 3000Oe 时, 其 MR 达 200%[18], 但低场下数值较低. 20 世纪 60~70 年代半导体 OMR 器件进入传感器市场, 后来出现 AMR 传感器与之竞争.

1.2.3　巨磁电阻

1988 年, 法国 Fert 教授和德国 Grünberg 教授分别独立地发现了 Fe/Cr 纳米多层膜中的巨磁电阻 (GMR)[1,2]. 自从 AMR 读出头获得重要应用后, 人们迫切地希望寻求提高磁电阻的途径. 但从 19 世纪开尔文发现磁电阻以来, MR 值没有明显的提高. 人们曾以为磁电阻传感器性能的大幅度提高是不大可能的[19], 因此, GMR 的发现是物理学中和技术应用上的突破. 图 1-2 给出了 Fert 小组发表的在低温下 Fe/Cr 纳米多层膜的磁电阻曲线, 层数为 30~60 个双层, 电流与膜面平行, 称为

CIP(current in plane) 结构, 其低温下的 MR 的饱和值接近于 50%[1]. 在该文中将此效应称为 GMR, 并正确地用自旋相关散射的原理给予解释. 图 1-3 为 Grünberg 小组发表的 Fe12nm/Cr1nm/Fe12nm 三层膜在室温下的 GMR 曲线[2], 其饱和 MR 值约 1.5%, 其数值远小于前者, 但后者为室温下测量且只有三层膜. 图 1-3 中还给出了 25nm 厚的单层 Fe 膜的 AMR 曲线, 其饱和值仅为 −0.13%. 巨磁电阻有三个特点: 其一, 饱和 MR 值可达很大的数值; 其二, 多数情况 MR 常为负值, 磁场使电阻降低; 其三, 饱和 MR 值与磁场的方向无关, 各向同性. 为了能明显地表示出 GMR 的大小, 巨磁电阻比的表达式常用 MR= $\Delta R/R = (R_H − R_0)/R_H$ 表示. 以后发现的更为巨大的磁性隧道结磁电阻和氧化物中的庞磁电阻也有上述类似的特点. 然而从图 1-2 可见, 磁电阻曲线的饱和磁场很高, 若用它做磁场传感器, 磁场灵敏度 $S =$ MR/H 并不高.

在铁磁/非铁磁金属多层膜的巨磁电阻的发现引起对多层膜极大的研究热潮的同时, 人们想到, 由铁磁与非铁磁金属组成的颗粒合金是否有巨磁电阻? 果然在 Fe、Co、Ni 及其合金的纳米颗粒分散在 Cu、Ag、Au 等基质中形成的颗粒合金系中也观察到 GMR 效应. 在退磁状态下由于磁性颗粒的 M_s 为混乱分布, 具有较高的电阻. 磁场使其饱和磁化时, 电阻下降, 有与多层膜相似的负值 GMR[20]. 虽然颗粒合金易于制造, 但因饱和场较高, 未获得重要应用. 实际上, 图 1-2 和图 1-3 所描述的磁电阻曲线的饱和磁场高, 也都没有获得应用. 获得应用的是后面将要介绍的低饱和场的自旋阀结构. 自旋阀可以在很低的磁场下获得约为 10 的 MR 比值, 因此在 20 世纪 90 年代取代了 AMR 器件, 作为传感器和计算机硬盘读出头进入大规模生产.

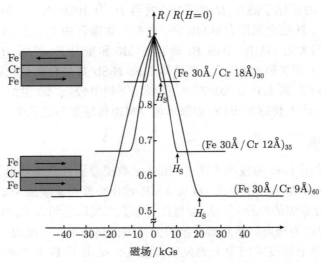

图 1-2 Fe/Cr 多层膜的 MR-H 曲线[2]

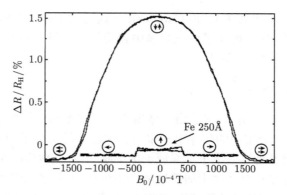

图 1-3 Fe12nm/Cr1nm/Fe12nm 三层膜的 GMR 曲线和 Fe 的 AMR 曲线[2]

1.2.4 隧道结磁电阻

磁性隧道结 (magnetic tunneling junction, MTJ) 是由金属铁磁体和绝缘体交替组成的纳米多层结构. 有效的结构常为三层, 即铁磁金属/绝缘层/铁磁金属 (FM/I/FM). 电流垂直于膜面, 成为一种 CPP(current perpendicular to plane) 结构. 由于电流跨过绝缘层, 因此属于高内阻器件. 绝缘层 I 的厚度为一个纳米的量级, 电子的波动性使电子发生隧穿效应而导电. 通常, 当两铁磁层的磁化强度为反平行排列, 即退磁状态时, MTJ 为高电阻状态; 在沿平面的磁场作用下, MTJ 被磁化直至饱和, 使两铁磁层的磁化强度为平行排列时, MTJ 的电阻下降直至饱和, 其磁电阻称为隧道结磁电阻或隧穿磁电阻, 简称 JMR. 在 GMR 发现以后其数值不断地发生突破性的提高. 2008 年用单晶 MgO 作中间绝缘层的 FeCoB/MgO/FeCoB 磁性隧道结在室温下获得高达 604% 的磁电阻比值[21].

1.2.5 庞磁电阻

巨磁电阻发现以后在块材中也发现了巨大的磁电阻, 以钙钛矿型锰氧化物最有代表性, 被称为庞磁电阻 (colossal magneto resistance, CMR), 其 MR 值竟高达 $10^6\%$[22]. 但庞磁电阻需要低温和强磁场, 这成为实用化的难点, 引起了许多研究, 迄今尚未能实现实用化. 但庞磁电阻材料有丰富的物理问题, 这些问题引起人们的重视.

1.3 巨磁电阻的基本原理和发现的背景

1.3.1 铁磁金属的导电和自旋相关导电的基本原理

发现巨磁电阻的背景之一是对过渡族金属导电机制的长期基础研究的积累. 过渡族金属导电和电阻的自旋相关散射的机制最早是在 20 世纪 30 年代由 Mott 首先

提出的[23]. 在六七十年代 Fert 和 Campbell 一起对含有杂质的铁磁金属的电导进行了大量而系统的研究, 确认了铁磁金属中自旋相关散射的两通道导电机制[16,24], 这正是发现 GMR 的物理基础.

1. 铁磁金属中的导电

金属为导体, 电阻率低. 这是因为金属中有足够多的传导电子, 它们在金属中可以较自由地流动. 金属中的传导电子来自金属原子的价电子, 相邻原子外层的价电子轨道的相互重叠使这些电子不局域于单个原子中, 而成为整个金属共有的传导电子. 其运动变为在整个金属中周期性势场中的运动, 因而导电性好. 而在绝缘体中, 价电子分布在局域轨道的能级上, 它们在原子、离子或分子间难以自由流动. 整个金属中的传导电子分布在几乎是连续的能量范围, 该范围称为能带. 在能带中电子态的分布并不是均匀的. 在一个微小的能量区间 ΔE 中, 电子态的数目 Δn 随能量 E 不同而异, $\Delta n = N(E)\Delta E$. $N(E)$ 称为能态密度, 每个能态中可容纳能量相同而自旋为正、负的两个电子. 在基态, 能带中的电子分布在所有的低能态上, 电子占据的最高能态称为费米 (Fermi) 面, 其能量称为费米能 E_F. 对金属导电有贡献的只是费米面附近的电子, 在电场作用下它们可以进入能量较高的能级, 获得漂移速度, 成为电流. 而能量比费米面低得多的电子, 由于附近的状态均已被电子占据, 没有空状态, 电子没有可能从外电场中获取能量而改变状态, 因此对导电没有贡献[25]. 过渡金属的特殊之处在于原子的 3d 和 4s 能级均扩展为金属中共有的 3d 和 4s 能带, 且二者有重叠. 原子中的 3d 和 4s 电子在金属的 3d 和 4s 能带中按能量高低填充, 重新分布. 因而过渡金属中每个原子平均的 3d 和 4s 电子数与孤立原子不同. 以 Fe 为例, 孤立原子态的 Fe 的电子结构为 $(\mathrm{Ar})+3\mathrm{d}^6+4\mathrm{s}^2$, 金属 Fe 中的 3d 和 4s 电子在能带中重新分布后, 每个原子平均为 $3\mathrm{d}^{7.4}+4\mathrm{s}^{0.6}$. 过渡金属的能带示意于图 1-4 中. 纵坐标为电子的能量 E, 横坐标为能态密度 $N(E)$. 在该图中自旋向上和向下的电子的能态密度 $N(E)$ 分别画在纵坐标两侧, 且简单地将 3d 和 4s 能带分别示出. 基态时费米面以下的能级全被电子占据. 图 1-4(a) 为顺磁金属或铁磁金属处于顺磁状态时的情况, 自旋向下 (浅色) 和自旋向上 (深色) 的电子分布状态完全相同. 图 1-4(b) 为居里温度以下铁磁金属的能带示意图. 该图示出了在居里温度以下铁磁金属 3d 能带的交换劈裂. 电子间的交换作用使自旋相互平行的电子比相互反平行的电子的能量低. 在居里温度以下, 为了降低总能量, 一部分负自旋电子变为正自旋, 使能带中正、负自旋的电子数不等, 导致了铁磁金属的自发磁化. 该图中用 3d 正、负自旋电子的能带底发生交换劈裂来表示, 而费米面的能量相同. 实际上正、负 4s 自旋电子的能带也发生交换劈裂, 且由于 s-d 交换作用常为负值使 4s 带与 3d 带的劈裂相反, 对自发磁化也有贡献, 但其贡献的数值比较小, 示意于图 1-4(b) 中. 从该图可以看到, 过渡金属 3d 和 4s 能带有相同的费米面和费米能. 3d 和 4s 能带费米面附近的电子都参与导电. 然而 4s 电子较 3d 电子的流动性高得多, 4s 电子在电场中获得的迁移率比 3d 电子大得多, 虽然过渡金属的 3d 电子数多比 4s 电子数多, 但过渡金属的导电仍以 4s 电子为主.

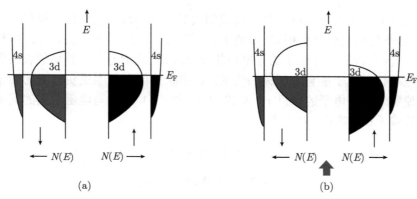

图 1-4 电子能带的态密度示意图[14]

(a) 顺磁态能带; (b) 铁磁态能带

金属的导电电阻来源于传导电子流动过程中遭遇到的散射, 包括晶格的热运动和晶格中的各种缺陷引起的散射, 散射多, 电阻高. 根据半经典理论, 金属电阻率可由下式表示:

$$\rho = m^*/ne^2\tau \tag{1-1}$$

其中, n 为费米面电子的浓度. 如上所述, 只有费米面附近的电子才对导电有贡献. m^* 为传导电子的有效质量, 依赖于能带结构; τ 为电子散射的弛豫时间, 与电子运动的平均自由程 λ 成正比, 反映散射概率的大小. 而

$$\tau \sim \lambda \sim 1/|V|^2 N(E_{\mathrm{F}}) \tag{1-2}$$

其中, V 为引起散射的散射势矩阵元; $N(E_{\mathrm{F}})$ 为与散射终态相关的费米面能态密度. 这二者都与电子散射的概率相关. 假定传导电子的散射遵守能量守恒, 散射前后电子的能量均为费米能. 在过渡金属中传导电子遭遇到散射后的终态可以是 4s 态, 还可以是 3d 态. 4s 电子能带宽, 且电子数少, 因而费米面能态密度 $N_{\mathrm{s}}(E_{\mathrm{F}})$ 小, 3d 能带较窄, 其费米面能态密度 $N_{\mathrm{d}}(E_{\mathrm{F}})$ 大. 因此传导电子散射后的终态为 3d 态的散射引起较大的电阻, 是过渡金属的电阻较大的主要原因. 正常金属 Cu 则不同, 孤立 Cu 原子的外部电子分布为 $3d^9 4s^2$, 在金属 Cu 中, 这 11 个 3d 和 4s 电子在两个能带中重新分布, 平均每个原子为 $3d^{10} 4s^1$. 3d 带全部占满, 且比费米面低, 不参与导电. 4s 带半满, 故其导电全由在费米能面附近的 4s 电子实现. 由于 3d 带既是全满, 又处于费米面之下, 因而不可能成为散射的终态, 从而使 Cu 的电阻明显地

小于过渡金属, 成为良导体. 室温下, Cu 的电阻率约为 $1.56 \times 10^{-6} \Omega \cdot \mathrm{cm}$, 而 Fe 的为 $8.71 \times 10^{-6} \Omega \cdot \mathrm{cm}$.

2. 铁磁金属中的自旋相关导电和两通道导电机制

从图 1-4 可以看出铁磁金属中自旋相关导电的原理. 在正常金属和顺磁态金属中, 正负自旋的能带完全相同, 如图 1-4 左图. 因此式 (1-1)、式 (1-2) 对两种自旋均相同. 不同自旋的传导电子的导电性能没有区别, 这就是人们熟知的金属和半导体的导电与传导电子的自旋无关的情况. 铁磁状态的金属中正负自旋的能带的交换劈裂使费米面上电子的数目 n_σ 及式 (1-1) 和式 (1-2) 中与电阻相关的其他参量均可能依赖于自旋方向, 如下式:

$$\rho_\sigma = m_\sigma^* / n_\sigma e^2 \tau_\sigma \tag{1-3}$$

$$\tau_\sigma \sim \lambda_\sigma \sim 1/|V_\sigma|^2 N_\sigma(E_\mathrm{F}) \tag{1-4}$$

其中, σ 代表自旋向上或向下, $\sigma = \uparrow, \downarrow$. 自旋向上 $\uparrow$ 定义为自旋与磁化强度平行, 即与多数带电子自旋或自发磁化方向平行; 自旋向下 $\downarrow$ 指与少数带电子自旋平行. 铁磁态金属中自旋相关的 n_σ、m_σ^* 以及 τ_σ 和 λ_σ 导致了自旋相关导电. 其中不同的 n_σ 意味着自旋向上和向下的传导电子数目不同, 称为电子流的自旋极化, 是三个自旋相关导电的机制之一. 不同的 τ_σ 和 λ_σ 意味着自旋向上和向下的传导电子的散射概率不同, 称为自旋相关散射, 是自旋相关导电的另一机制. 式 (1-4) 中 $N_\sigma(E_\mathrm{F})$ 为电子散射的终态的能态密度. $\rho_\sigma \sim N_\sigma(E_\mathrm{F})$ 为铁磁金属中常见的本征性的散射造成的电阻率. 图 1-5 为 Fe、Co、Ni 电子能带的态密度示意图, 这里略去 s 带的交换劈裂. d 带的交换劈裂使 $N_\uparrow(E_\mathrm{F})$ 与 $N_\downarrow(E_\mathrm{F})$ 有很大差别, 是本征性自旋相关散射的主要来源. 以图 1-5 中 Co 与 Ni 为例, 交换劈裂使 $\mathrm{d}_\uparrow$ 带处于费米面之下, 故 $N_\uparrow(E_\mathrm{F})$ 仅来自 s 电子, 而 $\mathrm{d}_\downarrow$ 带与费米面相交, $N_\downarrow(E_\mathrm{F})$ 来自 $\mathrm{s}_\downarrow$ 带与 $\mathrm{d}_\downarrow$ 带的总和. 显然, $N_\uparrow(E_\mathrm{F}) < N_\downarrow(E_\mathrm{F})$, 故 Co 与 Ni 及其合金中的缺陷对自旋向下的传导电子的散射大于对自旋向上电子的散射, 因而使 $\rho_\uparrow < \rho_\downarrow$. 实验证明, 在一些 Ni 及 Co 基合金中自旋相关电阻的不对称性系数 $\alpha = \rho_\downarrow / \rho_\uparrow > 10$. Fe 的 $\mathrm{d}_\uparrow$ 不完全处于费米面之下, 故 Fe 基合金中的 α 系数常低于 Co、Ni. 这是自旋相关散射的内禀或本征性来源.

另一类自旋相关散射是非本征的, 其特点是引起散射的散射势矩阵元 V 本身依赖于传导电子的自旋, 表示为 V_σ. 例如, 反铁磁金属 Cr 杂质溶于 Ni 或 Co 时, Cr 的磁矩对传导电子的散射为自旋相关. 与上述 Ni、Co 中交换劈裂引起的本征性散射的结果相反, 其自旋相关势 V_σ 的非本征散射使 $\alpha = \rho_\downarrow / \rho_\uparrow < 1$. 当 Fe、Co、Ni 中溶有不同的杂质金属元素时, 本征性散射和非本征散射可能同时存在. 因此自旋相关电阻的不对称因子 $\alpha = \rho_\downarrow / \rho_\uparrow$ 可以大于或小于 1, 见表 1-1[16].

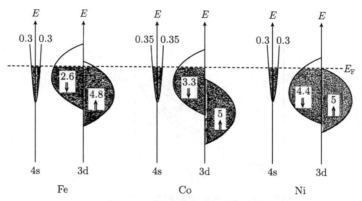

图 1-5　Fe、Co、Ni 电子能带的态密度示意图

表 1-1　一些稀释合金杂质电阻的 α 值

	Fe	Co	Ni	Cu	Au	Al	Mn	Cr	V	Mo	W	Ru
Fe		3.7	7			8.6	0.17	0.17	0.12	0.21	0.24	0.38
Co	12						0.8	0.3	1	0.7	0.84	0.22
Ni	11	13		3.7	5.9	1.7	6.3	0.2	0.45	0.28	0.4	0.15

　　一般来说, 铁磁金属中两种自旋的传导电子同时存在. 而且, 在传导过程中, 散射还可能使自旋反转, 带来了复杂的过程. 但金属中传导电子的非磁散射多不使电子自旋发生反转. 在温度远低于居里温度 T_C 时, 铁磁金属中电子自旋反转的概率也不大. 传导电子的自旋保持不变的平均时间, 自旋弛豫时间 t_s 或其扩散长度 l_s(自旋保持不变的平均距离) 远比动量弛豫时间 τ 或其平均自由程 λ 长. 铁磁金属的 l_s 约为 10^2nm, 室温下 Au 的自旋扩散长度约为 1.5μm, 4.2K 下 Al 的 l_s 长达 10^2μm[26], 而导体的动量平均自由程则约为 10nm. 因而 Fert 和 Campbell 取低温近似, 提出了铁磁金属中自旋相关导电的两通道模型的概念[16,24].

　　将铁磁金属中的导电分解为自旋向上 ($\sigma =\uparrow$) 及向下 ($\sigma =\downarrow$) 的两个几乎相互独立的电子导电通道, 相互并联. 各自的电阻分别为 $\rho_\uparrow$ 及 $\rho_\downarrow$, 总电阻为

$$\rho_T = \rho_\uparrow\rho_\downarrow/(\rho_\uparrow + \rho_\downarrow) \tag{1-5}$$

对正常金属, 没有自旋相关散射, 其 $\rho_\uparrow = \rho_\downarrow$, $\rho_T = \rho_\uparrow/2 = \rho_\downarrow/2$, ρ_T 与自旋无关. 电流的双通道模型是不必要的, 因此过去从未考虑正常金属及半导体的导电与自旋有关. 铁磁金属在 T_C 以上电阻也无自旋相关散射, 但在 T_C 以下出现了自发磁化及自旋相关散射, $\rho_\uparrow \neq \rho_\downarrow$. 两个并联的电子通道的总电阻率低于任一个通道的电阻率, 因而铁磁体的总电阻率 ρ_T 在 T_C 以下时陡降, 这相当于交换场引起的负值巨磁电阻. 图 1-6 为 Ni 的电阻率对温度的依赖关系, 读者可从图粗略地估计出, 室温

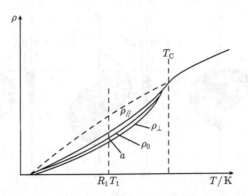

图 1-6   Ni 的电阻率对温度的依赖关系

ρ_0、$\rho_{//}$ 和 $\rho_\perp$ 分别表示未加磁场, 与磁场平行和垂直时 Ni 的电阻率, 虚线为假设为顺磁体时的 $\rho\text{-}T$

下自发磁化的交换场引起 Ni 的电阻率的下降约为 50%.

1.3.2   多层膜中的层间反铁磁交换耦合与巨磁电阻的发现

1988 年 GMR 的发现都是在具有反铁磁耦合的纳米 Fe/Cr 三层膜和多层膜中被观测到的. Fe/Cr 纳米层状膜中的反铁磁耦合是由 Grünberg 在 1986 年首先发现的. Grünberg 多年从事于超薄膜的制备及其磁性与光散射的基础研究, 精于外延法制备磁性超薄膜和光散射测量. 他对 Brillouin 光散射的精度的改进使他能够检测到表面磁振子和单原子层中的磁性. 正是利用先进的纳米薄膜制备与测量技术, Grünberg 小组于 1986 年首次发现两层铁超薄膜通过中间的反铁磁层 Cr 的媒介发生间接的反铁磁交换耦合, 使两层 Fe 的磁化强度自发反平行排列[27]. 1988 年 Grünberg 进一步发现了具有反铁磁耦合的三层膜 (Fe12nm/Cr1nm/Fe12nm) 在室温下的磁电阻与厚度为 25nm 的 Fe 的各向异性磁电阻的特性迥然不同且数值大得多[2], 已示于图 1-3. 几乎在同时 Fert 在层间反铁磁耦合的 Fe/Cr 多层膜中在低温下观察到数值巨大的磁电阻, 并命名为巨磁电阻. 当发现由于反铁磁交换耦合, 在零场下 Fe/Cr 纳米多层膜中相邻 Fe 层的磁化强度自发反平行排列时, 根据双通道模型可以预期, 在磁场作用下使之平行排列, 必然引起电阻的巨大变化. 因此由于长期在物理上的积累, Fert 发现 GMR 在物理上几乎是水到渠成的, 并在 1988 年的论文中给予了正确的解释. 当时 Fert 和 Grünberg 都意识到 GMR 的重要应用价值, 而第一个专利则首先由 Grünberg 在 1988 年获得[28]. 因此, Fert 和 Grünberg 几乎同时并分别独立地发现了 GMR. 可以看到, 基础研究的长期积累是重大发现的物理基础, 而基础研究的重大发现引起了重大的应用和学科的发展.

图 1-7 为多层膜中自旋相关散射的双通道模型示意图. 带箭头的线代表两个电子通道. 电流平行于膜面, 但电子的具体运动可与膜面不平行. 小箭头为多层膜

中铁磁层的磁化方向, 两个电子通道的尾部的小箭头为两通道中传导电子自旋的方向. 当它与多层膜中的 M 平行时散射较少, 以直线表示; 反平行时散射较多, 以折线表示. 图 1-7(b) 为零场下反铁磁耦合导致的 $M = 0$ 的高阻态, 每个通道中高阻态和低阻态相互串联. 图 1-7(a) 相应于磁场使多层膜饱和磁化, 各层 M 平行, 为低阻态. 两通道中低阻通道起了短路作用. 巨磁电阻发现以来, 出现了不少有关巨磁电阻的理论研究. 本书的第 6 章有较详细的介绍, 以上是理解巨磁电阻的基本概念.

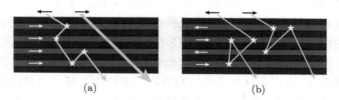

(a)　　　　　　　　　　　　　　　(b)

图 1-7　多层膜中的自旋相关散射的示意图[29]

1.3.3　发现巨磁电阻的物质基础是纳米技术的发展

如上所述, 只有集成电路和磁记录单元发展到纳米尺寸时, 才引起对高灵敏度传感器和读出头以及高磁电阻的要求; 另外, 没有近代制备纳米结构技术的发展, 观察到层间交换耦合和 GMR 都是不可能的. 然而反铁磁交换耦合并非引起零场下铁磁层中磁化反平行排列的唯一途径, 因而亦非出现 GMR 的唯一的必要条件. 观察到 GMR 的一个重要条件是多层膜的总厚度必须小于电子自旋扩散长度 l_s. 在图 1-7(a) 中, 低通道电子起短路作用的必要条件是电子在多层膜运动的整个过程中自旋方向保持不变, 因此多层膜的厚度必须尽可能地不超过其自旋扩散长度 l_s. 铁磁金属中的 l_s 的数值约为 10^2nm 的量级. 显然, 观察到 GMR 必须在纳米结构中才有可能. 因此, 观察到巨磁电阻的物质技术基础是纳米技术的发展. 从这个意义上讲, 自旋电子学也是纳米科学的一部分.

1.4　20 多年来自旋电子学的发展及成就

发现 GMR 至今的 20 多年中, 基础研究与应用开发在世界范围中大量进行. 新现象、新材料、新器件的理论、实验和技术的研究, 取得了许多成果, 自旋电子学迅速形成并不断发展.

1.4.1　振荡型的层间交换耦合

1986~1988 年 Grünberg 和 Fert 在发现 GMR 的纳米单晶 Fe/Cr 三层膜和多

层膜中第一次观察到相邻的 Fe 层通过中间的非铁磁 Cr 层实现了反铁磁层间交换耦合. 金属中的磁性离子通过传导电子为媒介的振荡型 RKKY 间接交换作用理论是在 20 世纪 50 年代根据合金中的磁性提出的[30]. 此后, 进一步直接证明其存在的实验研究一直在进行. 70 年代, 核磁共振的实验研究首先获得成功. 它证明, 当铁磁金属 Fe 或 Co 原子稀释于非磁金属 Cu 中时, 铁磁原子对 Cu 中传导电子的交换作用使传导电子的自旋发生极化, Cu 中传导电子的自旋极化强度随与铁磁原子的距离而衰减, 且正、负振荡[31]. 另外, 冀望在金属性铁磁/非铁磁层状膜中, 相邻铁磁薄膜通过中间的非铁磁金属膜为媒介发生间接的 RKKY 交换作用的实验在不同的实验室一直在进行. 预期这种间接交换作用应随非铁磁膜的厚度而出现铁磁与反铁磁耦合的振荡变化. 然而由于制模技术不理想而长期未能得到预期的结果. 例如, Neel 等在 20 世纪 60 年代进行的实验中只观察到随非铁磁层厚度增加而单调衰减的铁磁耦合, 却没有观察到反铁磁耦合[32]. 其原因可能是非铁磁金属薄膜中未能克服针孔和铁磁薄膜的原子扩散入非磁膜. 1986 年, Majkrzak 等终于在稀土金属 Gd/Y/Gd 等超晶格 (单晶多层膜) 中观察到 RKKY 型的交换耦合[33], 但在过渡金属多层膜中尚未得到类似的结果. 1990 年, Parkin 等进一步首次在 Fe/Cr、Co/Cr 和 Co/Ru 多层膜中观察到振荡型的层间交换耦合[34]. Parkin 的实验利用巨磁电阻以及饱和磁场来检测铁磁或反铁磁耦合. 交换耦合为负时自发反铁磁排列的多层膜有高的巨磁电阻和高的饱和场, 交换耦合为正时自发铁磁排列的多层膜的磁电阻和饱和场均低. 巨磁电阻及饱和场随非磁层的厚度的增加而振荡变化, 如图 1-8 和图 1-9 所示. 以后 Parkin 还在多种铁磁与非铁磁过渡金属多层膜中证实了振荡型的层间交换耦合是一个相当普遍的现象. 其铁磁层的金属包括 Fe、Co、Ni 和 Ni 合金, 非铁磁层包含了周期表中多种非铁磁的 3d、4d 和 5d 过渡金属. 其系列研究发现了若干有意义的结果, 如大多数多层膜中振荡型交换耦合的周期长达 10Å 左右, 明显大于自由电子的 RKKY 交换作用的振荡周期和交换耦合强度随非磁性金属在周期表中的位置而变化的规律[35]. 其中, 发现了金属 Ru 作为中间层时, 可得到最强的反铁磁层间耦合.

这些研究结果在几年内引发了大量新的实验和理论研究. 例如, 美国标准技术局 (NIST) 发展了制备厚度连续变化的 "尖劈" 型薄膜的技术, 从而制备出非磁层厚度连续变化的单个 FM/NM/FM 三层膜, 并利用自旋分辨扫描电子显微镜 (SEMPA) 在同一样品上直接观察到非磁层厚度连续变化时, 层间耦合的振荡变化引起两 FM 层中交替的平行与反平行的磁畴结构[36]. 图 1-10 为 Fe/Cr/Fe 单晶三层膜的示意图.

这种精彩的实验技术被复旦大学金晓峰研究组发展, 他们制备出晶格常数连续变化和合金成分连续变化的单个超薄膜, 从而做出了有价值的工作[37].

在多层膜中振荡型层间交换耦合的研究中的一个有意义的发现是振荡的周期.

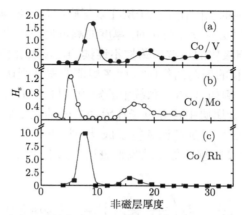

图 1-8 几种多层膜的饱和磁场 H_s 与非磁层厚度的振荡型关系[31]

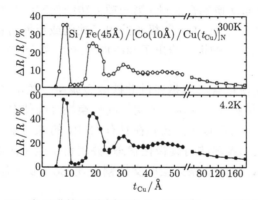

图 1-9 Co/Cu 多层膜的巨磁电阻随 Cu 层厚度 t_{Cu} 而变化的振荡行为

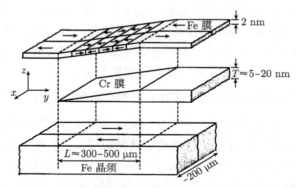

图 1-10 Fe/Cr/Fe 单晶三层膜中交替的平行与反平行的磁畴结构的示意图

除上面已提及的长周期外, 实验上还观察到短周期、多周期的振荡型层间交换耦合[38]. 一些理论研究从多方面给出了较为完整的解释. 一个有趣的共同认识是层间耦合约 10Å 的长周期的原因在于原子层在多层膜中是不连续的. 测量交换耦合的周期随中间非铁磁金属层厚度而变化时, 厚度的测量值是以原子间距为单位的不连续数值, 因而电子自旋极化的短波振荡按不连续的厚度变化测量时, 用类似于游标尺的原理可得到长波长的振荡图像[39]. 而多周期的振荡则认为是来自于中间金属层中费米面极值距离. 例如, Fe/Cr 系统中的短周期振荡与 Cr 中的 Nesting 矢量相关. 另外, 中间非铁磁金属层中传导电子在界面之间的限制效应和在两个 FM/NM 界面上自旋相关反射的量子阱理论获得了成功[40]. 另一个重要发现是界面的 90° 交换耦合. 从而将界面交换耦合能量唯象地表达为如下的双线性项和双平方项两项之和的表达式[41]:

$$E_{ex} = -J_1 \frac{M_1 \cdot M_2}{|M_1||M_2|} - J_2 \left(\frac{M_1 \cdot M_2}{|M_1||M_2|} \right)^2 = -J_1 \cos(\Delta\phi) - J_2[\cos(\Delta\phi)]^2$$

E_{ex} 为单位面积的界面交换耦合能量. 第一项为传统的双线性交换能, 当第一项为主时, 随 J_1 的数值为正或负, E_{ex} 的极小给出了铁磁或反铁磁耦合. 当第二项为主时, J_2 的数值为负时, E_{ex} 的极小给出了 90° 耦合. 90° 耦合常在双线性耦合很小时被观察到.

多层膜中间接交换耦合必然是通过非铁磁金属层中的电子极化引起的. 对含强顺磁金属 Pd 的多层膜体系的研究证明层间交换耦合确使 Pd 层中的电子自旋发生极化[42,43]. 利用 Cu 的核磁共振实验在具有 GMR 的 Fe/Cu 多层膜中观测到 Cu 层的传导电子处于空间振荡的自旋极化状态, 并用自由电子的 RKKY 交换作用进行了拟合[44]. 利用 XMCD 观察到层间交换耦合使 Co/Cu 多层膜中的 Cu 原子发生自旋极化[45].

振荡型的层间交换耦合的研究成果在物理上是很有意义的, 在技术上也获得了直接的应用. 例如, 在巨磁电阻传感器的应用上常要求高的低场灵敏度, 即要求在尽可能低的磁场下使 M_s 反平行排列的多层膜磁化反转. 通过调节非磁层的厚度可使层间反铁磁耦合很低, 实现了无耦合多层结构, 从而使矫顽力 H_c 和饱和磁场 H_s 降低. 当然, 调节 H_c 的同时也使磁电阻发生变化.

1.4.2   巨磁电阻走向应用的关键, 溅射工艺的采用和自旋阀

1988 年发现巨磁电阻时 Fert 和 Grünberg 都意识到其重要的应用前景, 但他们的文章中描述的两种材料都没有也难以获得应用. 他们制备高质量的超薄膜单晶多层结构采用的精密的超高真空 (约 10^{-11}Torr)(1Torr=1.33×10^2Pa) 分子束外延技术是得以成功的因素之一. 然而分子束外延设备复杂而昂贵, 制模速度慢, 不适于制备大尺寸的样品和工业化的生产. 1990 年及以后数年, Parkin 采用高真空溅射仪成功地制出多种多晶结构的多层膜, 观察到振荡型层间交换耦合和较高数值的巨磁电阻比值. 溅射仪制备多晶薄膜速度较快, 预真空度可以稍低 (约 10^{-9}Torr), 且

可以制造面积较大的薄膜, 适用于大规模生产. 利用溅射技术成功地制备良好的多层膜是巨磁电阻走向产业化关键的一步.

巨磁电阻走向产业化的另一个关键步骤是自旋阀 (spin valve, SV) 结构的创造. 多层膜虽然可有高的 $\Delta R/R$ 值, 但处于反铁磁耦合, 矫顽力 H_c 和饱和磁场 H_s 高, 磁场灵敏度 $S = (\Delta R/R)/H_s$ 并不高, 不适用于低磁场的高灵敏度传感器. 如早期的 Co/Cu 多层膜室温下 MR 第一峰值可达 60%~80%, 但饱和场高达 1T, 其磁场传感灵敏度 $S = (\Delta R/R)/H_s$ 并不高, 低于 0.01%/Oe, 远小于坡莫合金的 AMR 的灵敏度. 后者的饱和 MR~(2%~3%), 饱和场 H_s ~10Oe, S 可达 0.2%/Oe~0.3%/Oe. 为了使 GMR 材料的 H_s 和 H_c 降低, 常用方法是改变 NM 层的厚度, 使层间耦合减弱至零. 但若要使几十层的多层膜中的 NM 层的厚度都达到零耦合的要求, 工艺上难以控制. 为此, 采用了只含一个 NM 层的非耦合型三明治结构. 一类为双矫顽力的三明治结构——FM1/NM/FM2[46], 其中 FM1 及 FM2 有不同的矫顽力, 在适当低的磁场下可使两个铁磁层的 M_s 从接近反平行变化到平行的饱和状态, 从而得到巨磁电阻; 另一类得到实用

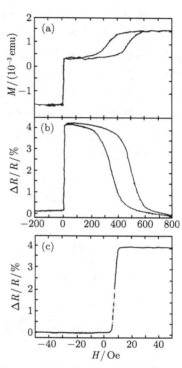

图 1-11 一个自旋阀的磁滞回线和磁电阻曲线图, (c) 为 (b) 的低场部分[47]

化的非耦合型三明治结构为 FM1/NM/FM2/AF. 当非铁磁层 NM 为 Cu, 厚度约为 2.2nm 时, 铁磁层间交换耦合近于零. FM1 的矫顽力很低, 称为自由层. FM2 的磁化方向被相邻反铁磁层 AF 的交换耦合钉扎, H_c 明显地高, 难以反磁化. 当 FM1 为优质软磁时, 它的 M_s 可在很弱的磁场作用下相对于 FM2 改变方向, 从而获得 GMR. 图 1-11 给出了结构为 6.2nmNiFe/2.2nmCu/4.0nmNiFe/7.0nmMnFe 的自旋阀的磁滞回线及 MR 曲线[47], 其中 MnFe 为反铁磁薄膜. 图 1-11(a) 为两个铁磁层的磁滞回线, 其中左侧在零场附近的陡直线为自由层的低矫顽力磁滞回线, 右侧的宽回线为钉扎层的回线. 受相邻 MnFe 反铁磁层的交换作用, 磁滞回线发生了明显的偏移, 并有较大的矫顽力, 称为交换偏置. 图 1-11(b) 为相应的磁电阻曲线. 磁场为负时, 左侧的 MR 为零, 相应于两个铁磁层的磁化强度沿负方向相互平行的低电阻态; 当自由层在低场下磁化反转, 使其磁化与钉扎层的磁化反平行时, 磁化与

电阻陡升, MR 达最大值. 在更高的磁场下, 钉扎层的磁化也逐渐向正方向增大直至饱和, 总的 M 值达最大, 而 MR 值逐渐降到零. 从图中陡变处估计 $\Delta H \sim 4$Oe, MR≈4.1%, 磁场灵敏度 $S = MR/\Delta H \sim 1\%$/Oe. 自旋阀磁记录读出磁头和传感器的灵敏度比 AMR 磁头可提高一个量级, 1997 年取代了 AMR 读出头.

　　自旋阀中的反铁磁层的厚度和材料影响自旋阀的磁滞回线的交换偏置效应, 影响磁电阻曲线和低场灵敏度, 以及传感器的磁场和温度稳定性. 交换偏置的机制和性能吸引了许多研究, 详见本书第 7 章. 为了改进交换偏置的性能, 提出了人工合成反铁磁结构三层膜代替单反铁磁层[48]. 为了提高自旋阀的磁电阻, 在早期三明治结构的一侧或两侧增加电子镜面反射层. 电子的镜面反射相当于使电子的路程增加了层数, 磁电阻从约 4% 增加到 13%~20%[49]. 图 1-12 为人工合成反铁磁结构镜面反射层自旋阀原理图.

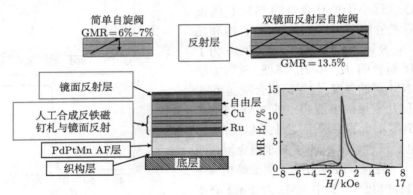

图 1-12　人工合成反铁磁结构镜面反射层自旋阀原理图 (Fujitse 公司讲稿)

图中简单 SV: GMR=6%~7%, 镜面反射层自旋阀 SV: GMR=13.5%

　　以上巨磁电阻结构均属于 CIP 结构, 电流和磁场均与膜面平行. 早在 1991 年张曙丰与 Levy 就预言了电流与膜面垂直 (CPP) 结构可有更大的巨磁电阻[50], 并不久为实验证实[51]. 1993 年 Johnson 提出的自旋晶体管也属于 CPP 结构[52]. 但以后的十几年中, 先是 CIP 的自旋阀在应用上占优势, 稍后则磁性隧道结的磁电阻数值不断取得惊人的进展, 取代了 CIP 型自旋阀, 进入磁记录. 直至最近几年, 电流垂直膜面的 CPP 自旋阀成为研究的热点. 虽然其磁电阻的数值小于隧道结, 但由于其具有结电阻小、信噪比高的特点, 也可满足硬盘磁头在未来发展的需要. 2009 年, 日本研究人员报道了全外延的半金属 CPP 自旋阀 (CoMnSi/Ag/CoMnSi) 室温下获得 28.8% 的磁电阻值[53].

1.4.3　半金属引人关注

　　在 1.3 节对图 1-5 的讨论中曾经提出铁磁体中的传导电流是自旋极化的. GMR

和 TMR 等效应均与磁性金属费米面的自旋极化度 P 相关. P 定义为 $P = \dfrac{N_\uparrow - N_\downarrow}{N_\uparrow + N_\downarrow}$, $N_\uparrow$ 和 $N_\downarrow$ 为费米面上电子态亦即电流中自旋向上及向下的电子密度. 利用超导/绝缘/铁磁金属的隧道结的实验曾给出 Fe、Co、Ni 的传导电流的自旋极化度 P 的数值为 +40%、+35% 和 +23%. 新近的数据更高些[54], 但它们的 P 值均远小于 100%.

传导电子自旋极化度 $P = 1$ 的材料是很有意义的, 若用这种材料制成自旋阀或隧道结的两个 FM 层电极, 则当磁场使两铁磁层从平行变为反平行时, 其电阻可能从金属性导通变为绝缘性能, 得到巨大的磁电阻. 而且为了有效地将自旋极化的电流注入到半导体中也需要具有高 P 值的材料. 因此在巨磁电阻发现后, $P = 1$ 的半金属材料成为人们关注的材料. 半金属 (half-metal) 的概念是由 de Groot 等早在 1983 年提出的[55]. 1986 年 Schwarz 理论预言了 CrO_2 具有半金属的性能[56], 后来被实验证实[57,58]. 半金属具有特殊的电子结构, 图 1-13 给出了两种半金属能带的示意图. 它的一个自旋次带费米面没有电子态, 或为空带, 或为满带, 为绝缘体或半导体的性质; 而另一个自旋次带的费米面有电子态, 为金属的性质. 换言之, 费米面上只有一种自旋的电子态, 故称为半金属. 除了 CrO_2 外还发现了多种半金属材料, 被广泛研究. 例如, 一些具有钙钛矿结构的锰氧化物, 某些郝斯勒 (Heusler) 合金和亚郝斯勒合金以及某些闪锌矿结构的稀磁半导体也呈现半金属的性能[59], 吸引了许多研究. Fe_3O_4 也是一种有意义的半金属[60], 它是数千年以前发现的最古老的称为磁铁矿 (magnetite) 的亚铁磁材料, 一直未获得直接应用, 而作为一种价格低廉的炼钢或制备铁氧体的原料. 它居里温度高, 有高的自旋极化率, 电阻率适中, 磁化动力阻尼因子较高, 因而反磁化速度可能较快, 有希望在自旋电子学中获得应用[61].

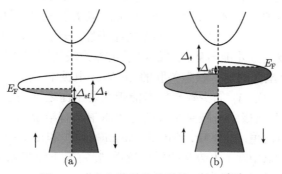

图 1-13 半金属的能带结构示意图[59]

1.4.4 磁性隧道结不断取得惊人的进展

GMR 的发现打破了长期以来磁电阻的数值没有大幅度提高在人们思想认识上

的障碍, 出现了提高磁电阻的新思路. 磁性隧道结的磁电阻比值不断取得惊人的突破并在自旋电子学和传感器方面获得了广泛应用, 逐步实现了商品化, 取代了 CIP 自旋阀. 20 世纪 70 年代 Julliére 已报告了结构为 (Fe/非晶 Ge/Co) 的磁性隧道结, 当电流垂直于三层膜的膜面时, 在低温下观察到高达 14% 的磁电阻比值[62], 但当时并未引起足够的重视. GMR 效应的发现重新引起人们对这种磁性隧道结的注意. 经过努力, 终于在 1995 年获得重要进展. 美国的 Moodera 等[63] 和日本的 Miyazaki 等 [64] 小组分别在 CoFe/Al$_2$O$_3$/Co(或 NiFe) 和 Fe/Al$_2$O$_3$/Fe 三层膜中观察到在 4.2K 下 24% 和 30% 的磁电阻和在室温下 12% 和 18% 的隧道磁电阻. 以后, 对 MTJ 的研究和它在传感器、磁记录磁头以及随机存储器上的开发和应用不断取得进展. 逐渐取代了 CIP 自旋阀. 早期由 Julliére 根据电子隧穿势垒的模型提出的 TMR 的理论公式为 MR=(Rap–Rp)/Rp=2P_1P_2/$(1-P_1P_2)$. 其中 P_1 和 P_2 分别为 MTJ 的两个铁磁电极的费米面电子的自旋极化率, 如铁磁金属或合金的自旋极化率 P 约为 0.5, 则该公式给出的 TMR 的最大理论值约为 70%. 2004 年以非晶 Al$_2$O$_3$ 为势垒的多晶铁磁金属隧道结已经达到了这个数值[65], 以后甚至达到室温 80% 的 TMR 数值[66]. 为了进一步提高 TMR, 利用传导电子自旋极化率 P 值接近 1 的半金属为电极的 MTJ 的研究自然成为一个重要的方向. Fert 等利用 P 值为 95% 的半金属 La$_{2/3}$Sr$_{1/3}$MnO$_3$(LSMO) 单晶作磁性电极, 使隧道结 LSMO/SrTiO$_3$/LSMO 的 TMR 取得了在 4.2K 高达 1850 的数值[67]. 21 世纪初, 一些对单晶隧道结的理论计算都指出, 必须超越简单的势垒模型, 考虑磁性电极和势垒层中电子结构的相互作用. 这些理论引起了磁性隧道结的研究和在应用上的发展. 如 Butler 等[68] 以及 Mathon 和 Umerski[69] 对单晶 (001)Fe/MgO/Fe 结构的隧道结进行的电子结构和隧穿性质的理论研究, 预言了可有高达 1000% 的巨大隧穿磁电阻. 这个预言的原理正是基于单晶隧道结电极中的传播态和势垒层中渐失态的对称性的匹配. 虽然两个磁性层为 Fe, 其 P 值并不高, 远不是半金属. 但由于 Fe 单晶中传导电子波函数的对称性及与电子隧穿过程中电子波函数的相干性, 只有相对于势垒法线方向完全对称的传导电子波函数才能与势垒区的电子状态关联从而实现隧穿. 计算发现, 与单晶 (001)MgO 势垒区的电子状态关联的 Fe(001) 电极中多数自旋态能带 Δ_1 在费米面有一定的概率; 而 Δ_1 的少数自旋态能带在费米面之下, 在费米面的能态概率为零. 因而 Fe(001) 电极中与隧穿相关的电子态中具有半金属的特征, 从而导致了巨大的隧穿磁电阻比值. 2004 年, 美国的 Parkin 等[70] 和日本的 Yuasa 等[71] 成功制备出了以单晶 MgO(001) 为势垒的磁性隧道结, 室温下隧穿磁电阻比值都分别达到了 200% 左右, 开始验证了上述理论预言, 也打破了 Julliére 公式的关于磁性隧穿磁电阻完全依赖于势垒两边磁电极自旋极化率大小的限制. 其中, Parkin 等利用于磁控溅射仪制备的 CoFe/MgO(001)/CoFe 隧道结中, CoFe 电极为多晶; 而 Yuasa 等制备的是外延单晶 Fe(001)/MgO(001)/Fe(001) 隧道结. 之后, 以单晶 MgO 为势垒层的磁性隧道结的实验 TMR 比值不断提高. 2008 年用单晶 MgO 作中间绝缘层势垒的 FeCoB/MgO/FeCoB 磁性隧道结在室温下获得了高达 604%的磁电阻比值[21]. 而单晶 MgO 双势垒磁性隧道结中的室温和低温隧穿磁电阻比值也分别超过 1000%和 2000%[72]. 这些数值都远高于最初获得应用的金属性 CIP 自旋阀的磁电阻比值. 中科院韩秀峰等对 Fe(001)/MgO/Fe/MgO/Fe 单晶双势垒隧道结量子阱共振隧道效应进行了第一性原理理论的研究[73], 其计算结果还有助于研发基于隧道结的自旋晶体管. 李正中等深入地分析了隧道结中自旋相干散射的问题, 该结果可有效地推广到双势垒隧道结体系中, 并可为实验提供有力的理论支持[74]. 此外, Fert 等的研究还发现 TMR 的符号及大小不仅依赖于磁性电极的选择而且与绝缘势垒材料的选择有关[75]. 另一类颇有启发的工作是在复相多晶材料中观察到晶粒间的 TMR 效应. Hwang 等在半金属 CrO_2 薄膜中观察到晶粒间的 TMR 效应[76]; 都有为等在 $Zn_{0.41}Fe_{0.29}O_4$-$(\alpha$-$Fe_2O_3)$ 复相多晶铁氧体中观察到晶粒间的 TMR 效应, 室温下可达 159%, 4.2K 温度下可达 1280%[77].

作为自旋电子学中的主要商业化技术, 磁性传感器、硬盘磁读头从 20 世纪 70 年代以来经历了 AMR、GMR 和 Al-O 势垒磁性隧道结 TMR 等的三代磁电阻型器件的广泛应用后, 近年来单晶 MgO 势垒磁性隧道结已开始大量用于硬磁盘的磁头, 并在磁性随机存储器 (MRAM) 等其他自旋电子学器件中得到广泛的研究, 也开始进入市场.

1.4.5 CMR 材料形成一大类新材料和物理的研究领域 [78,79]

GMR 效应发现后, 引起人们在块材中寻求巨大磁电阻的热情. 不久, 曾在 20 世纪 50 年代研究过的钙钛矿型锰氧化物获得重视, 取得惊人的结果.

$RE_{1-x}M_x^{2+}MnO_3$ 属钙钛矿结构, 是一大类材料. RE 为稀土离子 La、Nd 等, M 为二价金属如 Ca、Sr、Ba、Pb 等. 当掺杂量合适, 如 $x = 1/3$ 左右时, 顺磁/铁磁相变和绝缘/金属相变在相近的温度下出现, 电阻率在相变点附近出现极大值. 这种材料在磁场作用下出现了相变点的升高及大的磁电阻, 图 1-14 为 $Nd_{0.7}Sr_{0.3}MnO_3$ 薄膜在零场下及 8T 的磁场作用下电阻率随温度变化的 ρ-T 曲线及磁电阻比 $\Delta R/R$-T 的关系. 其磁电阻比高达 10^6[22]. 2002 年还有磁场使电阻率改变 8 个数量级的报道[80], 十分诱人.

早在 20 世纪 50 年代, Zener 等就提出用双交换作用来解释这类材料的铁磁性及金属性导电共存的现象[81]. $RE_{1-x}M_x^{2+}MnO_3$ 中掺二价金属后为了保持电中性锰离子出现变价. Mn^{3+} 及 Mn^{4+} 共存. Mn^{3+} 上的 4 个 d 电子中 3 个电子为局域的低能态, 一个电子为高能态 e_g, Mn^{4+} 中的 3 个 d 电子为局域态, 高能的 e_g 为空轨道, 三个相邻离子 Mn^{3+}—O^{2-}—Mn^{4+} 中 O^{2-} 的一个 p 电子可能转移到 Mn^{4+} 的空 e_g 轨道, 同时 Mn^{3+} 中的 e_g 电子转移给氧离子. 由于洪德法则的限制, 这个电子

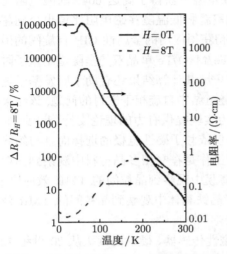

图 1-14 $Nd_{0.7}Sr_{0.3}MnO_3$ 薄膜的电阻率和磁电阻随温度的变化

自旋方向必须与 Mn 离子磁矩相同, 这种双交换作用导致了铁磁性及金属性电导共存, 而且导电电子的自旋方向均与 M_s 的方向相同, 故原则上其自旋极化度 P 是很高的. 但单纯的双交换作用给出的电阻值与磁相变温度远不能与实验一致[82]. 进一步深入的研究有电–声子相互作用形成的极化子效应和 Anderson 局域化等理论[83]. 由于这类材料的 T_C 低, 而 CMR 出现在 T_C 附近, 巨大磁电阻出现在低温及强场下. 如何提高 CMR 材料的 T_C 及降低工作磁场, 寻求常温和低场下的庞磁电阻材料就成为一个值得重视的研究方向. 另外在这类材料中发现了丰富的物理问题, 包括电子关联、自旋有序、电荷有序、轨道有序、磁场诱导结构相变等及量子调控过程, 吸引了许多基础研究, 而这些物理研究又与庞磁电阻密切联系[84].

总结上面几节的讨论, 自旋相关导电包含了三个方面的机制: ① 自旋相关散射, 主要用来解释铁磁金属的 AMR, 金属多层膜结构和金属颗粒膜的 GMR; ② 自旋相关隧穿, 适用于磁隧道结 MTJ 中的 TMR; ③ 自旋极化电流导电, 出现在各种材料中, 与前两个机制可以共存, 而在半金属、CMR 材料中则是主要的.

1.4.6   半导体自旋电子学的发展[85]

将上述自旋电子学的原理、功能和器件与现有的半导体集成电路结合, 20 多年来已有很大的成效. 但要使自旋电子器件获得更大规模的集成化, 人们冀望使自旋极化电流出现在半导体中, 从而使自旋电子学的原理和功能直接在半导体中实现. 那就是要发展半导体自旋电子学, 使半导体中出现自旋极化电流主要在两个途径上实现: 其一, 寻求居里点在室温以上的磁性半导体; 其二, 将自旋极化电流注入非磁性半导体中. 这两方面均不断取得令人鼓舞的进展[85,86].

70 多年前已经有了对磁性半导体的研究, 如 EuS、EuO、$CdCr_2S_4$ 和 $CdCr_2Se_4$ 等. 但由于它们的居里温度低, 且结构难以与微电子学中的半导体集成, 因此没有进入自旋电子学材料研究的主流.

自 GMR 发现以来, 人们开始了稀磁半导体 (diluted magnetic semiconductor) 的研究, 即将少量磁性元素溶入半导体, 以保持半导体的结构没有根本的变化, 便于集成, 同时又呈现铁磁性. 首先是以 II-VI 族半导体为基的稀磁半导体, 其优点是能够溶入较高的磁性原子浓度, 超过 10%, 并获得较高的居里温度. Saito 等报道了稀磁半导体 (Zn,Cr)Te 的居里温度接近室温[87]. 稍后, III-V 族稀磁半导体 (In,Mn)As 和 (Ga,Mn)As 等因性能全面引起了人们更大的重视[88], 并已经得到稀磁半导体自旋相关器件的一些雏形. 例如, 自旋光发射二极管和自旋场效应晶体管等. 但居里温度仍然很低, 需要进一步提高. Dietl 等的理论预言, 几种半导体的居里温度在 Mn 掺杂含量和空穴浓度达到一定水平时可以提高到室温以上[89]. 十多年来, 实验上已多次报道了居里温度达室温附近的不同的稀磁半导体[90~93]. 提高稀磁半导体的居里温度、探索新的磁性半导体材料成为目前半导体自旋电子学研究的一个热点. 稀磁半导体也向各种可能的成分发展. 除 III-V、II-VI 族外还有 IV 族 (Ge 或 Si)、IV-VI 族、GaN 基、III-VI 族、IV-VI 族和氧化物稀磁半导体等.

　　半导体自旋电子学的另一个重要方面的发展是自旋注入. 其一是铁磁金属向半导体中的自旋注入. 早在 20 世纪 80 年代, Johnson 和 Silsbee 已经用实验证实, 铁磁金属中的自旋极化电流可以通过界面注入 Cu、Ag 等非磁金属中, 在自旋的弛豫时间或扩散长度内使其自旋极化度 P 不等于 0[94]. 而 Prinz 在 1990 年报道了铁磁金属与半导体化合物的外延生长, 开创了铁磁金属向半导体自旋注入的条件[95]. 然而铁磁性金属中电子自旋率不高, 而且金属与半导体的电导率和结构的匹配较差, 所以铁磁性金属向半导体中的自旋注入率不高. 采取利用隧穿结[96] 或量子阱[97] 等手段使注入率有所提高. 利用自旋极化率 P 值高的半金属进行自旋注入也在研究. 自旋注入的另一个方面是从稀磁半导体向半导体的自旋注入. 例如, 以 n 型 II-VI 族稀磁半导体 BeMnZnSe 作为自旋极化源, 实现了自旋极化电子向非磁性半导体的注入, 其低温下的自旋注入率高达 90%[98].

　　随着稀磁半导体和自旋注入的发展, 一些多功能、高性能、超高速和低功耗的半导体自旋相关的概念型或雏形器件不断出现, 如自旋场效应晶体管 (spin-FET)、自旋发光二极管 (spin-LED)、磁半导体隧道结、自旋共振磁隧道结 (spin-RTD)、光隔离器 (optical isolator) 等, 只是工作温度等性能参数尚不能满足实际需要. 此外, 基于稀磁半导体的量子点, 量子信息和量子计算也日益受到关注[85].

1.4.7　探索中的自旋逻辑元件和自旋计算

　　当前已经应用或有望获得应用的自旋电子器件均属电子电荷运动和电子自旋相关的器件, 可称为混合型自旋电子器件. 前几节论及的自旋阀、隧道结直至自旋晶体管等均属于混合型自旋电子器件. 虽然自旋自由度的引入丰富了微电子学的功能, 但电荷运动总是伴随着能量损耗和发热. 在微电子学中元件发热是一个有害的问题, 它限制了电子器件的小型化. 因此能量损耗极低的全自旋电子器件成为人们追寻的一个目标. 在全自旋电子器件或部件中电子流动不起主要作用, 而代之以电子自旋的极化方向的变化. 20 多年来, 自旋用于逻辑处理器和计算机系统, 研发全自旋逻辑处理器和自旋计算机引起了人们的很大兴趣.

现代逻辑电路和计算机运算的电路都基于二进位制, 1 和 0 的编码在电子线路中是通过电流的变化, 如开和关, 来实现的. 因而电流的焦耳热不可避免. 电子自旋具有本征的动量矩, 在恒磁场中电子自旋动量矩只有两个本征极化方向, 分别对应两个数值, $\pm\hbar/2$. 自旋动量矩与磁场同向, 即自旋磁矩与磁场反向时可称为自旋向下, 自旋动量矩反向时则为自旋向上. 因而电子自旋的两个本征极化方向可用于代表二进位的信息单位比特 0 和 1 的编码, 称为量子比特 (qubit). 例如, 与磁场同向的极化定义为 1, 反向的极化定义为 0. 编码的写入及编码 1 和 0 间的转换可通过单个自旋的反向来实现. 最简单的方法是利用不高的局部的磁场来进行, 因而降低了能量损耗. 自旋编码的读出较为麻烦, 也已探索了多种方法. 例如, 为磁共振力显微镜 (见本书第 9 章文献 [33]). 自旋计算最终的诱人目标是实现自旋量子计算, 通过操纵量子点阵列中的电子自旋进行逻辑运算, 利用量子态的叠加和纠缠性质, 可以实现内在的并行计算, 具有解决一些经典计算机无法解决的问题的优点. 有关实现自旋量子计算的软件和硬件均有大量研究, 不断提出实现自旋量子计算机的多种类型的理论模型和方案、实验技术和有关材料以及软件, 吸引了许多科学家的关注和研究 [99]. 从单个电子自旋组成的逻辑器件的论证, 到半导体量子点中电子自旋量子计算的探索, 利用 C_{60} 中电子自旋的量子计算, 利用由具有良好的自旋传输性能的石墨烯 (graphene) 组成的自旋计算器件, 以及利用核自旋和采用核磁共振测量的量子计算等, 自旋量子计算的软件和硬件方面的研究方案日新月异. 然而总的说来这个领域仍处于十分早期的阶段, 为达到实用化还需要进行大量探索、研究与突破.

1.5 自旋动量矩转移 —— 一个新的历史性突破

以上综述的七项重要进展是自旋电子学的一个方面, 前六项工作的核心是自旋相关导电. 在本节将介绍自旋电子学的另一个方面, 即自旋动量矩转移, 它们是自旋相关导电的逆效应.

1988 年发现了 GMR 以后的七八年中, 人们的注意力都集中到自旋相关导电的有关研究与器件开发上, 而对其逆效应却无人注意. 1996 年 Slonczewski[5] 和 Berger[6] 分别从理论上给出预言, 具有自旋动量矩的电子流通过磁体时, 在传导电子与局域磁矩间的散射过程中, 传导电子的自旋动量矩会转移给局域磁矩, 简称为自旋动量矩转移或自旋力矩转移 (spin torque transfer, STT). 转移给局域磁矩的动量矩是矢量, 因传导电子的自旋方向而异. 当电流为自旋极化时或由于自旋相关散射, 传导电子与局域磁矩间的散射必然转移给后者一个净力矩, 因而可直接引起纳米铁磁体的磁矩发生变化, 包括磁矩转动、磁矩反转、磁矩进动以及畴壁位移. 不久, 电流诱导磁化反转和电流诱导磁矩进动均被实验证实[7,8]. 稍后, 电流诱导畴壁位移也得到实验的证实[10], 这是巨磁电阻发现以来的另一个与之相当的新的历史性突破. 自从数千年前发现磁铁矿和物质磁性以来, 公认的事实是只有磁场才能使磁矩发生变化. 电流直接引起磁矩变化而不通过磁场无疑是历史性的突破, 也是基本粒子的自旋在介观体系中的一个效应. 此外, 在微电子学中的一个长期的技术困难是磁场的植入, 产生磁场的器件难以微型化. 因此, 电流直接引起磁化解决了这一难题, 也是技术上的历史性突破. 最近十几来年, 实验和理论研究以及应用开发研究掀起了新的高潮, 令人鼓舞的新成果不断出现. 电流诱导磁化反转已开始用于磁性随机存储器中 MTJ 存储单元的写入. 实验证明, 利用传导电子的自旋力矩转移, 用电流直接使磁化反转进行存储器的写入 (STS) 比传统的磁场写入更节省能量, 示于图 1-15[100]. 图中左侧插图为磁场写入的示意图, 右侧为电流直接写入的示意图. 中间插图为两种写入的写入功率对存储单元的尺寸的依赖关系. 当存储单元小于 200~300nm 时磁场写入的功率明显地大于电流直接写入. STT 是适用于纳米材料的新技术.

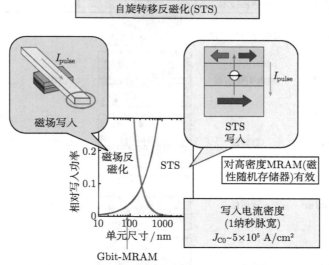

图 1-15　CoFeB/MgO/CoFeB MTJ 存储单元 (cell) 的磁场写入 (HW) 和电流写入 (STS) 的对比[100]

STT 电流诱导磁矩转动实际上是磁矩的进动, 而进动的频率在微波区域. 在纳米器件中, 自旋极化电流引起器件的磁矩进动, 从而引起器件电阻的高频变化, 于是直流电通过一个自旋阀或磁性隧道结型的纳米器件可产生微波频率的高频电流分量; 反之, 微波电流通过一个纳米器件可产生直流分量. STT 电流诱导微波发生器和微波整流器等微波器件成为另一类很有意义的研究和开发[11,12]. STT 电流诱导畴壁位移是另一个研究热点, 除了它在基础研究的意义外, 利用纳米线中的电流诱导畴壁位移开发新型高密度存储器 —— 跑道存储器 (racetrack memory) 的研究正在 IBM 进行[13]. STT 的逆效应、自旋泵浦及其产生的自旋流是又一个有意义的新发展. 另外, 电流诱导纳米磁体磁化的理论和实验研究正在改写百多年来的磁场作用下的磁化理论和传统的铁磁学, 这些将在第 9 章中专门介绍.

1.6　自旋电子学的应用与开发

　　自旋电子学的应用与开发研究在许多方面大量进行, 从金属性到稀磁半导体, 从传感器、存储器、稀磁半导体器件、微波器件直到量子器件. 20 世纪 90 年代以来, 传感器、读出头和随机存储器已先后进入市场, 不断使信息存储、计算技术、自动化和微电子学技术改进与发展. 表 1-2 给出了硬盘读出头最近 30 年的发展与预言[101].

表 1-2　磁读出头技术发展历程总结与预言[101]

年份	面密度	传感器技术	结构	MR 效应	电流方向
1979	10Mbit/in^2	薄膜感应传感器			
1991	100Mbit/in^2	磁电阻传感器		AMR	CIP
1997	2Gbit/in^2	自旋阀		GMR	
2006	100Gbit/in^2	隧道结		JMR	CPP
2011	1Tbit/in^2	CPP GMR		GMR	

　　2008 年日立公司推出了新的 CPP GMR 读出头, 其尺寸仅 30∼50nm, 因而使台式计算机的硬盘容量达到 4Tbit.

　　1995 年报道了开关速度为亚纳秒的自旋阀型随机存储器 MRAM 记忆单元, 以及由 16Mbit 的 MRAM 晶片组成的 256MB 的 MRAM 芯片的设计报告[102]. 以后用自旋阀及隧道结分别在实验室研制 MRAM, 最近 MRAM 芯片已经上市. 表 1-3 为对 MRAM 性能及与其他 RAM 的对比[103]. 目前 MRAM 已经上市, 但尚属小容量的, 如 256Kbit、512Kbit、1Mbit 及 16Mbit 的产品, 用于自动化和飞行器等[104]. STT 电流写入 MTJ 的 MRAM 也获得成功.

表 1-3 对 MRAM 性能的预测及与半导体存储器的对比[103]

存储器	DRAM	FLASH	SRAM	MRAM
不挥发性能	没有	是	没有	是
读出时间	30ns	10~50ns	1~100ns	3~20ns
寻址时间	15ns	10ns	1.1ns	<2ns
写入时间	15ns	1μs~10ms	1~100ns	3~20ns
擦除时间	< 1ns	1μs~10ms	1~100ns	3~20ns
保持时间	2.4 s	10 年		无穷
写入擦除次数	无穷	10^5	无穷	无穷

利用纳米线 STT 电流诱导畴壁位移的跑道 "racetrack" 存储器的研究独树一帜, 希望发展一种新型的高密度立体存储器[13]. 利用 STT 电流诱导磁矩进动的纳米微波器件的研究在多种材料和结构中进行. 除早期对自旋阀和磁隧道结的研究外, 近期发展到对稀磁半导体和碳纳米管等各种材料构成的不同结构进行研究[105].

1.7 结 束 语

巨磁电阻发现后的 20 多年来, 一个新兴分支学科 —— 自旋电子学已经形成并有很大的发展, 在物理、材料和技术应用上出现了若干个突破性的进展. 其中两个历史性的突破特别引人注目, 即巨磁电阻和自旋动量矩转移. 自旋电子学可以视为前景广阔的纳米技术领域中最早实现的一个分支. 从 GMR 的发现到 CIP 自旋阀传感器和读出头进入市场只有七八年, 这是基础研究成果转化为重要的大规模产品的典范, 而且产品性能和经济效益也不断提高. 磁性隧道结 MTJ 的成功和不断改进使传感器和读出头的性能发生跃进式的提高. 由于读出头技术的发展, 从 1996 年以来, 计算机磁记录密度的年平均增长率达到 40%~100%. 磁电阻随机存储器 MRAM 进入市场对计算技术、自动化和信息技术产生很大的影响. 若能成功地实现大容量 MRAM 的生产, 将使计算技术发生另一个跃进. GMR 和 MTJ 传感器在机械运动、芯片的检验、生物与医学方面也有许多诱人的应用. 自旋动量矩转移效应 (STT) 的预言和证实揭示了电子自旋物理和自旋电子学的另一方面. STT 电流直接写入技术的引入是微电子技术中的一个突破, 将有利于使 GMR 记忆单元向更加低能耗、小型化发展. STT 电流直接引起磁矩进动和自旋波的激发导致了新型纳米微波器件的研发, STT 电流直接引起畴壁位移引起了人们研发新型固态存储器和逻辑元件的热情. 以稀磁半导体和自旋注入等研究为主的半导体自旋电子学以及量子计算技术的发展等取得了可喜的发展, 这使人们看到了微电子学发生全面改进的前景, 令人鼓舞. 此外自旋物理还有更广泛的前景, 包括自旋–光学、自旋–热学、自旋–声学及自旋在各新型材料中的物理和应用.

致谢

作者在撰写本章的过程中得到 Fert、张曙丰、韩秀峰教授和他的研究生刘厚方、梁世恒以及孙赞红研究员提供的信息和文献; 得到东南大学物理系翟亚教授和她的研究生孙丽、黄兆聪等的许多帮助; 得到中国科学院苏刚教授的帮助, 特此致谢.

翟宏如

南京大学现代分析中心

翟宏如, 南京大学教授、博导. 1955 年参与在国内大学建立磁学专业. 讲授铁磁学和固体磁性 50 年. 曾在国内和 8 个国外大学或研究所讲授固体磁性等讲座或建立科研合作. 在磁学和自旋电子学多个领域开展研究, 发表论文近 400 篇. 参与写作 2 本专著. 共获奖 9 个.

参 考 文 献

[1] Baibich M N, Broto J M, Fert A, et al. Giant magnetoresistance of (001)Fe/(001)Cr magnetic superlattices. Phys. Rev. Lett., 1998, 61: 2472.

[2] Binasch G, Grünberg P, Saurenbach F, et al. Enhanced magnetoresistance in layered magnetic structures with antiferromagnetic interlayer exchange. Phys. Rev. B, 1989, 39: 4828.

[3] Prinz G A. Magnetoelectronics. Science, 1998, 282: 1660.

[4] Wolf S A, Awschalom D D, Buhrman R A, et al. Spintronics: a spin-based electronics vision for the future. Science, 1998, 294: 1488.

[5] Slonczewski J C. Current-driven excitation of magnetic multilayers. J. Magn. Magn. Mater., 1996, 159: L1.

[6] Berger L. Emission of spin waves by a magnetic multilayer traversed by a current. Phys. Rev. B, 1996, 54: 9353.

[7] Tsoi M, Jansen A G M, Bass J, et al. Excitation of a magnetic multilayer by an electric current. Phys. Rev. Lett., 1998, 80: 4281;
Tsoi M, Jansen A G M, Bass J, et al. Erratum: excitation of a magnetic multilayer by an electric current. Phys. Rev. Lett., 1998, 81: 493.

[8] Myers E B, Ralph D C, Katine J A, et al. Current-induced switching of domains in magnetic multilayer devices. Science, 1999, 285: 867.

[9] Sun J Z. Current-driven magnetic switching in manganite trilayer junctions. J. Magn.

Magn. Mater., 1999, 202: 157.

[10] Yamaguchi A, Ono T, Nasu S, et al. Real-space observation of current-driven domain wall motion in submicron magnetic wires. Phys. Rev. Lett., 2004, 92: 077205; Yamanouchi M, Chiba D, Matsukura F, et al. Current-induced domain-wall switching in a ferromagnetic semiconductor structure. Nature, 2004, 428: 539.

[11] Kaka S, Pufall M R, Rippard W H, et al. Mutual phase-locking of microwave spin torque nano-oscillators. Nature, 2005, 437: 389.

[12] Tulapurkar A A, Suzuki Y, Fukushima A, et al. Spin-torque diode effect in magnetic tunnel junctions. Nature, 2005, 438: 339.

[13] Parkin S S P, Hayashi M, Thomas L, et al. Magnetic domain-wall racetrack memory. Science, 2008, 320: 190.

[14] Vetenskapsakademien K. The discovery of giant magnetoresistance. Class for Physics of the Royal Swedish Academy of Sciences, 2007, 17: 1.

[15] Thomson W. On the electro-dynamic qualities of metals: effects of magnetization on the electric conductivity of nickel and of iron. Proc. of the Royal Society of London, 1857, 8: 546.

[16] Campbell I A, Fert A. Transport Properties of Ferromagnets. In: Ferromagnetic Materials, ed. E.P. Wohlfarth, North-Holland, Amsterdam, 1982, 3: 747.

[17] Yang F Y, Liu K, Hong K, et al. Large magnetoresistance of electrodeposited single-crystal bismuth thin films. Science, 1999, 284: 1335.

[18] Weiss H. Galvanomagnetic devices. IEEE Spectrum, 1968, 5: 75.

[19] Boll R, Overshott K J. Sensors: A Comprehensive Survey, Vol. 5, Magnetic Sensors, John Wiley & Sons, New York, 1989.

[20] Berkowitz A E, Mitchell J R, Carey M J, et al. Giant magnetoresistance in heterogeneous Cu-Co alloys. Phys. Rev. Lett., 1992, 68: 3745; Xiao J Q, Jiang L S, Chien C L. Giant magnetoresistance in nonmultilayer magnetic systems. Phys. Rev. Lett., 1992, 68: 3749.

[21] Ikeda S, Hayakawa J, Ashizawa Y, et al. Tunnel magnetoresistance of 604% at 300 K by suppression of Ta diffusion in CoFeB/MgO/CoFeB pseudo-spin-valves annealed at high temperature. Appl. Phys. Lett., 2008, 93: 082508.

[22] Jin S, Tiefel T H, McCormack M, et al. Thousandfold change in resistivity in magnetoresistive La-Ca-Mn-O films. Science, 1994, 264: 413; Xiong G C, Li Q, Ju H L, et al. Giant magnetoresistance in epitaxial $Nd_{0.7}Sr_{0.3}MnO_{3-\delta}$ thin films. Appl. Phys. Lett., 1995, 66: 1427.

[23] Mott N F. The electrical conductivity of transition metals. Proc. R. Soc. Lond. A, 1936, 153: 699.

[24] Fert A, Campbell I A. Two-current conduction in nickel. Phys. Rev. Lett., 1968, 21: 1190.

[25]　方俊鑫, 陆栋. 固体物理学. 上海: 上海科学技术出版社, 1989: 291.

[26]　Coey J M D. Overview of Modern Magnetism. In: Aspects of Modern Magnetism ed. by Pu F C, Wang Y J, Shang C H. World Scientific, Singapore. 1996: 2.

[27]　Grünberg P, Schreiber R, Pang Y, et al. Layered magnetic structures: evidence for antiferromagnetic coupling of Fe layers across Cr interlayers. Phys. Rev. Lett., 1986, 57: 2442.

[28]　Grünberg P. Magnetic field sensor with a thin ferromagnetic layer. DE patent 3820475, 1988.

[29]　私人信息, The Discovery of Giant Magnetoresistance. Laudation for A. Fert and P. Grünberg, 2005.

[30]　Ruderman M A, Kittel C. Indirect exchange coupling of nuclear magnetic moments by conduction electrons. Phys. Rev., 1954, 96: 99;
Kasuya T. A theory of metallic ferro- and antiferromagnetism on Zener's model. Prog. Theor. Phys. (Kyoto), 1956, 16: 45;
Yosida K. Magnetic properties of Cu-Mn alloys. Phys. Rev., 1957, 106: 893.

[31]　Lang D V, Boyce J B, Lo D C, et al. Measurement of electron spin density near Co atoms in Cu. Phys. Rev. Lett., 1972, 29: 776;
Boyce J B, Slichter C P. Conduction-electron spin density around Fe impurities in Cu above and below T_K. Phys. Rev. Lett., 1974, 32: 61.

[32]　Bruyere J S, Massenet O, Montmory R, et al. Sur un nouveau phenomene de couplage entre couches minces ferromagnetiques separees par un materiau non ferromagnetique. Compt. Rend., 1964, 258: 841.

[33]　Majkrzak C F, Cable J W, Kwo J, et al. Observation of a magnetic antiphase domain structure with long-range order in a synthetic Gd-Y superlattice. Phys. Rev. Lett., 1986, 56: 2700.

[34]　Parkin S S P, More N, Roche K P. Oscillations in exchange coupling and magnetore-sistance in metallic superlattice structures: Co/Ru, Co/Cr, and Fe/Cr. Phys. Rev. Lett., 1990, 64: 2304.

[35]　Parkin S S P. Systematic variation of the strength and oscillation period of indirect magnetic exchange coupling through the 3d, 4d, and 5d transition metals. Phys. Rev. Lett., 1991, 67: 3598.

[36]　Unguris J, Celotta R J, Pierce D T. Observation of two different oscillation periods in the exchange coupling of Fe/Cr/Fe(100). Phys. Rev. Lett., 1991, 67: 140;
Unguris J, Celolla R J, Pierce D T. Oscillatory exchange coupling in Fe/Au/Fe(100). J. Appl. Phys., 1994, 75: 6437.

[37]　Yin L F, Wei D H, Lei N, et al. Magnetocrystalline anisotropy in permalloy revisited. Phys. Rev. Lett., 2006, 97: 067203.

[38]　Unguris J, Celotta R J, Pierce D T. Observation of two different oscillation periods

in the exchange coupling of Fe/Cr/Fe(100). Phys. Rev. Lett., 1991, 67: 140;

Purcell S T, Folkerts W, Johnson M T, et al. Oscillations with a period of two Cr monolayers in the antiferromagnetic exchange coupling in a (001) Fe/Cr/Fe sandwich structure. Phys. Rev. Lett., 1991, 67: 903;

Fuss A, Demokritov S, Grunberg P, et al. Short- and long period oscillations in the exchange coupling of Fe across epitaxially grown Al- and Au-interlayers. J. Magn. Magn. Mater., 1992, 103: L221.

[39] Coehoorn R. Period of oscillatory exchange interactions in Co/Cu and Fe/Cu multilayer systems. Phys. Rev., 1991, B44: 9331.

[40] Edwards D M, Mathon J, Muni R B, et al. Oscillations of the exchange in magnetic multilayers as an analog of de Haas–van Alphen effect. Phys. Rev. Lett., 1991, 67: 493;

Bnuno P, Chappcrt C. Oscillatory coupling between ferromagnetic layers separated by a nonmagnetic metal spacer. Phys. Rev. Lett., 1991, 67: 1602.

[41] Rührig M, Schafer R, Hubert A, et al. Domain observations on Fe/Cr/Fe layered structnres. Evidence for a Biquadratic Coupling Effect. Phys. Status Solidi A, 1991, 125: 635.

[42] Li M, Ma X D, Peng C B, et al. Magnetic-polarization effect of Pd layers in Fe/Pd multilayers. Phys. Rev. B, 1994, 50: 10323.

[43] Yan S S, Liu Y H, Mei L M. Polarization and interlayer coupling in Co-Nb/Pd multilayers. Phys. Rev. B, 1995, 52: 1107.

[44] Jin Q Y, Xu Y B, Zhai H R, et al. Direct evidence of spin polarization oscillations in the Cu layers of Fe/Cu multilayers observed by NMR. Phys. Rev. Lett., 1994, 72: 768;

Zhai Y, Zhu X B. Hu C, et al. A RKKY model fitting of nuclear magnetic resonance spectra of ^{63}Cu in Fe/Cu multilayers. Chinese Physics Letters, 1995, 12: 237.

[45] Samant M G, Stohr J, Parkin S S P, et al. Induced spin polarization in Cu spacer layers in Co/Cu multilayers. Phys. Rev. Lett., 1994, 72: 1112.

[46] Barnaś J, Fuss A, Camley R E, et al. Novel magnetoresistance effect in layered magnetic structures: theory and experiment. Phys. Rev. B, 1990, 42: 8110;

Dupas C, Beauvillain P, Chappert C, et al. Very large magnetoresistance effects induced by antiparallel magnetization in two ultrathin cobalt films. J. Appl. Phys., 1990, 67: 5680;

Shinjo T, Yamamoto H. Large magnetoresistance of field-induced giant ferrimagnetic multilayers. J. Phys. Soc. Japan, 1990, 59: 3061;

Chaiken A, Lubitz P, Krebs J J, et al. Spinvalve magnetoresistance of uncoupled FeCuCo sandwiches. J Appl. Phys., 1991, 70: 6864.

[47] Dieny B, Speriosu V S, Parkin S S P, et al. Giant magnetoresistive in soft ferromag-

netic multilayers. Phys. Rev. B, 1991, 43: 1297.

[48] Kools J C S. Exchange-biased spin-valves for magnetic storage. IEEE Trans. on Mag., 1996, 32: 3165;

Marrows C H, Stanley F E, Hickey B J. Inverse giant magnetoresistance at room temperature in antiparallel biased spin valves and application to bridge sensors. Appl. Phys. Lett., 1999, 75: 3847;

Jiang Y, Abe S, Nozaki T, Tezuka N, et al. Enhancement of current-perpendicular-to-plane giant magnetoresistance by synthetic antiferromagnet free layers in single spin-valve films. Appl. Phys. Lett., 2003, 83: 2874.

[49] Swagten H J M, Strijkers G J, Bloemen P J H, et al. Enhanced giant magnetoresistance in spin-valves sandwiched between insulating NiO. Phys. Rev. B, 1996, 53: 9108;

Gillies M F, Kuiper A E T. Enhancement of the giant magnetoresistance in spin valves via oxides formed from magnetic layers. J. Appl. Phys., 2000, 88: 5894; Shen F, Xu Q Y, Yu G H, et al. A specular spin valve with discontinuous nano-oxide layers. Appl. Phys. Lett., 2002, 80: 4410.

[50] Zhang S, Levy P M. Conductivity perpendicular to the plane of multilayered structures. J. Appl. Phys., 1991, 69: 4786.

[51] Pratt Jr W P, Lee S F, Slaughter J M, et al. Perpendicular giant magnetoresistances of Ag/Co multilayers. Phys. Rev. Lett., 1991, 66: 3060.

[52] Johnson M. Spin accumulation in gold films. Phys. Rev. Lett., 1993, 70: 2142;

Johnson M. Bipolar spin switch. Science, 1993, 260: 320;

Prinz G A. Spin-polarized transport. Physics Today, 1995, 48–4: 58.

[53] Iwase T, Sakuraba Y, Bosu S, et al. Large interface spin-asymmetry and magnetoresistance in fully epitaxial $Co_2MnSi/Ag/Co_2MnSi$ current-perpendicular-to-plane magnetoresistive devices. Appl. Phys. Express, 2009, 2: 063003.

[54] Coey J M D, Venkatesan M, Beri M A. Half-Metallic Ferromagnets. Lect. Notes Phys., 2002, 595: 377.

[55] de Groot R A, Mueller F M, van Engen P G, et al. New class of materials: half-metallic ferromagnets. Phys. Rev. Lett., 1983, 50: 2024.

[56] Schwarz K. CrO_2 predicted as a half-metallic ferromagnet. J. Phys. F, 1986, 16: L211.

[57] Kämper K P, Schmitt W, Güntherodt G, et al. CrO_2—a new half-metallic ferromagnet. Phys. Rev. Lett., 1987, 59: 2788.

[58] Hwang Y, Cheong S W. Enhanced intergrain tunneling magnetoresistance in half-metallic CrO_2 films. Science, 1997, 278: 1607.

[59] Coey J M D, Venkatesan M. Half-metallic ferromagnetism: example of CrO_2. J. Appl. Phys., 2002, 91: 8345;

Lu Y X. Synthesis and magnetic properties of Fe_3O_4/GaAs(100) structures for spintronics. Ph. D. thesis, Univ. of York, 2005.

[60] de Groot R A, Buschow K H J. Recent developments in half-metallic magnetism. J. Magn. Magn. Mater., 1986, 54–57: 1377;

Zhang Z, Satpathy S. Electron states, magnetism, and the Verwey transition in magnetite. Phys. Rev. B, 1991, 44: 13319.

[61] Lu Y X, Claydon J S, Xu Y B, et al. Spontaneous spin polarization in geometrically constricted metal nanowires. Phys. Rev. B, 2004, 70: 233304;

Huang Z C, Zhai Y, Lu Y X, et al. The interface effect of the magnetic anisotropy in ultrathin epitaxial Fe_3O_4 film. Appl. Phys. Lett., 2008, 92: 113105.

[62] Julliere M. Tunneling between ferromagnetic films. Phys. Lett. A, 1975, 54: 225.

[63] Moodera J S, Kinder L R, Wong T M, et al. Large Magnetoresistance at room temperature in ferromagnetic thin film tunnel junctions. Phys. Rev. Lett., 1995, 74: 3273.

[64] Miyazaki T, Tezuka N. Giant magnetic tunneling effect in $Fe/Al_2O_3/Fe$ junction. J. Magn. Magn. Mat., 1995, 139: L231.

[65] Wang D, Nordman C, Daughton J, et al. 70% TMR at room temperature for SDT sandwich junctions with CoFeB as free and reference layers. IEEE Trans. on Mag., 2004, 40: 2269.

[66] Wei H X, Qin Q H, Ma M, et al. 80% tunneling magnetoresistance at room temperature for thin Al–O barrier magnetic tunnel junction with CoFeB as free and reference layers. J. Appl. Phys., 2007, 101: 09B501.

[67] Bowen M, Bibes M, Barthelemy A, et al. Nearly total spin polarization in $La_{2/3}Sr_{1/3}MnO_3$ from tunneling experiments. Appl. Phys. Lett., 2003, 82: 233.

[68] Butler W H, Zhang X G, Schulthess T C, et al. Spin-dependent tunneling conductance of Fe|MgO|Fe sandwiches. Phys. Rev. B, 2001, 63: 054416.

[69] Mathon J, Umerski A. Theory of tunneling magnetoresistance of an epitaxial Fe/MgO/Fe(001) junction. Phys. Rev. B, 2001, 63: 220403.

[70] Parkin S S P, Kaiser C, Panchula A, et al. Giant tunnelling magnetoresistance at room temperature with MgO (100) tunnel barriers. Nat. Mater., 2004, 3: 862.

[71] Yuasa S, Nagahama T, Fukushima A, et al. Giant room-temperature magnetoresistance in single-crystal Fe/MgO/Fe magnetic tunnel junctions. Nat. Mater., 2004, 3: 868.

[72] Jiang L X, Naganuma H, Oogane M, et al. Large Tunnel Magnetoresistance of 1056% at room temperature in MgO based double barrier magnetic tunnel junction. Applied Physics Express, 2009, 2: 083002.

[73] Wang Y, Lu Z Y, Zhang X G, et al. First-principles theory of quantum well resonance in double barrier magnetic tunnel junctions. Phys. Rev. Lett., 2006, 97: 087210.

[74] Jin D F, Ren Y, Li Z Z, et al. Spin-filter tunneling magnetoresistance in a magnetic tunnel junction. Phys. Rev. B, 2006, 73: 012414.

[75] De Teresa J M, Barthelemy A, Fert A, et al. Role of Metal-Oxide interface in determining the spin polarization of magnetic tunnel junctions. Science, 1999, 286: 507.

[76] Hwang Y, Cheong S W. Enhanced intergrain tunneling magnetoresistance in half-metallic CrO_2 films. Science, 1997, 278: 1607.

[77] Chen P, Xing D Y, Du Y W, et al. Giant room-temperature magnetoresistance in polycrystalline $Zn_{0.41}Fe_{2.59}O_4$ with α-Fe_2O_3 grain boundaries. Phys, Rev. Lett., 2001, 87: 107202.

[78] Xiong G C, Dai D S. Magnetic and giant magnetoresistance in the perovskite-type manganites. Aspects of Modern Magnetism, ed. by Pu F C, Wang Y J, Shang C H. World Scientific, Singapore, 1996: 164.

[79] 刘俊明, 王克峰. 稀土掺杂锰氧化物庞磁电阻效应. 物理学进展, 2005, 25: 82.

[80] Tomioka Y, Tokura Y. Bicritical features of the metal-insulator transition in bandwidth-controlled manganites: single crystals of $Pr_{1-x}(Ca_{1-y}Sr_y)_xMnO_3$. Phys. Rev. B, 2002, 66: 104416.

[81] Zener C. Interaction between the d-Shells in the transition metals. II. ferromagnetic compounds of manganese with perovskite structure. Phys. Rev., 1951, 82: 403.

[82] Millis A J, Littlewood P B, Shraiman B I. Double exchange alone does not explain the resistivity of $La_{1-x}Sr_xMnO_3$. Phys. Rev. Lett., 1995, 74: 5144.

[83] Millis A J, Littlewood P B, Shraiman B I. Dynamic Jahn-Teller effect and colossal magnetoresistance in $La_{1-x}Sr_xMnO_3$. Phys. Rev. Lett., 1996, 77: 175; Sheng L, Xing D Y, Sheng D N, et al. Theory of colossal magnetoresistance in $R_{1-x}A_xMnO_3$. Phys. Rev. Lett., 1997, 79: 1710.

[84] Tokura N, Nagaosa N. Orbital physics in transition-metal oxides. Science, 2000, 288: 462;
Tokura Y. Correlated-electron physics in transition-metal oxides. Physics Today, 2003, 56: 50;
邢定钰, 自旋输运和巨磁电阻. 物理, 2005, 34: 348.

[85] 夏建白, 葛惟昆, 常凯. 半导体自旋电子学. 北京: 科学出版社, 2008;
赵建华, 邓加军, 郑厚植. 稀磁半导体的研究进展. 物理学进展, 2007, 27: 109.

[86] Ohno H, Matsukura F, Ohno Y. General report: semiconductor spin electronics. JSAP International, 2002, 5: 4.

[87] Saito H, Zayets V, Yamagata S, et al. Room-temperature ferromagnetism in a II-VI diluted magnetic semiconductor $Zn_{1-x}Cr_xTe$. Phys. Rev. Lett., 2003, 90: 207202.

[88] Ohno H, Shen A, Matsukura F, et al. (Ga,Mn)As: A new diluted magnetic semiconductor based on GaAs. Appl. Phys. Lett., 1996, 69: 363.

[89] Dietl T, Ohno H, Matsukura F, et al. Zener model description of ferromagnetism in zinc-blende magnetic semiconductors. Science, 2000, 287: 1019.

[90] Saito H, Zayets V, Yamagata S, et al. Room-temperature ferromagnetism in a II-VI diluted magnetic semiconductor $Zn_{1-x}Cr_xTe$. Phys. Rev. Lett., 2003, 90: 207202.

[91] Braak H, Gareev R R, Bürgler D E, et al. Magnetic characteristics of epitaxial Ge(Mn,Fe) diluted films —a new room temperature magnetic semiconductor. J. Magn. Magn. Mater., 2005, 286: 46.

[92] Zhang F M, Liu X C, Gao J, et al. Investigation on the magnetic and electrical properties of crystalline $Mn_{0.05}Si_{0.95}$ films. Appl. Phys. Lett., 2004, 85: 786.

[93] Matsumoto Y, Murakami M, Shono T, et al. Room-temperature ferromagnetism in transparent transition metal-doped titanium dioxide. Science, 2001, 291: 854.

[94] Johnson M, Silsbee R. Interfacial charge-spin coupling: injection and detection of spin magnetization in metals. Phys. Rev. Lett., 1985, 55: 1790.

[95] Prinz G A. Hybrid ferromagnetic-semiconductor structure. Science, 1990, 250: 1092.

[96] Alvarado S F, Renaud P. Observation of spin-polarized-electron tunneling from a ferromagnet into GaAs. Phys. Rev. Lett., 1992, 68: 1387.

[97] Hanbicki A T, van't Erve O M J, Magno R, et al. Analysis of the transport process providing spin injection through an Fe/AlGaAs Schottky barrier. Appl. Phys. Lett., 2003, 82: 4092.

[98] Fiederling R, Keim M, Reuscher G, et al. Injection and detection of a spin-polarized current in a light-emitting diode. Nature, 1999, 402: 787.

[99] Bandyopadhyay S, Cahay M. Introduction to Spintronics. CRC Press 2008, Boca Raton, London, New York;
Ladd T D, Jelezko F, Laflamme R, et al. Quantum computers. Nature, 2010, 464: 45–53;
Xu J F, Song F M. Quantum program languages–a tentative study. Science in China, Series F, 2008: 623–637.

[100] Shinji Yuasa. International workshop on surface, Interface and Thin Film Physics. Shanghai, 2006.

[101] Richard New, The Future of Magnetic Recording Technology, 2008.

[102] Pohm A V, Daughton J M, Brown J, et al. The architecture of a high performance mass store with GMR memory cells. IEEE Trans. on Mag., 1995, 31: 3200.

[103] Wolf S A, Treger D. Spintronics: a new paradigm for electronics for the new millennium. IEEE Trans. on Mag., 2000, 36: 2748.

[104] http://www.mram-info.com/tags/companies/everspin.

[105] Fert A. Shanghai Workshop on Spintronics and Low Dimensional Magnetism, 2010.

第 2 章　颗粒体系中的磁电阻效应

颗粒体系是指颗粒的聚集体, 其中颗粒可以是单组元或多组元, 颗粒聚集体可以是颗粒致密的聚集体也可以是颗粒镶嵌在连续介质中, 如颗粒膜等, 此外也包括微晶粒的多晶体. 颗粒体系的性质除取决于组成外, 还密切关联于系统的微结构, 如颗粒尺寸、形态、体积百分数以及界面构型等因素, 控制组成比例与工艺可以获得纳米量级的颗粒尺寸, 颗粒体系中丰富的异相界面对电子输运性质和磁、光等特性有着显著的影响, 因此已成为物理、化学性质可进行人工剪裁, 具有可控自由度的人工功能材料体系, 尤其在巨磁电阻效应发现之后, 磁性颗粒体系的磁电阻效应已成为人们颇感兴趣的研究领域. 本章将重点介绍颗粒体系的磁电阻效应, 因此研究的对象是磁性颗粒, 为此, 先简略地介绍颗粒体系中的静磁特性, 颗粒膜中的输运性质等, 然而再综述颗粒体系中的磁电阻效应.

2.1　颗粒体系中的静磁特性

2.1.1　单畴临界尺寸

磁性材料的宏观特性是磁滞回线, 如图 2-1 所示.

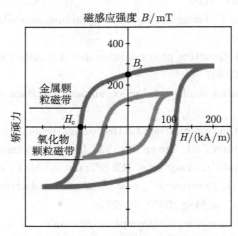

图 2-1　磁性材料的磁滞回线

图中大的磁滞回线为金属纳米颗粒磁带, 小的磁滞回线为氧化物纳米颗粒磁带. 如纵坐标用磁化强度 M 取代 B. 此时剩磁为 M_r, 矫顽力为 $_MH_c$

图 2-1 中 H_c 为矫顽力, B_r 为剩磁. H_c 分二类, 其一为本征 (内禀) 矫顽力, 常表示为 $_MH_c$ 或 $_jH_c$, 是指反向磁化过程中使磁化强度为零时所对应的外磁场, 相对应的物理图像是磁化矢量在空间混乱分布, $_MH_c$ 反映了磁性材料保持磁化状态的能力; 其二为矫顽力, 常表示为 $_BH_c$, 因 $B = \mu_0(H + M)$, 其中 $\mu_0 = 4\pi \times 10^{-7}(\text{H/m})$, 称为真空磁导率. $B = 0$ 意味着 $H + M = 0$, 由于是反向磁化, H 值为负, 因此对应的物理图像应当是 M 值为正, 而且不为零, 因此磁性体内磁化状态在 $_BH_c$ 磁场下并未完全混乱排列, 只不过 H 与 M 二者值相等, 相互抵消而已. 显然, $_MH_c > {}_BH_c$, 对于矫顽力不高的磁性材料, 二者差别不大, 通常用 H_c 统一代表, 对高矫顽力的材料二者差别很大, 有必要将其区分.

矫顽力是磁性材料的重要参量, 通常用矫顽力表征不同类型的磁性材料. 矫顽力是结构灵敏性的物理量, 与颗粒的尺寸关系密切, 孤立磁性颗粒的矫顽力与颗粒尺寸的关系见图 2-2.

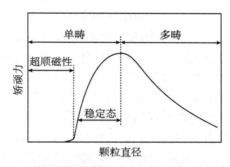

图 2-2 磁性颗粒的矫顽力与颗粒直径的关系曲线

通常定义对应于矫顽力最大值的直径为单畴的临界尺寸, 单畴的物理概念可考虑在无外磁场时, 磁性颗粒保持均匀磁化状态的临界尺寸, 球状单畴临界尺寸的理论表示式为

$$R_c = 9\gamma/\mu_0 M_s^2 \propto (AK)^{1/2}/M_s^2$$

其中, γ 为畴壁能密度, $\gamma \sim (A/K)^{1/2}$; A 为交换积分; K 为各向异性常数; M_s 为饱和磁化强度. 现将典型磁性材料的单畴临界尺寸列表 2-1 如下.

表 2-1 磁性材料的单畴临界尺寸 (半径)

材料	Fe	Ni	Co	SmCo$_5$	Sm$_2$Co$_{17}$N	BaM	NdFeB
R_c/nm	8	21.2	11.4	400	180	450	125

上列数据仅供参考, 不同的文献所给的数值未必一致.

对颗粒体系, 尚需考虑近邻颗粒间的静磁相互作用, 导致矫顽力值低于孤立的颗粒, 颗粒聚集体的矫顽力 $H_{c,p}$ 与颗粒聚集体的颗粒堆积因子 P 的关系式如下:

$$H_{c,p} = H_{c,p=0}(1 - \alpha P)$$

其中, α 是与颗粒形状相关联的因数; $H_{c,p=0}$ 为孤立颗粒的矫顽力.

理论与实验表明, 在多畴与单畴间, 未必形成磁畴与畴壁, 也可形成磁矩连续变化的磁涡旋态.

2.1.2　超顺磁性

由图 2-2 可见, 当颗粒尺寸小于单畴临界尺寸时, 随着颗粒尺寸的继续减少, 矫顽力下降, 到一定尺寸时矫顽力为零, 该临界尺寸称为超顺磁性临界尺寸. 在理解超顺磁性前, 先回顾一下顺磁性, 对于无相互作用的具有磁矩为 μ 的原子聚集体, 其磁性为顺磁性, 无外磁场时, 磁矩在空间呈混乱分布, 磁化强度为零, 在外磁场中, 原子磁矩将转向磁场方向, 导致沿磁场方向的磁化强度 (M) 非零, 并随着磁场的增强而趋向饱和 (M_s), 磁化强度与磁场的依赖性可用朗之万函数 $L(\alpha)$ 来表述

$$M/M_s = L(\alpha) = \coth \alpha - 1/\alpha$$

其中, $\alpha = \mu_0 \mu H / KT$; $M_s = N\mu$, N 为单位体积内的原子数.

超顺磁性的概念是从顺磁性延伸过来的, 对于相互作用可忽略的单畴磁性微颗粒体系, 设颗粒体积为 V, 通常颗粒内含有 10^5 以上的原子, 颗粒内原子磁矩之间相互交换耦合在一起, 颗粒磁矩为 VM_s. 假如将颗粒看成具有磁矩 μ 为 VM_s 的 "超原子", 那么该体系具有与顺磁性相似的特性称为超顺磁性, 它将具有顺磁性特性, 也遵从朗之万函数关系, 但此时的 α 可表述为: $\alpha = \mu_0 \mu (H + \lambda M)/KT$, λ 为分子场常数, 与交换作用相关. 超顺磁性的磁化曲线无磁滞, $H_c = 0$, 磁化曲线可逆. 典型的 M/M_s 与 H/T 的实验曲线见图 2-3[1].

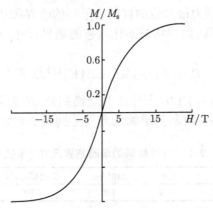

图 2-3　半径为 20nm 的 $\gamma\text{-Fe}_2\text{O}_3$ 颗粒的超顺磁性的磁化曲线[1]

在什么尺寸下颗粒会呈现超顺磁性呢? 如何理解超顺磁性呢? 考虑具有单易磁化轴的球状单畴颗粒, 其磁各向异性常数为 K, 随着颗粒尺寸的减少, 使颗粒磁矩

保持在易磁化方向的磁能 KV 也随体积减少而减少, 当磁能 KV 与热能 kT 相当时, 在热扰动作用下, 不能保持原磁矩方向, 磁矩可以克服势垒 $\Delta E = KV$ 而反转, 磁矩反转的概率 $p \sim \exp(-KV/kT)$, k 为玻尔兹曼常量, 当我们测量该体系的磁矩时, 如在所测量的时间内, 颗粒磁矩已反转多次, 导致所测量到的磁矩平均值为零, 则该颗粒体系的行为就类似于顺磁性原子体系, 颗粒磁矩在空间作无规分布[2,3].

显然, 当超顺磁性颗粒体系在磁场中被磁化后, 撤除磁场后, 磁化强度必然随时间而衰减,

$$M(t) = M_0 \exp(-t/\tau)$$

根据 Arrhenius 定律[4], 超顺磁性弛豫时间 $\tau = \tau_0 \exp(KV/kT)$, $\tau_0 = 10^{-9}$s, 或 $KV/kT = -\ln\omega\tau_0$, $\omega = 1/\tau$.

在热扰动作用下颗粒体系的磁化强度 (单位体积内磁矩的矢量和) 也随时间而变化, 设测量时间为 τ_E, 存在两种情况: ①$\tau_E < \tau$, 在测量过程中磁矩还来不及反转, 因此可以测量出该时间内颗粒的磁矩; ②$\tau_E > \tau$, 在测量过程中磁矩可以反转多次, 因此在测量过程中颗粒磁矩的统计平均值为零, 呈现出超顺磁性, 从临界条件 $\tau_E = \tau$, 可以确定超顺磁性临界尺寸. 对于直流测量, τ_E 可设定为 100s, 由 $\tau_E = \tau$ 可获 $KV_S = 25kT_B$, T_B 称为 Blocking 温度 (截止温度), V_S 为超顺磁性临界体积.

高于 Blocking 温度时呈现超顺磁性. 超顺磁性在穆斯堡尔谱中常呈现双峰, 低于 Blocking 温度时呈现铁磁性的六线谱. 对于穆斯堡尔谱测量, $\tau_E \sim 10^{-8}$s, 相应的超顺磁性尺寸由下式确定:

$$KV_S = 2.3kT_B$$

因此, 不同的测量方法所确定的超顺磁性尺寸是不同的.

由 $KV_S = 25kT_B$ 所确定的一些磁性颗粒的超顺磁性尺寸列于表 2-2.

表 2-2　一些磁性颗粒的超顺磁性尺寸

M	Fe_3O_4	Ni	Fe	Co
d_S/nm	10	4.0	6.3	5
T_B/K	300	25	78	55

超顺磁性强烈地依赖于颗粒尺寸, 如将超顺磁性尺寸增加 20%, 将导致弛豫时间由 100s 剧增至 10^{10}s(300 年), 脱离了超顺磁性状态. 超顺磁性在基础研究中是十分重要的概念, 在实际应用中也是十分重要的参量, 如超顺磁性尺寸确定了磁记录介质颗粒尺寸的下限, 当颗粒尺寸低于或与超顺磁性尺寸相当时, 磁记录信息就无法保留; 为了降低颗粒间互作用, 避免团聚, 在制备磁性液体时也必须要求磁性颗粒处于超顺磁性尺寸.

由于热扰动, 热能有助于磁化反转, 对接近超顺磁性尺寸的磁性颗粒, 影响十

分显著, H_c 将随颗粒尺寸 (D) 而变化, 可用下式表述[5]:

$$H_c = H_{co}[1 - (d_S/D)^{3/2}]$$

H_{co} 为不考虑热扰动时的矫顽力, 或超顺磁性影响忽略时的矫顽力.

　　Blocking 温度 (T_B) 也可通过测量磁化率随温度变化而确定, 首先将样品在无磁场下降温至低温, 然后随温度升高测量低场磁化率随温度的变化曲线 (ZFC) 直至高温, 再在弱磁场中, 如 $1mT(10G)(1G = 10^{-4}T)$ 下测量磁化率随温度降低的变化曲线 (FC), (ZFC) 与 (FC) 二曲线在高于 T_B 温度时重合, 低于 T_B 温度时分离, 通常将 ZFC 曲线峰值处所对应的温度定义为 T_B, 典型的实验曲线图见图 2-4[6].

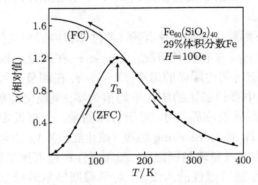

图 2-4　Fe-SiO$_2$ 颗粒膜的磁化率随温度变化的曲线[6]

ZFC: 零磁场下冷却; FC: 磁场下冷却

　　$T \geqslant T_B$ 时, 矫顽力为零, $T < T_B$ 温区, 受超顺磁性弛豫的影响, 矫顽力与温度的关系通常可用下式表述[5]:

$$H_c(T) = H_c(0)\{1 - (T/T_B)^{1/2}\}$$

以上介绍的是经典的超顺磁性理论, 不考虑颗粒间的相互作用, 颗粒内的磁矩在热扰动下做整体转动, T_B 与 V_S 成正比例. 考虑到颗粒内的偶极矩互作用, T_B 甚至可与颗粒直径呈反比例关系[7], 铁纳米颗粒的实验证实了这点, 见图 2-5. Chamberlin 等[8] 对于 5.5nm 与 8.0nm 的纳米铁颗粒超顺磁性的研究表明, 其 T_B 分别为 42.5K 与 28.6K, 较小的颗粒尺寸反而具有高的 T_B 值, 与经典理论是不相符的, 表明了颗粒间相互作用的重要性[9,10].

　　对于实际的颗粒体系, 颗粒的尺寸有较宽的分布, 因此 Blocking 温度 T_B 也有对应的分布, 平均的 Blocking 温度 $\langle T_B \rangle$ 可以定义为颗粒体系中有一半体积的颗粒处于超顺磁状态, 以下列公式表述:

$$\langle T_B \rangle = K_m V_m / k \ln(\tau_m f_0)$$

其中, 下标 m 代表对应物理量的平均值. 实验上可从剩磁的温度弛豫曲线来确定[11,12].

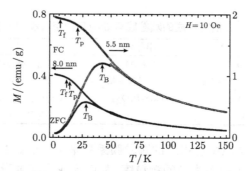

图 2-5 纳米铁颗粒体系的 Blocking 温度 (T_B)、逾渗温度 (T_p)、自旋冻结温度 (T_f) 与颗粒尺寸的关系[8]

Gittleman 等[13] 指出磁化率 ZFC 曲线的峰值所对应的温度为 T_g, 与平均的 Blocking 温度 $\langle T_B \rangle$ 关系为 $T_g = \beta \langle T_B \rangle$, β 是依赖于颗粒分布的常数, 对单一尺寸的颗粒, $\beta = 1$.

由于颗粒膜的反常 Hall 效应与磁化强度成正比例关系, 反常 Hall 电阻率 $\rho_{xys} \propto M_z \rho_{xx}^n$, 而巨磁电阻效应与磁化强度成平方的正比例关系, 因此也可通过这二者与温度、磁场的关系曲线从 ZFC 与 FC 实验中确定 Blocking 温度[14], 但这两种方法所确定的 T_B 值并不完全一致, 尤其对颗粒尺寸分布宽的颗粒体系, 因反常 Hall 效应 (EHE) 对系统中尺寸较小部分的颗粒更为灵敏, 而磁化强度则取决于每一个颗粒磁矩的贡献, 因此由反常 Hall 效应所确定的 T_B 值低于由磁化强度所确定的值, 对于颗粒度分布较窄的颗粒体系, 二者相近.

实验表明纳米磁性颗粒的居里温度随颗粒尺寸的减少而下降, 理论上伊辛模型计算表明存在如下的关系式[15]:

$$[T_C(\infty) - T_C(d)]/T_C(\infty) = [d/d_0]^{-1/n}$$

其中, d 为颗粒直径; d_0 为相应于 $T_C(\infty)$ 的大颗粒直径.

2.2 颗粒体系中的输运特性

颗粒体系中颗粒膜的输运特性研究最多, 以下将重点介绍.

颗粒膜是微颗粒镶嵌于薄膜中所构成的复合材料体系, 通常采用共溅射、共蒸发以及反应溅射等工艺制备, 可用复合材料作靶材, 或在一靶材上贴上另一组成的材料, 改变不同材料的比例, 可以调变颗粒膜的相对组成. 原则上, 颗粒的组成与薄膜的组成在制备条件下应互不固溶, 因此颗粒膜区别于合金、化合物, 属于非均匀相结构的材料, 满足此条件的材料类型可列于表 2-3 中.

表 2-3　二相所构成的颗粒膜可能的几种组合类型及其实例

	金属	半导体	绝缘体	超导体
金属	Fe-Cu,Co-Ag	Ge-Al	Al_2O_3, SiO_2-Ni	Co-Bi, Ag-Al
半导体	GaMn-GaAs, Pb-Ge	GaAs-AlGaAs	SiO_2-Ge	Bi-Ge
绝缘体	Au-Al_2O_3	CdS-SiO_2	$MgCr_2O_4$-$MgAl_2O_4$	Bi-Kr
超导体	Co-Bi, Ag-Al		Al_2O_3-Bi	

表 2-3 中所列为文献中已报道的颗粒膜系列举例. 表中共有 10 种可能的组合, 每一种组合又可衍生出众多类型的颗粒膜, 从而形成丰富多彩的研究内涵.

颗粒膜的性质除取决于组成外, 还密切关联于微结构, 如颗粒尺寸、形态、所含的体积分数以及界面构型等因素, 控制组成比例与制备工艺可以获得纳米量级尺寸的颗粒, 从而将会呈现量子限域效应. 此外, 颗粒膜中丰富的界面对电子输运性质、光学性质、磁学性质等有着显著的影响, 因此颗粒膜所具有的物理、化学性质可进行人工剪裁, 又有可控的多自由度, 从而成为具有广阔的现实和潜在的应用背景的人工功能材料. 目前, 颗粒膜研究主要集中于金属 (合金)–金属类型、金属–绝缘体类型、半导体–绝缘体类型. 金属–金属型颗粒膜, 因受多数金属组元在高温下相互间有一定的固溶度的限制, 而为数不多, 目前研究的主要对象为 Ag、Au、Cu 与过渡金属所构成的颗粒膜, 因 Fe、Ni、Co 等 3d 过渡金属在 Ag、Au、Cu 中的固溶度在平衡态时甚低, 如 Fe 在 Ag 中的热力学平衡状态下的固溶度约为百万分之一, 因此 Fe-Ag 可生成颗粒膜, 而不是单相合金. 为了便于对比不同密度的材料所组成的颗粒膜之物理特性, 文献中常用体积百分比 p 或 f_v 来表征. 对于 A、B 二组元的薄膜而言, 当 A 组成的体积百分比远比 B 小时, A 将以微颗粒的形式镶嵌于 B 的薄膜中; 反之亦然. 当 A、B 二组成体积百分比相近时, $p = p_c \sim 0.5$, 二者形成网络状的迷宫图形, 通常在该组成区域会产生反常的电性、光性、磁性等现象. p_c 称为逾渗阈值 (percolation threshold). 目前人们的研究工作大多集中于纳米微粒 ($p < p_c$) 与 $p \sim p_c$ 的逾渗阈值附近. 现以金属–绝缘体颗粒膜为例, 从电性上来划分, 大致上可区分为三种类型: 其一, 金属区, 当金属组成的体积百分数远大于绝缘体时 ($p_m > p_c$), 金属组成相互联结成连续薄膜, 因此呈现金属型的导电性, 电阻率低, 电阻温度系数为正, 由于除金属外还存在绝缘体相, 因此电子在输运过程中必然受到金属–绝缘体界面的散射作用, 导致电导率低于纯金属; 其二, 介电区, 金属组成体积百分数远低于绝缘体 ($p_m < p_c$), 金属组元以孤立的微颗粒形式嵌入绝缘介质的薄膜中, 从而呈现半导体类型的导电性, 电阻率较高, 电阻率温度系数为负值, 电子的输运主要通过隧道效应进行; 其三, 金属–绝缘体过渡区域 ($p_m \sim p_c$), 金

属组成接近逾渗阈值, 但低于逾渗阈值, 此时金属组成构成迷宫图案, 导电性能除与金属迷宫构型相关外, 还取决于通过绝缘层的热激发的隧道效应. 现以 Au-Al$_2$O$_3$颗粒膜为例, 可以清楚地看到颗粒膜中这三类微结构与电阻率变化的对应关系, 见图 2-6[16].

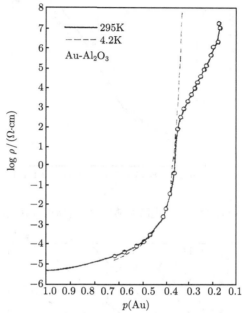

图 2-6　Au-Al$_2$O$_3$ 颗粒膜的电阻率随金含量 (体积百分数) 的变化[16]

由于隧道效应, 金属组成在绝缘体中的体积百分数低于 0.5 时就可以产生电阻率的剧变, 如 Au- Al$_2$O$_3$ 颗粒膜, Au 含量为 0.4 时就进入金属–绝缘体过渡区域, Au、Pt 等不易氧化的金属, 过渡区窄, 变化陡峭, 但对于 Ni 等易氧化的金属, 由于在制备过程中 SiO$_2$ 可能分解, 如 SiO$_2$ $\longrightarrow$ SiO+[O] 或 SiO$_2$ $\longrightarrow$ Si+O$_2$, 而氧又与金属结合成金属氧化物, 则 p_c 移向较高的值, 过渡区较宽, 变化平缓, 如 Ni-SiO$_2$ 颗粒膜的电阻率随组成变化的曲线见图 2-7.

金属–绝缘体颗粒膜的电阻率温度系数在金属区为正, 在介质区为负, 在过渡区某一组成二者效应相抵消时接近零, 因此颗粒膜早期的应用是用来制造低温度系数的电阻元件, 称为金属陶瓷 (cermet). 在介质区, 理论上考虑了隧道效应, 电导率取决于颗粒间的隧穿概率以及由于热激发产生带电金属颗粒密度, 从而推导出电阻率的对数与温度平方根成反比例关系[17]

$$\ln[\rho(0,T)/\rho_0] = -2(C/kT)^{1/2}$$

其中, C 是不依赖于颗粒尺寸但与颗粒膜组成相关的常数; Ni-SiO$_2$ 颗粒膜的实验也证实此关系式[16], 见图 2-8.

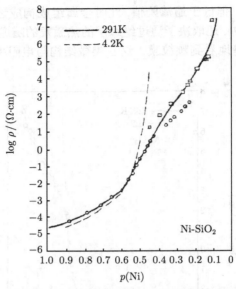

图 2-7　Ni-SiO$_2$ 颗粒膜的电阻率随镍含量 (体积百分数) 的变化[16]

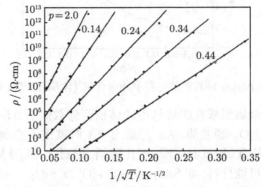

图 2-8　Ni-SiO$_2$ 颗粒膜在低场欧姆区, 电阻率的对数与 $1/\sqrt{T}$ 成正比例关系[16]

Ni$_x$(SiO$_2$)$_{1-x}$ 的磁相图见图 2-9[18], 随着组成的变化可产生铁磁到超顺磁性的相变, 该相变关联于随组成变化导致磁性颗粒的构型及相互作用的变化.

磁性颗粒膜在逾渗阈值附近除产生电阻率剧变外, 磁性也会呈现显著的变化, 如 Fe-SiO$_2$ 的矫顽力随 Fe 的体积百分数的变化见图 2-10[19,20], 在逾渗阈值附近矫顽力 (H_c) 呈现极大值, 低温 (2K) 下 $H_c \sim 200$kA/m(2500Oe), 而对于纯 Fe 薄膜 $H_c \sim 4$kA/m(50Oe).

矫顽力的大小不仅与颗粒尺寸、形貌有关, 而且与界面特性有关, 同样的 Fe 嵌于不同的介质中, 矫顽力的极值却不相同.

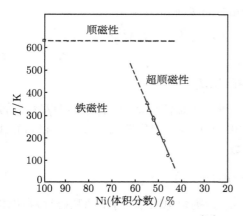

图 2-9 $Ni_x(SiO_2)_{1-x}$ 的磁相图[18]

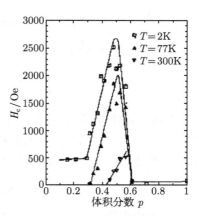

图 2-10 $Fe-SiO_2$ 的矫顽力随 Fe 的
体积百分数的变化[19,20]

2.3 金属/金属型颗粒膜的巨磁电阻效应

如表 2-3 所示, 颗粒膜有多种类型, 本节重点介绍磁性金属与非磁性金属所构成的颗粒膜, 颗粒膜与多层膜有不少相似之处, 二者均属于二相或多相非均匀体系, 所不同的是纳米微粒在颗粒膜中呈混乱的统计分布, 而多层膜中相分离具有人工周期结构, 可以存在一定的空间取向关系, 但对物理问题的理论处理都是基于与自旋相关的散射, 从多层膜的巨磁电阻效应延伸到颗粒膜是顺理成章的且有其内在的必然性, 二者没有本质上的区别, 1988 年报道了 (Fe/Cr) 多层膜的巨磁电阻效应后[21], 接着 1992 年又报道了颗粒膜的巨磁电阻效应[22,23].

电子在颗粒膜中输运将受到磁性颗粒与自旋相关的散射, 从而产生巨磁电阻效应. 通常认为, 颗粒膜系统中的磁性颗粒的磁矩, 在未磁化的磁中性态时在空间呈混乱分布, 加磁场后, 导致颗粒的磁矩趋向于沿磁场方向排列, 传导电子的散射必然与磁矩的取向有关, 即与磁化强度相关, 才会导致磁电阻效应, 因此颗粒膜巨磁电阻效应的唯象表达式如下:

$$\Delta\rho/\rho \propto \langle \boldsymbol{M}_i \cdot \boldsymbol{M}_j \rangle / M^2 = M_i M_j \langle \cos\theta_{ij} \rangle / M^2$$

对于相同尺寸的磁性颗粒 $M_i = M_j = M$, 所以

$$\Delta\rho/\rho \propto \langle \cos\theta_{ij} \rangle$$

θ_{ij} 为 M_i、M_j 磁矩之夹角, 因为

$$\boldsymbol{M}_i/M_i = \boldsymbol{i}\sin\theta_i\cos\phi_i + \boldsymbol{j}\sin\theta_i\sin\phi_i + \boldsymbol{k}\cos\theta_i$$

所以

$$\cos\theta_{ij} = \cos\theta_i\cos\theta_j + \sin\theta_i\sin\theta_j\cos(\phi_j - \phi_i)$$

$$\langle\cos\theta_{ij}\rangle = \langle\cos\theta_i\cos\theta_j\rangle = \langle\cos\theta_i\rangle^2 = (M/M_s)^2$$

所以

$$\Delta\rho/\rho \propto -A(M/M_s)^2$$

所以颗粒膜巨磁电阻效应正比于 $(M/M_s)^2$, 进一步延伸一下, $\Delta\rho/\rho$ 为 $(M/M_s)^2$ 的偶函数, $F(x)[x = (M/M_s)]$ 应满足 $F(0) = 0$, $F(1) = 1$ 的条件, $\Delta\rho/\rho = -AF(x)$, A 是与磁性颗粒的尺寸、体积分数有关的常数

$$A = \rho_m/(\rho_0 + \rho_{ph} + \rho_m)$$

其中, ρ_m 为磁电阻率; ρ_{ph} 为声子电阻率; ρ_0 为剩余电阻率, 对于超顺磁性颗粒体系 $M(T)$ 可用朗之万公式来描述. 对 $Co_{16}Cu_{84}$ 颗粒膜样品, 实验结果与理论曲线 $\Delta\rho/\rho = -0.065(M/M_s)^2$ 在低磁场下符合得相当好, 见图 2-11. 假如采用

$$F(x) = a(M/M_s)^2 + (1-a)(M/M_s)^4$$

进行拟合在高磁场部分可以符合得更好.

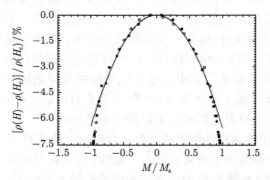

图 2-11　$Co_{16}Cu_{84}$ 颗粒膜的巨磁电阻效应与 (M/M_s) 的关系曲线[23]

　　$Co_{16}Cu_{84}$ 颗粒膜的磁滞回线与相应的巨磁电阻效应与磁场的关系曲线见图 2-12[22].

　　Dai 等[24] 从实验上证明了 $Cu_{80}Co_{20}$ 颗粒体系的磁电阻效应与颗粒磁矩夹角之间确实存在三角余弦的关系, 他们首先将 $Cu_{80}Co_{20}$ 颗粒膜在 $H_1 = 4000 kA/m$ 高磁场下冷却到 5K, 然而相对于原磁化方向成 ϕ 角度方向施加一较低的磁场 $H_2 = 4.8 kA/m$, 此时, 矫顽力较大的颗粒其磁矩方向将继续保留在 H_1 方向, 而对应于矫顽力较小的颗粒其磁矩方向将转向 H_2, 于是 H_1 与 H_2 之间的夹角 ϕ 就成为这两类磁性颗粒之间的夹角, 其示意图见图 2-13, 实验结果表明 GMR 确与 $\cos\phi$ 成正比例关系, 见图 2-14.

从微观的观点出发, 与自旋相关的散射意味着散射矩阵依赖于传导电子自旋相对被散射的局域磁矩的取向, 当磁性颗粒膜中颗粒的磁矩混乱取向时, 散射矩阵 Δ 的平均值对于自旋向上或向下的传导电子是相等的, 当颗粒磁矩取向排列时, 才会显示出自旋向上或向下的传导电子散射概率的不同, 这里定义的自旋向上或向下是相对于局域磁矩方向平行或反平行情况. 设想颗粒膜中的巨磁电阻效应与多层膜中电流垂直于膜面的情况 (CPP) 相当[25,26], 同样采用二流体模型[27], 在散射过程

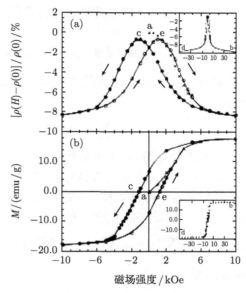

图 2-12 $Co_{16}Cu_{84}$ 颗粒膜的磁滞回线及相应的巨磁电阻效应与磁场的关系曲线[23]

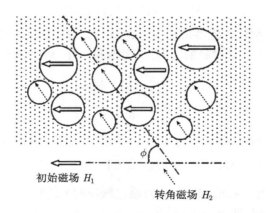

图 2-13 经强磁场中冷却后, 再在 ϕ 角度施加一弱磁场, 导致两类磁性颗粒之间的夹角的示意图[24]

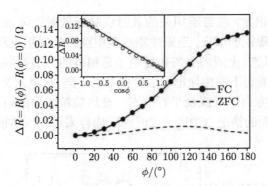

图 2-14   GMR 与 $\cos\phi$ 成正比例关系的实验曲线[24]

中不考虑传导电子自旋的反向, 引入与自旋相关的散射势, 求出散射矩阵, 从而可以获得巨磁电阻效应的表达式[28]

$$\sigma = (ne^2/2m) \sum 1/\Delta^\sigma$$

其中, σ 为电导率; Δ^σ 为平均散射矩阵; n 为单位体积中的传导电子数.

电阻率 $\rho = 1/\sigma = (2m/ne^2)\Delta^\sigma$, $\Delta^\sigma = k_{\mathrm{F}}/m\lambda^\sigma$, λ^σ 为电子平均自由路程.

对于颗粒膜, 电子的散射来源于磁性颗粒、非磁介质以及颗粒与介质之间的界面, 分别以符号 m、nm、s 代表, 则总的散射矩阵为三者之和

$$\Delta^\sigma = 1/V \left(\sum \Delta_{\mathrm{m}}^\sigma + \sum \Delta_{\mathrm{nm}}^\sigma + \sum \Delta_{\mathrm{s}}^\sigma \right)$$

引入与自旋相关的平均自由程 $\lambda_{\mathrm{m}}^\sigma$、$\lambda_{\mathrm{s}}^\sigma$, 则

$$\lambda_{\mathrm{m}}^\sigma = \lambda_{\mathrm{m}}/(1 + P_{\mathrm{b}}\sigma \cdot M_i)^2$$

$$\lambda_{\mathrm{s}}^\sigma = \lambda_{\mathrm{s}}/(1 + P_{\mathrm{s}}\sigma \cdot M_i)^2$$

其中, 下标 m、s 分别代表磁性微粒内与表面. P_{b}、P_{s} 分别代表磁性颗粒内与表面的自旋相关对自旋无关散射势的比例, σ 为泡利矩阵. 经计算可获得

$$\rho = (\rho_1^2 - \rho_2^2\alpha^2)/\rho_1)$$

其中

$$\rho_1 = (Ck_{\mathrm{F}}/ne^2)\{(1 + P_{\mathrm{b}}^2)/\lambda_{\mathrm{m}} + (1 - C)/C\lambda_{\mathrm{nm}} + 3(1 + P_{\mathrm{s}}^2)/d_{\mathrm{m}}\lambda_{\mathrm{s}}\}$$

$$\rho_2 = (Ck_{\mathrm{F}}/ne^2)\{2P_{\mathrm{b}}/\lambda_{\mathrm{m}} + 6P_{\mathrm{s}}/d_{\mathrm{m}}\lambda_{\mathrm{s}}\}$$

C 为单位体积内磁性颗粒的浓度; d_{m} 为磁性颗粒的平均直径; $\alpha = M(H)/M_{\mathrm{s}}$, $H = H_{\mathrm{c}}$ 时 $\alpha = 0$, 饱和磁化时 $\alpha = 1$. 所以

$$\Delta\rho/\rho_{\mathrm{s}} = (\rho_2^2/(\rho_1^2 - \rho_2^2)[1 - \alpha^2(H)]$$

该理论表达式与唯象理论 $\Delta\rho/\rho = -A(M/M_s)^2$ 相一致.

从上式出发进行讨论, 如电子在非磁性介质中的平均自由程长, 磁性颗粒界面平均自由程短, 即表面粗糙度高, 则有利于提高磁电阻效应. 如自旋相关散射主要来自磁性颗粒界面, $P_s \gg P_b$, 则磁电阻效应随磁性颗粒直径 (d_m) 减少而显著增加. 实验结果近似呈反比例关系, 也就是与颗粒表面积成正比例, 通常认为颗粒膜体系中, 巨磁电阻效应主要来源于磁性颗粒的界面散射, $Fe_{20}Ag_{80}$ 颗粒膜的实验曲线见图 2-15[28].

颗粒膜巨磁电阻效应的研究主要集中于两大材料系列: ①银系, 如 Co/Ag、Fe/Ag、FeNi/Ag、FeCo/Ag 等; ②铜系, 如 Co/Cu、Fe/Cu、FeCo/Cu 等. 4f 族, 如 Gd 颗粒膜中未发现巨磁电阻效应, 4f 族的 f 电子是不参与传导的, 对输运电子缺少磁散射的机制.

Ag、Cu 金属均为面心立方结构, 晶格常数分别为 4.086Å 和 3.61Å, 表面自由能分别为 1.30、1.93, 二者与 Co 的晶格失配度分别为 15% 与 2%, Co 的表面自由能为 2.71, 因此, Ag、Cu 与 Co 等铁族元素在热平衡态不相固溶, Co/Ag 的晶格失配度大于 Co/Cu, 在亚稳态的条件下, Co/Ag 间的固溶度低于 Co/Cu, 产生最大巨磁电阻效应的颗粒膜组成中, 铁族元素所占的体积百分数处于 15%~25% 内, 低于形成网络状结构的逾渗阈值 (约为 50%)[16], 此时, 铁族元素主要以微颗粒的形式镶嵌于薄膜中. 为了在室温避免超顺磁性产生, 铁磁微颗粒的最佳直径约为几纳米到 10nm. 例如, Co/Ag、Fe/Ag、Co/Cu 等颗粒膜的巨磁电阻效应与所含铁磁微颗粒体积百分数之间的关系见图 2-16.

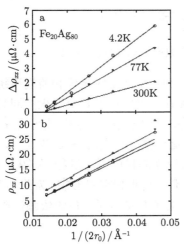

图 2-15　$Fe_{20}Ag_{80}$ 颗粒膜的巨磁电阻效应与 Fe 颗粒直径的关系曲线[28]

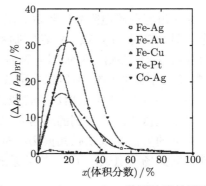

图 2-16　Co/Ag、Fe/Ag 等颗粒膜的巨磁电阻效应与 Co、Fe 颗粒体积百分数的关系[28]

　　呈现极大值的原因可以这样来理解: 当铁磁颗粒体积百分数较少时, 虽然此时颗粒尺寸较小有利于提高巨磁电阻效应, 但由于颗粒数目也少, 相当于上述公式中浓度 C 小, 散射中心少而降低磁电阻效应, 此外, 磁性颗粒间距随浓度下降而增大, 如间距大于电子在介质中的平均自由程时也将降低磁电阻效应, 因此随着铁磁颗粒体积百分数增加, 总的趋势是增大巨磁电阻效应, 然而随着颗粒浓度增加, 同时颗粒尺寸也变大了, 当颗粒尺寸超过电子平均自由程时又将降低磁电阻效应. 具有极性分析的扫描电子显微镜对 Co/Ag 颗粒膜磁畴研究表明[29], 当 Co 颗粒的体积分数大于 40% 时, 将形成磁畴, 从而降低磁电阻效应, 于是在一定的铁磁体积分数时将呈现巨磁电阻效应极大值. 理论处理表明, 当铁磁颗粒尺寸与电子平均自由程相当时, 将会呈现巨磁电阻效应极大值[30]. 巨磁电阻效应对铁磁颗粒尺寸、形态的依赖性无论从实验与理论的角度都是让人十分感兴趣的问题, 桑海等[31] 曾对 $Co_{22}Ag_{78}$ 颗粒膜的巨磁电阻效应与退火温度的关系进行了研究, 将样品置于真空室中进行退火处理, 随着退火温度的升高, 巨磁电阻效应有所增大, 大约 500K 附近呈现极大值, 见图 2-17.

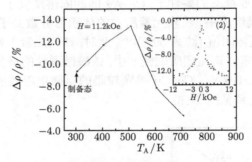

图 2-17　$Co_{22}Ag_{78}$ 颗粒膜的巨磁电阻效应与退火温度的关系[31]

　　为了解释巨磁电阻效应随退火温度的变化, 利用配置实时录像和监视系统的透射电子显微镜对 $Co_{22}Ag_{78}$ 颗粒膜制备态的样品在电镜中进行真空退火并同时原位实时观察, 随着退火温度的增加, 颗粒尺寸、形态均发生变化, 当退火温度 $T_A \leqslant 500K$ 时, 颗粒尺寸变化平缓, 但巨磁电阻效应却随着退火温度升高而增大, 当 $T_A > 500K$ 时, 颗粒尺寸随退火温度增加变化较为显著, 表现为晶粒的粗化过程, 见图 2-18[31].

　　电子显微镜所观察到的通常是二维图像, 难以判断其空间形貌, 为此, 可采用铁磁共振的方法测量铁磁共振场相对于颗粒膜法线方向不同夹角的依赖性[32]. 根据铁磁共振场与退磁因子 N 的关系式

$$\omega_0^2 = \gamma^2[H_z + (N_x - N_z)M][H_z + (N_y - N_z)M]$$

其中, ω_0 为测量的微波频率; γ 为回旋磁比率. 由上式可以得出结论如下:

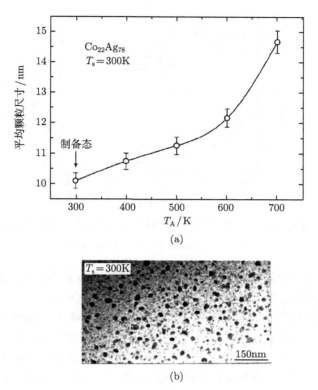

图 2-18 $Co_{22}Ag_{78}$ 颗粒膜的颗粒尺寸随着退火温度的变化[31]

(1) 当铁磁颗粒为球体时, $N_x = N_y = N_z$, 故

$$\omega_0 = \gamma H_z$$

因此, 对球状颗粒铁磁共振磁场与测量方向无关, 不论垂直膜面或平行膜面, 共振场保持不变, 对于制备态的样品, 基本上满足此条件, $H_{//} \approx H_{\perp}$, 因此可以判断制备态的 $Co_{22}Ag_{78}$ 颗粒膜的样品中, 铁磁颗粒基本上近似球形.

(2) 当铁磁颗粒呈平板 (片) 形时, 垂直于片面方向的退磁因子 $N = 1$, 片平面内退磁因子近似为零, 因此 $H_{\perp} > H_{//}$, $Co_{22}Ag_{78}$ 颗粒膜高温退火的样品其颗粒形态根据铁磁共振判断基本上近似呈片状, 片面平行于膜面. $Co_{22}Ag_{78}$ 颗粒膜样品的铁磁共振场 $H_{//}$、$H_{\perp}$ 随退火温度的变化见图 2-19[33].

铁磁共振实验表明. 随着退火温度的升高, 颗粒形态逐步由球形转变为片状, 此时巨磁电阻效应随之显著下降, 从显微结构观察进行分析, 认为在 $T_A \leqslant 500K$ 温区, 颗粒的尺寸与形态的变化不大, 但却可以产生界面原子的迁移, 导致界面钴、银原子相混合的亚稳态进一步相分离, 改变界面粗糙度, 从而提高巨磁电阻效应. $T_A > 500K$ 温区, 相分离已基本结束, 从而产生小晶粒被吞并与粗化过程, 小的钴

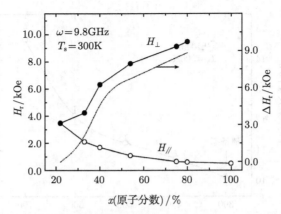

图 2-19　$Co_{22}Ag_{78}$ 颗粒膜样品的铁磁共振场 $H_{//}$、$H_{\perp}$ 随退火温度的变化

$H_{//}$ 与 $H_{\perp}$ 分别为垂直或平行于颗粒膜面[33]

颗粒消失, 大的颗粒迅速长大, 并由球状变为平行于膜面的片状, 这种片状的显微结构导致在膜面进行测量时, 决定巨磁电阻效应的机制将由接近于 CPP(电流垂直于膜面) 转变为 CIP(电流处于平面内) 的机制, 从而导致巨磁电阻效应的显著降低[34,35]. 当然, 随着颗粒长大, 比表面积的减少, 会使巨磁电阻效应下降, 但根据理论, $\Delta\rho/\rho_0 \sim 1/d_0$, d_0 为磁性颗粒直径, 实验结果偏离于 $1/d_0$ 的线性关系, 因此这种显著的变化不完全取决于颗粒尺寸, 更重要的是源于颗粒形态. 半经典理论表明, 颗粒膜系统的电输运性质相应于多层膜 CPP 与 CIP 情况之间[36].

为了确证低于 $T_A = 500K$ 的相分离, 又对 $Co_{22}Ag_{78}$ 颗粒膜制备态与退火后的样品进行高分辨率电子显微镜的观察[37,38], 其主要结论是: 在室温衬底上粒子束溅射的 $Co_{22}Ag_{78}$ 颗粒膜在制备态已产生相分离, Co 以颗粒形式嵌于 Ag 膜中, 但相分离不彻底, 尤其是在晶界存在 Co、Ag 混合的无序区, 低温退火可以使无序区的 Co、Ag 进一步相分离, 从而使相界面清晰, 晶粒完整度提高, 并随着退火温度提高, 晶界变薄, 晶界的共格性提高, 大量晶粒呈 [110] 取向. 退火过程中微结构的变化对巨磁电阻效应有着显著的影响, 因此人工控制纳米材料的微结构是十分重要的.

在磁性颗粒膜体系中, 磁性颗粒的界面散射对巨磁电阻效应起着重要的作用, 与自旋相关的散射又与磁性颗粒的磁化强度密切相关, 金属磁性颗粒的磁化强度取决于 3d 能带自旋向下与向上次能带被电子所占据的状态, 从而决定了自旋相关的 s→d 散射概率[39]. 为了了解磁性颗粒的饱和磁化强度或 3d 能级的电子态密度对巨磁电阻效应的影响, Kubinski 与 Holloway[40] 制备了下列顺序的合金磁性颗粒: $Ni_{0.6}Cu_{0.4} \rightarrow Ni \rightarrow Ni_xCo_{1-x} \rightarrow Fe_{0.2}Co_{0.8}$, 相应于单个原子的价电子数 $n = n_{3d} + n_{4s}$ 为 10.4→8.8. 按上述顺序的饱和磁化强度为 0→1500emu/cm^3, 上述磁性颗粒均为面心立方结构, 控制这些磁性颗粒在银膜中的体积分数约为 23.5%, 颗粒尺寸为 6~10nm, 实验结果表明巨磁电阻效应随磁性颗粒饱和磁化强度的减少而线性下降, 见图 2-20[40].

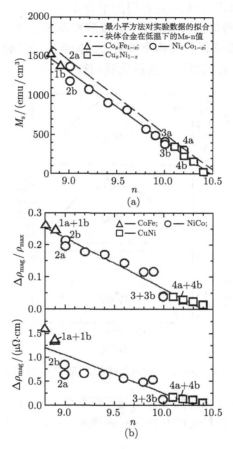

(a)

(b)

图 2-20 合金磁性颗粒, $Ni_{0.6}Cu_{0.4} \rightarrow Ni \rightarrow Ni_xCo_{1-x} \rightarrow Fe_{0.2}Co_{0.8}$, 镶嵌在 Ag 膜中导致的磁矩与磁电阻效应的变化[40]

(a) 饱和磁化强度随单个原子的价电子数 $n = n_{3d} + n_{4s}$ 的关系曲线; (b) $\Delta\rho$、$\Delta\rho/\rho_s$ 与 n 的关系曲线

在研究颗粒膜巨磁电阻效应时, 人们往往将颗粒膜系统看作无相互作用、磁矩混乱取向的磁性颗粒集合体系, 然而一些实验表明 $\Delta R/R$ 与 (M/M_s) 的关系曲线在低磁场下会呈现非平方律的关系[41,42], 有的文献将此现象归因于颗粒尺寸有较宽的分布[43], Altbir 等[44] 从理论上考虑了金属颗粒系统中的互作用, 比较了 RKKY 交换作用与磁偶极子互作用, 其理论为: 在较小的磁性颗粒情况下, RKKY 作用为主, 当颗粒尺寸大于某一临界值时, 磁偶极子互作用占优. 例如, 对 Co/Cu 颗粒体系, 钴颗粒的临界尺寸为原子数 $N = 100$, 当钴颗粒尺寸大于此临界尺寸

时, 磁性颗粒间的磁偶极子互作用将会导致相邻磁性颗粒间的反平行排列. Allia 等[45] 对 Co_xCu_{100-x} 快淬颗粒薄带巨磁电阻效应的实验研究表明, $\Delta R/R \sim M/M_s$ 关系曲线在低磁场下偏离于无相互作用的平方律, 而呈现出平台型的变化曲线, 见图 2-21[45]. 考虑了颗粒间的互作用后, 可以解释偏离于平方律的实验结果. Gregy 等[46] 对 Co/Ag 颗粒膜同样发现相类似的平顶抛物线的实验曲线. El-Hilo 等[47] 考虑了互作用后, 数值计算的结果与实验曲线相符.

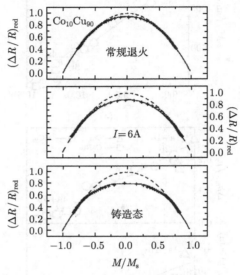

图 2-21　Co_xCu_{100-x} 颗粒薄带的 $\Delta R/R \sim M/M_s$ 曲线[45]

颗粒系统中, 磁性颗粒间的互作用是不可避免的, 磁性测量也表明低温下将会呈现自旋玻璃态, 磁性颗粒间的互作用对系统磁、光、电等性质的影响尚有待于深入的探讨.

2.4　间断膜的巨磁电阻效应

单纯的多层膜与颗粒膜虽然磁电阻效应远比各向异性磁电阻效应大得多, 故冠以 "巨" 字以示区别, 但所需饱和磁场也高, 因此单位磁场强度所引起的磁电阻效应却不十分显著, 磁场灵敏度较低. 铁镍合金的各向异性磁电阻效应室温值约为 3%, 但饱和磁场仅为 800A/m(10Oe), 因此磁场灵敏度 S_v=0.3%/Oe, 而在 Co/Cu 多层膜中室温磁电阻效应最大值的报道为 65%[48], 但饱和磁场却高达约 1T, 因此 $S_v = 0.0065\%/Oe$. 巨磁电阻效应发现后主要的研究方向之一是降低饱和磁场, 提高低场灵敏度, 尤其作为高密度读出磁头、磁随机存储器等应用, 磁场灵敏度是十分重要的参量. 在多层膜中采用了自旋阀 (spin-valve)[49] 的结构显著地提高了磁场灵敏度, S_v =1%/Oe~2%/Oe, 作为高密度读出磁头已产业化生产, 可将磁盘记录密度提高 20 倍以上.

颗粒膜磁电阻效应的缺点是饱和磁场太高, Hylton 等 [50] 将多层膜在合适温度下退火, 使其成为类似于颗粒膜的间断膜, 发现具有高的磁场灵敏度. 他们选择 NiFe/Ag 系列, 因 NiFe 合金 ($Ni_{80}Fe_{20}$) 具有低的磁晶各向异性, 甚易磁化, 为了降低多层膜之间的反铁磁性耦合, 将多层膜经退火处理变成间断膜, 仅使层间产生偶极矩的静磁耦合, 以达到降低饱和磁场的目的. 其制备工艺如下.

采用磁控溅射成膜工艺, 溅射气氛为 4%H_2+96%Ar, 压力为 3mTorr, 基片为 Si 片, 首先生长 70nm 厚的 SiO_2 缓冲层, 然后在 12kA/m(150Oe) 磁场下成膜. 例如, 多层膜组成为: Ta(100Å)/Ag(20Å)/[NiFe(20Å)/Ag(40Å)]₄/NiFe(20Å)/Ta(40Å)/SiO_2(700Å)/Si, 经 315°C 在 (5%H_2+95%Ar)

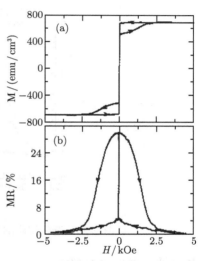

气氛中退火, 可获得室温下, 在 40~800kA/m (5~10Oe) 磁场中, GMR 4%~6%, 磁场灵敏度 S_v = 0.8%/Oe. 继后, Steren 等 [51] 在 [Co(4Å)/Ag(40Å)/NiFe(40Å)/Ag(40Å)]₁₅ 混合型膜中获得 GMR 为 30%, 磁场灵敏度可达 2.3%/Oe, 甚至最陡处 S_v = 6.5%/Oe, 其磁化曲线与磁电阻效应曲线见图 2-22. 在该多层膜中, 由于 Co 层甚薄, 因此实际上 Co 是以纳米微颗粒的形式嵌于薄膜之中, 故称为杂化磁纳米结构 (hybrid magnetic nanostructure), 在此杂化磁纳米结构中, 实际上是由低矫顽力 [H_c=400A/m(5Oe)] 的 NiFe 薄膜与高矫顽力 [H_c ~200kA/m(2500Oe)] 的纳米 Co 微颗粒二类铁磁相所组成, 从而导致图 2-22 的磁化曲线与相应的磁电阻曲线.

图 2-22 [Co(4Å)/Ag(40Å)/NiFe(40Å)/Ag(40Å)]₁₅ 间断膜的磁化曲线与磁电阻曲线[51]

从其实验结果看来, 理想的周期结构并非是获得高磁电阻效应的必要条件, 无论是多层膜, 颗粒膜, 间断膜其饱和 GMR 基本相同, 获得大磁电阻效应的体系均为 Co-Cu、Co-Ag 系统, 其次为 NiFe-Cu、NiFe-Ag, 具有最小效应的是 Fe-Au、Fe-Cu 系统.

Duvail 等 [52] 采用相似的杂化型结构, 以 Cu、Ag 非磁性层将软磁相 $Ni_{80}Fe_{20}$ 层与永磁相 Co 颗粒相分离, 研究不同层厚对磁性、磁电阻效应的影响, 其组成序列为 [Co(t_{Co})/Ag(t_{Ag})/NiFe(t_{NiFe})/Ag(t_{Ag})], 其中 4Å≤ t_{Co} ≤13Å; 10.5Å≤ t_{Ag} ≤40Å; 以及 t_{NiFe}=20Å 或 40Å, 或以 Cu 代 Ag, 在室温可获得较高的磁电阻效应, 见图 2-23.

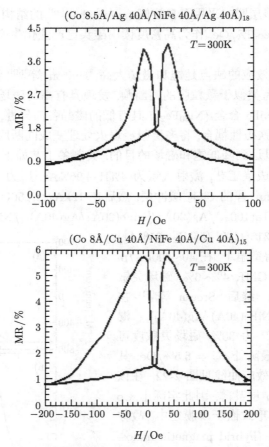

图 2-23   杂化型磁纳米结构样品的巨磁电阻效应曲线[52]

磁场灵敏度可高达 7%/Oe.

Iijima 等[53] 提出了多层颗粒膜结构, 采用富 Co 的 Co/Ag 颗粒膜 66%(原子分数)Co/Ag, 与 Cu 构成多层膜 66%(原子分数)Co/Ag(Å)/Cu($t = 15 \sim 20$Å) 在高于 5×10^{-8}Torr 真空度下进行退火, 200~400°C, 1h, 获得 MR=7.6%, H_S=5600A/m(70Oe) 的磁电阻效应特性.

Ziese[54] 研究了单一组成的 $La_{0.7}Ca_{0.3}MnO_3$ 间断膜, $La_{0.7}Ca_{0.3}MnO_3$ 为半金属材料, 具有大的自旋极化率, 采用激光沉积的工艺, 将 $La_{0.7}Ca_{0.3}MnO_3$ 多晶体激光沉积在 $LaAlO_3$ 基片上, 其膜厚为 2~4nm, 从而形成间断膜, 电阻率与温度的关系在低温区 (< 40K) 符合三维颗粒体系的 $T^{-1/2}$ 规律, 在高温区 (40~300K) 近似按 $T^{-0.6}$ 规律变化. 磁电阻效应在低温、高磁场下可接近 100%, 并随温度升高而下降, 其机制源于磁性颗粒间与自旋相关的隧穿效应, 并可用 Inoue 和 Maekawa[55] 公式

MR$= -P^2m^2/(1+P^2m^2)$ 来描述, 其中 P 为自旋极化率, $m = M/M_s$, $m^2 = \langle \cos\theta \rangle$, θ 为相邻颗粒之间磁矩的夹角.

磁性间断膜的高磁场灵敏度的磁电阻效应, 确实给人们带来了惊喜, 由于重复性差, 很难进入实际应用, 但其实验结果却可给人们今后探索降低饱和磁场一些启发, 探索低饱和磁场、高磁场灵敏度的颗粒体系巨磁电阻效应材料与构型, 依然是今后感兴趣的研究方向.

2.5 金属/绝缘体型颗粒膜的磁电阻效应

金属/绝缘体型颗粒膜的磁电阻效应的研究最早可追溯到 20 世纪 70 年代, 1972 年 Gittlemand 等[18] 研究了 Ni/SiO$_2$ 颗粒膜的磁电阻效应, 1975 年 Julliere[56] 对 Fe/Ge/Co 磁性隧道结的输运性质作了开拓性的研究工作, 发现隧道阻抗随铁磁层的磁化状态而变化, 在 4.2K 时, 电导 (G) 的相对变化可达 14%, $\Delta G/\bar{G} = 14\%$, 其中 ΔG 为二铁磁层 (Fe 与 Co) 磁化矢量平行与反平行时隧道结的电导之差, $\bar{G}$ 为二种状态电导的平均值, $\Delta G/\bar{G}$ 值随测量电压的升高而显著下降, 当 $V = 6\text{mV}$ 时, 其值约为 2%, 并提出 $\Delta G/\bar{G}$ 的表述式为

$$\Delta G/\bar{G} = 2P_2/(1 + P_1P_2)$$

其中, $P_{1(2)} = (n^\uparrow - n^\downarrow)/(n^\uparrow + n^\downarrow)$, 代表铁磁层的自旋极化率, 下标 1、2 分别代表处于绝缘层两边的铁磁层, $n^\uparrow$, $n^\downarrow$ 分别代表自旋朝上与朝下的电子数.

继后, 虽有一些研究工作步 Julliére 之后尘, 但均未取得突破, 在巨磁电阻效应研究热潮的激励下, 直到 1994 年才在 Fe/Al$_2$O$_3$/Fe 隧道结发现室温隧道磁电阻效应高达 18%[57,58], 从而兴起了新的研究热潮. 隧道结的磁电阻效应取得突破后, 继后人们又在 Ni/SiO$_2$、Co/SiO$_2$[59]、Fe/SiO$_2$[60]、Fe-Pb-O, 以及 Co/MgF$_2$[61] 等颗粒膜中同样发现隧道型的磁电阻效应, 其特性为各向同性, 负值, 最大磁电阻效应呈现于金属–绝缘体转变的临界阈值附近, 处于绝缘体区域. 现以 Fe/SiO$_2$ 为例, 磁电阻效应与含 Fe 量的关系见图 2-24, 磁化曲线呈超顺磁性的朗之万曲线. Milner 等[59] 对 Ni/SiO$_2$ 得到相似的结果, 见图 2-25.

王文蒃等[60,61] 对 Fe/SiO$_2$ 颗粒膜的铁磁共振进行了研究, 发现 Fe 的体积分数低于临界阈值时, Fe/SiO$_2$ 颗粒膜中存在自旋波共振, 意味着在 Fe 颗粒间除存在偶极作用外尚存在其他相互作用, 颗粒间的互作用对颗粒体系物理性质的影响是十分重要的[62].

Hackenbroich 等[63] 在 Co/MgF$_2$ 颗粒膜中发现在 2.5K 温度下隧道磁电阻效应可高达 34.7%, 并认为呈现大的隧道磁电阻效应的原因是源于 Co 团簇间的反铁磁耦合.

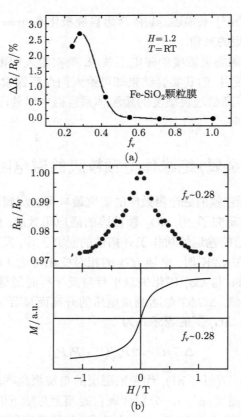

图 2-24　Fe/SiO₂ 颗粒膜的磁电阻效应与磁化曲线与含 Fe 量的关系[60]

(a) 磁电阻效应与组成的关系; (b) 磁电阻效应与磁化曲线

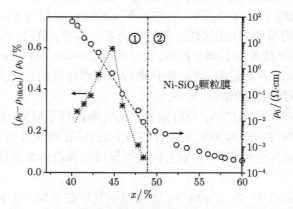

图 2-25　Ni/SiO₂ 颗粒膜的磁电阻效应与含 Ni 量的关系[59]

早期, Abeles 等[16] 曾对金属–绝缘体颗粒体系的电输运性质作过实验与理论研究. 在未加电场时, 所有的金属颗粒均呈电中性状态, 导电过程必然涉及载流子 (电子与空穴) 的输运, 在电场作用下, 带电金属颗粒的载流子将通过隧道效应移向临近其他中性金属颗粒, 设金属颗粒的电容为 C, $C = 2\pi\varepsilon_0\varepsilon d$, d 为颗粒的直径, ε 为有效介电常数, 使单个颗粒带上一个电子的荷电能为 $E_c \sim e^2/C$, 对于颗粒体系, 设颗粒间的距离为 s, 则荷电能可表示为

$$E_c = (e^2/d)F(s/d)$$

其中, $F(s/d)$ 为依赖于颗粒尺寸与间距的函数.

在低电场, 高温条件下, 颗粒体系的电导率 σ 由颗粒间的隧穿概率 $[\sim \exp(-2\chi s)]$ 和由热激发产生的带电颗粒数密度 $[\sim \exp(-E_c/kT)]$ 二者所决定, 其中 $\chi = (2m\phi/h^2)^{1/2}$, m 为电子有效质量, ϕ 是势垒高度

$$\sigma \propto \exp(-2\chi s - E_c/kT)$$

考虑到颗粒的分布在颗粒体系中是随机的, 因而可认为颗粒的密度在颗粒体系中是均匀的, 从而可以认为 (s/d) 比值在颗粒体系中大致上可考虑为恒量, 因 $E_c \propto e^2/d$, 所以 sE_c 也为常数, 这意味着载流子在具有较大库仑能 E_c 的小颗粒 (d 小, 对应的 s 也小) 之间的隧穿概率较小, 此外, 对于大的颗粒间距 (s 较大) 电子需要穿越较厚的隧穿势垒层, 其概率也较小, 从而存在一最佳颗粒间距 S_m 使颗粒间的电导达到最大值 σ_m

$$\sigma_m \propto \exp[-2(C/kT)^{1/2}], \quad C = 2\chi sE_c$$

如认为颗粒体系的电导主要由 σ_m 所决定, 则体系的电导率对数与温度平方根成正比例

$$\ln\sigma \propto T^{1/2}$$

尽管设想 (s/d) 比值为常数, 以及载流子的隧穿主要发生在相似尺寸的颗粒之间, 从而推导出上述结果, 这些尚未得到实验证实, 但却被众多文献所引用, 解释其实验结果.

颗粒体系的隧道磁电阻效应与隧道结的磁电阻效应在本质上是相同的, 考虑到在颗粒体系中颗粒的分布与磁矩取向是混乱的, 采用沈平[17] 对颗粒体系电导率的处理, Inoue 和 Maekawa[55] 获得磁电阻效应的表述式如下:

$$MR = P^2m^2/(1 + P^2m^2)$$

其中, $m = M/M_s$ 为归一化的磁化强度; $m^2 = \langle\cos\theta\rangle$; P 为自旋极化率, θ 为相邻颗粒之间磁矩的夹角.

　　显然, 在足够高的磁场下, 颗粒体系的磁矩将被饱和磁化, 此时 $m = 1$

$$\mathrm{MR} = P^2/(1 + P^2)$$

与隧道结的 Julliére 公式一致.

　　而对于自旋极化率较低的材料, 则 $\mathrm{MR} \approx P^2 m^2$, MR 的温度依赖性与 $(M/M_\mathrm{s})^2$ 相似, 在足够高的磁场下 $m \sim 1$, $\mathrm{MR} \approx P$, 从而解释了颗粒体系磁电阻效应 $(M/M_\mathrm{s})^2$ 依赖性以及弱的温度依赖性, 由于颗粒体系中的磁性颗粒无序取向, 导致其磁电阻效应低于相应的隧道结, 如 Co-Al-O 颗粒膜的最大磁电阻效应为 7.8%~8.8%, 约为相应的隧道结磁电阻效应的 $\dfrac{1}{2}$.

　　Mitani 等[64,65] 研究了 Co-Al-O 颗粒膜的隧道磁电阻效应, 采用 Co-Al 合金靶, 在 Ar-O$_2$ 气氛中进行反应溅射, 在玻璃基片上沉积 1~2μm 的 Co-Al-O 颗粒膜, 对实验测量到的超顺磁性曲线进行数字模拟, 可获得 Co 颗粒的尺寸为 1.5~5nm, 估计 Co 颗粒的平均直径 $\langle d \rangle = 2 \sim 3\mathrm{nm}$, 颗粒间平均距离 $\langle s \rangle \leqslant 1\mathrm{nm}$, 一系列 Co-Al-O 颗粒膜的电阻率 ρ 与温度的关系曲线见图 2-26, 基本上满足了 $\ln \rho - \sim T^{-1/2}$ 的关系曲线, 四种组成的斜率不同, 源于 Co 颗粒的平均直径不同, 根据曲线的斜率, 可以计算出库仑能的大小.

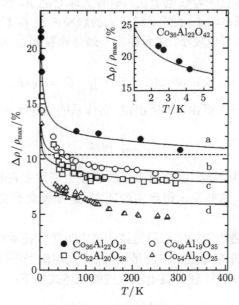

图 2-26　Co-Al-O 颗粒膜的磁电阻效应[64]

　　Co-Al-O 颗粒膜的磁电阻效应与温度的关系曲线见图 2-27, 图中虚线代表根据公式 $\mathrm{MR} = P^2/(1 + P^2)$ 所计算的值, 设 $P_\mathrm{Co} = 0.34$, 实线代表理论曲线, 由图可见 Co-Al-O 颗粒膜的磁电阻效应在低温 (低于 20K) 显著地增大, 尤其是相应于 $Co_{36}Al_{22}O_{42}$ 组成, 而在高温 (高于 100K) 磁电阻效应对温度依赖性甚低.

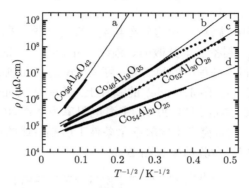

图 2-27 Co-Al-O 颗粒膜的电阻率与温度的关系曲线[64]

为了解释磁电阻效应对温度的依赖性, Mitani 等[64,65] 认为在颗粒体系中通常颗粒的尺寸分布甚宽, 当然, 相对于偏离平均值的大颗粒数目较少, 大颗粒之间将会存在许多小颗粒, 因此将存在从大颗粒经小颗粒再到大颗粒与自旋相关的高阶隧穿过程, 即共隧穿 (cotunneling) 过程, 其示意图见图 2-28, 在低温由于小颗粒的库仑能大于热能而导致库仑阻塞 (Coulomb blockade) 效应, 使磁电阻效应在低温增大.

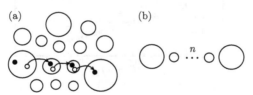

图 2-28 颗粒体系中的高阶隧穿过程示意图[64]

在理论计算中设大颗粒的尺寸为平均颗粒直径的 n 倍, 即 $D = n \langle d \rangle$, 大颗粒间存在 n 个小颗粒, 大颗粒的颗粒能为 $\langle E_c \rangle /n$, 经计算, 磁电阻效应可表述为

$$\text{MR} = \Delta\rho/\rho_0 = 1 - (1 + m^2 P^2)^{-(n^*+1)}$$

其中, $m = M/M_S$, n^* 代表出现最大电导值所对应的 n 值. 对较小的自旋极化率, 上式可近似表述为

$$\text{MR} = \Delta\rho/\rho_0 \approx m^2 P^2 (1 + \sqrt{(C/T)})$$

图 2-27 中理论曲线与实验结果符合得相当不错. Chiba 等[66] 采用扫描隧道电子显微镜 (STM) 研究 Co-Al-O 颗粒膜的微结构, 以及测量了电流–电压 (I-V) 谱, 发

现隧道电流随电压呈台阶曲线, 证明了库仑阻塞效应存在于纳米结构的颗粒膜中. STM 是研究库仑阻塞效应十分有效的手段, 详细的实验与理论研究, 如读者有兴趣可参考文献 [67].

通常在颗粒体系中, 颗粒尺寸的分布甚宽, Peng 等[68] 采用溅射与等离子气体冷凝制备团簇的设备, 制备了单分散的、颗粒尺寸分布甚窄的 Co 颗粒, 其平均直径为 6~14nm, 控制制备过程中的氧含量, 可在 Co 的表面包裹一层 CoO 绝缘层, 然而沉积在玻璃与聚合物 (polyimide) 的基片上, 膜厚约 100nm, 近似为二维网络. CoO 是反铁磁半导体, Neel 温度 293K, 室温电阻率为 $10^8 \sim 10^{15}\Omega\cdot\text{cm}$, 相应的激活能为 0.73~1.35eV. 他们研究了不同氧含量条件下所制备成的样品的电阻率以及磁电阻与温度的依赖关系, 实验结果见图 2-29.

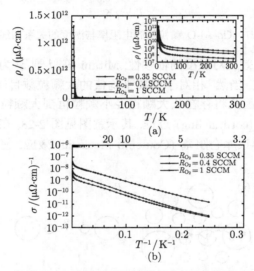

图 2-29　包裹 CoO 的 Co 颗粒体系的电阻率与温度的关系曲线

图中 R_{O_2} 为氧气流量, SCCM 表示每分立方厘米氧气[68]

由图显见, 4.2K 温度下, 电阻率比室温约高 4 个量级, 此外, $\log\sigma$ 在 7K< T < 80K 温区与温度呈反比关系, $\log\sigma \sim 1/T$. 图 2-30 为磁电阻效应与温度的关系曲线, 低于 25K, 磁电阻效应从 3.5% 剧升到 20.5%(4.2K). 由于颗粒尺寸窄, 因此库仑阻塞效应在低温窄的温区内产生, 低温高磁电阻效应的机制采用 Mitani 等共隧穿 (cotunneling) 过程理论进行解释.

Coey 等[69~71] 研究了半金属 CrO_2 粉末压结体的磁电阻效应, 能带计算表明 CrO_2 为典型的半金属材料, 其自旋极化率为 100%, 它又是重要的磁记录介质, 铁磁居里温度为 396K, 他采用了商用的粉体, 针形, 平均长度 300nm, 长径比为 8:1, 在 0.4GPa 压力下成型, 典型的密度达 45%, 5K 温度下的磁电阻效应约为 29%, 如

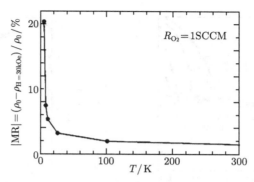

图 2-30   包裹 CoO 的 Co 颗粒体系的磁电阻效应与温度的关系曲线[68]

将 CrO$_2$ 与反铁磁绝缘体 Cr$_2$O$_3$ 粉体相混合, 压结成型, 其磁电阻效应随二者相对比例而变化, 在 25%CrO$_2$/75%Cr$_2$O$_3$ 组成比例时, 5K 温度下的磁电阻效应约为 50%, 但室温磁电阻效应小于 0.1%, 负的磁电阻效应的机制是由于与自旋相关的隧穿效应.

金属/半导体颗粒膜亦是近年来十分感兴趣的研究课题, Akinaga 等[72] 采用分子束外延 (MBE) 的工艺, 将 MnSb 沉积在被硫钝化的、半绝缘的 ($> 1 \times 10^7 \Omega \cdot$ cm) GaAs(001) 半导体基片上, 生成平凸形 (planoconvex) 的纳米颗粒点. 颗粒的直径约为 20nm, 高度为 3~5nm, 为了防止颗粒被氧化, 再在其表面覆盖一层 Sb 薄膜 (约为 5nm). MnSb 是 NiAs 型结构金属, 铁磁居里温度约为 600K. 其输运特性与 MnSb 层的名义厚度关系密切, 当厚度为 1.05nm 以上时, 电阻率降为几欧姆·米, 意味着 MnSb 已基本上形成网络, I-V 呈正常的欧姆型直线, 当厚度低于 0.35nm 时, 呈现非线性 I-V 曲线, MnSb 为分离的纳米颗粒, 介于这二厚度之间为二者过渡型的微结构, 相应的输运型特性也呈现过渡型. 对于厚度为 0.2nm 的颗粒膜其 I-V 曲线见图 2-31.

电压处于 60V 左右时, 零磁场下, I-V 曲线基本上呈线性关系, 超过临界电压后, 电流突然增加, 由高电阻状态进入低电阻状态, 同时 I-V 曲线呈现非线性, 临界电压随外磁场增大而上升, 从而导致巨磁电阻效应的产生, 在 100V 电压下, 磁电阻效应在 480kA/m(6000Oe) 下可达 10,000%为正值. 磁电阻曲线见图 2-32.

受磁场控制的 I-V 开关效应是产生巨磁电阻效应的原因. I-V 开关效应的物理机制尚待于进一步研究, 一种可能的解释是与自旋相关的库仑阻塞效应, 在磁场作用下库仑能隙变大, 以致击穿电压移向高值.

Schmidt 等[73] 采用分子束外延工艺制备了 ErAs:GaAs 纳米复合结构, 并研究了磁电阻效应, ErAs 是赝金属 (semimetallic)*顺磁性材料, 与 GaAs 的晶格失匹

---

* 国内一些文献中 "semimetallic" 与 "halfmetallic" 均译为半金属, 事实上, 二者物理内涵是不一样的, 因此本文中将 "semimetallic" 译为赝金属, 表明其性质类似于金属.

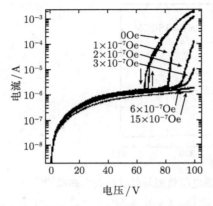 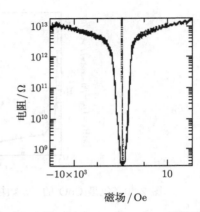

图 2-31　厚度为 0.2nm 的 MnSb 颗粒膜的　　图 2-32　厚度为 0.2nm 的 MnSb 颗粒膜的
　　　　　　　 I-V 曲线[72]　　　　　　　　　　　　　　　　正磁电阻效应曲线[72]

配度为 +1.8%, 允许 ErAs 外延生长在基片 GaAs 上, 大约 5nm 厚 [约为 20 分子层 ML 厚] 可形成外延膜, 但在初次生长阶段 (⩽3ML)ErAs 生成纳米尺寸的岛状颗粒 (4~80nm), 控制生长温度与 ErAs 的沉积率等条件, 可以获得一定尺寸与间距的颗粒, 将 ErAs 沉积在 (100)GaAs 基片上, 生长 10ML ErAs 后再覆盖 25nm 的 GaAs 层, 形成二者纳米复合结构. 观测到大约 10^3 量级的负磁电阻效应, 其机制被认为束缚的磁极化子跃迁.

近年来, 由于半导体自旋电子学的发展, 稀释磁性半导体, 如 (GaMn)As、Mn_xGe_{1-x} 等, 已成为引人注目的研究领域, 众多的研究集中在 3d 族元素, 如 Mn、Fe、Ni、Co 等, 稀释于半导体材料中, 从而产生铁磁性, 但又具有半导体的性质. 对于稀释磁性半导体, 通常定义为 3d 族元素原子并不构成团簇或颗粒而是高度弥散于半导体基体中, 置换半导体中的原子位置或间隙, 我们认为, 事实上, 在实际制备中, 均匀分散的情况是少数, 多数的情况下将会形成团簇甚至颗粒, 团簇间也可能通过载流子的媒介, RKKY 的作用而产生相互耦合, 导致自旋极化, 我们采用平均场理论, 计算出居里温度与团簇尺寸的依赖性[74]. 由于本书第 8 章将介绍稀磁半导体的进展, 因此本章不介绍相关的内容.

2.6　纳米颗粒固体的磁电阻效应

颗粒膜通常采用共蒸发、共溅射的工艺制备而成, 即气相成膜的方法. 本节将介绍采用熔体快淬 (melt-spun) 的工艺以及机械合金化等方法制备成的纳米颗粒固体材料的巨磁电阻效应.

2.6.1　熔淬薄带的磁电阻效应

室温下不相固溶的二元或多元合金, 可采用高温融熔、快淬、低温退火、相分离的工艺, 从而获得弥散的纳米颗粒合金体系, 通常采用的熔淬工艺是将合金用高频感应加热熔化, 然后用惰性气体加压将熔体喷射到热容量大的铜辊轮上快速固化、冷却, 生成亚稳态的非晶或微晶态, 进行退火热处理促使相分离, 装置示意图见图 2-33.

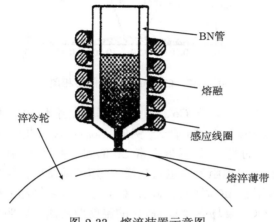

图 2-33　熔淬装置示意图

采用熔淬工艺可以制成数十微米厚度的长条薄带, 可以应用于大电流的情况. 与生成颗粒膜的条件一样, 必须选择热力学不相固溶的二元或多元组成, 对于磁性颗粒体系, 其中一种组成必须是铁磁材料, 目前研究最多的熔淬颗粒体系是 Co-Cu 系统[75~79]. Co-Cu 系的二元相图见图 2-34, 磁相图见图 2-35.

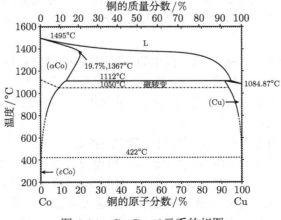

图 2-34　Co-Cu 二元系的相图

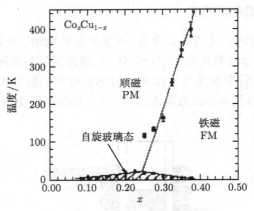

图 2-35　Co-Cu 二元系的磁相图

根据相图, 422°C 温度之下 Co、Cu 之间基本上互不固溶, 但高温淬火后仍存在有一定固溶度的亚稳态 Co-Cu 合金, 例如, $Co_{0.3}Cu_{0.7}$ 的原始配比, 熔淬后生成含 10%(原子分数)Cu 的富 Co 颗粒嵌于富 Cu 的固体中, 低温退火后可促使相分离, 随着相分离的完成, 巨磁电阻效应也随之增大, 熔淬薄带的巨磁电阻效应与相同组成的颗粒膜大致上相近, 4K 时约为 20%. 对 $Co_{0.1}Cu_{0.9}$ 样品的磁化强度在零磁场中冷却 (ZFC) 与 120Oe 磁场中冷却 (FC) 的温度曲线测量表明存在明显的热滞现象, 这意味着磁性颗粒尺寸有一较宽的分布, 此外, 这种现象通常产生在无序的磁系统中, 如自旋玻璃态、混乱场或混乱各向异性系统中才会呈现. Dieny 等[77,78] 认为颗粒合金系统存在十分复杂的磁特性, 铁磁细颗粒的超顺磁性与较大铁磁颗粒间存在团簇-玻璃态 (cluster-glass) 磁特性, 这二者交织在一起, 而团簇-玻璃态的磁性是源于静磁或 RKKY 型混乱耦合的结果, 从而导致磁性与温度的复杂关系曲线.

Co-Ag 二元相图与 Co-Cu 不一样, Co 与 Ag 即使在熔融的液态, 固溶量也不大, 因此采用熔淬工艺制备 Co/Ag 颗粒薄带存在一定的困难, Co-Ag 二元相图见图 2-36.

(Fe/Cr) 多层膜是 1988 年最早报道的巨磁电阻效应材料, Fe-Cr 二元合金的相图与磁相图分别见图 2-37、图 2-38. (Fe, Cr) 在高温生成单一的 $bcc(\alpha)$ 相, 较低温度下, 在较窄的相区生成 σ 相, 存在 $(\alpha$-$\sigma)$ 混合相区, 低于约 800K 温度下将分解为富 Cr 的 α_1 相与富 Fe 的 α_2 相.

Brux 等[80] 采用电弧熔化工艺在氩气氛中制备 $Cr_{100-x}Fe_x$ 合金, 切割成 6mm×2mm×0.2mm 的薄片, 1200K 温度下退火, 然而淬冷于水中, 根据磁相图, 当含铁量少于 18%(原子分数) 时呈反铁磁相, 大于 20%(原子分数) 时呈长程有序的铁磁相, 介于这二者之间为团簇-玻璃态, 呈现最大巨磁电阻效应的组成为铁含量约等于 20%(原子分数), 处于团簇-玻璃态相区. 纳米微粒固体的巨磁电阻效应机制与颗粒膜相同, 均源于自旋相关的散射, 并以界面散射为主, 巨磁电阻效应的大小与相应组成的 Cr/Fe 颗粒膜相近[81] 当 $x = 18.9\%$时 MR=26%(4K). 团簇–玻璃态与自旋玻璃态 (spin–glass) 具有显著不同的巨磁电阻效应, 对于典型的 Au/Fe、Au/Mn 自旋玻璃态材料, $\Delta\rho/\rho \sim H^n$, $n \sim 2$, 在 1T 磁场下, MR 值仅为 1%, 而在三元 $Fe_xNi_{80-x}Cr_{20}$ 自旋玻璃态合金中, 当16%(原子分数)$< x <$21%(原子分数) 时, MR$\sim 5\times10^{-3}$(4.2K)[82]. 从图 2-38 磁相图中可知, 当铁含量处于 10%(原子分数)$< x <$30%(原子分数) 内时, 系统可处于团簇–玻璃态受挫状态 (cluster-glass-like frustrated state), 自旋冻结温度 T_f(freezing temperature) 与组成的关系如图 2-38 所示. 团簇–玻璃态受挫系统的巨磁电阻效应的研究尚欠不足, 它涉及存在相互作用颗粒系统中的电子输运问题. 在 Co/Ag 颗粒膜中同样发现存在团簇–玻璃态的情况[83], 当存在相互作用时, $\Delta\rho/\rho$ 与 (M/M_s) 的关系曲线将偏离于平方律关系.

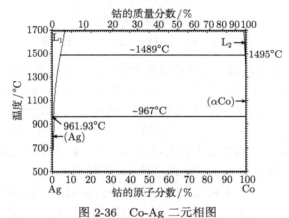

图 2-36 Co-Ag 二元相图

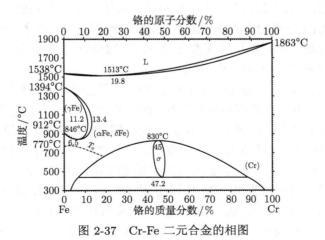

图 2-37 Cr-Fe 二元合金的相图

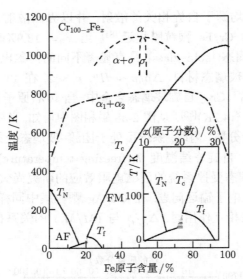

图 2-38 Cr_{100-x}-Fe_x 二元合金的磁相图

颗粒固体的巨磁电阻效应与铁磁颗粒的形态、大小密切相关, 从热力学观点看来, 固体中的相分离具有成核长大与失稳分解两类, Cu/Co 系统是研究最多的均匀成核系统, 此外, Co/Ag、Fe/Cr 等系统均属于成核长大的类型, 形成稳定的晶核其临界尺寸可表示为 $r_0 = 2\sigma/\Delta F_V$, r_0 为晶胚的临界半径, σ 为单位表面积的自由能, ΔF_V 是单位体积液体金属转变成固态时的体积自由能的变化, 因此金属淬冷的过冷度越大 r_0 越小, 越容易形成稳定的晶核. 为了得到纳米尺寸、均匀的磁性颗粒, 控制淬冷的过冷度, 以及随后的热处理工艺是十分重要的. 通常随着退火温度的升高, 时间的延长, 会导致进一步的相分离与磁性颗粒的长大. 当均匀固溶体中自由能对成分的二阶导数为负值时, 即 $\partial^2 F/\partial^2 C < 0$, 系统对吉布斯的第二类涨落将失去稳定而呈现幅度越来越大的成分涨落, 并最终分解为二相, 称之为失稳 (spinodal)分解. 此时成分随空间坐标呈周期性变化, 失稳分解所产生的成分波动周期通常为纳米量级, 所产生的二相间存在共格的关系.

铜镍铁永磁合金 [cunife, 60Cu-20Ni-20Fe%(质量分数)] 是人们所熟知的一类可加加工永磁合金, 其相变过程属失稳分解, 通常在 1100°C 左右进行固熔化处理, 形成 γ 相 (Cu_4FeNi 有序相), 淬火后, 600～700°C 间进行退火处理, 使 γ 相产生失稳附近, 产生富 Ni、Fe 的铁磁相 (γ_1) 与富 Cu 的非磁性相 (γ_2), 二相均为 fcc 结构, Jin 等[84,85] 首先对 Cu-Ni-Fe 合金块材的巨磁电阻效应进行了研究, 在最佳的颗粒尺寸、形态条件下可获得室温巨磁电阻效应达 5%, 并发现 4.2K 温度下的巨磁电阻效应反而低于室温值, 继后, 他们又用直流磁控溅射将 Cu-Ni-Fe 合金在 Si(100) 单晶基片上制成 0.1～0.5μm 厚的薄膜, 室温 GMR 可达 6.5%, MR 与磁场 H 的关系

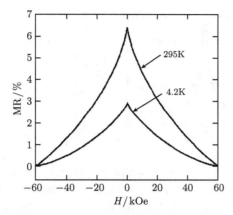

图 2-39　(Cu-20Ni-20Fe) 合金薄膜的 MR-H 曲线[85]

曲线见图 2-39[85].

在 Cu-Ni-Co 体系中, Co 基本上不固溶于 Cu, 但 Ni 却既固溶于 Co 又固溶于 Cu, CuNi 与 CoNi 相均为面心立方结构, 二相彼此共格满足失稳分解的基本条件, 相变过程连续, 不需形核功, 失稳分解所形成的相分布有序, Zhang 等[86] 采用直流磁控溅射工艺制备成 $Co_{25}Ni_{15}Cu_{60}$ 原始配比的合金薄膜经 400°C, 1h 退火处理, 进行高分辨电子显微镜的研究, 发现在晶粒内分布着一些近圆形的 2~3nm 斑点, 分布有一定周期性, 与基体共格, 判断为失稳分解所产生的 CoNi 相. 失稳分解微结构的特点亦反映在宏观的巨磁电阻效应上, 一旦失稳分解结束, 在较低温度下退火时, 其纳米周期结构不受影响, 因此巨磁电阻效应基本上不随退火温度而变化, 这一点与 Co/Cu, Co/Ag 颗粒膜以形核生长的相分离显著不同, Co/Cu 颗粒膜巨磁电阻效应随退火温度的变化见图 2-40. 在 Co/Ni/Cu 样品中也发现低温巨磁电阻效应反而低于室温的反常现象, 可能的解释为 CuNi 基膜在低温呈现较大的正磁电阻效应, 实验测量的结果为 CoNi 磁性颗粒负的磁电阻效应与 CuNi 正磁电阻效应相叠加的结果.

由于 Cu 与 Co 原子几何具有相同的电子散射因子, 很小的晶格失配, 因此很难采用电子显微镜观测与测量 Co 在 Cu 基质中的尺寸与分布, Wang 等[87] 采用原子探针-场离子显微镜 (atom probe-field ion microscope, AP-FIM) 直接测量熔融快淬的 $Cu_{88}Co_{12}$ 合金的 Co 颗粒尺寸及其分布, 实验表明 Co 颗粒呈球状, 颗粒尺寸近似为瑞利分布, 从而为理论解释提供很好的实验依据.

Co/Cu 颗粒体系的磁电阻效应为负值, 如加入半导体 Ge, 熔淬法制备 $Co_{20}(Cu_{1-x}Ge_x)_{80}$ 薄带, 然而在 693~773K 温区进行退火处理, 形成纳米微晶, X 射线与 TEM 衍射表明 Ge 与 Co 生成六角 Co_3Ge_2 化合物, 磁电阻效应将随 Ge 含量变化而由负值转变为正值[88]. 作者将其归因于存在 $Co/Co_3Ge_2/Co$ 的纳米隧

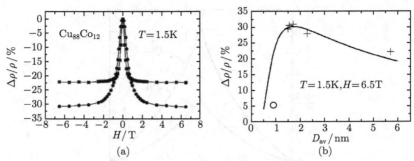

图 2-40   Co/Cu 颗粒膜的巨磁电阻效应

(a) Co$_{88}$Cu$_{12}$ 颗粒膜在 450°C 分别退火 2h(●) 与 12h(■),巨磁电阻效应的变化曲线;

(b) 巨磁电阻效应与 Co 颗粒直径的关系曲线 ("○" 和 "+" 的意义见参考文献 [87])

道结的正磁电阻效应.

2.6.2   机械合金化制备的纳米固体的磁电阻效应

除熔淬工艺制备纳米固体外, 机械合金化也是十分有用的工艺[89], 机械球磨是广泛应用的研磨手段, 而机械合金化是在其基础上发展起来的一种高能球磨技术, 常见的高能球磨机有行星式球磨机, 球磨罐可以公转与自转, 速度可以在很大范围内调节, 机械合金化时粉料必需适当细小, 如低于毫米量级, 研磨时不加液体介质, 球、料重量比可高达 10:1, 球磨时间通常高于 40h, 通过机械合金化可以合成各种亚稳态材料, 如非晶、准晶与纳米微晶的金属、合金、金属陶瓷复合材料等. 在球磨过程中通过钢球的撞击使粉料间反复进行冷焊和断裂, 产生大量的形变与缺陷, 晶粒细化, 晶界显著增加, 通过原子的扩散而合金化, 非晶形成的动力随溶质原子过饱和度的增加而增加[89]. 这里的纳米微晶并不意味着颗粒本身达到纳米量级, 而是指颗粒是由纳米微晶组成, 而颗粒本身往往是微米、亚微米量级. 其优点是工艺简便, 生产量大, 价格低廉, 其缺点是纯度不易提高, 容易掺入钢球、球磨罐的组成, 如铁等杂质. 机械合金化与通常熔炼技术相比, 其显著的特点是可以合成热力学平衡态不相固溶的一些合金, 使其成为亚稳态的合金, 如 Co-Fe、Cu-Ag-Fe、Cu-W、Cu-Ta、Cu-V 等. 现以 Cu-Fe 机械合金化为例, 将 Cu、Fe 粉料置于球磨罐中, 在 1.5bar(1bar=10^5Pa)Ar 气氛中进行球磨, 图 2-41 为 Cu、Fe 机械合金化过程中的 X 射线衍射图[90], 图 2-41(a) 为球磨数小时后的 X 射线衍射线, 依然为 Cu、Fe 二相机械混合物, Fe 为 bcc 结构, 晶格常数为 2.86Å, Cu 为 fcc 结构, 晶格常数为 3.61Å, 球磨 50h 后, Fe、Cu 晶粒尺寸均降至 10nm, 但 Fe 峰依旧甚强, 球磨 200h 后, Fe 峰趋于消失而呈 fcc 相, 球磨两周后 Fe 峰完全消失而仅保留 fcc 峰, 衍射峰向小角度方向偏离. 晶格膨胀, $\Delta a/a_0 = 1.05\%$, $\Delta V/V = 3.14\%$, 晶粒尺寸可按照 Scherrer 公式进行估算, $d = 0.9\lambda/\Delta(2\theta)\cos\theta_0$ 其中 θ_0 为衍射角, λ 为 X 射线波长, $\Delta(2\theta)$ 为衍射线半峰高处的线宽. 因此, 球磨两星期后形成 Cu-Fe 亚稳态的合金 [图 2-41(b)]. 如再经 500°C 退火处理, 又产生二相分离 [图 2-41(c)].

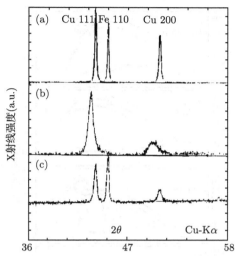

图 2-41　Cu, Fe 机械合金化过程中的 X 射线衍射图[90]

(a) 球磨几小时; (b) 球磨两周; (c) 500°C 退火处理

　　Co-Ag 是不相固溶的合金体系, 其相图见图 2-36, 但采用机械合金化的工艺却可形成亚稳态合金, 经热处理后可得到二相分离的纳米颗粒固体, Ounadjela 等[91]对 $Co_{30}Ag_{70}$ 配比的混合物进行机械合金化处理如下: 原料为 Co(99.8%, < 2μm) 共 10g, 置于 Fritsch PM5 型球磨机中球磨, 钢球直径为 10mm, 170g, 球磨 42h 后 X 射线证实 fcc 的 Co 微粒嵌于 fcc 银的介质中, 由于球磨而进入的铁含量少于 1%, 压成薄片测量巨磁电阻效应, 室温值为 2.2%, 5K 温度下为 7.7%, 此外, 由于部分 Co 氧化为 CoO, 实验上还发现存在交换耦合各向异性效应.

2.6.3　纳米微晶材料的磁电阻效应

　　纳米微晶材料除晶粒尺寸、形态外, 晶界的作用也是影响输运性质与磁性的重要因素. 锰钙钛矿化合物的庞磁电阻效应的发现, 无疑地引起了科学界的惊喜, 掀起了研究的热潮, 在基础研究上这是十分重要的、引人入胜的研究领域. 但在实际应用上离人们的期望还是十分遥远, 其主要原因是庞磁电阻效应通常仅呈现在居里温度附近, 金属–绝缘体转变温度处, 对温度的依赖性十分强烈, 其次, 虽然其磁电阻效应巨大但饱和磁场也甚高, 但磁电阻效应的磁场灵敏度并不高. Zhang 等[92]研究了晶粒尺寸对 $La_{0.85}Sr_{0.15}MnO_3$ 锰钙钛矿化合物磁电阻效应的影响, 除了大晶粒的样品在居里温度附近存在本征的庞磁电阻效应外, 还发现当晶粒细化时本征的庞磁电阻效应减弱, 同时在低于居里温度的温区内会呈现新类型的磁电阻效应, 该效应与晶粒的尺寸关系十分密切, 对温度的依赖性不强, 当晶粒尺寸处于纳米量级时, 低温磁电阻效应显著增强, 实验曲线见图 2-42.

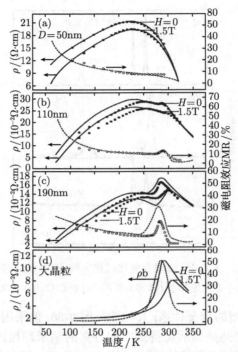

图 2-42 晶粒尺寸对 $La_{0.85}Sr_{0.15}MnO_3$ 锰钙钛矿化合物磁电阻效应的影响[92]

图中 (a), (b), (c), (d) 分别对应于不同晶粒尺寸时的磁电阻效应 (MR)

　　该磁电阻效应源于通过界面的与自旋相关的隧穿效应, 晶粒表面的原子排列相对于体内更为无序, 交换作用也低于体内, 而晶界是由晶粒表面所构成, 电子的输运必须通过晶界的隧穿, 晶粒表面层的结构与磁的无序导致电子隧穿的位垒, 基于这样的物理概念, 提出了相关的理论模型, 设晶粒与晶界的电阻率分别为 ρ_b 与 ρ_t, ρ_t 相应为隧道电阻率, 颗粒体系的电阻率为晶粒与晶界两部分之串联, 可表述为

$$\rho = (f_b/c)\rho_b + (f_s/c)\rho_t$$

其中, c 为致密度; f_b、f_s 分别代表体内与表面的体积分数; $f_b + f_s = 1$; 设晶粒尺寸为 D, 晶粒表面的平均厚度为 w, 当 $w \ll D$ 时

$$f_b \approx 1 - 6w/D$$

$$\rho = 1/c\{\rho_b[1 - 6w/D] + \rho_t[6w/D]\}$$

最后可推导出电阻率与归一化磁化强度 m 以及颗粒尺寸的关系式. 从而对实验结果进行了解释. 该论文已被众多文献所引用. Hwang 等[93] 对比了 $La_{2/3}Sr_{1/3}MnO_3$

单晶与多晶样品的磁电阻效应, 认为多晶样品在低温下具有大的磁电阻效应主要是由于自旋极化电子通过晶界的隧穿效应. 有关钙钛矿化合物磁电阻效应本书第 5 章将会详细介绍.

理论上已预言 Fe_3O_4、CrO_2、锰钙钛矿等化合物是自旋极化率很高的半金属材料, 实验上确实也发现这类化合物在低温具有较大的磁电阻效应, 但在室温磁电阻效应均甚低, 为了探索室温具有高自旋极化率的材料, Chen 等[94] 对 Fe_3O_4 进行了 Zn 离子的代换, 在高温烧结后生成 $(Zn, Fe)_3O_4/\alpha\text{-}Fe_2O_3$ 二相纳米复合结构, 图 2-43 为高分辨电子显微镜对 $(Zn, Fe)_3O_4/\alpha\text{-}Fe_2O_3$ 二相纳米复合结构的直接证明, $\alpha\text{-}Fe_2O_3$ 包裹于 $(Zn, Fe)_3O_4$ 晶粒外层, 其厚度约为 7nm, 左下插图为二相纳米复合结构的示意图.

图 2-43　$(Zn, Fe)_3O_4/\alpha\text{-}Fe_2O_3$ 二相纳米复合结构的高分辨电子显微镜图[94]

$(Zn, Fe)_3O_4/\alpha\text{-}Fe_2O_3$ 二相纳米复合结构在一定含 Zn 量时呈现巨磁电阻效应, 其铁磁组成比例约为 $Zn_{0.41}Fe_{2.59}O_4$, 4.2K 时磁电阻效应高达 1280%, 室温为 158%, 室温磁电阻效应与磁场的关系曲线见图 2-44.

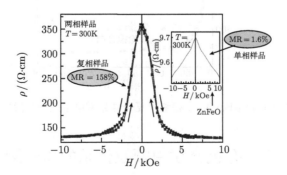

图 2-44　$(Zn, Fe)_3O_4/\alpha\text{-}Fe_2O_3$ 二相纳米复合结构室温磁电阻效应与磁场的关系曲线[94]

图2-44中右插图为纯$Zn_{0.41}Fe_{2.59}O_4$单相样品的磁电阻效应曲线, $Zn_{0.41}Fe_{2.59}O_4$

单相样品的磁电阻效应甚小, 而二相复合甚高, 这意味着巨磁电阻效应主要来源于通过晶界的隧穿效应, 因 α-Fe$_2$O$_3$ 为反铁磁绝缘体, 非线性的 I-V 曲线也佐证了隧穿效应的电子输运性质. 图 2-45 为电阻率与温度的关系曲线, 电阻率随温度下降而增加, 在低温区急剧增大, 高于该温区 $\ln\rho$-$1/T$ 属于典型的颗粒体系中的隧穿型电阻率与温度的关系. 低温电阻率急剧增大的现象可从库仑阻塞效应来理解, 磁电阻效应与温度的关系曲线见图 2-46, 在低温磁电阻效应急剧增大.

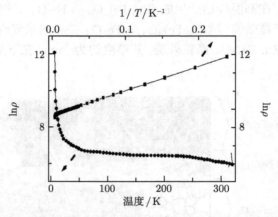

图 2-45 Zn$_{0.41}$Fe$_{2.59}$O$_4$/α-Fe$_2$O$_3$ 二相纳米复合样品电阻率与温度的关系曲线[94]

在纳米微晶的体系中, 界面是影响物理特性十分重要的因素, 控制晶粒的大小、晶界的组成与厚度, 可以对纳米微晶材料的物理特性进行人工的裁剪.

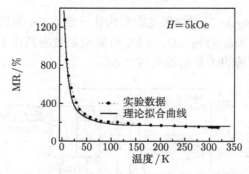

图 2-46 (Zn, Fe)$_3$O$_4$/α-Fe$_2$O$_3$ 二相纳米复合样品磁电阻效应与温度的关系曲线[94]

2.7 有机介质中颗粒体系的磁输运

介质中的自旋扩散长度是研究自旋输运性质的重要特征物理长度, 自旋扩散长度 (L_s) 定义为: 自旋在输运过程中, 由一个方向反转到相反方向所经历的平均距离, 在金属铁磁材料 (Fe、Ni、Co 等) 中, 由于自旋–晶格耦合作用强, L_s 较短, $L_s \sim 50 \sim 100\text{nm}$, 对非磁性金属 (Cu、Au、Ag、Al 等) 以及半导体等, L_s 显著增长, $L_s \sim 1 \sim 10\mu\text{m}$. 如器件的尺寸与自旋扩散长度相当或更小, 自旋极化电流在器件中可以保持其自旋取向的记忆, 从而可以有效地对输运过程中的极化电子进行调控, 产生特定的功能, 这对自旋电子学器件的设计与制备是十分有利, 半导体中自旋扩散长度较磁性金属约高一个量级, 因此半导体自旋电子学成为自旋电子学领域中主流方向之一. 在有机材料中, 显然自旋–轨道耦合作用与精细作用均弱, 因此自旋扩散长度长. Krinichnyi 等[95] 采用 2mm 频谱的电子自旋共振 (EPR) 技术, 测量了一些有机材料的自旋弛豫时间, 确定其值约高于金属的 4 倍.

根据非晶态的 Rubre(5,6,11,12-tetraphenyl naphthacene) 自旋扩散长度为 13.3nm 的实验结果, 推算出单晶 Rubre 的 L_s 可达 1mm, 因后者比前者 L_s 高 7 个量级[96].

Xiong 等[97] 制备了 LSMO/Alq₃/Co 自旋阀结构, 研究其磁电阻效应, 其中 LSMO-La$_{0.67}$Sr$_{0.33}$MnO$_3$; Alq$_3$-8-hydroxy-quionline aluminium, 结构示意图见图 2-47, 磁电阻效应见图 2-48 与通常的磁电阻效应不同, 二层自旋反平行时为低电阻态, 这种 "反 GMR" 被认为归因于 Co 3d 能带的负自旋极化率[98,99].

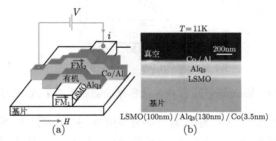

图 2-47 LSMO(100nm)/Alq₃(130nm)/Co(3.5nm) 自旋阀结构示意图[96]

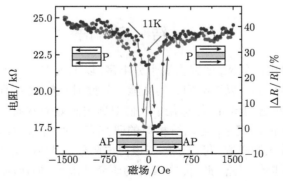

图 2-48 LSMO(100nm)/Alq₃(130nm)/Co(3.5nm) 自旋阀结构的磁电阻效应[96]

Co/Al$_2$O$_3$/Alq$_3$/NFe 隧道结中, 在室温可观测到 6% 的磁电阻效应[100], 也可采用其他有机材料取代 Alq$_3$, 如 TPP(tetraphenyl porphyrin)[101] 等. 纳米磁性颗粒表面修饰有机材料, 其聚集体同样显示出磁电阻效应[102~104], 最近 Wang 等[105] 在纳米 Fe$_3$O$_4$ 颗粒表面包覆一单分子层油酸后, 研究其磁电阻效应, 发现包覆油酸后磁电阻效应比未包覆的样品显著地增强, 见图 2-49[105].

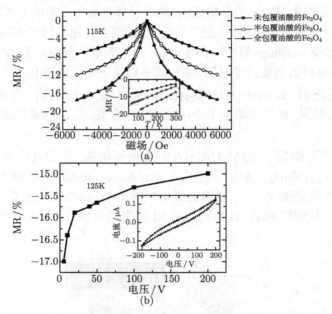

图 2-49　10nmFe$_3$O$_4$ 颗粒以及包覆油酸后磁电阻效应曲线[104]

对有机-铁磁体系材料中的磁电阻等效应的研究工作开展不多, 这是值得关注的新研究领域, 除磁性外, 光学性质也值得关注. 例如, 采用自旋极化材料 [LSMO] 作电极制备有机光二极管, 其发光强度可以控制自旋注入进行调控[106] 等.

2.8　结　束　语

颗粒体系的磁电阻效应, 研究内涵十分丰富, 以上仅作了一个十分概括的介绍, 读者如有进一步的兴趣可以查阅相关的文献, 尽管颗粒膜的磁电阻效应尚未取得实际的应用, 但通过对它的研究, 却深化了人们对磁电阻效应本质的理解, 此外, 从颗粒体系磁电阻效应的研究中, 可以给相似的研究有益的启迪, 如通过金属颗粒/绝缘体体系磁电阻效应的研究, 可以了解隧道磁电阻效应大小与组成的关系, 从而为相应隧道结的研制提供思路. 此外, 在现有的研究基础上, 如何向应用领域延伸, 也是颗粒体系磁电阻效应的研究面临的发展空间问题. 颗粒体系作为一种人工功能材料, 自由度是十分宽广的, 人们几乎可以随心所欲地改变其组成、微结构来控制声、光、电、磁等物理特性, 并提供丰富多彩的物理研究内涵.

都有为

南京大学物理学院

都有为, 南京大学物理学院教授、博士生导师、中国科学院院士、中国电子学会会士. 主要从事磁性材料领域教学与研究工作, 获国家自然科学二等奖、江苏省科技进步一等奖各一项, 获 2007 年度何梁何利科学技术进步奖.

参 考 文 献

[1] Smit J. Magnetic properties of materials. New York: McGraw-Hill, 1971.

[2] Neel L. Theorievdub trainage magnetique des ferromagnetiques en grains fins avec applications aux terres cuites. Ann. Geophys., 1949, (5): 99–105.

[3] Bown W F. Thermal fluctuations of a single-domain particle. Phys. Rev., 1963(130): 1677–1686.

[4] Jacobs I S, Bean C P. Magnetism vol 111. Fine particks, Thin films and exchange anisotropy P271–344. In: Rade G T, Suhl H(eds). New York: Academic Press, 1963: 275.

[5] Kneller E F, Luborsky F E. Particle size dependence of coercivity and remanence of single –domain particles. J. Appl. Phys., 1963, (34): 656–658.

[6] Liou S H, Chien C L. Particle size dependence of the magnetic properties of ultrafine granular films. J. Appl. Phys., 1988, (63): 4240–4242.

[7] Casimir H B G, Polder D. The influence of retardation on the London-van der Waals Forces. Phys. Rev., 1948, (73): 360–372.

[8] Chamberlin R V. Hemberger J, Loidl A, et al. Percolation, relaxation halt, and retarded van der Waals interaction in dilute systems of iron nanoparticles. Phys. Rev. B, 2002, (66): 172403-1–172403-4.

[9] Hansen M F, Morup S. Models for the dynamics of interacting magnetic nanoparticles. J. MMM, 1998, (184): 262–274.

[10] Dormann J L, Fiorani D, Tronc E. On the models for interparticle interactions in nanoparticle assemblies: comparison with experimental results, J. MMM, 1999, (202): 251–267.

[11] Tai A, Chantrel R W, Chatles S W, et al. The magnetic properties and stability of a ferrofluid containing Fe_3O_4 particles. Physica., 1984, (97B): 599–605.

[12] Chantrell R W, El–Hilo M, O'Grady K. Spin-glass behavior in a fine particle system. IEEE Tran on Magn, 1991, (27): 3570–3578.

[13] Gittleman J I, Abelas B, Bozowski S. Superparamagnetism and relaxation effects in granular Ni-SiO$_2$ and Al$_2$O$_3$ films. Phys Rev., 1974, (B9): 3891–3897.

[14] Denardin J C, Pakhomov A B, Brandl A L, et al. Blocking phenomena in granular magnetic alloys through magnetization, Hall effect, and magnetoresistance experiments. Appl. Phys. Letter., 2003, (82): 763–766.

[15] Binder K. Statistical mechanics of finite three-dimensional Ising model. Physica, 1972, (62): 508.

[16] Abeles B, Sheng P, Coutts M D, et al. Structural and electrical properties of granular metal films. Adv. Phys., 1975, (24): 407–461.

[17] Sheng P, Abeles B, Arie Y. Hopping conductivity in granular metals. Phys. Rev. Lett., 1973, (31): 44–47.

[18] Gittleman J I, Goldstein Y, Bozowski S. Magnetic properties of granular Nickel films. Phys. Rev. B, 1972, (5): 3609–3621.

[19] Xiao G, Chien C L. Giant magnetic coercivity and percolation effects in granular Fe-(SiO$_2$) solids. Appl. Phys. Lett., 1987, (51): 1280–1282.

[20] Xiao G, Chien C L. Enhance magnetic coercivity in magnetic granular solids. J. Appl. Phys, 1988, (63): 4252–4254.

[21] Baibich M N, Brato J M, Fert A, et al. Giant magnetoresistance on (001)Fe/(001)Cr magnetic superlattices. Phys. Rev. Lett., 1988, (61): 2472–2476.

[22] Berkowitg A E, Mitchell J R, Carey M J, et al. Giant magnetoresistance in heterogeneous Cu-Co alloys. Phys. Rev. Lett., 1992, (68): 3745–3748.

[23] Xiao J Q, Jiang J S, Chien C L. Magnetoresistance in nonmultilayer magnetic systems. Phys. Rev. Lett., 1992, (68): 3749–3752.

[24] Dai J, Tang J. Direct measurement of the dependence of granular giant magnetoresistance on the relative orientation of magnetic granules. Appl. Phys Lett., 2000, (76): 3968–3971.

[25] Pratt W P, Lee Jr S F, Slaughter J M, et al. Perpendicular giant magnetoresistances of Ag/Co multilayers. Phys. Rev. Lett., 1991, (66): 3060–3063.

[26] Zhang S, Levy M. Conductivity and magnetoresistance in magnetic granular films (invited). J. Appl. Phys., 1993, (73): 5315–5319.

[27] White R L. Giant magnetoresistance: a primer. IEEE Trans. on Mag., 1992, (MAG-28): 2482–2487.

[28] Wang J Q, Xiao G. Transition-metal granular solids micristructure, magnetic properties, and giant magnetoresisitance. Phys. Rev., 1994, (B 49): 3982–3996.

[29] Gavrin A, Kelley M H, Xiao J Q, et al. Domain structures in magnetoresisitive granular metals. Appl. Phys., Lett., 1995, (66): 1683–1685.

[30] Sheng L, Wang Z D, Xing D Y, et al. Semiclassical transport theory of inhomogeneous systems. Phys. Rev. B, 1996, (53): 8203–8206.

[31] Sang H, Jiang Z S, Guo G, et al. Study on GMR in Co-Ag thin granular films. J. MMM, 1995, (140-144): 589–590.

[32] Sang H. Zhang S Y, Chen H, et al. Dynamic behavior of cobalt granules with annealing treatment in ion-beam cosputtered CoAg granular film. Appl. Phys. Lett., 1995, (67): 2017–2019.

[33] Sang H, Ni G, Du J H, et al. Preparation and microstructures of CoAg granular films with giant magnetoresistance. Appl. Phys., 1996, (A63): 167–170.

[34] Sang H, Xu N, Zhang S Y, et al. Dependence of giant magnetoresistance on microstructures in ion-beam co-sputtered Co_xAg_{1-x} granular films. J. Mat. Sci., 1996, (31): 5385–5389.

[35] Sang H, Xu N, Du J H, et al. Giant magnetoresistance and microstructures in CoAg granular films fabricated using ion-beam co-sputtering technique. Phys. Rev. B, 1996, (53): 15023–15025.

[36] Gu R Y, Sheng L, Xing D Y, et al. Macroscopic theory of giant magnetoresistance in magnetic granular metals. Phys. Rev. B, 1996, (53): 11685–11691.

[37] Du J H, Li Q, Wang L C, et al. Microstructural investigation of as-deposited CoAg nano-granular films. J. Phys. Condens Mater., 1995, (7): 9425–9432.

[38] Du J H, Li Q, Wang L C, et al. Microstructural investigation of as-deposited nano-granular Co-Ag films by high resolution electron microscopy. Phys. Stat. Sol., 1995, (A151): 313–317.

[39] Xing L, Chang Y C, Salamon M B, et al, Magnetotransport properties of magnetic granular solids: the role of unfilled d bands. Phys. Rev. B, 1993, (48): 6728–6731.

[40] Kubinski D J, Holloway H. Dependence of giant magnetoresistance on the number of valence electrons in the ferromagnetic constituent of granular alloys: precipitates of face-centered cubic Fe–Co, Co–Ni, and Ni–Cu alloys in Ag matrices. J. Appl. Phys., 1995, (77): 2508–2513.

[41] Rendon O, Pierre J, Rodmacq B. Magnetoresistance of $Ag/Co_{70}Fe_{30}$ layered and granular structures. J. MMM, 1995, (149): 398–408.

[42] Allia P, Knobel M, Tiberto P, et al, Magnetic properties and giant magnetoresistance of melt-spun granular Cu_{100-x}-Co_x alloys. Phys. Rev. B, 1995, (52): 15398–15411.

[43] Hickey B J, Howson M A, Musa S O, et al. Giant magnetoresistance for superparamagnetic particles: melt-spun granular CuCo. Phys. Rev. B, 1995 (51): 667–669.

[44] Altbir D, Albuquerque J, Vargas P, et al. Magnetic coupling in metallic granular systems. Phys. Rev. B, 1996, (54)R.: 6823–6826.

[45] Allia P, Knobel M, Tiberto P, et al. Magnetic properties and giant magnetoresistance of melt-spun granular Cu_{100-x}-Co_x alloys. Phys. Rev. B, 1995, (52): 15398–15411.

[46] Gregy J F, Thompson S M, Dawson S J, et al. Effect of magnetic interactions and multiple magnetic phases on the giant magnetoresistance of heterogeneous cobalt-

silver thin films. Phys. Rev. B, 1994, (49): 1064–1072.

[47]　El-Hilo M, O'Grady K, Chantrell R W, et al. The effect of interactions on GMR in granular solids. J. Appl. Phys., 1994, (76): 6811–6813.

[48]　Parkin S S. Giant magnetoresistance in antiferromagnetic Co/Cu multilayers. Appl. Phys. Lett., 1991, (58): 2710–2712.

[49]　Dieny B, Speriosu V S, Metin S, et al. Magnetotransport properties of magnetically soft spin-valve structures. J. Appl. Phys., 1991, (69): 4774–4779.

[50]　Hylton T L, Coffey K R, Parker M A, et al. Giant magnetoresistance at low fields in discontinuous NiFe-Ag multiplayer thin films. Science, 1993, (261): 1021–1024.

[51]　Steren L B, Morel R, Barthelemv A, et al. Giant magnetoresistance in hybrid magnetic nanostructures. J. MMM, 1995, (140–144): 495–496.

[52]　Duvail J L, Barthélémy L B, Steren A, et al. Giant magnetoresistance in hybrid nanostructures. J. MMM, 1995, (151): 324–332.

[53]　Iijma M, Shimizy Y, Kojima N, et al. Giant magnetoresistance properties in multi-layered Co-Ag/Cu granular alloys. J. Appl. Phys., 1996, (79): 5602–5604.

[54]　Ziese M. Spin hopping in a discontinuous $La_{0.7}Ca_{0.3}MnO_3$ film. Appl. Phys Lett., 2002, (80): 2144–2146.

[55]　Inoue J, Maekawa S. Theory of tunneling magnetoresistance in granular magnetic films. Phys. Rev. B, 1996, (53): R11927–R11029.

[56]　Julliere M. Tunneling between ferromagnetic films. Phys. Lett., 1975, (A54): 225–228.

[57]　Moodera J S, Kinder L R, Wong T M, et al. Large magnetoresistance at room temperature in ferromagnetic thin films tunnel junctions. Miyazaki T, Tezuka N, Phys. Rev. Lett., 1995, (74): 3273–3276.

[58]　Miyazaki T, Tezuka N. Giant magnetic tunneling effect in $Fe/Al_2O_3/Fe$ junction. J MMM, 1995(139): L231-L234; Spin polarized tunneling in ferromagnet/insulator/ferromagnet junctions. J. MMM, 1995, (151): 403–410.

[59]　Milner A, Gerber A, Nowak J, et al. Spin-dependent electronic transport in granular ferromagnets. Phys. Rev. Lett., 1996, (76): 475–478.

[60]　王文鼐. 纳米级 Fe, Ni 颗粒及薄膜的界面磁性. 南京大学博士学位论文, 1995; Yang W, Jiang Z S, Wang W N, et al. Magnetoresistance of $Fe-SiO_2$ grannular films. Solid State Commun., 1997, (104): 479–484.

[61]　Wang W N, Jiang Z S, Du Y W. Ferromagnetic resonance study on Fe/SiO_2granular films. J. Appl. Phys., 1995, (78): 6679–6682.

[62]　Du Y W, Sang H, Xu Q Y, et al. In tergranule interaction in magnetie granular films. Materials Science and Engineering, 2000, (A286): 58–64.

[63]　Hackenbroich B, Zare-Kolsarki H, Micklitz H. Tunneling magnetoresistance of Co clusters in MgF_2. Appl. Phys. Lett., 2002, (81): 514–516.

[64] Mitani S, Takahashi S, Takanashi K, et al. Enhance magnetoresistance in insulating granular systems: evidence for higher-order tunneling. Phys. Rev Lett., 1998, (81): 2799–2802.

[65] Mitani S, Takanashi K, Yakushiji K, et al. Anomalous behavior of temperature and bias-voltage dependence of tunnel-type giant magnetoresistance in insulating granular systems. J. Appl. Phys., 1998, (83): 6524–6526.

[66] Chiba J, Mitani S, Takanashi K, et al. STM observation of metal-nonmetal granular thin films. J. Magn. Soc. Japan., 1999, (23): 82–84.

[67] Imamura H, Chiba J, Mitani S, et al. Coulomb staircase in STM current through granular films. Phys. Rev. B, 2000, (61): 46–49.

[68] Peng D L, Sumiyama K, Konno T J, et al. Characteristic transport properties of CoO-coated monodispersive Co cluster assemblies. Phys. Rev. B, 1999, (60): 2093–2100.

[69] Coey J M D, Berkowitz A E, Balcells L, et al. Magnetoresistance of Chromium dioxide powder compacts. Phys. Rev. Lett., 1998, (80): 3815–3818.

[70] Coey J M D. Powder magnetoresistance. J. Appl. Phys., 1999, (85): 5576–5581.

[71] Manoharan S S, Elefant D, Reiss G, et al. Extrinsic giant magnetoresistance in chromium (IV)oxide CrO_2. Appl. Phys. Lett., 1988, (72): 984–986.

[72] Akinaga H, Mizuguchi M, Ono K, et al. Room-temperature thousandfold magnetoresistance change in MnSb granular films: Magnetoresistive switch effect. Appl. Phys. Lett., 2000, (76): 357–359. Mizuguchi M, Akinaga H, Ono K, et al. Magnetic properties ofMnSb granular films. J. MMM, 2001, (216-220): 1838–1839.

[73] Schmidt D R, Petukhov A G, Foygel M, et al. Fluctuation controlled hopping of bound magnetic polarons in ErAs:GaAs nanocomposites. Phys. Rev. Lett., 1999, (82): 823–826.

[74] Xiong S J, Du Y W. Effect of impurity clustering on ferromagnetism in dilute magnetic semiconductors. Physics Letters A, 2008, (372): 2114–2117.

[75] Wecker J, von Helmolt R, Schultz L, et al. Giant magnetoresistance in melt spun Cu-Co alloys. Appl. Phys. Lett., 1993, (62): 1985–1987.

[76] Wecker J, von Helmolt R, Schultz L, et al. Magnetoresistance. IEEE Trans. Magn., 1993, (29): 3087–3089.

[77] Dieny B, Chamberod A, Genin J B, et al. Giant magnetoresistance in sputtered and melt-spun alloys. J. MMM, 1993, (126): 433–436.

[78] Dieny B, Chamberod A, Cowache C, et al. Giant magnetoresistance in melt-spun metallic ribbons. J. MMM, 1994, (135): 191–199.

[79] Yu R H, Zhang X X, Tejada J, et al. Magnetic properties and giant magnetoresistance in melt-spun Co-Cu alloys. J. Appl. Phys., 1995, (79): 392–397.

[80] Brux U, Schneider T, Acet M, et al. Giant magnetoresistance in $Cr_{100-x}Fe_x$ bulk granular alloys. Phys. Rev. B, 1995, 52: 3042–3044.

[81] Takanashi K, Sugawara T, Hono K, et al. Giant magnetoresistance in sputtered Cr-Fe heterogeneous alloy films. J. Appl. Phys., 1994, (76): 6790–6792.

[82] Banerjee S, Raychandhuri A K. Magnetoresistance of $Fe_xNi_{80-x}Cr_{20}(50 \leqslant x \leqslant 66)$. J. Phys. Condens Matter., 1993, 5: L295-L296.

[83] Gregy J F, Thompson S M, Dawson S J, et al. Effect of magnetic interactions and multiple magnetic phases on the giant magnetoresistance of heterogeneous cobalt-silver thin films. Phys. Rev. B, 1994, (49): 1064–1072.

[84] Jin S, Chen L H, Tiefel T H, et al. Modulation-induced giant magnetoresistance in a spinodally decomposed Cu-Ni-Fe alloy. J. Appl. Phys., 1994, (75): 6915–6917.

[85] Chen L H, Jin S, Tiefel T H, et al. Giant magnetoresistance in spinodally decomposed Cu–Ni–Fe films. J. Appl. Phys., 1994, (76): 6814–6816.

[86] Zhang S Y, Cao Q Q. The influence of Ni on the microstructure and GMR of the Co-Cu ally granular films. J. Appl. Phys., 1996, (79): 6261–6261.

[87] Wang W D, Zhu F W, Weng J, et al. Nanoparticle morphology in a granular Cu-Co alloy with giant magnetoresistance. Appl. Phys. Lett., 1998, (72): 1118–1120.

[88] He J, Zhang Z D, Liu J P, et al. Transition from negative magnetoresistance behavior to positive behavior in $Co_{20}(Cu_{1-x}Ge_x)_{80}$ ribbons. Appl. Phys. Lett., 2002, (80): 1779–1781.

[89] Fecht H J. Thermodynamic properties of amorphous solid-glass formation and glass transition. J. Material Transactions, JIM, 1995, (37): 777–793.

[90] Yavari A R, Desré P J, Benameur T, et al. Mechanically driven alloying of immiscible elements. Phys. Rev. Lett., 1992, (68): 2235–2238.

[91] Ounadjela K, Herr A, Poinsot R, et al. Giant magnetoresistance and induced exchange anisotropy in mechanically alloyed $Co_{30}Ag_{70}$. J. Appl. Phys., 1994, (75): 6921–6913.

[92] Zhang N, Ding W P, Zhang W, et al. Tunnel-type giant magnetoresistance in the granular perovskite $La_{0.85}Sr_{0.15}MnO_3$. Phys. Rev. B, 1997, (56): 8138–8142.

[93] Hwang H Y, Cheong S W, Ong N P, et al. Spin-polarized intergrain tunneling in $La_{2/3}Sr_{1/3}MnO_3$. Phys. Rev. Lett., 1996, (77): 2041–2044.

[94] Chen P, Xing D Y, Du Y W, et al. Giant room-temperature magnetoresistance in polycrystalline $Zn_{0.41}Fe_{2.59}O_4$ with α–Fe_2O_3 grain boundaries. Phys. Rev. Lett., 2001, (87): 107202-1–107202-4.

[95] Krinichnyi V I, et al. 2-mm waveband electron paramagnetic resonance (EPR) spectroscopy of conducting polymers. Synth. Met., 2000, (108): 173–222.

[96] Shim J H, Raman K V, Park Y J, et al. Large spin diffusion length in an amorphous organic semiconductor. Phys. Rev. Lett., 2008, (100): 226603, 1–4.

[97]   Xiong Z H, Wu D, Vardeny V, et al. Giant magnetoresistance in organic spin-valves. Nature, 2004, (427): 821–824.

[98]   De Teresa J M, Barthélémy A, Fert A, et al. Inverse tunnel magnetoresistance in $Co/SrTiO/La_{0.7}Sr_{0.3}MnO_3$: new ideas on spin-polarized tunneling. Phys. Rev. Lett., 1999, (82): 4288–4291.

[99]   De Teresa J M, Barthélémy A, Fert A, et al. Role of meta-oxide interface in determining the spin polarization of magnetic tunnel junctions. Science, 1999, 286: 507–509.

[100] Shim J H, Raman Y J, et al. Room-tempeature tunnel magnetoresistance and spin-polarized tunneling through an organic semiconductor barrier. Phys. Rev. Lett., 2008, 100: 226603, 1–4.

[101] Xu W, Szulczewski G J, Leclali P, et al. Tunneling magnetoresistance observed in $La_{0.67}Sr_{0.33}MnO_3$/organic molecule/ Co junctions. Appl. Phys. Lett., 2007, (90): 072506, 1–3.

[102] Wang W, Yu M, Batgill M, et al. Enhanced tunneling magnetoresistance and high-spin polarization at room temperature in a polystyrene-coated Fe_3O_4 granular system. Phys. Rev. B, 2006, (73): 134412, 1–5.

[103] Tanabe S, Miwa S, Mizuguchi M, et al. Spin-dependent transport in nanocomposites of Alq_3 molecules and cobalt nanoparticles. Appl. Phys. Lett., 2007, (91): 063123, 1–3.

[104] Black C T, Murrary C B, Sandstrom R L, et al. Spin-dependent tunneling in self-assembled cobalt- nanocrystal superlatticea. Science, 2000, (290): 1131–1134.

[105] Wang S, Yue F J, Wu D, et al. Enhanced magnetoresistance in self-assmbled monolayer of oleic acid molecules on Fe_3O_4naparticles. Appl. Phys. Lett., 2009, (94): 012507, 1-3.

[106] Arisi E, Bergenti I, Dediu V, et al. Oranic light emitting diodes with spin polarized electrodes. J. Appl. Phys., 2003, (93): 7682–7683.

第3章　磁性隧道结及其隧穿磁电阻效应和器件的应用

3.1　磁性隧道结的结构原理和发展简介

由两层铁磁性材料和中间绝缘层组成的三明治结构, 构成了一个最简单的磁性隧道结 (magnetic tunnel junction, MTJ) 的核心单元, 当改变两个铁磁层的磁矩相对取向时, 磁性隧道结的隧穿电阻发生变化, 这种现象称为隧穿磁电阻 (tunnelling magnetoresistance, TMR) 现象. 1975 年, 法国学者 Julliére 首先在 Fe/Ge/Co 多层膜[1] 中观察到隧穿磁电阻效应, 并提出了 "铁磁电极 (FM)/绝缘层 (I)/铁磁电极 (FM)" 为核心结构的磁性隧道结的唯象模型. 该模型的核心是: 铁磁性电极材料的自旋极化率 P 决定了隧穿磁电阻值的大小, 而隧穿磁电阻值与中间的绝缘势垒层无关; 电子在隧穿过程中自旋守恒, 即自旋方向不发生改变. 当两铁磁电极的磁矩平行时, 输运过程中一个电极中的多数自旋子带的电子将进入另一个电极中多数自旋子带的空态, 同时少数自旋子带的电子也从一个电极进入另一个电极中少数自旋子带的空态, 这时磁性隧道结为低电阻状态, 如图 3-1(a) 所示; 当两铁磁电极的磁矩反平行排列时, 输运过程中一个电极中的多数自旋子带的电子将进入另一电极中少数自旋子带的空态, 而一个电极中少数自旋子带的电子将进入另一电极中多数自旋子带的空态, 致使能够参与输运的总电子数目减少, 这时磁性隧道结呈现高电阻状态, 如图 3-1 (b) 所示. 因此隧穿磁电阻的值定义为: TMR=$(G_\mathrm{P} - G_\mathrm{AP})/G_\mathrm{AP} = 2P_1P_2/(1 - P_1P_2)$. 其中 $P_i = (D_{i\uparrow} - D_{i\downarrow})/(D_{i\uparrow} + D_{i\downarrow}), i = 1, 2$. P_i 为铁磁电极的自旋极化率, $D_{i\uparrow}$ 和 $D_{i\downarrow}$ 为费米能级处自旋向上和自旋向下电子的态密度. 从 Julliére 模型可以看出采用具有高自旋极化率的金属、金属合金材料有利于提高隧穿磁电阻比值. 在早期的实验中, Julliére 模型与实验结果符合得很好. 但由于 20 世纪七八十年代大多数实验室尚不具备制备高质量纳米磁性隧道结多层膜和微加工的实验条件, 因此有近 20 年时间里对磁性隧道结的研究没有获得重大进展, 隧穿磁电阻效应也没有受到充分的重视.

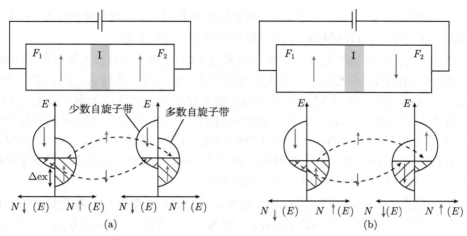

图 3-1 "铁磁电极 (FM)/绝缘层 (I)/铁磁电极 (FM)" 磁性隧道结中的
电子隧穿示意图[4](后附彩图)

直到 1995 年, Miyazaki 等[2,3] 在以非晶氧化铝势垒的铁磁性隧道结材料中发现了 20%左右的室温高隧穿磁电阻效应以后 [图 3-2(a)], 这种以铁磁层/势垒层/铁磁层三明治结构为核心的磁性隧道结材料以及其中自旋相关电子的隧穿输运性质, 才引起了国际上实验和理论学者们广泛的兴趣和深入的研究.

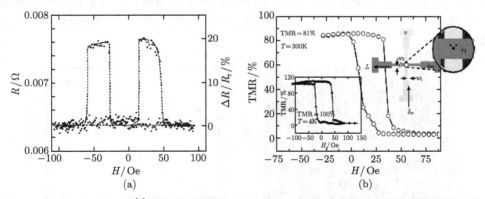

图 3-2 (a) Miyazaki 等[2] 在以非晶氧化铝势垒的铁磁性隧道结材料中首次发现室温下达 18% 的隧穿磁电阻效应; (b) Wei 等[5] 在 CoFeB/Al-O/CoFeB 环形磁性隧道结中观测到 TMR=81% 的室温隧穿磁电阻比值 (后附彩图)

根据 Julliére 模型, 实验上早期研究人员是通过优化高自旋极化率的铁磁电极来不断地提高隧穿磁电阻比值的, 目前通常使用自旋极化率较高的 CoFe 多晶铁磁合金或 CoFeB 非晶铁磁合金来作为磁性隧道结的铁磁电极. 迄今为止, 在核心结构为 CoFeB/Al-O/CoFeB 的环形磁性隧道结中发现的该体系中最高 TMR 值为

81%[5], 如图 3-2(b) 所示. 从理论上, 半金属材料具有 100% 的自旋极化率, 从而用半金属材料制作的磁性隧道结将具有很高的隧穿磁电阻比值.

2001 年, Butler 等[6] 所在的研究小组利用 LKKR 第一性原理方法计算了 (001) 取向的 Fe/MgO/Fe 单晶隧道结中的隧穿磁电阻效应. 他们从理论上预言了该磁性隧道结中由于电子的相干隧穿作用, MgO 势垒层对 Δ_1 对称性的电子具有过滤作用, 从而会出现大于 1000% 的隧穿磁电阻效应. 一些实验物理学家也从实验方面研究了基于单晶 MgO(001) 势垒磁性隧道结的 TMR 效应, Bowen 等[7] 最早在 Fe(001)/MgO(001)/CoFe(001) 隧道结中获得了 30 K 下 60% 的磁电阻, 证实了铁磁电极和势垒的电子结构对磁电阻效应均是重要的.

特别是在 2004 年研究人员报道了在单晶 MgO(001) 势垒磁性隧道结中取得的突破性进展, 美国 IBM 公司的 Parkin 领导的研究组利用磁控溅射方法, 在非晶衬底上沉积生长出以多晶 Co-Fe、Fe 或非晶 Co-Fe-B 为铁磁电极、MgO(001) 为势垒层的磁性隧道结[8]. 他们在制备的 Co-Fe/MgO/Co-Fe-B、Co-Fe/MgO/Co-Fe 磁性隧道结中, 经过 350°C 退火后, MgO 势垒层表现出了 "自组装" 的 (001) 取向织构, 同时铁磁电极也有沿着 (001) 取向晶化的趋势. 在该类磁性隧道结中获得了室温高达 220%、4 K 时 300% 的隧穿磁电阻比值, 其高分辨透射电镜照片以及隧穿磁电阻与退火温度的依赖关系曲线如图 3-3 所示. 由 Julliére 公式反推可得到一个等价的大约 85% 的隧穿电流的自旋极化率, 几乎可以和半金属材料的自旋极化率相媲美, 说明这种基于 MgO 势垒的磁性隧道结在自旋电子学器件中具有很好的潜在应用前景.

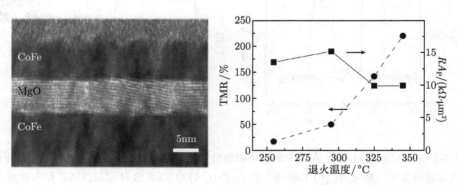

图 3-3　磁控溅射制备的单晶 MgO(001) 势垒的磁性隧道结的高分辨透射电镜照片以及隧穿磁电阻与退火温度的依赖关系[8]

Yuasa 等[9] 也在利用分子束外延 (MBE) 生长的单晶 Fe(001)/MgO(001)/Fe(001) 磁性隧道结中得到了室温下 180% 的巨大隧穿磁电阻, 图 3-4 显示出了室温及低温的隧穿磁电阻曲线. 巨大隧穿磁电阻效应来源于自旋相干极化的隧穿, 即电子波函数的对称性以及势垒的电子结构扮演了一个重要的角色, 证实了 MgO 势垒具有自旋过滤的作用. 更进一步, 还观察到了隧穿磁电阻作为一个势垒厚度的函数而发生振荡, 这显示了自旋极化的电子在穿过势垒时电子波函数保持相干性.

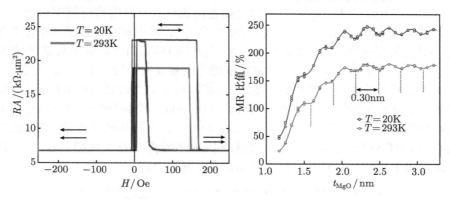

图 3-4　单晶 Fe(001)/MgO(001)/Fe(001) 磁性隧道结的室温及低温隧穿磁电阻 (TMR) 曲线以及随势垒厚度振荡曲线[9](后附彩图)

上述实验结果表明: 在基于 MgO 势垒的磁性隧道结中, 获得高隧穿磁电阻效应的关键是形成良好晶体结构的 MgO(001) 层. MgO 隧道结中的高隧穿磁电阻效应的获得是通过对铁磁材料和势垒的能带结构的分析, 有目的的设计出具有特定量子效应的磁性隧道结结构, 是人们操纵纳米结构和利用量子效应的成功范例. 相干隧穿及其带来的高隧穿磁电阻效应对发展自旋电子学器件具有重要意义.

特别是磁控溅射方法相对于利用 MBE 单晶外延生长而言, 有着低成本、生长速率快的特点. 这种依赖于 MgO(001) 晶体结构的高隧穿磁电阻以及其高的热稳定性在自旋电子学器件的应用方面有着广阔的前景, 加速了自旋电子学器件研制和发展的步伐; 基于单晶 MgO(001) 势垒磁性隧道结的相干隧穿磁电阻效应, 为发展 600 Gbit/in^2 以上高存储密度的磁读头、1 GByte 以上容量或 1 GBit/in^2 以上高存储密度的磁性随机存储器 (MRAM)、高灵敏度磁敏传感器以及新型可编程磁逻辑单元等相关自旋电子学器件, 提供了重要的物理基础.

在基于单晶 MgO 势垒的磁性隧道结中获得高的 TMR 比值的关键是势垒层能否形成一致的 (001)晶向织构以及势垒层与铁磁电极界面能否有良好的匹配和较少的缺陷. 利用磁控溅射方法在非晶铁磁电极CoFeB 上生长 MgO 势垒的工艺, 在开始阶段就引起了广泛的关注和研究, 一直是科研和工业界的研究热点. 非晶铁磁电极 CoFeB 具有高自旋极化率, 在后续的磁场热处理 (退火) 工艺中, 非晶 CoFeB 会被 MgO 诱导成具有 (001) 取向的织构. 在磁控溅射制备 MgO 势垒的过程中高工作氩气压和相对低的溅射速率是其生长的关键因素. 另外带磁场热处理过程, 对 MgO 以及 CoFeB 的晶化、对隧穿磁电阻的提高起着至关重要的作用, 目前在 MgO

势垒磁性隧道结中得到的最高室温 TMR 比值为 604%、低温为 1144%[10]. 图 3-5 为磁性隧道结中室温隧穿磁电阻比值的发展历程.

　　工业上已大规模器件化制备的自旋阀式磁性隧道结其室温磁电阻可稳定做到 100%~300%. 由于单晶 MgO(001) 势垒磁性隧道结具有高的室温隧穿磁电阻以及较小的结电阻 (R) 和结面积 (A) 积矢 (RA) 之特点, 因而在自旋电子学中是非常重要的一类实用型材料, 也是最典型的可人工设计和操纵的室温量子自旋调控体系, 不仅已经广泛应用于目前商品化的高密度磁记录硬盘的磁读头中, 也是开发下一代自旋电子学器件的重要功能材料. 比如, 目前国际上重点研究的磁随机存储器、磁逻辑器件、自旋晶体管以及纳米振荡器等, MgO(001) 单晶势垒磁性隧道结是最佳的核心材料和元件. 现阶段来看, 单晶 MgO(001) 为中间势垒层的磁性隧道结, 不仅具有很大的隧穿磁电阻效应, 而且能够利用磁控溅射方法大规模工业制备, 这加速了隧穿磁电阻相关材料及器件的产品化和市场化进程.

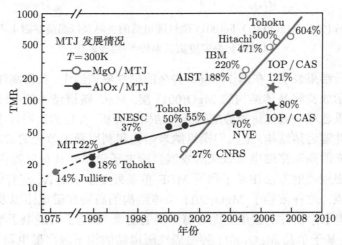

图 3-5　基于 Al-O 和 MgO 势垒的磁性隧道结材料及其隧穿磁电阻发展的
历程示意图 (后附彩图)

MIT- 美国麻省理工大学; Tohoku- 日本东北大学; INESC- 葡萄牙系统工程研究; IBM- 美国国际商用机
器公司; AIST- 日本产业技术综合研究所; CNRS- 法国科学研究中心; NVE- 美国 NVE 公司; Hitachi-
日本日立公司; IOP/CAS- 中国科学院物理研究所

3.2　微米和纳米尺度磁性隧道结的微制备和加工

　　在隧穿磁电阻效应的研究中, 电子的输运在通常情况下是电流垂直膜面 (CPP) 的模式, 因此对磁性隧道结多层膜进行的微加工或纳米加工制备过程, 是磁性隧道结制备和研究及其器件应用中不可或缺的关键步骤. 是否具备精湛和较为匹配的微纳米加工技术和条件, 是对磁性隧道结进行深入研究和提高器件成品率的重要客观条件之一. 下面介绍几种常用的磁性隧道结的微制备方法, 供初学者参考和借鉴.

3.2.1 磁性隧道结多层膜的沉积和生长

在磁性隧道结的微制备之前, 先介绍一下磁性隧道结多层膜的沉积和生长方法. 用来沉积和生长纳米磁性多层膜材料的技术方法有: 磁控溅射技术、分子束外延 (MBE) 技术、电子束蒸发、离子束辅助沉积技术、金属氧化物化学气相沉积 (MOCVD)、磁电化学沉积等.

磁控溅射技术 (magnetron sputtering method) 是一种物理气相沉积方法, 作为一种发展较为成熟的技术, 是目前工业界普遍采用的主要生产手段. 它的基本原理是: 在靶材 (阴极) 和阳极之间加上正交的磁场和电场, 然后在真空室里通入惰性气体 (一般为 Ar 气), Ar 原子在被电场加速的电子的轰击作用下产生 Ar 离子. 同时, 阴极在电场作用下产生电子, 电子飞向阳极, 但是受到磁场的束缚, 只能在靶面附近区域运动, 与 Ar 原子不断碰撞, 使 Ar 离子浓度大大增加, 同时在靶面附近形成一个高浓度的等离子体区域. 最后大量 Ar 离子在电场作用下, 高速飞向并轰击靶面, 溅射出大量靶材原子, 沉积在基片上, 形成薄膜. 磁控溅射按阴阳极之间所加电压的不同, 分为直流溅射和射频溅射. 直流溅射一般用于导电的金属靶材, 它的特点是简单, 溅射速率高; 而射频溅射应用范围广泛, 可以用来溅射半导体、氧化物、陶瓷等. 如果按溅射过程中是否发生反应来划分, 磁控溅射又可以分为 (物理) 直接溅射和 (化学) 反应溅射. 直接溅射比较简单, 靶材上的材料被 "原封不动" 地溅射沉积到基片上; 反应溅射则是通入特殊的气体 (一般情况下为 O_2 和 N_2), 让溅射的靶材原子在飞行过程中与气体发生反应, 形成特殊的化合物后再沉积到基片上. 磁控溅射具有沉积速率高、成膜质量好、可重复性强、能在大尺度大范围内均匀镀膜等优点, 所以在工业生产中有非常广泛的应用. 尤其在半导体工业、磁电子学材料和磁存储材料加工等行业中, 大多数情况下都是利用磁控溅射方法来制备各种薄膜材料. 我们日常生活中接触的电子产品, 几乎每个元器件里面都有一部分薄膜材料是经过磁控溅射方法加工出来的.

分子束外延 (molecular beam epitaxy, MBE) 的主要原理是在超高真空的条件下, 用装了各种所需材料组分的坩埚, 加热产生分子或原子蒸汽, 经过小孔准直后, 形成分子或原子束流, 然后直接喷射到温度较低的单晶基片上进行薄膜的沉积和生长. 也可以通过控制分子束流的方向, 对衬底进行扫描, 使分子或原子按基片的晶格排列在较大尺度的基片上生长薄膜. 分子束外延的优点是: 束流强度和方向可以精确控制, 膜层组分和掺杂浓度可随源的变化而迅速调整, 非常有利于用来生长单晶薄膜. 分子束外延可以用来生长磁性多层膜、光学晶体、铁电体、铁磁体、超导体及有机化合物等薄膜材料, 尤其适用于生长高熔点、多元素及含有气体元素的复杂层状超晶格薄膜材料, 在科研领域应用广泛. 磁电阻材料的发展与分子束外延技术有着深刻的渊源, 20 世纪 80 年代末, 利用分子束外延技术制备的 Fe/Cr/Fe 多层膜中发现的巨磁电阻效应, 掀起了自旋电子学研究的热潮. 与磁控溅射方法相比, 在保持分子束外延法的各项优势之外, 如何利用分子束外延方法提高异质结构薄膜的生长速度, 会是磁电子学和自旋电子学单晶薄膜材料大规模工业化应用中的一个关键技术问题.

电子束蒸发是利用高密度的电子束射向固体表面, 高能的电子束与固体原子相互撞击, 使固体表面温度升高, 达到熔点以上后, 继续轰击, 熔化的物质就会蒸发, 如果温度继续升高, 到达沸点, 则蒸发的速率将大大提高. 蒸发的物质遇到相对较冷的基片, 就沉积下来, 形成薄膜. 电子束蒸发具有速率较快、对靶材选择性低、镀膜的方向性好、不会沾污样品的侧壁等优点. 电子束蒸发可以用于制备导电薄膜、半导体薄膜、铁电薄膜、光学薄膜、磁性薄膜等各种不同性质的薄膜, 在科研和工业生产中都有广泛的应用.

除了以上几种重要的薄膜材料制备技术, 还有很多技术可以用来沉积磁性纳米多层膜材料, 如离子束辅助沉积技术、金属氧化物化学气相沉积 (MOCVD)、激光脉冲沉积 (PLD)、电化学沉积、溶胶–凝胶法等技术. 在科研和工业生产中, 可以根据不同的材料、不同的现有实验条件、不同的研究和应用需要, 选择最适宜和可行的薄膜制备技术和微加工方法.

对于磁性隧道结多层膜的沉积, 首先要选用平坦的衬底, 通常有 Si/SiO$_2$ 衬底、玻璃衬底、单晶 MgO、单晶 SrTiO$_3$ 衬底等. 由于磁性隧道结多层膜的每一层的厚度都在纳米量级, 所以衬底的粗糙度需要严格的控制, 一般平均粗糙度要控制在 0.5nm 以下, 所以衬底往往需要高精度的抛光. 然后在沉积三明治或自旋阀式磁性隧道结多层膜之前, 需要在衬底上生长缓冲层, 典型的为 Ta/Ru/Ta; 然后沉积反铁磁钉扎层和底部磁电极. 缓冲层的目的是进一步降低薄膜表面的粗糙度, 诱导出磁性隧道结多层膜的生长晶向或织构, 改善多层膜的界面和每层膜的质量, 减小磁性隧道结底电极的电阻. 对于磁性隧道结多层膜的沉积, 需要采用合适的沉积气压和功率, 以防止薄膜材料间的扩散和损伤, 从而能得到清晰的层间界面. 这里优选采用磁控溅射和电子束蒸发等技术. 在沉积 MgO 准单晶势垒的磁性隧道结薄膜时, 往往在沉积 MgO 之前, 先沉积几个埃的金属 Mg 层以防止底部磁电极表面被氧化. 然后在 MgO 或 Al-O 势垒层上再沉积顶部磁电极. 最上面的覆盖层的沉积, 要选用抗氧化以及低热胀冷缩系数的材料, 如 Ta(5)/Ru(6nm) 可以作为一种有代表性的覆盖层结构.

总之, 磁性隧道结多层膜的沉积生长是与纳米材料的制备技术紧密相关的, 需要精心的结构设计和各种薄膜材料的搭配组合以及制备条件的反复优化, 最后才能制备出高性能的磁性隧道结纳米多层膜材料.

3.2.2 掩膜法制备磁性隧道结

金属掩膜法是早期发展起来的研究磁性隧道结的一种微制备方法, 具有简单快捷以及成本低廉的特点. 金属掩膜法是在每次成膜时, 先在衬底上布置有预先设计图形 (可以正交布置的长度为几毫米至几十毫米、狭缝宽度为几十微米到一百微米的长条形开孔) 的掩膜, 使薄膜沉积在所设定的区域, 顺序更换一组掩膜, 就可以得到上磁电极和下磁电极正交并被厚度很薄的势垒层隔开的立体多层膜结构, 长条形开孔的宽度为 100~200μm, 如图 3-6 所示. 沉积出的薄膜样品可以是一个单元或者一组阵列式磁性隧道结.

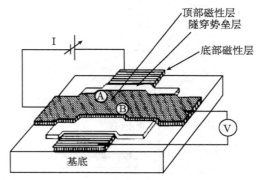

图 3-6 采用金属掩膜方法制备磁性隧道结的示意图 [1,2,11]

图 3-7 给出一种用金属掩膜法制备磁性隧道结的工艺流程: ① 首先将缓冲层、钉扎层和铁磁电极等, 通过第一个条形的、狭缝宽度为 100μm 的金属掩膜, 沉积到热氧化硅衬底上, 得到底部电极; ② 然后将样品从磁控溅射仪中取出或原位更换第二个方形边长为 800μm 的金属掩膜, 将样品送入势垒沉积室, 沉积 MgO 势垒或溅射所需厚度的 Al 膜后, 用等离子体氧化方法氧化形成 Al-O 势垒层; ③ 再将样品从磁控溅射仪中取出或原位更换第三个条形的、狭缝宽度为 100μm 的金属掩膜. 最后将样品送入磁性膜沉积室, 溅射上部铁磁电极和覆盖层, 最终形成十字交叉形的磁性隧道结[12].

早期机械加工制备的掩膜其狭缝宽度在几百个微米到一个毫米左右, 因此利用金属掩膜方法制备的磁性隧道结, 其结面积接近一个平方毫米, 加上早期薄膜生长条件的限制, 势垒层与磁性层之间的界面平整度较差, 因此势垒层界面处的缺陷密度相对较大, 磁性层界面处的有效自旋极化率较低, 很难获得较高的磁电阻. 另外, 利用金属掩膜法制备磁性隧道结, 一般情况下, 每次更换金属掩膜时需要将样品从真空腔系统中取出, 样品要两次暴露在大气中, 隧道结中间薄膜的清洁表面会受到污染, 缺陷增加, 会影响高质量磁性隧道结的制备和高磁电阻比值的获得. 虽然在真空腔中可以通过安装机械手来更换金属掩膜, 达到磁性隧道结薄膜完整生长过程中不中断高真空的目的, 但这样的制膜设备会增加制造成本, 机械手的操作也相对复杂. 因此, 使用金属掩膜方法制备磁性隧道结, 并在超净间或相对洁净的实验室中更换金属掩膜, 当薄膜沉积完成时, 磁性隧道结的制备也完成, 无需后续的加工工艺, 制备周期短、成本低, 仍然是一些缺乏光学曝光、电子束曝光和微纳米加工设备实验室的常用方法之一.

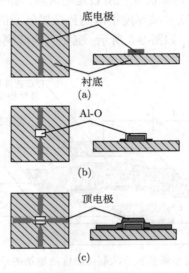

图 3-7　金属掩膜法制备磁性隧道结的工艺流程

(a) 底电极; (b) 势垒; (c) 顶电极

3.2.3　深紫外曝光法制备磁性隧道结

一般对于 100μm 以下尺寸的磁性隧道结的制备, 可以利用紫外曝光、氩离子束刻蚀结合金属剥离法 (lift-off) 的工艺来完成, 如图 3-8 所示. 磁性隧道结的顶部和底部电极以及结区尺寸由紫外曝光的波长以及掩膜板上图形上的尺寸来决定; 利用光刻胶以及氩离子刻蚀进行图形转移, 进一步结合金属剥离工艺进行底部电极和顶部电极的制备及其相互间绝缘隔离; 一般需要三次曝光及刻蚀过程. 例如, 一种具体图形化磁性隧道结多层膜的工艺流程可以概括为:

(1) 在沉积好的磁性隧道结多层膜样品上涂正性光刻胶 (S1813), 旋涂 4000r/min, 时间 1min, 胶厚约 1μm, 95°C 前烘 1min, 然后利用底电极的掩膜板, 进行接触式紫外曝光, 一般为 15~20s; 利用显影液 MF319 进行显影 30s, 再用超纯水定影 30s, 后烘 1min; 将样品放入 Ar 离子刻蚀机中, 进行 Ar 离子束刻蚀, 得到底电极的形状, 刻蚀时间由预先标定好的刻蚀速率以及多层膜的厚度来决定; 将样品放入丙酮中去除残留的光刻胶, 得到完好的磁性隧道结底电极单元或阵列.

(2) 再在形成底电极的样品表面涂上光刻胶, 为了降低后续溶胶掀离法工艺的难度, 选用负型光刻胶 (N440), 旋涂 4000r/min, 时间 1min, 胶厚约 4μm, 90°C 前烘 5min. 再利用结区的掩膜版, 进行曝光 200s, 显影液 D332 中显影 2min 左右, 直到样品表面胶的花纹散去, 定影 30s; 光刻胶形成倒八字 (undercut) 结构, 为了保持结区的形状, 不需要后烘; 最后进行氩离子刻蚀, 刻过势垒层即可, 得到磁性隧道结结区的形状.

(3) 利用磁控溅射沉积厚度为 100nm 左右的 SiO$_2$, 用于使结区与底部电极 (包括磁性和势垒核心三层) 的相互绝缘、以及底电极与后续沉积的顶部电极的互相隔离; 再进行金属剥离法, 将样品放入丙酮或去胶剂中, 超声去胶, 把覆盖在结区上的光刻胶以及 SiO$_2$ 一同剥离, 使结区暴露.

(4) 在样品上沉积 100~200nm 厚的 Cu 和 20nm 厚的 Au 作为顶电极层, 再次在样品表面涂上正性光刻胶 (S1813), 利用顶电极的掩膜板进行曝光, 显影定影 (前烘曝光时间同底电极相同); 再进行氩离子束刻蚀, 从而得到磁性隧道结的顶部电极图案, 将样品放入丙酮中, 去除残胶. 由此得到制备好的具有磁性隧道结和外加测量底部电极及顶部电极的磁性隧道结单元或阵列样品.

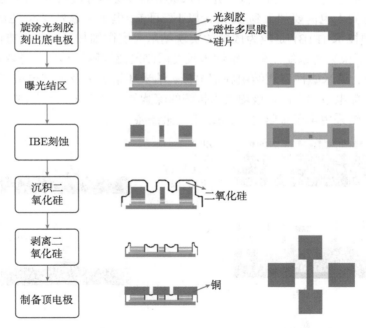

图 3-8 制备微米尺度的磁性隧道结多层膜的紫外曝光、氩离子刻蚀结合剥离法 (lift-off) 的工艺流程图 (后附彩图)

紫外曝光技术结合氩离子刻蚀以及剥离法的微制备工艺, 可以保证整个磁性隧道结薄膜的沉积过程都是在高真空中进行的, 因此可以保证薄膜的质量; 磁性隧道结的尺寸进一步变小, 从而势垒缺陷对其性能的影响大幅度降低. 紫外曝光和去胶剥离法的主要问题在于生长绝缘层后, 去胶剥离相对困难, 对光刻胶的选择及光刻工艺条件的控制有较高要求.

在制备微米和亚微米、深亚微米的小尺度磁性隧道结时, 采用深紫外曝光和氩离子束刻蚀后, 小结区上方存在去胶剥离困难的问题, 因而可以采用化学反应刻蚀和氩离子束刻蚀的交替使用的方法、或者化学机械抛光 (CMP) 的方法, 来达到去胶的目的. 即采用深紫外曝光, 并结合氩离子束刻蚀和化学反应刻蚀互补使用的方法或者化学机械抛光的方法, 来实现对微米和亚微米、深亚微米尺度磁性隧道结的制备和去胶. 这种工艺, 在条件较好的实验室或大规模磁电子器件的工艺生产线上被经常采用.

3.2.4　电子束曝光制备纳米磁性隧道结

随着自旋电子学器件密度的提高以及一些新颖物理效应在磁性纳米结构中的不断发现, 人们需要制备三维尺度都在 100nm 或更小区域的磁性隧道结, 即不仅在垂直于膜面方向上每层薄膜厚度是纳米量级的多层膜异质结构, 而且在平行于膜面的二维方向上也需要加工到 100nm 以下. 目前, 电子束曝光技术 (EBL) 或聚焦离子束刻蚀技术 (FIB) 是较为成熟的实现纳米尺度微细加工的重要方法之一. 例如, 利用电子束直写系统制备三维纳米尺度限制的磁性隧道结的工艺流程, 可以如图 3-9 所示. 纳米磁性隧道结由底部电极、纳米环结区以及上部电极三部分构成, 隧道结的底部电极和上部电极均采用传统的深紫外光刻工艺来制备, 中间纳米尺度的磁性隧道结采用电子束曝光 (EBL) 工艺来制备.

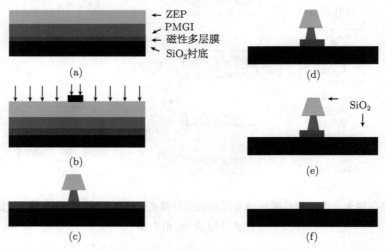

图 3-9　利用电子束曝光技术制备纳米尺度磁性隧道结的工艺流程图

电子束曝光工艺方法的难点在于经过一系列刻蚀及绝缘介质填埋后如何顺利地把光刻胶剥离. 为了克服以上困难, 可以采用双层光刻胶的方法, 首先在制备好磁性隧道结多层膜的样品上分别涂上PMGI 和 ZEP 光刻胶, 在热板上烘烤 2min. 然后在电子束直写系统上进行电子束曝光, 如图 3-9(a) 和 (b) 所示. 电子加速电压越高, 采用的光阑越小, 电子束曝光的精度就越高. 然后显影, 经过显影后光刻胶图案的形状通常为梯形, 这种形状不利于以后的光刻胶去除. 然而在本工艺中 PMGI 光刻胶在同样的显影条件下显影速度高于ZEP 光刻胶, 因此经过显影后形成了如图 3-9(c) 所示的蘑菇伞状结构. 通过优化显影条件可以使第二层光刻胶图案尽可能细, 同时又能支撑住上层光刻胶, 使整个图案不至倒塌. 利用氩离子束刻蚀除去没有光刻胶保护的磁性金属多层膜部分, 即可得到磁性隧道结的纳米结区. 通过控制刻蚀时间, 使被刻蚀的磁性金属多层膜刻过势垒层和底部铁磁电极层之后停止在下边的过渡层或反铁磁钉扎层里, 如图 3-9(d) 所示. 这一步要严格控制样品台的温度, 因为被加速的氩离子轰击膜面时会产生很多热量, 这些热量如不及时转移, 就会造成样品表面局部高温, 从而使光刻胶变性碳化, 而碳化后的光刻胶是很难去除的. 然后, 再利用磁控溅射方法进行绝缘介质的填埋, 蘑菇伞状的双层光刻胶图案可以确保结区上的绝缘层与其他地方的绝缘层完全分离, 如图 3-9(e) 所示. 这样可以确保下一步顺利去除结区上的光刻胶和绝缘层. 被绝缘层填埋过的样品经过丙酮浸泡, 辅以超声, 去除结区上的光刻胶和绝缘层, 露出磁性电极上方的金属覆盖

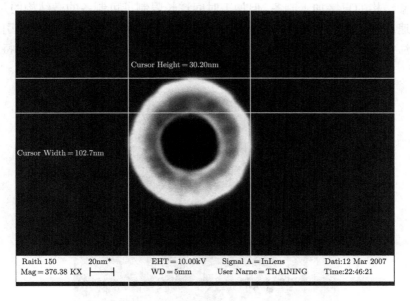

图 3-10 通过纳米加工制备的外直径为 100nm、环宽为 30nm 的纳米环状磁性隧道结的扫描电镜照片[13]

层 (金属保护层), 如图 3-9(f) 所示. 最后利用磁控溅射的方法沉积 100nm 左右的铜层作为顶部导电层, 再利用传统的深紫外曝光工艺和微加工获得顶部电极图形. 图 3-10 是利用以上纳米加工方法制备的外直径约为 100nm、环壁宽约为 30nm 的新型纳米环状磁性隧道结的环形结区的扫描电镜照片 (俯视图)[13].

3.2.5　聚焦离子束刻蚀法制备纳米磁性隧道结

聚焦离子束技术是利用离子束在电场和磁场的作用下聚焦到亚微米甚至纳米的量级, 然后通过偏转系统和加速系统来控制离子束, 实现微纳米图形和纳米结构的无掩膜加工. 利用聚焦离子束代替扫描电镜及透射电镜中质量较轻的电子束, 可以使传统的显微分析观察和微加工技术同时结合在一起. 聚焦离子束技术主要应用于掩膜板修复、电路修正、失效分析、透射电镜样品的制备、二维结构的直写等方面. 在众多微纳米电子器件、超导量子干涉器件及纳米生物器件的研制中发挥着巨大的作用.

在磁电子学材料的加工方面, 聚焦离子束技术可以用来制备纳米尺寸的磁性隧道结 [14]. 如图 3-11 所示, 隧道结的底部电极和上部电极采用传统的紫外曝光工艺来加工, 纳米尺度的结区部分则采用聚焦离子束直接无掩膜加工刻蚀或者离子束辅助沉积金属 Pt 作为纳米掩膜来制备. 聚焦离子束技术的主要优点是可以高精度实现复杂微结构的直接加工制备, 但加工时间过长限制了可制备的微结构的尺寸, 纳米加工速度慢、加工效率低是该技术的主要缺点. 另外在纳米加工过程中引入的金属离子注入或污染导致磁结构的破坏或磁电子器件的短路等问题, 也需要特别注意和考虑.

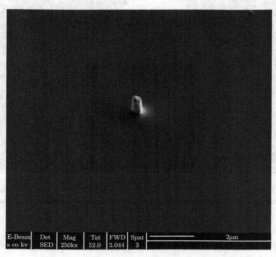

图 3-11　利用聚焦离子束技术制备的纳米磁性隧道结的扫描电镜照片[14]

目前, 用于制备微米、亚微米和纳米磁性隧道结、磁性隧道结阵列的方法, 通常是采用紫外曝光和电子束曝光技术与离子束刻蚀、化学反应刻蚀、聚焦离子束刻蚀等相结合的方式, 其中紫外曝光结合氩离子束刻蚀技术是微加工工艺中具有较低成本、可大规模生产使用的首选工艺. 在优化制备磁性隧道结的工艺条件时, 金属掩膜法仍具有最低成本、省时省力、见效快的优点. 因此金属掩膜法制备磁性隧道结, 既可用于快速优化实验和工艺条件, 也可以作为采用复杂工艺和技术制备微米、亚微米或纳米磁性隧道结之前的预研制方法. 另外, 由于深紫外曝光设备价格昂贵、且主要用于大规模半导体工艺生产线上, 因此电子束曝光技术是实验室中研制纳米尺度磁性隧道结材料的一种不可或缺的有效方法.

3.2.6 磁性隧道结势垒层的氧化和热处理工艺

在磁性隧道结的制备中, 无论多层膜的生长还是后续的微加工技术, 每一步都关系到磁性隧道结的性能, 其中最为关键的是磁性隧道结势垒层的氧化和热处理工艺.

在具有室温高隧穿磁电阻效应的磁性隧道结的早期制备及其研究过程中, AlO_x 是一种最典型的势垒材料. AlO_x 势垒层的形成基本上是先沉积金属 Al 薄膜、再进一步氧化来实现的. 氧化的方法有自然氧化和等离子体氧化等. 对于自然氧化方法, 需要在沉积完金属 Al 后, 在真空腔中通入一定气压的氧气进行氧化. 自然氧化的缺点是氧化时间较长, 均匀一致性较差, 而且磁电阻比值较低, 结电阻大小不易控制, 不适合大规模工业化生产. 等离子体氧化技术具有氧化时间短、均匀一致性好的优点, 而且氧化气压和功率都可以调节, 从而可以根据不同的设备优化氧化条件, 获得较大的隧穿磁电阻比值, 可以用于大规模工业化生产. 图 3-12(a) 是 AlO_x 势垒磁性隧道结中, 不同的氧化时间对隧穿磁电阻比值的影响. 从图中可以看出过氧化和欠氧化都会使磁电阻减小, 因此对于一定厚度的 Al 膜, 控制合适的氧化时间从而获得理想氧化的 AlO_x 势垒, 是制备 AlO_x 势垒磁性隧道结的关键. 进一步从磁性隧道结的电子全息剖面图中可以看出: 理想氧化时, 势垒的峰值高而且与电极界面非常陡直, 如图 3-12 所示.

而对于 MgO 单晶势垒的磁性隧道结而言, 沉积 MgO 势垒的氩气压、功率以及靶材与衬底的距离 (T-S) 是 MgO(001) 取向以及晶体结构的关键, 一组典型的条件为: 氩气压 10 mTorr、RF 功率 100 W、T-S 为 10 cm. 根据不同的磁控溅射设备, 条件略有不同. 另外, 为防止底部铁磁电极的氧化, 通常在沉积 MgO 之前, 先生长很薄的 Mg 作为底电极的保护层. 由于电子在 MgO 单晶势垒中的相干隧穿, 磁性隧道结的磁电阻随着 MgO 势垒的厚度的增加而发生振荡, 如图 3-13 所示[15].

磁场热退火工艺是磁性隧道结研究中必不可少的一个重要步骤. 对于 AlO_x 势垒的磁性隧道结, 在磁场热退火过程中, Al 膜会进一步完全氧化, 而且势垒与铁磁电极的界面得到改善; 达到一定温度时磁电阻的比值往往会增加一倍; 继续升高温度则铁磁电极被氧化, 原子扩散增加, 界面变粗糙, 从而磁电阻降低. Wang 等 [16] 研究了在高温和低温退火时非晶 CoFeB 和多晶织构 CoFe 作为铁磁电极的磁性隧道结中 Mn 原子扩散的机制. 图 3-14 为经磁场热处理的磁性隧道结中 Mn 和 Co 原子在各层中的分布以及磁电阻与磁场热退火温度关系, 从图中可以看到 Mn 原子扩散到了 AlO_x 势垒中, 这是高温退火导致磁电阻下降的一个重要原因. 在低温退火时, Mn 原子的扩散主要是通过体扩散以及由氧原子的辅助扩散来进行, 非晶的 CoFeB 与 (110) 织构的 CoFe 可以有效地阻止 Mn 原子的扩散. 在高温退火时,

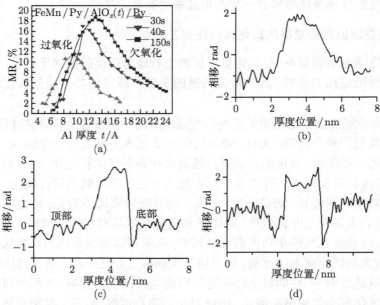

图 3-12   (a) 不同氧化时间对隧穿磁电阻的影响; (b) 过氧化; (c) 理想氧化; (d) 欠氧化

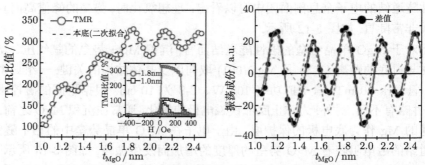

图 3-13   MgO 单晶势垒磁性隧道结的磁电阻随着 MgO 势垒厚度的增加而发生振荡现象[15](后附彩图)

Mn 原子的扩散是通过非晶 CoFeB 铁磁电极中的空位以及多晶 CoFe 铁磁电极的晶粒边界来进行的. 这一扩散机制的发现, 指出了在磁性隧道结多层膜沉积过程中以及退火过程中能阻止反铁磁钉扎层中 Mn 扩散的一种有效途径, 同时也对理解其他含 Mn 的纳米结构体系中的 Mn 扩散问题有所帮助. 因此, 该项研究对自旋电子学器件的设计有指导意义.

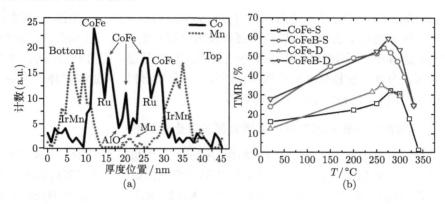

图 3-14 磁场下热退火后, 磁性隧道结中 Mn 和 Co 原子在各层中的分布 (a), 磁电阻与磁场下热退火温度之间的关系 (b)[16](后附彩图)

在单晶 MgO 势垒磁性隧道结中获得高 TMR 的关键是势垒层能否形成一致的 (001) 晶向的织构以及势垒与铁磁电极界面处良好的晶格和晶向匹配及较少的晶体缺陷. 在磁场热处理过程中, MgO 势垒的 fcc(001) 取向得到改善, 更重要的是 MgO 势垒两侧的铁磁电极 (非晶 CoFeB) 也会被 MgO 诱导成具有 (001) 取向的织构, 而且这种自组装式晶化的界面非常理想, 因此磁场热处理过程, 对 MgO 势垒磁性隧道结的隧穿磁电阻比值高低起着至关重要的作用, 如图 3-15 所示为 MgO

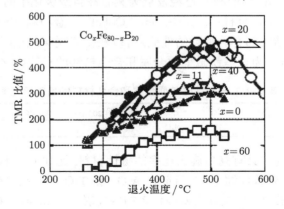

图 3-15 MgO 势垒磁性隧道结中不同铁磁电极的隧穿磁电阻与退火温度的依赖关系[10]

势垒磁性隧道结中隧穿磁电阻与退火温度的依赖关系[10]. 一般在温度大于 350°C 时, 隧穿磁电阻值会有明显的改善.

3.3　磁性隧道结的电极和势垒等常用材料

磁性隧道结的核心单元是由铁磁电极和势垒材料组成的三明治结构, 因此磁性隧道结中隧穿磁电阻的大小与铁磁电极以及势垒材料的选取密切相关. 在磁性隧道结的发展历程中, 人们对铁磁电极和势垒材料的研究是逐步递进和提高的. 本节将分别介绍具有高自旋极化率的铁磁电极材料、半金属材料、稀磁半导体或半磁半导体电极材料, 以及几种常用的势垒材料等.

3.3.1　具有高自旋极化率的铁磁单质金属及其合金材料

对于隧穿磁电阻现象, 人们最早利用 Julliére 的唯象模型[1] 分析实验现象, 并与非晶 AlO_x 势垒层磁性隧道结的实验结果符合的很好. 从该模型可以看出磁性层的自旋极化率 P 决定了 TMR 值的大小, 因此选用高自旋极化率的铁磁材料是制备高性能磁性隧道结的关键. 人们在随后的实验中寻找高自旋极化率的材料, 利用各种手段对不同磁性材料的有效自旋极化率进行了测量. 通常人们采用的是铁磁元素原子, 如 Fe、Co、Ni 等, 其外层电子为 3d 和 4s 电子. 当它们形成金属或合金时, 由于交换相互作用其 d 电子自旋向上的子带与自旋向下的子带发生相对位移使其态密度不相等, 两子带的占据电子之差正比于磁矩. s 电子成为自由电子. 尽管在费米面处还有受劈裂影响较少的 s 电子和 p 电子, 但是由于费米面处自旋向上和自旋向下 d 电子的态密度相差很大, 一般铁磁性金属的传导电子极化率在 30%~50%[17]. 研究人员对铁磁性材料进行了长期的优化, 目前业界常用的材料从传统的 Fe、Co 和 Ni 单质材料, 已经发展为具有高自旋极化率的多晶 NiFe 和 CoFe 合金及非晶 CoFeB 合金材料. 其中, 非晶 CoFeB 合金材料在 AlO_x 势垒和 MgO 势垒的磁性隧道结中都有着独特的性能, 可以获得高隧穿磁电阻比值, 从而得到了人们的青睐. 表 3-1 为一些铁磁单质金属和合金材料的自旋极化率.

表 3-1　一些铁磁单质金属和合金材料的自旋极化率

材料	Ni	Co	Fe	$Ni_{80}Fe_{20}$	$Co_{50}Fe_{50}$	$Co_{40}Fe_{40}B_{20}$
自旋极化率/%	33	45	44	40	51	58

然而对于常用的具有高自旋极化率的磁性材料, 比如 Co、Fe、CoFe 和 CoFeB 等, 都具有很大的磁致伸缩系数. 目前在 AlO_x 和 TiO 等非晶势垒磁性隧道结中主要的解决方法是采用由一层高自旋极化率的磁性层 (如 CoFe) 和磁致伸缩系数为零的 NiFe 层复合的自由层结构. 在 MgO 势垒磁性隧道结中, 由于 CoFeB 在后期退

火过程中结晶成的 bcc 结构对于其获得高的 TMR 比值很重要, 而和 NiFe 复合的 CoFeB 会在退火中结晶成 fcc 结构不利于 TMR 的提高, 因此在 MgO 势垒磁性隧道结中, 一般情况下仅用 CoFeB 单磁性层作为自由层, 或者可以用 CoFeB/Ru/NiFe 等人工耦合层来做自由层.

3.3.2 具有高自旋极化率的半金属电极材料

如上节所述, 高自旋极化率的铁磁电极材料可以有效地提高隧穿磁电阻比值. 从理论上人们预言了在费米面处具有 100% 的自旋极化率的材料[18], 即半金属材料. 用半金属材料作为磁性隧道结的铁磁电极, 理论上可以获得无限大的隧穿磁电阻比值. 因此, 半金属材料的研究得到了人们广泛的重视.

有许多种化合物都被预言是半金属材料, 目前理论和实验工作表明有以下几种代表性的半金属: ① NiMnSb、Co_2MnSi 等 Heusler 合金; ② CrO_2、Fe_3O_4、LSMO 等氧化物; ③ $Co_xFe_{(1-x)}S$、CrAs 等化合物. 然而, 目前已知的有实验证实的半金属材料有 LSMO[19]、CrO[20]、NiMnSb[21]、Co_2MnSi[22]、$Co_2FeAlSi$[23] 等. 根据 Bowen 等[24] 在以 LSMO 为电极的隧道结体系中获得的 1800% 的低温 TMR 效应, 有力地证明了 LSMO 的半金属特性, 推测出的自旋极化率高达 95%. 在半金属材料的研究中, 居里温度偏低是从材料走向器件应用的障碍; 然而具有 1000 K 左右高居里温度的宽禁带 Co 基 Heusler 合金材料半金属特性的发现, 为半金属材料向器件应用提供了契机.

近年来人们对以半金属材料为磁性电极的磁性隧道结展开了许多研究工作. 半金属材料, 由于其很高的自旋极化率, 同样被尝试用作 MgO 磁性隧道结的磁性电极. 对于 MgO 磁性隧道结, 其巨大的隧穿磁电阻效应主要来自于 MgO 势垒的自旋过滤特性, 因此, 半金属材料的晶格常数和 MgO 晶格常数的匹配是首要考虑的问题. 实验上通常都采用晶格常数和 MgO 比较匹配的一些半金属材料, 如表 3-2 所示.

表 3-2 部分半金属铁磁材料晶格常数以及与 MgO 晶格失配度

铁磁材料	晶格常数 a/nm	失配度 (MgO)
$Co_2Cr_{0.6}Fe_{0.4}Al$	0.5737	−3.7%
Co_2MnGe	0.5743	−3.6%
Co_2MnSi	0.5654	−5.1%
Co_2FeAl	0.573	4.0%
Co_2FeSi	0.564	5.7%

备注: a_{MgO}=0.4212nm, $a_{Co50Fe50}$=0.2842nm

值得一提的是, 金属材料的半金属特性跟晶体结构的完美与否直接相关, 因此在材料的制备过程中需要高温退火处理. 另外, 在磁性多层膜结构的应用中, 半金属与势垒界面会出现界面态, 从而影响到隧穿电流的自旋极化率. 因此, 半金属材料制备工艺的提高以及新型宽禁带室温半金属材料的探索是当前研究的方向.

3.3.3   具有垂直各向异性的金属磁电极材料

铁磁性材料的垂直磁各向异性一直是人们研究的热点问题. 超高密度磁硬盘中的存储介质是垂直各向异性的铁磁金属材料的典型应用. 近来, 垂直各向异性铁磁金属材料在磁性随机存储器、自旋纳米振荡器等自旋电子学器件中的应用备受研究人员关注, 因为在电流诱导的磁化翻转研究中发现垂直各向异性的铁磁电极材料具有高热稳定性以及低临界电流密度. 基于自旋转移力矩的下一代自旋电子学器件, 有望在垂直各向异性铁磁金属电极材料中实现和突破.

目前人们了解的具有垂直各向异性的材料主要包括: ① Co 以及 Co 的具有 hcp 织构的合金, 如 CoCrPt、Co_3Pt、$CoPt_3$ 等; ② 多层膜, 如 $[Co/Pt]_N$、$[Ni/Co]_N$ 等; ③ 具有 $L1_0$ 相的合金, 如 FePd、FePt、CoPt、MnAl 等; ④ 稀土族与过渡金属化合物, 如 NdFeB、SmCo、YCo、CeCo、PrCo、TeFeCo、GdFeCo 等; ⑤ 与氧化物材料依次生长的超薄 Fe、CoFeB 等.

3.3.4   稀磁半导体电极材料

自旋电子学在基础和应用领域获得了巨大的成功, 人们更希望在半导体材料中通过操控电子的自旋自由度, 研制以磁性半导体材料为基础的自旋电子学器件. 半导体材料是今天整个信息技术的材料基础, 不论从基础研究还是工艺应用, 人们在这一材料领域已经积累了丰富的知识和应用经验. 而自旋电子学作为一个新兴的面向应用的凝聚态物理新学科, 受到了从事基础研究和工业研发部门的广泛关注, 人们进一步想到能否利用磁性半导体材料的电子自旋实现信息的存储, 同时采用半导体电子学对信息进行通信、高速运算和处理.

20 世纪 60~70 年代, 人们已经开始研究磁性半导体, 即以 EuS 和 $CdCr_2S_4$ 为代表的浓缩磁性半导体, 如图 3-16 所示, 但这种材料居里温度 (T_C) 较低, 材料生长也很困难. 80 年代初, 以 (Cd, Mn)Te 和 (Zn, Mn)Se 为代表 II - VI族掺杂型稀

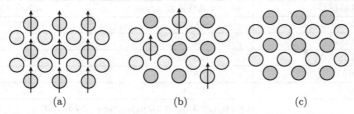

(a)   (b)   (c)

图 3-16   三种类型的半导体 (后附彩图)

(a) 浓缩磁性半导体, 磁性元素在晶格上周期排列; (b) 稀磁半导体, 磁性元素无序排列;

(c) 非磁性半导体, 没有磁性元素[26]

磁半导体受到人们关注, 由于这种材料由 Mn 替代二价原子, 但不提供自由载流子, 所以其基本上是绝缘体, 限制了它的应用. 80 年代末 90 年代初, 由于低温分子束外延技术 (LT-MBE) 的发明, 人们制备出 P 型 III - V 族稀磁半导体, 代表性材料体系为 (In, Mn)As 和 (Ga, Mn)As. 1992 年, 日本科学家 Ohno 采用 LT-MBE 技术, 首次报道了 P 型稀磁半导体 (In, Mn)As[25], 其居里温度 T_C 虽然仅 7.5K, 却引起了研究人员的广泛关注, 尤其引起了对其铁磁性起源的讨论. 1996 年, 该小组成功生长 (Ga, Mn)As[26] 高质量薄膜, T_C 高达 110 K. 目前在该材料中报道的最高 T_C 为 191 K[27].

(Ga, Mn)As 的磁性来源于空穴诱导的磁性元素 Mn 的局域磁矩之间的铁磁相互作用, Dietl 提出的平均场模型可以解释 T_C 和载流子浓度 p 的关系 ($\sim p^{1/3}$)[28]. Mn($[\text{Ar}]3d^{10}4s^2$) 原子替代 Ga($[\text{Ar}]3d^{10}4s^24p^1$) 原子, 同时贡献 1 个自由载流子–空穴. Mn 原子和 Ga 原子的电子结构很相似, 原子半径也很相似 (Ga 原子为 1.81 Å, Mn 原子为 1.79 Å), Mn 的两个 4s 电子和 Ga 原子的两个 4s 电子一样参与晶体成键, 由于 Mn 原子少了一个 4p 价电子, 所以替位 Mn 原子作为受主提供一个弱束缚空穴. 这些空穴型自由载流子在 Mn 局域磁矩之间传递交换相互作用. 为了从原子尺寸研究 Mn 原子之间的相互作用, 理解铁磁性的起源, 来自美国 Princeton 大学、UIUC 大学和 Iowa 大学的研究小组采用扫描隧道显微镜 (STM) 技术, 利用 STM 针尖操纵 Mn 原子替代 Ga 原子, 操纵两个邻近 Mn 原子的距离. 它们相对于受主晶体的取向, 通过高分辨 STM 获得参与 Mn 原子相互作用的 GaAs 的电子结构[29]. 他们发现, 邻近 Mn 原子对之间存在很强的相互作用, Mn 原子的受主峰会因和邻近 Mn 原子形成成键态和反键态而发生劈裂, 这种相互作用导致邻近局域 Mn 磁矩的平行排列, 即铁磁相互作用. 另外, 还发现这种相互作用还与 Mn 原子对相对于 GaAs 的晶体取向有关, 沿 <110>、<100> 和 <111> 晶轴排列的 Mn 原子对中, 沿 <110> 晶向排列的 Mn 原子对受主峰的劈裂能最大, 相互作用最强. 实际上, 由于低温 MBE 技术必然带来的生长缺陷, 在 (Ga,Mn)As 中除了存在 Ga 位 Mn 原子 (Mn_{Ga}), 还存在两种主要的原子占位缺陷 —— 处于间隙位的 Mn 原子 (Mn_I)[30] 和占据 Ga 位的反位 As 原子 (As_{Ga}), 这两者都是二电子施主, 而电子将补偿空穴导致空穴浓度的降低, Mn_{Ga} 和 Mn_I 之间存在反铁磁超交换作用, 从而降低材料的 T_C. 通过退火可以有效地降低 Mn_I 的含量, 从而大大提高 T_C[31]. 稀磁半导体的研究即使目前遇到了 T_C 无法再进一步提高的瓶颈, 但物理学家们并没有放弃对室温自旋半导体电子器件的追求, 人们正在寻找新的室温磁性半导体材料, 代表的有宽禁带半导体 (Ga, Mn)N 和磁性元素 (如 Co) 掺杂的 ZnO 等, 基于 Zener 平均场理论, 理论物理学家们预言这些新的材料具有高于室温的铁磁转变温度[32]. 目前人们对这些新材料的铁磁性的起源的认识还很缺乏, 平均场理论在解释这些材料的铁磁性起源上遇到了困难, 对这些材料的微观结构也存在争议, 究竟磁性起源于磁性元素的替位生长还是其纳米团簇的形成也无明确定论.

　　对 (Ga,Mn)As 全半导体外延磁性隧道结进行研究时, 尽管所有新奇的物理现象都只能在低温区观察到, 但在这一领域不断涌现的新发现, 大大丰富了人们对 (Ga, Mn)As 这种材料的认识. 由于外延生长可能在异质结构中得到高质量的界面, 人们期待在 (Ga, Mn)As 全半导体外延磁性隧道结的研究中获得更深刻的理解. 1999 年, Hayashi 等在以 AlAs 为势垒层的 (Ga, Mn)As/AlAs/(Ga, Mn)As 异质结构中发现了 15%~19%(4.2 K) 的 TMR[33], Chiba 等也在 AlAs 势垒异质结构中发现了 5.5% (20 K) 的 TMR[34]. 2001 年, Tanaka 等在 AlAs 势垒异质结构中观察到了 75% 的 TMR[35], 2004 年 Chiba 等在 (Ga, Mn)As/GaAs/(Ga, Mn)As 异质结构中观察到的 TMR 比值高达 290%(0.4 K)[36]. 2005 年, Rüster 等 [443] 在 (Ga, Mn)As/GaAs/(Ga, Mn)As 外延异质结构中发现了非常大的隧穿各向异性磁电阻 (TAMR), 如图 3-17 所示. TAMR 效应指的是电阻和 TMR 效应的大小与扫描磁场

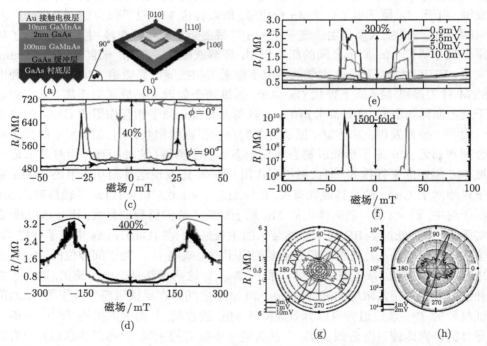

图 3-17　(a) (Ga,Mn)As/GaAs/(Ga,Mn)As 外延异质结构, 隧道结面积为 100μm×100μm; (b) φ 为磁场相对于 [100] 晶向的角度; (c) T=4K, 沿 90° 和零度, 表现正的和负的 TMR 效应; (d) 磁场垂直膜面时, TMR 对应 400%; (e) T=4.2K, φ=65°, TMR 的偏压关系; (f) φ=95°, T=1.7K, 偏压为 1mV, TMR 为 150000%; (g-h) 外磁场为 150 Oe, T=1.7K, 在不同偏压 (1mV, 2mV, 5mV, 7mV, 10mV) 下的电阻和磁场角度的关系 (后附彩图)

方向有关, 在过渡金属磁性隧道结中, 通常这种效应比较小 (~10%)[37]. 当面内扫描磁场相对于 [100] 晶向为零度时, TMR 为 40%, 而当磁场垂直膜面时, TMR 增加到 400%. TMR 随磁场方向的变化表现出复杂的行为, 特别地, 在低偏压 (1mV) 和低温 $T=1.7$K 下, 面内磁场沿 95° 角时, 观察到电阻超过 1500 倍的变化, 对应 TMR 150000%.

近年来, 自旋极化电流驱动磁化翻转 (CIMS) 的研究以及在自旋电子学器件中的应用, 引起人们广泛的重视. 在金属磁性隧道结中, 磁化翻转的临界电流密度 (J_c) 在 10^6~10^7A/cm^2 量级[38], 而在 (Ga,Mn)As 等稀磁半导体中, 由于磁化强度 (M_s) 比磁性金属小约 2 个量级, 相应的临界电流密度应该大大减小. Ohno[125] 研究小组在 (Ga, Mn)As/GaAs/(Ga, Mn)As 磁性隧道结中观察到临界电流密度为 1~2×10^5 A/cm^2, 如图 3-18 所示. 这为室温稀磁半导体的研究提供了新的动力.

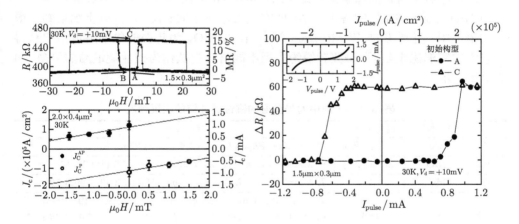

图 3-18　结面积为 1.5μm×0.3μm 的 (Ga$_{0.956}$Mn$_{0.044}$)As/GaAs/(Ga$_{0.967}$Mn$_{0.033}$)As 磁性隧道结的 R-H 曲线 (左上图) 和脉冲电流驱动曲线 (右图)

左上图: 偏压为 10mV, 磁场方向沿 [−110] 晶向; 右图: ΔR 为施加脉冲电流后的电阻和平行态电阻之差. A 和 C 代表施加脉冲电流前不同的初始状态 (施加脉冲时外场为零), A 代表平行态, C 代表反平行态; 左下图: 临界电流密度和外磁场的线性依赖关系

3.3.5　磁隧道结的势垒材料

1989 年, Slonczewski 提出了一个能够精确解释非晶势垒磁性隧道结中 TMR 现象的理论模型[39]. 通过假设铁磁电极可以被两个抛物线能带 (模拟自旋能带的交换分裂) 来描述, Slonczewski 求解了薛定谔方程并得到了电导率随着两个铁磁层磁化方向的相对排列的变化. 在较厚势垒的极限情况下, Slonczewski 发现电导率可以表示为两个铁磁层磁化方向夹角 θ 的余弦线性形式

$$G(\theta) = G_0(1 + P^2 \cos\theta) \tag{3-1}$$

其中, P 为有效自旋极化率

$$P = \frac{k^\uparrow - k^\downarrow}{k^\uparrow + k^\downarrow} \frac{\kappa^2 - k^\uparrow k^\downarrow}{\kappa^2 + k^\uparrow k^\downarrow} \tag{3-2}$$

κ 是波函数在势垒处的衰减率, 由势垒势高度 U 决定: $\kappa = \sqrt{(2m/\hbar^2)(U - E_F)}$. $k^\uparrow$ 和 $k^\downarrow$ 是多数自旋和少数自旋电子的费米波矢. 可以看到这个有效自旋极化率跟势垒高度是密切相关的. Slonczewski 模型实际上相当于指出了磁性隧道结中的隧穿电流自旋极化率并不是铁磁电极材料的本征特性, 一定厚度的势垒实际上对两端的铁磁电极之间磁性耦合以及隧穿磁电阻有重要意义.

　　自从 Julliére 成功制备了磁性隧道结并获得了低温隧穿磁电阻效应, 人们对磁性隧道结中势垒材料的探索便开始了. 20 世纪 80 年代, Maekawa、Suezawa 等[40,41] 采用 NiO 作为势垒层, 制备了 Ni/NiO/(Ni、Co、Fe) 的隧道结, 低温下观察到了很小的磁电阻. 直到 1995 年 Miyazaki 等 [2] 在以 AlO_x 为势垒的磁性隧道结中获得了较大的室温磁电阻后, 研究者纷纷采用不同材料尝试作为磁性隧道结的势垒, 如表 3-3 所示.

表 3-3　不同中间势垒层的磁性隧道结的发展情况

年份	势垒材料	磁电阻比值	参考文献
1975	Ge	14%(低温)	M. Julliére, *Phys. Lett. A* **54** (1975) 225
1982	NiO	2.5%(低温)	S. Maekawa et al., *IEEE Trans. Magn.* **18** (1982) 707.
1992	GdO_x	7.7%	J. Nowak et al., *J. Magn. Magn. Mater.* **109** (1992) 79.
1995	AlO_x	18%	T. Miyazaki et al., *J. Magn. Magn. Mater.* **139** (1995) L231; J. S. Moodera et al., *Phys. Rev. Lett.* **74** (1995) 3273
2000	GaO_x	24.6%	Z. Li, et al., *Appl. Phys. Lett.* **77** (2000) 3630.
2001	Ta_2O_5	2.5%	P. Rottlander et al., *Appl. Phys. lett.* **78** (2001) 3274.
2001	ZrO_x	19.2%	J. G. Wang et al., *Appl. Phys. Lett.* **79** (2001) 4387.
2002	$ZrAlO_x$	15.2%	J. G. Wang et al., *Appl. Phys. Lett.* **79** (2001) 4553.
2003	YO_x	25%	T. Dimopoulos et al., *Appl. Phys. Lett.* **83** (2003) 3338.
2003	HfO_x	13%	T. Dimopoulos et al., *Appl. Phys. Lett.* **83** (2003) 3338.
2004	MgO	220%	S. Parkin et al., *Nat. Mater.* **3** (2004) 862
2004	MgO	180%	S. Yuasa et al., *Nat. Mater.* **3** (2004) 868
2006	TiO_x	18%	K. Kobayashi et al., Fujitsu Sci. Tech J. 42 (2006) 139
2010	$MgAl_2O_4$	117%	H. Sukegawa et al., *Appl. Phys. Lett.* **96** (2010) 212505

　　在高 TMR 的 MgO(001)单晶势垒磁性隧道结 [7~10,42~74,107,109,110,115,116,120,306,319,320,321] 出现之前, 非晶 AlO_x 势垒 [2,3,5,11,13,75~98,109,196] 一直是人们主要研究

的对象. AlO$_x$ 势垒的优点是很容易形成超薄而且致密的纳米薄膜. Wen 等[98] 利用 0.6 nm 的 Al 膜氧化形成的 AlO$_x$ 势垒, 制备了纳米环状磁性隧道结, 伏安特性显示了明显的隧穿特性, 而且实现了电流诱导的磁化翻转.

按照自旋相关的输运理论, 当中间层为有周期性结构的材料时, 电子的隧穿过程是与中间层材料有关的. 要产生较大的 TMR 效应, 就要有效地提高单一自旋极化态电子隧穿的比率, 即提高该体系中对不同状态电子自旋的选择性. 通俗地说, 就是要找到一种新材料, 能像筛子一样过滤掉一种自旋状态的电子而让另外一种自旋状态的电子通过. 也就是从众多电子自旋态中选出单一的自旋向上或自旋向下的极化电子参与输运行为. 随着第一性原理计算工作的深入, 人们通过对原子结构更加深入的了解发现, 当中间层为具有特殊能带对称性的晶体时, 可以观察到很大的 TMR 效应. 2001 年, Butler 等[6] 所在的工作小组在 Fe(001)/MgO(001)/Fe(001) 的隧道结体系中, 应用 LKKR 第一性原理的方法计算得到了更高的隧穿磁电阻效应. 通过四年的实验探索, 美国 IBM 实验室和日本高级工业科学与技术研究所 (AIST) 的两个实验小组 [8,9], 分别通过实验证实了氧化镁势垒具有极高的自旋过滤效应, 获得了室温下高达 200% 的隧穿磁电阻效应. 目前, 实验上通过优化基于单晶 MgO(001) 势垒的磁性隧道结的制备工艺, 其室温隧穿磁电阻比值已超过 600%[10]. 这也凸现了理论研究工作对实验的指导作用.

此后, 人们又计算了 EuS、ZnO 等体系的 TMR 效应. MgO 势垒是一种能隙为 7.8 eV 的绝缘体材料. ZnO 是一种能隙为 3.3 eV 的半导体材料, 并且 ZnO 与 MgO 能够很好地形成 Mg$_x$Zn$_{1-x}$O 合金材料, 通过对 Zn、Mg 成分的调节可实现对 Mg$_x$Zn$_{1-x}$O 能隙的调节[99], 而势垒能隙的大小与磁性隧道结的输运性质相关, 从而可实现对结电阻和结面积的积矢 (RA) 进行调节, 使 Mg$_x$Zn$_{1-x}$O 势垒的磁性隧道结与 MgO 为势垒的磁性隧道结相比能具有较低的 RA. 如图 3-19 所示, 在 Mg$_x$Zn$_{1-x}$O 体系中, 当 Mg 成分大于 62% 的情况下, Mg$_x$Zn$_{1-x}$O 晶体结构呈现与 MgO 晶体结构类似的立方晶体结构, 晶格常数为 4.22Å, 能够调节能隙大小为 5.4~7.8eV, 这种成分配比区间的 Mg$_x$Zn$_{1-x}$O 很适合作为低 RA 的磁性隧道结新型势垒. 当 Mg 成分比重小于 37% 时, Mg$_x$Zn$_{1-x}$O 晶体结构为六角纤锌矿结构. 而 Mg 成分比重在 37%~62% 时, 其将形成六角纤锌矿与立方结构共存的混合相[100].

基于在 Mg 成分比重大于 62% 的情况下的 Mg$_x$Zn$_{1-x}$O 的晶体结构与 MgO 晶体结构类似, 并且相对来说具有较小的能隙的情况, Zhang 等[101] 初步计算了 Mg$_x$Zn$_{1-x}$O 随 Mg(Zn) 成分变化的输运性质. 如图 3-20 所示, 可发现随着 Zn 成分的增加, 平行电导率以及反平行电导率均随之下降, 意味着 RA 减小. 电导率比值也随着 Zn 成分的增加而下降, 即 TMR 随着 Zn 成分的增加而下降.

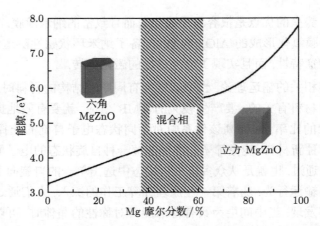

图 3-19　$Mg_xZn_{1-x}O$ 能隙大小与 Mg 成分比例的关系

随着 $Mg_xZn_{1-x}O$ 中 Mg 成分比重的增加, 其能隙会变大 [100]

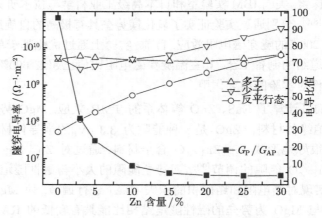

图 3-20　$Mg_xZn_{1-x}O$ 的输运性质随 Zn 成分的变化

图中上三角 (下三角) 实线表示平行态的多子 (少子) 电导率, 空心圆表示反平行态电导, 实心方格代表电导
率比值

　　另外, 在半导体势垒磁性隧道结的研究方面, Hayashi 等[33] 制备出 AlAs 势垒
层的磁半导体隧道结, 在低温下获得约为 44% 隧穿磁电阻. 但是, 磁电阻曲线无法
给出很好的反平行电阻平台, 因此这很可能不是真正的自旋阀磁电阻效应. 2000 年,
Chiba 等[34] 制备了相同势垒层的隧道结结构, 并在 4.2 K 下得到了 5.5% 的隧穿
磁电阻比值. 在磁电阻曲线中, 可以清楚地看到平行态和反平行态. Tanaka 等[35]
使用 GaAs/AlAs/GaAs 复合势垒层成功地制备出低温隧穿磁电阻比值大于 70% 的
(Ga,Mn)As/AlAs/(Ga,Mn)As 结构磁性隧道结. 在这种结构中, AlAs 为主要的隧穿
势垒, 而 GaAs 可以起到防止 Mn 原子扩散到势垒中而影响势垒高度的作用. 2002

年, Sugahara 等在[102] 在 MnAs/AlAs/MnAs 中得到了在低温 10 K 下 1.4%的磁电阻. 2004 年, Chiba 等[36] 利用 6nm GaAs 作为势垒层, 其势垒高度为 0.1eV, 在低温 0.39K 下得到了 290%的隧穿磁电阻比值. 但 GaAs 作为势垒, 当其厚度减小时, 两边磁性层发生耦合, 而很难形成好的平行态和反平行态. Saito 等[103] 利用 ZnSe 作为势垒, 制备了 (Ga,Mn)As 磁性隧道结, 在低温下得到了 100%的隧穿磁电阻比值. 2006 年, Kpbayashi 等[104] 基于 Ti-O 作为势垒得到了室温 18%的磁电阻. 2006 年, Elsen 等[105] 在 (Ga,Mn)As/(In,Ga)As/(Ga,Mn)As 中得到了 150%的隧穿磁电阻比值, 并实现了自旋转移力矩翻转自由层. 2008 年, Watanabe 等在 GaMnAs/GaAs/GaMnAs/GaAs/GaMnAs 结构中在低温 15 K 下得到了 150%的磁电阻[106].

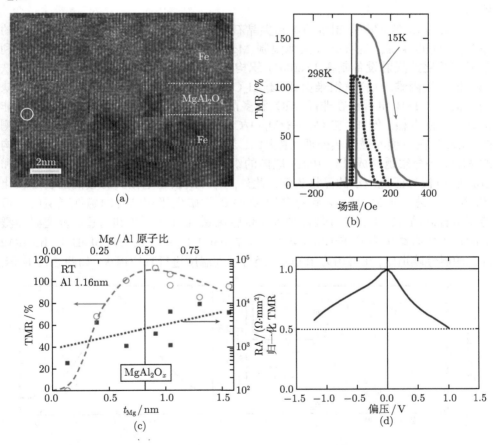

图 3-21   以 MgAlO$_x$ 为势垒的磁性隧道结结构以及输运性质 (后附彩图)

(a) Fe(30nm)/MgAlO$_x$/Fe 样品的高分辨透射电镜照片; (b) R-H 曲线 (RT, 15K); (c) 隧道结 TMR 和结电阻面积乘积 RA 与 Mg 厚度的依赖关系; (d) 偏压依赖关系

近来 Sukegawa 等[23,107] 制备了尖晶石结构的 $MgAl_2O_4$ 势垒, 如图 3-21 所示. 由于具有良好的偏压依赖关系($V_{1/2}$ 可以大于 1V), 这种势垒引起了人们广泛的关注.

隧穿电阻 (TMR)比值的偏压依赖特性主要来源于势垒和铁磁电极界面缺陷. MgO 势垒同典型的铁磁电极的晶格失配度较大(3%∼5%), 因此造成了 MgO 势垒磁性隧道结的较低的偏压依赖关系 ($V_{1/2}$ ∼600mV). 然而尖晶石结构的 $MgAl_2O_4$ 势垒其晶格常数在 0.79∼0.81 nm 范围内, 同铁磁电极的晶格失配度较低, 与几种典型铁磁性电极晶格失配度相比Fe:∼ −0.2%, $Co_{50}Fe_{50}$: ∼0.3%; $Co_2FeAl_{0.5}Si_{0.5}$: ∼0.7%. 除此之外, 经第一性原理计算 $MgAl_2O_4$ 具有同 MgO 类似的 Δ_1 能带对称性的电子的过滤特性. 因此 $MgAl_2O_4$ 势垒磁性隧道结可以获得较高的 TMR 比值和较高的 $V_{1/2}$.

Sukegawa 等[23,107] 制备的单晶尖晶石结构$MgAl_2O_4$ 势垒磁性隧道结采用的是单晶 MgO 衬底, 这样会较大地限制 $MgAl_2O_4$势垒在工业上的应用. 另外, 利用现有的磁控溅射设备制备 bcc(001) 织构的 Co、Fe、CoFe、$Co_2FeAl_{0.5}Si_{0.5}$等铁磁电极比较困难. 这样就很难保证 $MgAl_2O_4$势垒和铁磁金属界面有较少的界面缺陷. 非晶 CoFeB 电极已在非晶 AlO_x和多晶 MgO 势垒磁性隧道结中被证明是非常好的铁磁电极. 例如, 在 CoFeB/MgO/CoFeB 磁性隧道结中, MgO 势垒层两侧的 CoFeB 在后续的磁场热处理 (退火) 工艺后, 非晶 CoFeB 电极会被 (001) 织构的 MgO 势垒层诱导成具有 (001) 取向的织构, 这样也确保了在 $MgAl_2O_4$ 势垒和 CoFeB 电极界面处较小的晶格失配. 此外, CoFeB 铁磁电极具有较高的自旋极化率. 综上所述, 将 $MgAl_2O_4$ 新势垒同 CoFeB 铁磁电极相结合的磁性隧道结有可能获得较高的 TMR 比值和较高的偏压依赖关系. Liu 等[108] 利用超高真空磁控溅射制备了核心结构为 CoFeB(4)/Mg(0.5, 0.7, 0.9, 1.1)/Al(1.3)-O/CoFeB(4)/IrMn(12 nm) 的磁性隧道结, 在磁场为 1kOe 下经过不同温度进行真空退火. 如图 3-22 所示,

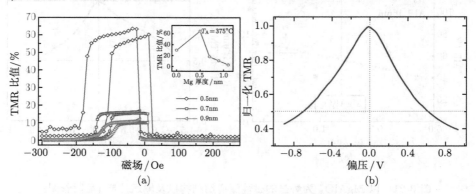

图 3-22   CoFeB/Mg(t)/Al-O/CoFeB 样品隧穿磁电阻性质 (后附彩图)

(a) TMR 比值与磁场的依赖关系; (b) TMR 比值与偏压的依赖关系

在 $t_{\mathrm{Mg}}=0.5\mathrm{nm}$ 时, TMR 比值约为 65%; 随着 Mg 层厚度的增加, 隧穿磁电阻 TMR 比值逐渐减小. 造成 TMR 比值逐渐减小的原因主要是 $MgAlO_x$ 经退火后仍然为非晶而不是尖晶石结构. 另外, 随着 Mg 层厚度的增加, Mg 层不能够充分氧化与 Al 结合成 $MgAlO_x$ 势垒.

现阶段来看, MgO(001) 为中间势垒层是一种较好的选择, 不仅可以获得很大的磁电阻效应, 也可以利用磁控溅射方法在 CoFeB 等磁性金属合金层上有效地制备, 这将 TMR 效应向着实际应用的方向又推进了一大步. 采用具有高自旋过滤效应的单晶金属氧化物势垒材料 MgO(001), 与常规的非晶态金属氧化物势垒材料 AlO_x 相比, 可以显著提高隧穿磁电阻比值. 而具有优越偏压依赖关系的尖晶石结构 $MgAl_2O_4$ 势垒的磁性隧道结还需要进一步的优化.

3.3.6 磁性隧道结中的几种有代表性的反铁磁钉扎材料

在磁性隧道结的研究中, 反铁磁钉扎材料与铁磁电极材料之间的交换偏置效应也是人们研究的热点. 反铁磁材料通过交换偏置作用可以 "固定" 磁性隧道结的一个铁磁性电极, 而另一个铁磁电极可以 "自由" 地翻转, 从而达到对外磁场的灵敏检测. 反铁磁钉扎材料的选择至关重要, 需要同时考虑高的截止温度、强的交换各向异性以及良好的热稳定性. 表 3-4 为可用于磁性隧道结反铁磁钉扎层的有代表性的反铁磁材料及其特性.

表 3-4 可用于磁性隧道结钉扎层的有代表性的反铁磁材料及其特性

反铁磁薄膜	FeMn	IrMn	NiMn	PtMn	NiO	$\alpha\text{-}Fe_2O_3$
临界厚度/nm	7~10	5~8	<25	10~15	<50	<50
Neel 温度 /°C	230	420	797	702	250	680
Blocking温度 /°C	150	250	370	380	200	250
交换偏置场/ Oe	420	450	450~860	500	200	40~75
耐蚀性	✕	○	○	○	○	○

3.4 磁性隧道结的种类

3.4.1 三明治结构磁性隧道结

如前所述, FM/I/FM 的三明治结构是磁性隧道结的核心结构. 在磁性隧道结最早的研究中, Julliére[1] 就使用了 Fe/Ge/Co (即为 Fe/Ge-O/Co) 的三明治结构发现了低温下的隧穿磁电阻效应; 而室温隧穿磁电阻效应也是首先在这种典型的三明治结构中发现的. 在三明治结构磁性隧道结的设计中, 一般情况下上下两层铁磁层要具有不同的矫顽力, 在外加磁场作用下, 矫顽力小的一层先翻转, 从而形成两铁磁层的反平行排列, 实现磁性隧道结的高阻态. 三明治结构磁性隧道结的典型磁电阻曲线如图 3-23 所示.

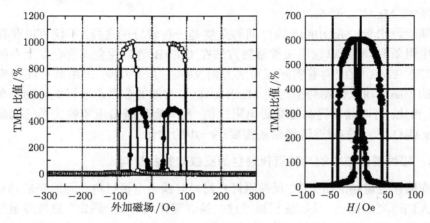

图 3-23　非晶 $Co_{20}Fe_{60}B_{20}$ 铁磁电极赝自旋阀磁性隧道结的磁电阻曲线[10,109]

在实际应用中, 由于三明治结构中的上下层铁磁电极的磁矩都不 "固定", 抗外磁场干扰的能力和热稳定性相对较差; 另外, 三明治结构的磁电阻值和外加磁场的量值大小之间不能形成唯一的一一对应关系, 因此很难用于磁敏传感器或磁随机存储器的设计单元. 然而, 这种三明治结构磁性隧道结可以在自旋极化电流诱导磁化翻转的器件中得到应用. Han 等[13] 制备了三明治结构的纳米环状磁性隧道结, 并实现了电流诱导的磁化翻转, 获得了可用于开关型磁敏传感器或磁随机存储器单元的磁电阻–自旋极化电流的工作曲线. 另外, Ikeda 等[110] 制备了具有垂直各向异性的三明治磁性隧道结, 也实现了电流诱导的磁化翻转. 三明治结构磁性隧道结的优点是结构简单和易于制备; 由于没有反铁磁钉扎层, 还避免了高温下反铁磁钉扎材料中 Mn 原子的扩散, 可以进行较高温度的热处理, 因而能获得较高的磁电阻比值.

3.4.2　自旋阀式钉扎型磁性隧道结

在磁电子学研究的初期, 人们通常是制备简单的三明治结构 (如 Fe/Ge-O/Co) 或是巨磁电阻磁性多层膜结构 (如 $[Co/Cu]_N$). 在三明治磁性隧道结结构中, 如上节所述在外磁场下具有抗外磁场干扰的能力和热稳定性相对较差的缺点; 巨磁电阻多层膜虽然具有较高的磁电阻比值, 但是饱和磁场太大, 对小磁场探测的不灵敏.

1991 年 Dieny 等[111] 发现了一种在磁电阻效应应用上具有突破性意义的磁电阻多层膜结构：自旋阀结构. 自旋阀式磁性多层膜的基本结构由反铁磁层/铁磁层 (被钉扎层)/非磁层/铁磁层 (自由层) 组成. 室温隧穿磁电阻效应发现以后, 自旋阀结构被广泛应用到磁性隧道结中, 即钉扎型自旋阀式磁性隧道结. 图 3-24 为典型的钉扎型自旋阀式磁性隧道结的磁电阻翻转曲线. 从图中可以看出: 在大磁场下, 磁性隧道结处于低电阻态, 即两铁磁层磁矩处于平行态; 在小磁场范围内, 有两个回线, 矫顽力较小的回线对应自由层的翻转, 矫顽力大的回线对应于钉扎铁磁层的翻转. 在低温下, 交换偏置场增大, 钉扎层的翻转进一步受到抑制. 另外, 为了提高钉扎层铁磁电极的稳定性, 可以利用人工反铁磁耦合层结构, 典型的结构为: 反铁磁层/铁磁层/非磁性金属/铁磁层 (钉扎层)/势垒层/铁磁层 (自由层). 自旋阀式钉扎型磁性隧道结的优点是自由层对小磁场的灵敏度大幅度提高, 进而由于反铁磁钉扎层的存在, 钉扎层铁磁电极的磁矩被相对 "固定", 增加了器件对外界磁和热噪声的抗干扰能力; 另外, 磁电阻值和外加磁场的量值大小之间也能形成器件设计所需要的一种对应输出关系.

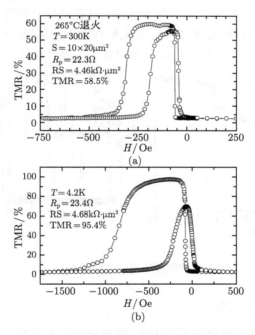

图 3-24 典型的自旋阀式钉扎型磁性隧道结的磁电阻翻转曲线

3.4.3 双势垒磁性隧道结

双势垒磁性隧道结, 顾名思义即是在一个磁性隧道结中具有两个势垒层的结构, 典型的结构为: 反铁磁层/铁磁层/势垒层/铁磁层/势垒层/铁磁层/反铁磁层 (AFM/FM/I/FM/I/FM/AFM). 上下两个靠近反铁磁钉扎层的铁磁电极的磁矩被相对 "固定", 中间铁磁电极为自由层. 双势垒磁性隧道结由于具有两个势垒, 则势垒中间铁磁金属层理想情况下可以构成量子阱, 同时电子的隧穿又是自旋极化的, 因此在双势垒磁性隧道结中存在丰富的物理效应. 另一方面在实际器件应用中, 双势垒磁性隧道结的优点是具有良好的偏压依赖关系, 即较高的 $V_{1/2}$ 量值.

图 3-25 是典型的双势垒磁性隧道结的磁化翻转以及磁电阻曲线, 该双势垒磁性隧道结的结构如下: Ta(5)/Cu(10)/NiFe(5)/IrMn(12)/CoFeB(4)/Al(1)-O/CoFeB(6)/Al(1)-O/CoFeB(4)/IrMn(12)/NiFe(5)/Ta(5) (单位: nm)[112]. 从磁化曲线中可以看到各层的翻转层次, 其基本过程如下: 当从正饱和磁场开始, 随着磁场的下降, 诱导反铁磁层织构的种子层 NiFe 的磁矩开始翻转; 然后底部钉扎层翻转, 顶部钉扎层翻转; 零场附近时自由层的磁矩翻转, 全部磁性多层膜的磁矩方向一致排列, 处于完全平行态. 上下两钉扎层的交换偏置的差别是由于界面性能不同而导致的. 磁电阻曲线呈现三个回线的特征, 其分别对应于三层铁磁电极磁矩的排列. 低电阻态对应于完全平行排列, 高阻态对应于自由层与两钉扎层反平行排列, 中间态对应于自由层与顶部钉扎层平行而与底部钉扎层反平行排列的情况. 对于双势垒磁性隧道结中的新颖的磁电阻效应, 将在后续章节中进一步展开论述.

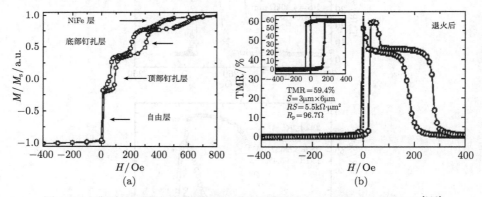

图 3-25　典型的双势垒磁性隧道结的磁化翻转 (a) 以及磁电阻曲线 (b)[112]

3.4.4　半金属磁性隧道结

由于半金属材料在费米面上的 100% 的自旋极化率, 以半金属材料作为铁磁电极的磁性隧道结有可能会产生极高的磁电阻. 因此, 近几年对于半金属材料的研究引起了人们极大的兴趣.

2003 年 Inomata 等[113] 首先尝试了将半金属 $Co_2Cr_{0.6}Fe_{0.4}Al$ 作为 Al-O 势垒磁性隧道结的铁磁电极, 得到了室温 16% 的隧穿磁电阻. 2005 年, Marukame 等[114] 采用半金属 $Co_2Cr_{0.6}Fe_{0.4}Al$ 作为 MgO 磁性隧道结的其中一个铁磁电极, 得到了室温 42%、低温 55K 下 74% 的 TMR 值. 2006 年, 在同样的结构中得到了室温超过 90%、低温下为 240% 的 TMR 值[115]. 2009 年通过采用 Co_2FeAl 作为磁性电极,

Wang 等[116] 得到了室温 330%、低温 10 K 下 700% 的 TMR 值, 如图 3-26 所示. 虽然具有 B2 结构的 Co_2FeAl 经过能带的理论计算表明不是严格的半金属, 但是由于其与 MgO 势垒晶格的失配度小, 能形成很好的界面, 因此通过 MgO 势垒中 Δ_1 对称态电子相干隧穿的自旋过滤效应, 从而得到了很高的磁电阻. 半金属特性的 Co 基 Heusler 合金具有很高的居里温度 ($\sim$1000K) 以及与 MgO 晶格很小的失配度, 在目前和今后磁性隧道结的研究中会继续占据一个重要的位置.

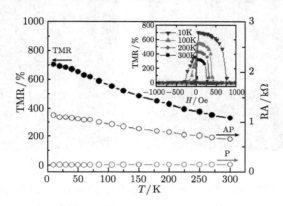

图 3-26 Co_2FeAl 为铁磁电极的磁性隧道结的磁电阻随温度的依赖关系[116] (后附彩图)

根据 Bowen 等[24] 在以 $(La_{1-x}Sr_x)MnO_3$ 为磁电极的隧道结体系中获得的 1800% 的低温 TMR 效应, 有力地证明了 LSMO 的半金属特性, 推测出的自旋极化率高达 95%. 关于以 LSMO 等含稀土或过渡族金属元素掺杂的钙钛矿化合物薄膜为磁性电极的磁性隧道结制备及其磁电性质的研究, 目前尚缺少完善的第一性原理计算和物理模型分析, 这主要是这类化合物由于掺杂浓度的不同会出现不同磁性和电性的多种相结构以及复杂的氧化物界面态. Teresa 等[117] 在用 $SrTiO_3$ 为势垒的 Co/STO/LSMO 的非对称隧道结体系中观察到了负的 TMR 现象, 进而人们推测自旋极化率还与界面态有关.

Yu 等[118] 在 (001) 取向的 $SrTiO_3$ 衬底上, 取中间势垒层$La_{0.96}Sr_{0.04}MnO_3$ 的厚度为 5nm, 上下铁磁性电极 $La_{0.7}Sr_{0.3}MnO_3$ 的厚度为 100nm, 利用磁控溅射方法制备了钙钛矿氧化物磁性隧道结多层膜. 图 3-27 (a) 是利用高分辨电镜观察到的 $SrTiO_3$-sub/$La_{0.7}Sr_{0.3}MnO_3$/$La_{0.96}Sr_{0.04}MnO_3$/$La_{0.7}Sr_{0.3}MnO_3$ 的电子衍射图, 从中可以看出图中只有一套衍射花样, 表明 (001) 取向的各 $La_{1-x}Sr_xMnO_3$ 薄膜在 $SrTiO_3$ 衬底上沿外延取向生长, 因晶格失配带来的界面应力大幅降低. 另外, 由图 3-27 (b) 同样可以得到具有三明治结构的 $La_{1-x}Sr_xMnO_3$ 隧道结多层膜样品完全按照衬底的取向方向生长. 该图中清晰的界面直观地证明了钙钛矿氧化物 $La_{1-x}Sr_xMnO_3$ 隧道结中铁磁性层与绝缘势垒层之间良好的外延生长关系.

图 3-28 给出了中间势垒层为 5nm 的全 $La_{1-x}Sr_xMnO_3$ 隧道结低温 4.2K 及偏压 10mV 时的结电阻和 TMR 效应随着外加磁场的变化曲线. 从图中可以看到, 在当磁场从 $-12T$ 增加到 12T 时, 电阻从较低的 $6.5k\Omega$ 骤增到最大值 $595k\Omega$, 再降低为 $6.5k\Omega$, 用 TMR 公式计算出的磁电阻变化率达到 9029%. 根据 Julliére 公式推算得到铁磁性层 $La_{0.7}Sr_{0.3}MnO_3$ 的自旋极化率已经接近 100%.

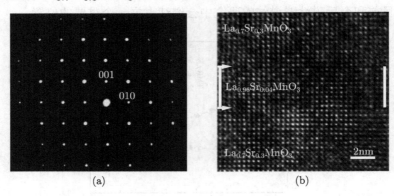

(a)   (b)

图 3-27   SrTiO$_3$- 衬底/$La_{0.7}Sr_{0.3}MnO_3$/$La_{0.96}Sr_{0.04}MnO_3$/$La_{0.7}Sr_{0.3}MnO_3$ 的 (a) 高分辨
透射电镜照片及其 (b) 电子衍射图[118]

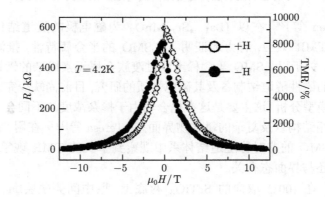

图 3-28   中间势垒层为 5 nm 的全 $La_{1-x}Sr_xMnO_3$ 隧道结低温 4.2 K 及偏压 10mV 时的结
电阻和 TMR 效应随着外加磁场的变化曲线

另外, 实验表明半金属磁性隧道结在低温下显示出了很高的磁电阻比值, 但是随着温度的上升, 磁电阻会很快地下降. 怎样减弱这种强的温度依赖关系, 在室温下获得巨大隧穿磁电阻是研究人员面临的重点问题. 在电流诱导的磁化翻转研究方面, 半金属磁性电极具有较低的饱和磁化强度以及很低的阻尼常数, 因此半金属磁性隧道结中有可能实现 $10^5A/cm^2$ 的磁化翻转临界电流密度.

3.4.5 垂直各向异性磁性隧道结

随着磁存储密度的提高, 相邻磁存储单元之间的距离变小, 而磁单元之间的静磁相互作用是一个长程力, 因此存储单元之间的静磁耦合会对信息的存储产生干扰, 其解决办法之一就是使用具有垂直各向异性的铁磁性薄膜材料代替面内磁化的材料来作为存储单元. 超高密度垂直磁记录介质及其磁硬盘的商业化, 就是垂直各向异性铁磁材料应用的典型范例.

以垂直各向异性铁磁薄膜材料作为磁性隧道结的铁磁电极, 有利于元器件的热稳定性而且可以进一步减小自旋极化电流诱导磁化翻转的临界电流密度, 从而降低元器件的功耗, 进一步实现与半导体工艺的兼容. 然而, 目前基于垂直磁各向异性铁磁电极薄膜材料的磁性隧道结磁电阻与普通面内各向异性磁性隧道结磁电阻相比, 其 TMR 比值还较小, 造成这种磁电阻下降的主要原因有: 这种具有垂直磁各向异性的磁性薄膜材料在磁性隧道结势垒层界面处的自旋极化率较小, 界面附近自旋轨道耦合导致的自旋散射增强等. 人们对具有垂直各向异性的磁性隧道结铁磁电极材料正进行着逐步的尝试和优化, 目前是一个非常重要和热点的研究课题.

2008 年日本东芝公司的 Nakayama 等[119] 在结构为 TbCoFe/CoFeB/MgO/CoFeB/TbCoFe 的磁性隧道结中观察到了 15%的隧穿磁电阻, 同时实现了极化电流驱动, 如图 3-29 所示. 同年, Ohmori 等[120] 在以 GdFeCo 和 TbFeCo 为铁磁层、以氧化镁为势垒层的磁性隧道结中观察到了 64%的隧穿磁电阻.

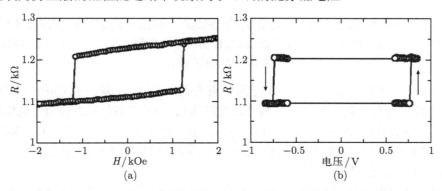

图 3-29 具有 TbCoFe/CoFeB/MgO/CoFeB/TbCoFe 结构的垂直磁性隧道结的磁场驱动曲线 (a) 和电流驱动曲线 (b)[119]

在 2008 年的 Intermag 会议上 Yoshikawa 等[121] 公布了以 FePt 为铁磁层、以氧化镁为势垒的具有垂直各向异性的磁性隧道结的最新结果, 其隧穿磁电阻达到了110%. 在同年的 IEDM 会议上他们[122] 制备的具有同样结构的结区为 50nm 的磁性隧道结, 其隧穿磁电阻超过了 100%, 同时临界电流达到了 49μA, 在垂直磁性隧道结领域实现了突破性的进展. 这一进展也使得具有垂直各向异性的磁随机存储器

MRAM 向着实用化方向迈出了关键的一步.

　　Wei 等[123] 制备出垂直各向异性和面内异性铁磁电极相结合的磁性隧道结, 并获得了 22% 的室温隧穿磁电阻, 如图 3-30 所示. 该磁电阻曲线在一定磁场范围内呈线性变化, 因此可以用于线性磁电阻传感器. 这种独特的铁磁电极的磁结构排布而形成的线性磁电阻传感器, 避免了现有的磁敏传感器设计结构中必须埋入永磁偏置薄膜的复杂工艺和制备过程.

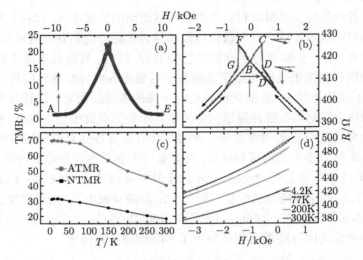

图 3-30　Wei 等制备的垂直与面内磁各向异性铁磁电极相结合的磁性隧道结的磁电阻曲线[123], 在一定的磁场范围内呈现了磁电阻线性输出信号的特征, 可用于磁敏传感器的设计和应用 (后附彩图)

　　Wang 等[124] 优化了 CoPt 多层膜的垂直各向异性, 并制备了 CoPt 多层膜为铁磁电极的垂直各向异性的 AlO 势垒磁性隧道结, 该垂直磁化磁性隧道结的结构如下:　Ru(10)/Cu(20)/Ru(10)/Pt(10)/[Co(0.5)/Pt(2)]₆/Co(0.5)/Al(1)–O/[Co(0.8)/Pt(2)]₃/Ru(10nm), 如图 3-31 所示; 获得了室温下 14.7% 的隧穿磁电阻, 并研究了磁电阻随退火温度的依赖关系.

　　2010 年 Ohno 研究组[110] 报道了 Ta/CoFeB/MgO 垂直各向异性结构, 当 CoFeB 薄膜厚度小于 1.5nm 时具有垂直磁各向异性如图 3-32 所示, 并以此作为磁电极制备了垂直磁化的 MgO 磁性隧道结, 获得了高达 120% 的 TMR 比值. CoFeB/MgO 界面各向异性是它具有垂直磁各向异性的关键. 由于 CoFeB 合金材料具有高自旋极化率, 因而以 CoFeB 作为垂直磁化磁性电极的磁性隧道结有望进一步降低自旋极化电流诱导磁化翻转的临界电流密度. 随后研究人员重复了上述结果并指出 Ta/CoFeB/MgO 中界面对于 CoFeB 的垂直磁各向异性有很重要的作用, 用 Ru 取代 Ta 对于同样厚度的 CoFeB 就没有垂直磁各向异性.

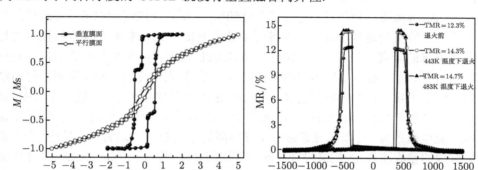

图 3-31 基于垂直各向异性 CoPt 多层膜电极的磁性隧道结磁化翻转以及磁电阻曲线[124]

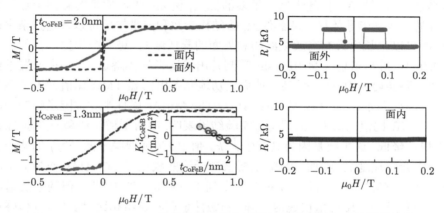

图 3-32 CoFeB/MgO 材料的垂直各向异性以及垂直磁化磁性隧道结的

磁电阻曲线[110](后附彩图)

3.4.6 稀磁半导体复合型磁性隧道结

半导体材料是当今整个信息技术的材料基础, 人们对其研究已经超过了整整一个世纪. 之前, 人们基于半导体的应用还只停留在半导体中载流子电荷的操纵, 而忽略了对载流子自旋的操纵. 如果可以在半导体中对电荷自旋进行操纵, 人们可以在一种材料里实现信息的存储、逻辑运算和通信的目的. 这将对未来的信息技术产生深远的影响, 并带来巨大的经济利益. 通过对半导体进行磁性掺杂, 可以在半导体中引入自旋自由度, 并对其进行操纵. 目前, 人们已经对不同种类的磁性半导体进行了研究, 而 (Ga, Mn)As 是能够被人们相对较好理解的一种有代表性的稀磁半导体. 自从 1996 年日本科学家 Ohno 等[125] 采用低温分子束外延 (LT-MBE) 生长

出居里温度 (T_C) 为 110K、具有铁磁性特征的 (Ga, Mn)As 薄膜材料, 人们已经对 (Ga,Mn)As 等稀磁半导体材料进行了广泛的研究. 国内中国科学院半导体所超晶格国家重点实验室的赵建华课题组对稀磁半导体 (Ga,Mn)As 材料和物理特性也进行了深入系统的研究. 目前, 该课题组已经成功的优化出 T_C 为 191 K 的 (Ga,Mn)As 薄膜材料[27]. 为了实现半导体中的自旋信号的探测, 人们提出了和金属磁性隧道结结构类似的 (Ga,Mn)As/势垒层/(Ga,Mn)As 磁性半导体隧道结. 在这个结构中, 其中一层磁性半导体作为自旋注入层, 而另外一层磁性半导体层作为自旋探测层, 通过隧穿磁电阻效应, 可以研究该磁性半导体隧道结的自旋输运特性. 另外, 为了实现更有效的自旋注入, 人们又设计和研究了铁磁金属/势垒层/(Ga,Mn)As 半导体复合磁性隧道结. 铁磁金属由于具有更高的居里温度 T_C, 因此有望在半导体复合磁性隧道结中实现更高温度下的自旋注入和探测.

　　磁性半导体复合型磁性隧道结是半导体自旋电子学及其材料体系中的重要研究内容之一. 磁性半导体隧道结有很多的优点, 例如: ①高质量的磁性半导体隧道结很容易集成到半导体材料及器件上; ②结构参数和能带参数可以通过掺杂来进行调整; ③可以生长出具有高质量结构和界面的异质结构, 进而产生更丰富的量子效应. 1999 年, 日本东京大学 Hayashi 等制备出稀磁半导体隧道结, 并在低温下获得约为 44%隧穿磁电阻[33]. 两年后, 他们成功地制备出低温 TMR 比值大于 70%的磁性隧道结[35], 目前这是 (Ga, Mn)As/AlAs/(Ga, Mn)As 磁性半导体隧道结中观测到的最好 TMR 比值, 如图 3-35 所示. 实验结果表明, 随着隧道结势垒层厚度的增加, TMR 快速降低. 这主要是因为具有较大 $k_{//}$ 值 (波矢和薄膜平面平行) 的载流子在势垒层中会快速地衰减, 而 TMR 主要来源于这些载流子. 在 AlAs 作为势垒的磁性隧道结中, Chiba 等在低温 0.39K 下得到了 290%的 TMR[36]. 但随着隧道结两端偏压的升高, TMR 比值快速地下降. 和磁性金属隧道结相比, 磁性半导体隧道结的 $V_{1/2}$(TMR 比值下降到最大值一半时的偏压) 要小很多. 对于这种现象可以进行定性的解释: 磁性半导体 (Ga,Mn)As 的载流子的浓度为 $10^{19} \sim 10^{21}\mathrm{cm}^{-3}$, 因此费米面大概在 100mV 量级. 当所加偏压增加, 并且大于费米能级时, 另外一边电极的自旋极化未占据态数量减小, 进而导致 TMR 比值的减小. 利用 ZnSe 作为势垒的 (Ga,Mn)As 磁性半导体隧道结, Saito 等[103] 在低温下得到了 100%的 TMR 比值. 这表明, 尽管 III - V / II - VI 族半导体薄膜材料的界面处有一定的晶格失配, 但也可以制备出相对高质量的界面. 另外, Chiba 等在 (Ga,Mn)As/AlAs/(Ga,Mn)As 隧道结中实现了电流驱动下自由层磁矩的翻转, 临界电流密度为 $1.1\sim2.2\times10^5\mathrm{A/cm}^2$, 如图 3-34 所示. 通过控制电流方向来人工控制自由层的磁化方向, 因此可以排除电流的热效应使自由层磁矩发生翻转的可能性. 磁性隧道结的临界电流密度的大小可以近似地表示为: $J_c \approx \alpha 4\pi e M_s^2 t / Ph$, 其中 M_s 为磁性层的饱和磁化率, P 为磁性层的自旋极化率, α 为阻尼系数. 因此要降低 MTJ 的临界电流密度需要材料具有低的饱和磁化强度、高的自旋极化率以及小的阻尼系数. 由于稀磁半导体具有更小的饱和磁化强度, 因此磁性半导体隧道结中极化电流驱动磁矩翻转的临界电流密度可以小于铁磁性金属隧道结中的临界电流密度.

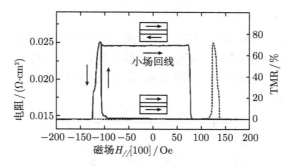

图 3-33 (Ga,Mn)As/AlAs/(Ga,Mn)As 磁性半导体隧道结在 8 K 时的隧穿磁电阻曲线 实线 (虚线) 代表磁场从正方向 (负方向) 饱和磁化状态改变到负方向 (正方向) 饱和磁化状态下的磁电阻变化曲线, 细实线代表小场回线[35]

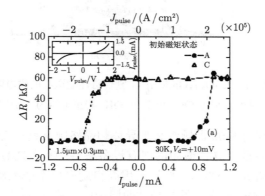

图 3-34 30K 时, 1.5 μm×0.3 μm 器件的电阻变化量和所加脉冲电流的关系. 电阻变化量为脉冲电流作用后, 器件的电阻和未加前的差值[126]
初始磁矩排布, A 表示初始磁矩为平行状态, C 表示初始磁矩为反平行状态

铁磁性金属由于具有很高的 T_C, 更有利于用于高效率的自旋注入, 因此人们设计和制备了铁磁金属作为自旋注入源的铁磁金属/势垒层/磁性半导体的半导体复合磁性隧道结. 其中, 势垒层的插入可以有效地避免所谓的金属和半导体电导不匹配所带来的自旋注入效率降低的问题[127]. 2002 年, Chun 等在 MBE 生长的 (Ga, Mn)As/AlAs/MnAs 结构中, 首次证明了磁性半导体和铁磁金属之间有效自旋极化隧穿[128], 并在低温 5K 下得到了接近 40% 的 TMR. 实验表明, 金属可以通过势垒层向半导体中进行有效的自旋注入. 之后, 日本 Ando 研究组对不同的势垒结构进行

了研究. 在 Fe/ZnSe/GaMnAs 复合隧道结中, 他们在 2K 时得到了 38% 的 TMR[129]. 他们又先后对 AlAs、GaAs、ZnTe 和 MgO 等各种势垒进行了研究, 并在低温 2 K 下分别得到了 38%、11%、8% 和 1% 的 TMR 比值[130]. 实验结果表明, 较小的晶格失配是获得高 TMR 比值的重要因素.

另外, 界面处由于扩散而导致的 Mn 析出, 有可能导致 TMR 的显著降低. 2008 年, Saito 等[131] 利用非晶势垒 GaO_x, 在低温 6 K 温度下, 将 F/I/S 半导体复合磁性隧道结的 TMR 提高到 58%, 如图 3-35 所示. 这是目前在 F/I/S 复合隧道结中得到的最高的 TMR 比值.

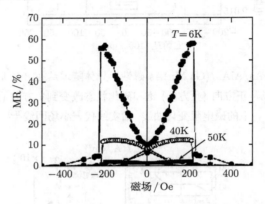

图 3-35　Fe/GaO_x/(Ga,Mn)As 复合磁性隧道结的磁电阻曲线
测量温度分别为 6K、40K 和 50K, 测量电压为 5mV[131]

中国科学院物理所 M02 课题组和半导体超晶格国家重点实验室结合各自的铁磁性隧道结薄膜和磁性半导体薄膜的现有设备条件, 针对 F/I/S 半导体复合磁性隧道结进行了合作研究. 2008 年, 他们利用高自旋极化率非晶磁性金属 CoFeB 和 GaAs 势垒实现了铁磁金属向磁性半导体薄膜中的自旋注入[132]. 在此 (Ga,Mn)As/ GaAs/CoFeB 半导体复合磁性隧道结中, 低温 2K 温度下观测到了 3.8% 的 TMR 比值, 如图 3-36 所示.

在该复合磁性隧道结中, 电阻强烈地依赖于温度, 如图 3-37 所示. 在 (Ga,Mn) As/AlAs/MnAs 半导体外延复合磁性隧道结中, 也发现其电阻具有很强的温度依赖特征, 考虑到 (Ga,Mn)As 在所测得的结电阻中仅占很小的比例, 结电阻主要来自于 CoFeB/GaAs/(Ga,Mn)As 结构中两边铁磁电极通过 GaAs 势垒时的隧穿结电阻, 除了温度的影响外, 偏压以及外加磁场都能显著改变电阻的大小, 这说明该类复合结构中的隧穿过程不同于传统的 "金属/绝缘体/金属" 结构, 这主要是由于半导体和金属具有完全不同的能带结构, (Ga,Mn)As 的费米能量大约为 0.1eV, 而室温的热能 (0.026eV) 即与此相当. 结电阻的温度依赖关系可以从 (Ga, Mn)As 的能带结构中得到启示和理解, 结电阻显著的偏压依赖关系也和 (Ga, Mn)As 能带特征有关, 由于 (Ga, Mn)As 的费米能级只有约 100meV, 即使是小的偏压, 电阻也能明显减小. 在该复合结构中, 除了电阻表现出很强的偏压依赖关系, 隧穿磁电阻也表现出很强的偏压依赖关系. 和 (Ga, Mn)As 磁性半导体隧道结相似, 半导体复合磁性隧道结的 $V_{1/2}$ 值同样远低于普通过渡金属磁性隧道结的 $V_{1/2}$ 值.

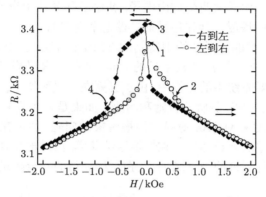

图 3-36 稀磁半导体复合磁性隧道中的结电阻和磁场的依赖关系

磁场范围为 ± 2000Oe 之间, 温度为 2K, 箭头 1~4 指出相应的翻转场[132]

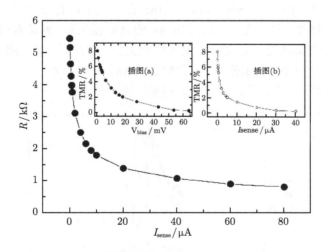

图 3-37 零场时电阻和所加电流的依赖关系

(a) TMR 比值和外加偏压的依赖关系; (b) TMR 比值和外加电流的依赖关系[133]

中国科学院物理研究所 M02 课题组和半导体超晶格国家重点实验室还合作研究了利用非晶 AlO_x 作为势垒层的半导体复合磁性隧道结 $(Ga,Mn)As/AlO_x/CoFeB$[133]. 实验表明, 该复合隧道结的磁电阻随着探测电流的增加急剧降低, TMR

比值也表现出类似的变化趋势, $V_{1/2}$ 仅为 2.6mV. 甚至低于上节提到的以 GaAs 为势垒的复合磁性隧道结的 $V_{1/2}$ 值. 初步分析认为这与 (Ga, Mn)As 的能带结构 (或者说电子态) 有关. 从电阻温度关系曲线中可以看出, 制备态的 (Ga, Mn)As 晶体质量不是很好, 低温下空穴载流子浓度更低, 对应的费米能级更小 (Mn 浓度为 5%, 晶体质量较好的情况下费米能级为 ~100meV), 造成载流子浓度降低的原因主要是间隙 Mn 和反位 As 均提供两个自由电子, 补偿了部分自由空穴. 空穴浓度降低又导致局域磁矩之间的铁磁交换作用减弱、磁无序度增加.

目前, 在这样一类的异质结构中得到的 TMR 比值还是比较低的. 主要原因可能是通过分子束 (MBE) 方法外延生长的 (Ga, Mn)As 薄膜样品在从 MBE 系统中取出转移到磁控溅射系统中的过程中, 由于暴露在大气环境中, (Ga, Mn)As 表面受到了空气中氧和水分子等杂质的吸附和污染. 如果是采用高真空相连接的样品制备系统, 可以避免 (Ga, Mn)As 薄膜表面被污染的问题, 通过在不中断高真空条件下生长和沉积出完整的半导体复合磁性隧道结薄膜, 然后再从真空系统中取出复合隧道结薄膜样品进行后续的微纳米加工, 在这样获得的复合隧道结中有可能观测到更高的 TMR 比值.

最近, 中国科学院物理研究所 M02 课题组[134] 通过结合退火和等离子清洗的方法, 成功地制备出了高达 101% 的铁磁/半导体复合隧道结: $Co_{40}Fe_{40}B_{20}/AlO_x/(Ga, Mn)As$. 首先, 将 MBE 生长的 (Ga, Mn)As 在空气中进行 250°C 退火, 使得其磁性得到有效的提高, 进而提高 (Ga, Mn)As 的自旋极化率. 紧接着利用等离子体清洗的方法除去表面氧化层并完成其他各层的生长. 这种新方法制备的磁性隧道结, 可以在 2K 下得到 101% 的隧穿磁电阻效应, 如图 3-38 所示. 目前, 这是人们在铁磁/半导体复合隧道结中得到的最高的隧穿磁电阻效应.

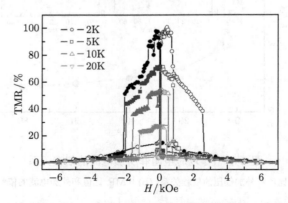

图 3-38　2K、5K、10K 和 20K 的隧穿磁电阻曲线 (后附彩图)

实心 (空心) 代表外加磁场从 2kOe (−2kOe) 改变到 −2kOe (2kOe)[134]

通过 Jullière 模型, 他们得到了 (Ga, Mn)As 在 2K 下的自旋极化率: $P=56.8\%$. 这个结果和 Piano 等在安德鲁反射中得到的自旋极化率 ($P=58.7\%$) 非常接近[134]. 这似乎表明, 他们在 $Co_{40}Fe_{40}B_{20}/AlO_x/(Ga, Mn)As$ 隧道结中得到的磁电阻接近理论值. 通过进一步优化等离子体清洗, 可以得到更好的 $(Ga, Mn)As/AlO_x$ 界面, 或许可以优化出更高的隧穿磁电阻. 目前, 相关工作仍在进行中.

3.4.7 超导复合型磁性隧道结

磁性隧道结不仅可以用在磁随机存储器、磁敏传感器等方面, 还可以用来探测基本的物理相互作用, 如超导对铁磁的影响. 长期以来, 人们对铁磁与超导之间的相互作用有着浓厚的研究兴趣. 当把铁磁体和超导体两种材料相连在一起的时候, 由于铁磁体内部强的交换场会破坏超导体内的超导有序, 铁磁体会对超导体产生很强的影响. Jiang 等[136] 在超导/铁磁多层膜 $Nb(3)/[Gd(d_{Gd})/Nb[d_{Nb}]]_N/Gd(d_{Gd})/Nb(3nm)$ 中发现, 随着铁磁层厚度的变化, 超导薄膜的居里温度会呈现振荡式变化. 在铁磁/超导/铁磁结构 $Ni(7)/Nb(d_s)/Ni(7)/FeMn(8)/Nb(2nm)$ 中, 当两铁磁层的磁矩的方向平行或反平行时, 中间超导层的居里温度会有很大的差别[137]. 人们会问, 既然铁磁会对超导性质产生影响, 那么超导是否会反过来影响铁磁性质呢? 答案是肯定的. 尽管一些理论指出, 铁磁内的超导相干长度 (ε_F) 非常小, 但已经有实验证明, 超导态函数进入铁磁的距离可以超过 ε_F[138,139].

最近一些实验, 通过对铁磁/超导多层膜的磁性的研究, 发现超导甚至可以改变邻近铁磁层的磁性[141~143]. 但由于超导对铁磁的影响比较弱, 探究超导对铁磁的作用机制还是比较困难的. 最近, Chang 等提出, 将超导和磁性隧道结的自由层相连 (结构为 $Nb(t)/CoFe(30)/Al-O(2.5)/CoFe(15)/NiFe(10\ nm)$), 利用隧道结的隧穿磁电阻效应来探究超导对铁磁的影响[140], 如图 3-39 所示.

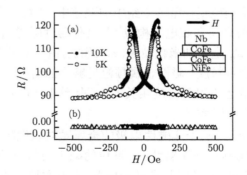

图 3-39 (a) 超导/磁性隧道结在 10K 和 5K 温度下的磁电阻曲线, 插图是超导复合磁性隧道结的结构示意图; (b) 超导 Nb 膜在 5K 温度下的电阻曲线[140]

　　其中, 复合隧道结的室温磁电阻值 (TMR) 为 25%左右, 顶部超导层的居里温度 (T_C) 为 9.16 K. 实验中发现, 随着温度的降低, TMR 比值在 7~9 K 区间内快速地下降. 但是 TMR 值并不是单调下降, 其会在 4K 左右出现一个最大的值, 如图 3-40 所示. 相似的现象也出现在其他的样品中. 通过改变超导层的厚度发现, 超导层越厚, TMR 比值随温度下降越大. 实验表明随着温度的下降, 一旦超导层进入超导态, 近邻磁性隧道结的 TMR 会受到抑制. 并且, 这种抑制是非单调变化的. 文章分析, TMR 受到的抑制, 并非来源于超导/铁磁界面的电子态的变化. 这种现象很有可能来源于超导和铁磁之间的磁相互作用, 这种相互作用主要来源于铁磁内的磁畴和超导体散发出来的磁通之间的相互作用. 当超导层进入超导状态时, 这种相互作用就会阻止自由铁磁层中的磁畴的变化, 因而抑制了通常的反平行态的形成. 这种相互作用导致的磁畴的演化是非常复杂的, 这也就是为什么 TMR 的变化是非线性的.

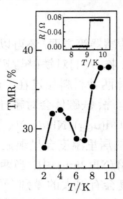

图 3-40　隧道结 TMR 比值随温度的变化, 其中的超导层厚度为 240nm, 插图显示了超导层的电阻随温度的变化[140]

　　这种利用磁性隧道结来检测超导对铁磁的影响的手段, 不仅有利于人们研究基础物理, 也有可能在器件中得到应用.

3.4.8　颗粒膜复合型磁性隧道结

　　之前提到的磁性隧道结, 都是在多层膜体系中, 观察到隧穿电阻现象. 在这一节中, 我们重点讨论颗粒复合型隧道结中的隧穿电阻效应. 颗粒复合型隧道结的核心结构由顶电极、势垒层和底电极构成. 与其他磁性隧道结不同, 其势垒层是由绝缘层和纳米颗粒构成, 金属纳米颗粒镶嵌在绝缘层中, 电子在金属颗粒之间通过颗粒隧穿, 称之为绝缘颗粒膜. 磁性金属颗粒足够小的情况下 (纳米量级), 由于库仑阻塞效应, 电子的输运不仅是自旋相关的, 还是单电子隧穿, 形成单电子的自旋相关隧穿, 导致高隧穿电阻效应.

　　如图 3-41(a) 所示, 基于非磁性电极的金属颗粒磁性隧道结的示意图, 在绝缘颗粒膜中, 如果金属颗粒是铁磁性的, 颗粒的磁矩夹角随外界磁场的变化而变化, 在低磁场下, 磁矩方向杂乱排列, 在高磁场下, 大多数颗粒的磁矩方向趋于一致. 颗粒之间的隧穿即可以产生 TMR 效应, 而不需要磁性金属电极的自旋注入和自旋探测.

　　这一方向的开创性工作, 出现在 Julliére 发现隧穿磁电阻效应之前. 1972 年,

Gittleman 等以金为电极, 在 Ni-Si-O 颗粒膜中发现了磁电阻现象[144]. 1976 年, Helman 和 Abeles 在同一体系中也发现了磁电阻现象, 并指出电子在相邻的颗粒之间隧穿[145]. 1995 年, Fujimori 等在 Co-Al-O 中发现了室温下 10%、低温下 20% 的 TMR 现象[146], 开始了颗粒复合隧道结的研究热潮. Co-Al-O 颗粒膜也成为该方向研究最多的体系之一. 通过实验证实了 Co-Al-O 颗粒膜中电子在 Co 颗粒之间通过势垒 Al_2O_3 隧穿[146], 并对输运机制进行了研究.

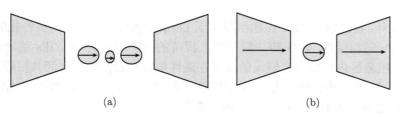

图 3-41　(a) 基于非磁性电极的金属颗粒磁性隧道结的示意图; (b) 基于磁性电极的金属颗粒磁性隧道结的示意图

　　绝缘颗粒膜中, 金属颗粒被绝缘材料分隔开, 电子在颗粒之间隧穿, 这一隧穿过程肯定涉及多个颗粒, 此时电子输运需要对中间的金属颗粒与两侧相邻颗粒进行多次隧穿, 对于多次隧穿过程, 有两种可能的输运机制: 顺序隧穿 (sequential tunneling)[147] 和共隧穿 (co-tunnelling)[148]. 顺序隧穿模型认为电子在颗粒之间的隧穿是依次进行的; 而共隧穿模型认为: 在共隧穿过程中, 当一个电子隧穿到某一颗粒的同时, 有另外一个电子从这一颗粒隧穿到另外一个颗粒. 在颗粒的尺寸足够小时, 当颗粒上增加额外的电子时系统的静电能增大, 当能量大于偏压和热扰动时, 将阻碍电子隧穿的进一步进行, 产生库仑阻塞效应. 顺序隧穿的每一次隧穿都将导致颗粒能量增大, 而共隧穿过程中体系能量没有增加. 人们之前在单电子晶体管中的研究也证明, 当颗粒膜中库仑阻塞效应增强时, 顺序隧穿被抑制, 共隧穿贡献颗粒之间的电子输运. 我们也可以推测出在高温或高偏压的情况下, 顺序隧穿出现的概率增大. Takahashi 等在理论上证明颗粒之间的共隧穿将导致颗粒的磁电阻增大[149]. 实验中发现绝缘颗粒膜中既有共隧穿[146,150], 又存在顺序隧穿[151].

　　2010 年, 中国科学院物理所 M02 课题组和美国橡树岭实验室的张晓光教授对基于非磁性电极的颗粒复合隧道结进行了实验和理论模拟研究, 发现和提出了具有自旋相关的库仑阻塞磁电阻效应 (Coulomb blockade magnetoresistance, CBMR)[152], 预测今后在这一体系中将会出现磁电阻效应研究的突破性进展, 存在可能高达 1000% 的室温磁电阻效应.

　　以磁性金属为电极的颗粒复合隧道结是在普通磁性隧道结的势垒层中放入磁

性纳米颗粒, 磁性颗粒与磁性电极之间彼此绝缘, 这种隧道结中电子通过磁性颗粒隧穿, 电流的大小、磁性电极的磁矩方向和磁性颗粒的磁矩方向相关, 也可以将这种隧道结归类到双势垒隧道结中.

实验上, 1997 年 Ono 等在制备的 Ni/NiO/Co/NiO/Ni 隧道结中发现了库仑阻塞效应, 库仑阻塞作用是在磁性纳米颗粒与电极之间产生的[153]. Schelp 等在 Co/Al-O/Co 隧道结中插入 Co 纳米颗粒, 发现了自旋相关的隧穿和库仑阻塞效应[154].

2010 年, 物理所的 M02 课题组与英国 Leeds 大学合作, 在底电极钉扎的 CoFe/Al-O/CoFe 隧道结的 Al-O 势垒层中插入极薄的 NiFe 层, 形成 NiFe 纳米颗粒, 发现在库仑阻塞区内颗粒复合隧道的电子在磁性电极和磁性颗粒之间共振隧穿, 在库仑阻塞区域, 电子输运的主要方式为共振隧穿, TMR 具有增强效应. TMR 的增强来源于通过超顺磁纳米颗粒的自旋相关隧穿[155].

如图 3-42(a) 所示给出 3K 和 10mV 下, 颗粒复合隧道结和相同结构的不含 NiFe 颗粒的隧道结的 R-H 曲线, 相似的曲线形状说明 TMR 来自两个磁性电极的磁矩方向的连续变化, 而不是中间纳米颗粒的磁矩方向变化; R-H 曲线也说明自旋极化的电子可以通过超顺磁的 NiFe 纳米颗粒[155]. 图 3-42(b) 给出颗粒复合隧道

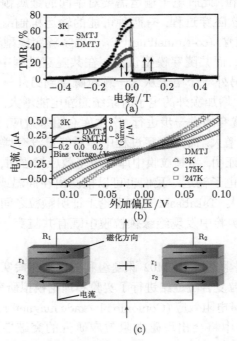

图 3-42　(a) 双势垒隧道结 DMTJ 和单势垒隧道结 SMTJ 的 R-H 曲线; (b) 双势垒隧道结中 I-V 曲线; (c) 模型示意图 [155](后附彩图)

结中的 I-V 曲线, 不含 NiFe 颗粒的隧道结的 I-V 曲线仅表示出非线性的隧穿性质; 颗粒复合隧道结的电导随温度降低而减小, 并且偏压依赖关系明显比不含颗粒的隧道结强.

考虑到共振隧穿电流 I 与电压 V 的关系满足

$$I(V) = \left(\frac{\hbar}{3\pi e^2 R_{\mathrm{T}}^2 E_{\mathrm{C}}^2} \right) \left[(2\pi k_{\mathrm{B}} T)^2 V + e^2 V^3 \right] \tag{3-3}$$

其中, R_{T} 是隧穿电阻; E_{C} 是库仑阻塞的电荷能量.

将电流 I 随偏压 V 的关系进行拟合, 发现 I 随 V 的一次方系数随温度升高而迅速增大, 而 I 随 V 的三次方系数随温度变化而减小, 说明低温下顺序隧穿受到抑制, 共振隧穿的比重增大. 图 3-43(a) 给出 3K 时电极的磁矩反平行时 $\mathrm{d}I/\mathrm{d}V$ 随偏压的变化, 图 3-43(b) 给出 3K 时电极的磁矩平行时 $\mathrm{d}V/\mathrm{d}I$ 随偏压的变化, 都在零偏压附近有很强的峰出现, 峰强随温度降低而增大, 与图 3-43 给出的信息一致. 图 3-43(c) 给出 TMR 随偏压和温度的变化, TMR 在低温 ($T <100$K) 低偏压 ($V <75$mV), 有陡峭的增大. 由纳米颗粒的直径, 推出库仑阻塞的区域为 90~180mV, 说明 TMR 在库仑阻塞区域具有增强效应.

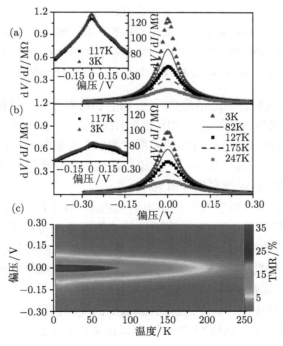

图 3-43　(a) 磁矩反平行时, $\mathrm{d}I/\mathrm{d}V$ 随偏压的变化; (b) 磁矩平行时, $\mathrm{d}V/\mathrm{d}I$ 随偏压的变化; (c) TMR 随偏压和温度的变化[155](后附彩图)

　　2008 年, Yang 等[156] 在 CoFe/MgO/CoFe 隧道结的 MgO 势垒中, 如图 3-42(a) 所示, 插入极薄的 CoFe 薄膜, 形成 CoFe 颗粒. 如图 3-44(d) 所示, 发现在低温库仑阻塞有效的温区内, 对于小纳米颗粒, 由于电子与磁性原子之间的近藤相互作用辅助电子隧穿, 隧道结的电导增大, 隧穿磁电阻减小; 对于稍大的纳米颗粒, 近藤相互作用不明显, 由于库仑阻塞的增强效应, 隧道结中表现出大的磁电阻.

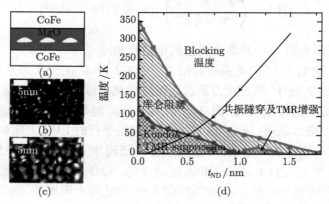

图 3-44　CoFe/MgO/CoFe 隧道结结构示意图及其 TMR 与温度和中间 CoFe 厚度的相图 (后附彩图)

(a) MgO 势垒中插入极薄的 CoFe 薄膜的磁性隧道结的结构示意图. (b) 当中间 CoFe 厚度为 0.25nm 时, 样品 (无顶电极) 的平面 TEM 照片; (c) 当中间 CoFe 厚度为 0.75 nm 时, 样品 (无顶电极) 的平面 TEM 照片; (d) TMR 随温度和中间 CoFe 厚度变化的相图[156]

　　如下面一节有机复合隧道结简介所述, 将有机材料作为磁性隧道结的势垒层获得磁电阻效应, 已成为磁性隧道结的研究前沿课题之一, 并形成有机自旋电子学这一新学科. 与无机材料相似, 将磁性纳米颗粒镶嵌在有机材料中, 可以形成有机/磁性颗粒膜隧道结. 有机/磁性颗粒膜中的磁电输运机制与无机/磁性颗粒膜不同, 目前尚存在较多的物理问题需要展开研究.

　　为了研究有机/磁性颗粒膜中的磁电输运机制, 物理所 M02 课题组制备了吡咯/CoFe 颗粒膜[157]. 图 3-45 为不同颗粒尺寸的吡咯/CoFe 颗粒膜的电阻随温度的变化, 在颗粒尺寸较小时, 如图 3-45(a)(b) 所示, dR/dT 随温度上升而减小, 表现绝缘体性电阻. 而在颗粒较大时, R-T 曲线表现出明显的类绝缘–金属性的相变, 即 dR/dT 随温度上升先减小后下降, 如图 3-45(c) 所示.

　　目前, 已有三种模型——Efros-Shklovskii 的变程跃迁模式[158]、对数关系模型[159] 和双缺陷极化子跃迁模型[160] 等, 可以用来解释不连续多层膜的输运机制.

　　变程跃迁模型认为具有一定的能量的电子在金属颗粒之间跃迁, 由于缺陷能级的随机分布, 电子跃迁存在最可几的跃迁长度和跃迁能量, 电导与温度之间为指数

关系

$$\sigma_{\text{VRH}} \sim \exp\left(-\sqrt{\frac{T_0}{T}}\right) \tag{3-4}$$

其中, T_0 为该模型适用的温度上限.

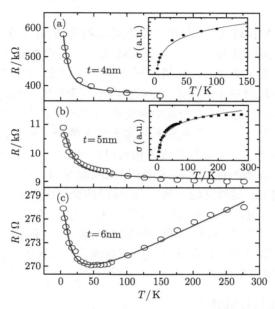

图 3-45　吡咯/CoFe 颗粒膜电阻随温度变化的双缺陷极化子跃迁模型的拟合结果, 插图为低温下对数关系的拟合结果[157]

　　对数关系模型的电导和温度的关系为: $\sigma_{\text{log}} = a + b \cdot \ln T$, 其中, 参数 a、b 是由样品结构决定的常数. 对数模型考虑在金属颗粒之间对输运有贡献的有两种电子—— 高能电子和低能电子. 存在温度参数 τ, 在温度低于 τ 时为低能电子输运, 低能电子的平均自由程大于颗粒的平均直径; 在温度高于 τ 时为高能电子输运. 高能电子的平均自由程小于颗粒的平均直径.

　　变程跃迁模型和对数关系模型考虑了载流子在绝缘体和颗粒之间的输运. 而双缺陷极化子模型中仅考虑了载流子在有机材料中的输运, 认为有机材料中是双极化子输运, 给出双缺陷极化子模型. 有机材料中电导与温度关系满足

$$R_{\text{polaron}} \sim \exp\left[\frac{4E_a}{\hbar\omega}\tanh\left(\frac{\hbar\omega}{4k_B T}\right)\right] \tag{3-5}$$

其中, E_a 是极化子能量; $\hbar\omega$ 是有机材料的声子能量.

　　变程跃迁模型和对数关系模型考虑了载流子在绝缘体和颗粒之间的输运. 而双缺陷极化子模型中仅考虑了载流子在有机材料中的输运. 通过 R-T 曲线的拟合,

发现 Efros-Shklovskii 的变程跃迁模式并不适用这一体系; 对数关系模型仅适用于低温条件, 对于高温条件并不适用; 双缺陷极化子跃迁模型是 2004 年由 Osipov 提出的[160], 认为在有机材料中参与输运的载流子为双极化子. 用双缺陷极化子跃迁模型对 R-T 曲线进行拟合, 在绝缘体相范围内曲线拟合得较好, 但在金属相范围却无法拟合.

由于在 CoFe 颗粒较大时, 金属电阻不可以被忽略, 电导随着温度升高而降低的趋势是由于金属颗粒中电声子相互作用随温度升高而增大导致的. 由于双缺陷极化子模型中仅考虑了载流子在有机材料中的输运, 在该吡咯/CoFe 颗粒膜体系中不仅存在电子在有机材料中的输运, 还存在电子在金属中的输运, 两者在电阻上是串联关系, 因此只需将载流子在金属中输运产生的电阻加上即可. 考虑金属颗粒本身电阻随温度变化的修正后, 在低温和高温条件下都能与实验得到的结果相吻合.

颗粒复合型隧道结的顶电极和底电极可以是铁磁性, 也可以是非铁磁性的. 绝缘颗粒膜可以用磁控溅射或蒸发工艺 (比如反应溅射和共溅射的方式) 来制备, 也可以在绝缘层之间生长足够薄的金属, 该足够薄的金属膜会基于其生长机制而自组装成为纳米颗粒膜. 相对于磁性隧道结中需要精确控制多层膜的结构, 颗粒复合型隧道结的制备工艺较简单, 可以不利用微加工技术, 对设备的要求低. 颗粒复合型隧道结中不仅有丰富的物理现象需要进一步探索, 而且不易损坏, 可以用作磁敏传感器, 具有工业上的应用价值.

3.4.9　有机复合型磁性隧道结

目前的半导体工业主要是基于 Si、Ge 等传统无机材料发展起来的. 但是随着新电子器件, 如有机发光二极管 (organic light-emitting diode, OLED)、薄膜晶体管液晶显示器 (thin film transistor liquid crystal display, TFT-LCD)、有机射频识别系统 (orgainc radio-frequency identification, ORFID)、有机太阳能电池 (organic solar cells) 等的开发和广泛使用, 有机材料已经成为电子学和半导体工业的一类重要材料. 此外, 随着器件集成度的进一步提高, 微电子半导体加工已经逼近光刻工艺的极限, 进一步减小器件的尺寸、提高器件集成度已经成为一个亟待解决的问题. 采用有机材料原则上最终可实现在分子水平上的逻辑电路和器件集成, 从而有效地减小器件尺寸、提高器件的集成度. 另外, 有机材料种类丰富、性质多样、具备传统无机材料不具备的柔性, 并且加工简便、制备成本较低, 使得有机材料成为微电子和半导体工业未来发展的重要材料之一.

对自旋电子学而言, 从基于无机材料的自旋电子学结构发展到基于有机材料的自旋电子学结构, 其中一个重要的理论基础和优势是在有机材料中, 电子具有较长的自旋弛豫时间, 能够更加方便地对注入的自旋实现操控和检测[161]. 一般地, 固体材料中自旋轨道耦合强度正比于构成材料原子的原子序数的四次方 (Z^4), 有机材

料主要由碳 ($Z = 6$)、氢 ($Z = 1$)、氧 ($Z = 8$)、氮 ($Z = 7$)、硫 ($Z = 16$) 等轻元素原子构成, 因此, 其自旋轨道耦合作用弱, 轨道角动量对注入的自旋流的散射效应也较弱, 使得注入的自旋极化电子可以在有机材料中可能传播更远的距离而不发生自旋翻转. 事实上, 早在自旋电子学新学科形成之前, 实验上就已经证明了有机材料具有弱的自旋轨道耦合效应和相对较长的自旋弛豫时间 ($>10\mu s$)[162,163]. 此外, 如前所述有机材料已经广泛应用在微电子器件特别是光电子器件中. 因此, 利用有机材料可以为实现电、光、磁一体的多功能集成器件提供可行性. "有机自旋电子学"已成为自旋电子学研究中的重要组成部分, 有望成为今后的热点研究领域.

最早的有机磁电阻效应实验是在以 LSMO 对称电极的平面结构中进行的[164], 如图 3-46(a) 和 (b) 所示, 其实验最重要的意义在于证明了载流子可以在有机半导体中保持其自旋极化, 对于实验所选用的有机分子六噻吩 (sexithiophene, 6 T), 室温下极化退相干长度至少可达 200nm, 采用飞行时间近似其对应自旋弛豫时间约为 1μs. 但在这种平面对称结构中左右两侧电极对外磁场具有相同的响应, 不能分别调控两侧磁性电极的磁矩取向, 因此难以实现对自旋极化载流子的有效调控. 其后 Xiong 等[166] 分别采用 LSMO 与 Co 作为底电极和顶电极, 采用广泛应用在有机发光器件制备中的三 (8- 羟基喹啉) 铝 [Tris(8-hydroxyquinoline)Aluminium, Alq₃] 制备了第一个垂直的有机自旋阀结构, 如图 3-46(c) 和 (d) 所示, 由于 LSMO 底电极和 Co 顶电极的矫顽力不同, 因此可以利用外磁场对顶电极和底电极的磁矩分别调控, 进而观测到磁电阻效应.

值得注意的是, 所谓的隧穿机制是指载流子在势垒中的驻留时间为零, 而在上述研究工作中两侧磁性电极间的有机层一般均较厚 (>30nm), 已经远远超过了经典量子力学所允许的隧穿空间范围, 因此严格意义上自旋极化电子在有机层内的输运难以完全通过隧穿机制来实现, 主要是自旋极化载流子通过磁性电极/有机层界面的注入与在有机材料内传播的过程, 其基本特点是有机半导体中将存在非平衡的净余自旋极化载流子. 有机材料中载流子的输运不是以能带结构为基础的, 载流子在其中的输运是以强定域态间的非关联跳跃为基础的, 因此只有在极低温下有机半导体中的载流子传播, 才可以类比于载流子在窄能带结构中的输运. 载流子通过有机材料的输运包括两个部分[167]: 首先是载流子以隧穿 (tunneling) 机制越过无机/有机界面的势垒, 基于有机发光器件中的研究一般认为这一过程可以较好地用热/场辅助的界面隧穿来描述[168]; 其次, 跨越界面注入有机半导体的载流子开始在有机半导体内部以扩散方式传播, 这种传播过程是载流子在能量范围 0.1eV 的赝定域态间的随机跳跃. 具体而言, 对 n 型有机半导体其跳跃电导通道主要是最低非占据分子轨道 (LUMO), 对 p 型有机半导体而言其跳跃电导通道主要是最高占据态分子轨道 (HOMO). 视材料不同有机半导体中表面态与缺陷也可影响载流子的输运. 另外, 有机半导体主要是一类依靠分子间范德瓦尔斯 (Van der Waals) 相互作用构成

的 π 共轭, 有机分子具有较强的电子–声子相互作用导致有机半导体中载流子带有极化子的特点.

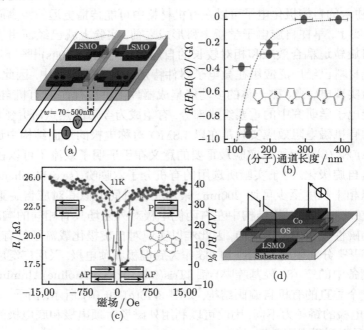

图 3-46　最早报道的两种有机材料中自旋极化输运结构 (后附彩图)

(a) 平面 LSMO 电极与 T6 构成的对称输运结构示意图[164]; (b) 实验中观测到的磁电阻改变与有机层通道长度的关系[165]; (c) 和 (d) 为 Xiong 等在垂直有机自旋阀中观察到的低温磁电阻效应和垂直有机自旋阀结构示意图[166]

　　为了能在有机材料中观察到单纯隧穿磁电阻效应, 减小有机层的厚度是一种可能的途径, 为此必须制备薄的有机层. 中国科学院物理所 M02 课题组和清华大学化学系高分子实验室合作, 以吡咯衍生物 (3-hexadecyl pyrrole) 为有机势垒材料, 采用 Langmuir-Blodgett (LB) 薄膜技术成功制备了数个分子层势垒的有机磁性复合隧道结, 并且在室温下观测到了 20%左右的隧穿磁电阻效应, 如图 3-47(a) 和 (b) 所示, 这也是目前实验中观测到的室温下最高的有机隧穿磁电阻效应[169]. LB 薄膜技术是一种可以在分子水平控制有机薄膜的单分子薄膜制备技术, 他们利用 LB 薄膜制备技术研究了有机磁性复合隧道结的磁性翻转行为以及磁电阻随不同有机 LB 膜势垒厚度的变化, 发现在不同的有机 LB 薄膜势垒厚度下均能观察到自由层与钉扎层独立的翻转, 并发现有机磁电阻随有机层的厚度而发生调制[170]. 根据上述实验结果结合第一性原理计算, 该课题组还报道了有机磁性金属界面的磁性近邻效应, 即通过电子转移, 如图 3-48 所示本来自旋非极化的有机分子也显示出了局域的磁性[171,172]. 此外, Petta 等[173] 采用分子自组装技术, 以辛硫醇 (octanethiol) 为有机势垒材料, 在 Ni 纳米孔洞中制备了有机磁性隧道结, 也观测到了低温下的有机隧穿磁电阻效应 (4.2K 磁电阻率为 16%, 30 K 时磁电阻效应消失), 并且发现有机磁电阻效应可以受偏压调制发生正负转变. 除了上述单分子组装方法外, 采用超高真空有机热蒸发技术也可以制备纳米级的有机势垒层, Manoharan 等[174] 采用脉冲电子束蒸发制备了特氟龙 (PTFE, Teflon) 为势垒、Fe 作为磁性电极的有机磁性复合隧道结, 在室温下观察到了最大约 0.06% 的有机磁电阻效应.

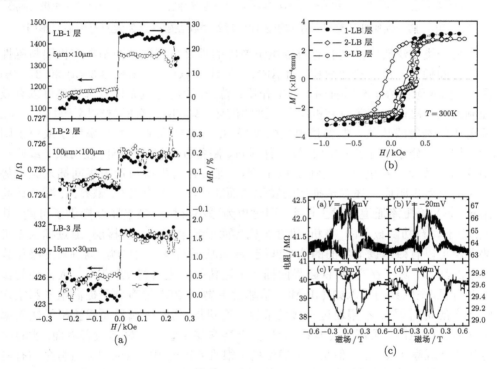

图 3-47　(a) LB 薄膜中的有机磁电阻效应[170]; (b) 不同 LB 薄膜厚度下有机磁性隧道结的磁滞回线, 图中清晰地显示出自由层和钉扎层分别独立的翻转[170]; (c) Ni 纳米孔洞中由自组装方式制备的有机磁性隧道结在 4.2K 不同偏压下显示出正负磁电阻效应的转变[173]

　　继上述工作之后, 世界上多个研究组相继开展了基于有机材料的磁电阻效应研究, 在一系列的有机小分子和大分子聚合物中均观察到了有机磁电阻效应, 表明自旋极化载流子在有机材料中的输运是一个普遍的现象, 而不依赖于特定的有机材料结构与功能团. 图 3-49 给出了常用的典型的有机势垒材料, 这些材料多为 π 共轭有机分子[165].

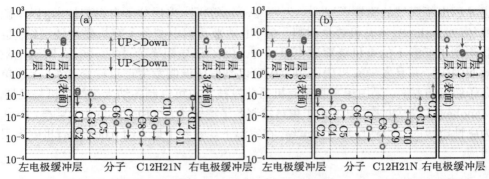

图 3-48　第一性原理计算显示在有机磁性隧道结中存在磁性近邻效应[171](后附彩图)

另一类广泛研究的具有有机磁电阻效应的垂直自旋阀结构是在有机层与磁性电极层间插入一层无机势垒层, 如 AlO_x[175] 或 MgO[176], 如图 3-50(a) 和 3-50(b) 所示. 插入无机势垒材料有两方面的作用: 首先, 利用有机无机复合势垒可以有效控制顶电极磁性层制备时有机层所受到的破坏. 承前所述有机材料属于软物质, 在采用传统溅射或热蒸发制备顶电极的过程中, 具有较高能量的金属原子或原子团簇往往能部分穿透有机势垒层, 视具体材料、制备方法和条件不同金属原子或原子团簇的穿透深度甚至可以达到 100nm[166]. 通过在有机层与顶电极间插入无机势垒层能有效地阻碍上述穿透损伤的发生从而获得清晰的有机/铁磁界面, 减少针孔 (pin-hole) 等短路通道的发生概率, 同时也为减小有机势垒层厚度提供了可能. 其次, 由于材料功函数不同, 有机/磁性金属界面通常会形成一偶极层, 通过插入无机势垒层可以有效地调节界面的能带匹配, 从而减小偶极层的影响, 调制自旋极化载流子的注入. 除了在有机/铁磁界面插入上述传统的无机势垒材料外, 人们还尝试了在有机/铁磁界面插入如 LiF 和三苯基衍生物 (TPD) 等有利于提高电子和空穴注入率的材料[177], 希望通过直接调节界面有机层/磁性金属界面载流子的注入率提高有机磁电阻. 采用上述有机/无机复合势垒层尽管能较好地改善界面, 实验中也通常能观察到磁电阻, 但是在上述结构中很难界定磁电阻效应中无机势垒与有机势垒各自的贡献, 不利于直接探索有机材料本征的自旋相关输运性质.

目前对有机磁性复合隧道结和有机自旋阀的研究还处于探索阶段, 人们对如何获得高质量的有机/磁性金属界面还没有比较好的解决方法, 不同研究组间的研究结果也时常相互矛盾. 但有机材料中的磁电阻效应还是表现出一些普遍的特性: ① 与理论期望的显著有机磁电阻效应相反, 有机磁电阻比值一般较低; ② 有机磁电阻效应一般具有强烈的温度依赖特性, 在各种材料和结构中随温度升高有机磁电阻效应往往急剧地减小, 在室温下难以观测到显著的磁电阻效应, 如图 3-50(c) 所示; ③ 有机磁电阻效应还显示出强烈的偏压依赖特性, 有机磁电阻一般随偏压的增加而减小, 如图 3-50(d) 所示; ④ 在一定偏压下通常可以观察到反常磁电阻效应,

有机半导体分子	自旋扩散长度 L_s(nm) 自旋扩散时间 t_s(s)	载流子迁移率	光电性质
6T 	$L_s=70$(refs20,75) $t_s=10^{-6}$	10^{-1}cm^2/(V·s) p-型	HOMO=4.9eV LUMO=2.3eV
Alq$_3$ 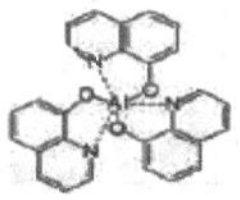	$L_s=100$(ref.27)$L_s=45$(ref.23) $t_s=26\times10^{-6}$ $t_s=10^{-3}$	10^{-5}cm^2/(V·s) n-型	HOMO=5.7eV LUMO=2.7eV 光发射体
α-NPD 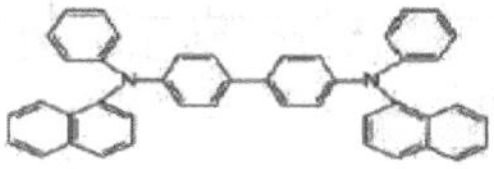		10^{-5}cm^2/(V·s) p-型	HOMO=5.4eV LUMO=2.3eV
CVB 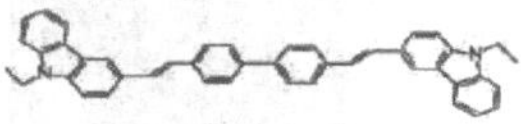		10^{-3}cm^2/(V·s)	HOMO=5.5eV LUMO=2.5eV 有机发光二极管 用蓝色掺杂剂
RRP3HT 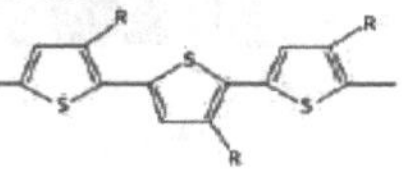	$L_s=80$(ref.28)	10^{-1}cm^2/(V·s) p-型	HOMO=5.1eV LUMO=3.5eV
TPP 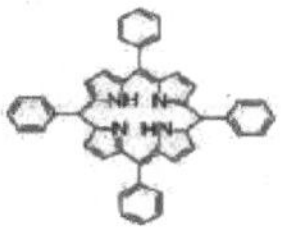		10^{-5}cm^2/(V·s) n-型	有机发光二极管 用红色光发射体
并五苯 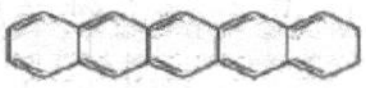		10^{-1}cm^2/(V·s) p-型	HOMO=4.9eV LUMO=2.7eV
红荧烯 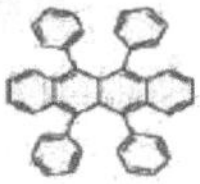	$L_s=13.3$	1cm^2/(V·s) p-型	HOMO=5.2eV LUMO=3.0eV
CuPc 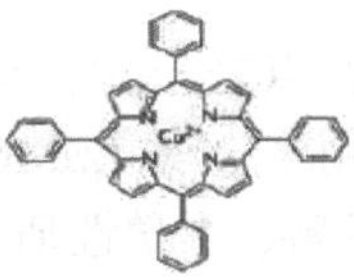		10^{-2}cm^2/(V·s) p-型	HOMO=5.3eV LUMO=3.6eV

图 3-49 常用的典型的有机势垒材料, 这些材料多为 π 共轭有机分子[165]

即磁性电极平行磁化状态下的磁电阻反而大于反平行状态下的磁电阻. 目前尚无对上述各个现象统一的解释, 但除较低的磁电阻很可能是目前没有制备高质量有机磁性隧道结或自旋阀的技术方法所导致外, 由于上述其他现象的出现不依赖于特定的有机材料和有机无机材料组合, 因此很可能是有机材料自身的输运机制与无机材料有显著差异的结果.

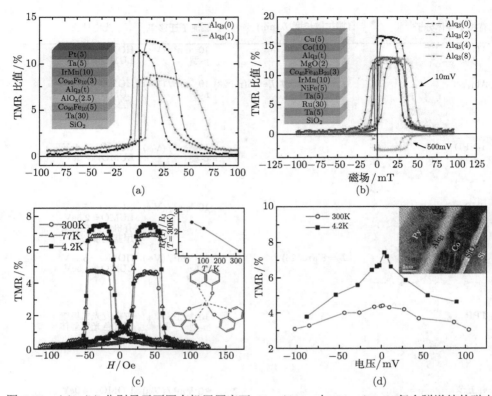

图 3-50　(a)、(b) 分别显示不同有机层厚度下 Alq_3/AlO_x 与 Alq_3/MgO 复合隧道结的磁电阻值; (b) 中还可以观察到随电压调制产生的反常磁电阻效应[176]; (c) 不同温度下 AlO_x/Alq_3 复合势垒中的有机磁电阻效应[175]; (d) 不同温度下 AlO_x/Alq_3 复合势垒中的有机磁电阻效应的偏压依赖关系, 插图表明通过在界面中插入 AlO_x 获得了清晰的有机连续的有机薄膜界面[175](后附彩图)

　　有机磁电阻效应中强烈的温度依赖特性是最为引人关注的特点之一, 关于温度依赖关系已有众多的讨论. 早期人们认为这可能是实验中多采用半金属 LSMO 做底电极的缘故, 因为尽管半金属氧化物 LSMO 具有自旋极化率高、化学性质稳定的特点, 但其居里温度 T_C=325K 低于室温, 因此难以在室温时获得显著的磁电阻效应. 但是在随后的实验中人们用 Fe、Co 等高居里温度材料代替半金属 LSMO, 依然难以观测到室温下的有机磁电阻效应, 表明有机磁电阻强烈的温度依赖特性不完全是磁性电极本征性质的结果. 最近的研究表明 LSMO 的表面磁化强度随温度变化满足指数规律, $M \sim M_0(1 - T/T_C)^2$, 而以 LSMO 为电极的有机自旋阀中有机磁电阻随温度的依赖关系基本也符合上述规律, 因此有机/磁性电极界面的性质可能是强烈温度依赖性的来源[178]. 采用 1/2-PLDRM (spin-1/2 photoluminescence detected magnetic resonance) 对 LSMO 为底电极的有机自旋阀测量, 也证实有机材料中的自旋弛豫并不随温度显著变化, 因此自旋极化载流子在有机层中传播的自旋扩散长度基本不受温度影响.

偏压依赖关系也是有机磁电阻效应中一个普遍被关注的效应. 随偏压增大磁电阻率一般单调减小, 这可能与磁激子激发[179]、电 - 声相互作用 (声子激发)[180] 以及化学环境导致的能带 (chemistry-induced states in band) 效应[181] 等有关. 此外在以 LSMO 和 Co 为电极的有机自旋阀中还经常观察到反常磁电阻效应, 即在平行态下电阻较反平行下大. 这一结果与目前广泛接受的事实 LSMO 与 Co 均是多数自旋载流子注入源的自旋极化结构相反. 目前对这一现象也没有普适的解释, 但对于 n 型有机半导体或双型有机半导体一种可能的机制是[182]: 在磁性电极费米面以上可能存在一个小于 0.1eV 的窄导电通道, 一侧磁性电极自旋向上电子隧穿注入到该导电通道后, 通过跳跃机制到达另一侧有机半导体/磁性电极界面, 并注入到该电极的自旋向下子能带.

探索有效制备高质量有机磁性隧道结的方法是目前有机磁性隧道结和有机自旋阀研究中一个亟待解决的课题. 首先, 由于有机材料的软物质属性, 在有机材料上制备铁磁性电极很难获得平整清晰的界面. 其次, 有机材料和磁性电极间常会发生界面化合反应, 在界面形成 "磁性死层" 从而影响自旋极化载流子的有效注入. 另一种实现有机磁性隧道结和有机磁性自旋阀的途径是采用全有机结构, 即有机磁性电极和有机非磁性层. 但由于目前有机磁体[183] 还很少、并且大多数有机磁体仅仅在极低温 (T_C <50K) 下才表现出弱的亚铁磁性或顺磁性, 目前还很难直接应用于全有机磁性隧道结的制备和研究.

3.4.10 多铁性复合磁性隧道结

多铁性材料同时表现出铁磁性和铁电性[184,185]. 磁电耦合材料中存在磁有序性和电有序性之间的耦合. 磁电耦合材料的电有序性可以通过施加磁场加以改变. 对于自旋电子学领域更为重要的是磁电耦合材料的磁有序状态可以在外加电场的作用下改变. 多铁性材料和磁电耦合材料之间的关系可以表示为下面的示意图[184], 其中多铁性材料是铁磁性材料和铁电性材料的交集, 磁电耦合材料中不仅包括铁磁性和铁电性的耦合, 还包括其他磁有序形式 (如反铁磁性、螺旋铁磁性等) 与其他电有序形式之间的耦合.

磁电耦合可以在单相材料和两相材料中实现. 作为单相的磁电耦合材料, 外加磁场可以改变 Cr_2O_3、Gd_2CuO_4、Sm_2CuO_4、$KNiPO_4$、$LiCoPO_4$ 和 $BiFeO_3$ 等材料中的电极化性质. 两相的磁电耦合材料中磁有序性和电有序性之间的耦合是间接通过界面的应力实现的. 这要求构成两相磁电耦合材料的两种材料具有较大的磁致伸缩系数或者较大的电致伸缩系数. 两相磁电耦合材料可以通过物理和化学方法合成, 也可以通过层压技术或者外延多层膜的方式制备. $La_{0.67}Sr_{0.33}MnO_3/BaTiO_3$、$CoPd/Pb(Zr,Ti)O_3$ 和 $CoFe_2O_4/BiFeO_3$ 等结构中都观察到了外加电场下磁学性质的改变. 在这些复合结构中, 外加电场可以改变铁电性材料的电极化方向, 同时铁电性材料由于电致伸缩效应产生形变. 铁电性材料的形变在两种材料的界面上表现为对铁磁性材料的应力作用. 由于较大的磁致伸缩效应, 铁磁材料中的磁矩方向会发生变化. Zavaliche 等[186] 使用脉冲激光沉积方法制备了 $CoFe_2O_4-BiFeO_3$ 薄膜, 由于两相之间互溶性较差, 会形成两相分离的材料, 由于 $CoFe_2O_4$ 和 $BiFeO_3$ 之间的磁电耦合效应, $CoFe_2O_4$ 铁磁层的磁矩方向会在外加电场的控制下改变, 如图 3-52 所示:

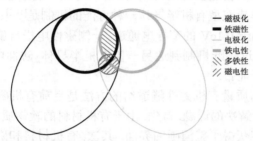

图 3-51　多铁性材料和磁电耦合材料之间的关系示意图[184](后附彩图)

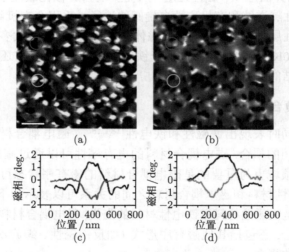

图 3-52　$CoFe_2O_4/BiFeO_3$ 结构中观察到的电场导致的磁矩方向翻转[186](后附彩图)
其中, (a) 图和 (b) 图是薄膜的磁力显微镜图, (a) 图显示的是通过磁场饱和之后的磁矩分布, (b) 图是施加 +12V 的外加电场之后磁矩的分布情况, 可以看到在施加了电场之后, 磁矩的方向发生了偏转. 从图 (c)、(d) 中可以看出, 部分磁矩发生了完全的翻转, 而部分形成了多磁畴结构

　　在此基础上, Hu 等[187] 提出了利用磁电耦合效应的磁性随机存储器. 每个磁

性存储单元的结构如图 3-53 所示.

　　钉扎铁磁层的磁矩 M_h 保持其方向不变. 自由铁磁层与铁电薄膜紧密相接, 在外加电场 E 的作用下, 铁电性薄膜的电极化矢量 P_s 方向发生反转. 由于自由铁磁层和铁电层之间通过界面应力作用而形成的间接磁电耦合, 自由铁磁层的磁矩方向发生 90° 的偏转. 自由铁磁层和钉扎铁磁层磁矩之间的角度发生变化, 二者与它们之间的绝缘隧穿层构成的磁性隧道结的电阻发生相应的变化. 这种结构构成的存储器的单元的优点在于, 由于写入信息的过程并没有电流流过器件, 因此存储器的写入过程消耗能量较少.

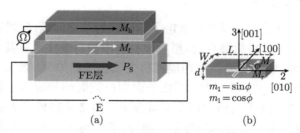

图 3-53　基于磁电耦合效应的磁性随机存储器单元结构示意图[187](后附彩图)

　　多铁性材料也可以作为隧道结中的绝缘隧穿层. Gajek 等[188] 研究了 (La,Bi)MnO$_3$ 作为绝缘隧穿层的输运性质, 其结构为: La$_{2/3}$Sr$_{1/3}$MnO$_3$/(La,Bi)MnO$_3$/Au, (La,Bi)MnO$_3$ 既作为铁电层, 通过电场对其电极化方向的改变, 隧道结的电阻会发生相应的变化; 同时 (La,Bi)MnO$_3$ 又作为铁磁性的势垒层层, La$_{2/3}$Sr$_{1/3}$MnO$_3$/(La,Bi)MnO$_3$ 界面电阻依赖于两者磁矩方向之间的夹角. 因此, 如图 3-54 所示这种隧道结在外加电场和磁场的作用下可以形成四个电阻态的存储单元.

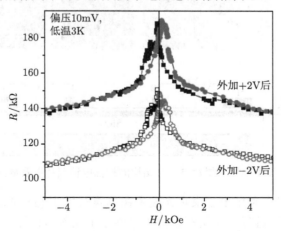

图 3-54　多铁性薄膜构成四个电阻态的存储单元[188](后附彩图)

由此可见, 利用电场对电极化形态的影响以及铁磁性和铁电性之间的耦合关联, 能够实现电场对材料体系磁化状态的控制. 这一物理机制在高密度信息存储、磁电信号处理及屏蔽、电磁能量转换等领域将具有非常广泛的应用前景. 目前如何设计和优化铁磁性和铁电性可以共存的材料体系, 如何设计和实现铁磁和铁电性能相互调控的原理型器件, 如何理论分析铁磁 - 铁电相互关联的物理机制, 以及如何获得强磁电关联的材料及结构, 已成为目前国际上的热点研究课题, 也是目前 "氧化物自旋电子学" 中的重点研究内容之一.

3.4.11　平面型自旋阀结构

自旋注入与自旋检测一直是自旋电子学研究的热点问题. 随着新型功能材料的发现并与自旋电子学材料相融合, 新型功能材料中的自旋注入以及检测引起了人们广泛的兴趣和研究. 由于一些新型功能材料生长技术的限制, 微加工技术很难制备传统的电流垂直膜面 (CPP) 结构, 因此平面型自旋阀结构成为了这一研究领域的重要手段. 平面型自旋阀结构, 如图 3-55 所示, 通常是在样品表面沉积铁磁金属电极, 然后利用电子束光刻技术制备条形电极, 其中每个条形铁磁电极的宽度不同, 从而矫顽力不同, 进而在外磁场作用下, 可以形成平行或反平行磁化状态. 在平面型自旋阀结构中, 可以采用非局域的测量方法[189,190], 减小了背底电阻的影响, 从而进一步提高测量的信噪比.

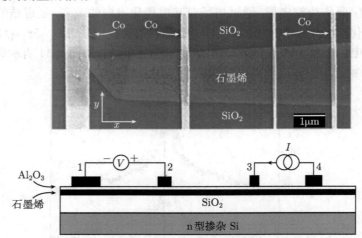

图 3-55　平面型单层石墨片自旋阀结构的扫描电镜照片以及截面示意图[191]

Tombros 等[191] 利用电子束曝光技术在单层石墨片 (graphene) 上制备了铁磁金属 Co 条形电极, 进行了单层石墨片中自旋电子注入与自旋扩散的研究. 如图 3-55 所示为平面型单层石墨片自旋阀结构的扫描电镜照片以及截面图, 其中在沉积金属 Co 电极之前先生长很薄的 Al₂O₃, 用于改善电导不匹配的问题, 可以进一步提高自旋注入的效率.

在电流源端, 当自旋极化的电子注入单层石墨片以后, 自旋电子向电压端扩散, 在自旋翻转长度内电子的自旋守恒, 由于磁电阻效应, 在电压端会检测到变化的电阻 $R_{\mathrm{non-local}}$, 如公式所示:

$$R_{\mathrm{non-local}} = \frac{P^2 \lambda_{\mathrm{sf}}}{2W\sigma} \exp(-L/\lambda_{\mathrm{sf}}) \tag{3-6}$$

其中, W 为石墨片的宽度; L 为中间两个电极的间距; P 是电流的自旋极化率; λ_{sf} 是自旋弛豫长度; σ 为电导率. 若观察到了非局域电阻的变化, 则证明自旋极化的电子注入到了单层石墨片中, 进一步可以推算出电子在石墨片中的自旋弛豫长度. 在该实验中, 他们得到了室温下单层石墨片中的电子自旋弛豫长度为 $1.5\sim2\mu\mathrm{m}$, 并且计算得到该结构中铁磁电极的电子注入自旋极化率约为 10%, 如图 3-56 所示.

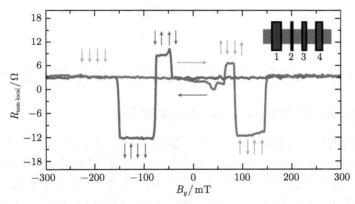

图 3-56　在 4.2K 下, 平面型自旋阀结构的非局域电阻随外加磁场的变化, 其中箭头所指为磁性电极 Co 的磁矩取向[191](后附彩图)

Wang 等[192] 设计了平面型两电极自旋阀结构, 如图 3-57 所示, 在多层石墨片上沉积 MgO 然后再生长铁磁金属 Co、Fe 以及覆盖层电极 Ti/Au. 在该结构中低温 7K 下观察到了 -12% 的磁电阻, 并指出 MgO 层的插入以及自旋相关的界面电阻的改进, 对于自旋注入起到了重要作用.

总之, 随着新型功能材料的发现以及其他学科与自旋电子学的交融, 在自旋注入、自旋检测以及相关的自旋扩散、自旋输运、自旋轨道耦合、自旋霍尔效应、反自旋霍尔效应的研究中, 平面型自旋阀结构扮演着越来越重要的角色. 值得注意的是, 随着微加工技术的发展, 当平面内两个磁电极的间距在纳米量级时, 电子在外加电压下会在两电极间发生隧穿, 这样可以形成平面型磁性隧道结. 这类平面型自旋阀或者平面复合型磁性隧道结, 将具有工艺简单、易于制备、有利于器件的三维集成等优点, 适合用于金属或非金属准一维纳米线和纳米管、有机薄膜和生物大分子等材料的磁电输运特性研究. 特别是在基于碳纳米管和石墨烯等材料的 "低维碳材料自旋电子学" 研究中, 会起到不可或缺的重要作用.

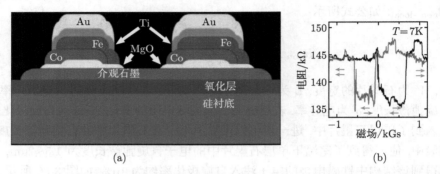

(a)　　　　　　　　　　　　　　　(b)

图 3-57　(a) 平面型两电极自旋阀结构截面示意图; (b) 以及在低温 7K 下的磁电阻曲线[192] (后附彩图)

3.5　磁性隧道结中的量子效应及其磁电性质

3.5.1　磁性隧道结的磁电阻对温度和偏压依赖关系

磁性隧道结的隧穿磁电阻比值不仅与铁磁电极、势垒和两者间界面的选择有关, 还与温度和外加偏压有关. 在一般情况下, 磁性隧道结的 TMR 值随着温度的增加而下降. 在普通隧道结 Al/Al-O/Al 中, 从室温到 4.2K 电阻变化 5%~10%; 而在磁性隧道结中, 这种变化大于 25%, 导致 TMR 随温度从室温到 4.2K 有 25% 的变化, 其幅度与铁磁电极的种类有关. Shang 等[193] 提出了一个基于自旋波激子的唯象模型来解释这种温度依赖关系, 随着温度的增加, 自旋极化率 P 降低. 自旋极化率 P 和表面、界面的磁化强度服从相同的温度关系, 即 Bloch 的 $T^{3/2}$ 定律, $M(T) = M(0)(1 - \alpha T^{3/2})$, $P(T) = P(0)(1 - \alpha T^{3/2})$. 图 3-58 给出两种隧道结的 ΔG 随温度的变化关系, 理论和实验符合得较好. α 是与界面有关的常数, 界面质量越差, α 值越大, TMR 随温度的依赖关系也越强.

另一种理论认为 TMR 的减小与势垒中磁性杂质引起的自旋翻转散射有关[194], 随着温度增加, 自旋翻转的电子数目增多, 从而降低 TMR. 同时, 如电子–声子散射等非弹性散射也可能引起 TMR 的减小. Bratkovsky[195] 也从磁激子、声子和非弹性散射角度来研究了 TMR 的温度依赖关系. 磁性隧道结中平行态和反平行态电阻的温度依赖特性不同, 尤其在 MgO 磁性隧道结中表现更为明显. 在 MgO 磁性隧道结中, 其平行态电阻几乎不随温度变化, 反平行态电阻随温度迅速减小, 温度从

4.2K 变化到 300K 其电阻变化有 50%. 磁性隧道结材料研究的温度范围通常是从 2K 到室温 300K(RT), 换算成能量即只有 26meV, 因此对于弹性隧穿部分只考虑温度对所参与的费米面处电子的分布函数的影响即可, 而随着温度的升高主要考虑一些非弹性散射的效应. 在 MgO 磁性隧道结中, MgO 势垒的声子激发能在 80meV 左右, 即使温度为 300K, 其对应能量也只有 26meV, 因此在研究其温度依赖特性的时候声子激发也可以忽略或不加以考虑.

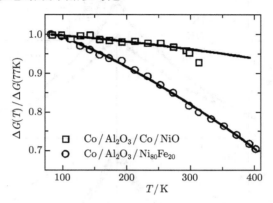

图 3-58　归一化 ΔG 随温度的变化关系, 实线为热自旋波激子模型的理论拟合曲线[193]

　　磁性隧道结是一类非线性元件, 并且其平行态和反平行态下的偏压特性均表现出不同的特性, 具有丰富的物理过程; 同时磁性隧道结的偏压依赖特性和基于磁性隧道结的自旋电子学器件的工作电压直接相关, 因此其偏压特性不仅是研究磁性隧道结本身物理性质的重要方面, 而且还为其应用提供依据. 一般 TMR 值会随着外加偏压的增加而明显减小. 人们通常采用隧穿磁电阻比值下降到最大值一半时的偏压值 (V_{half}), 即半峰值偏压 ($V_{1/2}$), 来衡量磁性隧道结的偏压特性. 在器件应用的一般情况下, 磁性隧道结的 $V_{1/2}$ 值越高越好. 1995 年 Moodera 等[180] 制备的隧道结其 $V_{1/2}$ 约为 200mV, 图 3-59 示出了隧穿磁电阻 (左) 及电导 (右) 在不同温度下的偏压关系曲线. 如图所示, TMR 值随着外加电压的增加而明显下降, 同时在电导上出现了反常偏压关系. 随着制备工艺的不断改善, 一些研究组取得了超过 500mV 的 $V_{1/2}$ 值 [196~198].

　　早期有许多理论工作者基于自由电子近似模型对隧道结的输运特性 (如电导和偏压之间的 G–V 关系曲线) 进行了描述. 比较简单的一种处理方法就是由 Simmons 等提出的隧穿理论模型. 在该模型中, 首先, 采用对传导电子进行 WKB 近似, 不考虑隧穿电子之间的相互作用, 将其当成自由电子考虑; 其次, 势垒被等价成一个方形 (在偏压下是梯形) 势垒, 也就是用一个等价的势垒高度和势垒宽度来描述. 按照费米黄金法则, 一个隧穿体系的隧穿电流密度可以写为

$$J = \frac{4\pi me}{h^2} \int_0^{E_m} D(E_x)\mathrm{d}E_x \times \left\{ \int_0^{\infty} [f(E) - f(E + eV)]\mathrm{d}E_r \right\} \tag{3-7}$$

其中, m 代表电子的有效质量; E_m 代表最高的势垒高度; $D(E_x)$ 是能量为 E_x 的电子穿过势垒的概率; $f(E)$ 是费米分布函数.

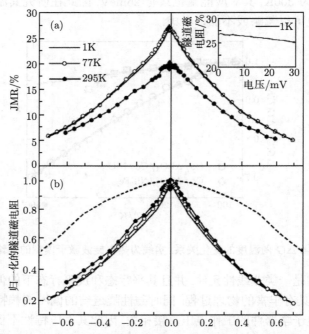

图 3-59　隧道磁电阻在不同温度下的偏压关系曲线. (a) 磁电阻比值及 (b) 归一化的磁电阻比值在不同温度下的偏压关系曲线. 图 (b) 中虚线为理论拟合值[180]

考虑到自由电子分布函数随温度的变化, 在温度为 T、偏压为 V 的条件下, 最终电流密度 (J) 可以写为

$$J(V,T) = (4\pi me/h^3 B^2)[\pi BkT/\sin(\pi BkT)] \times \exp(-A\overline{\varphi}^{1/2})[1 - \exp(-BeV)] \tag{3-8}$$

当 $T = 0\mathrm{K}$ 并且 V 远小于 φ 时, 其电导 ($G = J/V$) 的偏压依赖特性可以简化为二次函数的形式

$$J(V) = G_0 \left[V - C_1 \frac{s\Delta\varphi}{\overline{\varphi}^{3/2}} V^2 + C_2 \frac{s^2}{\overline{\varphi}} V^3 \right] \tag{3-9}$$

因此 $G(V) = G_0 \left[1 - 2C_1 \frac{s\Delta\varphi}{\overline{\varphi}^{3/2}} V + 3C_2 \frac{s^2}{\overline{\varphi}} V^2 \right]$, 其中 $\overline{\varphi} = (\varphi_1 + \varphi_2)/2$, $\Delta\varphi = \varphi_1 - \varphi_2$, $G_0 = C_3 \frac{\sqrt{\varphi}}{s} \exp(-1.025s\sqrt{\varphi})$, C_1、C_2、C_3 都是常数, 其值分别为: $C_1 = 0.0854\mathrm{m}^{-1}$.

$V^{-3/2}$, $C_2 = 0.0984 \text{m}^{-2} \cdot V^{-2}$, $C_3 = 31.6 \text{nm}^{-1} \cdot V^{-3/2}$.

通过此模型可以简单地拟合出势垒的有效高度 (φ)、宽度 (d) 以及其非对称势差 ($\varphi_1 - \varphi_2$). 如图 3-60 中就是利用该模型对 AlO_x 势垒磁性隧道结 [其核心结构为: IrMn(12)/CoFe(2)/Ru(0.85)/CoFeB(3)/Al-O(1)/CoFeB(4 nm)] 所测得的平行和反平行状态下的电导曲线进行的计算拟合, 获得其有效势垒宽度为 0.9nm, 有效势垒高度对于平行态和反平行态分别为 2.17eV 和 2.76eV[200].

上述模型并没有考虑到实际隧穿中电极的能带结构及其与势垒接触界面形成的界面态对隧穿的贡献. 在实际的隧穿中, 参与隧穿的电子来自多个不同的能带, 有些能带的带底或者带顶距离费米面较近, 这就导致在一定偏压下, 这些能带的电子开始参与或者不再参与导电, 因而在 $G(V)$ 关系中表现出 G 随 V 的振荡特征. 在 Fe/MgO/Fe 磁性隧道结的曲线中, 通常都会在 $\pm 0.2V$ 出现两个谷 (图 3-61), 而且对于平行态和反平行态其位置基本相同, 从图 3-61(b) 中可以很好的理解: 随着偏压从零开始增大, 一端 Fe 电极的费米面开始抬升, 因而 Δ_5 带参与导电的电子开始减小, 表现出总电导随偏压的下降; 到 0.2V 以上 Δ_5 带就不再有贡献. 随着偏压进一步增加, 电导开始增加主要来自于 Δ_1 带随偏压的贡献. 需要说明的是, 在磁性隧道结中由于 Zeeman 劈裂, 两边磁性电极的带密度对于自旋向上和自旋向下的电子又是不对称的, 因而对于 $G_{AP}(V)$ 和 $G_P(V)$ 会出现不同的偏压依赖行为.

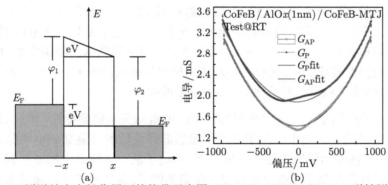

图 3-60 (a) 隧道结在电场作用下的能带示意图; (b) CoFeB/Al-O/CoFeB 磁性隧道结中平行态电导 (G_P) 和反平行态电导 (G_{AP}) 的偏压依赖特性, 图中实线是方程拟合结果[200]

(后附彩图)

另外, 在磁性隧道结材料中, 其势垒和磁性电极的接触会由于界面效应、晶格失配以及元素互扩散等产生不同于体材料的界面性质, 如产生界面态或者一些散射中心. 这些界面态的存在会极大地影响隧穿电导. 比如, 在 Fe(001)/MgO/Fe 磁性隧道结中, Fe-MgO、Fe(FeO)-MgO、Fe(O 空缺)-MgO 三种不同的界面会导致 $G(V)$ 在不同偏压下存在峰位, 并且极大地影响 TMR 的比值. 界面态的存在难以用模型描述, 但是借助于第一性原理计算的方法可以描述其对隧穿电导以及 TMR 比值的影响.

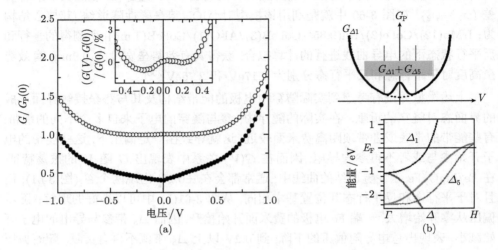

图 3-61　典型 Fe/MgO/Fe 磁性隧道结偏压特性 (a) 以及其示意图和 Fe 的能带图
(b)[200](后附彩图)

　　在典型的磁性隧道结中, TMR 曲线随着偏压的增加都会急剧下降, 表明磁性隧道结中反平行态电导随偏压的增加大于平行态, 实验上尤其是 MgO 磁性隧道结中平行态的电导基本不随偏压变化, 而反平行态的电导随偏压很快增加, 因此除了以上讨论的弹性隧穿以外, 还存在和两个磁性电极磁取向相关的其他非弹性隧穿机制, 主要包括磁子激发、声子激发、Hopping 过程等.

　　Zhang 等提出了一个模型来解释隧穿磁电阻的偏压依赖特性[179], 认为在铁磁电极与势垒层的界面处由磁激子激发引起的非弹性散射使隧穿磁电阻随外加偏压增加而减小. 在外加偏压不为零的情况下, 当电子从一个铁磁电极隧穿到另一个铁磁电极时通常带有高于该铁磁电极费米能级的能量, 这些电子可以通过激发一个磁子来释放自己的能量, 同时伴随着自旋的翻转, 当电压升高时, 更多的电子发生自旋翻转, 从而降低了隧穿磁电阻. 图 3-62 是隧穿电阻在不同温度下的偏压关系的实验和理论曲线, Zhang 等[179] 用这个磁子激发理论通过附加参数解释了 200mV 以下的偏压依赖性. Han 等[202] 利用这个模型对一个高质量的 CoFe/Al-O/CoFe 磁性隧道结的电导及其隧穿磁电阻与偏压和温度的依赖关系进行分析, 同时作了系统和较全面的测量研究以及定量的模拟计算, 发现两磁电极磁矩在平行或反平行状态下, 界面处磁激子激发的截止能量是各向异性的. 通过引入各向异性自旋波激发的截止能量, 才能利用该模型自洽地计算平行和反平行状态下的隧穿电流和电导, 实验值与

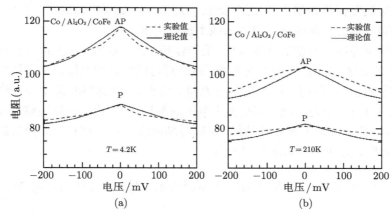

图 3-62 隧穿电阻在不同温度下的偏压关系的实验和理论曲线[179]

理论计算的结果才能更加吻合.

Bratkovsky 也研究了偏压特性, 认为在比较高的偏压的时候, 声子[203] 和杂质[194,195] 辅助隧穿对偏压关系的影响也应该被考虑. Wulfhekel 等[204] 在 ±0.9V 上没有观察到明显的 TMR 变化, 他认为偏压关系与界面的磁激子无关, 可能与势垒中局域化的陷阱态 (trap states) 有关[205]. 此外, Davis 等提出材料的电子结构也是引起隧穿磁电阻的偏压依赖关系的一个因素[206−209].

在磁性隧道结材料制备中, 尤其是磁控溅射生长的薄膜结构, 由于溅射原子的能量较大, 因此溅射原子会有注入势垒的可能, 导致势垒中存在一些磁性原子, 另外在选用锰合金 (如 IrMn、PtMn、FeMn 等) 为反铁磁钉扎材料的自旋阀结构的磁性隧道结中, 由于后期退火中 Mn 元素的扩散也会导致 Mn 元素进入势垒材料层中, 这些磁性原子进入势垒以后对隧穿电子有较强的散射, 通常势垒本身的缺陷比如杂质原子、元素空位等会形成杂质散射中心而形成杂质能级, 电子在隧穿过程中会首先跳到杂质能级上然后再隧穿到另一个电极, 有时中间会跳 N 个杂质能级, 这就是所谓的通过杂质能级的 Hopping 过程, 尤其是对于比较厚而且缺陷比较多的势垒, 这种情况会占很大比例.

然而对于 MgO 磁性隧道结材料, 由于电子的透射概率对不同对称性的电子不同, 并且存在界面共振态等对隧穿有很大的贡献. 因此其偏压依赖特性比较复杂, 而且由于偏压依赖特性涉及非平衡输运以及非弹性过程, 因此理论计算描述也比较欠缺. 总之, 磁激子、声子激发、能带的内禀结构以及杂质对隧穿磁电阻的偏压关系的影响都得到了实验的支持, 这些机制在一定程度上都扮演了比较重要的角色.

3.5.2 磁性隧道结中的非弹性隧道谱

研究磁性隧道结的非弹性隧道谱 (IETS) 能为理解隧穿磁电阻对偏压的依赖关

系以及隧穿机制提供物理上的证据, 如在一定偏压下是哪种元激发在起作用, 以及元激发的强度等信息都能从隧道谱曲线上反映出来.

下面简单介绍隧道谱的基本原理, 采用锁相技术 (lock-in technique), 可以获得对 dI/dV 和 d^2I/dV^2 的高分辨率测量. 磁性隧道结样品的电压是通过隧穿电流的函数, 如果通过磁性隧道结的电流是直流和交流小分量的叠加, 降落在磁性隧道结样品两端的电压也是直流电压和交流小电压的叠加, 但因为磁性隧道结是电学非线性元件, I-V 曲线表现为非线性特征, 所以样品两端电压应该有交流分量的倍频分量. 做一个简单的数学泰勒展开, 如下:

$$V(I_0 + I_1) = V(I_0) + (dV/dI)I_1 + 0.5(d^2V/dI^2)I_1^2 + \cdots (\|I_1/I_0\| \ll 1) \quad (3\text{-}10)$$

$$d^2I/dV^2 = -d^2V/dI^2/(dV/dI)^3 \quad (3\text{-}11)$$

$$V(I_0 + I_1) = V(I_0) + (dV/dI)I_{10}\sin(\omega t) + 0.25(d^2V/dI^2)I_{10}^2\sin(2\omega t - 90°) + \cdots \quad (3\text{-}12)$$

如果 $I_1 = I_{10}\sin(\omega t)$, 式 (3-12) 的各项都是电压量纲, 第一项 $V(I_0)$ 是直流电压分量; 第二项 $(dV/dI)I_{10}\sin(\omega t)$ 是一阶频率分量, 和样品的微分电阻 (dV/dI) 成正比; 第三项 $0.25(d^2V/dI^2)I_{10}^2\sin(2\omega t - 90°)$ 是二阶频率分量, 与二阶微分电阻 (d^2V/dI^2) 成正比, 通过式 (3-11) 的简单换算关系, 可以得到二阶微分电导 (d^2I/dV^2).

从测量的角度讲, 式 (3-12) 第一项可以用 Keithley2182 纳伏表测出, 第二和第三项可以用锁相精确测出, 只需要简单地将锁相放大器 (如 SR830) 检测 harmonic 分量分别设置为一 (阶) 或二 (阶). 采用 Keithley2182 和两个锁相放大器可以实现对以上三分量电压的几乎同步测量 (同步测量可以尽量减小由于时间漂移带来的测量不稳定性). 同时, 由于锁相既能提供正弦信号输出, 又能提供 ±10.5 V 的直流电压信号输出 (比如 SR830 的 4 个 Aux Out 端口), 做一个电压电流转换电路, 就可以用锁相放大器给磁性隧道结样品同时提供直流偏置和小的调制交流电流, 从而, 配套外围测试电路, 采用 Keithley2182 纳伏表和两个锁相放大器, 就能完成有限偏压范围内的隧道谱测量. 如果和多功能物性测量 (PPMS) 系统配套, 还可以对磁性隧道结隧道谱进行变温和变磁场测量, 隧道谱的测量电路原理图请见下文.

隧道谱揭示的是关于非弹性隧穿的信息, 弹性隧穿过程对隧道谱的贡献为零. 隧道谱的研究在磁性隧道结实验中一直是热点研究对象, 室温 TMR 效应的发现者 Miyazaki 和 Moodera 教授所在的研究小组均对磁性隧道结中的隧道谱做了深入的研究和探讨. 在 Moodera 关于室温 TMR 的报道中, 他们发现在平行态下 $T = 4.2\text{K}$ 时, 在偏压 17mV 出现了一个尖峰, $T = 1\text{K}$ 这个尖峰的形状和位置基本不变, $T = 77\text{K}$ 这个尖峰消失[180]. 他们意识到这样一个尖峰可能跟磁性有关, 于是, 他们与 Al/Al-O/Al 非磁性隧道结做了对比实验, 在 $T = 1\text{K}$ 和 $T = 4.2\text{K}$ 都没有观察到这个尖峰, 于是他们得出结论, 该尖峰的出现和磁性有关, 并且起源自界面磁子的激发, 如图 3-63 所示.

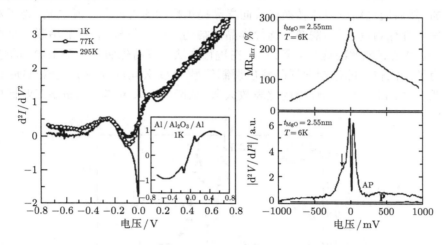

图 3-63 左图: 结构为 Co/Al₂O₃/Ni₈₀Fe₂₀ 的磁性隧道结平行态时不同温度下的隧道谱, 作
为对比, 左下图显示了 Al/Al-O/Al 非磁性隧道结 T=1K 时的隧道谱[180]; 右上
图: Fe/MgO/Fe(001) 单晶隧道结隧穿磁电阻性质; 右下图反平行态低温隧道谱, ±25mV 的
两峰对应磁激子激发[210]

在 Miyazaki 研究组关于 Co/Al-O/Co 磁性隧道结隧道谱的报道中, 他们也观察到在 1.2mV 左右的一个峰, 并且发现不论对平行态还是反平行态, 该峰都存在. 值得一提的是他们提出, 如果将平行和反平行态在对应偏压的隧道谱做一个减法, 它们的差应该仅和磁性有关[211]. 该研究组在 CoFe/Al-O/CoFe 磁性隧道结[202] 中也观察到了低温 4.2K 下 (5.86±1.0)mV(平行态) 和 (19.5±1.0)mV(反平行态) 处的二阶微分电导峰. 在低偏压范围 (200mV 以下), 在主要的两类基于 Al-O 和 MgO 势垒的磁性隧道结中, 大部分实验研究组都得出一致的结论: 反平行态二阶微分电导幅值大于相应平行态的值. Zhang 等在关于隧道谱的唯象理论分析[179] 中指出, 这起源于界面的磁激子 (magnon) 激发. 在单晶 Fe/MgO/Fe(001) 隧道结体系中, Miyazaki 研究组也报道了在低偏压 ±25mV 左右出现的隧道谱峰[210]. 隧道谱还能提供关于势垒层和金属电极中的声子谱信息, 在这里不对这部分做深入讨论, 由于声子谱和隧道结磁化状态无关, 对平行态和反平行态、峰位、峰值、半高宽应相同, 如图 3-64 所示.

隧道谱测试电路可以有两种工作方式, 恒压模式和恒流模式, 前者加电压测电流, 后者加电流测电压. 本节着重讨论后者, 其优点在于这种模式可以进行四探针 (4 probe) 测量. 测试电路主要由以下几个功能模块组成: 直流电压滤波、加法器、电压电流转换以及平衡桥电路模块, 如图 3-67 所示. 直流滤波模块能很好地抑制交流噪声, 确保样品两端恒定的直流偏置. 加法器实现直流 V_{DC} 和交流信号 V_{AC} 的叠加, 然后通过电压电流转换模块向样品提供叠加的直流和交流电流. 为了对二倍频信号进行测量, 通常需要平衡掉样品两端的一倍频信号, 和样品串联一个电位计 R_p 可以很好地解决这个问题. V_{AC} 在进行加法运算前先做了一个 1:100 的分压, 这是为了在比较宽的范围向样品输出调制信号. AD 公司的仪表放大器 AD620 是一款低噪声、低成本、高性能的仪表放大器, 从诞生以来多年一直扮演工业标准的角色.

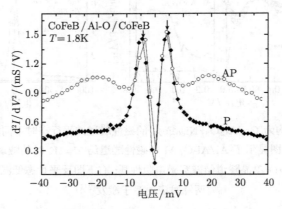

图 3-64　CoFeB/Al-O/CoFeB 磁性隧道结反平行态 (AP) 和平行态 (P) 低温隧道谱, 图中 ±4mV 对应的是声子峰, ±20mV 的峰对应磁激子峰[212]

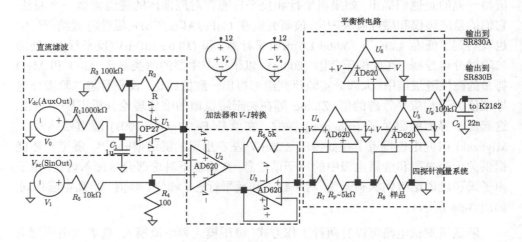

图 3-65　隧道谱测试电路的 CAD 图

包括直流滤波、加法器和 V-I 转换以及平衡桥电路四个主要的功能模块

隧道谱信号属于微弱信号 (微伏量级), 对一个微弱信号测量系统而言, 首先了解系统的测量分辨率是很重要的, 高的分辨率是测量微弱信号的前提. 在对磁性隧道结的隧道谱进行精确测量前, 用一个标准电阻来标定可以判断测试电路设计是否正确, 可以了解电流电压关系和测试电路的稳定性, 以及在不同的测试环境中 (噪声和样品接入的方式) 找出噪声源和排除噪声, 提高测量分辨率. 对测试电路进行标定前, 对作为正弦波信号源和测量设备的锁相放大器的检测是第一步的, 它直接给出锁相放大器的测量极限. 采用精心设计的滤波电路, 可以获得并测量极小幅度 (纳伏) 信号. 在电路设计构思清晰的前提下, 对测试电路的逐级标定, 不仅就电路元件的安全性而言是必需的举措, 而且是进行磁性隧道结样品测量前必需的步骤. 只要对连接好的测试电路提供一个源信号 —— 简易万用表就可以完成大部分的检测工作. 检测工作需要对电路的每一个设计细节都谙熟. 从信号输入端逐级检测至输出信号端, 一般来说是一个很有效的方式, 当然, 也可在电路中间设置节点, 对单个功能单元按上面的方式进行检测.

在我们的周围, 噪声无处不在. 一个明显的例子可以说明这点, 将 Keithley2182 的输入端接一个短路头, 其读数在 $\pm 1\mu V$ 变化 (2182 仪器本身的噪声), 如果接一个 $1M\Omega$ 的电阻, 其读数变化范围将为 $\pm 10\mu V$, 这是电阻产生的热噪声, 该类噪声的噪声功率谱密度 (单位频率上的噪声功率) 和电阻温度乘积成正比, 起源于载流子在电阻元件内的无规热运动. 目前由于完备的电子制造技术, 电子元器件的出厂噪声水平可以控制到一个很低的水平, 例如, AD 公司生产的 OP27 运算放大器, 其噪声为 80nV p-p $(0.1\sim 10Hz)$, $3nV/(Hz)^{\frac{1}{2}}$, 这样低的噪声完全能够满足对微伏信号的测量. 但为什么我们仍要花很大的精力来降低噪声? 原因是测试电路中包含的各个环路耦合了外部的电磁波噪声. 根据法拉第电磁感应定律, 电阻接入电路时引线包围的面积越大, 其能耦合的环境噪声功率就越大, 双绞线和同轴线可以有效地减小噪声干扰就是这个原理. 把测试电路置入屏蔽金属盒是最简便而又有效的隔离外部噪声的干扰的方法. 但仍然不够, 因为很多情况下待测样品是暴露在屏蔽盒外面的, 所以有必要采取措施尽可能降低降落在样品上的噪声. 清楚噪声源在何处对有效降低噪声是非常必要的. 采用以下方法可以有效地降低测试电路和接入电路时样品上耦合的环境噪声: ① 连线采用同轴线和绕线紧密且均匀的双绞线; ② 将磁性隧道结样品的一端良好接地.

锁相放大器可以实现分辨率小于 10nV 的微弱信号的测量, 如图 3-66 所示. 如果计入环境噪声, 在隧道谱测量电路中锁相放大器 (SR830) 仍可以测量 100nV 的信号变化. 通常为了比较准确地测量二阶微分电导, 加在磁性隧道结两端的交流信号不能太小, 典型幅值为 $1\sim 4mV$, 对应的分辨率为 $25\sim 100ppm$[①].

---

① 1ppm$=10^{-6}$.

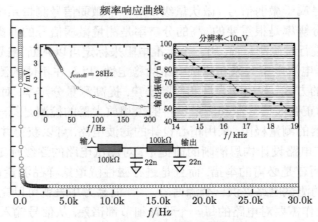

图 3-66　二阶无源滤波器的频率响应曲线

锁相放大器在输入端 Input 提供幅值为 4mV 频率变化的正弦信号, 测量输出端 Output 的信号, 分辨率

可以小到 3~10nV

3.5.3　自旋极化电子的磁激子、声子及杂质辅助隧穿

1997 年, 为了解释 TMR 随偏压的下降, Zhang 等[179] 提出了磁子激发模型. 在偏压下, 只有能量较高的电子能隧穿通过势垒到达另一个磁性电极, 这些电子到达另一电极的时候能量高于费米面, 因此可能失去一部分能量同时其自旋发生改变, 也就是说激发一个磁子. 随着偏压的增加, 这种磁子激发的数量也会增加, 因而自旋翻转的非弹性散射也会增强, 从而导致 TMR 比值的减小. 通过考虑电子在隧穿过程中激发或吸收一个磁子, 并假设磁子的色散关系和声子的色散关系一致, 则平行和反平行态的电导为

$$G_{\mathrm{P}}(V) = \frac{4\pi e^2}{\hbar} \left\{ [|T^d|^2 + (S_{\mathrm{L}}^2 + S_{\mathrm{R}}^2)|T^{\mathrm{J}}|^2](\rho_{\mathrm{L}}^{\mathrm{M}}\rho_{\mathrm{R}}^{\mathrm{M}} + \rho_{\mathrm{L}}^{\mathrm{m}}\rho_{\mathrm{R}}^{\mathrm{m}}) \right.$$

$$\left. + |T^{\mathrm{J}}|^2 \left(S_{\mathrm{L}}\frac{eV}{E_{\mathrm{m}}^{\mathrm{L}}} + S_{\mathrm{R}}\frac{eV}{E_{\mathrm{m}}^{\mathrm{R}}} \right) \rho_{\mathrm{L}}^{\mathrm{m}}\rho_{\mathrm{R}}^{\mathrm{M}} \right\} \tag{3-13}$$

$$G_{\mathrm{AP}}(V) = \frac{4\pi e^2}{\hbar} \left\{ [|T^d|^2 + (S_{\mathrm{L}}^2 + S_{\mathrm{R}}^2)|T^{\mathrm{J}}|^2](\rho_{\mathrm{L}}^{\mathrm{M}}\rho_{\mathrm{R}}^{\mathrm{m}} + \rho_{\mathrm{L}}^{\mathrm{m}}\rho_{\mathrm{R}}^{\mathrm{M}}) \right.$$

$$\left. + |T^{\mathrm{J}}|^2 \left(S_{\mathrm{L}}\frac{eV}{E_{\mathrm{m}}^{\mathrm{L}}}\rho_{\mathrm{L}}^{\mathrm{m}}\rho_{\mathrm{R}}^{\mathrm{m}} + S_{\mathrm{R}}\frac{eV}{E_{\mathrm{m}}^{\mathrm{R}}}\rho_{\mathrm{L}}^{\mathrm{M}}\rho_{\mathrm{R}}^{\mathrm{M}} \right) \right\} \tag{3-14}$$

第一部分是直接隧穿部分, 第二部分表示和自旋相关的直接隧穿部分, 对于平行态情况其电导与两个电极的多子 (自旋向上的电子) 和少子 (自旋向下的电子) 的

态密度有关, 而对于反平行态, 其电导与左电极的少子态密度和右电极的多子态密度有关, 第三部分表示磁子激发的部分, 其中 E_m 表示磁子激发能, 在一个特定的磁性隧道结中是一个常数.

后来 Han 等[202] 提出, 当左右 (或上下) 磁电极的磁矩处于平行态和反平行态的时候, 其最低磁子激发截止能 E_C 是不同的, 即 E_C 值可以认为是各向异性的 $E_C^\gamma (E_C^P \neq E_C^{AP})$, 因此可将该磁子激发模型用一套参数来进一步自洽地拟合计算和解释 CoFe/Al-O/CoFe 的磁电阻对偏压和温度的关系曲线及其依赖特性. 磁子激发一直被认为是磁性隧道结中的一种主要的非弹性元激发过程, 影响着磁性隧道结的 TMR 比值、温度特性以及偏压特性.

另一类比较重要的非弹性机制就是势垒材料的晶格振动所产生的声子激发[213]. 在早期隧道谱的研究中, 人们就已经发现在 AlO$_x$ 势垒和 MgO 势垒的隧道结中存在着声子激发[212,214], 在非弹性隧道谱的测试中可以清楚地看到 80meV 附近的激发峰, 并在其后的研究中无论是 CoFeB/MgO/CoFeB[215] 还是 Fe/MgO/Fe 磁性隧道结, 人们均观测到 MgO 晶格的声子激发, 其激发能量确实在 80meV 附近.

另外, 非弹性电子隧道谱一直是研究金属/绝缘体/金属隧道结 (F/I/F) 中电子隧穿模式的有效方法[216], 基于非平衡格林函数理论模型能够很好地解释非弹性隧道谱中声子的散射[217]. 在磁性隧道结中由于隧穿磁电阻效应[2,3,8,9], 使得非弹性隧穿自旋依赖, 因此非弹性电子隧道谱是研究磁性隧道结磁电输运性质的一个重要的方法. 在磁性隧道结中的非弹性电子隧道谱中, 低偏压下的峰值被认为是由于界面的磁子散射引起的[180]. 界面磁子散射也被认为是隧穿磁电阻随偏压增加而迅速变小的主要原因[179]. 由于施加偏压时不可避免地要引起界面磁子散射, 因此隧穿磁电阻随着偏压的增加而降低被认为是磁性隧道结的本质属性. 另外, 在磁性隧道结的隧道谱中, 在小偏压下还有一个更加尖锐的峰值, 类似于非磁性隧道结中的零偏压异常现象. 这种现象一般被认为是由于磁杂质散射引起的[179,218~220]. 这样人们就不禁要问: 磁子散射和磁杂质散射有什么关系? 这两种散射机制究竟是不相同的还是同一种散射的不同表现形式?

为了回答这一问题, 在本节中, 首先回顾了先前的理论模型. 为了便于比较, 本节对这两种模型做了一些改进, 主要是去掉了一些原来模型中采用的一些非必要的近似, 得到了具有解析形式的结果[221]. 通过对比发现, 这两种散射在非弹性电子隧道谱上的表现是非常不同的. 界面磁子散射模型在非弹性电子隧道谱中并没有尖锐的峰值出现. 在低温下, 由于磁子散射会在隧道谱上形成三个平台, 这三个平台在 $eV = \pm E_c$ 处分开, E_c 是磁子激发能. 磁杂质散射模型在电导上有一个对数奇点, 从而导致在非弹性电子隧道谱的零偏压附近产生两个非常尖锐的峰值. 在几个不同体系的磁性隧道结中系统测量了其非弹性电子隧道谱, 发现两种散射存在于所有的磁性隧道结中. 特别是在铁磁电极呈反平行排列时, 界面磁子散射起主要作用,同时磁杂质散射也能够在非弹性电子隧道谱中清晰地观察到. 在 MgO 为势垒的磁性隧道结中磁性杂质散射的贡献分成三个共振态, 说明铁磁电极呈反铁磁耦合. 对于磁子散射, 对比分析了不同外加磁场下磁子激发能 E_c 的变化: 在两种磁性隧道结中, E_c 随着磁场的增大有轻微的增加.

这一部分理论推导参考了早期文献[179] 的研究思路, 主要考虑了在磁性隧道结中隧穿电流产生的表面磁子激发. 在一个理想的磁性隧道结中, 当两个铁磁电极磁矩呈反平行排列时, 弹性的隧穿电流几乎为零. 因此磁子散射对一个磁性隧道结的隧穿电流有很大的影响和贡献, 在这种情况下, 自旋翻转散射发生在两个铁磁电极的表面. 由于表面磁子耦合而产生的对隧穿电流的贡献可以写作 (从左到右)

$$j^{(1)} = G^{mM} \sum_q \int d\omega f^L(\omega)[1 - f^R(\omega + eV - \omega_q^R)](1 + n_q^R) \tag{3-15}$$

其中, L 和 R 分别指左 (L) 和右 (R) 磁电极; m 和 M 分别指左磁电极中的少子 (m) 自旋通道和右磁电极的多子 (M) 自旋通道; ω_q 是表面磁子的能量; n_q 是磁子数目. 磁电极的态密度因子和隧穿矩阵元作为能量常数, 并且合并为单一的因子 G^{mM}. 电流从左到右还有三项

$$j^{(2)} = G^{Mm} \sum_q \int d\omega f^L(\omega)[1 - f^R(\omega + eV + \omega_q^R)]n_q^R \tag{3-16}$$

$$j^{(3)} = G^{mM} \sum_q \int d\omega f^L(\omega + \omega_q^L)[1 - f^R(\omega + eV)](1 + n_q^L) \tag{3-17}$$

$$j^{(4)} = G^{Mm} \sum_q \int d\omega f^L(\omega - \omega_q^L)[1 - f^R(\omega + eV)]n_q^L \tag{3-18}$$

同样地, 电流从右到左也有相应的四项

$$\bar{j}^{(1)} = -G^{Mm} \sum_q \int d\omega f^R(\omega + eV)[1 - f^L(\omega - \omega_q^L)](1 + n_q^L) \tag{3-19}$$

$$\bar{j}^{(2)} = -G^{mM} \sum_q \int d\omega f^R(\omega + eV)[1 - f^L(\omega + \omega_q^L)]n_q^L \tag{3-20}$$

$$\bar{j}^{(3)} = -G^{Mm} \sum_q \int d\omega f^R(\omega + eV + \omega_q^R)[1 - f^L(\omega)](1 + n_q^R) \tag{3-21}$$

$$\bar{j}^{(4)} = -G^{mM} \sum_q \int d\omega f^R(\omega + eV - \omega_q^R)[1 - f^L(\omega)]n_q^R \tag{3-22}$$

所有的项都含有 $f(1 - f)$ 形式对 ω 的积分. 态密度因子忽略不计, 因为在小偏压下态密度的变化很小. 对 ω 的积分可以写为

$$\int_{-\infty}^{\infty} d\omega f(\omega + A)[1 - f(\omega + B)] = \frac{A - B}{e^{(A-B)/kT} - 1} \tag{3-23}$$

综合所有的项

$$j = \sum_{i=1}^{4} (j^{(i)} + \overline{j}^{(i)}) = (G^{\mathrm{mM}} + G^{\mathrm{Mm}})eV \sum_q (n_q^{\mathrm{L}} + n_q^{\mathrm{R}})$$
$$+ (G^{\mathrm{mM}} - G^{\mathrm{Mm}}) \sum_q (n_q^{\mathrm{L}}\omega_q^{\mathrm{L}} + n_q^{\mathrm{R}}\omega_q^{\mathrm{R}})$$
$$- G^{\mathrm{Mm}} \sum_{q,\alpha=\mathrm{L,R}} \frac{\omega_q^{\alpha} + eV}{\mathrm{e}^{(\omega_q^{\alpha}+eV)/kT} - 1} \qquad (3\text{-}24)$$
$$+ G^{\mathrm{mM}} \sum_{q,\alpha=\mathrm{L,R}} \frac{\omega_q^{\alpha} - eV}{\mathrm{e}^{(\omega_q^{\alpha}-eV)/kT} - 1}$$

对于二维表面磁子, 我们可以用 $(N/E_{\mathrm{M}}) \int_{E_{\mathrm{C}}}^{E_{\mathrm{m}}} \mathrm{d}\omega_q$ 来代替对 q 求和 $\sum_q$, E_{c} 和 E_{m} 分别是磁子激发的低和高截止能量. 对 j 求偏导

$$G_{\mathrm{magnon}} = \frac{\partial j}{\partial eV} = \frac{2N}{E_{\mathrm{m}}} \left\{ -(G^{\mathrm{mM}} + G^{\mathrm{Mm}})kT \ln[1 - \mathrm{e}^{-E_c/kT}] \right.$$
$$\left. + \frac{G^{\mathrm{Mm}}(|eV| + E_c)}{\mathrm{e}^{(|eV|+E_c)/kT} - 1} + \frac{G^{\mathrm{mM}}(|eV| - E_c)}{1 - \mathrm{e}^{-(|eV|-E_c)/kT}} \right\} \qquad (3\text{-}25)$$

假定 $E_{\mathrm{m}} \gg kT$, 对于一个对称的隧道结来说, $G^{\mathrm{mM}} = G^{\mathrm{Mm}} = CE_{\mathrm{m}}/2\pi$ 有

$$G_{\mathrm{magnon}} = C \left\{ -2kT \ln[1 - \mathrm{e}^{-E_c/kT}] + \frac{|eV| + E_c}{\mathrm{e}^{(|eV|+E_c)/kT} - 1} + \frac{|eV| - E_c}{1 - \mathrm{e}^{-(|eV|-E_c)/kT}} \right\}$$
$$(3\text{-}26)$$

上述电导公式在绝对零度并没有通常的由于对数奇点引起的零偏压异常, 而是与 eV 成正比, 并且在 $eV = \pm E_c$ 出现尖峰. 对偏压求偏导得到

$$\frac{\mathrm{d}G_{\mathrm{magnon}}}{\mathrm{d}V} = C \left\{ \frac{1}{\mathrm{e}^{(|eV|+E_c)/kT} - 1} - \frac{1}{kT} \frac{|eV| + E_c}{(\mathrm{e}^{(|eV|+E_c)/kT} - 1)^2} \right.$$
$$\left. + \frac{1}{1 - \mathrm{e}^{-(|eV|-E_c)/kT}} - \frac{1}{kT} \frac{|eV| - E_c}{(1 - \mathrm{e}^{-(|eV|-E_c)/kT})^2} \right\} \qquad (3\text{-}27)$$

公式 (3-27) 如图 3-67 所示, 在低温下, $eV = E = \pm E_c$ 处有两个明显的台阶.

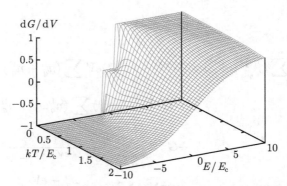

图 3-67　只考虑表面磁子散射时的非弹性电子隧道谱[221]

早在几十年前, 已经有一个基于隧道结中磁性杂质自旋翻转散射的理论模型被用来解释零偏压异常现象 [218]~[220]. 这个理论模型主要基于隧穿哈密顿量的微扰展开, 零偏压异常是其三阶量. 这里概述一下这一模型的主要结论, 然后给出解析的近似解以便更好地与实验值进行拟合. 在零磁场下电导可以写成

$$G_{\text{impurity}}^{(0)} = G_2 - G_3 F(|eV|, T) \tag{3-28}$$

其中, G_2 是隧穿过程的二阶量产生的电导, 可以被认为是背景电导; $G_3 F$ 是三阶量, 引起零偏压异常. $F(x, T)$ 函数定义为

$$F(E, T) = \int_{-\infty}^{\infty} g(E', T) \frac{\partial}{\partial E'} f(E' - E) \mathrm{d}E' \tag{3-29}$$

考虑到费米分布函数 $f(E) = 1/[\exp(E/kT) + 1]$ 和函数

$$g(E, T) = \int_{-E_0}^{E_0} \frac{f(E') \mathrm{d}E'}{E' - E} \tag{3-30}$$

式 (3-30) 去除态密度因子 $\rho(E)$, 它并不依赖于能量, 其作用在 G_3 中体现. 在参考文献 [220] 中, 用 $-\ln[(E + kT)/E_0]$ 来近似取代 $F(E, T)$. 在高温部分这一近似并不适合. 在图 3-68 中画出了方程 (3-29) 的数值积分解, 发现对于所有的 E 和 T 一个很好的近似是

$$F(E, T) \approx \frac{\ln(1 + \dfrac{E_0}{kT + E})}{1 - \dfrac{kT}{E_0 + 0.4E} + \dfrac{12(kT)^2}{(E_0 + 2.4E)^2}} \tag{3-31}$$

在 $T = 0$ 时

$$F(E, 0) = \ln(1 + E_0/E) \tag{3-32}$$

在 $E \to 0$ 时, 有一个对数奇点. 在有限温度下, $E = 0$ 时, 这一近似与数值解符合得很好

$$F(0, T) \approx \frac{\ln(1 + \frac{E_0}{kT})}{1 - \frac{kT}{E_0} + \frac{12(kT)^2}{E_0^2}} \tag{3-33}$$

在外磁场的影响下, 电导公式 (3-28) 分成三项, 分别对应 $F(|eV|, T)$ 和 $F(|eV| \pm \Delta, T)$, 其中 $\Delta = g\mu_B H$ 是 Zeeman 能劈裂. μ_B 是玻尔磁子, g 是旋磁比. 如果忽略磁性杂质磁矩的温度依赖关系, 电导可以写成

$$G_{\text{impurity}} = G_2 - G_3[F(|eV|, T) + \frac{1}{2}F(|eV + \Delta|, T) + \frac{1}{2}F(|eV - \Delta|, T)] \tag{3-34}$$

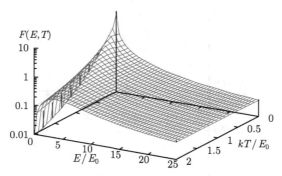

图 3-68 公式 (3-29) 函数 (E, T) 的数值解[221]

在磁性隧道结中, 由于铁磁电极的存在, 磁性杂质对外磁场的响应实际上表现为内部场. 在这种情况下, Δ 用来描述磁性杂质和铁磁电极之间相互耦合的强度, 与外磁场大小没有关系. 需要指出的是, 虽然磁性杂质散射在零磁场、零偏压下只有一个对数奇点, 但是如果和磁子散射合起来会在低温下出现两个峰值, 如图 3-69 所示.

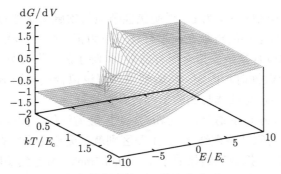

图 3-69 综合考虑磁子散射和磁杂质散射时的非弹性电子隧道谱[221]

在接近零磁场下. 图 3-70 所示为 CoFeB/MgO/CoFeB 磁性隧道结在平行 (两个铁磁电极的磁矩平行排列) 和反平行 (两个铁磁电极的磁矩反平行排列) 状态时的非弹性电子隧道谱. 温度从 2K 一直到室温. 我们利用 $\delta(G_{magnon} + G_{impurity})/\delta V$ 拟合 2K 温度下的偏压依赖关系. 测量到的非弹性电子隧道谱在零偏压两侧各有两个峰值, 如果我们在拟合的时候取 $\Delta = 49 \text{meV}$, 那么这两个峰值都能够很好地拟合.

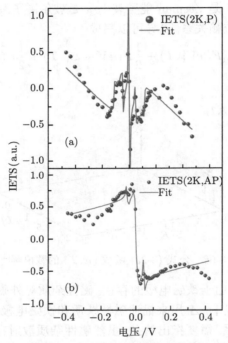

图 3-70　2K 温度下 MgO 势垒磁性隧道结的非弹性电子隧道谱

(a) 平行状态; (b) 反平行状态, 红线为同时考虑磁子和磁杂质散射模型的拟合曲线[221]

在这里 Δ 在零磁场下不为零, 说明磁性杂质与铁磁电极通过交换作用有较强的耦合. 磁子激发对电导的贡献在反平行状态下为正、在平行状态下为负. 我们利用在 2K 下得到的拟合参数去拟合所有的数据, 除了放开温度外, 其他的参数在拟合其他所有的实验数据时均固定. 实验结果和理论拟合值如图 3-71 所示, 在所有的温度区间, 拟合的理论曲线与实验值都符合得很好.

如图 3-72 所示为 CoFeB/Al-O/CoFeB 磁性隧道结的非弹性电子隧道谱. 与基于 MgO(001) 势垒的磁性隧道结相比, 主要区别就是无论在平行态还是反平行态都观察不到第二个峰值. 拟合的结果显示 $\Delta = 0.005 \text{meV}$, 考虑到实验的误差, 实际上 Δ 近似等于零. 这说明磁性杂质没有和铁磁电极耦合起来, 这可能是由于氧化铝势垒层为非晶的缘故.

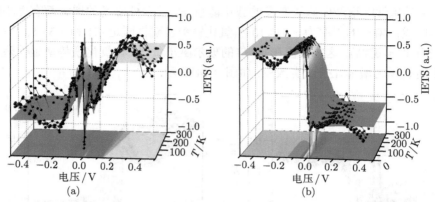

图 3-71 不同温度下的基于 MgO 势垒磁性隧道结非弹性电子隧道谱 (后附彩图)

(a) MgO 势垒磁性隧道结在不同温度下的非弹性电子隧道谱 (平行态), 彩色部分为拟合曲线;

(b) MgO 势垒磁性隧道结在不同温度下的非弹性电子隧道谱 (反平行态), 彩色部分为拟合曲线[221]

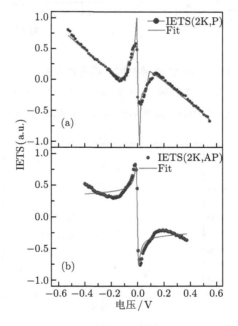

图 3-72 2K 温度下 Al-O 势垒磁性隧道结的非弹性电子隧道谱

(a) 平行状态; (b) 反平行状态, 红线为同时考虑磁子和磁杂质散射模型的拟合曲线[221]

与 MgO 磁性隧道结相似, 磁子激发对电导的贡献在反平行状态为正、在平行状态为负. 所有温度下的实验值和拟合值如图 3-73 所示.

　　实验发现, 在不同的磁场下, 非弹性电子隧道谱只有很小的改变. 通过拟合发现, 在两种磁性隧道结中磁子激发的截止能量 E_c 随着外磁场的增大都有很小的线性增加. 线性增加的斜率为 8.54×10^{-4} (氧化镁势垒磁性隧道结) 和 4.5×10^{-4} (氧化铝势垒磁性隧道结). 这些数值在 10 倍的玻尔磁子量级. 在氧化镁势垒磁性隧道结中, Δ 随磁场的增加几乎没有改变, 如图 3-74 所示.

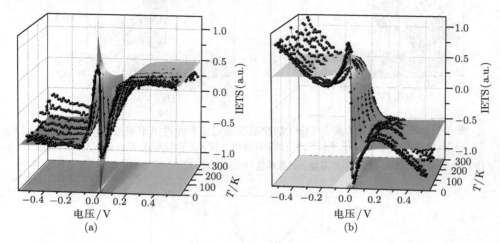

图 3-73　不同温度下的基于 Al-O 势垒磁性隧道结非弹性电子隧道谱 (后附彩图)

(a) Al-O 势垒 MTJ 在不同温度下的隧道谱 (平行态), 彩色部分为拟合曲线; (b) Al-O 势垒 MTJ 在不同温度下的隧道谱 (反平行态), 彩色部分为拟合曲线[221]

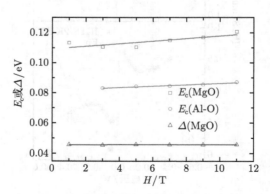

图 3-74　E_c, Δ 随外加磁场的变化曲线[221]

　　综上所述, 首先, 磁子散射本身并不能给出非弹性电子隧道谱中的很尖锐的峰值, 其在非弹性电子隧道谱中的表现是三个在 $\pm E_c$ 处有跳跃的平台; 其次, 在非弹性电子隧道谱中的最尖锐的峰值是由于势垒中的磁性杂质散射引起的, 这与传统的杂质散射引起的零偏压异常一致; 在氧化镁势垒磁性隧道结中, 势垒中的磁性杂质与铁磁电极有较强的耦合, 而在氧化铝势垒磁性隧道结中, 势垒中的磁杂质与铁磁电极几乎没有耦合, 也许正是这一因素导致了这两种磁性隧道结的隧穿磁电阻有很大不同.

3.5.4 磁性隧道结 Co(001)/Cu(001)/Al-O/NiFe 中的量子阱效应

自旋极化的共振隧穿是发展如共振隧穿自旋晶体管以及量子信息器件等高度功能化器件的关键 [222]. 实现自旋极化共振隧穿的最简单的方法是在隧道结的势垒和一个电极之间插入非磁金属层, 形成如图 3-76 所示的 FM/I/NM/FM 的隧道结结构. 在这种结构中, 传导电子在 FM/NM 界面经过多次反射, 在非磁性层中将形成量子阱态, 发生自旋极化的共振隧穿. 理论预言 FM/I/NM/FM 的隧道结的共振隧穿的磁电阻随非磁性层的厚度将发生振荡 [223,224]. 但在早期的实验中, 没有观察到振荡现象, 普遍观察到磁电阻随非磁性层增加而单调减小 [225~227]. 这主要是由于样品是多晶的, 其中的平均自由程较短. 2002 年 Yuasa 等利用分子束外延制备了高质量的单晶 Co(001)/Cu(001)/Al-O/NiFe 隧道结, 并观察到非常清晰的隧穿磁电阻随 Cu 层厚度的振荡现象 [228]. 他们制备的底部 Co(001)/Cu(001) 电极是单晶结构, Al-O 是非晶结构, 而顶部电极 NiFe 是多晶结构. 图 3-77(a) 和 (b) 是 Cu 层厚度分别为 0Å 和 4.5Å 时的磁电阻曲线. Cu 层厚度为 0Å 时是正常的磁电阻曲线, 而厚度为 4.5 Å 是反常的负磁电阻.

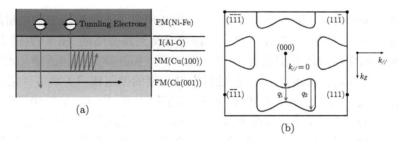

图 3-75　(a) Co(001)/Cu(001)/Al-O/NiFe 隧道结的结构示意图; (b) fcc-Cu 的费米面及传导电子在 [001] 方向的对应两个量子阱态的散射矢量 q_1 和 q_2[228] (后附彩图)

如图 3-77(c) 所示, 在 T=2K 和 T=300K 下磁电阻随 Cu 层厚度表现出清晰的衰减振荡, 由于振幅较大磁电阻甚至出现正负磁电阻振荡. 拟合得到的振荡周期为 11.4Å. 顶部 NiFe 电极中自旋方向与底部 Co(001) 电极磁化方向相同的电子能有效通过 Co(001) 层, 而自旋相反的电子在 Cu/Co 和 Al-O/Cu 界面经历多次反射, 在 Cu 中形成量子阱态. 根据能带结构计算, 如图 3-75(b) 所示的 q_1 和 q_2 矢量对应的量子阱振荡周期分别为 10.6 Å 和 5.9Å. 观察到的磁电阻的振荡符合 q_1 矢量对应的长周期振荡. 此外利用同样方法制备的 Co(001)/Cu(001)/Co(001) 的层间交换耦合的振荡周期也是 11 Å, 与 Co(001)/Cu(001)/Al-O/NiFe 隧道结的磁电阻振荡周期相同, 证明这两个振荡都是来自于 q_1 矢量对应的量子阱态.

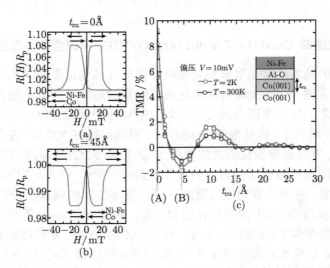

图 3-76 在 10mV 偏压下, Co(001)/Cu(001)/Al-O(18Å)/ Ni$_{80}$Fe$_{20}$ 磁性隧道结在 Cu 层厚度分别为 (a)0Å和 (b)4.5Å和 T=2K 下的归一化磁电阻; (c) T=2K 和 300K 下, Co(001)/Cu(001)/Al-O(18Å)/ Ni$_{80}$Fe$_{20}$ 磁电阻随 Cu 层厚度的振荡变化[228]

为进一步研究量子阱共振隧穿特性, 他们还研究了不同偏压下磁电阻随 Cu 层厚度的变化关系. 如图 3-77(a) 拟合曲线都可以得到振荡周期. 图 3-77(b) 是拟合的磁电阻振荡周期随偏压的变化关系. 在正偏压下, 振荡周期随偏压增加而增大, 在负偏压下振荡周期随偏压几乎不变. 这种振荡周期的偏压依赖关系可以用简单的图像来理解. 如图 3-77(c) 的左图所示, 在正偏压下, NiFe 中 E_F 处的电子隧穿到 Cu 中 $E_F + eV$ 的空态. 在这种情况下, Cu 中 $E_F + eV$ 处的量子阱态对磁电阻有较大影响, 振荡的周期取决于 $E_F + eV$ 处的 q_1 矢量的长度. 因此振荡周期是偏压依赖的, 反映了 q_1 矢量的能量色散关系 [图 3-77(d)]. 在负偏压下, Cu 中 E_F 处的电子主要隧穿到 NiFe 电极的 $E_F + eV$ 空态, 磁电阻的振荡取决于 Cu 中 E_F 处的量子阱态, 因此几乎不随偏压发生变化. 不同偏压下磁电阻随 Cu 层厚度的变化, 很好地证明了 Co(001)/Cu(001)/Al-O(18Å)/ Ni$_{80}$Fe$_{20}$ 隧道结的振荡的确来自于 q_1 矢量对应的量子阱态.

虽然早在 2002 年就已报道了该实验结果, 但到目前为止 FM/I/NM/FM 隧道结的量子阱的共振隧穿实验并不多见. 例如, Nozaki 等[229] 在 CoFe/Ru/Al-O/CoFe 的隧道结也观察到类似的量子阱共振隧穿. Nagahama 等在 Fe(001)/Cr(001)/Al-

O/FeCo 的隧道结中报道了磁电阻随 Cr 层厚度周期为 2 ML 振荡[230], 但第一性原理计算表明 Cr 层的层间反铁磁结构是电导和磁电阻振荡的主要来源[231]. 与 Al-O 磁性隧道结相比, 在单晶 MgO(001) 势垒磁性隧道结中, 非磁性插层中的量子阱共振隧穿现象也同样存在, 而且由于是相干隧穿, 表现出的共振隧穿性质更加丰富. 最近的第一性原理计算表明在 Fe/Ag/MgO/Fe[232] 以及 Fe/Mg/MgO/Fe[233] 磁性隧道结中, 都存在新奇的量子阱共振隧穿效应. 这些理论预言需要实验的直接验证, 并有望进一步成为设计新型自旋电子学共振隧穿器件的物理基础.

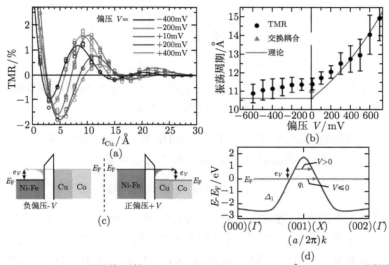

图 3-77 (a) T=2K 下, 不同偏压的 Co(001)/Cu(001)/Al-O(18Å)/ Ni$_{80}$Fe$_{20}$ 隧道结磁电阻和 Cu 层厚度依赖关系; (b) 磁电阻振荡周期与偏压的关系, 其中实心圆代表测量的结果, 红线是从 Cu 的 Δ_1 能带得到的计算结果. 三角是 0 mV 偏压下, Co(001)/Cu(001)/Co(001) 中层间交换耦合的周期; (c) 正负偏压下电子隧穿过程的示意图; (d) Cu 的 Δ_1 能带在 Γ-X 方向的能带色散, 红色箭头代表 $\boldsymbol{q}_1$ 矢量的长度[228](后附彩图)

3.5.5 磁性隧道结的反常霍尔效应

霍尔效应是霍尔[234] 于 1879 年发现的. 正常霍尔效应如图 3-78(a) 所示, 在一块长方形的非磁金属或半导体薄片 (放置在 xy 平面内), 沿着 x 方向通入电流 I_H, 沿着 z 方向外加磁场 B 垂直于薄片, 载流子则在电场和磁场的共同作用下, 在 y 方向上形成电荷积累, 产生一个横向的电压差, 即霍尔电压 V_H, 霍尔电压与施加的电流强度 I_H、磁感应强度 B 成正比, 与薄片的厚度 d 成反比

$$V_H = R_H \frac{I_H B}{d} \tag{3-35}$$

横向霍尔电阻率 ρ_{xy} 的大小依赖于外加磁场的大小

$$\rho_{xy} = R_H B \tag{3-36}$$

R_H 为常规的霍尔系数, 它的大小和载流子数量成反比. 该霍尔效应称为正常霍尔效应 (ordinary Hall effect).

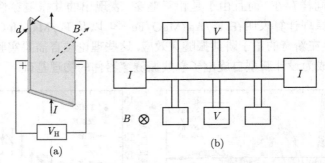

图 3-78   (a) 正常霍尔效应测量示意图; (b) 制备垂直磁性隧道结薄膜的反常霍尔效应测量图形 (施加的磁场垂直膜面)

当样品为铁磁性薄片时, 除了上述正常的霍尔效应项以外, 霍尔电阻率还和样品的磁化强度 M 有关. 铁磁材料的霍尔电阻率可以表达为

$$\rho_{xy} = (V_y/I_x)t = R_0 B + 4\pi R_S M \tag{3-37}$$

其中第一项为正常的霍尔效应项, 第二项为反常霍尔效应项. 第二项远大于第一项, 称为反常霍尔电阻率, 其中 R_S 为反常霍尔系数, 与磁化强度 M 成正比. 它比 R_0 至少大一个数量级. 因而, 可以通过测量 $\rho(H)$ 曲线来得到 $M(H)$ 曲线, 可以获得样品的矫顽力、剩磁比、交换偏置场等信息[120,234,235]. 见图 3-79(a): 通过测量 $[Co/Pt]_{10}/CoFeB(t)/AlOx/CoFeB(t)/[Co/Pt]_5$ 垂直磁性隧道结薄膜样品的反常霍尔效应, 以用来观测薄膜样品中磁性电极的磁矩翻转以及磁性电极之间的交换耦合相互作用.

这种反常霍尔效应 (extraordinary Hall effect, EHE) 主要起源于自旋 - 轨道相互作用引起的非对称电子散射. 其散射机理通常认为有两种: ①斜散射[236](skew scattering), 这种散射是一种经典散射, 一般由散射中载流子偏离原来的轨道的斜交散射角来表征; ② 侧跃 (side jump)[238], 属于量子散射. 散射后的电子可以获得一个垂直于原来运动方向的横向平均速度, 效果相当于一次横向跳跃 Δy, 导致横向电荷积累和霍尔电压的产生, 测量结构示意图如图 3-78(b) 所示.

反常霍尔效应 R_{EHE} 和电阻率 ρ 的关系可以表述为

$$R_{EHE} = a\rho + b\rho^2 \tag{3-38}$$

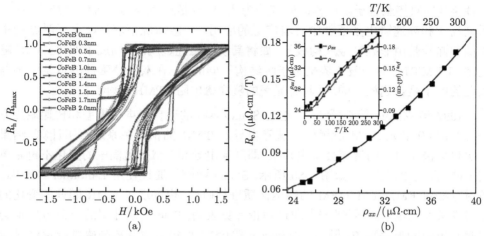

图 3-79 (a) 垂直磁化 $[Co/Pt]_{10}/CoFeB(t)/AlO_x/CoFeB(t)/[Co/Pt]_5$ 薄膜样品的反常霍尔效应随不同 CoFeB 插层厚度变化的测量曲线 (施加的磁场垂直膜面)[236]; (b) 层间反铁磁耦合 $[Pt/Co]_5/Ru/[Co/Pt]_5$ 薄膜样品的反常霍尔系数 R_e 关于纵向饱和电阻率 ρ_{xx} 的变化曲线, 实线是根据公式 (3-38) 得到的拟合曲线, 插图为 ρ_{xx} 和反常饱和电阻率 ρ_{xy} 的温度依赖关系[240](后附彩图)

第一项为斜散射项, 第二项为侧跃散射项. 当斜散射占据主导时, 第二项可以忽略, 霍尔电阻同电阻率成正比; 当侧跃散射为主导时, 第一项也可以省略, 霍尔电阻同电阻率成二次方关系. 一般情况下两种机理并存[239].

为了增强反常霍尔效应, 人们尝试了许多新的方法, 主要包括: ① 加入强自旋–轨道相互作用的稀土元素, 以用来增强非对称自旋电子散射, 从而提高反常霍尔效应. 由于稀土的磁转变温度低, 容易腐蚀, 所以此方法逐渐被淘汰. ② 采用 Pt 基的铁磁金属合金或多层膜. 金属 Pt 同样具有很强的自旋–轨道相互作用, 而且 Pt 的抗腐蚀性能强, 电阻率低. 如图 3-79(b) 所示为层间反铁磁耦合的 $[Pt/Co]_5/Ru/[Co/Pt]_5$ 多层膜中较强的反常霍尔效应, 这种较强的反常霍尔效应主要起源于 Co/Ru 界面的强散射, 界面散射对输运性质起决定性作用, 另外斜散射机制同样对反常霍尔效应有着重要贡献[240]; 对于 $[CoFe(2.8Å)/Pt(12Å)]_3$ 多层膜, 在 110K 时, 其霍尔斜率可达到 $545\mu\Omega\cdot cm/T$, 磁场灵敏度可达 $1200V/AT$[241]. ③ 采用绝缘夹层的磁性多层膜. 如在 MgO 夹层的 Co/Pt 多层膜中, 观测到了由于 MgO-Pt 的界面效应导致的巨大反常霍尔效应, 其磁场灵敏度高达 2445 V/AT[242].

3.5.6 双势垒磁性隧道结中的磁电阻振荡效应

双势垒隧道结由于其丰富的物理内涵和应用前景而备受人们的特别关注. 在半导体物理中, 对具有共振隧穿效应的 "非磁性金属/绝缘体/非磁性金属/绝缘体/非磁性金属" 双势垒量子阱结构的研究最为集中, 也是最重要的一种隧穿结构, 在一系列高频和高速微电子器件中有着广泛的应用. 一般情况下双势垒量子阱结构中的源和漏极是由非磁性金属构成的, 如将其换成磁性金属, 便构成了双势垒磁性隧道结 (DBMTJ). 与一般双势垒量子阱结构不同的是, 在双势垒磁性隧道结中参与输运的电子是自旋极化的, 并具有显著的隧穿磁电阻 (TMR) 效应.

1997 年, Zhang 等[222,243,244] 选用 Slonczwski 的近自由电子模型和传递矩阵方法, 对 FM/I/FM/I/FM 隧道结的隧穿电导及 TMR 的偏压关系进行了计算, 结果表明自旋极化电子的隧穿会发生共振, 即隧穿电导和 TMR 随偏压的变化不再是单调下降, 而是出现振荡, 如图 3-80 所示. Sheng 等[245] 通过使用 Landauer Büttiker 散射方法对 FM/I/FM/I/FM 的输运性质进行研究, 也发现了 TMR 随偏压变化的非线性关系. Barnas 等[246,247] 通过理论计算表明, 中间铁磁性层的电荷效应也会引起磁电阻的振荡现象. 随后, Vedyayev 等[248,249] 将上述双势垒磁性隧道结进一步扩展到多势垒磁性隧道结中, 得到了更强烈的振荡现象.

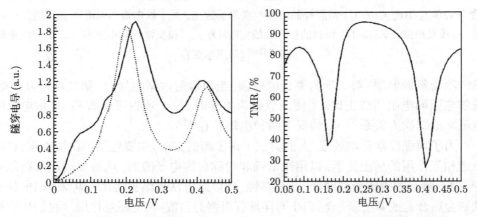

图 3-80　双势垒磁性隧道结的隧穿电导和 TMR 值与外加偏压的依赖关系[222]

理论预测报道一年后, 在实验研究方面取得了较好的研究进展. 1998 年, Montaigne 等[250]首次报道了 $Co/AlO_x/Co/AlO_x/Ni_{80}Fe_{20}$ 双势垒磁性隧道结的隧穿磁电阻效应, 如图 3-81(a) 所示, 他们获得了室温 11%左右的 TMR 比值, 但比同类单势垒磁性隧道结的 TMR 比值 16%要低一些. 同时验证了理论预测的双势垒磁性隧道结其 TMR 值随偏压变化的关系较弱, 如图 3-81(b) 所示, 在单势垒隧道结中, $V_{1/2}$ 约为 0.26V, 而双势垒磁性隧道结的 $V_{1/2}$ >0.8V. 2001 年, Saito 等[251] 研究了 $IrMn/CoFe/AlO_x/CoFe/AlO_x/CoFe/IrMn$ 结构中的磁电输运性质, 在 300°C 退火后样品的 TMR 值达 42.4%, $V_{1/2}$=872mV. Lee 等[252] 通过外推 Julliere 公式, 得出了 AFM/FM1/I/FM2/I/FM3/AFM DBMTJ 的 TMR 有如下的简单表达式:

$$\mathrm{TMR} = \frac{1/G_{\uparrow\downarrow\uparrow} - 1/G_{\uparrow\uparrow\uparrow}}{1/G_{\uparrow\uparrow\uparrow}} = \frac{2(P_1P_2 + P_2P_3)}{1 - P_1P_2 - P_2P_3 + P_3P_1} \tag{3-39}$$

其中, P_1、P_2、P_3 分别代表铁磁性电极 FM1、FM2 和 FM3 的自旋极化率. 从上述公式可知, 双势垒磁性隧道结的 TMR 值比单势垒的要大, 然而目前实验报道的均低于后者. 实际上, 上述简单公式仅具有参考价值, 并不能真正给出双势垒磁性隧道结中隧穿磁电阻效应与磁电极有效自旋极化率之间的真实关系. Han 等[253,254]通过微磁学模拟的方法证明了在中间磁性层中存在如图 3-82 所示的涡流状磁畴结构 (蝴蝶状磁畴结构), 导致三层磁性层的磁化方向不能形成完全的反平行排列, 从而降低了双势垒磁性隧道结的 TMR 比值.

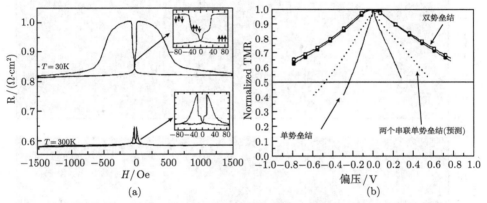

图 3-81　隧道结的 TMR 对磁场 (a) 和偏压 (b) 依赖关系曲线[250]

随着磁性隧道结制备技术的提高, 2003 年 Colis 等[255] 制备出室温 $V_{1/2}$ 为 1.33V、同时其 TMR 值为 49.5% 的 CoFe/Al-O/CoFe/Al-O/CoFe 双势垒隧道结, 但其正负偏压下的 $V_{1/2}$ 值表现出显著的不对称, 如图 3-83 所示. 近来, 日本东北大学的 Nozaki 等[256] 用 MgO(001) 替代 AlO 势垒, 用分子束外延 (MBE)系统制备了 Fe(001)/MgO(001)/Fe(001)/MgO(001)/Fe(001) 双势垒隧道结, 在此结构中他们观察到了110% 的 TMR 比值, 同时 $V_{1/2}$ 为 1.44V, 然而他们的偏压曲线也具有显著的不对称, 图 3-84 示出了这种双势垒磁性隧道结的 TMR 曲线及其对偏压的依赖关系.

Zeng 等[257]制备了高质量的双势垒磁性隧道结, 比较系统地研究了双势垒磁性隧道结的磁电输运性质, 如图 3-85 所示在室温时TMR 比值约为 29.4%, 低温时为 41%. 图 3-86 为双势垒磁性隧道结多层膜在 260°C 退火后的透射电子显微像, 层状结构及其界面都非常清楚. 从高分辨 TEM 图像中可以看出, 两个氧化铝势垒层是非晶态, 界面相对平直, 其宽度大约为 (1.2±0.2)nm. 两势垒层与上下两个铁磁钉扎层和中间自由铁磁层一起, 构成了一个较好的双势垒磁性隧道结.

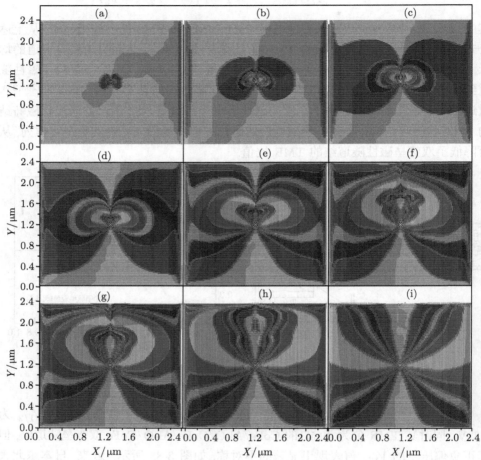

图 3-82　结面积为 2.4μm×2.4μm 的 DBMTJ 中通过大小为 1~60mA 的电流时自由层的磁畴结构演化

(a) $I=1mA$, $J/J_8=0.994$; (b) $I=3mA$, $J/J_8=0.972$; (c) $I=5mA$, $J/J_8=0.942$; (d) $I=8mA$,
$J/J_8=0.881$; (e) $I=13mA$, $J/J_8=0.754$; (f) $I=15mA$, $J/J_8=0.679$; (g) $I=18mA$, $J/J_8=0.617$;

(h) $I=30mA$, $J/J_8=0.380$; (i) $I=60mA$, $J/J_8=0.193$

　　通过研究双势垒磁性隧道结的磁电阻比值与外加偏压关系发现: 在平行状态下存在低电阻态; 反平行状态下电导率、磁电阻和隧穿磁电阻值随外加偏压或外加直流电流增大而呈现振荡变化的量子效应, 其振荡周期约为 1.6mV, 其实验结果如图 3-87 所示.

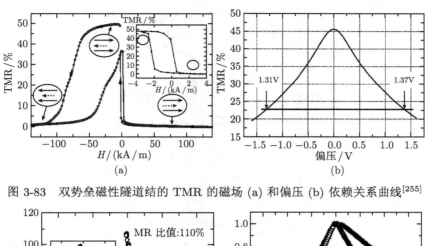

图 3-83 双势垒磁性隧道结的 TMR 的磁场 (a) 和偏压 (b) 依赖关系曲线[255]

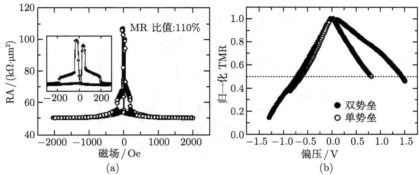

图 3-84 双势垒磁性隧道结的 TMR 对磁场 (a) 和偏压 (b) 的依赖关系曲线[256]

从图 3-87 中可以看出, 当样品处于反平行状态时, 电导和电阻对偏置电压 (或者偏置电流) 的关系曲线上均出现了振荡现象, 而平行状态下的电导和电阻则随着偏置电压 (或者偏置电流) 的增加而稍微下降, 从而导致了 TMR 比值随外加偏置电流的增加而振荡, 其振荡周期大约为 1.6mV. 该磁电阻振荡现象不是由于各磁性层的畴结构变化而引起的, 磁电阻最大值对应的不是完全反平行状态, 即中间磁性层的磁化方向与两边被钉扎磁性层的磁化方向未形成完全的反平行状态, 或者中间磁性层不是一个单畴结构. 但是, 针对这种双势垒结构, 即使通过 5μA 的隧穿电流, 其产生的极弱奥斯特磁场也不足以影响中间层磁畴结构的改变, 因此, 这种磁电阻振荡的现象不可能来源于中间层磁畴结构的变化.

若考虑某个自旋通道的量子阱作用, 如说平行状态下中间层对少子存在量子阱态, 则在平行状态下是少子子带提供共振隧穿的自旋通道, 而在反平行状态下多子子带将提供共振隧穿的自旋通道, 但这个实验中没有观察到平行状态下的振荡现象, 只是观测到了反平行状态下的磁电阻振荡现象, 所以采用共振隧穿机制也不能全面解释这一实验现象.

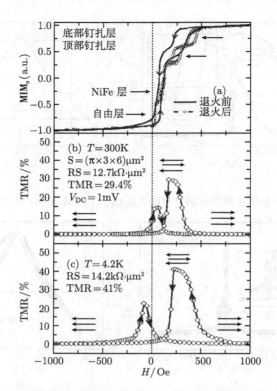

图 3-85　双势垒磁性隧道结的制备态和退火后隧道结的磁化曲线 (a)
室温磁电阻曲线 (b) 和 4.2K 下的磁电阻曲线 (c)

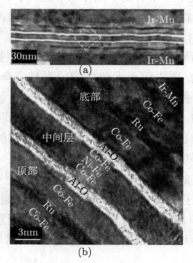

图 3-86　双势垒磁性隧道结的透射电子显微镜照片 (a) 以及高分辨透射电子显微镜照片 (b)

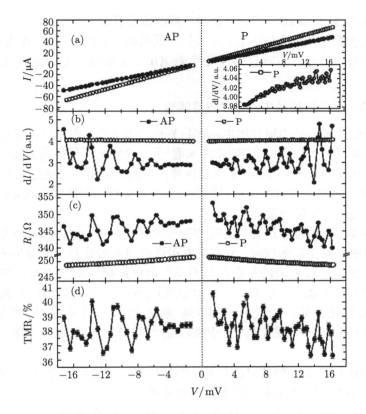

图 3-87　双势垒磁性隧道结在 4.2K 下的 *I-V* 曲线 (a)、电导 (b)、电阻 (c) 以及 TMR (d) 对偏置电压的依赖关系[257]

　　这种振荡现象可能涉及非弹性散射机制, 即中间铁磁性层的自旋波机制. 在单势垒磁性隧道结中, 由于隧穿电阻远远大于电极两侧的自旋积聚引起的电阻, 因此自旋积聚作用是很小[258] 的. 如果把双势垒磁性隧道结看作两个单势垒隧道结串联, 同样, 中间层的自旋积聚作用也可以忽略. 然而, 如果在中间层的自旋积聚能产生磁激子或自旋波, 可能会出现辅助隧穿. 这是因为这些激子能帮助隧穿电子从第一势垒隧穿过第二势垒. 其实磁激子辅助隧穿机制已成功应用于解释 TMR 的温度或偏压关系[179,202]. 首先考虑中间层与两电极层的磁化方向呈反向排列情况, 中间层的非平衡自旋积聚的自旋方向与中间层的局域磁化方向相反, 当自旋积聚大于某一临界值时 (自旋向上和自旋向下通道的化学势之差比自旋波能隙要大, 典型的数值为 1meV), 磁激子可能产生, 磁激子辅助隧穿对隧穿电流 (电导) 有显著贡献. 而在平行情况下, 中间层的非平衡自旋积聚的自旋方向与中间层的局域磁化方向相同, 这样自旋波激发由于自旋角动量守恒而被禁止, 因此磁激子辅助隧穿被抑制. 这种机制类似于 Berger 的电流诱导自旋波激发机制[259].

关于这方面的研究已经引起了人们的广泛兴趣, 相关的工作还在进行之中, 相信在不久的将来, 可以同时获得高隧穿磁电阻比值以及更加显著的振荡磁电阻效应.

3.5.7　双势垒磁性隧道结中的顺序隧穿模型

双势垒磁性隧道结的隧穿磁电阻比值到底有多大? 这是磁性隧道结研究中的一个基础理论问题, 从已知的实验现象来看[253], 双势垒和单势垒的磁电阻相差不大. Lee 等[252,260] 的研究认为双势垒磁性隧道结的磁电阻有可能是单势垒的两倍. 此外, 从实验上观察到在双势垒隧道结中有电导随偏压和厚度振荡的关系以及磁电阻效应随温度迅速变化的现象.

磁性隧道结中的隧穿过程存在顺序隧穿和相干隧穿. 所谓顺序隧穿是: 电子在输运过程中只发生动量散射, 但不发生和自旋相关的散射. 所谓相干隧穿指的是: 电子在输运过程中动量和自旋都不发生散射过程. 对于双势垒磁性隧道结 FM1/I1/FM2/I2/FM3 来说, 可以简单地认为顺序隧穿发生在 FM2 比较厚的情况下, 而相干隧穿发生在 FM2 比较薄的时候. 实际上, 顺序隧穿可以理解为电子波函数相位退相干的过程, 而这个过程一般都受温度的影响较大, 本节主要论述这种情况[261].

如图 3-88 所示是双势垒磁性隧道结的结构和能态结构假设关系. 根据电子隧穿原理, 多势垒隧穿过程的总透射系数可以递推为

$$T^{\text{s}} = \bar{T}_{\text{R}} T_{\text{L}} + \bar{T}_{\text{R}} \bar{R}_{\text{L}} \bar{R}_{\text{R}} T_{\text{L}} + \bar{T}_{\text{R}} \bar{R}_{\text{L}} \bar{R}_{\text{R}} \bar{R}_{\text{L}} \bar{R}_{\text{R}} T_{\text{L}} + \cdots \tag{3-40}$$

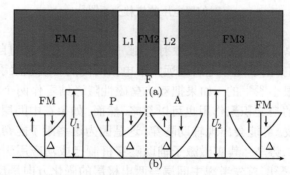

图 3-88　双势垒磁性隧道结结构和态密度关系示意图

(b) 图对应 (a) 图各层的态密度, 其中左 (右) 边的 FM 对应 FM1(FM3) 层的态密度情形; P(A) 代表中间层 FM2 磁性层平行 (反平行) 时的态密度情形; $U_1(U_2)$ 对应势垒层 I1(I2) 的势垒

这里根据透射率和反射系数的关系我们可以得到公式 (3-41), 当有 $\bar{T}_{\text{R}} \ll 1$ 或者 $\bar{T}_{\text{L}} \ll 1$ 时, 公式可以化简为公式 (3-42)

$$\bar{T}^{\mathrm{s}} = \frac{\bar{T}_{\mathrm{L}}\bar{T}_{\mathrm{R}}}{1 - \bar{R}_{\mathrm{L}}\bar{R}_{\mathrm{R}}} \tag{3-41}$$

$$\frac{1}{\bar{T}^{\mathrm{s}}} = \frac{1}{\bar{T}_{\mathrm{L}}} + \frac{1}{\bar{T}_{\mathrm{R}}} \tag{3-42}$$

其中, $\bar{T}_{\mathrm{L}}$ 为左侧单势垒隧道结的平均透射系数; $\bar{T}_{\mathrm{R}}$ 是右侧单势垒隧道结的平均透射系数. 又根据电导和透射系数的关系, 可以得到平行态电导和反平行态电导的表达式. 在模型中只根据中间磁性层 FM2 的磁矩状态来定义相应的平行和反平行. 故平行态电导表达公式 (3-43) 和反平行态电导表达公式 (3-44) 为

$$G_{\mathrm{P}} = \frac{G_{\uparrow\uparrow}^{\mathrm{L}} G_{\uparrow\uparrow}^{\mathrm{R}}}{G_{\uparrow\uparrow}^{\mathrm{L}} + G_{\uparrow\uparrow}^{\mathrm{R}}} + \frac{G_{\downarrow\downarrow}^{\mathrm{L}} G_{\downarrow\downarrow}^{\mathrm{R}}}{G_{\downarrow\downarrow}^{\mathrm{L}} + G_{\downarrow\downarrow}^{\mathrm{R}}} \tag{3-43}$$

$$G_{\mathrm{A}} = \frac{G_{\uparrow\downarrow}^{\mathrm{L}} G_{\downarrow\uparrow}^{\mathrm{R}}}{G_{\uparrow\downarrow}^{\mathrm{L}} + G_{\downarrow\uparrow}^{\mathrm{R}}} + \frac{G_{\downarrow\uparrow}^{\mathrm{L}} G_{\uparrow\downarrow}^{\mathrm{R}}}{G_{\downarrow\uparrow}^{\mathrm{L}} + G_{\uparrow\downarrow}^{\mathrm{R}}} \tag{3-44}$$

其中, $G_{\uparrow\uparrow}^{\mathrm{L}}$ 表示左侧的单势垒隧道结自旋向上电子在平行态时的电导; $G_{\uparrow\downarrow}^{\mathrm{L}}$ 表示为左侧的单势垒隧道结自旋向上电子在反平行态时的电导, 其他状态依次类推. 根据隧穿磁电阻的定义, 双势垒隧道结 TMR 可以写为: $\alpha_{\mathrm{D}} = (G_{\mathrm{P}} - G_{\mathrm{A}})/G_{\mathrm{A}}$; 左侧单势垒隧道结 TMR 可以写为公式 (3-45), 而右侧单势垒隧道结 TMR 可以写为公式 (3-46)

$$\alpha_{\mathrm{L}} = \frac{G_{\uparrow\uparrow}^{\mathrm{L}} + G_{\downarrow\downarrow}^{\mathrm{L}}}{G_{\uparrow\downarrow}^{\mathrm{L}} + G_{\downarrow\uparrow}^{\mathrm{L}}} - 1 \tag{3-45}$$

$$\alpha_{\mathrm{R}} = \frac{G_{\uparrow\uparrow}^{\mathrm{R}} + G_{\downarrow\downarrow}^{\mathrm{R}}}{G_{\uparrow\downarrow}^{\mathrm{R}} + G_{\downarrow\uparrow}^{\mathrm{R}}} - 1 \tag{3-46}$$

根据 Julliére 唯像模型对以上物理量的定义, 可以认为

$$G_{\uparrow\uparrow}^{\mathrm{L}} = CN_1^{\uparrow} N_2^{\uparrow}, \quad G_{\uparrow\uparrow}^{\mathrm{R}} = CN_2^{\uparrow} N_3^{\uparrow}, \quad G_{\downarrow\downarrow}^{\mathrm{L}} = CN_1^{\downarrow} N_2^{\downarrow}, \quad G_{\downarrow\downarrow}^{\mathrm{R}} = CN_2^{\downarrow} N_3^{\downarrow} \tag{3-47}$$

其中, 如图 3-89 所示, N 为所对应磁性层中态密度的表示. 这里要注意的是, Julliére 模型对顺序隧穿也是适用的. 此时, 双势垒磁性隧道结的 TMR 可以表达为公式 (3-48), 其中自旋极化率可以定义为: $P_i = (N_i^{\uparrow} - N_i^{\downarrow})/(N_i^{\uparrow} + N_i^{\downarrow})$.

$$\alpha_{\mathrm{D}} = \frac{2P_2(P_1 + P_3)(1 - P_1 P_3)}{(1 - P_1^2)(1 - P_2 P_3) + (1 - P_3^2)(1 - P_1 P_2)} \tag{3-48}$$

当有 $P_1 = P_3$ 时, $\alpha_{\mathrm{D}} = 2P_2 P_1/(1 - P_1 P_2)$, 即双势垒隧道结等于单势垒磁性隧道结的 TMR 大小, 这和实验中观测到的数据是相符合的[253]. 对应此前给出的双势垒磁性隧道结 TMR 效应的简单计算公式: $\alpha_{\mathrm{D}}' = 2P_2(P_1 + P_3)/(1 + P_2 P_3 + P_2(P_1 + P_3))$, 其预测的双势垒磁性隧道结的 TMR 大于单势垒磁性隧道结的现象在顺序隧穿范

围内是无法观测到的. 从数值计算上来看, 推导的公式和上式预测的 TMR 值关系如图 3-89(a) 所示, 计算时 $P_1 = P_2 = 0.5$.

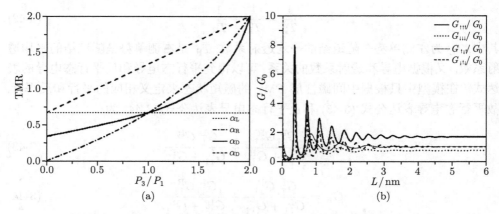

图 3-89　双势垒 TMR 与自旋极化率 (a) 以及中间层厚度的关系 (b)

从图 3-89(a) 的数值计算来看, 在顺序隧穿的范围内, 双势垒磁性隧道结的 TMR 是不可能高于单势垒磁性隧道结的. 此外, 还可以通过散射矩阵的办法, 计算中间层厚度和 TMR 的关系, 如图 3-89(b) 所示. 从计算中, 不难看出 TMR 出现了随厚度振荡的效应. 这种效应实质是来源于电子在中间磁性层所形成的量子驻波效应, 也就是所说的共振隧穿态, 也可称其为量子阱态. 而这种振荡关系随厚度的衰减和消逝, 则是电子波函数退相干的表现. 这种退相干现象在我们前面的假设中, 来源于电子动量的散射过程.

3.5.8　双势垒磁性隧道结中的自旋散射效应和自旋翻转长度

将双势垒磁性隧道结中的中间磁性电极 (FM) 换成非磁性电极 (NM), 则得到 FM/I/NM/I/FM 型双势垒隧道结. Zheng[262] 和 Wilczynski 等[263] 分别对该类磁性隧道结在零偏压附近及有限偏压下的 TMR 作了研究, 计算结果显示, 在零偏压附近隧穿电流和 TMR 比值会随中间层 NM 厚度的变化出现周期性的振荡行为, 当 NM 的厚度为一定值时, 将得到非常高的 TMR 比值, 如图 3-90 所示.

上述关于双势垒磁性隧道结的结论是根据相干隧穿而言的. 所谓相干隧穿, 是指电子在整个隧穿过程中相位始终相干. 而顺序隧穿则认为双势垒结构的隧穿是两个依次进行的隧穿过程. 电子先从发射极相干隧穿到阱中量子化能级, 然后阱中电子通过各种散射机制, 丧失了其与初态的相位联系, 建立某种动态平衡分布, 最后再从阱中相干隧穿到集电极. 两个隧穿过程之间无相位关系. 在顺序隧穿区域, 一些理论工作者 [264~267] 认为对于中间层为 NM 的双势垒磁性隧道结, 只有当 NM 中电子自旋的弛豫时间足够长, 导致自旋积累时, 才会有 TMR 效应出现. 而对于相干隧穿而言, 由于认为电子在中间层的停留时间很短, 自旋积累效应一般可以忽略. 然而在实际情况下, 相干隧穿和顺序隧穿都可能发生, 因而自旋积累效应的影响应予以考虑, 关于这方面的实验研究尚在研究之中.

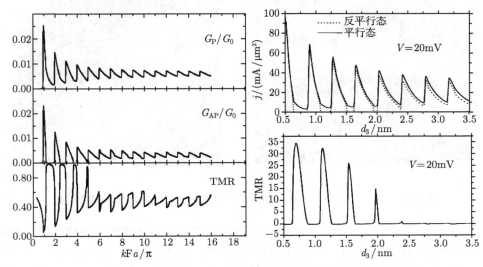

图 3-90　电导、TMR 与中间非磁性金属层厚度的依赖关系[262,263]

另外, 如何有效地观测自旋翻转的长度 (spin-flip length, 一个自旋极化的电子在受到散射而改变其自旋方向之前移动的距离) 既是自旋电子学中的一个非常重要的基本问题, 也是人工设计自旋电子学材料结构和研制各种自旋电子学器件的基础. 此前人们通常选用器件设计的长度远大于自旋翻转的长度的方法来观测自旋极化电子的散射和输运过程, 如利用自旋极化电子在长度达几个微米尺度以上的纳米线中的输运过程来检测电子的自旋翻转长度. 而能否在具有纳米尺度的器件中准确探测自旋翻转长度可能达几个微米量级的自旋极化电子的散射和输运过程, 是一个有待探知的课题. 这样的测量十分不易做到, 因为电子自旋在纳米尺度输运过程中翻转的概率很小, 除非电子迁移的长度比纳米器件自身要长很多倍. 这也意味着在纳米器件中只有很少概率的电子可以发生自旋翻转.

Zeng 等[268] 利用磁控溅射方法和微加工方法制备了非磁性金属 Cu 作为中间层的双势垒磁性隧道结, 并研究了这种双势垒隧道结的自旋极化输运特性, 在室温下发现了明显的隧穿磁电阻效应 —— 自旋极化输运特性, 并利用这种方法讨论了弹道区域的自旋翻转散射 (spin-flip scattering). 图 3-91 是样品的电子显微 TEM 像, 从图可以看出, 样品的层状结构比较清楚, 显示了两条白色线条 —— 隧道结势垒 AlO$_x$ 层, 然而由于中间层比较薄, 中间 Cu 层呈现明显的不连续性. 图 3-91 (b) 为 (a) 白色方框处的高分辨电子显微像 (HRTEM), 上下铁磁电极 Co$_{75}$Fe$_{25}$ 有明显的晶粒取向, Cu 层为颗粒状, 两个氧化铝势垒层的厚度为 1.0～1.3nm.

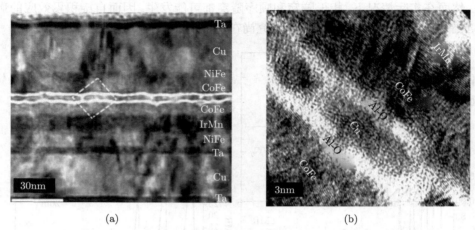

(a)　　　　　　　　　　　　　　　　　　　(b)

图 3-91　(a) Cu-DBMTJ 样品的电子显微像和 (b) 高分辨像 (HRTEM)

　　图 3-92 为不同温度下双势垒磁性隧道结的磁电阻随外磁场的变化曲线. 室温下, 上下铁磁电极为 CoFeB (或 CoFe) 样品的 TMR 比值为 0.58% (0.15%), 在 77 K 和 4.2 K 时样品的 TMR 比值分别为 1.59% (0.56%) 和 2.32% (1.34%). 虽然 TMR 值比较小, 但这证实了这种结构中存在自旋相关输运特性, 与早期的理论预测一致.

　　在双势垒结构的输运理论上, 有两种比较合理的理论, 即 "共振隧穿"(resonant tunneling) 和 "顺序隧穿"(sequential tunneling)[147,269], 前者是建立在相干隧穿基础上的, 即电子在整个隧穿过程中相位始终相干. 相干隧穿理论认为电子在中间层的停留时间很短, 自旋积累效应一般可以忽略, 电子隧穿概率取决于两铁磁电极的相对磁化方向, 由于中间非磁性金属层相当于提供了量子阱, 因而在这种情况下会有很大的 TMR 效应, 大于单势垒隧道结的 TMR 值. 同时, 理论预测在这种情况下 TMR 值还会随外加偏置电压的增加出现振荡现象. 然而, 由于存在一些缺陷且界面粗糙度相对较大, 相干隧穿输运不适合于应用到溅射方法制备出的非晶和多晶薄膜材料体系. 因此, 含有非晶和多晶中间电极的双势垒磁性隧道结, 其 TMR 效应主要来源于顺序隧穿. 顺序隧穿理论认为双势垒结构的隧穿是两个依次进行的隧穿过程. 电子先从左电极相干隧穿到中间层量子阱的量子化能级上, 然后阱中的电子通过各种散射机制, 丧失其与初态的相位联系, 建立某种动态平衡分布, 然后再从阱中相干隧穿到右电极. 两个隧穿过程之间无相位关系. 这种情况下, 只有当中间非磁性金属层中电子自旋的弛豫时间足够长, 导致自旋积累时, 才会有 TMR 效应出现[270].

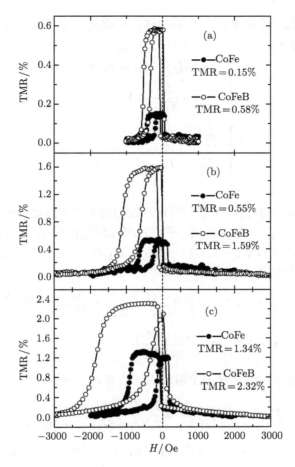

图 3-92 Cu-DBMTJ 在不同温度下的 TMR 曲线 (a) 300K、(b) 77K、(c) 4.2K

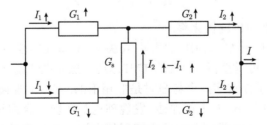

图 3-93 双势垒磁性隧道结的等效电路图

Bratass 等[266] 从理论方面仔细地研究了 FM/I/NM/I/FM 结构中自旋积聚现象, 得出 TMR 值的大小与中间层的自旋积聚有关. 采用类似的顺序隧穿方法, 这种对称双势垒隧道结的隧穿磁电阻效应可等效为如图 3-93 所示的双势垒结构电路

图 $\sigma = \uparrow (\downarrow)$ 表示第一个结和第二个结的磁自旋相关电导, G_s 代表自旋积聚引起的电导 (自旋弛豫电导).

$$\begin{cases} I_{1\uparrow} + I_{1\downarrow} = I_{2\uparrow} + I_{2\downarrow} = I \\[2mm] \dfrac{I_{1\uparrow}}{G_{1\uparrow}} + \dfrac{I_{2\uparrow}}{G_{2\uparrow}} = V \\[2mm] \dfrac{I_{1\downarrow}}{G_{1\downarrow}} + \dfrac{I_{2\downarrow}}{G_{2\downarrow}} = V \\[2mm] \dfrac{I_{1\uparrow}}{G_{1\uparrow}} - \dfrac{I_{2\uparrow} - I_{1\uparrow}}{G_s} = \dfrac{I_{1\downarrow}}{G_{1\downarrow}} \end{cases} \tag{3-49}$$

由于隧道结具有对称性, 所以当两铁磁性层的磁化方向处于平行状态时, $G_{1\uparrow} = G_{2\uparrow} = G_\uparrow, G_{1\downarrow} = G_{2\downarrow} = G_\downarrow$, 此时, 平行时流过隧道结的电流: $I_P = I_{1\uparrow} + I_{1\downarrow} = 1/2V(G_\uparrow + G_\downarrow)$. 反平行状态时, $G_{1\uparrow} = G_{2\downarrow} = G_\downarrow, G_{1\downarrow} = G_{2\uparrow} = G_\uparrow$, 此时, 解得反平行时流过隧道结的电流

$$\begin{aligned} I_{AP} = I_{2\uparrow} + I_{2\downarrow} &= \frac{(G_s + G_\uparrow)G_\downarrow V}{G_\uparrow + G_\downarrow + 2G_s} + \frac{(G_s + G_\downarrow)G_\uparrow V}{G_\uparrow + G_\downarrow + 2G_s} \\ &= \frac{V[G_s(G_\uparrow + G_\downarrow) + 2G_\uparrow G_\downarrow]}{G_\uparrow + G_\downarrow + 2G_s} \end{aligned} \tag{3-50}$$

从而得到双势垒隧道结的隧穿磁电阻效应比值有如下表达式:

$$\text{TMR} = \frac{I_P - I_{AP}}{I_{AP}} = \frac{1}{2} \frac{(G_\downarrow - G_\uparrow)^2}{(G_\downarrow + G_\uparrow)G_s + 2G_\uparrow G_\downarrow} \tag{3-51}$$

如果取 $G_{\uparrow(\downarrow)} = G(1 + \sigma P)/2$ 代入式 (3-51), 我们得到与 Bratass 等同的结果

$$\text{TMR} = \frac{\Delta R}{R} = \frac{P^2}{1 - P^2 + 2G_s/G} \tag{3-52}$$

其中, P 是铁磁电极的自旋极化率.

从以上方程可以看出 TMR 的大小取决于 $\alpha = G_s/G$ 的大小. 如果 $\alpha = 0, P(\text{Co}_{75}\text{Fe}_{25}) = 0.5$, 可以获得 33.3% 的 TMR 效应, 然而在低温下仅观察到了 1.34% 的 TMR 值, 这说明电子在隧穿两个势垒时是非相干的, 在中间非磁性金属 Cu 中发生了自旋积聚. 如果使用 $\alpha = 8$ 进行评估, 发现理论与实验符合得很好.

由于 TMR 的大小非常强烈地受中间层的自旋积聚效应的影响, 因此可以通过研究这种双势垒隧道结的 TMR 效应来探讨非磁性金属层 Cu 中自旋翻转散射效应, 进而估算出 Cu 中的自旋翻转散射长度的大小. 自旋注入和自旋探测是当前自旋电子学的重要研究热点之一[271,272,273], 也是未来发展自旋电子器件的重要挑战课题之一. 然而目前主要集中在扩散区的研究, 如采用铁磁电极连接非磁金属线来

研究自旋相关效应[274,275]. 这里利用双势垒磁性隧道结的这种特性来探测自旋翻转散射效应. "铁磁/势垒/铁磁" 隧道结的隧穿电导 G 与衰退波矢 κ 和势垒厚度 d 有如下关系[276]:

$$G = \frac{e^2}{h} e^{-2\kappa d} F_1 F_2 \tag{3-53}$$

其中, F_1 (F_2) 是铁磁电极与势垒的接触项. 使用自由电子模型[277], 可以推导出双势垒磁性隧道结的磁电阻比值与单势垒隧道结 (SBMTJ) 的关系

$$\frac{\Delta R}{R} = \frac{1}{2} \frac{G_P - G_{AP}}{G_{AP} + \sqrt{G_P - G_{AP}} \gamma G_s} \tag{3-54}$$

其中, G_P 和 G_{AP} 分别代表 SBMTJ 平行和反平行下的电导; $\gamma^2 = 2R_N$, R_N 为 Cu/Al-O/Cu 隧道结的电阻. 进而可得出一定外加偏压 V 下中间非磁性金属 Cu 层的化学势的自旋劈裂 $\Delta\mu$:

$$\Delta\mu = eV \frac{\sqrt{G_P - G_{AP}} \gamma G_s}{G_{AP} + \sqrt{G_P + G_{AP}} \gamma G_s} \tag{3-55}$$

可使用 l_{sf} 来评估自旋翻转散射长度

$$G_s = \frac{e^2 N v_F}{l_{sf} \Delta\mu} \tag{3-56}$$

其中, N 是 Cu 层中积聚的电子数目; v_F 是电子的费米速度. 在低偏压下, 考虑费米能级附近的量子态 E_0 得出

$$N = N_0 [\arctan \frac{\Delta\mu/(2e) - E_0}{\eta} + \arctan \frac{\Delta\mu/(2e) + E_0}{\eta}] \tag{3-57}$$

其中, N_0 是常数; η 是常量.

图 3-94 是给出了根据方程推导出的 γG_s 与外加偏压的依赖关系曲线. 实验和理论结果符合得很好, γG_s 的这种偏压特性起源于非磁性金属 Cu 的态密度, 当外加电压在 $V = \pm 0.14$V 时, G_s 达到最大, 其与量子阱态有关. γG_s 的温度依赖关系如图 3-94 所示, CoFe 和 CoFeB 样品的 γG_s 与温度成很好的线性关系, 斜率比值为 3, 与中间 Cu 层的厚度成反比例关系. 这种与 Cu 的厚度的线性依赖关系表明自旋翻转散射起源于电子–声子相互作用. l_{sf}(300K)=350nm[278], 则 Cu 为 0.5nm 的 l_{sf}(4.2K)=1.0 μm 和 Cu 为 1.4nm 的 l_{sf}(4.2K)=2.6μm. 这些实验值与在 Cu 纳米线扩散区里发现和报道的结果相符[278].

利用中间电极为非磁性电极的双势垒磁性隧道结, 可有效观测自旋翻转长度达微米数量级, 比中间 Cu 层本身厚度大千倍以上. 这种准确观测和研究自旋翻转长

度的方法, 对发展自旋电子学和设计自旋相关的各种器件, 特别是对当前研制磁敏感传感器、磁随机存储器、自旋晶体管、磁逻辑和自旋量子计算机等, 具有重要的参考价值.

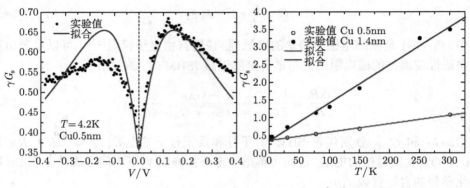

图 3-94　γG_s 的偏压和温度依赖关系[269]

3.5.9　双势垒磁性隧道结中的自旋相关库仑阻塞磁电阻效应

自旋注入、自旋积累等自旋相关的输运是自旋电子学中研究的关键问题. 在纳米颗粒量子点体系中, 由于其分立的能级以及大的电荷能, 自旋相关输运的现象有望得到增强, 并且有可能发现更加丰富而新奇的物理现象. 通常研究人员利用磁性单电子晶体管器件, 即在磁性隧道结势垒中植入磁性纳米颗粒作为量子点, 来研究该体系中的自旋相关输运性质.

Takanashi 等[149] 研究了在含有小尺度金属颗粒的铁磁隧道结中自旋相关的电子隧穿. 利用单电子晶体管 (SET) 模型, 在低温下库仑阻塞 ($E_c \gg K_B T$) 的范围内, 相干隧穿 (coherent tunneling) 起主要作用, 指出了隧穿矩阵元依赖于颗粒磁矩与铁磁电极磁矩的相对方向. 隧穿矩阵元的这种依赖特性增强了库仑阻塞区域内的相干隧穿. 通过计算相干隧穿模式下的隧穿电流, 求导得到铁磁电极平行和反平行状态下的电阻, 从而得到增强的隧穿磁电阻. 说明在单电子铁磁晶体管中的这种相干隧穿, 导致了 TMR 的很大程度上的增强, 如图 3-95(a) 所示. 这个研究为铁磁单电子晶体管、铁磁双势垒隧道结和铁磁颗粒膜材料等磁性纳米结构中库仑阻塞区域内自旋相关输运的实验提供了一个理论基础. 另外, Barnas 等[279] 利用微扰论的方法研究了具有磁性纳米颗粒量子点的磁性隧道结体系的哈密顿量, 表明在库仑阻塞范围内的相干隧穿对 TMR 的偏压依赖关系起了决定性的贡献, 导致了零偏压反常现象. 在低偏压下隧穿磁电阻的值是被抑制的, 说明在势垒中存在自旋翻转的过程; 随着偏压的增加, 自旋积累促使自旋翻转减少, 从而 TMR 逐渐增加, 如图 3-95(b) 所示.

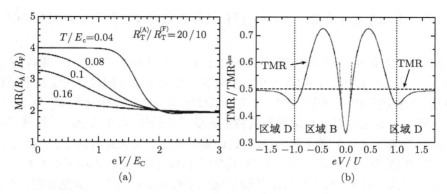

图 3-95 (a) 含有铁磁颗粒的磁性隧道结中相干隧穿增强隧穿磁电阻[149]; (b) 在低偏压下，隧穿磁电阻的零偏压反常现象[279]

实验上, Fettar 等[280] 研究了 Co/Al₂O₃/Co /Al₂O₃/(Co or Cu) 双势垒磁性隧道结的电磁输运性质, 其中中间的 Co 插入层为非连续的颗粒膜. 在该颗粒膜插层的隧道结中, 观察到了伴随着自旋相关隧穿的库仑阻塞效应, 以及增强的隧穿磁电阻效应, 如图 3-96 所示.

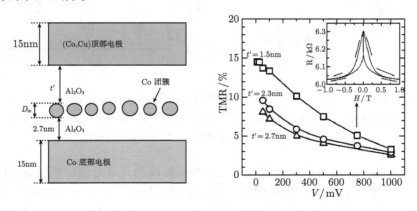

图 3-96 Fettar 研究组制备的具有非连续的 Co 薄膜插层的 Al₂O₃ 势垒磁性隧道结示意图以及在该体系中观察到的增强的隧穿磁电阻现象[280]

在制备的双势垒磁性隧道结中, Co 纳米颗粒的平均尺寸为 1~3nm. 分析认为磁性隧道结的总电阻包括两项的贡献, 一是来自于电子的两个自旋通道与 Co 颗粒之间的电荷效应相互作用的贡献; 另一项是通过势垒中的金属杂质产生的漏电流通道. 在低温和低偏压下, 隧穿磁电阻的值被显著地提高了, 这是归因于低温下的库仑阻塞效应以及在颗粒和电极磁矩之间反平行排列的有序. 另外发现隧穿磁电阻比值随偏压的增加而减小得缓慢, 在偏压为 1V 时, 仍然有比较高的磁电阻; 这相对于

TMR 随着偏压而迅速降低的普通磁性隧道结, 在器件设计和应用方面有着明显的优势.

2005 年, Yakushiji 等[281] 设计了 Al/Al-O/CoAlO 颗粒膜/Co/Pt 磁性隧道结, 如图 3-97 所示. 通过电子束曝光等工艺制备了亚微米尺寸的包含 Co 纳米颗粒的隧道结, 并且在单电子隧穿的范围内进行了精确的自旋相关输运测量, 为 Co 磁性纳米颗粒中自旋弛豫以及自旋积累的特征提供了实验证据. 在低温下, 发现了隧穿磁电阻随外加偏压的振荡关系, 并且理论计算了不同自旋弛豫时间 1 ns、10 ns、150 ns 下 TMR 随偏压的依赖关系. 通过对比实验和理论结果, 得出电子在颗粒中的自旋弛豫时间为 150 ns. 对实验得出的隧穿磁电阻行为的理论分析清楚表明：相对于体材料, 纳米颗粒体系中的自旋弛豫时间可以被极大地提高.

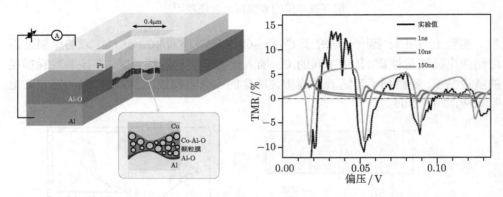

图 3-97   Yakushiji 等设计的 Al/Al-O/CoAlO 颗粒膜/Co/Pt 磁性隧道结示意图; 低温下隧穿磁电阻随外加偏压的振荡关系, 以及在不同的自旋弛豫时间 1ns、10ns、150ns 下, 理论计算的 TMR 随偏压的依赖关系[281](后附彩图)

2008 年, Yang 等[156] 系统地研究了纳米颗粒的尺寸对隧穿机制以及隧穿磁电阻的影响. 在 CoFe 磁性纳米颗粒为自由层的双势垒 MgO 磁性隧道结中, 观察到了随着颗粒尺寸的变化, 从近藤辅助隧穿抑制 TMR 到自旋相干隧穿增强 TMR 的过渡, 并画出了隧穿机制随颗粒尺寸变化的相图, 如图 3-98 所示. 在低温下库仑阻塞范围内, 对于小尺寸的纳米颗粒, 结电导在低偏压下是增加的, 与近藤辅助的隧穿一致, TMR 值被抑制; 对于大尺寸的纳米颗粒在库仑阻塞的范围内, TMR 值在低偏压下是增强的, 与自旋相干隧穿一致.

Wen 等[282] 制备了具有磁性 CoFeB 纳米颗粒中间层的 AlO 双势垒磁性隧道结. 随着温度的降低, 势垒中间层 CoFeB 纳米磁性颗粒从超顺磁变为铁磁性. 观测了室温呈超顺磁性和低温呈铁磁性的 CoFeB 纳米颗粒的双势垒磁性隧道结的磁电阻, 以及磁电阻反常的偏压关系. 图 3-99 分别显示了在室温和低温下基于 CoFeB

纳米颗粒夹层的双势垒磁性隧道结的磁电阻–磁场依赖关系. 在 300K 时, 隧穿磁电阻在小磁场下显示了线性的磁场响应曲线, 由于作为自由层的 CoFeB 磁性纳米颗粒层在室温下展现出超顺磁的性质, 从而导致了磁场的线性响应. 随着温度的降低, 在低温下, 静磁能大于热扰动的能量, 所以与典型的磁性隧道结一样, 磁电阻曲线呈现磁滞回线的形式.

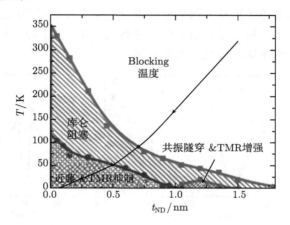

图 3-98　CoFe 纳米颗粒作为自由层的磁性隧道结中, 隧穿机制随温度以及颗粒尺寸变化的相图[156](后附彩图)

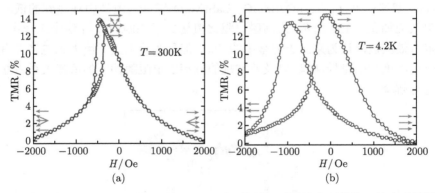

图 3-99　在温度 300K (a) 和 4.2K (b) 下, 具有 CoFeB 磁性纳米颗粒的双势垒磁性隧道结的磁电阻对外场的依赖关系

在 10 K 下, 测量的电导与偏压的依赖关系, 如图 3-100 所示. AP(P) 分别表示非连续的 CoFeB 中间自由层的磁矩与两边铁磁电极层的磁矩处于反平行 (平行) 状态. 在零偏压附近下, 圆滑的电导曲线显示了这与传统的磁性隧道结中由磁激子导致 "尖" 电导曲线的零偏压反常不同[179]; 随着偏压的增加电导增加显著, 然后趋

于平缓. 另外图 3-100 中, 10K 下的 CoFeB 磁性纳米颗粒夹层的双势垒磁性隧道结中出现了隧穿磁电阻反常的偏压依赖关系. 随着偏压的增加, 隧穿磁电阻值表现为先增加而后再减小, 磁电阻曲线出现双峰结构. 随着温度的增加, 这种电导的特点和反常隧穿磁电阻效应减弱, 并在 100K 时消失, 转变为典型的 TMR 随偏压的依赖关系. 反常磁电阻的原因来自于 CoFeB 纳米颗粒的库仑阻塞效应, 在较高温度下, 热扰动的增加掩盖了电荷能级的分立以及隧穿电流对量子点之间耦合作用的影响. 低温下, 伏安特性曲线没有明显的库仑台阶, 这是由于磁性隧道结的有效面积加大以及 CoFeB 纳米颗粒的尺寸分布较宽.

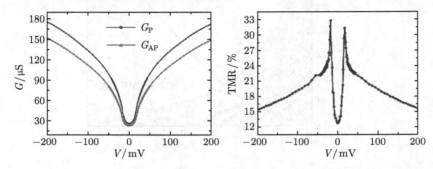

图 3-100　10K 下, 具有 CoFeB 纳米颗粒插层的双势垒磁性隧道结的平行和反平行电导随偏压的依赖关系以及隧穿磁电阻随偏压的依赖关系 (后附彩图)

Feng 等[283] 在 LaSrMnO/SrTiO/ LaSrMnO 磁性隧道结中观测到的低温隧穿磁电阻效应如图 3-101 所示, 最高磁电阻比值达到了 10000%. 在这个工作中, 虽然库仑阻塞效应被确认为来源于势垒中的杂质, 但是实验上关于巨大磁电阻没有随着外加磁场而饱和的奇异现象, 以及非常规的隧穿磁电阻随偏压的依赖关系将在下面一节进行解释.

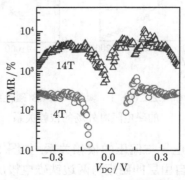

图 3-101　Feng 等[282] 在 LaSrMnO/SrTiO/LaSrMnO 磁性隧道结中观测到的低温 10 K 时巨大隧穿磁电阻效应

3.5.10 非磁性电极隧道结中的自旋相关库仑阻塞磁电阻效应

如前所述, 通常的库仑阻塞效应是指当一个金属纳米颗粒或量子点被势垒包围、并与外界的电容为 10^{-16} 量级时, 一个电子通过隧穿进入其中, 给纳米颗粒的充电能为 e^2/C(约 2meV); 当温度足够低, 静电能远远大于热运动能 $(E_C >> K_B T)$ 时, 由于库仑排斥相互作用, 该电子将阻止另一个电子再进入该量子点. 电子的流动与通常的导体不同, 电子可以逐个进出量子点.

本节所述的双势垒隧道结中的库仑阻塞磁电阻效应是一种与自旋相关的库仑阻塞效应[152], 即将磁性金属颗粒作为磁性量子点, 通过自旋极化电子在量子点之间的隧穿, 使量子点之间产生耦合, 来实现库仑阻塞电压的自旋相关性, 如图 3-102 所示. 这种自旋相关的库仑阻塞效应与隧道结两边电极是否为铁磁性无关. 这个机制与集体库仑阻塞 (collective Coulomb blockade) 类似[284]. 当量子点之间的隧穿电流增加的时候, 量子点 "聚集" 并通过自旋电子的隧穿行为耦合在一起, 形成一个单个的大量子点, 这就促使库仑阻塞电压的减小[285]. 当两个相邻量子点的磁矩方向是无序或磁矩反铁磁耦合时, 量子点的耦合作用小, 因而库仑阻塞的电压大, 每一个量子点的库仑阻塞电压是 V_C, 如图 3-102(a) 所示. 当在外磁场下, 两个量子点的磁矩平行排列时, 量子点间的自旋极化电子的隧穿增强, 使量子点相互产生耦合, 形成一个大的量子点, 库仑阻塞的电压变为 $V_C/2$, 库仑阻塞电压变小, 如图 3-102(b) 所示. 如果外加偏压是在上述两个阻塞电压 V_C 和 $V_C/2$ 之间, 理想情况下, 将有无限大的磁电阻比值.

下面利用量子点之间耦合导致的库仑阻塞磁电阻效应来解释上一节中在 CoFeB 纳米颗粒层的 DBMTJ 中出现的反常隧穿磁电阻效应.

在零温下, 通过单个量子点的自旋通道为 σ 的电流为[149,152]

$$I_\sigma^i = e \sum_{n=-\infty}^{\infty} p_n^i \Gamma_n^i(n) \tag{3-58}$$

这里, p_n^i 是量子点 i 被 n 个电子占据的概率; $\Gamma_n^i(n)$ 是电子向前隧穿的速率. 向后隧穿的速率在有限的偏压下可以忽略不计, 则通过所有量子点的两个自旋通道的总电流为

$$I = \sum_{i\sigma} I_\sigma^i \tag{3-59}$$

为了进一步简化模型, 我们考虑 $n=0$ 的项, 向前隧穿的速率为

$$\Gamma_\sigma^i(0) = \frac{\hbar}{2\pi e^4 R_{i\sigma}^2} \int_0^{eV} \mathrm{d}E E(eV - E)$$

$$\times \left| \frac{1}{E + E_C^i - \frac{1}{2}eV + i\gamma_\sigma} + \frac{1}{-E + E_C^i + \frac{1}{2}eV + i\gamma_\sigma} \right|^2 \tag{3-60}$$

这里 E_C^i 是电子在量子点上的库仑能; $R_{i\sigma}$ 是在电极和量子点之间的隧穿电阻. 量子点电荷态的衰减率 r 为

$$\gamma_\sigma = \frac{\hbar E_C^i}{e^2 R_{\sigma i}} \tag{3-61}$$

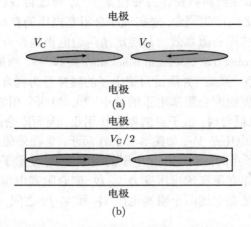

图 3-102　(a) 当两个磁性量子点的磁矩反铁磁耦合时, 每一个量子点的库仑阻塞电压是 V_C;
(b) 在外磁场下, 两个量子点的磁矩平行排列时, 量子点间的自旋极化电子的隧穿增强, 使量
子点相互产生耦合, 形成一个大的量子点, 库仑阻塞的电压变为 $V_C/2$

通过考虑 $\gamma_\sigma \ll E_C^i$ 的极限, 我们得到

$$\Gamma_\sigma^i = \begin{cases} 0, & V < V_C^i \\ \dfrac{\frac{1}{4}(eV)^2 - (E_C^i)^2}{e^2 R_{\sigma i} E_C^i}, & V > V_C^i \end{cases} \tag{3-62}$$

其中, V_C^i 是库仑阻塞电压. 这里忽略了小偏压下的相干隧穿的电流, 但是这一项将在后面的公式 (3-72) 中还原. 进一步微分电导为

$$G_i(V) = \begin{cases} 0, & V < V_C^i \\ \dfrac{V}{V_C^i R_i}, & V > V_C^i \end{cases} \tag{3-63}$$

假设双势垒隧道结中间自由层是由磁性纳米颗粒组成的量子点, 每一个量子点有一个圆盘的形状 (由磁控溅射沉积非连续超薄膜构成), 直径是 d_i, 方向平行于膜面, 则这个量子点的库仑阻塞电压为[286]

$$V_C^i = \frac{8eD}{\pi\varepsilon\varepsilon_0 d_i^2} \tag{3-64}$$

其中, D 是量子点两边的势垒有效厚度; ε 是势垒的介电常数; ε_0 是真空介电常数. 当外加偏压 V 小于 V_C^i 的时候, 电导是零 (忽略了高阶项). 当 $V \geqslant V_C^i$ 的时候, 我们假设电导是常数 $G_i = (e^2/h)(A_i/S)$, 其中 $A_i = \pi d_i^2/4$ 是量子点的截面积, S 是每个量子点独立具有的常数. 于是

$$G_i(V) = \begin{cases} 0, & V < V_C^i \\ \dfrac{e^2}{h}\dfrac{A_i}{S}, & V \geqslant V_C^i \end{cases} \tag{3-65}$$

总的电导是对所有的量子点求和

$$G(V) = \sum_i G_i(V) = \frac{e^2}{h}\sum_{V \geqslant V_C^i}\frac{A_i}{S} \tag{3-66}$$

对 i 的求和, 等价于

$$d_i = \sqrt{\frac{8e}{\pi\varepsilon_0\varepsilon}\frac{D}{V_C^i}} \geqslant \sqrt{\frac{8e}{\pi\varepsilon_0\varepsilon}\frac{D}{V}} \tag{3-67}$$

于是总的电导为

$$G(V) = \frac{\pi}{4}\frac{e^2}{hS}\sum_{d_i \geqslant \sqrt{\frac{8e}{\pi\varepsilon_0\varepsilon}\frac{D}{V}}} d_i^2 \tag{3-68}$$

如果量子点尺寸的分布函数是 $F(d)$, 然后对 i 的求和能被写成对直径进行积分的形式, 即

$$G(V) = \frac{\pi}{4}\frac{e^2}{hSx_V^2}\int_{x_V}^{\infty} x^4 F(x)\mathrm{d}x \tag{3-69}$$

其中, $x_V = \sqrt{8e/\pi\varepsilon_0\varepsilon(D/V)}$.

在零磁场下, 假设量子点之间没有耦合, 因此量子点的有效尺寸分布是真实的颗粒分布 $F_0(x)$. 当外加磁场为 H 的时候, 量子点的磁矩是平行的, 由于隧穿磁电阻效应, 量子点之间增加的隧穿电流促使每一个颗粒库仑阻塞临界电压减小.

代替方程 (3-58), 我们有

$$V_{\mathrm{C}}^{i\prime} = \frac{8eD}{\pi\varepsilon_0\varepsilon d_i^2} - \delta V_{\mathrm{C}}^i = \frac{8eD}{\pi\varepsilon_0\varepsilon d_{i\mathrm{H}}^2} \tag{3-70}$$

这样就定义了一个大的有效量子点尺寸 $d_{i\mathrm{H}} > d_i$, 于是量子点有效的尺寸大小分布变为 $F_{\mathrm{H}}(x)$. 整个双势垒隧道结的磁电阻比值可以表达为电导的比值

$$\frac{G_{\mathrm{H}}(V)}{G_0(V)} = \frac{(d/d_{\mathrm{H}})^2 \displaystyle\int_{x_V}^{\infty} x^4 F_{\mathrm{H}}(x)\mathrm{d}x}{\displaystyle\int_{x_V}^{\infty} x^4 F_0(x)\mathrm{d}x} \tag{3-71}$$

其中, d/d_{H} 假设对所有的量子点都一样, 主方程 (3-65) 的一个特点就是与电极是否具有磁性是无关的. 这就暗示该自旋相关的库仑阻塞磁电阻 (CBMR) 效应可以在非磁性电极中实现. 相比其他的磁电阻效应, 这个特点表明自旋相关的库仑阻塞磁电阻效应在器件应用方面有重要的优势.

当施加小到一定值的偏压时, 仅有较大尺寸量子点的库仑阻塞临界电压被达到; 非常小的量子点将保持在库仑阻塞的范围内, 直到进一步加大外偏压. 因此, 我们只需要考虑分布函数中大尺寸的部分. 作为一个简单的说明, 可以选择下面的分布函数, $F_{\mathrm{H}}(x) = 2xe^{(-x^2/\lambda_{\mathrm{H}}^2)}/\lambda_{\mathrm{H}}^2$ 以及 $F_0(x) = 2xe^{(-x^2/\lambda_0^2)}/\lambda_0^2$, 其中 λ_{H} 和 λ_0 是有磁场和没有磁场时有效的平均颗粒的尺寸. 于是得到

$$\frac{G_{\mathrm{H}}(V)}{G_0(V)} = \frac{(\lambda_0/\lambda_{\mathrm{H}})^2(x_V^2 + 2\lambda_{\mathrm{H}}^2 + 2\lambda_{\mathrm{H}}^4/x_V^2)\exp(-x_V^2/\lambda_{\mathrm{H}}^2) + aV^2}{(x_V^2 + 2\lambda_0^2 + 2\lambda_0^4/x_V^2)\exp(-x_V^2/\lambda_0^2) + aV^2} \tag{3-72}$$

其中, aV^2 项代表在小偏压下相干隧穿的电流[149], a 被当做拟合参数来对待.

在图 3-103 中, 我们根据方程 (3-72) 画出了 $G_{\mathrm{H}}(V)/G_0(V)$ 的比值, 曲线是取不同的 $\lambda_{\mathrm{H}}/\lambda_0$ 和 $a/\lambda_0^2 = 5\times10^{-3}/(\mathrm{nm}^2\cdot\mathrm{V}^2\cdot\Omega)$ 和 $V_{\mathrm{C}} = 8eD/\pi\varepsilon_0\varepsilon\lambda_0^2 = 1\mathrm{V}$ 得到的. 图中显示了一个适度的 $\lambda_{\mathrm{H}}/\lambda_0 = 1.1$ 能导致巨大的自旋相关库仑阻塞磁电阻. 如果 $\lambda_{\mathrm{H}}/\lambda_0 = 2$, 则库仑阻塞磁电阻比值能大于当今最高的巨磁电阻和隧穿磁电阻好几个数量级. 这个双峰的特点, 即在低偏压下有低的磁电阻, 随着偏压的增加磁电阻出现峰值.

以上理论分析显示了磁性纳米颗粒的耦合通过隧穿磁电阻效应能产生巨大库仑阻塞磁电阻, 现在讨论其他能导致巨大库仑阻塞磁电阻效应的机制以及磁电阻材料[152]. 首先对于聚合物巨磁电阻的情况相似于隧穿磁电阻, 只是绝缘层被一个有机聚合物的间隔层所代替就可以了. 有机材料由于弱的自旋轨道耦合[287]而具有非常长的自旋扩散长度的优点, 因此聚合物绝缘层的厚度可达几百纳米. 如果使用

$D=100\text{nm}$ 和 $\varepsilon=3$, 然后对于 $V_C=1\text{V}$, 估算到量子点的平均直径 $\lambda_0=20\text{nm}$, 这在目前的一些磁性纳米颗粒有机势垒复合隧道结的实验制备中可以实现.

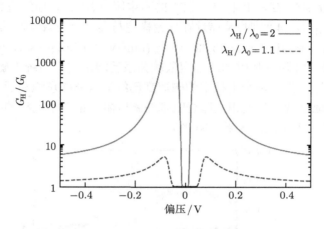

图 3-103 由自旋相关库仑阻塞 (CBMR) 效应给出的磁电阻 $G_H(V)/G_0(V)$ 的比值, 其中 $\lambda_H/\lambda_0=1.1$ 和 $\lambda_H/\lambda_0=2$

对于巨磁电阻磁性多层膜类型的磁性颗粒耦合情况, 考虑一个由 Cu 和 Co 纳米颗粒组成的颗粒膜, 具体是由 Cu 颗粒分开的两个 Co 颗粒组成的一个复合纳米颗粒, 这是纳米尺寸的巨磁电阻自旋阀. 当两个 Co 颗粒是平行排列的时候, 导致了一个近似一致的电荷分布. 但是当两个 Co 颗粒的磁矩是相互反平行排列的时候, 在这两个 Co 颗粒中多数自旋电子具有不同的势. 这个不同, 导致了穿过纳米颗粒的电荷分布的自旋相关性, 虽然其大小将依赖于 Co 和 Cu 颗粒的相关尺寸和形状. 如果假设一个适当的自旋依赖的有效尺寸分布 $\lambda_H/\lambda_0=1.1$, 从图 3-103 中我们能看到磁电阻能到达将近 100%. 这是没有任何磁电极的情况下得到的, 所需的参数与以上讨论的隧穿磁电阻的情况类似.

最后一个例子是庞磁电阻的情况, 利用同类但不同成分的锰氧化物材料, La(Sr/Ca)MnO 在一个特定成分的 Sr 或 Ca 掺杂的时候是一个反铁磁绝缘体[288]. 然而, 这些化合物中会有铁磁和反铁磁等混合相的涨落[289]. 在不同相畴间会有局域的隧穿电导率, 这对外加磁场有强烈的依赖关系[290]. 这样, 与上面讨论的 LaSrMnO/SrTiO/LaSrMnO 隧道结的结果相类似, 使用锰氧化物材料作为隧道结的绝缘层可能提供自旋相关库仑阻塞的机制, 作为一个外加磁场的函数磁电阻会连续的增加; 在特定偏压下, 磁电阻会出现极大值.

在图 3-104 中, 我们对比了方程 (3-72) 和此前在 LaSrMnO/SrTiO/LaSrMnO 隧道结中观测到的低温巨大隧穿磁电阻[282] 现象, 我们发现实验上已观察到的这个巨大磁电阻没有随着外加磁场而饱和的奇异现象, 以及非常规的隧穿磁电阻随偏压的依赖关系, 也可以用这个自旋相关的库仑阻塞磁电阻效应进行合理的解释. 使用方程 (3-66) 分别对 $H=4\text{T}$ 和 $H=14\text{T}$ 的磁电阻–偏压关系曲线进行拟合, 其中当 $\lambda_H/\lambda_0=2$ 和 $\lambda_H/\lambda_0=4.33$ 时, 清楚地在理论模型与实验上的磁电阻–偏压曲线之间有定量上的一致关系, 其中 $a/\lambda_0^2=3.33\times10^{-3}/(\text{nm}^2\cdot\text{V}^2\cdot\Omega)$ 和 $V_C=8eD/(\pi\varepsilon_0\varepsilon\lambda_0^2)=4.11\text{V}$. 量子点的有效尺寸随外加磁场的强烈依赖关系反映出这个系统中磁性杂质或铁磁性混合相的存在. 当在两个电极中的磁矩都已经沿着外磁场饱和后, 磁电阻继续增加, 这就间接地支持了自旋相关库仑阻塞的磁电阻不依赖于电极的磁性结构, 从而能在非磁性电极中实现巨大磁电阻比值.

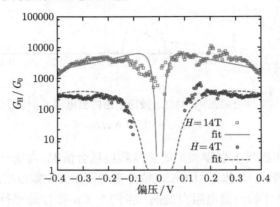

图 3-104　方程 (6-15) 给出的磁电阻 $G_H(V)/G_0(V)$ 的比值与文献 [282] 中 LaSrMnO/SrTiO/LaSrMnO 隧道结的磁电阻的对比, 其中 $\lambda_H/\lambda_0=2.33(H=4\text{T})$ 和 $\lambda_H/\lambda_0=4.67(H=14\text{T})$(后附彩图)

综上所述, 库仑阻塞磁电阻效应可以通过由磁性颗粒间自旋相关的耦合而导致库仑阻塞电压具有强烈自旋相关依赖性而产生巨大的磁电阻. 在足够小的量子点尺寸下, 库仑阻塞电压能够大到足以克服热扰动, 以至于有望在室温下观察到库仑阻塞磁电阻效应. 在自旋相关耦合的机制下, 库仑阻塞磁电阻比值的量级能远远超过其他的磁电阻比值. 在以前的工作中, 库仑阻塞电压是与电子的自旋无关的, 因此磁电阻的增强依赖于隧穿中的高阶效应, 而这里的库仑阻塞的临界电压是与自旋相关的. 另外一个重要特点的是库仑阻塞磁电阻效应可以在非铁磁性电极的纳米结构中实现, 这个特征将使得库仑阻塞磁电阻效应可以在更多的纳米结构材料体系中得以实现, 并有着更加广泛的应用前景. 另外由于库仑阻塞电压的自旋相关性, 在一定偏压下相干隧穿发生时, 体系的绝对电阻变得很低, 所以这就为未来超高密度磁记录读出磁头的设计提供了契机. 目前随着磁记录密度的进一步提高, 要求磁性隧道结的尺寸进一步减小, 势垒变得更薄, 造成信噪比下降, 读操作的错误率提高.

如果采用具有自旋相关库仑阻塞 (CBMR) 效应的磁性隧道结来做磁读头和磁敏传感器, 其更高的磁电阻比值可使输出信号增强, 有助于提高信噪比, 降低误码率. 由于 CBMR 对于磁场独特的电压输出曲线, 所以这种磁性纳米结构材料有望用于实现自旋二极管和自旋晶体管, 从自旋的维度上来实现对器件的自旋量子调控.

3.6　单晶磁性隧道结的第一性原理计算和研究方法

自旋电子学的发展是由实验技术的不断发展、材料制备的不断完善、新奇实验现象的不断发现和精确的物理理论研究及阐明同时驱动的. 特别是磁性隧道结的发展历程充分体现了实验和理论研究的相辅相成和相互促进的互动关系. 在实际的纳米材料和器件中, 通过计算模拟, 可以让我们更深入地了解这些材料的物理本质, 从理论的角度指导和深入研究实验中观测到的新奇量子自旋和磁电阻现象.

在单晶 MgO(001) 势垒隧道结获得巨大隧穿磁电阻之前, 实验室和工业应用上普遍以非晶 Al-O 薄膜材料作为隧道结势垒. 非晶 Al-O 势垒隧道结中的隧穿现象, 通常用 Julliére 唯象模型等机制就可以较好地描述[1]. 但在单晶的自旋相关输运体系里, 不同的 Bloch 态隧穿性质不同, 简单的自由电子模型不再适用[277]. 因此, 基于第一性原理计算方法的磁性隧道结材料体系的电子结构 (能带结构) 研究, 对揭示隧穿磁电阻效应的物理本质是至关重要的.

在局域自旋密度近似 (local spin density approximation, LSDA) 下基于密度泛函理论 (density function theory, DFT) 的第一性原理计算方法, 为精确描述磁性隧道结中的自旋相关隧穿现象提供了可靠依据. 相对简单模型和唯象理论 (如 Julliére 模型等), 第一性原理方法的主要优势在于对材料电子结构的准确描述, 包括铁磁电极中电子态的自旋极化性质、电极和势垒界面局域态以及绝缘势垒中的渐失态 (evanescent state). 这里主要围绕单晶磁性隧道结的隧穿性质的计算来介绍其中一种具有代表性的计算方法: Layer Korringa–Kohn–Rostoker (LKKR) 第一性原理方法[6,291].

早期 MacLaren 等利用 LKKR 方法对 Fe/ZnSe/Fe(100) 磁性隧道结进行了电子结构和输运性质的计算[291], 发现随着势垒厚度的增加, 电导的自旋不对称性有极大的提升. 在费米能级附近, 多子 (自旋向上的电子) 和少子 (自旋向下的电子) 通道的不同对称性的 Bloch 电子态, 在隧穿通过势垒时的概率不同. 具有 s 和 p 轨道成分的 Bloch 电子在势垒中的隧穿概率通常要比只有 d 轨道成分的 Bloch 电子高很多. 例如, Fe(100) 电极中多子的 Δ_1 能带, 由于具有 s 和 p 轨道电子的贡献, 能够有效透过 ZnSe 势垒层, 对隧穿电导的贡献最大. 而对少子通道, 在费米能级附近没有 Δ_1 能带, 因此少子通道的隧穿电导与多子通道的隧穿电导相比要小几个数量级. MacLaren 等同时指出, 这种不对称性与电极材料的晶向有密切关系. 对于

[111] 和 [110] 晶向的 Fe 电极材料, 在费米能级处, 多子和少子能带都存在 s 特征, 而对于 [100] 晶向的 Fe, 只有多子存在 s 特征. 所以采用 [100] 晶向的 Fe 所得到的隧穿电导应该具有最大的自旋不对称性. 虽然该理论预测 Fe/ZnSe/Fe 有较高磁电阻, 但实验上要制备出无针孔 (pin-hole) 缺陷和互扩散的高质量隧道结却非常困难, 所以在 ZnSe(001) 晶体势垒磁性隧道结中, 迄今为止尚未观察到较高的磁电阻效应.

2001 年, Butler 等在之前工作的基础上, 对 Fe/MgO/Fe(001) 结构的隧道结进行了电子结构和隧穿性质的计算研究[6]. 该工作指出隧道结电极中传播态和势垒层中渐失态的对称性对隧穿电导十分重要, 证实了费米面附近 Fe(001) 的多子 Δ_1 能带的对称性与 MgO(001) 势垒中能隙的复能带相符, 在 $k_{//}=0$ 处具有较大的隧穿概率, 而少子通道中费米面附近并没有 Δ_1 能带, 其隧穿概率较小, 因而从理论上预测了 Fe/MgO/Fe(001) 磁性隧道结将具有高达 1000% 的巨大隧穿磁电阻. 随后 Mathon 等通过多能带紧束缚 (tight-binding) 计算方法也得到了类似的结论[292]. 2004 年实验上有了重要突破, 美国 IBM 实验室的 Parkin 等和日本 AIST 研究所的 Yuasa 等, 分别利用磁控溅射沉积和分子束外延方法, 成功制备出了以单晶 MgO(001) 为势垒的磁性隧道结材料[8,9], 室温下 TMR 比值达到 200% 左右, 突破了传统非晶 Al-O 势垒隧道结的磁电阻仅依赖于两端磁电极自旋极化率大小的限制, 大幅度提高了隧穿磁电阻值的比值, 并验证了 Butler 等第一性原理计算研究的结果. 此后, 国际上对 MgO 势垒磁性隧道结材料开始了广泛的实验与理论研究.

本章的主要目的是详细介绍 MacLaren、Butler、Zhang 和 Schulthess 等发展和使用的 Layer-KKR 第一性原理计算方法. 这一方法适用于研究多层纳米结构系统的电子结构和输运性质, 特别是层状的过渡族金属磁性材料. 在密度泛函理论 (DFT) 的局域自旋密度近似 (LSDA) 框架下, 对于磁性隧道结材料电子结构和输运性质的计算, 这种方法有以下几个优点: ① 物理明晰; ② 属于第一性原理计算, 没有可调参数; ③ 能处理过渡族金属复杂的电子结构特征; ④ 能有效地处理层状系统并且可以方便地模拟合金等成分无序体系.

3.6.1　Layer Korringa-Kohn-Rostoker 第一性原理计算方法

Layer Korringa–Kohn–Rostoker (LKKR) 方法是 MacLaren 和 Butler 等近年来发展的一种计算层状铁磁材料电子结构和输运性质的第一性原理方法. LKKR 方法源于 20 世纪 Korringa、Kohn 和 Rostoker 针对固体材料电子态的计算而发展的多次散射理论 (multiple-scattering theory, MST)[293,294], 后来在 70 年代被 Pendry 等用作计算低能电子衍射 (low-energy electron diffraction, LEED) 实验中的 $I\text{-}V$ 曲线[295]. 基于 Pendry 的 LEED 计算程序, 第一个版本的 LKKR 程序在 80 年代末完成, 主要用于计算表面和界面的自洽电子结构[296]. 1990 年后在美国橡树岭国家实验室由 MacLaren、Butler、Zhang 和 Schulthess 等发展成为目前能够计算电子输运性质的一套完整的第一性原理计算方法[6,277,291,297].

LKKR 方法在密度泛函理论 (DFT) 的局域自旋密度近似 (LSDA) 框架下, 采用松饼罐势近似 (muffin-tin approximation), 即: ① 球对称势限于离子实周围半径 r 的球体内部, 在这部分区域电子波函数采用球面波展开; ② 球与球之间彼此并不相交; ③ 球外为常数势, 在这部分区域电子波函数采用平面波展开; ④ 所有区域的波函数用多次散射理论 (multiple scattering theory, MST) 求解. LKKR 方法能计算三维固体而不需要三维的平移对称性, 计算对象被当成沿着晶面方向的所有原子层的无限堆积, 要求每个原子层需要有二维平移对称性, 但不需要垂直于原子层面方向上的周期性, 如图 3-105 所示. 因此它非常适用于 GMR 纳米多层膜和 TMR 磁性隧道结等层状结构材料体系. LKKR 方法还可以计算 Bloch 电子的透射和反射矩阵, 进而得到 k 空间 (动量空间) 的隧穿概率, 再结合 Landauer-Büttiker 公式可以计算零偏压下的隧穿电导以及磁电阻. 下面我们将简单介绍其中的核心步骤, 详细的计算方法和计算步骤介绍可以参考文献 [6, 277, 291].

图 3-105　由中间势垒层和左右两个半无限电极组成的隧道结结构, 在平行于界面的面内具有晶格周期性 (二维平移对称性)(后附彩图)

LKKR 电子结构核心是计算单电子格林函数, 并由此可以得到态密度 (density of states, DOS)、总电荷密度 (total charge density) 以及总能量 (total energy). 其中, 由电荷密度可以得到自洽 (self-consistent field, SCF) 计算所需的原子势. 在 Hartree 原子单位中, 位于 i 层的原子 α_i[能量 E, 自旋 σ, 角动量基 $L=(l,m)$] 的格林函数可以表示为

$$G^{\alpha_i}(\boldsymbol{r},\boldsymbol{r}';E,\sigma) = -2i\sqrt{2E}\sum_{L}Y_L^*(\hat{\boldsymbol{r}}')Z_L^{\alpha_i}(r_<;E,\sigma)S_L^{\alpha_i}(r_>;E,\sigma)Y_L(\hat{\boldsymbol{r}})$$
$$-2i\sqrt{2E}\sum_{LL'}Y_L^*(\hat{\boldsymbol{r}}')Z_L^{\alpha_i}(r_<;E,\sigma)\Gamma_{LL'}^{\alpha_i}(E,\sigma)Z_{L'}^{\alpha_i}(r;E,\sigma)Y_{L'}(\hat{\boldsymbol{r}})$$
$$(3\text{-}73)$$

其中, 右边第一项为球对称原子贡献项; 第二项为包含周围介质的嵌入贡献. Z 和 S 分别为径向薛定谔方程的规则和非正规解, Y 为复球谐函数, Γ 包含了周围介质的信息, 可以由单原子传输矩阵 t 和散射路径算符 $\tau_i^{\alpha\alpha}$ 表示

$$\Gamma_{LL'}^{\alpha_i} = \left[(t^{\alpha_i})^{-1}\left[\frac{1}{\Omega}\int_{\Omega}\mathrm{d}^2k\,\tau_i^{\alpha\alpha}(k)-t^{\alpha_i}\right](t^{\alpha_i})^{-1}\right]_{LL'} \tag{3-74}$$

其中, 散射路径算符 $\tau_i^{\alpha\alpha}$ 可以用包含所有多重散射路径的透射率 T 和有效反射率 R 表示

$$[\tau_i^{\alpha\alpha}(k)]_{LL'} = [T_i(k)R_i^{\mathrm{eff}}(k)T_i(k) + T_i(k)]_{LL'}^{\alpha_i} \tag{3-75}$$

Γ 的矩阵元是整个电子性质计算的核心. 单原子格林函数以及电荷密度如下:

$$\rho^{\alpha_i}(\boldsymbol{r}; E, \sigma) = -\frac{1}{\pi}\mathrm{Im}G^{\alpha_i}(\boldsymbol{r}, \boldsymbol{r}; E, \sigma) \tag{3-76}$$

LKKR 在计算电子结构时可以计算平面波透射和反射系数 $t_{\boldsymbol{gg'}}^{\pm\pm}$, 进而可以转化为计算 Bloch 波的透射和反射系数, 得到 k 空间 (动量空间) 的隧穿概率, 并结合 Landauer-Büttiker 方程计算零偏压下的隧穿电导. 具体求解时, 先将平面波透射和反射转化为 Bloch 透射和反射问题. 对每个 Bloch 波用平面波展开

$$\phi_{k_z\pm}(\mathbf{r}) = \sum_{\boldsymbol{g}} c_{k_z^+\boldsymbol{g}}^+ \exp(\mathrm{i}\boldsymbol{k}_{\boldsymbol{g}}^+ \cdot \boldsymbol{r}) + \sum_{\boldsymbol{g}} c_{k_z^-\boldsymbol{g}}^- \exp(\mathrm{i}\boldsymbol{k}_{\boldsymbol{g}}^- \cdot \boldsymbol{r}) \tag{3-77}$$

其中, 平面波 $\exp(\mathrm{i}\boldsymbol{k}_{\boldsymbol{g}}^\pm \cdot \boldsymbol{r})$ 的波矢为: $\boldsymbol{k}_{\boldsymbol{g}}^\pm = \left\{\boldsymbol{k}_{/\!/} + \boldsymbol{g}, \pm\sqrt{\dfrac{2mE}{\hbar^2} - (\boldsymbol{k}_{/\!/} + \boldsymbol{g})^2}\right\}$. 这里 "+" 和 "−" 代表向前和向后两个不同方向.

相反, 平面波也可以用 Bloch 波 $\phi_{k_z}(\boldsymbol{r})$ 展开

$$\exp(\mathrm{i}\boldsymbol{k}_{\boldsymbol{g}}^\pm \cdot \boldsymbol{r}) = \sum_{k_z^+} \mu_{\boldsymbol{g}k_z^+}^\pm \phi_{k_z^+}(\boldsymbol{r}) + \sum_{k_z^-} \mu_{\boldsymbol{g}k_z^-}^\pm \phi_{k_z^-}(\boldsymbol{r}) \tag{3-78}$$

其中, 展开系数 μ 可以利用的互逆关系从 c 得到.

考虑 Bloch 波的散射问题, 从左侧电极入射波矢为 $\boldsymbol{k}_{\boldsymbol{g}}^+$ 的平面波可以用 Bloch 波展开, 形式为

$$\psi_g^{\mathrm{L}+} = \sum_{k_z^+} A_{g+k_z^+}^{\mathrm{L}} \phi_{k_z^+}^{\mathrm{L}}(r) + \sum_{k_z^-} A_{g+k_z^-}^{\mathrm{L}} \phi_{k_z^-}^{\mathrm{L}}(r) = \mathrm{e}^{\mathrm{i}K_g^+ \bullet r} + \sum_{g'} t_{gg'}^{+-} \mathrm{e}^{\mathrm{i}K_{g'}^+ \cdot r} \tag{3-79}$$

其中 Bloch 波振幅

$$\boldsymbol{A}_{\boldsymbol{g}+k^\pm}^{\mathrm{L}} = \mu_{\boldsymbol{g}k^\pm}^{\mathrm{L}+} + \sum_{\boldsymbol{g}'} t_{\boldsymbol{gg}'}^{+-} \mu_{\boldsymbol{g}'k^\pm}^{\mathrm{L}-} \tag{3-80}$$

右侧电极入射的 Bloch 波函数则为

$$\Psi_g^{\mathrm{R}+} = \sum_{k_z^+} A_{\boldsymbol{g}+k_z^+}^{\mathrm{R}} \phi_{k_z^+}^{\mathrm{R}}(\boldsymbol{r}) + \sum_{k_z^-} A_{\boldsymbol{g}+k_z^-}^{\mathrm{R}} \phi_{k_z^-}^{\mathrm{R}}(\boldsymbol{r}) = \sum_{g'} t_{gg'}^{++} \mathrm{e}^{\mathrm{i}\boldsymbol{K}_{g'}^+ \cdot \boldsymbol{r}} \tag{3-81}$$

其中 Bloch 波振幅

$$A_{\boldsymbol{g}+k^\pm}^{\mathrm{R}} = \sum_{g'} t_{gg'}^{++} \mu_{g'k^\pm}^{\mathrm{R}+} \tag{3-82}$$

同样, 可以求得从右入射的平面波对应的系数为

$$A^{\mathrm{L}}_{\boldsymbol{g}-k_z^{\pm}} = \sum_{\boldsymbol{g}'} t^{--}_{\boldsymbol{g}\boldsymbol{g}'} \mu^{\mathrm{L}-}_{\boldsymbol{g}'k_z^{\pm}} \tag{3-83}$$

$$A^{\mathrm{R}}_{\boldsymbol{g}-k_z^{\pm}} = \mu^{\mathrm{R}-}_{\boldsymbol{g}k_z^{\pm}} + \sum_{\boldsymbol{g}'} t^{-+}_{\boldsymbol{g}\boldsymbol{g}'} \mu^{\mathrm{R}+}_{\boldsymbol{g}'k_z^{\pm}} \tag{3-84}$$

上面 4 个系数中的 $t^{\pm\pm}_{\boldsymbol{g}\boldsymbol{g}'}$ 为平面波在层间的散射矩阵, 可以在 LKKR 电子结构计算中直接给出

$$t^{\pm\pm}_{\boldsymbol{g}\boldsymbol{g}'} = -\frac{16\pi^2 \mathrm{i}m}{Ak^+_{\boldsymbol{g}'}\hbar^2} \sum_{LL'} Y_L(\boldsymbol{k}^{\pm}_{\boldsymbol{g}'}) \tau_{LL'}(\boldsymbol{k}_{/\!/}) Y^*_{L'}(\boldsymbol{k}^{\pm}_{\boldsymbol{g}}) + \delta'_{\boldsymbol{g}\boldsymbol{g}'}\delta_{\pm\pm} \tag{3-85}$$

其中, $\tau_{LL'}(\boldsymbol{k}_{/\!/}) = \sum_i \tau^{ij}_{LL'} \mathrm{e}^{\mathrm{i}\boldsymbol{k}_{/\!/} \cdot \boldsymbol{R}_{ij}}$.

进一步通过求解 Bloch 波的散射矩阵可以求得透射系数 T

$$\begin{pmatrix} A^{\mathrm{L}}_{\boldsymbol{g}+k_z^+} & A^{\mathrm{R}}_{\boldsymbol{g}+k_z^-} \\ A^{\mathrm{L}}_{\boldsymbol{g}-k_z^+} & A^{\mathrm{R}}_{\boldsymbol{g}-k_z^-} \end{pmatrix} \begin{pmatrix} T^{++} & T^{+-} \\ T^{-+} & T^{--} \end{pmatrix} = \begin{pmatrix} A^{\mathrm{R}}_{\boldsymbol{g}+k_z^+} & A^{\mathrm{L}}_{\boldsymbol{g}+k_z^-} \\ A^{\mathrm{R}}_{\boldsymbol{g}-k_z^+} & A^{\mathrm{L}}_{\boldsymbol{g}-k_z^-} \end{pmatrix} \tag{3-86}$$

最后可以利用 Landauer-Büttiker 公式对 Bloch 波隧穿概率求和得到隧穿电导

$$G^{\sigma} = \frac{e^2}{h} \sum_{\boldsymbol{k}_{/\!/}} T^{\sigma}(\boldsymbol{k}_{/\!/}) \tag{3-87}$$

式 (3-87) 中 $T^{\sigma}(\boldsymbol{k}_{/\!/})$ 是自旋为 σ、波矢为 $\boldsymbol{k}_{/\!/}$ 的 Bloch 电子的隧穿概率. 透射系数的计算以及 Landauer-Büttiker 公式的运用, 是 LKKR 方法计算隧道结输运性质的基本方法.

3.6.2 单晶磁性隧道结 Fe/MgO/Fe 的隧穿磁电阻效应

2001 年 Butler 等[6] 首次计算了 Fe/MgO/Fe(001) 磁性隧道结的电子结构和隧穿性质, 并预言: 由于 Fe(001) 电极自旋极化的 Δ_1 能带, Fe/MgO/Fe 单势垒磁性隧道结将具有高隧穿磁电阻. 他们的计算首先采用了可靠的 Fe(001)/MgO 的界面物理模型, 然后利用 Layer-KKR 方法对 Fe/MgO/Fe(001) 电子结构进行了计算, 并结合 Landauer 方程得到了该系统的隧穿电导和磁电阻.

从 Fe 和 MgO 的能带特性可以初步分析 Fe/MgO/Fe(001) 的隧穿特性. 如图 3-106 所示分别为 Fe 的实能带图和 MgO 的复能带图. 在体材料晶体中, 周期性边界条件要求 Bloch 波矢为实数. 但在晶体的表面或界面处, 为了满足波函数的匹配通常要引入复波矢, 能量与复波矢的色散关系叫做复能带. 由 MgO 的复能带图可

以看出, 具有 Δ_1 对称性的电子将在 MgO 势垒中衰减最慢 (对应的波矢纯虚数模值最小), Δ_1 对称性对应 s, p_z 和 d_{z2} 对称性轨道的线性组合. 其次衰减较慢的态是双简并的 Δ_5 对称性的态, Δ_5 态对应 d_{xz} 和 d_{yz} 对称性轨道的线性组合. 铁电极中具有 Δ_1 对称性的多子 Bloch 态, 在 MgO 势垒中与 Δ_1 对称性的渐失态 (evanescent states) 耦合而衰减. 同样 Δ_5 对称性的多子和少子 Bloch 态在 MgO 势垒中与相同对称性的渐失态耦合而衰减. 而 $\Delta_{2'}$ 对称性的 Bloch 态与 MgO 中的 Δ_2 对称性的渐失态耦合, Δ_2 对称性的 Bloch 态与 MgO 中的 $\Delta_{2'}$ 对称性的渐失态耦合, 原因是 MgO 的 (001) 面相对于 Fe 的 (001) 面为了晶格失配度最小旋转了 45°, 因此 d_{x2-y2} 轨道 (Δ_2 态组成轨道) 会变成 d_{yz} 轨道 ($\Delta_{2'}$ 态的组成轨道), 反之亦然.

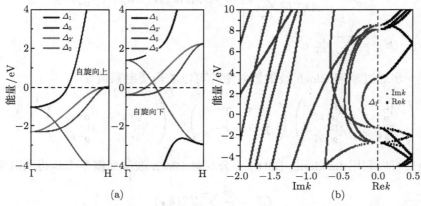

图 3-106　Fe 沿 [001] 方向的能带图 (a) 及 MgO 沿 [001] 方向的实能带和纯虚能带 (b)(后附彩图)

　　图 3-107 为二维布里渊区中 $k_{//}=0$ 处每个 Fe(001) Bloch 态在隧道结中相关的隧穿态密度 (tunneling DOS). 对在 $k_{//}=0$ 处平行态多子–多子和少子–少子、反平行态多子–少子和少子–多子的 4 个通道中计算出的隧穿态密度, 可以用来解释 Fe/MgO/Fe 具有巨大隧穿磁电阻的原因. 定义隧穿态密度为满足下述边界条件的电子态密度: 在界面左边存在单位通量的入射 Bloch 态和相应的反射 Bloch 态; 在界面右边为相应的透射 Bloch 态. 从图 3-107 的计算结果中可以看到, 对于两个 Fe 电极磁矩平行排列情况下, 只有多子通道中存在较慢衰减的 Δ_1 态, 所以其电导将高于少子通道的情况. 另外一个较慢衰减的为 Δ_5 态, 它在两种通道中均有出现. Fe 的多子和少子通道中均有一个 $\Delta_{2'}$ 态和 MgO 中的 Δ_2 态耦合, 由于在费米能级附近没有 (实)Δ_2 能带, 所以它很快衰减. 另外在 Fe 少子通道存在 Δ_2 态与 MgO 中 $\Delta_{2'}$ 态耦合, 其衰减速度比 Δ_5 态快, 但较慢于 $\Delta_{2'}$ 态. 而两个 Fe 电极磁矩在反平行排列情况下, Δ_1 态在右端 Fe 电极中衰减较快, 所以隧穿概率低. 因此, 具有 Δ_1 对称性的多子在平行状态下具有最大的隧穿概率是 Fe/MgO/Fe 具有高隧穿磁

电阻效应的主要原因.

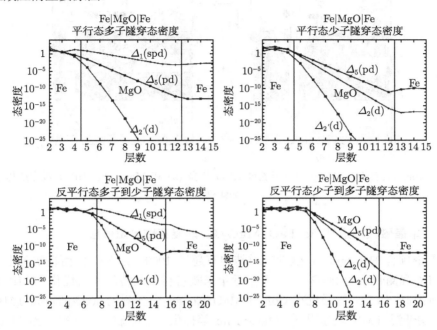

图 3-107 Fe/MgO/Fe 在 $k_\parallel=0$ 处平行态多数电子和少数电子、反平行态多子–少子和少子–多子的 4 个通道中的隧穿态密度[6]

图 3-108 可以用来简要描述单晶 MgO(001) 势垒隧道结中的相干隧穿 (coherent tunneling) 和非晶 Al-O 势垒的磁性隧道结中非相干隧穿 (incoherent tunneling) 的区别. 图 3-108 中 (a) 和 (b) 分别是不同对称性的电子隧穿通过 Al-O 势垒和 MgO 势垒的示意图, 隧道结电极材料选为典型的 3d 铁磁材料 Fe(001) 晶体. 在铁磁电极中存在不同对称性波函数的 Bloch 态电子, 对于非晶 Al-O 势垒的磁性隧道结, 如图 3-108(a) 所示, 铁磁电极中不同对称性的 Bloch 态电子都可以和 Al-O 势垒中的渐失态 (evanescent states) 耦合, 即都有一定的穿透概率. 所以 Al-O 势垒本身对多子和少子的隧穿过程没有选择性, 因此 Al-O 势垒磁性隧道结的隧穿磁电阻主要取决于两边铁磁电极的相对电子结构. 而对于单晶 MgO(001) 势垒的隧道结, 如图 3-108(b) 所示, 势垒处存在晶体对称性, 铁磁电极中具有不同对称性的 Bloch 态电子在势垒处具有不同的隧穿概率. 在 Fe(001)/MgO(001) 的情况下, Fe 电极的多子中具有 Δ_1 对称性的电子相对于具有其他对称性 (如 Δ_2、Δ_5 等) 的电子具有更大的透过 MgO 势垒的隧穿概率. 因此在 Fe/MgO/Fe(001) 隧道结中, MgO(001) 势垒对具有不同对称性的自旋极化电子可以起到自旋过滤 (spin filter) 的效应, 因此可以导致巨大的隧穿磁电阻效应.

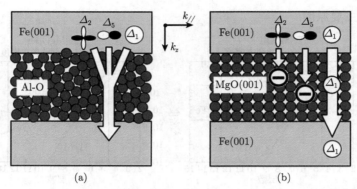

图 3-108　具有不同对称性的电子通过 Al-O 势垒 (a) 和 MgO 势垒 (b) 的隧穿过程示
意图[298]

3.6.3　单晶磁性隧道结 Fe/FeO/MgO/Fe 的隧穿磁电阻效应

　　理论预言 Fe/MgO/Fe 磁性隧道结中有超过 1000% 的 TMR, 而在实验上典型的 TMR 观测数值为 200% 左右 [6,7], 近年来随着材料制备的不断优化, TMR 数值才有所提高, 如 Lee 等最近在 CoFeB/MgO/CoFeB 中观测到 500% 的室温 TMR 和 1000% 的低温 TMR 现象 [109]. Meyerheim 等提供的证据表明 [299,300], 当 MgO 沉积到 Fe(001) 面上时通常会在 Fe 和 MgO 的界面形成一层 FeO. 这会提出一些疑问：FeO 层的形成是否是导致理论与实验 TMR 之间差别产生的原因? 能否通过防止界面 FeO 层的形成来提高 TMR 比值? FeO 层导致 TMR 减小的物理机制是什么? Zhang 等对 Fe/FeO/MgO/Fe 的电子结构和自旋相关隧穿电导的第一性原理计算结果, 可以回答这些问题[301].

　　2003 年, Zhang 等通过对 Fe/FeO/MgO/Fe 和 Fe/MgO/Fe 隧道结的电子结构和隧穿磁电导的第一性原理计算发现：在 Fe 衬底和 MgO 层界面间, 如果有一个原子层的 FeO 形成, 就会显著地减小隧穿电导. 这是因为 Fe 和 O 的结合减小了铁磁电极磁矩为平行状态下的隧穿电导, 而对反平行状态下的电导影响很小. 计算表明随着 FeO 层中 O 含量的增加 TMR 比值呈指数单调下降趋势. 当两铁磁电极磁矩平行取向时, 多子自旋通道的电导主要来自于 $k_{//}=0$ 电子的贡献, 而少子通道和反平行取向时的电导, 尤其是在薄势垒结构中, 主要受到界面共振态的影响.

3.6.4　单晶磁性隧道结 Fe/Mg/MgO/Fe 和 Fe/Mg/MgO/Mg/Fe 的隧穿磁电阻效应

　　目前实验上普遍采用在铁磁电极和势垒界面插入超薄金属 Mg 层的方法制备高质量的 MgO 单晶隧道结, 如在沉积 MgO 势垒之前在底部电极上沉积超薄的 Mg 层[215,302~307], 或在隧道结的两个铁磁电极/势垒界面都插入 Mg 层[308]. 实验证明插入 Mg 层的作用包括: ① 部分或未被完全氧化的 Mg 层, 可以得到较低的结电阻与结面积的积矢 (RA), 同时保持高隧穿磁电阻; ② Mg 层可以作为晶化的种子层提高隧道结及界面的晶体质量; ③ Mg 层可以防止电极的氧化, 如防止形成 FeO 等. 隧道结的 TMR 依赖于 Mg 层厚度, 实验上优化得到的 Mg 层厚度通常为 2~4Å. Mg 插层除能提高 MgO 隧道结的质量之外, 是否对自旋相关隧穿有影响?Mg 插层隧道结为什么能够保持较高的隧穿磁电阻?

Wang 等[233] 利用第一性原理计算研究了这个问题. 他们通过采用平面波赝势程序 PWscf[309] 以及 Fe(001)(6ML)/Mg(3ML)/MgO(6ML) [此处 ML 表示单原子层 Mono-Layer] 的界面结构优化了 Fe-Mg、Mg-Mg 以及 Mg-MgO 的间距. 经过优化得到的 Fe-Mg 的间距为 1.837Å, Mg-MgO 间距为 2.943Å, Mg-Mg 的平均间距为 2.570Å. 然后利用 Layer-KKR 程序计算隧道结的隧穿电导和磁电阻, 典型结构如图 3-109 所示.

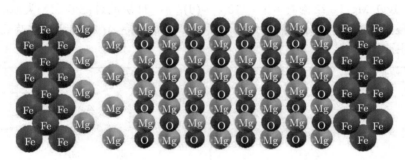

图 3-109 Fe/Mg(2ML)/MgO (8ML)/Fe 隧道结的结构示意图 (后附彩图)

首先他们计算比较了 Fe/Mg(1 ML)/MgO/Fe、Fe/MgO/Fe 以及 Fe/FeO(1 ML)/MgO/Fe 三种结构磁性隧道结的隧穿电导和磁电阻, 如表 3-5 所示. 从表 3-5 中比较可以看出在 Fe/MgO/Fe 隧道结中插入一层 Mg 后, 磁电阻会降低, 但平行状态下多子的隧穿电导几乎保持不变. 而在 Fe/FeO/MgO/Fe 隧道结中, 平行状态下多子的隧穿电导急剧减小, 磁电阻较低, 而且要远低于 Fe/Mg(1 ML)/MgO/Fe 的磁电阻. 这个计算结果很好地解释了实验上通过插入 Mg 层或者 Mg 层欠氧化的 MgO 隧道结中可以具有较高隧穿磁电阻的物理机制.

表 3-5 Fe/MgO/Fe、Fe/Mg(1ML)/MgO/Fe 和 Fe/FeO(1ML)/MgO/Fe 隧道结中不同自旋通道的隧穿电导(单位: $1/\Omega^{-1}\cdot m^{-2}$)

结构	$G_p^{\uparrow\uparrow}$	$G_p^{\downarrow\downarrow}$	$G_p^{\uparrow\downarrow}$	$G_p^{\downarrow\uparrow}$	TMR 比值/%
-Fe/MgO/Fe-	7.85×10^9	1.19×10^9	5.91×10^7	5.91×10^7	7548
-Fe/Mg/MgO/Fe-	6.61×10^9	2.70×10^7	9.21×10^7	5.86×10^8	878
-Fe/FeO/MgO/Fe-	2.90×10^8	2.70×10^7	1.02×10^7	1.36×10^8	117

　　为深入理解 Fe/Mg/MgO/Fe 隧道结如何保持平行状态下的电导, 他们详细分析了具有不同对称性的自旋极化电子如何通过 Mg 金属层. 在费米能级处, bcc-Fe 的多子在 $k_{/\!/}=0$ 处有四个不同对称性的 Bloch 态, 它们分别是: Δ_1 和 $\Delta_{2'}$, 以及双简并的 Δ_5 态. 从图 3-110(a) 中可以看到 Fe/Mg/MgO/Fe 隧道结中, 具有 Δ_1 对称性的电子 (隧穿态密度) 几乎不衰减地通过 Mg 层, 而具有 $\Delta_{2'}$ 及 Δ_5 对称性的电子 (隧穿态密度) 则在 Mg 中急剧衰减. 甚至可以看到具有 $\Delta_{2'}$ 和 Δ_5 对称性的电子 (隧穿态密度) 在 Mg 层中的衰减比在 MgO 中更快. 这一结果体现了 Mg 插层的一个重要特性, 即 Mg 层能起到过滤具有不同对称性自旋极化电子的作用, 可以有效地透过具有 Δ_1 对称性的电子. 但当界面有一层 FeO 时, 如图 3-110(b) 所示, 具有 Δ_1 对称性的电子的隧穿概率 (隧穿态密度) 在 FeO 层中快速衰减. 因此与 Fe/FeO/MgO/Fe 相比, Fe/Mg/MgO/Fe 中有较高的平行态电导, 因此有更高的磁电阻. 当 Mg 层的厚度进一步增加, 如插入 4 层 Mg 或者是对称的 Fe/Mg/MgO/Mg/Fe 结构时 [图 3-110(c)~(d)], Mg 插层的过滤效应是类似的. 通过 TDOS(隧穿态密度) 的分析清楚地揭示了 Mg 层能保持 Δ_1 态隧穿是保持高隧穿磁电阻的主要原因.

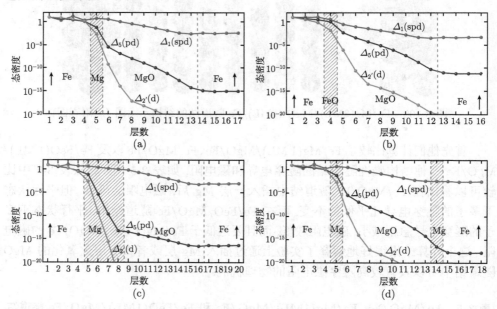

图 3-110　$k_{/\!/}=0$ 处平行态多子的隧穿态密度 (a) Fe/Mg(1ML)/MgO/Fe,
(b)Fe/FeO(1ML)/MgO/Fe, (c) Fe/Mg(4ML)/MgO/Fe 和 (d)
Fe/Mg(1ML)/MgO/Mg(1ML)/Fe[233](后附彩图)

　　Fe/Mg/MgO/Fe 隧道结的隧穿电导、磁电阻随 Mg 插层厚度的变化如图

3-111(a)、(b) 所示：插入 Mg 层之后，平行和反平行态多子的隧穿电导随 Mg 层厚度的变化均不明显，而少子电导随 Mg 层厚度有较大变化. 尤其是 Mg 层厚度为 2ML 时，反平行态少子电导突然增加，产生负的磁电阻. 他们计算的 RA 及磁电阻与 Moriyama 等在 FeCo/Mg/MgO(1.98 nm)/FeCo 隧道结中观测到的实验结果相比[303] [图 3-111(c)~ 图 3-111(d)]，除了 2ML Mg 层的计算结果情况较为奇异之外，其他 Mg 层厚度下计算得到的 RA 及磁电阻随 Mg 厚度的变化与实验值有相同的变化趋势.

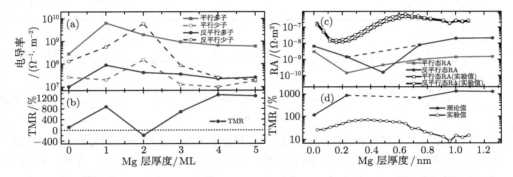

图 3-111 随 Mg 层厚度变化的 Fe/Mg/MgO/Fe 隧道结的不同自旋通道的隧穿电导 (a) 及磁电阻 (b). (c) 和 (d) 是计算得到的 Fe/Mg/MgO(1.77nm)/Fe 与实验测得的 FeCo/Mg/MgO(1.98nm)/FeCo 隧道结的 RA 及磁电阻随 Mg 层厚度变化的对比关系. 为便于比较 (c) 和 (d) 图中的虚线直接虚拟连接了 1ML 和 3MLMg 插层情况下的 RA 及 TMR 值. (a)~(d) 图中的 0 ML 表示的是没有 Mg 插层但界面有一层 FeO 的情况[233](后附彩图)

为说明 Mg 插层为 2ML 的隧穿电导和负磁电阻的异常现象，他们在二维布里渊区中反平行态少子隧穿概率最大的 $k_{\parallel}$ 点处计算了 Fe/Mg(2~5ML)/MgO/Fe 隧道结中的 Mg 层及邻近 Fe 层中的少子态密度 (DOS) 图 3-112(a)~(d). Bulk-Mg 在该 $k_{\parallel}$ 点的态密度也列于图 3-112(e) 中. 隧道结中的 Mg 层 DOS 出现一些类似量子阱态 (QWs) 的尖峰，这些尖峰的位置随 Mg 层的厚度发生移动. 为证实这些尖峰是量子阱态 (QWs)，他们用相累积模型 (PAM) 来拟合这些尖峰的位置[286,310]. 根据 PAM 模型，量子阱能级条件为：$2k_{\perp}d + \Phi_1 + \Phi_2 = 2\pi n$. 其中 $k_{\perp} = \sqrt{2mE_{QW}}/\hbar$ 是垂直于界面的波矢动量 (EQW 是量子阱能级)，d 是 Mg 层厚度，$\Phi_1 = \Phi_2 = 2\sin^{-1}\sqrt{E_{QW}/U} - \pi$ 分别是 Fe/Mg 和 Mg/MgO 界面处的散射相移，U 为有效势垒高度. 通过 PAM 模型能很好地拟合 Mg 中的 DOS 尖峰，相应量子阱态波函数的节点 n 和 n' 标记于图中. 从图 4-103(a) 中可以看到 Mg 插层厚度为 2ML 时，Mg 中 $n=0$ 的量子阱态正好和邻近铁层中的界面共振态在费米能级处耦合，在其他 Mg 层厚度时，没有形成这种耦合. 这正是 2ML 处的反平行电导共振增强和负磁电阻出现的物理来源.

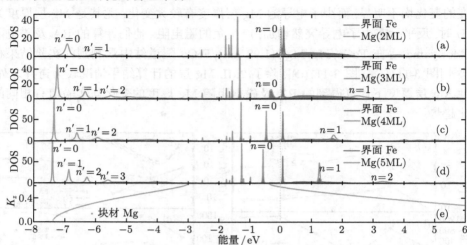

图 3-112　(a)～(d) 在二维布里渊区反平行态少子隧穿概率最大的 $k_{//}$ 点处, Fe/Mg(2～5ML)/MgO/Fe 隧道结中 Mg 层以及邻近 Fe 层中的少子态密度; (e) Bulk-Mg 在 $k_{//}$ 点处的能带色散. 费米能级的位置位于 0eV. 图中 n 和 n' 对应量子阱态波函数的节点数 [233] (后附彩图)

他们的这个工作表明: 在 Fe/Mg/MgO/Fe 和 Fe/Mg/MgO/Mg/Fe 隧道结中, 多子的 Δ_1 对称性 Bloch 态在 Mg 层中可以很好地保持. 因此 Mg 插入层不仅可以防止铁磁电极的氧化或改善隧道结晶体结构, 同时也起到保持高隧穿磁电阻的作用. 在特定的 Mg 层厚度, Mg 层中量子阱和 Fe 中少子界面态的耦合对共振隧穿有较大影响, 可能出现负磁电阻效应. 这个计算结果有助于深入理解 MgO 隧道结中 Mg 插层在自旋相关隧穿过程中的作用, 对实验研究具有重要的学术参考价值.

3.6.5　单晶磁性隧道结 Fe/MgO/(Au, Ag)/Fe 中的量子阱效应

通过在电极/势垒界面插入非磁金属层可以调节 MgO 隧道结的隧穿性质. Mathon 等利用紧束缚方法结合 Kubo-Greenwood 格林函数方法研究了 Au[311] 和 Ag[232] 非磁性插层对 Fe/MgO/Fe 隧道结的输运性质的调制作用. 他们选择 Au 和 Ag 插层主要基于以下两方面的原因: 首先界面上的非磁金属层能避免界面 Fe 层的氧化, 防止界面 FeO 层引起的磁电阻降低[301]. 另一个更重要的原因是考虑到具有 fcc 结构的 Au 和 Ag 等插层与 bcc-Fe 以及 NaCl 结构的 MgO 晶格匹配, 易于在实验上获得全单晶的外延隧道结结构.

Mathon 等在 2005 年首先研究了 Fe/Au/MgO/Au/Fe 隧道结的隧穿性质, 主要计算结果如图 3-113(a) 所示. 其中一个显著特征是磁电阻随 Au 层厚度以较大

振幅振荡. 磁电阻的振荡主要来自平行态少子电导的振荡, 周期接近 10 个原子层. 他们将电导及磁电阻随 Au 层厚度的振荡归结于 Au 中的量子阱态引起的共振隧穿, 并且用简单的抛物能带模型结合 Au 中的量子阱条件, 得到了与第一性原理计算定性符合的结果. 磁电阻的振荡周期被证明与 Au 费米面的横跨矢量有关. 此外, Au 层中量子阱态对共振隧穿的影响不仅依赖于 Au 层厚度, 而且与 MgO 势垒的厚度也有关系. 如图 3-113(b) 所示, 当固定 Au 层为 8 层时, MgO 厚度为 7~8 个原子单层时, 隧穿磁电阻可高达 1000%.

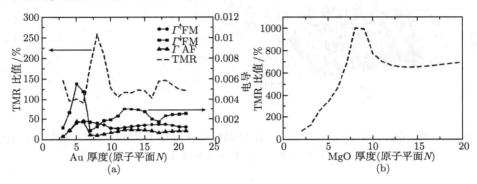

图 3-113 (a) MgO 厚度为 4 个原子单层时 Fe/Au/MgO/Au/Fe 隧道结的隧穿电导及磁电阻随 Au 层厚度的变化, 其中 $\Gamma_{FM}^{\uparrow}$、$\Gamma_{FM}^{\downarrow}$ 以及 Γ_{AM} 分别为平行态多子、平行态少子和反平行态电导; (b) Au 层厚度为 8 个原子单层时隧道结磁电阻随 MgO 厚度的变化关系

在 2009 年, Autès 等在 Mathon 的 Fe/Au/MgO/Au/Fe 工作基础上, 用同样的计算方法研究了 Fe/MgO/Fe 隧道结单面插 Ag, 即 Fe/Ag/MgO/Fe 隧道结的隧穿性质. 计算得到的磁电阻值随 Ag 层厚度也有显著的振荡, 振幅较大, 并且与 MgO 的厚度几乎无关. 其中最高磁电阻可达到正 2000% 以上, 而负磁电阻可达 −100%, 如图 3-114(a) 所示. 磁电阻振荡主要由平行态多子–多子和反平行态少子–多子两个通道的电导决定, 两者的振荡相位相反. 他们用单带紧束缚模型拟合振荡趋势, 发现 Ag 层必须用势台阶而不是势阱来拟合才能得到与计算相符的结果. 与 Fe/Au/MgO/Au/Fe 中磁电阻振荡来自量子阱态不同, Fe/Ag/MgO/Fe 的振荡是来自于 Ag 层中势台阶引起的共振隧穿, 如图 3-114(b) 所示.

虽然上述理论预言 Au 和 Ag 插层的 Fe/MgO/Fe 隧道结由于量子阱或势垒台阶效应可获得较高的、并且随插层厚度振荡的磁电阻效应, 但是目前并没有相关的实验报道. 这可能由于实验上制备全外延的、高质量的 Fe/Ag/MgO/Fe 和 Fe/Au/MgO/Au/Fe 隧道结仍然存在困难. 另外 Mathon 等的计算没有考虑自旋轨道耦合效应, 而对于 Au 和 Ag 等重金属, 自旋轨道耦合较强. 在实际隧道结中存在的自旋轨道耦合导致的自旋翻转, 有可能显著降低磁电阻从而影响实验的观测. 从计算角度来看, 考虑自旋轨道耦合效应或全相对论效应的有 Au 和 Ag 插层的 MgO 隧道结中的输运性质, 也许能揭示更丰富和更准确的物理效应. 例如, 其中是否存在各向异性磁电阻? 自旋轨道耦合是如何影响量子阱态及其隧穿磁电阻的? 等等, 这些都是今后值得进一步研究的课题.

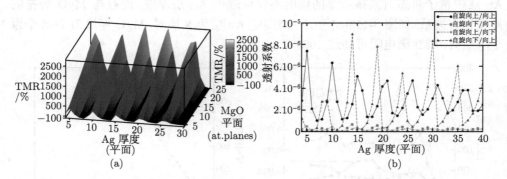

图 3-114　Fe/Ag/MgO/Fe 隧道结中 (a) 磁电阻随 Ag 和 MgO 厚度的变化关系和 (b) MgO 厚度为 8 层时透射概率随 Ag 层厚度的变化关系 (后附彩图)

3.6.6　单晶双势垒磁性隧道结 Fe/MgO/Fe/MgO/Fe 的量子阱效应

近年来在磁性隧道结的实验制备方面, 研究人员一直致力于得到完好的界面以及更薄的薄膜厚度. 随着各层薄膜厚度的不断减小, 可能产生的量子效应已经成为一个重要的研究课题. 在不同磁性隧道结结构中, 通过量子阱态所导致的自旋相关共振隧穿问题也激起了实验学者们广泛的研究兴趣, 如 2002 年 Yuasa 等[228] 在 Al-O 单势垒磁性隧道结 Co/Cu/Al-O/Ni-Fe 结构中发现了由 Cu 层中电子的量子禁闭所导致的 TMR 随着 Cu 层厚度变化的振荡现象; Nagahama 等[312] 在 Cr/Fe/Al-O/FeCo 结构的单势垒隧道结中也发现了通过 Fe 层中电子的量子阱态导致的隧穿电导随着外加偏压变化的振荡效应. 然而这些实验中所观测到共振效应的信号相对比较微弱, 其原因被认为由所用的非晶结构势垒层所导致[313]. 单晶 MgO(001) 势垒的隧道结材料的发现, 为观测量子阱共振效应提供了更大的可能性, 如日本 Nozaki 等[314] 报道了通过分子束外延方法对 Fe/MgO/Fe/MgO/Fe 双势垒隧道结的成功制备, 并且观测到 dI/dV 曲线中随着外加偏压的变化而振荡的现象. 然而该振荡效应仍然比较微弱, 并且对隧穿磁电阻没有影响.

在此之前人们对双势垒磁性隧道结中共振隧穿效应的理论分析还仅局限于通过唯象模型的定性描述上[222]. 但是对 Fe(001) 电极和 MgO(001) 势垒的外延单晶结构, 需要基于第一性原理的计算来分析 Fe 在费米能级附近的能带结构以及准确地计算出量子阱态的能级. Wang 等对 Fe(001)/MgO/Fe/MgO/Fe 双势垒磁性隧道结中可能存在的量子阱共振效应进行了系统的研究[286]. 通过第一性原理计算以及结合对中间 Fe 层中库仑阻塞效应的分析, 从理论上阐明了 Nozaki 等实验中的振荡效应确实来源于中间 Fe 层在 Γ 点处形成 Δ_1 对称性的量子阱态, 并且库仑阻塞效应的存在正是导致实验中共振效应不够明显的主要原因.

我们知道, Γ 点处 Δ_1 能带由 s、p_z、dz^2 电子的轨道杂化构成, 而在 Γ 点其他能带都没有 s 分量, 所以我们只需对 s 分量电子态密度进行分析. 对于中间 Fe 层厚度取为 9 个原子层的 Fe(001)/MgO/Fe(9 ML)MgO/Fe 双势垒隧道结, 图 3-115(a) 显示了计算出的中间 Fe 层在 Γ 点处 s 电子的态密度. 我们可以看到在多子和少子带中都形成了数个尖峰, 它们就是在中间 Fe 层中形成的量子阱态. 如果和块体材料 Fe 的 s 电子能带作比较, 如图 3-115(b) 所示, 可以看到这些量子阱态就是从双势垒材料中间 Fe 薄膜的 Δ_1 能带衍化形成的. 通过分析这些态在 9 个原子层中的态密度大小可以得到它们各自波函数的节点数 n, 可以看到它们确实是有序排列的, 而在 $-0.9V$ 附近 $n=0$ 和 $n = 1$ 的态在图中并不明显, 其原因是它们的位置非常接近 Δ_1 能带的边缘. 另外可以看到多子带的量子阱态就在费米能级附近, 而少子带的量子阱态却高于费米能级约 1.5eV. 通常实验中磁性隧道结材料的外加偏压一般为 1~2V (对双势垒磁性隧道结两端每个磁电极相对中间铁层的偏置电压一般小于 1V), 所以这些少子带的量子阱态通常情况下不参与输运过程. 这也正是为什么 Nozaki 等的实验中[314] 在反平行情况下没有发现振荡电导效应的原因. 因此多子能带中形成的量子阱态才是我们研究的重点.

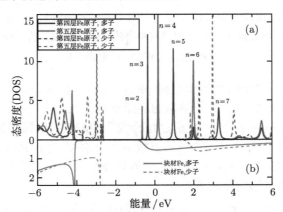

图 3-115 Γ 点处自旋向上 (实线所示) 和自旋向下 (虚线所示)s 电子的态密度 (后附彩图)
(a) 对于 Fe(001)/MgO/Fe9/MgO/Fe 结构中间 Fe 层的情况: 第四原子层 (红线) 和第五原子层 (蓝线);
(b) 对于块体 Fe 材料的情况 (绿线)

如果对隧道结没有外加偏压, 费米能级固定, 那么这些量子阱态的能级位置完全取决于中间 Fe 层的厚度. 图 3-116 为不同 Fe 层厚度情况下, 在相对费米能级一

1~1 eV 范围中所计算出的多子带量子阱态的能级. 它们可以通过节点数 n 来区分. 当对一个对称的双势垒隧道结外加偏压 V 时, 一端电极的费米能级将相对中间层上移 $V/2$, 同时另一端电极的费米能级将下移 $V/2$. 所以中间 Fe 层的能量窗口为 $-V/2 \sim V/2$, 如图 3-116 中阴影部分所示. 仅有在该能量窗口中的量子阱态才产生共振隧穿效应, 而且高于费米能级或低于费米能级的都有贡献, 出现的次序仅取决于 $|E-E_F|$ 的大小. 注意到厚度为 16ML 情况下 $n=7$ 的量子阱态非常接近于费米能级, 因此若取中间 Fe 层约为 2.3nm 的双势垒隧道结将可能得到非常高的隧穿磁电阻.

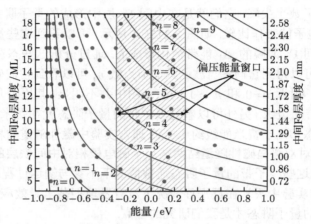

图 3-116　相对费米能级 $-$ 1~1eV 范围中所计算出的多子带量子阱态的能级 (红色) 与 PAM 的拟合结果 (蓝色). 绿色区域表明该双势垒隧道结外加偏压为 0.6V 时中间 Fe 层电子的输运能量窗口 (后附彩图)

　　Wang 等还利用简单的相累积模型(phase accumulation model, PAM) 的模拟计算结果与电子结构计算出的量子阱态的能级进行了比较[286,315]. PAM 模型通常被用于描述量子阱态的量子化条件, 通过拟合发现 PAM 的结果与第一性原理计算的结果基本符合, 如图 3-116 所示, 但节点数 n 较大的情况下 PAM 的结果仍有相当大的偏差. 因此可以认为 PAM 模型在这里只能提供一个定性的描述, 但不能完全准确地给出量子阱态的能级位置.

　　在这个工作中, 还对 Fe(001)/MgO/Fe/MgO/Fe 双势垒磁性隧道结实验中发现的共振隧穿现象与第一性原理计算出的中间 Fe层中形成的量子阱态进行了比较与分析. 结果证明库仑阻塞效应也在实验中扮演了不能忽视的角色, 如图 3-117 所示, 它的大小影响了共振位置以及隧穿电导的强弱. 因此增强共振隧穿电导的一个决定性因素是要有效地减小库仑阻塞效应, 即要求此类实验中必须制备得到连续平整的超薄 Fe 薄膜中间层.

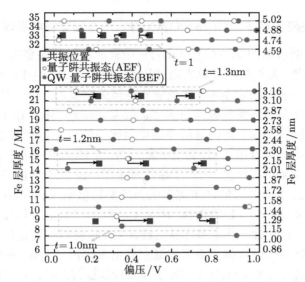

图 3-117 不同 Fe 层厚度下发生量子阱共振隧穿的偏压位置 (后附彩图)

AEF：费米能级之上的量子阱态 (空心圆点)；BEF：费米能级以下的量子阱态 (实心圆点) 以及实验共振隧穿位置 (蓝色方块)；箭头所示为库仑阻塞引起的共振偏压位置的移动

3.6.7 单晶磁性隧道结 Co/MgO/Co 的隧穿磁电阻效应

应当注意, 不仅在 bcc Fe(001) 而且在许多其他以 Fe 和 Co 为基础的 bcc 铁磁金属及合金中 Δ_1 对称性的 Bloch 态都是高度自旋极化的. 如图 3-118 中显示了 bcc Fe(001) 和 Co(001) 的能带色散关系. 和 bcc Fe 一样, bcc Co 的 Δ_1 态在 E_F 处也是完全自旋极化的. 2004 年 Zhang 等用 LKKR 方法对 Co(001)/MgO(001)/Co(001) 的隧道结材料进行了第一性原理计算[316], 结果证实这个系统比 Fe(001)/MgO/Fe 有更高的 TMR. 在以 Fe 和 Co 为基础的 bcc(001) 结构的 3d 过渡金属合金电极结构中也会有较大的 TMR 出现.

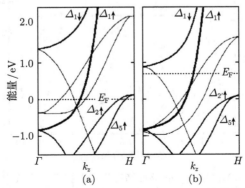

图 3-118 bcc Fe(001)(a) 和 bcc Co(001) (b) 的能带色散关系

3.6.8　单晶磁性隧道结 Fe/Co/MgO/Co/Fe 的高隧穿磁电阻效应

目前实验上制备出的 Fe(001)/MgO/Fe 结构隧道结的隧穿磁电阻远远还没有达到理论的预测值. 为提高隧穿磁电阻的比值, 单晶 Fe/MgO/Fe 磁性隧道结中电极层 Fe 与 MgO 势垒之间的界面质量依然是至关重要的. 第一性原理理论指出, Fe/MgO 界面处存在的界面共振态 (interface resonance states, IRS) 是增加电子在反平行情况下的隧穿概率、即降低隧穿磁电阻比值的一个可能原因. Belashchenko 等[317] 从理论上提出可以用 1ML 的 Ag 置于 Fe 和 MgO 的界面, 能有效降低 IRS 的作用并提高隧穿磁电阻比值. 但对于磁性隧道结, Ag 并不是很好的选择, 因为它有较强的自旋轨道耦合并可能产生更多的自旋翻转散射 (spin-flip scattering). 而 bcc 结构的 Co 却是一个很好的选择, 因为 Co 和 Fe 的晶格常数 (Co: 2.82Å; Fe: 2.86Å) 非常匹配, 而且第一性原理计算已经证明 Co 材料即使是作为电极材料, 也能在 MgO 势垒隧道结中获得非常高的隧穿磁电阻比值. Wang 等通过利用 Layer-KKR 方法, 对 Fe(001)/Co/MgO/Co/Fe 结构的隧道结材料进行了第一性原理计算[318], 证实了在 Fe/MgO 界面处加入数个原子层的超薄 Co(001) 膜后, 能够有效地降低零偏压下电子通过界面共振态隧穿的概率, 在保证平行电导基本不变的前提下, 大大减小了反平行电导, 因而大幅提高了隧穿磁电阻比值 (图 3-119), 同时也证实了 Yuasa 等最近在的实验中的发现[319,320]. 第一性原理的计算结果表明, 界面处插入一个原子层的 Co 薄膜是最理想的结果, 比原先只用纯 Fe 材料做电极的 Fe(001)/MgO/Fe 隧道结材料的磁电阻比值提高了约 3 倍. 另外, 可以从图中看到, 各通道电导随着 Co 层厚度的改变并不是单调变化的. 0.5ML 的 Co 层增强了界面共振态的效应而一个原子层的 Co 却能够大大减小界面共振态隧穿效应. 随着 Co 层厚度的增加, 反平行电导和 TMR 都显示出约 2 ML 的振荡效应.

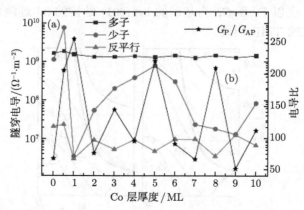

图 3-119　Fe(001)/Co/MgO/Co/Fe 隧道结电导 (a) 和电导比值 (b) 随 Co 插入层厚度
变化的关系 (后附彩图)

3.6.9 单晶磁性隧道结 CoFe/MgO/CoFe 的能带结构及磁电阻特性

选择不同的磁性电极是提高磁性隧道结磁电阻的另一个重要途径. 早期 Al-O 势垒的隧道结主要集中在高自旋极化率电极材料, 对于单晶 MgO 势垒隧道结情况则不同. Butler 等 2001 年提出的理论指出 bcc-Fe、Co 和 CoFe 合金等磁性金属中自旋极化的 Δ_1 能带是 MgO 势垒单晶隧道结高磁电阻的主要原因 [6].

表 3-6 几种典型 bcc 铁磁金属在费米能级处沿 $\mathit{\Gamma\text{-}H}$ 方向的能带对称性

铁磁金属	Fe	Co	CoFe
自旋多子	$\Delta_1, \Delta_{2'}, \Delta_5$	Δ_1	Δ_1
自旋少子	$\Delta_2, \Delta_{2'}, \Delta_5$	$\Delta_2, \Delta_{2'}, \Delta_5$	Δ_2, Δ_5

2004 年 Zhang 等[316] 从理论上指出 FeCo/MgO/FeCo 隧道结的磁电阻可能高于 Fe/MgO/Fe 和 Co/MgO/Co. 后续实验也证实相比于 Fe/MgO/Fe 隧道结[9], CoFe 或 CoFeB 合金作为电极的 MgO 隧道结具有更高的磁电阻[8,10,109,321]. 现在普遍认为经过退火 CoFeB 形成了 bcc-CoFe 结构, 隧穿性质类似于 CoFe/MgO/CoFe[322,323]. 此外, 实验还发现对于 CoFe 或 CoFeB 合金, 磁电阻与合金的成分也有关系[10,109,324].

Zhang 等[325] 用 B2 结构的 CoFe 和 Fe_3Al 结构的 Fe_3Co 或 Co_3Fe 来分别模拟 $Co_{50}Fe_{50}$、$Fe_{75}Co_{25}$ 及 $Co_{75}Fe_{25}$ 合金电极[326], 重点考察对于同样成分合金电极其不同界面层对磁电阻的影响 (图 3-120).

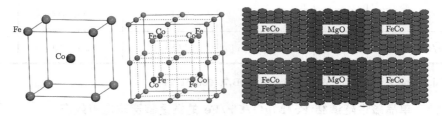

图 3-120 B2 结构的 CoFe 和 Fe_3Al 结构的 Fe_3Co 结构及不同界面结构的
FeCo/MgO/FeCo 磁性隧道结 (后附彩图)

计算结果, 表明在二维布里渊区中, 有序 $Co_xFe_{1-x}/MgO/Co_xFe_{1-x}$ 隧道结的隧穿机制和 Fe/MgO/Fe 类似[6]. 平行态多子的隧穿由 Δ_1 贡献, Fe、CoFe 在费米能级处沿 Γ- H 方向的能带对称性如表 3-6 所示, 反平行态电导主要来自界面共振态. 不同成分的 CoFe 电极材料和同一成分不同界面的 MgO 隧道结的隧穿电导和磁电阻总结在不同成分和界面层的 $CoFe_xFe_{1-x}/MgO/CoFe_xFe_{1-x}$ 隧道结的隧穿电导和磁电阻情况如表 3-7 所示. 除了界面为 Fe 层的 $Fe_3Co/MgO/Fe_3Co$ 隧道结的磁电阻低于 Fe/MgO/Fe 外, 其他电极和界面情况下的磁电阻都比 Fe/MgO/Fe 隧道结的高. 并且值得注意的是, 对于相同成分的电极材料, 富 Co 的界面总有相对较高的磁电阻. 这主要由于富 Co 的界面有较低的反平行态电导. 该计算结果给出了一个重要的信息: 即 CoFe 合金电极的 MgO 隧道结其磁电阻普遍比 Fe 电极的磁电阻高, 并且富 Co 的界面有利于获得高磁电阻. 这个结论对于理解 CoFe/MgO/CoFe 和 CoFeB/MgO/CoFeB 隧道结的隧穿性质都有一定的参考意义.

表 3-7　不同成分和界面层的 $Co_xFe_{1-x}/MgO/Co_xFe_{1-x}$ 隧道结的隧穿电导和磁电阻[325].

MTJ 结构	界面	自旋向上–自旋向上	自旋向下–自旋向下	自旋向上–自旋向下 (自旋向下–自旋向上)	G_P / G_{AP}
$Co_3Fe/MgO/Co_3Fe$	Co-终端	1.43×10^9	8.03×10^7	4.86×10^6	156
	CoFe-终端	2.03×10^9	5.64×10^7	1.19×10^7	87
$Fe_3Co/MgO/Fe_3Co$	Fe-终端	3.44×10^9	4.02×10^8	6.03×10^7	32
	CoFe-终端	1.27×10^9	1.92×10^7	4.86×10^6	133
$FeCo/MgO/FeCo$	Co-终端[a]	1.19×10^9	2.55×10^6	1.74×10^6	340
	Fe 终端	1.71×10^9	1.47×10^7	4.48×10^6	193
$Co/MgO/Co$[a]	—	8.62×10^8	7.51×10^7	3.6×10^6	130
$Fe/MgO/Fe$[a]	—	2.55×10^9	7.08×10^7	2.41×10^7	54

[a] Zhang X G, Butler W H. Phys. Rev. B,70(2004)172407.

3.6.10　单晶磁性隧道结 Fe/MgO/Cr/Fe 的振荡隧穿磁电阻效应

为了进一步提高 MgO 磁性隧道结的磁电阻效应、改善隧道结性能, 可以在势垒和电极之间插入金属插层. 金属插层可以是非磁性的、磁性的和反铁磁的. 例如, 最近一系列文献报道了在 Fe/MgO/Fe 隧道结中 Ag 和 V 等非磁性金属插层的第一性原理计算研究[232,327] 以及磁性的 Co 插层. 在隧道结中插入反铁磁层 Cr(001), 实验上也有报道. 例如, Nagaham 等报道了在 FeCo/Al-O/Cr/Fe 隧道结中, 随 Cr 层厚度增加, TMR 表现出两层周期振荡[230]; 在单晶 Fe/MgO/Cr/Fe 中, Grellut 等观察到磁电阻随 Cr 层插入单调减小[328]; Matsumoto 等更细致地研究了 Fe/MgO/Cr/Fe 中的 Cr 插层效应[329], 观察到随 Cr 厚度增加, TMR 的两层振荡周期, 但振荡的相位和 Nagaham 等的实验相反. Zhang 等[231] 利用第一性原理计算方法, 详细研究了 Fe/MgO/Cr/Fe 磁性隧道结中的自旋相关输运现象.

图 3-121(a) 是该计算采用的 Fe/MgO/Cr(4ML)/Fe 的结构示意图, 红和蓝色箭头分别表示各层平行与反平行态的磁矩取向. 图 3-121(b) 是用 Layer-KKR 方法计算得到的 Fe/MgO/Cr(4ML)/Fe 的磁矩分布, 其中忽略了 MgO 层的磁矩. 以平行态为例, 从 Fe-Cr 界面开始, Cr 的磁矩依次是 $-0.58\mu_B$、$0.56\mu_B$、$-0.82\mu_B$、$2.01\mu_B$. 在研究的整个 Cr 插层厚度 (11ML) 范围, Fe-Cr 界面的 Cr 磁矩始终和相邻铁磁电极是反铁磁耦合的, 而 Cr 层的磁矩是大小不等且交替改变磁矩方向的层间反铁磁序 (LAF). 值得注意的是在 Cr-MgO 界面上 Cr 的磁矩超过 $2\mu_B$.

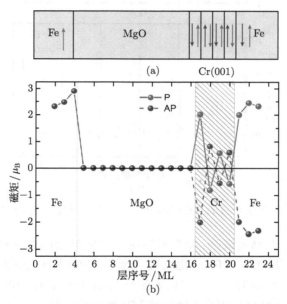

图 3-121 (a) Fe/MgO/Cr(4ML)/Fe 的结构示意图, 箭头表示磁矩的方向; (b) 计算的 Fe/MgO/Cr(4ML)/Fe 隧道结的平行态 (红色箭头) 和反平行态 (蓝色箭头) 的 磁矩分布 (后附彩图)

图 3-122 是该体系计算的 TMR 和隧穿电导, 可以看到 TMR 首先随 Cr 层厚度增加迅速衰减, 在四层之后在正负值之间交替振荡. 对于平行态电导, 在偶数层时较大, 奇数层较小, 反平行电导正好相反. 电导的振荡正好和 Cr 层界面磁矩的变化是一致的, 当 MgO-Cr 界面 Cr 层的磁矩和铁电极相平行时电导较大, 反平行时电导较小. 相邻两层平行和反平行状态下电导的交替变化, 导致了 TMR 的奇偶振荡效应.

同实验比较, 除振荡的相位之外, 计算得到的 MR 比值随 Cr 层厚度变化的关系及趋势和 Matsumoto 等的实验结果符合得很好[329], 但振荡相位存在差别, 如实验中 MR 在奇数 Cr 层时较大、偶数 Cr 层时较小, 这和计算结果正好相反. 考虑到

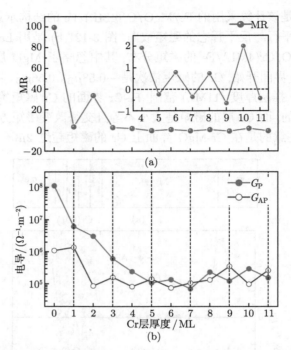

图 3-122　(a) MR 随 Cr 层厚度的变化; (b) 平行 (实心球) 和反平行态 (空心球) 的隧穿电导

实验上可能存在一些结构缺陷, 如有可能在 Fe/Cr 界面形成 FeCr 合金等. Zhang 等相应开展了 Fe/MgO/Cr/Fe 隧道结的合金的 CPA(相干势近似) 第一性原理计算. 如图 3-123 所示, 他们的计算结果表明当 FeCr 合金超过 30%左右将会引起 Cr 层中的磁序发生完全反转, 因此可能导致 MR 振荡相位发生移动. 除可能形成 FeCr 合金, 与 MgO 界面接触的 Cr 层的氧化也是导致 MR 振荡相移的另一个可能原因, 实验上利用非弹性隧道谱也证明了存在界面 Cr 层的氧化[329].

　　电导的衰减和振荡可以从动量空间的隧穿概率分布得到的解释. 由于 Cr 的 Δ_1 带在费米能级之上, 因此 Cr 是平行态下具有 Δ_1 对称性隧穿电子的有效势垒. 图 3-124(1a~1f) 清楚地表明了在平行状态下, 具有 Δ_1 对称性隧穿电子的隧穿概率急剧地衰减. 四到五个原子层的 Cr 插层足以完全抑制 Δ_1 电子的隧穿. 为了说明电导的振荡来源, 集中研究了平行状态下少子和反平行状态下多子的隧穿通道. 在 Fe/MgO(12ML)/Fe 磁性隧道结中, 平行状态下少子和反平行状态下多子的隧穿电导主要分别来源于位于 BZ 区边界和中心的 Bloch 态电子的贡献. 当 Cr 层插入到 Fe-MgO 界面时, 基本的隧穿特性仍将保持, 但不同 $k_{/\!/}$ 点的隧穿强度却被 Cr 层厚度所调制. 实际上, 从图 3-124 (2a~2l) 中, 可以清楚看到, 对平行状态下的少子和反平行状态下的多子, BZ 区中的不同 $k_{/\!/}$ 点表现出了两个 Cr 层周期的振荡. 平行

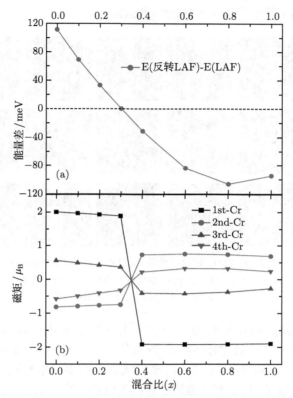

图 3-123 Fe/MgO/Cr(4ML)/Fe 隧道结 (a) 总能及 (b) 层间反铁磁磁结构随 Fe/Cr 界面合金程度的变化

状态下少子的振荡来自于 BZ 边界附近隧穿电子的贡献, 而反平行状态下多子的振荡来自于 Γ 点附近隧穿电子的贡献.

为了说明振荡的起源, 集中研究 Fe/MgO/Cr(5-8ML)/Fe 的隧穿性质. 首先, 在反平行状态下多子的振荡区域里, 选取 $k_{/\!/}$=(0.025, 0.025), 计算 TDOS(隧穿态密度). TDOS 定义为透射 Bloch 态的密度, 反映了 Bloch 态是如何逐层隧穿的[6]. 图 3-125(a) 给出了在该 $k_{/\!/}$ 点对 5~8ML Cr 插层的 TDOS 的计算结果. 从图中可以看出, 对不同的 Cr 插层厚度, TDOS 在左边的 Fe 电极和 MgO 势垒中的透射概率是相同的, 而在 Cr-MgO 界面上却有很大差别. 例如对 5 和 7 层 Cr 的插层其界面上的 TDOS 为 3.8×10^{-6}, 6 和 8 层中的 TDOS 是 1.8×10^{-6}, 两者相差 2×10^{-6}, 而最终的透射概率差别仅有 4×10^{-8}. 这是因为对 6 和 8 层, Cr-MgO 界面处的 Cr 磁矩和 Fe 电极的磁矩处于反平行状态, 因此电子受到较强的界面散射, 透射概率较低; 而对 5 和 7 层, Cr-MgO 界面处的 Cr 磁矩和 Fe 电极的磁矩处于平行排列状态, 因此电子受到较弱的界面散射, 因此透射概率较高. 这证明了与 Cr 界面磁矩相关的界面散射是 TDOS 及电导周期振荡的物理原因.

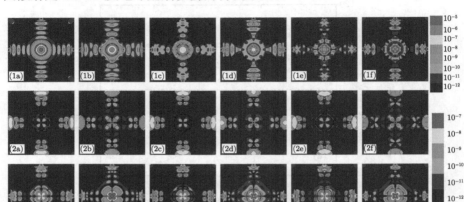

图 3-124　　Cr 插层厚度为 2∼7ML 时隧穿概率在 2DBZ 的分布. (1a∼1f) 是平行状态下多子的隧穿概率分布, (2a∼2f) 及 (2g∼2l) 分别对应平行少子和反平行多子的隧穿概率分布 (后附彩图)

另外, 可以通过翻转界面磁矩来研究电导和界面磁矩取向的关系. 以 Fe/MgO/Cr(1ML)/Fe 为例, 通过翻转界面 Cr 磁矩, 反平行状态下的多子电导从 1.32×10^{6} 减小到 4.14×10^{5}(单位: $\Omega^{-1}\cdot m^{-2}$), 而平行状态下的少子电导从 1.32×10^{4} 增加到 6.22×10^{4}, 这表明电导和 Cr 界面磁矩是直接关联的. 此外, 在 Fe/MgO/Cr(5-8ML)/Fe 磁性隧道结中, 如图 3-125(b) 所示翻转了界面 Cr 磁矩之后平行状态下的少子电导, 其少子电导振荡的相位也正好被翻转. 这清楚地表明了隧穿电导强烈的依赖于界面 Cr 的磁矩大小和方向, 界面散射对电导的振荡有决定性的影响.

磁性隧道结的金属插入层也同样会导致量子阱态的产生, 因此导致 TMR 的振荡. 在 Yuasa 等的实验中, Cu(001) 插层引起的 TMR 振荡周期和 Co/Cu/Co 的层间交换耦合一致[9]. 在 Fe/Cr/Fe 中, 层间交换耦合的短周期振荡也是 2.1ML[330]. 因此在 Fe/MgO/Cr/Fe 隧道结中, 电导的振荡可能有同样的物理机制. 在 Fe/Cr/Fe 的层间交换耦合中, Cr 的费米面的嵌套 (nesting) 矢量是短周期振荡的起源[331]. 但是大部分的嵌套 (nesting) 矢量对 Fe/MgO/Cr/Fe 磁性隧道结的振荡隧穿没有贡献. 例如, 对平行状态下少子的隧穿, 透射概率的振荡区域在嵌套 (nesting) 区域之外. 对反平行多子的隧穿, 通过分析振荡 k 点的 Bloch 态对称性, 发现嵌套 (nesting) 矢量连接的 Bloch 态具有不同的对称性, 因此不能通过嵌套 (nesting) 矢量耦合. 而且通过测量 TMR 的偏压依赖关系, Nagahama 等从实验上证明了 2 个原子层的 TMR 振荡不可能来自于量子阱态 [230]. 基于上述讨论和第一性原理计算结果, Cr 费米面的嵌套 (nesting) 导致了 Cr 的层间反铁磁序, 因此导致了强烈依赖于界面 Cr 磁

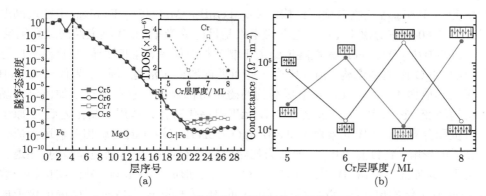

图 3-125　(a) Fe/MgO/Cr(5-8)/Fe 隧道结在反平行状态下其多子在 $k_{/\!/}=(0.025,0.025)$ 点处
的隧穿态密度 (TDOS), 内插图是此 $k_{/\!/}$ 点在 5~8 层界面处的 TDOS;
(b) Fe/MgO/Cr(5-8)/Fe 隧道结在平行状态下, 当 5 或 8 层 Cr 的界面磁矩分别处于翻转和
未翻转状态下其少子的隧穿电导 (后附彩图)

矩的散射, 而交替变化的界面磁矩正是导致电导振荡的起源.

对 Fe/MgO/Cr/Fe 磁性隧道结, 高质量的隧道结是观察到 TMR 振荡的关键.
在 Fe/Cr/Fe 金属纳米多层膜的层间交换耦合中, 因为 Cr 的反铁磁序对界面质量
相当的敏感, 导致许多实验结果是相互矛盾的. 在 Fe/MgO/Cr/Fe 隧道结中也同样
如此, Cr 的层间反铁磁序是观察到电导振荡的关键. 如果界面粗糙度较大或存在位
错等缺陷, 将会破坏层间反铁磁序, 从而将减弱和扰乱 Fe/MgO/Cr/Fe 磁性隧道结
中由界面散射导致的 TMR 周期振荡效应.

总之, 第一性原理计算提供了通过金属插层改善 MgO 磁性隧道结性能的思路,
为设计新型的基于 MgO 磁性隧道结的自旋电子学器件提供了理论基础.

3.6.11　磁性隧道结 CoFeB/MgO(001)/CoFeB 的晶体结构和磁电阻效应

MgO 隧道结获得高隧穿磁电阻的关键是形成高质量的单晶 bcc- 电极和 MgO
势垒. 2004 年日本的 Yuasa 小组利用 MBE 制备全单晶外延的 Fe/MgO/Fe 隧道
结, 得到室温 180% 的磁电阻[9]; 2006 年他们制备了单晶 bcc-Co(001)/MgO/Co 隧
道结, 室温磁电阻高达 410%, 这是利用外延制备隧道结得到的最高 TMR[320]. 2004
年, 美国 IBM 实验室的 Parkin 等利用磁控溅射, 选用 CoFe 和 CoFeB 合金电极, 在
$Co_{70}Fe_{30}/MgO/(Co_{70}Fe_{30})_{80}B_{20}$ 隧道结中, 经过退火得到 220% 室温磁电阻[8]. 随后
Djayaprawira 等制了 CoFeB/MgO/CoFeB 隧道结, 得到室温 230% 的磁电阻[321].
此后选用 CoFeB 为电极的 MgO 隧道结的磁电阻不断攀升, 逐渐成为隧道结研究
的主流. 例如, 2007 年 Lee 等在 $(Co_xFe_{100-x})_{80}B_{20}/MgO/(Co_xFe_{100-x})_{80}B_{20}$ 赝自
旋阀结构中, 利用 $(Co_{25}Fe_{75})_{80}B_{20}$ 铁磁电极经过优化得到室温 500% 的 TMR[109].

2008 年 S. Ikeda 等在赝自旋阀结构的 $Co_{20}Fe_{60}B_{20}/MgO/Co_{20}Fe_{60}B_{20}$ 中经过高温退火得到 604% 室温磁电阻[10]. 这一磁电阻是目前单势垒 MgO 隧道结的最高纪录.

　　CoFeB/MgO/CoFeB 磁性隧道结由于制备相对简单、性能优异，是目前被广泛采用的 MgO 隧道结结构. 但其中有一些重要问题尚未清楚. 例如，为什么 CoFeB 电极比其他如 Fe、Co、CoFe 电极得到的磁电阻都要高? 它在退火下如何进行晶体结构演变? 它如何形成 bcc 结构? B 元素对晶化有什么作用? 晶化之后 B 原子的占位和分布如何? B 元素对 CoFeB/MgO/CoFeB 隧道结的自旋相关输运性质有什么样的影响? 到目前为止，一般认为初始生长的 CoFeB 磁电极是非晶的，在退火作用下，其界面处 CoFeB 以晶化的 MgO 为籽晶形成了与 MgO 外延结构相一致的 bcc(001) 结构层[332]. 退火后只有极少的 B 原子分布在 CoFe 中，磁电极形成 bcc-CoFe，但 B 元素在退火后如何分布，实验上尚未有一致的结论. 有人认为退火后 B 元素进入 MgO 势垒，形成 BO_x 和 $MgBO_x$ 等[305]. Pinitsoontorn 等[322] 利用三维原子探测的方法研究结构为 $Ta/PtMn/CoFe/Ru/CoFeB/MgO_x/CoFeB$ 的隧道结的 B 元素分布问题，发现退火以后顶部电极中的 B 扩散到 MgO/CoFeB 界面，而底部电极的 B 扩散到 Ru 中. 最近 Karthik 等[323] 在赝自旋阀结构的 Ta/Ru/Ta/CoFeB/MgO/CoFeB/Ta/Ru 隧道结中，详细研究了 B 元素和退火温度的关系. 他们发现在最佳退火温度 500°C 条件下退火，非晶 CoFeB 以晶化的 MgO 模板晶化形成 $<001>[011]_{MgO}|| < 001 >[001]_{CoFe}$ 外延结构，顶部电极中的 B 元素溶解在顶部非晶 Ta 层中，底部电极的 B 元素扩散至晶化的 Ta 和 CoFe 界面. CoFeB/MgO/CoFeB 隧道结研究的复杂性主要在于元素的分布，尤其是 B 元素在退火以后的分布. 但从已有的实验结果看来，退火后 CoFeB/MgO/CoFeB 隧道结中的 B 元素的分布与所采用的隧道结结构以及 CoFeB 电极两边的材料及其晶化状态都密切相关.

　　目前 CoFeB/MgO/CoFeB 隧道结主要集中在实验研究，鲜有第一性原理研究的计算结果. 其主要原因一方面是 CoFeB/MgO/CoFeB 隧道结结构的不确定性，给计算模拟带来了困难. 另一方面是计算处理包含有合金化磁电极隧道结的输运性质其本身就具有挑战性. Burton 等[333] 尝试利用第一性原理计算研究 CoFeB/MgO 的 B 原子问题，他们假设了一种简单的 CoFeB 有序结构，用比较总能量的方法得出相比于在晶化的 CoFeB 电极中，B 原子更倾向于富集在 CoFeB/MgO 的界面处的结论. 同时他们还指出界面处的 B 层会极大抑制多子中 Δ_1 电子的隧穿，不利于获得高隧穿磁电阻效应. 但他们的计算过于简化，仅假设了一种简单的有序结构，同时没有考虑温度效应，而通常的 CoFeB/MgO/CoFeB 要经过高温退火处理. 因此从理论计算的角度研究 CoFeB/MgO/CoFeB 隧道结，需要结合分子动力学和第一性原理下输运性质的计算，并且依赖于 CoFeB/MgO/CoFeB 隧道结晶体结构实验研究上的突破.

此外, 由于 CoFeB 在磁性隧道结的广泛应用, 关于 CoFeB 本身的性质诸如自旋极化率、磁性等也引起关注. 如 Paluskar 等利用超导隧道谱发现非晶 CoFeB 的隧穿自旋极化率高于 fcc- 结构的 CoFeB, 并发现非晶 CoFeB 的磁性和自旋极化率之间存在关联效应[334,335] 等.

3.6.12 磁性隧道结新势垒 $MgAl_2O_4$、$ZnAl_2O_4$、$SiMg_2O_4$、$SiZn_2O_4$等材料的探索

目前, 磁性隧道结主要用于 MRAM、磁读头器件、磁性传感器等. 例如, 1995 年摩托罗拉公司 (后来其芯片部门独立成为菲思卡尔 Freescale 半导体公司) 演示了第一款 MRAM 芯片, 并生产出了 1Mbit 的 MRAM 原型芯片. 美国 IBM 公司和摩托罗拉公司分别于 2002 和 2003 年研制出基于磁性隧道结的 4 Mbit MRAM 演示器件. 世界第一款商用 4 Mbit 的 MRAM 由美国 Motorola 和 Freescale 公司生产, 于 2006 年投放市场. 2007 年, IBM 公司和 TDK 公司合作开发新一代 MRAM, 使用了自旋转移矩效应 (STT) 的新型技术, 利用放大了的 TMR 效应, 使得磁电阻的变化提高了一倍左右. 随后, 东芝也利用 STT 技术, 进一步地降低了芯片面积, 在一枚邮票见方的芯片上做出了 1Gbit 内存. 目前, 磁场驱动型 16Mb 的 MRAM 产品 (如美国 Everspin 公司的产品) 已成规模投入使用, 广泛应用在包括欧洲空中客车公司在内的通信、军事、数码产品等诸多领域. 又例如, 日本的 SpriteSat 卫星于 2008 年宣布使用 Freescale 半导体公司生产的 MRAM 替换其所有的闪存元件. 由此可见, 在今后 5~10 年里国际上有望获得 MRAM 的重大突破和大规模应用, 从而显著提升和变革现有计算机内存芯片等关键信息存储技术. 采用 MgO-TMR 磁读头器件的大规模产业化也已迅速展开, 2006 年美国希捷公司 (Seagate) 率先推出了采用 TMR 磁读头的硬盘, 其磁记录密度高达 300 $Gbit/in^2$[336]; 2007 年美国西部数据公司 (WD) 利用 TMR 磁读头技术结合垂直磁记录介质, 实现了 520$Gbit/in^2$ 磁硬盘记录密度的演示.

尽管以 Al-O 和 MgO 为势垒的磁性隧道结无论在材料性能还是在器件应用上都取得了巨大的成就. 但是其仍然存在诸多不尽如人意的地方. 例如：这两类磁性隧道结的磁电阻比值都随着外加电压的增大快速衰减. 当外加电压达到 0.5V 左右时, 其磁电阻比值将降到一半. 又如当外加电压超过 1V 时, 磁性隧道结的势垒发生击穿现象的概率大增, 这些性质严重限制了器件的稳定性及其应用范围. Al-O 势垒的磁性隧道结中, Al-O 势垒是非晶的, 其与相邻铁磁电极的界面比较粗糙, 磁电阻比值的大小与界面的平整度有很大关系. 非弹性隧道谱研究发现, Al-O 势垒磁性隧道结中存在于 Al-O 势垒中的磁性杂质不能和磁电极耦合, 从而阻碍了其磁电阻比值的进一步提高. 以单晶 MgO 为势垒的磁性隧道结的界面特性有了极大的改善. 在单晶 MgO 磁性隧道结的隧道谱中能够观察到很多在非晶 Al-O 势垒磁性隧道结

中观察不到的峰位, 进一步推动了人们对于隧穿机制的理解. 尽管单晶 MgO 磁性隧道结的室温磁电阻比值已高达 200%~600%, 远超过 GMR 和以 Al-O 为势垒的磁性隧道结, 成为最有应用前景的磁性隧道结. 但是, 必须指出, MgO 势垒和常用磁性金属的晶格失配度较大, 达到 3%~5%, 这将直接导致 MgO 势垒磁性隧道结中存在大量位错、氧空位等缺陷, 限制其磁电阻比值的进一步提高. 特别是在高频操作时, 其噪声干扰有效信号的读取, 影响其读写的稳定性. 在进一步实现超过 1 Tbit/in^2 的超高密度信息存储时, 记录介质中记录单元尺度会进一步缩小, 势必导致信噪比 (signal-to-noise) 的快速衰减, 使得这一问题变得不可回避. 因此进一步寻找和制备具有更好晶格匹配度的磁性隧道结, 无论对于更好的理解磁性隧道结物理内涵, 还是为新一代高密度、高频、低功耗器件提供更好的材料, 都具有非常重要的科学意义.

回顾磁性隧道结的整个发展历程不难发现, 隧道结的发展历史就是新势垒材料及其匹配新磁电极材料被发现的历史. 除上述非晶 Al-O 和单晶 MgO 势垒的磁性隧道结外, 以前从实验和理论两方面都曾尝试过其他多种势垒材料. 例如, 2000 年 Sharma 等在 AlN 和 AlON 为势垒的磁性隧道结中发现 18% 的室温磁电阻[337], 2002 年 Shim 等在 AlN 中获得了 12.7% 的室温磁电阻[338], 2001 年 Wang 等在 Zr_2O 势垒磁性隧道结中获得高达 20% 的室温磁电阻比值[339], Gupta 等在 CrO_2 势垒磁性隧道结中发现负 8% 的低温磁电阻比值[340]. 然而这些以氧化物材料为势垒的磁性隧道结的磁电阻比值都比较低, 均未能超过非晶 Al-O 势垒. 除实验探索之外, 理论计算也在尝试预言新的势垒材料. 例如, 计算表明 ZnSe(001) [341] 和 SrTiO(001)[342] 也可能具有较高的隧穿磁电阻, 但是这类材料容易形成针孔式缺陷和界面互扩散, 因此实际可能实现的磁电阻并不可观. 最近, 康奈尔大学的 Stewart 等[343], 通过计算预言镁橄榄石结构的 $Mg_3B_2O_6$ 具有类似于 MgO 的隧穿特性, 其特征是复能带同样具有 Δ_1 过滤特性. 但是该材料结构复杂, 并且存在多种晶体结构, 不易于实验上的制备.

简式为 AB_2O_4 的尖晶石材料是一类性质丰富的材料, 具有丰富的电学和磁学性质[344]. 其中既有非磁性绝缘体如 $MgAl_2O_4$、$ZnAl_2O_4$ 等, 还有 $CoFe_2O_4$、$NiFe_2O_4$ 等亚铁磁结构的铁氧体材料, 为纳米结构的磁性隧道结的设计提供了丰富的可选择性. 首先, 非磁性尖晶石例如 $MgAl_2O_4$、$ZnAl_2O_4$、$SiMg_2O_4$ 等晶格常数为 0.8~0.9nm, 与常用铁磁金属电极材料 Fe、Co、FeCo 合金及半金属 Heusler 合金的晶格失配度均很小 (< 1%), 如表 3-8 所示. 例如, $MgAl_2O_4$(晶格常数 8.07Å) 与 Fe (晶格常数 2.86 Å) 的晶格失配度仅有 0.2% (MgO 和 Fe 的失配度高达 3%). 目前国际上尖晶石材料势垒隧道结的研究处于起步阶段. 最近日本国立材料研究所成功制备 $Fe/MgAl_2O_4/Fe$ 磁性隧道结, 室温磁电阻超过 110%, 并且半高宽达到 1V, 是 MgO 的两倍[107], 初步显示出优异的磁电性能. Liu 等[108] 也尝试了类似的磁性隧道结结

构, 结果与日本国立研究所的报道类似. 这一磁电阻比值已经超过非晶氧化铝, 但是与 MgO 相比仍有差距, 这类尖晶石势垒是否有进一步提升的空间, 是否还有其他的尖晶石势垒有类似性质, 能否在提高隧道结质量的同时获得与 MgO 可比拟甚至更高的磁电阻? 这些是大家最关心的问题.

表 3-8　MgO 及几种尖晶石结构氧化物的晶格常数及与 Fe 的失配度

	MgO	$MgAl_2O_4$	$ZnAl_2O_4$	$SiMg_2O_4$
实验晶格常数/Å	4.212	8.083	8.086	8.076
晶格失配度/%	−3.7	0.25	0.21	0.33

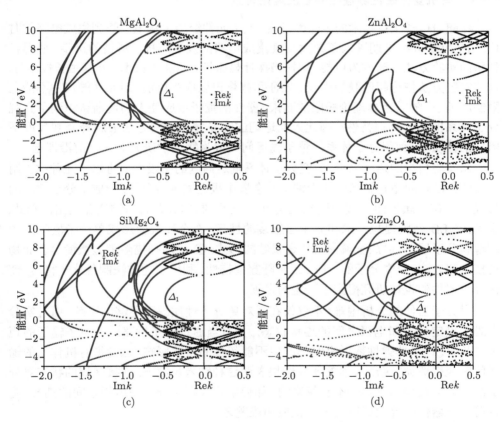

图 3-126　四种代表性尖晶石氧化物的 [001] 方向的复能带结构 (后附彩图)

其中蓝色代表纯虚能带, 黑线代表实能带. 从图中可以看出, 这几种尖晶石氧化物类似于 MgO, 隧穿概率最大的将是 Δ_1 对称性的电子态 (a) 2-3 型尖晶石 $MgAl_2O_4$ 在 [001] 方向的能带; (b) 2-3 型尖晶石 $ZnAl_2O_4$ 在 [001] 方向的能带; (c) 4-2 型尖晶石 $SiMg_2O_4$ 在 [001] 方向的能带; (d) 4-2 型尖晶石 $SiZn_2O_4$ 在 [001] 方向的能带

最近 Zhang 等[345] 利用第一性原理计算, 首先从理论上系统研究了几种典型的与铁磁电极晶格匹配的 2-3 型尖晶石材料如 $MgAl_2O_4$、$ZnAl_2O_4$ 和 2-4 型尖晶石材料 $SiMg_2O_4$、$SiZn_2O_4$ 的复能带结构. 计算结果表明这些尖晶石材料的确具有类似于 MgO 的复能带特性, 即对 Δ_1 电子有过滤特性, 如图 3-126 所示, 因此采用这类势垒材料的磁性隧道结有可能获得与 MgO 可比拟的甚至更高的磁电阻效应.

3.7　有机复合磁性隧道结的第一性原理计算方法简介

3.7.1　有机复合磁性隧道结实验及理论背景

伴随着电子工业技术的革命性发展, 电子元件经历了从电子管到集成电路的时代, 并在 20 世纪末期进入了超大规模集成电路的发展阶段. 科技的进步, 使得各种新的实验方法逐渐成为可能, 如扫描探针显微镜、微加工技术、外延生长技术等. 这些实验方法使得超薄膜的生长、表征和测量得以成为可能. 但元件的尺寸不能无限制的缩小, 随着经典理论极限的到来, 器件的量子效应使人们逐渐认识到了介观分子体系的奇妙物理特性. 因此人们迫切的需要发展新的方法去解释介观尺度下器件的性质, 这使得分子体系的量子输运问题成为物理学研究的一个前沿课题.

从实验科学的角度来讲, 研究分子体系输运问题的手段主要有以下几种: ① 用蒸发的方法在间距几纳米到几十纳米的金属电极之间铺撒分子, 形成单分子通路的形式; ② 在金属表面蒸镀一层到几层有机分子, 制作成金属\有机\金属结的形式; ③ 利用 LB 薄膜提拉技术和分子自组装的性质, 在金属表面形成单分子层吸附的超薄膜分子层, 并制成金属\有机\金属结的形式; ④ 采用扫描隧道显微镜等表面物理技术和方法, 研究分子的一阶、二阶隧穿谱特性. 利用上述方法制备分子材料, 使得分子器件的设计研究得到了一定的发展.

对分子器件的分析困难, 不仅仅在于对单分子性质缺乏足够的了解, 而且实验上难于确定分子和电极之间的连接状态. 并且当通过分子桥路进行电子输运的距离过长时, 许多非弹性散射机制都产生不能忽视的重要影响, 这使得有机体系的输运问题变得更加复杂. 目前的研究结果表明这种纳米尺度下, 连接区域的状态对分子器件输运过程的影响是不能忽略的. 如何确定和理解分子与电极之间的耦合, 是目前分子器件研究领域里最大的挑战和难题之一.

这类问题分析中比较有代表性的是 2003 年 Xu 等的研究工作[346], 他们研究了连嘧啶、二硫醇和苯硫醇单分子器件的输运特性. 通过对上千次重复实验的统计, 给出了电导峰分布的位置, 并给出了连嘧啶分子器件的本征电导. 这种统计的方法可以在不能够精确得知单个分子连接状态的情况下, 得到了分子器件输运性质的统计行为, 如图 3-127 所示.

图 3-127(a) 的右半部分是实验示意图, 电极是 STM 的金针尖, 下面的电极是金衬底, 通过调节 STM 针尖的高度可以改变两个电极之间的距离, 该图表示两个电极之间可以进行直接连接. 图 3-127(a) 的左半部分表示在这种情况下分子电导与电极之间距离的关系, 图 3-127(b) 是另一种情况相对应的电导的统计分布图. 从图中可以看出, 电导峰出现在特殊电导值的位置上. 图 3-127(c) 表示在电极之间通过连嘧啶分子连接的情况下电导与电极之间距离的关系, 图 3-127(d) 是相对应的电导统计图. 可知, 绝大部分的电导值分布在 $0.01G_0$ 的整倍数位置上, 这说明 $0.01G_0$ 是连嘧啶分子器件的本征电导, 其中 G_0 为量子电导 $2e^2/h$. 其他电导值表示存在多个连嘧啶分子连接在两个电极之间. 图 3-127(e) 表示在两电极不存在任何连接的情况下, 电导与电极距离的关系. 图 3-127(f) 是相应的电导统计图. 从图中可以看出明显的隧穿特性.

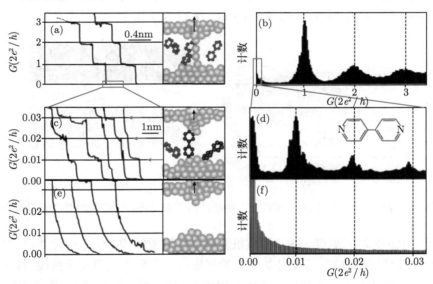

图 3-127 Xu 等测得的连嘧啶分子其电导与电极间距的关系曲线[346]

随着自旋电子学的发展, 对分子输运特性的研究也引入了与自旋 (外磁场) 相关的性质. 如果能在分子体系中, 实现自旋的调控, 并使之完成一定的器件性能; 不仅可以大大降低现有技术的成本, 更重要的是可以更大的提高信息存储和处理的密度; 并可以有效降低器件的功耗. 如今将在手机和数码相机中广泛应用的有机发光二极管 (OLED) 技术, 就是一种能有效降低功耗的有机半导体器件.

对自旋相关的分子体系的分析是更复杂的物理问题. 目前分子对衬底表面磁性的改变, 以及通过分子的自旋相干性问题都没有明确的实验和理论定论. 此外, 这类样品的制备工艺并不稳定, 实验的可重复性不高. 比较有代表性的实验是 Xiong

等的实验工作[166]. 该实验深入研究了自旋相关效应从金属扩展到有机物半导体的过程. 他们的研究工作表明: π 键耦合的有机物半导体材料可能是有机复合自旋阀的一个很好的选择, 因为有机半导体具有强的电子 - 声子相互作用和长的自旋相干长度. 他们的实验在低温下给出了 40% 的磁电阻效应.

图 3-128(a) 是三明治型有机复合磁性隧道结的示意图, 图中的两个磁性层之间夹着一层有机半导体材料, 成分为八羟基喹啉铝 (Alq₃, 分子式: $C_{27}H_{18}AlN_3O_3$). 两个磁性层制备时具有不同矫顽力场, 即在没有底部钉扎结构层的情况下, 在外加磁场的磁化过程中也能获得上下两铁磁电极的磁矩处于平行和反平行的两种磁化状态, 从而获得磁电阻效应. 在外加电势的作用下, 电子从 Al/Co 层上电极流入, 通过 Alq₃ 层, 最终从 LSMO 层流出. 图 3-128(b) 是透射电子显微镜下的结构图, LSMO 层约为 60 个晶格周期的厚度, Alq₃ 层的蒸发厚度约为 160 nm, 其顶部覆盖以 3.5 nm 厚的 Co 层和作为电极的 35 nm 厚的 Al 层.

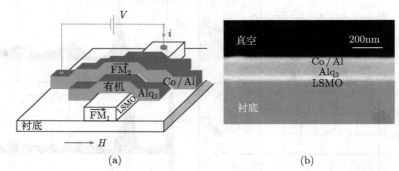

(a)   (b)

图 3-128 Xiong 等的有机复合磁性隧道结的结构图以及透射电镜截面图[166](后附彩图)

图 3-129 为测量温度 11K 时, 有机复合磁性隧道结的磁电阻变化曲线. 当固定的测量电流通过器件时, 改变外加磁场的强度可以得到磁电阻变化曲线. 红色的数据点显示了磁场从大变小再到负值的磁电阻的变化, 蓝色的数据点正好是相反的测量过程. 40% 的磁电阻已经可以同金属自旋阀相比. 但值得注意的是: 平行状态的电阻大于反平行状态的电阻, 这与通常的自旋阀正好相反. 这种负磁电阻现象可以用电子态密度的不对称性来加以分析.

目前自旋相关的有机分子复合磁性隧道结的实验还较少, 大部分的结果都来自于扫描隧道显微镜等表面手段的测量. 对于分子器件的直接输运测量比较困难, 样品的制备过程还有很多物理问题没有解决.

在有机分子复合磁性隧道结的理论计算方面, 目前研究输运理论计算的方法有: 半经验方法[347]、超元胞方法[348]、凝胶模型方法[349] 和格林函数方法[350~352]. 对于经典体系的输运过程, 电阻是欧姆性的、是线性关系. 但是在纳米尺度下分子的输运特性, 必须使用量子力学的物理图像来描述. 比较常用的是格林函数方法, 但无论哪种方法, 都有其理论局限性. 这使得理论计算结果与实验测定结果存在很大的差异.

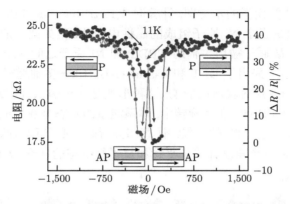

图 3-129　有机复合磁性隧道结的磁电阻变化曲线[166](后附彩图)

Pantelides 和 Lang 的研究小组, 利用凝胶模型的方法来模拟分子的输运特性. 在这种方法中, 把两个金属电极用凝胶模型来表示, 忽略电极的晶体结构细节. 然后把需要模拟的分子系统放在两个电极之间, 用 Lippmann-Schwinger 方程去求解分子器件的单粒子波函数, 最后计算体系的量子输运特性. 计算结果虽然与实验有着相同的电导变化趋势, 但在数量级上存在很大的差异[353]. 如图 3-130 所示, 计算对象为苯硫醇分子. 图 3-130(a) 是实验得到的苯硫醇分子的伏安特性曲线和电导特性曲线; 图 3-130(b) 是通过理论计算得到的苯硫醇分子器件的伏安特性曲线和电导特性曲线. 通过比较可以发现, 计算结果在定性上与实验结果是相同的, 即伏安特性曲线存在间隙, 电导呈现台阶状变化; 但是在定量上计算结果比实验值大了两个数量级.

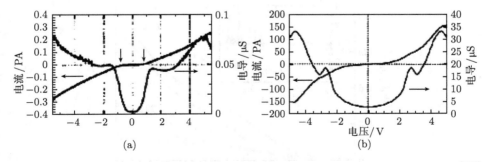

图 3-130　苯硫醇分子器件的 (a) 量子输运实验测试结果以及 (b) 量子输运计算结果[353]

对于与自旋有关的分子输运性质的模拟, 目前还只是刚刚起步. 就其计算的结果和实际体系的差别而言, 目前还没有很完善的物理分析. 比较准确的方法是使用非平衡态格林函数的方法. 例如 Senapati 等对 1,12-tri-benzene-dithiolate(TBDT) 分子在磁性电极作用下的输运响应过程[354].

图 3-131 是计算模型的示意图, 计算时 1,12-tri-benzene-dithiolate (TBDT) 处于中间位置, 两侧是三个 Ni 原子组成的磁性电极团簇, 如此小的磁性电极可以防止磁畴壁的出现. 硫原子被用来辅助 TBDT 和 Ni 原子之间的结合, 在 Ni 的两侧是金电极. 在计算中, 采用了 DFT 和 Landauer-Büttiker 多通道模型相结合的方法, 重点分析了分子的变形对输运的影响. 这种形变是通过引入 TBDT 中间一个苯环绕苯环链的旋转而完成的. 在其旋转中, 体系能量的基态是在中间一个苯环与两侧的苯环平面夹角大约为 40° 的时候. 计算和分析时中心苯环与两侧苯环的夹角转为 0, 并且对其中每一个角度计算了平行和反平行状态的伏安 (I-V) 特性曲线.

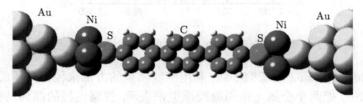

图 3-131　Senapati 等的计算模型示意图[354](后附彩图)

图 3-132 是当 Ni 电极磁化方向平行时, 改变中心苯环平面夹角得到的 I-V 曲线. 夹角增大时, 电流变小. 从图 3-132 的插图中看出: 在夹角为 0 时, 费米能级附近态密度大于夹角为 40° 的情况. 这是由于在苯环平面平行的时候, σ-π 键之间的耦合非常强烈, 电子可以通过旁路通过. 可以得到在夹角为 0 和夹角为 40° 时, 电流差一个量级. 因此电阻的变化可以用来做可变电阻器, 但是这个分子形变所需要的能量是室温下热涨落不能供给的.

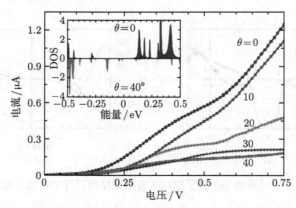

图 3-132　伏安特性与分子转角之间的关系[354](后附彩图)

一般来讲, 现有的理论工作可以对部分实验现象给出定性的解释, 但是在定量上计算结果和实验值之间还存在很大的差异.

3.7.2　第一性原理与非平衡格林函数

非平衡格林函数 (non-equillument-Green's function, NEGF) 方法是一种常用于计算纳米尺寸器件, 如分子材料和半导体材料器件等外加偏压后的电流及电荷密度响应的手段. 本节中所介绍的非平衡态格林函数方法是以原子轨道线性组合 (linear combination of atomic orbitals, LCAO) 理论为基础的. 该方法通过对多电子体系 Kohn-Sham 方程的求解, 并结合两端口非平衡态体系格林函数理论, 可以有效地通过数值计算的方法给出体系有限偏压下的电流、电荷密度矩阵. 为体现 LCAO-NEGF 方法计算实空间非周期性体系的优点, 我们在这里将主要介绍该方法的理论基础, 以及该方法在计算有机分子的输运过程中的应用. 为了方便读者理解本节的内容, 我们从最基本的多电子体系矩阵化求解开始, 分析如何由原子轨道空间建立多体矩阵的求解过程.

本节内容从 LCAO 理论开始, 逐渐深入讨论其与非平衡态格林函数方法的结合. 原子轨道线性组合方法是一种常用的对多电子体系 Kohn-Sham 方程的求解方法. 在利用该方法分析平衡态的性质后, 我们将其与两端口非平衡态体系的格林函数理论相结合, 通过数值计算的方法可以给出体系在有限偏压下的电流、电荷密度矩阵的基本物理性质. LCAO-NEGF 方法的优点在于可以计算实空间非周期性体系的输运性质. 本部分主要以引文[351] 为主, 来分析格林函数.

为了将多电子体系的哈密顿量在所选定的空间中进行数值化求解. 我们必须选择一组基函数用于展开哈密顿量和体系的本征波函数. 理论上来讲, 无论选取什么样的基函数都不会导致计算结果的明显差异, 但是由于在选取不同的基函数时, 不同的基函数具有不同的正交性和完备性, 这会带来一些计算精度上误差. 因此选择合适的基函数组将有助于提高计算的准确性和精度.

最简单的基函数是平面波基组. 选择适当的周期性体系倒格矢的截断波矢, 可以使得平面波基组在计算速度和计算精度上达到与实验相符合的要求. 目前常用的程序如 VASP[355]、ABINIT[356]、PWscf[357] 等都是基于平面波的第一性原理计算程序. 就我们所使用的 LCAO 方法的基本思想而言, 就是利用原子的轨道空间将体系的能量加以表达. 在实际的计算中通常使用的, 用以构建原子轨道空间的是火球基组 (fireball basis set). 这是一种由局域化的原子轨道组成的基组, 其来源于对孤立原子赝势和赝波函数的描述.

火球基组的表达式一般可由两部分组成, 即径向波函数和角向波函数, 可表达如下:

$$\xi_{lm}(\boldsymbol{r} - \boldsymbol{R}) = R_l(|\boldsymbol{r} - \boldsymbol{R}|)Y_{lm}(\Omega_{\boldsymbol{r}-\boldsymbol{R}}) \tag{3-88}$$

　　径向波函数是在孤立原子赝势的基础上, 加上一个额外的限制势垒以后求解出来的本征波函数, 其数值表达在截断半径以外波函数均为零. 这样的波函数在实空间中更加局域化. 角向波函数是利用球谐函数来描写的. 由于通常表达下的球谐函数是复变函数, 我们需要将这些复变函数作正交变换, 使之成为实函数. 图 3-133 中给出的是球谐函数的示意图[358].

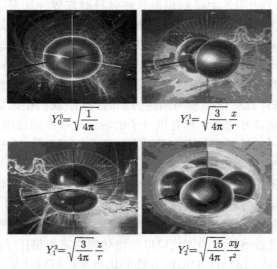

$$Y_0^0 = \sqrt{\frac{1}{4\pi}} \qquad\qquad Y_1^1 = \sqrt{\frac{3}{4\pi}}\frac{x}{r}$$

$$Y_1^3 = \sqrt{\frac{3}{4\pi}}\frac{z}{r} \qquad\qquad Y_2^1 = \sqrt{\frac{15}{4\pi}}\frac{xy}{r^2}$$

图 3-133　球谐函数的示意图[358](后附彩图)

　　但要注意的是这种基组的选取是不完备的. 因此不同的火球基组的选取将导致不同的计算结果. 基函数细节上的差别将可能导致完全不同的计算结果. 这使得基函数的选择具有很高的技巧性; 并要求使用者能够想象出什么样的基函数会有利于分析体系中的问题. 基函数的选取没有具体的规则可言, 需要具体问题具体分析. 在这里我们提供一个利用不同火球基组计算晶体硅的例子. 通过比较结果可以说明不同火球基组的可靠性[359], 如图 3-134 所示.

　　一般来说 SZ、DZ 和 TZ 的计算结果与平面波的计算结果差别比较大. SZP 的计算结果与平面波的计算结果差别较小, DZP、TZP、TZDP、TZTP 和 TZTPF 的计算结果与平面波的计算结果基本上没有差别. 此外, 只有当火球基组的截断半径大于 6 玻尔半径时, LCAO-SIESTA 的计算结果才能收敛. 这些数据清晰地表明使用原子轨道基组时必须非常小心. 不合适的基组和截断半径有可能得到完全错误的计算结果. 这一点尤其体现在对具有 f- 电子的过渡族金属和稀土金属的处理上.

　　此外, 由于基组的生成参数比较多, 对于块体材料计算时, 还应尽可能地与其他程序计算的能带结构相比较. 能带结构的比较可以使输运计算在偏压比较大的情况下, 还能保持一定收敛精度. 图 3-135 所示的例子是在选取最适当的 LCAO 基组下, 其能带结构计算与 LAPW 计算的能带结构进行比较. 这里的计算精度要求主要体现在对费米面附近能量本征值的计算上[360].

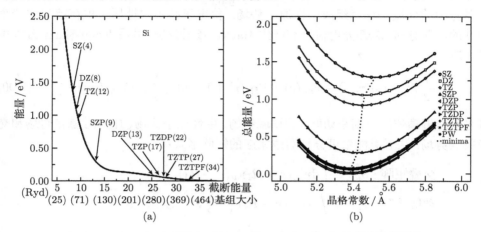

(a)

(b)

图 3-134　不同火球基组对 (a) 总能以及对 (b) 晶格的影响[359]

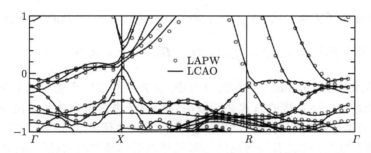

图 3-135　LCAO 与 LAPW 计算铁的能带结构的比较[360]

1. KS 方程的解法 (LCAO 方法)

对于普通的处于平衡态的固体块材材料而言, 分析其物性实质上是对 Kohn-Sham 方程的求解. 由于在 Kohn-Sham 方程中哈密顿量与电荷密度是有关联的, 因此求解 Kohn-Sham 方程的本质是求解一个非线性方程的本征值问题. 需要通过自洽的方法来求解. Kohn-Sham 方程可写成如下形式:

$$\left(-\frac{1}{2}\nabla^2 + \int dr' \frac{n(r')}{|r-r'|} + V_{\text{ion}-\text{el}}(r) + V_{xc}[n(r)]\right)\phi(r) = E\phi(r) \tag{3-89}$$

上式等号左侧四项依次分别是动能、库仑排斥能、离子的静电势能和交换关联势.

在赝势理论中, 对该方程的求解, 需要将上面这四项重新组合. 在赝势理论中, 电子可以分成价电子和芯电子. 价电子受到芯电子和原子核产生的势可以分成局域势和非局域势两个部分. 然后对于每个原子定义一个中性的原子电荷分布. 在这个分布中, 其电荷的选取与价电子的数量是一样的. 中性的原子电荷产生的势场加上赝势中的局域势场就组成中性原子势场. 价电子减去中性原子电荷就形成一个中性的电荷分布, 这部分电荷分布产生 Hatree 修正势场, 最后 Kohn-Sham 方程可以写成

$$\left(-\frac{1}{2}\nabla^2 + V_{nl}(r, r') + V_{na}(r) + V_{\delta H}(r) + V_{xc}[n(r)]\right)\phi(r) = E\phi(r) \tag{3-90}$$

等号左边五项依次分别是动能、非局域势场、中性原子势场、Hatree 修正势场和交换关联势场. 这五类能量可分别写成相应的矩阵形式:

交叠矩阵 : $S_{\mu\nu} \equiv \int d\boldsymbol{r}\varsigma_\mu^*(\boldsymbol{r} - \boldsymbol{R}_\mathrm{I})\varsigma_\nu(\boldsymbol{r} - \boldsymbol{R}_\mathrm{J})$

动能矩阵 : $T_{\mu\nu} \equiv \int d\boldsymbol{r}\varsigma_\mu^*(\boldsymbol{r} - \boldsymbol{R}_\mathrm{I})\left(-\frac{1}{2}\nabla^2\right)\varsigma_\nu(\boldsymbol{r} - \boldsymbol{R}_\mathrm{J})$

赝势非局域势场矩阵 : $V_{\mu\nu}^{\mathrm{nl}} \equiv \int d\boldsymbol{r}\varsigma_\mu^*(\boldsymbol{r} - \boldsymbol{R}_\mathrm{I})V_{nl}(\boldsymbol{r}, \boldsymbol{r}')\varsigma_\nu(\boldsymbol{r} - \boldsymbol{R}_\mathrm{J})$

中性原子势场矩阵 : $V_{\mu\nu}^{\mathrm{na}} \equiv \int d\boldsymbol{r}\varsigma_\mu^*(\boldsymbol{r} - \boldsymbol{R}_\mathrm{I})V_{na}(\boldsymbol{r}, \boldsymbol{r}')\varsigma_\nu(\boldsymbol{r} - \boldsymbol{R}_\mathrm{J})$

有效势场矩阵 : $V_{\mu\nu}^{\mathrm{eff}} \equiv \int d\boldsymbol{r}\varsigma_\mu^*(\boldsymbol{r} - \boldsymbol{R}_\mathrm{I})V_{\mathrm{eff}}(\boldsymbol{r}, \boldsymbol{r}')\varsigma_\nu(\boldsymbol{r} - \boldsymbol{R}_\mathrm{J})$

在自洽求解 Kohn-Sham 方程的过程中, 首先要选取一个初始的电荷密度作为自洽求解的起点. 最直接的方式是选取中性的原子电荷分布作为自洽求解的初始电荷密度. 自洽求解方程的过程如下: ① 从实空间电荷密度分布求得 Hatree 修正势场和交换关联势; ②将五项势场的矩阵元相加得到总的哈密顿矩阵; ③利用矩阵对角化或者格林函数的方法得到新的电荷密度.

需要说明的是: 对于周期性系统来说, 直接对角化方法和格林函数方法都是可行的计算方案. 只需要选择其中一种计算方案即可. 但是对于开放式两端点体系来说, 直接对角化方法是行不通的, 只有格林函数方法才是可行的计算方案.

此外, 电荷密度开始经过几步迭代计算后得到新电荷密度, 如果与前步之间的差别足够小就可以认为自洽迭代求解完毕. 否则需要重新开始下一轮的迭代计算直至自洽迭代求解完毕. 在自洽迭代过程中, 为了加快收敛速度需要把前后几次计算得到的电荷密度进行混合. 常用的混合方法有: 线性混合、Pulay 混合[361] 和 Broyden 混合[362] 等.

2. 两端口开放体系的非平衡格林函数方法

在输运计算理论中, 用常规的对角化方法确定系统的电荷分布和本征值状态是行不通的, 其求解方式需要使用非平衡格林函数的方法. 而非平衡格林函数方法中

最关键的问题就是求解系统的推迟格林函数 G^{R}. 一般的来说, 系统推迟格林函数的求解方法, 对于系统超元胞的选取是没有特殊要求的. 但是为了方便起鉴, 可以人为的规定在输运方向上超元胞的选取必须使得其与次近邻的超元胞之间没有交叠. 此时, 系统的哈密顿矩阵可以写成如下形式:

$$
H^{\mathrm{E}} = \begin{bmatrix}
\ddots & \ddots & & & & & \\
\ddots & H^{\mathrm{E}}_{\mathrm{l,l}} & H^{\mathrm{E}}_{\mathrm{l,l+1}} & & & & \\
& H^{\mathrm{E}}_{\mathrm{l-1,l}} & H^{\mathrm{E}}_{\mathrm{l,l}} & H^{\mathrm{E}}_{\mathrm{l,c}} & & & \\
& & H^{\mathrm{E}}_{\mathrm{c,l}} & H^{\mathrm{E}}_{\mathrm{c,c}} & H^{\mathrm{E}}_{\mathrm{c,r}} & & \\
& & & H^{\mathrm{E}}_{\mathrm{r,c}} & H^{\mathrm{E}}_{\mathrm{r,r}} & H^{\mathrm{E}}_{\mathrm{r,r+1}} & \\
& & & & H^{\mathrm{E}}_{\mathrm{r,r-1}} & H^{\mathrm{E}}_{\mathrm{r,r}} & \ddots \\
& & & & & \ddots & \ddots
\end{bmatrix} \tag{3-91}
$$

其中, $H^{\mathrm{E}} = H - ES$, l 表示左电极, c 表示中心散射区, r 表示右电极. 推迟格林函数 G^{R} 是哈密顿矩阵 H^{E} 的逆矩阵. 其表达式可写成: $H^{\mathrm{E}}G^{\mathrm{R}} = I$. 由于哈密顿矩阵是一个无限大矩阵, 所以推迟格林函数也是一个无限大矩阵. 由于我们所要研究的对象只是中心散射区部分. 因此只需要求解出中心散射区部分的推迟格林函数就可以了. 中心散射区部分的推迟格林函数可以通过如下方法求解:

$$
G^{\mathrm{R}} = \left[\begin{pmatrix} H^{\mathrm{E}}_{\mathrm{l,l}} & H^{\mathrm{E}}_{\mathrm{l,c}} & 0 \\ H^{\mathrm{E}}_{\mathrm{c,l}} & H^{\mathrm{E}}_{\mathrm{c,c}} & H^{\mathrm{E}}_{\mathrm{c,r}} \\ 0 & H^{\mathrm{E}}_{\mathrm{r,c}} & H^{\mathrm{E}}_{\mathrm{r,r}} \end{pmatrix} - \Sigma^{\mathrm{R}}_{\mathrm{l}} - \Sigma^{\mathrm{R}}_{\mathrm{r}} \right]^{-1} \tag{3-92}
$$

上述公式中 $\Sigma^{\mathrm{R}}_{\mathrm{l}}$ 表示左电极的自能, $\Sigma^{\mathrm{R}}_{\mathrm{r}}$ 表示右电极的自能. 左电极和右电极的自能的表达式如下:

$$
\Sigma^{\mathrm{R}}_{\mathrm{l}} = \begin{bmatrix} H^{\mathrm{E}}_{\mathrm{l,l-1}}g^{\mathrm{R}}_{\mathrm{l}}H^{\mathrm{E}}_{\mathrm{l,l+1}} & 0 & 0 \\ 0 & 0 & 0 \\ 0 & 0 & 0 \end{bmatrix}, \quad \Sigma^{\mathrm{R}}_{\mathrm{r}} = \begin{bmatrix} 0 & 0 & 0 \\ 0 & 0 & 0 \\ 0 & 0 & H^{\mathrm{E}}_{\mathrm{r,r+1}}g^{\mathrm{R}}_{\mathrm{r}}H^{\mathrm{E}}_{\mathrm{r,r-1}} \end{bmatrix} \tag{3-93}
$$

在自能的表达式中 $g^{\mathrm{R}}_{\mathrm{l}}$ 表示左电极的表面格林函数, $g^{\mathrm{R}}_{\mathrm{r}}$ 分别表示右电极的表面格林函数. 表面格林函数可以通过两种完全不同的方法来求解: 迭代方法和布洛赫波方法.

在非平衡态下电荷密度可以通过对非平衡格林函数 $G^{<}$ 做积分来求解. $G^{<}$ 可以通过公式 $G^{<} = G^{\mathrm{R}}\Sigma^{<}G^{\mathrm{A}}$ 来计算. 公式中 G^{R} 为推迟格林函数, G^{A} 为超前格林函数. 推迟格林函数在此之前已经求解出来了, 而超前格林函数是推迟格林函数的

复共轭. 公式中的非平衡自能 $\Sigma^<$ 可以通过如下公式得到:

$$
\begin{aligned}
\Sigma^< &= f_1(\Sigma_1^A - \Sigma_1^R) + f_r(\Sigma_1^A - \Sigma_1^R) \\
&= f_0(\Sigma^A - \Sigma^R) + (f_1 - f_0)(\Sigma_1^A - \Sigma_1^R) + (f_r - f_0)(\Sigma_r^A - \Sigma_r^R) \\
&= f_0(\Sigma^A - \Sigma^R) + i(f_1 - f_0)\Gamma_1 + i(f_r - f_0)\Gamma_r
\end{aligned} \tag{3-94}
$$

其中, 公式等号右侧的各项依次可定义为: 第一项自能的平衡部分. 第二项和第三项代表自能的非平衡部分. 由此可得电荷密度的计算公式:

$$
\begin{aligned}
n &= -i\int \frac{\mathrm{d}E}{2\pi} G^< = n_{eq} + n_{neq} \\
n_{eq} &= -\frac{1}{\pi}\int \mathrm{d}E f_0 \mathrm{Im}(G^R) \\
n_{neq} &= \int \frac{\mathrm{d}E}{2\pi}(f_1 - f_0)G^R \Gamma_1 G^A + \int \frac{\mathrm{d}E}{2\pi}(f_r - f_0)G^R \Gamma_1 G^A
\end{aligned} \tag{3-95}
$$

对格林函数积分时, 可以使用复能量空间围道积分的办法. 图 3-136 是围道积分的示意图. 对于上式平衡部分, 由于推迟格林函数在上半个复能量平面内没有极点, 故积分可以通过复平面围道积分去求解 (图中复平面上半圆围道). 对于非平衡部分, 推迟格林函数在上半个复能量平面内没有极点, 而超前格林函数在下半个复能量平面内没有极点, 因此这部分积分只能在实轴上进行 (图中实轴积分路径所示).

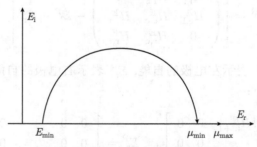

图 3-136　格林函数积分围道示意图

通过非平衡格林函数的方法, 可以自洽求解开放式两端点系统. 并得到开放式两端口系统的哈密顿量和电荷密度. 当自洽计算完成以后, 体系的输运系数 T 和隧穿电流 I 的计算公式如下所示:

$$
\begin{aligned}
T(E) &= \mathrm{Tr}[\Gamma_1(E)G^R(E)\Gamma_r(E)G^A(E)] \\
I &= \frac{2e}{h}\int \mathrm{d}E(f_{max} - f_{min})T(E)
\end{aligned} \tag{3-96}
$$

3.7.3 纳米分子器件的自旋相关输运问题

以 Ni-BDT-Ni 纳米分子磁性隧道结为例[363], 其自旋有关的量子输运性质, 可以利用密度泛函和 Keldysh 非平衡态格林函数相结合的方法来计算. 这使得很多复杂的输运问题可以从第一性原理的角度进行阐述. 在这种隧道结中理论计算可得 27% 的磁电阻, 但随着偏压的增加, 磁电阻现象会迅速的减小为零. 其流经体系的自旋流与外加偏压呈非线性函数关系. 在一定的特殊偏压上, 因为分子能级和磁性电极能级之间耦合, 自旋流还可以改变符号.

整个体系的结构如图 3-137 所示: 两侧的 Ni 电极在 x-y 方向上延展到无穷远, 对电极而言, 在输运方向上是半无限的. 每一个原胞在 x-y 方向上的大小都是 7.04Å; 并且包含 32 个 Ni 原子, 器件的中心区域包含了三层的 Ni 原子层和 BDT 分子.

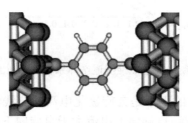

图 3-137   Ni-BDT-Ni 纳米分子磁性隧道结体系模型图[363]

首先利用了自洽的 NEGF-DFT 方法, 然后根据体系的格林函数得到透射矩阵和透射系数

$$T_\sigma^{k_x,k_x} \equiv Tr[\text{Im}(\Sigma_L^r)G^r \text{Im}(\Sigma_R^r)G^a] \tag{3-97}$$

$$T_\sigma(E,V_b) = \sum_{k_x,k_y} T_\sigma^{k_x,k_y}(E,V_b) \tag{3-98}$$

其中, $\sigma = \uparrow, \downarrow$ 代表自旋取向; $G^{r,a}$ 是推迟超前格林函数; $\Sigma_{L,R}^r$ 是体电极导致的自能项. 最后可以得到自旋极化的电流

$$I = I_\uparrow + I_\downarrow \tag{3-99}$$

$$I_\sigma(V_b) = \frac{e}{h} \int_{\mu_L}^{\mu_R} T_\sigma(E,V_b)[f_L(E-\mu_L) - f_R(E-\mu_R)]dE \tag{3-100}$$

其中, $\mu_{L,R}$ 是左右电极的化学势.

TMR 与偏压的关系如图 3-138(a) 所示, TMR 在零偏压下大约是 27%, 随着电压升高, TMR 缓慢下降, 当偏压为 0.2V 时, TMR 降到零偏压时的 1/2 左右. 计算时, 有机分子 BDT 与磁性电极在 Hollow 位相接触; 插图中, BDT 与磁性电极的 Bridge 位相接触. 可以看到 TMR 与分子对电极的接触形式也有一定的敏感性, 但其虽随偏压变化的趋势没有大的差异, 零偏压附近 TMR 的大小略有差别. 图 3-138(b) 是平行状态的 *I-V* 曲线, 图 3-138(c) 是反平行状态的 *I-V* 曲线. 与氧化物隧道结不同的是: BDT 有机分子的 π 键提供了额外的电流通路, 因此在偏压为 0.5 V 时, 隧穿电流就可以达到几百纳安的量级. 这个电流同样也大于以 σ 键的方式相互连接的分子的计算结果.

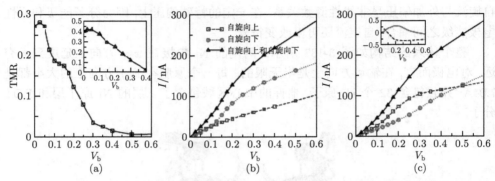

图 3-138　Ni-BDT-Ni 纳米分子磁性隧道结体系输运性质的计算结[363] (后附彩图)

在图 3-138 中更有趣的现象是自旋极化电流的非线性关系. 磁化方向平行时, 偏压小于 0.1V 的位置附近, 自旋向上电流大于自旋向下电流; 磁化方向反平行时, 偏压小于 0.5V 的位置附近, 同样有自旋向上电流大于自旋向下电流的现象. 这种非线性的原因在于分子和 Ni 电极之间的相互作用影响了电子的共振隧穿.

那么, 体系的自旋流可以被定义为 $\eta \equiv (I_\uparrow - I_\downarrow)/(I_\uparrow + I_\downarrow)$. 总的自旋极化电流和自旋流与偏压的依赖关系可以通过透射系数在不同偏压下的行为得到.

图 3-139 中, 实线是平行状态下的 $T_\uparrow$, 虚线是平行状态下的 $T_\downarrow$, 点线是反平行状态下的 $T_\downarrow = T_\uparrow$ 在零偏压下费米能级附近的形式. 在偏压不为零的时候, 这个曲线会稍微的移动, 并不会改变它的形状. 在远离费米面处, $T_\downarrow$ 与 $T_\uparrow$ 在平行和反平行状态下基本相同, 并且在 2V 和 −3V 附近更加相似, 这是因为在这两个偏压下, 自旋向上和自旋向下的电子具有相同的态密度. 于是自旋流和 TMR 的性质主要依赖于在费米面附近的行为.

如考虑磁化方向平行的状态, 随着偏压的升高, 透射系数的 A 峰 (图 3-139) 会使自旋向下的电流产生一个大的增强, 这导致了自旋流的变号. 当考虑磁化方向反平行的状态时, 随着偏压的增加, $T_\downarrow$ 和 $T_\uparrow$ 会变得不相等, 这种变化导致了反平行状态下, 自旋流在比较高的偏压下才会改变符号. 通过研究 BDT 分子的性质, 发现透射系数在 −3V 和 2V 处的峰是与 BDT 分子的性质有关的, 并且主要是与 BDT 中硫原子与 Ni 电极接触的杂化状态相关的.

此外, 还可以通过分析动量空间的输运系数的特性, 来判断物理成因. 图 3-140

是偏压为零的情况下, 横向动量空间中的透射系数的分布. 可以看出透射系数的性质主要由远离 Γ 点的性质决定. 这与很多隧道结的计算结果相一致.

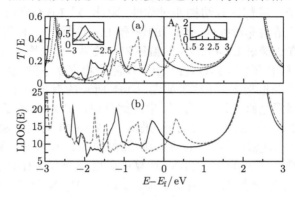

图 3-139 体系的透射系数的计算结果[363]

(a) 隧穿系数为每 0.05eV 的隧穿系数和值; (b) 散射区局域态密度 (LDOS)

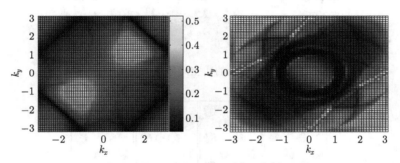

图 3-140 动量空间输运系数的关系图[363](后附彩图)

总的来说, 可以利用 NEGF-DFT 的方法对自旋极化电流在分子磁隧道结中的隧穿性质进行了研究. 以 Ni-BDT-Ni 体系为例, 自旋相关输运性质取决于有机分子与磁性金属电极的耦合性质导致的共振. 外加偏压可以调节这种共振, 并且会导致非线性的自旋极化电流的出现.

3.7.4 铁磁/有机 LB 膜势垒/铁磁 – 复合型磁性隧道结的计算研究

如果想获得室温下稳定的磁电阻效应, 人们必须制备具有一定取向性的分子势垒层; 并将有机物材料的厚度控制在隧穿范围内, 以有效控制受温度影响较强的扩散散射 (diffusive scattering). 因此, 对于以有机 Langmuir Blodgett (LB) 技术制备的有机分子复合磁性隧道结 (LB-OMTJ), 其室温下接近 30% 的稳定的磁电阻效应 [170], 一定是有其丰富的物理内涵的. 在第一性原理非平衡态格林函数计算下, 此前的研究多是集中在一些对称性很强的分子上, 一维饱和碳原子链、苯二醇分子、辛烷分子等; 还有一些计算在分子和磁性金属界面引入了吸附位型上的轻微的非对称性[364]. 但并没有针对这种 LB-OMTJ 真实器件的第一性原理计算. 由于基于 LB 技术所采用的分子一般都具有结构非对称性, 因此, 对 LB-OMTJ 的计算, 从本质上来说是讨论分子结构非对称性对输运的影响. Liu 等[171,172] 利用第一性原理非平衡态格林函数的方法探讨 LB-OMTJ 的偏压依存关系、有机物厚度依赖关系、电致结构稳定性关系, 解释了在 LB-OMTJ 中所观测到物理现象的成因. 在第一性原理非平衡态格林函数的框架下, 计算了如图 3-141 所示的有机分子 OMTJ 结构. 该结构左右两边的深蓝色原子为 Fe 原子, 中间部分白色的为 H 原子, 黄色的为 N 原子, 深灰色的为 C 原子. 对于左右电极, 采用了 Fe (001) 为电子输运方向. 计算中所采用的分子为 $C_{12}H_{25}N$, 图 3-142 所示的红色的部分表示分子头部吸附的位置. 而 3HDP 分子化学分子式为 $C_{20}H_{37}N$; 计算中所用分子与 3HDP 分子有同样的亲水基团, 其区别在于碳链的长短. 在计算中, 以该 $C_{12}H_{25}N$ 分子为例讨论这种碳链长短对输运性质的影响, 对输运过程进行了分析.

图 3-141   LB-OMTJ 的实空间原子位型图 (后附彩图)

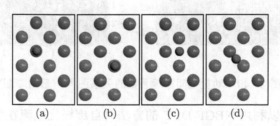

图 3-142   几种典型的表面吸附位 (后附彩图)

图 (a)、(b) (c) 和 (d) 分别为：Top、Hollow、BridgeA 和 BrigdeB 四种吸附位.

图中粉红色的部分表示分子头部吸附的位置

在进行非平衡态格林函数计算前, 首先要确定分子的吸附状态. 可以将几种典型的表面吸附位置分为：Top、Hollow、BridgeA、BrigdeB, 如图 3-142 所示. 图中浅绿色的表示表面上第一层的铁原子, 浅蓝色的表示表面上的第二层铁原子. 在表面位型优化的时候, 选用了 SIESTA 程序进行计算. 根据图 3-142 所示的吸附位型对分子 $C_{12}H_{25}N$ 给出的相应体系总能量如表 3-9 所示.

从表中的计算结果不难发现, 对于 BridgeB 状态而言的 $C_{12}H_{25}N$ 分子, 不论从总能量还是从分子受力的角度来说都是最稳定的. 因此, 在进行输运计算中选择用该结构作为表面吸附位型.

表 3-9 几种典型的表面吸附构型下的吸附位能量比较

	能量	自旋朝上电荷	自旋朝下电荷	受力
顶位(Top)	−20611.189	227.804	134.196	<0.022
位空 (Bottom)	−20611.232	227.819	134.181	<0.025
位桥 (Bridge)A	−20611.187	227.813	134.187	<0.024
位桥 (Bridge)B	−20611.235	227.806	134.194	<0.023

对电子的输运过程而言, 其电子结构上的特性直接决定了输运系数 (或透射概率) 的特性. 如图 3-143 所示, 为平衡态下分子上的总的电子态密度和 LB-OMTJ 的透射概率的对应关系图. 该图左半部分为平行态下的对应关系, 右半部分为反平行态的情况. 从图 3-143 中可以看出, 对于平行态而言, 自旋向上的电子态对透射概率几乎是没有贡献的; 而透射概率随能量变化的每个峰值都能在平行态的自旋向下的电子态中找到对应. 对于反平行态而言, 这种电导和态密度的对应关系也是十分明显的; 但此时自旋向上的电子通道对透射系数是有贡献的. 从图中, 并不是所有的态密度上的特征都能反映在透射系数上, 这是由于透射概率除了决定于态密度外, 还决定于输运电子的波函数对称性. 在该 LB-OMTJ 的计算中, 发现分子上的电子态密度对透射概率的影响要明显的多.

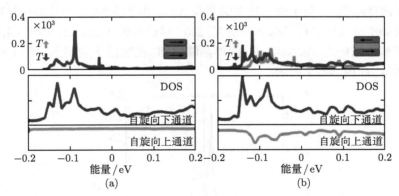

图 3-143 基于分子 $C_{12}H_{25}N$ 的 LB-OMTJ 中分子 DOS 与透射概率的关系

由于一般对 LB-OMTJ 的磁电阻效应的测量都需要在有一定偏压的条件下进行; 因此, 利用非平衡态格林函数的方法给出基于 $C_{12}H_{25}N$ 分子 LB-OMTJ 的输运特性. 如图 3-144(a) 所示, 是计算而得到的 *I-V* 电流特性曲线. 其中深蓝色的为平行态下的电流特性, 浅蓝色的为反平行态. 为了进一步反映 LB-OMTJ 的磁电阻特性, 图 3-144(b) 所示为隧穿磁电阻效应与偏压的依赖关系. 通过图 3-144(b) 的计算结果, 与图 3-144(c) 中所示的实验[170] 的磁电阻效应结果进行比对.

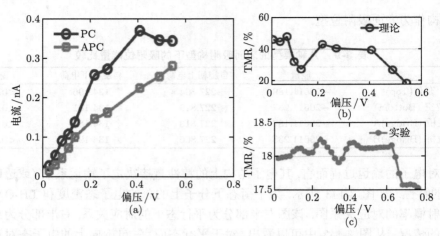

图 3-144　基于分子 $C_{12}H_{25}N$ 的 LB-OMTJ 中分子 DOS 与透射概率的关系[171]

从比对中, 发现理论计算结果和实验结果在趋势上有很好的一致性. 这里观察主要有两点磁电阻特性上的相似之处: 一是观察到隧穿磁电阻效应随偏压先减小后增大的现象; 二是观察到隧穿磁电阻效应在较大偏压下快速下降的现象.

3.7.5　NaCl 单晶势垒磁性隧道结的自旋相关输运问题

对于磁性隧道结, 除了采用较多的非晶 AlO_x 和单晶 MgO 作为势垒材料外, 人们对新的势垒材料也进行了探索和研究. 2007 年日本的 Nakazumi 等[365] 在实验上制备出了核心结构为 Fe/NaCl/Fe 的单晶隧道结, 在室温下观测到了约 3% 的隧穿磁电阻比值, 如图 3-145 所示.

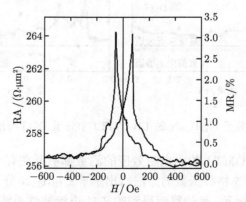

图 3-145　室温下 Fe/NaCl/Fe 的隧穿磁电阻曲线[365]

2007 年 Wang 等[366] 对基于单晶 NaCl 为势垒的单势垒磁性隧道结、双势垒磁性隧道结的应用实例进行了概述, 采用单晶 NaCl(001) 作为磁性隧道结的中间势垒层, 在有效提高隧道结隧穿电阻比值的同时能够得到较小的结电阻, 并且能够降低器件在应用上的功耗.

2010 年 Vlaic 利用第一性原理计算了 Fe/NaCl/Fe 的自旋相关输运性质[367] 如图 3-146 所示, 计算得到的隧穿磁电阻比随两端磁性层厚度的变化几乎不变, 随着中间势垒层厚度的增加而单调上升.

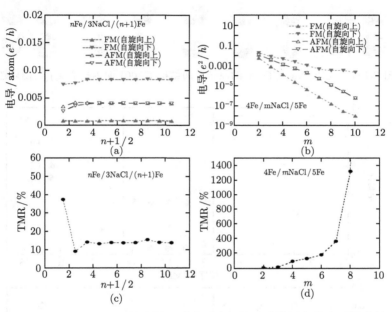

图 3-146　Fe/NaCl/Fe 的电导和隧穿磁电阻比随磁性层和势垒层厚度的
变化关系[367](后附彩图)

L10 相的 FePt 合金由于其巨大的单轴磁晶各向异性能, 因此可以克服在高密度磁记录中磁化热涨落问题, 是一种具有潜在应用前景的磁记录材料[368], NaCl 和 MgO 具有相同的晶体结构 (面心立方), $L1_0$ 相 FePt 的晶格常数为 $a=3.86$Å, $c=3.79$Å[369], 而 NaCl 的晶格常数为 5.64Å[370]. 如果认为 FePt 和 NaCl 在一起时外延关系为 [100]FePt(001)//[110] NaCl(001), 二者的晶格失配度约为 3%.

基于第一性原理和非平衡格林函数相结合的方法, 我们用 Nanodcal 程序包研究了 FePt/NaCl/FePt 的自旋相关输运性质[371]. 我们主要计算了 FePt/NaCl(5ML)/FePt(Fe 终端情形) 的自旋相关输运性质, 图 3-147 为其原子界面结构图, 图 3-149 为其电荷和磁矩分布图, 由图易看出 Fe 和 Pt 之间大约有 0.6e 的电荷转移, 而势垒区的 Cl 和 Na 之间大约有 0.8e 的电荷转移. 由磁矩分布图易看出界面处 Fe 原子的磁矩约为 3.1μ_B, 与体材料 Fe 原子的磁矩 (3.0μ_B) 相比有一定的增强, 与以前的计算结果相符.

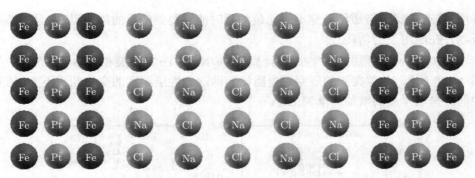

图 3-147   FePt/NaCl/FePt 的原子界面结构 ((100) 面内投影图)(后附彩图)

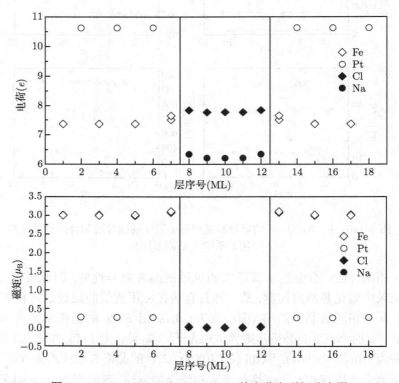

图 3-148   FePt/NaCl(5ML)/FePt 的电荷和磁矩分布图

图 3-149 为 FePt/NaCl/FePt 的电导和隧穿磁电阻比随中间 NaCl 势垒厚度变化关系图, 由图易知平行状态下多子的电导要小于少子的电导, 反平行状态下的电导介于二者之间. 这种情形和单晶 MgO 势垒的计算结果有些不同, 但和 Fe/NaCl/Fe 的计算结果相符[367]. 例如在 Fe/MgO/Fe 中[317], 在中间 MgO 势垒厚度大于一定值时, 平行状态下多子的电导要大于平行状态下少子的电导, 而反平行状态下的电

导小于平衡态的电导. 由图 3-149 易知隧穿磁电阻的比值随中间 NaCl 势垒厚度的增加而单调上升.

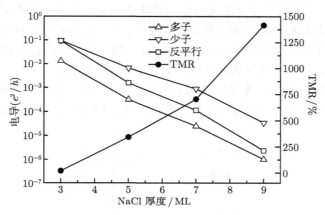

图 3-149 FePt/NaCl/FePt 的电导和隧穿磁电阻比, 上三角标记平行状态下多子对电导的贡献, 下三角标记平行状态下少子对电导的贡献; 正方形标记反平行状态下的电导

3.8 磁性隧道结中的自旋转移力矩效应及其应用

近 20 年来, 以巨磁电阻和隧穿磁电阻为代表的自旋电子学新材料、新结构及新器件的应用, 是纳米材料和技术中能迅速转化为高科技产业的最典型范例. 自旋电子学给计算机和信息技术等产业的发展带来了前所未有的巨大推动力, 极大地改变了人们的生活. 随着微纳米技术的发展, 磁记录密度不断提高, 磁存储单元的尺寸越来越小, 一些纳米材料特有的新奇物理现象不断被人们所发现. 当一个较大的电流通过尺寸约为 100nm 尺度的磁性纳米结构时, 由于自旋极化传导电子的自旋磁矩与自由磁性层的磁矩之间发生相互作用, 会将自旋极化电子的自旋动量矩传递给自由磁性层, 从而改变自由磁性层的磁化状态, 人们称之为自旋转移力矩效应 (spin transfer torque, STT).

3.8.1 磁性隧道结中的自旋转移力矩效应

自旋转移力矩效应, 又称为电流诱导磁化翻转 (current-induced magnetization switching, CIMS) 效应, 描述的是可以在无外磁场作用下, 自旋极化电流与纳米尺度铁磁体的磁矩发生相互作用, 自旋极化电子所携带的自旋角动量转矩转移给铁磁体的磁矩, 可以对铁磁电极的磁矩产生转矩, 当自旋极化电流的密度到达临界值时, 铁磁电极的磁矩方向会发生改变.

关于自旋极化电流产生的转矩与铁磁体相互作用的研究, 可以追溯到 20 世纪

80 年代, Berger 等[372] 和 Slonczewski[39] 对电流诱导畴壁运动以及电流产生的自旋转矩进行了相关的理论研究以及预言. 在早期的实验工作中, 由于纳米加工条件的限制, 磁性纳米结构的尺寸无法达到理论预期的 100nm 左右, 电流密度很难达到理论上能使磁矩翻转的临界电流密度值. 1996 年, Slonczewski[373] 和 Berger[259] 分别独立地从理论上研究了纳米尺度下 (~ 100nm) 的铁磁/正常金属/铁磁组成的赝自旋阀结构, 预言了电流诱导的磁化翻转效应 (CIMS) 的存在, 指出当垂直于膜面的自旋极化电流所产生的自旋转矩作用于自由层的磁矩上时, 发生角动量转移, 使自由层的磁矩在阻尼与传导电子自旋转矩的共同作用下进动, 如图 3-150 所示.

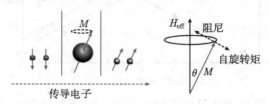

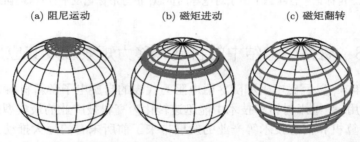

图 3-150　传导电子的自旋转矩与铁磁层磁矩 M 的相互作用[374](后附彩图)

对通常的铁磁性薄膜材料, 当电流密度达到一定值时 ($10^6 \sim 10^7 \mathrm{A/cm^2}$), 自由层的磁矩将克服阻尼运动, 发生翻转, 而无须另外施加磁场. 自旋极化电流产生的自旋转矩可以表示为

$$\Gamma = -[\hbar(2e)](\eta I/m^2)(\boldsymbol{n}_\mathrm{s} \times \boldsymbol{m}) \times \boldsymbol{m} \tag{3-101}$$

其中, $\boldsymbol{m}$ 是铁磁电极的磁化矢量, m 是其大小; $\boldsymbol{n}_\mathrm{s}$ 是注入自旋极化电流的方向; η 是跟电流的自旋极化率有关的量. 将这个转矩代入 Landau-Lifshitz-Gilbert (LLG) 方程就可以得到

$$(1/\gamma)\frac{\mathrm{d}\boldsymbol{m}}{\mathrm{d}t} = \boldsymbol{m} \times \left[\boldsymbol{H} - (\alpha/m)\boldsymbol{m} \times \left(\boldsymbol{H} + \frac{\eta\hbar I}{2em\alpha}\boldsymbol{n}_\mathrm{s}\right)\right] \tag{3-102}$$

其中, γ 是旋磁比 $2\mu_\mathrm{B}/\hbar$, α 是阻尼系数. 通过求解以上包含自旋转移力矩效应的

LLG 方程, 可以得到磁矩翻转的临界电流

$$I_{c\pm} \propto \left(\frac{2e}{\hbar}\right)\left(\frac{\alpha}{\eta}\right) \cdot m \cdot [H_{\text{ext}} \pm (H_k + 2\pi M_s)] \tag{3-103}$$

其中, M_s 是自由层的饱和磁化强度; m 为自由层总的磁矩 VM_s (V 为自由层的体积), H_{ext} 为外磁场; H_k 为各向异性场[374]. 早期的理论研究认为自旋极化电流的自旋转矩与铁磁层磁矩之间的角动量的转移起因于铁磁/正常金属界面处自旋相关积累及散射. 而近来的理论模型则趋向于对界面散射、自旋积累、自旋弛豫等自旋相关输运过程进行全面的考虑[375,376]. 从以上临界电流的公式中可以得到, 临界电流 I_c 与磁性材料的阻尼系数 α、饱和磁化强度 M_s 以及自由层的体积 V 成正比关系, 因此寻找低阻尼系数、低饱和磁化强度的材料, 进一步利用微纳米加工手段减小自由层铁磁层的尺寸以及合理设计自由层的新型结构是减小磁化翻转临界电流的有效途径.

基于自旋转移力矩效应的新型自旋电子学器件摆脱了对外加磁场的依赖, 具有结构设计简单、集成度高以及功耗小、速度快等诸多优点, 有着广阔的应用前景, 因此自旋转移力矩效应的研究引起了学术及工业界广泛的关注. 在理论预言随后的几年里, 实验上有了突破性进展, 相继在磁性纳米线[377]、自旋阀结构的纳米柱[378]、纳米点接触[379] 以及磁性隧道结[380] 中验证了自旋转移力矩效应的存在, 即电流诱导的磁化翻转或自旋波的激发. 实验表明, 产生自旋转移力矩效应的磁性纳米结构中, 其磁电阻随外加自旋极化电流的关系曲线为回线, 类似于磁电阻随外加磁场的变化曲线. 该电阻的突变对应着自旋阀结构或磁性隧道结中自由层磁矩方向的翻转, 此时的电流被称为临界翻转电流. 在无外加磁场的情况下, 磁性结构中自由层与参考层磁矩从反平行到平行 (AP→P) 和从平行到反平行 (P→AP) 翻转的临界电流的大小 ($I_C^{\text{AP}\to\text{P}}$ 和 $I_C^{\text{P}\to\text{AP}}$) 是不相等的, 这与公式 (3-103) 预言的一致.

2000 年美国康奈尔大学的 Katine 等[378], 首次在直径约为 100 nm 的 Co/Cu/Co 纳米柱赝自旋阀结构中观察到了电流诱导的磁化翻转. 他们利用巨磁阻效应作为"探测器", 说明了在弱外加磁场的情况下, 所施加的自旋极化电流能够使 Co 层的磁矩发生翻转, $R-I$ 曲线表现为回线形式, 并会随着外加磁场的变化而偏移, 如图 3-151 所示, 典型的临界电流密度值为 $10^8\,\text{A/cm}^2$; 另外在强外磁场的情况下, $R-I$ 曲线发生偏移, 但没有呈现回线, 自旋极化电流不能够引起磁化翻转, 而只能在铁磁层中激发自旋波. 尽管基于 STT 效应的器件可以在没有外磁场的条件下工作, 但是研究外磁场下的 STT 效应有助于更加清晰地了解该效应的物理机制并扩展其应用范围. 通过确定适当的外磁场值, 可以使临界电流 $I_C^{\text{P}\to\text{AP}}$ 和 $I_C^{\text{AP}\to\text{P}}$ 相等, 这对 STT 效应在存储器等方面的应用有着实际意义.

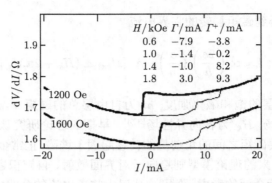

图 3-151　最早在赝自旋阀结构纳米柱中观察到自旋极化电流与磁电阻曲线[378]

　　2003 年 Liu 等[381] 在微米级的磁性隧道结中观察到了不明显的电流驱动磁化翻转, 所施加的电流达到了几十毫安量级. 但是在理论上不能够完全用自旋转移力矩效应来解释, 研究表明在磁化翻转过程中电流产生的奥斯特磁场起了一定的辅助作用. 2004 年 Huai 等[380] 首次在非晶氧化铝为势垒的磁性隧道结中观察到了明显的自旋转移力矩效应, 如图 3-152 所示. 图 3-152 中 (a) 和 (c) 为磁性隧道结的 $R - H$ 曲线, 在外磁场作用下, 自由层和参考层的磁矩呈平行和反平行排列. 图 3-152(b) 和图 3-152(d) 为相应的磁性隧道结自由层和参考层磁矩在自旋极化电流作用下的变化情况. 在基于非晶氧化铝势垒的磁性隧道结中 (b), 磁化翻转的临界电流密度为 $8 \times 10^6 \text{A/cm}^2$. 经过进一步改进工艺后 (e-h)[382], 特别是把直流的极化电流改成脉冲极化电流后, 电流驱动曲线的方形度已经达到和超过了磁场驱动曲线. 磁性隧道结的尺寸已经接近了 100nm, 由于采用了单晶 MgO 作为势垒层, 磁电阻的变化也升高到了 150%, 临界电流降低到了 0.22mA, 同时磁化翻转的临界电流密度降低到了 $2 \times 10^6 \sim 3 \times 10^6 \text{ A/cm}^2$.

　　为了降低临界电流密度, 通常研究人员选用饱和磁化强度 M_s 低、阻尼系数小和自旋极化率高的非晶 CoFeB 铁磁合金作为磁性隧道结的铁磁电极. 另一种方法是通过改变磁性隧道结自由层的结构来降低临界电流密度. 2004 年 Jiang 等[383] 在以 CoFe 为铁磁电极的自旋阀结构中观察到明显的极化电流使磁矩发生翻转的现象, 如图 3-153 所示. 图中上面的两幅插图是多层膜在外磁场的作用下电阻的变化, 对应不同的结构: Cu(20nm)/IrMn(10)/Co$_{90}$Fe$_{10}$(5)/Cu (6)/Co$_{90}$Fe$_{10}$(2.5)/Ru(d)/Cu(5)/Ta(2), 其中 d=0 或 0.45nm. 蓝色的曲线表示没有 Ru(d=0) 的结构, 电流从 −120mA 变化到 +120mA 然后回到 −120mA. 可以观察到: 当电流从 −120mA 减小到 0mA 然后再增加到约 30mA 时, 多层膜的电阻突然减小, 这说明两个铁磁层的磁矩由反平行排列变到了平行排列, 继续增大电流电阻没有明显变化. 当电流反方向增大到约 40mA 时, 多层膜的电阻又突然增大, 变回到了较大的电阻状态, 这说明两个铁磁层的磁矩由平行排列又变回到了反平行排列. 红线是另外一种含有 Ru 的结构的电流诱导磁化翻转曲线, 通过在自由层 CoFe 电极上插入 Ru 层, 使得临界电流密度降低到了 $2 \times 10^6 \mathrm{A/cm^2}$ 的量级. 另外, Meng 等[384] 设计了具有纳米电流通道的复合自由层磁性隧道结以及双过滤型的磁性隧道结多层膜结构[38](图 3-154) 来降低临界电流密度. 但是以上的实验尝试, 虽然有效地降低了磁化翻转的临界电流密度, 但是还没有达到半导体晶体管所要求的电流密度: $10^5 \mathrm{A/cm^2}$ 量级.

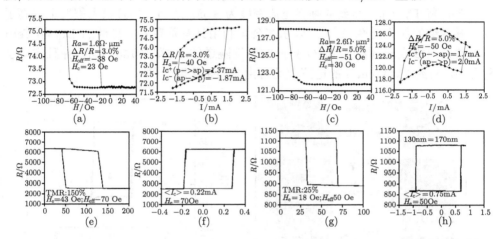

图 3-152 非晶氧化铝势垒的 MTJ 以及单晶 MgO 势垒的 MTJ 中磁场和电流诱导的磁化翻转[380,382]

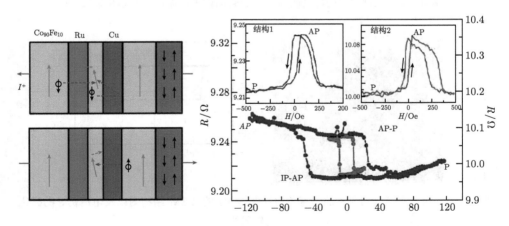

图 3-153 复合自由层结构的自旋阀纳米柱结构中电流诱导的磁化翻转[383](后附彩图)

为了进一步降低磁化翻转的临界电流密度, 人们从临界电流的理论公式中发现可以改变自由层的形状各向异性场. 当利用垂直各向异性的磁性材料作为自由层时, 理论上将不存在 $2\pi M_s$ 项, 而形状各向异性场 H_k 成为 $H_k\text{-}4\pi M_s$, 所以当选择合适的材料作为磁性隧道结的自由层时, 由于减小了 $2\pi M_s$ 对电流的贡献, 有望进一步降低临界电流密度[385]. 另外采用垂直各向异性的材料制备磁性隧道结, 其形状为圆形时, 具有良好的热稳定性, 从而可以进一步降低存储单元的尺寸, 提高器件的密度. 2007 年日本东芝公司制备了以垂直各向异性的 TbCoFe 为铁磁电极的 MgO 势垒的磁性隧道结, 并在 MgO 势垒的两边插入 CoFeB 合金来增加界面的匹配度来提高 TMR 值. 得到的临界电流密度为 $3.5\mathrm{MA/cm^2}$, 并且很大程度上提高了磁性隧道结的热稳定性[119]. 近来东芝公司利用具有垂直各向异性的 $L1_0$ 相 FePt 作为铁磁电极成功制备了 MgO 势垒的磁性隧道结, 如图 3-155 所示, 并且实现了利用 $50\mu\mathrm{A}$(约 $1\mathrm{MA/cm^2}$) 的电流驱动自由层的磁化翻转[386].

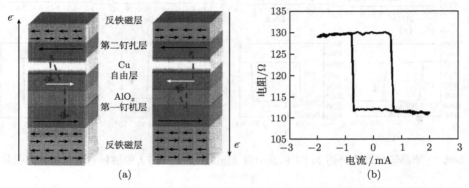

图 3-154　双过滤型的磁性隧道结多层膜结构中电流诱导的磁化翻转[38]

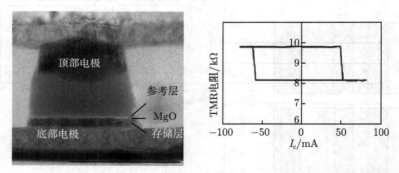

图 3-155　日本东芝公司制备的垂直各向异性 MTJ 的 TEM 结构图以及电流诱导的磁化翻转[386]

自旋转移力矩效应是自旋电子学发展中的一个具有里程碑式意义的新发现. 自旋极化电流诱导的磁化翻转具有诱人的应用前景, 引起了全世界学术界以及工业界的热切关注. 仅需几十微安的电流就能实现磁电阻纳米结构磁化翻转, 而且随磁性单元尺寸的减小, 自旋转移力矩效应越明显. 自旋转移力矩效应不仅提供了自旋电子学器件信息写入的新方式, 同时与器件的高密度趋势相协调发展. 迄今为止, 实验上获得的自旋极化电流诱导磁化翻转的临界电流密度为 10^6 A/cm² 量级, 距目前半导体工艺水平的高密度和小尺寸的晶体管所能承受的最大电流密度 (10^5 A/cm²) 还有一定的差距, 因此减小磁化翻转的临界电流密度是当前学术界以及工业界努力追求的目标. 目前研究人员预计在具有垂直各向异性的半金属铁磁电极的磁性隧道结中, 临界电流密度有望降低到 10^5 A/cm² 的量级.

3.8.2 纳米环状磁性隧道结中的自旋转移力矩效应

如上节所述, 自旋转移力矩效应是自旋电子学发展中的一个里程碑意义的新发现. 自旋转移力矩效应不仅提供了自旋电子学器件信息写入的新方式, 同时与器件的高密度趋势相协调发展, 减小磁化翻转的临界电流密度是当前学术界以及工业界努力追求的目标.

传统的基于磁性隧道结的磁电阻存储器或传感器件中都是采用实心的矩形或椭圆形的磁性隧道结作为核心单元; 因为采用这样的形状可以利用单元的形状各向异性来保持稳定的磁矩状态, 增加器件的热稳定性. 但采用矩形或椭圆形的磁性隧道结单元, 在长边的边缘处会有退磁场的形成以及杂散磁场出现, 特别是当阵列式单元的尺寸和间距足够小时, 磁性单元自身的自由层和参考层之间以及相邻器件单元之间的杂散场相互作用会显著增强, 导致磁干扰和磁噪声增加, 其弊端尤为明显, 会直接导致单个磁性隧道结的读写错误, 从而严重影响器件的性能以及器件单元密度的提高. 利用自旋转移力矩效应驱动矩形或椭圆形磁性隧道结磁化翻转时, 在边缘处的成核效应以及由于实际边缘不光滑而导致的钉扎效应都会增大磁矩翻转的临界电流强度. 降低磁化翻转的临界电流密度是自旋转移力矩效应应用中的核心问题. 从临界电流的理论公式可知, 自由层的磁各向异性以及退磁场是制约临界电流密度的关键. 然而在纳米环状磁性隧道结 (NR-MTJs) 中, 自由层与参考层通过纳米加工方法制备成封闭的圆环形, 磁矩成闭合状, 不仅消除了矩形或椭圆形纳米磁性隧道结的开放式两端产生的退磁场, 有望实现磁环翻转临界电流密度的进一步降低; 而且其封闭的磁畴不会产生杂散磁场, 相邻的存储单元不会相互耦合干扰, 从而有利于器件的进一步高密度集成, 同时减小读写时的误码率. 另外由于其闭合的形状, 纳米环状磁性隧道结比矩形或椭圆形的磁性隧道结 ($U/K_BT=60$) 具有更高的热稳定性, 如图 3-156 所示[387].

通过垂直于膜面的自旋极化电流来驱动纳米环状磁性隧道结, 由电流产生的奥斯特磁场对自由层的磁化翻转起到辅助的作用, 从而有望进一步降低磁化翻转的临界电流密度, 减小功耗. 鉴于自旋转移力矩效应的实现, 需要三维纳米尺度限制的磁性纳米结构, 中国科学院物理研究所 M02 课题组 [13,98] 设计了圆环状的磁性隧道结, 其自由层的厚度为 2.5nm 高自旋极化率的 CoFeB 合金, 圆环的外直径为 100nm, 壁宽为 25nm, 并研究了 NR-MTJs 中的自旋极化电流诱导的磁化翻转. 利用磁控溅射方法, 将氧化铝势垒的磁性隧道结多层膜结构: Ta(5 nm)/Ru(10)/Ta(5)/Ni$_{81}$Fe$_{19}$(5)/Ir$_{22}$Mn$_{78}$(12)/CoFe(2)/Ru(0.9)/CoFeB(3)/Al(0.6-oxide)/CoFeB(2.5)/Ta(5)/Ru(6), 沉积到粗糙度小于 0.4nm 的热氧化硅 Si(100)/SiO$_2$ 衬底上. 将沉积好的磁性隧道结多层膜在超净间中利用紫外光刻、离子束刻蚀、电子束曝光以及化学反应刻蚀等微纳米加工手段进行纳米环状磁性隧道结的图形化制备.

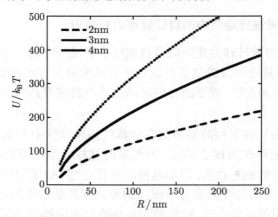

图 3-156   纳米环状坡莫磁性合金的热稳定性与膜厚和环半径的关系[387]

图 3-157(a) 是利用以上纳米加工方法制备的外直径约为 100nm, 环壁宽约为 25nm 的纳米环状磁性隧道结的环形结区以及阵列的扫描电镜照片. 这是目前国际上利用纳米加工技术制备出的直径最小、壁宽最窄的纳米环状磁性隧道结.

由于原位沉积 MTJ 薄膜时施加了诱导磁场, MTJ 薄膜具有特定的易磁化方向 (EMD), 所以图形化后制备出的纳米环状磁性隧道结其磁矩呈"洋葱状"排列. 纳米环状磁性隧道结的磁矩排布有最主要和最稳定的"涡旋"与"洋葱"两种磁化状态, 如图 3-158 所示, 对"洋葱"状磁化状态来讲, 磁矩的翻转由两个已经存在的畴壁的移动 (转动) 来完成, 而不需要产生新的畴壁, 因此相对更加容易被较小的外磁场或自旋极化电流来驱动. 磁性隧道结纳米多层膜在微纳米加工前, 在 265°C 温度和磁场下热处理 1h, 然后用上述微纳米加工方法制备成纳米环状磁性隧道结.

图 3-159 分别是 200nm 和 100nm 的纳米环状磁性隧道结在外加磁场下的磁化翻转曲线. 平行状态电阻分别为 2kΩ 和 2.8kΩ, 反平行状态电阻分别为 2.8kΩ 和 3.8kΩ, 磁电阻比值分别为 44%和 36%. 从图中可以看到 100nm 环形磁性隧道结的磁矩翻转曲线上出现了一些小的台阶, 而 200nm 的环形磁性隧道结或椭圆形结区的磁性隧道结磁化翻转曲线非常陡直. 出现这种情况的原因是磁性隧道结的结区边缘不光滑而造成的, 由于 100nm 的环形的尺寸较小, 所以相对于 200nm 的环形磁性隧道结, 边缘的缺陷引起的钉扎效应对其影响较大.

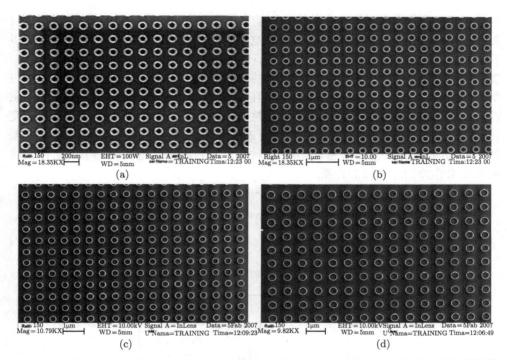

图 3-157 外直径分别为 100nm、200nm、300nm 和 400nm, 壁宽 25nm 的纳米环状磁性隧道结阵列的扫描电镜照片[98]

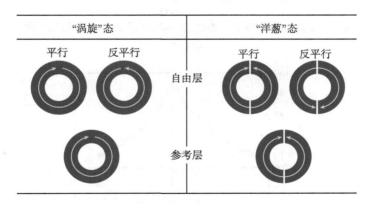

图 3-158 纳米环状磁性隧道结参考层与自由层磁矩的排列状态

图 3-160为相应纳米环状磁性隧道结的伏安特性曲线以及隧穿磁电阻的偏压依赖关系. 从 I-V 特性曲线上可以看出, 纳米磁性隧道结表现出很好的隧穿特性. 由 I-V 曲线得到的隧穿磁电阻与外加偏压的依赖关系曲线可以得到磁电阻降低到 1/2 时的偏压为 $V_{1/2}=0.53$V, 曲线的对称性很好, 说明势垒层和铁磁层的界面平整, 而

且纳米环状磁性隧道结有一定的抗击穿能力. 图 3-161 是纳米环状磁性隧道结在自旋极化电流作用下磁矩翻转情况. 脉冲宽度为 500ns 的脉冲电流依次以固定的步长 (20μA) 增加或减小幅值, 施加到纳米环状磁性隧道结上; 在每一步脉冲电流施加结束后, 利用 10μA 的电流来测量磁性隧道结电阻. 脉冲电流的自旋转移力矩与纳米环状磁性隧道结的自由层的磁矩相互作用, 当电流密度达到一定临界值时, 磁性隧道结自由层磁化翻转. 纳米环状磁性隧道结的自由层与参考层从反平行态变化到平行态的临界电流为 0.4mA, 从平行态变化到反平行态的临界电流为 0.47mA. 如果取高阻态为 "1", 低阻态为 "0", 这种在外加自旋极化电流驱动下的工作曲线可以用来作为信息存储的介质.

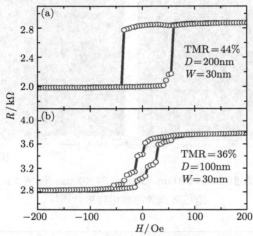

图 3-159　外直径为 100nm 和 200nm 的纳米环状磁性隧道结在外磁场驱动下的磁化翻转曲线[98]

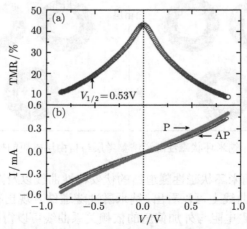

图 3-160　纳米环状磁性隧道结的 I-V 特性以及磁电阻与偏压的依赖关系[98](后附彩图)

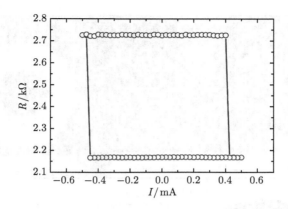

图 3-161　纳米环状磁性隧道结在自旋极化电流作用下的磁矩翻转[98]

图 3-162 所示为三明治型 (无反铁磁钉扎层)NR-MTJs 阵列的扫描电镜照片, 单个磁性隧道结的内直径和外直径分别是 50nm 和 100nm. 深亚微米尺寸的单环中的磁畴状态有两个可能的稳定状态, 在零外磁场的情况下, 即是洋葱态和涡旋态, 如图 3-162(d) 所示. 洋葱态是亚稳定状态, 能通过施加面内的外磁场而形成. 洋葱态有一对磁畴, 当单轴各向异性存在的时候, 两个畴壁被钉扎在易轴方向. 涡旋态是能量最低态, 是比洋葱态更稳定的磁化状态. 但是由于沉积薄膜过程中施加了诱导磁场, 没有实现制备的涡旋态. 当一个平面内的磁场沿一个方向从正到负时, 在 2.5nm 厚的 CoFeB 磁性薄膜环中, 微磁学模拟显示没有发生从洋葱态到涡旋态的转变; 取而代之的是洋葱态的两个磁畴壁沿着周长旋转, 直到洋葱态磁畴转到负方向的平行态.

图 3-163 显示了三明治 NR-MTJs 中隧穿磁电阻随外加磁场的变化曲线以及微磁学模拟的磁畴状态. 当施加一个沿着易轴方向的平面内磁场, 在大磁场下两个磁环的磁矩处于平行的洋葱态, 电阻最低; 当磁场减小时, 为了减少静磁能, 畴壁的杂散磁场促使了上下磁环的洋葱态相反方向的翻转. 由于两层的单轴各向异性比较小, 每一个洋葱态要相对转动 90°, 直到形成一个反平行的配置, 隧穿磁电阻达到最大. 进一步外磁场促使两个磁环的洋葱态在初始易轴的负方向再变为平行态, 电阻最小.

为了定性的再现以上实验数据的特征, Wei 等[388] 利用微磁学数值模拟来分析其中的物理过程. 采用了以下几个假设: ① 磁电阻曲线上台阶说明了体系中钉扎势的存在, 所以在模拟中利用一个面内的各向异性场来描述体系中的钉扎效应; ② 由于势垒很薄, 所以两个磁环层间存在耦合, 作者增加了一个 60 Oe 的磁耦合场; ③ 隧穿电导通过标准的隧穿磁电阻公式计算:

$$G(H) = G_{\mathrm{p}} - \frac{G_{\mathrm{p}} - G_{\mathrm{a}}}{2A} \int \mathrm{d}x\mathrm{d}y[1 - \cos\theta(x, y)] \tag{3-104}$$

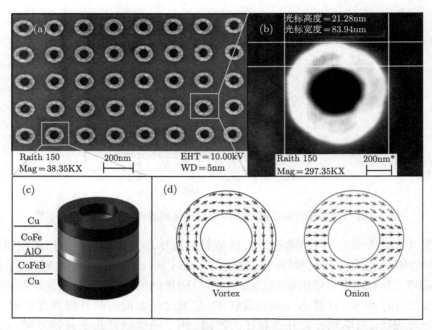

图 3-162　NR-MTJs 阵列的扫描电镜照片以及深亚微米尺寸的单磁环中在零磁场下的两个
稳定的磁畴状态：洋葱态和涡旋态[388](后附彩图)

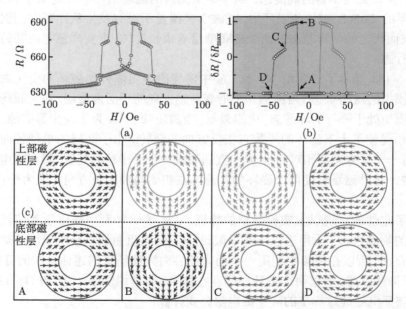

图 3-163　三明治 NR-MTJs 中隧穿磁电阻随外加磁场的变化曲线以及微磁学模拟的磁畴
状态[388](后附彩图)

其中, $G_p(G_a)$ 是两个磁层平行和反平行时的电导; A 是环的面积; $\theta(x, y)$ 是上下两层局域磁矩矢量 $\boldsymbol{M}_t$ 和 $\boldsymbol{M}_b$ 之间的夹角 (x, y); 代表面内的坐标. 通过微磁学模拟得到上下环的磁矩状态, 电导或者隧穿电阻能容易地从方程中得到. 如图 3-163(b) 所示, 模拟的结果重现了实验 $R\text{-}H$ 曲线的主要特征.

可以注意到有一些微细的特征并没有在模拟中出现: 首先, 在实验中低场下观察到的逐渐增加的电阻, 说明畴壁是在逐渐旋转, 这来自于两个环的静磁相互作用和钉扎势的竞争[389]. 第二, 在低场下平行态电阻和逐渐增加的反平行态电阻有一些非常小的突变, 这可能是由于两层的易轴和磁场之间的偏差所致. 如果考虑两层的易轴有一个夹角, 一个大磁场使两层的洋葱态平行, 随着磁场减小到某个值, 两磁环的洋葱态突然趋向它们各自的易轴. 这个不可逆转的跳跃依赖于局域的钉扎势. 图 3-164 中为一个外直径为 200 nm 三明治型纳米环状磁性隧道结的 $R - H$ 特性, 在小磁场下磁电阻的回线发生类似的跳跃. 这些无法控制的微细特征说明了环的边缘结构存在一定的缺陷.

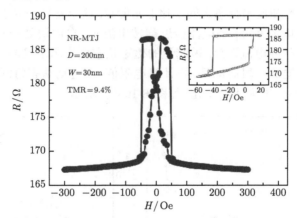

图 3-164 外直径为 200 nm 三明治型纳米环状磁性隧道结的磁电阻特性[388]

Wei 等[388] 进一步研究了三明治纳米环状磁性隧道结在零磁场下的电流驱动磁化翻转. 在每一次测量电阻前, 一个 500ns 的电流脉冲被施加到磁性隧道结上, 然后通过一个 10μA 的低读出电流来读电阻, 这样在施加脉冲电流以后, 小电流不会干扰磁畴结构. 通过重复以上的过程, 增加或减少电流的幅值, 得到完整的 $R\text{-}I$ 回线, 如图 3-165 所示. 值得注意的是电阻的高低值很接近图 3-164 中的值. 这说明两种状态下, 两层的磁矩是两个平行 (低电阻) 和反平行 (高电阻) 的洋葱态. 从反平行到平行态磁化翻转的临界电流约为 1.1mA, 电流密度为 $6 \times 10^6 \text{A/cm}^2$.

电流驱动的磁化翻转中自旋转移力矩效应起作用, 但是电流诱导的奥斯特环形磁场可能影响磁畴的状态. 进一步分析认为电流诱导的奥斯特环形磁场不是磁化翻转的主要机制: ①电流为 1mA 时, 在 200 nm 环的边缘处产生的最大奥斯特磁场小于 4Oe, 这个磁场显然不会对磁畴状态产生影响. 微磁学模拟研究显示需要至少几倍大于实验中的电流密度产生的磁场来翻转自由层洋葱态磁畴的极性. 从微磁学模拟上来看, 如果不考虑自旋转矩效应, 奥斯特磁场只能翻转洋葱态磁矩到很小的角度. ② 对于不同尺寸的环状磁性隧道结, 实验中通过磁矩翻转的临界电流值所测得到的临界电流密度大约都是相同的, 然而奥斯特磁场驱动磁矩翻转的临界值却是强烈依赖于尺寸的. 所以自旋转移力矩效应应该是三明治纳米环状磁性隧道结中磁化翻转的主要机制. 自旋转移力矩为 $a_j \boldsymbol{m}_i \times (\boldsymbol{m}_i \times \boldsymbol{m}_j)$, a_j 正比于电流, $\boldsymbol{m}_i$ 是电子转移的自旋矩, $\boldsymbol{m}_j$ 是参考层磁矩方向单位. 图 3-165 中实验和模拟的结果, 没有出现 R-H 曲线中的台阶, 这说明了相对于磁场驱动的情况, 电流诱导的磁化翻转对于局域的钉扎效应不敏感. 这种结果来自于自旋转移力矩: 临界翻转电流密度正比于 $H_k + 2\pi M_s$, 这里 H_k 是各向异性场, M_s 是饱和磁矩. 既然 $2\pi M_s$ 远远大于 H_k 和钉扎势, 对于局域的效应, 临界电流是不敏感的. 另外模拟结果显示, 在翻转之前施加正 (负) 电流接近平行态 (反平行态) 时, 电阻会逐渐变化, 然而实验数据显示翻转在平行和反平行态之间变化非常陡直. 这个差异是由于在模拟中设置的电流是一个常数电流密度, 当电流接近翻转电流时, 自由层处于稳定的进动; 实验上电阻测量是在脉冲电流以后, 被测量的磁矩状态由于阻尼又回到了稳定状态, 因此在模拟中施加电流一段时间后, 再计算电阻值, 则进动状态将回到平行或反平行的稳定态, 回线不会出现逐渐变化, 如图 3-165(e) 所示.

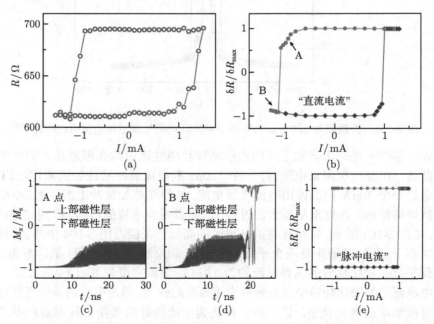

图 3-165　三明治纳米环状磁性隧道结在零磁场下的电流驱动的磁化翻转 [388](后附彩图)

在有限温度下的临界电流是

$$I_{c} = I_{c0}(1 - \frac{k_{B}T}{E_{b}} \ln(t_{P} f_{0}))$$ (3-105)

其中, I_{c0} 是零温下的临界电流; T 是温度; E_{b} 是平行与反平行态转变的能量势垒; $t_{P}=200$ns 是电流脉冲宽度; $f_{0}=10^{9}$Hz 是本征频率. 当偏压达到 1V 量级时, 温度效应将是需要考虑的重要因素. 能量势垒 E_{b} 依赖于静磁相互作用和环结构的缺陷等细节, 以及垂直平面的自旋转移力矩也对能量势垒有贡献. 这些参数的不确定性, 使定量的对比非常困难. 图 3-166 显示了临界电流作为温度的函数, 在温度较高时, 临界电流的减小说明热效应在电流诱导的磁化翻转中起了重要的作用.

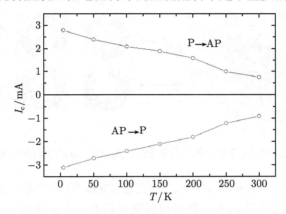

图 3-166　临界电流作为温度的函数[388]

研究环状结构的动机是为了创造涡旋态磁畴结构, 增加热稳定性, 对于超薄的纳米磁性环, 需要一个大的垂直于平面的旋转磁场促使洋葱态到涡旋态的转变. 一个可能的方法是使用一个电流产生的环状磁场, 初始化涡旋态, 但是需要的电流密度很大, 磁性隧道结在这样大的电流密度下会被击穿; 另一个方法是施加一个大的垂直于平面的磁场和一个适当的电流通过磁性隧道结. 在超薄纳米磁性环中去实现和操纵控制涡旋态磁畴, 这仍将是实验上的挑战.

当电流垂直通过磁性隧道结时, 除了自旋转移力矩效应, 还会产生一个环形的奥斯特磁场, 这个磁场可以导致在圆盘形磁性结构中复杂的磁化翻转过程[390]. 纳米环状磁性隧道结提供了一个理想的几何结构来研究电流诱导磁化翻转过程中的奥斯特磁场效应. 以前报道的巨磁电阻磁性纳米环中的 GMR 效应[391] 忽略了环形的奥斯特磁场在纳米环 GMR 器件的 STT 翻转中所扮演的角色. 在磁性隧道结的翻转中, Wei 等[392] 研究了通过很窄壁宽的 NR-MTJs 获得了伴随着 STT 的环形奥斯特磁场而形成的其他磁畴结构; 同时提供了一个模型来计算环形奥斯特磁场与 STT 中的非绝热项等价的自旋转移交换场 H_{st}.

在平行于膜面的单轴外磁场中洋葱态的两个畴壁向相反的方向运动; 在环形磁场中, 它们将相对运动形成螺旋态, 即两个不相等的磁畴. 所以涡旋态、洋葱态、螺旋态形成了在纳米环中的多个磁畴状态, 如图 3-168 所示.

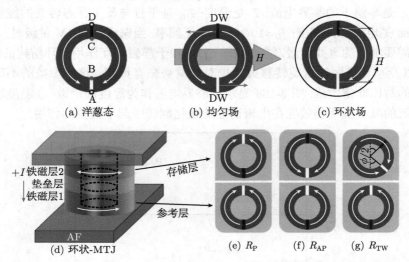

图 3-167　纳米环状磁性隧道结中磁畴可能的状态以及在磁场中的变化趋势[392] (后附彩图)

对于外直径在 100nm 到 400nm、壁宽在 25nm 的自旋阀型 NR-MTJs, 由于磁环壁宽很窄, 基于现有的磁力显微镜和自旋分辨的电子显微镜的分辨率, 来观测环中的磁畴和畴壁的分布及运动状态, 还是一个具有挑战性的研究难题. 因此, 目前只能够通过输运性质来揭示磁环内部磁畴的分布情况.

自旋阀型 NR-MTJs 多层膜结构是 $Ta(5nm)/Ir_{22}Mn_{78}(12)/Co_{75}Fe_{25}(2)/Ru(0.8)/CoFeB(3)/Al-O(0.7)/CoFeB(2.5)/Ta(3)/Ru(5)$, 外直径为 100 nm 的自旋阀型 NR-MTJs 的磁场驱动磁化翻转曲线, 如图 3-168 所示. 低和高电阻值分别是 2.15 kΩ 和 3.1 kΩ, 分别对应着平行态和反平行态, 隧穿磁电阻的比值为 45%, 电阻面积乘积为 $18\ \Omega\cdot\mu m^2$. 电流诱导的磁化翻转如图 3-168 所示, 在室温下反平行态的电阻为 2.7 kΩ 以及电流诱导的隧穿磁电阻比值为 25%. 平行态和反平行态小平坦的背景是由于使用脉冲电流而使热效应减小的缘故. 对于 100nm 的 NR-MTJ, 临界电流为 $+I_c=0.4mA$, 对应的临界电流密度为 $J_c=6\times10^6 A/cm^2$, 电阻面积乘积约为 $16\Omega\cdot\mu m^2$.

对于外直径为 200nm 的自旋阀型 NR-MTJs, 磁化翻转临界电流为 0.9mA, 临界电流密度为 $5.7\times10^6 A/cm^2$. 虽然驱动磁矩翻转的临界电流是外直径 100 nmNR-MTJ 的两倍, 但是两者的翻转临界电流密度却几乎相同. 如图 3-169 所示, 在外直径 100nm 到 400nm 的 NR-MTJs 中, 临界电流是线性增加的, 而临界电流密度几乎是一个常数. 这说明 NR-MTJs 比相同尺寸的圆盘形磁性隧道结有更小的临界翻转电流, 而且 NR-MTJs 的尺寸越小, 临界翻转电流越小.

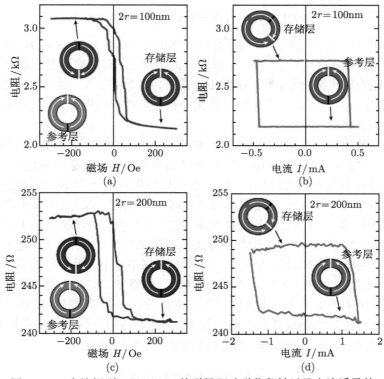

图 3-168　自旋阀型 NR-MTJs 的磁场驱动磁化翻转以及电流诱导的
磁化翻转曲线[392](后附彩图)

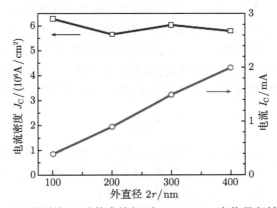

图 3-169　不同外直径尺寸的自旋阀型 NR-MTJs 中临界翻转电流以及
电流密度[392](后附彩图)

使用隧穿磁电阻的变化可以分析自由层中磁畴的结构, 磁性隧道结的电导可以由自由层与参考层平行和反平行自旋排布的面积来决定

$$G = G_{AP}A_{AP}/A + G_P A_P/A = G_{AP} + (G_P - G_{AP})A_P/A \qquad (3\text{-}106)$$

G_{AP} 和 G_P 分别是反平行与平行洋葱态的电导. $A = A_{AP} + A_P$ 为总的截面积. 这样通过实验得到 G_{AP} 和 G_P 以及总的电导 G, 就能确认自由层与参考层中平行排布磁矩的比例. 例如参考层的磁矩排布为洋葱态不变, 则自由层为涡旋态的电导为: $(G_{AP} + G_P)/2$. 由于 GMR 结构中存在面内横向电导, 所以该方程不适用于 GMR 纳米结构.

在传统的圆盘状的磁性隧道结中, 电流驱动与磁场驱动的隧穿电阻是相同的, 但是在 NR-MTJs 中, 如图 3-168 所示, 磁场与电流驱动的隧穿电阻是不一样的. 这说明在两种机制驱动磁化翻转过程中, 自由层中形成了不同的磁化状态. 磁场驱动的高阻态 3.1kΩ 要高于电流驱动的 2.75kΩ; TMR 值 45% 也要高于电流驱动的 TMR 值 25%. 既然参考层一直是洋葱态, 这两个不同的高阻态显示了自由层中两个不同的磁畴状态. 在一个大磁场下自由层获得完全反平行洋葱态, 电阻为 3.1kΩ. 但是电流驱动时候的高阻态 2.75kΩ 意味着自由层中有不是反平行的洋葱态或涡旋态 [涡旋态电阻为 $((G_{AP} + G_P)/2)^{-1}$=2.54kΩ]. 所以 R=2.75kΩ 意味着在自由层中存在着一个中间的螺旋态. 该螺旋态是由垂直通过磁性隧道结电流的自旋转移力矩效应与环形奥斯特磁场共同作用的结果. 在螺旋态中有两个大小不相等的磁畴, 对应旋转角度为 $\pi \pm \varphi$. 由公式可知此时磁性隧道结的电导为

$$G = G_{AP} + (G_P - G_{AP})\varphi/2\pi \qquad (3\text{-}107)$$

从而可以计算得到, 对于外直径 100nm 的 NR-MTJ, 两个不相等磁畴的角度分别是 284° 和 76°, 对于 200nm 的 NR-MTJ, 两个不相等磁畴的角度分别是 290° 和 70°. 角度大小相似的原因是由于两种尺寸的磁性隧道结具有相同的壁宽以及相同的临界电流密度, 以至于产生了近乎相同的环形奥斯特磁场.

假设电流在环中均匀分布穿过磁性隧道结, 在环壁中的奥斯特磁场的分布可以用有限长空心圆柱中的电流产生的磁场公式来表达, 外边缘处的磁场强度为

$$H = \frac{I_C}{4\pi r}\cos\theta \qquad (3\text{-}108)$$

对于高度为 17nm, 外直径为 100 nm 的 NR-MTJs, 临界电流为 400μA 时, 产生的奥斯特磁场最大为 2.4Oe. 这个磁场相当小, 不能够翻转 NR-MTJs 的自由层到涡旋态, 但是对磁畴的分布起到了很小的作用.

下面做一个对比来说明该奥斯特磁场对于磁畴分布的作用. 对于在磁性隧道结中的自旋转移力矩分为两项: 面内 (绝热项) 和垂直面 (非绝热项)[393], 即

$$\frac{\mathrm{d}M}{\mathrm{d}t} = -\gamma M \times H_{\mathrm{eff}} + \frac{\alpha}{M_s} M \times \left(\frac{\mathrm{d}M}{\mathrm{d}t}\right) - aJ(S \times M) \times M + bJ(S \times M) \quad (3\text{-}109)$$

其中, 非绝热项 $bJ(S \times M)$ 等价于一个等效磁场, 称之为自旋转移交换场 H_{st}. 可以得到

$$\mu_0 H_{\mathrm{ST}} = bJ/\gamma = \frac{\hbar A \eta_2 J}{2V_m M_s} = C\frac{\beta J \hbar}{et M_s} \quad (3\text{-}110)$$

其中, C 中包含了电流的极化率以及界面的性质等信息, 假设 $C=1$, t 是自由层的厚度 2.5nm, CoFeB 的 M_s 为 $1.1 \times 10^6 \mathrm{A/m}$, 阻尼系数为 $\beta=0.01$, 临界电流密度 J 为 $6 \times 10^6 \mathrm{A/cm^2}$, 可以得到自旋转移交换场为 1.44Oe. 这个值是与电流产生的环形奥斯特场相当的. 需要注意的是自旋转移力矩面内绝热项的作用要远远大于非绝热项, 在电流诱导的磁化翻转过程中, 绝热项起到决定性的作用, 所以环形奥斯特场能对磁畴结构的分布产生较小的作用.

3.8.3 纳米椭圆环状磁性隧道结中的自旋转移力矩效应

由于在沉积磁性多层膜时施加了诱导磁场, 因此制备的纳米环状磁性隧道结是有一定取向的, 即存在单轴各向异性, 进而磁畴的初始排布为洋葱态, 因而在实验中可以抑制涡旋态磁畴的出现和产生.

为了进一步增加洋葱态磁畴的热稳定性, 减少磁化翻转过程中由于边缘钉扎效应以及电流垂直通过磁性隧道结时产生的环形奥斯特磁场而形成的中间磁畴状态, 进一步提高电流驱动的磁电阻比值, 设计和制备具有高度单轴各向异性的纳米椭圆环形磁性隧道结是一个较好的选择. 图 3-170 为纳米椭圆环形磁性隧道结高阻态和低阻态示意图以及 SEM 照片, 其中纳米椭圆环形磁性隧道结的长轴约为 120nm、短轴约 60nm、壁宽为 25nm.

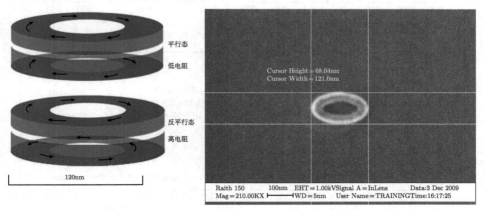

图 3-170 纳米椭圆环形磁性隧道结高阻态和低阻态示意图以及 SEM 照片 (后附彩图)

　　为了分析对比磁性隧道结不同形状对电流诱导的磁化翻转的影响, 制备了纳米圆盘形、纳米环状、纳米椭圆以及纳米椭圆环形磁性隧道结. 图 3-171 分别为纳米圆盘、纳米环、纳米椭圆和纳米椭圆环的磁性隧道结的磁场驱动磁化翻转曲线.

　　从图 3-171 可以看出对于圆盘形磁性隧道结, 在磁化翻转过程中没有明显的台阶变化, 说明在外磁场下磁矩的转动是连续逐渐变化的. 这是由于圆盘形磁性隧道结的形状各向异性不好所造成的. 对于纳米圆环形磁性隧道结的情况, 磁电阻曲线上出现了明显的台阶, 这种情况已经在前面具体分析了其磁畴形态以及变化的过程. 对于纳米椭圆盘形磁性隧道结, 磁电阻曲线出现了明显的陡直的跳跃, 说明磁矩在一定外场下发生一致翻转, 这可归结为该形状具有较好的单轴形状各向异性. 对于纳米椭圆环形磁性隧道结, 磁电阻曲线中也没有出现纳米环状磁性隧道结所出现的中间台阶, 磁矩在一定外场下发生一致翻转, 这说明椭圆环形磁性隧道结同样具有很好的单轴形状各向异性; 相对于椭圆形磁性隧道结, 椭圆环形磁性隧道结的磁化翻转的矫顽场更小, 说明相对于椭圆形具有较小的形状各向异性场, 由电流诱导的磁化翻转的临界电流公式可知, 有望在纳米椭圆环磁性隧道结中利用更小的临界电流密度, 实现自由层磁矩的磁化翻转, 实现信息的写入.

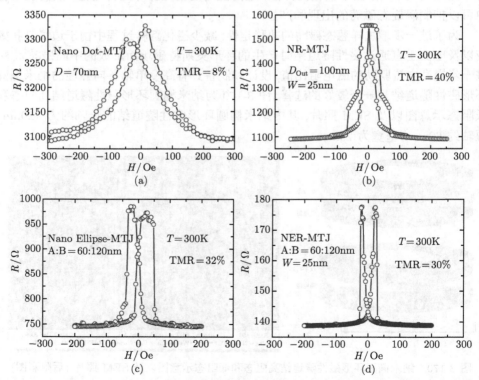

图 3-171　纳米圆盘、纳米环、纳米椭圆和纳米椭圆环状磁性隧道结的磁场驱动磁化翻转曲线

进一步利用自旋极化的脉冲电流来实现纳米椭圆环磁性隧道结中电流诱导的磁化翻转. 图 3-172 为自旋阀型纳米环状与纳米椭圆环磁性隧道结的电流诱导磁化翻转对比曲线. 对于外直径为 100nm 的环形磁性隧道结, 当电流达到 0.6mA 时, 实现从低阻态到高阻态的磁化翻转; 对于长轴为 120nm, 短轴为 60nm 的椭圆环形磁性隧道结, 当电流达到 0.4mA 时, 实现从低阻态到高阻态的磁化翻转. 总上, 初步实验结果证实, 纳米椭圆环存储器相比实心圆、椭圆以及纳米环状磁性隧道结存储器具有更小的驱动电流和功耗. 利用纳米椭圆环磁性隧道结作为磁性随机存储器的信息存储单元, 采用自旋转移力矩效应来进行信息的写入, 具有驱动电流小、功耗低、存储稳定性高等优点. 通过进一步材料的优化和纳米加工技术的进步, 基于自旋转移力矩效应驱动的纳米椭圆环形磁性隧道结有望实现与半导体 CMOS 晶体管相匹配的临界电流密度, 从而推进磁性随机存储器 (MRAM) 产业化的进程.

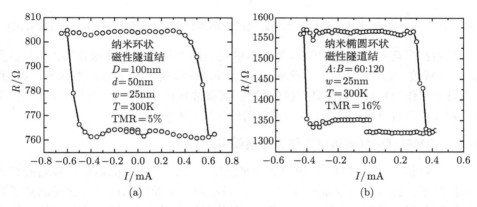

图 3-172 自旋阀型纳米环状与纳米椭圆环状磁性隧道结的电流诱导磁化翻转对比

3.8.4 纳米环状磁性隧道结在纳米振荡器中的应用

如上节所述, 纳米环状磁性隧道结具有高热稳定性、低临界电流密度、高集成密度等优点, 有望实现商业化的高密度磁性随机存储器. 然而, 当通过纳米环状磁性隧道结的电流小于临界翻转电流, 并且其产生的自旋转矩与磁矩的阻尼运动相平衡时, 自由层的磁矩会出现稳定的进动, 即磁矩绕着某个对称轴旋转, 进而产生微波的发射. 改变外加磁场的大小或电流大小就可以调节微波输出频率, 频率调节范围为 1~100GHz. 利用这个原理可以研制纳米尺度约 (100nm) 的微波器件, 进行微波的产生或检测[394].

Wei 等[388] 利用包含自旋转移力矩效应的 LLG 方程及微磁学模拟方法计算了三明治纳米环状磁性隧道结中电流驱动诱导的自由层磁矩进动的情况, 如图 3-173 所示. 从图中可以看到纳米环状磁性隧道结的参考层 (down-layer) 磁矩基本保持不变, 而自由层 (up-layer) 磁矩在外加电流作用下发生高频的振荡, 其振荡频率可以达到 10GHz 以上; 当外加电流强度达到临界电流值时, 自由层的磁矩发生翻转. 另外, 关于纳米环状磁性隧道结中电流诱导的微波激发的实验研究正在开展中.

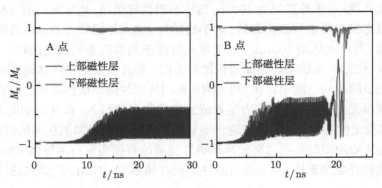

图 3-173　三明治纳米环状磁性隧道结的电流驱动诱导的自由层磁矩进动[388](后附彩图)

利用纳米环状磁性隧道结作为核心单元的纳米环自旋微波振荡器, 具有小型化、高集成度、低功耗、高工作频率、高频率可控可调谐性、高品质因素等优点, 并且能稳定工作于室温环境、具有抗辐射性, 其微波输出功率的增加则可以进一步通过阵列式耦合等方法来实现, 具有潜在的应用前景和实用价值.

3.8.5　纳米柱状磁性隧道结在纳米振荡器中的应用

自旋转移力矩效应的一个重要应用是磁矩进动而产生的微波激发, 即自旋微波纳米振荡器. 2003 年 Kiselev 等[395] 在巨磁电阻多层膜纳米柱中首次观测到了直流激励下的微波发射, 如图 3-174 所示. 在单个纳米磁体中, 通过施加自旋极化的直流电流, 直接用电学方法测量了微波频率动力学. 该实验显示了自旋转移力矩能产生不同的磁激发类型. 虽然没有机械运动, 但是单个磁层结构扮演了类似一个纳米的马达的作用: 它将直流电流的能量转变到了高频磁旋转. 测量的电信号要大于 40 倍的室温热噪音, 输出功率范围为 25-100pW/mA, 频率最大可到 40GHz 左右, 而且微波频率的位置能由电流和磁场共同或分别调节. 如果振荡相对于固定层的磁矩的方向刚好是对称的, 则电压信号只发生在振荡基频的两倍处, 因为磁矩进动半圈, 电阻变化就一个周期; 为了在基频处产生可测的信号强度, 需沿样品面内与自由层易磁化方向偏离几度的方向上施加外磁场.

鉴于微波辐射功率低的问题, Deac 等[396] 利用直径为 100nm 左右的 MgO 势垒的磁性隧道结纳米柱产生了可以跟器件相比拟的微波信号输出功率约 0.43μW, 这种微波器件相比传统的射频振荡器小 7 个量级, 如图 3-175 所示. 同时, 发现在 MgO 势垒的磁性隧道结中自旋极化的电流诱导的局域磁矩上的垂直面的转矩项能到达面内的自旋转矩项的 25%, 且具有不同的偏压依赖关系. 这个结果跟在全金属

的巨磁电阻多层膜纳米柱结构中的结果完全不同, 反映了在这两种结构中自旋极化
的电流诱导的磁矩的进动有着不同的机制.

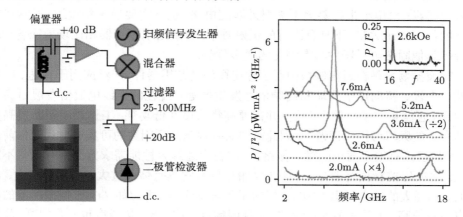

图 3-174 2003 年 Kiselev 等在巨磁电阻多层膜纳米柱中首次观测到了直流激励下的微波
发射[395](后附彩图)

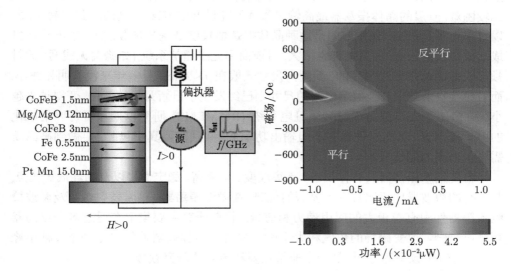

图 3-175 Deac 等利用直径为 100nm 左右的 MgO 势垒的磁性隧道结纳米柱产生高输出功
率的微波信号[396](后附彩图)

另外, Wickenden 等[397] 利用纳米接触的方法研究了 100nm 尺度自旋纳米振
荡器件, 并且开创性的通过一定空间距离来检测纳米振荡器辐射的能量, 报道了约
50nm 直径的自旋纳米微波振荡器, 从一个分立的耦合天线通过 1m 的距离空气检
测到了输出功率为 250pW、频率为 9GHz 的微波. 说明了可以通过电流或磁场对

输出微波的幅度和频率进行调谐, 用来从自旋纳米振荡器通过天线传输高频率的信息. 自旋纳米振荡器是一个无电抗性的电阻器件, 可在 500MHz 到 10GHz 之间的带宽内操纵; 自旋纳米振荡器不需要外匹配电路, 也不需要设置传输线, 通常在非常低的偏压 (<0.25V) 下具有固有的辐射频率. 自旋纳米振荡器相比场效应管、二极管等其他固态电子器件具有潜在的更多优势.

微波振荡器是在通信领域中用于输出微波的常用器件, 广泛应用于雷达、广播基站、电视、移动通信终端和高频信号发生器等. 现在的无线电通信发展日新月异, 要求通信系统越来越小型化, 并需要高集成度和低功耗, 工作频率不断提高并且具有高的频率可控可调谐性, 因此需要具有很高品质因数的可集成射频通信前端等. 虽然已经有很多商用的微波振荡器, 但在上述综合性能需求方面都有一些不足之处. 比如磁控管振荡器是应用比较早的, 但是它具有体积过大、不易于集成、频率低、功耗大的缺点, 因此不能很好的用于未来通信. 再比如 LC 压控振荡器的频率也不是很高, 几乎达不到吉赫兹, 而且调频范围比较窄, 集成度也不是很高, 品质因数也低. 另外还有晶体振荡器, 它是一种固态振荡器, 芯片本身的谐振频率基本上只与芯片的切割方式、几何形状和尺寸有关, 虽然频率稳定性比较好, 但是调频比较困难. 一般的晶体振荡器最高输出频率不超过 200MHz, 个别的达到吉赫兹, 所以频率也不是很高. 最主要的是这种晶体振荡器尺度是毫米量级以上, 给半导体集成造成很大的困难, 而且功耗也很大. 目前商用无线通信系统 (如蜂窝无线网) 的射频接收前端都是宏观尺度的, 其侧向尺寸一般在 1~2mm, 且多年来没有明显缩小. 而射频接收前端中其他数字电路的尺寸则已经发生了日新月异的变化, 变得越来越小. 许多工程人员致力于射频微机电系统 (RF-MEMS) 研究以期获得可以集成化的射频振荡器, 然而这种器件不但输出功率低, 并且需要真空包装, 要做到高品质需要付出高的制造成本.

自旋纳米振荡器具有体积小、高集成度、频率高、稳定性好以及功耗低等优点, 与现有的微波器件相比具有更显著的优势, 在微波振荡器、信号发射源以及微波检测器等器件中有着极大的应用潜力和前景. 目前研究主要集中在通过多个振荡器相锁[398,399]、改变磁场的角度和大小[400] 来进一步提高器件的输出功率、减小峰宽、提高输出频率等方面, 是一个非常重要和热点的研究领域.

3.9   磁性隧道结在原理型和实际器件应用上的典型范例

人们对于磁性隧道结中隧穿磁电阻效应的基础研究工作, 不仅推动了磁电子学和自旋电子学的形成与快速发展, 也极大地促进了信息工业中磁电阻材料和新型自旋电子学器件的研制及应用, 例如: 基于磁性隧道结材料的硬盘磁读头、磁随机存储器、自旋纳米振荡器和微波探测器、自旋晶体管、自旋场效应管、磁逻辑器件以及各种磁敏传感器件等, 已成为国际上众多公司和科研机构大力研发的对象. 下面简单介绍磁性隧道结材料在特别重要和有代表性的实际产品器件或原理型器件上的几个典型应用范例.

3.9.1 磁性隧道结在计算机磁读头方面的应用

磁头是硬盘驱动器 (HDD) 的重要组成部分, 磁头由写头和磁读头组成. 在 20 世纪 80 年代, 磁读头的尺寸一直制约着磁硬盘存储密度的提高. 自从 1997 年 IBM 公司将基于巨磁电阻效应的磁读头应用到硬盘中以后, 硬盘的存储密度飞速上升. 自 2004 年以来每年约生产 4 亿只 TMR 磁读头, 2006 年国际 HDD 市场产值约达 300 亿美元. 2007 年投放市场的新一代垂直磁存储器 HDD 达到 $200Gbit/in^2$, 实际存储密度已是最早的 IBM350 型硬盘的一亿倍. 2009 年, 美国希捷公司利用 MgO 势垒磁性隧道结制备磁读头的磁存储技术, 使硬盘演示盘片的存储面密度达到了 600-800 $Gbit/in^2$[401]. 图 3-176 为硬盘面密度发展趋势图.

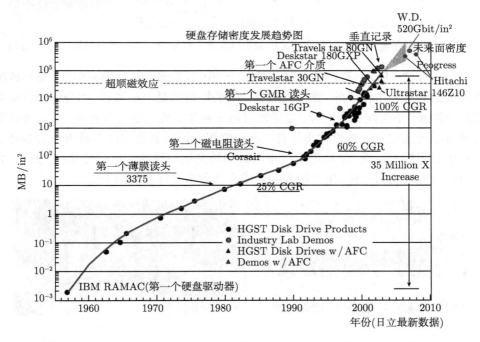

图 3-176 硬盘面密度发展趋势图[402]

基于磁电阻纳米材料的磁读头经历了各向异性磁电阻、巨磁电阻和隧穿磁电阻材料的发展过程. 图 3-177 是基于隧穿磁电阻自旋阀磁读头以及垂直磁存储介质的硬盘分解图.

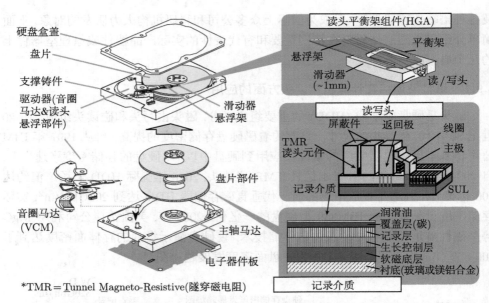

*TMR＝Tunnel Magneto-Resistive(隧穿磁电阻)

图 3-177　基于隧穿磁电阻自旋阀读出磁头以及垂直存储介质的硬盘分解图 (后附彩图)

如图 3-178 所示, 通过读出磁头的微结构可以知道, 除了巨磁电阻多层膜或磁性隧道结的核心结构以外, 磁读头的另一个关键技术是永磁偏置. 因为每个存储单元的 "漏磁" 不可能完全一样, 要能够对每个存储单元都进行读操作, 所以磁读头需要对磁场变化具有线性输出特性. 永磁偏置的作用就是使磁性隧道结的参考层与自由层磁矩相互垂直, 从而得到电阻随磁场变化的线性输出信号曲线. 另外, 为了防止外界磁场的干扰, 每个磁头的磁读头部分都必须具有屏蔽层.

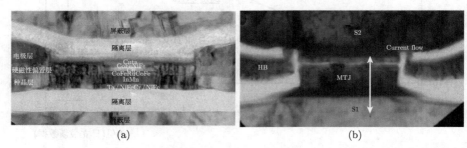

图 3-178　基于巨磁电阻自旋阀以及磁性隧道结的磁读头微结构图片[403]

目前在小于 50nm 的尺度下, 在保持较小结电阻 ($RA\sim 1\Omega\cdot\mu m^2$) 的同时, 基于磁性隧道结的磁读头的信号受到磁性隧道结中势垒的均匀性以及在读取数据时势垒中噪音的影响. 在下一代 $Tbit/in^2$ 的硬盘中, 进一步降低结电阻、提高信噪比、提高器件的热稳定性等, 将是磁读头研发的重点问题. 当前研究表明, 具有低结电阻且电流垂直于平面模式的巨磁电阻多层膜 (CPP-GMR) 结构有望成为下一代磁读头的核心单元.

3.9.2 磁性隧道结在磁敏传感器方面的应用

磁性隧道结可以广泛应用于具有多种商业用途的各种磁敏传感器之中. 相对于目前广泛使用的霍尔器件、半导体锑化铟材料等, 基于隧穿磁电阻效应的隧道结磁敏传感器有着其他磁敏传感器所不可替代的优点. 首先是它有更高的灵敏度, 对于一般普通的商用自旋阀巨磁电阻传感器的单个电阻, 室温磁电阻变化为 10%左右, 做成桥式传感器后, 灵敏度一般为不超过 10mV/Oe; 而基于 Al-O 势垒的自旋阀式磁性隧道结退火后室温磁电阻变化一般可达到 50%~80%; 基于 MgO(001) 势垒的自旋阀式磁性隧道结磁电阻变化退火后室温磁电阻变化一般可高达 200%~300%, 所以在弱磁场探测方面灵敏度更高、更具有竞争力; 特别重要的是磁性隧道结传感器的大小只有微米量级或小至 100nm 尺度以下, 极高的空间分辨率使其在高精度的磁性编码器、位置传感器、速度和角速度传感器、地磁场方向传感器、磁敏预警传感器、磁敏探测器、生物传感器以及大型精密数控机床等尖端技术领域有着广泛的应用前景.

由于磁敏传感器要求其磁电阻对磁场变化有线性响应信号的输出, 而巨磁电阻和隧穿磁电阻元件的磁电阻值虽然高, 但是从磁场相应曲线可以看出, 其输出信号是在某个磁场下突变的, 因此需要对以磁性隧道结为核心的磁敏传感器加以特殊的设计, 才能实现对磁场的线性响应. 设计方案之一是把隧穿磁电阻自旋阀结构中自由层磁矩通过在垂直方向上施加以永磁偏置, 使之设置成与参考层磁矩方向垂直, 这时在零场附近的磁场范围内 (小于参考层的饱和场), 自旋阀磁性隧道结的电阻对外加磁场信号有很好的线性响应, 如图 3-179 所示.

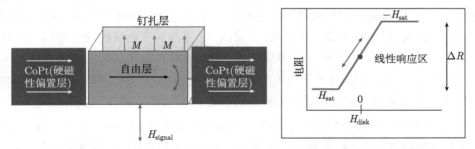

图 3-179 经永磁偏置线性化处理后的自旋阀式巨磁电阻或者磁性隧道结磁敏传感器

另一种实现磁电阻传感器线性响应的设计是采用惠斯通电桥. 如图 3-180 所示为通常采用的单臂电桥式的隧道结磁电阻传感器. 右上和左下图所示为一个桥的两个磁性隧道结构成的传感臂 leg1 和 leg2. 左上和右下图所示为另一个桥的一

对屏蔽臂 leg3 和 leg4. 这两个臂也是由磁性隧道结构成的, 但它们被一层绝缘层上面的坡莫或其他铁磁合金薄膜所屏蔽, 以避免相互漏磁干扰. 相比于单个磁性隧道结构成的磁敏传感器, 这个半桥式的磁敏传感器的灵敏度能提高很多. 为了提高磁敏传感器的截止电压和抗干扰的能力, 每个桥臂也可以由多个磁性隧道结串联构成.

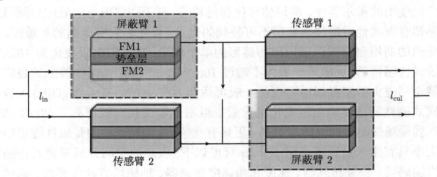

图 3-180   一般应用的单臂电桥式的隧道磁电阻传感器示意图

为了进一步提高磁电阻效应的磁敏传感器的灵敏度, Pannetier 等[404] 提出一种结合超导环和巨磁电阻效应的传感器, 它的灵敏度在 $fT(10^{-15}T)$ 量级. 也可以把超导电流、磁场转换和低噪音磁性隧道结结合在一起来研发更高灵敏度的超导复合型磁敏传感器, 其原理型结构如图 3-181f 所示 [405]. 用一个微米量级的大闭合超导环来实现电流–磁场的转换. 当对超导环施加一个垂直的低频磁场时, 环里将产生一个超导电流来抵抗通过环的磁通量. 如果产生的电流流过环上一个微米或者纳米尺寸的区域, 它的高表面电流密度将在超导环的上表面或下表面产生一个共面的相对强磁场. 这个磁场可以被集成于这个平面内的磁性隧道结磁敏传感器探测到. 因此, 这种结合超导和磁性隧道结于一体的复合型磁敏传感器, 有望用来探测极弱的磁场信号, 灵敏度可望达到 fT 量级. 采用高转变温度的超导材料, 可以使该类超导复合磁敏探测器的工作温度进入 77 K 的液氮温区或在 100K 以上.

基于新型巨磁电阻或隧穿磁电阻材料的磁敏传感器, 中国科学院物理研究所 M02 课题组相继开发出四种磁电阻磁敏传感器原理型演示器件, 包括:

(1) 一种基于巨磁电阻纳米多层膜材料和氧化铝势垒磁性隧道结元件的磁敏传感器原理型演示器件, 如图 3-182(a) 所示. 在 3V 工作电压下, 被探测的信号经过放大后其输出信号电压可以达到 3V, 可以作为线速度传感器、角度和角速度传感器、位移和里程传感器的核心探测元件部分.

(2) 基于氧化铝势垒磁性隧道结元件的便携式磁敏验钞器, 如图 3-182(b) 所示. 相对于传统磁敏元件构造的磁敏验钞器, 具有更高的灵敏度和更好识别率, 有望用于银行点钞机和存款取款机、各种识别防伪身份证卡等专业设备中.

(3) 非接触式分辨率微米量级的磁栅尺演示器件, 具有精密度高、耐粉尘、耐油污、耐震动的优点, 有望实现在大型金属切削数控机床、金属板材压轧设备、木材石材加工机床等方面的应用.

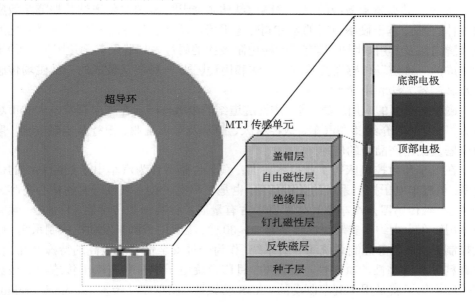

图 3-181 超导环与磁性隧道结复合高灵敏度磁场传感器[405]

图 3-182 (a) 用于位置、速度、角度、角速度磁敏传感器设计使用的 GMR 和 TMR 核心元件; (b) 以磁性隧道结为核心元件的演示型磁敏验钞器

(4) 一维二维地磁场传感器演示器件, 并在试制可用于检测三维空间地磁场的传感器, 其磁场传感器集中在一块芯片上, 减小了体积, 降低了成本, 提高了地磁性传感器的稳定性, 尤其是可以与大规模集成电路工艺相兼容, 有很多在某些特定条

件下不可替代的优点.

另外, 该课题组还获得了多种基于磁性隧道结的磁敏传感器发明专利授权, 主要包括: 一种自旋阀型数字式磁场传感器[406]; 磁电阻自旋阀温控开关传感器[407]; 可用于电流过载保护器的开关型磁场传感器[408]; 一种隧道结线性磁场传感器及制备方法[409]; 共振隧穿效应的双势垒隧道结传感器[410]; 双势垒隧道结共振隧穿效应的晶体管[411]; 基于硬磁材料的自旋阀磁电阻器件及其制备方法[412]; 适于器件化的磁性隧道结及其用途[413]; 具有线性磁电阻效应的磁性多层膜及其用途[414]; 一种平面集成的三维磁场传感器及其制备方法和用途[415]; 一种层状集成的三维磁场传感器及其制备方法和用途[416] 等.

磁敏传感器的应用广泛, 基于磁性隧道结的磁敏传感器在未来有着巨大的市场潜力, 下面简单介绍其在汽车、数控机床、国防及军事工业、银行及金融安全、家用电器及民用产品中的应用.

在汽车和数控机床等工业技术方面: 汽车传感器作为汽车电子控制系统的信息源, 是汽车电子控制系统的关键部件, 也是汽车电子技术领域研究的核心内容之一. 汽车磁传感器是汽车各种传感器中占有量居首位的一类传感器. 目前, 一辆普通家用轿车上大约要安装磁性传感器 20~30 个, 主要用于汽车发动机控制系统、底盘控制系统、车身控制系统和导航系统. 作为一种安全性要求很高的特殊产品, 传感器精度和可靠性的重要性不言而喻, 目前自旋电子学材料在汽车传感器上最典型的应用例子就是用于刹车制动的 "ABS 防锁死" 刹车制动装置 (autilock braking system). 目前已在轿车上普及使用、且售价高达上万元的 ABS 装置的核心部件就是用巨磁电阻材料或者磁性隧道结制作的位置传感器, 它是一种具有防滑、防锁死等优点的汽车安全控制系统. ABS 是常规刹车装置基础上的改进型技术, 既有普通制动系统的制动功能, 又能防止车轮锁死, 使汽车在制动状态下仍能转向, 保证汽车制动方向的稳定性, 防止产生侧滑和跑偏, 这将会大大降低车辆发生事故的概率, 是目前汽车上最先进、制动效果最佳的制动装置. 世界上第一台 ABS 制动系统于1950 年问世, 首先被应用在航空领域的飞机上, 自从巨磁电阻效应被发现以来, 由于其极高的灵敏度, 被迅速用于 ABS 系统中, 进一步提高了其性能.

精密测量技术和装置是先进制造的主要支撑技术之一, 体现国家工业与科技水平. 在用于大型高精度数控机床的位置判断的应用领域主要有三种传感器: 容栅、光栅和磁栅传感器, 其中容栅不防水和光栅怕环境粉尘等污染使得磁栅成为首选传感器, 其具有耐油、耐振动、耐污染及耐久性的优点. 在巨磁电阻出现之前, 磁敏电阻元件由于灵敏度不够而无法实现高精度定位, 所以都是采用感应线圈式的磁头, 主要核心技术处于领先地位的是日本的 SONY 公司. 由于感应线圈式的磁头采用手工绕制线圈 (一些大公司采用自己研制的专门的绕线机绕线圈), 不仅成本较高, 而且一致性也较差, 随着巨磁电阻和隧穿磁电阻材料的出现和镀膜技术的日益成熟, 磁敏电阻材料的灵敏度已足够制备出高精度的磁头, 各大公司逐步采用磁敏电阻器件来实现高精度的位置和角度定位, 感应线圈式的磁头也逐渐退出了市场. 目前世界上采用巨磁电阻材料或磁敏材料作为机床定位的磁栅的最高精度可以达到 0.002mm 左右. 磁敏传感器在工业和办公自动化中另外一个具有广泛用途的应用领域是磁性编码器, 典型应用包括测试和测量设备、监视和安全设备、打印机、传真机和复印机、大型家用电器和应用、电缆和卫星电视天线、玩具和游戏机等. 目前市场上的磁性编码器一般采用霍尔材料, 如绝对型旋转编码器. GMR 和 TMR 材料将有可能制作出灵敏度和精度更高的磁性编码器, 大大提高如数控机床、精密加工和工业自动化领域的技术.

在国防工业技术方面: 由于自旋电子学材料制作的磁敏传感器具有灵敏度高、体积小和成本低的优点, 在国防上也有广泛的应用, 典型的例子如目前国内外正在积极研发的所谓地磁识别定位仪, 用于飞行器的导航和定位. 普通的飞行器对于跟踪或搜寻目标的定位一般是采用照片对准方式, 即先对目标附近参照物进行照片拍摄然后存储为数据库, 当飞行器抵达目标附近时进行拍照并与已存储在飞行器内部的参照物数据库对比, 符合时即认定该目标为搜寻目标. 但该种识别方法在遇到沙漠或海洋等没有参照物的情况时会遇到很大麻烦, 解决方法之一是由高精度的三维地磁传感器标定全球地磁场的分布, 建立 "地磁图" 数据库, 然后以搜寻目标的空间磁场分布为标记来进行有效定位. 由于地磁场很微弱, 灵敏度最高的巨磁电阻和隧道结磁电阻材料是首选. 高灵敏度三维磁性传感器还可以用于飞行器的辅助导航, 除此以外, 利用巨磁电阻和隧道结磁电阻材料制作的三维地磁场传感器, 由于体积微小且价格低廉, 也可以装配地面人员, 利用地磁场进行定位, 用于野外搜寻等.

在银行和金融安全技术方面: 假币严重威胁着金融安全和人们的经济利益, 所以用于识别假钞的验钞器具有特别的重要性和用途. 真钞人民币上的磁性油墨盒和金属线上都有微弱的磁性标记, 需要高灵敏度的磁性传感器来检测. 由于人民币的防伪措施之一是利用磁性油墨中非常微弱的磁信号, 需要对弱磁具有高灵敏度的传感器才可以检测出来. 作为灵敏度极高的磁敏材料, TMR 磁头有着显著的优势. 目前用在自动取款机上的高档锑化铟磁头每个价格高达 1000 多美元, 缺点是: 温度稳定性差、面积较大、成本较高. TMR 和 GMR 做磁头芯片的热稳定性非常好, 在传感器发明方面有独特的优越性: 其芯片面积很小、成本较低、功耗较小. 目前用 GMR 多层膜材料也可以研制出类似产品.

在家用电器和民品方面: 磁性传感器在家用电器中也有广泛的应用, 如电冰箱中的磁门封条和电动机, 洗衣机、空调器、除尘器和电唱机中用的电动机, 微波炉中用的磁控管, 电门铃中用的电磁继电器, 电子钟表中用的小型微型电动机等. 磁性防伪技术是磁性传感器另外一大应用领域, 通过磁头检测出的条形码信息与芯片里面存储的数据进行对比即可判断真假, 而且密码还可以根据企业的新产品和要求不断地更改和升级. 由于条形码的体积微小, 对传感器磁头的体积要求很小, 所以各向异性磁电阻、锑化铟和其他任何磁性材料的磁头都不易做到, 只有大小为微米量级且灵敏度极高的隧道结磁头容易胜任磁性条形码的识别和检测, 可以成为自旋电子学材料应用领域里的一个典型案例. 中国的磁性防伪市场巨大, 如果该产品研发成功并推向市场, 可用于各类商品标签的鉴伪识别, 如烟、酒、服装等, 可有效预防假冒伪劣商品, 保护知识产权, 收到良好的社会和经济效益.

除此以外, 巨磁电阻和隧道结磁电阻的应用也扩展到了生物医学领域, 可以被用来诊断各种疾病. 例如: 癌症、心脏病和各种传染病等, 甚至可以用来识别 DNA 生物大分子. 在第 52 届磁学与磁性材料 (MMM) 会议上, 美国科学家提出采用一种 "磁性镊子" 可以产生 1pN 的磁力, 夹住一个与磁珠相连的长的 DNA 分子, 通过这种办法也可以探测到 1nm DNA 分子的位移, 他们利用平均直径为 10~100nm 的磁性颗粒以及自旋阀型传感器阵列与 CMOS 集成电路结合组成高密度的生物传感器 (每平方厘米 10 万个传感器), 可以探测出纳米标记的磁性颗粒, 用来实时检测生物体中的 DNA 分子, 这项技术会在未来生命科学的研究中发挥重要的作用.

为适应磁敏传感器广阔的市场需求, 通过巧妙的设计来实现各种新型磁敏器件的小型化和智能化是目前该领域的目标. 关键技术问题是研究随着磁敏元件尺寸的减小, 解决其超顺磁性的问题以及分析元件噪声产生的机理, 来发展新型纳米薄膜磁电阻功能材料, 提高磁敏传感器的灵敏度、信噪比、稳定性, 使其能适应不同的工作环境, 并进一步降低成本. 采用新技术新方法来优化制备具有高性能的磁电阻纳米薄膜材料, 通过新理念和新设计研制各种磁场传感器、磁场梯度传感器、电流传感器、速度和加速度传感器、电子罗盘、磁敏助听器、磁敏生物传感器、磁防伪和磁识别传感器等, 推动纳米薄膜磁电阻功能材料在科技文教、数字化自动控制和工业、民品及国防装备等方面的广泛应用.

3.9.3   磁性隧道结在磁随机存储器方面的应用

隧穿磁电阻效应的另一个重要应用是利用其磁电阻的变化进行数据的非易失性存储. 磁性隧道结在反平行和平行两个最稳定磁化状态下的高低磁电阻值变化, 正好可以对应二进制电子信息中 "0" 和 "1" 的两个独立状态, 因此以 TMR 效应为基础的磁性隧道结材料还可以用来开发新型的随机存储器: 磁随机存取存储器 (magnetic random access memory, MRAM). 由于与 GMR 相比, 磁性隧道结中的 TMR 效应更大, 因此目前的 MRAM 设计主要基于磁性隧道结存储单元. 以磁性隧道结 (MTJ) 为存储单元的磁随机存储器, 利用磁性隧道结单元中磁性层的磁矩作为信息存储的载体, 拥有静态随机存储器 (SRAM) 的高速读取写入能力以及动态随机存储器 (DRAM) 的高集成度, 而且几乎可以无限次地重复写入. 此外, 它还具有低能耗、高灵敏度、防辐射等优点, 并且可将现代信息技术中的信息获取、传递、处理以及存储等环节有机地结合在一起.

如图 3-183 所示, 目前现有的 MRAM 主要有两类: 一类是场驱动型 MRAM, 即通过磁场驱动存储单元的磁矩进行读写; 一类是电流驱动型的 MRAM (STT-MRAM), 即通过极化电流对存储单元进行读写. 磁性随机存储器的应用领域非常广泛, 包括: ① 计算机内存芯片, 并且高密度 MRAM 未来可部分替代磁硬盘 (HDD); ② 通信、搜索引擎 (如 Google) 和信息网络中的数据中继交换和存储; ③ 无线移动通信设备中的信息存储和处理 (如手机内置式存储器), 2009 年 7 月艾默生网络能源公司将 Everspin 公司的 4M MRAM 用于旗下 3 款高性能的单板计算机; ④ 银行和证券交易数据库的信息存储和处理; ⑤ 飞机和卫星安全控制系统的信息存储和处理 (如自动飞行控制和黑匣子等), 2009 年 9 月法国空中客车公司决定在 A350 XWB 飞机的飞行控制电脑中采用 MRAM 替代原来的 SRAM 和 Flash. ⑥ 数字指南、GPS 定位及公路车辆监控; ⑦ 工业自动化的程序控制, 例如, 2008 年西门子工业自动化事业部采用 Everspin 公司提供的 4M MRAM 用于工业控制的人机交互界面, 至 2009 年 5 月 Everspin 给西门子至少提供了 10 万枚 MRAM 芯片; ⑧ 建筑和公共场馆的智能监控等.

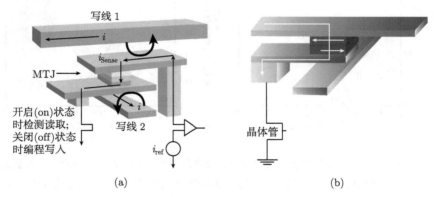

图 3-183　MRAM 结构示意图

(a) 和 (b) 分别是 "1T+1MTJ" 构造式的场驱动型 MRAM 及基于 STT 效应的电流驱动型 MRAM

单元结构示意图

2010 年 4 月份美国 Everspin 公司又成功推出 16 M MRAM 产品, 该产品使用简单快捷的串行外围设备接口以及标准化的 SPI 系列命令代码, 使之容易连接到现有的单片机和计算机系统. 图 3-184 来自 Everspin 的图表不仅清楚地呈现了 MRAM 的市场契机, 而且也很好地展示了其他存储器技术通常的性能定位.

数据存储、代码存储以及工作存储器这三大应用通过写入周期和容量的比较在一幅图中展示出来, 而写入周期 (时间) 和使用寿命 (耐久度) 的比较则在另一幅图中表现出来. 其他存储器技术的性能同时也在图中给出. 图 3-184(a) 可以看出

MRAM 的写入速度使得这一技术能够在架构上足够接近于中央处理器, 从而满足通常 SRAM 和 DRAM 才能达到的 "工作存储器" 的性能要求. 最近 Everspin 公司 16 M 密度产品发布, MRAM 在密度方面提升了其在第一幅图中的位置, 并且与 SRAM 的定位开始发生重叠. 然而对于那些写入周期和非易失性数据存储最为重要的应用来说, MRAM 的这些特性比之每个晶片的低密度来讲则更为重要. 图 3-184(b) 则从这些存储技术的写入周期 (时间) 与使用寿命 (耐久度) 的对比情况来展现其三大应用特征. MRAM 又一次定位在了工作存储器 (如计算机芯片、内存条) 应用上, 而其他的存储器技术则展示了在其他系统中的优势. 随着制造技术的推进, MRAM 的存储容量会提高到 1Gbit/inch^2 以上, 其作为存储和运算的功能将更加强大, 另外, 采用 "1 晶体管 +1 磁性隧道结 (即 1T + 1MTJ)" 设计的电流驱动型 STT-MRAM, 由于其结构简单, 造价也随之便宜, 从而更具市场竞争力和发展前景.

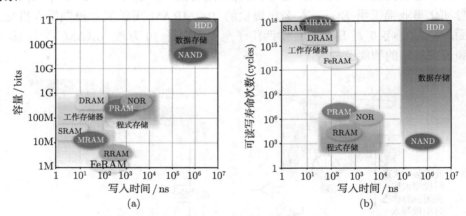

图 3-184　(a)、(b) 分别为目前各类存储器 "存储密度与数据写入时间" 以及 "读写次数与数据写入时间" 之间的关系图. 需要指出的是该图中的 MRAM 是场驱动型的 4M 和 16M MRAM 的产品指标, 而今后电流驱动型的 STT-MRAM 如果开发成功, 其存储密度和容量将可以与 DRAM 相媲美 (后附彩图)

　　经过人们的不懈努力, MRAM 已经有了非常大的发展. 目前 MRAM 的发展已经经历了星型磁场驱动磁随机存储器 (Astroid-MRAM)、嵌套型磁随机存储器 (Toggle-MRAM)、热辅助的磁随机存储器 (Thermal assistant-MRAM) 以及自旋转移力矩磁随机存储器 (STT-MRAM) 的研发过程. 虽然 Toggle-MRAM 解决了一些传统 MRAM 器件研制的关键物理和技术问题, 但是继续推动存储单元尺寸的进一步减小、存储密度的大幅度提高以及器件功耗的显著降低等问题, 仍然是工业界面临的挑战性难题. 近年来的研究表明, 解决上述问题的一个重要途径是利用自旋转移力矩效应 (STT) 来实现 MRAM 的写入. 利用自旋转移力矩效应研发更高密度和更大容量的 MRAM 产品, 已成为国际上各大品牌公司努力的目标之一. 本节将重点介绍 STT-MRAM 的原理以及原型器件的研发和进展情况.

当磁性隧道结的尺寸小到一定尺度 (约100nm), 大于临界值的电流密度 (目前一般铁磁性薄膜电极隧道结的电流密度 $J_C=2\times10^6 \sim 8\times10^6 \mathrm{A/cm^2}$) 通过时会改变其磁化状态, 并且电流自上向下或者反向流经磁性隧道结时会得到两个不同的磁电阻状态. 这种设计思想就是用较大的自旋极化电流通过不同的流向来改变磁性隧道结的磁电阻状态, 从而完成写操作; 然后再用较小的电流 (不改变磁性隧道结的电阻状态) 来读取磁性隧道结的实际高或低电阻值, 来完成读操作. 这种设计与传统 MRAM 设计方案相比, 减少了一根写字线, 从而进一步的节省了空间, 有助于提高 MRAM 的存储密度和减少制造工艺. 自旋转移力矩 STT-MRAM 的发展中, 存在的问题是只有当写电流低于一定的临界电流密度时才能改变磁性隧道结自由层的磁化状态, 从而改变其电阻值. 而当电流密度达到 $10^5 \mathrm{A/cm^2}$ 量级时才能很容易地匹配现阶段的半导体晶体管性能指标及其 CMOS 工艺技术, 因此进一步降低写电流密度是目前首要解决的问题, 只有这一问题得到很好的解决, 这种设计方案才能充分发挥其优势. 与传统的磁场驱动的 MRAM 不同, 减小磁性隧道结的尺寸能够有效地降低临界电流密度, 这样与之匹配的半导体 CMOS 晶体管的尺寸也能做得越小, 从而节省了空间, 提高存储密度. 同时作为记忆单元的磁性隧道结的铁磁电极以及势垒材料的选取以及形状的设计也关系到临界翻转电流的大小. 目前, 有希望成功实现产业化自旋转移力矩 MRAM 的途径之一是具有垂直各向异性的铁磁电极和单晶 (001) 氧化镁势垒材料构成的磁性隧道结作为存储单元. 另外纳米环状磁性隧道结, 由于其自由层和被钉扎层磁矩的闭合, 不会产生杂散磁场的相互干扰, 从而能够使得单元间距进一步缩小, 提高存储密度; 同时自旋转移力矩效应与电流产生的奥斯特磁场共同作用于磁性隧道结, 实现数据的写入, 从而可进一步降低临界电流密度, 因此纳米环状磁性隧道结的设计也是有望实现自旋转移力矩 MRAM 的有效途径之一.

自从 2000 年自旋转移力矩效应[378] 被实验证实以来, 一方面研究人员通过大量的努力来尝试降低磁化翻转的临界电流, 增加热稳定性; 另一方面索尼 (Sony)、格兰迪斯 (Grandis)、日立 (Hitachi)、瑞萨科技 (Renesas)、东芝 (Toshiba)、三星 (Samsung)/现代 (Hynix)、希捷 (Seagate)、IBM/Magic、台湾工研院/台积电等多家公司也在积极研发这种基于自旋转移力矩效应的新型随机存储器件, 如果能够产业化研发成功并投放市场, 无疑将加速 MRAM 商业化的进程, 并带来计算机产业的又一次飞跃. 2005 年 12 月, 日本索尼公司在国际电子器件会议 (IEDM) 上宣布研制成功 4 kbit 的自旋转移力矩 MRAM 显示芯片[417]. 该芯片的记忆单元是基于 1 晶体管 +1 磁性隧道结的结构和 180nm 的半导体 CMOS 工艺技术. 利用优化的低磁化强度 CoFeB 合金和氧化镁分别作为磁性隧道结的自由层和势垒层, 得到的隧穿磁电阻比值为 160%、电阻面积积矢为 $20\Omega \cdot \mu m^2$, 并且可以在较低的临界电流密度 ($J_C=2.5\times10^6 A/cm^2$) 下完成磁性隧道结的写操作. 该演示器件单个记忆单元的横截面 TEM 照片以及利用自旋极化电流的自旋转移力矩效应对磁随机存储器进行写操作的曲线, 如图 3-185 所示. 当利用 2ns 脉冲宽度的写电流实现了记忆单元的快速写入时, 临界电流约为 650μA; 而写电流的脉冲宽度为毫秒量级时, 由于热效应的存在, 临界电流值为 200μA. 因此快速写入就需要较大的电流密度, 从而需要增大晶体管的尺寸, 降低了器件密度, 所以写电流大小与写入速度之间的关系在设计器件时是一项需要权衡的关键问题.

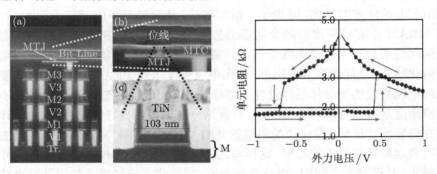

图 3-185　2005 年索尼公司推出的 STT-MRAM 演示器件单个单元的横截面 TEM 照片以及利用自旋极化电流的 STT 效应对 MRAM 进行写操作的曲线[417]

2007 年 2 月日本日立公司与日本东北大学在国际电子电路研讨会 (ISSCC) 上宣布联合推出了 2 Mbit 的 STT-MRAM 演示芯片 [418], 如图 3-186 所示. 该芯片是基于半导体 200 nm CMOS 工艺技术, 单元尺寸是 $1.6\mu m\times1.6\ \mu m$, 等价于 $16F^2$. 芯片的施加电压为 1.8V, 其读写操作的速度分别为 40ns 和 100ns, 不仅其 2Mbit 的容量比索尼的 4kbit 演示器件高出三个量级, 而且更重要的是在演示芯片中发展了两种主要的 STT 写操作的电路技术. 一个是涉及双向电流写入, 满足 STT-MRAM 中高电阻态 "1" 和低电阻态的 "0" 的写入要求; 另一个关键电路技术是具体讨论了由于读和写操作而引起的误码率问题. 通过选择流经磁性隧道结低阻态时的读电流的方向, 有效地降低了读操作时的误码率[419], 如图 3-187 所示.

基于热辅助的传统 MRAM 可以降低翻转电流的启示, 2009 年希捷公司的工程师提出了热辅助的 STT-MRAM 的设计概念[420], 并在理论上预言了该设计会降低临界电流密度. 热辅助的 STT-MRAM 设计与标准的 STT-MRAM 设计的区别在于磁性隧道结单元的结构. 在热辅助的 STT-MRAM 设计中, 磁性隧道结采用复合自由层, 由铁磁层与截止温度 (blocking temperature) 低的反铁磁层耦合形成. 当加热电流通过磁性隧道结时产生热量, 使复合自由层的温度升高. 当温度达到反铁磁层的截止温度时, 自由层就真正 "自由" 起来, 这时通过较低的临界电流就能使之翻转. 复合自由层的优点是由于有反铁磁层的耦合作用, 所以能够克服超顺磁的影响, 进一步减小尺寸, 从而提高存储密度.

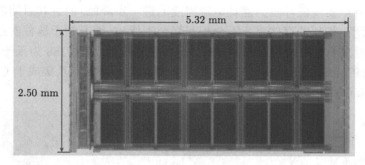

图 3-186　2007 年日本日立公司与日本东北大学在国际电子电路研讨会 (ISSCC) 上宣布联合推出了 2 Mbit 的 STT-MRAM 演示芯片[418]

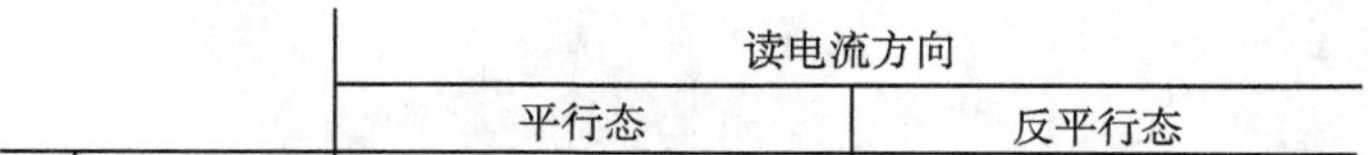

图 3-187　2007 年日本日立公司与日本东北大学联合推出了 2 Mbit 的 STT-MRAM 演示芯片, 通过选择流经磁性隧道结低阻态时的读电流的方向, 有效的降低误码率[419]

　　降低磁化翻转的临界电流密度是基于自旋转移力矩效应的 MRAM 应用中的核心问题. 从临界电流的理论公式可知, 自由层的磁各向异性以及退磁场是制约临界电流密度的关键. 中国科学院物理研究所的 M02 课题组, 提出了基于纳米环状磁性隧道结的磁随机存储器 (NR-MRAM) 的原理型器件的结构和设计[421]. 在纳米环

状磁性隧道结 (NR-MTJs) 中, 自由层与参考层通过纳米加工方法制备成封闭的圆环形, 磁矩成闭合状, 不仅消除了矩形或椭圆形纳米磁性隧道结的开放式两端产生的退磁场, 有望实现磁环临界翻转电流密度的进一步降低, 而且其封闭的磁畴不会产生杂散磁场, 相邻的存储单元不会相互耦合干扰, 从而有利于器件的进一步高密度集成, 同时减小读写时的误码率并有效保持热稳定性. 图 3-188 为基于 1NR-MTJ 和 1 晶体管的 4×4 Nanoring MRAM 演示器件构架示意图以及集成于 CMOS 电路上的 4×4 Nanoring MRAM 演示芯片[13].

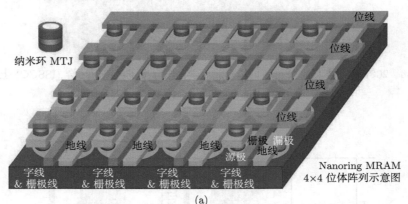

(a)

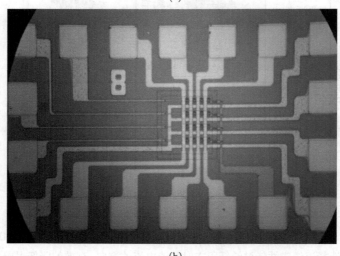

(b)

图 3-188　(a) 基于 1NR-MTJ+1 晶体管的 4×4Nanoring MRAM 演示器件构架示意图;
(b) 集成于 CMOS 电路上的 4×4Nanoring MRAM 的原理型演示芯片 (后附彩图)

新型的纳米环磁随机存取存储器 (Nanoring MRAM) 原理型器件, 摒弃了传统的采用椭圆形磁性隧道结作为存储单元和双线制脉冲电流产生和合成脉冲磁场驱动比特层磁矩翻转的做法, 采用 100nm 尺度下的磁矩闭合型纳米环状磁性隧道结作为存储单元、并采取正负脉冲极化电流直接驱动比特层磁矩翻转的工作原理, 可以克服常规 MRAM 所面临的相对功耗高、存储密度低等瓶颈问题. 目前利用 400~650μA 脉冲极化电流就可以直接驱动存储单元比特层的磁矩翻转、进行写操作, 并有望进一步优化和降低写操作电流; 利用十至几十微安的脉冲电流可进行读操作.

该原理型设计方案有诸多优点: ① 可以显著减小写电流的大小, 降低了功耗和热噪声; ② 可以显著降低存储单元内部比特层和参考层之间以及近邻比特单元之间的静态和动态磁耦合, 保证存储单元翻转过程中写操作的均匀性和一致性, 可以显著降低磁噪声; ③ 该设计具有容易加工和微制备的优势, 容易保证存储单元形状上的均匀性和一致性, 更容易与现有的 0.18μm、0.13μm 和 0.09μm 的半导体集成电路工艺相匹配, 有望获得 256Mbit/in² 或直至 6 Gbit/in² 以上的存储密度和容量; ④ 在同样层状结构和材料的制备条件下, 更容易获得高磁电阻 TMR 比值; ⑤ 能显著简化磁性隧道结的结构和 MRAM 制备工艺过程, 降低制造成本. 基于这一新的设计理念和结构, 可以极大的提升研制高性能低成本 MRAM 产品的可行性, 从而提高 MRAM 的生存力和竞争力, 有利于加快国际上 MRAM 产品研发及产业化的步伐.

另外, 据 MRAM 信息专业网站记录[422], 2008 年 1 月韩国政府资助三星和现代公司 5 千万美元用于联合研发 STT-MRAM, 期望 2015 年研制出实用的 MRAM 芯片; 6 月份, 日本东芝公司演示了 1Gbit STT-MRAM 技术, 预计 MRAM 将在 2015 年代替 DRAM; 10 月份, 美国 Grandis 公司增加投资 600 万美元进行 STT-MRAM 的研发; 12 月份, IBM 与 Magic 公司宣布已经拥有 64Mbit 容量的 STT-MRAM 技术; 2009 年 Grandis 公司、Crocus 公司以及三星和现代公司相继有 STT-MRAM 投资和研制的相关进展; 2010 年 1 月日本研究人员宣布研制了一种人工反铁磁自由层的新型隧穿磁电阻单元, 将有望实现 10 Gbit STT-MRAM. 到目前为止, MRAM 的发展趋势可以由图 3-189 所示.

简而言之, 近年来随着磁电子和半导体业界在 STT-MRAM 研发方面的不断努力, 可以预期在不久的将来, 有望实现高性能和高容量的 STT-MRAM 演示芯片产业化, 并加速自旋转移力矩磁随机存储器的实用化进程.

3.9.4 磁性隧道结在自旋晶体管和场效应晶体管方面的应用

具有记忆和逻辑功能的自旋晶体管也是磁电阻效应的潜在重要应用之一, 自旋晶体管[423] 作为具有强大功能的未来集成电路的组成部分已得到相当多的关注. 典型的磁性隧道结自旋晶体管, 其结构为: 金属发射极/势垒/铁磁性金属基极/半导体材料集电极, 如图 3-190 所示. 实现自旋晶体管, 至关重要的是提高半导体中自旋注入和自旋检测的效率. 然而, 在实际中的铁磁/半导体界面存在很多问题, 例如界面层的形成, 费米能级钉扎和电导率不匹配等[424]. 到目前为止, 这些界面问题的最终解决方案仍处于研究阶段.

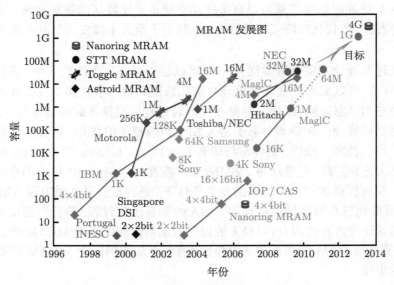

图 3-189　MRAM 的发展趋势图

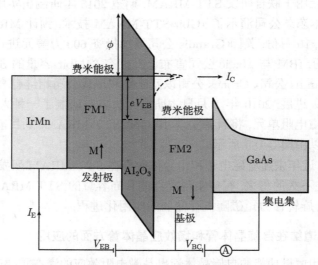

图 3-190　典型的磁性隧道结型自旋晶体管[425]

曾中明等[410] 提出了基于双势垒磁性隧道结的自旋晶体管结构, 如图 3-191 所示. 这种自旋晶体管被期望具有大的集电极电流、可变的基极 - 集电极电压、具有较小的逻辑电流等特点, 可望用于磁敏开关、电流放大器和振荡器等自旋电子学器件中.

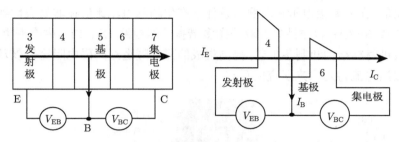

图 3-191 基于双势垒磁性隧道结的自旋晶体管结构图和原理图

近来随着对氧化镁 (MgO) 势垒材料的研究和利用, 使磁性隧道结材料性能有了巨大的改进和提高; 同时, 半金属铁磁电极 Heusler 合金的使用也会对磁性隧道结材料带来重大影响. 目前研究发现具有 Heusler 合金铁磁电极和 MgO 势垒的磁性隧道结在室温下展现出了超过 300% 的隧穿磁电阻比值 (TMR), 这就为自旋晶体管的操作以及非易失性功能逻辑电路的应用提供了契机. 最近, 日本研究人员 Shuto 等[426]成功设计制造了一个准自旋场效应晶体管 (PS-MOSFET), 并且实现了利用磁性隧道结的高低电阻状态来控制自旋晶体管的操作.

这种基于磁性隧道结技术的准自旋场效应管单元的结构是在普通场效应晶体管 (MOSFET) 的源极集成磁性隧道结, 并由磁性隧道结的电阻态来反馈源极与栅极之间的电压, 如图 3-192 所示. 这样准自旋场效应晶体管就能具备利用磁性隧道结的电阻状态来控制晶体管高低电流的能力. 另外, 当漏极电流超过一定临界电流时, 磁性隧道结中的自旋极化电流诱导的磁化翻转 (CIMS) 或自旋转移矩效应 (STT) 也可以被应用到该结构中; 并且通过施加栅极电压可使该准自旋场效应晶体管的晶体管运作模式和自旋转移矩模式相互独立. 因此, 这种准自旋场效应晶体管能够产生自旋晶体管的功能, 再进一步结合近来发展的磁性隧道结技术, 这将是最有希望实现自旋晶体管的途径之一.

准自旋场效应管的输出特性曲线清楚地显示了耗尽型的场效应管的行为, 并且当磁性隧道结的钉扎层和自由层的磁矩平行时, 漏极电流在整个线性区和饱和区均大于反平行时的漏极电流, 这表明准自旋场效应管已具有一定的自旋晶体管的功能, 如图 3-193 所示.

另外漏极电流的磁场依赖关系与磁电阻变化趋势一致, 这反映了集成于源极的隧道结磁电阻的变化. 定义磁电流比值为 $\gamma_{MC}=(I_P - I_{AP})/I_P$, 其中 I_P 和 I_{AP} 分别是当磁性隧道结的钉扎层与自由层平行和反平行时的漏极电流. 当漏极电压 $V_D=0.1V$ 和栅极电压 $V_G=2V$ 时, 磁电流比值是 38.4%. 应当指出的是磁电流比值受到栅极漏电流的影响, 该准自旋场效应晶体管的最大磁电流比值可以达到约 45%, 如图 3-194 所示. 通过改进工艺减小栅极漏电流, 被期望于可以进一步提高磁电流比值. 在低漏极电压和高栅压条件下产生的磁电流比值在非易失性静态随机存储器 (NV-SRAM) 和非易失性双稳态多谐振荡器电路 (NV-FF) 中有着重要应用. 进一步改进材料结构和制备工艺, 提高集成的磁性隧道结的磁电阻比值以及减小晶体管栅极漏电流将是未来研究的重点.

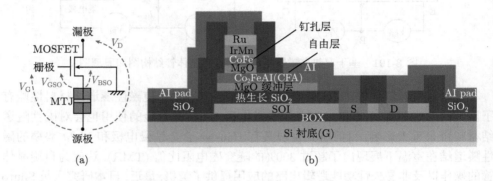

图 3-192 基于磁性隧道结技术的准自旋场效应管单元的结构是在普通场效应晶体管 (MOSFET) 的源极集成磁性隧道结, 并由磁性隧道结的电阻态来反馈源极 与栅极之间的电压[426]

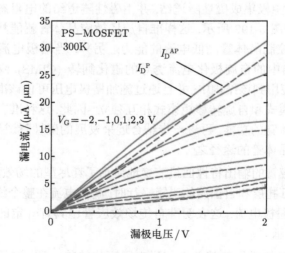

图 3-193 平行时漏极电流在整个线性区和饱和区均大于反平行时的漏极电流, 这表明准自旋 场效应管成功地具有自旋晶体管的功能[426]

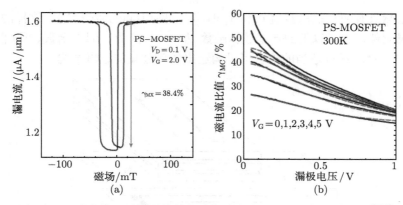

图 3-194 准自旋场效应晶体管的最大磁电流比值可以达到约 45%[426]

这种基于自旋电子学中磁性隧道结技术的准自旋场效应晶体管器件, 成功实现了自旋晶体管的一些特定功能, 具有随机读写速度快以及低功耗等优点, 为开创下一代具有非易失性的可编程逻辑功能器件以及具有记忆功能的非易失性大规模集成电路, 奠定了前期研究基础.

3.9.5 磁性隧道结在磁逻辑器件方面的应用

利用磁性材料的电子自旋特性来设计的数字逻辑称为磁逻辑. 基于隧穿磁电阻效应的磁性隧道结已被广泛应用于数据存储和传感器中, 而对于磁逻辑器件的研究还处于起步阶段, 磁逻辑器件在计算机领域具有非常广泛的应用前景[427]. 早期研究者利用软磁性薄膜中的圆柱形磁畴的稳定性设计了磁泡磁逻辑[428], 磁泡的出现与消失对应于数字逻辑的 0 和 1[429]. 后来 Spain 等提出了畴尖传播磁逻辑[430], 它是利用由高矫顽力材料限制在狭窄通道里的畴尖可控生长以及畴尖间的相互作用. Cowburn 等提出了一种由纳米磁粉构造的新装置结构, 可用它执行磁逻辑功能[431], 近来研究的坡莫合金纳米线在交变场下的畴壁的形成与传播也可应用于磁逻辑器件[432].

巨磁电阻效应发现后, 人们提出了利用它来设计磁逻辑, 巨磁阻单元在磁场作用下的高低电阻态表示数值逻辑的输出状态, 即布尔函数的 0 和 1. 但是由于早期的磁电阻比值较小, 必须增加一个半导体电路对其进行放大, 因此与其他半导体逻辑器件相比没有优势. 但是由于这种磁逻辑可实现可编程逻辑以及逻辑输入输出的非挥发性, 仍然引起了广泛的关注. 2000 年 Das 提出一种基于磁电阻效应的自旋磁逻辑[433], 两年后, 德国西门子公司通过实验演示了一种可重配置的磁逻辑门元件. 紧接着, 柏林 Paul Drude 研究所提出了一种更简单的方法来实现各种计算元件在不同逻辑状态之间的切换[427], 其设计方案如图 3-195 所示, 磁逻辑门含有三条输入线, 即输入线 A、B、C, 每条输入线中流过的电流强度均相同. 在这种磁阻元件中虽然只有两种输出数值 0 和 1, 但却有四种不同的逻辑状态. 这样的一个单个磁逻辑元件可表示以下的基本逻辑函数, 如 "与" 函数、"或" 函数、"与非" 函数和 "或非" 函数, 通过适当的组合可以构造出任何公知的逻辑结构.

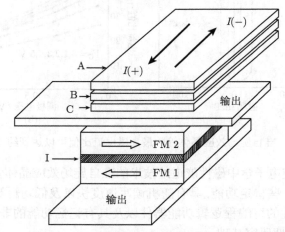

图 3-195　基于磁性隧道结的磁逻辑工作模式图

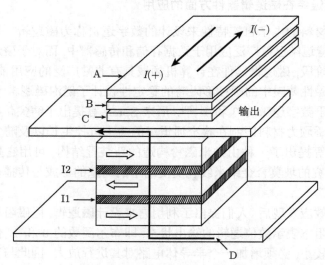

图 3-196　基于双势垒磁性隧道结的磁逻辑工作模式图

曾中明等[434] 提出了一种基于双势垒磁性隧道结的磁逻辑器件的原理型结构, 如图 3-196 所示. 在这个方案中, 设计四条输入信号线, 即输入线 A、B、C 和 D, 每条输入线中流过的电流强度均相同, 分别将 0 和 1 分配给它们, 利用上述输入信号 A、B、C 和 D 的组合, 决定隧道结中磁性层的磁化方向, 将通过双势垒磁性隧道结的磁电阻效应的大小作为输出信号. 在这种结构中, 磁阻元件有两种数值输出, 但有多种不同的初始状态, 其中两种平行态、两种完全反平行态和几种中间态, 这样可以配置出多种不同的逻辑状态. 这种磁逻辑器件一个单元具有多种磁化状态, 从而通过一个逻辑元件来实现多种的逻辑功能, 有利于逻辑电路的小型化、集成化和智能化.

与普通的半导体逻辑元件相比, 这种基于自旋相关输运特性的可重配置的逻辑门元件具有高操作频率、无限配置次数、逻辑信息的非挥发性、防辐射、与磁随机存储器兼容等优点. 与传统磁逻辑器件相比, 基于结构简单、低能耗的实心纳米椭圆或空心纳米椭圆环磁性隧道结, 通过利用自旋转矩效应来实现磁逻辑功能, 制备出纳米椭圆或纳米椭圆环磁逻辑器件, 更让人们十分憧憬[405].

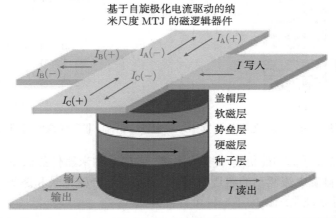

图 3-197　自旋极化电流驱动的基于纳米椭圆或椭圆环状磁性隧道结的磁逻辑器件的示意图

在这种新型的自旋转矩效应磁逻辑器件中, 纳米磁性隧道结单元包括软铁磁层、势垒层和硬磁层、以及覆盖层和种子层, 此外还包括逻辑操控电流的输入、输出电极和数据读入、读出电极. 图 3-197 给出了基于椭圆形磁性隧道结和自旋极化电流驱动的磁逻辑器件结构和工作原理示意图. 图 3-198(a) 是逻辑与操作的示意图, 可以证明逻辑与操作的结果. 首先, 给电极 A、B 和 C 输入电流－I(0), 让磁性隧道结回到初始态 R=low(0), 此时软磁层的磁化方向和硬磁层的磁化方向是平行的. 这种情况下, 磁性隧道结单元处于低阻态, 定义这种情况为逻辑 0 输出. 如图 3-197 所示, 定义 A、B 电极电流的正 (负) 为逻辑 1(0) 的输入. 逻辑操纵的结果如下：① 对 A、B 电极输入数据 0(负电流), 隧道结两磁层磁化方向平行的状态不发生改变, 逻辑输出为 0; ② 电极 A、B 分别输入 0、1(负电流和正电流), 由于通过隧道结的净电流很低, 隧道结的两磁层和平行状态仍然不变, 因此输出仍为 0, 对于 A、B 分别输入 1、0 的情况, 情况是一样的, 输出为 0; ③ 对 A、B 电极同时输入逻辑 1(正电流), 由于自旋力矩转移效应, 软磁层的磁化方向被改变, 变为反平行于硬磁层. 这样, 我们就得到逻辑输出 1. 图中表为逻辑 "与" 的真值表. 另外, 我们可以用相似的方法得到逻辑 "或"、"非"、"与非"、和 "异或", 图 3-198(b) 为它们的真值表.

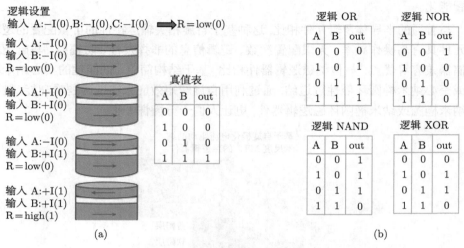

图 3-198　(a) 逻辑与运算 (b) 逻辑或、非、与非和异或的真值表

　　尽管实现磁逻辑功能仍有很多的困难, 比如对纳米器件的微纳米加工和稳定性, 但是基于自旋电流驱动的磁逻辑器件, 为实现结合磁记录和逻辑运算功能于一身的磁性信息处理系统提供了一种可行性方法.

3.9.6　磁性隧道结在忆阻器方面的应用

　　早在 1971 年, Leon Chua 就首次从理论上提出了忆阻器 (memristor) 的概念[435]. 这种忆阻器最先由 Stanley Williams 实验室于 2008 年证实[436], 这是除了电容、电感和电阻外的一种新的基本元件, 如图 3-199 所示. 忆阻器的电阻率依赖于电压、电流的积分, 因此它可以 "记忆" 外加电压、电流的历史. 对于一个忆阻器, 其可以描述为: $V(t) = R(w, v, t)i(t)$, $\mathrm{d}w/\mathrm{d}t = f(w, v, t)$, 其中, w 为一组描述忆阻器的态变量. 在电压调制的忆阻器中, 其可以描述为: $V(t) = R(w(t))i(t)$, 其中 $w(t) = \int_0^t v(t')\mathrm{d}t'$. 在此基础之上, 人们提出结合磁电阻效应体系和电致电阻转变效应体系, 从而实现在同一体系中控制磁性电极的磁矩状态和势垒层中的电阻态来调控器件的电阻态.

　　最近, Krzysteczko 等成功地在 CoFeB/MgO/CoFeB 磁性隧道结中同时实现了隧穿磁电阻和电致电阻转变两种效应[437]. 他们利用磁控溅射设备制备了 MgO 磁性隧道结, 其结构为: Ta(3)/CuN(90)/Ta(5)/PtMn(20)/CoFe(2)/Ru(0.75)/CoFeB(2)/MgO(1.3)/CoFeB(3)/Ta(10)/Cu(30)/Ru(7)(单位: nm), 并制备成具有电流方向垂直膜面的典型结构. 在其制备的磁性隧道结中, 他们得到了 100% 的隧穿磁电阻效应和 6% 的电致电阻转变效应. 对于平行态和反平行态, 隧道结所加偏压的历史均可以导致多电阻态, 如图 3-201 所示, 这可以应用于多态数据存储.

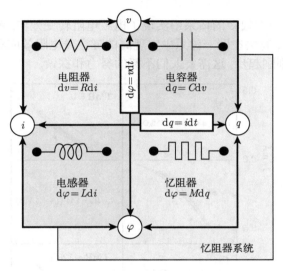

图 3-199　四种基本的电路元件: 电阻、电感、电容和忆阻器. 它们可以是在具有非线性元素的定义方程中的独立变量函数[436]

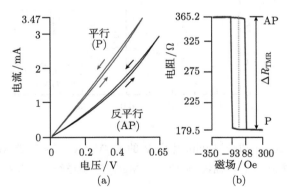

图 3-200　(a) 为对平行态和反平行态的 $i\text{-}v$ 回滞曲线; (b) 为隧道结的磁电阻曲线[437]

2010 年, Najjari 等在利用分子束外延生长的 Fe/V/MgO/Fe 体系中也观测到了电致电阻转变效应[438]. 对于没有 V 插层的情况, 他们得到了 120% 的隧穿磁电阻效应, 但没有发现电致电阻转变效应, 如图 3-201(b) 所示. 而对于 1.2nm 厚 V 插层的隧道结, 可以实现具有高重复性的电致电阻转变效应, 如图 3-201(a) 所示. 但是, 在 Fe/V/MgO/Fe 体系中, 没有观测到隧穿磁电阻效应. 他们系统的研究了这个体系中电致电阻转换效应, 其随着外加电压扫描次数的变化, 发现随着循环次数的增加, 隧道结的电阻不断的变小. 他们认为, 对于 MgO 隧道结体系中的电致电阻现象出现的原因是 MgO 势垒厚度或高度的变化, 并给出了可以进行很好描述的模型.

目前, 人们已经在很多的体系中实现了电致电阻转变效应, 对于这方面的研究也比较深入. 然而, 有关在同一体系中实现高的隧穿磁电阻效应和高的电致电阻转变效应的研究才刚刚起步, 这需要人们不断的努力和探索.

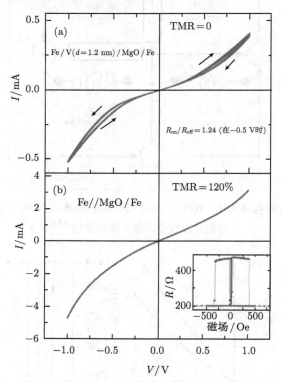

图 3-201　(a) 具有 20μm 边长, 1.2nm 厚度 V 的 Fe/V/MgO/Fe 隧道结的 10 条 I-V 曲线, (b) Fe/MgO/Fe 隧道结的 I-V 曲线. 插图: Fe/MgO/Fe 隧道结的磁电阻曲线[438](后附彩图)

3.10　磁性隧道结的研究展望

对磁性隧道结及其自旋相关输运和自旋动力学的研究, 发展到今天已经取得了丰硕的成果, 不仅催生和丰富了自旋电子学的新学科, 而且为计算机的信息存储技术带来了飞跃式的发展. 但是, 目前该方向的研究仍然面临着诸多挑战, 同时也存在着很多的机遇.

磁性隧道结是研究自旋相关输运问题包括自旋流的产生、调控、输运、弛豫规律、自旋相干性、自旋动力学行为以及相应的检测技术和方法的一种最佳材料体系, 其中不仅可以采用铁磁电极进行自旋注入、微波激发、热激发或者光选择性激发等方法获得自旋极化的电流, 还可以利用磁场和电场并结合自旋 – 轨道耦合的相互作用特性, 来控制不同自旋取向载流子的分布和输运, 观测和研究自旋霍尔效应、反常自旋霍尔效应和其他新奇自旋量子效应等, 进而可以开发具有新功能特征的磁性隧道结材料及其元器件.

具有自旋转移力矩效应 (STT) 的材料体系以及器件实用化的研究：自旋转移力矩效应是自旋电子学发展中的又一个具有里程碑意义的新发现. 利用自旋极化电流诱导的磁矩翻转具有诱人的应用前景. 自旋转移力矩效应不仅提供了自旋电子学器件信息写入的新方式, 同时还能满足大量的器件应用方面需要高密度集成各种基本元器件的发展趋势. 换句话讲, 在亚微米和纳米尺度上, 不再需要外加磁场、微型电磁体或永磁体, 仅利用半导体集成电路、纳米磁性金属电极或器件自身中的自旋极化电流及其自旋转移力矩 (STT) 效应, 就可以实现对亚微米和纳米材料或器件单元中的自由层磁矩进行磁化和反磁化过程的操纵, 使材料或器件单元表现出新的物理效应、磁电性质和功能特性, 从而可以展现极其丰富的物理研究内容和广泛的应用前景. 因此, 在亚微米和纳米尺度上, 特别是在硅基大规模集成电路平面工艺和制造技术基础上引入自旋电子学元器件已具有可行性, 磁电子、自旋电子与微电子及纳电子和光电子相互结合和彰显宜章的时代已经到来, 磁学和自旋电子学的研究已经展开了崭新的一页.

迄今为止, 在铁磁性材料体系中, 实验上获得的自旋极化电流诱导磁矩翻转的临界电流密度一般为 $10^6 \sim 10^7$ A/cm^2 数量级, 通常情况下距相应半导体工艺水平的晶体管所能承受的电流密度 (10^5 A/cm^2) 还有一定的差距, 因此减小磁矩翻转的临界电流密度是当前学术界以及工业界努力追求的目标. 目前研究人员预计在具有垂直磁各向异性的半金属铁磁电极和超薄 CoFeB 合金电极的磁性隧道结中, 临界电流密度有望降低到 10^5 A/cm^2 的量级, 从而可以进一步提高 MRAM 的成品率、降低成本, 推进高密度高容量 STT-MRAM 的产业化进程.

自旋转移力矩效应可以使实心纳米柱状或者空心纳米环状磁性隧道结中的自由层磁矩产生高频进动、实现微波的发射及检测. 基于自旋转移力矩效应的微波器件具有小型化 (几十到几百纳米量级)、高集成度、低功耗、高频率、抗辐射性等优点, 在微波振荡器、信号发射源以及微波检测器等器件中有着极大的发展潜力和应用前景. 目前如何实现纳米振荡器输出大功率且低功耗、高频信号的单色性以及稳定可调的输出, 进一步减弱或消除单元之间的各种杂散相互作用, 进而实现集成及产业化, 是该研究方向需要重点考虑和解决的问题.

　　磁性隧道结中新颖的磁和电的相互调控: 法拉第定律描述的电动势正比于磁场的时间微分, 传统的静电势在稳态电路和电磁场中不会出现. 但是在铁磁性材料构成的纳米结构中, 静磁场中磁性材料的磁矩 (自旋) 方向随时间演化, 也可以导致感应电动势. 这种磁和电的相互调控效应, 不仅从概念上推广了法拉第感应定律, 而且可以应用于更加灵敏的磁敏传感器和自旋电池的研制, 进一步开拓了自旋电子学的重要应用领域. 另外, 用电场或电压来直接控制自旋电子学器件中磁性单元的磁化状态也是未来自旋电子学发展的一个新方向. 还有如何借助多铁性衬底材料或者多铁性与铁磁性的纳米多层膜磁性隧道结复合材料, 并利用电场对电极化状态的影响以及铁电性和铁磁性之间的相互关联, 来实现电场对材料体系的磁化状态和磁矩方向进行人工调控, 也有望成为今后的一个热点研究方向和重要应用领域. 目前用电场或电压对磁性调控的相关理论和实验研究正在展开, 如何利用新型的纳米结构磁性隧道结材料, 实现在通常的磁性金属 Fe、Co、Ni 及其合金和半金属材料中获得显著的电对磁矩的操控已然成为一个重要的研究课题. 用电场或电压调控磁矩, 磁性隧道结中可以降低电流密度或没有电流, 因而可以用来发展低功耗的逻辑器件和具有信息非易失性的存储单元.

　　目前理论和实验研究都表明磁性隧道结纳米结构中的自旋相关的量子阱效应以及自旋库仑阻塞效应中的相干隧穿, 可以显著地提高磁电阻比值, 同时具有丰富而有趣的自旋弛豫时间、自旋积累等自旋相关的物理现象. 基于量子阱效应以及自旋库仑阻塞效应的磁性隧道结纳米结构器件, 可以引领未来自旋电子学器件的发展. 但是目前研究人员仍需要解决高质量磁性隧道结的制备, 用来形成量子阱以及实现量子阱的稳定和可调控性; 对于铁磁单电子晶体管的研究, 调控纳米颗粒尺寸大小以及均匀性, 实现室温下的自旋库仑阻塞效应, 降低磁性隧道结的电阻值以及实现栅压对纳米颗粒能级的调控等, 都是未来的重要研究课题.

　　当自旋电子学进入更低的维度, 将磁电阻效应、自旋转移力矩效应等与单电子电荷效应如库仑阻塞效应、Kondo 效应结合, 将会产生新奇的自旋电子学现象. 例如, 本章中提到的库仑阻塞磁电阻效应 (CBMR), 即结合库仑阻塞效应和隧道结的输运性质而设计出的一种高磁电阻单电子结构. 实验上通过自旋极化 STM 的自旋转移力矩效应, 也成功实现了 100nm 尺寸的超顺磁 Fe 纳米颗粒磁矩的翻转. 在将来单电子自旋电子学中的量子点还可以用更小的单元代替, 如碳纳米管、单分子和原子等. 单电子自旋电子学未来的长期目标是实现自旋的独立操控, 用于自旋量子计算, 发展高密度的单自旋信息存储技术、以及设计新的磁电阻结构和单元, 用于低功耗和高速的自旋电子学器件.

　　在纳米磁性结构中, 除了可以利用电场和磁场对自旋进行调控之外, 近几年来国际上又尝试引入一些新的自由度来调控自旋, 为自旋电子学开拓了新的研究思路. 这其中一个重要的进展是将热效应引入自旋电子学研究领域, 产生一个新兴的研究方向, 称为 Spincalorics(自旋热电子学)[439,444]. 其核心思想是通过在磁性纳米材料和结构中施加温度影响, 利用自旋相关的热效应. 例如, 2008 年日本科学家在坡莫合金 ($Ni_{81}Fe_{19}$) 施加温度梯度, 认为观测到自旋 Seebeck 效应产生的自旋电动势和长程的纯自旋流等 [440]. 这一工作引起国际上的广泛关注, 随后在稀磁半导体 GaMnAs[441]、磁性绝缘体 $LaY_2Fe_5O_{12}$[442] 中不同实验组都观测到相同的效应. 自旋热电子学是一个新兴的研究领域, 其兴起只在几年之间, 因此未来不仅在基础研究, 如自旋相关的热效应理论模型和第一性原理计算方法等方面都有大量可供研究的课题, 而且在设计具有显著自旋热效应的磁性纳米结构以及发展新的高精度的热和磁电输运测量的实验方法等方面都有较大的研究前景. 在器件应用方面, 结合了热效应的自旋电子学, 可以用于设计一些新型的自旋电子学器件, 拓展自旋电子学的应用领域. 例如, 结合反常自旋霍尔效应和自旋 Seebeck 效应, 可用做热电发电机和温度梯度传感器等.

基于磁性隧道结材料的小型化和智能化磁敏传感器: 通过巧妙的磁电阻材料结构和电路设计来实现各种小型化和智能化的新型磁敏传感器是该领域的研发目标. 随着磁敏元件尺寸的不断减小, 需要解决其超顺磁性和热稳定性的问题, 进一步分析元器件噪声产生的机理, 提高磁敏传感器的灵敏度和信噪比, 以适应不同的工作环境, 并进一步降低成本. 例如, 当其磁电阻单元尺寸减小到纳米量级时, 退磁场的影响变得强烈, 并且受到超顺磁现象的挑战, 器件性能会严重恶化, 同时由于在小于 50nm 的尺度下, 在保持较小结电阻面积积矢 (RA$\sim$1 $\Omega \cdot \mu m^2$) 的同时, 基于磁性隧道结器件单元的输出信号, 将受到磁性隧道结中势垒的均匀性以及在读取数据时势垒中噪音的显著影响. 因此, 如何进一步采用新技术新方法来优化制备具有高性能的磁性隧道结薄膜材料, 通过新理念和新设计研制各种磁场传感器、磁场梯度传感器、电流传感器、速度和加速度传感器、电子罗盘、磁敏助听器、磁敏生物传感器、磁防伪和磁识别传感器等, 推动磁性隧道结功能材料在数字化自动控制和工业、民品及航空航天等方面的广泛应用, 是国内外相关科研人员和工程技术人员广为关心的重要研究课题.

总之, 各种铁磁性隧道结和复合磁性隧道结及其隧穿磁电阻效应以及器件原理的基础性研究和应用性研究, 不仅是发展自旋电子学的重要核心内容, 有着缤纷多彩的实验观测物理现象和深刻有序的自旋输运物理机制, 还有着迷人变幻的广泛用途和不断推陈出新大规模应用的成功案例, 使得更多研究人员和年轻学者向往其中、研究其中、沉醉其中、耕耘其中和乐在其中. 对多种多样的铁磁性隧道结和各类复合磁性隧道结及其自旋输运性质的研究, 像雨后春笋和似锦繁花, 不断出现在磁电子学、半导体自旋电子学、氧化物自旋电子学、有机自旋电子学、碳材料自旋电子学、单电子自旋电子学、极化光电 - 自旋电子学和纳米自旋电子学等领域, 其绿荫和花海绵延成一片、交织在一起, 不断在丰富和发展着自旋电子学这个新兴学科和领域, 不断在产生丰硕的成果. 可以坚信, 以磁性隧道结和隧穿磁电阻效应及其器件应用为重要核心研究内容之一的自旋电子学也会像微电子学一样, 在人类科学技术的发展史上会越来越显示出其重要的学科地位和不可替代的关键技术作用.

致谢

　　首先衷心感谢翟宏如教授出面组织国内磁电子学和自旋电子学研究领域里的一些专家学者来撰写和编辑这样一本面向本科生、研究生和青年学者的教学及科研参考书. 我们感谢翟宏如教授从科研和教书育人两个方面为推动国内自旋电子学研究的发展所做出的辛勤劳作及奉献! 在这本参考书中, 我们很荣幸地承担了 “磁性隧道结及其隧穿磁电阻效应和器件的应用” 一章的撰写任务. 我们首先将国内外最有代表性的研究成果和进展, 尽可能由浅入深、循序渐进地介绍给本书的读者, 力图让读者能充分了解和掌握这个研究领域及方向的发展主线和整体轮廓; 其次, 挑选了一些我们自己课题组近几年的阶段性研究成果和进展介绍给本书的读者, 目的是让读者借鉴如何基于国内现有的较为薄弱的实验条件, 来开展一些力所能及的磁性隧道结材料制备及其物理探索工作, 并争取做出一些有创意的研究进展, 期望能对读者起到抛砖引玉的作用. 由于我们自身的学术水平和写作时间都有限, 在内容选择与撰写方面都难免有所疏漏. 我们期待有志从事该领域研究的青年学者们能够通过本章内容的阅读和亲身的科研体验, 进一步去发现问题、解决问题、推陈出新, “青出于蓝胜于蓝”, 做出更有创新性的科研成果, 推动国内外自旋电子学研究的进一步发展.

　　作者感谢中国科学院物理研究所 “自旋电子学材料、物理和器件”M02 课题组的毕业生和在读研究生们. 本章收录的一部分有关我们自己的新近研究进展和内容, 是选自 M02 组以下同学的部分博士论文或合作发表的学术论文, 包括: 温振超和刘东屏博士 (2010 届), 王琰、覃启航和 Shamaila Shahzadi 博士 (2009 届), 杜关祥、赵静、韩宇男和 Rehana Sharif 博士 (2008 届), 魏红祥和丰家峰博士 (2007 届), 曾中明、王天兴和张谢群博士 (2006 届)、李飞飞博士 (2005 届), 以及下列在读博士研究生已发表的学术论文工作, 包括: Rizwan 和 Naeem(2007 级留学生)、马勤礼、陈军养和王文秀 (2008 级)、张佳和王云鹏 (2009 级)、于国强和王译 (2009 级联合培养)、刘厚方和梁世恒 (2010 级)、陶玲玲、师大伟和李大来 (2011 级) 等. 作为他们的博士生导师, 我很高兴能与他们学习及工作在一起, 共享教学相长以及物理研究的趣味和快乐!

　　作者也特别感谢詹文山研究员为 M02 组的建设及近几年开展磁性隧道结材料和物理及器件的研究所做出的不可或缺的重要贡献; 感谢 M02 组早期四位出站的博士后: 彭子龙、王伟宁、赵素芬和王磊博士为 M02 组初期的发展, 在艰苦条件下所做出的努力和奉献；感谢过去几年里在我们 M02 组工作过的访问或进修生 Saira Riaz 博士、姜丽仙博士和 M. Ramesh Babu 博士以及两位硕士毕业生冯玉清和马明同学！感谢受聘于我们 M02 组的美国客座教授张晓光和张曙丰以及加拿大客座教授郭鸿在学术上对我们的至诚帮助；感谢我们国际合作项目的外方合作伙伴：日本东北大学的宫崎照宣 (T. Miyazaki) 教授、爱尔兰圣三一学院的 J.M.D. Coey 教授、美国霍普金斯大学的钱嘉陵教授、英国利兹大学的 Christopher Marrows 教授、澳大利亚昆士兰大学的邹进教授、芬兰赫尔辛基工业大学的 P. Kuivalainen 教授等！

我们还特别感谢中国科学院物理研究所和国内外其他兄弟单位的尊师、好友、同仁以及我们所有学术论文发表中的合作者；感谢国家基金委、科技部和中国科学院对我们 "自旋电子学材料、物理和器件" M02 课题组的发展所提供的真诚帮助和项目支持！

韩秀峰
中国科学院物理研究所

韩秀峰，中国科学院物理研究所研究员、博士生导师. 主要从事自旋电子学材料、物理和器件研究. 已发表 SCI 学术论文 200 余篇，获发明专利授权 40 余项. 2006 年与合作者研制出一种新型纳米环磁随机存储器 (MRAM) 和四种磁电阻磁敏传感器原理型演示器件；目前在开展磁逻辑和自旋纳米振荡器的实验研究工作.

第 3 章附录　磁性隧道结的发展历史及其有代表性的优化结构

年份	磁性隧道结结构	隧穿磁电阻比值/%		作者	参考文献
		低温	室温		
1975	Fe/Ge/Co	14(4.2 K)		M. Julliere	Phys.Lett.A **54**,225
1982	Ni/NiO/Ni/Au	0.5 (1.5 K)		S. Maekawa et al.	IEEE. Trans. Magn.**18**,707
	Ni/NiO/Co/Au	2.5 (4.2 K)			
	Ni/NiO/Fe/Au	1.0 (2.5 K)			
1987	Ni/NiO/Co		0.96	Y. suezawa et al.	J. Magn. Magn. Mater. **126**, 524
1990	Fe-C/AlO$_x$/Fe-Ru		1.0	R. Nakatani et al.	J. Mater. Sci. Lett. **10**, 827
1991	Ni-Fe/Al-AlO$_x$/Co	3.5 (77K)	2.7	T. Miyazaki et al.	J. Magn. Magn. Mater. **98**, L7
1993	Ni-Fe/Al-AlO$_x$/Co	5.0 (4.2 K)	2.7	Y. Sueza et al.	J. Magn. Magn. Mater. **126**, 430
1994	Si/NiFe/MgO/Co		0.2	T. S. Plaskett et al.	J. Appl. Phys. **76**, 6104
1995	FeCo/AlO$_x$/Co	7.2 (4.2 K)	3.5	N. Tezuka et al.	J. Magn. Soc. Jpn. **19**, 369
	Fe/AlO$_x$/Co	8.5 (4.2 K)	3.3		
1995	Fe/AlO$_x$/Fe	30 (4.2 K)	18	T. Miyazaki et al.	J. Magn. Magn. Mater. **139**, L231
1995	Glass/Si/CoFe/AlO$_x$/Co	24 (4.2 K) 20 (77K)	11.8	J.S. Moodera et al.	Phys. Rev. Lett. **74**, 3273
1996.4	Glass/Si/CoFe/AlO$_x$/Co	25.6(4.2 K)	18	J.S. Moodera et al.	J. Appl. Phys. **79**, 4724
1996.7	Co/AlO$_x$/CoFe	32 (77 K)	18	J.S. Moodera et al.	Appl. Phys. Lett. **69**, 708
1996.9	SrTiO$_3$(100)/La$_{0.67}$Sr$_{0.33}$MnO$_3$/SrTiO$_3$/La$_{0.67}$Sr$_{0.33}$MnO$_3$	83 (4.2 K)		Xiao Gang et al.	Phys. Rev. B. **54**, R8357
1996.10	Fe/HfO$_2$/Co	31(30 K)		C.L. Platt et al.	Appl. Phys. Lett. **69**, 2291
1997.4	Si (100) /Pt/Py/MnFe/Py/oxide Al$_2$O$_3$/Co/Pt Si(100)/Cu/Py/MnFe/Co/oxide Al$_2$O$_3$/Py/Pt		22	W.J Gallagher et al.	J. Appl. Phys. **81**, 3741
1997.4	Fe/MgO/Co/SiO(100)	20 (77 K)		C.L. Platt et al.	J. Appl. Phys. **81**, 5523

续表

年份	磁性隧道结结构	隧穿磁电阻比值/% 低温	隧穿磁电阻比值/% 室温	作者	参考文献
1997.9	Ni-Fe/Co/Al-AlO$_x$/Co/Ni-Fe/Fe-Mn/NiFe		24*	M.Sato et al.	IEEE. Trans. Magn.**33**, 3553
1998.6	Ta/NiFe/CoFe/Al-AlO$_x$/CoFe/TbCo/Ta		24	J.J. Sun et al.	J. Appl. Phys. **83**, 6694
1998.10	Ta/NiFe/CoFe/Al-AlO$_x$/CoFe/MnRh/Ta		36.7	R.C. Sousa et al.	Appl. Phys. Lett. **73**, 3288
1999.1	Ta/NiFe/CoFe/Al-AlO$_x$/CoFe/MnRh/Ta		27.3	J.J. Sun et al.	Appl. Phys. Lett. **74**, 448
1999.5	Si/SiO/Cr$_{80}$V$_{20}$/Co$_{75}$Pt$_{12}$Cr$_{13}$/Al-O/Co$_{88}$Pt$_{12}$/Al.		13	S. S. P. Parkin et al.	Appl. Phys. Lett. **75**, 543
1999.9	Ta/NiFe/CoFe/Al$_2$O$_3$/CoFe/MnIr/Ta/TiW		41	S. Cardoso et al.	IEEE. Trans. Magn. **35**, 2952
2000.1	Ta/Ni$_{80}$Fe$_{20}$/Co$_{82}$Fe$_{18}$/AlO$_x$/Co$_{82}$Fe$_{18}$/Mn$_{74}$Ir$_{26}$/Ta/Ti$_{10}$W$_{90}$		41	S. Cardoso et al.	Appl. Phys. Lett. **76**, 610
2000.5	NiFe/CoFe/AlO$_x$/CoFe/IrMn/Al		42	H. Kikuchi et al.	J. Appl. Phys. **87**, 6055
2000.5	Ta/NiFe/Cu/NiFe/IrMn/CoFe/AlO$_x$/CoFe/NiFe/Ta	69.1 (4.2 K)	49.7	X. F. Han et al.	Appl. Phys. Lett. **77**,283
2000.11	MgO(110)/Cr(211)/Co(11-20)/Fe(211)/AlO$_x$/Fe$_{50}$Co$_{50}$/Au;	42 (2 K)		S. Yuasa et al.	Europhys. Lett. **52**, 344
	Sapphire/Mo(110)/Fe(110)/AlO$_x$/Fe$_{50}$Co$_{50}$/Au;	32 (2 K)			
	MgO(100)/Cr(100)/Au(100)/Fe(100)/AlO$_x$/Fe$_{50}$Co$_{50}$/Au	13 (2 K)			
2001	GaAs(001)/CoFe/MgO/Fe	60(30K)		M. Bowen et al.	Appl. Phys. Lett.**79**,1655
2001	Ga$_{1-x}$Mn$_x$As/AlAs/Ga$_{1-x}$Mn$_x$As	75 (8 K)		M. Tanaka et al.	Phys. Rev. Lett. **87**, 026602
2002	Ta /Cu/Ta/NiFe/Cu/Mn$_{75}$Ir$_{25}$/Co$_{70}$Fe$_{30}$/AlO$_x$/Co$_{70}$Fe$_{30}$/NiFe/Cu/Ta		59	M. Tsunoda et al.	Appl. Phys. Lett.**80**,3135
2002	Ta /NiFe/FeMn/NiFe/AlN/NiFe/Au		12.7	H. J. Shim et al.	J. Appl. Phys. **92**, 1095
2002	GaAs (111) substrate/MnAs/AlAs/MnAs	1.4 (10 K)		S. Sugahara et al.	Appl. Phys. Lett. **80**, 1969

续表

年份	磁性隧道结结构	隧穿磁电阻比值/%		作者	参考文献
		低温	室温		
2003	Fe(001)/MgO(001)/CoFe(001); Fe(100)/MgO(110)/CoFe(100)	23(4.2K) 20(77K)		S. Mitani et al.	J. Appl. Phys. **93**, 8041
2003	MgO(100)/Fe(100)/MgO(100)/ Fe(100)/Co/Au	100(80K)	67	J. Faure-Vincent et al.	Appl. Phys. Lett. **82**, 4507
2004.1	MgO substrate/Au/ $L1_0$-FePt/ Al-O/CoFe	34 (77 K)		T. Moriyama et al.	J. Appl. Phys. **95**, 6789
2004.4	Fe(001)/MgO(001)/Fe(001)/Co	146(20K)	88	S. Yuasa et al.	Jpn.J. Appl. Phys. **43**, L588
2004.7	Si(100)/Si_3N_4/Ru/CoFeB/ AlO_x/CoFeB/Ru/FeCo/CrMnPt		70	D. Wang et al.	IEEE Trans. Magn. **40**, 2269
2004.10	Fe(001)/MgO(001)/Fe(001)/IrMn		180	S. Yuasa et al.	Nat. mater. **3**, 868
2004.10	CoFe/MgO/CoFeB	300(4K)	220	S. Parkin et al.	Nat. mater. **3**, 862
	Co-Fe/MgO/Co-Fe		168		
2004	$(Ga,Mn)As/GaAs/((Ga,Mn)As$	290 (0.39K)		D. Chiba et al.	Physica E **21**, 966
2005.2	Ta/PtMn/$Co_{70}Fe_{30}$/Ru/$Co_{60}Fe_{20}B_{20}$/ MgO/$Co_{60}Fe_{20}B_{20}$/Ta/Ru	294 (20 K)	230	D. D. Djayaprawira et al.	Appl. Phys. Lett. **86**, 92502
2005.4	Si/SiO_2/Ta/Fe_3O_4/AlO_x/CoFe/Ta		11	K. S. Yoon et al.	J. Magn. Magn. Mater. **285**, 125.
2005	MgO(001)substrate/MgO/Co/Fe/ Co/MgO/Fe/IrMn/Au	353 (20 K)	271	S. Yuasa et al.	Appl. Phys. Lett. **87**, 222508
2006.1	$Ga_{0.939}Mn_{0.061}As$/ $In_{0.25}Ga_{0.75}As$/ $Ga_{0.939}Mn_{0.061}As$	155 (3 K)		M. Elsen et al.	Phys Rev B **73**, 035303
2006.1	Ta/PtMn/CoFe/Ru/CoFe/ Ti-O/CoFe/NiFe/Ta		18*	K. Kobayashi et al.	Fujitsu Sci. Tech. J. **42**, 139
2006.5	MgO substrate/Cr/Co_2MnSi/ Al-O/Co_2MnSi/IrMn/Ta	570 (2 K)	67	Y. Sakuraba et al.	Appl. Phys. Lett. **88**, 192508

续表

年份	磁性隧道结结构	隧穿磁电阻比值/% 低温	隧穿磁电阻比值/% 室温	作者	参考文献
2006.6	MgO substrate/MgO/Co$_2$Cr$_{0.6}$Fe$_{0.4}$Al/MgO/Co$_{50}$Fe$_{50}$	240 (4.2 K)	90	T. Marukame et al.	*Appl. Phys. Lett.* **88**, 262503
2006.6	Ta/Ru/Ta/NiFe/IrMn/CoFe/Ru/CoFeB/MgO/CoFeB/Ta/Ru		361	Y. M. Lee et al.	*Appl. Phys. Lett.* **89**,042506
2006.7	MgO(001)sub/MgO/Fe/Co/MgO/Co/Fe/IrMn/Au	507 (20 K)	410	S. Yuasa et al.	*Appl. Phys. Lett.* **89**,042505
2006.8	MgO substrate/Co$_2$FeSi/Al-O/CoFe/IrMn/Ta	67.5 (5 K)	43.6	Z. Gercsi et al.	*Appl. Phys. Lett.* **89**, 082512
2006.9	MgO/Cr /Co$_2$FeAl$_{0.5}$Si$_{0.5}$/Al-O/Co$_{75}$Fe$_{25}$/IrMn/Ta	106 (5 K)	76	N. Tezuka et al.	*Appl. Phys. Lett.* **89**, 112514
2006.10	Ta/Py/IrMn/CoFe/Ru/CoFeB/MgO/CoFeSi/Ta/Ru	189 (2 K)	90	T. Daibou et al.	IEEE Trans. Mag. **42**, 2655
2006.10	Ta/Py/IrMn/CoFe/Ru/CoFeB/MgO/CoMnSi/Ta/Ru	113 (2 K)	30		
2006.10	PtMn/CoFe/Ru/CoFeB/MgO/CoFeB/MgO/CoFeB/cap layer		57	Y. Nagamine et al.	*Appl. Phys. Lett.* **89**, 162507
2006.11	MgO substrate/MgO/Co$_2$MnSi/MgO/CoFe/Ru/CoFe/IrMn/Ru	192 (4.2 K)	90	T. Ishikawa et al	*Appl. Phys. Lett.* **89**,192505
2006.11	Si/SiO$_2$/Ta/Ru/Ta/Co$_{40}$Fe$_{40}$B$_{20}$/MgO/Co$_{40}$Fe$_{40}$B$_{20}$/Ta/Ru		450	S. Ikeda et al.	*J. Magn. Magn. Mater.* **310**,1937
2006.12	Co$_2$FeAl$_{0.5}$Si$_{0.5}$/MgO/Co$_2$FeAl$_{0.5}$Si$_{0.5}$/Co$_{75}$Fe$_{25}$/ Ir$_{22}$Mn$_{78}$/Ta	175		N. Tezuka et al.	*Appl. Phys. Lett.* **89**, 252508
2006.12	Ta/ Ru/ Ta/CoFeB/MgO/CoFeB/Ta/Ru	804 (5 K)	472	J. Hayakawa et al.	*Appl. Phys. Lett.* **89**,232510

续表

年份	磁性隧道结构	隧穿磁电阻比值 /%		作者	参考文献
		低温	室温		
2007	Ta/Cu/Ta/Ir$_{21}$Mn$_{79}$/Co$_{75}$Fe$_{25}$/Ru/Co$_{40}$Fe$_{40}$B$_{20}$/Al-O/Co$_{40}$Fe$_{40}$B$_{20}$/Ta/Ru	107 (4.2 K)	81	H. X. Wei et al.	J. Appl. Phys. **101**, 09B501
2007.1	MgO/CoCrFeAl/MgO/Co$_{50}$Fe$_{50}$/Ru/Co$_{90}$Fe$_{10}$/IrMn/Ru	317 (4.2 K)	109	T. Marukame et al.	Appl. Phys. Lett. **90**, 012508
2007.5	MgO substrate/MgO/Co$_2$MnGe/MgO/CoFe/Ru/CoFe/IrMn/Ru	185 (4.2 K)	83	S. Hakamata et al.	J. Appl. Phys. **101**, 09J503
2007.5	Si/SiO$_2$/Ta/Ru/Ta/Co$_{20}$Fe$_{60}$B$_{20}$/MgO/Co$_{20}$Fe$_{60}$B$_{20}$/Ta/Ru	1010 (5 K)	500	Y. M. Lee et al.	Appl. Phys. Lett. **90**,212507
2007.9	Ta/Ru/Ta/IrMn/CoFe/Ru/CoFeB/Al-O/CoFeB/Ta/Ru (Nanoring)		50	Z. C. Wen et al.	Appl. Phys. Lett. **91**,122511
2007.11	Ta/Rū vIrMñvCoFe /RūvCoFeB/Mg/MgŌvCoFeB/Ta/Ru	210 (3 K)	120	Y. Lu et al.	Appl. Phys. Lett. **91**, 222504
2007.12	Ta/CoFe/Al(0.6)-O/CoFeB/Ta/Ru (Nanoring)		39	X. F. Han et al.	J. Appl. Phys. **103**, 07E933.
	Ta/Ru/Ta/IrMn/CoFe/Ru/CoFeB/Al-O/CoFeB/Ta/Ru (Nanoring)		52		
2008.2	GaMnAs/GaAs/GaMnAs/GaAs/GaMnAs	150* (15 K)		M. Watanabe et al.	Appl. Phys. Lett. **92**, 082506
2008	MgO substrate/Cr/Pt/CoPt/MgO/CoPt/Ta	13 (10 K)	6	G. Kim et al.	Appl. Phys. Lett. **92**, 172502
2008.3	Si/Ta/Cu/GdFeCo/Fe/MgO/Fe/TbFeCo/Ru		64	H. Ohmori et al.	J. Appl. Phys. **103**, 07A911
2008.4	Si/SiO$_2$/Ta/Ru/Ta/Co$_{20}$Fe$_{60}$B$_{20}$/MgO/Co$_{20}$Fe$_{60}$B$_{20}$/Ta/Ru	1144 (5 K)	604	S. Ikeda et al.	Appl. Phys. Lett. **93** 082508
2008.9	MgO substrate/Cr/Co$_2$MnSi/MgO/CoFe/IrMn/Ta	753 (2 K)	217	S. Tsunegi	Appl. Phys. Lett. **93** 112506
2008.11	L1$_0$-FePt(10)/Fe/Mg/MgO/L1$_0$-FePt		108	M. Yoshikawa et al.	IEEE. Trans. Magn. **4**, 2753

续表

年份	磁性隧道结结构	隧穿磁电阻比值/%		作者	参考文献
		低温	室温		
2008.11	substrate/MgO/Co$_2$FeAlSi/MgO/Co$_2$FeAlSi/CoFe/IrMn/Ru	196 (7 K)	125	W. H. Wang et al.	Appl. Phys. Lett. **93**,182504
2009.1	Fe/MgO/GaAs/MgO/Fe		3.2	N. Tezuka et al.	J. J. Int. of Met. **73** 251
2009.1	Co$_2$MnGe/MgO/Co$_{50}$Fe$_{50}$	376(4.2 K)	160	T. Taira et al.	J. Phys. D: Appl. Phys. **42** 084015
2009.1	MgO sub./Cr/Co$_2$FeSi/Al-oxide/CoFe/IrMn/Ta	80 (2 K)	48	M. Oogane et al.	J. Appl. Phys. **105**, 07C903
2009.1	Al2O$_3$ sub./Ta/W/Cr/Co$_2$FeSi/Al-oxide/CoFe/IrMn/Ta	60 (2 K)	33		
2009.1	MgO/Co$_2$Cr$_{0.6}$Fe$_{0.4}$Al/AlO$_x$/Co/CoO$_x$/Pt		38	C. Herbort et al	J. Phys. D: Appl. Phys. **42**, 084006
2009.2	MgO substrate/MgO/Co$_2$MnGe/MgO/CoFe/Ru/CoFe/IrMn/Ru	376 (4.2 K)	160	T. Taira et al.	Appl. Phys. Lett. **94**, 072510
2009.3	Fe$_{60}$Co$_{20}$B$_{20}$/Mg–B–O/Ni$_{65}$Fe$_{15}$B$_{20}$		155	J. C. Read et al.	Appl. Phys. Lett. **94**, 112504
2009.3	MgO substrate/MgO/Co$_2$MnSi/MgO/Co$_2$MnSi/Ru/CoFe/IrMn/Ru	700 (4.2 K)	180	T. Ishikawa et al.	Appl. Phys. Lett. **94**, 092503
2009.3	MgO substrate/MgO/Co$_2$MnSi/MgO/Co$_2$MnSi/Ru/CoFe/IrMn/Ru	705 (4.2 K)	182	T. Ishikawa et al.	J. Appl. Phys. **105**, 07B110.
2009.4	MgO substrate/Cr/Co$_2$FeAl$_{0.5}$Si0.5/MgO/Co$_2$FeAl$_{0.5}$Si0.5/CoFe/Ta	832(9 K)	386	N. Tezuka et al.	Appl. Phys. Lett. **94**, 162504
2009.6	MgO substrate Cr/Co$_2$FeAl$_{0.5}$Si$_{0.5}$/MgAl$_2$O$_4$/Co$_{75}$Fe$_{25}$/Ir$_{22}$Mn$_{78}$/Ru	162 (26 K)	102.3	R. Shan et al.	Phys. Rev. Lett. **102**, 246601
2009.11	MgO(001)substrate/Co$_2$FeAl/MgO/CoFe	700 (10 K)	330	W. Wang et al	Appl. Phys. Lett. **95**, 182502
2009.12	MgO substrate/MgO/Co$_2$FeAl/MgO/CoFe/MnIr/Ru	273(13K)	153	D. Ebke et al.	Appl. Phys. Lett. **95**, 232105

续表

年份	磁性隧道结构	隧穿磁电阻比值/%		作者	参考文献
		低温	室温		
2009.12	MgO substrate/MgO/$Co_2Mn_\alpha Si_\gamma$/CoFe/IrMn/Ru MgO/$Co_2Mn_\alpha Si_\gamma$/Ru/CoFe/IrMn/Ru	1135 (4.2 K)	236	T. Ishikawa et al.	*Appl. Phys. Lett.* **95**, 232512
2009.12	PtMn/[CoFeB/CoFe]/Ru/[CoFeB/CoFe/Mg-O/Mg/CoFe/CoFeB]		253	Y. Choi et al.	*Jpn. J. Appl. Phys.* **48**, 120214
2010.5	Fe/$MgAl_2O_4$/Fe(001)	165(15 K)	117	H. Sukegawa et al.	*Appl. Phys. Lett.* **96**, 212505
2010.7	Ta/Ru/Ta/$Co_{20}Fe_{60}B_{20}$/MgO/$Co_{20}Fe_{60}B_{20}$/Ta/Ru		124	S. Ikeda et al.	*Nature Mater.* **9**, 721
2010.9	MgO(001)substrate/Co_2FeAl/MgO/CoFe/Co_2FeAl	785(10 K)	360	W. Wang et al	*Phys. Rev. B* **82**, 092402
2010.12	Ta/CuN/Ta/Ru/[Co/Pt]$_4$/CoFeB/MgO/CoFe/CoFeB/TbFeCo		62	K. Yakushiji et al.	*Appl. Phys. Lett.* **97**, 232508
2011.1	RuCoFe/Ta/CoFeB/MgO/Fe/CoFeB/Ta/Co/Pt/[Co/Pd]$_4$/Ru/[Co/Pd]$_{14}$		46.5	D. C. Worledge et al.	*Appl. Phys. Lett.* **98**, 022501
2011.3	PtMn/CoFe/Ru/CoFeB/MgO/CoFeB		140	P. Khalili Amiri et al.	*Appl. Phys. Lett.* **98**, 112507
2011.5	MgO/Co_2FeAl/MgO/$Co_{50}Fe_{50}$/IrMn/Pt	252 (48 K)	166	Z. C. Wen et al.	*Appl. Phys. Lett.* **98**, 192505
2011.6	Ta/Ru/Ta/Co/$Co_{60}Fe_{20}B_{20}$/Al-O/$Co_{60}Fe_{20}B_{20}$/Ta/Ru		20～40	Z. C. Wen et al.	*The Journal of Spin*, **1** (1),109-114

参 考 文 献

[1] Julliére M. Tunneling between ferromagnetic films. Phys. Lett. A, 1975, 54: 225.

[2] Miyazaki T, Tezuka N. Giant magnetic tunneling effect in $Fe/Al_2O_3/Fe$ junction. J. Magn. Magn. Mater, 1995, 139: L231.

[3] Moodera J S, Kinder L R, Wong T M,et al. Large magnetoresistance at room temperature in ferromagnetic thin film tunnel junctions. Phys. Rev. Lett., 1995, 74: 3273.

[4] Žutić I, Fabian J, Das Sarma S. Spintronics: fundamentals and applications. Rev. Mod. Phys., 2004, 76: 323.

[5] Wei H X, Qin Q H, Ma M, et al. 80% TMR at room temperature for thin Al-O barrier magnetic tunnel junction with CoFeB as free and reference layers. J. Appl. Phys., 2007, 101: 09B501.

[6] Butler W H, Zhang X G, Schulthess T C, et al. Spin-dependent tunneling conductance of Fe|MgO|Fe sandwiches. Phys. Rev. B, 2001, 63: 054416.

[7] Bowen M, Cros V, Petroff F, et al. Large magnetoresistance in Fe/MgO/FeCo(001) epitaxial tunnel junctions on GaAs(001). Appl. Phys. Lett., 2001, 79: 1655.

[8] Parkin S S P, Kaiser C, et al. Giant tunnelling magnetoresistance at room temperature with MgO (100) tunnel barriers. Nat. Mater., 2004, 3: 862.

[9] Yuasa S, Nagahama T, Fukushima A, et al. Giant room-temperature magnetoresistance in single-crystal Fe/MgO/Fe magnetic tunnel junctions. Nat. Mater., 2004, 3:868.

[10] Ikeda S, Hayakawa J, Ashizawa Y, et al. Tunnel magnetoresistance of 604% at 300 K by suppression of Ta diffusion in CoFeB/MgO/CoFeB pseudo-spin-valves annealed at high temperature. Appl. Phys. Lett., 2008, 93: 082508.

[11] Moodera J S, Kinder L R, Nowak J, et al. Geometrically enhanced magnetoresistance in ferromagnet–insulator–ferromagnet tunnel junctions. Appl. Phys. Lett., 1996, 69: 708.

[12] Li F F, Zhang X Q, Du G X, et al. Microfabrication methods of magnetic tunnel junctions with high tunneling magnetoresistance. Acta Physica Sinica, 2005, 54: 346.

[13] Han X F, Wen Z C, Wei H X. Nanoring magnetic tunnel junction and its application in magnetic random access memory demo devices with spin-polarized current switching. J. Appl. Phys., 2008, 103: 07E933.

[14] Wei H X, Wang T X, Zeng Z M, et al. Controlled fabrication of nano-scale double barrier magnetic tunnel junctions using focused ion beam milling method. J. Magn. Magn. Mater., 2006, 303: e208.

[15] Wang W H, Liu E K, Kodzuka M, et al. Coherent tunneling and giant tunneling magnetoresistance in $Co_2FeAl/MgO/CoFe$ magnetic tunneling junctions. Phys. Rev.

B, 2010, 81: 140402(R)

[16] Wang Y, Zeng Z M, Han X F, et al. Temperature-dependent Mn-diffusion modes in CoFeB-and CoFe-based magnetic tunnel junctions: electron-microscopy studies. Phys. Rev. B, 2007, 75: 214424.

[17] Sun J Z, Gallagher W J, Duncombe P R, et al. Observation of large low-field magnetoresistance in trilayer perpendicular transport devices made using doped manganate perovskites. Appl. Phys. Lett., 1996, 69: 3266.

[18] DeGroot R A, Mueller F M, van Engen P G, et al. New class of materials: half-metallic ferromagnets. Phys. Rev. Lett., 1983, 50: 2024.

[19] Lu Y, Li X W, Gong G Q, et al. Large magnetotunneling effect at low magnetic fields in micrometer-scale epitaxial $La_{0.67}Sr_{0.33}MnO_3$ tunnel junctions. Phys. Rev. B, 1996, 54: R8357.

[20] Parker J S, Watts S M, Ivanov P G, et al. Spin polarization of CrO_2 at and across an artificial barrier. Phys. Rev. Lett., 2002, 88: 196601.

[21] Ristoiu, Nozières J P, Borcaz C N, Ristoiu D. et al. The surface composition and spin polarization of NiMnSb epitaxial thin films. Europhys. Lett., 2000, 49: 624.

[22] Oogane M, Nakata J, Kubota H, et al. Temperature dependence of tunnel magnetoresistance in Co–Mn–Al/Al–Oxide/Co–Fe junctions. Jpn. J. Appl. Phys., 2005, 44: L760.

[23] Shan R, Sukegawa H, Wang W H, et al. Demonstration of half-metallicity in fermi-level-tuned heusler alloy $Co_2FeAl_{0.5}Si_{0.5}$ at room temperature, Phys. Rev. Lett., 2009, 102: 246601.

[24] Bowen M, Bibes M, Barthélémy A, et al. Nearly total spin polarization in $La_{2/3}Sr_{1/3}MnO_3$ from tunneling experiments. Appl. Phys. Lett., 2003, 82: 233.

[25] Ohno H, Munekata H, Penney T, et al. Magnetotransport properties of p-type (In,Mn)As diluted magnetic III - V semiconductors. Phys. Rev. Lett., 1992, 68: 2664.

[26] Ohno H, Making nonmagnetic semiconductors ferromagnetic. Science, 1998, 281: 951.

[27] Chen L, Yan S, Xu P F, et al. Low-temperature magnetotransport behaviors of heavily Mn-doped (Ga,Mn)As films with high ferromagnetic transition temperature. Appl. Phys. Lett., 2009, 95: 182505.

[28] Platt C L, Dieny B, Berkowitz A E. Spin-dependent tunneling in HfO_2 tunnel junctions. Appl. Phys. Lett., 1996, 69: 2291.

[29] Kitchen D, Richardella A, Tang J M, et al. Atom-by-atom substitution of Mn in GaAs and visualization of their hole-mediated interactions. Nature, 2006, 442: 436.

[30] Yu K M, Walukiewicz W, Wojtowicz T, et al. Effect of the location of Mn sites in ferromagnetic $Ga_{1-x}Mn_xAs$ on its Curie temperature. Phys. Rev. B, 2002, 65: 201303.

[31] Edmonds W, Bogusławski P, Wang K Y, et al. Mn interstitial diffusion in (Ga,Mn)As. Phys. Rev. Lett., 2004, 92: 037201.

[32] Dietl T, Ohno H, Matsukura F, et al. Zener model description of ferromagnetism in zinc-blende magnetic semiconductors. Science, 2000, 287: 1019.

[33] Hayashi T, Shimada H, Shimizu H, et al. Tunneling spectroscopy and tunneling magnetoresistance in (GaMn)As ultrathin heterostructures. J. Crys. Growth, 1999, 201: 689.

[34] Chiba D, Akiba N, Matsukura F, et al. Magnetoresistance effect and interlayer coupling of (Ga, Mn)As trilayer structures. Appl. Phys. Lett., 2000, 77: 1873.

[35] Tanaka M, Higo Y. Large tunneling magnetoresistance in GaMnAs/AlAs/GaMnAs ferromagnetic semiconductor tunnel junctions. Phys. Rev. Lett., 2001, 87: 026602.

[36] Chiba D, Matsukura F, Ohno H. Tunneling magnetoresistance in (Ga, Mn)As-based heterostructures with a GaAs barrier. Physica E, 2004, 21: 966.

[37] Gao L, Jiang X, Yang S H, et al. Bias voltage dependence of tunneling anisotropic magnetoresistance in magnetic tunnel junctions with MgO and Al_2O_3 tunnel barriers. Phys. Rev. Lett., 2007, 99: 226602.

[38] Meng H, Wang J, Wang J P. Low critical current for spin transfer in magnetic tunnel junctions. Appl. Phys. Lett., 2006, 88: 082504.

[39] Slonczewski J C. Conductance and exchange coupling of two ferromagnets separated by a tunneling barrier, Phys. Rev. B, 1989, 39: 6995.

[40] Maekawa S, Gfvert U. Electron tunneling between ferromagnetic films. IEEE. Trans. Magn., 1982, 18: 707.

[41] Suezawa Y, Gondō Y. Spin-polarized electrons and magnetoresistance in ferromagnetic tunnel junctions and multilayers. J. Magn. Magn. Mater, 1993, 126: 524.

[42] Plaskett T S, Freitas P P. Magnetoresistance and magnetic properties of NiFe/oxide/Co junctions prepared by magnetron sputtering. J. Appl. Phys., 1994, 76: 6104.

[43] Platt C L, Dieny B, Berkowitz A E. Spin polarized tunneling in reactively sputtered tunnel junctions. J. Appl. Phys., 1997, 81: 5523.

[44] Mitani S, Moriyama T, Takanashi K. Fe/MgO/FeCo(100) epitaxial magnetic tunnel junctions prepared by using *in situ* plasma oxidation. J. Appl. Phys., 2003, 93: 8041.

[45] Faure-Vincent J, Tiusan C, Jouguelet E, et al. High tunnel magnetoresistance in epitaxial Fe/MgO/Fe tunnel junctions. Appl. Phys. Lett., 2003, 82: 4507.

[46] Yuasa S, Fukushima A, Nagahama T, et al. High tunnel magnetoresistance at room temperature in fully epitaxial Fe/MgO/Fe tunnel junctions due to coherent spin-polarized tunneling. Jpn.J. Appl. Phys., 2004, 43: L588.

[47] Lee Y M, Hayakawa J, Ikeda S, et al. Giant tunnel magnetoresistance and high annealing stability in CoFeB/MgO/CoFeB magnetic tunnel junctions with synthetic pinned layer. Appl. Phys. Lett., 2006, 89: 042506.

[48] Daibou T, Shinano M, Hattori M, et al. Tunnel magnetoresistance effect in CoFeB/ MgO/Co_2FeSi and Co_2MnSi tunnel junctions. IEEE Trans. Mag., 2006, 42: 2655.

[49] Nagamine Y, Maehara H, Tsunekawa K, et al. Ultralow resistance-area product of $0.4\Omega\mu m^2$ and high magnetoresistance above 50% in CoFeB/MgO/CoFeB magnetic tunnel junctions. Appl. Phys. Lett., 2006, 89: 162507.

[50] Ishikawa T, Marukame T, Kijima H, et al. Spin-dependent tunneling characteristics of fully epitaxial magnetic tunneling junctions with a full-Heusler alloy Co_2MnSi thin film and a MgO tunnel barrier. Appl. Phys. Lett., 2006, 89:192505.

[51] Ikeda S, Hayadawa J, Lee Y M, et al. Dependence of tunnel magnetoresistance on ferromagnetic electrode materials in MgO-barrier magnetic tunnel junctions. J. Magn. Magn. Mater., 2006, 310: 1937.

[52] Tezuka N, Ikeda N, Sugimoto S, et al. 175% tunnel magnetoresistance at room temperature and high thermal stability using $Co_2FeAl_{0.5}Si_{0.5}$ full-Heusler alloy electrodes. Appl. Phys. Lett., 2006, 89: 252508.

[53] Hayadawa J, Ikeda S, Lee Y M, et al. Effect of high annealing temperature on giant tunnel magnetoresistance ratio of CoFeB/MgO/CoFeB magnetic tunnel junctions. Appl. Phys. Lett., 2006, 89: 232510.

[54] Marukame T, Ishikawa T, Hakamata S, et al. Highly spin-polarized tunneling in fully epitaxial $Co_2Cr_{0.6}Fe_{0.4}Al$/MgO/$Co_{50}Fe_{50}$ magnetic tunnel junctions with exchange biasing. Appl. Phys. Lett., 2007, 90: 012508.

[55] Hakamata S, Ishikawa T, Marukame T, et al. Large tunneling magnetoresistance effect at high voltage drop for Co-based Heusler alloy/MgO/CoFe junctions. J. Appl. Phys., 2007, 101: 09J503.

[56] Kim G, Sakuraba Y, Oogane M, et al. Tunneling magnetoresistance of magnetic tunnel junctions using perpendicular magnetization $L1_0$-CoPt electrodes. Appl. Phys. Lett., 2008, 92: 172502.

[57] Tsunegi S, Sakuraba Y, Oogane M, et al. Large tunnel magnetoresistance in magnetic tunnel junctions using a Co_2MnSi Heusler alloy electrode and a MgO barrier. Appl. Phys. Lett., 2008, 93: 112506.

[58] Yoshikawa M, Kitagawa E, Nagase T, et al. Tunnel magnetoresistance over 100% in MgO-based magnetic tunnel junction films with perpendicular magnetic $L1_0$-FePt electrodes. IEEE. Trans. Magn., 2008, 4: 2753.

[59] Wang W H, Sukegawa H, Shan R, et al. Large tunnel magnetoresistance in $Co_2 FeAl_{0.5}Si_{0.5}$/MgO/$Co_2FeAl_{0.5}Si_{0.5}$ magnetic tunnel junctions prepared on thermally oxidized Si substrates with MgO buffer. Appl. Phys. Lett., 2008, 93: 182504.

[60] Taira T, Ishikawa T, Itabashi N, et al. Spin-dependent tunnelling characteristics of fully epitaxial magnetic tunnel junctions with a Heusler alloy Co_2MnGe thin film and a MgO barrier. J. Phys. D: Appl. Phys., 2009, 42: 084015.

[61] Taira T, Ishikawa T, Itabashi N, et al. Influence of annealing on spin-dependent tunneling characteristics of fully epitaxial $Co_2MnGe/MgO/Co_{50}Fe_{50}$ magnetic tunnel junctions. Appl. Phys. Lett., 2009, 94: 072510.

[62] Ishikawa T, Itabashi N, Taira T, et al. Critical role of interface states for spin-dependent tunneling in half-metallic Co_2MnSi-based magnetic tunnel junctions investigated by tunneling spectroscopy. Appl. Phys. Lett., 2009, 94: 092503.

[63] Ishikawa T, Itabashi N, Taira T, et al. Half-metallic electronic structure of Co_2MnSi electrodes in fully epitaxial $Co_2MnSi/MgO/Co_2MnSi$ magnetic tunnel junctions investigated by tunneling spectroscopy (invited). J. Appl. Phys., 2009, 105: 07B110.

[64] Tezuka N, Ikeda N, Mitsuhashi F, et al. Improved tunnel magnetoresistance of magnetic tunnel junctions with Heusler $Co_2FeAl_{0.5}Si_{0.5}$ electrodes fabricated by molecular beam epitaxy. Appl. Phys. Lett., 2009, 94: 162504.

[65] Hiratsuka T, Kim G, Sakuraba Y, et al. Fabrication of perpendicularly magnetized magnetic tunnel junctions with $L1_0$-$CoPt/Co_2MnSi$ hybrid electrode. J. Appl. Phys., 2010, 107: 09C714.

[66] Ebke D, Drewello V, Schäfers M, et al. Tunneling spectroscopy and magnon excitation in $Co_2FeAl/MgO/Co–Fe$ magnetic tunnel junctions. Appl. Phys. Lett., 2009, 95: 232510.

[67] Ishikawa T, Liu H, Taira T, et al. Influence of film composition in Co_2MnSi electrodes on tunnel magnetoresistance characteristics of $Co_2MnSi/MgO/Co_2MnSi$ magnetic tunnel junctions. Appl. Phys. Lett., 2009, 95: 232512.

[68] Choi Y, Tsunematsu H, Yamagata S, et al. Novel stack structure of magnetic tunnel junction with MgO tunnel barrier prepared by oxidation methods: preferred grain growth promotion seed layers and Bi-layered pinned layer. Jpn. J. Appl. Phys., 2009, 48: 120214.

[69] Yakushiji K, Saruya T, Kubota H, et al. Ultrathin Co/Pt and Co/Pd superlattice films for MgO-based perpendicular magnetic tunnel junctions. Appl. Phys. Lett., 2010, 97: 232508.

[70] Worledge D C, Hu G, Abraham D W, et al. Spin torque switching of perpendicular Ta/CoFeB/MgO-based magnetic tunnel junctions. Appl. Phys. Lett., 2011, 98: 022501

[71] Khalili Amiri P, Zeng Z M, Langer J, et al. Switching current reduction using perpendicular anisotropy in CoFeB–MgO magnetic tunnel junctions. Appl. Phys. Lett., 2011, 98: 112507.

[72] Wen Z C, Sukegawa H, Mitani S, et al. Tunnel magnetoresistance in textured $Co_2FeAl/MgO/CoFe$ magnetic tunnel junctions on a Si/SiO_2 amorphous substrate. Appl. Phys. Lett., 2011, 98: 192505.

[73] Wang W, Sukegawa H, Inomata K. Temperature dependence of tunneling magne-

toresistance in epitaxial magnetic tunnel junctions using a Co_2FeAl Heusler alloy electrode. Phys. Rev. B, 2010, 82: 092402.

[74] Tezuka N, Sugimoto S, Mitsuhash F. The magnetoresistance of Fe/MgO/GaAs/MgO/ Fe junctions. Journal of the Japan Institute of Metals, 2009, 73: 251.

[75] Nakatani R, Kitada M. Changes in the electrical resistivity of $Fe-C/Al_2O_3/Fe-Ru$ multilayered films due to a magnetic field. J. Materials Science Letters, 1991, 10: 827.

[76] Miyazaki T, Yaoi T, Ishio S. Dependence of magnetoresistance on temperature and applied voltage in a $82Ni-Fe/Al-Al_2O_3/Co$ tunneling junction. J. Magn. Magn. Mater., 1991, 98: L7.

[77] Sueza Y, Ishioa S, Miyazaki T. Dependence of magnetoresistance on temperature and applied voltage in a $82Ni-Fe/Al-Al_2O_3/Co$ tunneling junction, J. Magn. Magn. Mater., 1993, 126: 430

[78] Tezuka N, Ando Y, Miyazaki T. Magnetic tunneling effect in ferromagnet/Al_2O_3/ferromagnet junctions. J. Magn. Soc. Jpn., 1995, 19: 369.

[79] Moodera J S, Kinder L R. Ferromagnetic–insulator–ferromagnetic tunneling: Spin-dependent tunneling and large magnetoresistance in trilayer junctions (invited). J. Appl. Phys., 1996, 79: 4724.

[80] Gallagher W J, Parkin S S P, Lu Y, et al. Microstructured magnetic tunnel junctions (invited). J. Appl. Phys., 1997, 81: 3741.

[81] Sato M, Kobayashi K, Spin-valve-like properties and annealing effect in ferromagneftic tunnel junctions. IEEE. Trans. Magn., 1997, 33: 3553.

[82] Sun J J, Sousa R C, Galväo T T P, et al. Tunneling magnetoresistance and current distribution effect in spin-dependent tunnel junctions. J. Appl. Phys., 1998, 83: 6694.

[83] Sousa R C, Sun J J, Soares V, et al. Large tunneling magnetoresistance enhancement by thermal anneal. Appl. Phys. Lett., 1998, 73: 3288.

[84] Sun J J, Soares V, Freitas P P. Low resistance spin-dependent tunnel junctions deposited with a vacuum break and radio frequency plasma oxidized. Appl. Phys. Lett., 1999, 74: 448.

[85] Parkin S S P, Moon K-S, Pettit K E, et al. Magnetic tunnel junctions thermally stable to above 300°C. Appl. Phys. Lett., 1999, 75: 543.

[86] Cardoso S, Gehanno V, Ferreira R, et al. Ion beam deposition and oxidation of spin-dependent tunnel junctions. IEEE. Trans. Magn., 1999, 35: 2952.

[87] Cardoso S, Freitas P P, de Jesus C, et al. Spin-tunnel-junction thermal stability and interface interdiffusion above 300°C. Appl. Phys. Lett., 2000, 76: 610.

[88] Kikuchi H, Sato M, Kobayashi K. Effect of CoFe composition of the spin-valvelike ferromagnetic tunnel junction. J. Appl. Phys., 2000, 87: 6055.

[89] Han X -F, Daibou T, Kamijo M, et al. High-Magnetoresistance Tunnel Junctions Using $Co_{75}Fe_{25}$ Ferromagnetic Electrodes. Jpn. J. Appl. Phys., 2000, 39: L439.

[90] Tsunoda M, Nishikawa K, Ogata S, et al, 60% magnetoresistance at room temperature in Co–Fe/Al–O/Co–Fe tunnel junctions oxidized with Kr–O_2 plasma. Appl. Phys. Lett., 2002, 80: 3135.

[91] Wang D X, Nordman C, Daughton J M, et al. 70% TMR at room temperature for SDT sandwich junctions with CoFeB as free and reference Layers. IEEE Trans. Magn., 2004, 40: 2269.

[92] Yoon K S, Koo J H, Do Y H,et al. Performance of Fe_3O_4/AlO_x/CoFe magnetic tunnel junctions based on half-metallic Fe_3O_4 electrodes. J. Magn. Magn. Mater., 2005, 285: 125.

[93] Sakuraba Y, Hattori M, Oogane M, et al. The effect of growth rates on the microstructures of $EuBa_2Cu_3O_{7-x}$ films on $SrTiO_3$ substrates. Appl. Phys. Lett., 2006, 88: 192508.

[94] Gercsi Z, Rajanikanth A, Takahashi Y K, et al. Spin polarization of Co_2FeSi full-Heusler alloy and tunneling magnetoresistance of its magnetic tunneling junctions. Appl. Phys. Lett., 2006, 89: 082512.

[95] Tezuka N, Ikeda N, Miyazaki A, et al. Tunnel magnetoresistance for junctions with epitaxial full-Heusler $Co_2FeAl_{0.5}Si_{0.5}$ electrodes with B2 and L2$_1$ structures. Appl. Phys. Lett., 2006, 89: 112514.

[96] Oogane M, Shinano M, Sakuraba Y, et al. Tunnel magnetoresistance effect in magnetic tunnel junctions using epitaxial Co_2FeSi Heusler alloy electrode. J. Appl. Phys., 2009, 105: 07C903.

[97] Herbort C, Arbelo E, Jourdan M, Morphology and magnetoresistance of $Co_2Cr_{0.6}$ $Fe_{0.4}Al$-based tunnelling junctions. J. Phys. D: Appl. Phys., 2009, 42: 084006.

[98] Wen Z C, Wei H X, Han X F. Patterned nanoring magnetic tunnel junctions, Appl. Phys. Lett., 2007, 91: 122511.

[99] Choopun S, Vispute R D, Yang W, et al. Realization of band gap above 5.0 eV in metastable cubic-phase $Mg_xZn_{1-x}O$ alloy films, Appl. Phys. Lett., 2002, 80: 1529.

[100] Yang W, Hullavarad S S, Nagaraj B, et al. Compositionally-tuned epitaxial cubic $Mg_xZn_{1-x}O$ on Si(100) for deep ultraviolet photodetectors, Appl. Phys. Lett., 2003, 80: 3424.

[101] Zhang J, Han X F. Zhang X-G., Spin denpendant tunneling in Fe/MgZnO/Fe magnetic tunnel junctions. Unpublished.

[102] Sugahara S, Tanaka M. Tunneling magnetoresistance in fully epitaxial MnAs/AlAs/MnAs ferromagnetic tunnel junctions grown on vicinal GaAs(111)B substrates. Appl. Phys. Lett., 2002, 80: 1969.

[103] Saito H, Yuasa S, Ando K. Origin of the tunnel anisotropic magnetoresistance in $Ga_{1-x}Mn_xAs$/ZnSe/$Ga_{1-x}Mn_xAs$ magnetic tunnel junctions of II-VI/III-V heterostructures, Phys. Rev. Lett., 2005, 95: 086604.

[104] Kobayashi K, Akimoto H. TMR film and head technologies. Fujitsu Sci. Tech. J., 2006, 42: 139.

[105] Elsen M, Boulle O, George J M, et al. Spin transfer experiments on (Ga,Mn)As ／ (In,Ga)As ／ (Ga,Mn)As tunnel junctions. Phys. Rev. B, 2006, 73: 035303.

[106] Watanabe M, Okabayashi J, Toyao H, et al. Current-driven magnetization reversal at extremely low threshold current density in (Ga,Mn)As-based double-barrier magnetic tunnel junctions. Appl. Phys. Lett., 2008, 92: 082506.

[107] Sukegawa H, Xiu H X, Ohkubo T, et al. Tunnel magnetoresistance with improved bias voltage dependence in lattice-matched Fe/spinel $MgAl_2O_4$/Fe(001) junctions. Appl. Phys. Lett., 2010, 96: 212505.

[108] Liu H F, Ma Q L, Rizwan S, et al. Tunnel magnetoresistance effect in $CoFeB/MgAlO_x$ CoFeB magnetic tunnel junctions, IEEE tran. On Magn, 2011, 47: 2716.

[109] Lee Y M, Hayakawa J, Ikeda S, et al. Effect of electrode composition on the tunnel magnetoresistance of pseudo-spin-valve magnetic tunnel junction with a MgO tunnel barrier. Appl. Phys. Lett., 2007, 90: 212507.

[110] Ikeda S, Miura K, Yamamoto H, et al. A perpendicular-anisotropy CoFeB–MgO magnetic tunnel junction. Nat. Mater., 2010, 9: 721.

[111] Dieny B, Speriosu V S, Parkin S S P, et al. Giant magnetoresistive in soft ferromagnetic multilayers. Phys. Rev. B, 1991, 43: 1297.

[112] Zeng Z M, Jiang L X, Du G X, et al. Hightunnel magnetoresistance in Co-Fe-B based double barrier magnetic tunnel junction. J. Magn. Mater. Magn., 2006, 303: e219.

[113] Inomata K, Okamura S, Goto R, et al. Large tunneling magnetoresistance at room temperature using a heusler alloy with the B2 structure. Jpn. J. Appl. Phys., 2003, 42: L419.

[114] Marukame T, Kasahara T, Matsuda K I, et al. Highly spin-polarized tunneling in fully epitaxial magnetic tunnel junctions using full-heusler alloy $Co_2Cr_{0.6}Fe_{0.4}Al$ thin film and MgO tunnel barrier. IEEE Tran. on Mag., 2005, 41: 2603.

[115] Marukame T, Ishikawa T, Matsuda K I, et al. Highly spin-polarized tunneling in fully epitaxial $Co_2Cr_{0.6}Fe_{0.4}Al/MgO/Co_{50}Fe_{50}$ magnetic tunnel junctions with exchange biasing. Appl. Phys. Lett., 2006, 88: 262503.

[116] Wang W H, Sukegawa H, Shan R, et al. Giant tunneling magnetoresistance up to 330% at room temperature in sputter deposited $Co_2FeAl/MgO/CoFe$ magnetic tunnel junction, Appl. Phys. Lett., 2009, 95: 182502.

[117] Teresa J M D, Barthélémy A, Fert A, et al. Role of metal-oxide interface in determining the spin polarization of magnetic tunnel junctions. Science, 1991, 286: 507.

[118] Yu D B, Feng J F, Wang Y, et al. Magnon dependent barrier height and very large tunneling magnetoresistance in $La_{1-x}Sr_xMnO_3$ compositionally modulated junctions, to be published.

[119] Nakayama M, Kai T, Shimomura N, et al. Spin transfer switching in TbCoFe/CoFeB/ MgO/CoFeB/TbCoFe magnetic tunnel junctions with perpendicular magnetic aniso- tropy. J. Appl. Phys., 2008, 103: 07A710.

[120] Ohmori H, Hatori T, Nakagawa S. Perpendicular magnetic tunnel junction with tun- neling magnetoresistance ratio of 64% using MgO (100) barrier layer prepared at room temperature. J. Appl. Phys., 2008, 103: 07A911.

[121] Yoshikawa M, Kitagawa E, Nagase T, et al. Tunnel magnetoresistance over 100% in MgO-based magnetic tunnel junction films with perpendicular magnetic $L1_0$-FePt electrodes. IEEE Tran. Magn., 2008, 44: 2573.

[122] Kishi T, Yoda H, Kai T, et al. Lower-current and fast switching of a perpendicular TMR for high speed and high density spin-transfer-torque MRAM. IEEE International Electron Devices Meeting, Technical Digest, 2008: 309.

[123] Wei H X, Qin Q H, Wen Z C, et al. Magnetic tunnel junction sensor with Co/Pt perpendicular anisotropy ferromagnetic layer. Appl. Phys. Lett., 2009, 94: 172902.

[124] Wang Y, Wang W X, Wei H X, et al. Effect of annealing on the magnetic tunnel junction with Co/Pt perpendicular anisotropy ferromagnetic multilayers. J. Appl. Phys., 2010, 107: 09C711.

[125] Ohno H, Shen A, Matsukura F, et al.(Ga, Mn)AS a new diluted magnetic semicon- ductor based on GaAs. Appl. Phys. Lett., 1996, 69: 363.

[126] Chiba D, Sato Y, Kita T, et al. Current-driven magnetization reversal in a ferro- magnetic semiconductor (Ga,Mn)As/GaAs/(Ga,Mn)As tunnel junction. Phys. Rev. Lett., 2004, 93: 216602.

[127] Schmidt G, Ferrand D, Molenkamp L W, et al. Fundamental obstacle for electrical spin injection from a ferromagnetic metal into a diffusive semiconductor. Phys. Rev. B, 2000, 62: 4790.

[128] Chun S H, Potashnik S J, Ku K C, et al. Spin-polarized tunneling in hybrid metal- semiconductor magnetic tunnel junctions. Phys. Rev. B, 2002, 66: 100408.

[129] Saito H, Yamamoto A, Yuasa S, et al. Tunneling spectroscopy in Fe/ZnSe/$Ga_{1-x}Mn_x$ As magnetic tunnel diodes. J. Appl. Phys., 2008, 103: 07D127.

[130] Agarwal K C, Saito H, Yuasa S, et al. Growth and transport studies in M/I/p-SC magnetic tunnel diodes containing different tunnel barrier materials. IEEE Trans. Magn., 2007, 43: 2809.

[131] Saito H, Yamamoto A, Yuasa S, et al. High tunneling magnetoresistance in Fe/GaO_x/ $Ga_{1-x}Mn_x$As with metal/insulator/semiconductor structure. Appl. Phys. Lett., 2008, 93: 172515.

[132] Du G X, Han X F, Deng J J, et al. Tunneling magnetoresistance in CoFeB/GaAs/(Ga, Mn)As hybrid magnetic tunnel junctions. J. Appl. Phys., 2008, 103: 07D105.

[133] Du G X, Ramesh Babu M, Han X F, et al. Tunneling magnetoresistance in (Ga,Mn)As/Al-O/CoFeB hybrid structures, J. Appl. Phys., 2009, 105: 07C707.

[134] Yu G Q, Chen L, Rizwan S, et al. Improved tunneling magnetoresistance in (Ga,Mn)As/AlO_x/CoFeB magnetic tunnel junctions. Appl Phys Lett, 2011, 98: 262501.

[135] Piano S, Grein R, Mellor C J, et al. Spin polarization of (Ga,Mn)As measured by Andreev spectroscopy: The role of spin-active scattering. Phys. Rev. B, 2011, 83: 081305.

[136] Jiang J S, Davidovié D, Reich D H, et al. Oscillatory superconducting transition-temperature in Nb/Gd multilayers. Phys. Rev. Lett., 1995, 74: 314.

[137] Moraru I C, Pratt W P, Jr, Birge N O. Magnetization-dependent T-c shift in ferromagnet/superconductor/ferromagnet trilayers with a strong ferromagnet. Phys. Rev. Lett., 2006, 96: 037004.

[138] Giroud M, Courtois H, Hasselbach K, et al. Superconducting proximity effect in a mesoscopic ferromagnetic wire. Phys. Rev. B, 1998, 58: 11872.

[139] Petrashov V T, Sosnin I A, Cox I, et al. Giant mutual proximity effects in ferromagnetic/superconducting nanostructures. Phys. Rev. Lett., 1999, 83: 3281.

[140] Chang Y M, Li K S, Chiang W C, et al. Superconductivity-induced magnetoresistance suppression in hybrid superconductor/magnetic tunnel junctions. Phys. Rev. B, 2009, 79: 012401.

[141] Dubonos S V, Geim A K, Novoselov K S, et al. Spontaneous magnetization changes and nonlocal effects in mesoscopic ferromagnet-superconductor structures. Phys. Rev. B, 2002, 65: 220513(R).

[142] Wu H Y, Ni J, Cai J W, et al. Experimental evidence of magnetization modification by superconductivity in a Nb/$Ni_{81}Fe_{19}$ multilayer. Phys. Rev. B, 2007, 76: 024416.

[143] Monton C, de la Cruz F, Guimpel J. Magnetic state modification induced by superconducting response in ferromagnet/superconductor Nb/Co superlattices. Phys. Rev. B, 2008, 77: 104521.

[144] Gittleman J I, Goldstein Y, Bozowski S. Magnetic properties of granular nickel films. Phys. Rev. B, 1972, 5: 3609.

[145] Helman J S, Abeles B. Tunneling of spin-polarized electrons and magnetoresistance in granular Ni films. Phys. Rev. Lett., 1976, 37: 1429.

[146] Fujimori H, Mitania S, Ohnumab S. Tunnel-type GMR in metal-nonmetal granular alloy thin films. Mater. Sci. Eng. B, 1995, 31: 219.

[147] Luryi S. Frequency limit of double-barrier resonant-tunneling oscillators. Appl. Phys. Lett., 1985, 47: 490.

[148] Averin D V, Nazarov Y V. Virtual electron diffusion during quantum tunneling of the electric charge. Phys. Rev. Lett., 1990, 65: 2446.

[149] Takahashi S, Maekawa S. Effect of coulomb blockade on magnetoresistance in ferromagnetic tunnel junctions. Phys. Rev. Lett., 1998, 80: 1758.

[150] Mitania S, Fujimoria H, Ohnumab S. Spin-dependent tunneling phenomena in insulating granular systems. J. Magn. Magn. Mater., 1997, 165: 141.

[151] Yakushiji K, Mitani S, Takanashi K, et al. Enhanced tunnel magnetoresistance in granular nanobridges. Appl. Phys. Lett., 2001, 78: 515.

[152] Zhang X G, Wen Z C, Wei H X, et al. Giant Coulomb blockade magnetoresistance in magnetic tunnel junctions with a granular layer. Phys. Rev. B, 2010, 81: 155122.

[153] Ono K, Shimada H, Kobayashi S, et al. Magnetoresistance of Ni/NiO/Co small tunnel junctions in coulomb blockade regime. Jpn. J. Appl. Phys. 1996, 65: 3449.

[154] Schelp L F, Fert A, Fettar F, et al. Spin-dependent tunneling with Coulomb blockade. Phys. Rev. B, 1997, 56: R5747.

[155] Dempsey K J, Hindmarch A T, Wei H X, et al. Cotunneling enhancement of magnetoresistance in double magnetic tunnel junctions with embedded superparamagnetic NiFe nanoparticles. Phys. Rev. B, 2010, 82: 214415.

[156] Yang H, Yang S, Parkin S S P. Crossover from kondo-assisted suppression to Cotunneling enhancement of tunneling magnetoresistance via ferromagnetic nanodots in MgO tunnel barriers. Nano. Lett., 2008, 8: 340.

[157] Wang W X, Wang Y P, Zhang X G, et al. Thickness dependence of magnetic and transport properties in organic-CoFe discontinuous multilayers. J. Appl. Phy., 2010, 107: 09E307.

[158] Efros L, Shklovskii B I. Coulomb gap and low temperature conductivity of disordered systems. J. Phys. C, 1975, 8: L49.

[159] Adkins C J. Conduction in granular metals-variable-range hopping in a Coulomb gap. J. Phys.: Condens. Matter. 1989, 1:1253.

[160] Osipov V V, Foygel M, Stewart D R, et al. Small-polaron hopping via defect centres: anomalous temperature and voltage dependence of current through fatty-acid, J. Phys.:Condens. Matter., 2004, 16: 5705.

[161] Fert A, Van Dau F N. The emergence of spin electronics in data storage, Nature Mater., 2007, 6: 813.

[162] Harris C B, Schlupp R L, Schuch H. Optically detected electron spin locking and rotary echo trains in molecular excited states. Phys. Rev. Lett., 1973, 30: 1019.

[163] Krinichnyi V I, Chemerisov S D, Lebedev Ya S. EPR and charge-transport studies of polyaniline, Phys. Rev. B, 1997, 55: 16233.

[164] Dediu V, Murgiaa M, Matacottaa F C, et al. Room temperature spin polarized injection in organic semiconductor. Solid State Commun., 2002, 122: 181.

[165] Dediu V A, Hueso L E, Bergenti I, et al. Spin routes in organic semiconductors, Nature Mater., 2009, 8: 707.

[166] Xiong Z H, Wu D, Valy Vardeny Z, et al. Giant magnetoresistance in organic spin-valves. Nature, 2004, 427: 821.

[167] Coropceanu V, Cornil J, da Silva D A, et al. Charge transport in organic semiconductors. Chem. Rev., 2007, 107: 926.

[168] Arkhipov V I, Emelianova E V, Tak Y H, et al. Charge injection into light-emitting diodes: theory and experiment. J. Appl. Phys., 1998, 84: 848.

[169] 王天兴, 曾中明, 杜关祥, 等. 用于磁性/非磁性/磁性多层薄膜的核心复合膜及其用途. 中国发明专利授权号: ZL200510056941.8; 国际发明专利申请号: PCT/CN2006/000486.

[170] Wang T X, Wei H X, Zeng Z M, et al. Magnetic/nonmagnetic/magnetic tunnel junction based on hybrid organic Langmuir-Blodgett-films. Appl. Phys. Lett., 2006, 88: 242505.

[171] Liu D P, Hu Y B, Guo H, et al. Magnetic proximity effect at the molecular scale: first-principles calculations. Phys. Rev. B, 2008, 78: 193307.

[172] Liu D P, Hu Y B, Guo H, et al. Characteristic length scale for spin polarized tunneling in Langmuir-Blodgett molecular magnetic tunnel junction. IEEE Tran. Magn., 2009, 45: 3962.

[173] Petta R, Slater S K, Ralph D C. Spin-dependent transport in molecular tunnel junctions. Phys. Rev. Letts., 2004, 93: 136601.

[174] Manoharan S S, Chandra V. Nanosized poly(tetrafluoroethylene) films as organic insulating barrier for Fe/poly(tetrafluoroethylene)/Fe magnetic tunnel junction. Jpn. J. Appl. Phys., 2009, 48: 103001.

[175] Santos T S, Lee J S, Migdal P, et al. Room-temperature tunnel magnetoresistance and spin-polarized tunneling through an organic semiconductor barrier. Phys. Rev. Letts., 2007, 98: 016601.

[176] Szulczewski G, Tokuc H, Oguz K, et al. Magnetoresistance in magnetic tunnel junctions with an organic barrier and an MgO spin filter. Appl. Phys. Letts., 2009, 95: 202506.

[177] Dhandapani D, Morley N A, Gibbs M R J, et al. The effect of injection layers on a room temperature organic spin valve. IEEE Tran. Magn., 2010, 46: 1307.

[178] Wang F J, Yang C G, Valy Vardeny Z. Spin response in organic spin valves based on $La_{2/3}Sr_{1/3}MnO_3$ electrodes. Phys. Rev. B, 2007, 75: 245324.

[179] Zhang S, Levy P M, Marley A C, et al. Quenching of magnetoresistance by hot electrons in magnetic tunnel junctions. Phys. Rev. Lett., 1997, 79: 3744.

[180] Moodera J S, Nowak J, van de Veerdonk R J M. Interface magnetism and spin wave scattering in ferromagnet-insulator-ferromagnet tunnel junctions. Phys. Rev. Lett. 1998, 80: 2941.

[181] Shen C, Kahn A, Schwartz J. Chemical and electrical properties of interfaces between magnesium and aluminum and tris-(8-hydroxy quinoline) aluminum. J. Appl. Phys.,

2001, 89: 449.

[182] Dediu V, Hueso L E, Bergenti I, et al. Room-temperature spintronic effects in Alq$_3$-based hybrid devices. Phys. Rev. B, 2008, 78: 115203.

[183] Gatteshi D, molecular magnetism: a basis for new materials. Adv. Matter., 1994, 6: 635.

[184] Eerenstein W, Mathur N D, Scott J F. Multiferroic and magnetoelectric materials. Nature, 2006, 442: 759.

[185] Scott J F. Multiferroic memories. Nat. Mater., 2007, 6: 256.

[186] Zavaliche F, Zheng H, Mohaddes-Ardabili L, et al. Electric field-induced magnetization switching in epitaxial columnar nanostructures. Nano Lett., 2005, 5: 1793.

[187] Hu J M, Li Z, Wang J. Electric-field control of strain-mediated magnetoelectric random access memory. J. Appl. Phys., 2010, 107: 093912.

[188] Gajek M, Bibes M, Fusil S, et al. Tunnel junctions with multiferroic barriers. Nat. Mater, 2007, 6: 296

[189] Johnson M, Silsbee R H. Coupling of electronic charge and spin at a ferromagnetic paramagnetic metal interface. Phys. Rev. B, 1988, 37: 5312.

[190] Jedema F J, Heersche H B, Filip A T, et al. Electrical detection of spin precession in a metallic mesoscopic spin valve. Nature, 2002, 416: 713.

[191] Tombros N, Jozsa C, Popinciuc M, et al. Electronic spin transport and spin precession in single graphene layers at room temperature. Nature, 2007, 448: 571.

[192] Wang W H, Pi K, Li Y, et al. Magnetotransport properties of mesoscopic graphite spin valves. Phys.Rev.B, 2008, 77: 020402.

[193] Shang H, Nowak J, Jansen R, et al. Temperature dependence of magnetoresistance and surface magnetization in ferromagnetic tunnel junctions. Phys. Rev. B, 1998, 58: R2917.

[194] Vedyayev A, Bagrets D, Bagrets A, et al. Resonant spin-dependent tunneling in spin-valve junctions in the presence of paramagnetic impurities. Phys. Rev. B, 2001, 63: 064429.

[195] Bratkovsky M. Tunneling of electrons in conventional and half-metallic systems: towards very large magnetoresistance. Phys. Rev. B, 1997, 56: 2344.

[196] Yuasa S, Sato T, Tamura E, et al. Magnetic tunnel junctions with single-crystal electrodes: A crystal anisotropy of tunnel magneto-resistance. Europhys. Lett., 2000, 52: 344.

[197] Boeve H, Girgis E, Schelten J, et al. Strongly reduced bias dependence in spin–tunnel junctions obtained by ultraviolet light assisted oxidation. Appl. Phys. Lett., 2000, 76: 1048.

[198] Ahn S J, Kato T, Kubota H, et al. Bias-voltage dependence of magnetoresistance in magnetic tunnel junctions grown on Al$_2$O$_3$ (0001) substrates. Appl. Phys. Lett.,

2005, 86: 102506.

[199] Zhang S, and Levy P M. Magnetoresistance of magnetic tunnel junctions in the presence of a nonmagnetic layer. Phys. Rev. Lett., 1998, 81: 5660.

[200] 马勤礼. MgO 势垒磁性隧道结材料优化及磁电输运性质研究. 中国科学院物理研究所博士毕业论文, 2011.

[201] Tiusan C, Greullet F, Hehn M, et al. Spin tunelling phenomena in single-crystal magnetic tunnel junction systems. J. Phys.: Condens. Matter, 2007, 19: 165201.

[202] Han X F, Andrew C C Yu, Oogane M, et al. Analyses of intrinsic magnetoelectric properties in spin-valve-type tunnel junctions with high magnetoresistance and low resistance. Phys. Rev. B, 2001, 63: 224404.

[203] Bratkovsky A M. Assisted tunneling in ferromagnetic junctions and half-metallic oxides. Appl. Phys. Lett., 1998, 72: 2334.

[204] Wulfhekel W, Ding H F, Kirschner J. Tunneling magnetoresistance through a vacuum gap. J. Magn. Magn. Mater., 2002, 242: 47.

[205] Zhang J, White R M. Voltage dependence of magnetoresistance in spin dependent tunneling junctions. J. Appl. Phys., 1998, 83: 6512.

[206] Davis H, Maclaren J M. Spin dependent tunneling at finite bias. J. Appl. Phys., 2000, 87: 5224.

[207] Cabrera G, García N. Low voltage I–V characteristics in magnetic tunneling junctions. Appl. Phys. Lett., 2002, 80: 1782.

[208] Sharma M, Wang S X, Nickel J H. Inversion of spin polarization and tunneling magnetoresistance in spin-dependent tunneling junctions. Phys. Rev. Lett., 1999, 82: 616.

[209] LeClair P, Kohlhepp J T, van de Vin C H, et al. Band structure and density of states effects in Co-based magnetic tunnel junctions. Phys. Rev. Lett., 2002, 88: 107201.

[210] Ando Y, Miyakoshi T, Oogane M, et al. Spin-dependent tunneling spectroscopy in single-crystal Fe/MgO/Fe tunnel junctions. Appl. Phys. Lett., 2005, 87: 142502.

[211] Ando Y, Murai J, Kubota H, et al. Magnon-assisted inelastic excitation spectra of a ferromagnetic tunnel junction. J. Appl. Phys., 2000, 87: 5209.

[212] 杜关祥. 单晶磁性隧道结和铁磁金属/磁性半导体复合磁性隧道结的磁电输运性质的研究. 中国科学院物理研究所博士毕业论文, 2008.

[213] Lü C, Wu M W, Han X F. Magnon- and phonon-assisted tunneling in a high-magnetoresistance tunnel junction using $Co_{75}Fe_{25}$ferromagnetic electrodes. Physics Letters A, 2003, 319: 205.

[214] Han X F, Murai J, Ando Y, et al. Inelastic magnon and phonon excitations in $Al_{1-x}Co_x/Al_{1-x}Co_x$-oxide/Al tunnel junctions. Appl. Phys. Lett., 2001, 78: 2533.

[215] Miao G, Chetry K B, Gupta A, et al. Inelastic tunneling spectroscopy of magnetic tunnel junctions based on CoFeB/MgO/CoFeB with Mg insertion layer. J. Appl.

Phys., 2006, 99: 08T305.

[216] Jaklevic R C, Lambe J. Inelastic tunneling due to vibrational modes of yttrium and chromium oxides. Phys. Rev. B, 1970, 2: 808.

[217] Caroli C, Combescot R, Nozieres P, et al. A direct calculation of the tunnelling current: IV. electron-phonon interaction effects. J. Phys. C, 1972, 5: 21.

[218] Appelbaum J. "s-d" exchange model of zero-bias tunneling anomalies. Phys. Rev. Lett., 1966, 17: 91.

[219] Anderson P W. Localized magnetic states and fermi-surface anomalies in tunneling. Phys. Rev. Lett., 1966, 17: 95.

[220] Appelbaum J A. Exchange model of zero-bias tunneling anomalies. Phys. Rev., 1967, 154: 633.

[221] Wei H X, Qin Q H, Ma Q L, et al. Signatures of surface magnon and impurity scatterings in tunnel junctions. Phys.Rev. B, 2010, 82: 134436.

[222] Zhang X D, Li B Z, Sun G, et al. Spin-polarized tunneling and magnetoresistance in ferromagnet/insulator(semiconductor) single and double tunnel junctions subjected to an electric field. Phys. Rev. B, 1997, 56: 5484.

[223] Vedyayev A, Ryzhanova N, Lacroix C, et al. Resonance in tunneling through magnetic valve tunnel junctions. Europhys. Lett., 1997, 39: 219.

[224] Mathon J, Umerski A. Theory of tunneling magnetoresistance in a junction with a nonmagnetic metallic interlayer. Phys. Rev. B, 1999, 60: 1117.

[225] Moodera J S, Nowak J, Kinder L R, et al. Quantum well states in spin-dependent tunnel structures. Phys. Rev. Lett. 1999, 83: 3029.

[226] LeClair P, Swagten H J M, Kohlhepp J T, et al. Apparent spin polarization decay in Cu-dusted Co/Al$_2$O$_3$/Co tunnel junctions. Phys. Rev. Lett., 2000, 84: 2933.

[227] LeClair P, Kohlhepp J T, Swagten H J M, et al. Interfacial density of states in magnetic tunnel junctions. Phys. Rev. Lett., 2001, 86: 1066.

[228] Yuasa S, Nagahama T, Suzuki Y, Spin-polarized resonant tunneling in magnetic tunnel junctions. Science, 2002, 297: 234.

[229] Nozaki T, Jiang Y, Kaneko Y, et al. Spin-dependent quantum oscillations in magnetic tunnel junctions with Ru quantum wells. Phys. Rev. B, 2004, 70: 172401.

[230] Nagahama T, Yuasa S, Tamura E, et al. Spin-Dependent Tunneling in Magnetic tunnel Junctions with a layered antiferromagnetic Cr(001) spacer: role of band structure and interface scattering. Phys. Rev. Lett., 2005, 95: 086602.

[231] Zhang J, Wang Y, Zhang X G, et al. Inverse and oscillatory magnetoresistance in Fe(001)/MgO/Cr/Fe magnetic tunnel junctions. Phys. Rev. B, 2010, 82: 134449.

[232] Autes G, Mathon J, Umerski A. Theory of resonant spin-dependent tunneling in an Fe/Ag/MgO/Fe(001) junction. Phys. Rev. B, 2009, 80: 024415.

[233] Wang Y, Zhang J, Zhang X G, et al. First-principles study of Fe/MgO based magnetic tunnel junctions with Mg interlayers. Phys. Rev. B, 2010, 82: 054405.

[234] Hall E H. On the new action of magnetism on a permanent electric current. Phi. Mag., 1880, 10: 301.

[235] Ducruet C, Carvello B, Rodmacq B, et al. Magnetoresistance in Co/Pt based magnetic tunnel junctions with out-of-plane magnetization. J. Appl. Phys., 2008, 103: 07A918.

[236] Wang Y, Wang Y, Wei H X, et al. Electrical detection of exchange-coupled spring transition and interlayer coupling in the modified Co/Pt perpendicular magnetic tunnel junctions, unpublished.

[237] Smit J. The spontaneous hall effect in ferromagnetics II. Physica, 1958, 24: 39.

[238] Berger L. Side-jump mechanism for the Hall effect of ferromagnets. Phys. Rev. B, 1970, 2: 4559

[239] Zhang S F. Extraordinary Hall effect in magnetic multilayers. Phys. Rev. B, 1995, 51: 3632.

[240] Zhao J, Wang Y J, Han X F, et al. Large extraordinary Hall effect in [Pt/Co]$_5$/Ru/[Co/Pt]$_5$. Phys. Rev. B, 2010, 81: 172404.

[241] Zhu Y, Cai J W. Ultrahigh sensitivity Hall effect in magnetic multilayers. Appl. Phys. Lett., 2007, 90: 012104.

[242] Zhang S L, Teng J, Zhang J Y, et al. Large enhancement of the anomalous Hall effect in Co/Pt multilayers sandwiched by MgO layers. Appl. Phys. Lett., 2010, 97: 222504.

[243] Zhang X D, Li B Z, Sun G, et al. Spin-polarized resonant tunneling and quantum-size effect in ferromagnetic tunnel junctions with double barriers subjected to an electric field. Phys. Lett. A, 1998, 245: 133.

[244] Zhang X D, Li B Z, Sun G, et al. Giant tunneling magnetoresistance in ferromagnet/insulator (semiconductor) coupling double-tunnel junction subjected to electric field. Science in China Series A: Mathematics, 1998, 41: 177.

[245] Sheng L, Chen Y, Teng H Y, et al. Nonlinear transport in tunnel magnetoresistance systems. Phys. Rev. B, 1999, 59: 480.

[246] Barnas J, Fert A. Magnetoresistance oscillations due to charging effects in double ferromagnetic tunnel junctions. Phys. Rev. Lett., 1998, 80: 1058.

[247] Barnas J, Fert A. Interplay of spin accumulation and Coulomb blockade in double ferromagnetic junctions. J. Magn. Magn. Mater., 1999, 192: L391.

[248] Vedyayev A, Ryzhanova N, Vlutters R, et al. Giant tunnel magnetoresistance in multilayered metal/oxide structures comprising multiple quantum wells. J. Phys. Condens. Matter, 2000, 10: 5799.

[249] Vedyayev A, Ryzhanova N, Vlutters R, et al. Voltage dependence of giant tunnel magnetoresistance in triple barrier magnetic systems. J. Phys. Condens. Matter,

2000, 12: 1797.

[250] Montaigne F, Nassar J, Vaurès A, et al. Enhanced tunnel magnetoresistance at high bias voltage in double-barrier planar junctions. Appl. Phys. Lett., 1997, 73: 2829.

[251] Saito Y, Amano M, Nakajima K, et al. Correlation between barrier width, barrier height, and DC bias voltage dependences on the magnetoresistance ratio in Ir-Mn exchange biased single and double tunnel junctions. Jpn. J. Appl. Phys., 2000, 39: L1035.

[252] Lee H, Chang I W, Byun S J, et al. TMR of double spin-valve type AF/FM/I/FM/I/FM/AF magnetic tunneling junctions. J. Magn. Magn. Mater., 2002, 240: 137.

[253] Han X F, Zhao S F, Li F F, et al. Switching properties and dynamic domain structures in double barrier magnetic tunnel junctions. J. Magn. Magn. Mater., 2004, 282: 225.

[254] Zhao S F, Zhao J, Zeng Z M, et al. Tunneling current-induced butterfly-shaped domains and magnetization switching in double-barrier magnetic tunnel junctions. IEEE Trans. Magn., 2005, 41: 2636.

[255] Colis S, Gieres G, Bar L, et al. Low tunnel magnetoresistance dependence versus bias voltage in double barrier magnetic tunnel junction. Appl. Phys. Lett., 2003, 83: 948.

[256] Nozaki T, Hirohata A, Tezuka N, et al. Bias voltage effect on tunnel magnetoresistance in fully epitaxial MgO double-barrier magnetic tunnel junctions. Appl. Phys. Lett., 2005, 86: 082501.

[257] Zeng Z M, Han X F, Zhan W S, et al. Oscillatory tunnel magnetoresistance in double barrier magnetic tunnel junctions. Phys. Rev. B, 2005, 72: 054419.

[258] Valet T, Fert A. Theory of the perpendicular magnetoresistance in magnetic multilayers. Phys. Rev. B, 1993, 48: 7099.

[259] Berger L. Emission of spin waves by a magnetic multilayer traversed by a current. Phys. Rev. B, 1996, 54: 9353.

[260] Lee J H, Lee K I, Lee W L, et al. Temperature dependence of tunneling magnetoresistance: Double-barrier versus single-barrier junctions. J. Appl. Phys., 2002, 91: 7956.

[261] Niu Z P, Feng Z B, Yang J, et al. Tunneling magnetoresistance of double-barrier magnetic tunnel junctions in sequential and coherent regimes. Phys. Rev. B, 2006, 73: 014432.

[262] Zheng Z, Qi Y, Xing D Y, et al. Oscillating tunneling magnetoresistance in magnetic double-tunnel-junction structures. Phys. Rev. B, 1999, 59: 14505.

[263] Wilczynski M, Barnas J. Tunnel magnetoresistance in ferromagnetic double-barrier planar junctions: coherent tunneling regime. J. Magn. Magn. Mater., 2000, 221: 373.

[264] Wilczynski M, Barnas J. Coherent tunneling in ferromagnetic planar junctions: Role of thin layers at the barriers. J. Appl. Phys., 2000, 88: 5230.

[265] Majumdar K, Hershield S. Magnetoresistance of the double-tunnel-junction Coulomb blockade with magnetic metals. Phys. Rev. B, 1998, 57: 11521.

[266] Bartass A, Nazarov Y V, Inoue J, et al. Spin accumulation in small ferromagnetic double-barrier junctions. Phys. Rev. B, 1999, 59: 93.

[267] Imamura H, Takahasi S, Maekawa S. Spin-dependent Coulomb blockade in ferromagnet/normal-metal/ferromagnet double tunnel junctions. Phys. Rev. B, 1999, 59: 6017.

[268] Zeng Z M, Feng J F, Wang Y, et al. Probing spin-flip scattering in ballistic nanosystems. Phys. Rev. Lett., 2006, 97: 106605.

[269] Chang L L, Esaki L, Tsu R. Resonant tunneling in semiconductor double barriers. Appl. Phys. Lett., 1974, 24: 593.

[270] Wilczynski M, Barnas J, Tunneling magnetoresistance in planar ferromagnetic junctions. Acta Phys. Polon. A, 2000, 97: 443.

[271] Prinz G A. Spin-polarized transport. Phys. Today, 1995, 48: 58.

[272] Wolf1 S A, Awschalom D D, Buhrman R A, et al. Spintronics: a spin-based electronics vision for the future. Science, 2001, 294: 1488.

[273] Brataas A, Nazarov Y N, Bauer G E W. Finite-element theory of transport in ferromagnet-normal metal systems. Phys. Rev. Lett., 2000, 84: 2481

[274] Johnson M, Silsbee R H. Interfacial charge-spin coupling: Injection and detection of spin magnetization in metals. Phys. Rev. Lett., 1985, 55: 1790.

[275] Jedema F J, Nijboer M S, Filip A T, et al. Spin injection and spin accumulation in all-metal mesoscopic spin valves. Phys. Rev. B, 2003, 67: 085319.

[276] Zhang X G, Butler W H. Band structure, evanescent states, and transport in spin tunnel junctions. J. Phys: Cond. Matt., 2003, 15: R1603.

[277] MacLaren J M, Zhang X G, Butler W H. Validity of the Julliere model of spin-dependent tunneling. Phys. Rev. B, 1997, 56: 11827.

[278] Jedema J, Filip A T, van Wees B J. Electrical spin injection and accumulation at room temperature in an all-metal mesoscopic spin valve. Nature: 2001, 410: 345.

[279] Barnas J, Weymann I. Spin effects in single-electron tunneling. J. Phys.: Condens. Matter., 2008, 20: 423202.

[280] Fettar F, Lee S F, Petroff F, et al. Temperature and voltage dependence of the resistance and magnetoresistance in discontinuous double tunnel junctions. Phys. Rev. B, 2002, 65: 174415.

[281] Yakushiji K, Ernult F, Imamura H, et al. Enhanced spin accumulation and novel magnetotransport in nanoparticles. Nat. Mater., 2005, 4: 57.

[282] 温振超. 磁性纳米结构材料的制备及其磁电阻效应的研究. 中国科学院物理研究所博士毕业论文, 2010

[283] Feng J F, Kim T H, Han X F, et al. Space-charge trap mediated conductance blockade in tunnel junctions with half-metallic electrodes. Appl. Phys. Lett., 2008, 93: 192507.

[284] Stafford C A, Das Sarma S. Collective Coulomb blockade in an array of quantum dots: a mott-hubbard approach. Phys. Rev. Lett., 1994, 72: 3590.

[285] Waugh F R, Berry M J, Mar D J, et al. Single-electron charging in double and triple quantum dots with tunable coupling. Phys. Rev. Lett., 1995, 75: 705.

[286] Wang Y , Lu Z Y, Zhang X G, et al. First-principles theory of quantum well resonance in double barrier magnetic tunnel junctions. Phys. Rev. Lett., 2006, 97: 087210.

[287] Rocha R, Garcia-suarez V M, Bailey S W, et al. Towards molecular spintronics. Nat. Mater., 2005, 4: 335.

[288] Urushibara A, Moritomo Y, Arima T, et al. Magnetostructural phase transitions in $La_{1-x}Sr_xMnO_3$ with controlled carrier density. Phys. Rev. B, 1995, 51: 14103.

[289] Dagotto E, Hotta T, Moreo A. Colossal magnetoresistant materials: the key role of phase separation. Physics Reports., 2001, 344: 1.

[290] Koster S A, Moshnyaga V, Damaschke B, et al. Nonpercolative behavior of the magnetic-field-induced local tunneling conductivity of $La_{0.75}Ca_{0.25}MnO_3/MgO(100)$ thin films. Phys. Rev. B, 2008, 78: 052404.

[291] MacLaren J M, Zhang X G, Butler W H, et al. Layer KKR approach to Bloch-wave transmission and reflection: application to spin-dependent tunneling. Phys. Rev. B, 1999, 59: 5470.

[292] Mathon J, Umerski A. Theory of tunneling magnetoresistance of an epitaxial Fe/MgO/ Fe(001) junction. Phys. Rev. B, 2001, 63: 220403.

[293] Korringa J. On the calculation of the energy of a Bloch wave in a metal. Physica, 1947, 13: 392.

[294] Kohn W, Rostoker N. Solution of the schrödinger equation in periodic lattices with an application to metallic lithium. Phys. Rev., 1954, 94: 1111.

[295] Pendry J B, Low-Energy Electron Diffraction. New York: Academic Press, 1974

[296] MacLaren J M, Crampin S, Vvedensky D D, et al. Layer Korringa-Kohn-Rostoker technique for surface and interface electronic properties. Phys. Rev. B, 1989, 40: 12164.

[297] Gonis A, Zhang X G, MacLaren J M, et al. Multiple-scattering Green-function method for electronic-structure calculations of surfaces and coherent interfaces. Phys. Rev. B, 1990, 42: 3798.

[298] Yuasa S, Djayaprawira D D. Giant tunnel magnetoresistance in magnetic tunnel junctions with a crystalline MgO(0 0 1) barrier. J. Phys. D: Appl. Phys., 2007, 40: R337.

[299] Meyerheim H L, Popescu R, Kirschner J, et al. Geometrical and compositional structure at metal-oxide interfaces: MgO on Fe(001). Phys. Rev. Lett., 2001, 87: 076102.

[300] Meyerheim H L, Popescu R, Jedrecy N, et al. Surface x-ray diffraction analysis of the MgO/Fe(001) interface: evidence for an FeO layer. Phys. Rev. B, 2002, 65: 144433.

[301] Zhang X G, Butler W H. Amrit Bandyopadhyay. Effects of the iron-oxide layer in Fe-FeO-MgO-Fe tunneling junctions. Phys. Rev. B, 2003, 68: 092402.

[302] Tsunekawa K, Djayaprawira D D, Nagai M, et al. Giant tunneling magnetoresistance effect in low-resistance CoFeB/MgO(001)/CoFeB magnetic tunnel junctions for read-head applications. Appl. Phys. Lett., 2005, 87: 072503.

[303] Moriyama T, Ni C, Wang W G, et al. Tunneling magnetoresistance in (001)-oriented FeCo/MgO/FeCo magnetic tunneling junctions grown by sputtering deposition. Appl. Phys. Lett. 2006, 88: 222503.

[304] Read J C, Mather P G, Buhrman R A. X-ray photoemission study of CoFeB/MgO thin film bilayers. Appl. Phys. Lett., 2007, 90: 132503.

[305] Cha J J, Read J C, Buhrman R A, et al. Spatially resolved electron energy-loss spectroscopy of electron-beam grown and sputtered CoFeB/MgO/CoFeB magnetic tunnel junctions. Appl. Phys. Lett., 2007, 91: 062516.

[306] Lu Y, Deranlot C, Vaurès A, et al. Effects of a thin Mg layer on the structural and magnetoresistance properties of CoFeB/MgO/CoFeB magnetic tunnel junctions. Appl. Phys. Lett., 2007, 91: 222504.

[307] Huang J C A, Hsu C Y, Chen W H, et al. Effects of submonolayer Mg on CoFe–MgO–CoFe magnetic tunnel junctions. J. Appl. Phys., 2008, 104: 073909.

[308] Ye L, Lee C, Syu J, et al. Effect of annealing and barrier thickness on MgO-Based Co/Pt and Co/Pd multilayered perpendicular magnetic tunnel junctions. IEEE Trans. Magn., 2008, 44: 3601.

[309] Giannozzi P, Baronis S, Bonini N, et al. QUANTUM ESPRESSO: a modular and open-source software project for quantum simulations of materials. J. Phys.: Condens. Matter., 2009, 21: 395502.

[310] Smith N V, Brookes N B, Chang Y, et al. Quantum-well and tight-binding analyses of spin-polarized photoemission from Ag/Fe(001) overlayers. Phys. Rev. B, 1994, 49: 332.

[311] Mathon J, Umerski A. Theory of resonant tunneling in an epitaxial Fe/Au/MgO/Au/Fe(001) junction. Phys. Rev. B, 2005, 71: 220402(R).

[312] Nagahama T, Yuasa S, Suzuki Y, et al. Quantum size effect in magnetic tunnel junctions with ultrathin Fe(001) electrodes. J. Appl. Phys., 2002, 91: 7035.

[313] Lu Z Y, Zhang X G, Pantelides S T. Spin-dependent resonant tunneling through quantum-well states in magnetic metallic thin films. Phys. Rev. Lett., 2005, 94: 207210.

[314] Nozaki T, Tezuka N, Inomata K. Quantum oscillation of the tunneling conductance in fully epitaxial double barrier magnetic tunnel junctions. Phys. Rev. Lett., 2006,

96: 027208.

[315] Zhang X G, Wang Y, Han X F. Simple models for electron and spin transport in barrier conductor barrier devices. Solid State Electronics, 2007, 51: 1344.

[316] Zhang X G, Butler W H. Large magnetoresistance in bcc Co/MgO/Co and FeCo/MgO/FeCo tunnel junctions. Phys. Rev. B, 2004, 70: 172407.

[317] Belashchenko K D, Velev J, Tsymbal E Y. Effect of interface states on spin-dependent tunneling in Fe/MgO/Fe tunnel junctions. Phys. Rev. B, 2005, 72: 140404.

[318] Wang Y, Han X F, Zhang X G. Effect of Co interlayers in Fe/MgO/Fe magnetic tunnel junctions. Appl. Phys. Lett., 2008, 93: 172501.

[319] Yuasa S, Katayama T, Nagahama T, et al. Giant tunneling magnetoresistance in fully epitaxial body-centered-cubic Co/MgO/Fe magnetic tunnel junctions. Appl. Phys. Lett., 2005, 87: 222508.

[320] Yuasa S, Fukushima A, Kubota H, et al. Giant tunneling magnetoresistance up to 410% at room temperature in fully epitaxial Co/MgO/Co magnetic tunnel junctions with bcc Co(001) electrodes. Appl. Phys. Lett., 2006, 89: 042505.

[321] Djayaprawira D D, Tsunekawa k, Nagai M, et al. 230% room-temperature magnetoresistance in CoFeB/MgO/CoFeB magnetic tunnel junctions. Appl. Phys. Lett, 2005, 86: 092502.

[322] Pinitsoontorn S, Cerezo A, Petford-Long A K, et al. Three-dimensional atom probe investigation of boron distribution in CoFeB/MgO/CoFeB magnetic tunnel junctions. Apll. Phys. Lett., 2008, 93: 071901.

[323] Karthik S V, Takahashi Y K, Ohkubo T, et al. Transmission electron microscopy investigation of CoFeB/MgO/CoFeB pseudospin valves annealed at different. J Appl. Phys., 2009, 106: 023920.

[324] Ikeda S, Hayakawa J, Lee Y M, et al. Tunnel magnetoresistance in MgO-barrier magnetic tunnel junctions with bcc-CoFe(B) and fcc-CoFe free layers. J. Appl. Phys., 2006, 99: 08A907.

[325] Zhang J, Wang Y, Zhang X G,et al. Calculated magnetoresistance in MgO-based MTJs with ordered bcc CoFe alloy electrodes, 11th MMM/Intermag Conference, "AQ-05", 2010.

[326] Schwarz K, Mohn P, Blaha P, et al. Electronic and magnetic structure of BCC Fe-Co alloys from band theory. J. Phys. F: Met. Phys., 1984, 14: 2659.

[327] Feng X B, Bengone O, Alouani M, et al. Interface and transport properties of Fe/V/MgO/Fe and Fe/V/Fe/MgO/Fe magnetic tunneling junctions. Phys. Rev. B, 2009, 79: 214432.

[328] Greullet F, Tiusan C, Montaigne F, et al. Evidence of a symmetry-dependent metallic barrier in fully epitaxial MgO based magnetic tunnel junctions. Phys. Rev. Lett., 2007, 99: 187202.

[329] Matsumoto R, Fukushima A, Yakushiji K, et al. Spin-dependent tunneling in epitaxial Fe/Cr/MgO/Fe magnetic tunnel junctions with an ultrathin Cr(001) spacer layer. Phys. Rev. B, 2009, 79: 174436.

[330] Stiles M D, Exchange coupling in magnetic heterostructures. Phys. Rev. B, 1993, 48: 7238.

[331] Stiles M D. Oscillatory exchange coupling in Fe/Cr multilayers. Phys. Rev. B, 1996, 54: 14679.

[332] Yuasa S, Suzuki Y, Katayama T, et al. Characterization of growth and crystallization processes in CoFeB/MgO/CoFeB magnetic tunnel junction structure by reflective high-energy electron diffraction. Appl. Phys. Lett., 2005, 87: 242503.

[333] Burton J, Tsymbal E. Prediction of electrically induced magnetic reconstruction at the manganite/ferroelectric interface. Phys. Rev.B, 2009, 80: 174406.

[334] Paluskar P V, Attema J J, de Wijs G A, et al. Spin tunneling in junctions with disordered ferromagnets. Phys. Rev. Lett., 2008, 100: 057205.

[335] Paluskar V, Lavrijsen R, Sicot M et al. Correlation between magnetism and spin-dependent transport in CoFeB alloys. Phys. Rev. Lett., 2009, 102: 016602.

[336] Mao S N, Chen Y H, Liu F, et al. Commercial TMR heads for hard disk drives: characterization and extendibility at 300 gbit/in^2. IEEE Trans. Magn., 2006, 42: 97.

[337] Sharma M, Nickel J H, Anthony T C, et al. Spin-dependent tunneling junctions with AlN and AlON barriers. Appl. Phys .Lett., 2000, 77: 2219.

[338] Shim H J, Hwang I J, Kim K S, et al. Distribution of nitrogen in a magnetic tunnel junction with nitrogen-treated interface. J. Appl. Phys., 2002, 92: 1095.

[339] Wang J G, Freitas P P, Snoeck E, et al. Spin-dependent tunnel junctions with ZrO$_x$ barriers. Appl. Phys. Lett., 2001, 79: 4387.

[340] Gupta A, Li X W, Xiao G. Inverse magnetoresistance in chromium-dioxide-based magnetic tunnel junctions. Appl. Phys. Lett., 2001, 78: 1894.

[341] Mavropoulos Ph, Papanikolaou N, Dederichs P H. Complex band structure and tunneling through ferromagnet /insulator /ferromagnet junctions. Phys. Rev. Lett., 2000, 85: 1088.

[342] Velev J P, Belashchenko K D, Stewart D A, et al. Negative spin polarization and large tunneling magnetoresistance in epitaxial Co|SrTiO₃|Co magnetic tunnel junctions. Phys. Rev. Lett., 2005, 95: 216601.

[343] Stewart D A. New type of magnetic tunnel junction based on spin filtering through a reduced symmetry oxide: FeCo|Mg₃B₂O₆|FeCo. Nano. Lett., 2010, 10: 263.

[344] Wei S H, Zhang S B. First-principles study of cation distribution in eighteen closed-shell AIIB2IIIO4 and A^{IV}B2^{II}O4 spinel oxides. Phys. Rev. B, 2001, 63: 045112.

[345] Zhang J, Han X F. Zhang X G. Spinel as spin-filter barrier for magnetic tunnel junctions. Unpublished.

[346] Xu B, Tao N. Measurement of single-molecule resistance by repeated formation of molecular junctions. Science, 2003, 301: 1221.

[347] Emberly E G, Kirczenow G. Electron standing-wave formation in atomic wires. Phys. Rev. B, 1999, 60: 6028.

[348] Mozos J L, Wan C C, Taraschi G, et al. Quantized conductance of Si atomic wires. Phys. Rev. B, 1997, 56: R4351.

[349] Lang N D. Resistance of atomic wires. Phys. Rev. B, 1995, 52: 5335.

[350] Datta S. Electronic Transport in Mesoscopic Systems. Cambridge University Press, New York, 1995.

[351] Taylor J, Guo H, Wang J. Ab initio modeling of quantum transport properties of molecular electronic devices. Phys. Rev. B, 2001, 63: 245407.

[352] Xue Y Q, Datta S, Ratner M A. First-principles based matrix Green's function approach to molecular electronic devices: general formalism. Chem. Phys., 2002, 281: 151.

[353] Di Ventra M, Pantelides S T, Lang N D. First-principles calculation of transport properties of a molecular device. Phys. Rev. Lett., 2000, 84: 979.

[354] Senapati L, Pati R, Erwin S C. Controlling spin-polarized electron transport through a molecule: The role of molecular conformation. Phys. Rev. B, 2007, 76: 024438.

[355] Kresse G, Furthmüller J. Efficiency of ab-initio total energy calculations for metals and semiconductors using a plane-wave basis set. Comput. Mater. Sci., 1996, 6: 15.

[356] Gonze X, Rignanese G M, Verstraete M, et al. A brief introduction to the abinit software package. Zeitschrift für Kristallographie, 2005, 220(12): 558.

[357] Baroni S, Dal Corso A, de Gironcoli S, et al. http://www.pwscf.org.

[358] http://www.chemsoc.org/viselements/orbital/orbital table.html.

[359] Soler J M, Artacho E, Gale J D, et al. The SIESTA method for ab initio order-N materials simulation. J. Phys. : Condens. Matter. 2002, 14: 2745.

[360] Waldron D, Timoshevskii V, Hu Y, et al. First principles modeling of tunnel magnetoresistance of Fe/MgO/Fe Tri-layers. Phys. Rev. Lett. 2006, 97: 226802.

[361] Pulay P. Improved SCF convergence acceleration. J. Comp. Chem., 1982, 3: 556.

[362] Johnson D D. Modified Broyden's method for accelerating convergence in self-consistent calculations. Phys. Rev. B, 1988, 38: 12807.

[363] Waldron D, Haney P, Larade B, et al. Nonlinear spin current and magnetoresistance of molecular tunnel junctions. Phys. Rev. Lett., 2006, 96: 166804.

[364] Ning Z, Zhu Y, Wang J, et al. Quantitative analysis of nonequilibrium spin injection into molecular tunnel junctions. Phys. Rev. Lett. 2008, 100: 056803.

[365] Nakazumi M, Yoshioka D, Yanagihara H, et al. Fabrication of magnetic tunneling junctions with NaCl barriers. Jpn. J. Appl. Phys., 2007, 46: 6618.

[366] 王琰, 韩秀峰, 张晓光. 一种单晶 NaCl 势垒磁性隧道结及其用途. 中国发明专利授权号: ZL200710122198.0. 2007.

[367] Vlaic P. Calculated magnetic and transport properties of Fe/NaCl/Fe (001) magnetic tunnel junction. J. Magn. Magn. Mater., 2010, 322: 1438.

[368] Moriyama T, Mitani S, Seki T, et al. Magnetic tunnel junctions with L1₀-ordered FePt alloy electrodes. J. Appl. Phys., 2004, 95: 6789

[369] Villars P, Calvet L D, Pearson W B. Pearson's Handbook of Crystallographic Data for Intermetallic Phases. Calvert American Society for Metals, Metals Park, OH, 1985.

[370] Liscio F, Makarov D, Maret M, et al. Growth, structure and magnetic properties of FePt nanostructures on NaCl(001) and MgO(001). Nanotechnology, 2010, 21: 065602.

[371] Tao L L, Liu D P, Han X F. Large TMR effect in L1₀ FePt/NaCl/FePt magnetic tunnel junctions, to be submitted.

[372] Berger L. Exchange interaction between ferromagnetic domain wall and electric current in very thin metallic films. J. Appl. Phys., 1984, 55: 1954.

[373] Slonczewski J C, Current-driven excitation of magnetic multilayers. J. Magn. Magn. Mater. 1996, 159: L1.

[374] Sun J Z. Current-driven magnetic switching in manganite trilayer junctions. J. Magn. Magn. Mater. 1999, 202: 157.

[375] Shpiro A, Levy P M, Zhang S. Self-consistent treatment of nonequilibrium spin torques in magnetic multilayers. Phys. Rev. B, 2003, 67: 104430.

[376] Barnaś J, Fert A, Gmitra M. From giant magnetoresistance to current-induced switching by spin transfer. Phys. Rev. B, 2005, 72: 024426.

[377] Wegrowe J E, Kelly D, Jaccard Y, et al. Current-induced magnetization reversal in magnetic nanowires. Europhys. Lett., 1999, 45: 6262632.

[378] Katine J A, Albert F J, Buhrman R A, et al. Current-driven magnetization reversal and spin-wave excitations in Co/Cu/Co pillars. Phys. Rev. Lett., 2000, 84: 3149.

[379] Tsoi M, Jansen A, Bass J, et al. Generation and detection of phase-coherent current-driven magnons in magnetic multilayers. Nature, 2000 406: 46.

[380] Huai Y, Albert F, Nguyen P, et al. Observation of spin-transfer switching in deep submicron-sized and low-resistance magnetic tunnel junctions. Appl. Phys. Lett., 2004, 84: 3118.

[381] Liu Y W, Zhang Z Z, Freitas P P, et al. Current-induced magnetization switching in magnetic tunnel junctions. Appl. Phys. Lett., 2003, 82: 2871.

[382] Diao Z T, Apalkov D, Pakala M, et al. Spin transfer switching and spin polarization in magnetic tunnel junctions with MgO and AlOx barriers. Appl. Phys. Lett., 2005, 87: 232502.

[383] Jiang Y, Nozaki T, Abe S, et al. Substantial reduction of critical current for magnetization switching in an exchange-biased spin valve. Nat. Mater., 2004, 3: 361.

[384] Meng H, Wang J P. Composite free layer for high density magnetic random access memory with lower spin transfer current. Appl. Phys. Lett., 2006, 89: 152509.

[385] Huai Y. Spin-transfer torque MRAM (STT-MRAM): challenges and prospects. AAPPS Bulletin, 2008, 18: 633.

[386] Yuda H, et al. Study of a spin torque transfer MRAM with perpendicular magnetization TMR elements as a high density non-volatile memory. 214th ECS Meeting (2009) Abstract, 2108.

[387] Kent A D, Stein D L. Annular spin-transfer memory element. IEEE Tran. Magn., 2010, 10: 129.

[388] Wei H X, He J, Wen Z C, et al. Effects of current on nanoscale ring-shaped magnetic tunnel junctions. Phys. Rev. B, 2008, 77: 134432.

[389] Hayward T J, Llandro J, Balsod R B, et al. Switching behavior of individual pseudo-spin-valve ring structures. Phys. Rev. B, 2006, 74: 134405.

[390] Miltat J, Albuquerque G, Thiaville A, et al. Spin transfer into an inhomogeneous magnetization distribution. J. Appl. Phys., 2001, 89: 6982.

[391] Castaño F J, Morecroft D, Jung W, et al. Spin-dependent scattering in multilayered magnetic rings. Phys. Rev. Lett., 2005, 95: 137201.

[392] Wei H X, Zhu F Q, Han X F, et al. Current-induced multiple spin structures in 100-nm nanoring magnetic tunnel junctions. Phys. Rev. B, 2008, 77: 224432.

[393] Stiles M D, Saslow W M, Donahue M J, et al. Adiabatic domain wall motion and Landau-Lifshitz damping. Phys. Rev. B, 2007, 75: 214423.

[394] 王译, 于国强, 刘东屏, 等. 自旋微波振荡器和自旋微波检测器. 中国发明专利申请号: 200810222965.X. 2008.

[395] Kiselev S I, Sankey J C, Kirvorotov I N, et al. Microwave oscillations of a nanomagnet driven by a spin-polarized current. Nature, 2003, 425: 380.

[396] Deac A M, Fukushima A, Kubota H, et al. Bias-driven high-power microwave emission from MgO-based tunnel magnetoresistance devices. Nat. Phys., 2008, 4: 803.

[397] Wickenden E, Fazi C, Huebschman B, et al. Spin torque nano oscillators as potential terahertz (THz) communications devices. 2009, ARL-TR-4807.

[398] Shehzaad Kaka, Matthew R Pufall, William H Rippard, et al. Mutual phase-locking of microwave spin-torque nano-oscillators. Nature, 2005, 437: 389.

[399] Mancoff F B, Rizzo N D, Engel B N, et al. Phase-locking in double-point-contact spin-transfer devices. Nature, 2005, 437: 393.

[400] Rippard W H, Puffal M R, Kaka S, et al. Direct-current induced dynamics in $Co_{90}Fe_{10}/Ni_{80}Fe_{20}$ point contacts. Phys. Rev. Lett., 2004, 92: 027201.

[401] Gao K Z. Magnetic thin films for perpendicular recording, V7.00001. APS March Meetig, 2009.

[402] 摘自日立环球存储公司的网页信息, www.hitachigst.com.

[403] Katine J A, Fullerton E E. Device implications of spin-transfer torques. J. Magn. Magn. Mater., 2008, 320: 1217.

[404] Pannetier M, Fermon C, LeGoff G, et al. Femtotesla magnetic field measurement with magnetoresistive sensors. Science, 2003, 304: 1648.

[405] Han X F, Wen Z C, Wang Y, et al. Nano-scale patterned magnetic tunnel junction and its device applications. AAPPS Bulletin, 2008, 18: 24.

[406] 王磊, 赵静, 韩宇男, 等. 自旋阀型数字式磁场传感器及其制作方法. 中国发明专利授权号: ZL200410090615.4. 2004.

[407] 王磊, 丰家峰, 张谢群, 等. 磁电阻自旋阀温控开关传感器. 中国发明专利授权号: ZL200410090613.5. 2004.

[408] 王磊, 方以坤, 王天兴, 等. 用于电流过载保护器的开关型磁场传感器. 中国发明专利授权号: ZL200410090614.X. 2004.

[409] 王磊, 韩秀峰, 李飞飞, 等. 线性磁场传感器及其制作方法. 中国发明专利授权号: ZL200510072052.0. 2005.

[410] 曾中明, 韩秀峰, 张谢群, 等. 具有共振隧穿效应的双势垒隧道结传感器. 中国发明专利授权号: ZL200410081170.3. 2004.

[411] 曾中明, 韩秀峰, 杜关祥, 等. 基于双势垒隧道结共振隧穿效应的晶体管. 中国发明专利授权号: ZL200510064341.6. 2005.

[412] 杜关祥, 韩秀峰, 姜丽仙, 等. 一种基于硬磁材料的自旋阀磁电阻器件及其制备方法. 中国发明专利授权号: ZL200510086523.3. 2005.

[413] 魏红祥, 马明, 覃启航, 等. 一种适于器件化的磁性隧道结及其用途. 中国发明专利授权号: ZL200510130665.5. 2005.

[414] 魏红祥, 韩秀峰, 赵静, 等. 一种具有线性磁电阻效应的磁性多层膜及其用途. 中国发明专利授权号: ZL200510123229.5. 2005.

[415] 覃启航, 韩秀峰, 王磊, 等. 一种平面集成的三维磁场传感器及其制备方法和用途. 中国发明专利授权号: ZL200510126428.1. 2005.

[416] 王磊, 韩秀峰, 魏红祥, 等. 一种层状集成的三维磁场传感器及其制备方法和用途. 中国发明专利授权号: ZL200510116757.8. 2005.

[417] Hosomi M, Yamagishi H, Yamamoto T, et al. A novel nonvolatile memory with spin torque transfer magnetization switching: spin-ram. 2005 IEDM Technical Digest, 2005: 459.

[418] Kawahara T, Takemura R, Miura K, et al. Prototype 2 Mbit non-volatile RAM chip employing spin transfer torque writing method. 2007 ISSCC Technical Digest, 2007: 480.

[419] Kawahara T, Takemura R, Miura K, et al. 2 Mb SPRAM (spin-transfer torque RAM) with Bit-by-Bit Bi-directional current write and parallelizing-direction current read. IEEE J. of Solid-State Circuits, 2008, 43: 109.

[420] Li H, Xi H, Chen Y, et al. Thermal-assisted spin transfer torque memory (STT-RAM) cell design exploration. 2009 IEEE Computer Society Annual Symposium on VLSI, 2009: 217.

[421] 韩秀峰, 马明, 姜丽仙, 等. 包含和非包含金属芯的闭合形状磁性多层膜及其制备方法和用途. 国际发明专利申请号: PCT/CN2006/003799; 美国专利号: US7,936,595 B2. 中国发明专利授权号: ZL200610000191; ZL200610011168.8; ZL200610011166.9.

[422] History of MRAM from http://www.mram-info.com.

[423] Johnson M. Bipolar spin switch. Science, 1993, 260: 320.

[424] Appelbaum I, Huang B Q, Douwe Monsma D J. Electronic measurement and control of spin transport in silicon. Nature, 2007, 447: 295.

[425] Dijken S V, Jiang X, Parkin S S P. Room temperature operation of a high output current magnetic tunnel transistor. Appl. Phys. Lett., 2002, 80: 3364.

[426] Shuto Y, Nakane R, Wang W, et al. A new spin-functional metal–oxide–semiconductor field-effect transistor based on magnetic tunnel junction technology: pseudo-spin-MOSFET. Appl. Phys. Exp., 2010, 3: 013003.

[427] Ney A, Pampuch C, Koch R, et al. Programmable computing with a single magne-toresistive element. Nature, 2003, 425: 485.

[428] Hubert A, Schafer R. Magnetic Domains. Berlin: Springer, 1998.

[429] Hwang J P, Wu J C, Humphrey F B. Magnetic bubble logic component library. IEEE Trans. Magn., 1986, 22: 217.

[430] Spain R J, Jauvtis H I, DTPL-new thin-film technique for magnetic logic. J. Appl. Phys., 1967, 38: 1201.

[431] Cowburn R P, Welland M E. Room temperature magnetic quantum cellular automata. Science, 2000, 287: 1466.

[432] Cowburn R P, Allwood D A, Xiong G, et al. Domain wall injection and propagation in planar Permalloy nanowires. J. Appl. Phys., 2002, 91: 6949.

[433] Black W C, Das B. Programmable logic using giant-magnetoresistance and spin-dependent tumneling devices(invited). J. Appl. Phys., 2000. 87:6674.

[434] 曾中明, 魏红祥, 姜丽仙, 等. 基于双势垒磁性隧道结的逻辑元件和磁逻辑元件阵列. 中国发明专利授权号: ZL200610072795.2. 2006.

[435] Chua L O. The missing circuit element. IEEE. Trans. Circuit Theory., 1971, 18: 507.

[436] Strukov D B. The missing memristor found. Nature., 2008, 453: 80.

[437] Krzysteczko P. Memristive switching of MgO based magnetic tunnel junctions. Appl. Phys. Lett., 2009, 95: 112508

[438] Najjari N. Electrical switching in Fe/V/MgO/Fe tunnel junctions. Phys. Rev. B, 2010, 81: 174425

[439] Bauer G E W, MacDonald A H, Maekawa S. Spin caloritronics special issue of solid. State Commun., 2010, 150: 459

[440] Uchida K, Takahashi S, Harii K, et al. Observation of the spin Seebeck effect, Nature, 2008, 455: 778781.

[441] Uchida K, Xiao J, Adachi H, et al. Spin Seebeck insulator. Nat. Mater., 2010, 9: 894.

[442] Jaworski C M, Yang J, Mack S, et al. Observation of the spin-Seebeck effect in a ferromagnetic semiconductor. Nat. Mater., 2010, 9: 898.

[443] Rüster C, Gould C, Jungwirth T, et al. Very large tunneling anisotropic magnetoresistance of a (Ga, Mn)As/GaAs/(Ga, Mn)As stack. Phys. Rev. Lett., 2005, 94:027203

[444] Huang S Y, Wang W G, Lee S F, et al. Intrinsic Spin-Dependent Thermal Transport. Phys. Rev. Lett., 2012, 107:216604.

第4章　庞磁电阻材料

物理学尤其是凝聚态物理学的基础研究, 常常会对应用物理和高科技产业产生重要影响. 正如半导体锗中晶体管效应 (transistor action) 在 1947 年由 Bell 实验室发现后迅速发展成固态电子产业一样. 如前几章所述, 巨磁电阻效应 (GMR) 和隧道磁电阻效应 (TMR) 的发现也迅速发展成为自旋电子学和自旋电子产业, 在不长时间内得到很大发展. 虽然 GMR 和 TMR 在物理、材料和器件方面已经取得很大成绩, 但也有其不足之处. 其中, 材料的局限性比较突出: 材料中电子的平均自由程较短 (一般为几十 nm)、自旋极化率较低 (小于 50%). 对自旋极化率较低的问题, 需要寻找具有较大自旋极化率的新材料. 目前, 研究人员关注一种称为 "半金属磁体"(half-metallic magnets) 的材料. 这种材料理想的电子状态是其费米能级处于一个自旋子带中, 而另一个自旋子带刚好处于能隙处, 所以处于巡游金属态的电子只有一种自旋, 自旋极化率为 100%. 目前最具希望的材料有 $NiMnSb$、CrO_2 和锰氧化物 $La_{0.7}Sr_{0.3}MnO_3$ 等. 其中, 钙钛矿结构的锰氧化物因为具有接近 100% 的自旋极化率, 而且在铁磁转变居里温度附近表现出极大的磁电阻效应 (几特 [斯拉] 的外加磁场下可达 10^6) 而引起了广泛的关注. 这一极大的磁电阻效应一般称为庞磁电阻效应 (colossal magnetoresistance, CMR), 以与磁性金属多层膜或颗粒系统中的 GMR 效应相区别. 正是由于磁存储产业对更敏感和具有更快响应速度的磁探测器需求和这一系统在其中的应用前景, 锰氧化物及其 CMR 效应成了研究的焦点. 已经发现多晶锰氧化物在较低的磁场 (几百到几千奥斯特)(1 奥斯特 =79.5775 安/米) 下仍表现出较大的磁电阻效应 (约 25%), 被称为低场磁电阻效应 (low-field magnetoresistance, LFMR), 这使锰氧化物磁电阻效应向实用化又前进了一大步. 同时, 锰氧化物作为一种典型的强关联电子体系, 其中电子的电荷、轨道和自旋自由度相互耦合, 使得其表现出多种奇异的性质, 涉及强关联、多体、金属-绝缘体相变等许多凝聚态物理领域的基本问题, 这给我们现阶段对强关联电子体系的认识提出了巨大挑战. 对锰氧化物的研究必将推动凝聚态物理这一领域的发展, 并为其他尚未解决的强关联电子体系中的问题如高温超导体等提供借鉴和解决方法. 虽然庞磁电阻效应多部分发生在钙钛矿结构的锰氧化物中, 但研究中也发现其他一些化合物如烧绿石结构的 $Tl_2Mn_2O_7$ 和尖晶石结构的 ACr_2Ch_4(A=Fe、Cu、Cd, Ch=S、Se、Te) 也具有类似的庞磁电阻效应, 这进一步表现了庞磁电阻效应的复杂性.

本章主要论述钙钛矿结构锰氧化物的庞磁电阻效应、低场磁电阻效应及其形成机制以及锰氧化物输运和磁学性质方面的研究进展. 首先描述锰氧化物的晶格结构、电子构型和庞磁电阻效应, 然后讨论锰氧化物中的轨道有序态和电荷有序态以及输运性质, 接着简要介绍庞磁电阻效应的机制, 最后介绍有广泛应用前景的低场磁电阻效应和基于锰氧化物的几种自旋电子器件. 限于篇幅, 对上述每一个问题的叙述都显得粗浅和简陋. 由于本领域研究十分活跃, 仍然处在快速发展阶段, 本书的观点随时可能被证明不准确或者不正确, 我们保留以后修正的责任.

4.1   锰氧化物的结构及其庞磁电阻效应

庞磁电阻锰氧化物一般具有钙钛矿结构, 有类似的化学式 $RE_{1-x}AE_xMnO_3$, 其中 RE 为三价的稀土金属元素如 La^{3+}、Pr^{3+}、Nd^{3+}、Sm^{3+} 或 Bi^{3+}, AE 是二价的碱土金属元素如 Sr^{2+}、Ca^{2+}、Ba^{2+} 或 Pb^{2+}. 以 $La_{1-x}Ca_xMnO_3$ 为例, $LaMnO_3$ 和 $CaMnO_3$ 的基态是 Mn—O—Mn 键角偏离 $180°$ 的超交换相互作用的反铁磁相, 但当掺杂浓度 x 在 0.2~0.4 时, 基态变为铁磁金属相, 并且随着温度的降低, 伴随着顺磁–铁磁相变, 在居里温度 T_C 附近, 电阻率出现一个峰值, 表现出绝缘体–金属相变. 系统在 T_C 附近外加磁场会导致电阻率的显著改变, 磁阻率 MR(一般定义为 $(R(0) - R(H))/R(H)$, 其中 $R(0)$ 和 $R(H)$ 分别为零场和外场为 H 时的电阻率) 可达 $10^6\%$, 被称为庞磁电阻效应. 钙钛矿锰氧化物的性质及其在 T_C 附近的磁电阻效应很早就为人注意了. 早在 1950 年, Jonker 和 van Santen[1] 就发现掺杂锰氧化物中铁磁性和金属导电性的强烈耦合; 在 1969 年, Searle 和 Wang[2] 报道了 $La_{1-x}Pb_xMnO_3$ 单晶中电阻率同外加磁场的依赖关系和居里温度附近较大的磁阻率. 不久 Kubo 和 Ohata[3] 采用 Zener 早期提出的双交换模型[4] 给出了这种现象初步的理论解释. 进入 20 世纪 90 年代, 研究者发现锰氧化物具有庞磁电阻效应和更为奇特的磁场导致的绝缘体–金属相变和晶体结构相变[5~9], 1994 年 Jin 等[7] 在类钙钛矿的氧化物陶瓷 La-Ca-Mn-O 中发现了庞磁电阻 (CMR) 效应, 或称超大磁电阻效应, 其在 5T 的外加磁场下温度为 77K 时磁电阻值高达 127000 ($\Delta\rho/\rho(H)$). 这个发现立即引起轰动, 使得对锰氧化物的研究在 90 年代复苏并蓬勃发展. 而在经历了对诸如高温超导铜氧化物的强关联电子体系的研究热潮之后, 氧化物样品的制备技术如高质量单晶和外延薄膜的制备技术, 以及对此类关联电子体系的深化认识, 进一步加速了对锰氧化物的研究.

4.1.1   锰氧化物的晶格和电子结构

具有庞磁电阻效应的掺杂锰氧化物一般具有如前所述的化学式 $RE_{1-x}AE_xMnO_3$, 晶格结构为畸变的钙钛矿 ($CaTiO_3$, ABO_3) 结构, 如图 4-1 所示. (RE, AE) 位置通常记为钙钛矿结构的 A 位置, Mn 离子则一般记为 B 位离子. 理想的钙钛矿结构中, A 位离子和 B 位 Mn 离子形成相互贯穿的简立方子晶格, 而 O 离子位于立方体的面和边上, 具有空间群 Pm3m 的立方对称性. 如以 A 位离子为立方晶体的顶点, 则 O 和 Mn 离子分别处于面心和体心的位置, 而 Mn 离子位于六个 O 离子形成的八面体中心, 形成锰氧配位八面体. 实际的 $RE_{1-x}AE_xMnO_3$ 晶体结构都畸变成正交 (orthorhombic) 对称性或菱面体 (rhombohedral) 对称性. 造成晶格畸变的原因主要有两个, 一是 B 位 Mn 离子的 Jahn-Teller 效应引起的 MnO_6 八面体的畸变, 即 Jahn-Teller 畸变[10], 是一种电子–声子相互作用; 另一个原因是 A、B 位离子半径相差过大而引起的相邻层间的不匹配, 是一种应力作用. 这类结构中的晶格畸变可由容差因子 (tolerance factor)f 决定[11]: f 定义为

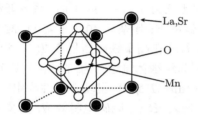

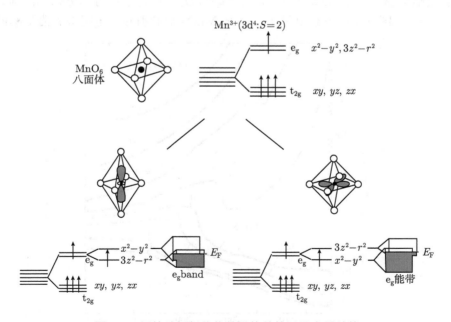

图 4-1 钙钛矿锰氧化物的晶格结构以及电子结构

$f = (r_A + r_O)/\sqrt{2}(r_B + r_O)$, 其中 r_A、r_B 和 r_O 分别为 A、B 位离子和 O 离子的 (平均) 半径. 容差因子反映了连续的 AO 和 BO$_2$ 平面的晶格匹配情况, 描述了晶格结构同理想的立方晶格 (此时 $f = 1$) 的偏离. f 接近于 1 时晶格为立方结构, 而当 r_A 减小时, f 相应地减小, 晶格在 $f = 0.96 \sim 1$ 畸变为菱面体结构, f 进一步减小时则变为正交结构.

钙钛矿结构的锰氧化物对 A 位上的化学掺杂是稳定的, 因此此类化合物非常适合于进行载流子掺杂处理, 并且通过改变化学组分能对系统的两个重要参数——单电子能带宽度及其填充比例进行调节. 例如, LaMnO$_3$, 使用 Ca 掺杂时掺杂浓度范围为 $x = 0 \sim 1$; 而采用 Sr 掺杂时, 常规条件下掺杂浓度 x 能达到 0.7, 高压条件下才能达到 1. 掺杂过程中, 锰氧化物中通过产生四价的锰离子 Mn^{4+} 来维持系统的电荷平衡, 掺杂后 Mn^{4+} 和 Mn^{3+} 的比例为 x. $x=0$ 或 1 时, 系统低温磁化强度 $M(T < 100K)$ 很小, 表明其基态是反铁磁态; 掺杂后 $(0 < x < 1)$, M 增大, 在 $x \approx 0.3$ 附近达到最大值. 并且在此附近, 系统在高于铁磁居里点 T_C 的温度下, 电阻率随着温度的降低而增大 $(\mathrm{d}\rho/\mathrm{d}T < 0)$, 为绝缘体输运行为, 在 T_C 处达到最大值, 随后随着温度的进一步降低, 电阻率减小 $(\mathrm{d}\rho/\mathrm{d}T > 0)$, 呈现金属性导电行为. 外加磁场能显著降低 T_C 附近系统的电阻率, 使之表现出庞磁电阻效应. 典型的庞磁电阻锰氧化物 La$_{1-x}$Sr$_x$MnO$_3$[12] 和 La$_{1-x}$Ca$_x$MnO$_3$[13] 的电阻率行为分别如图 4-2 和图 4-3 所示. 图 4-3 中还给出了 La$_{1-x}$Ca$_x$MnO$_3$ 磁化强度、电阻率和磁阻率同温

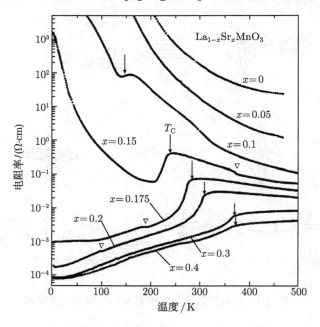

图 4-2   典型的庞磁电阻锰氧化物 La$_{1-x}$Sr$_x$MnO$_3$ 的电阻率行为

度的关系, 可以看到随着温度的降低, 伴随着顺磁–铁磁相变有一个绝缘体–金属相变, 两个相变的温度大致相同, 磁阻率也在 T_C 附近有一个峰值. 此外, 锰氧化物中混和化合价也可通过氧含量来调节.

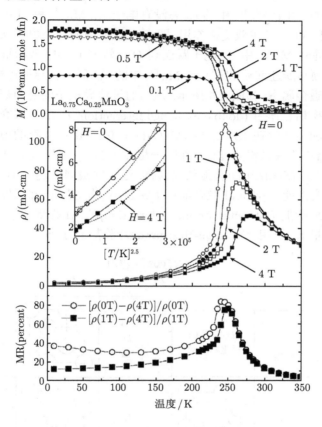

图 4-3　$\mathrm{La_{1-x}Ca_xMnO_3}$ 磁化强度、电阻率和磁阻率同温度的关系

锰氧化物中锰离子处于锰氧八面体的中心, 立方对称晶体场将导致锰离子 3d 轨道的简并消除, 使之劈裂成能量较高的二重简并 $\mathrm{e_g}$ 轨道和能量较低的三重简并 $\mathrm{t_{2g}}$ 轨道, 如图 4-1 所示, 晶格的畸变 (如 Jahn-Teller 畸变) 将进一步使简并的 $\mathrm{e_g}$ 和 $\mathrm{t_{2g}}$ 轨道发生分裂. 未掺杂锰氧化物中, 全部锰离子都是三价的, $\mathrm{Mn^{3+}}$ 根据 Hund 规则形成 $\mathrm{t_{2g}^3 e_g^1}$ 的电子组态 (总自旋为 2). 其中, $\mathrm{t_{2g}}$ 电子同氧离子 2p 轨道电子杂化较少, 通常被视为局域电子, 形成局域自旋, 通过中间氧位的超交换相互作用而形成反铁磁排列. 而同氧离子 2p 轨道电子强烈杂化的 $\mathrm{e_g}$ 电子受电子间库仑相互作用的影响在未掺杂时也处于局域态, 从而形成 Mott 绝缘体, 其磁结构因轨道序的作用而由相邻层间反铁磁耦合的铁磁层构成 (通常称为 A 型反铁磁排列, 如图

4-4 所示). 空穴掺杂后 $(x \neq 0)$, 二价阳离子的引入导致 $Mn^{4+}(t_{2g}^3)$ 的产生, e_g 轨道上产生了电子空缺 (或空穴), e_g 电子会退局域化而成为巡游电子, 从而能参与导电过程. 此时, Mn^{3+} 和 Mn^{4+} 无序排列, $Mn^{4+}—O^{2-}—Mn^{3+}$ 和 $Mn^{3+}—O^{2-}—Mn^{4+}$ 的能量是简并的. 由于 Mn^{4+} 中的 e_g 态没有电子, 在 Mn^{3+} 和 Mn^{4+} 之间 e_g 巡游电子可通过中间 O^{2-} 产生双交换作用, 即 O_{2p} 轨道中的一个电子跃迁到 Mn^{4+} 的 e_g 空轨道上, 同时 Mn^{3+} 中 e_g^1 电子跃迁到 O_{2p} 轨道上. 由于洪德法则的限制, e_g 电子的自旋必须与跃迁前后 Mn^{3+} 与 Mn^{4+} 中的 t_{2g}^3 局域自旋平行排列, 从而使体系基态进入铁磁金属态, 如图 4-5 所示. 这一通过传导电子的交换形成的铁磁相互作用称为双交换相互作用 (double exchange interaction, DE)[3], 双交换机制成功地解释了铁磁性和金属性在 $RE_{1-x}AE_xMnO_3(x = 0.2 \sim 0.5)$ 共存的现象以及伴随着半导体–金属相变的铁磁相变过程: 在同一格点上的 e_g 传导电子自旋 $(S=1/2)$ 和 t_{2g} 局域电子自旋 $(S=3/2)$ 间有强烈的耦合, 这一铁磁耦合遵从 Hund 定则, 在锰氧化物中这一交换能 J_H(Hund 耦合能) 为 $2\sim3keV$, 超过了相邻锰位 i 与 j 之间 e_g 电子的格点间跳跃能 (intersite hopping interaction)t_{ij}^0, 在强耦合极限 $J_H/t_{ij}^0 \to \infty$ 下有效跳跃能量 t_{ij} 可用 Anderson-Hasegawa 关系表述为[14]

$$t_{ij} = t_{ij}^0 \cos(\theta_{ij}/2) \tag{4-1}$$

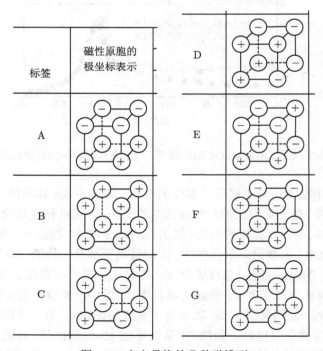

图 4-4　立方晶格的几种磁排列

即有效跳跃的绝对幅度依赖于相邻 t_{2g} 经典自旋的相对夹角 θ_{ij}. 传导电子动能的最大化 ($\theta_{ij}=0$) 使得系统基态呈现铁磁态. 当温度接近或高于铁磁转变温度 T_C 时自旋构型变为无序的, 传导电子的跳跃受此影响平均幅度降低, 因此 T_C 附近电阻率有所上升. 而外加磁场能相对容易使局域自旋重新平行排列, e_g 传导电子的跳跃平均幅度变大, 电阻率下降, 于是产生了磁电阻效应. 这就是双交换模型对锰氧化物铁磁转变温度 T_C 附近的庞磁电阻现象的直观解释, 显得简单明了.

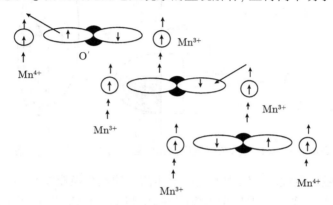

图 4-5　双交换作用示意图

另外, 研究者采用局域自旋密度近似 (local spin density approximation, LSDA) 计算了一系列锰氧化物的电子结构[15]. 对 $CaMnO_3$, 相对于 A 型反铁磁相和铁磁相, G 型反铁磁相能量较低, 是它的基态. 能带结构的计算表明, Mn3d 带的三个 t_{2g} 电子完全极化 (自旋取向一致), 并与 O_{2p} 电子有很强的杂化, 在 E_F 附近存在大约 0.4eV 的能隙, 是绝缘体相. 对 $LaMnO_3$, 如果考虑理想的立方晶格, 则基态为铁磁相, 为金属型能带结构. 但如果考虑了 Jahn-Teller 效应引起的晶格畸变后, 由 LSDA 的计算, $LaMnO_3$ 的基态应为 A 型反铁磁相, 同时晶格畸变导致能带位置的移动和分裂, 使晶格未畸变时的金属型能带变成了绝缘体能带, 在 E_F 附近存在约 0.12eV 的能隙. 而对于掺杂的锰氧化物, 存在着 Mn^{3+}、Mn^{4+} 的混合价. 具有巡游性的 e_g 电子与 3 个 t_{2g} 电子形成的局域磁矩存在着在位交换相互作用 J_{ex}, 其强度约为 2.5eV, 远大于 e_g 电子的带宽 (约为 1.0eV). 因此, 在铁磁状态下其电子是完全自旋极化的. 原本自旋简并的能级由于交换劈裂分裂为自旋向上和自旋向下的两个子带, 费米面处的电子完全是多数自旋子带 (自旋向上) 的电子, 而其少数自旋子带和费米面之间存在能隙, 因此这类化合物是完全自旋极化的半金属铁磁体. 掺杂锰氧化物的态密度示意图如图 4-6 所示, 图中还给出了金属 Ni 的态密度作为对比, 可以看到, 锰氧化物的能带结构同 Ni 明显不同, 自旋向上和自旋向下的能带完全分开, 自旋极化率为 100%. $La_{0.7}Sr_{0.3}MnO_3$ 薄膜的角分辨光电子能谱证实了这个结果[16]：在低温下 ($T \sim 40\mathrm{K}$) 存在清晰的金属型费米面，且全是多数自旋子带的电子；而在高温下自旋子带是简并的，费米面附近有能隙存在.

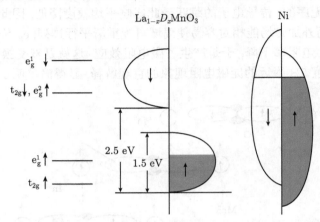

图 4-6　$T = 0$ 时掺杂锰氧化物和铁磁金属 Ni 的态密度示意图

然而，庞磁电阻锰氧化物物理远比上述简单的双交换模型复杂，在本章随后的内容中将会介绍很多双交换模型失效的例子. 例如，与 CMR 效应相关的 T_{C} 之上的绝缘体行为、电荷有序和轨道有序态等. 很多其他相互作用应该考虑进来以解释实验上的结果，如电子–晶格相互作用、局域自旋间的超交换作用、$\mathrm{e_g}$ 电子间的库仑相互作用等. 这些相互作用和双交换作用同时起作用且相互竞争，导致了锰氧化物复杂的物理性质.

4.1.2　庞磁电阻效应和组分调节

原型化合物如 $\mathrm{LaMnO_3}$ 等的性质对掺杂极为敏感，A 位离子掺杂导致了锰氧化物复杂的性质和相图. A 位掺杂后的锰氧化物可以根据 $\mathrm{e_g}$ 态载流子的单电子能带宽度 W(one-electron bandwidth) 分为大带宽化合物、中间情况和小带宽化合物三种. 典型的例子分别为 $\mathrm{La_{1-x}Sr_xMnO_3}$、$\mathrm{La_{1-x}Ca_xMnO_3}$ 或 $\mathrm{Nd_{1-x}Sr_xMnO_3}$、$\mathrm{Pr_{1-x}Ca_xMnO_3}$. 随着容差因子或等价的钙钛矿结构 A 位离子平均半径从 (La, Sr) 到 (Pr, Ca) 逐渐减小，正交对称性畸变增加，从而导致了 Mn—O—Mn 键的弯折，最终使得 $\mathrm{e_g}$ 电子的单电子能带宽度减小. 这也表明，同双交换相互作用相互竞争的其他电子不稳定性或相互作用，如电荷–轨道有序态、超相互作用等在特定的掺杂浓度和温度范围内可能成为主要的因素. 总之，随着 W 的减小，锰氧化物的相图越来越复杂，典型的三种化合物的相图如图 4-7 所示.

$\mathrm{La_{1-x}Sr_xMnO_3}$ 具有较大的单电子带宽 W 从而受到电子–晶格以及电子间的库仑关联效应的影响较小，被认为是最为典型的双交换作用系统，并且其居里温度较高，实际应用的可能性较大，在早期吸引了研究界的广泛注意. 未掺杂的化合物

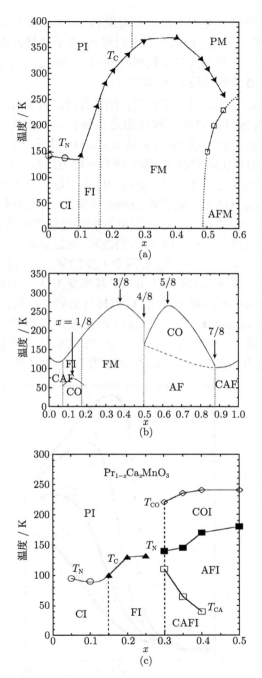

图 4-7 三种典型锰氧化物 $La_{1-x}Sr_xMnO_3$(a)、$La_{1-x}Ca_xMnO_3$(b)、$Pr_{1-x}Ca_xMnO_3$(c) 的

相图

LaMnO$_3$ 因为其 e$_g$ 单电子能带完全填充而受到 Jahn-Teller 效应和电子库仑关联效应的影响比较显著, 从而使得其 ab 面上出现 e$_g$ 电子交替占据 $d_{3x^2-r^2}$ 和 $d_{3y^2-r^2}$ 轨道的轨道有序态[17], 其基态为自旋铁磁排列的 ab 面相互之间反铁磁耦合的 A 型反铁磁绝缘态, 反铁磁居里点约为 120K.

当用 Sr 部分地取代 La 引入空穴后, 有序的自旋向 c 轴方向倾斜. 早期, 这一出现在低掺杂浓度区域的自旋态被认为是铁磁和反铁磁畴的混合[18]. 后来 de Gennes[19] 认为应是自旋倾斜态 (spin-canted state). 最近, 这一问题被重新提了出来, 强关联电子体系的理论研究表明, 基态应为不均匀的相分离态 (参见 4.4 节), 因此低掺杂浓度区域的自旋态还有待进一步研究, 我们这里仍采用自旋倾斜态的观点来描述 La$_{1-x}$Sr$_x$MnO$_3$ 的相图. 随着掺杂浓度的增加, 自旋倾斜态的倾斜角逐渐变为铁磁自旋排列. 进一步掺杂, T_C 之下温度范围内出现铁磁自旋序, 并且 T_C 随着掺杂浓度 x 增加而上升但在 $x = 0.3$ 时达到饱和. 通过试验得到的 La$_{1-x}$Sr$_x$MnO$_3$ 的相图如图 4-7 所示. La$_{1-x}$Sr$_x$MnO$_3$ 有四个主要的基态, 即自旋倾斜绝缘相、铁磁绝缘相和铁磁金属相, 在掺杂浓度高于 0.5 时基态变为 A 型反铁磁金属相; 高温下有两种相, 即顺磁绝缘相和顺磁金属相. 这类材料的磁电阻效应在基态从绝缘相变为金属相的掺杂浓度临界区域, 即 $x = 0.175$ 附近最为显著[20]. 这一性质在其他锰氧化物中也有表现. 图 4-8 中左边部分是 $x=0.175$ 的单晶样品电阻率同温度的关系以及磁场效应[21]. 电阻率在 T_C 附近下降很快, 表明 T_C 之上相对较高的电阻率主要

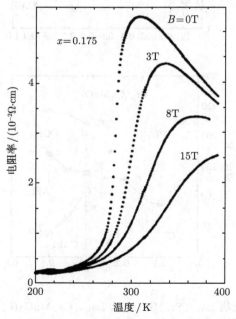

图 4-8　La$_{1-x}$Sr$_x$MnO$_3$($x = 0.175$) 单晶样品不同外加磁场下电阻率–温度曲线

是因传导电子受到的热无序自旋散射. 外加磁场大幅度抑制了 e_g 电子的自旋散射, 从而降低了 T_C 附近的电阻率. 这一负的磁电阻效应基本上是各向同性的, 同外加磁场的方向无关. 然而, 尽管 $La_{1-x}Sr_xMnO_3$ 被认为是最典型的双交换作用体系, 但仍然有许多性质无法使用简单双交换模型给出解释. 通常认为足够高掺杂浓度下的金属相可以用双交换模型来解释, 但相图中占据很大比重的低温铁磁金属相在很多方面与双交换模型不符.

$La_{1-x}Ca_xMnO_3$ 具有大带宽锰氧化物的某些性质, 如具有铁磁金属基态且在相图中占据了很大范围. 但同时它也表现出一些强烈偏离双交换行为的性质, 如存在电荷/轨道有序相. 因此, 这类化合物一般被定义为中间情况的锰氧化物, 以同真正的小带宽锰氧化物如 $Pr_{1-x}Ca_xMnO_3$ 相区别. 这类锰氧化物通常表现出最为显著的庞磁电阻效应, 但是居里温度较低. 如图 4-3 所示是 $x = 0.25$ 的单晶样品输运性质和磁性质, 磁阻率 (定义为 $\Delta\rho/\rho(0)$) 可达 80%. 令人感兴趣的是外加压力也可导致电阻率的巨大改变, 其幅度可同磁电阻效应相比[22], 如图 4-9 所示, 外加压力使得居里温度升高, 电阻率显著下降. $La_{1-x}Ca_xMnO_3$ 完整的相图如图 4-7 所示, 可以看到铁磁金属相仅仅占据了整个相图的一部分, 表明双交换模型不能完全解释锰氧化物的各种性质. 同铁磁金属相同样重要的是在 $x=0.50$ 和 0.87 之间的电荷有序 (charge ordered, CO) 相. 对 $x=0.5$ 的样品在温度低于 $T_{CO} \approx 160K$ 时铁磁态 (FM) 变为电荷有序绝缘相 (COI). 这一绝缘相伴随着被称为 CE 型的反铁磁轨道和自旋有序态[23]. 具有 1:1 比例的 Mn^{3+} 和 Mn^{4+} 在正交晶格 (P_{bnm}) 的 (001) 晶面上呈现出实空间的有序结构, 而 e_g 电子轨道在相同的晶面上呈现出 1×2 超晶格结构. 电荷有序相和轨道有序相详细的讨论见 4.3 节. x 接近 1 时出现了自旋倾斜反铁磁相. 而在低掺杂浓度范围内有电荷有序相和铁磁绝缘相两个相. 还有一点值得注意的是, 其在一些特定的掺杂浓度 $x = N/8(N = 1, 3, 4, 5$ 和 7) 下有一些很好的性质. 首先, 居里温度在 $x = 3/8$ 时最大[24], 而在 $La_{1-x}Sr_xMnO_3$ 中也发现 $x = 3/8$ 时居里温度最高[24], 表明这一性质应该比较普遍. 而按照简单的双交换模型, 这一浓度应为 0.50, 这也表明简单的双交换模型不足以解释锰氧化物的性质. 其次, $La_{1-x}Ca_xMnO_3$ 电荷有序转变温度 T_{CO} 在 $x=5/8$ 时最高, 在 (Bi, Ca) 掺杂锰氧化物中也发现了相同的结果. 而 $La_{1-x}Ca_xMnO_3$ 在 $x=4/8=1/2$ 时基态从铁磁相变为了反铁磁相, 在 $x=1/8$ 时低掺杂浓度下的电荷有序相转变温度最高, 而在 $x=7/8$ 时电荷有序相变为自旋倾斜反铁磁相 (或铁磁反铁磁混合态). 锰氧化物的这一特点还未得到解释, 有待进一步的研究.

在单电子带宽进一步减小的 $Pr_{1-x}Ca_xMnO_3$ 中, $x \geqslant 0.3$ 时在 $T_{CO}=220\sim240K$ 以下出现了电荷有序态, 并且零场下任何掺杂范围内均不出现铁磁金属相. 而在出现 CO 态的范围内, 随着温度的降低有从顺磁到电荷有序反铁磁态和到自旋倾斜反铁磁态 (spin-canted antiferromagnetic insulating phase) 的连续相变过程.

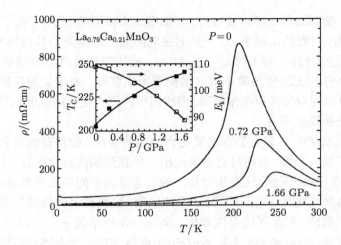

图 4-9 $La_{1-x}Ca_xMnO_3(x=0.21)$ 在不同外加压力下电阻率–温度曲线; 中间的插图给出了居里温度 T_C 以及 e_g 电子激活能同外加压力的关系

另外一个比较重要的锰氧化物为 $Nd_{1-x}Sr_xMnO_3$, 大致可以归入中间情况一类, 其相图如图 4-10 所示, 大致同 $La_{1-x}Ca_xMnO_3$ 的相图类似 [25], 在 $x=0.5$ 时存在有电荷有序相, 但此相仅在 0.5 附近很狭小的范围内存在且很容易为外加磁场所破坏. 实际上除了这一电荷有序相的区别外, $Nd_{1-x}Sr_xMnO_3$ 相图其余部分同 $La_{1-x}Sr_xMnO_3$ 基本相同.

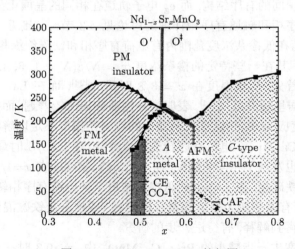

图 4-10 $Nd_{1-x}Sr_xMnO_3$ 的相图

由以上讨论可以看出从微观层面看所有稀土掺杂锰氧化物是联系在一起的. 从单电子能带导电的角度看表述这一联系的参数为单电子带宽 (bandwidth) 和能带

填充比例 (band-filling). 掺杂浓度 x 的变化代表了 Mn^{3+} 浓度的变化, 从而使得空穴浓度和 e_g 电子导带填充比例发生了变化. 而 ABO_3 结构中 A 位离子的平均半径 $\langle r_A \rangle$ 的变化将会导致晶格常数的变化, 最终导致 e_g 电子单电子带宽的变化. 对 $La_{0.7-y}Pr_yCa_{0.3}MnO_3$ 和 $La_{0.7-y}Y_yCa_{0.3}MnO_3$ 中 T_C 的研究证明了这一点[26]. 研究者发现 $\langle r_A \rangle$ 的减小使得 T_C 降低, 如图 4-11 所示. 作为通过改变 $\langle r_A \rangle$ 来改变系统内压力的补充, 外加压力对 T_C 的影响也被研究过[27~29], 发现外加压力和 $\langle r_A \rangle$ 的增加都使得 MnO_6 八面体倾斜, 从而使得 Mn—O—Mn 键接近 180°; 而 $\langle r_A \rangle$ 的减小则减小了 Mn—O—Mn 键的键角, 使之偏离 180°, 从而使得单电子带宽较小. 图 4-12 是锰氧化物在 A 位离子平均半径 $\langle r_A \rangle$ 和二价离子浓度 x 平面上的相图[30]. 可以看到, 铁磁金属相基态仅仅在 $\langle r_A \rangle$ 较大时才存在, 在此之下则出现了一系列的电荷有序相、反铁磁相和自旋玻璃相.

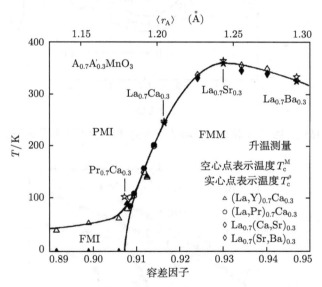

图 4-11　$A_{0.7}A'_{0.3}MnO_3$ 的相图

在简单的双交换模型中, 铁磁转变温度 T_C 表征的是与 e_g 电子跳跃相互作用或导带带宽呈线性关系的双交换载流子动能. 实际上掺杂锰氧化物 $RE_{1-x}Sr_xMnO_3$ 的居里温度 T_C 对掺杂浓度和容差因子十分敏感, 而这两个量又同载流子动能紧密相连. 图 4-13 中给出了不同掺杂浓度下居里温度 T_C 和 $x = 0.5$ 时电荷有序态相变温度 T_{CO} 同容差因子的关系[31]. 基本趋势为铁磁居里温度 T_C 随着容差因子 f 减小而减小, 但其减小率在不同掺杂浓度下分别在特定的 f 附近增大 ($x = 0.5$ 时约为 0.975, $x = 0.45$ 时为 0.970, $x = 0.4$ 时约为 0.964). 掺杂浓度 $x=0.5$ 时, 在 $f = 0.976(RE=Nd)$ 之上, T_C 基本保持不变, 在较低温度下存在电荷有序态; 而当

$f > 0.976$ 时 T_C 随着 f 的降低而降低. 在简单双交换模型中 T_C 应该同单电子带宽 W 即 f 呈线性关系, 因此这一结果表明还有其他不稳定性同双交换作用相互竞争. 在 $f < 0.971$ 时铁磁金属相消失, 而临界温度 T_C 之下出现了电荷有序态.

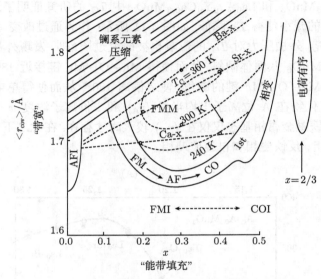

图 4-12　锰氧化物在 A 位离子平均半径 $\langle r_A \rangle$ 和二价离子浓度 x 平面上的相图

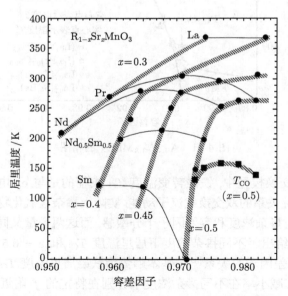

图 4-13　不同掺杂浓度下居里温度 T_C 和 $x = 0.5$ 时电荷有序态相变温度 T_{CO} 同容差因子的关系

4.1.3 层状钙钛矿结构锰氧化物的性质及其磁电阻效应[32]

对高温超导铜氧化物的研究发现了具有奇异性质的层状钙钛矿结构(称为 Ruddlesden-Popper 结构). 在混合化合价掺杂锰氧化物中也发现了 Ruddlesden-Popper 结构系列[33]. Ruddlesden-Popper 结构的锰氧化物具有统一的化学式 $(R,A)_{n+1}$ MnO_{3n+1}, 其中 R、A 分别是三价的稀土金属离子和二价的碱土金属元素, 其结构如图 4-14 所示, 由 $(R,A)_2O_2$ 层和 n-MnO_2 层沿 c 轴交替堆砌而成, n 是共顶点的锰氧八面体的层数. $n = 1$ 对应着单层, 类似于 K_2NiF_4 结构, $n = \infty$ 时即为以上讨论的一般锰氧化物. Moritomo 等[33] 在双层结构 ($n = 2$) 的锰氧化物中发现了庞磁电阻效应, 在此之后双层结构的锰氧化物, 尤其是 $La_{2-2x}Sr_{1+2x}Mn_2O_7$ 得到了广泛的研究. 层状结构锰氧化物的一个重要性质就是 ab 面 (平行于 Mn-O 层) 和 c 方向 (垂直于 Mn-O 层) 输运性质有显著各向异性, 如图 4-15 所示是 n 分别为 1、2 和 ∞ 的 $La_{2-2x}Sr_{1+2x}Mn_2O_7(x = 0.4)$ 的沿 ab 平面和 c 轴方向的电阻率曲线, 单层和双层结构的锰氧化物沿 ab 平面方向和沿 c 轴方向的电阻率有显著差别[34].

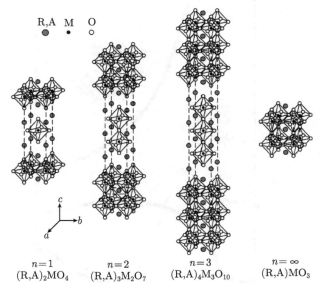

R, A M O

c

b

a

$n=1$	$n=2$	$n=3$	$n=\infty$
$(R,A)_2MO_4$	$(R,A)_3M_2O_7$	$(R,A)_4M_3O_{10}$	$(R,A)MO_3$

图 4-14 Ruddlesden-Popper 结构的锰氧化物 $(R,A)_{n+1}Mn_nO_{3n+1}$ 结构

1996 年 Moritomo 等[33] 合成了双层的 $La_{2-2x}Sr_{1+2x}Mn_2O_7$. 这种物质是由铁磁金属性的 MnO_2 双层和非磁性的绝缘层 $(La,Sr)_2O_2$ 相间排列而成, 由此形成了一个无限排列的 "铁磁金属/绝缘体/铁磁金属" 结. 当电流垂直通过双层平面时就遇到了这样的隧道结. 如图 4-16 所示, $La_{2-2x}Sr_{1+2x}Mn_2O_7(x=0.3)$ 晶体中, 层间电阻 (ρ_c) 在 $T_{max}^c \approx 100K$ 最大, T_{max}^c 以上是半导体型电导, T_{max}^c 以下是金属型电导. 与磁化强度曲线 [图 4-16(a)] 相比, T_{max}^c 以下 ρ_c 的陡峭下降与三维 (3D) 自旋有序有密切关系. 这个沿着 c 轴方向三维有序发生在 $T_C \approx 90K$ 处. 与之不同, ρ_{ab}

在 $T_{\max}^{ab}$ ≈270K 表现出一个比较宽的峰值, 同时 M^1 曲线偏离居里–外斯定理 (图中的虚线). 这个结果表明 ab 面内二维短程铁磁序较早出现, 而整体的三维长程铁磁序要在很低温度下才出现. 当 $T_{\max}^c \leqslant T \leqslant T_{\max}^{ab}$ 时, 系统表现为二维铁磁金属行为 [34]. 图 4-17 给出了 $\mathrm{La_{2-2x}Sr_{1+2x}Mn_2O_7}$ 晶体相应的自旋排列. 当 $T > T_{\max}^c$, 沿 c 轴方向铁磁自旋畴是不相关的, 各畴内的自旋方向杂乱排列 [图 4-17(a)]. 当加上一个比较高的磁场 H 时, 各自旋畴都倾向于沿着磁场方向排列 [图 4-17(b)]. 层间的电荷传输引起了非相干–相干转变并表现出相当大的低场磁阻. 在磁场为 50kOe、温度稍高于三维有序温度 T_C ≈90K 时, 磁阻率可达 10^4%. 当温度远低于 $T_{\max}^c$, 各畴内的磁矩都平行排列, 畴界位于绝缘层 $\mathrm{(La,Sr)_2O_2}$[图 4-17(c)], 此时电子是完全极化的, 而这些畴界阻挡了自旋电子在平面间的隧穿. 当磁场大于饱和场, 各畴内磁矩平行排列. 伴随着畴界的消除, 平面间隧穿的障碍也就消除了 [图 4-17(d)]. 此时, 层间的 MR 要远大于层中的 MR[34].

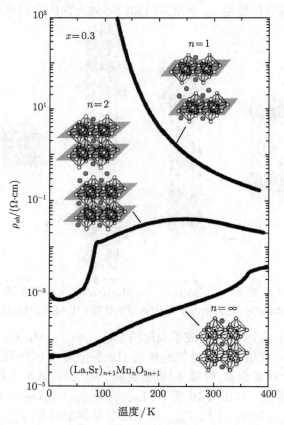

图 4-15　n 分别为 1、2 和 ∞ 的 $\mathrm{La_{2-2x}Sr_{1+2x}Mn_2O_7}(x = 0.4)$ 的沿 ab 平面和 c 轴方向的电阻率曲线

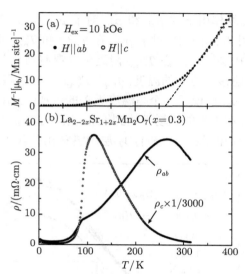

图 4-16 $La_{2-2x}Sr_{1+2x}Mn_2O_7(x=0.3)$ 晶体中 (a) 10kOe 磁场下 M^1 与温度的关系 (b) 零场下平面中的电阻率 (ρ_{ab}) 和平面间的电阻率 (ρ_c)

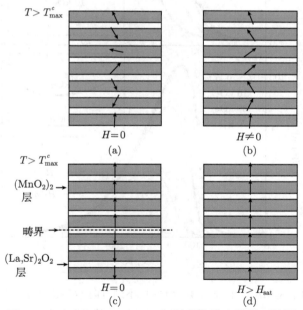

图 4-17 $La_{2-2x}Sr_{1+2x}Mn_2O_7$ 晶体中的自旋排列简图

(a) 在层间的铁磁有序温度 T_{max}^c 以上时 (但低于 T_{max}^{ab}), 磁矩在平面内是两维铁磁有序的, 在 MnO_2 双层之间由于热激发是无序的; (b) 在一个相当高的磁场下, 磁矩转向磁场的方向; (c) 在远低于 T_{max}^c 的 T_s 畴内的磁矩表现出三维铁磁有序, 但位于 $(La,Sr)_2O_2$ 层的畴界却将相邻的畴分割开来; (d) 加一个大于饱和磁 (H_{sat}) 的磁场将使所有的磁矩平行排列, 从而将作为自旋极化电子隧穿障碍的层间畴界消除掉

图 4-18 给出了磁场作用下的 ρ_{ab} 和 ρ_c. 对于 ρ_{ab} 和 ρ_c, MR 都与磁场的相对方向没有什么关系. 图 4-18(a) 中, 对于 ρ_{ab}, 在 $T_{\max}^{ab}$ 和 $T_{\max}^c$ 附近可以得到较大的 MR. 而在图 4-18(b) 中, 对于 ρ_c, 在 $T_{\max}^c$ 附近可以观察到一个更大的 MR. 随着磁场的增大, $T_{\max}^c$ 明显地移向更高的温度, 并且 $T_{\max}^c$ 处的电阻值显著地降低. 当温度低于 $T_{\max}^c$ 时, 对于 ρ_c, 出现了一个与温度无关的可观的 MR. 甚至在 10kOe 的磁场下也有这种现象, 并在更高的磁场下达到饱和. 相对于 ρ_{ab} 的 MR 要小得多. 这个层间的 MR 与自旋极化电子在 $(La,Sr)_2O_2$ 层的隧穿相关联[34].

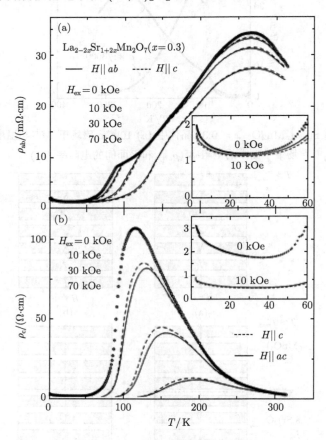

图 4-18　$La_{2-2x}Sr_{1+2x}Mn_2O_7(x=0.3)$ 晶体中, 不同方向 $(H\|C$ 和 $H\perp C)$ 的不同磁场下的 (a) ρ_{ab} 的温度关系和 (b) ρ_c 的温度关系

如前所述, 层状锰氧化物由于其结构的特殊性而表现出奇特的输运性质和磁性质, 尤其是其本身具有无限排列的 "铁磁金属/绝缘体/铁磁金属" 结的结构, 所以无须采用其他方法制作多层膜, 制备简单, 有潜在的应用前景. 同时, 层状锰氧化物

也表现出一些钙钛矿锰氧化物的共性, 如在一定的掺杂浓度下会出现电荷有序相, 这将在 4.2 节详述.

4.1.4　其他庞磁电阻材料

钙钛矿结构氧化物是一个性能丰富且成员数目庞大的大家族, 除锰系氧化物具有庞磁电阻效应外, 钴氧化物也具有一定的磁电阻效应. 1995 年, Briceno 等[35] 用射频溅射方法将各种单一元素的氧化物按一定比例分别溅射到基底上, 然后高温下在空气或氧气中让其发生反应制备出了 $RE_{1-x}T_xCoO_3$(RE=Y、La, T=Ca、Sr、Ba) 的薄膜. 输运性质的测量结果表明 Co 系氧化物同样存在磁电阻效应. 其中, 含 La 和 Ba 或者 Sr 的氧化物磁电阻效应比较大, 他们得到了最大为 270% 的磁阻率, 与相同工艺制备的锰氧化物薄膜的磁电阻效应大致相当. 他们同时也采用烧结法制备了钴氧化物的块体陶瓷样品, 在 25K、100kOe 磁场下得到了 150% 的磁阻率. 目前看来, 钴系氧化物的磁电阻效应与锰氧化物的庞磁电阻效应来源相似.

除了钙钛矿结构的材料外, 也在其他一些结构的化合物中发现了庞磁电阻效应或一定的磁电阻效应. 1996 年, NEC 公司的 Shimakawa 等[36] 在具有烧绿石结构的 $Tl_2MnO_{7-\delta}$ 中发现了庞磁电阻效应. $Tl_2MnO_{7-\delta}$ 为面心立方结构, 具有 $Fd\bar{3}m$ 空间群, 其锰氧八面体共顶点地连接在一起, 组成网络, 两个 Tl 原子处于一个网络的中央. 在 2.5GPa 高压下烧结的 $Tl_2MnO_{7-\delta}$, 其居里温度为 142K, 在 135K、70kOe 下的磁阻率可达 600%. 这类化合物存在着与锰氧化物类似的锰氧八面体结构, 那么是否可以推断它的磁电阻效应的来源与锰氧化物类似呢? 研究发现, 在不存在 Mn 的混合化合价理想化学配比的 Tl_2MnO_7 中仍然具有较大的磁电阻效应[36], 因此其来源也应不同于掺杂钙钛矿锰氧化物的庞磁电阻效应的机制. 研究者也发现硫族尖晶石材料 AB_2Ch_4(A 为 Cu、Fe、Cd 等金属元素, B 为 Cr, Ch 为 S、Se、Te 等) 在 T_C 附近也具有较大的磁电阻效应[37]. 这类材料是典型的铁磁半导体, 其电阻率除了在 T_C 附近出现峰值外基本趋势为半导体输运. 因为在此体系中也不存在元素的混合化合价, 因此也不能用双交换模型来解释其铁磁性和磁电阻效应. 这也体现了庞磁电阻效应及其材料的复杂性.

4.2　钙钛矿锰氧化物的电荷/轨道有序相

固体中几乎完全局域化于特定原子位上的一个电子具有三种内在特性: 电荷、自旋和轨道. 其中, 轨道代表了固体中电子云的形状. 过渡族金属氧化物具有形状各向异性的轨道电子, 电子之间的库仑相互作用 (强电子关联效应) 对理解这类化合物的金属–绝缘体转变和各种奇异的性质如高温超导电性和庞磁电阻效应有重要意义. 轨道自由度相互关联, 通过有序–无序转变以及同电子的电荷、自旋自由度和晶格运动强烈耦合, 在过渡金属氧化物的各类性质中扮演了重要角色. "轨道物理"(orbital physics)[38] 已经成为强关联电子体系科学中的一个重要概念. 而研究锰氧化物的一个重要动机就是其在掺杂后出现丰富的低温有序相, 如自旋有序相 (铁磁、反铁磁等)、电荷有序相和轨道有序相. 本节主要介绍在低温下的电荷有序态和轨道有序态及其因外加磁场导致的 "融化".

4.2.1   锰氧化物的电荷和轨道有序态

锰氧化物属于强关联电子体系, 存在多种相互作用, 因而具有复杂的电、磁相图. 目前在锰氧化物中除了铁磁和反铁磁有序相外, 还发现存在其他有序相, 如轨道有序相和电荷有序相, 这在 4.1 节中已有提及. Mn^{3+} 离子的 e_g 电子有两个简并的轨道 $d_{3z^2-r^2}$ 和 $d_{x^2-y^2}$, 如图 4-1 所示, 图 4-19 给出了 d 轨道电子的五个轨道示意图. 在 Jahn-Teller 畸变下简并消除, 两个轨道对应不同的能量和能带宽度. Mn^{3+} 的一个 e_g 电子必须占据能量较低的轨道. 由于电子–电子相互作用或 Jahn-Teller 耦合, 不同电子的轨道态之间将发生关联, 当这种关联很强时, 轨道态将呈有序分布, 即 e_g 电子有序地 (交错地) 占据不同的 d 轨道态, 即为轨道有序态. 而锰氧化物中当掺杂引入的 Mn^{4+} 离子达到特定的浓度时, 低温下的 Mn^{3+} 和 Mn^{4+} 离子可能在实空间有序分布从而形成电荷有序相. 电荷有序会抑制电子在 Mn 格点间的跳跃, 形成非金属性电导.

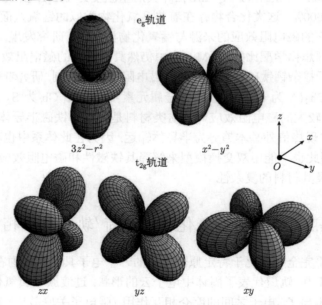

图 4-19   d 轨道电子的五个轨道示意图

未掺杂锰氧化物中的 $LaMnO_3$ 和 $CaMnO_3$ 在 40 多年以前就得到了详细的

研究[39]. 早期的研究发现严格的 LaMnO₃ 是正交晶系, 属于 Pnma 空间群; 而 CaMnO₃ 是立方晶系, 属于 Pm3m 空间群[40]. LaMnO₃ 的磁基态是反铁磁相, 后来 Huang 等[41] 采用中子散射发现其磁矩在 ac 平面内且沿 a 轴铁磁排列, 而沿 b 轴相邻的平面自旋反平行排列, 称为 A 型反铁磁态. CaMnO₃ 基态也是反铁磁态, 由两自旋相反的面心立方子晶格贯穿而成, 被称为 C 型反铁磁态. LaMnO₃ 因为其 e$_g$ 电子能带完全填充而受到 Jahn-Teller 效应或电子关联效应的影响较大, 使得其 ab 面上呈现出 e$_g$ 电子交替占据不同轨道的轨道有序态. Maezono 等[42] 采用平均场方法得到了自旋和轨道有序态作为 t$_{2g}$ 电子间耦合常数 J_S 函数的相图, 发现对于不太强的耦合常数 J_S, A 型反铁磁相通常伴随着称为 G 型的轨道有序态, 这种状态下 e$_g$ 电子轨道的组合具有 $d_{z^2-x^2}$ 和 $d_{z^2-y^2}$ 的形式, 其波瓣沿 Mn—O—Mn 键方向, 而相邻的 e$_g$ 电子轨道态是交替的.

掺杂后, 锰氧化物表现出多种有序态, 除如上所述的反铁磁态和轨道有序态外, 还包括铁磁态和电荷有序态. 在 Mn³⁺ 和 Mn⁴⁺ 的比例为一些特定值时, 电荷有序和轨道有序效应将出现. 电荷有序开始被认为是最近邻库仑排斥作用 V_{NN} 的结果. Chen 和 Cheong[43] 采用电子显微镜最早在 La$_{0.5}$Ca$_{0.5}$MnO₃ 中发现了电荷有序态. 低温下 La$_{0.5}$Ca$_{0.5}$MnO₃ 的电子散射图样表现出清晰超晶格图像, 与交替的 Mn³⁺ 和 Mn⁴⁺ 相一致, 其晶体结构属于 Pbnm 空间群, 磁结构称为 CE 型的

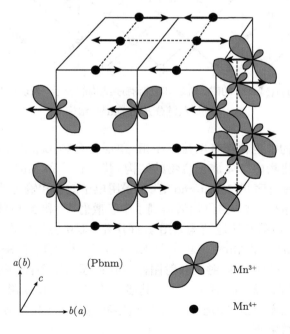

图 4-20 CE 型反铁磁相的自旋、轨道和电荷有序结构的图示

反铁磁相, 如图 4-20 所示[44]. 其自旋是反铁磁排布的, 而电荷和轨道有序则出现在交替的 bc 平面上. 用 Nd 代替 La 使单电子带宽减小, 从而导致了铁磁相的不稳定. $Nd_{0.5}Sr_{0.5}MnO_3$ 仅在一个狭小范围内表现出 CE 型的电荷有序反铁磁相[45]. 而更小带宽的 $Pr_{0.5}Sr_{0.5}MnO_3$ 则表现出 A 型反铁磁有序相 [46]. 除了 $x = 1/2$ 外, 在其他一些特定的掺杂浓度的锰氧化物中也有可能出现电荷有序现象. 例如, $La_{1/3}Ca_{2/3}MnO_3$, 其中 Mn^{3+} 和 Mn^{4+} 的比例为 1:2, 这一系统被认为呈现出一种对角的电荷带状 (diagonal charge stripes) 有序结构. 这一结构同 $x = 1/2$ 时的电荷有序相有密切的联系, 可以认为在 CE 相中相邻的两倾斜 Mn^{3+}-Mn^{4+} 列间插入了另外的一列 Mn^{4+}, 其结构如图 4-21 所示. 图 4-22 给出了类似的化合物 $Nd_{1-x}Sr_xMnO_3$ 的相图以及相对应的各种轨道序.

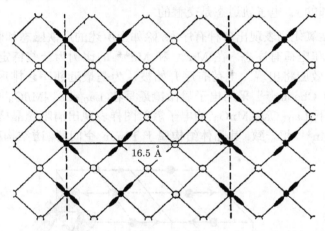

图 4-21 $La_{1/3}Ca_{2/3}MnO_3$ 的磁、轨道和电荷有序结构的图示. 表现出交替的 Mn^{4+} 和被 Mn^{4+} 双链分开的 Mn^{3+} 结构

层状锰氧化物中也存在有电荷有序相. 单层化合物 $La_{0.5}Sr_{1.5}MnO_4$ 具有类似于高温超导铜氧化物中 214 族化合物的结构, 其 Mn^{3+} 和 Mn^{4+} 离子的数目相同, 因此可能具有电荷有序相. Moritomo 等[47] 采用电子散射和输运性质的测量发现了其电荷和轨道有序相. 这一结果随后得到了中子散射[48] 和 X 射线散射[49] 的证实. 与其相联系的磁、电荷和轨道结构如图 4-23 所示. 双层锰氧化物中 $RSr_2Mn_2O_7$ 具有相同数目的 Mn^{3+} 和 Mn^{4+}, Li[50] 和 Kimura 等[51] 发现 $LaSr_2Mn_2O_7$ 在 110K 时电阻率有上升, 同时在 X 射线散射图样中存在超晶格图像, 表明存在电荷有序相. 但有序相在 80K 以下时消失了[52]. 其磁结构以 A 型反铁磁序为主, 但混合有少量的 CE 反铁磁序. 这可能是 $d_{x^2-y^2}$ 轨道序和电荷局域化的 $d_{3x^2-r^2}/d_{3y^2-r^2}$ 轨道序相互竞争的结果[52].

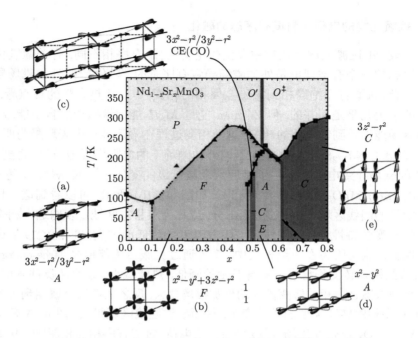

图 4-22 $Nd_{1-x}Sr_xMnO_3$ 的相图以及相对应的各种轨道序

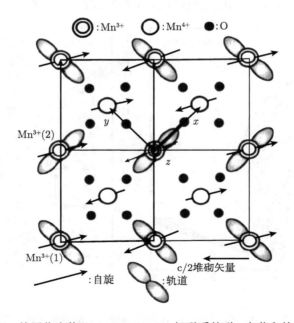

图 4-23 单层化合物 $La_{0.5}Sr_{1.5}MnO_4$ 相联系的磁、电荷和轨道结构

4.2.2　锰氧化物的电荷和轨道有序态的融化

同一般 3d 过渡金属氧化物中发生的电荷–自旋有序相不同, 有关锰氧化物中电荷有序态的一个有趣现象是外加磁场导致有序态的 "融化", 即外加磁场导致的反铁磁电荷/轨道有序绝缘相到铁磁金属相的相变[53]. 从热力学的观点看, 这两种相在能量上几乎是简并的, 但 Zeeman 能量 $M_s H$ 能使铁磁相的自由能减小, 因此外加磁场能导致到铁磁相的转变. 这一相变过程在输运性质中表现最为明显, 图 4-24(a) 给出了 $Nd_{1/2}Sr_{1/2}MnO_3$ 在不同外加磁场下的电阻率行为. 可以看到, 低温下 7 T 的磁场导致电阻率发生了接近六个数量级的变化[54]. Kuwahara 等[53] 给出了 $Nd_{1/2}Sr_{1/2}MnO_3$ 的磁场–温度相图, 如图 4-24(b) 所示. 可以看到这一相变过程具有明显的回线区域 (图中的阴影部分, 或称为双稳态区域), 表明这一相变过程具有一级相变的特性. 并且回线区域随着温度的降低而扩大; 在 20K 以下这一现象更为明显. 这是因为在一级相变中, 系统通过克服自由能壁垒 (free-energy barrier) 而从亚稳态转变到稳态. 随着温度的降低, 热能减小, 导致从反铁磁电荷/轨道有序相到铁磁金属相的转变需要的外加磁场变大, 反之从铁磁金属相到反铁磁电荷/轨道有序相的转变需要的外场变小, 从而导致回线区域扩大. 图 4-25 是不同的 $RE_{1-x}AE_xMnO_3$ 晶体在磁场–温度平面上的电荷/轨道有序相的相图[55], 从图中可以看到, 温度为 4.2K 时破坏 $Nd_{1/2}Sr_{1/2}MnO_3$ 的电荷/轨道有序相所需的临界磁场约为 11T, 而 $Pr_{1/2}Ca_{1/2}MnO_3$ 的临界磁场增至 27T. $Sm_{1/2}Ca_{1/2}MnO_3$ 的电荷/轨

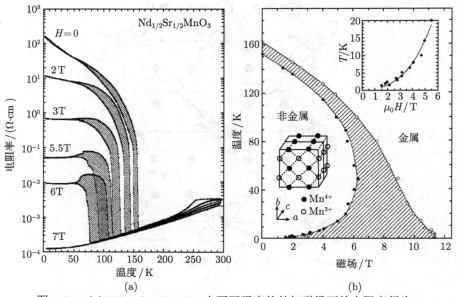

图 4-24　(a) $Nd_{1/2}Sr_{1/2}MnO_3$ 在不同强度的外加磁场下的电阻率行为;

(b) $Nd_{1/2}Sr_{1/2}MnO_3$ 的磁场–温度相图

道有序相更加稳定, 以至于 50T 的磁场才能导致有序相的融化. 这表明 $x=1/2$ 时锰氧化物电荷/轨道有序相的稳定程度依赖于单电子带宽 W, 其原因可能是这一过程是双交换相互作用同 $Mn^{3+}/Mn^{4+}=1:1$ 时电荷有序和轨道有序相的相互竞争的结果.

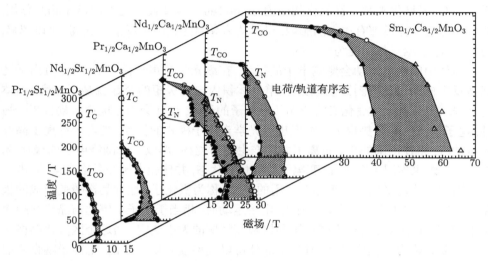

图 4-25　不同的 $RE_{1-x}AE_xMnO_3$ 晶体在磁场–温度平面上的电荷/轨道有序相的相图

综上所述, 在锰氧化物中, 电子轨道以及轨道间或轨道与自旋等其他自由度间的耦合导致了锰氧化物很多新颖而奇异的性质. 事实上, 不仅仅在锰氧化物中, 在高温超导体等其他一些强关联电子系统中, 轨道都起到了重要的作用, 对理解强关联电子体系中的各种奇异性质如庞磁电阻效应、高温超导效应等都是不可或缺的.

4.3　钙钛矿锰氧化物的输运性质

对锰氧化物电输运性质的唯象讨论可以分为两个区域: 低温区域和高温区域. 同锰氧化物庞磁电阻效应直接联系的一个重要方面就是在较低掺杂浓度区域 T_C 之上出现的高温半导体或绝缘体导电行为. 研究中发现, 只考虑双交换模型而得到的计算结果与实际值相差很大, 只有在考虑电声子耦合之后才能解释高温半导体行为以及载流子的局域化. 低温下的输运性质被证明对外界因素如晶界和磁畴边界效应极为敏感, 在具有较小晶界的多晶样品中发现了较大的低场/低温磁阻效应. 低温下铁磁锰氧化物的本征输运特性对理解锰氧化物的性质也很重要. 本节将主要介绍锰氧化物高温下具有极化子特征的输运行为以及低温下锰氧化物同诸如晶界效应等外界因素无关的本征输运性质.

4.3.1　高温输运性质——极化子输运

在早期的锰氧化物研究中, 高温下奇异的输运性质被归因于一些外界因素如晶格缺陷和无序、晶界等的影响. 随着高质量薄膜和单晶样品制备技术的进步, 发现这类输运性质是锰氧化物的本征行为, 并且同小极化子中电荷载流子的局域化相联系[56~60]. 局域化来源于锰氧化物中因 Jahn-Teller 畸变而增强的电声子相互作用, 对电和热输运性质都有很大的影响. 可以认为高温区域磁关联效应变弱, 可以忽略; 而电子–晶格相互作用变为主要的.

固体中的晶格振动会影响电子的行为. 在纵光学支声子模式下, 正、负离子之间做反方向的移动, 形成电偶极矩. 单位体积内电偶极矩的个数就是极化度. 固体内部局域电荷密度的变化必将影响传导电子的行为, 这就会引起电声子耦合[61]. 另外, 电子本身的库仑势也可以激发出纵光学支声子模式的振动. 当电子在离子晶体中运动时, 将使周围的正、负离子之间产生相对位移, 形成一个围绕电子的极化场. 这个场反过来作用于电子, 改变电子的能量和状态, 并伴随电子在晶格中运动. 电子和周围的极化场形成了一个相互作用的整体, 称为极化子. 这种晶格畸变形成的极化是局域的, 包围在电子周围. 因此, 电子运动时, 相当于电子不停地与晶格交换虚声子. 极化子的尺寸可由电子周围晶格畸变区域的大小决定. 当这个区域比晶格常数大得多时称为大极化子, 这时离子晶体可以当连续介质来讨论, 电声子耦合考虑为一种微扰; 当晶格畸变区域小于或等于晶格常数时, 称为小极化子, 这时必须考虑晶格结构的原子性. 因此, 当电声子耦合增强, 极化子尺寸减小, 电子有效质量将随着耦合强度的增大而增大. 小极化子在强耦合情况下出现, 电子被自己感生的极化场所束缚, 在格点附近形成了局域态, Landau 称其为电子的自陷态 (self-localized state).

小极化子在晶体中运动的迁移率很小, 必须依靠热声子的激活才能跳到邻近的格点上去. 因此, 在高温下主要的输运机制是热激活跃迁 (thermally activated hopping), 其迁移率为

$$\mu_{\mathrm{p}} = \left[x(x-1)ea^2/h \right] (T_0/T)^s \exp\left[-(W_{\mathrm{H}} - J^{3-2s})/k_{\mathrm{B}}T \right]$$

其中, a 为跃迁距离; J 为转移积分 (transfer integral); x 为极化子浓度; W_{H} 为极化子结合能的 1/2. 如果晶格畸变同电荷载流子跃迁频率相比较慢, 则跃迁是绝热的, 反之是不绝热的. 绝热极限下, $s = 1$, $k_{\mathrm{B}}T_0 = h\omega_0$, ω_0 是光学支声子的频率. 锰氧化物中的小极化子跃迁一般认为是绝热的, 电导率为

$$\sigma = \frac{x(x-1)}{\hbar a T} \exp\left(-\frac{\varepsilon_0 + W_{\mathrm{H}} - J}{k_{\mathrm{B}}T}\right) = \frac{\sigma_0 T_0}{T} \exp\left(-\frac{E_{\mathrm{p}}}{k_{\mathrm{B}}T}\right)$$

锰氧化物高温电阻率行为同这一小极化子绝热跃迁输运行为吻合得很好[56~60]. 但

小晶界的多晶样品和未经退火的超薄膜表现出类似于变程跳跃电导[62,63]和非绝热的小极化子输运行为[64].

锰氧化物中小极化子输运的另一个证据是热电势的行为. 根据固体理论, 半导体的热电势主要是其能带决定的热激活项, 可表示为

$$S = \frac{k_{\mathrm{B}}}{e} \left(\frac{E_{\mathrm{S}}}{k_{\mathrm{B}}T} + b \right)$$

其中, E_{S} 为半导体能隙; b 为附加项. 而半导体的电阻率满足 $\rho \propto \exp(E_{\mathrm{p}}/k_{\mathrm{B}}T)$, 故应有 $\varepsilon_0 = E_{\mathrm{p}} = E_{\mathrm{S}}$, 即电阻率和热电势的两个激活能应是相等的. 而在载流子被电声子相互作用极化后, 迁移率还应包括极化子跳跃项, 其激活能应为 $E_{\mathrm{p}} = \varepsilon_0 + W_{\mathrm{H}}$, 因此 $E_{\mathrm{S}} = \varepsilon_0 < E_{\mathrm{p}}$. 因此, 对于极化子系统, 一个特征就是电阻率激活能和热电势激活能有了差别, 这个差别反映了极化子结合能的大小. 锰氧化物高温输运性质的测量发现 E_{S} 约为几毫电子伏特, 如图 4-26 所示, 表明其输运机制是小极化子输运[57].

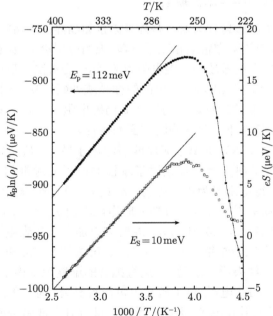

图 4-26 绝热条件下电阻率和热电势 S 同温度的倒数的关系. 直线是在高温范围内进行的拟合

由于样品制备的困难以及输运性质的各向异性, 层状锰氧化物高温输运性质的研究不像钙钛矿结构锰氧化物那么广泛. 由于 3D 材料和层状锰氧化物在结构上的相似性, 可以推断电荷–晶格关联在其性质中都应起重要作用. 单晶 $La_{1.2}Sr_{1.8}Mn_2O_7$ 输运性质的测量证实了存在由于小极化子的形成而导致的电荷局域化效应[65]. 其

电阻率和热电势行为都存在各向异性, 沿 c 轴方向 (垂直于 La-Sr-Mn-O 平面) 输运行为为 Holstein 小极化子输运, 而沿 ab 面方向 (沿 La-Sr-Mn-O 平面方向) 则为 Zener 对极化子 (Zener-pair polaron) 导电. 研究发现, $La_{1.4}Sr_{1.6}Mn_2O_{7+\delta}$ 的高温输运行为也为小极化子导电[66], 其电阻率的热激活能约为 100meV, 而热电势中的热激活能要比这个数值小 15~20 倍, 这一结果同 3D 锰氧化物非常接近, 表明在其中也包含有小极化子结合能 W_H. 在 $La_{1.6}Ca_{1.4}Mn_2O_7$ 中也发现了类似的结果[67]. 层状锰氧化物中一个普遍的特征是其磁转变温度和热电势取最大值时的温度比电阻率峰值的温度要高, 这一现象被认为起因于小极化子团簇的形成[68].

除了输运性质外还有其他一些试验证据表明锰氧化物的高温输运行为的确为小极化子导电, 如 Hall 效应[58]、热输运性质[69] 等. 极化子行为能解释高温顺磁区的半导体 (绝缘体) 输运行为, 但无法完整解释何以出现绝缘体-金属相变以及相应的庞磁电阻效应.

4.3.2   低温输运性质 —— 本征输运

低温下锰氧化物的输运行为对一些外界因素如晶界或磁畴等极为敏感, 这一输运行为同晶界电荷/自旋隧穿输运相联系, 有较大的应用价值. 如在具有较小晶界的多晶样品中发现有较大的低场低温磁电阻效应, 这一自旋隧穿磁阻现象是基于系统中单个晶粒较大的自旋极化率的, 在单晶的样品或外延薄膜中则没有这一效应. 锰氧化物低温下同晶界有关的输运行为以及低场磁电阻效应将在本章第五节详细讨论, 本节将主要讨论低温下锰氧化物的本征输运行为.

锰氧化物固溶体中本征的离子无序能引起电子散射, 从而导致较大的零温电阻率 $\rho(T = 0)$. 许多研究者已经描述了本征的电子散射机制. 双交换系统中电子–磁振子散射将使得电阻率为以下行为: $\rho(T) \propto T^{4.5}$[70]. 然而 Schiffer 等[71] 对 $La_{1-x}Ca_xMnO_3$ 的研究发现在 $T < 0.5T_C$ 时电阻率由 $\rho(T) = \rho_0 + \rho_1 T^p$ 在 $p = 2.5$ 时拟合得较好, 不支持 $p = 4.5$. 但 $p = 4.5$ 时如果加上一代表电子–电子散射的 T^2 项后也能很好地拟合试验结果. 对 $La_{0.67}D_{0.33}MnO_3$ (D=Ca, Sr) 薄膜输运性质的研究也得到了类似的结果[72]. 然而, 在进行拟合的温度范围内 (10~150K), 由于德拜温度 $\Theta_D \approx 400$~500K, 电子–声子耦合也可能很显著, 因此不能简单认为低温下仅仅只有电子–电子散射和电子–磁振子散射. 目前对于低温金属态的输运机制和载流子类型仍没有统一的看法, 解释低温下输运性质的理论主要有小极化子隧穿效应[73]、大极化子输运[74] 或自由载流子磁散射[71] 等. 越来越多的试验表明 T_C 以下有不止一种载流子存在. Zhao 等[75] 用能量为 1.5eV 的光激发 LCMO 外延薄膜而研究其瞬态激发谱. 发现在 T_C 之上光激发造成了瞬态响应的电导通道, 而在远低于 T_C 范围内光激发引起的是响应速度较慢的阻抗机制, 在中间温区两种效应全都存在. 光激发在高温顺磁区会造成 Jahn-Teller 小极化子的电离而脱局域化,

形成电导通道; 而在低温金属区会激发起自旋波, 从而会造成脱局域的载流子局域化, 因而形成阻抗. 而在中间温区两种响应同时存在表明, T_C 以下有两种载流子同时存在. X 射线吸收精细结构分析[76] 和角分辨光电子能谱[77] 的研究也证实了以上结果. 居里温度以下, 进入铁磁区, 由双交换过程决定的 e_g 电子动能大大增加, Jahn-Teller 型电声子耦合强度大大减弱. 这时有两种极化子共存, 一种是仍然局域化的小极化子, 另一种是脱局域的大极化子. 小极化子随温度降低, 逐渐脱局域变为大极化子, 同时消除部分 Jahn-Teller 畸变. 大极化子在格点运动, 互相之间出现交叠, 从而形成金属型电导.

综上所述, 锰氧化物高温的半导体型电阻行为可以用小极化子输运解释. 电声子相互作用和体系无序都会引起 e_g 电子局域化, 从而导致半导体型电阻温度行为. 居里温度以下, 进入铁磁区, 这时有两种极化子共存. 在接近居里温度时, Mn 离子磁矩之间出现短程磁关联时, 电子自旋也将作用于邻近及较远的格点自旋, 与电极化类似, 这相当于载流子在运动过程中还携带着磁极化云, 从场论的角度就是电子与附近格点的局域自旋虚交换磁子. 单纯的自旋极化将不会引起电子的局域化. 而在考虑晶格极化后, 可以得到载流子同时被磁和晶格极化, 形成磁极化子[78]. 对磁极化子而言, 结合能中包括了磁相互作用项, 因而其输运与磁场有关, 会出现大的磁阻效应. 但这些理论都还不足以解释锰氧化物奇特的输运性质及相关的一些效应, 还有待进一步的研究.

4.4 庞磁电阻效应的机制——相分离图像[79,80]

4.4.1 早期的理论模型

在 Jonker 和 van Santen[1] 于掺杂的锰氧化物中发现铁磁性和金属导电性的耦合后不久, Zener[4] 就给出了该现象的一个理论解释, 即双交换模型, 这一解释目前仍是理解锰氧化物性质的核心内容. Zener 指出, 在锰氧化物中, ψ_1: Mn^{3+}—O^{2-}—Mn^{4+} 和 ψ_2: Mn^{4+}—O^{2-}—Mn^{3+} 两种构型是简并的, 并通过所谓的双交换矩阵元相互联系. 这一矩阵元起因于同时发生的电子从 Mn^{3+} 到 O^{2-} 的跃迁和从 O^{2-} 到 Mn^{4+} 的跃迁. Zener 认为起因于 Mn 离子两种价态的 ψ_1 和 ψ_2 的简并性使得这一过程同超交换相互作用相区别. 由于有强的 Hund 耦合, 转移矩阵元仅当 Mn 离子心自旋平行排列时才取有限值, 而超交换相互作用则导致反铁磁序. 而如果 Mn 离子心自旋平行排列时, 系统在 ψ_1 和 ψ_2 之间振荡, 从而形成了一个铁磁性金属性导电的基态. Zener 使用经典的方法给出电导率应为

$$\sigma \approx \frac{xe^2}{ah}\frac{T_C}{T}$$

其中, a 为 Mn-Mn 之间的距离; x 为四价锰离子的浓度. 这一结果同当时的试验结

果定性地吻合.

Anderson 和 Hasegawa[81] 修正了 Zener 的讨论, 他们用经典的方法处理 Mn 离子的心自旋, 但用量子力学的方法对待传导电子. 如果用 J 代表原子内的交换能 (即 Hund 交换能), 用 b 代表转移矩阵元, Anderson 和 Hasegawa 发现 Zener 理论中两简并态的能量劈裂正比于 $\cos(\theta/2)$, 其中 θ 为两相邻心经典自旋间的夹角. 从而得到了式 (4-1) 所示的有效转移积分的结果. 他们同时指出, 如果用 $(S_0+1/2)/(2S+1)$ 代替 $\cos(\theta/2)$ (S_0 是两个 Mn 离子和传导电子的总自旋, 而 S 是心自旋), 就可以避免经典处理带来的误差. Anderson 和 Hasegawa 推断, 锰氧化物磁化率的倒数在高温下遵从居里定律, 但随着温度的降低铁磁性出现时, 其行为介于正常铁磁体和亚铁磁体之间, 但锰氧化物实际的行为更为复杂.

随后, Kubo 和 Ohata[3] 全部采用量子力学方法处理了双交换模型, 提出了一个标准的 Hamilton 量

$$H = -J \sum_{i,\sigma,\sigma'} (S_i \cdot \sigma_{\sigma,\sigma'}) c_{i\sigma}^+ c_{i\sigma'} + \sum_{ij} t_{ij} c_{i\sigma}^+ c_{j\sigma}$$

其中, $c_{i\sigma}^+$ 和 $c_{i\sigma}$ 为 i 位上 Mn 离子有自旋 σ 的 e_g 电子产生和湮灭算符; t_{ij} 为转移矩阵元; S_i 为 t_{2g} 电子自旋; σ 为 Pauli 矩阵; J 为原子内部交换能.

虽然双交换模型能定性解释锰氧化物中铁磁性和金属导电性共存以及其庞磁电阻效应, 但许多试验结果表明, 解释锰氧化物的各种性质需要更完备的更复杂的理论. 例如, 一些锰氧化物在一定浓度范围内在高温下仍为绝缘态, 双交换模型无法解释这一点. 同时这些氧化物的低温相也很复杂, 包括绝缘的反铁磁相、电荷/轨道有序相、铁磁绝缘相以及一些不均匀相等, 这些都无法用双交换模型来解释. 要完整地解释庞磁电阻效应以及锰氧化物的相图, 双交换模型的框架需要更进一步的补充和完善.

进入 20 世纪 90 年代中期, 对锰氧化物奇异输运性质的解释从简单的双交换模型发展到了一种包括 Mn^{3+} 中发生的 Jahn-Teller 效应的更为完善的图像, 其 Jahn-Teller 效应导致了很强的电声子耦合效应, 这一效应甚至在基态为铁磁态的掺杂范围内都存在. Millis[82] 在 1995 年发现电阻率在 T_C 之下都随着温度降低而升高, 表现出绝缘导电性, 因此他认为仅仅同 J 有关的模型不足以解释锰氧化物的性质, Jahn-Teller 声子应该包括在内. 他认为锰氧化物的性质由强的电声子耦合和强的 Hund 耦合之间的相互作用所支配[83]. 然而, Millis 还未考虑电子间的库仑相互作用, 有研究者发现 Jahn-Teller 声子和库仑相互作用导致了非常相似的结果[84]. 后来 Zang 等[85] 利用 Gutzwiller 近似引入了库仑相互作用.

4.4.2   锰氧化物的理论模型——模型和参数

4.4.1 小节按照锰氧化物理论发展的顺序大致介绍了一下锰氧化物的理论模型.

按照 4.4.1 小节的讨论, 完整考虑锰氧化物的 Hamilton 量, 可知支配锰氧化物中电子运动的因素主要有五项.

(1) H_{kin}: e_g 电子的动能项. 虽然 t_{2g} 电子是局域化的, 但 e_g 电子能通过 O_{2p} 轨道而在系统内运动, 其跳跃运动的 Hamilton 量表示为 $H_{kin} = -\sum_{ia\gamma\gamma'\sigma} t_{\gamma\gamma'}^a d_{i\gamma\sigma}^+ d_{i+a,\gamma'\sigma}$, 其中 a 是连接两最近邻格点的矢量, $t_{\gamma\gamma'}^a$ 为沿 a 方向在 e_g 电子的两个轨道 γ 和 γ' 之间的最近邻跳跃幅度.

(2) H_{Hund}: e_g 电子自旋和 t_{2g} 电子局域自旋间的 Hund 耦合项. 为了方便起见, 将格点 i 上三个自旋极化的 t_{2g} 电子自旋视为局域化的心自旋, 用 S_i 表示. 由于与 e_g 轨道同 O 的 $p\sigma$ 轨道间交叠积分相比, t_{2g} 轨道同 $p\sigma$ 轨道的交叠积分较小, 上述简化是合理的. 另外, 因为 t_{2g} 电子总自旋 $S=3/2$ 很大, 可以将其视为经典自旋进行处理. 从而 e_g 传导电子和 t_{2g} 局域电子间的 Hund 耦合可表示为 $H_{Hund} = -J_H \sum_i \boldsymbol{s}_i \cdot \boldsymbol{S}_i$, 其中 $\boldsymbol{s}_i = \sum d_{i\gamma\alpha}^+ \sigma_{\alpha\beta} d_{i\gamma\beta}$, J_H 是 t_{2g} 电子和 e_g 电子间的 Hund 耦合常数, σ 为 Pauli 矩阵.

(3) H_{AFM}: 最近邻 t_{2g} 电子间的反铁磁 Heisenberg 耦合项. 上述几项都强调了 e_g 电子的作用, 然而众所周知, 在完全空穴掺杂的锰氧化物如 $CaMnO_3$ 中, 存在 G 型反铁磁相, 因此在局域化的 t_{2g} 电子之间应该还存在反铁磁的 Heisenberg 耦合, 即 $H_{AFM} = J_{AF} \sum_{ij} \boldsymbol{S}_i \cdot \boldsymbol{S}_j$, 其中 J_{AF} 为最近邻 t_{2g} 电子自旋间的反铁磁耦合常数.

(4) H_{el-ph}: e_g 电子同 MnO_6 八面体畸变的耦合项, 即电声子耦合项. 锰氧化物中一个重要的特性就是同 e_g 电子相互耦合的晶格畸变, 尤其是 MnO_6 八面体的 Jahn-Teller 畸变导致 e_g 轨道双重简并的消除[10]. 这一相互作用的 Hamilton 量可写为 $H_i^{JT} = 2g(Q_{2i}T_i^x + Q_{3i}T_i^z) + (k_{JT}/2)(Q_{2i}^2 + Q_{3i}^2)$, 其中 g 是耦合常数, Q_{2i} 和 Q_{3i} 是八面体的简正振动模, k_{JT} 是 Jahn-Teller 型畸变的弹性常数 (spring constant)[86]. 完整的电声子耦合还应包括 breathing mode 畸变同局域电子密度间的耦合 $H_i^{br} = gQ_{1i}\rho_i + (1/2)k_{br}Q_{1i}^2$, 其中 k_{br} 为畸变常数.

(5) H_{el-el}: e_g 电子间的库仑相互作用项[79].

综上所述, 锰氧化物完整的 Hamilton 量应为以上五项之和. 不幸的是这一 Hamilton 极端复杂而无法求解, 必须进行一些合理的简化. 例如, 最为简单的是自由 e_g 电子模型, 即仅保留 e_g 电子的动能项.

4.4.3 锰氧化物的理论模型——单轨道模型、双轨道模型和相分离

自由电子模型过于简单, 无法解释锰氧化物的各种性质. 一个合理的简化是忽略电声子耦合和库仑相互作用. 如果再忽略轨道自由度, 即忽略 e_g 电子的双轨道, 就得到了铁磁的 Kondo 模型, 或称为单轨道双交换模型, 简称为单轨道模型

$$H_{DE} = -t \sum_{i,j,\sigma} (a_{i\sigma}^+ a_{j\sigma} + \text{h.c.}) - J_H \sum_i \boldsymbol{s}_i \cdot \boldsymbol{S}_i + J_{AF} \sum_{ij} \boldsymbol{S}_i \cdot \boldsymbol{S}_j$$

其中, $a_{i\sigma}$ 为格位 i 上自旋为 σ 的电子的湮灭算符. 这一 Hamilton 量形式上同 Zener[4] 提出的相同. 虽然在忽略了轨道自由度之后一些重要的性质如轨道有序相不可能通过这一模型得到, 但单轨道模型包括了锰氧化物中各类相互作用的绝大部分, 并且其形式简单, 便于使用多种方法如 Monte Carlo 方法求解, 因此仍然很重要. 如果不忽略轨道自由度, 就得到了双轨道模型.

    Yunoki 等[87] 最早采用 Monte Carlo 方法对单轨道模型进行了分析. 在计算 e_g 电子浓度 $\langle n \rangle = (1 - x)$ 随化学势 μ 的变化而变化时, 结果发现一些浓度是不稳定的, 也就是说, 在一些特定的 μ 值处载流子浓度 $\langle n \rangle$ 不连续地变化. 另外, 一种在正则系统中固定浓度的处理方法则发现在不稳定的浓度范围内所得到的基

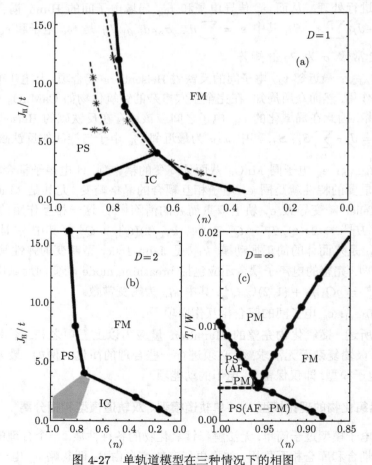

图 4-27 单轨道模型在三种情况下的相图
FM、IC、PM 和 PS 分别代表铁磁关联、不确定的关联、顺磁关联和相分离的区域

态不是均匀的, 而是分成具有不同密度的两个区域[88,89]. 这一现象在很多系统中都存在, 一个典型的例子就是水的相图中液相–气相共存区, 被称为相分离 (phase separation). 同实际情况比较接近的一个近似 $J_H/t \gg 1$ 下相分离发生在空穴未掺杂的反铁磁区域和空穴浓度较大的铁磁区域之间, 单轨道模型下 $1D$、$2D$ 和 $D = \infty$ 三种情况的相图如图 4-27 所示. Yunoki 和 Moreo[90] 进一步的研究发现, 如果在局域自旋间引入一个较小的 Heisenberg 耦合, 相分离也将在较小的 $\langle n \rangle$ 范围内出现, 此时包括铁磁相和空穴未掺杂时的反铁磁相. 在空穴未掺杂和完全掺杂附近的相分离表明, 对单轨道模型自旋倾斜态是不稳定的. 事实上在试验中很难把自旋倾斜态同铁磁–反铁磁混合态分辨开来.

虽然对单轨道模型的研究揭示了一些重要结果, 但是更完善的理论必须包括 e_g 电子的轨道自由度以解释在锰氧化物中出现的轨道有序态. 引入两个 e_g 轨道和额外的 Jahn-Teller 声子使得相图更为丰富[91]. 一维情况的相图如图 4-28 所示. 可以看到相图中出现了具有轨道序的金属和绝缘体相. 在较小的 e_g 电子浓度范围内则出现了电子未掺杂时的反铁磁相和金属的轨道序铁磁相相分离. 在 $2D$ 和 $3D$ 情况下也得到了类似的结果. 总的来说, 不管是在单轨道模型还是在双轨道模型中相分离的趋势都是很强的.

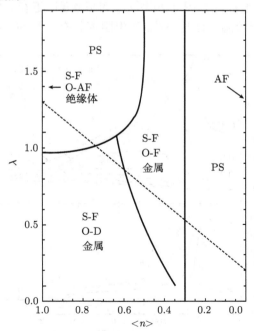

图 4-28 一维的双轨道模型的相图

S-F 代表自旋反铁磁序构型; O-F、O-AF、O-D 分别代表轨道自由度是统一有序、交错有序和无序的构型; PS 代表相分离区域

在单轨道和双轨道模型中没有引入长程库仑相互作用. 具有不同密度和电荷的两相宏观分离实际上将被库仑相互作用所抑制, 因此两相完全地分离将导致能量上的增加 (energe penalty). 这表明这一过程中两相的大块区域将分裂成更小的片, 以便更均匀地分布电荷. 这些小片的存在将导致其周围局域环境的畸变, 如果这一畸变范围仅仅包括一个电子, 称为极化子. 畸变可以包括邻近的自旋 (磁极化子)、邻近的离子 (晶格极化子) 或者两者都包括. 如果畸变范围包括了几个载流子, 一般称为团簇 (cluster 或 droplet), 这是对极化子概念的扩展, 这三个概念一般可以通用. 以上讨论表明, 在不稳定的浓度范围内库仑相互作用的引入将使得宏观的相分离变异为如下一种微观现象: 一种相的纳米尺度团簇嵌在另外一种相中. 而双交换相互作用和库仑相互作用之间的竞争将决定团簇的形状和大小. 这一现象一般被称为电子相分离 (electronic phase separation). 然而, 这一结论以及团簇的形状大小仍缺乏理论计算的证据.

4.4.4 锰氧化物不均匀性的试验证据——理论同试验的比较

在证明锰氧化物中相分离的各种重要试验手段中, 最早和最基本的手段是磁输运性质的测量. Uehara 等[92] 研究了 $La_{5/8-y}Pr_yMnO_3$ 的输运性质. 不同 Pr 掺杂浓度 y 下电阻率–温度曲线如图 4-29 所示. 可以看到, 随着 y 的增加, 同铁磁居里温度相关的电阻率峰值温度迅速下降; 而电阻率具有明显的回线行为, 表明在这一

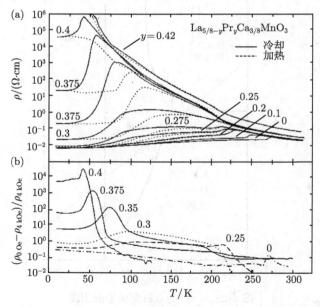

图 4-29 $La_{5/8-y}Pr_yCa_{3/8}MnO_3$ 不同 Pr 掺杂浓度 y 下电阻率–温度 (a) 和磁阻率–温度 (b) 曲线

化合物中这一相变具有类似一级相变的特征. 值得注意的是, 在 $y = 0.42$ 时即使在低温下系统也表现出绝缘导电性, 而随着 Pr 掺杂浓度的降低, 低温相变为金属相. 作者用相分离解释了这一结果: 较小 y 值时出现的稳定铁磁金属相和较大 y 值时出现的电荷有序绝缘相在系统中共存, 而在 Pr 掺杂浓度达到一定值时发生了逾渗, 导电性从绝缘体导电性变为了金属导电性. 其他一些系统中也发现了类似的逾渗行为, 如 $(La_{1-x}Tb_x)_{2/3}Ca_{1/3}MnO_3$, Tb 未掺杂时低温相为金属相, 但随着 Tb 掺杂浓度的增加, 在 $x = 0.5$ 时低温相变为绝缘相, 呈现出明显的逾渗过程[93].

输运性质的证据是比较间接的, 随着研究的深入, 更多的研究手段被用来研究锰氧化物中的相分离. 其中, 比较重要的有中子散射[94~97]、核磁共振[95] 等. 在锰氧化物研究的早期, 研究者就用中子散射对锰氧化物进行了研究[94]. 图 4-30(a) 是居里温度为 250K 的 $La_{2/3}Ca_{1/3}MnO_3$ 在两个温度下的非弹性谱. 非弹性谱中能量不

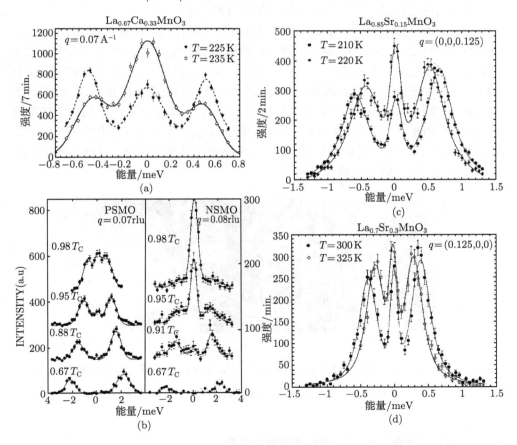

图 4-30　居里温度为 250K 的 $La_{2/3}Ca_{1/3}MnO_3$ (a)、x 约为 0.3 的 $Pr_{1-x}Sr_xMnO_3$ 和 $Nd_{1-x}Sr_xMnO_3$ (b)、$La_{1-x}Sr_xMnO_3$(c,d) 在两个温度下的非弹性谱

为零的两个峰被认为起因于铁磁区域的自旋波, 而中心处即能量为零时的峰则同顺磁相相联系. 并且由图还可以发现随着温度的变化, 两种峰的相对强度发生了变化, 表明两种相的相对含量也发生了变化. 其他化合物如 x 约为 0.3 的 $Pr_{1-x}Sr_xMnO_3$ 和 $Bd_{1-x}Sr_xMnO_3$ 的试验也发现了类似的结果[95], 如图 4-30(b) 所示. 值得一提的是, 即使在一直被认为是典型的双交换体系的 $La_{1-x}Sr_xMnO_3$ 中, 中子散射试验也得到了类似的结果[96,97], 如图 4-30(c,d) 所示. 掺杂浓度较低的 $La_{1-x}Ca_xMnO_3$ 样品核磁共振试验[98] 中未能发现自旋倾斜相的存在, 这证明了理论中自旋倾斜相不稳定的结论. 相反, 在结果中发现了铁磁和反铁磁共振的共存: 处于约 260MHz 处的峰值被认为同反铁磁相对应, 而略高于 300MHz 处的峰值被认为同铁磁相对应, 表明自旋倾斜相实际上是铁磁和反铁磁相的共存. 除了这些试验外, 其他一些试验结果也证实锰氧化物中的相分离, 如在 $La_{0.25}Pr_{0.375}Ca_{0.375}MnO_3$ 中发现其磁弛豫行为包含两种弛豫过程[99], 也表明其中存在两相共存.

　　扫描隧道显微术和电子显微术的发展为直接观测微观的相分离提供了可能. 在最近的一个试验中, Renner 等[100] 使用扫描隧道显微镜研究了室温下高掺杂浓度的 $Bi_{1-x}Ca_xMnO_3$, 其图像如图 4-31(a) 所示. 可以看到图中存在两种相 (在图中用白线分开): 类似跳棋盘结构的相和均匀的相. 前者同电荷有序相联系, 而后者则同铁磁相相联系. Uehara 等[92] 研究了 $(La_{1-y}Pr_y)_{1-x}Ca_xMnO_3$ 的暗场电子显微图像. 其结果如图 4-31(b) 所示. 这一系统很明显有电荷有序反铁磁相和铁磁相之间的竞争, 并且这一竞争可通过调节 La 和 Pr 的相对含量来调节. 可以看到在低温下有共存的铁磁区域和电荷有序区域.

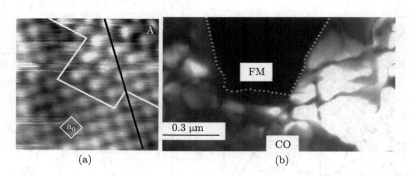

图 4-31　(a) 室温下高掺杂浓度的 $Bi_{1-x}Ca_xMnO_3$ 扫描隧道显微图像;

(b) $(La_{1-y}Pr_y)_{1-x}Ca_xMnO_3$ 的暗场电子显微图像

4.4.5　相分离图像下输运性质和庞磁电阻效应

从单轨道模型和双轨道模型出发计算系统的电阻率行为是很复杂的, 不得不使用一些较为简单的包含一些唯像理论的图像. 图 4-32 是一个比较简单模型的示意图[101]: 庞磁电阻效应附近的锰氧化物被认为具有逾渗相变的特征, 其中存在一些线状金属导电区域. 绝缘区域和导电区域具有不同的电阻 R_I 和 R_M^{per}. R_M^{per} 在 $T = 0$ 时因为传导路径非常复杂, 因而具有较大的值. 在室温下, $R_I < R_M^{per}$, 因此绝大部分电导是通过绝缘区域的, 因而系统呈现绝缘相; 但在低温下 R_I 变得非常大, 以至于电流只能通过逾渗的金属导电区域传导. 这实际上就是一个简单的两电阻并联图形, 如图 4-32(b) 所示, 而临界温度处电阻率出现峰值是很自然的. 为了进一步使上述模型具体化, 采用随机网格模型模拟锰氧化物中的铁磁–电荷有序相的混合. 分别选用二维和三维的网格, 网格间相互连接的电阻率随机选择金属电阻率 ρ_M 或绝缘性电阻率 ρ_I, 但金属性导电的分量 p 是一定的 (如在 $La_{5/8-y}Pr_yCa_{3/8}MnO_3$ 中正比于 La 的分量). 这样, 就可以求得系统的电阻率. 典型的结果如图 4-32(c) 所示, 正如所预期的那样, 这一结果同图 4-29 中的试验结果非常相似, 逾渗转变发生在 p=0.4 和 0.5 处. 研究者也使用单轨道模型计算了不同外加磁场下电阻率的行为[101]. 模型参数为 $J_H = \infty, J_{AF} = 0.14, t = 1$. 计算结果如图 4-33(a) 所示, 可以看到零场下系统低温下为绝缘相, 外加磁场使得基态变为金属相, 这一行为同 $Pr_{0.7}Ca_{0.3}MnO_3$ 的输运行为 [图 4-33(b)] 很相似.

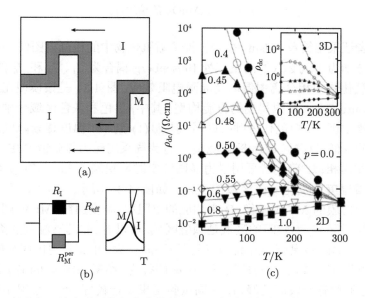

图 4-32 (a) 庞磁电阻效应附近的锰氧化物被认为具有逾渗相变的特征, 其中存在一些线状金属导电区域, 绝缘区域和导电区域具有不同的电阻 R_I 和 R_M^{per}; (b) 简单的两电阻并联图像; (c) 不同金属性导电的分量 p 系统的电阻率, 小图是三维系统的结果

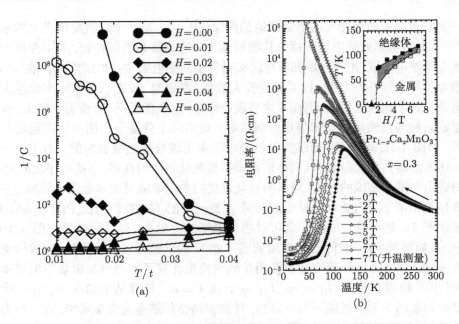

图 4-33　(a) 单轨道模型不同外加磁场下电阻率的行为; (b) 不同外加磁场下
$Pr_{0.7}Ca_{0.3}MnO_3$ 的输运行为

　　研究者还采用简单的 Ising 模型模拟了锰氧化物中的相分离图像. Burgly 等[102]
采用距离分别为 1、$\sqrt{2}$、$\sqrt{5}$ 的格点处 Heisenberg 耦合为 J_1、J_2 和 J_4 的 Ising 模型
研究了锰氧化物中相分离图像以及庞磁电阻效应. 图 4-34 是该模型在三个不同温
度下用 Monte Carlo 模拟得到的自旋构型. 其中, 黑色和灰色区域分别代表自旋为
正和负的铁磁区域, 白色代表顺磁区域, 且从 (1) 到 (3) 温度逐渐降低. 可以看到,
随着温度的降低, 铁磁区域逐渐增大. 这一行为同采用磁力显微镜 (MFM) 观测到的
行为[103] 非常相似. 研究者采用磁力显微镜实时地观测了 $La_{0.33}Pr_{0.34}Ca_{0.33}MnO_3$
薄膜中随着温度的变化其磁区域的变化. 如图 4-35 所示, A 和 C 分别是冷却和
升温过程中薄膜的 MFM 图像, B 为相应的电阻率–温度曲线. MFM 图像中较明亮
的区域是铁磁区域, 而较暗的区域是顺磁区域. 可以看到, 随着温度的降低, 铁磁区
域不断扩大, 而随着温度的升高, 顺磁区域不断扩大, 相变表现出明显的逾渗行为.
Burgly 等[102] 还计算了不同外场下电阻率的行为, 结果如图 4-35(a) 所示. 无外加
磁场时, 电阻率有一较高的峰值, 这同试验结果吻合较好. 而一个很小的外加磁场
($H_s = 10^{-3}J_1$) 使得电阻率的峰值减小了约 50%; 更大的磁场 $10^{-2}J_1$ 使得峰值几乎
消失, 从而导致了庞磁电阻效应. 图 4-35(a) 右半部分给出了零场下 (右上图) 和外
加磁场为 $10^{-2}J_1$(右下图) 时模拟得到的一个典型状态. 可以看到外加磁场使得铁
磁区域扩大, 顺磁区域缩小, 并且使得铁磁区域的自旋方向趋同. 这一结果同 Fath

等[104] 采用扫描隧道谱技术实时观测 $La_{0.7}Ca_{0.3}MnO_3$ 薄膜中金属相和绝缘相随着外加磁场的变化而变化得到的图像极为相似. 薄膜扫描隧道谱的图像如图 4-35(b) 所示, 从左到右、从上到下外加磁场分别为 0T、0.3T、1T、3T、5T、9T, 黑色区域为金属导电性区域, 白色区域为绝缘导电性区域. 可以看到, 随着外加磁场的增加, 金属导电性区域不断扩大. 也有研究者采用极化子模型[105] 研究了电阻率同外加磁场的关系, 也得到了同试验比较吻合的结果[106,107].

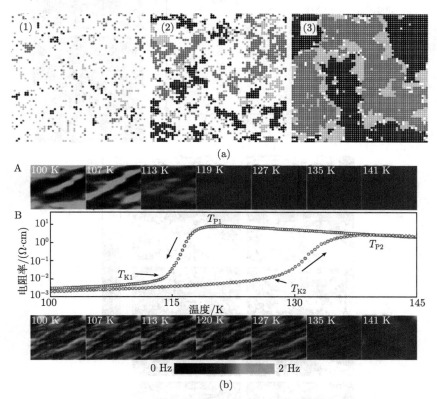

(a)

(b)

图 4-34 (a) 距离分别为 1、$\sqrt{2}$、$\sqrt{5}$ 的格点处 Heisenberg 耦合为 J_1、J_2 和 J_4 的 Ising 模型在三个不同温度下用 Monte Carlo 模拟得到的自旋构型. 其中, 黑色和灰色区域分别代表自旋为正和负的铁磁区域, 白色代表顺磁区域, 且从 (1) 到 (3) 温度逐渐降低.

(b) $La_{0.33}Pr_{0.34}Ca_{0.33}MnO_3$ 薄膜中随着温度的变化其磁区域的变化的磁力显微镜图像. A 和 C 分别是冷却和升温过程中薄膜的 MFM 图像, B 为相应的电阻率–温度曲线

综上所述, 大量的试验和理论结果表明锰氧化物的基态是两相甚至是多相混合的不均匀态. 正是相分离引起了锰氧化物各种奇异的性质如庞磁电阻效应, 而锰氧化物的相变则是典型的逾渗过程. 锰氧化物作为典型的强关联电子体系, 其研究结果应该在一定程度上对这类系统具有普遍意义. 实际上, 研究者已在高温超导铜氧

化物中发现了不均匀性的证据[108,109], 表明相分离可能是强关联电子体系的一个共性.

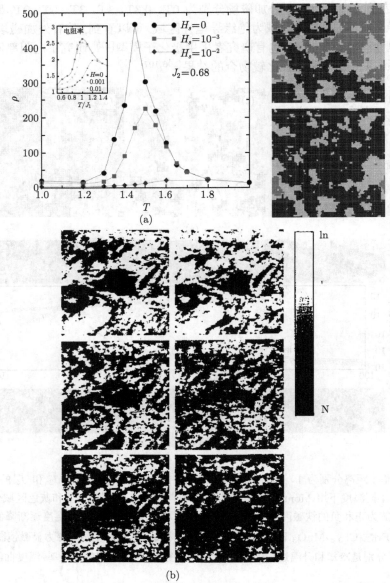

(a)

(b)

图 4-35　(a) 距离分别为 1、$\sqrt{2}$、$\sqrt{5}$ 的格点处 Heisenberg 耦合为 J_1、J_2 和 J_4 的 Ising 模型在不同外场下的电阻率行为和自旋构型; (b) $La_{0.7}Ca_{0.3}MnO_3$ 薄膜扫描隧道谱的图像. 从左到右、从上到下外加磁场分别为 0T、0.3T、1T、3T、5T、9T, 黑色区域为金属导电性区域, 白色区域为绝缘导电性区域

4.5 锰氧化物的低场磁电阻效应

前几节指出, CMR 锰氧化物所展示的磁电阻在高场下可以达到 60%~80%, 在薄膜状态下磁电阻甚至可达 90%以上, 远非常规磁电阻材料和特大磁电阻 (GMR) 磁性金属多层膜可比. 人们对将其应用于磁记录、磁探测和磁随机存储器件 (MRAM) 等抱有很高的期望. 然而, 从应用角度而言, 发展以这类材料为基的磁电子学器件为时尚早, 主要原因是它们只有在很高的磁场下才能显示出 CMR 效应, 并且, 磁电阻表现出很强的温度敏感性和结构敏感性. 例如, 在千奥斯特数量级的磁场下, 典型的 CMR 锰氧化物 $La_{1-x}Sr_xMnO_3$ (LSMO) 于居里点附近的磁电阻仅为 2%~5%或更低, 而在低温和高温区, 磁电阻几乎降为零. 因此, 如何提高 CMR 锰氧化物本身的低场磁电阻和降低其温度敏感性就成为我们面临的两大课题, 而最终目标是要获得温度不敏感和低场磁电阻很高的材料. 1996 年左右, Hwang、Li 和都有为等发现[110~113], 在 T 远离其居里温度 T_C 时, 锰氧化物单晶或外延薄膜在较低磁场下MR值很低, 但多晶锰氧化物仍表现出显著磁电阻效应 ($H \approx 10^2 Oe$ 时, MR约为20%), 这一效应被称为低场磁电阻效应 (low-field magnetoresistance, LFMR). 这一工作预示着 CMR 锰氧化物正突破自旋电子学应用瓶颈, 从而引发了国内外众多学者的强烈兴趣, 并在不长时间内取得了可观的进展.

4.5.1 锰氧化物的低场磁电阻效应及其理论模型

如前所述, CMR 锰氧化物单晶的 CMR 效应出现在铁磁居里点 T_C 附近. 在多晶体系中, 一方面, 导致 CMR 的物理机制在单个晶粒中还起作用; 另一方面, 多晶中相邻两晶粒间存在晶界. 可以想象, 在两相邻晶粒及其晶界组成的系统中, 晶粒磁化相对取向的差别影响导电电子的输运, 同时晶界打断了相邻两晶粒间磁交换耦合. 此时, 一个小的磁场就能使各晶粒磁化方向平行排列, 从而导致了 LFMR. 早期的研究探索贯穿了这一物理思想. 1997 年左右, Li 等[110] 和都有为研究组[113] 测定了 $La_{0.67}Sr_{0.33}MnO_3$(LSMO)、$La_{0.67}Ca_{0.33}MnO_3$(LCMO) 以及 $La_{0.85}Sr_{0.15}MnO_3$ (LSMO) 多晶样品的输运性质, 发现多晶在低 T 和低磁场下表现出显著磁电阻, 只是 MR 随着 T 升高而降低, 但在 T_C 附近又出现磁电阻峰值. 而单晶样品或外延生长的薄膜则仅在居里点 T_C 附近出现显著的磁电阻效应. Li 等[110] 对其的物理解释是, 由于晶粒边界存在, 多晶的电阻率比单晶高; 而磁阻产生源于两种机制, 即 T_C 附近MR极大值来源于晶粒中的 CMR 机制, 而低温下的MR来源于晶粒边界处自旋极化散射 (spin polarized scattering, SPS). SPS 的基本物理图像是, 晶粒边界处磁无序使之成为强散射中心, 导致较大电阻率; 而外加磁场使得晶粒内磁畴平行排列, 强烈地减弱了晶粒边界处载流子散射, 导致了低场磁电阻效应.

与此同时, Hwang 等[111] 提供了另一种物理解释, 即晶粒间自旋极化隧穿 (spin-polarized intergrain tunneling, SPT). 他们研究了单晶和多晶 LSMO 磁阻效应和磁化率性质[112], 结果如图 4-36 所示. 晶粒的大小由退火温度 (1300°C 和 1700°C 两种多晶样品) 控制. 可以看到, 不同晶粒的样品都有半导体–金属和铁磁–反铁磁转变 ($T_C \approx T_m \approx 365K$), 低温下多晶样品电阻值较单晶大许多, 这是载流子晶粒边界处散射的结果, 同时由于 1300°C 的样品较 1700°C 的样品有更小的晶粒, 故其电阻率值也较大. 图 4-36 给出了三种不同晶粒大小样品电阻率和磁化强度与 T 和 H 的关系. 虽然对不同样品 LFMR 的温度行为不同, 但是它们的磁化强度曲线基本相同. 试验结果表明, 多晶样品磁电阻现象是因样品中晶粒关联效应引起的. Hwang 等认为多晶中 LFMR 是对外场条件极为敏感的晶粒边界间电子输运引起的. 其基本图像是, 多晶中磁畴基本上与晶粒重合, 无外加磁场时, 相邻晶粒边界间自旋不平行, 晶粒边界间的电子隧穿概率较小, 故呈现高阻态; 加上外加磁场后, 同晶粒相联系的磁畴平行排列, 从而呈现低阻态. 在隧穿过程中电子自旋状态得以保存且相邻晶粒磁矩不平行时, 有一个额外的磁交换能 (magnetic coupling energy), 因此样

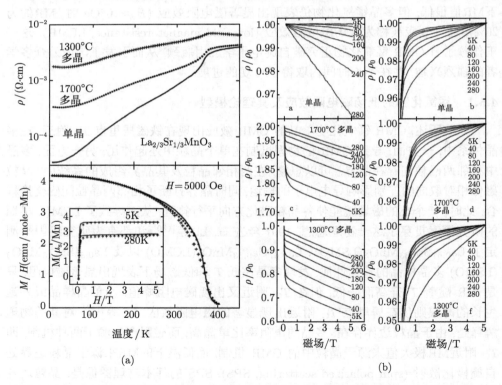

(a)   (b)

图 4-36   (a) 单晶和两种多晶 LSMO 样品的电阻和磁化强度与温度的关系; (b) 单晶和两种多晶 LSMO 样品的电阻和磁化强度与温度和外加磁场的关系

品的磁阻率为

$$\Delta\rho/\rho_0 = -JP\left[m^2\left(H,T\right) - m^2\left(0,T\right)\right)\right]/4k_0T$$

其中, J 为晶粒间交换常数; P 为电子极化率; m 为用饱和磁化强度归一化了的磁化强度. 后来研究者针对 SPT 机制采用量子力学的处理方式提出了晶粒边界间自旋极化隧穿理论[114], 较好地解释了试验结果, 这一理论读者可参阅本书相关章节和文献[114,115].

4.5.2 低场磁电阻效应的增强

虽然多晶锰氧化物表现出低场磁电阻效应, 但其MR值离实际要求仍有距离. 研究证明, 多晶中晶粒边界处晶体有序性质无法保持, 从而使局部自旋无序, 最终导致低温下较大的 LFMR. 可以预料在材料微结构中引入自旋无序区域将有效地提高材料的磁阻率. 沿着这一思路, 现阶段研究工作涉及在材料中引入人工晶界、铁磁性导体/绝缘体两相结构以及引入磁畴畴壁等方法. 另外, 由于氧原子中电子的空缺是电子在 Mn^{4+} 和 Mn^{3+} 中跳跃的中介, 因此材料中氧含量的改变必将对材料的输运性质产生影响.

在材料中引入人工晶界可以提高 LFMR. 因为样品具有弱关联的晶界, 处于晶界处的磁畴畴壁减弱了磁畴间的相互作用, 磁畴间自旋在较低外场下就能达到平行排列, 从而具有较高的 LFMR. 人工晶界的引入有多种方式, 有代表性的例子包括:

(1) 通过在 $La_{0.7}Ca_{0.3}MnO_3$(LCMO) 样品中形成多孔结构引入弱联系晶粒边界 (weak-linked grain boundary)[116]. 将 LCMO 粉末样品压制成的高密度小球, 在 1100°C 下烧结得到多孔结构. 如果在制备过程中用较大的压力将粉末压制成高密度的小球, 再在 1000°C 的高温下使其部分融化从而得到了另外一种具有强联系边界的样品. 两种样品表面的扫描电子显微镜 (SEM) 图像如图 4-37 所示, 图中可以看出样品 S 晶粒大小为 1~3μm 且具有多孔结构 [图 4-37(a)], 而样品 PM 则没有比较明显的边界可以观察到 [图 4-37(b)]. 在 300mT 的外场下样品 S 在约 77K 的低温下有一个最大的磁阻率 (约为 27%). 而样品 PM 的磁阻效应与单晶 LCMO 样品基本相同, 仅在一个处于居里点附近的狭小的温度范围内有较大的磁阻率 (MR≈15%).

(2) 在多晶薄膜中形成所谓的有序表面结构 (the ordered surface)[117]. 采用表面裂缝可以在多晶薄膜中引入晶界, 制成另外一种具有弱联系晶粒边界的结构——有序表面结构. $La_{0.5}Ca_{0.5}MnO_3$ 薄膜采用脉冲激光沉积法生长于 $SrTiO_3$ 基底上, 然后在不同温度下煅烧和冷却. 由于基底和薄膜间有不同热膨胀系数, 产生张力导致基底表面生成了规则狭缝, 在煅烧过程中晶粒倾向于沿狭缝生长而形成具有弱关联晶界的有序表面结构. 在 $T = 77K$ 于 $H = 500Oe$ 下 MR≈44%, 十分显著.

(3) 利用激光图形技术在外延生长 LSMO 薄膜上引入人工晶界[118]. 首先用 248nm 的激光轰击到 10mm×10mm 的 $SrTiO_3$ 基底上, 移动基底, 在基底上形成了长约 5mm、宽度约为 40μm 的平行于[100] 晶向的沟槽. 然后在基底上生长一层 200nm 的 LSMO 外延薄膜, 薄膜中将形成基本上同基底一样的沟槽, 从而在薄膜中引入了自旋无序区域, 使得薄膜的 LFMR 有较大的增强. 值得一提的是, 在有五条沟槽的薄膜中发现了磁光克尔效应 (magnetic-optical Kerr effect), 无序区域 (沟槽处) 的磁化强度要较远离无序区域处的磁化强度小, 表明该区域自旋无序程度很高. 此外, 还有利用阶跃边界和双晶结构 (bicrystalline) 来诱导薄膜形成晶界, 从而提高材料 LFMR 的报道[119,120], 这里不再详述.

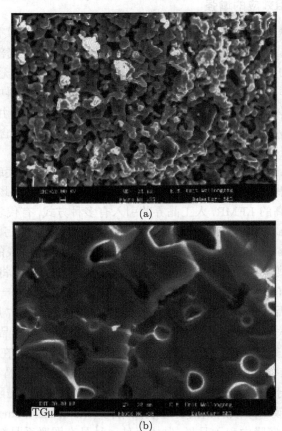

图 4-37　具有多孔结构的样品 S 和高压高温烧熔的样品 PS 的 SEM 图像

(a) 样品 S 的表面图像; (b) 样品 PS 的表面图像

在锰氧化物中引入绝缘相也能引入自旋无序, 因此锰氧化物/绝缘体复合材料也可得到较大 LFMR. 这方面的例子很多, 兹列几个有代表意义的系统如下:

(1) $La_{2/3}Sr_{1/3}MnO_3/CeO_2$ 纳米混合物[121]. 研究表明, 在 LSMO 相体积分数

达到渗流阈值 ($x_p \approx 20\%$) 附近, 输运性质对外加磁场敏感性大大加强. $x_p = 20\%$ 的样品即使在较高温度下 (300K) 仍具有较高 LFMR, 有一定实用价值. 其背后的物理原因是在渗流阀值附近, 系统达到所谓准一维电子传导路径 (quasi-unidimensional conducting path), LSMO 晶粒间的电流输运类似于隧道结, 外加磁场导致 LSMO 晶粒磁化强度方向的改变对样品电阻率有较大影响, 从而增强 LFMR. 利用 SrTiO$_3$ 作为绝缘材料[122], 合成 (La$_{2/3}$Sr$_{1/3}$MnO$_3$)$_x$-(SrTiO$_3$)$_{1-x}$ 纳米复合材料, 同样发现 $x \approx 60\%$ 附近, 低场磁电阻效应有显著增强.

(2) 非晶态 LSMO 是绝缘弱磁性的, 而晶态 LSMO 是导体, 故非晶态 LSMO 与晶态 LSMO 纳米复合材料是一个新颖的体系. 这一系统的优点是无须考虑掺杂材料与 LSMO 间的反应问题[123~125]. 采用脉冲激光沉积法沉积 LSMO 在 SrTiO$_3$ 基底上, 薄膜结构以及成晶情况由沉积温度来控制. 图 4-38 是几种不同沉积温度样品的 XRD 图像, 可以看到沉积温度 $T_s < 380°C$ 的样品是完全非晶态的, 而 T_s 在 400~500°C 的样品包含了非晶态和晶态. 图 4-39 是不同样品的零外场电阻率 ρ_0 以及 MR 在 $H = 400$mT 下与温度的关系. 非晶态和完全成晶样品均无大的 MR 值. 而 $T_s > 380°$ 的样品低温 LFMR 迅速增加, 在 $T_s = 450°$ 时 LFMR 达 30%(70K). 纳米 La$_{0.7}$Sr$_{0.3}$MnO$_3$/Pr$_{0.5}$Sr$_{0.5}$MnO$_3$ 半金属/绝缘体混合物具有类似行为[126]. 其中, LSMO 和 PSMO 晶粒间的相互作用引入了额外的贡献.

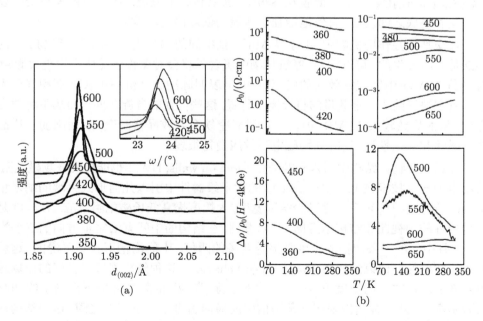

图 4-38 (a) 不同沉积温度部分成晶的 LSMO 样品的 XRD 图像; (b) 不同沉积温度的 LSMO 样品的零场电阻和磁电阻比率与温度的关系

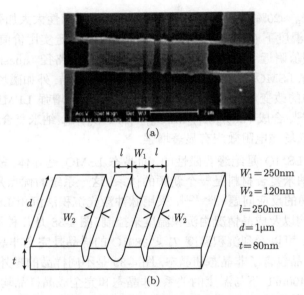

图 4-39   有具有沟槽结构的 LSMO 微米级器件 (a) 顶视图的 SEM 图像, (b) 结构示意图

通过基底反应也能引入自旋无序区域 [127]. 在氧化锆基底上生长的 $La_{0.7}Sr_{0.3}Mn_{1.4}O_{3-\delta}$ 多晶薄膜在 880°C 以上高温下煅烧, 导致晶粒大小变化以及薄膜和基底之间反应, 有效地增强了薄膜的低场磁电阻效应.

双交换相互作用机制中, 电子从 Mn^{3+} 到中间的 O^{2-} 以及从 O^{2-} 到 Mn^{4+} 的跳跃是同时发生的. 可以预测, 锰氧化物中氧含量将会对磁输运性质产生重大影响. 对多晶 LSMO 中氧空缺效应的研究 [128,129] 表明脉冲激光沉积中较低沉积气压引起的氧空缺导致了一定数量的自旋无序位置, 这些位置的自旋在外加磁场下将改变方向, 从而导致较大 LFMR. 但由于过量氧空缺会导致晶格畸变, 从而削弱了样品的铁磁性和输运性质, 这时低场磁电阻效应变得很弱.

在锰氧化物微结构中引入磁畴畴壁 (domain walls, DWs) 也能提高低场磁电阻. 采用电子光刻技术在 $La_{0.7}Sr_{0.3}MnO_3$ 的微米级器件中引入几何形式束缚的纳米量级的磁畴畴壁[130], 可有效地减少畴壁宽度, 大幅度提高低场磁电阻效应. 图 4-39 是一种器件的顶视图和结构示意图, 可以看到, 在结构的中间有沿短轴方向的三条沟槽. 并且中间的一条沟槽的宽度是另外两条的两倍. 中间沟槽形状是平滑的, 这就阻止了畴壁的任何束缚行为 (constrained behavior), 这种结构表现出良好的低场磁电阻效应, 在 77K 的温度下, 在只有数十毫特 [斯拉] 的外加磁场下得到了约 40% 的磁阻率. 另外一种结构则在三条沟槽中间横向引进了一条窄的缝隙. 这种结构在室温下得到了约为 16% 的磁阻率, 向研制能在室温下工作的基于锰氧化物的自旋电子器件前进了一步.

值得一提的是, 最近在室温下的磁电阻效应有了较大进展, 为研制能在室温下工作的基于锰氧化物的自旋电子器件提供了基础. 化合物 $La_{1-x-y}Ca_xSr_yMnO_{3+d}$ 在低温下煅烧后在室温附近于 $H = 0.2T$ 范围内得到了 $10\% \sim 20\%$ 的 LFMR[131]. 多晶的 $La_{1-x}Ag_xMnO_3$ 中 $x = 0.3$ 时在室温下得到了约为 25.5% 的 MR[132], 这是因为 $x = 0.3$ 的 $La_{1-x}Ag_xMnO_3$ 中有两种相: 磁性的钙钛矿结构相和非磁性的富银相 (Ag-rich phase), 两相界面处电子散射对自旋的依赖导致了 MR 的增强.

4.6 锰氧化物在自旋电子学中的应用

自从对庞磁电阻稀土锰氧化物的研究因其在磁传感器中可能的应用价值而复苏后, 这些锰氧化物的特殊性质在技术和器件中可能的应用的研究吸引了研究界很大的兴趣. 稀土锰氧化物中输运性质对磁场的敏感性、居里温度附近强的金属–绝缘体转变、材料的电场极化和其电子能带的半金属特性等都可能在电子器件中得到应用. 基于这些性质, 锰氧化物在诸如磁场传感器、场效应器件以及自旋极化粒子注入器件中有潜在的应用前景.

锰氧化物一个很直接的应用就是利用其庞磁电阻效应制作磁场传感器. 可以直接使用锰氧化物薄膜或多晶陶瓷制作传感器, 也可以使用锰氧化物制作自旋阀和自旋隧道结, 再利用这些器件来制作磁场传感器. 然而, 锰氧化物的庞磁电阻效应随着温度的升高迅速减弱, 在室温附近对磁场的敏感性很弱, 不能满足实用上的要求. 4.5 节中介绍的低场磁电阻效应以及本节中的磁隧道结有望解决这一问题. 本节将主要介绍基于锰氧化物的电场效应器件如磁隧道结、磁 pn 结、基于锰氧化物的铁磁场效应管以及具有锰氧化物/高温超导材料结构的自旋极化粒子注入器件.

4.6.1 基于锰氧化物的磁隧道结

考虑到掺杂稀土锰氧化物是半金属, 采用自旋极化率极高且具有 CMR 效应的半金属性掺杂稀土锰氧化物作为磁隧道结的磁性材料具有诱人的性能, 因此, 制备具有锰氧化物/绝缘材料/锰氧化物层状结构的磁隧道结是很有价值的. 铁磁性金属隧道结的基本结构是两层铁磁性金属层中间夹着一层薄绝缘层. 流经磁隧道结的电流即隧穿电流在两铁磁金属层磁矩反平行时遇到较高电阻, 而在两铁磁金属层磁矩平行时遇到较低的电阻, 构成所谓的自旋极化隧穿效应. 使用掺杂稀土锰氧化物磁隧道结基本结构与此相同, 也是用一较薄的绝缘层将两层半金属性锰氧化物分开. 但是, 研究结果已经表明[138], 在这类隧道结中隧穿电阻并非总是在两铁磁层磁矩相平行时最小, 已经发现有些系统在磁矩反平行时电阻反而较小. 隧道结结阻率 TMR 定义为: $TMR = (R_{AP} - R_P)/R_{AP}$, 其中 R_{AP} 与 R_P 分别是两铁磁层磁矩反平行和平行时的电阻值.

　　已经有多个有关采用掺杂稀土锰氧化物作为磁性层的磁隧道结研究报道, 都得到了较大低场磁电阻效应, 图 4-40 是一种典型结构. 在磁隧道结中, 绝缘层有两重作用. 一方面, 它打断了两层铁磁层的磁交换耦合作用, 从而使它们在外加磁场的作用下, 相对对方自由实现磁化方向的反转, 从而建立起一个界面区域, 经过这一区域的输运现象可视为两层铁磁层磁化方向夹角的函数; 另一方面, 这一绝缘层在界面处形成一大的电阻, 阻止载流子通过该层, 使得在试验中能直接测量同界面相联系的输运性质. 在已经报道的半金属性锰氧化物磁隧道结中, 绝缘层使用的材料通常是同铁磁性电极材料有相同或相近晶格常数的绝缘性氧化物, 这就允许用外延生长技术制造高质量的磁隧道结三层结构, 而通常基于铁磁性金属的磁隧道结则无法做到这一点, 这使得使用锰氧化物制作磁隧道结更为简便.

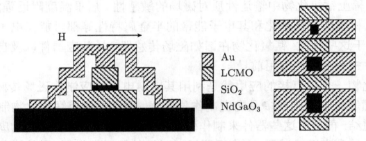

图 4-40　LCMO/NdGaO$_3$/LCMO 磁隧道结的示意图 (左边为横断面图示意, 右边为顶视图)

　　基于锰氧化物的磁隧道结最早的报道来自于 IBM 研究中心的 Sun、Gupta 以及 Li 等. 其中, Li 等[133] 使用脉冲激光沉积法制成 La$_{0.67}$Sr$_{0.33}$MnO$_3$/SrTiO$_3$/La$_{0.67}$Sr$_{0.33}$MnO$_3$ 结构, 绝缘层厚度为 3~6nm, LSMO 厚度为 50nm. Sun 等[134] 采用离子研磨法制备了柱状 La$_{0.67}$Ca$_{0.33}$MnO$_3$ 的磁隧道结, 绝缘层也是 SrTiO$_3$. 而 Jo 等[135] 使用 NdGaO$_3$ 作为绝缘层, 采用 LCMO 作为磁性层制备磁隧道结, 因为 NdGaO$_3$ 同 LCMO 晶格匹配较好. 另外, 考虑到 La$_{0.45}$Ca$_{0.55}$MnO$_3$ 是绝缘的, 它也被用来做绝缘层[136]. 除此之外, 也有采用其他磁性氧化物制备磁隧道结的, 如 La$_{0.67}$Sr$_{0.33}$MnO$_3$/Al$_2$O$_3$/Ni$_{80}$Fe$_{20}$ 隧道结[137], 它表现出与 LSMO/STO/LSMO 磁隧道结类似的输运性质. 一个例外是采用脉冲激光沉积法制备的 LSMO/STO/Fe$_3$O$_4$ 磁隧道结[138], 它表现出正的磁电阻效应.

　　基于掺杂稀土锰氧化物的磁隧道结都具有高的低场磁电阻效应. 图 4-41 示出 La$_{0.67}$Sr$_{0.33}$MnO$_3$/SrTiO$_3$/La$_{0.67}$Sr$_{0.33}$MnO$_3$ 隧道结的磁阻率曲线[133], 图中上半部分为 T=4.2K 下磁隧道结的磁阻率曲线, 下半部分是 LSMO 薄膜的磁阻率曲线. 当 H 从 -150mT 变化到 150mT 时, 隧道结首先在约 $H = 16$mT 处变为高阻态 ($R_{\max}$), 超过 16mT 后又回落到低阻态 R_p. 在 H 为几十奥斯特处有最大磁阻率

TMR≈83%. 样品中电阻的显著变化同两磁性层磁矩相对取向有关, 图中标出了几种情况下磁性层磁矩的相对取向. 当磁矩取向平行时, 隧道结处于低阻态, 并且, 最大 TMR 随温度升高而降低, 在约 230K 左右消失. 其他研究者的试验得到了类似的结果. Jo 等[135] 分别采用 NdGaO$_3$ 和 La$_{0.45}$Ca$_{0.55}$MnO$_3$ 作为绝缘层得到的结果, 发现 LCMO 作为绝缘层效果要差许多.

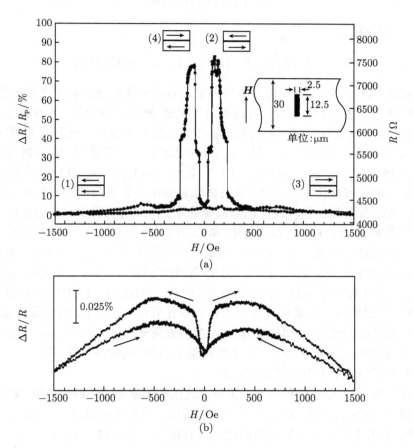

图 4-41 (a) LSMO/STO/LSMO 隧道结的磁阻率曲线; (b) 底层电极 (复晶 LSMO) 的磁阻率曲线

有关磁隧道结 TMR 效应的理论在本书其他章节有详细介绍, 这里我们只是简略提及. 解释磁隧道结的 TMR 效应最早的自旋隧穿模型由 Julliére 提出[139]. 自旋极化隧穿效应是因为铁磁性材料中多数载流子和少数载流子能带中态密度 (density of state, DOS) 不均匀引起的, 自旋极化率越高, 自旋隧穿效应越显著. 对于磁性层相同的磁隧道结, 其零偏置电压电导为

$$R_p^{-1} = M\left[D_+^2\left(E_F\right) + D_-^2\left(E_F\right)\right]$$
$$R_{AP}^{-1} = 2MD_+\left(E_F\right)D_-\left(E_F\right)$$

其中, $D_+(E_F)$、$D_-(E_F)$ 分别为费米能级处自旋向上和自旋向下的态密度; M 为隧穿概率. 故 TMR 为

$$\mathrm{TMR} = 2P^2/\left(1 + P^2\right)$$

其中, P 为自旋极化率

$$P = \left[D_+\left(E_F\right) - D_-\left(E_F\right)\right]/\left[D_+\left(E_F\right) + D_-\left(E_F\right)\right]$$

按照这一理论, 仅仅是两层导电的铁磁层自旋极化率或者说是其态密度 DOS 决定了隧穿电子的自旋极化率, 从而决定了隧道结的输运性质. 然而最近的试验结果发现, 隧穿电子自旋极化率的幅度甚至是其符号还取决于绝缘层采用的材料. Terasa 等的研究[140] 采用 Co 和 La$_{0.7}$Sr$_{0.3}$MnO$_3$ 作为铁磁层, 绝缘材料分别采用 SrTiO$_3$(STO)、Ce$_{0.69}$La$_{0.31}$O$_{1.845}$(CLO) 以及 Al$_2$O$_3$(ALO). 当绝缘层采用 ALO 时隧穿电子的自旋极化率是正的 (表明多数自旋电子有更高的隧穿概率), 而采用 CLO 或 STO 的隧道结隧穿电子的自旋极化率是负的 (表明少数自旋的电子有更高的隧穿概率). 同时, Co/STO/LSMO 和 Co/CLO/LSMO 隧道结表现出反常的磁阻效应: 两铁磁层的磁化方向相同时隧道结的电阻率比磁化方向相反时要高. 而 Co/ALO/LSMO 和 Co/ALO/STO/LSMO 则表现出正常的磁电阻效应, 这一反常现象无法用以上模型来解释. Jo 等在研究 LCMO/ NdGaO$_3$ /LCMO 磁隧道结的输运性质时, 用试验得到的磁阻率采用上述方程计算得到 LCMO 的自旋极化率, 但其结果与采用自旋极化光子发射试验测得的自旋极化率结果不尽相同, 前者要高得多[136]. 隧道效应是量子力学过程, 必须用量子力学方法处理[141,142]. 这一理论请读者参考本书中关于磁电阻理论的有关章节.

研究表明, 以上磁隧道结的电阻都是强烈依赖于隧道结的偏置电压. 图 4-42 是 Jo 等制备的 LCMO/NdGaO$_3$/LCMO 磁隧道结的微分电阻 dI/dV 与偏置电压的关系[135], 从图中可以看出所有的曲线都具有抛物线的形状 ($dI/dV = A + BV^2$), 这表明磁隧道结的导电机制的确是电子隧穿效应, 对其他磁隧道结的研究得到了类似的结果. Sun 等[134] 的研究发现磁隧道结的磁阻率也是依赖于偏置电压的, 基本上随着偏置电压的升高而减小, 在 0.2V 的偏置电压下其 TMR 值仅是较低偏置电压下 MR 的 16%.

同时, 磁隧道结的电阻及磁电阻效应也强烈依赖于温度. 前面提到过, 最大磁阻率随着温度的升高而逐渐降低, 并在 230K 左右消失[133]. Jo 等研究了 LCMO/ NdGaO$_3$ /LCMO 磁隧道结在磁性层磁矩平行和反平行时的电阻 R_{AP} 与 R_P 以及磁阻率同温度的关系, 结果表明 $T > 130K$ 时 R_{AP} 和 R_P 重合且随着温度的升高

以 $\exp[(T_0/T)^{1/4}]$ 的行为下降, 没有磁电阻效应; 在温度小于 130K 时, R_{AP} 和 R_P 出现了差别, 表现出随着温度降低而升高的磁电阻效应[135], 这一结果也得到其他试验的证实[131].

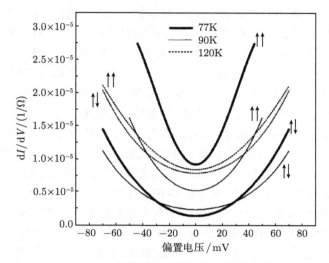

图 4-42　LCMO/NdGaO$_3$/LCMO 磁隧道结不同温度下微分电阻 (dI/dV) 与偏置电压的关系曲线 (箭头表示两铁磁材料层磁矩的相对取向)

磁隧道结基底的性质也对磁隧道结的输运性质有很大的影响. North 等[143] 分别在 (110)LaAlO$_3$ 和 (110)NdGaO$_3$ 基底上采用 90° 离轴溅射方法制作了磁隧道结, 发现采用这种方法制备的磁隧道结较使用脉冲激光沉积法制作的磁隧道结表现出更为强烈的低场磁电阻效应.

4.6.2　基于锰氧化物的电场效应器件

正如前几节所述, 具有强关联电子系统的过渡金属氧化物, 尤其是庞磁电阻锰氧化物, 由于自旋、轨道和电荷自由度之间的强烈耦合, 在外加扰动下表现出一系列丰富的磁和电性质, 而这些性质是依赖于系统中载流子浓度的. 例如, LaMnO$_3$ 是反铁磁绝缘体, 而空穴掺杂的 (p 型)La$_{1-x}$Sr$_x$MnO$_3$ 是铁磁金属性并且具有一绝缘体–金属相变过程. 因此, 如果能通过外加电场或光等手段来有效控制锰氧化物中的载流子浓度, 则可以制造一些新颖的电子 (或自旋电子) 器件, 如室温下电和光调制的磁体. 传统的半导体电子器件中, 很容易通过设计特定的界面电子能带结构来有效控制 pn 结中的载流子浓度. 但是, 由于过渡金属氧化物中的电子间强相互作用 (如库仑排斥作用), 传统半导体 pn 结中的能带理论不能直接应用到这一系统中, 因此如能实现强关联电子体系中的能带工程 (band gap engineering), 将会创造一条控制过渡金属氧化物物理性质的新途径, 具有深远的影响.

　　早期研究者利用具有很高载流子浓度的简并半导体 —— 空穴掺杂 (p 型) 的 $La_{0.85}Sr_{0.15}MnO_3$ 和电子掺杂 (n 型) 的 $La_{0.05}Sr_{0.95}TiO_3$, 在Nd掺杂的 $SrTiO_3$(Nd: SrTiO3) 衬底上制备 p- $La_{0.85}Sr_{0.15}MnO_3$/i- $SrTiO_3$/n- $La_{0.05}Sr_{0.95}MnO_3$ 夹心结构 [144], 结果发现这一系统的 *I-V* 曲线具有很好的 pn 结整流特性: 当在 pn 结加一正向偏置电压 (对 p 区加一个相对于 n 区为正的电压) 时, 电流随着偏压的增加迅速增大; 但是当加反向偏压 (对 p 区加一个相对于 n 区为负的电压) 时, 开始阶段几乎没有电流, 反向偏压增加, 电流也一直很小, 当电压达到临界点时电流急剧增加. 绝缘层的引入是为了减小两简并半导体层间的隧穿电流, 从而提高 pn 结的击穿电压 (breakdown voltage). 研究发现, 同样的条件下, 绝缘层越厚, 系统的击穿电压越高, 整流效应越明显; 同时, pn 结反向偏置时, 电压较低时 (−0.1 ～0V) 电流基本上同电压呈线性关系, 这表明反向偏置时的电流来源于绝缘层的隧穿效应. 这一研究结果虽然实现了基于锰氧化物的pn结, 但是还没有实现对锰氧化物性质的控制.

　　p-$La_{0.9}Ba_{0.1}MnO_3$/n-$Sr(Ti,Nb)O_3$ 结构也实现了很好的整流效应 [145], 这一结构与前一结构相比省去了绝缘层, 也就没有了绝缘层对性质的影响. 这一结构直接采用Tb掺杂的 $SrTiO_3$ 单晶基底作为 n 型半导体层, 因此可以得到很高质量的薄膜, 从而使得pn结质量有所提高. 这一pn结的电流密度–电压曲线如图 4-43 所示, 图中还给出了结构图示和能带图. 可以看到这一结构表现出了良好的整流特性, 散射势 V_D(即pn结电流密度 $J_{interface}$ 开始增加的电压值) 在 320K 下大约为 0.5V, 在 20K 的低温下为 1.2V. 图 4-44 是不同偏置电压 V_{bias} 下pn结电阻率 $R_{junction}$(定义为 $R_{junction} = V_{bias}/J_{interface}$) 同温度的关系. 偏置电压较低, 在 +0.6V～+0.8V, p-n 结呈现半导体行为; 随着偏压的增加, $R_{junction}$ 从 $3 \times 10^3 \Omega$ 迅速降为 $8 \times 10^1 \Omega$. $V_{bias} = +1.0V$ 时, 出现了半导体–金属相变, 并且随着偏压的进一步增加, 转变温度 T_P 从 290K 增加到了 340K. 并且这一过程同 LBMO 的厚度有关. 较薄的 LBMO 薄膜因同基底晶格失配而有较高的 T_C. 前一结果的 LBMO 厚度为 15nm(其 T_C 为 323K). 图 4-44 中的小图是 LBMO 厚度为 30nm 的 $R_{junction}$ 同温度的关系, 可以看到此时 T_P 变化范围为 180～270K(30nmLBMO 薄膜的 T_C 为 250K). 因此, 可以认为锰氧化物薄膜的物理性质可能由界面处电场引起的载流子调节引起. 然而, 使用传统半导体的能带理论估计 LBMO 中耗尽层的厚度应该小于 1 个原胞的尺寸, 这很难解释转变温度 T_P 的变化. LBMO 薄膜中的传导电子应该仍然受到电子关联效应的影响. 在靠近绝缘体区域, 大多数载流子因强库仑排斥力而局域化, 因此 LBMO 中耗尽层要比传统半导体深. 因此, 在 pn 结界面处, 偏压 $V_{bias} = 0$ 时 LBMO 中形成了空穴型耗尽层, 从而使得电阻率较高, 同时由于大多数载流子局域化, pn结具有半导体特性. 随着偏压的升高, 耗尽层被抑制, 因此电阻率下降, T_P 上升, 向 LBMO 薄膜自身的 T_C 靠近. 而当 V_{bias} 大于 V_D 时, 界面处的空穴浓度进一步提高,

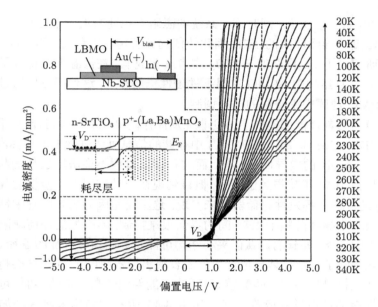

图 4-43 不同温度下 p-$La_{0.9}Ba_{0.1}MnO_3$/n-Sr(Ti,Nb)O_3 垂直于界面的电流密度–偏置电压
的关系 ($La_{0.9}Ba_{0.1}MnO_3$ 层厚度为 15nm)

中间的小图为这一结构的图示以及能带图示

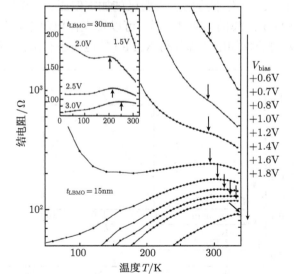

图 4-44 不同偏置电压 V_{bias} 下 pn 结电阻率 $R_{junction}$(定义为 $R_{junction} = V_{bias}/J_{interface}$)
同温度的关系 ($La_{0.9}Ba_{0.1}MnO_3$ 层厚度为 15nm)

中间的小图为 $La_{0.9}Ba_{0.1}MnO_3$ 层厚度为 30nm 的 pn 结的 $R_{junction}$ 同温度的关系

从而使得 T_P 进一步上升. 同时这一系统的磁阻率也随着偏置电压变化而变化. 较低的空穴浓度将导致较大的 MR, 因此较低的偏置电压在低温下给出较高的 MR. 另外一项研究采用 La 掺杂的 $SrTiO_3$ 作为 n 型材料, 在低温下也得到了很好的整流特性[146], 并且结构中 LBMO 室温下铁磁性仍然存在, 这使得可以通过电子注入来实现 LBMO 薄膜中铁磁性的电场调制.

　　铁电薄膜的剩余极化提供了得到非挥发性存储单元的一种可能性. 例如, 铁电场效应管 (Ferroelectric FET, FEFET) 中存储的信息可通过读出半导体沟道 (semiconductor channel) 的电导而被读出, 而这种读取过程不会破坏器件的状态. 铁电场效应管早在 1950 年就得到了研究, 但直到现在一种实用上可接受的具有足够的读出–擦除速度的非挥发性存储器还未实现. 这主要是因为场效应管中钙钛矿结构的铁电薄膜和半导体薄膜 (如硅) 间的界面很难控制, 界面处的任何缺陷都会显著地影响器件的性能. 外延的钙钛矿夹心结构可能是提高器件性能的途径之一. 庞磁电阻锰氧化物除了有半导体导电行为外还表现出场效应[147], 同时这类材料同一般的钙钛矿铁电材料晶格结构匹配较好, 因此可能得到较高质量的界面, 可以期望能得到较好性能的铁电场效应管. 使用如图 4-45 所示的结构来研究外加电场对锰氧化物输运性质的影响[147], 厚度为 35nm 的 $Nd_{0.7}Sr_{0.3}MnO_3$(NSMO) 薄膜生长在 $LaAlO_3$(100) 衬底上, 再在其上生长一层 400nm 的 $SrTiO_3$(STO) 介电层和一层金电极. 结果发现, 如果在栅极 STO 上施加不同的偏压, NSMO 沟道的电阻率发生了明显的变化. 图 4-45 中分别给出了给栅极施加零偏压、正偏压 (+2V) 和负的偏压 (−1.5V) 时 NSMO 薄膜的电阻率行为, 可以发现在电阻率峰值温度 T_P 以上的温度范围内任何方向的外加电场都使得 NSMO 的电阻率有降低, 并且 T_P 朝低温方

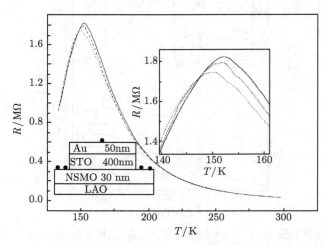

图 4-45　使用 CMR 沟道层和 STO 栅极的 FET 结构在不同外加电场下电阻同温度的关系

实线为零场，点线为 +2V, 虚线为 −1.5V. 小图为 FET 的结构图示

向移动. 而在低于 T_P 的温度范围内这一效应显著减弱. 通过电场导致的电阻的变化 $(-\Delta R/R)$ 同温度和偏置电压的关系可以更加清楚地看出这一效应 [图 4-46(a)、(b)], 在300~200K 的温度范围, $-\Delta R/R$ 基本上是一常数; 而在 200K 以下直到 165K 左右, $-\Delta R/R$ 则显著上升; 在 T_P 上下约 10K 的范围内, $-\Delta R/R$ 显著下降并且有符号的改变. 这表明是外加电场导致的应力或者电场偶极子在起作用.

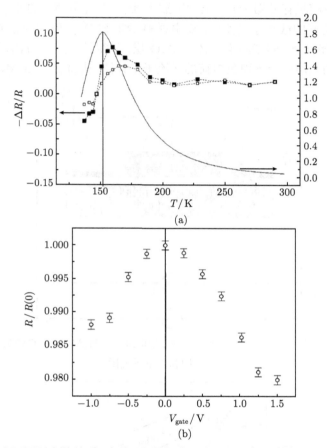

图 4-46 (a) 电阻同温度的关系 (实线) 和栅极电压为 +2V(实心方块) 和 −1.5V(空心方块) 时 $-\Delta R/R$ 同温度的关系; (b) 电阻变化与栅极电压的关系

使用 STO 作为栅极材料的场效应管对外加电压的极性不敏感, 并且其效应也不是很明显. 而使用铁电材料作为栅极材料的结构电阻率的改变可达 100%[148]. 图 4-47 是使用同为钙钛矿结构的铁电 PZT 薄膜和 $La_{1-x}Ca_xMnO_3$(LCMO) 薄膜的场效应管的结构和测量系统图. 采用 $La_{1-x}Ca_xMnO_3$(LCMO) 薄膜作为半导体沟道层, 薄膜均采用脉冲激光沉积法生长在 $LaAlO_3$(100) 衬底上. 整个系统的铁电回线形状基本上呈方形, 剩余极化率 (remnant polarization) 比较大, 达 $40\mu\text{C}/\text{cm}^2$. 为了测量系统的电性质, 从漏极到源极施加一在 $1.0\sim1000\mu\text{A}$ 的电流, 间歇地给铁电栅极施加电压, 如图 4-47 所示. 当栅极电压撤走约 3s 后, 测量穿过锰氧化物沟道层的电压 V_{SD}. 图 4-48 是沟道层电阻同栅极电压的关系. 这一系统的沟道层电阻的改变 [定义为 $(R_{\max} - R_{\min})/R_{\min}$] 约为 3, 效应不是很大, 但是开/关比率比较高, 适合在动态随机存储器 (DRAM) 中应用. 这一系统中使用的是 p 型的 LCMO 沟道材料, 其主要的载流子是空穴. 铁电材料 (栅极层) 上外加的正向电场使得其中的电偶极矩指向下, 即指向半导体 LCMO 层, 使得铁电层下方出现一层正电荷. 因此, LCMO 沟道层中会出现负电荷的载流子来补偿, 从而使得 LCMO 中的空穴被

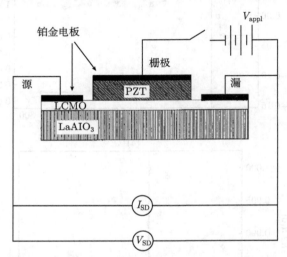

图 4-47　使用同为钙钛矿结构的铁电 PZT 薄膜和 $\text{La}_{1-x}\text{Ca}_x\text{MnO}_3(\text{LCMO})$ 薄膜的场效应管的结构和测量系统图

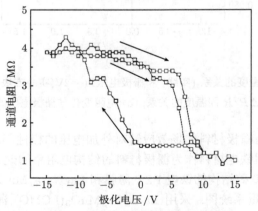

图 4-48　沟道层电阻同栅极电压的关系

耗尽, 如图 4-49 上半部分所示. 因此, 当铁电栅极被正向极化时沟道层电阻会上升 (如图 4-49 上半部分所示), 而负向极化时电阻下降 (如图 4-49 下半部分所示).

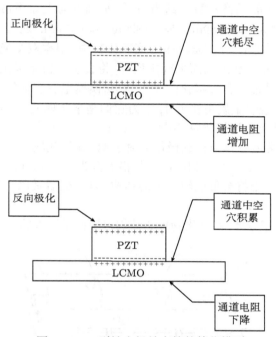

图 4-49 p 型铁电场效应管的简化模型

使用庞磁电阻锰氧化物制作电场效应器件还有待进一步研究. 这一研究将会形成强关联电子工程这一新的领域, 整合已有的能带工程和新的包含诸如铁磁、超导和庞磁电阻等诸多新颖效应的 Mott 转变, 从而得到一种在功能电子器件、光器件和磁器件中控制过渡金属氧化物的电和磁相的新方法, 有着广阔的应用前景.

4.6.3 高温超导铜氧化物/锰氧化物夹心结构和自旋极化载流子注入

高温超导铜氧化物/锰氧化物夹心结构是使用诸如脉冲激光沉积 (PLD) 和分子束外延 (MBE) 等现代薄膜制备技术制备复杂化合物原子尺度材料工程的一项相对较新的应用, 是对高温超导体的研究和对庞磁电阻锰氧化物的研究发展和交叠的自然结果. 庞磁电阻锰氧化物中, 同其半金属特性相联系, 其自旋极化程度较高, 因此被认为是良好的自旋极化载流子源. 同时, 自旋极化载流子的注入可能会在超导体中导致较使用普通金属的非极化电流注入更为显著的现象. 并且高温超导铜氧化物和锰氧化物具有类似的晶格, 这一结构较金属超导体/氧化物铁磁体或氧化物超导体/金属铁磁体等结构更容易实现和控制.

高温超导铜氧化物/锰氧化物夹心结构中通常使用的超导体为 $DyBa_2Cu_3O_7$ 或

$YBa_2Cu_3O_7$. 这一类化合物转变温度通常为 90K 的倍数, 具有有序缺陷铜氧化物钙钛矿结构 (ordered defect-cuprate perovskite structure)[149], 通常称为 123 相, 是正交晶系, c 轴方向的晶格常数大约为 a 和 b 轴方向上晶格常数的 3 倍. 例如, YBCO 的晶格常数为 $a=0.389$nm, $b=0.382$nm, $c=1.17$nm. 通常使用的锰氧化物为 $La_{2/3}M_{1/3}MnO_3$(M=Ca、Sr、Ba、Pb). 锰氧化物中, 根据双交换作用模型, 当局域自旋因温度的降低和外加磁场而平行排列时, 将会发生自旋极化输运. 在能带图像中, 这些化合物的导带是自旋极化的[150]. 双交换模型表明锰氧化物中载流子的自旋极化率较普通铁磁性金属更接近 1, 因为它们是半金属的, 接近于完全自旋极化. 能带的计算[151] 以及自旋极化隧穿[152]、Andeerv 反射[153] 等试验证实了这一点. 因此, 锰氧化物非常适合作为自旋极化载流子源. 锰氧化物的外延相容性可以它们的晶胞参数来理解. $La_{2/3}Ca_{1/3}MnO_3$ 的晶格参数为 $a = b = 0.547$nm, $c = 0.774$nm. 沿 c 轴生长时, 界面处将会形成约 45° 的移位, 以适配锰氧化物和铜氧化物平面间晶格参数的距离 0.387nm.

最早研究高温超导体/锰氧化物夹心结构自旋粒子注入的一种结构如图 4-50 上

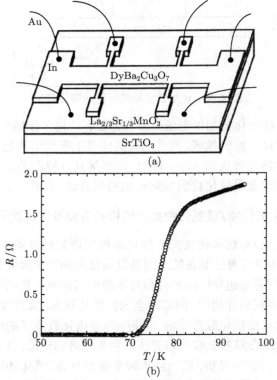

图 4-50　最早研究高温超导体/锰氧化物夹心结构自旋粒子注入的一种结构 (a) 和超导体的电阻–温度曲线 (b)

半部分所示[154]. 高温超导体 $DyBa_2Cu_3O_7$ 和锰氧化物 $La_{2/3}Sr_{1/3}MnO_3$ 采用分子束外延方法生长在 $SrTiO_3(110)$ 基底上, 中间用一层厚度大约为两个原胞的绝缘层 La_2CuO_4 分开. 绝缘层用来改善超导体 $DyBa_2Cu_3O_7$ 的性质, 可以忽略. 图 4-50 下半部分为超导体的电阻–温度曲线, 可以看到转变温度为 80K, 而锰氧化物层的居里温度为 330K. 给锰氧化物施加与超导体中电流相平行的电流时超导体中的 V-I 特性曲线如图 4-51 上半部分所示. 锰氧化物中通过的电流对超导体的 V-I 曲线产生了很大的影响. 当锰氧化物中电流的方向改变时, 超导体 V-I 曲线相对于零电流轴的对称性也将发生变化, 图中仅给出了一种电流方向的情况. 由图中可以看到, 锰氧化物中的电流使得曲线沿着电流轴平移, 同时相应于零电压的曲线的平坦部分减短. 曲线的移位是因为通过锰氧化物的部分电流因为超导体的零电阻率而流经超导体的结果. 这使得超导体薄膜中沿一个方向上施加的电流增加, 而沿另一个方向上施加的电流减少. 曲线对称点相对零电流点的偏移可以作为注入超导体中电流的量度. 图 4-51 下半部分给出了不同温度下临界电流同注入电流的关系, 可以看到随着注入电流的升高, 临界电流下降, 并且使临界电流降为零所需的注

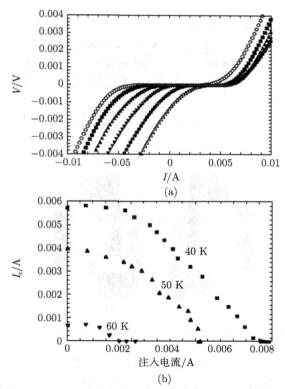

图 4-51 给锰氧化物施加与超导体中电流相平行的电流时超导体中的 V-I 特性曲线 (a) 和不同温度下临界电流同注入电流的关系 (b)

入电流同零注入时的临界电流可相比拟. 而对温度极为敏感的超导体正常态下电阻率–温度曲线基本上与注入电流无关, 这排除了热效应引起上述现象的可能性. 而将 $La_{2/3}Sr_{1/3}MnO_3$ 换为 Au 薄膜, 发现此时临界电流只有很少的变化, 这就证明了是自旋注入而不是简单的非极化载流子注入导致了上述效应.

采用高温超导体和锰氧化物制成标准的准粒子注入结构能保证准粒子能被完全而直接地注入到高温超导层中[155]. 这一结构如图 4-52 所示, 具有 $YBa_2Cu_3O_7/$ $LaAlO_3/Nd_{0.7}Sr_{0.3}MnO_3$ 结构. 若将 CMR 材料层换为普通的非磁性金属氧化物 $LaNiO_3$(LNO), 则电子源变为非极化的, 两种结构的结果可以相比较. 这两种结构的超导体层的临界电流 I_C 同注入电流 I_{inj} 的关系如图 4-53 所示. 采用非极化电子源 LNO 时, 增益 G(定义为 $G = \Delta I_C/I_{inj}$, ΔI_C 为临界电流的减少量) 很低, 只有 $0.01 \sim 0.1$; 而采用极化电子源 $Nd_{0.7}Sr_{0.3}MnO_3$ 时较采用非极化电子源要高很多, 为 $10 \sim 30$. 这些试验结果对目前关于高温超导体的理论如 s 和 d 波超导体以及超导体中的自旋电荷分离有很大的意义. 高温超导体中的粒子注入不仅对新器件有潜在的意义, 对理论上凝聚态物理中一些前沿问题的理解也很有帮助.

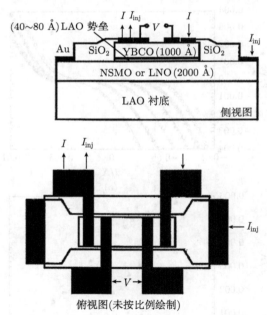

图 4-52　$YBa_2Cu_3O_7/LaAlO_3/Nd_{0.7}Sr_{0.3}MnO_3$ 结构的准粒子注入结构

由以上论述可以看到, CMR 材料不仅仅从磁阻效应方面看来具有很大的应用价值, 它们的一些其他特殊性质也有潜在的应用前景, 可以制成新颖的电子器件. 同时, 对这些器件性质的研究也会有助于我们对这类材料潜在机制的理解.

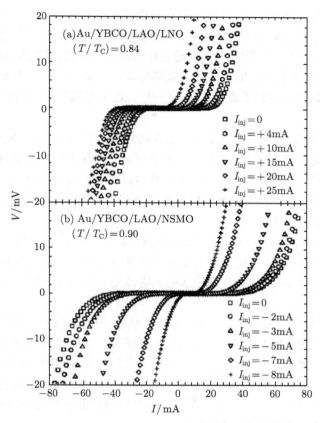

图 4-53　分别使用 CMR 材料 (b) 和使用 LaNiO$_3$(LNO)(a) 的自旋注入结构的超导体层的
临界电流 I_C 同注入电流 I_{inj} 的关系

4.7　庞磁电阻材料目前存在的问题和展望

对庞磁电阻效应以及与此相关的丰富的物理现象的研究仍然面临着许多挑战和新的课题. 首先锰氧化物作为一种典型的强关联电子体系, 还有很多深层次的物理问题没有得到解决; 而钙钛矿锰氧化物作为潜在的自旋电子学应用材料而言, 也还有一系列问题必须得到解决. 通过上面对锰氧化物及其应用研究现状的评述, 我们可以看到如下一些问题亟待解决:

(1) 锰氧化物庞磁电阻效应的机制问题. 虽然越来越多的试验证据证明锰氧化物的基态是不均匀的, 正是相分离引起了锰氧化物各种奇异的性质如庞磁电阻效应. 然而, 目前不仅缺乏定量的理论计算结果, 在相分离的认识上也还有一系列问题. 例如, 相分离态同自旋玻璃态有何区别; 相分离中各团簇的尺度是多少以及库仑相互作用的效果到底如何, 在哪个温度范围内相分离消失, 高温和低温下的输运性质的机制是什么? 这些问题都还未得到解决. 而最近研究者又在锰氧化物中发现了电荷密度波的存在[156~158], **一系列理论和试验研究证实, 锰氧化物中铁磁金属相和电荷/轨道有序的反铁磁相之间存在双临界竞争现象**[159~163], **而无序也在庞磁电阻效应和相分离态中起到了重要作用**[162~165]. **这又对锰氧化物的研究提出了新的挑战和课题**.

(2) 锰氧化物仅在较低的温度下才能保持较高的自旋极化率, 随着温度的上升, 自旋极化率迅速下降, 必须提高高温甚至是室温下系统的自旋极化率.

(3) 锰氧化物多晶系统的低场磁电阻效应仅在较低温度下才比较显著, 室温附近这一效应较弱. 4.5 节中所述的集中方法虽然能使得低场磁电阻效应获得增强, 但离实际应用尚有差距.

(4) 锰氧化物多层膜的制备技术以及与硅集成问题. 由于锰氧化物物理性质对结构的高度敏感性, 稳定可控的薄膜制备工艺是深入研究锰氧化物各种性质以及自旋隧道结中自旋输运的前提, 与硅技术的兼容性是自旋电子学锰氧化物器件应用的基本工艺问题.

总之, 从锰氧化物发现以来, 对这种强关联电子体系的研究取得了巨大的进步, 但也还存在大量的问题和挑战. 对锰氧化物的研究一方面对强关联电子体系物理乃至整个凝聚态物理学都有重要的意义, 对目前人们尚未解决的一些物理问题如高温超导铜氧化物有较大的借鉴作用, 必将推动这些方面认识的进步; 另一方面, 锰氧化物在自旋电子学中也有巨大的应用前景, 对锰氧化物的研究也必将进一步推动实用化的锰氧化物自旋电子器件的发展.

刘俊明　王克锋

南京大学物理学院、固体微结构物理国家重点实验室

刘俊明, 南京大学物理学院教授. 近几年主要研究领域包括多铁性物理、关联电子氧化物体系中的量子相变与电子相分离、铁电与弛豫铁电体物理、微磁学与材料过程的计算机模拟等. 已在 *Science*、*Adv. Phys.*、*Adv. Mater.*、*PRL*、*PRB*、*APL* 六个刊物上发表论文 100 余篇, 研究工作他引 4000 余次. 主持和参与承担国家自然科学各类基金 16 项, "973" 课题 3 项. 1997 年获得国家杰出青年科学基金, 1998 年获霍英东教育基金会高校研究一等奖. 2004 年被评为教育部长江特聘教授.

王克锋, 南京大学固体微结构物理国家重点实验室专职副研究员、博士. 主要从事强关联电子系统和新型量子材料的探索合成以及物性研究, 在 *Phys. Rev. Lett.*、*Advance in Physics* 等物理学重要期刊发表论文 30 余篇.

参 考 文 献

[1] Jonker G, van Santen J. Physica, 1950, 16: 337.

[2] Searle C W, Wang S T. Can. J. Phys., 1969, 47: 2023.

[3] Kubo K, Ohata N. J. Phyd. Soc. Jpn., 1972, 33: 21.

[4] Zener C. Phys. Rev., 1951, 82: 403.

[5] Chabara K, Ohno T, Kasai M, et al. Appl. Phys. Lett., 1993, 63: 1990.

[6] von Helmolt R, Wocker J, holzapfel B, et al. Phys. Rev. Lett., 1993, 71: 2331.

[7] Jin S, Tiefel T H, mcCormack M, et al. Science, 1994, 264: 413.

[8] Tokura Y, Urushibara A, Moritomo Y, et al. J. Phys. Soc. Jpn., 1994, 63: 3931.

[9] Asamitsu A, Moritomo Y, Tomooka Y, et al. Nature, 1995, 373: 407.

[10] Jahn H A, Teller E. Proc. Roy. Soc. A , 1937, 161: 220.

[11] Janker G H, Van Santen J H. Physica, 1950, 16: 337.

[12] Urushibara A, Moritimo Y, Arima T, et al. Phys. Rev. B, 1995, 51: 14103.

[13] Tokura Y, Urushibara A, Moritimo Y, et al. J. Phys. Soc. Jpn., 1994, 63: 3931.

[14] Anderson P W, Hasegawa H. Phys. Rev., 1955, 100: 67.

[15] Pickett W E, Singh D J. Phys. Rev. B, 1996, 53: 1146.

[16] Park J H, Vescovo E, Kim H J, et al. Nature, 1998, 392: 794.

[17] Kanamori J. J. Appl. Phys., 1960, 31: 14S; Bozin E S, Schmidt M, DeConinck A J, et al. Phys. Rev. Lett., 2007, 98: 137203.

[18] Wollan E O, Koehler W C. Phys. Rev., 1995, 100: 54.

[19] de Gennes P G. Phys. Rev., 1960, 118: 141.

[20] Tokura Y. J. Phys. Soc. Jpn., 1994, 63: 393.

[21] Urushibara A, Moritomo Y, Arima T, et al. Phys. Rev. B, 1995, 51: 14103.

[22] Neumeier J J, Hundley M F, Thompson J D, et al. Phys. Rev. B, 1995, 52: R7006.

[23] Ramirez A P, Schiffer P, Cheong S W, et al. Phys. Rev. Lett., 1996, 76: 3188.

[24] Dagotto E, Hotta T, Moreo A. Phys. Rep., 2001, 344: 1.

[25] Kajimoto R, Yoshizawa H, Kawano H, et al. Phys. Rev. B, 1999, 60: 9506.

[26] Hwang H Y, Cheong S W, Radaelli P G,et al. Phys. Rev. Lett., 1995, 75: 914.

[27] Moritomo Y, Asamitsu A, Tokura Y. Phys. Rev. B, 1995, 51: 16491.

[28] Neumeier J J, Hundley M F, Thompson J D, et al. Phys. Rev. B, 1995, 52: R7006.

[29] Zhou J S, Archibald W, Goodenough J B. Nature, 1996, 381: 770.

[30] Ramirez A P. J. Phys. Condens. Matter., 1997, 9: 8171.

[31] Tomioka Y, Kuwahara H, Asamitsu A, et al. Appl. Phys. Lett., 1997, 70: 3609.

[32] Kimura T, Tokura Y. Ann. Rev. Mater. Sci., 2000, 30: 451.

[33] Moritomo Y, Asamitsu A, Kuwahara H, et al. Nature(London), 1996, 380: 141.

[34] Kimura T, Tomioka Y, Kuwahara H, et al. Science, 1996, 274: 1698.

[35] Briceno G, Chang H, Sun X D, et al. Science, 1995, 270: 273.

[36] Shimakawa Y, Kubo Y, Manako T. Nature, 1996, 379: 53.

[37] Ramirez A P, Cava R J, Krajewski J. Nature, 1997, 386: 156.

[38] Tokura Y, Nagaosa N. Science, 2000, 288: 21.

[39] Wollan E, Koehler K. Phys. Rev., 1955, 100: 545.

[40] Yakel H L. Acta Crystallogr, 1955, 8: 394.

[41] Huang Q, Santoro A, Lynn J W, et al. Phys. Rev. B, 1997, 55: 14987.

[42] Maezono R, Ishihara S, Nagaosa N. Phys. Rev. B, 1998, 58: 11583.

[43] Chen C H, Cheong S W. Phys. Rev. B, 1996, 76: 4042.

[44] Tokura Y, Tomioka Y. J. Magn. Magn. Mater., 1999, 200: 1; Mori S, Chen C H, Ceong S W. Nature, 1998, 392: 473; Demko L, Kezsmarki I, Mihaly G, et al. Phys. Rev. Lett., 2008, 101: 037206.

[45] Kajimoto R, Yoshizawa H, Kawano H, et al. Phys. Rev. B, 1999, 60: 9506.

[46] Kawano H, Kajimoto R, Yoshizawa Y, et al. Phys. Rev. Lett., 1997, 78: 4253.

[47] Moritomo Y, Asamitsu A, Kuwahara H, et al. Nature, 1996, 380: 141.

[48] Sternlieb B J, Hill J P, Wildgruber U C, et al. Phys. Rev. Lett., 1996, 76: 2169.

[49] Sternlieb B J, Hill J P, Wildgruber U C, et al. Phys. Rev. Lett., 1996, 76: 2169; Murakami Y, Hill J P, Gibbs D, et al. Phys. Rev. Lett., 1998, 81: 582.

[50] Li X, Gupta A, Xiao G, et al. Appl. Phys. Lett., 1997, 71: 1124.

[51] Kimura T, Kumai R, Tokura Y, et al. Phys. Rev. B, 1998, 58: 11081.

[52] Kubota M, Fujioka H, Ohayama K, et al. Phys. Chem. Solids, 1999, 60: 1161; Saniz R, Norman N R, Freeman A J. Phys. Rev. Lett., 2008, 101: 236402.

[53] Kuwahara H, Tomioka Y, Asamitsu A, et al. Science, 1995, 270: 961.

[54] Tokura Y, Kuwahara H, Moritomo Y, et al. Phys. Rev. Lett., 1996, 73: 3184.

[55] Tokunaga M, Miura N, Tomioka Y, et al. Phys. Rev. B, 1998, 57: 5259.

[56] Saitoh E, Okamoto S, Takahashi K T, et al. Nature, 2001, 410: 180.

[57] Ishihara S, Inoue J, Maekawa S. Phys. Rev. B, 1997, 55: 8280.

[58] Ishihara S. Phys. Rev. B, 2004, 69: 075118; Fang Z, Nagaosa N. Phys. Rev. Lett., 2004, 93: 176404.

[59] Martin-Carron L, de Andres A. Phys. Rev. Lett., 2004, 92: 175501.

[60] Jaime M, Salamon M B, Pettit K, et al. Appl. Phys. Lett., 1996, 68: 1576; Palstra T, Ramirez A, Cheong S W, et al. Phys. Rev. B, 1997, 56: 5104; Jaime M, Hardner H, Salamon M, et al. Phys. Rev. Lett., 1997, 78: 951; Chun S, Salamon M, Han P. J. Appl. Phys., 1999, 85: 5573.

[61] 李正中. 固体理论. 第二版. 北京: 高等教育出版社, 2002: 343.

[62] Coey J, Viret M, Ranno L, et al. Phys. Rev. Lett., 1995, 75: 3910.

[63] Ziese M, Srinitiwarowong C. Phys. Rev. B, 1998, 58: 11519.

[64] Jakob G, Westerburg W, Martin F, et al. Phys. Rev. B, 1998, 58: 14966.

[65] Zhou J S, Goodenough J B, Mitchell J F. Phys. Rev. B, 1998, 58: R579.

[66] Liu C J, Sheu C S, Huang M S. Phys. Rev. B, 1998, 61: 14323.

[67] Jung W H. J. Mater. Sci. Lett., 2000, 19: 1307.

[68] Hur N H, Kim J T, Yoo K H, et al. Phys. Rev. B, 1998, 57: 10740.

[69] Cohn J. J Supercond., 2000, 13: 291.

[70] Kubo K, Ohata N. J. Phys. Soc. Japan, 1972, 33: 21.

[71] Schiffer P, Ramirez A P, Bao W, et al. Phys. Rev. Lett., 1995, 75: 3336.

[72] Snyder G J, Hiskes R, DiCarolis S, et al. Phys. Rev. B, 1996, 53: 14434.

[73] Lee J D, Min B I. Phys. Rev. B, 1997, 55: 12454.

[74] Lanzara A, Saini N L, Brunelli M, et al. Phys. Rev. Lett., 1998, 81: 878.

[75] Zhao Y G, Li J J, Shreekala R, et al. Phys. Rev. Lett., 1998, 81: 1310.

[76] Booth C H, Bridges F, Kwei G H, et al. Phys. Rev. Lett., 1998, 80: 853.

[77] Dessau D S, Saitoh T, Park C H, et al. Phys. Rev. Lett., 1988, 81: 192.

[78] De Teresa J M, Ibarra M R, Algarabel P A, et al. Nature, 1997, 386: 256.

[79] Dagotto E, Hotta T, Moreo A. Phys. Rep., 2001, 344: 1.

[80] Moreo A, Yunoki S, Dagotto E. Science, 1999, 283: 2034.

[81] Anderson P, Hasegawa H. Phys. Rev., 1955, 100: 675.

[82] Millis A J, Shraiman B I, Littlewood P B. Phys. Rev. Lett., 1995, 74: 5144.

[83] Millis A J, Shraiman B I, Mueller R. Phys. Rev. Lett., 1996, 77: 175.

[84] Hotta T, Malvezzi A, Dagotto E. Phys. Rev. B, 2000, 62: 9432.

[85] Zang J, Bishop A R, Roder H. Phys. Rev. B, 1996, 53: R8840.

[86] Kanamori J. Appl. J. Phys., 1960, 31(Suppl.): 14S.

[87] Yunoki S, Hu J, Malvezzi A L, et al. Phys. Rev. Lett., 1998, 80: 845.

[88] Dagotto E, Yunoki S, Malvezzi AL, et al. Phys. Rev. B, 1998, 58: 6414.

[89] Moreo A, Mayr M, Feiguin A, et al. Phys. Rev. Lett., 2000, 84: 5568.

[90] Yunoki S, Moreo A. Phys. Rev. Lett., 2000, 84: 6403; Sen C, Alvarez G, Dagotto E. Phys. Rev. Lett., 2007, 98: 127202.

[91] Yunoki S, Moreo A, Dagotto E. Phys. Rev. Lett., 1998, 81: 5612; Shenoy V B, Gupta T, Krishnamurthy H R, et al. Phys. Rev. Lett., 2008, 98: 097201.

[92] Uehara M, Mori S, Chen C H, et al. Nature, 1999, 399: 560.

[93] Blasco J, Garcia J, de Teresa J M, et al. J. Phys. Condens. Matter., 1996, 8: 7427.

[94] Lynn J W, Erwin R W, Borchers J A, et al. Phys. Rev. Lett., 1996, 76: 4046.

[95] Fernandez-Baca J A, Dai P, Hwang H Y, et al. Phys. Rev. Lett., 1998, 80: 4012.

[96] Vasiliu-Doloc L, Lynn J W, Moudden A H, et al. Phys. Rev. B, 1998, 58: 14913.

[97] Vasiliu-Doloc L, Lynn J W, Mukovskii Y M, et al. J. Appl. Phys., 1998, 83: 7342.

[98] Allodi G, De Renzi R, Guidi G, et al. Phys. Rev. B, 1997, 56: 6036.

[99] Deac I G, Diaz S V, Kim B G, et al. Phys. Rev. B, 2002, 65: 174426.

[100] Renner Ch, Aeppli G, Kim B G, et al. Nature, 2002, 416: 518.

[101] Mayr M, Moreo A, Verges J A, et al. Phys. Rev. Lett., 2001, 86: 135.

[102] Burgy J, Mayr M, Marin-Mayor V, et al. Phys. Rev. Lett., 2001, 87: 277202.

[103] Zhang L W, Israel C, Biswas A, et al. Science, 2002, 298: 805; Singh-Bhalla G, Selcuk S, Dhakal T, et al. Phys. Rev. Lett., 2009, 102: 077205.

[104] Fath M, Freisem S, Menovsku A A, et al. Science, 1999, 285: 1540.

[105] Liu J -M, Zhou X H, Chen X Y, et al. Appl. Phys. Lett., 2002, 81: 4014; Liu J M, Yang Y, Zhou X H, et al. Material Science and Engineering B, 2003, 99: 558.

[106] Akahoshi D, Uchida M, Tomioka Y, et al. Phys. Rev. Lett., 2003, 90: 172203; Mathieu R, Akahoshi D, Asamitsu A, et al. Phys. Rev. Lett., 2004, 93: 227202.

[107] Sato T J, Lynn J W, Dabrowski B. Phys. Rev. Lett., 2004, 93: 267204; Sen C, Alvarez G, Dagotto E. Phys. Rev. B, 2004, 70: 064428.

[108] Ahn K H, Lookman T, Bishop A R. Nature, 2004, 428: 401.

[109] Iguchi I, Yamaguchi T, Sugimoto A. Nature, 2001, 412: 420; Pan S H, O'Neal J P, Badzey R L, et al. Nature, 2001, 413: 282.

[110] Li X W, Gupta A, Xiao G, et al. Appl. Phys. Lett., 1997, 71: 1124.

[111] Hwang H Y, Cheong S W, Ong N P, et al. Phys. Rev. Lett., 1996, 77: 2041.

[112] Schiffer P, Ramirez A P, Bao W, et al. Phys. Rev. Lett., 1995, 75: 3336.

[113] Zhang N, Ding W P, Zhong W, et al. Phys. Rev. B, 1997, 56: 8138.

[114] Paychaudhuri P, Sheshadri K, Taneja P, et al. Phys. Rev. B, 1999, 59: 13919.

[115] Gu R Y, Xing D Y, Dong J M. J. Appl. Phys., 1996, 80:7163-7165; Pin L, Xing D X, Dong J M. J. Magn. Magn. Mater., 1999, 202: 405.

[116] Wang X L, Dou S X, Liu H K, et al. Appl. Phys. Lett., 1998, 73: 396.

[117] Peng H B, Zhao B R, Xie Z, et al. Appl. Phys. Lett., 1999, 74: 1606.

[118] Bibes M, Hrabovsky D, Martinez B, et al. J. Appl. Phys., 2001, 89: 6958.

[119] Zies M, Martinez B, Fontuberla J, et al. Appl. Phys. Lett., 1999, 74: 1481.

[120] Bibes M, Martinez B, Fontuberla J, et al. Appl. Phys. Lett., 1999, 75: 2120.

[121] Barcells L, Carrillo A E, Martinez B, et al. Appl. Phys. Lett., 1999, 74: 4014.

[122] Petrov D K, Kncsin-Elbaum L, Sun J Z, et al. Appl. Phys. Lett., 1999, 75: 995.

[123] Liu J M, Huang Q, Li J, et al. J. Appl. Phys., 2000, 88: 2791.

[124] Liu J M, Li J, Huang Q, et al. Appl. Phys. Lett., 2000, 76: 2286.

[125] Liu J M, Yuan G L, Liu Z G, et al. Appl. Phys. A, 2001, 73: 625.

[126] Liu J M, Yuan G L, Sang H, et al. Appl. Phys. Lett., 2001, 78: 1110.

[127] Hamaya K, Tariyama T, Yamazaki Y. J. Appl. Phys., 2001, 89: 6320.

[128] Liu J M, Huang Q, Li J, et al. Phys. Rev. B, 2000, 62: 8976-8982.

[129] Li J, Liu J M, Huang Q, et al. J. Magn. Magn. Mater., 1999, 202: 285.

[130] Wolfman J, Haghiri A M, Raveau B, et al. J. Appl. Phys., 2001, 89: 6955.

[131] Kolesnik S, Dabrowski B, Bukowski Z, et al. J. Appl. Phys., 2001, 89: 1271.

[132] Tao T, Cao Q Q, Gu K M, et al. Appl. Phys. Lett., 2000, 77: 723.

[133] Yu L, Li X W, Gong G Q, et al. Phys. Rev. B, 1996, 54:R8357-R8360.

[134] Sun J Z, Krusin-Elbaum L, Duncombe P R, et al. Appl. Phys. Lett., 1997, 70: 1769.

[135] Jo M H, Mathur N D, Todd N K, et al. Phys. Rev. B, 2000, 61: R14905-R14908.

[136] Ozkaya D, Petford-Long A K, Jo M H, et al. Appl. Phys. Lett., 2001, 89: 6757-6759.

[137] Sun J Z, Abraham D W, Roche K, et al. Appl. Phys. Lett., 1998, 73: 1008-1010.

[138] Ghosh K, Ogale S B, Pai S P, et al. Appl. Phys. Lett., 1998, 73: 689.

[139] Julliere M. Phys. Rev. A, 1975, 54: 225.

[140] De Teresa J M, Barthelemy A, Fert A, et al. Science, 1999, 286: 507.

[141] Gu R Y, Sheng L, Ting C S. Phys. Rev. B, 2001, 63: 20406.

[142] Pin L, Xing D X, Dong J M. Phys. Rev. B, 1999, 60: 4235.

[143] North S, Nath T K, Eom C B, et al. Appl. Phys. Lett., 2001, 79: 233.

[144] Sugiura M, Uragou K, Noda M, et al. Jpn. J. Appl. Phys., 1999, 38: 2675.

[145] Tanaka H, Zhang J, Kawai T. Phys. Rev. Lett., 2002, 88: 027204.

[146] Zhang J, Tanaka H, Kawai T. Appl. Phys. Lett., 2002, 80: 4378.

[147] Ogale S B, Chen V, Ramesh R, et al. Phys. Rev. Lett., 1996, 77: 1159.

[148] Mathews S, Ramesh R, Venkatesan T, et al. Science, 1997, 276: 238.

[149] Schneemeyer L F, Waszczak J V, Zahorak S M, et al. Mater. Res. Bull., 1987, 22: 1467.

[150] Satpathy S, Popovic Z S, Vukajlovic F R. Phys. Rev. Lett., 1996, 76: 960.

[151] Pickett W E, Singh D J. Phys. Rev. B, 1996, 53: 1146.

[152] Sun J Z, Krusin-Elbaum L, Duncombe P R, et al. Appl. Phys. Lett., 1997, 70: 1769.

[153] Park J H, Vescova E, Kim H J, et al. Phys. Rev. Lett., 1998, 81: 1953.

[154] Vasko V A, Larkin V A, Kraus P A, et al. Phys. Rev. Lett., 1997, 78: 1134;
Niebieskikwiat D, Hueso L E, Borchers J A, et al. Phys. Rev. Lett., 2007, 99: 247207.

[155] Dong Z W, Ramesh R, Venkatesan T, et al. Appl. Phys. Lett., 1997, 71: 1718.

[156] Chuang Y D, Gromoko A D, Dessau D S, et al. Science, 2001, 292: 1509.

[157] Kida N, Tonouchi N. Phys. Rev. B, 2002, 66: 024401.

[158] Nucara A, Maselli P, Calvani P, et al. Phys. Rev. Lett., 2008, 101: 066407.

[159] Tokura Y. Rep. Prog. Phys., 2006, 69: 797.

[160] Akahoshi D, Uchida M, Tomioka Y, et al. Phys. Rev. Lett., 2005, 90: 177203.

[161] Mathieu R, Akahoshi D, Asamitsu A, et al. Phys. Rev. Lett., 2004, 93: 227202.

[162] Sato T J, Lynn J W, Dabrowski B. Phys. Rev. Lett., 2004, 93: 267204.

[163] Motome Y, Furukawa N, Nagaosa N. Phys. Rev. Lett., 2004, 91: 167204.

[164] De Teresa J M, Algarabel P A, Ritter C, et al. Phys. Rev. Lett., 2005, 94: 207205.

[165] Nair S, Banerjee A. Phys. Rev. Lett., 2004, 93: 117204.

第5章 稀磁半导体的研究进展

5.1 引　言

人们对半导体的研究已经超过了整整一个世纪, 我们的日常生活也变得和半导体密不可分. 可是在这段漫长的时间里, 人们对半导体的利用仅仅是操作了其电子电荷自由度, 而它的电子自旋自由度似乎一直受到人们的冷落. 举一个简单的例子, 当我们打开计算机的主机, 就会看到计算机的两个关键功能分别通过半导体材料和磁性材料来实现: 信息的加工和临时存储靠半导体集成电路进行, 操作的是半导体中电子电荷自由度; 信息的非挥发性存储由磁性存储器件执行, 操作的是磁性材料的电子自旋自由度. 半导体自旋电子学 (semiconductor spintronics) 则试图改变这种现代信息处理技术的模式, 即操作半导体中的电子自旋自由度或同时操作半导体中的电子自旋和电子电荷两个自由度来进行信息的加工处理、存储乃至输运[1]. 半导体自旋电子学实际上是为满足信息技术的超高速、超宽带和超大容量发展趋势而迅速发展起来的一门新兴前沿学科, 它涉及了凝聚态物理、新型材料和半导体器件工艺等多个领域, 其目的是实现电子学、光子学和磁学三者的最终融合, 从而提升现有器件的功能和开发新一代半导体自旋器件, 并利用半导体中的电子自旋构建进行固态量子计算的量子比特. 如果半导体自旋电子学研究的目标能够实现, 将对未来的信息技术产生深刻的影响, 带来巨大的经济效益.

半导体自旋电子学可以划分为半导体磁电子学 (semiconductor magneto-electronics) 和半导体量子自旋电子学 (semiconductor quantum spin electronics) 两个主要研究方向[2]. 前者试图通过使用磁性半导体或者半导体与磁性材料的异质结构将磁功能结合到非磁性半导体 (如 Si 和 GaAs 等) 器件或电路中, 换言之, 将磁与电和光结合到一起, 形成所谓的 "金三角"(golden triangle). 人们期望通过半导体磁电子学的研究得到多功能、高性能、超高速和低功耗的半导体自旋电子器件, 如自旋场效应晶体管 (spin-FET)、自旋发光二极管 (spin-LED)、自旋共振磁隧道结 (spin-RTD)、光隔离器 (optical isolator)、磁传感器 (magnetic sensor) 和非挥发存储器 (nonvolatile memory) 等. 迄今为止, 几个实验室已经设计并制备出一些半导体自旋相关的概念型器件, 只是工作温度等性能参数尚不能满足实际需要[3~6]. 半导体量子自旋电子学则致力于利用半导体中自旋的量子相干过程实现固态量子计算和量子通信. 已有研究结果表明: 非磁性半导体中各种自旋具有相当长的相干时间, 并且可以用光或电来控制, 这对于实现固态量子计算和量子通信有着特别重要的意义[7~9].

前面提到可以利用磁性半导体或者半导体与磁性材料的异质结构实现对半导体中电子自旋自由度的操作, 因此磁性半导体材料的研究近年来受到人们的高度关注, 已成为半导体自旋电子学的研究前沿.

关于磁性半导体的研究可以追溯到 20 世纪 60 年代. 我们首先来简单回顾一下关于浓缩磁性半导体 (concentrated magnetic semiconductor) 的研究进展. 所谓浓缩磁性半导体即在每个晶胞相应的晶格位置上都含有磁性元素原子的磁性半导体, 如 Eu 或 Cr 的硫族化合物: 岩盐结构 (NaCl-type) 的 EuS 和 EuO 以及尖晶石结构 (spinels) 的 $CdCr_2S_4$ 和 $CdCr_2Se_4$ 等[10], 这些浓缩磁性半导体也被称为第一代磁性半导体.

Eu 硫族化合物居里温度很低, 如未掺杂 EuS 和 EuO 的最高居里温度分别为 16.5 K 和 69.3K, 即使掺入 4%的 Gd, EuO 的最高居里温度也只能达到 170K, 远低于实际应用的要求, 但是 Eu 硫族化合物的自旋磁矩很大, 每个 Eu^{2+}(基态为 $^8S_{7/2}$) 的自旋磁矩为 $7\mu_B$(μ_B 为玻尔磁子)[11~13]. 相对于岩盐结构的 Eu 硫族化合物而言, 尖晶石结构的 $CdCr_2S_4$ 和 $CdCr_2Se_4$ 的结构较为复杂, 每个晶胞中有 56 个原子, S 或 Se 阴离子形成了一个立方密堆积晶格, Cd 阳离子占据了合成的四面体位置, Cr 阳离子占据了八面体位置, $CdCr_2S_4$ 和 $CdCr_2Se_4$ 的居里温度也很低, 分别为 84.5K 和 129.5K, 每个晶胞自旋磁矩分别为 $5.2\mu_B$[14,15]. 巡游载流子和磁性离子的局域电子之间相互作用使得这些浓缩磁性半导体具有一些引人注目的物理性质, 尤其在金属-绝缘体相变点附近的光学和输运性质强烈地依赖于磁矩和外加磁场. 20 世纪 60 年代末至 70 年代初人们对它们进行了广泛的研究, 在基本磁性质、磁光和磁输运特征方面取得了一些重要的研究成果, 现在备受重视的重费米子体系就是那时众多研究结果的副产品之一. 最近的研究结果表明, 掺杂的 Eu 硫族化合物靠近导带边的电子具有 100%自旋极化度, 并且适当的掺杂浓度可以使这类材料的电导率与半导体相匹配, 如果不是因为居里温度太低, 这类材料也可以作为理想的完全自旋极化的源材料[10].

限制浓缩磁性半导体实际应用的不仅仅是其远低于室温的居里温度, 高质量的浓缩磁性半导体薄膜及其异质结构的生长制备和加工方面也存在着难以克服的困难, 因此, 迄今为止这些岩盐结构和尖晶石结构的磁性半导体主要用于基础研究和概念型器件的研究.

进入 20 世纪 80 年代, 人们开始关注稀磁半导体 (diluted magnetic semiconductor) 即少量磁性元素与 II-VI 族非磁性半导体形成的合金, 如 (Cd,Mn)Te 和 (Zn,Mn)Se 等[16], 这些 II-VI 族稀磁半导体可以称为第二代磁性半导体. II-VI 族半导体中的 II 族元素被等价的磁性过渡族金属原子替代, 能够获得较高的磁性原子浓度, 可达到 10%~25%. 这些 II-VI 族稀磁半导体仍保持闪锌矿结构或纤锌矿结构, 替代的磁性 Mn 离子处于一个四面体环境, 且 Mn 离子是二价的, 既不供给载流子, 也不束缚载流子, 但引入了局域自旋. 阴离子 p 态和 Mn d 态之间的自旋相关杂化导致了超交换作用 —— 一种 Mn 磁矩之间的短程反铁磁性耦合. 由于在这种稀磁半导体中, 替代二价阳离子的二价 Mn 离子是稳定的, 产生的载流子不仅很少, 而且也很难控制, 所以这种稀磁半导体经常是绝缘体. II-VI 族稀磁半导体的磁性质受局域自旋之间的反铁磁性超交换作用控制, 不同的磁性原子浓度和不同的温度条件可以导致顺磁、自旋玻璃或反铁磁等不同磁性行为. 许多 II-VI 族稀磁半导体的光学性质如法拉第 (Faraday) 效应可以被外加磁场大幅度地调制, 利用块状 (Cd,Mn)Te 和 (Cd,Hg,Mn)Te 晶体的巨法拉第效应和高透明度等特点制备出的波长为 0.98μm 的光隔离器已经实现商品化[17].

虽然 II-VI 族稀磁半导体相对容易制备, 但是若掺杂成 n 型或 p 型却是非常困难的, 这严重地限制了其实际应用. 尽管如此, 人们对 II-VI 族稀磁半导体的研究和探索一直没有放弃, 近年来, 又不断地取得一些新进展. 例如, 一些 II-VI 族稀磁半导体在极低温度下呈现出铁磁性, 最近, Saito 等宣布得到了居里温度接近室温的 II-VI 族稀磁半导体 (Zn,Cr)Te[18], 但是其室温铁磁性机制还有待于分析确定. 此外, II-VI 族稀磁半导体的纳米结构如 (Cd,Mn)Se 量子线和量子点以及 (Cd,Mn)Te 量子线和量子点也被广泛研究[19,20].

20 世纪 80 年代末和 90 年代中期, 利用低温分子束外延技术 (LT-MBE) 生长的 Mn 掺杂 III-V 族稀磁半导体 (In,Mn)As 和 (Ga,Mn)As 等引起了人们的高度关注[21,22], 我们可以称以 (Ga,Mn)As 为代表的 III-V 族稀磁半导体为第三代磁性半导体. 这些 III-V 族稀磁半导体很容易与 III-V 族非磁性半导体 GaAs、AlAs、(Ga,Al)As 和 (In,Ga)As 等结合形成异质结构, 并且与呈现巨磁阻 (GMR) 效应的金属多层膜类似, 其异质结构中也存在着自旋相关的散射、层间相互作用耦合、隧穿磁阻等现象. 更有意义的是, 几个实验室已经得到了 III-V 族稀磁半导体自旋相关器件的一些雏形. 例如, Ohno 实验室设计制备出 (Ga,Mn)As 基自旋光发射二极管和 (In,Mn)As 基自旋场效应晶体管等[23,24]. 可以说, (Ga,Mn)As 等 III-V 族稀磁半导体的问世揭开了磁性半导体研究新的一页. 目前, (In,Mn)As 和 (Ga,Mn)As 的居里温度分别低于 90K 和 191K[25,26], 尚不能满足实际工作要求. Dietl 等用平均场模型计算得出一些半导体 (包括 III-V、II-VI 和 IV 族) 的居里温度在 Mn 掺杂含量和空穴浓度达到一定水平时可以提高到室温以上[27], 因此, 提高稀磁半导体的居里温度、探索新的磁性半导体材料已经成为目前半导体自旋电子学研究的一个热点.

稀磁半导体涵盖的物理内容非常丰富和深入, 单从种类上就可以划分为 III-V、II-VI、IV 和 IV-VI 族等稀磁半导体. 十余年来人们对 (Ga,Mn)As 已经开展了大量的研究工作, 它已经成为稀磁半导体材料大家族中的 "样板" 材料. 虽然目前还不

能预测将来 (Ga,Mn)As 的居里温度能否真正提高到室温以上, 但是毫无疑问, 关于 (Ga,Mn)As 已有的研究积累可以为探索其他可实用的稀磁半导体材料以及相关自旋器件提供有价值的参考数据. 基于这个缘故, 本章将侧重于介绍III-V族稀磁半导体 (Ga,Mn)As 的研究进展, 包括 (Ga,Mn)As 的生长制备、基本磁性质、磁输运特征、磁光性质、磁性起源、提高 (Ga,Mn)As 居里温度的途径、相关的异质结构、自旋注入等, 同时在本章还将简单介绍其他稀磁半导体如 IV、III - VI和IV–VI族等稀磁半导体的研究进展, 在本章的最后将描述理想的稀磁半导体应该具备的特征以及对未来的展望.

5.2 (Ga,Mn)As 薄膜制备及其结构特征

虽然早在 20 世纪 60~70 年代人们就已经开始了 Mn 元素掺杂 GaAs 的光学和电学等基本物理性质的研究, 但是由于磁性元素在III-V族半导体中的溶解度极低 (约 0.01%), 这些材料不具有铁磁性质[28]. 为了观察稀磁系统中的磁相互作用现象, 磁性元素的原子浓度至少要达到几个百分点以上. LT-MBE 这一高度非平衡生长技术使得III-V族半导体中磁性元素的掺杂浓度超过其热平衡的溶解度极限成为可能, 目前, 人们已利用这一技术成功地在 GaAs 衬底上制备出 Mn 浓度高达几个百分点的 (Ga,Mn)As 外延薄膜[22].

(Ga,Mn)As 薄膜的生长一般在安装有固态 Ga、Mn、In、Al 和 As 源的 MBE 系统 (图 5-1) 上进行. (Ga,Mn)As 通常是在半绝缘的 GaAs (001) 衬底上外延生长的. 首先在经过清洗、除气和脱氧处理的 GaAs 衬底上生长一薄层 (约 100nm)GaAs 或 (Al,Ga)As 来平滑衬底表面, 生长温度为 580~600°C. 在生长 (Ga,Mn)As 之前通常将衬底温度降低至 250°C, 待温度稳定后同时打开 Ga、Mn 和 As 源炉的挡板进行 (Ga,Mn)As 的生长, 典型的生长速率为 0.6~1.2 μm/h, 并且生长过程中要一直保持 As 束流的稳定. 也有在生长 (Ga,Mn)As 薄膜前先在 250°C 生长一层低温 GaAs 平

图 5-1 用于制备 (Ga,Mn)As 等稀磁半导体薄膜的分子束外延设备

滑层的报道. 反射式高能电子衍射 (RHEED) 图像用来原位观察生长过程中的表面重构, 在 580~600°C 生长 GaAs 平滑层过程中, 表面重构为 (2×4), 降温到 520°C 以下时, 表面重构一直保持为 (4×4), 在 250°C 继续生长 GaAs 平滑层时表面重构为 (1×1), 即不存在重构 [图 5-2(a)], 生长过程中和生长后的 (Ga,Mn)As 表面重构均为 (1×2)[图 5-2(b)], 生长模式为二维层状生长 (图 5-3). 尽管 (Ga,Mn)As 的性质确实依赖于生长参数, 但是一旦生长条件在一个 MBE 系统上建立起来, (Ga,Mn)As 的性质是可以重复的. 例如, 给定 Mn 的浓度 x, 其居里温度可以保持在 $2000x\pm10$K. 当使

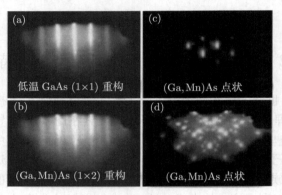

图 5-2   沿 [−110] 方向 RHEED 图像

(a) 250°C 时低温生长 GaAs; (b)250°C、(c)170°C 以及 (d)320°C 时生长 (Ga,Mn)As[28]

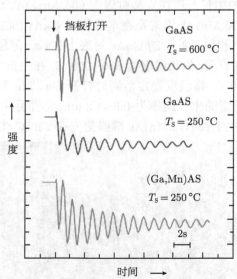

图 5-3   温度为 600°C 和 250°C 生长 GaAs 以及 250°C 生长 (Ga,Mn)As 时沿 [110] 方向的 RHEED 条纹强度随时间的振荡变化曲线[28]

用较低的生长温度时, RHEED 图像由条状变为点状 [图 5-2(c)], 表明生长模式由二维变成三维, 而材料则由单晶变成多晶. 当生长温度过高或 Mn 束流过强时, RHEED 图像显示有第二相 —— 六方 NiAs 结构的 MnAs 化合物出现 [图 5-2(d)][28].

(Ga,Mn)As 的晶体结构如图 5-4 所示, 掺杂的 Mn 原子可以占据 Ga 原子的晶格位置 ($\mathrm{Mn_{Ga}}$), 也可以进入晶格间隙位置 ($\mathrm{Mn_I}$), 形成间隙缺陷, 在低温外延生长过程中还会引入大量的 As 反位缺陷 ($\mathrm{As_{Ga}}$). 由于作为受主掺杂的 $\mathrm{Mn_{Ga}}$ 原子可以同时提供局域自旋和空穴, 因此在外延生长 (Ga,Mn)As 薄膜时, 不必再刻意掺杂其他元素就可以获得导电特征为 p 型的 (Ga,Mn)As.

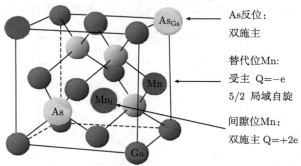

图 5-4　(Ga,Mn)As 的晶胞结构示意图

(Ga,Mn)As 的性质与 MBE 生长参数的关系相图示于图 5-5[28]. 可以用 X 射线衍射 (XRD) 或电子探针微观分析 (EPMA) 等方法确定 (Ga,Mn)As 中的 Mn 含

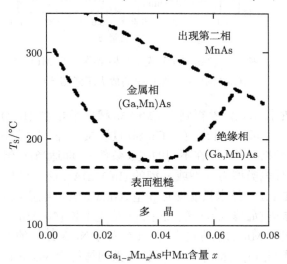

图 5-5　(Ga,Mn)As 的 MBE 生长相图

图中虚线只表示一个大致位置[28]

量. 在保证没有第二相出现的前提下, 迄今为止由 LT-MBE 方法能获得的最高 Mn 含量不超过 10%. 如果继续增加 Mn 含量, 即使在较低的生长温度下, 也会有 Mn 偏析出来. $Ga_{1-x}Mn_xAs$ 的晶格参数 a 由 XRD 确定, 与 Mn 含量 x 成正比, 符合 Vegard 定律, 即 $a = 0.566(1-x) + 0.598x(nm)$, 如图 5-6 所示, 这里 $a = 0.598nm$ 对应于 $x = 1$, 为假设的闪锌矿结构 MnAs 的晶格参数. 尽管 (Ga,Mn)As 和 GaAs 的晶格参数差异较大, 但是 XRD 测量结果表明 (Ga,Mn)As 是处于完全应变状态的, 即使 (Ga,Mn)As 的厚度达到 $2\mu m$, 仍没有应变弛豫发生. 大部分 (Ga,Mn)As 薄膜的生长是在 GaAs (001) 衬底上进行的, 最近在 GaAs (411)A、GaAs (311)A、GaAs (311)B 方向及 Si (001) 衬底上也实现了 (Ga,Mn)As 薄膜的外延生长[29~32].

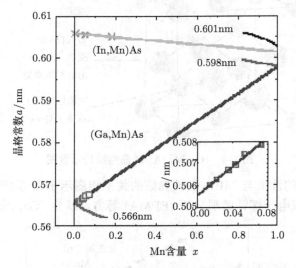

图 5-6 $Ga_{1-x}Mn_xAs$ 和 $In_{1-x}Mn_xAs$ 薄膜中晶格常数 a 和 Mn 含量 x 的关系. 插图是 (Ga,Mn)As 薄膜结果的放大示意图[28]

采用 LT-MBE 技术也能够得到 (In,Mn)As 稀磁半导体. (In,Mn)As 可以直接生长在 GaAs 衬底上, 也可以生长在 (Al,Ga)Sb 过渡层上, 图 5-7 给出了 (In,Mn)As 在 GaAs 衬底上的生长相图[28,33]. 在不同的生长条件下, 即适当地控制 Mn 的浓度和生长温度, 可以得到导电类型为 n 型或 p 型的 (In,Mn)As, 这一点与 (Ga,Mn)As 不同. 迄今为止, 利用 LT-MBE 技术只能得到 p 型 (Ga,Mn)As, 若想得到 n 型 (Ga,Mn)As, 需要通过特殊的掺杂 (如掺入 Sn 等) 处理. 不论是生长 (Ga,Mn)As 还是 (In,Mn)As, 当生长温度过高或者 Mn 的浓度过大, 都会有六方 NiAs 结构的 MnAs 第二相形成. 从图 5-6 还可以看到, $In_{1-x}Mn_xAs$ 的晶格参数同样符合 Vegard 定律, 当 Mn 完全替代 In 时, 就得到了闪锌矿结构的 MnAs, 其外推晶格参数为 0.601nm, 接近于第一原理的计算结果 0.59nm.

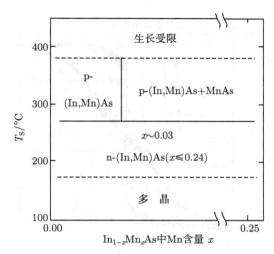

图 5-7 直接生长在 GaAs (001) 衬底上的 (In,Mn)As 薄膜的生长相图[33]

Ga$_{1-x}$Mn$_x$As ($x = 0.005$ 和 0.074) 中 Mn 的 K-吸收限扩展 X 射线吸收精细结构 (extended X-ray absorption fine structure, EXAFS) 研究表明, Mn 原子占据了 GaAs 中的 Ga 位置, Mn—As 的键长为 0.249~0.250nm, 比 Ga—As 键 (0.244nm) 略长, 但比理论计算的闪锌矿结构 MnAs 中的 Mn—As 键 (0.259nm) 短[34]. EXAFS 分析也证明了 In$_{1-x}$Mn$_x$As 中 Mn 原子替代了 In. 但是, 对于较高的生长温度或较大的 Mn 掺杂浓度, EXAFS 数据显示有 Mn 原子占据了六方 NiAs 结构 MnAs 中的 Mn 位置[35].

5.3 (Ga,Mn)As 磁性质

图 5-8 给出了由超导量子干涉仪 (SQUID) 磁强计测量得到的生长在 GaAs 衬底上 150 nm 厚 Ga$_{1-x}$Mn$_x$As ($x = 0.035$) 薄膜的磁矩 M 与磁场 B 和温度 T 的关系, 来自 GaAs 衬底和过渡层的抗磁性贡献已被减掉[22,28]. 如图 5-8 中左上插图所示, 当磁场平行于样品表面时, M-B 曲线给出了一个清楚的磁滞回线, 揭示了样品中存在着铁磁有序性. 图 5-8 中右下插图给出了残余磁矩 M_r 与温度 T 的关系, 表明该样品的居里温度 T_C 约 60K. 因为在 60K 以上时残余磁矩为零, 所以从这里看不到存在 NiAs 结构的 MnAs (T_C ~310K) 第二相的迹象, 但是, 对于生长温度较高或 Mn 浓度太大的样品, 即使温度达到了 300K, 也可以测量到非零的残余磁矩. 当磁滞回线闭合后, 随着磁场的增加, Ga$_{1-x}$Mn$_x$As 呈现出顺磁性, 图 5-9 给出了几种不同成分 Ga$_{1-x}$Mn$_x$As 的 M-B 关系曲线, 可以看出在高场下磁矩 M 随

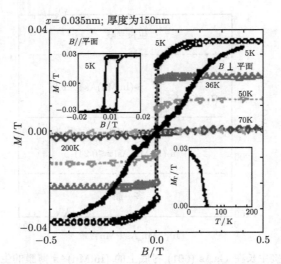

图 5-8　150nm 厚的 $Ga_{1-x}Mn_xAs$ ($x = 0.035$) 薄膜在选定温度下磁化强度随外加磁场的变化曲线

除了在 5K 时外加磁场垂直于样品表面, 其余磁场方向均平行于样品表面 (易磁化轴方向). 图中 5K 时的磁化强度是通过输运测试得到的. 左上插图为温度为 5K 且磁场方向均平行于样品表面时的磁化强度随外加磁场的变化曲线放大示意图, 右下插图则为残余磁化强度随温度的变化曲线[22]

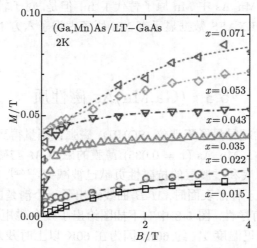

图 5-9　2K 时六个 $Ga_{1-x}Mn_xAs/GaAs$ 样品 (Mn 含量 x 从 0.015 到 0.071) 的磁化强度随外加磁场的变化曲线

对于 $x = 0.015$ 和 0.022 的样品, 外加磁场平行于样品表面, 而当 $x = 0.035\sim0.071$ 时, 磁场方向则垂直于表面. 其中虚线为通过平均场布里渊函数得到的拟合曲线, 实线则为 $x = 0.015$(顺磁样品) 时通过布里渊函数得到的拟合曲线[36]

磁场 B 的增加而增大. 根据 $M_S = xN_0g\mu_B S$ (这里 M_S 是样品的饱和磁矩, xN_0 是掺杂阳离子的密度, g 为 Mn 的 g-因子, μ_B 是玻尔磁子, S 为 Mn 的自旋), 从上述样品的饱和磁矩 $M_S(T = 5\text{K}, B > 5\text{T})$ 计算出 Mn 的自旋值为 $S = 2.0 \sim 2.5$. 因为计算自旋 S 时使用的参数 x 即 Mn 含量的误差大约为 10%, 所以应该注意从测量磁矩来精确地确定自旋是非常困难的[28,36].

$\text{Ga}_{1-x}\text{Mn}_x\text{As}$ 的磁性质存在着明显的各向异性. 图 5-8 也给出了 $T = 5\text{K}$ 时磁场垂直作用于样品表面的 $M\text{-}B$ 曲线. 与磁场平行作用于样品表面的 $M\text{-}B$ 曲线相比较, 我们不难看出生长在 GaAs 衬底上的 $\text{Ga}_{1-x}\text{Mn}_x\text{As}$ 的易磁化轴平行于样品的表面. 图 5-8 所示的 $T = 5\text{K}$ 时磁场垂直于平面和平行于平面的各向异性能为 $2.9 \times 10^3\text{J/m}^3$. $\text{Ga}_{1-x}\text{Mn}_x\text{As}$ 的各向异性能是与应变相关的, 如图 5-8 所示 $\text{Ga}_{1-x}\text{Mn}_x\text{As}$ 薄膜的应变为 -0.24%, 如果应变由负变成正, 易磁化方向会从平行于平面方向转向垂直于平面的方向[37].

从图 5-10 可以更清楚地看到生长在不同的过渡层 $\text{In}_{0.16}\text{Ga}_{0.84}\text{As}$ 和 LT-GaAs 上 $\text{Ga}_{1-x}\text{Mn}_x\text{As}$ 薄膜的易磁化轴方向的差别. 图 5-10(a) 示出的是生长在 $\text{In}_{0.16}$

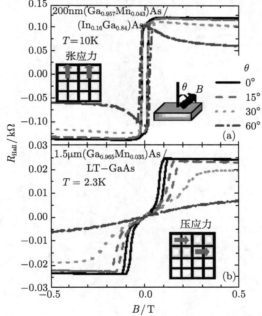

图 5-10 (Ga,Mn)As/(In,Ga)As 及 (Ga,Mn)As/GaAs 的霍尔电阻与磁场关系

外加磁场和样品表面法线方向之间的夹角取不同值时, (a) (Ga,Mn)As/(In,Ga)As 及 (b) (Ga,Mn)As/GaAs 的霍尔电阻 R_{Hall} 随磁场的变化曲线. 在 (a) 和 (b) 两个样品中, (Ga,Mn)As 薄膜分别处于张应力和压应力下. 磁滞回线以及磁化强度随角度的变化表明在样品 (a) 中易磁化轴垂直于样品表面, 而在样品 (b) 中易磁化轴则平行于表面[28]

Ga$_{0.84}$As 过渡层上的 200nm 厚 Ga$_{0.957}$Mn$_{0.043}$As 薄膜的霍尔电阻 R_{Hall} 对磁场的依赖关系. In$_{0.16}$Ga$_{0.84}$As 晶格参数大于 Ga$_{0.957}$Mn$_{0.043}$As 的晶格参数, 因此 Ga$_{0.957}$Mn$_{0.043}$As 薄膜内部存在着张应变, 存在张应变的 Ga$_{0.957}$Mn$_{0.043}$As 薄膜的易磁化轴的方向垂直于其表面; 与之相对应, 生长在 GaAs 过渡层上的 Ga$_{0.957}$Mn$_{0.043}$As 薄膜内部存在着压应变, 其易磁化轴的方向则平行于其表面 [图 5-10(b)][28].

(Ga,Mn)As 薄膜还存在着很强的与温度相关的平面内磁各向异性效应, 即当温度低于 $T_C/2$ 时易磁化轴沿着 [100] 和 [010] 方向, 平面内磁各向异性为双轴模式 (biaxial mode); 当温度升高大于 $T_C/2$ 时, 平面内磁各向异性通过一个二级转变成为单轴模式 (uniaxial mode), 易磁化轴沿 [110] 方向. 在双轴模式下可以观察到 90° 畴壁, 在单轴模式下出现 180° 畴壁. 通过磁畴的成核和长大 (几百微米), 可以实现磁化的反转. 图 5-11 给出的通过磁光技术得到的厚度为 300nm、T_C 为 60K 的

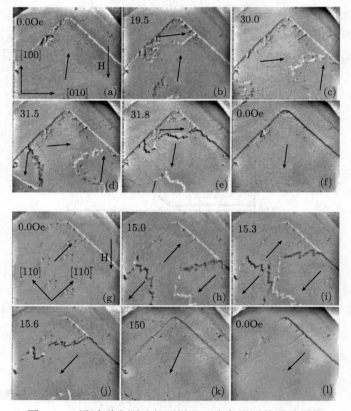

图 5-11　通过磁光测试得到样品一个角附近的磁畴图像

上图 (a) 到 (f) 是在 15 K 时得到的, 下图 (g) 到 (l) 是在 35 K 时得到的, 其中外加磁场方向沿着 [100] 方向 (垂直表面方向). 图框的宽度为 1mm, 正和负的垂直磁场分别通过明和暗的衬度来表示. 图中的箭头方向则表示磁畴中的磁矩方向[38]

$Ga_{0.97}Mn_{0.03}As$ 薄膜磁畴在不同温度下随磁场变化的过程证实了这一点 [38]. 图 5-11(a) 示出了残余磁矩沿 [100] 方向的磁畴, 随着磁场的增加 (方向与 [100] 相反), 出现了磁矩沿 [010] 方向的磁畴 [图 5-11(b) 的上方], 当磁场继续增加时, 磁矩沿 [010] 方向的磁畴逐渐长大 [图 5-11(c)], 当磁场继续增加时, 磁矩方向相反的磁畴在左下角成核并长大, 实现反转 [图 5-11(d)~(f)]. 通过一个约 90° 的磁畴实现反转是具有双轴磁各向异性样品的特点. 图 5-11(g)~(i) 给出了当温度为 35K(大于 $T_C/2$) 时磁畴的磁矩通过 180° 畴壁实现反转的过程. 通过一个约 180° 的磁畴实现反转是具有单轴磁各向异性样品的特点. 图 5-11 说明随着温度的增加, 从双轴模式 (易磁化轴沿着 [100] 和 [010] 方向) 转变成单轴模式 (易磁化轴沿 [110] 方向), 这种转变被认为是 (Ga,Mn)As 闪锌矿结构的自然立方各向异性与来自于表面重构的单轴对称各向异性相互作用的结果. (Ga,Mn)As 薄膜的单轴各向异性基本上是与厚度无关的[27], 这种单轴各向异性起源于表面重构引起的 Mn 的优先并入, 这种表面重构发生在二维生长的每一步, 从而均匀渗透到整个 (Ga,Mn)As 外延层中, 排除了单个表面或界面引起这种磁各向异性的可能性.

另外, 空穴载流子浓度和温度也影响着磁各向异性, 最近有报道在具有低空穴载流子浓度的 (Ga,Mn)As 中观察到了温度引起的磁各向异性[39,40]. 在传统的铁磁体中, 磁各向异性在低温下这种强的温度依赖性是很少见的. 可以用空穴诱导的铁磁性机制来解释这种现象, 随着温度的下降, 在替代 Mn 位置的空穴变得更加局域化, 致使轨道耦合增强, 从而增强了磁各向异性.

5.4 (Ga,Mn)As 磁输运性质

反常霍尔效应、正常霍尔效应、电阻的温度依赖关系和磁阻的各向异性等磁输运测量能够提供丰富的关于稀磁半导体薄膜磁性质的信息, 下面我们将介绍 (Ga,Mn)As 的磁输运性质.

霍尔电阻 R_{Hall} 可以写成正常霍尔项 (与外磁场成正比) 和反常霍尔项 (与磁化强度成正比) 两部分的和

$$R_{Hall} = \frac{R_0}{d}B + \frac{R_s}{d}M_\perp \tag{5-1}$$

其中, R_0 和 R_s 分别是正常和反常霍尔系数; d 是薄膜的厚度; $M_\perp$ 是垂直于样品表面的磁化强度分量. R_s 正比于 R_{sheet}^γ(R_{sheet} 为纵向电阻, γ 是依赖于散射机制的常数). 通常对于斜交散射机制 (skew-scattering mechanism), $\gamma = 1$; 对于侧跃机制 (side-jump mechanism), $\gamma = 2$[41]. 正常霍尔效应由洛仑兹力引起, 反常霍尔效应来源于自旋 - 轨道耦合, 或者说是由载流子和局域磁矩间各向异性散射引起的, 因此, 测得的霍尔电阻同时包含了磁性和载流子浓度方面的信息. 在低温和低磁场范

围内, 正常霍尔效应可以忽略不计, 霍尔电阻主要取决于反常霍尔效应. 在高温下, (Ga,Mn)As 薄膜是顺磁性的, 磁化率遵循居里–外斯 (Curie-Weiss) 定律. 由于非铁磁性的 (Ga,Mn)As 的电阻值很高, 输运测量十分困难, 所以要获得 (Ga,Mn)As 薄膜的空穴载流子浓度, 就需要强磁场并要求样品具有很强的金属性.

在霍尔电阻和磁场的关系曲线中可以看到一个类似于铁磁性半导体磁化强度与磁场关系中的矩形磁滞回线. 反常霍尔效应的存在致使载流子浓度很难精确地测定. 由于反常霍尔效应随磁场增大会达到饱和, 而正常霍尔效应却随磁场增大线性地增大, 因此要确定导电类型和载流子浓度, 需要在高场低温下测得 R_{Hall}-B 曲线的斜率来确定正常霍尔电阻, 有可能将来自正常霍尔效应和反常霍尔效应的霍尔电阻分开. 通过对实验数据的拟合, (Ga,Mn)As 的正常和反常霍尔效应对总霍尔效应的贡献可以被提取出来, 从而可以在小的误差范围内确定空穴载流子浓度. 当温度 $T = 50\text{mK}$, 磁场范围为 22~27T 时, 实验数据表明 Mn 含量 $x = 0.053$ 的 (Ga,Mn)As 的导电类型为 p 型, 载流子浓度为 $p = 3.5 \times 10^{20}\text{cm}^{-3}$, 大约是实际掺杂 Mn 浓度的 30% (图 5-12). 这意味着如果所有的 Mn 都作为受主, 则有 70% 的 Mn 被施主补偿, 这些施主来自于低温生长时产生的 As 反位缺陷以及 Mn 间隙缺陷[42].

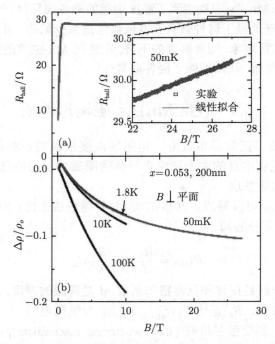

图 5-12   在强磁场及 50mK 时 200nm 厚的 $\text{Ga}_{1-x}\text{Mn}_x\text{As}$ ($x = 0.053$) 薄膜的磁输运性质

(a) 霍尔电阻, 插图所示为高场区霍尔电阻与外加磁场呈线性关系; (b) 纵向电阻, 在高场区负磁阻趋向于饱和[42]

　　图 5-13(a) 给出了厚度为 200nm、生长在 $Al_{0.9}Ga_{0.1}As$ 过渡层上的 $Ga_{0.947}$ $Mn_{0.053}As$ 样品在不同温度条件下霍尔电阻率与外加磁场的关系曲线, 其插图为饱和磁矩的温度依赖关系[43]. 图 5-13(a) 表明, 在所应用磁场和温度范围内, 来自于正常霍尔效应的贡献非常小, 所以如果假设是斜交散射机制, $R_{Hall} \approx cR_{sheet}M$, 这里 c 是独立于温度的常数. 这意味着, 通过磁输运测量也可以得到磁化曲线. 实际上, 磁矩与磁输运结果的比较表明, 在低温区指数 γ 值应该在 1 和 2 之间, 并且对于磁性质, 两种假设机制实际上都将得出相同的结论. 因为 $R_{Hall}/R_{sheet} \propto M$, 所以 Arrott 图可以被用来确定自发磁化磁矩 M_S 的温度依赖关系, 如图 5-13(a) 中插图所示, 用这种方法得到的居里温度 T_C 与从直接测量磁矩得到的 T_C 吻合很好. 自发磁矩的温度依赖关系能够通过计算自旋参数 $S = 5/2$ 的布里渊 (Brillouin) 函数拟合得到, 如图 5-13(a) 中插图所示的实线曲线, 它与输运测量确定的 M_S 与温度的

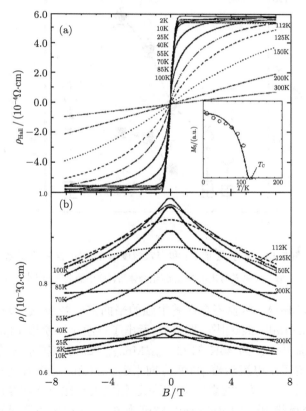

图 5-13　不同温度下 $Ga_{1-x}Mn_xAs$ ($x = 0.053$) 霍尔电阻率 ρ_{Hall} 和薄膜电阻率 ρ 随外加磁场的变化曲线

插图所示为通过磁输运测量得到的自发磁化强度 M_S 随温度的变化曲线, 其中实线为通过平均场理论得到的拟合曲线[43]

关系曲线吻合很好. 图 5-13(b) 为不同温度下纵向电阻率与磁场的关系曲线, 在很大的磁场范围内, 纵向电阻率与磁场的关系呈负阻效应, 即随磁场的增加, 电阻率降低, 但是在零场附近出现了小的正阻效应. 如图 5-14 所示, 当 Mn 浓度 x 小于 5%时, 居里温度 T_C 几乎是正比于 x, 其关系可表征为 $T_C \approx 2000x \pm 10K$. 但是, 当进一步增加 x 时, T_C 将减小, 可能是由于间隙 Mn 施主原子的补偿或者是来自于局域自旋构型的变化所致. 这里附带说明一点, 不仅在 (Ga,Mn)As 磁输运测量结果中没有发现 MnAs 颗粒存在的迹象, 甚至对于由磁测量数据已经表明含有 MnAs 第二相的样品, 在磁输运测量结果中也没有发现 MnAs 颗粒的贡献. 造成这种现象的原因尚不清楚, 一种可能性是在 MnAs 颗粒的周围形成了 Schottky 势垒, 它阻止了 MnAs 颗粒与载流子的相互作用[44].

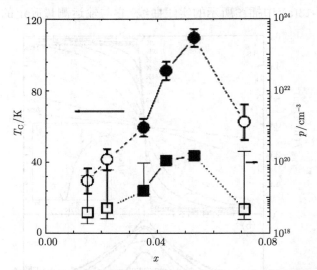

图 5-14　居里温度 T_C 和空穴浓度 p 随 Mn 含量的变化

图中实心符号表示在金属–绝缘体相转变中的金属相[43]

　　事实上 (Ga,Mn)As 薄膜还存在着很强的平面霍尔效应, 也被称为巨平面霍尔效应 (giant planar Hall effect)[45]. 图 5-15 示出了一组不同宽度 (6μm~1mm)、厚度为 150nm、居里温度 T_C 为 45K 的 Ga$_{0.948}$Mn$_{0.052}$As 薄膜霍尔桥的平面霍尔电阻, 外加磁场平行于表面, 电流沿着 [110] 方向 [图 5-15(e)]. 可以看到不同宽度霍尔桥在零磁场附近均出现了很大的霍尔电阻跳跃, 幅度大约比以前在金属铁磁体上观察到的变化大 4 个量级 [图 5-15(a)~(c)], 宽度为 6μm 的霍尔桥还显示出了巴克豪森跳跃 (Barkhausen jump)[图 5-13(f)], 即不连续跳跃过程.

　　(Ga,Mn)As 薄膜纵向电阻与温度的关系曲线在居里温度 T_C 附近会发生绝缘性特征到金属性特征的转变. 六个不同 Mn 含量、厚度为 200nm 的 (Ga,Mn)As 样品零磁场下电阻率与温度 T 的关系曲线示于图 5-16, 当温度高于 T_C 时, 电阻率随温度的降低而增大, 当温度低于 T_C 时, 电阻率随温度的降低而减小, 并且这种转变

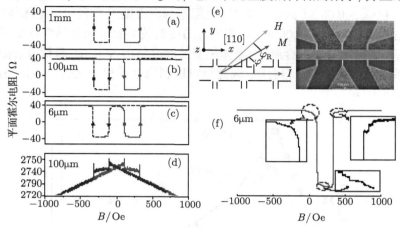

图 5-15 (Ga,Mn)As 薄膜的平面霍尔电阻

(a)~(c) 4.2K 时宽度分别为 1mm、100μm 和 6μm 霍尔桥的平面霍尔电阻随面内磁场 (该磁场固定角度 $\phi_H = 20°$) 的变化曲线; (d) 100μm 宽霍尔桥的薄膜电阻随外加磁场的变化曲线; (e) 电流 I、外加磁场 H 及磁化强度 M 相对方向示意图及 6μm 宽器件的 SEM 显微图; (f) 仅在 6μm 宽器件的电阻转变附近观察到巴克豪森跳变[45]

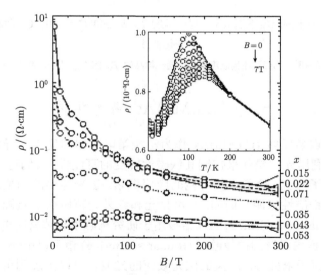

图 5-16 零场下 (Ga,Mn)As 电阻率 ρ 随温度的变化曲线 ($x = 0.015 \sim 0.071$)

当 $x = 0.035 \sim 0.053$ 时, 样品表现出金属性特征. 插图所示为不同磁场下, 在 T_C 附近样品 ($x = 0.053$) ρ 随温度变化曲线的放大图, 其他金属相样品也具有同样的性质[43]

在有无外加磁场的情况下都会发生, 如图 5-16 中插图所示, 只是随着外加磁场的增大, 转变温度会升高. 按照金属–绝缘体相变的定义, (Ga,Mn)As 可以划分为两类, 当 Mn 含量 $x > 0.06$ 或 $x < 0.03$ 时, 电阻率与温度的关系表现出绝缘体特征; 而当 Mn 含量 $0.03 < x < 0.06$ 时, 电阻率与温度的关系表现出金属性特征[43]. 如图 5-17 所示, 零磁场下发生金属–绝缘体相变的温度与由 SQUID 测量残余磁矩与温度的关系曲线得到的 T_C 相对应, 因此也可以利用这种相变来估计 (Ga,Mn)As 样品的 T_C[46].

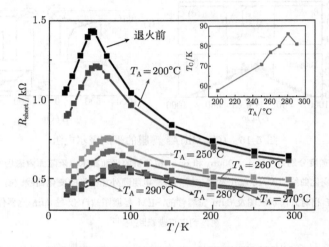

图 5-17　退火前和不同温度下退火后 (退火温度 T_A 从 200°C 到 290°C) 薄膜电阻随温度的变化曲线

插图所示为经过不同温度退火后同一样品的 T_C 随 T_A 的变化曲线[46]

5.5　(Ga,Mn)As 磁光性质

为探索稀磁半导体 (Ga,Mn)As 作为法拉第隔离器与现有半导体激光器实现单片集成以及利用光的操作来控制其铁磁性转变的可能性, 人们对 (Ga,Mn)As 的磁光性质进行了研究. 除了这些可能的应用探索, 磁光性质的测量还被用来研究 (Ga,Mn)As 的铁磁性来源. 例如, 在可见光和红外光范围内的磁圆偏振光二色性 (magnetic circular dichroism, MCD) 谱被用于研究稀磁半导体材料电子结构和磁性质; 在可见光范围内激发的拉曼散射 (Raman scattering) 谱可以用来估算 (Ga,Mn)As 薄膜的空穴载流子浓度等. 广义的磁光效应的光波长可以扩展到可见光以外的其他电磁波, 如 (Ga,Mn)As 的电子顺磁共振 (EPR) 谱和铁磁共振 (FMR) 谱等. 下面我们主要介绍 (Ga,Mn)As 的 MCD 谱、法拉第旋转 (Faraday rotation)、拉曼散射谱和 FMR 等磁光效应.

5.5.1 磁圆偏振光二色性谱 (MCD 谱)

稀磁半导体中 sp 带电子与磁性 d 电子之间的相互作用 (即 $sp\text{-}d$ 交换作用) 机制有两种[47]: 一种是正常交换机制, 来源于与 $1/r$ 成正比的库仑相互作用势, 倾向于把 sp 带的电子自旋方向与磁性过渡金属离子的自旋方向同向排列, 这种交换作用势能是铁磁性的, 它不依赖于磁性离子和母体半导体的晶格结构; 另一种非常重要的交换机制是 p 带电子与 d 电子波函数杂化引起的动态混合 (kinetic mixing). 在稀磁半导体中, 替位磁性离子与四个阴离子构成四面体结构 (T_d 点对称), 在单电子近似下, 占据的和未被占据的 d 能态均被 T_d 晶体场进一步劈裂成双重简并的 e_g 态和三重简并的 t_{2g} 态. 由于对称性, e_g 轨道不与阴离子的 p 轨道混合, t_{2g} 波函数指向周围的阴离子, 与 p 轨道混合, 这种 $p\text{-}d$ 杂化诱发了很强的 $p\text{-}d$ 交换作用, 每单位体积的 $p\text{-}d$ 交换相互作用常数 $N_0\beta$ 是了解稀磁半导体电子结构的最重要的参数. 因为 s 轨道正交于 d 轨道, 所以它们之间没有混合. 当 $N_0\beta > 0$ 时, $p\text{-}d$ 交换作用是铁磁性的; 当 $N_0\beta < 0$ 时, $p\text{-}d$ 交换作用是反铁磁性的. $sp\text{-}d$ 交换作用是由上面讨论的两种机制构成的, 在很多情况下, 来源于库仑相互作用势的交换作用很小, 它对价带 p 电子 $N_0\beta$ 的贡献可以被忽略. 但是对于导带, 由于没有动态混合交换作用, $s\text{-}d$ 交换相互作用常数 $N_0\alpha$ 由库仑相互作用势决定, 尽管 $N_0\alpha > 0$ 表示着铁磁性, 但是其值远小于 $N_0\beta$.

普遍认为 $sp\text{-}d$ 交换作用是稀磁半导体的一个重要的特征. 在外磁场作用下, $sp\text{-}d$ 交换作用会导致半导体能带发生巨塞曼分裂 (giant Zeeman splitting), 分裂后能带的自旋简并被解除. 这时半导体对光的吸收不仅依赖于光的能量而且依赖于光的偏振态. MCD 谱就是测量磁场引起的材料对左旋和右旋两种圆偏振光吸收系数的差. MCD 谱的强度线性地依赖于巨塞曼分裂, 而巨塞曼分裂的大小又与磁化强度成正比, 因此 MCD 谱在特定光波长处的磁场强度依赖性反映了材料的磁化过程. 此外, MCD 谱的频谱分布也能够反映材料的能带结构, 判断材料中是否含有其他磁性杂相, MCD 谱这两个特点使之成为研究稀磁半导体材料电子结构和磁性质的有力工具. Ando 等将 sp-d 交换作用作为稀磁半导体是否具有本征铁磁性的判据, 他们认为迄今为止只有 (Ga,Mn)As、(In,Mn)As 和 (Zn,Cr)Te 是具有本征铁磁性的稀磁半导体[47]. 下面简单介绍 (Ga,Mn)As MCD 谱的特征.

图 5-18 给出了不掺杂半绝缘 GaAs 和铁磁性的 $Ga_{0.995}Mn_{0.005}As$、$Ga_{0.926}Mn_{0.074}As$ 三个样品反射 MCD 谱, 室温下 $Ga_{0.995}Mn_{0.005}As$ 和 $Ga_{0.926}Mn_{0.074}As$ 的空穴浓度分别为 $1.93\times10^{19}cm^{-3}$ 和 $2.58\times10^{20}cm^{-3}$, 在 5K 和 60K 以下分别可以观察到 $Ga_{0.995}Mn_{0.005}As$ 和 $Ga_{0.926}Mn_{0.074}As$ 的铁磁性行为. GaAs 的 MCD 谱几个峰出现在闪锌矿型能带结构布里渊区中的几个能量临界点 E_0、$E_0 + \Delta_0$、E_1 和 $E_1 + \Delta_1$ 处. 两块 (Ga,Mn)As 样品的 MCD 信号强度在几个能量临界点处的光谱特

征反映了吸收系数对光子能量的变化. MCD 信号的增强则与很强的 p-d 交换作用直接有关. Ga$_{0.926}$Mn$_{0.074}$As 在 2.83eV 处 MCD 强度的磁场依赖关系 (图 5-19) 与磁化特性相似, 并表示出明显的磁滞特性. Ga$_{0.926}$Mn$_{0.074}$As 在 2.83eV 处的 MCD 峰源于 (Ga,Mn)As 的 E_1 临界点, 而 NiAs 结构的 MnAs 作为金属的 MCD 谱与

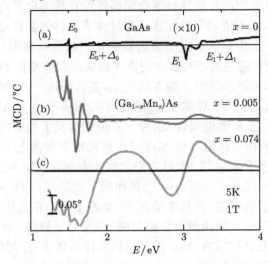

图 5-18　温度为 55K 及磁场 $B = 1$T 时的 MCD 谱图

(a) 未掺杂的半绝缘 GaAs 衬底; (b) 和 (c) 均为外延 (Ga,Mn)As 薄膜. 由于相比于 (Ga,Mn)As, GaAs 的信号非常弱, 所以为了便于观察, GaAs 的 MCD 谱信号强度放大了 10 倍 [28,48]

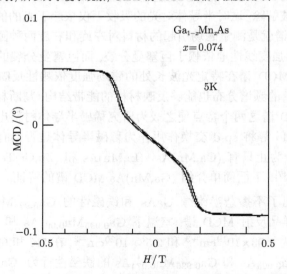

图 5-19　在 5K 时 Ga$_{1-x}$Mn$_x$As$(x = 0.074)$ 的 MCD(2.83 eV) 信号强度随外加磁场的变化曲线 [48]

(Ga,Mn)As 的 MCD 谱没有共同的特征, 因此排除了铁磁性来源于 MnAs 第二相的可能性, 也证明了铁磁性是具有闪锌矿结构 (Ga,Mn)As 的内在本质[48,49].

5.5.2　法拉第旋转

当线偏振光通过磁性材料时, 在外磁场的作用下, 偏振面将发生旋转, 旋转角度可以表示为 $\theta_{(\omega)} = V_{(\omega)}BL$, 这里 B 为外加磁场强度, L 是样品的厚度, $V_{(\omega)}$ 为费尔德 (Verdet) 常数, 与材料性质和入射光频率 ω 有关, 这种现象就是法拉第旋转或法拉第效应. 法拉第旋转可以发生在磁性或非磁性材料中, 但是磁性材料的法拉第旋转角度远大于非磁性材料的法拉第旋转角度, 被广泛地应用在光隔离器等器件中, 因此, 从应用的角度出发, 希望材料具有大的费尔德常数.

图 5-20(a) 示出了厚度为 $2\mu m$ 的 $Ga_{0.957}Mn_{0.043}As$ 薄膜在温度为 10K 和 300K 时的法拉第旋转谱[50], 外加磁场垂直于样品表面、平行于入射光方向 (法拉第配置), 10K 时在低能区的振荡信号来自于内部多次反射的干涉效应. 当外加磁场为 6T、

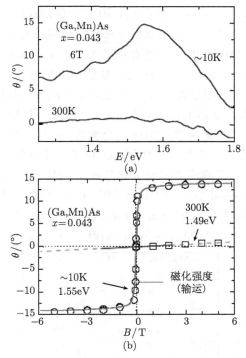

图 5-20　在 ～10K 及 300K 时, $2\mu m$ $Ga_{1-x}Mn_xAs(x = 0.043)$ 薄膜法拉第旋转角度随 (a) 光能量 ($B= 6T$) 及 (b) 外加磁场 (～10K 时, 能量为 1.55eV; 300K 时, 能量为 1.49eV) 的变化曲线

在 (b) 图中, 实线所示为所给温度下通过磁输运测试得到的磁化强度 (按照空心符号来成比例缩放)[50]

入射光能量为 1.55eV 时, $Ga_{0.957}Mn_{0.043}As$ 薄膜在 10K 时的法拉第旋转角为 15°, 远大于相同厚度 GaAs 薄膜的法拉第旋转角 1.5°. 图 5-20(b) 示出了温度为 10K 时在 1.55eV 法拉第旋转角度与外加磁场的关系和温度为 300K 时在 1.49eV 法拉第旋转角度与外加磁场的关系, 其中实线表示的信号来自于磁输运测量结果, 可以看到法拉第旋转角度随磁场的变化趋势与反常霍尔效应类似, 均正比于磁化强度. 另外, 在室温下 $Ga_{0.957}Mn_{0.043}As$ 表现为顺磁性, 费尔德常数为 $8\times10^{-2}deg/G\cdot cm$ (1.49eV), 与已经商品化的 0.98μm 光隔离器中 (Cd,Hg,Mn)Te 晶体的费尔德常数相当[17], 预示着 (Ga,Mn)As 有可能被集成到 GaAs 基激光器的光隔离器中.

5.5.3　拉曼散射谱

空穴载流子浓度 p 是表征 (Ga,Mn)As 基本特性和磁学特性的一个基础的物理量. 除了前面提到可以通过强磁场和极低温条件下霍尔效应的测量来确定 (Ga,Mn)As 中空穴载流子浓度外, 近年来一些研究小组还采用测量和分析 (Ga,Mn)As 中空穴等离子体激元与 LO 模 (longitudinal optical mode) 耦合形成的耦合模 (coupled plasmon-LO-phonon modes, CPLO 模) 来确定 (Ga,Mn)As 中的空穴浓度[51~55].

图 5-21(a) 给出了具有不同刻蚀深度 d 未经低温退火处理 (Ga,Mn)As 样品 (原厚度为 500 nm) 的拉曼散射谱[55]. 没有掺杂的 GaAs 作为参考样品, 其拉曼散射谱只包含了 LO 模, 这与闪锌矿晶体中的拉曼选择定则是一致的, 因为在闪锌矿晶体中, LO 声子是允许的, 而横光学模 (transverse optical mode, TO 模) 声子是禁戒的. 具有不同 d、未经低温退火处理的 (Ga,Mn)As 外延层的拉曼散射谱相对于没有掺杂的 GaAs 的 TO 频率附近出现一个宽峰, 而且这个峰的高能边有一个弱的峰肩. 这个强的宽峰是空穴等离子体和 LO 声子之间的耦合而形成的 CPLO 模, 是 (Ga,Mn)As 中高的空穴载流子浓度 p 导致的, 而弱的峰肩对应于 (Ga,Mn)As 中没有屏蔽的 LO(unscreened LO, ULO) 声子模. ULO 模相对于 CPLO 模的强度随 d 的增大而增强, 直至 d 等于 150nm, 当 d 超过 150nm, 相对强度几乎保持不变. 图 5-21(b) 给出了退火后 (Ga,Mn)As 样品 (原厚度为 500nm) 在不同刻蚀深度 d 下

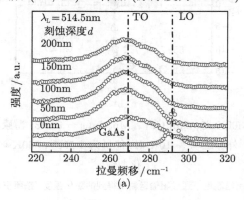

(a)

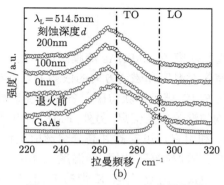

图 5-21 (Ga,Mn)As 拉曼散射谱

(a) 不同刻蚀深度 d 下退火前厚度为 500nm (Ga,Mn)As 样品的拉曼散射谱; (b) 不同刻蚀深度 d 下经过
退火的厚度为 500nm (Ga,Mn)As 样品的拉曼散射谱 (退火在空气中完成, 退火时间为 1h, 退火温度
$$T_A = 270°C)^{[55]}$$

的拉曼散射谱[55], 可以看到, 当样品在 270°C 退火 1h 后, CPLO 模的频率和宽度
显著下降. 在样品刻蚀掉 100nm 后其 CPLO 模的频率和宽度增大, 而当刻蚀深度
d 大于 100nm 时, CPLO 模和 ULO 模的谱特征几乎保持不变, 即使再进行进一步
的退火和刻蚀, 其拉曼散射谱也是如此.

利用文献 [52] 中提供的方法, 通过分析 CPLO 模和 ULO 模的拉曼散射强
度, 可以确定出退火前后 (Ga,Mn)As 样品在不同刻蚀深度下的空穴载流子浓度 p,
如图 5-22 所示. 在测量误差范围内, 由拉曼散射谱测量得到的空穴浓度与通过
输运测量得到的数据基本一致[55]. 从图 5-22 还可以看到, 在未经低温退火处理
(Ga,Mn)As 外延层和经过低温退火处理的 (Ga,Mn)As 外延层的近自由表面区域空
穴载流子浓度的分布梯度相反, 这可能是生长过程中发生的 Mn 间隙缺陷的不完
全扩散引起在未经低温退火处理的 (Ga,Mn)As 外延层近自由表面区域出现了 Mn

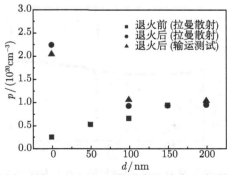

图 5-22 退火前及退火后的 (Ga,Mn)As 薄膜空穴浓度 p(拉曼散射和输运测试) 的
深度分布[55]

间隙缺陷堆积所致.

5.5.4　铁磁共振谱

铁磁共振 (FMR) 谱是研究 (Ga,Mn)As 薄膜磁性质的一个非常重要的方法, 共振峰的位置、线形和线宽等对温度和磁场方向的依赖关系近年来一直是人们感兴趣的研究课题[56~63]. 研究 FMR 谱可以获得磁晶各向异性参数、g- 因子、Gilbert 阻尼因子、居里温度和磁均匀性等重要信息. 另外, FMR 谱也是检验 (Ga,Mn)As 薄膜结构均匀性的有力工具, 利用它可以探测到高分辨透射电镜和高分辨 X 射线衍射检测不到的纳米尺寸的磁性颗粒等磁杂相. 当温度在 10K 附近的低温环境下, Mn 掺杂浓度 $x = 3\%\sim5\%$ 的 (Ga,Mn)As 薄膜 X 带的 FMR 线宽在 100~300 Oe, 如图 5-23 所示[61]. 而对于 Chen 等制备的有效 Mn 含量约 10% 的高居里温度 (Ga,Mn)As 样品, 当温度为 60K 磁场沿 [001] 方向时, 在大的扫场 0~18kOe 范围只观察到均匀模式的 (Ga,Mn)As 的 FMR 单线, 如图 5-24 所示, 当温度为 20K 时, X 带 FMR 线宽只有 25Oe, 证明了这重 Mn 掺杂的高居里温度 (Ga,Mn)As 薄膜具有高度的铁磁均匀性和高晶体质量[63].

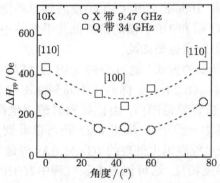

图 5-23　FMR 线宽与磁场方向 (相对于 [110] 方向的夹角) 的函数关系[61]

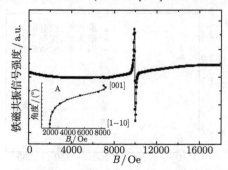

图 5-24　当温度为 60K 时磁场沿 [001] 方向时 FMR 谱

插图为 FMR 共振磁场与磁场方向关系曲线[63]

5.6 提高 (Ga,Mn)As 居里温度的方法

(Ga,Mn)As 等III-V族稀磁半导体在很多方面都展示出了潜在的应用前景. 前面曾提到了一些 (Ga,Mn)As 和 (In,Mn)As 基半导体自旋器件, 遗憾的是, 这些器件基本上还处在实验室探索研究阶段. 磁电子器件的工作环境要求磁性半导体的居里温度 T_C 在室温或室温以上, 而未经低温退火处理的 (Ga,Mn)As 样品和 (In,Mn)As 样品的最高 T_C 分别为 110K 和 90K[25,43], 远不能满足实际工作的要求. 近几年来, 人们在理论和实验方面都开展了大量的工作探索如何提高 (Ga,Mn)As 的 T_C. Dietl 等利用平均场模型计算研究了具有闪锌矿结构和纤锌矿结构的稀磁半导体中以非局域或弱局域空穴载流子为媒介的铁磁性[27,56]. 他们考虑了价带中自旋-轨道耦合、$k \cdot p$ 耦合以及来自于依赖空穴态密度和应变的影响, 分析计算了磁性质的温度依赖关系 (图 5-25), 并预言如果 Mn 的浓度和空穴载流子浓度分别达到 12.5% 和 $3.5 \times 10^{20} \text{cm}^{-3}$, 则 (Ga,Mn)As 的 T_C 就可以提高到 300K. 这一理论计算结果极大地激发了人们的研究热情, 很多研究小组开展了大量的实验工作试图提高

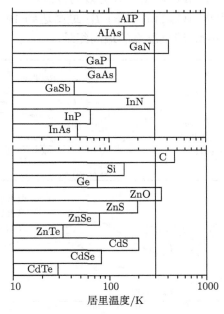

图 5-25 利用平均场理论计算得到的各种烯磁半导体居里温度

上图为各种III-V族化合物半导体的居里温度; 下图为 IV 及 II-VI族化合物半导体的居里温度. 在计算中, 假设每种化合物中 Mn 以 + 2 价形式存在, 且含量为 5%(或是每个原子含 2.5%), 空穴密度为 $3.5 \times 10^{20} \text{cm}^{-3}$[64]

(Ga,Mn)As 的居里温度, 下面主要介绍经常采用的生长后低温退火热处理和共掺杂 (co-dopping) 方法.

5.6.1　生长后低温退火热处理

如前所述, (Ga,Mn)As 薄膜是在低温下采用非平衡生长条件制备的, 不可避免地会引入大量缺陷, 如 As 反位 (As_{Ga}) 和 Mn 间隙 (Mn_I) 等施主缺陷, 它们会补偿大量由替代 Ga 位的 Mn (Mn_{Ga}) 所提供的空穴. 由于 (Ga,Mn)As 的铁磁性是空穴诱导的, 这些施主缺陷对空穴载流子的补偿引起了载流子浓度降低和铁磁性减弱. 由此看来, 如果 As_{Ga} 缺陷和 Mn_I 缺陷的浓度超过了 Mn_{Ga} 的浓度, (Ga,Mn)As 将变成绝缘体, 但是迄今为止, 还没有这种 "过补偿" 导致 (Ga,Mn)As 变成绝缘体的报道. 此外, Mn_I 缺陷不仅补偿空穴, 而且容易与 Mn_{Ga} 之间形成反铁磁性耦合而削弱其铁磁性. 实际上, 在实验中仅仅观察到了小部分 Mn(约 30%) 对磁性有贡献[42]. 显然, 减少这些施主缺陷是提高 (Ga,Mn)As 的 T_c 的关键. (Ga,Mn)As 的 T_c、空穴载流子浓度 p 和电阻对生长参数, 尤其对生长温度和 III/V 束流比十分敏感, 因为这些生长参数决定了材料中的施主缺陷密度. 实验证明生长后低温退火热处理是降低 (Ga,Mn)As 中 Mn_I 浓度十分有效的办法[65~78]. 退火温度范围一般在 140~300°C, 通过低温退火, (Ga,Mn)As 的 T_C 最高达到 191K, 如图 5-26 所示[26], 这也是迄今为止 (Ga,Mn)As 居里温度的最高纪录.

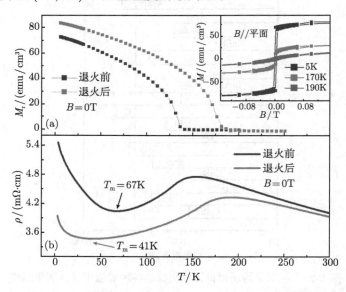

图 5-26　厚度为 10nm、名义 Mn 掺杂浓度 $x = 20\%$ 的 (Ga,Mn)As 薄膜的残余磁矩与温度的关系 (a)、电阻率的温度依赖关系 (b)

插图示出了温度为 5K、170K 和 190K 时磁场沿 [−110] 方向时的磁滞回线[26]

目前普遍认为生长后低温退火热处理引起 T_C 提高的主要内在机制是 Mn_I 缺陷原子向自由表面的扩散和 Mn_I 缺陷在表面的钝化. 俄歇电子能谱测量实验证明[65,72], 退火前 (Ga,Mn)As 样品表面 Mn 原子的特征信号很弱或者几乎观察不到 (图 5-27), 而退火后则可以观察到明显的 Mn 原子的特征信号. 理论分析认为退火后样品表面的 Mn 原子特征信号来自于扩散到自由表面的 Mn_I 缺陷原子. 另外, 退火氛围对退火效果也有相当大的影响. 当退火在空气或氧气中完成时 T_C 提高十分明显, 如图 5-28 所示[68], 在氧气氛围中退火 (Ga,Mn)As 的电阻率明显下降, 而在无氧气的氛围中退火电阻率反而增大. 这说明在空气中退火有利于提高空穴浓度, 进而有利于提高 T_C. 氧气被认为是优化 (Ga,Mn)As 薄膜质量的一种重要的退火条

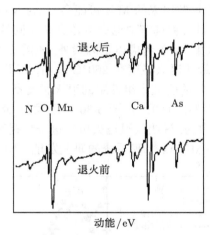

图 5-27 退火前和退火后 (Ga,Mn)As 样品表面的俄歇电子谱[65]

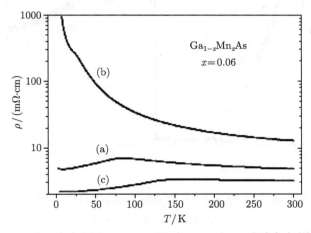

图 5-28 退火前 (a)、在无氧氛围和 198°C 下退火 16h 后 (b) 和有氧氛围和 190°C 下退火 70h 后 (c) (Ga,Mn)As 的电阻率 ρ 与温度 T 的关系曲线[68]

件, 因为 Mn_I 通过氧化在自由表面发生钝化, 并且这种氧化只发生在自由表面, 从而增强了这种退火效应. 而在真空中或有 GaAs 覆盖层时退火效应很不明显[73], 如图 5-29 所示, 与未经过低温退火处理的无覆盖层的 (Ga,Mn)As 相比, 有 GaAs 覆盖层的未经退火处理的 (Ga,Mn)As 薄膜的 T_C 更低, 电阻率 ρ 更高; 经过退火处理的无覆盖层 (Ga,Mn)As 的 T_C 提高显著, 而有 GaAs 覆盖层时退火处理对 T_C 的影响也非常小, 因此人们认为表面条件在退火过程中起了重要作用. 在空气或 N_2 氛围中退火, 有可能形成稳定的 Mn 氧化物或氮化物, 这将提高捕获扩散 Mn 的效率[61], 因此, 如果退火前在表面覆盖一层能与 Mn 形成稳定化合物的物质, Mn 在表面的被捕获效率将更高. 最简单的做法是在 (Ga,Mn)As 生长结束后紧接着覆盖一层 As, 这样退火过程中扩散出来的 Mn_I 可能会与 As 反应形成 MnAs. 当表面覆盖一层 As 时, 则空气中退火和真空中退火应该具有相同结果, 这在实验上已经被证实. 要获得最优退火效果, 除了考虑以上因素外, 还需要考虑选择最佳退火温度. 从图 5-30 可以看出[70], 最佳退火温度在 260°C 左右, 高于此温度反而不利于提高 T_C[70]. 值得注意的是, 不同的研究小组使用的退火温度不一样, 这可能与使用样品的具体生长条件和厚度等不同有关. 从图 5-30 中还发现, 退火后晶格常数下降, 这是由于 Mn_I 向外扩散导致的, 说明低温退火可以进一步提高 (Ga,Mn)As 的晶体质量. 通过对不同厚度 (Ga,Mn)As 薄膜系统的研究发现, 不同厚度的 (Ga,Mn)As 薄

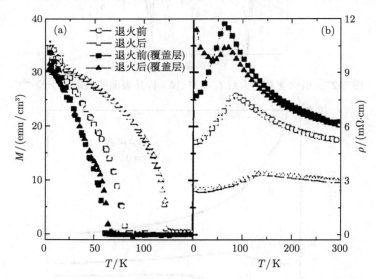

图 5-29　经过退火和未经退火的 50nm 厚的 (Ga,Mn)As 薄膜的磁化强度 M(a) 和电阻率 ρ (b) 与温度 T 的关系曲线

其中实心符号代表覆盖了 10nm 厚 GaAs 的 (Ga,Mn)As 薄膜, 而空心符号代表无覆盖层的 (Ga,Mn)As 薄膜[73]

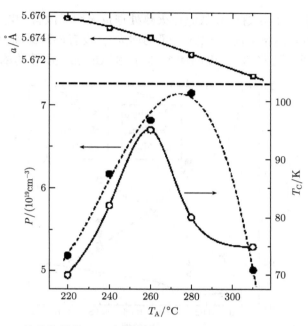

图 5-30 (Ga,Mn)As的晶格常数(a)、空穴浓度 p(b) 和 T_C(c) 随退火温度 T_A的变化关系[70]

膜经过低温退火处理后其 T_C 都能够得到大幅度的提高, 但是较薄 (Ga,Mn)As 薄膜 T_C 提高的幅度往往比厚 (Ga,Mn)As 薄膜高出几十 K[72].

尽管对 (Ga,Mn)As 的后期热处理会提高其 T_C, 但这还远不能满足室温工作环境的要求, 如何提高 (Ga,Mn)As 的 T_C 仍是一个亟待解决的问题.

5.6.2 共掺杂

虽然平均场理论预言较高的 Mn 含量有利于提高 (Ga,Mn)As 的 T_C, 但是迄今为止 (Ga,Mn)As 中 Mn 含量很难超过 10%. 另外, 在 (Ga,Mn)As 低温生长过程中, 不可避免地引入 Mn_I、As 间隙和 As_{Ga} 反位, 这些缺陷补偿了大量的空穴, 致使 (Ga,Mn)As 无法达到高 p 和高 T_C. 这种现象使得人们很自然地想到了通过共掺杂, 即在 (Ga,Mn)As 中同时掺入第四种元素来改变 (Ga,Mn)As 的能带结构和载流子浓度, 从而达到提高 T_C 和更好地理解其铁磁性机制的目的.

人们通常在半绝缘 GaAs 中掺入 Be 来获得 p 型 GaAs 材料, 那么在 (Ga,Mn)As 中掺入 Be 似乎能够提高空穴载流子浓度 p, 从而提高 T_C, 然而实验结果并非如此简单. 用低温外延技术在 GaAs 中进行 Be 和 Mn 共掺杂时, 反而使 p 变得更低, 甚至比 Mn 单独掺杂的 GaAs 还低, 这可能是因为共掺杂导致的复杂缺陷引起的[74]. 如图 5-31 所示, $Ga_{1-x-y}Mn_xBe_yAs$ 中 Mn_I 和随机团簇中的 Mn 原子 (Mn_{ran}) 的百分比随 Be 含量的增大而增加, 也就是说, 进行 Be 和 Mn 共掺杂并不利于 Mn 进入 Ga 替位位置, 生长后进一步低温退火热处理也无明显改善. 电化学电容电压谱 (ECV) 和霍尔电阻测量证明, 随 Be 含量的增大, p 没有得到提高, 而 T_C 却随之下降 (图 5-32), 因此, 随着 Be 浓度的增大, Mn_I 和 Mn 相关团簇的浓度也增大[79].

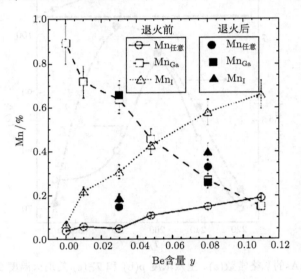

图 5-31　$Ga_{1-x-y}Mn_xBe_yAs$ 中各种位置的 Mn 原子 (Mn_{Ga}、Mn_I 和 $Mn_{任意}$) 的百分含量　其中 $y = 0.03$ 和 0.08 的样品在 $280°C$ 退火 1h 后的各种位置的 Mn 原子百分比也标注在图中[79]

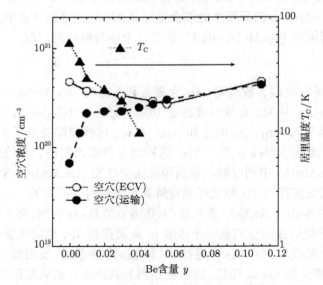

图 5-32　随 Be 含量的增大, 通过 ECV 和霍尔测量得到的未经低温退火处理的
$Ga_{1-x-y}Mn_xBe_yAs$ 的空穴浓度和 T_C[79]

当在 GaAs 中进行 Mn 和 C 共掺杂时, Mn 占据 Ga 的位置, C 占据 As 的位置成为浅受主, 两者均提供空穴载流子. 由于 C 在 GaAs 中的扩散系数很低, 因此 C 浓度可以达到 $10^{21}\mathrm{cm}^{-3}$, 这比 (Ga,Mn)As 中 p 高近一个量级, 而且 C 在 GaAs 中的离化能差不多只有 Mn 的一半, 因此有可能通过 C 共掺杂独立控制 p 和 Mn 浓度, 并使 p 超过 Mn 浓度. 最近 Park 等将 Mn 离子注入到 p^{+}-GaAs:C 中使其 T_{C} 达到 280K[80], 如图 5-33 所示. 这种高的 T_{C} 可能归功于 C 原子引起的高的 p, 也可能是 Mn$_3$GaC(T_{C} 约为 250K) 团簇所致, 虽然还没有实验证据表明这种团簇的存在, 但是也没有有说服力的数据排除其存在的可能性. 另外, 值得一提的是, 在这种用离子注入方法获得的样品中没有观察到金属–绝缘体相变, 而且其 T_{C} 对 Mn 含量的依赖性很小. Oshiyama 等还尝试过 Mn 和 N 共掺杂的途径, 发现 N 的并入不仅抑制了 (Ga,Mn)As 的金属性行为, 而且随着 N 含量的增加, T_{C} 也在降低[81].

此外, 人们也试图将 Mn 和其他过渡族金属同时掺入 GaAs 期望提高 T_{C}, 但是至今得到的却是相反的结果. 例如, Ibáñez 等在 GaAs 中同时掺入 Mn 和 Cr 得到 (Ga,Mn,Cr)As, 结果发现随 Cr 含量的增大, (Ga,Mn,Cr)As 的电阻增大, (Ga,Mn)As 从金属性变为绝缘性, 电阻与温度关系曲线上的电阻峰 (对应温度近似于居里温度) 消失, 说明 T_{C} 下降十分明显 (图 5-34)[82].

尽管人们试图通过共掺杂的途径来提高 (Ga,Mn)As 的 T_{C}, 但是迄今为止尚未见到共掺杂明显提高 (Ga,Mn)As 的 T_{C} 的报道.

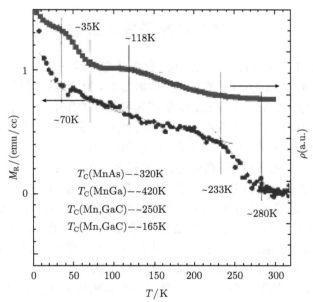

图 5-33 零场下样品 ($T_{\mathrm{C}} \sim$280K) 的 M_{R} 及交流电阻率 ($I = 100\mu\mathrm{A}$) 随温度的变化曲线
电阻率变化的异常部分 (即磁输运性质中的异常现象) 是由样品的磁序引起的[80]

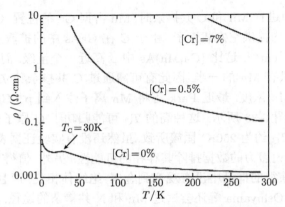

图 5-34　Mn 含量为 3%、Cr 含量 [Cr] 分别是 0、0.5%和 7%的三个 (Ga,Mn,Cr) As 样品的
电阻率–温度关系曲线

图中箭头表示没有 Cr 的样品居里温度 T_C[82]

除了上面提到的生长后低温退火热处理和共掺杂的方法, Tanaka 小组使用 GaAs 中 Mn δ- 掺杂即在 GaAs 中插入 2 或 3 个原子单层的 Mn 得到了 T_C 为 250K 的样品[83]. 这种方法实际上是在 GaAs 中获得局部的高 Mn 含量, 但是 Mn 在 GaAs 母体中的分布方式与通常所说的稀磁半导体 (Ga,Mn)As 中 Mn 的分布方式截然不同.

5.7　空穴载流子导致铁磁性

在研究 (Ga,Mn)As 铁磁性起源之前, 有必要先了解一下 Mn 在 (Ga,Mn)As 中的自旋和电荷价态. (Ga,Mn)As 的晶体结构如图 5-4 所示, 只有替代 Ga 位的 Mn_{Ga} 才对铁磁性有贡献, 而 Mn_I 和 As_{Ga} 缺陷却起着相反的作用. 当 Mn 替代了三价阳离子时, 有三种可能的电子态存在: $A^\circ(d^4)$、$A^\circ(d^5+$ 空穴$)$ (三价 Mn 离子 Mn^{3+}) 和 $A^-(d^5)$ (二价 Mn 离子 Mn^{2+}), 这里, A° 表示电中性中心, A^- 为负电中心, 括号内的符号表示 d 壳层电子构型. 迄今为止, 没有关于在 GaAs 中观察到 $A^\circ(d^4)$ 电中性中心的报道. 对于 $A^\circ(d^4)$ 中心, 一个空位占据了 d 壳层, 但是, 根据洪特 (Hund) 定则, 五个电子占满的 d 壳层再加上一个弱束缚的空穴构成的状态比较稳定, 即所谓的 $A^\circ(d^5+h)$ 构型, 这里 $A^\circ(d^4)$ 中心紧束缚着一个电子在 $3d$ 壳层, 形成了高自旋 $(S=5/2)$ 的 $3d^5$ 构型, 并且, 这个带负电的 Mn 离子还束缚着一个空穴. 最直接的证据是由扫描隧道电子显微镜 (STM) 实验给出的一个 Mn_{Ga} 的 STM 图像, 如图 5-35 所示, 可以清楚地看到 Mn_{Ga} 在加了一个与束缚能 $E_b \approx 0.1eV$ 相匹配的偏压后从负电性 $A^-(d^5)$ 转换到中性的 $A^\circ(d^5+$ 空穴$)$[84]. 红外吸收、电子自旋共振和 X 射线磁圆偏振光二色性等测量结果也显示 (Ga,Mn)As 中 Mn 杂质的基态呈

$A^o(d^5 + h)$ 构型[28].

实验已经证实 (Ga,Mn)As 的铁磁性是由价带空穴作为媒介引起的. Sn 原子在 (Ga,Mn)As 中是施主杂质, 它可以补偿 (Ga,Mn)As 中 Mn 提供的空穴载流子, 导致 T_C 的下降, 如图 5-36 所示[85]. 掺杂了足够多的 Sn 原子使空穴载流子完全得到补偿的 (Ga,Mn)As 样品具有半绝缘导电特征, 铁磁性消失, Mn 离子之间的相互作用表现出反铁磁性, 这一现象让人们很自然地猜测III-V族稀磁半导体中的铁磁性相互作用很可能是空穴载流子诱导的. 我们知道, 在大多数 Mn 掺杂的II-VI族化合物中, 替代位置的 Mn 杂质是二价的, 根据洪特规则, 这些 d 壳层半充满的 Mn^{2+} 的自旋 $S = 5/2$, 它们既不提供也不束缚载流子, 仅提供局域化的自旋, 如果不特殊地掺入载流子, 那么载流子浓度会很低, 局域化自旋之间的相互作用很弱, 因此II-VI族的稀磁半导体的磁化率遵循居里–外斯定律, 由于短程的超交换作用而表现出反铁磁性特征. 在III-V族化合物中, Mn 原子替代三价的金属原子, 既提供了局域化的自旋, 又提供了空穴载流子, 因此不需要特殊地共掺杂就可以产生以载流子为媒介的自旋与自旋之间的相互作用[86]. 事实上, 早在 20 世纪 50 年代 Zener 就注意到了磁性金属中传导电子在增强局域化自旋之间铁磁有序所起的作用[87], 在此基础上 Dietl 等建立了空穴载流子导致局域化自旋磁性相

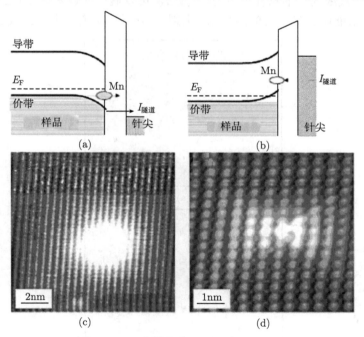

图 5-35　一个替代位 Mn_{Ga} 的 STM 图

上图: 加正 (b)、负 (a) 偏压时的能带图; 下图: 负电性 $A^-(d^5)$(c) 转换到中性的 $A^0(d^5+$ 空穴)(d)[84]

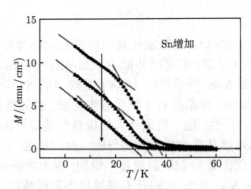

图 5-36 掺入不同含量 Sn 的 (Ga,Mn)As 薄膜的残余磁矩与温度的关系曲线[85]

互作用的平均场模型, 成功地解释了 (Ga,Mn)As 等III-V族稀磁半导体的一些磁现象[27,64,86]. 图 5-37 给出了空穴载流子为媒介导致铁磁性的示意图[88].

　　Dietl 等的平均场模型将稀疏的 Mn 离子作为一个磁性连续体, 并且不考虑磁化方向的空间振荡, 使用参数化的交换积分 $N_0\beta$ 来表示空穴–自旋之间的交换作用[64]. 这个参数化的框架成功地解释了II-VI族稀磁半导体表现出的各种光、磁现象. 在给定空穴浓度 p 的条件下, 居里温度 T_C 可以通过使金兹堡–朗道 (Ginzburg-Landau) 自由能函数最小时的磁矩 M 求得. 金兹堡–朗道自由能函数包含了载流

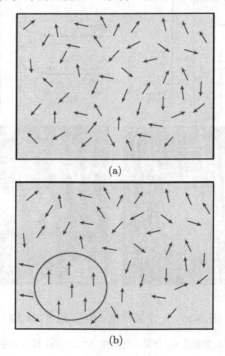

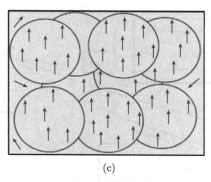

(c)

图 5-37 载流子做媒介导致铁磁性的示意图

对于大多数 (Ⅱ,Mn) Ⅵ半导体, 替代位的 Mn 杂质有着局域自旋 $S = 5/2$. 在材料内没有掺杂载流子时, 局域自旋间的相互作用较弱, 如图 (a) 所示, 自旋取向趋于无序. 对于 (Ⅲ,Mn) Ⅴ族化合物, Mn 杂质作为受主, 如图 (b) 所示, 圆内弱束缚了一部分价带空穴. 由于 p-d 杂化, Mn 杂质附近的价带空穴自旋与 Mn 局域自旋方向相反. 由于价带波函数比较扩展, 一个空穴可以与一定数目的 Mn 局域自旋结合. 当空穴浓度足够高时, 它们能够做媒介使几乎所有的 Mn 局域自旋耦合起来 [图 (c)][88]

子自旋和局域化自旋的贡献, 载流子的贡献可以通过计算求解一个考虑了空穴和局域自旋交换作用项的 6×6 Luttinger-Kohn 哈密顿矩阵获得. 假设 (Ga,Mn)As 所有的 Luttinger 参数都与 GaAs 的相同, 当取 $N_0\beta = (-1.2\pm0.2)$eV(源于光发射实验数据)、Mn 含量为 0.053 和载流子之间的相互作用增益为 1.2 时居里温度 T_C 与空穴浓度的关系曲线示于图 5-38. 从图 5-38 我们还可以看到, 当空穴浓度为 $p = 3.5\times10^{20}$cm^{-3} 时, T_C 为 128K, 这与 110K 的实验数据吻合得很好.

平均场模型还可以用来解释除居里温度以外的其他一些实验结果. 首先, 它可以被用来解释为什么 n 型 Ⅱ-Ⅵ 族稀磁半导体材料不表现出铁磁性. 平均场模型使用 $N_0\alpha$ 来表示导带电子与局域 Mn 离子自旋的相互作用, n 型 Ⅱ-Ⅵ 族稀磁半导体的 $N_0\alpha(0.2$eV) 远小于 p 型Ⅲ-Ⅴ族稀磁半导体的 $N_0\beta$, 也就是说, 载流子诱导的相互作用不足以克服 Mn 离子之间直接的反铁磁性交换作用. 其次, 平均场模型还成功地预言了磁各向异性、易磁化轴方向和各向异性能是载流子浓度和应变的函数, 对于实验中相应的空穴浓度和应变, 实验观察的结果和平均场模型的分析一致. 当磁性膜处于压应变时, 易磁化轴平行于薄膜表面, 如直接生长在 GaAs (001) 上的 (Ga,Mn)As 易磁化轴沿表面方向; 而当磁性膜处于张应变时, 易磁化轴垂直于薄膜表面, 如生长在 (In,Ga)As 过渡层上的 (Ga,Mn)As 易磁化轴则垂直于薄膜表面[28,64].

与其他理论模型相比, Dietl 等的平均场理论虽然成功地解释了 (Ga,Mn)As 等Ⅲ-Ⅴ族稀磁半导体的各种磁现象, 但是该理论也有一定的局限性, 如利用平均场理论解释 (Ga,Mn)N 的铁磁性时就遇到了困难[89].

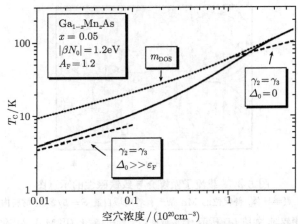

图 5-38　对于 Ga$_{0.95}$Mn$_{0.05}$As, 根据 6×6 Luttinger 模型得到的居里温度与空穴浓度的关系曲线 (图中实线)

图示直短画线为分别假定自旋–轨道分裂常数 Δ_0 具有较大和较小值得到的, 而虚线则是忽略自旋–轨道对空穴自旋磁化率作用而计算得到的[64]

　　最近关于 (Ga,Mn)As 中的空穴 (或者说费米能级) 是位于价带还是杂质带的问题成了 (Ga,Mn)As 材料研究的一个热点问题, 尚存在着争议[90~92]. 如图 5-39 所示, 大多数研究组认为在 Mn 含量远小于 1% 的绝缘态 (Ga,Mn)As 材料中确实存在杂质带, 但是当 Mn 含量大于 2% 呈金属态时, 杂质带与价带合并[92]. 但是少数研究组坚持认为在整个 Mn 掺杂范围内的 (Ga,Mn)As 材料中杂质带一直存在[90,91].

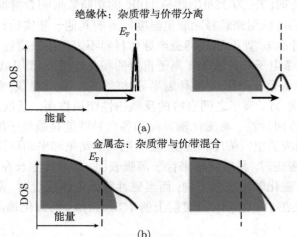

图 5-39　低掺杂绝缘态 (Ga,Mn)As 杂质带 (a) 和高掺杂金属态 (Ga,Mn)As 无序价带 (b) 示意图

这里忽略了铁磁态的带劈裂, 对于每一个区域, 从左到右对应着 Mn 含量的增大方向[92].

5.8 (Ga,Mn)As 的异质结构

非磁性半导体异质结构在现代器件的发展中发挥着重要的作用, 如 CDROM 中的量子阱二极管激光器和无线通信中的高电子迁移率晶体管等, 同时, 人们在半导体异质结构中还发现了分数量子霍尔效应等新的物理现象. 磁性半导体可以在半导体异质结构中引入磁相互作用, 有可能观察到不存在于传统的半导体异质结构中新奇的物理现象, 并提升现有器件的功能. 下面我们主要介绍III-V族稀磁半导体 (Ga,Mn)As 相关的几种异质结构.

5.8.1 (Ga,Mn)As 和 GaAs 的带阶

异质结构的特征主要用能带的排列来描述, 可是迄今为止, 人们并没有完全清楚地掌握 (Ga,Mn)As 与 GaAs 构成的异质结构的这个最基本的物理特征. 掺 Mn 的III-V族稀磁半导体中较高的掺杂能级和较低的 Mn 浓度导致了相当小的带阶, 这使得确定 (Ga,Mn)As 和 GaAs 的带阶非常困难. (Ga,Mn)As/GaAs/p-GaAs 构成的 p-i-n 二极管电流–电压 (I-V) 特征测量显示当温度高于 T_C 时热发射是电流传输的主要机制. 通过分析 I-V 特征的温度依赖关系, 可以从 (Ga,Mn)As 的费米能级测量推导出 (Ga,Mn)As 和 GaAs 之间的垒高, 图 5-40 示出了测量到的垒高 Δ 和有效

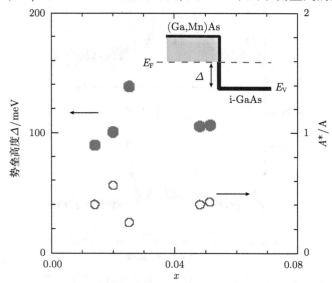

图 5-40　通过测量电流–电压 (I-V) 特性得到的 (Ga,Mn)As/GaAs 二极管的势垒高度 Δ

Δ 为 (Ga,Mn)As 费米能级与 GaAs 价带顶间的能量差 (如插图所示), 用实心圆来表示; 空心圆则用来表示有效 Richardson 常数 A^*/A[93]

Richardson 常数与 Mn 含量 x 的关系, 插图为所测样品带结构示意图[93]. 实验表明, (Ga,Mn)As 一边的空穴必须克服 100meV 的势垒才能流出, 而且实际上 Δ 是不依赖于浓度变化的. 但是目前还没有直接的实验方法确定出 (Ga,Mn)As 和 GaAs 价带之间的净带阶 ΔE_V. (Ga,Mn)As 的费米能级通常为 100meV 的量级, 那么可近似认为带阶 $\Delta E_V \approx 200\text{meV}$.

5.8.2　(Ga,Mn)As/GaAs 多层膜结构

Shen 等利用 LT-MBE 技术成功地获得了 (Ga,Mn)As/GaAs 多层膜结构[94], 图 5-41 示出了 20 个周期 $Ga_{0.944}Mn_{0.056}As$/GaAs 多层膜结构的双晶 X 射线衍射 (XRD) 曲线, $Ga_{0.944}Mn_{0.056}As$ 和 GaAs 的名义厚度分别为 12.1nm 和 11.4nm, 衍射曲线揭示了其较高的晶体质量. 磁输运性质测量结果表明 (Ga,Mn)As/GaAs 多层膜中的铁磁性可以一直保持到 (Ga,Mn)As 的厚度减小到 5nm, 当 (Ga,Mn)As 的厚度在 5nm 以下时, 铁磁性消失, 显示出顺磁性. 造成这种现象的原因尚不清楚, 也许是由于在生长 (Ga,Mn)As 的起始阶段 Mn 发生了偏析, 从而导致了 Mn 或者自旋

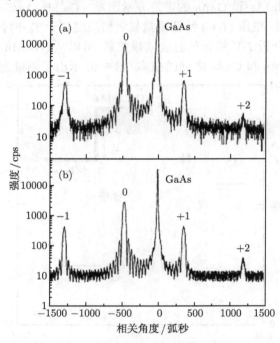

图 5-41　(Ga,Mn)As/GaAs 多层膜的双晶 X 射线衍射曲线

(a) (Ga,Mn)As/GaAs 超晶格 (20 个周期) 的 X 射线衍射摇摆曲线, 其中超晶格中 GaAs 和 (Ga,Mn)As 层名义厚度及 Mn 含量 x 分别为 11.4nm、12.1nm 和 0.054; (b) 利用动态模型拟合的摇摆曲线, 当 GaAs 和 (Ga,Mn)As 层厚度及 x 分别为 11.14nm、11.79nm 和 0.056 时得到的拟合曲线符合实验结果[94]

极化载流子的耗尽. Hayashi 等还通过磁矩、磁光和磁输运测试研究了 (Ga,Mn)As 多量子阱结构, 他们发现厚度低于 5nm 的 (Ga,Mn)As 量子阱不具有铁磁性[95,96].

5.8.3 (Ga,Mn)As 基三层膜结构的自旋相关散射、层间耦合和隧穿磁阻

铁磁体/非铁磁体/铁磁体组成的三层膜结构是构成现代磁电子器件的最基本结构单元, 对于研究各种输运过程也是非常有意义的. 铁磁性金属与非磁性金属或绝缘体构成这样结构的巨磁阻效应 (GMR) 或隧道磁阻效应 (TMR) 已经被广泛地应用于信息技术处理过程中. 为了了解只有半导体构成的这样体系的自旋输运过程, 人们制备并研究了各种结构的 (Ga,Mn)As/(Al,Ga)As/(Ga,Mn)As 三层膜, 并在这些三层膜结构中观察到了自旋相关的散射、层间相互作用耦合、隧穿磁阻等现象[97~99].

图 5-42 给出了 $Ga_{0.95}Mn_{0.05}As(30nm)/Al_{0.14}Ga_{0.86}As(2.8nm)/Ga_{0.97}Mn_{0.03}As$ (30nm) 三层膜样品在温度为 30K 时反常霍尔电阻 R_{Hall} 和纵向磁阻 R_{sheet} 对磁场 B 的依赖关系[97]. 该三层膜结构生长在 (In,Ga)As 的过渡层上, (In,Ga)As 过渡层引入了张应力, 使得易磁化方向垂直于样品的表面, 这样当外加磁场垂直于样品表面时, 可以用反常霍尔电阻效应来间接地观察磁矩变化. 图 5-42 中的反常霍尔电阻 R_{Hall} 存在着明显的台阶, 台阶处两个 (Ga,Mn)As 层的磁矩是反平行排列的, 而

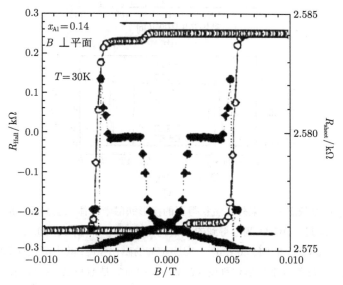

图 5-42 在 30K 时, $(Ga_{0.95}Mn_{0.05})As/(Al_{0.14}Ga_{0.86})As/(Ga_{0.97}Mn_{0.03})As$ 三层膜结构中 R_{Hall} 和 R_{sheet} 与 B 的关系曲线

当 R_{Hall} 处于平坦区 (2~6 mT) 时, 可以明显观察到 R_{sheet} 增加, 表明两个 (Ga,Mn)As 层的磁化方向是反平行的[97]

纵向磁阻 R_{sheet} 在此台阶处 (2~6 mT) 有明显的增加, 表明自旋依赖散射的存在.

　　Tanaka 等在 (Ga,Mn)As/AlAs/(Ga,Mn)As 三层膜结构中观察到了明显的隧穿磁阻现象, 如图 5-43 所示, 他们所用的两个 (Ga,Mn)As 层的厚度为 50nm, Mn 含量分别是 0.04 和 0.033, 易磁化轴沿着样品表面方向. 当 AlAs 的厚度为 1.6nm、外

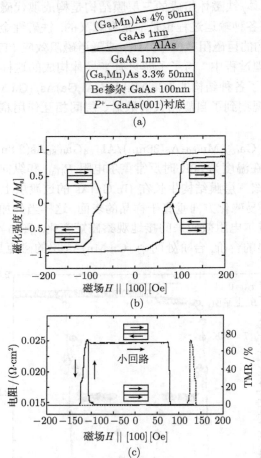

图 5-43　(a) 通过低温分子束外延生长得到的楔形铁磁半导体三层异质结的结构示意图;
(b) 在 8 K 时, 通过 SQUID 测量得到的 $Ga_{1-x}Mn_xAs$ (x = 4.0%, 50nm) /AlAs (3nm)/
$Ga_{1-x}Mn_xAs$ (x = 3.3%, 50 nm) 三层膜结构的磁化强度, 其中测试样品的尺寸为
3mm×3mm. 纵轴为标准化磁化强度 M/M_s, 其中 M_s 是饱和磁化强度; (c) 在 8 K 时,
$Ga_{1-x}Mn_xAs$ (x = 4.0 %, 50nm)/AlAs (3nm)/ $Ga_{1-x}Mn_xAs$ (x = 3.3%, 50nm) 隧道结 (直
径为 200 μm) 的 TMR 曲线. 粗线及虚线分别为通过从正到负和从负到正扫描磁场得到的,
且可以观察到图中细实线围成一个小回路. 在图 (b) 和 (c) 中, 磁场均沿平行于表面的 [110]
方向[98]

加磁场沿着 [100] 方向时, 他们观察到了高达 72% 的隧穿磁阻变化, 这也同时表明 (Ga,Mn)As 的自旋极化度至少为 50%[98]. 实际上, 利用 $Ga_{0.95}Mn_{0.05}As/GaAs$ 构成异质结构的安德列夫反射谱 (Andreev reflection spectroscopy) 已经确定出 (Ga,Mn)As 的自旋极化率至少在 85% 以上[100].

5.8.4 (Ga,Mn)As 自旋共振隧穿二极管

由于存在着交换作用, (Ga,Mn)As 的自发磁化会导致导带和价带的自旋劈裂, (Ga,Mn)As 与 AlAs/GaAs/AlAs 双势垒结合起来组成的自旋共振隧穿二极管 (RTD) 的 I-V 特征曲线可以显示出这种自旋劈裂. 图 5-44 示出了这样结构的 RTD 在不同温度下的 $dI/dV\text{-}V$ 关系曲线. 在没有外加磁场而只加正偏压的情况下, 自旋极化的空穴从 (Ga,Mn)As 注入, 当温度低于居里温度 T_C 时, Ohno 等观察到了清晰的共振峰的自发劈裂 HH2 和 LH1, 这种劈裂即来自于铁磁性 (Ga,Mn)As 价带的自旋劈裂[101].

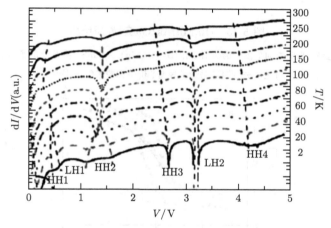

图 5-44 双势垒共振隧穿二极管的微分电导随偏压的变化曲线

该二极管结构中, 发射极是铁磁性的, 需注意的是在低温下未加磁场时仍然存在 HH2 和 LH1 的自发分裂.

该二极管结构为 $(Ga_{0.965}Mn_{0.035})As/15nm\ GaAs/5nm\ AlAs/5nm\ GaAs/5nm\ AlAs/5nm\ GaAs/150nm\ Be$ 掺杂 $GaAs\ (p = 5\times10^{17}cm^{-3})/150nm\ Be$ 掺杂 $GaAs\ (p = 5\times10^{18}cm^{-3})/p^+\text{-}GaAs$ 衬底[101]

5.9 (Ga,Mn)As 铁磁性的电场控制

如前所述, (Ga,Mn)As 中的空穴载流子导致了其铁磁性, 即空穴充当着磁性离子之间发生相互作用的媒介, 这预示着人们可以通过外部手段如光或电来改变载流子的浓度, 从而改变 (Ga,Mn)As 的磁性质, 这是金属铁磁体所不具备的特点.

　　人们首先在稀磁半导体 (In,Mn)As 中实现了光和电场对其铁磁性的调控 [24,102,103]. Koshihara 等发现在 (In,Mn)As/GaSb 异质结构中可以通过光调控 (In,Mn)As 铁磁性[102], 如图 5-45(a) 和 (b) 所示, 因为 (In,Mn)As 的厚度很薄, 只

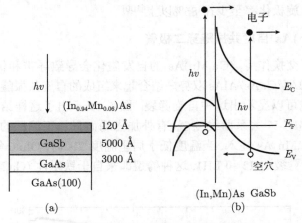

图 5-45　(In,Mn)As/GaSb 异质结构

(a) 样品结构示意图 (光照方向如图中箭头所示); (b) (In,Mn)As/GaSb 异质结的带边示意图 (E_C、E_V 和 E_F 分别表示带边的导带、价带和费米能级)[102]

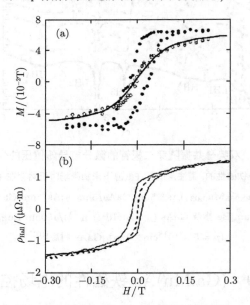

图 5-46　光对 (In,Mn)As 铁磁性的调控

(a) 在 5K 下光照前 (空心环) 和光照后 (实心环) 的磁化强度曲线, 实线所示为理论曲线; (b) 在 5K 下光照前 (虚线) 和光照后 (实线) 的霍尔电阻率 ρ_{Hall}[102]

有 12nm, 入射光被 GaSb 吸收, 从而在 GaSb 中产生电子–空穴对, 这些电子–空穴对被内部电场分离, 空穴积累在 (In,Mn)As 的表面. 与 (Ga,Mn)As 一样, (In,Mn)As 也存在着空穴导致的铁磁性, 磁矩和霍尔效应的测量结果都证实了这一点. 如图 5-46(a) 和 (b) 所示, 白光照射之前, (In,Mn)As/GaSb 异质结构呈顺磁性, 白光照射时表现出明显的铁磁性. 图 5-47 示出了一个 (In,Mn)As 基的场效应晶体管的霍尔电阻 (正比于磁矩) 的磁场依赖关系曲线[24], 测量温度在 (In,Mn)As 的铁磁性转变温度点附近 $(T=22.5\text{K})$. 当栅极电压 $V_G = +125\text{V}$ 时, 磁矩减小, 磁滞回线消失; 反之, 当栅极电压 $V_G = -125\text{V}$ 时, 磁矩增大, 磁滞回线变得清晰明显 (如图 5-48 所示). 这表明具有这样结构器件的铁磁相的出现与消失可以通过外加电场来控制. 如图 5-47 所示, 改变外加电场实际上改变了通道材料 (In,Mn)As 中的空穴浓度, 从而改变了其磁性质[24].

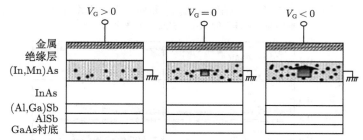

图 5-47 处于不同偏压下的稀磁半导体 (In,Mn)As 的场效应晶体管结构的截面图
其中黑圆圈代表空穴浓度, 箭头的大小表示 Mn 磁化的强度[24]

最近, 人们在 (Ga,Mn)As 中也实现了通过电场控制其铁磁性质的目的[104~108]. 磁化反转在磁信息存储技术中非常重要, 使用金属铁磁系统为磁信息编码需要通过电流密度大约 $10^7 \sim 10^8 \text{A/cm}^2$ 的脉冲电流来实现磁畴壁的反转, 然而 Yamanouchi 等在无外加磁场环境中, 使用电流密度不高于 10^5A/cm^2 的脉冲电流实现了 (Ga,Mn)As 中磁畴壁的反转, 从而实现了磁化反转[104]. 与铁磁金属系统相比, 虽然 (Ga,Mn)As 中磁畴壁的反转需要的脉冲电流密度降低了 2 或 3 个量级, 但是较低的磁畴反转速度和较低的工作温度使得 (Ga,Mn)As 目前尚不能应用在磁信息存储技术中. 最近 Chiba 等利用 (Ga,Mn)As 基场效应晶体管结构, 使用 Al_2O_3 作为栅极, 通过外加电场实现了对 (Ga,Mn)As 的居里温度 T_C 和矫顽力 $\mu_0 H_C$ 的调制[106]. 他们使用 7nm 厚的 (Ga,Mn)As 作为通道层, 其居里温度约 60K, 结构中引入了 (In,Ga)As 过渡层, 在 (Ga,Mn)As 中形成张应力, 使 (Ga,Mn)As 的易磁化轴方向垂直于样品表面. 图 5-49(a) 和 (b) 分别给出了温度为 35K 和 50K、外加电场为 -5MV/cm、0MV/cm、$+5\text{MV/cm}$ 时霍尔电阻与磁场的关系曲线, 可以看到, 外加电场对矫顽力 $\mu_0 H_C$ 有很大的影响. 当温度为 35K、外加电场为 -5MV/cm 时, 矫顽力为 2mT; 外加电场为 $+5\text{MV/cm}$ 时, 矫顽力为 1mT. 而当温度为 50K、外加电场为

−5MV/cm 和 0MV/cm 时还能看到清晰的回线, 外加电场变为 +5MV/cm 时, 矫顽力 $\mu_0 H_C = 0$. 由 Arrot 图确定的不同电场下 (Ga,Mn)As 的居里温度示于图 5-49(c),

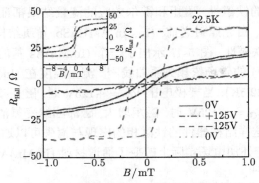

图 5-48 三个不同偏压下 R_{Hall} 和外加磁场的关系曲线

插图为更高场下的 R_{Hall} 随磁场的变化曲线[24]

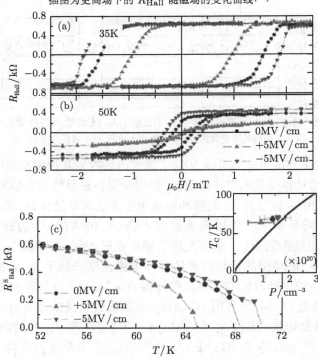

图 5-49 电场对 (Ga,Mn)As 磁性的调控

在 (a)35K 和 (b)50K 时不同外加电场下 ($E = +5$、0 及 -5MV/cm) 霍尔电阻 R_{Hall} 与外加磁场 $\mu_0 H$ 的关系曲线; (c) $R_{\text{Hall}}^{\text{S}}$ 与温度 T 的关系曲线, 其中 $R_{\text{Hall}}^{\text{S}}$ 正比于由 Arrott 图 (即 R_{Hall}^2 与 $\mu_0 H / R_{\text{Hall}}$ 的关系曲线) 确定的自发磁化强度. 插图为居里温度 T_C 随空穴浓度 p 的变化曲线, 其中 T_C 由 p-d Zener 模型的理论计算确定[106]

当外加电场分别为 $-5MV/cm$、$0MV/cm$、$+5MV/cm$ 时, (Ga,Mn)As 的居里温度分别为 70K、68.5K、65K. 电场从 $-5MV/cm$ 到 $+5MV/cm$, 居里温度调制范围为 5K. 这些实验数据说明了可以通过外加电场来控制 (Ga,Mn)As 的磁性质.

上述电调控稀磁半导体 (Ga,Mn)As 的铁磁性是通过电输运测量其反常霍尔效应间接验证的, 只有最近极少数的报道中提及了电调控磁性半导体磁性质的直接测量. 例如, Sawicki 等[109] 通过改造超导量子干涉仪 (SQUID) 的磁学性质测量系统 (MPMS) 的样品测量杆, 利用 $Au/HfO_2/(Ga,Mn)As$ 即金属/绝缘体/磁性半导体结构给出了电控 (Ga,Mn)As 磁性质的直接证据, 即直接从磁性测量说明外电场可以调控 (Ga,Mn)As 薄膜的居里温度、铁磁态到顺磁态的相变, 如图 5-50 所示. 同时他们还发现了一个重要的物理现象, 即 (Ga,Mn)As 的居里温度随外加电压线性变化, 说明 (Ga,Mn)As 费米能级不应该在杂质带中, 他们认为这是由于安德森–莫特 (Anderson-Mott) 空穴局域化导致了 (Ga,Mn)As 中的相分离.

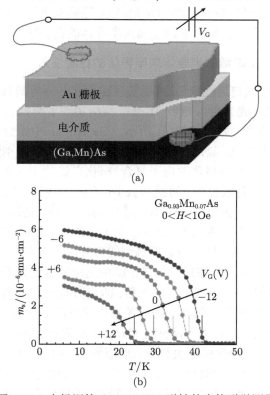

图 5-50　电场调控 (Ga,Mn)As 磁性的直接磁学测量

(a) 典型 MIS 结构示意图; (b) 在选定栅极电压 V_G 下自发磁矩 m_s 与温度关系实验数据, m_s 消失的温度定义为居里温度 T_C[109]

5.10　半导体异质结构中的自旋注入

自旋注入是实现半导体自旋电子器件的一个关键步骤. 因为过渡族铁磁性金属中的载流子自旋是部分极化的, 加上金属与半导体在电导率和结构上存在着较大的失配, 所以利用铁磁性金属作为自旋极化源向半导体中注入自旋极化载流子, 其注入率是很低的, 除非是自旋极化率很高的铁磁体, 如半金属 (half-metal), 其自旋极化率达到 100%. 随着样品制备技术的提高, 近年来铁磁金属/半导体异质结构中的自旋注入效率也有了大幅度的提高, 已达到约 30%[110]. 人们在试图提高铁磁金属向半导体自旋极化载流子注入效率的同时也在寻找其他途径. 稀磁半导体和非磁性半导体的电导率比较容易调节到在一个数量级上, 并且它们可以互为外延生长, 所以使用稀磁半导体作为自旋极化源, 有可能达到较高的自旋注入效率. 在这一节中首先介绍自旋极化载流子由 (Ga,Mn)As 等稀磁半导体向半导体的注入, 为便于比较, 我们还将介绍自旋由铁磁金属向半导体的自旋注入.

5.10.1　(Ga,Mn)As 等稀磁半导体向半导体的自旋注入

尽管普遍认为空穴自旋弛豫快, 难以实现注入, Ohno 等却利用 p 型 (Ga,Mn)As 和 n 型 GaAs 组成的光发射二极管 (LED) 结构实现了空穴自旋由磁性半导体向非磁性半导体的注入[3]. 如图 5-51(a) 所示, (Ga,Mn)As 中部分自旋极化的空穴载流子, 在偏压下经过 GaAs 隔离层进入非磁性 (In,Ga)As 量子阱中, 在这里与来自 n 型 GaAs 衬底中的未自旋极化的电子复合. 极化自旋的注入率是通过测量电致发光 (EL) 的极化度来进行表征的. 如图 5-51(b) 所示, 在 (Ga,Mn)As 的居里温度 T_C 以下观察到了发射光极化度的磁滞现象. 由于 (Ga,Mn)As 是铁磁性的, 可以在无磁场下实现自旋注入, 但是注入效率比较低, 只有 2%. 理论上 (Ga,Mn)As 中空穴自旋的极化度应该接近 100%[100], 但是探测到的自旋注入效率却是如此之低, 原因尚不清楚. 两种可能的解释是: 在理想的量子阱中重空穴跃迁光选择定则禁止圆极化光在特定方向上 (垂直于生长方向) 的发射, 即使所有的空穴自旋极化方向都是相同的, 载流子自旋和发射光极化度之间的关系也并不像文献 [111] 描述得那样简单; 另外, 和自旋极化的电子不一样, 体材料 GaAs 中空穴自旋的方向是极其不稳定的, 即使在量子阱中空穴自旋弛豫也快得令人难以置信. 由此可见, 空穴自旋的注入在未来实际半导体自旋电子学器件中的应用有一定的局限性. 从实际应用的角度来考虑, 因为电子的自旋寿命较长, 所以人们更倾向于操作电子而不是空穴.

Fiederling 等在存在着外加磁场的环境中, 使用 n 型 II-VI 族稀磁半导体 Be-MnZnSe 作为自旋极化源, 实现了自旋极化电子向非磁性半导体的注入[111], 其自旋注入率高达 90%. II-VI 族稀磁半导体通常表现出顺磁性, 只有在极低温 (几开)

才具有铁磁性, 因此使用 II-VI 族稀磁半导体作为自旋极化源通常需要强磁场和极低温的条件. 近几年来, 人们在某些 II-VI 族稀磁半导体如 (Zn,Cr)Te 中观察到了室温铁磁性[18], 但还没有看到用 (Zn,Cr)Te 作为自旋极化源进行注入的报道, 并且 (Zn,Cr)Te 中室温铁磁性的来源也是一个尚待弄清楚的问题.

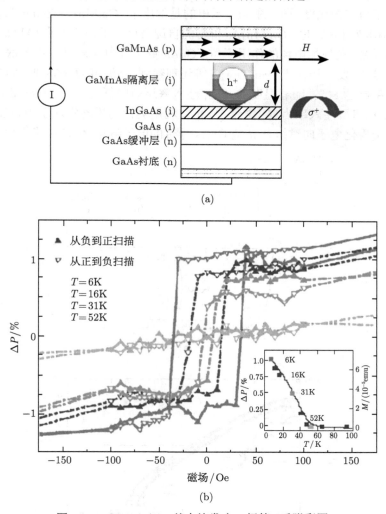

图 5-51   (Ga,Mn)As 基自旋发光二极管 (后附彩图)

(a) 在 GaAs 衬底上外延生长的 (Ga,Mn)As 基异质结构电自旋注入示意图; (b) 在温度 $T = 6 \sim 52K$ 时, 器件 ($d = 140nm$, $E = 1.34eV$, $I = 2.8mA$) 极化空穴自旋注入率 ΔP 随外加磁场 (平行于表面) 的变化曲线. 插图为 $T = 6 \sim 94K$ 时的极化空穴自旋注入率 ($H = 0Oe$ 时的 ΔP, 实心方块所示) 以及 (Ga,Mn)As 磁矩随温度的变化曲线 (磁矩由 SQUID 磁强计测得, 如实线所示), 从图中可以看出极化空穴自旋注入率与磁矩成正比[3]

利用 p 型 (Ga,Mn)As 价带中的自旋极化电子向重掺杂 n 型 GaAs 导带的电子隧穿 (带间隧穿或 Zener 隧穿) 可以大幅度地提高自旋注入效率, 这种结构也被称为自旋 Esaki 二极管或 Zener 二极管[112,113]. van Dorpe 等研究了自旋极化电子从 (Ga,Mn)As 价带向 (Al,Ga)As 光发射二极管的带间隧穿, 并利用斜 Hanle 效应技术测量分析了自旋极化度[112]. 图 5-52 示出的是偏压下 (Ga,Mn)As Zener 二极管能带结构, 当偏压为 1.6 V 时, (Ga,Mn)As 价带的自旋极化电子被注入到 (Al,Ga)As 自旋输运层的导带, 在外加电场的作用下, 在 GaAs 量子阱中与来自 p 型衬底非自旋极化的空穴复合, 发出极化光. van Dorpe 等还观察到, 当温度为 4.6K 时, 自旋极化电子的注入率高达 80%, 随着温度的升高, 注入率逐渐降低, 当达到 (Ga,Mn)As 的居里温度 120K 时, 注入率为零. 文献 [113] 曾利用类似的原理实现了 (Ga,Mn)As 价带中的自旋极化电子向重掺杂 n 型 GaAs 导带的电子隧穿, 但是自旋极化电子的注

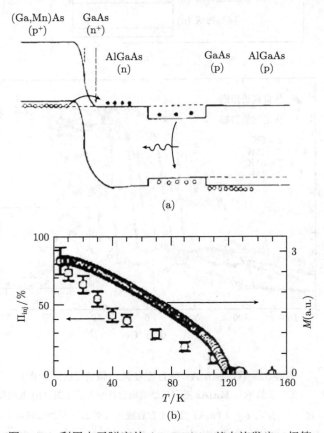

图 5-52   利用电子隧穿的 (Ga,Mn)As 基自旋发光二极管

(a) 偏压下自旋 LED 的能带结构; (b) (Ga,Mn)As 薄膜的磁化强度和 Π_{inj}(自旋极化注入率) 随温度的变化曲线[112]

入率只有百分之几. 与文献 [112] 不同的是, 他们使用的自旋检测结构是 (In,Ga)As 量子阱, 而不是 GaAs 量子阱, (In,Ga)As 量子阱中极低的电子自旋寿命可能是自旋极化电子的注入率低的主要原因.

5.10.2　铁磁金属向半导体中的自旋注入

由于铁磁金属具有室温铁磁性, 并且有可能在无磁场下实现自旋注入, 因此长期以来铁磁金属向半导体的电子自旋注入一直受到人们的关注. 过渡族金属与半导体在电导率和结构上存在着较大的失配以及界面处容易形成相应的金属化合物等诸多因素导致在金属和半导体界面处往往会形成一个 "死磁层"(magnetically dead layer), 严重地阻碍了自旋的注入, 以至于一些人认为铁磁性金属向半导体中的自旋注入是不可能的. 1992 年 Alvarado 等打破了这个僵局, 首次在室温下使用多晶 Ni 材料制作成的 STM 探针, 通过真空隧穿, 实现了自旋向 p⁺-GaAs (110) 的注入[114]. 如图 5-53 所示, Alvarado 等利用圆极化发光来检测自旋极化电子的注入, 结果表明 Ni 中少子自旋对隧穿电流做了主要贡献.

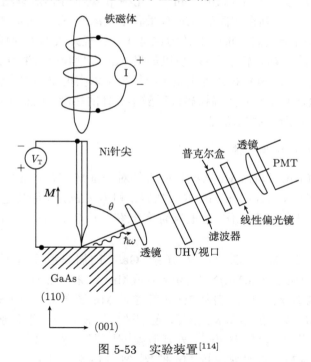

图 5-53　实验装置[114]

Zhu 等首次在室温下通过肖特基 (Schottky) 接触实现了 Fe 向 GaAs 中的自旋注入[115]. 偏压下 Fe 中自旋极化的电子隧穿过 Fe 与 n⁺-GaAs 界面处的肖特基势垒, 经过 n⁺-GaAs 在 InGaAs 量子阱中与来自 p 型 GaAs 衬底非极化的空穴复合

发出自旋极化光. 当时测得的极化电子自旋注入率很低, 只有 2%. 很快 Hanbicki
等将 Fe 外延生长在 AlGaAs/GaAs 量子阱发光二极管结构的表面, 在温度为 4.5K
时, 将 Fe 中自旋极化电子向半导体的注入率提高到 30%~40%[110].

目前自旋注入的检测多使用发光二极管结构, 最近 Crooker 等利用扫描 Kerr
显微镜直接观察了自旋极化载流子从铁磁性金属向 n 型 GaAs 中的注入、输运、积
累和检测过程[116].

5.11　其他稀磁半导体的研究进展

迄今为止, (Ga,Mn)As 的居里温度最高值为 191K[26], 仍低于室温, 不能满足实
际工作要求, 人们在试图提高 (Ga,Mn)As 居里温度的同时, 也在积极探索新的稀
磁半导体材料. Dietl 等用平均场模型计算出 Mn 掺杂 GaAs、GaN、ZnO 和 C 等
III- V、II-VI和IV族半导体的居里温度可以提高到室温以上, 图 5-25 示出了当 Mn
含量为 5%、空穴浓度为 $3.5\times10^{20}/cm^3$ 时几种 p 型半导体居里温度的计算结果.
从图 5-25 我们可以看到在相同的 Mn 含量和空穴浓度下, 含有质量较轻阳离子的
半导体居里温度普遍较高, Dietl 等认为这是在含较轻元素的半导体中 p-d 杂化作
用较强、自旋 - 轨道耦合较小所致, 所以如果 Mn 含量和空穴浓度分别达到 5%和
$3.5\times10^{20}cm^{-3}$, GaN、ZnO 和 C 等宽禁带半导体可以实现室温铁磁性. 这一理论预
言掀起了一个探索制备具有室温铁磁性稀磁半导体的热潮, 下面简单介绍关于几类
典型的稀磁半导体所开展的研究.

5.11.1　GaN 基稀磁半导体

除了 (Ga,Mn)As 和 (In,Mn)As 以外, 人们对 (Ga,Mn)N、(Ga,Cr)N、(Ga,Fe)N、
(Al,Mn)N、(Al,Cr)N、(Ga,Mn)Sb、(Ga,Cr)As 和 (Ga,Fe)As 等其他III- V 族稀磁半
导体也开展了大量的研究工作, 这里只简单介绍一下 GaN 基稀磁半导体的研究进
展.

理论计算预言 Mn、Cr 或 V 掺杂 GaN 的居里温度有可能达到室温以
上 [27,64,116~119], 因此 (Ga,Mn)N 成为继 (Ga,Mn)As 和 (In,Mn)As 之后另一种被
广泛研究的稀磁半导体材料. 自从 Reed 等通过 Mn 源向 GaN 的固态扩散获得了
居里温度达 300K 以上的 (Ga,Mn)N 薄膜后[120], 许多研究小组分别利用不同方法
先后获得了微晶[121]、块材[122,123]、外延薄膜[124~127]、量子线[128]、纳米颗粒薄膜
[129] 等形式的 (Ga,Mn)N. 通常采用 Mn 扩散[120]、Mn 离子注入[130] 和外延生长 (包
括 MOCVD 和 MBE)[124~127] 等方法制备 (Ga,Mn)N. (Ga,Mn)N 晶体存在纤锌矿
结构[131] 和闪锌矿结构[32] 两种形式, 导电类型既有 n 型[89] 也有 p 型[132]. 在这类
材料中人们观察到了铁磁[120,130]、顺磁[121] 甚至自旋玻璃态[133] 等磁性特征, 具有

铁磁性 (Ga,Mn)N 的居里温度也各不相同, 分布在 20~940K. (Ga,Mn)N 铁磁性的来源一直是一个悬而未决的问题, 其铁磁性可能来自 (Ga,Mn)N 本身[27,119], 也可能来自其中包含的 Ga-Mn、Mn-N 等团簇或其他未知相[130,134,135], 许多理论研究者做了大量工作, 但至今还没有得到统一的解释[27,136~141]. Dietl 等认为铁磁性是 GaN 价带中的空穴和 Mn^{2+} 之间的相互作用促成的[27], 即只有 p 型的 (Ga,Mn)N 才是铁磁性的, 而 p 型材料的制备要求 GaN 的费米能级向价带移动[142]. Sato 等[139] 认为 (Ga,Mn)N 中存在 Mn 引起的杂质带, 这种杂质带对其磁性质起着十分重要的作用, 而双交换作用可能是导致其铁磁性的机制. 尽管在 (Ga,Mn)N 铁磁性的起源分析方面存在着分歧, 但是 (Ga,Mn)N 仍不失为一种有潜在应用前景的稀磁半导体材料.

(Ga,Cr)N 的研究也取得了一定的进展. 最近平均场近似下第一原理计算表明 (Ga,Cr)N 也具有稳定的铁磁态[143], 并且可以一直保持到 Cr 含量达到 25%. 在温度低于 320K 时, Lee 等在 Cr 注入到 MOCVD 生长的 Mg 掺杂 GaN 中观察到了铁磁有序[144]. Park 等利用钠束流法 (sodium flux method) 生长了 Cr 掺杂的 GaN 单晶, 居里温度达到 280K[145]. Hashimoto 等利用电子回旋共振等离子体辅助分子束外延技术得到了居里温度在室温以上的铁磁性 (Ga,Cr)N[146]. Liu 等用 MBE 生长技术制备了居里温度高达 900K 的 (Ga,Cr)N[147]. 大部分实验结果显示 (Ga,Cr)N 晶体结构为纤锌矿结构, 但是 Shanthi 等从实验中发现 (Ga,Cr)N 中纤锌矿相和闪锌矿相共存[148]. 目前关于 (Ga,Cr)N 的铁磁性起源也不十分清楚, Kim 等认为 (Ga,Cr)N 中顺磁成分和铁磁成分共存[149], 但是 Zhou 等发现在低温下没有顺磁成分[146]. 另外, 实验发现 (Ga,Cr)N 导电类型为 n 型, 而且随 Cr 含量的增加电阻率增大[150].

关于 (Ga,Fe)N 也有少量报道[151~157]. Jastrzebski 等在 (Ga,Fe)N 薄膜中没有观察到反常霍尔效应[151], 纤锌矿结构的 (Ga,Fe)N 块材表现出 van Vleck 类顺磁行为[152]. 而用 MBE 生长的具有高 Fe 含量的六角结构 (Ga,Fe)N 显示出超顺磁行为, 这可能归因于纳米尺度的 Fe 或 FeN 团簇的形成[153]. Akinaga 等使用 ECR-MBE 技术制备的高 Fe 掺杂的 (Ga,Fe)N 在 100K 以下具有铁磁性[153,154], 将 Fe 直接注入 p 型 GaN 得到的 (Ga,Fe)N 的居里温度达到 250K[156,157], 但是其铁磁性起源尚不清楚.

除了以上提到的过渡族金属掺杂形成的 GaN 稀磁半导体, 人们还在稀土元素掺杂的 GaN 化合物如 (Ga,Gd)N 和 (Ga,Eu)N 中观察到了室温铁磁性[158,159].

5.11.2 IV 族稀磁半导体

由于 IV 族稀磁半导体能与现有的非常成熟的 Si 技术很好地兼容而成为另一族备受关注的半导体自旋电子材料, 特别是 Ge 与 AlGaAs 材料之间有比较好的晶格匹配, 具有比 GaAs 和 Si 更高的本征空穴迁移率, 因此 IV 族半导体有可能为稀磁半导体的研究提供最简单的系统. 下面简单介绍两种典型的 IV 族稀磁半导体 $Ge_{1-x}Mn_x$ 和 $Si_{1-x}Mn_x$.

平均场理论预言 $Ge_{0.95}Mn_{0.05}$ 的居里温度 T_C 将达到 80K[27], 而从头计算方法得到 $Ge_{1-x}Mn_x (x = 3.5\%)$ 的 T_C 将达到 175K[160]. 实验上, Park 等利用 MBE 技术制备的 $Ge_{1-x}Mn_x$ 薄膜的最高 T_C 为 116K[161]. 人们还在 Ge 中进行了 Cr 或 Fe 掺杂以及 Cr 和 Mn、Mn 和 Co 或 Mn 和 Fe 共掺杂实验[162~166], 其中 $Ge_{1-(x+y)}Mn_xFe_y$ 薄膜的居里温度最高, $T_C = 350K$[162]. 但是这些研究很少考虑可能的相分离, 即第二相的形成. 事实上, Ottaviano 等通过 EXAFS 和 X 射线光发射谱测量发现, 对于利用离子注入方法制备的 $Ge_{1-x}Mn_x$ 只有 40%~50% 的 Mn 处于替代位置, 而且没有发现 Mn 间隙[167], 说明可能存在其他纳米结构相如 Mn_5Ge_3 等[167,168]. 在 $Ge_{1-x}Mn_x$ 中 Mn 处于 + 2 价态[161], 对于替代 Ge 位置的 Mn^{2+}, 尽管预计其自旋 $S = 5/2$, 轨道角动量 $L = 0$, 磁矩为 $5\mu_B$(μ_B 为玻尔磁子), 然而理论计算表明, Mn 的 d 态和 Ge 的 p 态之间存在强的杂化, 导致每个 Mn 原子的磁矩降为 $3\mu_B$. Kazakova 等[169] 则认为大多数 Mn 原子是以 Mn^{3+} 态存在, 自旋为 $S = 2$, 磁矩为 $4\mu_B$, 轨道角动量不为零, 这样能够解释其观察到的低磁矩值 (小于 $2\mu_B$). 在这种稀磁半导体中, 空穴导致了 Mn 原子局域自旋之间的铁磁有序的观点仍被人们所接受[161].

$Si_{1-x}Mn_x$ 稀磁半导体也受到了特殊的关注[27,170~172]. Dietl 等的平均场理论预言 $Si_{0.95}Mn_{0.05}$ 的居里温度比 $Ge_{0.95}Mn_{0.05}$(80K) 高, 接近 110K[27]. 第一原理研究显示, 在 Si 中 Mn 有形成二聚合物的趋势, 因为这种二聚合物的形成能比它们单独存在的能量和要低, 而且在 p 型 Si 中构成二聚合物的 Mn 原子之间是铁磁耦合的, 而在 n 型 Si 中构成二聚合物的 Mn 原子之间则是反铁磁耦合的[173]. 不同的制备方法和生长条件得到的 $Si_{1-x}Mn_x$ 的居里温度各不相同. 用离子注入结合退火的方法制备的 $Si_{1-x}Mn_x$ 材料是铁磁性的, 对于 $Si_{0.95}Mn_{0.05}$, 其居里温度达到 75K[170]. Bolduc 等在 Mn 离子注入的 Si 薄膜中观察到了室温铁磁性[172]. 用 MBE 制备的 $Si_{1-x}Mn_x(x = 0.05)$ 薄膜的居里温度约 70K[174]. 利用 MBE 技术制备的 $Si_{1-x}Mn_x$ 中处于替代位置的 Mn 含量比 Mn 在 Si 中的平衡溶解度大好几个数量级, 但不是所有的 Mn 都在替代位置, 其替代比例随 Mn 浓度的增大而下降, 处于替代位置 Mn 的含量随 Mn 浓度的增大而增大[175]. Zhang 等用溅射技术和真空蒸发方法制备的 $Si_{1-x}Mn_x$ 的居里温度分别达到 250K 和室温以上[176,177], 他们对 $Si_{1-x}Mn_x$ 进行 B 共掺杂时发现薄膜中有少量 Mn_4Si_7 相 (居里温度约为 47K), 但是居里温度达 250 K 左右的铁磁性则是由稀释到 Si 中的 Mn 所致[178]. Ma 等用电弧融化技术制备了多晶 $Si_{1-x}Mn_x$, 其居里温度也达到 250K, 并且发现其居里温度随 Mn 含量的增大而增大, 在居里温度附近, 这种材料发生金属–绝缘体相变[179].

总的来说, 人们对 IV 族稀磁半导体的研究工作相对较少, 还存在着大量不清楚的问题. 一旦 IV 族稀磁半导体与 Si 集成电路技术结合起来, 将会大大提升现有微电子器件的功能.

5.11.3 III–VI 族稀磁半导体

III–VI 族半导体 GaSe、InSe、GaTe、GaS 和 InS 等由于具有显著的非线性光学性质而成为非常重要的光电子材料. 在这些 III–VI 族半导体中掺入磁性元素, 将使这些材料的应用领域得到拓展, 应用前景更加广阔. (Ga,Mn)Se 是最早被成功制备和研究的 III–VI 族稀磁半导体[180]. 随后, 人们对其他一些 III–VI 族稀磁半导体如 (Ga,Mn)S[181]、(Ga,Fe)Se[182]、(In,Mn)S[183,184] 和 (In,Mn)Se[185,186] 等进行了研究.

在 (Ga,Mn)Se 中, 替代 Ga 的 Mn 离子处于一个四面体环境中, Mn 原子直接和三个 Se 原子以及一个 Ga 或 Mn 原子键合, 导致了复杂的磁化强度与温度的关系. 直接键合的 Mn—Mn 对被认为是磁性离子间发生直接交换作用的前提. 此外, Mn-Se-Mn 超交换和 Mn-Ga-Se-Mn 配对也可能导致磁性离子间的直接交换作用[180]. (Ga,Mn)Se 和 (Ga,Mn)S 两者的磁性行为存在很大差异[181]. 在 (Ga,Mn)Se 中观察到了 van Vleck 类顺磁行为, 而 (Ga,Mn)S 的磁化显示居里–外斯行为[182]. 这可能是因为 (Ga,Mn)Se 中存在 Mn-Mn 对, 而 (Ga,Mn)S 中存在的却是 Mn-S-Mn 对[181]. 在 (Ga,Fe)Se 中也观察到了 van Vleck 类顺磁性[182].

(In,Mn)S 的晶体结构不同于 (Ga,Mn)S, (Ga,Mn)S 中的 Ga—Mn 键都是平行的, 而 (In,Mn)S 中只有一半的 In—Mn 键是平行的, 另一半存在 70° 角[183]. (In,Mn)S 的磁化具有各向异性[184]. 在 (In,Mn)Se 中存在两个分离的磁性杂质子系统, 一个在晶体层内, 而另一个在夹层空间[184]. 当温度小于 77K 时, (In,Mn)Se 中出现 Mn 离子的三维铁磁有序, 退火后在夹层空间出现二维铁磁性[185]. Pekarek 等还在 (In,Mn)Se 中观察到了热磁滞行为[186].

迄今关于 III–VI 族稀磁半导体的研究报道较少, 其自旋相关性质和机理还需要进一步探索.

5.11.4 IV–VI 族稀磁半导体

IV–VI 族稀磁半导体的研究对象主要包括 (Pb,Sn,Mn)Te[187]、(Ge,Cr)Te[188~190] 和 (Ge,Mn)Te 等[191~193]. (Pb,Sn,Mn)Te[187] 在低温下体现出载流子导致的铁磁性. 溅射方法得到的 (Ge,Cr)Te 的居里温度随 Cr 含量的增大而提高, 当 Cr 含量达到 0.33 时, 居里温度达到 25K, 其易磁化轴垂直于平面[188]. 利用 MBE 技术制备的 (Ge,Cr)Te 的晶格常数和光学带隙随 Cr 含量的增大而减小, Cr 含量过高会在薄膜中引入 Cr-Te 纳米颗粒, 其居里温度可达 30K 左右[189]. 在 (Ge,Cr)Te 中,铁磁性几乎不受缺陷的影响, 而是强烈地依赖于空穴浓度[190]. 在这种材料中短程有序 (如超交换机理) 对其铁磁性所起的作用比长程有序 (如 RKKY 机理) 更重要[190]. 目前, (Ge,Mn)Te 最高居里温度达到 100K[192], 也是 IV–VI 族稀磁半导体中最高的. X 射线吸收和 MCD 谱测量表明 Mn 的局部环境与 Mn 浓度无关, 其交换常数 $N_0\beta = -0.2\text{eV}$[193].

5.11.5   氧化物稀磁半导体

在各种类型的半导体中, 氧化物半导体具有宽带隙, 能实现 n 型载流子重掺杂, 这些特征有利于局域自旋之间的强铁磁交换耦合, 是最有希望实现高居里温度的宿主化合物之一, 因此, 过渡族金属掺杂的氧化物半导体是非常具有潜力的自旋电子材料. 目前, 人们已经发现多种氧化物稀磁半导体具有铁磁性, 下面将侧重于介绍 ZnO 基和 TiO₂ 基稀磁半导体, 同时简单介绍其他氧化物稀磁半导体的研究进展.

Dietl 和 Sato 等分别利用平均场理论和双交换机制预言了过渡金属掺杂的 p 型 ZnO 的室温铁磁性[27,194]. Mn、Cr、Fe 和 Co 掺杂的 ZnO 的铁磁性被认为是空穴诱导的[194]. 虽然 Al 和 Mn 共掺杂的 n 型 ZnO 薄膜没有体现出铁磁性[195], 但是在 n 型 Ni 掺杂 ZnO 薄膜以及注入 Mn 离子的 Sn 掺杂 ZnO 单晶中却观察到了铁磁性[196,197]. 同时也不能完全排除铁磁性来自过渡族金属和它们的氧化物形成的团簇或沉积物的可能. 实际上, Wakano 等在 Co 离子注入的铁磁性 ZnO 薄膜中观察到了 Co 团簇的存在[196]. 对于 ZnO 基稀磁半导体, 所报道的居里温度值在 30~550K[198]. 因此, ZnO 基稀磁半导体的铁磁性起源有待于进一步研究. ZnO 基稀磁半导体的制备方法很多, 包括脉冲激光沉积方法、离子注入、分子束外延、磁控溅射、射频溅射和固态反应等[195,199~202]. 目前氧化物稀磁半导体制备中所使用的过渡族金属掺杂剂包括 Mn、Cr、Co、Ni、Fe 和 V 等[198].

另一种研究较多的氧化物稀磁半导体是过渡族金属元素掺杂的 TiO₂. 目前 TiO₂ 基稀磁半导体实验研究主要集中在 Co 掺杂方面. Matsumoto 等最先制备出锐钛矿类型以及金红石类型的 TiO₂:Co, T_C 均达到室温以上[203,204], 这与之后的一些实验结果一致[205,206]. 但是磁光和磁性质测量发现, 这种材料在室温下仍具有大的磁滞行为[207], 可能存在多相结构如未知的 Co-Ti-O 化合物等[208], 因此其磁性质有待于进一步验证.

最近, 其他氧化物稀磁半导体如 Fe 和 Mn 掺杂的 In₂O₃ 与 Mn 掺杂 SnO₂ 等已经被相继报道[209~211]. 值得一提的是, 到目前为止几乎没有 p 型的氧化物稀磁半导体的实验报道.

5.11.6   稀磁半导体量子点

长期以来, 量子点由于其奇特的物理性质而受到人们广泛的关注. 在量子信息和量子计算领域, 铁磁性量子点有着巨大的优势. 例如, 借助于量子点间的交换耦合, 量子信息中单字节的操作即单个自旋的操作可能会变得非常容易[212,213]. 令人遗憾的是, 目前稀磁半导体的研究主要集中在薄膜方面, 关于量子点等纳米结构方面的工作开展得比较少.

Guo 等首先用 LT-MBE 技术在 GaAs (100)、(211)B 及 (311)B 衬底上生长出了 (In,Mn)As 量子点[214]. 原子力显微镜 (AFM) 图像表明生长在 GaAs (100) 表面的 (In,Mn)As 量子点尺寸分布较宽, 形状不太规则. 而生长在 GaAs (311)B 表面的 (In,Mn)As 量子点则有着双模的尺寸分布. 量子点尺寸分布最均匀、形状最规则的则是生长在 GaAs (211)B 表面的 (In,Mn)As 量子点. Guo 等认为 Mn 在生长量子点时充当着表面活性剂的角色[214]. Ofuchi 等用 EXAFS 方法研究了利用 LT-MBE 技术生长的 (In,Mn)As 量子点 Mn 原子周围的局域结构, 证明了在量子点中大部分 Mn 原子处于替代 In 位[215]. Holub 等利用 LT-MBE 技术生长了居里温度达到 350K 的 10 层 (In,Mn)As 量子点结构, AFM、X 射线能谱 (XEDS)、电子能量损失谱 (EELS)、透射电镜 (TEM) 等微结构分析没有发现材料中存在 NiAs 结构的 MnAs 团簇或其他晶格结构相[216]. Jeon 等则生长了较高 Mn 浓度单层的 (In,Mn)As 量子点, 居里温度为 400K, 高分辨 TEM 测量结果表明得到了没有位错、层错等缺陷的 (In,Mn)As 量子点[217]. 温度为 300K 时磁力显微镜 (MFM) 测得明暗图案只分布在量子点区域, 而不存在于润湿层区域, 说明了 Mn 原子分布在量子点中形成了室温铁磁性的量子点. Chen 等也用不同方法生长了单层较高 Mn 浓度的居里温度为 290K 的 (In,Mn)As 量子点[218].

除了 (In,Mn)As 量子点, Zheng 等也生长了具有室温铁磁性的 (In,Cr)As 单层和多层量子点. 高分辨 TEM 测试表明, 在一定 Cr 掺杂浓度范围内量子点都保持了较好的闪锌矿结构, SQUID 磁性测量确定 (In,Cr)As 量子点的居里温度超过 400K[219].

MnAs 纳米颗粒由于其独特的磁光和磁输运性质受到了人们的关注. 最早开始关于 MnAs 纳米结构的研究始于 NiAs 结构的 MnAs 纳米颗粒[220~223]. MnAs 纳米颗粒的形成过程一般分为两步: 首先进行 (Ga,Mn)As 的外延生长, 然后进行退火处理, 使 Mn 偏析并与生长过程中多余的 As 结合形成 MnAs 纳米颗粒. De Boeck 进行的实验中 (Ga,Mn)As 的生长温度为 230~280°C, 对于 Mn 掺杂浓度小于 6% 并在 600~625°C 退火 10~30s 的样品, 纳米颗粒直径为 3~20nm, 650°C 退火 30s 的样品其直径为 30nm. 较小的纳米颗粒保持单晶结构, 而较大的则为多晶[220]. 在 NiAs 结构 MnAs 纳米颗粒镶嵌的 GaAs 中, 磁输运及磁光效应均有显著的增强[220~223]. Yokoyama 等研究了镶嵌于 GaAs 中的闪锌矿结构的 MnAs 纳米颗粒[224], 制备方法的关键是在氮气的氛围中在较低温度 (500°C) 对低温生长的 (Ga,Mn)As 进行退火处理. 这样得到的 MnAs 纳米颗粒具有较好的闪锌矿结构, 并有着与 NiAs 结构的 MnAs 不同的磁性质, 居里温度为 360K. Okabayashi 等用原位光发射谱研究了闪锌矿的 MnAs 量子点的电子结构, 发现其价带的光发射谱和 (Ga,Mn)As 的相类似[225].

5.12 展 望

因为空穴载流子控制着 (Ga,Mn)As 的铁磁性, 所以其居里温度和磁化方向等可以通过共掺杂、光、电场或电流来调控, 这些独特的性质使得 (Ga,Mn)As 被视为一种非常重要的稀磁半导体材料, 十多年来人们对其进行了大量的研究. 但是由于 (Ga,Mn)As 的居里温度迄今尚不能达到室温以上, 目前还不能将其应用到实际器件中. 如前所述, 人们在试图提高 (Ga,Mn)As 居里温度的同时也在探索制备其他可实用的稀磁半导体材料. 理想的稀磁半导体材料应该具备如下性质: ① 其 T_C 能达到 500K 以上, 充分保证相关器件的热稳定性和广泛的应用范围; ② 材料的载流子浓度足够低, 可以很容易通过光或电控制载流子为媒介导致的铁磁性; ③ 材料载流子的迁移率足够高, 保证器件运行响应的速率; ④ 相对于磁离子具体的无规律分布, 材料的磁性质足够稳定并且可重复; ⑤ 自由载流子平均交换场要足够大, 能够产生大的磁阻和大的隧穿磁阻现象; ⑥ 具有足够强的磁光效应, 保证磁存储信息的光读出; ⑦ 集体磁衰减足够弱, 保证利用光和输运的自旋传递现象, 即利用准粒子激发操作磁化是可行的, 等等.

基于磁性金属多层膜巨磁阻效应和隧穿磁阻效应的金属自旋电子学 (metal-based spintronics) 的技术应用已经产生了巨大的市场效应. 在过去的 10 年里, 半导体自旋电子学研究在材料制备、自旋量子调控和器件设计加工等方面都取得了很大进展[226]. 但是, 相对于金属自旋电子学而言, 其技术离市场应用还有一段距离. 与金属自旋电子学相比, 半导体自旋电子学涵盖的物理内容更为丰富和深入, 科学家和工程师们将面对一系列的挑战: 首先要实现材料方面的突破, 如果使用稀磁半导体或者铁磁体/半导体异质结构来调控半导体电子自旋自由度, 那么稀磁半导体是否具有本征的室温铁磁性、铁磁体是否具有足够高自旋极化度以及是否与半导体相兼容等则是首先要考虑的问题; 另外, 如何在半导体中实现自旋极化载流子的注入、输运、操作、存储和检测等技术也是半导体自旋电子技术投入应用前所必须解决的关键问题. 半导体自旋电子学从它的提出至今才经历了近 10 年的发展, 但是它已经向人们展示出其广阔的应用前景[226], 如果能够解决上述稀磁半导体材料存在的问题, 无疑将会大大推动半导体自旋电子学研究的进展.

赵建华 邓加军 郑厚植

中国科学院半导体研究所、华北电力大学、中国科学院半导体研究所

赵建华, 博士、中国科学院半导体研究所研究员、博士生导师. 2000 年以来主要从事半导体自旋电子学研究工作. 发表论文 100 余篇. 获 2000 年度国家技术发明二等奖. 现任国际期刊 *Semiconductor Science and Technology* 编委.

邓加军, 2006 年于中国科学院半导体研究所获博士学位、现任华北电力大学副教授、硕士生导师. 2002 年以来主要从事铁磁金属、半金属/半导体异质结构以及磁性半导体中自旋相关现象的物理和应用研究. 发表论文近 30 篇.

郑厚植, 中国科学院半导体研究所研究员、博士生导师、中国科学院院士. 1979 年以来主要从事半导体低维量子结构物理及新器件探索研究. 获 1992 年度国家有突出贡献的中青年专家和 2007 年度何梁何利基金科学与技术进步奖.

参 考 文 献

[1] Wolf S A, Awschalom D D, Buhrman R A, et al. Science, 2001, 294: 1488.

[2] Ohno H, Matsukura F, Ohno Y. Semiconductor spin electronics. JSAP International, 2002, (5): 4.

[3] Ohno H, Matsukura F, Ohno Y. Solid State Commun., 2001, 119: 281.

[4] Akinaga H, Ohno H. IEEE Trans. Nanotech., 2002, 1: 19.

[5] Holub M, Shin J, Chakrabarti S, et al. Appl. Phys. Lett., 2005, 87: 91108.

[6] Chakrabarti S, Holub M A, Bhattacharya P, et al. Nano Letters, 2005, 5: 209.

[7] Kikkawa J M, Awschalom D D. Nature, 1999, 397: 139.

[8] Guputa J A, Knobel R, Samarth N, et al. Science, 2001, 292: 2458.

[9] Salis G, Kato Y, Ensslin K, et al. Nature, 2001, 414: 619.

[10] Von Molnár S, Read D. Proceedings of the IEEE, 2003, 91: 715.

[11] Ahn K Y, Shafer M W. J. Appl. Phys., 1970, 41: 1260.

[12] Ahn K, Pecharsky A O, Gschneidner K A Jr, et al. J. Appl. Phys., 2004, 97: 63901.

[13] Ott H, Heise S J, Sutarto R, et al. Phys. Rev. B, 2006, 73: 94407.

[14] Berger S B, Pinch H L. J. Appl. Phys., 1967, 38: 949.

[15] Park Y D, Hanbicki A T, Mattson J E, et al. Appl. Phys. Lett., 2002, 8: 1471.

[16] Furdyna J K. J. Appl. Phys., 1988, 64: R29.

[17] Onodera K, Matsumoto T, Kimura M. Electron. Lett., 1994, 30: 1954.

[18] Saito H, Zayets V, Yamagata S, et al. Phys. Rev. Lett., 2003, 90: 207202.

[19] Oka Y, Takahashi N, Takabayashi K, et al. Phys. Stat. Sol. (b), 2000, 221: 495.

[20] Sugakov V I, Vertsimakha A V. Phys. Stat. Sol. (b), 2000, 217: 841.

[21] Munekata H, Ohno H, von Molnár S, et al. Esaki. Phys. Rev. Lett., 1989, 63: 1849.

[22] Ohno H, Shen A, Matsukura F, et al. Appl. Phys. Lett., 1996, 69: 363.

[23]　Ohno Y, Young D K, Beschoten B, et al. Nature, 1999, 402: 790.

[24]　Ohno H, Chiba D, Matsukura F, et al. Nature, 2000, 408: 944.

[25]　Schallenberg T, Munekata H. Appl. Phys. Lett., 2006, 89: 42507.

[26]　Chen L, Yan S, Xu P F, et al. Appl. Phys. Lett., 2009, 95: 182505.

[27]　Dietl T, Ohno H, Matsukura F, et al. Science, 2000, 287: 1019.

[28]　Matsukura F, Ohno H, Dietl T. Handbook of Magnetic Materials, 2002, 14: 1.

[29]　Omiya T, Matsukura F, Shen A, et al. Physica E, 2001, 10: 206.

[30]　Reinwald M, Wurstbauer U, Doppe M, et al. J. Cryst. Growth, 2005, 278: 690.

[31]　Wang K Y, Edmonds K W, Zhao L X, et al. Phys. Rev. B, 2005, 72: 115207.

[32]　Zhao J H, Matsukura F, Abe E, et al. J. Cryst. Growth, 2002, 237: 1349.

[33]　Ohno H, Munekata H, von Molnár S, et al. J. APPL. phys., 1991, 69: 6103.

[34]　Shioda R, Ando K, Tanaka M. Phys. Rev. B, 1998, 58: 1100.

[35]　Soo Y L, Huang S W, Ming Z H, et al. Phys. Rev. B, 1996, 53: 4905.

[36]　Oiwa A, Katsumoto S, Endo A, et al. Physica B: Condensed Matter., 1998, (249–251): 775.

[37]　Shen A, Ohno H, Matsukura F, et al. J. Cryst. Growth, 1997, (175/176): 1069.

[38]　Welp U, Vlasko-Vlasov V K, Liu X, et al. Phys. Rev. Lett., 2003, 90: 167206.

[39]　Liu X, Sasaki Y, Furdyna J K. Phys. Rev. B, 2003, 67: 205204.

[40]　Abolfath M, Jungwirth T, Brum J, et al. Phys. Rev. B, 2001, 63: 054418.

[41]　Hurd C M. In: Chien C L, Westgate C W. The Hall Effect and Its Applications. New York: Plenum, 1980, 43–51.

[42]　Omiya T, Matsukura F, Dietl T, et al. Physica E, 2000, 7: 976.

[43]　Matsukura F, Ohno H, Shen A, et al. Phys. Rev. B, 1998, 57: 2037.

[44]　Ohno H. Science, 1998, 281: 951.

[45]　Tang H X, Kawakami R K, Awschalom D D, et al. Phys. Rev. Lett., 2003, 90: 107201.

[46]　Jiang C P, Zhao J H, Deng J J, et al. J. Appl. Phys., 2005, 97: 63908.

[47]　Ando K. In: Sugano S, Kojima N. Magnetio-Optics. Germany: Springer, 2000: 211–244.

[48]　Ando K, Hayashi T, Tanaka M, et al. J. Appl. Phys., 1998, 83: 6548.

[49]　Ando K, Chiba A, Tanoue H. Appl. Phys. Lett., 1998, 73: 387.

[50]　Kuroiwa T, Yasuda T, Matsukura F, et al. Electronics Letters, 1998, 34: 190.

[51]　Limmer W, Glunk M, Mascheck S, et al. Phys. Rev. B, 2002, 66: 205209.

[52]　Seong M J, Chun S H, Cheong H M, et al. Phys. Rev. B, 2002, 66: 033202.

[53]　Sapega V F, Ruf T, Cardona M. Phys. Status Solidi, B, 2001, 226: 339.

[54]　Li G H, Ma B S, Wang W J, et al. J. Light Scattering, 2006, 18: 106.

[55]　Deng J J, Zhao J H, Tan P H, et al. J. Magn. Magn. Mater., 2007, 308: 313.

[56]　Liu X, Sasaki Y, Furdyna J K. Phys. Rev. B, 2003, 67: 205204.

[57] Liu X, Lim W L, Dobrowolska M, et al. Phys. Rev. B, 2005, 71: 035307.

[58] Dziatkowski K, Palczewska M, Slupinski T, et al. Phys. Rev. B, 2004, 70: 115202.

[59] Sinova J, Jungwirth T, Liu X, et al. Phys. Rev. B, 2004, 69: 085209.

[60] Tserkovnyak Y, Fiete G A, Halperin B I. Appl. Phys. Lett., 2004, 84: 5234.

[61] Matsuda Y H, Oiwa A, Tanaka K, et al. Physica B, 2006, (376–377): 668.

[62] Khazen K, von Bardeleben H J, Cantin J L, et al. Phys. Rev. B, 2008, 77: 165204.

[63] Khazen K, von Bardeleben H J, Cantin J L, et al. Phys. Rev. B, 2010, 81: 235201.

[64] Dietl T, Ohno H, Matsukura F. Phys. Rev. B, 2001, 63: 195205.

[65] Edmonds K W, Bogusławski P, Wang K Y, et al. Phys. Rev. Lett., 2004, 92: 37201.

[66] Ku K C, Potashnik S J, Wang R F, et al. Appl. Phys. Lett., 2003, 82: 2302.

[67] Edmonds K W, Wang K Y, Campion R P, et al. Appl. Phys. Lett., 2002, 81: 4991.

[68] Malfait M, Vanacken J, Moshchalkov V V, et al. Appl. Phys. Lett., 2005, 86: 132501.

[69] Adell M, Kanski J, Ilver L, et al. Phys. Rev. Lett., 2005, 94: 139701.

[70] Hayashi T, Hashimoto Y, Katsumoto S, et al. Appl. Phys. Lett., 2001, 78: 1691.

[71] Potashnik S J, Ku K C, Chun S H, et al. Appl. Phys. Lett., 2001, 79: 1495.

[72] Deng J J, Zhao J H, Jiang C P, et al. Chinese Physics Letters, 2005, 22: 466.

[73] Stone M B, Ku K C, Potashnik S J, et al. Appl. Phys. Lett., 2003, 83: 4568.

[74] Onomitsu K, Fukui H, Maeda T, et al. J. Vac. Sci. Technol. B, 2004, 22: 1746.

[75] Novák V, Olejník K, Wunderlich J, et al. Phys. Rev. Lett., 2008, 101: 077201.

[76] Chiba D, Nishitani Y, Matsukura F, et al. Appl. Phys. Lett., 2007, 90: 122503.

[77] Mack S, Myers R C, Heron J T, et al. Appl. Phys. Lett., 2008, 92: 192502.

[78] Ohya S, Ohno K, Tanaka M. Appl. Phys. Lett., 2007, 90: 112503.

[79] Yu K M, Walukiewicz W, Wojtowicz T, et al. Phys. Rev. B, 2003, 68: 041308R.

[80] Park Y D, Lim J D, Suh K S, et al. Phys. Rev. B, 2003, 68: 085210.

[81] Oshiyama I, Kondo T, Munekata H. J. Appl. Phys., 2005, 98: 093906.

[82] Ibáñez J, Edmonds K W, Henini M, et al. Journal of Crystal Growth, 2005, 278: 696.

[83] Nazmul A M, Amemiya T, Shuto Y, et al. Phys. Rev. Lett., 2005, 95: 17201.

[84] Yakunin A M, Silova A Y, Koenraada P M, et al. Physica E, 2004, 21: 947.

[85] Satoh Y, Okazawa D, Nagashima A, et al. Physica E, 2001, 10: 196.

[86] Dietl T, Ohno H. Materialstoday, 2006, 9: 18.

[87] Zener C. Phys. Rev., 1951, 83: 299.

[88] MacDonald A H, Schiffer P, Samarth N. Nature Materials, 2005, 4: 195.

[89] Ham M H, Jeong M C, Lee W Y, et al. Journal of Electronic Materials, 2004, 33: 114.

[90] Sheu B L, Myers R C, Tang J M, et al. Phys. Rev. Lett., 2007, 99: 227205.

[91] Singley E J, Kawakami R, Awschalom D D, et al. Phys. Rev. Lett., 2002, 89: 097203.

[92] Jungwirth T, Sinova J, MacDonald A H, et al. Phys. Rev. B, 2007, 76: 125206.

[93] Ohno Y, Arata I, Matsukura F, et al. Physica E, 2002, 13: 521.

[94]　Shen A, Ohno H, Matsukura F, et al. Jpn. J. Appl. Phys., 1997, 36: L73.

[95]　Hayashi T, Tanaka M, Seto K, et al. Appl. Phys. Lett., 1997, 71: 1825.

[96]　Hayashi T, Tanaka M, Seto K, et al. J. Appl. Phys., 1998, 83: 6551.

[97]　Chiba D, Akiba N, Matsukura F, et al. Appl. Phys. Lett., 2000, 77: 1873.

[98]　Tanaka M, Higo Y. Phys. Rev. Lett., 2001, 87: 26602.

[99]　Akiba N, Matsukura F, Shen A, et al. Appl. Phys. Lett., 1998, 12: 2122.

[100]　Braden J G, Parker J S, Xiong P, et al. Phys. Rev. Lett., 2003, 91: 56602.

[101]　Ohno H, Akiba N, Matsukura F, et al. Appl. Phys. Lett., 1998, 73: 363.

[102]　Koshihara S, Oiwa A, Hirasawa M, et al. Phys. Rev. Lett., 1997, 78: 4617.

[103]　Chiba D, Yamanouchi M, Matsukura F, et al. Science, 2003, 301: 943.

[104]　Yamanouchi M, Chiba D, Matsukura F, et al. Nature, 2004, 428: 539.

[105]　Chiba D, Sato Y, Kita T, et al. Phys. Rev. Lett., 2004, 93: 216602.

[106]　Chiba D, Matsukura F, Ohno H. Appl. Phys. Lett., 2006, 89: 162505.

[107]　Chiba D, Yamanouchi M, Matsukura F, et al. Phys. Rev. Lett., 2006, 96: 96602.

[108]　Yamanouchi M, Chiba D, Matsukura F, et al. Phys. Rev. Lett., 2006, 96: 96601.

[109]　Sawicki M, Chiba D, Korbecka A, et al. Nature physics, 2010, 6: 22.

[110]　Hanbicki A T, van 't Erve O M J, Magno R, et al. Appl. Phys. Lett., 2003, 82: 4092.

[111]　Fiederling R, Keim M, Reuscher G, et al. Nature, 1999, 402: 787 .

[112]　Van Dorpe P, Liu Z, Van Roy W, et al. Appl. Phys. Lett., 2004, 84: 3495.

[113]　Kohda M, Ohno Y, Takamura K, et al. Jpn. J. Appl. Phys., 2001, 40: L1274.

[114]　Alvarado S F, Renaud P. Phys. Rev. Lett., 1992, 68: 1387.

[115]　Zhu H J, Ramsteiner M, Kostial H, et al. Ploog. Phys. Rev. Lett., 2001, 87: 16601.

[116]　Crooker S A, Furis M, Lou X, et al. Science, 2005, 309: 2191.

[117]　van Schilfgaarde M, Mryasov O N. Phys. Rev. B, 2001, 63: 233205.

[118]　Jungwirth T, König J, Sinova J, et al. Phys. Rev., B, 2002, 66: 012402.

[119]　Sato K, Katayama-Yoshida H. Japan. J. Appl. Phys., 2001, 40: L485.

[120]　Reed M L, El-Masry N A, Stadelmaier H H, et al. Appl. Phys. Lett., 2001, 79: 3473.

[121]　Zajac M, Doradziński R, Gosk J, et al. Appl. Phys. Lett., 2001, 78: 1276.

[122]　Szyszkoa T, Kamlera G, Strojeka B, et al. J. Cryst. Growth, 2001, 233: 631.

[123]　Kamiński M, Szyszko T, Podsiado S, et al. Journal of Crystal Growth, 2006, 291: 12.

[124]　Wei S Q, Yan W S, Sun Z H, et al. Appl. Phys. Lett., 2006, 89: 121901.

[125]　Sonoda S, Tanaka I, Ikeno H, et al. J. Phys. Condens. Matter, 2006, 18: 4615.

[126]　Zhang F Q, Chen N F, Liu X L, et al. Journal of Crystal Growth, 2003, 252: 202.

[127]　Yoon I T, Park C S, Kim H J, et al. J. Appl. Phys., 2004, 95: 591.

[128]　Song Y P, Wang P W, Zhang X H, et al. Physica B, 2005, 368: 16.

[129]　Granville S, Budde F, Ruck B J, et al. J. Appl. Phys., 2006, 100: 084310.

[130]　Theodoropoulou N, Hebard A F, Overberg M E, et al. Appl. Phys. Lett., 2001, 78: 3475.

[131] Sarigiannidou E, Wilhelm F, Monroy E, et al. Phys. Rew. B, 2006, 74: 041306.

[132] Novikov S V, Edmonds K W, Zhao L X, et al. J. Vac. Sci. Technol. B, 2005, 23: 1294.

[133] Ploog K H, Dhar S, Trampert A J. Vac. Sci. Technol. B, 2003, 21: 1756.

[134] Zając M, Gosk J, Grzanka E, et al. J. Appl. Phys., 2003, 93: 4715.

[135] Ando K. Appl. Phys. Lett., 2003, 82: 100.

[136] Luo X, Martin R M. Phys. Rev. B, 2005, 72: 035212.

[137] Bogusłwski P, Bernholc J. Appl. Phys. Lett., 2006, 88: 092502.

[138] Mahadevan P, Mahalakshmi S. Phys. Rew. B, 2006, 73: 153201.

[139] Sato K, Dederichs P H, Katayama-Yoshida H, et al. Physica B, 2003, 340–342: 863.

[140] Peartona S J, Abernathya C R, Thaler G T. Physica B, 2003, 340–342: 39.

[141] Cui X Y, Delley B, Freeman A J, et al. Phys. Rew. Lett., 2006, 97: 016402.

[142] Graf T, Gjukic M, Brandt M S, et al. Appl. Phys. Lett., 2002, 81: 5159.

[143] Sato K, Katayama-Yoshida H. Semicond. Sci. Technol., 2003, 17: 367.

[144] Lee J S, Lim J D, Khim Z G, et al. J. Appl. Phys., 2003, 93: 4512.

[145] Park S E, Lee H J, Cho Y C, et al. Appl. Phys. Lett., 2002, 80: 4187.

[146] Zhou Y K, Hashimoto M, Kanamura M, et al. J. Supercond.: Incorporating Novel Magnetism, 2003, 16: 37.

[147] Liu H X, Wu S Y, Singh R K, et al. Appl. Phys. Lett., 2004, 85: 4076.

[148] Shanthi S, Hashimoto M, Zhou Y K, et al. Asahi. Appl. Phys. Lett., 2005, 86: 092102.

[149] Kim J J, Makino H, Sakurai M, et al. J. Vac. Sci. Technol. B, 2005, 23: 1308.

[150] Polyakov A Y, Smirnov N B, Govorkov A V, et al. J. Vac. Sci. Technol. B, 2005, 23: 1.

[151] Jastrzebski C, Gebicki W, Zdrojek M, et al. Phys. Stat. Sol. C, 2003, 1: 198.

[152] Gosk J, Zajac M, Byszewski M, et al. J. Supercond. Incorporating Novel Magnetism, 2003, 16: 79.

[153] Kuwabara S, Ishii K, Haneda S, et al. Physica E, 2001, 10: 233.

[154] Akinaga H, Nemeth S, de Boeck J, et al. Appl. Phys. Lett., 2000, 77: 4377.

[155] Ofuchi H, Oshima M, Tabuchi M, et al. Appl. Phys. Lett., 2001, 78: 2470.

[156] Theodoropoulu N, Overberg M E, Chu S N G, et al. Phys. Stat. Sol., (b), 2001, 228: 337.

[157] Theodoropoulu N, Hebard A F, Chu S N G, et al. Zavada. Appl. Phys. Lett., 2001, 79: 3452.

[158] Asahi H, Zhou Y K, Hashimoto M, et al. J. Phys. Condens. Matter., 2004, 16: S5555.

[159] Morishima S, Maruyama T, Akimoto K. J. Cryst. Growth, 2000, 209: 378.

[160] Kudrnovsky J, Turek I, Drchal V, et al. Phys. Rev. B, 2004, 69: 115208.

[161] Park Y D, Hanbicki A T, Erwin S C, et al. Science, 2002, 295: 651.

[162] Braak H, Gareev R R, Bürgler D E, et al. J. Magn. Magn. Mater., 2005, 286: 46.

[163] Tsui F, He L, Ma L, et al. Phys. Rev. Lett., 2003, 91: 177203.

[164] Kioseoglou G, Hanbicki A T, Li C H, et al. Appl. Phys. Lett., 2004, 84: 1725.

[165] Shuto Y, Tanaka M, Sugahara S. J. Appl. Phys., 2006, 99: 08D516.

[166] Li A P, Shen J, Tompson J R, et al. Appl. Phys. Lett., 2005, 86: 152507.

[167] Ottaviano L, Passacantando M, Verna A, et al. J. Appl. Phys., 2006, 100: 063528.

[168] Picozzi S, Ottaviano L, Passacantando M, et al. Appl. Phys. Lett., 2005, 86: 062501.

[169] Kazakova O, Kulkarni J S, Holmes J D, et al. Phys. Rev. B, 2005, 72: 094415.

[170] Kwon Y H, Kang T W, Cho H Y, et al. Solid State Commun., 2005, 136: 257.

[171] Abe S, Nakayama H, Nishino T, et al. J. Cryst. Growth, 2000, 210: 137.

[172] Bolduc M, Awo-Affouda C, Stollenwerk A, et al. Phys. Rev. B, 2005, 71: 033302.

[173] Bernardini F, Picozzi S, Continenza A. Appl. Phys. Lett., 2004, 84: 2289.

[174] Nakayama H, Ohta H, Kulatov E. Physica B, 2001, 302–303: 419.

[175] Zhang Y T, Jiang Q, Smith D J, et al. J. Appl. Phys., 2005, 98: 033512.

[176] Zhang F M, Zeng Y, Gao J, et al. J. Magn. Magn. Mater., 2004, 282: 216.

[177] Zhang F M, Liu X C, Gao J, et al. Appl. Phys. Lett., 2004, 85: 786.

[178] Liu X C, Lu Z H, Lu Z L, et al. J. Appl. Phys., 2006, 100: 073903.

[179] Ma S B, Sun Y P, Zhao B C, et al. Solid State Commun., 2006, 140: 192.

[180] Pekarek T M, Crooker B C, Miotkowski I, et al. J. Appl. Phys., 1998, 83: 6557.

[181] Pekarek T M, Duffy M, Garner J, et al. J. Appl. Phys., 2000, 87: 6448.

[182] Pekarek T M, Fuller C L, Garner J, et al. J. Appl. Phys., 2001, 89: 7030.

[183] Tracy J L, Franzese G, Byrd A, et al. Phys. Rew. B, 2005, 72: 165201.

[184] Franzese G, Byrd A, Tracy J L, et al. J. Appl. Phys., 2005, 97: 10D308.

[185] Slyńko V V, Khandozhko A G, Kovalyuk Z D, et al. Phys. Rew. B, 2005, 71: 245301.

[186] Pekarek T M, Ranger L H, Miotkowski I, et al. J. Appl. Phys., 2006, 99: 08D511.

[187] Story T, Gałazka R R, Frankel R B, et al. Phys. Rev. Lett., 1986, 56: 777.

[188] Fukuma Y, Nishimura N, Odawara F, et al. J. Supercond. Incorporating Novel Magnetism, 2003, 16: 71.

[189] Fukuma Y, Taya T, Miyawaki S, et al. J. Appl. Phys., 2006, 99: 08D508.

[190] Fukuma Y, Asada H, Koyanagi T. Appl. Phys. Lett., 2006, 88: 032507.

[191] Fukuma Y, Asada H, Arifuku M, et al. Appl. Phys. Lett., 2002, 80: 1013.

[192] Chen W Q, Teo K L, Jalil M B A, et al. J. Appl. Phys., 2006, 99: 08D515.

[193] Fukuma Y, Sato H, Fujimoto K, et al. J. Appl. Phys., 2006, 99: 08D510.

[194] Sato K, Katayama-Yoshida H, Jpn. J. Appl. Phys., 2000, 39: L555.

[195] Fukumura T, Jin Z W, Ohtomo A, et al. Appl. Phys. Lett., 1999, 75: 3366.

[196] Wakano T, Fujimura N, Morinaga Y, et al. Physica E, 2001, 10: 260.

[197] Pearton S J, Abernathy C R, Overberg M E, et al. J. Appl. Phys., 2003, 93: 1.

[198] Fukumura T, Yamada Y, Toyosaki H, et al. Applied Surface Science, 2004, 223: 62.

[199] Norton D P, Pearton S J, Hebard A F, et al. Appl. Phys. Lett., 2003, 82: 239.

[200] Cho Y M, Choo W K, Kim H, et al. Appl. Phys. Lett., 2002, 80: 3358.

[201] Liu G L, Cao Q, Deng J X, et al. Appl. Phys. Lett., 2007, 90: 052504.

[202] Behan A J, Mokhtari A, Blythe H J, et al. Phys. Rev. Lett., 2008, 100: 047206.

[203] Matsumoto Y, Murakami M, Shono T, et al. Science, 2001, 291: 854.

[204] Matsumoto Y, Takahashi R, Murakami M, et al. Jpn. J. Appl. Phys., 2001, 40: L1204.

[205] Chambers S A, Thevuthasan S, Farrow R F C, et al. Appl. Phys. Lett., 2001, 79: 3467.

[206] Park W K, Hertogs R J O, Moodera J S, et al. J. Appl. Phys., 2002, 91: 8093.

[207] Seong N J, Yoon S G, Cho C R. Appl. Phys. Lett., 2002, 81: 4209.

[208] Stampe P A, Kennedy R J, Xin Y, et al. J. Appl. Phys., 2002, 92: 7114.

[209] Yoo Y K, Xue Q Z, Lee H C, et al. Appl. Phys. Lett., 2005, 86: 042506.

[210] Xing P F, Chen Y X, Yan S S, et al. Appl. Phys. Lett., 2008, 92: 022513.

[211] Kimura H, Fukumura T, Koinuma H, et al. Appl. Phys. Lett., 2001, 80: 94.

[212] Loss D, DiVincenzo D P. Phys. Rev. A, 1998, 57: 120.

[213] DiVincenzo D P, Bacon D, Kempek J, et al. Nature, 2000, 408: 339.

[214] Guo S P, Ohno H, Shen A, et al. Appl. Surf. Sci., 1998, 130–132: 797.

[215] Ofuchi H, Kubo T, Tabuchi M, et al. J. Appl. Phys., 2001, 89: 66.

[216] Holub M, Chakrabarti S, Fathpour S, et al. Appl. Phys. Lett., 2004, 85: 973.

[217] Jeon H C, Chung K J, Chung K J, et al. Curr. Appl. Phys., 2004, 4: 213.

[218] Chen Y F, Lee W N, Huang J H, et al. J. Vac. Sci. Technol. B, 2005, 23: 1376.

[219] Zheng Y H, Zhao J H, Bi J F, et al. Chin. Phys. Lett., 2007, 24: 2118.

[220] De Boeck J, Oesterholt R, Van Esch A, et al. Appl. Phys. Lett., 1996, 68: 2744.

[221] Akinaga H, Miyanishi S, Tanaka K, et al. Appl. Phys. Lett., 2000, 76: 97.

[222] Tanaka M, Shimizu H, Miyamura M. J. Cryst. Growth, 2001, 227–228: 839.

[223] Shimizu H, Miyamura M, Tanaka M. Appl. Phys. Lett., 2000, 78: 1523.

[224] Yokoyama M, Yamaguchi H, Ogawa T, et al. J. Appl. Phys., 2005, 97: 10D317.

[225] Okabayashi J, Mizuguchi M, Ono K, et al. Phys. Rev. B, 2004, 70: 233305.

[226] Awschalom D D, Flatté M E. Nature Physics, 2007, 3: 153.

第 6 章 磁电阻理论

6.1 引 言

20 世纪人类最伟大的成就之一是以晶体管与集成电路为标志的微电子学的诞生和发展, 在此基础上发展起来的高科技应用大大改变了世界的面貌. 在微电子学中, 电子只被看成电荷的载体, 主要是研究控制和应用半导体中数目不同的电子和空穴的输运特性. 最近人们意识到电子不仅是电荷的载体, 而且还是自旋的载体. 这一新的自由度的加入, 大大丰富了微电子学的研究内容, 为大量新型器件的诞生提供了新的源泉. 磁性纳米尺度微结构材料中巨磁电阻效应的发现 (最早的报道是 1988 年在 Fe/Cr 多层结构中发现的巨磁电阻效应[1,2]) 促成了自旋电子学这一新学科的诞生, 其目的是操纵并利用人工纳米材料中自发磁化及其构型. 一些国际上著名的大公司正集中力量研制隧道磁电阻效应的磁随机存储器 (MRAM), 用以部分取代现有的微机中所使用的半导体存储器 (DRAM). 磁致电阻 (MR) 指的是外磁场导致的电阻的变化, 通常定义为一个无量纲的比值, 即 $MR = [R(H) - R(0)]/R(0)$, 其中 $R(H)$ 和 $R(0)$ 分别是有外加磁场和零磁场情形下的电阻. 材料中的磁电阻可分为以下几类:

(1) 正常磁电阻 (ordinary magnetoresistance, OMR) 为普遍存在于所有金属中的磁场电阻效应, 来源于磁场对电子的洛伦兹力. 该力导致载流子运动发生偏转或产生螺旋运动, 因而使电阻升高. 它的主要特点是: ① 正的磁电阻, $MR = [\rho(H) - \rho(0)]/\rho(0) > 0$, $\rho(H)$ 为电阻率, 即外加磁场使样品电阻增加. 这种效应起因于载流子在运动中受到磁场导致的洛伦兹力, 偏离原来的运动轨迹, 引起附加的散射效应. 值得提及的是, 即使外磁场平行于外电场, 载流子仍会受到磁场导致的洛伦兹力, 因为载流子的运动主要是沿各个方向的无规运动, 沿外电场方向的漂移速度只是它们的平均效应. ② 各向异性, 指的是磁电阻的大小依赖外磁场和外电场 (电流方向) 的夹角, 横向磁电阻 (外磁场垂直于外电场) 通常大于纵向磁电阻 (外磁场平行于外电场). 一般金属体系需要加很强的外磁场才能有较为明显的 OMR 效应. ③ 通常磁电阻较小, 但在非均匀系统中可以较大.

(2) 各向异性磁电阻 (anisotropic magnetoresistance, AMR) 是指铁磁金属中与技术磁化相关的效应. 这里的各向异性是指在居里温度以下铁磁金属的电阻率随电流 I 与自发磁化强度 M_S 的相对取向而异. 如果电流 I 与磁化强度 M_S 平行和垂直时候的电阻率分别为 $\rho_{//}$ 和 $\rho_\perp$, 且退磁状态的电阻率为 ρ_0 时, AMR 的定义为

$\mathrm{AMR} = (\rho_{//} - \rho_{\perp})/\rho_0$. AMR 起因是材料中的自旋轨道耦合.

(3) 巨磁电阻 (Giant magnetoresistance, GMR) 效应是指在磁性金属多层膜体系中, 施加微弱外场 ($\sim 10^2 \mathrm{Oe}$) 后多层膜体系的电阻发生变化的现象. 巨磁电阻的三个基本特征与普通金属的恰好相反. 它们分别是负的磁电阻 (MR < 0)、磁电阻很大和各向同性. 前两个特征的起因将在下面详细讨论. 各向同性指的是磁电阻的大小与外磁场方向无关, 这是因为巨磁电阻的机理与磁场导致的洛伦兹力是无关的. 为了把负的磁电阻定义为一个正的物理量, 对于巨磁电阻的比值引进下面的两种定义, $\mathrm{MR}_1 = [R(0) - R(H_\mathrm{s})]/R(0)$ 和 $\mathrm{MR}_2 = [R(0) - R(H_\mathrm{s})]/R(H_\mathrm{s})$, 其中 $R(H_\mathrm{s})$ 是某一饱和磁场下的电阻. 由于在巨磁电阻效应中 $R(0) > R(H_\mathrm{s})$, 因而 $0 < \mathrm{MR}_1 \leqslant 1$ 和 $0 < \mathrm{MR}_2 \leqslant \infty$, 第二个定义中 MR_2 实际上是把介于 0 和 1 之间的 MR_1 放大到 0 和无穷之间. 它们满足一个简单的关系, 即 $(1 - \mathrm{MR}_1)(1 - \mathrm{MR}_2) = 1$. 相对于 OMR 和 AMR 电阻的微弱改变, GMR 比 OMR 和 AMR 都要大 (一到两个量级). GMR 效应最初是在超晶格当中发现的, 后来发现在自旋阀的纳米结构中也存在. 无论是超晶格还是自旋阀都是多种材料的复合结构.

(4) CMR(colossal magnetoresistance) 效应是指在钙钛矿结构的掺杂锰氧化物的块材料具有远超过 GMR 的磁电阻效应. 与 GMR 类似, CMR 也是在外磁场下体系磁构型的改变导致了电阻变化. 与普通过渡族金属体系不同, 人们发现钙钛矿结构的掺杂锰氧化物 $\mathrm{La}_{1-x}\mathrm{A}_x\mathrm{MnO}_3$(A=Ca, Sr, Ba) 是具有远超过 GMR 的很大的磁电阻效应的大块材料. CMR 存在于单一材料. 因此, 磁场引起的电阻变化是这些材料的一种相变过程. 对 CMR 效应定性的解释是外磁场促使材料局域自旋的取向相同, 有利于电子的双交换运动. 而这种交换运动一方面增强了电子的巡游性, 使材料从绝缘体变成导体, 另一方面也促进了材料从反铁磁有序相向铁磁相的转变. 通过对锰氧化物中庞磁电阻效应的研究, 锰氧化物绝缘相的各种自旋、轨道和电荷序, 以及其相关的量子相变成了近年来十分受关注的问题.

本书主要介绍三类系统中的磁电阻效应:

(1) 磁性多层结构[1] 和磁颗粒系统[2]. 前者是铁磁金属和非磁金属交替排列的多层结构. 例如, 最早报道的 $\mathrm{Fe}/(\mathrm{Cr}/\mathrm{Fe})_n$ 结构, 其中当 $n = 1$ 时对应一个 Fe/Cr/Fe 的三明治结构, 当 n 很大时对应一个超晶格系统. 这类系统在适当的 Cr 层厚度下, 相邻铁磁层往往有反铁磁耦合, 在零磁场下它们的磁化方向呈现反铁磁排列, 外加一个磁场导致磁化方向的铁磁排列, 称为饱和磁场. 磁颗粒系统是铁磁颗粒无序分布在一个非磁金属的基体中, 如 Co-Cu 相分离系统. 零磁场下铁磁颗粒的磁化方向无序分布, 而一个外加饱和磁场导致它们磁化方向的铁磁排列. 这一类系统是由两种不同的 (铁磁和非磁) 金属组成的异质结构, 每一种组元的层厚或颗粒大小 (包括颗粒之间的距离) 都是纳米尺度, 又称为全金属的纳米结构. 纳米尺度的要求是为了保证结构的特征长度短于电子的自旋扩散长度, 保证电子在运动中其自旋保持记忆. 从而电子的输运能由一双电流模型 (bi-current model) 描述, 这是巨磁电阻来由的基本要素之一. 如果结构的特征长度短于金属中电子的平均自由程, 界面粗糙导致的散射将成为主要的散射机理. 金属中电子的平均自由程通常短于自旋扩散长度.

(2) 铁磁隧道结[3,4]. 它由两个铁磁金属 (或氧化物) 电极和一个绝缘层势垒组成. 铁磁电极的磁化方向可以处于平行或反平行的位形, 导致相同的偏压下隧道结呈现不同的隧穿电流. 铁磁颗粒无序分布在一个绝缘基体中构成的隧穿型纳米结构也属于这类磁电阻系统.

(3) 钙钛矿结构的掺杂锰氧化物[5]. 不同于前两类人工制备的纳米结构, 其庞磁电阻效应是大块材料的体效应. 锰氧化物具有电子的强关联特性, 其庞磁电阻机理, 与铜氧化物的高温超导电性一样, 是多电子强关联系统中十分有趣和困难的问题. 与电子的电荷、自旋和轨道有关的各种相互作用导致了锰氧化物的复杂相图和多种量子相变.

根据电流在多层膜体系中流动方向的不同, 得到 GMR 效应的试验又分为两类. 一类是电流流动的方向与膜面平行的 CIP(current-in-plane) 模式, 另一类是电流垂直于多层膜膜面的 CPP(current-perpendicular-to-the-plane) 模式. 对于宏观尺寸的多层膜样品, CIP 模式得到的电阻要比 CPP 模式的大很多, 实验容易测量. 而同样的样品在 CPP 模式由于薄膜厚度比较小, 因此测得的电阻非常小, 不易观察到 GMR 效应. 但是通过减小多层膜的面积来增大电阻, CPP 模式下的 GMR 效应比 CIP 模式的更大. 无论哪一种模式, 电子在多层膜体系中所受到的自旋相关散射可分为两种, 一是在单层磁性金属介质中所受到的自旋相关杂质散射, 二是在磁性金属和非磁性金属界面受到的自旋相关散射. 在多层膜体系中, 界面已经成为一个相当主要的组成部分, 特别是对于 CPP 模式, 很多的实验证明, 界面散射对 GMR 效应起到了决定性作用.

我们处理电子输运问题通常有两类方法, 即解玻尔兹曼 (Boltzmann) 方程或线性响应理论.

(1) 玻尔兹曼方程[6]: 对于我们这里所感兴趣的电导问题, 通常用非平衡的电子分布函数来描述体系的不均匀性. 电子受到外场 (电场、磁场等) 的作用, 会偏离平衡的状态, 这体现在其分布函数也偏离平衡的分布, 这个过程称为 "漂移". 与此同时, 电子也受到体系内部的无规则的散射 (杂质散射, 或是电子-电子、电子-晶格散射等), 这些散射会使电子失去在外场作用下的能量 (能量耗散). 趋于回到平衡时候的分布, 这个过程称为 "碰撞". 在漂移和碰撞的共同作用下, 体系会处于一个定态, 可用一个定态的电子分布函数来描述. 一旦确定了分布函数, 电子输运 (如电流等) 问题就解决了. 玻尔兹曼方程就是在考虑漂移和碰撞作用下求解电子定态分布函数的理论. 体系的非均匀性体现在玻尔兹曼方程的偏微分项, 一般情况下它给出了一组复杂的非线性的积分微分方程. 通常的求解方法是将其作线性化. 在输运问题中, 处理碰撞过程通常都是比较复杂的. 玻尔兹曼方程通过引入一个唯象物理量 "弛豫时间 (relaxation time)" 来描述碰撞, 避免了对直接引入各种碰撞机制所带来的求解上的复杂性. 当然客观上也导致玻尔兹曼方程被看作一种准经典的对电子输运描述的方法.

(2) 线性响应理论: 更一般的讨论输运的理论是基于 Kubo 公式的线性响应理论[7]. 这一理论在物理学的各个分支中被广泛应用. 线性响应理论说明体系对外界微小扰动的响应正比于这种微扰的强度. 我们真正所需要关心的仅仅是其中的比例系数. 与玻尔兹曼方程不同的是, 在 Kubo 公式中没有如弛豫时间这类的半经典近似, 因此它处理的是一个全量子力学问题. 实际上很多试验中所加外场强度相对于体系而言都是处在线性响应的范畴. 在这一范畴里, 我们所关注的是体系对外界作用的单个激发反应. 由于外界微扰很弱, 所以这些激发之间的关联没有考虑的必要. 在处理介观体系中的输运问题时, Landauer-Büttiker 散射理论应用更加广泛[8]. 理论上可以证明, 在线性响应范畴这一公式和 Kubo 公式是等价的. 但 Landauer-Büttiker 散射理论形式上更加简单而且物理上也更加清楚, 在有限偏压下 Landauer-Büttiker 公式可以用非平衡态格林函数表示. 这个理论告诉我们介观体系的电导即电子经由各个本征态 (散射态) 通过该介观体系的透射几率的和. 当然在单个本征态的透射几率前还有一个电导常系数 e^2/h, 即所谓的量子电导. 这意味着单个本征态能贡献的电导最大不会超过 e^2/h (如果自旋简并则为 $2e^2/h$). 基于该理论可以预见, 对于介观体系而言, 电导随外界响应的变化应该呈现明显的跳跃 (即量子化), 事实上这已经在试验中被观察到了[9].

在下面的讨论中, 我们重点讨论引起磁电阻的物理因素: ① 铁磁金属电子结构; ② 块体内杂质散射; ③ 界面散射. 然后介绍磁–电路理论, 并将各种引起磁电阻因素的影响综合考虑. 最后我们将讨论隧道结磁电阻和 CMR.

6.2 铁磁金属电子结构

巨磁电阻或隧道结磁电阻的起源从根本上讲是源于铁磁金属的特殊电子结构. 巡游电子间的自旋交换作用使电子能带发生劈裂, 导致自旋向上和自旋向下的电子数目不等, 从而形成电子的自发磁化. 假设最简单的自由电子色散关系, 劈裂后的能带如图 6-1 所示.

多数 (majority) 和少数 (minority) 自旋电子的色散关系分别是 $E_{\text{maj}}(k) = k^2/2m^* - h$ 和 $E_{\text{min}}(k) = k^2/2m^* + h$, 其中 k 是电子波矢 (普朗克常量已取为 1), m^* 是 d 电子的有效质量, $2h$ 是交换能. 一个三维自由电子能带的态密度等于

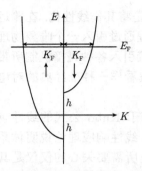

图 6-1   铁磁金属自由电子模型
向上箭头代表多数自旋,
向下箭头代表少数自旋

$N(E) = m^* k/\pi^2$, 正比于电子的波矢. 多数和少数自旋电子的费米波矢不同, 分别为 $k_F^{maj} = [2m^* (E_F + h)]^{1/2}$ 和 $k_F^{min} = [2m^* (E_F - h)]^{1/2}$. 因此, 电子在费米能处的态密度 $N(E_F)$ 是依赖自旋的, 如图 6-1 所示, $N_{maj}(E_F) > N_{min}(E_F)$.

在真实的磁性材料中, 电子的色散关系更为复杂, 但基本的图像与自由模型类似. 如图 6-2 所示, 对于 Fe、Co、Ni 这三种过渡族铁磁金属 (这里 Co 采用 FCC 结构, 因为它常存在于纳米体系中), 尽管由于交换作用少数自旋的能带都相对于多数自旋能带处于更高的能量位置, 但由于具体能带的性状不同, 所以 Fe 在费米能处的 $N_{maj}(E_F) > N_{min}(E_F)$, 而 Ni 和 Co 在费米能处的相对态密度与 Fe 相反.

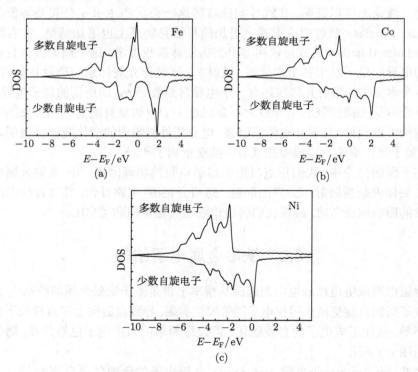

图 6-2   bcc 的 Fe、fcc 的 Co、fcc 的 Ni 的电子态密度随能量分布

3d 过渡族铁磁金属价电子有 s 电子和 d 电子 (严格地说, 不存在纯的 s 电子或 d 电子, 为简化起见, 我们将具有较多 s 组分的电子叫做 s 电子, d 电子定义也

类似), 费米能级穿过 s 能带和 d 能带, 但两类能带特征十分不同, s 能带是宽能带, 费米面处的能态密度小, 电子的有效质量也小. d 能带是窄能带, 费米面处的能态密度大, 电子的有效质量也大. 通常铁磁金属中包含的 s 电子的数目远低于 d 电子数. 以 Co 金属为例, 每个原子有 9 个价电子, 其中 d 带占 8.3 个, s 带只占 0.7 个. 在金属的电子输运中, 主要的贡献来自于费米能处的电子. 如图 6-3 所示, 给出了 s、d 带对金属 Co 态密度的贡献. s 带位于费米能的电子态密度远低于 d 带, 因而位于费米能的 s 电子数也远小于 d 电子数. 尽管如此, 在电场作用下对输运起主要贡献的是 s 电子, 而不是 d 电子. 这是因为后者的有效质量远大于前者, 费米速度远低于前者. 因而, 在全金属的磁性纳米结构中的载流子是 s 电子.

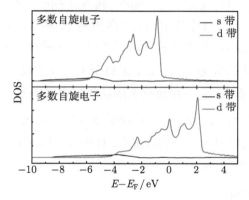

图 6-3 s、d 带对 FCC Co 的态密度的贡献

态密度只能从总体上反映电子本征态在不同能量上的数量分布. 费米面附近的态密度对宏观体系的电子的输运性质有重要的影响, 但在介观体系的研究中人们关心的更多的是在某些能量上 (如费米能) 电子本征态在倒空间的分布以及波函数对称性的分类. 这些信息在分析和理解电子的输运行为 (如界面散射) 方面有重要意义. 如图 6-4 所示给出了倒空间中 Fe、Co、Ni 三种金属的费米面, 而且根据对称性

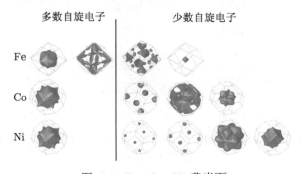

图 6-4 Fe、Co、Ni 费米面

的不同我们将电子态分成不同的壳层. 三种金属中 Co 和 Ni 的多数自旋的 d 带都完全填满, 费米能处 s 带占主导. 因此, 它们的费米面与自由电子模型下球形费米面类似. Fe 的多数自旋的 d 带没有完全填满, 所以除 s 带外还有 d 带的贡献. 而由于这三种金属中少数自旋的 d 带都有很大部分没有填满, 所以其费米面相比多数自旋的要复杂很多.

　　电子在完整晶体中的传播满足布洛赫定理, 费米面上的每一个态都能在晶体中无阻碍地传播. 在输运问题中, 总是沿着费米面某个方向传播的电子态起主要作用. 我们将费米球投影到垂直于这个方向的平面上, 得到费米面投影在这个面的二维布里渊区的分布, 如图 6-5 和图 6-6 所示. 从这样的分布图也得到相应的沿某个方向的传播态的分布情况. 从图 6-5 上看, 对应二维布里渊区里面不同的点 $k_{//}$, 传播态的个数不相同. 以 Fe 多数自旋的 (001) 方向为例, 某些 $k_{//}$ 点的传播态达到 4 个, 而某些点上却没有传播态. 每个传播态的量子电导为 e^2/h, 因此单个 $k_{//}$ 下的量子电导为 $\dfrac{e^2}{h}n$, 这里 n 为传播态个数. 由于来自于电子库的电子等概率地分布到二维布里渊区不同的 $k_{//}$ 点, 因此对其加权平均后得到电子沿某个方向的电导, 也即所谓的 Sharvin 电导[10], $G_{\mathrm{sharv}} = \dfrac{e^2}{hS}\bar{n}$, $\bar{n}$ 表示加权平均后电子在这个方向的传播态个数, S 为沿输运方向材料元胞的横截面积. 在图 6-5 和图 6-6 中, 我们在尖括号里给出不同材料不同方向的 $\bar{n}$.

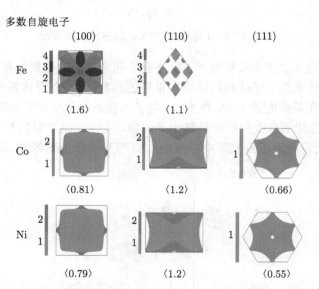

图 6-5　Fe、Co、Ni 多数自旋电子的费米面在 (001)、(111)、(110) 三个面的二维布里渊区的投影 (后附彩图)

尖括号里给出材料沿输运方向的传播态个数 $\bar{n}$

少数自旋电子

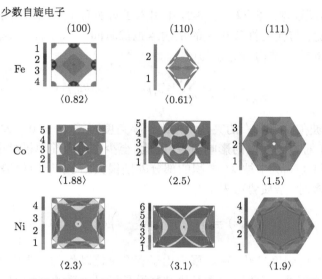

图 6-6　Fe、Co、Ni 少数自旋电子的费米面在 (001)、(111)、(110) 三个面的二维布里渊区的
投影 (后附彩图)

6.3　杂 质 散 射

载流子 (电子 e) 在固体中运动会受到杂质的散射, 而铁磁金属中杂质散射是依赖于电子的自旋取向的. 通常在自由电子模型下, 不考虑自旋极化时无序金属中 Drude 电导率为 $\sigma = n_e e^2 \tau / m^*$, 其中 n_e 为电子浓度, m^* 为有效质量, τ 为弛豫时间. 在这个表达式中存在一系列的简化, 其中一个主要问题在于区别散射寿命和输运弛豫时间, 后者直接用于描述电导. 在进一步讨论之前, 先介绍一下散射寿命 τ_{life} 和弛豫时间常数 τ_{trans}, 以及通常用到的常弛豫时间近似.

对于弱无序体系, 在没有自旋轨道散射时, 扰动完整晶体哈密顿量的无序势可以表示成[11]

$$V_{\text{imp}}(\boldsymbol{r}, \boldsymbol{s}) = \sum_\alpha \left[V_\alpha^\beta (\boldsymbol{r} - \boldsymbol{r}_\alpha) + \boldsymbol{M}_\alpha^\beta (\boldsymbol{r} - \boldsymbol{r}_\alpha) \cdot \boldsymbol{s} \right] \tag{6-1}$$

其中, 指标 α 对应位于 $\boldsymbol{r}_\alpha = (x_\alpha, y_\alpha, z_\alpha)$ 的杂质或缺陷, V_α^β 为屏蔽或有效散射势, β 代表了杂质的类型; $\boldsymbol{M}_\alpha^\beta$ 为平行于磁化强度矢量的自旋相关交换势, $\boldsymbol{r}$ 和 $\boldsymbol{s}$ 分别为电子位置和 Pauli 自旋矢量.

无序体系中费米能上电子的散射寿命与所处态有关, 根据费米黄金规则, 散射寿命可以表示为

$$\frac{1}{\tau_{\text{life}}(\boldsymbol{k})} = \sum_{\boldsymbol{k}'} \frac{1}{\hbar} \left\langle \left| \langle \boldsymbol{k}' | V_{\text{imp}} | \boldsymbol{k} \rangle \right|^2 \right\rangle_{\text{conf}} \delta \left[E_{\text{F}} - \varepsilon(\boldsymbol{k}') \right] \equiv \sum_{\boldsymbol{k}'} W_{\boldsymbol{k}, \boldsymbol{k}'} \tag{6-2}$$

其中, $W_{\boldsymbol{k},\boldsymbol{k}'}$ 为跃迁率. 在方程式 (6-2) 中引入了对所有杂质构型的系综平均. 根据 Boltzmann 理论, 与输运性质相关的是输运弛豫时间 τ_{trans}, 而不是散射寿命 τ_{life}. 对于各向同性的能带结构, τ_{trans} 为[12]

$$\frac{1}{\tau_{\mathrm{trans}}(\boldsymbol{k})} = \sum_{\boldsymbol{k}'} W_{\boldsymbol{k},\boldsymbol{k}'}\left(1 - \cos\theta_{\boldsymbol{k},\boldsymbol{k}'}\right) \tag{6-3}$$

其中, $\theta_{\boldsymbol{k},\boldsymbol{k}'}$ 为波矢 $\boldsymbol{k}$ 和 $\boldsymbol{k}'$ 的夹角. 相比于小角度碰撞 ($\theta \approx 0$), 大角度碰撞乃至背散射 ($\theta \approx \pi$) 对电子导电的影响更大. 因此, 至少在这个简单模型中 $\tau_{\mathrm{trans}} \geqslant \tau_{\mathrm{life}}$. 显然 $1/\tau_{\mathrm{trans}}$ 和 $1/\tau_{\mathrm{life}}$ 中被 $\boldsymbol{k}'$ 求积的部分差别很大. 当杂质散射势的空间范围比费米波长短很多时, 杂质势可表示为[11]

$$V_{\mathrm{imp}}(\boldsymbol{k}) = \sum_{\alpha}\left(\gamma_{\alpha}^{\beta} + \boldsymbol{k}_{\alpha}^{\beta}\cdot\boldsymbol{s}\right)\delta\left(\boldsymbol{r} - \boldsymbol{r}_{\alpha}\right) \tag{6-4}$$

其中, γ_{α}^{β} 为散射势强度参数. 在金属中由于存在高流动性的导电电子, 势场的长波部分将被有效地屏蔽, 因此短程散射势的假设是可以接受的. 假设均匀空间具有平移对称性. 当不同杂质的位置完全不相关时, 只考虑向前散射 ($\boldsymbol{k} = \boldsymbol{k}'$) 的贡献. 因此, 根据方程 (6-3), 只有第一项与输运相关. 假设只有一种类型的散射中心且强度为 $\pm\gamma$, 我们得到了常见的关于寿命倒数和平均自由程关系的表达式 $l = v_{\mathrm{F}}\tau$, 且 $\tau = \tau_{\mathrm{life}} = \tau_{\mathrm{trans}}$, v_{F} 为费米速度

$$\frac{1}{\tau} = v_{\mathrm{F}}\left(\frac{m^{*}}{\hbar^{2}}\right)^{2}\frac{n_{I}\gamma^{2}}{\pi} \tag{6-5}$$

其中, m^{*} 为有效质量; n_{I} 为全部杂质密度. 值得注意的是, 当有效关联长度与散射势程相比足够大时, 不同态间散射时将具有显著不同的散射寿命. 一般而言, 即使在短程散射和简单抛物线形能带情况下, $\tau_{\mathrm{trans}}(\boldsymbol{k}) \neq \tau_{\mathrm{life}}(\boldsymbol{k}) \neq \mathrm{const}$ (很多时候 $\tau_{\mathrm{trans}}(\boldsymbol{k}) > \tau_{\mathrm{life}}(\boldsymbol{k})$). 因此, 恒定的弛豫时间只有在一种类型的散射势而且关联函数是短程的情况下才会出现. 近似 $\tau_{\mathrm{trans}}(\boldsymbol{k}) \equiv \tau_{\mathrm{life}}(\boldsymbol{k})$ 就是弛豫时间近似. 如果不考虑对波矢的依赖性, 就是常弛豫时间近似.

在铁磁金属中, 由于 d 能带在费米能处的态密度远大于 s 能带, s-d 散射起重要的作用. 铁磁金属中杂质的散射率正比于 d 电子处于费米能的态密度. 因为 d 能带中两类自旋的子能带在费米能处的态密度不等, 所以载流子受到的散射率也是依赖于自旋的. 载流子所受到与自旋有关的散射是全金属磁纳米结构中产生巨磁电阻效应的关键因素之一.

究竟是自旋向上还是自旋向下的 s 电子受到的散射强? 没有一个确定答案. 如上段分析, 哪一类自旋的 d 子能带的费米能处态密度大, 这类自旋的 s 电子受到的散射就强. 在图 6-1 中最简单的自由电子模型, 多数自旋子能带在费米能处的态密

度 $N_{\mathrm{maj}}(E_{\mathrm{F}})$ 总是大于少数自旋子能带的态密度 $N_{\mathrm{min}}(E_{\mathrm{F}})$. 因而, 自旋方向平行铁磁的磁化方向的 s 电子比相反自旋的 s 电子所受到的散射强, 而不取决于自旋向上还是向下. 如考虑两个磁化方向相反的相邻铁磁层, 自旋向上的 s 电子在一个铁磁层 (自旋向上恰好平行于其磁化方向) 中受到的散射较强, 而在另一铁磁层 (自旋向上反平行于其磁化方向) 中受到的散射较弱. 自旋向下的 s 电子恰好相反. 所以, 多数自旋子能带的 $N_{\mathrm{maj}}(E_{\mathrm{F}})$ 大于少数自旋子能带 $N_{\mathrm{min}}(E_{\mathrm{F}})$ 的结论仅适用于图 6-1 所示的简单模型. 实际铁磁材料的 d 能带比较复杂, 有些铁磁材料中多数自旋子能带的 $N_{\mathrm{maj}}(E_{\mathrm{F}})$ 大 (如图 6-2 中所示的 Fe); 有些则相反, 少数自旋子能带的 $N_{\mathrm{min}}(E_{\mathrm{F}})$ 大 (如图 6-2 中所示的 Co、Ni). 但无论如何, 两类不同自旋的 s 电子 (载流子) 受到不同强度的散射 (来自杂质或粗糙界面) 的结论是普适的. 另一个与具体材料无关的结论是在磁化方向相反的两个铁磁层中, 自旋向上和自旋向下的电子散射率的大和小总是相反的.

理论上解决金属中杂质散射的问题主要集中在计算输运弛豫时间上 [式 (6-3)]. 特别是在讨论真实材料中的杂质散射问题时, 常弛豫时间近似并不能给出满意的解释, 我们需要将真实的能带结构纳入计算中. 计算式 (6-3) 相对来说是比较麻烦的, Mertig 等在玻尔兹曼框架内进行过这方面的尝试[13], 计算块体材料的电阻率能得到与试验较为吻合的结果, 但类似的方法推广到磁性金属多层膜中不能给出令人满意的结果.

金属中的杂质散射集中体现在稀释合金的剩余电阻率. 不同于玻尔兹曼理论框架下对弛豫时间求解的依赖, 从第一性原理出发, 可以用数值计算的方法模拟稀释合金的电导 (由 Landauer-Büttike 公式得到体系的电导) 随样品长度的变化, 从而计算体系的稀释合金的剩余电阻率, 进一步可以得到杂质对不同自旋取向的电子散射的情况[14].

我们以 Cu 和 Co 合金体系为例, 给出非磁性体系合金杂质散射的情况. 首先考虑 $\mathrm{Co}_{0.99}\mathrm{Cu}_{0.01}$ 合金. 自洽的电子结构给出杂质 Cu 原子的磁矩很小, 约为 $0.07\mu_{\mathrm{B}}$, 且极化方向与宿主 (host)Co 原子相同. 计算得到多数自旋的电阻率 $\rho^{\uparrow} = 0.39\mu\Omega \cdot \mathrm{cm/at\%}$ (这里我们用计算得到的电阻率除以合金百分比), 少数自旋的电阻率为 $\rho^{\downarrow} = 7.9\mu\Omega \cdot \mathrm{cm}$. 体系总电阻率为 $0.37\mu\Omega \cdot \mathrm{cm/at\%}$. 如果定义合金极化率为 $\alpha = (\rho^{\downarrow} - \rho^{\uparrow})/(\rho^{\uparrow} + \rho^{\downarrow})$, 则在仅有 1%Cu 杂质的时候 Co 块材的极化率为 0.91. 这样的结果来源于与自旋相关的 s-d 电子散射. 从 6.2 节的讨论和图 6-4 我们知道, Co 中多数自旋在费米能级的电子态全部来自于 s 带, 而且其费米球的结构与 Cu 相似, 而少数自旋中存在 s 带和 d 带的混合, 费米面与 Cu 的大相径庭. 不同的费米球拓扑结构带来不同的费米波矢, 不同的能带的波函数具有不同的对称性, 所以多数自旋电子在 Cu 杂质上受到的散射就明显要小于少数自旋. 对于另一种合金 $\mathrm{Co}_{0.01}\mathrm{Cu}_{0.99}$, 这时候在非磁性的宿主 Cu 中存在磁性杂质原子 Co. 此时

Co 原子的磁矩为 $0.95\mu_B$, 小于金属 Co 中的 $1.64\mu_B$. 计算得到多数自旋的电阻率 $\rho^\uparrow = 2.3\mu\Omega \cdot cm/at\%$, 少数自旋的电阻率为 $\rho^\downarrow = 17\mu\Omega \cdot cm/at\%$. 体系总电阻率为 $2.0\mu\Omega \cdot cm/at\%$. 该合金的极化率为 0.76. 总体来说, 在完全考虑能带及多重散射的影响后, 第一性原理计算的结果比较接近稀释合金的试验值.

我们在这里给出的金属电阻率仅仅考虑的是金属杂质原子散射的贡献, 而实际测得的铁磁金属极化率不仅有杂质原子的贡献还有金属中缺陷、晶界等的贡献, 所以测量的电阻率要大于我们计算的结构, 而且极化率要小于这里的结果 (实验[15]中, Co 块材极化率为 0.46, 电阻率为 $5.9\mu\Omega \cdot cm$, Cu 的电阻率为 $0.6\mu\Omega \cdot cm$).

6.4 单 界 面

越来越多的证据表明, 界面的自旋相关散射是 CPP 和 CIP 模式下 MR 效应的根源. 用 CPP 构形来研究通过界面的输运的物理性质是最自然的, 因为所有的输运电流被迫通过界面. 这一点应当与 CIP 构形区别开, 在 CIP 构形中电流通过块体材料时被短路, 并且自旋相关散射的差异也有可能变小[16]. 理解界面散射对于研究复杂系统如多层膜的输运理论是至关重要的. 当界面间的位相相干性可以被忽略时, 不同的界面散射对 CPP 电导的贡献可看成单界面电阻的串联.

界面散射的微观讨论已经由 Brataas 和 Bauer[17~19] 以及 Bauer[20,21] 在文章中给出, 我们在本节将会进行评论. 我们从弹道方式开始介绍. 在 6.4.1 小节中我们假定自由电子模型, 并且具有抛物线的色散关系. 界面两边能带结构和电子密度的差别通过与金属和自旋相关的并且为常数的势能和各向同性有效质量来引入. 此外, 还介绍了一些考虑了界面粗糙后的理论结果. 然后在 6.4.2 小节中介绍基于第一性原理的真实能带下的界面电导, 并在 6.4.3 小节中简要讨论试验多层膜体系的界面电阻以及与计算得到界面电导的关系. 另外, 在 6.4.4 小节中讨论了界面自旋积累给输运带来的影响. 最后, 在 6.4.5 小节中简要介绍在铁磁体/超导体界面的 Andreev 反射效应.

6.4.1 弹道方式

首先, 我们考虑一个由非磁材料 A 和磁性材料 B 组成的干净的界面体系 (没有界面粗糙和无序).

如果不考虑自旋轨道耦合的贡献, 则这个单界面体系的薛定谔方程为

$$\left(-\frac{\hbar^2}{2m^*}\nabla^2 + U^\sigma(z) \right) \Psi^\sigma(x,y,z) = E_F \Psi^\sigma(x,y,z) \tag{6-6}$$

其中, m^* 为有效质量; 指标 σ 给出了在磁性系统中自旋相关性, 沿界面方向势能的变化 $U^\sigma(z)$ 如图 6-7 所示. 我们关心的是在费米能级 E_F 处电子的行为. 这样的体

系在平行于界面的方向具有空间平移对称性, 沿垂直方向 (z) 在界面处存在势场的跃变. 因此, 电子在界面受到散射后其沿 x 和 y 平面内的动量 $\boldsymbol{k}_{//}$ 仍将保持不变. $\boldsymbol{k}_{//}$ 是该体系中的一个好量子数, 可以用来标记不同的入射态. 对以某个 $\boldsymbol{k}_{//}$ 入射的电子来说, 其通过界面的透射系数由薛定谔方程 (6-6) 的求解得到[11]

$$t^{\sigma}_{\boldsymbol{k}_{//},\boldsymbol{k}'_{//}} = \delta_{\boldsymbol{k}_{//},\boldsymbol{k}'_{//}} \frac{\left(\left|\boldsymbol{k}_{\perp}^{\mathrm{L}\sigma}\right|\left|\boldsymbol{k}_{\perp}^{\mathrm{R}\sigma}\right|\right)^{1/2}}{\overline{\boldsymbol{k}}_{\perp}^{\sigma}} \tag{6-7}$$

其中, $\delta_{\boldsymbol{k}_{//},\boldsymbol{k}'_{//}}$ 的出现强调了 $\boldsymbol{k}_{//}$ 守恒的条件, $\boldsymbol{k}_{\perp}^{\mathrm{L}}$ 和 $\boldsymbol{k}_{\perp}^{\mathrm{R}}$ 分别对应于在给定的横向 (平行界面) 动量下界面左边和右边的垂直波矢 (垂直于界面, 即输运方向), 一般地, $[k_{\perp}^{\sigma}(z)]^2 = \frac{2m_{\sigma}^*}{\hbar^2}[E_{\mathrm{F}} - U^{\sigma}(z)] - k_{//}^2$. 此外, 考虑了可能的有效质量的不连续性, $\overline{\boldsymbol{k}}_{\perp}^{\sigma} = \frac{m_{\mathrm{R}\sigma}^* \boldsymbol{k}_{\perp}^{\mathrm{L}\sigma} + m_{\mathrm{L}\sigma}^* \boldsymbol{k}_{\perp}^{\mathrm{R}\sigma}}{2(m_{\mathrm{L}\sigma}^* m_{\mathrm{R}\sigma}^*)^{1/2}}$. 利用 Landauer-Büttiker 电导公式[8], 可由透射系数得到界面电导

$$G^{\sigma} = \frac{e^2}{h} \sum_{\boldsymbol{k}_{//}} \left| t^{\sigma}_{\boldsymbol{k}_{//},\boldsymbol{k}_{//}} \right|^2 \tag{6-8}$$

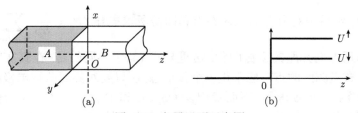

图 6-7 金属界面示意图

(a) 由 A、B 两材料组成的干净界面, 考虑 B 为磁性材料, 界面处在 x 和 y 轴组成的面内; (b) 自由电子模型下, A/B 界面处的自旋相关势能台阶 $U^{\sigma}(z)$, $\sigma =\uparrow$ 或 $\downarrow$

但上述做法并不完美. 首先, 在界面附近的电荷密度应该重新考虑. 简单而言, 界面附近电荷的堆积效应会导致界面附近的电子势能发生变化 (不同于块材). Barnaś 和 Fert[22] 计算了界面电阻, 表明在引线中的非平衡电荷导致的电势应当被包括进来. Vedyaev 等[23] 最近发现入射和反射电子间的干涉效应会改变所加的电场. 另外, Chui 和 Cullen[24] 以及 Chui[25] 提出, 对于非磁与铁磁金属界面的自旋–电荷耦合的自洽处理也同样起到修正作用. 根据这些工作, 自洽计算应当被考虑. 自洽的处理方法形成了对 "老" Landauer 方法[28] 的量子修正.

此外, 真实的界面总是存在一定程度的界面粗糙. 因此, 界面的散射就不再是满足 $\boldsymbol{k}_{//}$ 守恒的镜面 (specular) 散射占主导, 而是加入了在不同 $\boldsymbol{k}_{//}$ 之间的扩散 (diffusive) 散射. 在忽略了扩散散射的情况下, Camblong 和 Levy[26,27] 给出了透射几率关于角度的指数依赖关系. 但是这种依赖关系不能描述单界面散射的物理性

质 [28]. 如果区别扩散和镜面透射的不同, 将得到角度的余弦代数依赖关系 [11]. 此外, 研究表明 [22,23], 表面粗糙对界面电导的贡献并非是抑制性, 由于扩散散射中不同 $k_{//}$ 存在关联, 因此打开了额外的电子输运的通道, 从而使电导增大.

6.4.2　考虑能带效应下的界面电导

当前研究界面散射比较有力的工具是考虑材料真实电子结构的密度泛函方法. 以 Tight-Binding LMTO 方法为基础, Bruno [30] 直接计算了在 Co 界面上 Cu 的 Bloch 态的反射系数. 其界面没有经过自洽计算, 并假定这不会引起大的错误. Stiles [31] 也报告了类似的计算. 以上两者都用反射系数来计算磁性耦合系统, 而且后者还用费米面上的透射系数来计算单界面的弹道接触电阻. 最近, 基于完全自洽的电子结构的界面电导的研究得到了进一步的发展 [32], 也是本节主要介绍的对象.

通常我们在密度泛函理论 (DFT) 框架下考虑能带效应. 与前面基于自由电子模型的体系不同的是, 对方程 (6-6) 的求解是在一个真实的势场中而不是如图 6-7 所示那样一个简单的阶梯势场. 在远离界面的两端分别是晶格周期势, 在界面附近的势场将包含有由于不同材料间功函数差异引起的电荷堆积的影响. 第一性原理计算对这个问题求解的过程同样是先求解方程 (6-6) 得到类似式 (6-7) 的单个入射态下的透射系数, 然后由对所有的入射态求和即得所求电导 $G^{\sigma} = \dfrac{e^2}{hS} \sum_{\boldsymbol{k}_{//}, \mu\nu} |t^{\sigma}_{\mu\nu}(\boldsymbol{k}_{//})|^2$,

S 为垂直输运方向元胞的横截面积. 这里与式 (6-8) 不同的是, 在真实的能带结构中一个二维布里渊区的点对应不止一个传播态, 所以要对界面两端电极的所有传播态 μ、ν 对透射的贡献求和. 下面我们以 Co/Cu 和 Fe/Cr 两个界面为例介绍第一性原理计算的结果 [33]. 表 6-1 给出了界面两个电极的 Sharvin 电导 $G_{A(B)}$ 和界面电导 $G_{A/B}$, 在图 6-8 和图 6-9 中, 我们分别给出了 Sharvin 电导以及界面电导在二维布里渊区的分布.

表 6-1　Sharvin 电导, 通过理想和无序 (括号中所示) 界面的电导 (单位为 $10^{15}\Omega^{-1} \cdot m^{-2}$) 以及界面电阻 [2,4](单位为 $10^{-15}\Omega \cdot m^2$)

A/B	输运方向	G_A	G_B	$G_{A/B}$
Cu/Co	(111)	0.56	0.47	0.43(0.43)
多数自旋电子	(001)	0.55	0.49	0.46(0.45)
Cu/Co	(111)	0.56	1.05	0.36(0.31)
少数自旋电子	(001)	0.55	1.11	0.32(0.32)
Cr/Fe	(001)	0.64	0.82	0.11(0.25)
多数自旋电子				
Cr/Fe	(001)	0.64	0.46	0.35(0.35)
少数自旋电子				

注: S 为测量电阻时样品的面积. 界面无序用包含有两层 $A_{50}B_{50}$ 合金的 10×10 横向超元胞来模拟. 表中给出的均为单个自旋的结果. 晶格常数 Co/Cu$_{fcc}$ = 3.61Å, Fe/Cr$_{bcc}$ = 2.87Å.

非磁材料 Cu 的能带结构的特征是 d 带被全部填满, 因而存在类似于自由电子能带的 sp 带的色散行为并穿过费米面. 而磁性材料 Co 中多数自旋电子的能带和 Cu 相似, 在费米面上有 sp 带. 因此, Cu/Co 界面的多数自旋电子形成了低阻的通道. 这些能带表现为费米面上很低的态密度. 而 Co 的能带则表现出强烈的 sp-d 杂化, 混合了 sp 态和 d 态. 少数自旋的能带结构的特征是费米面上有很高的态密度, 因而和 Cu 的能带匹配较差.

图 6-8 和图 6-9 给出了 (111) 和 (001) 方向下, Cu 和 Co 的费米面投影及其 Cu/Co 界面透射率 (右) 在二维布里渊区中的分布. 对于多数自旋的通道, 都显示了较高的界面透射率. 如表 6-1 所示, 多数自旋的界面电导非常接近两种材料中较小的 Sharvin 电导值. 界面电阻低, 并且不同取向对界面电导的影响很小. 从电子结构的角度来看, 由于两种材料的能带结构很相似, 电子经过界面时只感受到了有效势的微小改变. 因此, 计算显示界面层原子扩散导致的无序势对主要自旋的透射率基本没有影响.

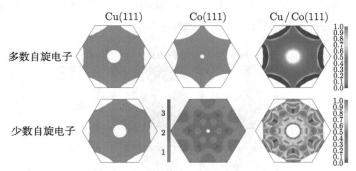

图 6-8　FCC(111) 方向 Cu 和 Co 的费米面投影 (左, 中) 及 Cu/Co 界面透射率 (右) 在二维布里渊区中的分布 (后附彩图)

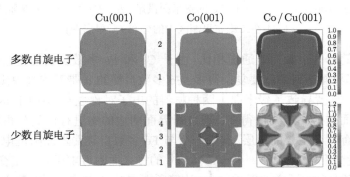

图 6-9　FCC (001) 方向 Cu 和 Co 的费米面投影 (左, 中) 及 Cu/Co 界面透射率 (右) 在二维布里渊区中的分布 (后附彩图)

Co 少数自旋通道的 Sharvin 电导值几乎是多数自旋通道的两倍 (表 6-1), 这也反映了费米面上较大的态密度. 而 (001) 和 (111) 两个方向下 Cu/Co 界面电导均显著减小. 图 6-8 和图 6-9 都明确地显示了这种定性的差别. 电子结构和费米面投影的巨大区别导致了界面透射复杂的图案. 一方面, 存在高透射率的区域, 其值接近理论的上限 (相应区域中 Cu 的态数); 另一方面, 二维布里渊区中的有些区域透射率非常低. 文献 [32] 中详细地讨论了这些低透射率区域的成因, 主要是源于界面两边的传播态之间的速度和对称性的不匹配. 正是这些区域的存在造成了总电导的减小.

与 Cu/Co 界面的情况相反, Cr 与 Fe 的少数自旋能带相对于费米面的形状和位置都很相似. 两种材料中, 费米面都位于 d 带的范围. 与此形成对比的是, Fe 的多数自旋能带向下移动, 并且 d 带基本被填满了. 这种两个自旋通道中的差别直接影响了输运性质.

图 6-10 中费米面在 (001) 方向的投影也明显反映了块体 Cr 和 Fe 少数自旋能带结构的相似性. 可以预期, 它们交叠区域内的透射率将接近理论的上限值. 图 6-10 中右下角的界面透射率在二维布里渊区的分布也证实了这一点.

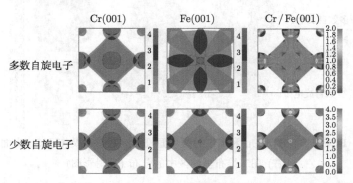

图 6-10   (001) 方向下 Cr 和 Fe 的费米面投影 (左, 中) 及 Cr/Fe 界面透射率
(右) 在二维布里渊区中的分布 (后附彩图)

与相对简单的少数自旋通道相比, 由于 Cr 和 Fe 多数自旋的能带结构缺乏相似性, 因此其界面透射率就要复杂得多. Fe 多数自旋的 d 带基本被填满了, Cr 的 d 带没有填满. 这就导致了费米面上两种材料的电子对称性不尽相同. 因此, 多数自旋的平均界面透射率就要低得多. 通过对界面两边的态进行详细分析发现[34], Cr 的费米面含有两个主要的壳层, 其中一个与 Fe 多数自旋费米面附近电子态对称性相容, 但速度失配较大; 而另一个壳层与 Fe 的费米面附近电子几乎正交. 从而导致 Cr/Fe 界面多数自旋通道的低透射率, 计算所得多数自旋的界面电阻大约是少数自旋的 7 倍.

试验中, 用简单的电阻模型就能很好地拟合垂直于界面 (CPP) 的电阻随金属层厚度的变化. 对于由电阻率分别为 ρ_A 和 ρ_B, 厚度分别为 d_A 和 d_B 的两种非磁性金属 A 和 B 构成的多层膜, 在电阻模型中多层膜的总电阻 R_T 和横截面积 S 的乘积可以表示为[15]

$$SR_T = M(\rho_A d_A + SR_{A/B} + \rho_B d_B + SR_{A/B}) \tag{6-9}$$

其中, M 为双层膜的数量; $R_{A/B}$ 为 A/B 的界面电阻, 如图 6-11 所示. 这样, 总电阻就表示为块体电阻和界面电阻的简单求和. 如果某些金属层是具有磁性的, 那么电阻模型就要推广以加入自旋极化. 试验中通过测量总电阻和金属膜厚度的关系, 就可以确定块体电阻和界面电阻的大小. 界面电阻就具有很强的自旋相关性, 并且当金属膜的厚度不大时, 界面电阻就在总电阻和磁电阻中起主导作用. 因此, 理解 CPP 电阻在很大程度上就变成理解界面电阻的物理起因.

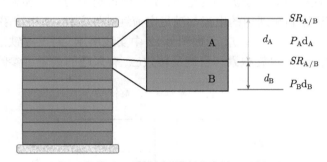

图 6-11　多层膜中电阻的分布

一个漫散射系统中, 如果块体中的散射足够强使得相邻两界面间没有相干输运, 那么界面电阻就可以通过 Schep 的公式用透射矩阵来表示[38]

$$SR_{A/B} = S\frac{h}{e^2}\left[\frac{1}{\sum T_{\mu\nu}} - \frac{1}{2}\left(\frac{1}{N_A} + \frac{1}{N_B}\right)\right] \tag{6-10}$$

其中, S 为金属多层膜的界面面积; $T_{\mu\nu}$ 为左边电极中的本征态 μ 通过界面到右边电极中的本征态 ν 的透射几率, 对应自由电子模型下的式 (6-7). 通过对所有在费米面上的透射通道 μ 和 ν 求和得到透射几率矩阵的迹. $N_{A(B)}e^2/h$ 是材料 A(B) 的 Sharvin 电导.

6.4.3　自旋积累效应[36]

在前面的讨论中, 尽管引入了自旋指标, 但忽略了因为自旋与电荷的耦合在界面引起的电荷 (自旋) 的堆积效应. 在讨论磁性多层膜或自旋阀结构的巨磁电阻的时候, 当电场和电流沿垂直于界面方向 (CPP), 试验发现其巨磁电阻比 CIP 情形要大几倍甚至十几倍. 与 CIP 情形不同, CPP 电流通过空间不均匀的异质结. 由于铁磁金属中自旋向上和向下通道的电子电导的不同, 在界面附近会产生自旋的积累或欠缺, 导致两个自旋通道存在不同的内电场. 为了看清这一点, 考虑两个相邻的铁磁层有相反的磁化方向, 沿垂直界面方向的电场驱动 CPP 电流, 如图 6-12 所示. 假如只考虑均匀外电场, 先不考虑自旋不均匀导致的内电场, 由于两个自旋通道不同的电子散射率和电导, 自旋向上和向下的电流也不同. 当电子从左边铁磁层进入右边铁磁层时, 由于自旋量子轴的反向, 对于某种确定自旋的电子, 其多数和少数自旋载流子的地位互换. 设多数和少数自旋载流子的电流分别为 J_{maj} 和 J_{min} ($J_{\mathrm{maj}} < J_{\mathrm{min}}$), 从界面的位置看, 对于一种自旋通道, 流进界面的电子流 J_{min} 大, 流出界面的电子流 J_{maj} 小 (图 6-12 中虚线), 必然导致该自旋的电子在界面处积累并形成阻碍这种自旋电子流的内电场. 对于另一种自旋通道, 流进界面的电子流 J_{maj} 小, 流出界面的电子流 J_{min} 大 (图 6-12 中点虚线), 导致该自旋的电子在界面处欠缺并形成加强这种自旋电子流的内电场. 界面附近自旋的积累和欠缺, 以及内电场的形成使得每一个自旋通道的电流都满足电流连续性条件. 如果铁磁层厚度远小于自旋扩散长度, 则有 $J_{\mathrm{maj}} = J_{\mathrm{min}}$, 如图 6-12 中实线所示. 对于厚铁磁层的情形, 要同时考虑界面附近的自旋积累和自旋反转效应, 有兴趣的读者可参阅相关文献[36].

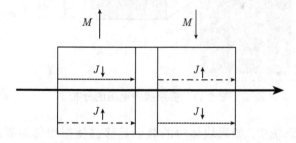

图 6-12　当两个相邻的铁磁金属层的磁化方向相反时、自旋极化电流示意图, $J_{\uparrow}$ (点虚线) 和 $J_{\downarrow}$ (虚线) 表示假定没有电荷积累和内电场情形的两自旋通道的电流

　　上述讨论是针对两个相邻铁磁层磁化方向相反的情形. 如果两个相邻铁磁层的磁化方向相同, 按照上面的分析, 不会产生自旋的积累或欠缺, 两个自旋通道分别为 J_{maj} 和 J_{min}, 自动满足电流连续性条件. 比较磁化方向相同 (P) 和相反 (AP) 的两种情形, 由两自旋电流模型得到的总电导, 前者总是比后者大. 这是因为对于 P 位形, 没有内电场的阻碍作用, 有一个自旋通道的电流特别大, 类似于上面讨论过的短路电流; 而对于 AP 位形, 自旋相关的内电场遏制了电流大的那个自旋通道的电流, 使得两个自旋通道的电流相等. 这是在 CPP 情形产生负的巨磁电阻的另一个重要物理起因, 是 CIP 情形所没有的. 对于实际的 FM/NM 三明治和 FM/NM 超晶格结构, 由于正常金属的电子散射率不同于铁磁金属中任一自旋通道的电子散

射率, 即使是 P 位形情形, FM/NM 界面也会有少许自旋积累或欠缺导致的依赖于自旋的内电场. 但是可以证明, AP 位形的自旋积累和欠缺效应要远大于 P 位形的情形, 成为 CPP 的负巨磁电阻的重要来源.

6.4.4 铁磁体/超导体界面的 Andreev 反射效应[37]

这里介绍一个发生在铁磁体/超导体界面的 Andreev 反射效应. 当一个电子从非磁金属一侧入射到非磁金属/超导体界面, 除了会有电子的正常反射外, 还会有沿与电子入射相反方向的空穴反射. 后者称为 Andreev 反射. 如图 6-13 所示, 当一个自旋向上动量为 k_F 的入射电子通过界面从非磁金属进入超导体的超导能隙, 将与另一个动量相反 (相对于费米动量) 自旋向下的电子形成库珀对. 这一自旋向下的电子只能来自非磁金属的自旋向下的子能带. 它被自旋向上的电子一齐带入超导体, 在自旋向下的子能带留下一个空穴. 这一空穴和入射电子的能量和动量大小相同, 但因为电子和空穴的能量色散关系差一个负号, Andreev 反射的空穴的速度与入射电子恰好反向. 因而, 一个自旋向上的电子入射到非磁金属/超导体界面, 沿相反方向会 Andreev 反射一个自旋向下的空穴. 有了 Andreev 反射的基本物理图像, 6.4.3 小节讨论的相干的电子隧穿计算容易推广到非磁金属/超导体. 一个重要的差别是, 这里考虑的二分量波函数在金属中对应于自旋向上的电子和自旋向下的空穴, 在超导体中对应于自旋向上的电子型准粒子和自旋向下的空穴型准粒子.

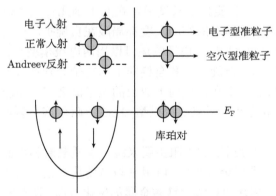

图 6-13 非磁金属/超导体界面的 Andreev 反射的示意图

铁磁金属/超导体界面的 Andreev 反射比较复杂, 虽然其基本物理图像与上面所述一样. 铁磁金属中自旋向上和向下能带的费米波矢不同, 自旋向上的入射电子的费米波矢为 $k_{F\uparrow}$, 自旋向下的 Andreev 反射的空穴的费米波矢为 $k_{F\downarrow}$. 由于它们平行于界面的分量应该相等, $k_{F\uparrow} \sin\theta = k_{F\downarrow} \sin\theta_A$, 而 $k_{F\uparrow} \neq k_{F\downarrow}$, 因而电子的入射角 θ 和 Andreev 空穴的反射角 θ_A 是不相同的. 如果 $k_{F\uparrow} > k_{F\downarrow}$, 则有 $\theta < \theta_A$, Andreev 反射角大于入射角. 随着 θ 的增大, θ_A 也增大. 当 θ 增大到 $\arcsin(K_{F\downarrow}/K_{F\uparrow})$ 时,

θ_{A} 达到 $\pi/2$, Andreev 反射已沿平行于界面的方向. 进一步增大 θ 将导致 Andreev 反射的空穴的波矢垂直分量成为一个虚数, 其物理对应是 Andreev 反射的空穴随空间衰减, 对电子输运没有贡献. 这一情形称为虚 Andreev 反射. 如果 $k_{\mathrm{F}\uparrow} < k_{\mathrm{F}\downarrow}$, 则 Andreev 反射角总是小于入射角, 因而不会发生虚 Andreev 反射.

Andreev 反射有着丰富的物理内容, 在试验上通常应用 Andreev 反射测量磁性材料的极化率[38]. 最近, 人们在磁性半金属 CrO_2 与超导材料的三明治结构中发现了 Josephson 超流现象[39]. 这一发现表明, 在铁磁体/超导体界面可能存在长程的自旋三重态配对[39,40].

6.5　磁电电路理论

在前面几章中, 我们分别讨论了影响全金属磁性纳米结构输运的几个重要因素, 如磁性金属电子结构、杂质散射、界面散射等. 下面我们采用自旋相关的电路模型将这些因素都加以考虑, 来解释和理解试验现象. 这里我们先介绍一个重要的特征长度, 即自旋扩散长度 (spin diffusion length). 它的物理意义是运动电子保持其自旋方向 (不发生翻转) 的长度. 巨磁电阻等自旋相关现象的起因是建立在电子自旋方向保持不变 (不发生翻转) 的前提下. 若存在自旋翻转, 巨磁电阻等效应将被极大地减弱. 因而, 磁电子学或自旋电子学器件的特征长度应该小于自旋扩散长度, 才能保证有效工作. 自旋扩散长度通常在几十到几百纳米范围, 视具体材料以及温度不同. 下面讨论的体系的空间尺度都局限在自旋扩散长度以内. 通常在磁矩共线 (平行或反平行) 的情况下, 电子输运可以用两电流模型来描述, 即认为电子流输运有两个并联的通道, 自旋向上和自旋向下的电子分别在各自的通道中流动. 这样, 总电子流等于自旋向上和自旋向下通道的电子流之和, 总电阻等于自旋向上和自旋向下通道的并联电阻. 用双电流模型, 巨磁电阻效应可以给出如图 6-14 所示的解释.

在低温下, 每一自旋通道的电阻主要来源于杂质散射和界面散射. 对于单一铁磁层或单一的铁磁 / 非磁金属界面, 电阻是与磁场基本无关的 (除了很小的普通磁电阻效应). 外加一个磁场可以改变铁磁金属的磁化方向, 即改变电子自旋的多数或少数载流子地位. 同时这种方向的变化也交换图 6-14 中两个自旋通道的电阻.

在对 GMR 效应的解释中, 由于只需要考虑平行和反平行的磁构型, 所以可以用双电流模型加以解释. 但实际上, 我们碰到更多的是体系的磁构型是非线性的, 即相邻铁磁层的磁矩存在夹角. 此时自旋的极化方向可能在散射中发生改变, 这种情况中双电流模型就不再合适了. 我们需要一种更加全面方便的理论. 一方面能够处理更为复杂的非共线问题; 另一方面, 在数学上有类似于双电流模型的简洁明了. 非平衡态格林函数是处理自旋输运强有力的方法[41], 但技术上相对复杂. 目前大

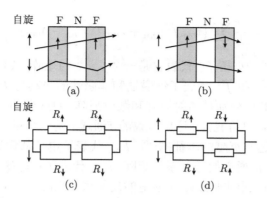

图 6-14 磁电路理论示意图. GMR 基于自旋相关散射的解释: F 代表铁磁层; N 代表非磁层. 在外磁场为零的情况下, 多层膜中每一层磁矩之间可能是反平行排列如 (b) 所示, 但外加一个微弱的磁场这种反平行排列可以翻转为平行排列如 (a) 所示. (a) 和 (b) 这两种构型下的等效电路可以分别由 (c) 和 (d) 表示.

家用得比较多的是基于系统分布函数的玻尔兹曼方程[36,42] 和散射理论[43,44]. 由于在介观尺度下构造电子器件往往重要的不是物质的体效应而是界面效应, 在解决这方面的问题时, 散射理论有先天的优势[45]. 散射理论形式上避免了求解载流子在界面处复杂的量子力学方程, 通过散射系数将界面两边物质中电子的输运过程联系起来, 物理图像清楚. 这其中又以 Laudauer-Butticker 公式[8] 最为简单, 也是最有效的解决介观输运问题的工具. 2000 年 Brataas 等[46,47] 基于这个公式提出了解决非共线自旋输运的 "磁电电路理论", 下面将详细地予以介绍.

在实际问题中我们经常会碰到几个元器件组成的电路, 自旋电子学的应用也不例外[48]. 首先需要产生自旋极化电流的元件. 然后将极化电流作用到另一个自旋极化的体系上, 通过它们的相互作用来改变系统的状态. 巨磁电阻效应就是让极化电流通过极化的磁性介质, 发生与极化相关的输运行为. 因此, 我们往往可以得到如下简化电路, 如图 6-15 所示. F1、F2、F3 和 F4 四个铁磁终端分别代表了产生极化电流的机构和其他功能性的极化机构, N1 和 N2 代表将铁磁终端在空间上连接起来的非磁金属节点. 利用电路理论解决输运问题首先是确定电路各分支里面的流, 然后通过流守恒等条件在节点处将不同支路的流连接起来. 我们首先确定在图 6-15 中电路分支的流, 当然在这里应该是包括电流和自旋流. 当电子在这样一个介观尺度的电路中运动时, 其在界面的行为将占主导地位, 因此我们着重研究一个电路分支中磁性与非磁物质界面的输运问题, 如图 6-16 所示. 当电子通过这样一个界面时它将发生透射和反射过程, 在图 6-16 中 t' 代表了从铁磁端到非磁端的透射系数, r 代表了非磁金属一端的反射系数, 类似于 Laudauer-Butticker 公式[8] 得到通过图 6-16 点线处横截面的电流[46]

$$\hat{I} = \frac{e^2}{h} \sum_{mn} \left(\hat{t}_{mn} \hat{f}^{\mathrm{F}} \hat{t}_{mn}^{+} + \hat{r}_{mn} \hat{f}^{\mathrm{N}} \hat{r}_{mn}^{+} - \delta_{mn} \hat{f}^{\mathrm{N}} \right) \tag{6-11}$$

公式中物理量上面的 "小帽子" 代表它是一个 2×2 的矩阵, 我们将物理量在 Pauli 自旋空间中展开. $\hat{f}^{\mathrm{F}}$ 和 $\hat{f}^{\mathrm{N}}$ 代表了铁磁端和非磁端的电动势 (定义为化学势与电子电荷的比值), $\hat{t}$ 和 $\hat{r}$ 分别是透射矩阵和散射矩阵, 对应着图 6-15 中透射系数和散射系数在自旋空间中的展开. 这里所说的 "通道" 是一个量子化的概念, 是指费米能级处对电子输运有贡献的本征态[49]. $\hat{t}_{mn}$ 代表了电子从铁磁端的 n 通道通过界面透射到非磁端 m 通道的透射系数矩阵. $\hat{r}_{mn}$ 代表了在非磁端中电子因为界面的反射从 n 通道跃迁回到非磁端 m 通道的反射系数矩阵. 式 (6-11) 表示的电流即是电子从左、右两个方向通过虚线处截面的净电流. 在式 (6-11) 中, 括号里的第一项代表从左边进入截面的电子中从铁磁端透射过来的部分, 第二项代表从左边进入截面的电子中来自非磁端自身但经过了界面反射的部分, 第三项代表了从右边非磁端进入截面的电子. 这里透射系数、反射系数可以通过散射理论独立地计算出来, 因此只要知道这个界面两端的电势差就能确定通过界面的流.

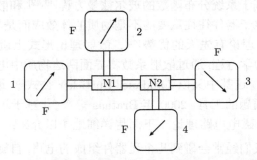

图 6-15 由铁磁终端和非磁普通金属节点组成的电路

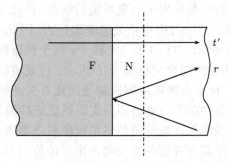

图 6-16 一个由铁磁金属和非磁金属组成的界面

在公共量子化轴下, 我们可以将矩阵电流和电动势写成

$$\hat{I} = \frac{1}{2} \left(\hat{1} I_{\mathrm{o}} + \hat{\sigma} \cdot \boldsymbol{I}_{\mathrm{s}}^{\mathrm{e}} \right), \quad \hat{f}^{\mathrm{F}} = \left(\hat{1} f_{\mathrm{o}}^{\mathrm{F}} + \hat{\sigma} \cdot \boldsymbol{m} f_{\mathrm{s}}^{\mathrm{F}} \right), \quad \hat{f}^{\mathrm{N}} = \left(\hat{1} f_{\mathrm{o}}^{\mathrm{N}} + \hat{\sigma} \cdot \boldsymbol{s} f_{\mathrm{s}}^{\mathrm{N}} \right) \tag{6-12}$$

其中, $\boldsymbol{m}$ 为铁磁层中磁矩的方向; $\boldsymbol{s}$ 为非磁层中自旋积累的方向; $\boldsymbol{I}_s^e$ 为自旋电流; $f_{\mathrm{o}}^{\mathrm{F(N)}}$ 为铁磁 (非磁层) 中自旋平均的电动势, $f_s^{\mathrm{F(N)}}$ 为铁磁 (非磁层) 中两种自旋电动势的差别. 由于铁磁性物质中自旋相干长度 (spin-coherence length) 只有纳米量级[50], 一般认为铁磁端的自旋都稳定在其局域磁矩方向 $\boldsymbol{m}$.

将式 (6-12) 代入式 (6-11), 并忽略界面散射过程中的自旋翻转 (spin flip) 效应, 得到电流和自旋流的表达式

$$I_{\mathrm{o}} = \frac{e^2}{h} \left[\left(g^\uparrow + g^\downarrow \right) \left(f_{\mathrm{o}}^{\mathrm{F}} - f_{\mathrm{o}}^{\mathrm{N}} \right) + \left(g^\uparrow - g^\downarrow \right) \left(\boldsymbol{m} f_s^{\mathrm{F}} - \boldsymbol{s} f_s^{\mathrm{N}} \right) \cdot \boldsymbol{m} \right] \qquad (6\text{-}13)$$

$$\begin{aligned}
\boldsymbol{I}_s^e = & \frac{e^2}{h} \boldsymbol{m} \left[\left(g^\uparrow - g^\downarrow \right) \left(f_{\mathrm{o}}^{\mathrm{F}} - f_{\mathrm{o}}^{\mathrm{N}} \right) + \left(g^\uparrow + g^\downarrow \right) \left(\boldsymbol{m} f_s^{\mathrm{F}} - \boldsymbol{s} f_s^{\mathrm{N}} \right) \cdot \boldsymbol{m} \right] \\
& + 2 \mathrm{Re} g^{\uparrow\downarrow} \boldsymbol{m} \times (\boldsymbol{m} \times \boldsymbol{s}) f_s^{\mathrm{N}} + 2 \mathrm{Im} g^{\uparrow\downarrow} (\boldsymbol{m} \times \boldsymbol{s}) f_s^{\mathrm{N}}
\end{aligned} \qquad (6\text{-}14)$$

这里引入了三个无量纲参数

$$\begin{aligned}
g^\uparrow &\equiv \sum_{nm} |t_{nm\uparrow\uparrow}|^2, \quad g^\downarrow \equiv \sum_{nm} |t_{nm\downarrow\downarrow}|^2, \\
g^{\uparrow\downarrow} &\equiv \sum_{nm} \delta_{nm} - \sum_{nm} r_{nm\uparrow\uparrow} r_{nm\downarrow\downarrow}^*, \quad g_t^{\uparrow\downarrow} \equiv \sum_{nm} t_{nm\uparrow\uparrow} t_{nm\downarrow\downarrow}^*
\end{aligned} \qquad (6\text{-}15)$$

其中, $\frac{e^2}{h}$ 作为电导量子为人们所熟知; $\frac{e^2}{h} g^\uparrow$ 和 $\frac{e^2}{h} g^\downarrow$ 即自旋相关电导[48]; 而复参量 $g^{\uparrow\downarrow}$ 则是用来描述自旋在界面输运的全新的特征量, 称为混合电导 (mixing conductance)[46]. 在式 (6-14) 的基础上给出自旋角动量流 $\boldsymbol{I}_s = \frac{\hbar}{2e} \boldsymbol{I}_s^e$.

下面考虑两种特殊情况. 首先, 如果通过界面连接的两电极都处于热平衡状态, 即 f_s^{F} 和 f_s^{N} 都为零, 则式 (6-13) 和式 (6-14) 简化为人们熟悉的自旋极化电流表达式[54]

$$I_{\mathrm{o}} = \frac{e^2}{h} \left(g^\uparrow + g^\downarrow \right) \left(f_{\mathrm{o}}^{\mathrm{F}} - f_{\mathrm{o}}^{\mathrm{N}} \right)$$

$$\boldsymbol{I}_s^e = \frac{e^2}{h} \boldsymbol{m} \left[\left(g^\uparrow - g^\downarrow \right) \left(f_{\mathrm{o}}^{\mathrm{F}} - f_{\mathrm{o}}^{\mathrm{N}} \right) \right] \qquad (6\text{-}16)$$

电流的极化率为

$$P \equiv \left| \frac{\boldsymbol{I}_s^e}{I_{\mathrm{o}}} \right| = \frac{\left(g^\uparrow - g^\downarrow \right)}{\left(g^\uparrow + g^\downarrow \right)} \qquad (6\text{-}17)$$

另外一种情况, 考虑极化电流从 N 经过界面流向 F. 前面已经提到在 F 中自旋只能与磁矩方向共轴 (平行或者反平行), 因此当自旋流通过界面进入 F 后, 其相对于 F 磁矩方向的横向分量将被铁磁层吸收. 这部分横向分量就相当于自旋流作用到铁磁层中磁矩上的力矩 τ, $\tau = \boldsymbol{I}_s - \boldsymbol{m} (\boldsymbol{I}_s \cdot \boldsymbol{m})$, 将式 (6-14) 代入, 得到

$$\tau = \frac{e}{2\pi} \left[\mathrm{Re} g^{\uparrow\downarrow} \boldsymbol{m} \times (\boldsymbol{m} \times \boldsymbol{s}) + \mathrm{Im} g^{\uparrow\downarrow} (\boldsymbol{m} \times \boldsymbol{s}) \right] f_s^{\mathrm{N}} \qquad (6\text{-}18)$$

其中, s 为电流的极化方向. 可见混合电导 $g^{\uparrow\downarrow}$ 实际上描述了自旋电流在通过界面时非共轴部分的输运性质. 将式[42,53](6-18) 结合 Landau-Lifshitz 方程可以非常方便地研究如自旋泵浦[52]、自旋积累[45,56]、电流导致的磁矩翻转[54] 等诸多自旋电子学的前沿课题.

由式 (6-13) 和式 (6-14) 我们得到了如图 6-15 所示电路中单个支路上的电流和自旋流. 接下来我们将求解通过多个铁磁 / 非磁界面的电流在 N1 和 N2 这样的结点, 如何连接的问题. 由于要满足粒子数守恒, 所以在结点中对不同支路 l 的电流 $I_\circ^l$ 求和, 即 $\sum_l I_\circ^l = 0$. 而在节点中因为可能存在自旋翻转散射而引起弛豫过程, 所以自旋并不要求守恒. 当节点的空间尺度小于自旋扩散长度时, 自旋流的连接条件为 $\sum_l I_s^l = f_s^N/\tau_{sf}$, $1/\tau_{sf}$ 为节点中自旋翻转散射几率. 当结点的尺度大于自旋扩散长度的时候, 我们需要考虑在结点中沿输运方向自旋流的分布[55].

总结一下磁电电路理论解决问题的步骤[47]:

(1) 将电路划分为铁磁端、非磁结点, 以及它们连接的界面. 分出电路不同的支路.

(2) 给每个端、点赋上一个 2×2 分布函数 [式 (6-12)].

(3) 基于分布函数写出各电路分支上的流 [式 (6-13) 和式 (6-14)].

(4) 在非磁节点上, 列出电流守恒方程和自旋流与自旋弛豫关系的方程.

(5) 将电路里所有列出来的线性方程联立求解, 得到电路的电压–电流特性.

6.6　铁磁隧道结的隧穿磁电阻效应

电子通过势垒的隧穿是量子力学中的一个基本问题, 这一量子效应在固体物理中有许多重要的发展. 由两个铁磁金属或氧化物作为电极的隧道结也有大的隧穿磁电阻, 指的是两个铁磁电极的磁化方向处于 P 位形的隧穿电导大于 AP 位形的隧穿电导. 其隧道结的 AP 和 P 磁化位形分别可由零磁场 (但有反铁磁耦合) 和外加饱和磁场实现; 也可以把隧道结制备成自旋阀结构, 由外磁场控制. 在量子隧穿过程中, 电子的能量必须守恒, 通常自旋也保持不变 (不发生自旋反转). 由于在两个铁磁电极的自旋通道中电子色散关系可能存在差异, 所以动量一般不能守恒. 首先我们讨论通过势垒的电子相干隧穿和非相干隧穿两类情况. 然后我们结合金属 Fe 隧道结的第一性原理计算的结果, 讨论在真实体系中电子隧穿的特性.

6.6.1　非相干的电子隧穿

电子在非相干隧穿过程中, 其动量不守恒在势垒的一侧处于量子态 k 的一个电子隧穿到势垒的另一侧, 可以到达另一侧的任一量子态 p, 只要保持能量守恒和自旋不变. 如图 6-17 所示, 在势垒的两侧加了一个小偏压 V, 势能差等于 eV. 单位时间从左边隧穿到右边的电子数是

$$n_{\mathrm{L}\to\mathrm{R}} = \frac{2\pi}{h} \sum_{\boldsymbol{k},\boldsymbol{p}} |T_{\boldsymbol{kp}}|^2 f_{\mathrm{L}}(\varepsilon_{\boldsymbol{k}}) [1 - f_{\mathrm{R}}(\varepsilon_{\boldsymbol{p}})] \delta(\varepsilon_{\boldsymbol{k}} - \varepsilon_{\boldsymbol{p}} + eV) \tag{6-19}$$

其中, $T_{\boldsymbol{kp}}$ 为电子隧穿矩阵元; δ 函数保证能量守恒; 费米函数 $f_{\mathrm{L}}(\varepsilon_{\boldsymbol{k}})$ 表示左边量子态 $\boldsymbol{k}$ 上占有电子的概率, $1 - f_{\mathrm{R}}(\varepsilon_{\boldsymbol{p}})$ 表示右边量子态 $\boldsymbol{p}$ 上不占有 (或可以接受) 电子的概率. 由于考虑的是非相干隧穿过程, 电子可从左边任一 (占有电子) 量子态隧穿到右边任一 (不占电子) 量子态, 要对左边所有量子态 $\boldsymbol{k}$ 和右边所有量子态 $\boldsymbol{p}$ 都求和. 与 6.6.2 小节讨论的相干隧穿相比较, 可以发现这里的双重求和是计算非相干隧穿的一个特点. 类似于式 (6-19), 单位时间从右边隧穿到左边的电子数为

$$n_{\mathrm{R}\to\mathrm{L}} = \frac{2\pi}{h} \sum_{\boldsymbol{k},\boldsymbol{p}} |T_{\boldsymbol{kp}}|^2 f_{\mathrm{R}}(\varepsilon_{\boldsymbol{p}}) [1 - f_{\mathrm{L}}(\varepsilon_{\boldsymbol{k}})] \delta(\varepsilon_{\boldsymbol{k}} - \varepsilon_{\boldsymbol{p}} + eV) \tag{6-20}$$

式 (6-19) 与式 (6-20) 之差可以得到在偏压 V 情形下的净电流 $J = e\mathrm{d}n/\mathrm{d}t$, 即

$$J = \frac{2\pi e}{h} \sum_{\boldsymbol{k},\boldsymbol{p}} |T_{\boldsymbol{kp}}|^2 [f_{\mathrm{L}}(\varepsilon_{\boldsymbol{k}}) - f_{\mathrm{R}}(\varepsilon_{\boldsymbol{p}})] \delta(\varepsilon_{\boldsymbol{k}} - \varepsilon_{\boldsymbol{p}} + eV) \tag{6-21}$$

在小偏压极限, 把 $f_{\mathrm{R}}(\varepsilon_{\boldsymbol{p}}) = f_{\mathrm{L}}(\varepsilon_{\boldsymbol{k}} + eV)$ 对 eV 作线性展开可得到电导 $G = J/V$.

$$G = \frac{2\pi}{h} e^2 T^2 N_{\mathrm{L}}(\varepsilon_{\mathrm{F}}) N_{\mathrm{R}}(\varepsilon_{\mathrm{F}}) \tag{6-22}$$

这里已经用了两个近似, 一个是用常数 T^2 代替依赖于两边量子态的隧道矩阵元的平方, 另一个近似是运用了关系式 $-\partial f/\partial \varepsilon_{\boldsymbol{k}} \approx \delta(\varepsilon_{\boldsymbol{k}} - \varepsilon_{\mathrm{F}})$. 从式 (6-21) 推导到式 (6-22) 时, 还用到把对 $\boldsymbol{k}$ (或 $\boldsymbol{p}$) 的求和代替为对 $\varepsilon_{\boldsymbol{k}}$ (或 $\varepsilon_{\boldsymbol{p}}$) 的积分, 同时增加一个电子态密度 $N_{\mathrm{L}}(\varepsilon_{\mathrm{F}})$ [或 $N_{\mathrm{R}}(\varepsilon_{\mathrm{F}})$] 因子. 注意式 (6-21) 中有两个 δ 函数, 恰好完成两个对左、右边电子能量的积分, 最后得到式 (6-22). 上面的讨论中只考虑了一个自旋通道. 若考虑非磁金属电极的自旋简并通道, 可在式 (6-22) 中简单增加一个因子 2.

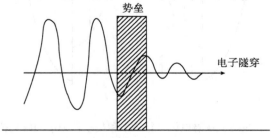

图 6-17 电子通过势垒的量子隧穿, 势垒两侧的偏压为 V

对于铁磁金属电极, 同样的推导容易给出

$$G = c\left[N_{\mathrm{L}\uparrow}(\varepsilon_{\mathrm{F}}) N_{\mathrm{R}\uparrow}(\varepsilon_{\mathrm{F}}) + N_{\mathrm{L}\downarrow}(\varepsilon_{\mathrm{F}}) N_{\mathrm{R}\downarrow}(\varepsilon_{\mathrm{F}})\right] \tag{6-23}$$

其中, c 为与自旋和能量无关的常数. 式 (6-23) 表示在两自旋电流模型中, 总的电子隧穿电导等于两个自旋通道的隧穿电导之和, 每个自旋通道的隧穿电导正比于势垒两侧位于费米能的电子态密度的乘积. 当两边铁磁电极的磁化方向平行 (P 位形) 时, 如图 6-18(a) 所示, 自旋向上电子在两边都是多数自旋载流子, 费米面处态密度为 N_+, 该自旋通道的隧穿电导是 cN_+^2. 而自旋向下电子在两边都是少数自旋载流子, 费米面处态密度为 N_-, 该自旋通道的隧穿电导为 cN_-^2. 因而在 P 位形下, 总隧穿电导为 $c\left(N_+^2 + N_-^2\right)$. 同样的讨论可以得到, 对于 AP 位形, 总隧穿电导为 $2cN_+N_-$. 显然, P 位形的隧穿电导总是大于 AP 位形的隧穿电导, 隧穿电阻与自旋有关. 按照巨磁电阻的定义式 $(G_{\mathrm{P}} - G_{\mathrm{AP}})/G_{\mathrm{AP}}$, 结果得到

$$\mathrm{TMR} = \frac{2P^2}{1 - P^2} \tag{6-24}$$

其中, 态密度自旋极化率 P 定义为

$$P = \frac{N_+ - N_-}{N_+ + N_-} \tag{6-25}$$

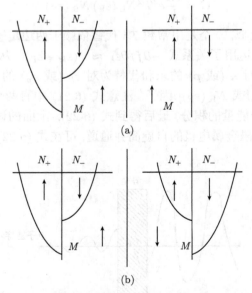

图 6-18   在两个铁磁电极平行 (a) 和反平行 (b) 的磁化位形下,
电子隧穿的两自旋电流模型的示意图

其中, N_+ 和 N_- 分别是铁磁电极的多数和少数自旋电子处在费米能的态密度. 式 (6-24) 仅适用于势垒两边的电极是由相同铁磁金属组成的情形下. 对于不同的铁磁电极, 式 (6-24) 中的 P^2 应该被 $P_L P_R$ 所代替, 其中 P_L 和 P_R 分别为左边和右边的铁磁电极的自旋极化率. 式 (6-25) 定义的自旋极化率是一个常用的定义, P 处于 0(非磁金属) 和 1(半金属) 之间. 式 (6-24) 给出的隧穿磁电阻的表达式就是实验工作者常用的 Julliere 公式[56], 适用于电子隧穿过程中没有自旋反转的情形. 如果隧道结势垒中含有磁性杂质, 或有界面自旋波的效应, 电子隧穿过程中有一定的自旋反转几率 $\gamma = T'^2/T^2$, 其中 T^2 和 T'^2 分别表示自旋不变和自旋反转的电子隧穿矩阵元的平方. 在这一情形下, 隧穿磁电阻可通过计算得到[57]

$$\text{TMR} = \frac{2P^2}{1 - P^2 + 2\gamma/(1-\gamma)} \tag{6-26}$$

显然, 自旋反转效应总是使 TMR 减小. 这一点无论从式 (6-26) 还是从物理机制上考虑都是容易理解的. 自旋反转导致两自旋通道之间有电子交流, 减小了 P 和 AP 位形下两自旋电流模型的差异.

6.6.2 电子的相干隧穿[58]

电子的相干隧穿指的是, 在电子隧穿过程中, 不仅电子能量守恒和自旋不变, 而且平行于界面的电子动量也保持不变, 因而垂直于界面的电子动量唯一对应. 这样, 在相干的隧穿过程中, 电子隧穿前后的量子态一一对应, 对参与隧穿的所有量子态求和时只需对势垒的一侧的 k 求和, 不同于非相干隧穿情形 [式 (6-19)] 的双重求和. 这是相干和非相干隧穿的理论处理中的一个重要区别. 自由电子通过势垒的隧穿是一个简单的量子力学问题. 这里需要附加考虑的因素包括两自旋通道的隧穿, 铁磁金属中与自旋有关的电子色散关系, 以及势垒两侧的铁磁电极磁化的相对方向. 为了看清相干的电子隧穿的特征, 下面用一个简单的量子力学计算来说明. 假定两个相同的铁磁电极的磁化方向夹角为 θ. 当一个多数自旋的电子从左边的铁磁电极入射到势垒, 其在左边电极的入射波函数 (包括反射部分) 和进入右边电极的透射波函数分别为

$$\Psi_L(z) = \begin{pmatrix} 1 \\ 0 \end{pmatrix} e^{ik_{z\uparrow}z} + R_\uparrow \begin{pmatrix} 1 \\ 0 \end{pmatrix} e^{-ik_{z\uparrow}z} + R_\downarrow \begin{pmatrix} 0 \\ 1 \end{pmatrix} e^{-ik_{z\uparrow}z} \tag{6-27}$$

$$\Psi_R(z) = C_\uparrow \begin{pmatrix} 1 \\ 0 \end{pmatrix} e^{ik_{z\uparrow}z} + C_\downarrow \begin{pmatrix} 0 \\ 1 \end{pmatrix} e^{ik_{z\uparrow}z} \tag{6-28}$$

这里垂直于界面方向已定为 z 轴方向, 向上和向下的箭头分别表示多数和少数自旋电子, 而不表示自旋向上和向下. 式 (6-27) 中的第一项是多数自旋电子的入射波函数, 第二和第三项分别表示多数和少数自旋的反射波函数; 式 (6-28) 中的两项分

别表示多数和少数自旋的透射波函数. 对于 $\theta = 0$ (P 位形), 计算给出合理的物理结果, 即 $R_\downarrow = 0$, $C_\downarrow = 0$, $R_\uparrow + C_\uparrow = 1$. 对于 $\theta = \pi$ (AP 位形), 计算给出 $R_\downarrow = 0$, $C_\uparrow = 0$, $R_\uparrow + C_\downarrow = 1$, 这一结果起因于两个铁磁电极的磁化方向相反, 当多数自旋电子从左边电极隧穿进入右边电极, 自旋没有变化, 但其身份变成了少数自旋电子. 对于一般的夹角情形, $R_\uparrow$、$R_\downarrow$、$C_\uparrow$ 和 $C_\downarrow$ 都不等于零. 多数自旋的电子入射能够产生少数自旋的电子反射, 反之亦然, 这是非共线磁化位形导致的新的物理效应.

　　式 (6-27) 和式 (6-28) 中的 4 个系数由波函数的边界条件决定. 以最简单的 δ 势垒为例, $U(z) = U\delta(z)$, 电子波函数及其导数在 $z = 0$ 的边界条件是 $\boldsymbol{\Psi}_{\mathrm{L}}(0) = \hat{M}\boldsymbol{\Psi}_{\mathrm{R}}(0)$ 和 $(\partial\boldsymbol{\Psi}_{\mathrm{L}}/\partial z)_{z=0} + (2mU/\hbar^2)\,\boldsymbol{\Psi}_{\mathrm{L}}(0) = \hat{M}\,(\partial\boldsymbol{\Psi}_{\mathrm{R}}/\partial z)_{z=0}$, 其中自旋变换矩阵为

$$\hat{M} = \begin{bmatrix} \cos(\theta/2) & \sin(\theta/2) \\ -\sin(\theta/2) & \cos(\theta/2) \end{bmatrix} \tag{6-29}$$

由边界条件得到这些波函数的系数后, 则可得到进入右边电极的隧穿电流是 $j_\uparrow = ev_{z\uparrow}|C_\uparrow| + ev_{z\downarrow}|C_\downarrow|$, 其中 $v_{z\uparrow}$ 和 $v_{z\downarrow}$ 分别是多数和少数自旋电子沿 z 轴方向的速度. 按照电流连续性条件, 多数自旋的入射电子的透射系数为 $T_\uparrow = |C_\uparrow| + |C_\downarrow| k_{z\downarrow}/k_{z\uparrow}$, 其中 $k_{z\uparrow}$ 和 $k_{z\downarrow}$ 分别是多数和少数自旋电子沿 z 轴方向的波矢. 同样的步骤也能得到少数自旋的入射电子的透射系数 $T_\downarrow$. 在偏压 V 的情形下, 隧穿电流密度为

$$J = e \sum_{S=\uparrow,\downarrow} \int \mathrm{d}^3 k_S v_{zS} T_S \left[f(\varepsilon_{kS}) - f(\varepsilon_{kS} + eV) \right] \tag{6-30}$$

对于小偏压情形, 式 (6-30) 中括号中的因子近似为 $eV\delta(\varepsilon_{kS} - \varepsilon_{\mathrm{F}})$, 只有费米面处的电子对隧穿电导有贡献. 这里对 k_S 的积分是在左边的铁磁电极进行的. 在相干的电子隧穿过程中, 电子在两边铁磁电极的量子态是一一对应的, 必须满足平行于界面的电子波矢不变. 因而, 对 k_S 的积分只能对满足该条件的部分费米面波矢进行, 其他费米面波矢的 T_S 为零. 以 AP 磁化位形为例, 左边铁磁电极的多数自旋电子隧穿到右边铁磁电极成为少数自旋电子, 但由于多数自旋电子的费米球大于少数自旋电子的费米球, 由 $\varepsilon_{\mathrm{F}} = k_{\mathrm{F}\uparrow}^2/2m - h = k_{\mathrm{F}\downarrow}^2/2m + h$ 可推断出, 多数自旋电子的费米球上只有 $k_{\mathrm{F}\uparrow}$ 的垂直分量大于 $\sqrt{4mh}$ 的部分才对式 (6-30) 的积分有贡献.

　　因而, 非相干和相干电子隧穿电导的一个重要差别在于, 前者正比于两边铁磁电极处于费米面的电子态密度的乘积; 而后者只对一边 (较小费米球) 铁磁电极的波矢进行积分, 相干的隧穿磁电阻起因于依赖于磁化位形的隧穿系数. 实际的电子隧穿到底是相干还是非相干, 取决于势垒结构的无序程度和界面的平整度. 对于理想的势垒和界面, 电子平行于界面的动量守恒, 保持相干的电子隧穿; 反之, 无序结构的势垒和粗糙的界面导致电子隧穿的非相干行为.

　　真实材料中, 我们还要考虑布洛赫态的对称性. 我们来看磁性隧道结 Fe| 真空

|Fe(001) 的隧穿效应[59]. 这里选取真空作为势垒. 输运方向沿着 (001) 的生长方向. 因为垂直入射进入真空的电子具有最小的衰减因子[32], 计算显示二维布里渊区中只有非常靠近 $\Gamma(k_{//} = 0)$ 点的电子态对电导有贡献. 下面我们主要考虑 $\Gamma(k_{//} = 0)$ 点的相干输运.

图 6-19 给出了 Fe 在 bcc(001) 面的二维布里渊区的 Γ 点的能带, 图中也标出了费米面附近能带相应的波函数对称性. 表 6-2 给出了能带波函数的组分分析以及这些能带与 Δ_1 带的耦合特征. 下面我们基于 Fe 的能带来分析隧道结 Fe| 真空 |Fe 的电子输运特性.

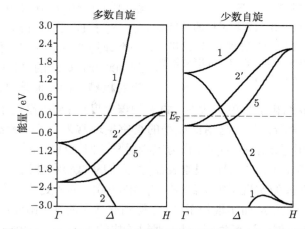

图 6-19 Fe 在 bcc(001) 面的二维布里渊区中 Γ 点的能带

表 6-2 铁能带波函数组分

能带	波函数组分	与 Δ_1 带的耦合
Δ_1	$s; p_z; d_{z^2}$	好
Δ_2'	d_{xy}	差
Δ_2	$d_{x^2-y^2}$	无耦合 (正交)
Δ_5	$p_x; p_y; d_{xz}; d_{yz};$	无耦合 (正交)

注: 第一列为图 6-19 中能带标记, 第二列给出能带波函数的组分, 第三列为相应能带与 Δ_1 带的耦合特性.

当两边 Fe 电极的磁矩方向平行时, 左边的多数 (少数) 自旋跃迁到右边电极的多数 (少数) 自旋上面. 当两边 Fe 电极的磁矩方向反平行时, 左边的多数 (少数) 自旋跃迁到右边电极的少数 (多数) 自旋上面. 从图 6-19 可见, 多数自旋在费米面包含 Δ_5、Δ_2'、Δ_1 等能带, 少数自旋包含 Δ_5、Δ_2、Δ_2' 等能带. 当电子从多数自旋向少数自旋 (或者从少数自旋到多数自旋) 跃迁时, Δ_1、Δ_2' 等能带不能找到与它们能很好耦合的能带 (表 6-2), 所以阻止了从这些态上的跃迁. 因此, 反平行构型下的隧

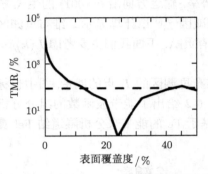

图 6-20   Fe| 真空 (10ML)|Fe 隧道结的 TMR
随 Fe| 真空界面覆盖度 (粗糙程度) 的变化
虚线为态密度自旋极化率 $P = 0.55$ 时 Julliére 模型
给出的 TMR

道结电阻比平行时候的电阻大. 如前所述, 增加 Fe| 真空界面的粗糙程度可以消灭隧道结的相干跃迁. 如图 6-20 所示, 给出了随着表面粗糙程度不同, 隧道结 Fe| 真空 |Fe 的 TMR 的变化, 这里真空的厚度为 10 个 Fe 单原子层厚度. 图 6-20 中虚线为非相干隧穿的 Julliére 模型采用态密度自旋极化率 $P = 0.55$ 给出的 TMR[式 (6-24)].

对于 Fe| 真空 |Fe 隧道结, 当界面是一个理想的 Fe| 真空界面, 我们可以得到 10000% 量级的 TMR (图 6-20). 但随着粗糙度的不断增加, TMR 迅速下降. 当 Fe| 真空界面粗糙程度最大时 (50% 的覆盖度), TMR 趋向于非相干隧穿极限. 在试验中, 上面所讨论的隧道结模型的真空层通常为氧化物绝缘体所替代. 最初在隧道结中使用无定形的 Al_2O_3 作为绝缘层[60]. 但这种体系的 TMR 比较小, 而且 Al_2O_3 与两边磁性电极的界面很难表征, 给人们从试验和理论上理解 TMR 效应都带来困难. 后来人们实现了隧道结 Fe|MgO|Fe(001) 的外延生长并且可以得到相当平整的 Fe|Mg 界面, 从而实现相干隧穿, 得到非常大的 TMR(20K 下 353%, 室温下 271%)[61]. 然而, 理论计算表明, 对于理想结构的 Fe|MgO|Fe(001) 隧道结, TMR 可以达到 10000%[62]. 随着试验工艺的不断改进, 有可能得到更加平整的界面, 可以期待 Fe|MgO|Fe(001) 隧道结的 TMR 值能进一步提高.

6.7   钙钛矿结构的锰氧化物的庞磁电阻效应

以上讨论的两类系统都是具有纳米结构的人工制备的材料. 钙钛矿结构的掺杂锰氧化物 $La_{1-x}A_xMnO_3(A=Ca, Sr, Ba)$ 是具有很大磁电阻效应的大块材料. 钙钛矿结构如图 6-21 所示, 顶角的 8 个点上是锰离子, 最近邻锰离子之间是氧离子, 体心点占有的是 3 价 La 离子或 2 价 A 离子. 与钙钛矿结构的铜氧化物类似, $La_{1-x}A_xMnO_3$ 是一个强关联的电子系统. 适当掺杂的铜氧化物有高温超导电性, 而适当掺杂的锰氧化物有庞磁电阻效应. 如 $La_{1-x}Ca_xMnO_3(0.2 < x < 0.5)$ 在居里温度 T_c 以下是一个铁磁金属, T_c 以上是一个顺磁绝缘体, 在 T_c 附近同时发生铁磁相变和金属/绝缘体转变. 而且, 其庞磁电阻的峰值也在 T_c 附近. 由于锰氧化物的价电子具有复杂的电荷、自旋和轨道自由度, 其电子的强关联特性比铜氧化物可能更为有趣. 为了定性地了解其庞磁电阻效应, 这里的讨论试图避开电子强关联问

题, 只介绍一个基本的物理图像.

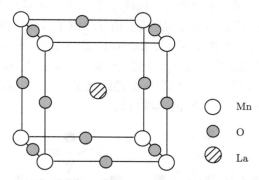

Mn
O
La

图 6-21 $La_{1-x}A_xMnO_3$ 钙钛矿结构

6.7.1 未掺杂 LaMnO₃ 的电子自旋、电荷和轨道

首先考察一个未掺杂的 **LaMnO₃** 分子. 由于 La 离子为正 3 价和 O 离子为负 2 价, Mn 离子是正 3 价离子. Mn 原子的电子位形是 [Ar] $(3d)^5(4s)^2$, 因而, Mn^{3+} 离子有 4 个占有 d 轨道的价电子. d 电子有 5 个简并轨道, 最多可以占有 10 个电子. 由于电子的强库仑排斥和电子关联的强洪德耦合, Mn^{3+} 的 4 个 d 电子分占 4 个轨道, 它们的自旋相互平行. 对于钙钛矿结构的 LaMnO₃ 晶体, 由于晶体场的作用, 5 个简并的 d 电子轨道退简并为能量较低的 t_{2g} 轨道和能量较高的 e_g 轨道[63]. 如图 6-22 所示, t_{2g} 轨道包括 xz、yz 和 xy 轨道, 而 e_g 轨道包括 $x^2 - y^2$ 和 $3z^2 - r^2$. 这样一个 d 轨道的分裂可以比较 $d_{x^2-y^2}$ 和 d_{xy} 电子的轨道取向加以理

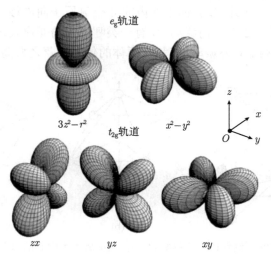

e_g轨道

$3z^2-r^2$ t_{2g}轨道 x^2-y^2

z
x
O
y

zx yz xy

图 6-22 钙钛矿结构锰氧化物中 Mn 离子的 5 个 d 电子轨道[66]

解. 如图 6-23 所示, 这两种轨道的四瓣电子云虽然都在 xy 平面, 但电子云瓣的取向不同. $d_{x^2-y^2}$ 电子云瓣指向氧离子, 构成 σ 键. 由于 σ 键的电子云重叠较大, 导致较大的库仑排斥能, 因而具有较高能量. 而 d_{xy} 电子云瓣指向相邻两个氧离子的中线, 构成 π 键, 具有较低能量. 因为 $LaMnO_3$ 晶体中 t_{2g} 和 e_g 轨道的分裂, 3 个价电子分别占有能量较低的 3 个 t_{2g} 轨道, 形成 $S = 3/2$ 的局域自旋. 第 4 个价电子占有两个 e_g 轨道的其中之一, 成为一个巡游电子. 由于较强的洪德耦合, 该巡游电子的自旋必须平行于 $S = 3/2$ 的局域自旋.

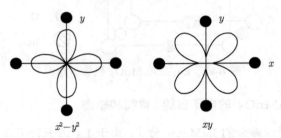

图 6-23　$x^2 - y^2$ 和 d_{xy} 电子轨道同在 xy 平面, 但取向不同, 导致能量不同

简并的两个 e_g 轨道上只占有 1 个电子, 它们能级的退简并将有利于电子的低能量. 但是能级的退简并要通过晶格畸变实现, 后者要导致晶格弹性能的增加. 设晶格畸变量为 ζ, 导致电子和晶格能量的变化分别为 $-a\zeta$ 和 $b\zeta^2$, 计算其极小值可以得到: 当 $\zeta = a/2b$ 时, 总的能量降低是 $E(\zeta) = -a^2/4b$. 这种晶格畸变称为 Jahn-Teller 效应. 比较 $E(\zeta)$ 和晶格振动的零点能的大小, 又可分为静态和动态的 Jahn-Teller 效应. 通常考虑的两类 Jahn-Teller 畸变如图 6-24 所示, 一类是氧八面体的两个顶角氧原子向外移动, 而平面内的 4 个氧原子向内移动; 另一类是平面内 2 个氧原子向外移动, 2 个向内移动. 还有一类呼吸子畸变模式未在图 6-24 中给出, 6 个氧原子同时向内、向外振动, 其氧八面体的体积也随之振荡变化.

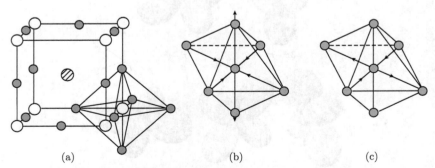

(a)　　　　　　　　　　(b)　　　　　　　　　　(c)

图 6-24　钙钛矿结构锰氧化物中 Mn 离子为中心的氧八面体

(a) 未畸变; (b) 和 (c) 为两种主要的 Jahn-Teller 畸变模式

对于未掺杂的 $LaMnO_3$ 晶体, 每一个
Mn^{3+} 上都有一个 e_g 电子. 尽管 e_g 电子有
巡游性, 但不能运动, 因为跃迁到相邻 Mn^{3+}
格点会导致一个很大的电子库仑能. 因而, 未
掺杂的 $LaMnO_3$ 是一个绝缘体. 除了上面提
到的同格点上 e_g 电子与 $S = 3/2$ 的局域自
旋的铁磁性洪德耦合, 和同格点上 e_g 电子之
间的库仑排斥作用之外, 还有相邻 Mn^{3+} 之
间超交换互作用导致的反铁磁耦合, 以及与
Jahn-Teller 效应相关的电声子互作用. 这些
互作用的竞争决定了自旋和轨道的序. 试验
和理论计算表明, $LaMnO_3$ 在低温下, Mn^{3+}
的自旋呈 A 型反铁磁序 (即在 xy 平面内
呈铁磁排列, 沿 z 方向反铁磁排列), 其奈

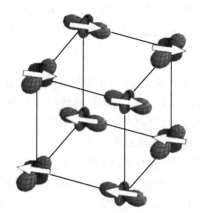

图 6-25　$LaMnO_3$ 中 Mn^{3+} 格点的 e_g
电子的 A 型反铁磁的自旋序和
C 型反铁磁的轨道序[64]

尔温度为 140K. 而 e_g 电子的 $3x^2 - r^2$ 和 $3y^2 - r^2$ 轨道呈 C 型反铁磁序 (即沿 z
方向呈铁磁排列, 在 xy 平面内反铁磁排列), 其奈尔温度为 780K. 这些自旋和轨道
序如图 6-25 所示[67].

6.7.2　掺杂 $LaMnO_3$ 的双交换机理[65]

用一个正 2 价的 A 离子置换一个正 3 价的 La 离子, 将导致一个 Mn^{3+} 变为
Mn^{4+}. Mn^{3+} 和 Mn^{4+} 的重要区别在于后者只有 3 个价电子, 它们占据 t_{2g} 轨道形
成 $S = 3/2$ 的局域自旋, 但是没有占据 e_g 轨道的巡游电子. 如果所有的 La 离子都
被 A 离子取代, $LaMnO_3$ 变为 $AMnO_3$, 则所有的 Mn 格点都是 Mn^{4+}, 整个系统没
有巡游电子, 成为一个反铁磁绝缘体. 具有庞磁电阻效应的锰氧化 $La_{1-x}Ca_xMnO_3$
是部分掺杂的, 其巡游电子运动的最基本的物理图像是双交换 (double exchange)
机理.

图 6-26 表示一个 e_g 电子从左边的 Mn^{3+} 通过氧离子跃迁到右边相邻的 Mn^{4+}
(实际上是两个电子的同时跃迁过程, 一个电子从左边的 Mn^{3+} 跃迁到氧, 同时一
个相同自旋的电子从氧跃迁到右边的 Mn^{4+}, 故称 "双交换"). 由于右边的 Mn^{4+}
上原来没有 e_g 电子, 这一跃迁不会导致 e_g 电子之间的库仑能, 但会改变 e_g 电子
和局域自旋的洪德耦合能. 假定两边 Mn^{3+} 和 Mn^{4+} 的局域自旋的夹角是 θ_{ij} (这
里 $S = 3/2$ 的局域自旋已近似为 $S = \infty$ 的经典自旋), e_g 电子的自旋平行于左边
Mn^{3+} 的局域自旋 (洪德耦合能是 $-J_H$), 它在通过氧离子的跃迁过程中保持自旋不
变, 当它到达右边的 Mn^{4+}, 其自旋与 Mn^{4+} 的局域自旋的夹角是 θ, 导致洪德耦合
能的增加为 $J_H(1 - \cos\theta_{ij})$, θ_{ij} 越大, e_g 电子跃迁所付出的能量代价越大. 因而, e_g

电子通过氧原子在 Mn^{3+} 和 Mn^{4+} 之间的跃迁积分取决于夹角 θ_{ij}, $\theta_{ij} = 0$ 时最大, $\theta_{ij} = \pi$ 时最小. 计算表明, 其跃迁积分可表达为

$$t_{ij} = t \cos(\theta_{ij}/2) \tag{6-31}$$

其中, t 为与自旋无关的最近邻 Mn 格点之间的跃迁积分; $\cos(\theta_{ij}/2)$ 起因于双交换机理. 式 (6-31) 给出相邻局域自旋平行时的 t_{ij} 最大, 反平行时的 t_{ij} 最小. 由以上讨论可以理解双变换机理所包含的物理内涵. 其一是局域自旋的铁磁有序有利于 e_g 电子的运动和巡游金属性; 其二是 e_g 电子的运动 (由于铁磁性的洪德耦合) 会带动所经由的 Mn 格点的局域自旋同向, 导致铁磁性. 因而, 在双变换机理下, 铁磁性和巡游金属性是密切相关和相辅相成的. 不仅巡游金属性而且铁磁性都来自 e_g 电子运动的双交换运动. 特别是后者, 要在双交换作用导致的铁磁性压过反铁磁超交换作用导致的反铁磁性才能得到.

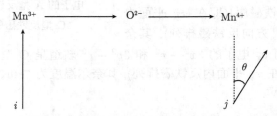

图 6-26　掺杂锰氧化物中 e_g 电子跃迁的双交换机理

　　用双交换机理能够定性地解释掺杂锰氧化物的金属/绝缘体转变和庞磁电阻效应. 从铁磁金属相到顺磁绝缘相的转变的解释是: 低温下局域自旋取向比较整齐 (磁化强度趋于饱和), 有利于双交换机理下 e_g 电子的运动; 接近居里温度时, 局域自旋的取向越来越无序 (磁化强度越来越小), 不利于 e_g 电子的运动, 导致金属和绝缘体转变. 庞磁电阻效应可以归结为外磁场总是促使局域自旋的取向相同, 有利于 e_g 电子的双交换运动. 双交换机理的另一个试验支持是掺杂锰氧化物电阻的压力效应和磁场效应的类似. 图 6-27 给出 $La_{1-x}Sr_xMnO_3(x = 0.175)$ 样品电阻率随温度的变化[66].

　　图 6-27 的上图表示外加压力导致电阻率曲线的下降, 下图表示外加磁场导致电阻率曲线的下降, 二者十分相似. 为什么通常认为不相干的两个物理效应会有如此相似的结果呢? 运用双交换机理能够得到合理的解释. 由式 (6-31) 给出, Mn 格点之间的有效跃迁积分 t_{ij} 等于 t 和 $\cos(\theta_{ij}/2)$ 的乘积, 加压会增大前者, 而加磁场会增大后者. 因而, 加压和加磁场都能达到增大 t_{ij} 的效果, 使得 e_g 电子的动能增大和系统电阻率减小.

　　虽然双交换机理能够定性地解释若干重要的试验结果, 但定量地与试验相比较却碰到困难. 单独由双交换机理计算所得的电阻率远低于试验值[67], 而居里温度

T_C 的理论值远高于试验值. 这表明只考虑双交换机理, e_g 电子的巡游性太强, 导致对电导和 T_C 的理论值的过高估计. 为了解决这一问题, 必须在双交换机理之外, 考虑减小 e_g 电子迁移率的其他因素. 这方面的理论努力包括: 考虑 Jahn-Teller 电声子作用的极化子图像[68], 考虑非磁无序和局域自旋无序导致的 Anderson 局域化图像[69], 以及载流子非均匀分布的相分离图像[70].

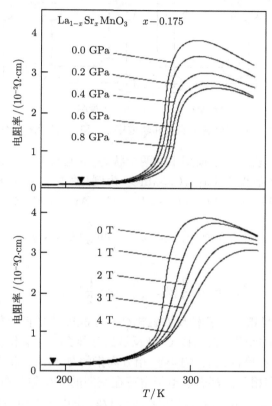

图 6-27   加压和加磁场都导致 $La_{1-x}Sr_xMnO_3$ 电阻率的下降[66]

6.7.3   锰氧化物中的量子相变

锰氧化物中除了引人注目的庞磁电阻效应外, 其绝缘相的各种自旋、轨道和电荷序, 以及其相关的量子相变也是近年来十分受到关注的问题. 通常的相变是热运动与相互作用的竞争. 高温下的热运动导致无序相, 低温下的互作用导致有序相. 零温度下, 锰氧化物的电子可以形成自旋、轨道和电荷的各种有序相, 掺杂、外磁场、外电场可以导致它们之间的量子相变. 量子相变是电子动能与互作用的竞争, 或者是不同互作用之间的竞争. 掺杂锰氧化物中的电子动能有利于自旋的铁磁序

和金属相 (电荷均匀分布), 而互作用有利于各种反铁磁序的绝缘相至电荷的非均匀分布 (电荷序或电子相分离).

　　图 6-28 给出铁磁 (FM), 以及 A 型、C 型和 G 型反铁磁 (AF) 序的空间位形, 其中 A-AF 和 C-AF 序已在图 6-25 中介绍过, G-AF 就是通常的反铁磁序.

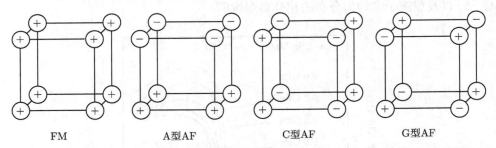

　　图 6-28　锰氧化物中 e_g 电子的各种自旋和轨道序 (+ 和 − 表示两个不同的自旋或轨道态)

　　这里的 + 和 − 表示伊辛模型中的两个状态, 如自旋向上和向下, 或 e_g 电子的两个不同轨道. 以零温度下 $La_{1-x}Ca_xMnO_3$ 为例, 随着 x 从 0 变到 1, 其自旋序依次是 $A-AF \rightarrow FM \rightarrow A-AF \rightarrow C-AF \rightarrow G-AF$. e_g 电子的两个轨道态分别为

$$|+\rangle = \cos\frac{\theta}{2}\left|d_{x^2-y^2}\right\rangle + \sin\frac{\theta}{2}\left|d_{3z^2-r^2}\right\rangle \tag{6-32}$$

和

$$|+\rangle = \cos\frac{\theta}{2}\left|d_{x^2-y^2}\right\rangle - \sin\frac{\theta}{2}\left|d_{3z^2-r^2}\right\rangle$$

这两类轨道也可以呈铁磁或各种反铁磁排列. 图 6-25 中的两个轨道态对应的是式 (6-32) 中 $\theta = \pi/3$ 的结果, 它们按 C 型反铁磁序排列. 锰氧化物中的电荷序指的是 Mn^{3+} 和 Mn^{4+} 在空间的有序排列, 相分离指的是 Mn^{3+} 和 Mn^{4+} 在空间分别形成集团. 电荷序和相分离都表示电子电荷在空间的非均匀分布 (不同于晶格的周期分布). 图 6-29 给出 $La_{1-x}Sr_{1+x}MnO_4(x=1/2)$ 中电子的电荷序、轨道序和自旋序在 $(x=1/2)$ 的半掺杂情形, Mn^{3+} 和 Mn^{4+} 各占一半, 它们呈现棋盘状有序排列, 其中 Mn^{3+} 格点有表示自旋的箭头和 e_g 电子的占有轨道, Mn^{4+} 格点只有局域自旋的箭头而没有 e_g 电子的轨道. 沿两类对角线方向, e_g 电子的轨道呈条纹状排列, 一类为铁磁型轨道序, 另一类为反铁磁型轨道序. 所有 Mn 格点的自旋沿锯齿线 (zigzag) 呈铁磁序, 而相邻的锯齿线的自旋相反, 呈反铁磁序. 由于只有 Mn^{3+} 格点才有 e_g 电子轨道, 轨道有序是与电荷有序紧密相关的. 此外, 图 6-25 和图 6-29 给出的自旋序和轨道序图像似乎表明同一条线 (或面) 上自旋的铁磁序对应着轨道的反铁磁序, 反之亦然. 这些有趣的电荷、轨道和自旋序是锰氧化物中各种互作用相互竞争的结果.

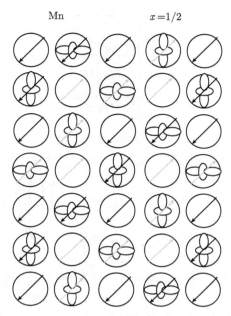

图 6-29　$La_{1-x}Sr_xMnO_4(x=0.5)$ 电子的电荷、自旋和轨道序[63]

上面讨论的庞磁电阻效应 (特别是双交换机理) 的出发点是一个铁磁金属相的锰氧化物, 外加磁场导致其电阻率的很大下降. 这适用于适当掺杂的宽能带 (如 $La_{1-x}Sr_xMnO_3$) 或中等宽度的能带 (如 $La_{1-x}Ca_xMnO_3$) 的锰氧化物, 但不适用于窄能带的锰氧化物 (如 $Pr_{1-x}Ca_xMnO_3$). 因为对于后者, 在零磁场情形下, 整个掺杂范围内的铁磁金属相都是不稳定的. $Pr_{1-x}Ca_xMnO_3$ 系统也有庞磁电阻效应, 起因于外磁场导致的绝缘体/金属转变. 为了同时看清这两类磁场效应, 图 6-30 给出掺 Sr 的 $Pr_{1-x}Ca_xMnO_3$ 相图和两个不同掺杂区域的庞磁电阻现象[71].

低温下, 该氧化物 $Pr_{0.55}(Ca_{1-x}Sr_x)_{0.45}MnO_3$ 在低掺杂区是有电荷和轨道序的绝缘体相, 而在高掺杂区是铁磁金属相. 对于前者, 外磁场破坏其电荷和轨道序, 导致一个绝缘体/金属转变, 因而有一个高达 8 个数量级的电阻率下降.

外加磁场导致锰氧化物从绝缘相到金属相的转变是一种量子调控过程, 一个小的外来信号输入可以控制十分不同的电子相输出. 除了外磁场外, 还有很多其他量子调控参量, 如电流注入、光激发、X 射线辐照、电子束辐照等[72]. 对于 $Pr_{1-x}Ca_xMnO_3$ 系统, 不仅外磁场, 外加电压或激光脉冲输入也能导致电阻率的急剧下降. 图 6-30 中在 $x=0.25$ 附近掺杂 (Ca/Sr 的比) 的变化会改变晶格畸变, 导致铁磁金属相和电荷轨道有序绝缘相之间的转变. 在电子关联强的氧化物中, 通过材料剪裁和量子调控实现电子相的快速转换, 是一个新的电子学研究领域, 有人称为关联电子学.

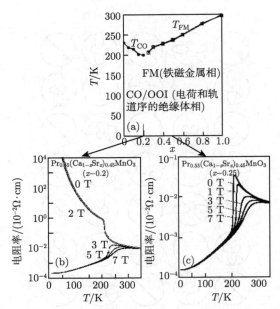

图 6-30 $Pr_{0.55}(Ca_{1-x}Sr_x)_{0.45}MnO_3$ 的相图 (a), 以及 $x = 0.2$(b) 和 $x = 0.25$(c) 两类掺杂
情形的电阻率随外磁场的下降[74]

邢定钰　夏　钶

南京大学物理学院、北京师范大学物理系

邢定钰, 南京大学教授、中国科学院数理学部院士、南京微结构国家实验室主任. 长期从事凝聚态理论研究, 已发表 SCI 学术论文 300 多篇, 包括在美国《物理评论》系列期刊上 130 多篇. 作为第一获奖人曾获国家自然科学奖二等奖一项和省部级科技进步奖一等奖两项.

夏钶, 北京师范大学物理系教授. 2002 年加入中国科学院物理研究所, 同年入选中国科学院 "百人计划". 2008 获得国家杰出青年科学基金资助. 2009 年任北京师范大学物理系教授. 主要从事计算材料物理、自旋电子学、纳米体系电子输运理论等方面的研究.

参 考 文 献

[1] Baibich M N, Broto J M, Fert A, et al. Giant magnetoresistance of (001)Fe/(001) Cr magnetic superlattices. Phys. Rev. Lett., 1988, (61): 2472; Binasch G, Grünberg P, Saurenbach F. Enhanced magnetoresistance in layered magnetic structures with antiferromagnetic interlayer exchange. Phys. Rev. B, 1989, (39): 4828.

[2] Berkowitz A E, Mitchell J R, Carey M J, *et al.* Giant magnetoresistance in heteroge-
     neous Cu-Co alloys. Phys. Rev. Lett., 1992, (68): 3745; Xiao J Q, Jiang J S, Chien C
     L. Giant magnetoresistance in nonmultilayer magnetic systems. Phys. Rev. Lett., 1992,
     (68): 3749.

[3] Julliere M. Tunneling between ferromagnetic films. Phys. Lett. A, 1975, (54): 225.

[4] Moodera J S, Kinder L R, Wong M, *et al.* large magnetoresistance at room temperature
     in ferromagnetic thin film tunnel junctions. Phys. Rev. Lett., 1995, (74): 3273.

[5] von Helmolt R, Wecker J, Holzapfel B, *et al.* Giant negative magnetoresistance in per-
     ovskitelike $La_{2/3}Ba_{1/3}MnO_x$ ferromagnetic films. Phys. Rev. Lett., 1993, (73): 2331;
     Jin S, Tiefei T H, McCormack M, *et al.* Thousandfold change in resistivity in magne-
     toresistive La-Ca-Mn-O films. Science, 1994, (264): 413.

[6] Camley R E, Barnaś J. Theory of giant magnetoresistance effects in magnetic layered
     structures with antiferromagnetic coupling. Phys. Rev. Lett., 1989, (63): 664; Hood
     R Q, Falicov L M. Boltzmann-equation approach to the negative magnetoresistance of
     ferromagnetic-normal-metal multilayers. Phys. Rev. B, 1992, (46): 8287; Liu M, Xing
     D Y. Analytical approach to the camley-barnaś theory for giant magnetoresistance in
     magnetic layered structures. Phys. Rev. B, 1993, (47): 12 272; Sheng L, Xing D Y, Wang
     Z D, *et al.* Quasiclassical approach to magnetotransport in magnetic inhomogeneous
     systems. Phys. Rev. B, 1997, (55): 5908.

[7] Levy P M, Zhang S F. Fert A. Electrical conductivity of magnetic multilayered struc-
     tures. Phys. Rev. Lett., 1990, (65): 1643; Camblong H E, Levy P M, Zhang S
     F. Electron transport in magnetic inhomogeneous media. Phys. Rev. B, 1995, (51):
     16 052.

[8] Landauer R. Spatial variation of currents and fields due to localized scatterers in metal-
     lic conduction. IBM J. Res. Dev., 1988, (32): 306; Büttiker M. Symmetry of electrical
     conduction. IBM J. Res. Dev., 1988, (32): 317; Büttiker M, Imry Y, Landauer R. Gen-
     eralized many-channel conductance formula with application to small rings. Phys. Rev.
     B, 1985, (31): 6207.

[9] van Wees B J, van Houten H, Beenakker C W J, *et al.* Quantized conductance of point
     contacts in a two-dimensional electron gas. Phys. Rev. Lett., 1988, (60): 848; Wharam
     D A, Thornton T J, Newbury R, *et al.* One-dimensional transport and the quantisation
     of the ballistic resistance. J. Phys. C, 1988, (21): L209.

[10] Sharvin Y V. A possible method for studying fermi surfaces. Soviet Phys. JETP, 1965,
     (21): 655.

[11] Gijs M A M, Bauer G E W. Perpendicular giant magnetoresistance of magnetic mul-
     tilayers. Advances in Physics, 1997, (46): 285.

[12] Ashcroft N W, Mermin N D. Solid state physics. Philadelphia, Pennsylvania: Saunders
     College Publishing, 1976.

[13] Mertig I, Mrosan E, Schopke R. Calculation of the residual resistivity of 3d transition metal impurities in Cu using an exact solution of the linearised Boltzmann equation. J. Phys. F: Met. Phys., 1982, (12): 1689.

[14] Xu P X, Xia K. *Ab initio* calculations of the alloy resistivities of lattice-matched and lattice-mismatched metal pairs: influence of local-impurity-induced distortions. Phys. Rev. B, 2006, (74): 184 206.

[15] Bass J, Pratt Jr W P. Current-perpendicular (CPP) magnetoresistance in magnetic metallic multilayers. J. Magn. Magn. Mater., 1999, (200): 274.

[16] Levy P M. Giant magnetoresistance in magnetic layered and Granular Materials. Solid State Physics, 1994, (47): 367.

[17] Brataas A, Bauer G E W. Semiclassical theory of perpendicular transport and giant magnetoresistance in disordered metallic multilayers. Phys. Rev. B, 1994, (49): 14 684.

[18] Brataas A, Bauer G E W. Perpendicular transport through rough interfaces in the metallic regime. Solid-State Electron., 1994, (37): 1239.

[19] Brataas A, Bauer G E W. Specular vs. diffuse interface scattering in perpendicular transport. Europhys. Lett., 1994, (26): 117.

[20] Bauer G E W. Perpendicular transport through magnetic multilayers. Phys. Rev. Lett., 1992, (69): 1676.

[21] Bauer G E W. Impurity necklaces in the two-dimensional electron gas. Phys. Rev. B, 1995, (51): 16 984.

[22] Barnaś J, Fert A. Interface resistance for perpendicular transport in layered magnetic structures. Phys. Rev. B, 1994, (49): 12 835.

[23] Vedyaev A, Cowache C, Ryzhanova N, et al. Quantum oscillations in the electric field for perpendicular transport through an interface between two metallic layers. Phys. Lett. A, 1995, (51): 16 052.

[24] Chui S T, Cullen J R. Spin transmission in metallic trilayers. Phys. Rev. Lett., 1995, (74): 2118.

[25] Chui S T. Electron interaction on the giant magnetoresistance in the perpendicular geometry. Phys. Rev. B, 1995, (52): 3832.

[26] Camblong H E, Levy P M, Zhang S F. Phys. Rev. B, 1995, (51): 16 052.

[27] Camblong H E, Levy P M. Novel results for quasiclassical linear transport in metallic multilayers. Phys. Rev. Lett., 1992, (69): 2835.

[28] Zhang X G, Butler W H. Conductivity of metallic films and multilayers. Phys. Rev. B, 1995, (51): 10 085.

[29] Itoh H, Inoue J, Asano Y, et al. A theory of conductivity for perpendicular currents through a single random interface. J. Magn. Magn. Mater., 1996, (156): 343.

[30] Bruno P. Theory of interlayer magnetic coupling. Phys. Rev. B, 1995, (52): 411.

[31] Stiles M D. Spin-dependent interface transmission and reflection in magnetic multilay-

ers. J. Appl. Phys., 1996, (79): 5805.

[32] Xia K, Zwierzycki M, Talanana M, et al. First-principles scattering matrices for spin transport. Phys. Rev. B, 2006, (73): 064 420.

[33] Xu P X, Xia K, Zwierzycki M, et al. Orientation-dependent transparency of metallic interfaces. Phys. Rev. Lett., 2006, (96): 176 602.

[34] Mohand T. Spin polarized transport in hybrid interfaces: metallic systems and spin valve transistor. PhD thesis, University of Twente, Twente, The Netherlands, 2006.

[35] Schep K M, van Hoof J B A N, Kelly P J, et al. Interface resistances of magnetic multilayers. Phys. Rev. B, 1997, (56): 10 805.

[36] Valet T, Fert A. Theory of the perpendicular magnetoresistance in magnetic multilayers. Phys. Rev. B, 1993, (48): 7099.

[37] Andreev A F. Thermal conductivity of the intermediate state of superconductors. Sov. Phys. JETP, 1964, (19): 1228.

[38] Chalsani P, Upadhyay S K, Ozatay O, et al. Andreev reflection measurements of spin polarization. Phys. Rev. B, 2007, (75): 094 417.

[39] Keizer R S, Goennenwein S T B, Klapwijk T M, et al. A spin triplet supercurrent through the half-metallic ferromagnet CrO_2. Nature, 2006, (439): 825.

[40] Niu Z P, Xing D Y. Spin-triplet pairing states in ferromagnet/ferromagnet/d-wave superconductor heterojunctions with noncollinear magnetizations. Phys. Rev. Lett., 2007, (98): 057 005.

[41] Taylor J, Guo H, Wang J. *Ab initio* modeling of quantum transport properties of molecular electronic devices. Phys. Rev. B, 2001, (63): 245 407; Taylor J, Guo H, Wang J. *Ab initio* modeling of open systems: charge transfer, electron conduction, and molecular switching of a C_{60} device. Phys. Rev. B, 2001, (63): 121 104.

[42] van Son P C, van Kempen H, Wyder P. Boundary resistance of the ferromagnetic-nonferromagnetic metal interface. Phys. Rev. Lett., 1987, (58): 2271.

[43] Schep K M, van Hoof J B A N, Kelly P J, et al. Interface resistances of magnetic multilayers. Phys. Rev. B, 1997, (56): 10 805.

[44] Waintal X, Myers E B, Brouwer P W, et al. Role of spin-dependent interface scattering in generating current-induced torques in magnetic multilayers. Phys. Rev. B, 2000, (62): 12 317.

[45] Benakker C W J. Random-matrix theory of quantum transport. Rev. Mod. Phys., 1997, (69): 731.

[46] Brataas A, Nazarov Y V, Bauer G E W. Finite-element theory of transport in ferromagnet-normal metal systems. Phys. Rev. Lett., 2000, (84): 2481; Brataas A, Nazarov Y V, Bauer G E W. Spin-transport in multi-terminal normal metal-ferromagnet systems with non-collinear magnetizations. Eur. Phys. J. B, 2001, (22): 99.

[47]　Brataas A, Bauer G E W, Kelly P J. Non-collinear magnetoelectronics. Phys. Rep., 2006, (427): 157.

[48]　Zutic I, Fabian J, Sarma S D. Spintronics: fundamentals and applications. Rev. Mod. Phys., 2004, (76): 323.

[49]　Datta S. Electronic transport in mesoscopic system. Cambridge: Cambridge University Press, 1997.

[50]　Stiles M D, Zangwill A. Anatomy of spin-transfer torque. Phys. Rev. B, 2002, (66): 014 407.

[51]　Bass J, Pratt W P Jr. Current-perpendicular (CPP) magnetoresistance in magnetic metallic multilayers. J. Magn. Magn. Mater., 1999, (200): 274.

[52]　Brataas A, Tserkovnyak Y, Bauer G E W, et al. Spin battery operated by ferromagnetic resonance. Phys. Rev. B, 2002, (66): 060 404.

[53]　Zaffalon M, van Wees B J. Spin injection, accumulation and spin precession in a meso-scopic non-magn etic metal Island. cond-mat/0411407, 2004.

[54]　Slonczewski J C. Current-driven excitation of magnetic multilayers. J. Magn. Magn. Mater., 1996, (159): L1; Berger L. Emission of spin waves by a magnetic multilayer traversed by a current. Phys. Rev. B, 1996, (54): 9353; Katine J A, Albert F J, Buhrman R A, et al. Current-driven magnetization reversal and spin-wave excitations in Co/Cu/Co pillars. Phys. Rev. Lett., 2000, (84): 3149.

[55]　Hernando D H, Nazarov Y V, Brataas A, et al. Conductance modulation by spin precession in noncollinear ferromagnet normal-metal ferromagnet systems. Phys. Rev. B, 2000, (62): 5700.

[56]　Julliere M. Tunneling between ferromagnetic films. Phys. Lett. A, 1975, (54): 225.

[57]　Gu R Y, Xing D Y, Dong J M, et al. Spin-polarized tunneling between ferromagnetic films. J. Appl. Phys., 1996, (80): 7163.

[58]　Slonczewski J C. Conductance and exchange coupling of two ferromagnets separated by a tunneling barrier. Phys. Rev. B, 1989, (39): 6995; Yang X, Gu R Y, Xing D Y, et al. Tunneling magnetoresistance in ferromagnet/insulator/ferromagnet junctions. Int. J. Mod. Phys. B, 1997, (28): 3375.

[59]　Xu P X, Karpan V M, Xia K, et al. Influence of roughness and disorder on tunneling magnetoresistance. Phys. Rev. B, 2006, (73): 180 402.

[60]　Moodera J S, Kinder L R, Wong T M et al. Large magnetoresistance at room temperature in ferromagnetic thin film tunnel junctions. Phys. Rev. Lett., 1995, (74): 3273.

[61]　Yuasa S, Katayama, Toshikazu, et al. Giant tunneling magnetoresistance in fully epitaxal boby-centered-cubic Co/MgO/Fe magnet tunnel junctions. Appl. Phys. Lett. 2005, (87): 222 508.

[62]　Butler W H, Zhang X G, Schulthess T C, et al. Spin-dependent tunneling conductance of Fe | MgO | Fe sandwiches. Phys. Rev. B, 2001, (63): 054 416.

[63] Tokura Y, Nagaosa N. Orbital physics in transition-metal oxides. Science, 2000, (288): 462.

[64] Murakami Y, Hill J P, Gibbs D, et al. Resonant X-Ray scattering from orbital ordering in $LaMnO_3$. Phys. Rev. Lett., 1998, (81): 582.

[65] Zener C. Interaction between the d-Shells in the transition metals. II. ferromagnetic compounds of manganese with perovskite structure. Phys. Rev., 1951, (82): 403; Anderson P W, Hasegawa H. Considerations on double exchange. Phys. Rev., 1955, (100): 675; de Gennes P G. Effects of double exchange in magnetic crystals. Phys. Rev., 1960, (118): 141.

[66] Moritomo Y, Asamitsu A, Tokura Y. Pressure effect on the double-exchange ferromagnet $La_{1-x}Sr_xMnO_3$ ($0.15 \leqslant x \leqslant 0.5$). Phy. Rev. B, 1995, (51): 16 491.

[67] Millis A J, Littlewood P B, Shraiman B I. Double exchange alone does not explain the resistivity of $La_{1-x}Sr_xMnO_3$. Phys. Rev. Lett., 1995, (74): 5144.

[68] Millis A J, Shraiman B I, Mueller R. Dynamic jahn-teller effect and colossal magnetoresistance in $La_{1-x}Sr_xMnO_3$. Phys. Rev. Lett., 1996, (77): 175.

[69] Sheng L, Xing D Y, Sheng D N, et al. Theory of colossal magnetoresistance in $R_{1-x}A_xMnO_3$. Phys. Rev. Lett., 1997, (79): 1710.

[70] Doggoto E, Hotta T, Moreo A. Colossal magnetoresistant materials: the key role of phase separation. Phys. Rep., 2001, (344): 1.

[71] Tomioka Y, Tokura Y. Bicritical features of the metal-insulator transition in bandwidth-controlled manganites: single crystals of $Pr_{1-x}(Ca_{1-y}Sr_y)_xMnO_3$. Phys. Rev. B, 2002, (66): 104 416.

[72] Tokura Y. Correlated-electron physics in transition-metal oxides. Physics Today, 2003, (56): 50.

第7章 交换偏置

7.1 引 言

铁磁 (FM)/反铁磁 (AFM) 体系 (如双层膜) 在外磁场中从高于 AFM 奈尔温度 T_N 冷却到低温后, FM 磁滞回线将沿磁场轴偏离坐标原点, 其偏离量被称为交换偏置场, 通常记作 H_E, 并常伴随着矫顽力 H_C 的增大, 这一现象被称为交换偏置 (exchange bias, EB). 此时, 体系存在单向各向异性. Meikleijohn 和 Bean 于 1956 年在部分氧化的 Co 颗粒中首先发现了这一现象[1, 2]. 如图 7-1 所示, Co/CoO 颗粒的顺时针和逆时针转矩曲线并不互相重合, 存在转动磁滞. 当外加磁场沿着冷却磁场 (H_{CF}) 方向时, 磁滞回线不但向负磁场方向偏离, 而且出现不对称性.

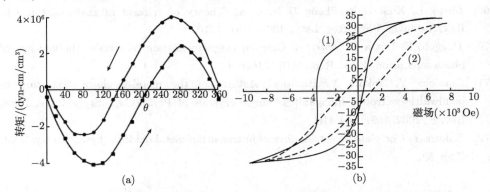

图 7-1 Co/CoO 颗粒经磁场冷却后在 $T = 77$ K 时的转矩曲线 (外加磁场为 7.5 kOe)

(a) 和磁滞回线 (b)

为了对比, (b) 中给出零磁场冷却后的磁滞回线 (虚线)[1, 2]

EB 在基础研究和应用两个方面都得到了广泛重视[3~8]. EB 展现出很多新的物理现象, 其基本特性与 FM 和 AFM 材料、厚度以及结构、温度、生长顺序和工艺条件等密切相关. 其机制涉及界面相互作用, 包含很多丰富的物理内涵, 是凝聚态物理中重要的研究课题. 在磁电子学器件实用化过程中, EB 起了关键作用, 使得各种巨磁电阻器件在机电、汽车、航空航天及高密度信息存储领域得到广泛应用. 在实际应用中要求 FM/AFM 双层膜具有大 H_E、小 H_C、高截止温度 T_B 及优良的热稳定性.

7.2 交换偏置的基本特征

1. 转动磁滞

利用转矩仪或者矢量振动样品磁强计可以测量顺时针和逆时针转矩曲线. 通常将顺时针和逆时针曲线围成面积的一半定义为转动磁滞 W_R. 磁化强度可逆转动对转动磁滞没有贡献, 只有不可逆转动才会对转动磁滞有贡献, 因此它可以用来研究磁各向异性以及磁化翻转机理.

这里先介绍单层磁性薄膜的转动磁滞 W_R[9]. 如果一个均匀磁性体系具有单轴各向异性, 当外磁场非常小时, 由于磁化强度为可逆转动, 不存在转动磁滞, Zeeman 效应使得转矩曲线表现为单向各向异性. 随着外磁场增大, 单轴各向异性的贡献开始出现, 磁化强度存在不可逆转动, 产生转动磁滞. 当外磁场大于或者等于磁各向异性场时, 磁化强度始终和外加磁场平行, 转动磁滞消失, 即 $W_R = 0$, 表现出单轴各向异性. 已有的研究表明, 如果磁化过程可以用一致转动描述, 则转动磁滞在外磁场等于磁各向异性场的一半时, 存在最大值.

对于 FM/AFM 双层膜, 转动磁滞与外加磁场的关系依赖于温度. 当 $T > T_N$ 时, $H_E = 0$, W_R 与外磁场的关系和一般单层磁性薄膜类似. 当 $T < T_N$ 时, 对于比较小的外磁场, $W_R = 0$. 当 H 大于一临界值时, W_R 迅速增大, 最后趋向一常数. 即使外加磁场大于饱和磁场, 转动磁滞仍然存在[10]. 很明显, 双层膜与单层膜在高场下存在很大的区别, 这是 EB 的标志之一.

t_{AFM} 也影响 W_R 与外磁场之间的关系. 当 t_{AFM} 小于临界值时, 转动磁滞和磁场之间关系与单层膜相似. 当 t_{AFM} 大于临界值且磁场比较小时, 转动磁滞等于零. 随着外磁场增大, 转动磁滞突然增大. 即使外磁场很高, $W_R \neq 0$. 在一定温度和磁场下, 转动磁滞随着 t_{AFM} 呈现非单调变化. 当 t_{AFM} 比较小或者很大时, 转动磁滞分别为零或者趋向常数. 当 AFM 取中等厚度时, 转动磁滞达到最大[11, 12].

分析转矩曲线也有利于研究 EB 的机理. 对于 FM/AFM 双层膜, 转矩曲线一般含有 $\sin\theta_H$ 和 $\sin(2\theta_H)$ 两项, 分别对应于单向各向异性和单轴各向异性. 当磁场比较小时, 只含有 $\sin\theta_H$ 项. 对于中等磁场, $\sin(2\theta_H)$ 的贡献开始出现, $\sin\theta_H$ 的贡献逐渐增加. 当磁场达到一个临界值时, $\sin(2\theta_H)$ 趋向于消失, 而 $\sin\theta_H$ 的贡献突然下降或者趋向于常数[13].

2. 铁磁层厚度的影响

大量试验和理论研究表明, 由于 EB 是界面效应, H_E 与铁磁层厚度 $1/t_{FM}$ 成正比[14~18]. 如图 7-2 所示, 对于 FM/AFM 双层膜, 如果 t_{AFM} 固定不变, 而且 t_{FM} 小于其畴壁的厚度, H_E 将反比于 t_{FM}, 即 $H_E \propto 1/t_{FM}$, 根据直线的斜率可以获得

双层膜的交换能 J_{ex}. 除少数外[16, 17], 大多数试验很难得到严格的正比例关系, 即当 $1/t_{FM} \to 0$ 时, H_E 并不趋向于零. 这有几种可能性: 其一, 由于界面扩散等原因, t_{FM} 设计值不能反映真实值[19]; 其二, 在磁化翻转过程中 FM 内形成了平行于界面的畴壁[14]; 其三, 如果 FM 层太薄而呈岛状膜时, 这一线性规律可能不再成立.

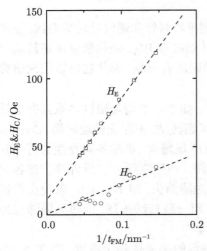

图 7-2   典型 NiFe/FeMn(30 nm) 双层膜中室温 H_C 和 H_E 与 t_{FM} 的关系

与相应的单层膜相比, FM/AFM 双层膜的 H_C 一般都得到增强, 且随着 t_{FM} 增大而减小[14, 20]. Zhang 等发现 NiFe/CoO 双层膜的 H_C 与 $t_{FM}^{-3/2}$ 呈线性关系[20]. 在 $Fe_{0.5}Mn_{0.5}$(=FeMn) 构成的双层膜中, 室温下的 H_C 与 t_{FM} 的倒数近似呈线性关系[14]. 对于大多数 FM/AFM 双层膜, H_C 并不存在这些规律. H_C 与 FM 及 AFM 的生长质量、微结构及界面的缺陷分布密切相关, 其增强的因素比较复杂. 例如, 在 CoCr/FeMn 双层膜中, 由于 FM 特殊的颗粒状结构, H_C 不但没有增强, 反而减小[21]. 与 H_E 相比, 人们对 H_C 增强机理的理解远不深刻.

3. 反铁磁层厚度的影响

与 t_{FM} 相比, t_{AFM} 对 EB 的影响相对比较复杂[15]. 如图 7-3 所示, 对于 NiFe/FeMn 双层膜, 当 t_{AFM} 小于一临界值时, H_E 等于零. 随着 t_{AFM} 增大, H_E 急剧地增大, 最后趋向常数. H_E 有时会出现一峰值. H_E 对 t_{AFM} 的依赖性与反铁磁

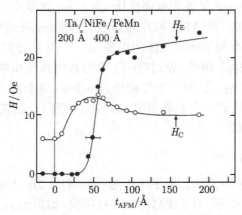

图 7-3   NiFe(7nm)/MnFe 中 H_E 和 H_C 与 t_{AFM} 关系[14]

层的结构以及测量温度有很大关系[15, 22, 23]. 当 t_{AFM} 远小于临界厚度时, H_C 得到逐渐增强并达到极大值, 然后缓慢减小. 特别需要关注的是, 如图 7-3 所示, H_C 峰值对应于 H_E 变化最剧烈的位置, 该现象也在其他体系中观察到[15].

对于不同 AFM 材料, 其临界厚度差别很大. 例如, CrAl 和 NiO 构成的双层膜, 其临界值比较大 (>10 nm)[24, 25], IrMn 和 FeMn 的临界值比较小 (2～3 nm)[14, 26]. 唯像理论认为, AFM 临界厚度取决于界面耦合能和 AFM 单轴各向异性能之间的竞争[10, 14, 27]. 当 $K_{AFM}t_{AFM} < J_{ex}$ 满足时, AFM 自旋随着 FM 磁化翻转而不可逆翻转, 没有出现 H_E. 当 $K_{AFM}t_{AFM} > J_{ex}$ 满足时, AFM 自旋固定不动, 开始出现 H_E. 其有效性从两个试验得到了验证. 首先, MnF_2 和 FeF_2 具有相同的自旋结构, 晶格常数相近, 前者的磁各向异性常数正好比后者小一个量级, 而前者对应的临界厚度正好是后者的 10 倍[28]. 其次, 如果 FM 居里温度远高于 AFM 的 T_N, 当 T 趋近 T_N 时, FM 磁化强度基本不变, 由于 K_{AFM} 随温度的变化比 J_{ex} 快, 因此 AFM 临界厚度则随着温度的降低而减小, 这与 NiFe/CoO 和 Co/IrMn 中试验结果相符[22, 23]. 上述临界条件为测量 AFM 各向异性常数提供了新的方法.

用反铁磁磁畴态模型可以解释上述 H_E 非单调变化[29]. 由于 t_{AFM} 不但影响 AFM 磁畴尺寸和剩余磁化强度大小而且还影响其热稳定. 随着 t_{AFM} 增大, AFM 磁畴尺寸增大和剩余磁矩减小, 导致 H_E 减小. 但是, t_{AFM} 增大导致剩余磁矩稳定性增大, 有利于产生 H_E. 由此可见, 在有限温度下, 随着 t_{AFM} 变化, H_E 会有最大值. 反铁磁自旋的热激发模型也能很好地解释图 7-3 的试验现象[30].

4. 反铁磁层的结构和取向对交换偏置的影响

EB 与 AFM 晶体取向密切相关[15]. AFM 体内一些原子面内自旋相互反平行, 平均净磁矩为零, 即构成所谓补偿界面. 而沿另外一些取向, 原子面内自旋互相平行, 平均磁矩不为零, 相邻原子面的自旋反平行排列, 即构成所谓的未补偿界面. 界面类型对 EB 的影响缺乏统一的结论. 在准外延 NiFe/CoO(111) 中 $H_E \neq 0$, 其中 CoO(111) 原子面为自旋未补偿面. NiFe/CoO(100) 或 NiFe/CoO(110) 双层膜中 H_E 为零, 其中 (100) 等原子面为补偿面[31], 所以未补偿界面似乎是产生 EB 的必要条件. 但是, 在外延 NiFe/FeMn(111) 双层膜, FeMn(111) 为补偿面, 不但 $H_E \neq 0$, 而且大于未补偿面 FeMn(220) 的相应值[15]. 试验还发现对于多晶 NiFe/FeMn 双层膜, 与其他取向相比, FeMn(111) 择优取向的 H_E 最大, 而且 H_E 随 FeMn(111) 织构强度的增强而增大[32, 33].

由于 EB 来自 FM/AFM 界面相互作用, 所以界面粗糙度直接影响 EB 行为[6,34～39]. 对于很多 FM/AFM 双层膜, 如 Fe/FeF_2(110) 外延双层膜和 NiFe/FeMn 多晶双层膜[34, 35], H_E 随着界面粗糙度的增大而减小. 但是, 有些双层膜中 H_E 对粗糙度不敏感[36]. 而在 NiFe/单晶 -CoO(111) 双层膜中, H_E 甚至随界面粗糙度增大而增大[37]. 对于未补偿界面, 粗糙度的影响是比较容易理解的. 根据唯象模型, 对于未补偿界面, 粗糙度减小了 AFM 界面自旋个数、净磁矩以及 H_E. 同时, 界面粗糙度改变了静磁能及 AFM 磁畴尺寸, 从而导致 H_C 增大[18]. 理论研究表明, 界面粗糙度还严重影响 EB 的角度依赖关系[39]. 界面粗糙度对由单晶和多晶 AFM 构成的双层膜中 EB 都有影响, 相比较而言, 粗糙度对单晶 AFM 构成的双层膜中 EB 影响更严重.

AFM 晶粒尺寸也对 EB 有强烈影响. 试验发现对于 NiFe/FeMn 双层膜, 随着晶粒尺寸的增大, H_E 随之增加, H_E 的磁锻炼效应也减弱[40]. 但是, Uyama 和 Berkowitz 等在 NiFe/CrAl 和 NiFe/CoO 双层膜中, 发现小晶粒对应于大 H_E, 且 H_E 是 AFM 晶粒尺寸倒数的线性函数[41, 42]. 结合热激发模型和补偿界面 AFM 自旋随机分布可以解释上述矛盾[43]. 当 AFM 晶粒尺寸增大时, 导致截止温度 T_B 上升, 使得有限温度的 H_E 增大. 另外, 大晶粒减小补偿界面 [如 fcc FeMn(111) 和 bcc CrAl(110)] 的净磁矩. 因此, EB 可能随着晶粒尺寸呈现非单调变化, 在临界尺寸获得 H_E 极大. EB 对晶粒尺寸的依赖关系取决于究竟是热稳定性还是净磁矩起主要作用. 最后需要指出的是, 界面粗糙度和晶粒尺寸对 EB 的影响往往很难互相区分.

试验上可以通过改变缓冲层、溅射速率甚至膜层顺序来调控 AFM 晶粒尺寸和界面粗糙度以及 EB[32, 44]. 例如, Park 等在 Si(111) 或者 Si(100)/缓冲层/NiFe/Cu/NiFe/FeMn, 发现不同缓冲层强烈影响界面粗糙度以及 EB[45]. 虽然具有相同铁磁和反铁磁材料, 但是底部 -FM/顶部 -AFM 和顶部 -AFM/底部 -FM 双层膜具有不同的 H_E 和 H_C[46~48], 表明膜层顺序强烈影响 EB.

5. 交换偏置的温度效应

H_E 对温度的依赖关系与 FM 居里温度 (T_C) 和 AFM 的 T_N 有关. 如果 T_C 高于 T_N, H_E 随温度单调变化[49]. 此时, AFM 材料和厚度对 EB 温度特性有强烈影响. 对于 NiFe/CoO 双层膜[22], 当 t_{AFM} 较大时, H_E 在低温段有一平台. 如果 CoO 层的厚度很小, 如 2.0 nm, 则 H_E 随温度近似呈线性变化. 当测量温度高于某一温度时 EB 消失, 这一温度被称为截止温度 (T_B, blocking temperature), 这是因为当 $T > T_B$ 时, AFM 层自旋对 FM 层磁化翻转没有影响. 如果 T_C 低于 T_N, 正如 FeNiB/CoO[50]、NiFe(或 NiFeTa)/PtPdMn[51] 和 NiFe/NiMn[51~53] 双层膜所显示的, H_E 在 T_C 附近存在一峰值. 有些工作认为 H_E 反比于 FM 磁化强度, 而后者在 T_C 附近存在极小, 所以 H_E 出现峰值[50]. 而另外一些工作将其归结为界面耦合能 J_{ex} 和 $t_{AFM}K_{AFM}$ 之间的竞争[53]. 根据 M-B 模型[10], 界面耦合能正比于 FM 磁化强度和 AFM 界面净磁矩矢量积. 由于 T_C 比 T_N 低, J_{ex} 温度特性主要由 FM 磁化强度决定. 在 T_C 附近, 磁化强度和界面耦合能剧烈减小. 而 $t_{AFM}K_{AFM}$ 的温度特性主要由 T_N 决定, 因而在 T_C 附近缓慢变化, 因此 $t_{AFM}K_{AFM}/J_{ex}$ 比值迅速增大, 大多数 AFM 晶粒自旋对 H_E 有贡献, 从而导致 H_E 出现峰值.

对于大多数 FM/AFM 双层膜, H_C 会随着温度升高而单调减小[49, 54]. 但是, 如图 7-4 所示, 对于一些双层膜 (如 NiFe/NiMn 和 NiFe/PtPdMn 体系[51, 52], Fe/FeF$_2$ 外延双层膜[55~57]), H_C 在附近出现一个峰. 上述现象首先来源于 AFM 晶粒内自旋热激发效应[43, 53]. 在低温下, 大多数 AFM 晶粒的自旋不可转动, 由此产生小的 H_C. 当 $T > T_B$ 时, 大多数 AFM 晶粒变成 "超顺磁", H_C 不再增强. 由于当 $T \approx T_N$ 时, 多数 AFM 晶粒的自旋可转动, 导致 H_C 增大. 这个解释可以从 NiFe/NiO 双层膜中的试验结果得到验证, 其中转动磁滞在 T_N 附近存在极大值[11]. H_C 峰值也可能来源于磁化翻转方式随温度的变化. 例如, 在外延 Fe/FeF$_2$ 双层膜中, Fe 层各向异性轴的方向在 T_N 附近发生变化[57].

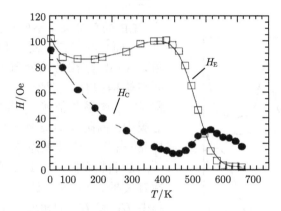

图 7-4　NiFe/PtPdMn 双层膜中 H_E 和 H_C 的温度特性[53]

与 T_N 不同, T_B 不是一个本征物理量, 不但依赖于 AFM 本身材料、t_{AFM} 及其晶粒尺寸, 而且还与铁磁层的性质密切相关[11,22,23,28,58~61]. 如果 $T_C \gg T_N$, 当 t_{AFM} 大于某一临界值时, T_B 与 T_N 接近; 当 t_{AFM} 低于临界厚度时, T_B 随之降低, 表现为有限尺寸效应[22, 28, 58, 60]. 例如, 对于 NiFe/FeMn, 当 t_{AFM} 分别为 6nm、8nm、12nm、16nm 和 25nm 时, T_B 分别为 358K, 403K, 440K, 448K, 453K[58]. NiFe/CoO 和 NiFe/NiO 有相似的试验结果[11, 60]. 对于 CoO 和 FeF$_2$ 其有限尺寸效应可以用如下方程来描述[28, 62]:

$$\frac{T_N - T_B}{T_N} = \left(\frac{\xi}{t_{AFM}}\right)^{\delta} \tag{7-1}$$

其中, 常数 ξ 与 t_{AFM}、AFM 晶格常数、晶粒尺寸以及磁各向异性常数 K_{AFM} 和界面耦合能 J_{ex} 有关, δ 为临界指数. 试验还发现, T_B 也随着 AFM 晶粒尺寸减小而下降. 例如, 当 FeMn 晶粒尺寸从 5.0nm 变化到 1.8nm 时、T_B 从 430K 降到 330K[61].

6. 交换偏置的角度依赖关系

当样品具有单向各向异性时, H_E 的大小和符号强烈依赖于 (相对于单向各向异性方向) 外加磁场的方位角. 一般地讲 (正 EB 除外), 当外磁场与单向各向异性轴平行时, $H_E < 0$. 而当两者反平行时, $H_E > 0$. H_E 和 H_C 分别是 θ_H 的奇函数和偶函数. 图 7-5 给出 NiFe (30 nm)/CoO (10 nm) 多晶双层膜在 80 K 的结果[63], 图 7-5 中的曲线并不是一个简单的正弦或余弦函数, 而含有高阶项, 可以用下式表示:

$$H_E(\theta_H) = \sum_{n=odd} a_n \cos(n\theta_H) \tag{7-2}$$

$$H_C(\theta_H) = \sum_{n=even} b_n \cos(n\theta_H) \tag{7-3}$$

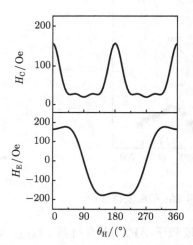

图 7-5　NiFe(30 nm)/CoO (10 nm) 双层膜在低温 80 K 时 H_C(上图) 和 H_E(下图) 的角度关系[63]

EB 的角度关系不但与铁磁和反铁磁材料有关, 而且与 AFM 易轴和 FM 易轴之间夹角、AFM 晶粒易轴分布以及 FM/AFM 界面自旋构型有关[39,64~68]. 方程 (7-2) 和方程 (7-3) 中系数依赖于 FM 结构. 在外延双层膜中, 高阶项的贡献明显大于相应的多晶样品[64]; 而对于非晶态 FM, 几乎不存在高阶项, 这可能和非晶态 FM 本身小的磁各向异性有关[65]. Xi 等在研究 NiFe/CrMnPt 双层膜中 H_E 和 H_C 的角度关系时, 发现 AFM 和 FM 易轴非共线排列[10, 66]. 而 Pires 等在研究 Ni/FeMn 和 NiFe/FeMn 双层膜中 EB 和铁磁共振场角度关系时, 发现 EB 诱导的单轴各向异性轴和单向各向异性方向非共线[67]. 所以, 研究 EB 的角度关系有助于揭示 EB 一些更加深刻的物理问题[39, 66, 68].

最新试验表明, 对于 FM/AFM 多晶双层膜, 顺时针和逆时针测量的 EB 角度关系存在滞后. 该滞后效应与 t_{AFM} 密切相关[69]. 当 t_{AFM} 小于临界值, 对于顺时针和逆时针, H_C 有相同的角度关系; 当 t_{AFM} 略大于临界值时, 效应达到最大; 当 t_{AFM} 远大于临界值时, 滞后效应逐渐减小. 试验进一步表明, 钉扎场方向在顺时针和逆时针过程中存在滞后效应. 由此可见, AFM 自旋在磁滞回线测量过程中发生变化. 变化形式和大小一方面受到 FM 磁化翻转方式的影响, 另一方面受 AFM 自旋热激发的制约.

7. $H_{\rm CF}$ 对 EB 的影响及正 EB

为了建立 EB, 需要对 FM/AFM 双层膜进行磁场冷却, 或者在样品制备过程中加一外磁场. 一些试验显示, 场冷过程中是 FM 磁化强度而不是 $H_{\rm CF}$ 决定 $H_{\rm E}$ 的方向和大小 (正 EB 除外)[70, 71]. 例如, 对于 Fe/FeF$_2$(110) 和 Co/CoO(111) 双层膜, 调节剩磁状态, 而保持 $H_{\rm CF} = 0$, 结果发现 $H_{\rm E}$ 的大小和符号依赖于剩磁的大小和符号.

但是, 在一些 FM/AFM 双层膜中, $H_{\rm CF}$ 对 EB 有很大的影响[72~75]. 在 NiFe/CoO 多晶双层膜中[73], 当 $H_{\rm CF}$ 小于 300 Oe, 磁化状态随着 $H_{\rm CF}$ 增大而发生变化, 导致 $H_{\rm E}$ 急剧增大. 当 $H_{\rm CF}$ 增大到 10 kOe 时, 样品保持单畴状态基本不变, $H_{\rm E}$ 缓慢增大. 当 $H_{\rm CF}$ 大于 10 kOe 时, $H_{\rm E}$ 基本不变. 与此同时, $H_{\rm C}$ 缓慢减小. CoFe/IrMn 双层膜中出现相似的试验现象[75]. 这些现象被归结为外加磁场对 AFM 自旋的作用, 即当 AFM 自旋之间相互作用比较弱时, 外磁场有可能改变 AFM 层内自旋结构.

对于 Fe/MnF$_2$ 及 Fe/FeF$_2$ 外延双层膜, $H_{\rm CF}$ 不但改变 $H_{\rm E}$ 的大小, 而且改变其符号[76], 如图 7-6(上图) 所示. 当 $H_{\rm CF}$ 比较小时, $H_{\rm E} < 0$; 如果 $H_{\rm CF}$ 足够大, 则 $H_{\rm E} > 0$; 当 $H_{\rm CF}$ 等于临界值时, $H_{\rm E} = 0$, 同时 $H_{\rm C}$ 出现最大值. 在 FeGd/NiCoO[77]、FeGd/FeMn[78]、Gd$_{0.4}$Fe$_{0.6}$/Tb$_{0.12}$Fe$_{0.88}$[79]、亚铁磁 -FeGd/FeSn[80]、La$_{0.67}$Sr$_{0.33}$MnO$_3$/SrRuO$_3$[81] 双层膜中观察到相似的现象. Kiwi 和 Hong 等认为在磁场冷却过程中经过 $T_{\rm N}$ 时, AFM 界面自旋方向相对于 $H_{\rm CF}$ 发生倾斜, 产生净磁矩, 导致时间反演对称性破缺, 并将正和负 EB 与 FM/AFM 自旋之间反铁磁耦合或者 90° 耦合联系起来[82~85]. 如图 7-7 所示, 当 $H_{\rm CF}$ 较小时, AFM 自旋 Zeeman 能小于界面交换作用能, 在冷却过程中 AFM 净磁矩与 $H_{\rm CF}$ (以及 FM 磁矩) 反平行排列, 因此冷却后 AFM 自旋与 $H_{\rm CF}$ 仍然反平行, FM 磁矩与 $H_{\rm CF}$ 平行为低能量态, 产生负 EB; 在冷却过程中, 强 $H_{\rm CF}$ 产生的 Zeeman 能大于界面交换能, AFM 净磁矩与 $H_{\rm CF}$ (以及 FM 磁矩) 在冷却时平行排列, 冷却后 AFM 自旋与 $H_{\rm CF}$ 平行, 而 FM 磁矩与 $H_{\rm CF}$ 反平行, 处于低能量态, 产生正 $H_{\rm E}$. 上述试验现象说明: ① AFM 自旋和外加磁场有相互作用[76]; ② FM 和 AFM 自旋在界面存在反铁磁耦合.

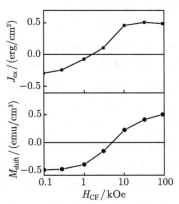

图 7-6　Fe/FeF$_2$(200 nm) 双层膜, $J_{\rm ex}$(上图) 和磁化强度移动 $M_{\rm Shift}$(下图) 对 $H_{\rm CF}$ 的依赖关系[86]

　　不同 FM/AFM 双层膜, 其界面反铁磁耦合来源于不同机理. 对于 Fe/FeF$_2$, 界面反铁磁相互作用来源于 F$^+$ 引导的超交换作用[76]. 在 FeGd/FeMn 和 FeGd/NiCoO 双层膜中, 由于 Gd 原子和过渡金属自旋反铁磁耦合, 所以当 Gd 的含量比较高时 FM 磁化强度和 AFM 磁矩在界面反平行排列[78, 79]. 在 La$_{0.67}$Sr$_{0.33}$MnO$_3$/SrRuO$_3$ 双层膜中由于电荷转移导致电子结构的改变, 从而在界面引起反铁磁耦合[81].

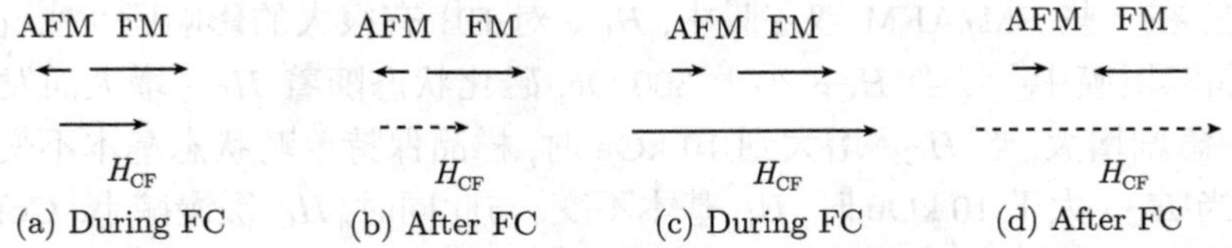

图 7-7　正和负 EB 的形成机理

(a, b) 和 (c, d) 分别对应于小和大的 H_{CF}; (a, c) 和 (b, d) 分别对应于冷却过程和冷却后 H_{CF}、AFM 净磁矩和 FM 磁矩三者之间的关系. 图中虚线用来表示 H_{CF} 的方向

8. AFM 表面未补偿磁矩

　　已有的试验表明, 当 FM 沉积到 AFM 表面时, 或者 FM/AFM 体系经过磁场冷却后, AFM 界面自旋结构或者磁畴结构发生变化. 如图 7-6(下图) 所示, 对于 Fe/FeF$_2$, 磁滞回线沿着纵坐标存在一偏移, 且磁化强度的偏移与 H_E 相关联[86]. Zhu 等对 FeCo/NiO 双层膜进行研究后, 发现双层膜中 NiO 的磁畴结构与单层相比发生了很大的变化[87].

　　相关的试验表明, 反铁磁界面净磁矩远小于理想未补偿界面的净磁矩. Berkowitz 等在 10 kOe 磁场中对 CoO/MgO 多层膜从室温到低温进行冷却后[42], 发现样品沿磁场方向出现热剩磁, 且仅为理想未补偿面磁矩的 1/100. 热剩磁与 NiFe/CoO 双层膜中 H_E 有相同的温度依赖关系, 说明该热剩磁是产生 EB 的来源. 在 Co/IrMn、Co/NiO 以及 CoFe/PtMn 双层膜中, 净磁矩约为理想未补偿面磁矩的 4%[88]. 试验还发现, 对于 NiFe/CoO 体系, H_E 与 CoO 的晶粒尺寸成反比例关系[89]. 这是由于具有一定粗糙度的 AFM 补偿面, 其 AFM 自旋随机分布, $\langle \Delta N \rangle \propto L^{0.9 \sim 1.04}$ (L =CoO 层内晶粒尺寸), 且 $H_E \propto \langle \Delta N \rangle / L^2$, 所以近似地可以给出 $H_E \propto L^{-1}$. 该试验结果进一步说明净磁矩来源于 CoO 表面.

　　综上所述, 无论是补偿面还是未补偿面, 由于在场冷过程中 AFM 表面自旋结构或磁畴结构出现变化, 由此产生附加磁矩以及 EB.

9. 磁锻炼效应及热稳定性

　　EB 的磁锻炼效应及热稳定性对于巨磁电阻器件设计非常重要[3], 同时研究这些性质有助于深刻揭示 EB 的本质[90~96]. EB 的热稳定性, 即在温度低于 T_B 时,如果外磁场的方向与 H_{CF} 不同, H_E 和 H_C 的变化随着磁场施加时间的延长而增大. 例如, 对于 NiFe/FeMn 双层膜, 沿着与钉扎方向相垂直的方向施加外磁场, 单向各向异性方向和界面耦合能量随着施加时间而分别改变和减少[93]. EB 的记忆效应是其热稳定性的另外一种表现形式[71]. EB 的热稳定性与 t_{AFM} 及 FM 磁化强度等因素密切相关[96].

早在 1967 年 Néel 考虑 AFM 磁畴之间的相互作用, 提出简单模型解释 EB 的热稳定性和磁锻炼现象[90, 91]. 1972 年 Fulcomer 和 Charap 在此基础上提出了一个改进的理论模型[43], 假设 AFM 晶粒之间没有相互作用, 且 AFM 自旋翻转的物理图像如图 7-8 所示. 经过场冷后, 大部分 AFM 晶粒净磁矩方向与 H_{CF} 平行, 标记为晶粒 I, 可能仍有部分 AFM 晶粒的净磁化强度与 H_{CF} 方向反平行, 标记为晶粒 II. 从图 7-8 中可以看出, 在磁弛豫过程中 FM 磁化强度的方向起决定作用[61]. 当 FM 磁化强度平行于场冷方向, 晶粒 II 的磁化强度方向将有可能翻转, 从而导致 H_E 增大. 虽然 AFM 晶粒 II 翻转的几率比较大, 但是其与晶粒 I 相比所占比例小, 因而对 EB 的影响比较小. 而晶粒 I 由于处于更加稳定的状态, 翻转几率更小. 所以, 此时 H_E 变化很小. 反之, 如果 FM 磁化强度反平行于 H_{CF} 方向, 晶粒 I 的磁化强度发生翻转的几率大增, 而晶粒 II 翻转几率很小, 从而导致 H_E 减小. 这样就解释了 EB 的热稳定性. 事实上, AFM 晶粒尺寸存在一分布, 因而 T_B 也存在一分布, 不同尺寸的晶粒具有不同的翻转几率, 需要对其作统计平均.

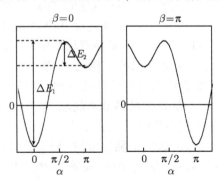

图 7-8 AFM 晶粒自由能随其净磁矩方位角 α 变化而变化, 分别存在一个稳态和亚稳态
当 FM 磁化强度方位角 $\beta = 0$ 时, 即 FM 磁化强度平行于钉扎方向时, AFM 晶粒净磁矩倾向于从 $\alpha = \pi$ 翻转到 $\alpha = 0$, 导致 H_E 增大 (左); 反之, 则导致 H_E 减小 (右)[43]

在 FM/AFM 双层膜中, H_E 及 H_C 随着磁滞回线测量次数的增加而减小, 这就是所谓磁锻炼效应[92, 94, 95]. 如图 7-9 所示, 对于大多数样品, 当 $n > 1$ 时, H_E 和 H_C 随测量次数 n 按 $\frac{1}{\sqrt{n}}$ 线性变化. 但是, $H_E(n = 1)$ 和 $H_E(n = 2)$ 之间存在突变, $H_E(n = 1)$ 偏离上述线性函数. 与此同时, 磁滞回线的不对称性也存在突变, 并逐

渐消失[97]. Hoffmann 认为[98], 如果 AFM 具有立方各向异性, AFM 两套子晶格自旋相互间存在反铁磁耦合, 并在界面受到铁磁层交换作用, 在磁场冷却后在界面两套子晶格自旋互相垂直, 构成自旋阻错 (亚稳态). 在 $n = 1$ 的下降支完成后, AFM 两套子晶格自旋回到互相反平行的稳态, 同时 FM 自旋与 AFM 自旋形成 spin-flop 自旋结构, 并在随后回线测量过程中保持不变. 如果 AFM 具有单轴各向异性, 子晶格自旋始终反平行排列, $H_E(n = 1)$ 不会发生偏离线性函数的现象, 还需要进一步的试验来证明.

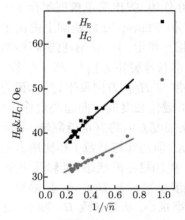

图 7-9 NiFe/FeMn 在室温下 H_E 和 H_C 随磁滞回线测量次数 n 按 $\frac{1}{\sqrt{n}}$ 线性变化[101]

为了解释上述经验公式, Binek 假设[99], 当连续测量 FM/AFM 体系的磁滞回线时, AFM 自旋构型趋近平衡态导致体系自由能减小, AFM 自旋构型以及界面净磁矩变化满足离散 Landau-Khalatnikov 方程. 最后得到如下关系: $H_E(n) - H_E(n+1) = \gamma(H_E(n) - H_E(n = \infty))^3$. 由此可以得到, $H_E(n) = H_E(n = \infty) + \frac{k}{\sqrt{n}}$, 其中 $k = \frac{1}{\sqrt{2\gamma}}$. γ 不但与体系相关, 而且也是温度的函数. 例如, 对于 Co/CoO 双层膜, 发现 γ 随着温度升高而变大, k 则不断减小[100].

最新的试验表明[101], 在 FM/AFM 多晶双层膜中, 伴随着磁锻炼效应, 钉扎方向发生转动. 当外加磁场沿着初始的钉扎方向时, 虽然 H_E 和 H_C 减小, 但是钉扎方向没有发生变化. 如果外加磁场偏离初始钉扎方向, 伴随磁锻炼效应, 钉扎方向也会发生转动. 这表明 AFM 自旋发生翻转或者转动, 取决于 FM 磁化翻转方式. 钉扎方向改变量和磁锻炼效应强烈依赖于 t_{AFM}. 当 t_{AFM} 小于临界值时, 磁锻炼效应和钉扎方向改变消失. 当 t_{AFM} 远大于临界值时, 磁锻炼效应和钉扎方向的改变逐渐减弱甚至消失. 当 t_{AFM} 略大于临界值时, 磁锻炼效应和钉扎方向达到最大.

上述试验结果可以用热激发模型描述. 对于一定的体系, AFM 自旋从一个方向跃迁到相反方向的几率与势垒高度有关, 而后者与 AFM 晶粒或者薄膜厚度呈线性关系. 在一定温度下, 对于小 t_{AFM}, 热能大于势垒高度, 反铁磁自旋呈现 "超顺磁" 状态, EB 以及磁锻炼效应和钉扎方向变化消失. 当 t_{AFM} 远大于临界值, 势垒高度远大于热能, 磁锻炼效应和钉扎方向改变逐渐消失. 而 t_{AFM} 介于两者之间, 上述效应达到最大.

10. 磁滞回线及磁化翻转不对称性

FM/AFM 双层膜下降支和上升支具有不同的磁化翻转方式是 FM/AFM 体系

的普遍性质, 具体的表现形式取决于 FM 和 AFM 材料等. 目前, 有如下几种常见表现形式:

(1) 上升支和下降支的磁化翻转方式不同. Leighton 等利用极化中子反射和静磁测量对 Fe/MnF$_2$ 准外延双层膜中不对称磁化翻转进行了研究[102]. 当 H_{CF} 沿某些方向时, 上升支对应于反向 (磁) 畴成核和畴壁位移, 下降支对应于磁化强度一致转动, 并且其转动分成两步来完成, 结果如图 7-10 所示.

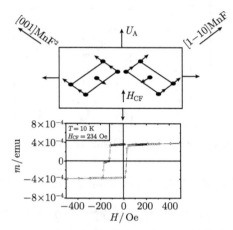

图 7-10　对于 Fe/MnF$_2$ 双层膜, 当磁场和 H_{CF} 沿特定方向时 (上图),
磁滞回线具有不对称性 (下图)

对于上升支, 磁化翻转依靠成核和畴壁位移, 而下降支主要通过磁化强度转动[102]

(2) 上升支和下降支的磁化翻转方式相近, 但是具有不同的成核中心. Nikitenko 等在 NiFe/NiO 双层膜研究中[103], 发现虽然两支的磁化翻转方式都是通过反向畴成核来完成, 但是成核中心不同. Nikitenko 等用磁光指示膜技术对楔形 -NiFe/FeMn 双层膜中磁化翻转机理进行了研究[104], 结果如图 7-11 所示. 由于 FM 楔形结构, 磁化翻转过程通过单个畴壁移动来实现. 这一特殊磁畴结构有利于清楚地观察反向畴的成核及畴壁的运动过程. 试验表明, 磁滞回线下降支的成核始于 FM 比较厚的一端, 其局部 H_E 最小而局部静磁场最大. 而上升支成核始于 FM 比较薄的一端, 其局部 H_E 最大而局部静磁场最小. 同时, 磁滞回线具有明显的不对称性, 其上升支和下降支的转换场之差 $\Delta H_1(+M \to -M)$ 和 $\Delta H_2(-M \to +M)$ 并不相等. 相应地, 磁畴观察表明畴壁运动也表现出明显的不对称性. 磁化过程不对称性间接表明 AFM 自旋参与了 FM 磁化翻转过程[105].

(3) 上升支和下降支的磁化翻转均通过磁化强度转动, 但是转动路径存在不对称性. Camerero 等利用矢量振动样品磁强计对 Co/IrMn 双层膜磁化翻转不对称性进行了详细研究[106], 结果发现磁化翻转不对称性发生在 0° 和 180° 附近很小角度

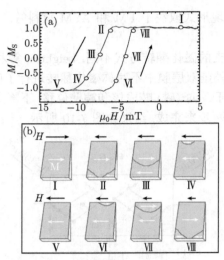

图 7-11   NiFe/FeMn 楔形双层膜磁滞回线 (a) 和磁畴观察示意图 (b)[104]

范围内. 随着 $\dfrac{K_U}{K_E}$ 比值增大, 不对称程度及其角度范围分别不断增强和扩大. 如果 $\dfrac{K_U}{K_E} = 0$, 那么任何方向的磁滞回线都是对称的. 研究表明, 即使 AFM 自旋固定不动, 磁滞回线不对称性仍然存在. 清楚地说明, 磁化翻转不对称性是铁磁/反铁磁双层膜的本征性质.

(4) 与相应的连续薄膜相比, FM/AFM 双层膜阵列具有更加明显的磁化翻转不对称性[107, 108]. 当双层膜的单元尺度小于亚微米时, 单元之间静磁耦合导致面内单轴各向异性以及 $\dfrac{K_U}{K_E}$ 比值的增大, 导致磁滞回线上升支和下降支不对称性更为严重. 人们逐步认识到不对称磁化翻转是 EB 体系的共性, 但是具体的表现形式却取决于 FM/AFM 材料及结构.

Beckmann 等在 (AFM) 磁畴态模型基础上, 将第一种情况归结为 FM 单轴各向异性和界面交换作用之间的竞争[109, 110]. 计算表明, 当 FM 和 AFM 易轴互相平行时, 磁滞回线对称性依赖于外加磁场与易轴之间的夹角 θ_H. 当 θ_H 在 0° 或者 90° 附近时, 磁滞回线基本对称; 当 θ_H 在介于两者之间的中间角度时, 不对称性最为严重, 其中, 下降支呈现一致转动, 上升支呈现非均匀翻转模式, 这是因为如果等效磁场 (包括 FM 单轴各向异性场、AFM 交换场以及外加磁场) 与磁化强度之间夹角比较小, 则有利于通过畴壁位移. 否则, 通过磁化强度转动来实现磁化翻转.

11. 铁磁和反铁磁自旋非共线排列

FM 和 AFM 界面自旋相对取向对于 EB 具有举足轻重的作用, 因而是 EB 领域中重要的科学问题, 备受关注. 在一些体系 (如 Co/FeMn) 中, FM 和 AFM 自旋互相平行[111]. 而对于 $Ni_{0.8}Fe_{0.2}$/FeMn[15], 单晶 $Ni_{0.8}Fe_{0.2}$/CoO[37], Fe/FeF$_2$(110) 和 Fe/FeF$_2$(100)[112], CoO/Co[113], NiFe/L1(0)-NiMn(001) 或者 (111)[114, 115], NiFe/IrMn[116, 117] 双层膜, 以及 Fe_3O_4/CoO[118] 和 Fe/Mn[119] 多层膜, FM 自旋与 AFM 自旋垂直耦合.

垂直耦合可能有不同的物理机制: ① 对于补偿界面, FM/AFM 自旋在界面形成 spin-flop 耦合, 此时体系能量最低[120]. ② 对于未补偿界面, FM/AFM 界面自旋之间除了线性耦合外, 如果还有强的双二次耦合, 将导致自旋之间 90° 耦合[115, 121]. 例如, 对于 L1(0)-NiFe/NiMn 双层膜, 其中 (100) 或者 (111) 界面均为补偿面, 计算表明 Fe 原子磁矩和 Mn 原子磁矩互相垂直, 且两套 Mn 子晶格磁矩倾斜而导致净磁矩, 其中界面粗糙度导致非零 H_E[115]. ③ Hoffmann 在解释 Co/CoO 双层膜磁滞回线不对称性随回线测量次数突变时, 提出 AFM 中两套子晶格自旋分别与 FM 自旋形成 90° 夹角, 构成亚稳态自旋阻错[98]. ④ 界面粗糙度导致界面出现自旋玻璃或者自旋无序态层, 导致单轴各向异性和单向各向异性非共线, 从而对 EB 的角度关系和磁化翻转不对称性都有很大的影响[67, 117, 122].

12. 垂直交换偏置

Maat 等对 [Pt/Co]$_N$/Co/CoO 样品进行磁场冷却, 其中 H_{CF} 垂直于膜面, 发现沿法线方向磁滞回线存在 EB(图 7-12)[123], 即存在垂直交换偏置. Zhou 等发现[124], 在 NiFe/CoO 多层膜中, 即使通过零场冷却也能建立垂直 EB, 其中 NiFe 薄膜本身具有面内各向异性. 这表明多层膜垂直各向异性是由 CoO 层自旋取向决定的, 为材料本身特性. 垂直 EB 具有很多与纵向 EB 相似的性质: ① 如果多层膜

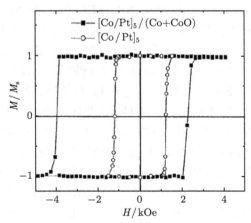

图 7-12 [Co/Pt]/Co/CoO 多层膜 (■) 与 Co/Pt 多层膜
(○) 法线方向的低温磁滞回线[123]

(如 [Co/Pt]/FeMn) 始终为垂直膜, H_E 正比于铁磁 FM 层总厚度的倒数[125]. ② 随着 t_{AFM} 增大, H_E 先增大后减小[126]. ③ 垂直 H_E 和 H_C 随着温度升高而减小[124, 127]. 例如, 在 Co/Pt/NiO 多层膜中, H_E 随温度近似线性减小[127]. ④ 对于很多垂直偏置薄膜, 虽然磁滞回线看起来对称, 但是上升支和下降支反向畴的成核机理不一样[128].

　　与纵向 EB 相比, 垂直 EB 有一些新的特点: ① 与很多纵向交换偏置体系不同, 大多数垂直交换偏置薄膜中上升支和下降支都具有钉扎型畴壁位移磁化翻转过程, 由此导致反常磁锻炼效应. 例如, 对于 Co/Pt/IrMn 多层膜, 在磁滞回线连续测量过程中, 上升支和下降支的矫顽场同步移动. 虽然 H_E 随磁滞回线连续测量而不断减小, 但是 H_C 变化很小[129]. ② 垂直 EB 和多层膜本身的垂直各向异性密切相关. 如果随磁性层厚度的变化多层膜从垂直膜变成面内膜, H_E 和 H_C 随磁性层厚度的变化偏离反比例关系. 在 [Co/Pt]/IrMn 多层膜中, H_E 和 H_C 随 Co 或者 Co/Pt 多层膜厚度先增大后减小, 这是由于随着 Co 层厚度的增大, Co/Pt 多层膜不再是垂直膜[130]. 在 Co/Pt 多层膜和 FeMn 之间插入很薄的非磁性层 Pt, 结果发现由于垂直各向异性和界面短程相互作用的共同作用, H_E 和 H_C 随着 Pt 层厚度先增大达到峰值然后减少. 其中, Pt 层导致 Co/Pt 多层膜的垂直各向异性增大, 从而提高垂直 EB. 同时厚的 Pt 层导致界面相互作用和 EB 减弱[131]. 很显然, 铁磁层界面自旋取向依赖于多层膜的垂直磁各向异性, 而后者强烈影响垂直 EB[132].

13. 存在交换偏置的体系

　　常见绝缘型 AFM 材料有 NiO(520K)、CoO(290K)、$Ni_xCo_{1-x}O$、FeF_2(80K)、MnF_2(70K)[6]、$LaFeO_3$(670K)[133], 括号内为奈尔温度. 其中 $Ni_xCo_{1-x}O$ 的 T_N 随着成分从 290 K 线性变化到 473K[134]. NiO 和 CoO 具有 NaCl 结构, 具有四套子晶格, 其 (111) 面为未补偿面. FeF_2 具有简单的晶体结构和自旋结构, Fe^{2+} 具有体心四方结构 $(a = b \neq c)$, 分成两套子晶格, 其中一套自旋在立方体的八个角上, 另外一套占据立方体的中心. 它们的自旋分别与 c 轴平行和反平行[135]. FeF_2(110) 和 FeF_2(101) 为补偿界面, FeF_2(100) 和 FeF_2(001) 为未补偿界面.

　　金属型反铁磁有无序和有序合金两种. 常见无序合金有体心立方 $Cr_{0.85}Al_{0.15}$ (913K, 0.01～0.04erg/cm^2)[136], 体心立方 $Cr_{0.5}Mn_{0.5-x}M_x$(450K, 0.02erg/cm^2)[137], 面心立方 $Fe_{0.5}Mn_{0.5}$(490K, 0.01～0.19erg/cm^2)[138], 面心立方 $Mn_{0.77}Ir_{0.23}$ (690K, 0.01～0.19erg/cm^2)[139] 等. 常见有序合金有 L1(0) 相 $Ni_{0.5}Mn_{0.5}$(1070K, 0.10～0.46erg/cm^2)[114], $Pt_{0.5}Mn_{0.5}$ (480～980K, 0.02～0.32erg/cm^2)[140], $Mn_{0.5}Pt_{0.5-x}Pd_x$ (570K, 0.08～0.11erg/cm^2)[141]. 图 7-13 给出了上述有序合金成分对 T_N[142～144] 的影响. 在上述由 Mn 构成的合金 AFM 中, FeMn 中的 Mn 比较容易往相邻的 FM 中扩散, MnIr 的扩散情况好一些, 由于 Mn 扩散限制了它们在磁电阻器件中的应

用[145]. 蔡建旺等用 CrPt 或者 PtMnCr 有序合金改善钉扎效果和热稳定性[146, 147]. 更详细的资料读者可以参阅文献 [6].

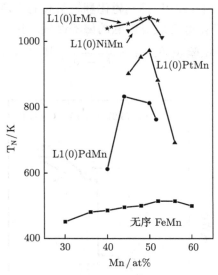

图 7-13　一些 Mn 为基 AFM 材料的 T_N 与成分的关系[142~144]

除了 FM/AFM 双层膜之外, 在亚铁磁/反铁磁[77, 78]、亚铁磁/亚铁磁[79]、铁磁/亚铁磁[80]、铁磁/铁磁[148]、铁磁/铁电–反铁磁[149] 以及 FM/自旋玻璃双层膜[150] 中都发现 EB 现象. 例如, 在 Co/CuMn 双层膜中, 发现当温度低于自旋玻璃截止温度时, 存在 EB, 其基本特性和 FM/AFM 体系相似[150]. EB 还存在于 FM/AFM 纳米复合薄膜中, 如 Ni-NiO[151]、NiFe-NiFeO[152]、Co-CoO[153]、以及 Cu-Mn 和 Ag-Mn[154]、Ni-Mn[155] 无序合金, 以及 Ni-Mn-Sb[156] 和 MnNiSn[157] 哈斯勒有序合金. 钙钛矿氧化物 $La_{1-x}Sr_xCoO_3$ 由于同时存在 FM 相和 AFM 相而存在 EB[158]. 下列纳米颗粒也存在 EB, 如 Co-CoO[1, 2]、Fe-FeO[159]、γ Fe$_2$O$_3$-Fe[160]、FeCo-FeCoO[161]、Ni-NiO[162]、Fe-Fe$_3$O$_4$[162, 163]、Fe-Fe$_2$N[163]、Co-Co$_3$O$_4$[164]、Co-Co$_2$N[164]、NiCo-NiCoO[165]、Fe-FeS[166], 以及 Mn$_3$O$_4$-Mn[167], 其尺寸在 1~100nm 不等. 这些颗粒可以通过电化学沉积、气相沉积、气体冷凝、机械合金化及磁控溅射各种方法制备而成. 有关这方面的工作可参阅文献 [168].

14. 合成反铁磁结构

Leal 等用合成反铁磁 Co/Ru/Co 结构替代自旋阀中的 FM/AFM 双层膜, Ru 诱导的强反铁磁耦合导致高饱和磁场, 从而有效改善自旋阀热稳定性[169]. Huai 等随后使用钉扎型合成反铁磁 (AFM/FM/NM/FM), 进一步改善自旋阀器件的热稳定性, 目前在磁记录读出磁头中得到广泛应用[170]. Veloso 等提出用合成亚铁磁

(FM1/Ru/FM2) 和钉扎型合成反铁磁 (AFM/FM/Ru/FM) 分别作为自由层和钉扎层更好地提高自旋阀热稳定性. 钉扎型亚铁磁中铁磁层厚度非常接近, 可以降低钉扎层对自由层的静磁相互作用, 抑制磁化翻转引起的噪声[171, 172], 从而改善自旋阀性能. 图 7-14 给出钉扎型合成亚铁磁的磁滞回线, 由于 EB 的界面特性, 预计 $H_{\mathrm{E}} \propto \dfrac{1}{t_1 - t_2}$, 但是一些试验表明, $H_{\mathrm{E}} \propto \dfrac{1}{t_1 - \lambda t_2}$, 其中 t_1 和 t_2 分别是两铁磁层厚度, λ 为常数[173, 174].

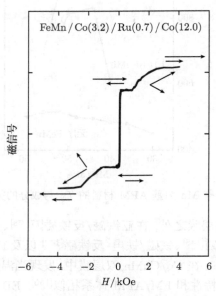

图 7-14　钉扎型合成亚铁磁磁滞回线[173] (厚度单位为 nm)

7.3　基本测量方法

1. 静磁测量

常用静磁测量方法主要有振动样品磁强计 (VSM) 和超导量子干涉仪 (SQUID). 由于静磁测量可以测量磁滞回线, 直观地给出 H_{E} 和 H_{C}, 可与磁电阻器件的设计直接相联系, 所以该方法是研究 FM/AFM 双层膜 EB 最常用的方法. VSM 能够测量不同方向的磁滞回线, 给出 H_{E} 和 H_{C} 的角度关系和 EB 的磁锻炼效应, 从而为理论研究提供系统而翔实的试验数据. 矢量 VSM 能够同时提供与磁场平行的磁矩分量和与磁场垂直的磁矩分量, 能够更有效地研究磁化翻转机理及高场下转动磁滞等现象. 而 SQUID 由于能够提供比较大的磁场, 在研究 FM/AFM 颗粒体系和复合体系以及 FM/自旋玻璃体系中 EB 方面发挥重要作用. 由于高灵敏度和快速测量的特点, 表面磁光效应 (SMOKE) 常用来研究 EB 的热稳定性和磁弛豫[15].

2. 转矩测量

在转矩测量过程中, 对于一定磁场, 转矩随着外加磁场与易轴之间夹角 θ_H 变化而变化. 对于单层 FM 薄膜, 如果外磁场强度不够, θ_H 从 0° 到 360° 和 360° 到 0° 的转矩曲线不重合, 存在转动磁滞. 如果样品饱和, 则转动磁滞消失. 对于 FM/AFM 双层膜, 即使外磁场足以使得样品饱和磁化, 仍然可能存在转动磁滞, 这是 FM/AFM 中 EB 重要特征之一. 通过对测量结果的分析可以确定样品的单向各向异性和单轴各向异性等信息[1, 2].

3. 铁磁共振

在铁磁共振测量中, 样品被安装在高频微波腔中, 固定微波频率 (磁场) 扫描磁场 (频率), 获得共振磁场 (共振频率). 通过改变外加磁场方位角 θ_H, 获得共振场 (或者共振频率) 与 θ_H 的关系, 由此得到有关磁性体系的各种信息, 如磁各向异性、磁弛豫及薄膜中磁化强度分布、轨道角动量和自旋角动量对磁矩的贡献[17,175~179]. 对于 FM/AFM 双层膜, 测量共振场与外磁场方位角之间关系, 获得 H_E 和诱导单轴各向异性的大小. 如果共振磁场远小于薄膜退磁场, 可以根据方程 (7-4) 获得双层膜单向各向异性.

$$H_E = \frac{H_{res}(\theta_H = 0) - H_{res}(\theta_H = \pi)}{2} \qquad (7\text{-}4)$$

铁磁共振在 EB 研究中提供多方面信息: ① 铁磁共振和静磁测量得到的 H_E 往往不等, 因此铁磁共振从不同的测量原理反映 EB 的本质[179]; ② 与相应的磁性单层膜相比, FM/AFM 双层膜的面内共振场存在 (负的) 各向同性平移, 可以反映反铁磁自旋不可逆变化的信息[176, 180, 181], 并为研究 EB 中高场转动磁滞等深层次的物理问题提供了重要信息; ③ 与单层膜相比, 双层膜的铁磁共振线宽明显增加, 可能来源于界面交换作用的不均匀分布, 反映界面形貌对 EB 的影响[180, 182].

4. 磁电阻

人们主要使用自旋阀巨磁电阻效应和 FM/AFM 双层膜各向异性磁电阻 (anisotropy magnetoresistance, AMR) 研究 EB[107, 183, 184]. 根据自旋阀磁电阻曲线, 可以直接得到钉扎层 H_E 和 H_C. 磁性薄膜一般都存在 AMR 效应, 即外加磁场与电流平行时, 薄膜电阻比较大, 而外加磁场与电流互相垂直时薄膜电阻较小, 在矫顽场附近薄膜电阻存在最大或者最小. 因此, 从 AMR 曲线可以获得单层膜 H_C 的大小以及磁化翻转机理. 首先, 从 AMR 曲线可以得到 FM/AFM 双层膜的 H_E 和 H_C. 用 AMR 和静磁测量得到 H_E 的大小经常不同, 为研究 EB 提供了新的试验方法. 其次, AMR 曲线的上升支和下降支矫顽场附近的电阻极值不等, 可以有效研究磁化翻转不对称性. 与静磁测量相比, 这种方法最大的优点在于它的高灵敏度, 特别适合非常薄的磁性层.

5. 磁畴观测

磁畴观测可以从微观上研究磁性材料的磁畴结构和磁化翻转. 虽然大多数 FM/AFM 双层膜磁滞回线的上升支和下降支明显存在磁化翻转不对称性, 但是微观机制不清楚. 特别是在一些特殊情况下, 磁滞回线不能直接反映磁化翻转不对称性[128, 129], 更需要采用磁畴观察来研究磁化翻转不对称性的机理. 所以研究双层膜的磁畴结构有助于人们更深刻理解 EB 的物理本质[104]. 目前其主要方法有磁光克尔和法拉第效应[103, 185, 186]、洛伦兹显微镜[187, 188]、磁力显微镜[189]、自旋极化二次电子显微镜[190~194].

磁光方法的基本原理是, 线偏振光经过样品表面反射或经过样品透射后变成椭圆偏振光, 偏转角等偏振态的改变依赖于磁化强度的方向, 反映到检测光强对比度随位置的变化, 从而反映样品磁畴结构变化, 该方法分辨率受到光斑大小的制约. 洛伦兹显微镜的原理是, 电子在磁性材料中受到内磁场和外磁场洛伦兹力的作用, 运动轨迹发生变化, 即磁化强度方向不同, 电子运动轨迹不同. 根据电子数随样品位置的变化, 可以知道磁畴结构, 由于洛伦兹显微镜也能观察样品微结构本身, 所以可以通过对晶体结构和磁畴结构的同步观测, 研究它们之间的关联. 磁力显微镜是磁畴观测最常见的方法, 主要通过测量薄膜材料表面的杂散磁场, 结合微磁学计算获得材料的磁畴结构. 磁力显微镜可以有静态和动态两种方法, 静态方法主要通过改变针尖垂直方向的位置, 保持受力恒定, 通过位置的高低, 来决定杂散磁场的大小, 而动态方法则在恒定垂直位置的情况下, 通过针尖的共振频率来决定杂散磁场的大小. 对于自旋分辨二次电子显微镜, 即极化分辨扫描电子显微镜 (SEMPA), 基本原理如下: Mott 探测系统由两个探测器分别测量两个不同自旋方向的二次电子数 n_+ 和 n_-, 二次电子自旋极化率 $P = \dfrac{n_+ - n_-}{n_+ + n_-}$, 通过改变探测器的空间位置, 可以获得各个方位角的极化率, 进而获得极化矢量 $\boldsymbol{P}$. 利用 $\boldsymbol{P}$ 与磁性样品磁化强度 $\boldsymbol{M}$ 反平行的性质[194], 可以获得磁畴结构的信息. 由于具有很高的空间分辨率 ($\approx 20\text{nm}$), 自从 20 世纪 80 年代以来, 该试验方法在磁性薄膜以及单原子层磁性超薄膜方面得到广泛应用. 例如, Iwasaki 等在扫描电镜的配置下, 测量了 NiFe(20nm)/NiO(111)- 衬底的二次电子自旋极化率 P 分量 P_x 和 P_y, 从而获得 NiFe 的磁畴结构[192]. 在 NiFe 层中发现宏观磁畴 ($\approx 1\text{mm}$) 和互相平行的反向磁畴, 由此说明样品局部的易轴方向与整体不一致. 基于 X 射线磁圆二色谱, 自旋极化光发射电子显微镜 (PEEM) 不但具有很高的空间分辨率, 而且具有元素分辨功能, 因而在 EB 领域得到广泛应用[195], 具体情况见 "X 射线磁二色谱" 部分.

6. 极化中子反射

由于中子只有自旋而没有电荷, 所以中子衍射是研究材料磁结构的重要方法之一. 人们最初用非极化中子衍射确定 MnO 的 AFM 自旋结构[196] 及磁性材料的相变. 利用极化中子反射技术, 通过测量 R_{++}、R_{--} 及 R_{+-} 反射率, 其中 R_{+-} 反映与磁场相垂直的磁化强度分量, 可以研究磁性薄膜和多层膜中的磁畴结构和磁层状结构. 例如, 发现多层膜 (Gd/Y) 中存在反铁磁耦合[197].

应用极化中子技术, 不但可以研究 FM/AFM 双层膜的磁畴结, 而且可以研究其磁化翻转不对称性和界面自旋耦合[198~210]. 例如, 如图 7-15 所示[201], 对于 Co/CoO 双层膜, 磁滞回线的 B 和 D 点的 R_{+-} 相差很大, 其中 B 点 $R_{+-} = 0$, 表明在 B 点磁化强度没有垂直分量, 通过畴壁位移实现磁化翻转, 而在 D 点则表明磁化强度的垂直分量很大, 主要通过磁畴转动实现磁化翻转. 很显然, 对于 Co/CoO

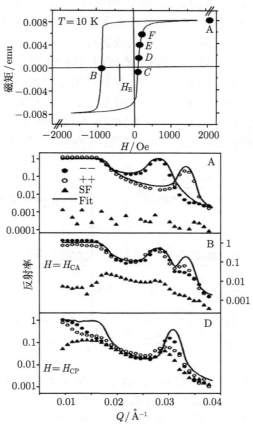

图 7-15　Co/CoO 双层膜的磁滞回线和极化中子反射谱[201], $H_{CA} = -895Oe$, $H_{CP} = 110Oe$

双层膜, 上升支和下降支磁化翻转存在严重不对称性. 对 Fe_3O_4/CoO 和 Co/CoO 多层膜的极化中子试验表明, FM 和 AFM 自旋在界面互相垂直, 即 FM 和 AFM 自旋在界面存在 spin-flop 耦合[113, 118].

7. X 射线磁二色谱

X 射线磁圆二色谱 (XMCD) 是利用同步辐射光源研究磁性材料磁矩来源以及磁各向异性的强有力工具[202, 203]. 由于磁性物质自旋轨道耦合导致能级劈裂、d 电子在费米面的不同态密度以及选择定则的共同作用, 使得电子吸收左旋和右旋 X 射线的能力不同. 根据左、右旋的吸收谱 I_+ 和 I_-, 可以得到 XMCD 谱 $(I_+ - I_-)$. 对于 3d 过渡金属, L 边对应于 2p 到 3d 的跃迁, 通过对 L_3 和 L_2 吸收边的面积积分, 利用求和定则, 可以分别得到元素的自旋和轨道角动量对磁矩的贡献, 其中自旋磁矩 $M_{spin} \propto A + 2B$, 轨道磁矩 $M_{orbit} \propto A - B$, 这里 A 和 B 分别代表 XMCD 谱中 L_3 和 L_2 峰强度. 稀土金属的 M 边则对应于 3d 到 4f 的跃迁. 由于不同元素吸收峰的能量位置不同, 所以不同磁性元素具有不同特征谱. 由此可以对磁性合金、多层膜、超晶格中特定元素的磁性响应进行表征.

AFM 由于净磁矩几乎为零, 所以不能使用 XMCD 对其磁矩进行表征, 但是可以用磁线二色谱 (XMLD) 来测量[204]. 当 X 射线的线偏振方向与 AFM(子晶格) 原子磁矩方向平行或者垂直时, 会呈现不同的 XMLD 谱. 因此, XMLD 可以很好地表征 AFM 磁矩的方向. 结合 XMCD 和 XMLD, 可以研究 FM/AFM 界面自旋结构和磁畴结构, 从而在研究 EB 机理方面具有独到的作用[205~207]. Zhu 等利用磁二色

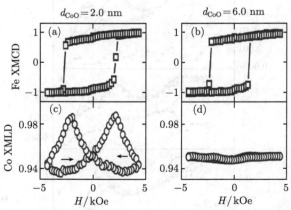

图 7-16   Fe(15 ML)/CoO 双层膜中 Fe 的 XMCD(a,b) 和 Co 的
XMLD(c,d) 随外加磁场的变化

箭头表示磁场变化的方向. 2.0 nm(a,c) 和 6.0 nm(b,d) 厚的 CoO 层对应可

转动和不可转动 AFM 自旋[207]

谱发现磁场冷却后 AFM 具有新的磁畴结构. Arenholz 等研究 Co/NiO(001) 双层膜, 发现 Co 和 Ni 原子磁矩在界面互相垂直. Wu 等对 Fe/CoO 外延薄膜的研究发现, 当 CoO 比较薄时, Co 的自旋在 Fe 的磁化翻转过程中是可转动的, 当 CoO 比较厚时, Co 自旋冻结, 如图 7-16 所示.

除了上述方法以外, 研究 EB 的试验方法还有交流磁化率、布里渊光散射及穆斯堡尔谱等方法, 感兴趣的读者可以参考相关的文献[7].

7.4 理论模型

1. Meiklejohn-Bean(M-B) 模型

在磁场冷却过程中, 外加磁场使得 FM 为单畴状态. 当 $T < T_N$ 时, AFM 自旋出现磁有序. 由于受到 FM 界面自旋的交换作用, AFM 产生净磁化强度 M_{AFM}, 从而导致 AFM 时间对称破缺. 当 FM 层磁矩随外场翻转时, 即 $+M \rightarrow -M$, 如果 AFM 层磁各向异性能够保持其自旋方向不变, 则 FM 层的磁矩翻转时体系能量增加. 换言之, 体系在 FM 层磁化强度处于 $+M$ 和 $-M$ 状态时能量不同, 其中在 $+M$ 方向为低能量状态, 体系呈现单向各向异性. 因此, 磁滞回线中心向负场偏移. 当 $T > T_N$ 时, 由于 AFM 自旋无序, FM 和 AFM 之间不存在相互作用, EB 消失. 基于上述考虑, Meiklejohn 提出了 EB 领域中第一个理论模型, 即 M-B 模型. 主要包含以下一些假设[10]:

(1) FM 层内自旋方向及 AFM 层内自旋方向分别均匀分布;

(2) FM 磁化强度以及 AFM 自旋在外场中分别一致转动;

(3) FM 及 AFM 之间界面为理想原子平面, AFM 面为未补偿面, 至少有剩余磁矩;

(4) FM 和 AFM 自旋在界面互相耦合, 单位面积的界面耦合能为 J_{ex};

(5) AFM 和 FM 中单轴各向异性轴互相平行;

(6) $M_{AFM} \approx 0$;

(7) 简化起见, 铁磁层本身磁各向异性忽略不计.

FM/AFM 双层膜体系的单位面积上自由能可以表示为如下方程:

$$E_{tot} = -HM_{FM}t_{FM}\cos(\theta_H - \beta) + K_{AFM}t_{AFM}\sin^2\alpha - J_{ex}\cos(\beta - \alpha) \qquad (7-5)$$

其中, 第一项为 FM 的 Zeeman 能; 第二项为 AFM 单轴各向异性能; 最后一项为铁磁 FM 和 AFM 之间的界面耦合能; 其中, H 为外加磁场, M_{FM} 为 FM 磁化强度, K_{AFM} 为 AFM 单轴各向异性常数, J_{ex} 为 FM 和 AFM 界面交换耦合能. 由于 AFM 磁化强度很小, 其 Zeeman 能没有考虑. 如图 7-17 所示, θ_H 和 β 分别为外磁场及 FM 磁化强度和其各向异性轴之间的夹角, α 为 AFM 磁化强度和其各向异性轴之间的夹角.

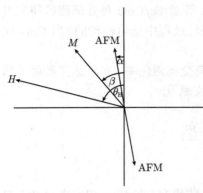

图 7-17　FM/AFM 双层膜中磁场及磁化强度的方位角[10]

这个模型解释了 EB 的一些基本特征:

(1) H_E 正比于 $\dfrac{1}{t_{FM}}$. 计算表明, 如果 t_{AFM} 大于一临界值时, 即 $t_{AFM} > J_{ex}/K_{AFM}$, 将产生 H_E. 当 AFM 各向异性常数无穷大时, 对应于 AFM 自旋刚性模型, 且 FM 和 AFM 各向异性轴均平行于单向各向异性方向, 则 EB 的表达式如下:

$$H_E = -\frac{J_{ex}}{M_{FM}t_{FM}} \tag{7-6}$$

(2) t_{AFM} 存在一临界值, 从而解释了图 7-3 中普遍存在的试验现象.

(3) 如果 AFM 各向异性有限大, 且 M_{AFM} 及其外加磁场中 Zeeman 能可以忽略, 将有如下表达式[27]:

$$H_E = -\frac{J_{ex}}{M_{FM}t_{FM}} + \frac{J_{ex}^3}{8M_{FM}t_{FM}t_{AFM}^2K_{AFM}^2} \tag{7-7}$$

从式 (7-7) 可以知道 H_E 随着 t_{AFM} 增大而急剧增大, 最后趋于饱和, 解释了图 7-3 中的试验结果[15].

(4) 当 $M_{AFM} > 0$ 且 $\theta_H \neq 0$, 则得到如下关系[10, 27], 从而解释 H_E 随 t_{AFM} 非单调变化:

$$H_E = a + b/t_{AFM} + c/t_{AFM}^2 \tag{7-8}$$

(5) 定性解释 EB 的角度关系, 如果进一步考虑到 AFM 和 FM 易轴非共线排列或者 FM 存在各向异性能, 可以更好地解释相关的试验现象[66, 208].

(6) 外磁场大于饱和磁场时仍然存在转动磁滞的试验现象.

M-B 模型的缺点在于:

(1) 无论是单晶还是多晶 AFM 膜, 方程 (7-6) 给出 H_E 计算值比试验结果都大 2 或 3 个量级. 由于试验表明, AFM 表面的净磁矩只有理想未补偿界面的 1/100[88, 89], 所以理论和试验之间的差距来源于理想 AFM 未补偿面假设.

(2) 该模型不能解释 EB 的热稳定性和磁锻炼效应等试验现象.

2. 平行界面的反铁磁畴壁

在 EB 被发现 10 年之后, Néel 提出了一个理论模型[84, 91], 假设 FM 和 AFM 内部相邻原子层之间以及 FM 与 AFM 在界面处存在铁磁耦合, 每一层自旋满足如下平衡条件:

$$JS^2\left[\sin\frac{1}{2}(\theta_{i+1}-\theta_i)-\sin\frac{1}{2}(\theta_i-\theta_{i-1})\right]-2K_{\text{AFM(FM)}}\sin^2\theta_i=0 \tag{7-9}$$

其中, J 为 FM 或者 AFM 层中单位体积的交换能. 式 (7-9) 表明, 在 FM 磁化翻转过程中, FM 和 AFM 自旋都将形成平行于膜面的畴壁. 这一模型要求 FM 和 AFM 层比较厚 (> 100nm). 最近的试验表明, 当 t_{FM} 与其畴壁厚度相当时, 平行畴壁也可以在铁磁层内形成[209]. 为了解释一种极端情况 (很薄铁磁层, 很厚反铁磁层) 的 EB, Mauri 等在 Néel 模型的基础上, 根据如下假设提出了一种机制[105]:

(1) t_{FM} 远小于畴壁厚度, 因此 FM 层的磁化翻转是均匀的;

(2) t_{AFM} 无穷大, 且 AFM 具有单轴各向异性;

(3) 可以形成平行于界面的 AFM 畴壁;

(4) AFM 界面未补偿;

(5) 自旋结构沿面内均匀分布;

(6) FM 和 AFM 自旋在界面存在交换耦合.

在计算中自由能的表达式如下:

$$E=\sigma_{\text{w}}(1-\cos\alpha)+HM_{\text{FM}}t_{\text{FM}}(1-\cos(\theta_{\text{H}}-\beta))$$
$$+t_{\text{FM}}K_{\text{FM}}\sin^2\beta+J_{\text{ex}}[1-\cos(\beta-\alpha)] \tag{7-10}$$

式 (7-10) 中各项依次为 AFM 畴壁能、FM 层磁场作用能和磁各向异性能、界面交换能. 单位面积上的畴壁能量为 $\sigma_{\text{w}}=4\sqrt{A_{\text{AFM}}K_{\text{AFM}}}$, 其中 A_{AFM} 是交换常数. 这里 AFM 层易轴与 FM 层单向各向异性轴互相平行. 根据能量最小原理可以获得磁化曲线以及相应的反铁磁磁畴状态. 如图 7-18 所示, FM 磁化翻转后, AFM 自旋形成畴壁结构, 导致体系能量增大. 人们常考虑三种情况: 强耦合情况, 界面耦合能大于畴壁能, 即 $J_{\text{ex}}\gg\sigma_{\text{w}}$, 形成了与界面平行的畴壁, H_{E} 用于形成畴壁能.

$$H_{\text{E}}=-2\frac{\sqrt{A_{\text{AFM}}K_{\text{AFM}}}}{M_{\text{FM}}t_{\text{FM}}} \tag{7-11}$$

对于弱耦合, 即 $J_{\text{ex}}\ll\sigma_{\text{w}}$, AFM 自旋固定不动, 不形成畴壁, FM 和 AFM 自旋从平行到反平行发生转变.

$$H_{\text{E}}=-\frac{J_{\text{ex}}}{M_{\text{FM}}t_{\text{FM}}} \tag{7-12}$$

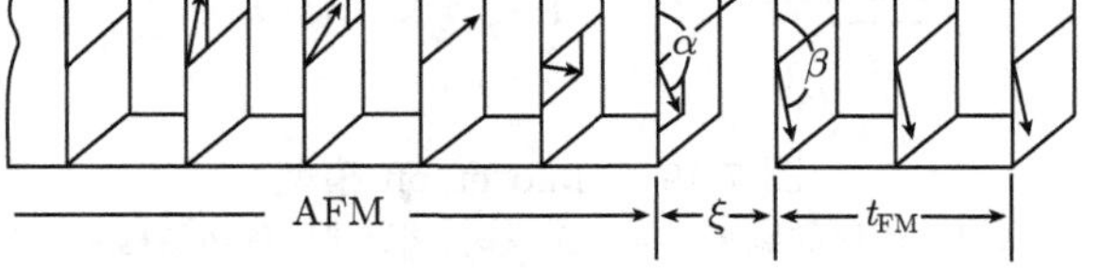

图 7-18 Mauri 模型中 FM 及 AFM 自旋取向

后来人们研究了界面交换耦合能和 AFM 畴壁能相近的情形, 即 $J_{ex} \sim \sigma_w$[178].

$$H_E = -\frac{J_{ex}}{M_{FM}t_{FM}} \cdot \frac{\sigma_w J_{ex}}{\sqrt{J_{ex}^2 + \sigma_w^2}} \tag{7-13}$$

Mauri 模型的成功之处在于:

(1) 在强耦合的情况下, 由于假设 AFM 层内形成了平行于界面的畴壁, 能量减小 $\dfrac{\pi\sqrt{A_{AFM}/K_{AFM}}}{a} \approx 100$ 倍, 理论值与试验结果相近, 从而克服了 M-B 模型的不足;

(2) 解释了 H_E 与 $1/t_{FM}$ 的线性关系;

(3) 由于只考虑无穷厚 AFM 情形, 因而无法解释存在临界 t_{AFM} 的试验现象. 但是, Xi 等在该模型基础上假设在有限厚的 AFM 层内形成不完整畴壁, 从而解释了临界厚度现象以及铁磁共振场的各向同性移动[177, 180].

该模型有一些不足: 没有能够解释补偿 AFM 界面存在 EB 的现象.

3. 随机场模型

Mauri 模型只考虑理想未补偿界面的情形, 并没有考虑补偿 AFM 界面. 真实界面都不可避免地存在粗糙度或缺陷, 这使得单位面积补偿界面的净磁矩介于理想补偿界面和理想未补偿界面之间. 根据自旋随机分布, 补偿界面的净磁矩正比于 $1/\sqrt{N}$, 其中 N 表示每个磁畴在界面自旋的个数. 如果 AFM 层呈单畴态, 界面交换作用场在宏观上的平均效果为零, 而有限大小 AFM 畴与 FM 层磁矩之间存在耦合作用. Néel 在 1960 年指出[90], 磁畴尺寸和形状由反铁磁层内部的交换能、磁各向异性能、FM/AFM 界面耦合能以及反铁磁厚度决定. 如图 7-19 所示, AFM 畴结构与 t_{AFM} 密切相关. 当 t_{AFM} 比较小时, 反铁磁层分成许多方格状畴; 当 t_{AFM} 比较大时, 则 AFM 分成许多圆状畴. 据此, Malozemoff 于 1987 年提出随机场模型来解释补偿界面情形下的 EB[18, 210, 211]. 这里特别注意, Malozemoff 模型中 AFM 畴结构与 Mauri 模型中畴结构的性质有两点不同: ① Malozemoff 模型认为磁畴被单晶 AFM 缺陷钉扎, 在磁化翻转的过程中保持不变, 而 Mauri 模型中畴壁只在 FM 磁化翻转

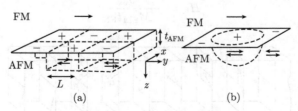

图 7-19   Malozemoff 模型

t_{AFM} 很薄 (a) 和很厚 (b) 时的磁畴结构. 当 t_{AFM} 很小时, 磁畴结构为正方形. 而当 t_{AFM}

很大时, 则形成圆状磁畴结构[18, 210, 211]

过程中存在; ② Malozemoff 模型中畴壁的法线方向平行于膜面, 而 Mauri 模型中假定畴壁的法线方向垂直于膜面.

对于大小为 L 的 AFM 磁畴, 单位面积的界面交换耦合能为

$$\sigma \approx \frac{-2zJ_0}{\pi aL} \tag{7-14}$$

其中, a 为晶格常数; z 为配位数; J_0 为界面 AFM-FM 自旋的交换常数. 考虑到 $A_{\text{AFM}} = J_0/a$ 及 $L = \pi\sqrt{\dfrac{A_{\text{AFM}}}{K_{\text{AFM}}}}$ 后, 交换场为

$$H_{\text{E}} = -2z\frac{\sqrt{A_{\text{AFM}}K_{\text{AFM}}}}{\pi^2 M_{\text{FM}}t_{\text{FM}}} \tag{7-15}$$

方程 (7-15) 给出的结果和 Mauri 模型中的结果相似. 该模型有如下优点:

(1) 首次考虑补偿界面情形下的 EB;

(2) H_{E} 理论值与试验结果相近;

(3) H_{E} 与 $1/t_{\text{FM}}$ 成正比例关系;

(4) H_{E} 对 t_{AFM} 存在一个临界值;

(5) H_{E} 随 $\dfrac{T}{T_{\text{B}}}$ 线性减小的试验现象[49];

(6) 由于该模型假设多畴 AFM, 与 Fulcomer 和 Charap 模型中的假设相同, 所以能够解释热稳定性及磁锻炼效应;

(7) 基于该模型, 人们提出 (存在于 AFM 颗粒间) 部分畴壁模型, 解释多晶双层膜中 EB 以及磁锻炼效应[212];

(8) 利用随机场模型, 解释 NiFe/CoO 等双层膜 H_{C} 与 t_{FM} 的关系 ($H_{\text{C}} \propto t_{\text{FM}}^{-3/2}$)[20].

4. 界面 spin-flop 耦合

为了解释 AFM 补偿界面的 EB, Koon 提出 spin-flop 模型[120, 213]. 在 AFM 单晶体中, 如果沿着 AFM 易轴方向加外磁场且外磁场大于一临界值, 自旋的方向将转向与磁场相垂直的方向, 即出现 spin-flop. 这里 spin-flop 是指在界面 AFM 自旋和 FM 自旋互相垂直耦合 (图 7-20), 同时 AFM 两套, 子晶格自旋互相倾斜. 这是因为, 相邻 FM 自旋之间呈现铁磁耦合, FM 和 AFM 自旋呈现铁磁 (或者反铁磁) 耦合, 而 (两套子晶格) 相邻 AFM 自旋互相反铁磁耦合, 必然构成自旋阻错. 为了达到能量最低, 形成 90° 耦合. 这与 Co/CoO 和 Fe$_3$O$_4$/CoO 等体系中观察的垂直耦合试验现象相符[113, 118].

模型成功之处在于:

(1) 补偿界面情形下, FM 自旋和 AFM 自旋在界面构型;

(2) 由于 FM 自旋与 AFM 自旋之间互相施加转矩, 所以 AFM 自旋在界面出现倾斜;

(3) t_{AFM} 存在临界厚度.

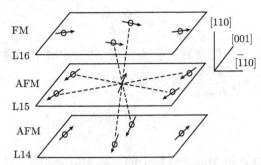

图 7-20 Spin-flop 模型, 铁磁自旋和反铁磁自旋在界面互相垂直[120]

考虑铁磁层的形状各向异性和铁磁–反铁磁自旋之间耦合, Koon 把反铁磁自旋限制在膜面内. 但是, Schulthess 和 Butler 指出, 这个条件对于 AFM 不合理. 考虑交换能、Zeeman 能、形状各向异性能, 应用朗道–栗弗席兹方程发现, 解除这个限制条件后, FM 磁化翻转前后, AFM 自旋在界面呈现两种倾斜状态, 但是这两个状态能量相同. 因此, 虽然 H_{C} 增大了, 但是并不形成与界面平行的畴壁, 不能产生 H_{E}[214]. 为了同时产生 H_{E} 和 H_{C}, Schulthess 将 Koon 模型和 Malozemoff 模型有机地结合起来, 在 AFM 界面引入缺陷, 产生随机场, 从而诱导 EB. 这些模型都过分依赖于界面的缺陷分布, 而真实界面远比理论假设的复杂得多.

5. 自旋冻结模型

Kiwi 等在对大量试验进行总结的基础上, 提出了新模型[82~84], 其中假设:

(1) AFM 界面为补偿界面.

(2) 在磁场冷却过程中, 由于对称破缺界面上 AFM 自旋偏离其易轴方向, 近似与铁磁磁矩互相垂直, 但是互相倾斜, 形成类自旋玻璃态, 并在低温下冻结, 而 AFM 内部自旋与 FM 自旋方向垂直.

(3) AFM 具有很强的磁各向异性, 为此 AFM 畴壁厚度很小 (约几个原子层厚度), 在磁化翻转过程中, 面内畴壁向 FM 中延伸.

(4) 在界面引进缺陷等, 使得部分净磁矩钉扎.

利用该模型可以很好地解释 Fe/FeF$_2$ 和 Fe/MnF$_2$ 双层膜中的试验结果[76, 112]. 如图 7-21 所示, 对于 Fe/FeF$_2$(110) 和 Fe/MnF$_2$(110), 当 H_{CF} 对应的 Zeeman 能小于界面耦合能时, AFM 界面净磁矩与 FM 磁化强度反平行, 产生负 EB; 当两种能量相等时, AFM 自旋和 FM 自旋相垂直, 不产生 EB; 当 Zeeman 能大于界面能时,

AFM 净磁矩与 H_{CF} 平行, 产生正 EB, 图 7-6 中的结果因此得到很好的理解.

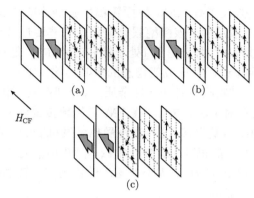

图 7-21 Kiwi 模型

FM/AFM 界面自旋的相对取向与 H_{CF} 之间的关系[82~84]. 其中 (a)、(b)、(c)

分别对应于小、中等、大 H_{CF}

6. 局域钉扎场变化模型

Stiles 和 McMichael 提出一个理论模型解释多晶双层膜中的 EB[215], 其中包含如下基本假设:

(1) FM 磁化强度与 AFM 磁矩存在线性耦合及平方项 (spin-flop 耦合), 后者对单向各向异性没有贡献.

(2) 当 AFM 晶粒与铁磁层存在耦合时, 体系能量主要包括耦合能和反铁磁晶粒中的平行畴壁能.

(3) AFM 晶粒之间互相独立, 可以分成两种类型. 在 FM 磁化翻转过程中, 一部分 AFM 晶粒自旋可能形成平行于界面的畴壁来储存能量或者固定不动, 这取决于界面耦合能和畴壁能的相对大小, 但都将导致 EB. 而另外一部分 AFM 晶粒虽然形成畴壁, 但是由于经历了不可逆过程, 畴壁最终又消失, 没有储存能量, 只对 H_C 有贡献.

(4) AFM 晶粒内自旋在两个态之间的跃迁几率受热激发机制的制约.

该模型具有以下优点:

(1) 着眼于 FM/AFM 多晶双层膜, 可以与大量的试验结果直接比较;

(2) 成功解释了 EB 及其温度特性[216, 217];

(3) 成功解释了高磁场下转动磁滞、(铁磁) 共振场的各向同性移动, 以及其温度特性[216], 与 Néel[91] 和 Koon[120] 结论相同;

(4) 计算发现 spin-flop 耦合不能产生 EB, 只能产生 H_C 增强, 这与 Schulthess 和 Butler 的结论相同[214].

7. 反铁磁中磁畴态模型

Malozemoff 模型假设 FM/AFM 界面粗糙度强烈影响 EB. 而 Nowak 等主要考虑 FM/掺杂 -AFM 双层膜. 该模型假设缺陷或者非磁性杂质分布在整个 AFM 层[29]. 在磁场冷却过程中, 由于受到 (处于饱和磁化)FM 交换场和外磁场的共同作用, AFM 在磁场冷却过程中形成亚稳态的多畴结构. 如图 7-22 所示, 为了降低体系能量, 畴壁主要经过缺陷或者非磁性杂质, 且分别在表面和内部产生剩余磁矩, 其中只有表面剩余磁矩对 EB 有贡献. 在 FM 磁化翻转过程中, 表面剩余磁矩可能伴随不可逆磁畴转动或畴壁位移, 这些过程受热激发机制的制约. 该模型成功解释了以下现象: ① EB 产生的机理; ② EB 对 t_{AFM} 和 t_{FM} 的依赖性; ③ EB 的温度效应; ④ EB 磁锻炼效应; ⑤ H_{CF} 大小对 EB 的作用; ⑥ 转动磁滞; ⑦ AFM 中杂质或缺陷浓度对 EB 的影响.

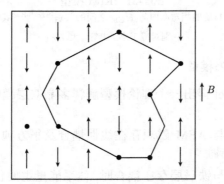

图 7-22   磁畴态模型. AFM 中磁畴结构示意图[29]

8. 完整理论模型的期待

从上面的讨论可以知道, 上述的理论模型只能适合一些特定的 FM/AFM 体系, 并不能解释 EB 领域内的所有试验现象. 因此需要建立一个完整的理论模型, 能解决下列问题: ① 同时适用单晶和多晶系统, 补偿或未补偿 AFM 界面构成的体系; ② EB 对厚度的依赖关系; ③ EB 的温度效应; ④ EB 与 AFM 晶体结构及界面形貌的关系; ⑤ 磁化翻转不对称性; ⑥ 记忆效应, 磁锻炼效应及热稳定性; ⑦ 高场转动磁滞; ⑧ 铁磁共振各向同性移动.

周仕明
同济大学

周仕明, 同济大学物理科学和工程学院教授、博导. 2006 年获得国家杰出青年科学基金, 1995 年获得国家教委科技进步三等奖 (第二完成人), 同年被评为上海市优秀博士后一等奖.

参 考 文 献

[1] Meiklejohn W H, Bean C P. Phys. Rev., 1956, 102: 1413.

[2] Meiklejohn W H, Bean C P. Phys. Rev., 1957, 105: 904.

[3] Heim D E, Fontana R E, Tsang C. et al. IEEE Trans. Magn., 1994, 30: 316.

[4] Daughton J M, Chen Y J. IEEE Trans. Magn., 1993, 29: 2705.

[5] Dieny B, J. Magn Magn. Mater., 1994, 136: 335.

[6] Nogués J, Schuller I K. J. Magn. Magn. Mater., 1999, 192: 203.

[7] Berkowitz A E, Takano K. J. Magn. Magn. Mater., 1999, 200: 552.

[8] Stamps R L. J. Phys. D: Appl. Phys., 2000, 33: R247.

[9] Bottoni G. J. Magn. Magn. Mater., 1996, 155: 16.

[10] Meiklejohn W H. J. Appl. Phys., 1962, 33: 1328.

[11] Soeya S, Nakamura S, Iamgawa T, et al. J. Appl. Phys., 1995, 77: 5838.

[12] Tsunoda M, Tsuchiya Y, Hashimoto T, et al. J. Appl. Phys., 2000, 87: 4375.

[13] Takahashi M, Tsunoda M. J. Phys. D: Appl. Phys., 2002, 35: 2365.

[14] Mauri D, Kay E, Scholl D, et al. J. Appl. Phys. 1987, 62: 2929.

[15] Jungblut R, Coehoorn R, Johnson M T, et al. J. Appl. Phys. 1994, 75: 6659.

[16] Gruyters M, Riegel D. Phys. Rev. B, 2000, 63: 052401.

[17] Speriosu V S, Parkin S S P, Wilts C H. IEEE Trans. Magn., 1987, 23: 2999.

[18] Malozemff A P. Phys. Rev. B, 1987, 35: 3679.

[19] Smardz L. Phys. Stat. Sol. (a), 2000, 181: R7.

[20] Zhang S, Dimitrov D V, Hadjipanayis G C, et al. J. Magn. Magn. Mater., 1999, 199: 468.

[21] Shan R, Lin W W, Yin L F, et al. Phys. Rev. B, 2005, 71: 064402.

[22] Ambrose T, Chien C L. J. Appl. Phys., 1998, 83: 6822.

[23] Ali M, Marrows C H, Al-Jawad M, et al. Phys. Rev. B, 2003, 68: 214420.

[24] Lai C H, Matsuyama H, White R L, et al. J. Appl. Phys. 1996, 79: 6389.

[25] Zhou S M, Liu K, Chien C L. J. Appl. Phys., 2000, 87: 6659.

[26] Ali M, Marrows C H, Hickey B J. Phys. Rev. B, 2003, 67, 172405.

[27] Binek C, Hochstrat A, Kleemann W. J. Magn. Magn. Mater., 2001, 234: 353.

[28] Lund M S, Macedo W A A, Liu K, et al. Phys. Rev. B, 2002, 66: 054422.

[29] Nowak U, Usadel K D, Keller J, et al. Phys. Rev. B, 2002, 66: 014430.

[30] Gao T R, Shi Z, Zhou S M, et al. J. Appl. Phys. 2009, 105: 053913.

[31] Gokemeijer N J, Penn R L, Veblen D R, et al. Phys. Rev. B, 2001, 63: 174422.

[32] Nakatani R, Hoshino K, Noguchi S, et al. Jpn. J. Appl. Phys. 1994, 33: 133.

[33] Huang J C A, Tsao C H, Yu C C. IEEE Trans. Magn., 1999, 35: 2931.

[34] Nogués J, Lederman D, Moran T J, et al. Appl. Phys. Lett., 1996, 68: 3186.

[35] Choukh A M. I EEE Trans. Magn., 1997, 33: 3676.

[36] Thomas L, Negulescu B, Dumont Y, et al. J. Appl. Phys., 2003, 93: 6838.

[37] Moran T J, Gallego J M, Schuller I K. J. Appl. Phys., 1995, 78: 1887.

[38] Hwang D G, Lee S S, Park C M. Appl. Phys. Lett., 1998, 72: 2162.

[39] Kim J V, Stamps R L, McGrath B V, et al. Phys. Rev., B 2000, 61: 8888.

[40] Manzoor S, Vopsaroiu M, Vallejo-Fernandez G, et al. J. Appl. Phys., 2005, 97: 10K118.

[41] Uyama H, Otani Y, Fukamichi K, et al. Appl. Phys. Lett., 1997, 71: 1258.

[42] Takano K, Kodama R H, Berkowitz A E, et al. Phys. Rev. Lett., 1997, 79: 1130.

[43] Fulcomer E, Charap H. J. Appl. Phys. 1972, 43: 4190.

[44] Nakatani R, Hoshiya H, Hoshino K, et al. J. Magn. Magn. Mater., 1997, 173: 321.

[45] Park C M, Min K I, Shin K H. J. Appl. Phys., 1996, 79: 6228.

[46] Malinowski G, Hehn M, Robert S, et al. Phys. Rev. B, 2003, 68: 184404.

[47] Nascimento V P, Passamani E C, Alvarenga A D, et al. Appl. Surf. Sci., 2008, 254:
      2114.

[48] Nakatani R, Hoshiya H, Hoshino K, et al. IEEE Trans. Magn., 1997, 33: 3682.

[49] Tsang C, Heiman N, Lee K. J. Appl. Phys., 1981, 52: 2471; Tsang C, Lee K. J. Appl.
      Phys., 1982, 53: 2605.

[50] Wu X W, Chien C L. Phys. Rev. Lett., 1998, 81: 2795.

[51] Nagasaka K, Varga L, Shimizu Y, et al. J. Appl. Phys., 2010, 87: 6433.

[52] Mao S N, Amin N, Murdock E. J. Appl. Phys., 1998, 83: 6807.

[53] Hou C, Fujiwara H, Zhang K. Phys. Rev., B 2000, 63: 024411.

[54] van Driel J, de Boer F R, Lenssen K M H, et al. J. Appl. Phys., 2000, 88: 975.

[55] Leighton C, Suhl H, Michael J Pechan, et al. J. Appl. Phys., 2002, 92: 1483.

[56] Leighton C, Fitzsimmons M R. Hoffmann A., Phys. Rev., B 2002, 65: 064403.

[57] Nogués J, Moran T J, Lederman D, et al. Phys. Rev. B, 1999, 59: 6984.

[58] Allegranza O, Chen M M. J. Appl. Phys., 1993, 73: 6218.

[59] Xi H W, White R M, Gao Z, et al. J. Appl. Phys., 2002, 92: 4828.

[60] van der Zaag P J, Ijiri Y, Borchers J A, et al. Phys. Rev. Lett., 2000, 84: 6102.

[61] Nishioka K, Hou C H, Fujiwara H, et al. J. Appl. Phys., 1996, 80: 4528.

[62] Ambrose T, Chien C L. J. Appl. Phys., 1996, 79: 5920.

[63] Ambrose T, Sommer R L, Chien C L. Phys. Rev. B, 1997, 56: 83.

[64] Maat S, Shen L, Mankey G J. Phys. Rev. B, 1999, 60: 10252.

[65] Cai J W, Liu K, Chien C L. Phys. Rev. B, 1999, 60: 72.

[66] Xi H W, White R M. J. Appl. Phys., 1999, 86: 5169.

[67] Pires M J M, de Oliveira Jr R B, Martins M D, et al. J. Phys. Chem. Solids, 2007,
      68: 2398.

[68] Geshev J, Pereira L G, Schmidt J E. Phys. Rev. B, 2002, 66: 134432.

[69] Gao T R, Yang D Z, Zhou S M, et al. Phys. Rev. Lett., 2007, 99: 057201.

[70] Miltényi P, Gierlings M, Bamming M, et al. Appl. Phys. Lett., 1997, 75: 2304.

[71] Gokemeijer N J, Cai J W, Chien C L. Phys. Rev. B, 1999, 60: 3033.

[72] Moran T J, Schuller I K. J. Appl. Phys., 1996, 79: 5109.

[73] Ambrose T, Chien C L. J. Appl. Phys., 1998, 83: 7222.

[74] Keller J, Miltényi P, Beschoten B, et al. Phys. Rev. B, 2002, 66: 014431.

[75] Kerr E, van Dijken S, Coey J M D. J. Appl. Phys., 2005, 97: 093910.

[76] Nogués J, Lederman D, Moran T J, et al. Phys. Rev. Lett., 1996, 76: 4624.

[77] Yang D Z, Du J, Sun L, et al. Phys. Rev. B, 2005, 71: 144417.

[78] Du J, Yang D Z, Bai X J, et al. J. Appl. Phys., 2006, 99: 08C103.

[79] Henry Y, Mangin S, Hauet T, et al. Phys. Rev. B, 2006, 73: 134420.

[80] Canet F, Mangin S, Bellouard C, et al. Europhys. Lett., 2000, 52: 594.

[81] Ke X, Rzchowski M S, Belenky L J, et al. Appl. Phys. Lett., 2004, 84: 5458.

[82] Kiwi M, Mejia-Lopez J, Portugal R D, et al. Solid Stat. Commun, 2000, 116: 315.

[83] Kiwi M, Mejia-Lopez J, Portugal R D, et al. Europhys. Lett., 1999, 48: 573.

[84] Kiwi M. J. Magn. Magn. Mater., 2001, 234: 584.

[85] Hong T M. Phys. Rev. B, 1998, 58: 97.

[86] Nogués J, Leighton C, Schuller I K. Phys. Rev. B, 2000, 61: 1315.

[87] Zhu W, Seve L, Sears R, et al. Phys. Rev. Lett., 2001, 86: 5389.

[88] Ohldag H, Scholl A, Nolting F, et al. Phys. Rev. Lett., 2003, 91: 017203.

[89] Takano K, Kodama R H, Berkowitz A E, et al. J. Appl. Phys., 1998, 83: 6888.

[90] Néel L, Acad C R. Sci. Paris, 1967, 264: 1002.

[91] Néel L. Ann. Phys. (Paris), 1967, 2: 61.

[92] Schlenker C, Paccard D, de Phys J. (France), 1967, 28: 611.

[93] Ohshima N, Nakada M, Tskamoto Y. IEEE Trans. Magn., 1998, 34: 1429.

[94] Hochstrat A, Binek Ch, Kleemann W. Phys. Rev. B, 2002, 66: 092409.

[95] Zhang K, Zhao T, Fujiwara H. Training effect of exchange biased iron oxide/ ferromagnet systems, J. Appl. Phys. 2001, 89, 6910; Zhang K, Zhao T, Fujiwara H. Training effect in ferro (F)/antiferromagnetic (AF) exchange coupled systems: dependence on AF thickness, J. Appl. Phys. 2002, 91, 6902.

[96] Li H Y, Chen L Y, Zhou S M. J. Appl. Phys., 2002, 91: 2243.

[97] Brems S, Temst K, Van Haesendonck C. Phys. Rev. Lett., 2007, 99: 067201.

[98] Hoffmann A. Phys. Rev. Lett., 2004, 93: 097203.

[99] Binek C. Phys. Rev. B, 2004, 70: 014421.

[100] Binek C, He X, Polisetty S. Phys. Rev. B, 2005, 72: 054408.

[101] Qiu X P, Yang D Z, Zhou S M, et al. Phys. Rev. Lett., 2008, 101: 147207; Qiu X P, Shi Z, Zhou S M, et al. J. Appl. Phys., 2009, 106: 064903.

[102] Leighton C, Fitzsimmons M R, Yashar P, et al. Phys. Rev. Lett, 2001, 86: 4394.

[103] Nikitenko V I, Gornakov V S, Dedukh L M, et al. Phys. Rev. B, 1998, 57: R8111.

[104] Nikitenko V I, Gornakov V S, Shapiro A J, et al. Phys. Rev. Lett, 2000, 84: 765.

[105] Mauri D, Siegmann H C, Bagus P S, et al. J. Appl. Phys., 1987, 62: 3047

[106] Camarero J, Sort J, Hoffmann A, et al. Phys. Rev. Lett., 2005, 95: 057204.

[107] Liu K, Baker S M, Tuominen M, et al. Phys. Rev. B, 2001, 63: 060403.

[108] Girgis E, Portugal R D, Loosvelt H, et al. Phys. Rev. Lett., 2003, 91: 187202.

[109] Beckmann B, Nowak U, Usadel K D. Phys. Rev. Lett., 2003, 91: 187201.

[110] Beckmann B, Usadel K D, Nowak U. Phys. Rev. B, 2006, 74: 054431.

[111] Antel W J Jr, Perjeru F, Harp G R. Phys. Rev. Lett., 1999, 83: 1439; Nakamura K,
       Ito T, Freeman A J. Phys. Rev. B, 2004, 70: 060404(R).

[112] Moran T J, Nogués J, Lederman D, et al. Appl. Phys. Lett., 1998, 72: 617.

[113] Borchers J A, Ijiri Y, Lee S H, et al. J. Appl. Phys., 1998, 83: 7219.

[114] Lin T, Mauri D, Staud N, et al. Appl. Phys. Lett., 1994, 65: 1183.

[115] Nakamura K, Freeman A J, Wang D S, et al. Phys. Rev. B, 2001, 65: 012402.

[116] McCord J, Hamann C, Schäfer R, et al. Phys. Rev. B, 2008, 78: 094419.

[117] Jiménez E, Camarero J. J. Sort et al. Phys. Rev. B, 2009, 80: 014415.

[118] Ijiri Y, Borchers J A, Erwin R W, et al. Phys. Rev. Lett., 1998, 80: 608.

[119] Lee S J, Goff J P, McIntyre G J, et al. Phys. Rev. Lett., 2007, 99: 037204.

[120] Koon N C. Phys. Rev. Lett., 1997, 78: 4865.

[121] Hu J G, Jin G J, Hu A, et al. Eur. Phys. J. B, 2004, 40: 265.

[122] Radu F, Westphalen A, Theis-Bröhl K, et al. J. Phys. Condens. Matter., 2006, 18:
       L29.

[123] Maat S, Takano K, Parkin S S P, et al. Phys. Rev. Lett., 2001, 87: 087202.

[124] Zhou S M, Sun L, Searson P C, et al. Phys. Rev. B, 2004, 69: 024408. Zhou S M,
       Yuan S J, Sun L. J. Magn. Magn. Mater., 2005, 286: 211.

[125] Sang H, Chien C L, Yang F Y. J. Appl. Phys., 2006, 99: 013906.

[126] Phuoc N N, Suzuki T. J. Appl. Phys., 2006, 99: 08C107.

[127] Liu Z Y, Adenwalla S. J. Appl. Phys., 2003, 94: 1105.

[128] Hellwig O, Maat S, Kortright J B, et al. Magnetic reversal of perpendicularly-biased
       Co/Pt multiayers. Phys. Rev. 2002, B 65: 144418.

[129] Shi Z, Qiu X P, Zhou S M, et al. Appl. Phys. Lett., 2008, 93: 222504.

[130] Sort J, Baltz V, Garcia F, et al. Phys. Rev. B, 2005, 71: 054411.

[131] Garcia F, Sort J, Rodmacq B, et al. Appl. Phys. Lett., 2003, 83: 3537.

[132] van Dijken S, Moritz J, Coey J M D. J. Appl. Phys., 2005, 97: 063907.

[133] Nolting F, Scholl A, Stohr J. Nature Mater., 2000, 195: 767.

[134] Carey M J, Berkowitz A E. Appl. Phys. Lett., 1992, 60: 3060.

[135] Nogués J, Moran T J, Lederman D, et al. Phys. Rev. B, 1999, 59: 6984.

[136] Klemmer T J, Inturi V R, Minor M K, et al. Appl. Phys. Lett., 1997, 70: 2915.

[137] Soeya S, Hoshiya H, Arai R, J. Appl. Phys., 1997, 81: 6488.

[138] Hempstead R D, Krongelb S, Thompson D A. IEEE Trans. Magn., 1978, 14: 521.

[139] Iwasaki H, Saito A T, Tsutai A, et al. IEEE Trans. Magn., 1997, 33: 2875.

[140] Farrow R F C, Marks R F, Gider S, et al. J. Appl. Phys., 1997, 81: 4986.

[141] Kishi H, Kitade Y, Miyake Y, et al. IEEE Trans. Magn., 1996, 32: 3380.

[142] Umetsu R Y, Okamoto Y, Miyakawa M, et al. J. Magn. Magn. Mater., 2004, 272–276: 790.

[143] Pal L, Kven E, Kadar G, et al. J. Appl. Phys., 1968, 39: 538.

[144] Wijn H P J. Magnetic Properties of Metals: d-Elements, Alloys and Compounds (Data in Science and Technology). NewYork: Springer-Verlag, 1991: 50.

[145] Samant M G, Luning J, Stohr J, et al. Appl. Phys. Lett., 2000, 76: 3097; Kim Y K, Lee S R, Song S A, et al. J. Appl. Phys., 2001, 89: 6907.

[146] Dai B, Cai J W, Lai W Y, et al. Appl. Phys. Lett., 2005, 87: 092506.

[147] Dai B, Cai J W, Lai W Y, et al. Appl. Phys. Lett., 2004, 85: 5281.

[148] Binek C, Polisetty S, He X, et al. Phys. Rev. Lett., 2006, 96: 067201.

[149] Laukhin V, Skumryev V, Mart'i X, et al. Phys. Rev. Lett., 2006, 97: 227201.

[150] Ali M, Adie P, Greig D, et al. Nature Mater, 2007, 6: 70.

[151] van Lierop J, Lewis L H, Williams K E, et al. J. Appl. Phys., 2002, 91: 7233.

[152] Lin K W, Gambino R J, Lewis L H. J. Appl. Phys., 2003, 93: 6590.

[153] Yia J B, Ding J, Liu B H, et al. J. Magn. Magn. Mater., 2005, 285: 224.

[154] Kouvel J S. J. Appl. Phys., 1960, 31: 142S.

[155] Kouvel J S, Graham Jr C D. J. Phys. Chem. Solids, 1959, 11: 220.

[156] Khan M, Dubenko I, Stadler S, et al. Appl. Phys. Lett., 2007, 91: 072510.

[157] Xuan H C, Cao Q Q, Zhang C L, et al. Appl. Phys. Lett., 2010, 96: 202502.

[158] Tang Y K, Sun Y, Cheng Z H. Phys. Rev. B, 2006, 73: 174419.

[159] Meiklejohn W H. J. Appl. Phys., 1958, 29: 454.

[160] Zheng R K, Wen G H, Fung K K, et al. J. Appl. Phys., 2004, 95: 5244.

[161] Darnell F J. J. Appl. Phys., 1961, 32: 186S.

[162] Loffler J, Van Swygenhoven H, Wagner W, et al. Nanostruct. Mater., 1997, 9: 523.

[163] Hsu C M, Lin H M, Tsai K R, et al. J. Appl. Phys., 1994, 76: 4793.

[164] Lin H M, Hsu C M, Yao Y D, et al. Nanostruct. Mater., 1995, 6: 977.

[165] Jeyadevan B, Chinnasamy C N, Perales-Perez O, et al. IEEE Trans. Magn., 2002, 38: 2595.

[166] Greitner J H, Croll J M, Sulich M. J. Appl. Phys., 1960, 31: 2316.

[167] Si P Z, Li D, Lee J W, et al. Appl. Phys. Lett., 2005, 87: 133122.

[168] J Nogués, Sort J, Langlais V, et al. Phys. Reports-Rev. Section of Phys. Lett., 2005, 422: 65.

[169] Leal J L, Kryder M H. J. Appl. Phys., 2008, 83: 3720.

[170] Huai Y, Zhang J, Anderson G W, et al. J. Appl. Phys., 1999, 85: 5528.

[171] Veloso A, Freitas P P. J. Appl. Phys., 2000, 87: 5744.

[172]　Jiang Y, Abe S, Nozaki T, et al. Appl. Phys. Lett., 2003, 83: 2874.

[173]　Strijkers G J, Zhou S M, Yang F Y, et al. Phys. Rev. B, 2000, 62: 13896.

[174]　Marrows C H, Stanley F E, Hickey B J. Appl. Phys. Lett., 1999, 75: 3847.

[175]　Scott J C. J. Appl. Phys., 1985, 57: 3681.

[176]　Stoecklein W, Parkin S S P, Scott J C. Phys. Rev. B, 1988, 38: 6847.

[177]　Xi H W, White R M. Phys. Rev. B, 2000, 61: 80.

[178]　Geshev J. Phys. Rev. B, 2000, 62: 5627.

[179]　Geshev J, Pereira L G, Schmidt J E. Phys. Rev. B, 2001, 64: 184411.

[180]　Xi H W, Mountfield K R, White R M. J. Appl. Phys., 2000, 87: 4367.

[181]　McMichael R D, Stiles M D, Chen P J, et al. Phys. Rev. B, 1998, 58: 8605.

[182]　McMichael R D, Stiles M D, Chen P J, et al. J. Appl. Phys., 1998, 83: 7037.

[183]　Brown H, Dahlberg E D, Hou C. J. Appl. Phys.. 2001, 89: 7543.

[184]　Miller B H, Dahlberg E D. Appl. Phys. Lett., 1996, 69: 3932.

[185]　Chopra H D, Yang D X, Chen P J, et al. Phys. Rev. B, 2000, 61: 15312.

[186]　Qian Z H, Kief M T, George P K, et al. J. Appl. Phys., 1999, 85: 5525.

[187]　King J P, Chapman J N, Kools J C S. J. Magn. Magn. Mater., 1998, 177: 896.

[188]　King J P, Chapman J N, Gillies M F, et al. J. Phys. D, 2001, 34: 528.

[189]　Cho H S, Hou C H, Sun M, et al. J. Appl. Phys., 1999, 85: 5160; Chapman J N, Scheinfei M R. J. Magn. Magn. Mater., 1999, 200: 729.

[190]　Unguris J, Pierce D T, Galejs A, et al. Phys. Rev. Lett., 1982, 49: 72.

[191]　Matsuyama H, Koike K. Rev. Sci. Instrum., 1991, 62: 970.

[192]　Iwasaki Y, Takiguchi M, Bessho K. J. Appl. Phys., 1997, 81: 5021.

[193]　Fujii J, Borgatti F, Panaccione G, et al. Surf. Sci., 2007, 601: 4288.

[194]　Koike K, Hayakawa K. J. Appl. Phys., 1985, 57: 4244.

[195]　Toner B P, Dunham D, Droubay T, et al. J. Electron Spectrosc. Relat. Phenom., 1996, 78: 13.

[196]　Shull C G, Strauser W A, Wollan E O. Phys. Rev., 1951, 83: 333.

[197]　Majkrzak C F, Cable J W, Kwo J, et al. Phys. Rev. Lett., 1986, 56: 2700.

[198]　Lind D M, Tay S P, Berry S D, et al. J. Appl. Phys., 1993, 73: 6886.

[199]　Parkin S S P, Deline V P, Hilleke R O, et al. Phys. Rev. B, 1990, 42: 10583.

[200]　Fitzsimmons M R, Yashar P, Leighton C, et al. Phys. Rev. Lett., 2000, 84: 3986.

[201]　Gierlings M, Prandolini M J, Fritzsche H, et al. Phys. Rev. B, 2002, 65: 092407.

[202]　Smith N. Physics Today, 2001, 54: 29.

[203]　Stóhr J, Electron J. Spectrosc. Relat. Phenom., 1995, 75: 253.

[204]　吴义政, 物理, 2010, 39: 406.

[205]　Zhu W, Seve L, Sears R, et al. Phys. Rev. Lett, 2001, 86: 5389.

[206]　Arenholz E, van der Laan G, Chopdekar R V, et al. Phys. Rev. Lett., 2007, 98: 197201.

[207]　Wu J, Park J S, Kim W, et al. Phys. Rev. Lett., 2010, 104: 217204.

[208] Xi H W, Kryder M H, White R M. Appl. Phys. Lett.. 1997, 74: 2687.

[209] Li Z P, Petracic O, Morales R, et al. Phys. Rev. Lett., 2006, 96: 217205.

[210] Malozemoff A P. J. Appl. Phys., 1988, 63: 3874.

[211] Malozemoff A P. Phys. Rev. B, 1988, 37: 7673.

[212] Suess D, Kirschner M, Schrefl T, et al. Phys. Rev. B, 2003, 67: 054419.

[213] Hinchey L L, Mills D L. Phys. Rev. B, 1986, 34: 1689.

[214] Schulthess T C, Butler W H. Phys. Rev. Lett., 1998, 81: 4516.

[215] Stiles M D, McMichael R D. Phys. Rev. B, 1999, 59: 3722

[216] Stiles M D, McMichael R D. Phys. Rev. B, 1999, 60: 12950.

[217] Stiles M D, McMichael R D. Phys. Rev. B, 2001, 63: 064405.

第 8 章   自旋角动量转移效应

8.1   引   言

20 世纪下半叶以来, 以硅为基础的微电子学得到了空前的快速发展. 这种发展带来的直接影响就是极大地方便了人们的日常生活, 并深刻地改变了人们目前的工作和行为方式. 在传统的微电子学器件中, 其基本工作单元是晶体管, 而后者仅利用了电子的电荷自由度, 即通过改变电子电荷密度来实现器件的各种不同功能和特性. 随着微电子学的快速发展, 电子器件的尺寸越来越小, 人们目前可以在每平方厘米的面积上集成 $10^8 \sim 10^9$ 个元器件. 当电子器件的尺寸与电子平均自由程可以比拟时, 量子效应会出现, 使器件赖以工作的物理基础发生变化, 导致器件工作状态失稳, 甚至失去原有的性能. 人们普遍认为, 微电子器件尺寸的经典物理极限是 20nm 左右, 这给制造下一代高性能微处理器提出了严峻的挑战. 然而, 电子除电荷自由度外, 还具有一个自旋自由度. 自旋自由度无经典对应, 完全是量子效应. 由于自旋相比于电荷来讲, 自旋态具有较长的弛豫时间, 不易被来自杂质和缺陷等的散射破坏掉, 可以较容易地进行操控, 并且具有低能耗的特点, 因此, 人们设想利用电子的非经典性质 —— 自旋来制造高密度、高速度、低能耗、多功能、高度集成的新一代微处理电子器件, 由此诞生了被称为磁电子学 (magneto-electronics)[1] 或自旋电子学 (spin-based electronics, spintronics)[2, 3] 的新学科. 在自旋电子学器件中, 电子的自旋成为信息储存、处理和输运的基本单元.

在自旋电子学的研究中, 各种磁性多层纳米结构中的自旋相关输运特性一直是人们给予关注较多的前沿领域之一, 其中在金属磁性多层膜中发现的巨磁电阻 (giant magnetoresistance, GMR) 效应和在磁性隧道结中发现的隧穿磁电阻 (tunnel magnetoresistance, TMR) 效应尤为重要, 因为 GMR 和 TMR 效应有许多潜在的应用前景, 可以用于制造磁记录存储介质、磁性传感器、磁性读出磁头、磁性随机存取存储器 (MRAM)、磁性发光二极管、磁性场效应晶体管等, 在信息技术、航空、汽车、石油勘探、地震观测、矿井探测等方面有重要的用途.

1986 年, Grünberg 等[4] 发现在 Fe/Cr/Fe 三层金属膜磁性结构中, 当 Cr 层具有合适的厚度时, 两个铁磁层之间存在着通过中间 Cr 层的反铁磁耦合作用; 当外加磁场大于 3kOe 时, 两个铁磁层的磁化方向由反平行变为平行, 导致低温下的电阻发生了 1.5% 的变化. 1988 年, Baibich 等[5] 在研究用分子束外延生长的 Fe/Cr 磁性多层膜单晶时, 发现在低温 4.2K 下, 两个铁磁层之间存在着反铁磁耦合, 对于

Cr 层厚度为 9Å 的超晶格, 当外加磁场达到 2T 时, 两个铁磁层之间的反铁磁耦合消失, 其磁矩取向变成彼此平行, 导致 Fe/Cr 磁性超晶格的电阻率几乎下降至不加外磁场时的一半, 这种现象现在被称为 GMR 效应. Binash 等[6] 几乎同时在 Fe/Cr/Fe 三层膜结构中也发现了 GMR 效应. 另外, 1990 年, Parkin 等[7] 在 Fe/Cr、Co/Cr 和 Co/Ru 超晶格结构中发现, 层间交换耦合和 GMR 值随 Cr 层厚度的增加发生振荡衰减, 振荡周期为 12 ∼ 21Å; 在随后对多种 3d、4d 和 5d 过渡金属的研究中发现, 磁性交换耦合的长周期振荡是一个较普遍的现象, 层间耦合不仅随正常金属隔层厚度的增加发生振荡, 而且随磁性层厚度的增加都会振荡; Unguris 等[8] 清楚地观察到随 Cr 层厚度的增加, 两铁磁层间的层间交换耦合会交替出现铁磁和反铁磁耦合现象. 现在已经知道, GMR 效应和层间交换耦合现象与传导电子自旋依赖的散射密切相关, 层间耦合的振荡周期由金属隔层费米面上波矢的极值点来确定. 对于上述磁性多层系统, 一般电流在结面内 (current in plane, CIP) 流动, 这样的系统被称为 CIP 结构.

　　1991 年, 张曙丰和 Levy[9] 预言, 当电流在垂直于结平面 (current perpendicular to plane, CPP) 的方向流动时, 系统的磁致电阻值较 CIP 情形的磁致电阻值大, 并被随后在 Ag/Co 系统[10] 中所做的实验证实, 这样的系统被称为 CPP 结构. 1993 年, Johnson 等[11, 12] 制备了铁磁/非磁金属/铁磁 (FM/NM/FM) 多层膜结构, 让电流流过第一层铁磁膜后被极化, 然后被极化了的电流经过非磁金属层流出, 另一铁磁层和非磁金属层之间未加电压, 只作为电压输出端, 结果发现输出电压与两个铁磁层中磁矩的相对取向有关, 磁矩取向平行和反平行时输出电压的极性正好相反, 因此形成了一个自旋晶体管[13]. 在这种结构中, 由于流入非磁金属层的是被第一层铁磁膜极化了的极化电流, 于是在非磁金属层中导致了自旋的非平衡分布, 产生了自旋瓶颈效应 (spin bottleneck effect) 和自旋累积 (spin accumulation). 这是因为在该结构的铁磁层中自旋向上和自旋向下的电子处于非平衡状态, 当电流从铁磁层被驱动流进非磁金属层时, 电子的状态发生改变, 在界面处会导致附加的电压降和界面电阻. 当流出非磁金属层的电子进入另一层铁磁膜时, 会发生自旋相关的散射. 当自旋极化的电子从铁磁层流入非磁金属层的速度大于电子从界面处扩散走的速度时, 自旋极化的电子在自旋扩散长度 (spin diffusion length) 的区域内产生非平衡累积, 形成非平衡的自旋分布, 产生自旋密度梯度, 引起自旋向上和自旋向下电子的化学势不同, 自旋密度梯度导致在界面处形成了一个有效电场, 使电子有反向穿过界面而进入铁磁层的倾向, 于是形成了自旋瓶颈效应[11, 12]. 将两个铁磁层分别作为发射极和集电极, 非磁金属层作为基极, 当两个铁磁层的磁矩取向平行时, 基极中的非平衡自旋累积产生的电场将驱动电流流向集电极, 在探测装置中会观察到正向电流; 当两个铁磁层的磁矩取向反平行时, 基极中的非平衡自旋累积产生一个反向电场, 将驱动电流从集电极流向基极, 在探测装置中会观察到负向电流, 这就构成了一个自旋晶体管[13], 可以作为非易失性计算机记忆单元用于信息储存.

  磁性多层纳米结构中另一类比较重要的系统是磁性隧道结 (MTJ). 单 MTJ 由两个铁磁层和一个绝缘隔层组成, 双 MTJ 由两个铁磁层和一个中间层及其两个绝缘隔层组成, 中间层可以是非磁或磁性导体以及半导体, MTJ 中的绝缘层为电子隧穿提供势垒. 1970 年 Meservey 等[14] 利用铁磁/绝缘/超导隧道结首次测量了铁磁金属中传导电子的自旋极化率. 1975 年 Julliére[15] 首次测量了 Fe/Ge/Co 磁性隧道结中的 TMR 比率, 发现在 4.2K 时 TMR 值达到 14%. 在忽略掉自旋翻转散射引起的非弹性过程后, Julliére 基于自旋守恒的假定提出了二流体模型, 认为自旋向上的电子和自旋向下的电子在该隧道结中的隧穿是两个独立的过程, 分别流过两个独立的通道, 并由此得到了著名的 Julliére 公式, 即 $TMR = 2P_L P_R/(1 + P_L P_R)$, 其中 P_L 和 P_R 分别是左、右两个铁磁体的自旋极化率. 利用此模型, Julliére 定性地解释了其实验结果. 1989 年 Slonczewski[16] 利用量子力学隧穿理论研究了磁性隧道结系统, 得到了有效的自旋极化率和 TMR 公式, 并提出了磁性 (自旋) 阀效应. 1995 年 Moodera 等[17] 实现了真正的突破, 他们在 $Co/Al_2O_3/Ni_{80}Fe_{20}$ 隧道结中室温下可重复地观察到超过 10% 的隧穿磁电阻率. 现在, 人们通过不断改进隧道结的制备工艺和条件, 已经可以制作出具有很高 TMR 值的高质量磁性隧道结. 目前, 物理学家和材料科学家对各种不同磁性隧道结的基本物理性质和结构的研究方兴未艾. 有关磁性隧道结研究的进展可以参考前面章节或有关文献[18~21].

  可以看出, 上述 GMR 和 TMR 效应利用了传导电子自旋相关散射的如下性质, 即在外加电场或电流的作用下, 通过改变磁性多层纳米结构中铁磁层磁化强度的相对取向, 使传导电子的运动受到调制, 导致通过系统的电流大小强烈地依赖于磁矩的相对取向, 产生了 GMR 和 TMR 效应. 1996 年, Slonczewski[22] 和 Berger[23] 分别独立地提出了一个与上述效应完全相反的效应, 即通过控制外加电流, 由于传导电子的自旋角动量向铁磁金属中局域磁矩的转移, 使得极化的电流可以反过来改变铁磁层的磁化状态, 也会引起自旋波的激发, 这种性质可以被用于制造自旋电子学器件, 该效应被称为自旋转移效应 (spin transfer effect). 由于其新颖性和重要性, 2006 年 2 月 8-9 日在日本东北大学召开了有关自旋转移现象的国际研讨会; 10 月 2~4 日在法国 Nancy 专门召开了“自旋转移效应国际研讨会”, 庆祝 Slonczewski 和 Berger 预言自旋转移效应 10 周年, 并在 *Eur. Phys. J. B* 杂志出专刊介绍自旋转移物理新的发展趋势; 紧接着磁性纳米结构中的自旋转移矩国际研讨会于 10 月 22~26 日在德国小城 Bad Honnef 举行, 该讨论会集中探讨磁性纳米结构中畴壁的运动如何由外加电流进行操控. 以后还举行了若干类似的国际会议. 这些国际会议的举行一方面说明了国际学术界对该效应的重视, 并对可能引发进一步的重要物理结果怀有浓厚的兴趣; 另一方面也说明这是一个正在快速发展中的前沿研究领域.

下面我们将对自旋角动量转移效应给予较详细的介绍和讨论.

8.2 自旋转移效应的提出

考虑由两个铁磁金属层和一个非磁金属层 (顺磁中间隔层) 组成的全金属 CPP 结构, 如图 8-1 所示, 其中左边铁磁层的磁矩假定被钉扎在 $\hat{z}'$ 方向, 右边铁磁层 (通常称为自由层) 沿 $\hat{z}$ 方向磁化, 两铁磁体自旋磁矩 S_1 和 S_2 之间的相对夹角为 θ, 该结构被连接到两个顺磁金属电极上. 假定电子从左至右沿 $\hat{x}'$ 方向运动, 流经系统的电流则沿 $-\hat{x}'$ 方向流动. 在此结构中, 非磁金属层的厚度一般要小于自旋扩散长度, 对于 Cu 通常大约为 100nm, 满足弹道输运条件. 在温度低于 80K 时, 该条件一般能够很好地被满足. 当左边铁磁体中的电子沿 $\hat{x}'$ 方向从左向右进入非磁金属层后, 其自旋取向保持与左边铁磁体的磁化方向一致, 即沿 $\hat{z}'$ 方向, 然后这些沿 $\hat{z}'$ 方向极化的电子从非磁金属中间隔层进入右边的铁磁体后, 由于电子与右边铁磁体局域磁矩的相互作用, 使得电子的自旋取向最终与 S_2 保持一致, 即沿 $\hat{z}$ 方向. 在此过程中, 由于传导电子的总自旋角动量是守恒的, 透射电子自旋沿 $-\hat{x}$ 方向的横向分量则被右边铁磁体中的局域磁矩吸收, 即入射电子的部分角动量被转移给了右边的铁磁体, 相当于对右边铁磁体的磁矩施加了一个力矩 $\boldsymbol{\tau}_2$, 力矩 $\boldsymbol{\tau}_2$ 的方向沿逆时针方向, 如图 8-1 所示. 同样地, 当电子流动的方向相反时, 从右边铁磁体中入射的电子会给左边铁磁体中的磁矩施加一个沿顺时针方向的力矩.

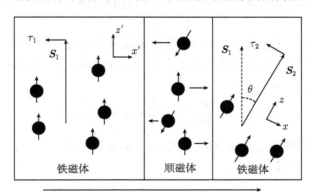

图 8-1　自旋角动量转移效应示意图

可以看出, 自旋转移产生的力矩与通过系统电流的大小和方向密切相关, 并存在于两个铁磁体磁矩 S_1 和 S_2 张开的平面内. 如果让通过系统的电流足够大的话, 由自旋转移所产生的力矩足以引起自由铁磁层中磁化状态的转变 (switching of magnetization), 从而实现可以用电流来控制自由铁磁层中的磁状态. 此即自旋角动量转移效应, 也被简称为自旋转移效应. 自旋转移产生的力矩被称为电流诱导的自旋转移矩 (current-induced spin transfer torque[22,23]). 特别要注意的是, 自旋转移矩 (STT) 与通常的交换耦合引起的矩不同, 前者是一个非平衡动力学矩, 而后者是一个平衡动力学矩, 引起自旋的进动, 满足 $\partial \boldsymbol{S}_1/\partial t = \hbar J \boldsymbol{S}_1 \times \boldsymbol{S}_2$ (J 为交换耦合常数), 其方向指向 $\boldsymbol{S}_1$ 和 $\boldsymbol{S}_2$ 张开的平面之外. 需要指出的是, 自旋转移效应仅在 CPP 结构中出现.

Slonczewski[22] 和 Berger[23] 将上述多层结构当作一个量子力学系统来处理, 利用 WKB 近似, 并分别考虑多数自旋电子和少数自旋电子的波函数及其一阶导数在边界处连续的匹配条件, 可以计算出通过系统的粒子流通量以及自旋流通量, 并且可以计算出平均每个透射电子的自旋转移为 $\sin\theta/(2\cos^2\theta/2) = \tan\theta/2$. 注意, 当 $\theta = \pi$, 即 $\hat{\boldsymbol{S}}_1 = -\hat{\boldsymbol{S}}_2$ 时, 上式出现奇异性. 由于动量守恒, 自旋角动量的变化速率可以写为[22]

$$\frac{\partial \boldsymbol{S}_1}{\partial t} = \boldsymbol{I}_s(-\infty) - \boldsymbol{I}_s(0) \tag{8-1}$$

$$\frac{\partial \boldsymbol{S}_2}{\partial t} = \boldsymbol{I}_s(0) - \boldsymbol{I}_s(\infty) \tag{8-2}$$

其中, $\boldsymbol{I}_s(\boldsymbol{x})$ 为自旋流密度, 是位置 $\boldsymbol{x}$ 的函数. 在式 (8-1) 和式 (8-2) 中, 坐标零点选取在中间金属隔层的中心位置处. $\boldsymbol{I}_s(\boldsymbol{x}, t)$ 定义为

$$\boldsymbol{I}_s(\boldsymbol{x}, t) = \frac{\hbar^2}{2m} \Im m \sum_\sigma \int \mathrm{d}A \left[\psi_\sigma^*(\boldsymbol{x}, t) \boldsymbol{\sigma} \frac{\partial \psi_\sigma(\boldsymbol{x}, t)}{\partial x} \right] \tag{8-3}$$

其中, m 为传导电子的质量; $\psi_\sigma(\boldsymbol{x}, t)$ 是自旋为 σ 的电子的波函数; $\boldsymbol{\sigma}$ 为电子的自旋; $\mathrm{d}A$ 为垂直于电流方向的结上的面积元. Slonczewski[22] 经过详细计算, 得到了电流诱导的自旋转移矩

$$\boldsymbol{\tau}_{1,2} = \frac{\partial \boldsymbol{S}_{1,2}}{\partial t} = \frac{gI_e}{e} \hat{\boldsymbol{s}}_{1,2} \times (\hat{\boldsymbol{s}}_1 \times \hat{\boldsymbol{s}}_2) \tag{8-4}$$

其中, I_e 为通过系统的电流; e 为电子的电荷; $\hat{\boldsymbol{s}}_{1,2}$ 为单位矢量, $\hat{\boldsymbol{s}}_{1,2} = \boldsymbol{S}_{1,2}/S_{1,2}$; 标量函数 $g(> 0)$ 由下式给出:

$$g = \left[-4 + (1 + P)^3 (3 + \hat{\boldsymbol{s}}_1 \cdot \hat{\boldsymbol{s}}_2)/4P^{3/2} \right]^{-1} \tag{8-5}$$

其中, P 为铁磁体的极化率, 由下式定义:

$$P = \frac{n_\uparrow - n_\downarrow}{n_\uparrow + n_\downarrow} \tag{8-6}$$

其中, $n_{\uparrow,\downarrow}$ 为铁磁体费米面上多数电子态和少数电子态的粒子数密度. 在温度 4K 下, Fe、Co、Ni、Gd 的 P 分别为 0.4、0.35、0.23、0.14. 注意, 在以上计算中, 假定

左、右两边的铁磁层由同种材料组成. 从式 (8-4) 还可以得出, 自旋转移矩 τ_2 与流过该系统的电流成正比, 即与穿过系统的粒子流通量 J_0 成正比[22]

$$\tau_2 = -J_0 \frac{\sin\theta}{3+\cos\theta}\hat{x}. \tag{8-7}$$

显然, 当两个铁磁层的磁矩取向共线 (平行和反平行) 时, 即 $\theta = 0$ 和 π, 导致 $|\tau_{1,2}| = 0$, 说明在磁矩共线情形下, 自旋转移矩不会产生. $|\tau_{1,2}|$ 随磁矩相对取向的变化如图 8-2 所示. 可以看出, 自旋转移矩与铁磁体的极化率 P 密切相关. 当 P 较低时, 相应的转移矩也较低; $P = 0$ 时, $|\tau_{1,2}| = 0$; 当 $P = 1$ 时, $|\tau_{1,2}| = (I_e/2e)\tan(\theta/2)$; 当 $P < 1$ 时, $|\tau_{1,2}|$ 随 θ 的变化出现极大值. 由式 (8-4) 可以得到

$$|\tau_{1,2}| = \frac{4I_e P^{3/2}}{e(1+P)^3} \frac{\sin\theta\cos\theta_{\max}}{\cos\theta\cos\theta_{\max} - 1} \tag{8-8}$$

其中, $\theta_{\max}$ 为转移矩 $|\tau_{1,2}|$ 取最大值时对应的磁矩相对取向角度, 由下式决定:

$$\cos\theta_{\max} = \frac{1}{16P^{3/2} - 3(1+P)^3} \tag{8-9}$$

当 $\theta = \theta_{\max}$ 时, $|\tau_{1,2}|$ 取最大值 $|\tau_{1,2}|^{\max} = \frac{4I_e P^{3/2}}{e(1+P)^3}\cot\theta_{\max}$. $\theta_{\max}$ 和 $|\tau_{1,2}|^{\max}$ 随铁磁体极化率 P 的变化关系如图 8-3(a) 和 (b) 所示. 由此可见, 随着 P 的增大, $\theta_{\max}$ 非单调衰减, 沿着图 8-3(a) 中的曲线自旋转移矩取最大值; $|\tau_{1,2}|^{\max}$ 随 P 的增大单调上升 [图 8-3(b)].

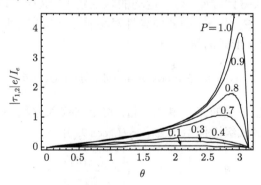

图 8-2 自旋转移矩随磁矩相对取向 θ 的变化关系[22]

Slonczewski[22] 指出, 电流诱导的自旋转移矩可以引起磁畴壁运动的新物理现象. 假定包含磁形状各向异性在内的有效单轴各向异性场为 H_u, Gilbert 阻尼系数用 α 表示, 则考虑到自旋转移矩后, 单个磁畴的 Landau-Lifshitz 方程可以写为

$$\frac{\partial \boldsymbol{S}_2}{\partial t} = \hat{\boldsymbol{s}}_2 \times \left(\gamma H_u \hat{\boldsymbol{c}} \cdot \boldsymbol{S}_2 \hat{\boldsymbol{c}} - \alpha \frac{\partial \boldsymbol{S}_2}{\partial t} + \frac{I_e g}{e}\hat{\boldsymbol{s}}_1 \times \hat{\boldsymbol{s}}_2 \right) \tag{8-10}$$

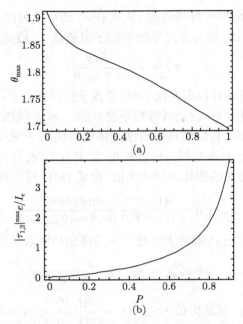

图 8-3　$\theta_{\max}$ 和 $|\boldsymbol{\tau}_{1,2}|^{\max}$ 随铁磁体极化率 P 的变化关系

其中, γ 为电子的旋磁比; $\hat{\boldsymbol{c}}$ 为各向异性对称轴的单位矢量; g 由方程 (8-5) 给出. 假定图 8-1 中左边的铁磁体较厚, 畴壁运动的阻尼较大, 这样可以认为 $\boldsymbol{S}_1$ 随时间演化是一个常数, 假定 $\boldsymbol{S}_1$ 沿 $\boldsymbol{S}_2$ 的各向异性对称轴方向取向, 即 $\hat{\boldsymbol{s}}_1 = \hat{\boldsymbol{c}}$. 那么, 右边铁磁体的 $\hat{\boldsymbol{s}}_2$ 具有如下形式的解:

$$\hat{\boldsymbol{s}}_2 = \sin\theta(\hat{\boldsymbol{a}}\cos\omega t + \hat{\boldsymbol{b}}\sin\omega t) + \hat{\boldsymbol{c}}\cos\theta$$

其中, $\hat{\boldsymbol{a}}$、$\hat{\boldsymbol{b}}$、$\hat{\boldsymbol{c}}$ 为互相正交的三个单位矢量. 将上式代入方程 (8-10), 在弱阻尼条件下, 假定 $|\dot{\theta}| \ll |\omega|$, 最低级近似给出 $\omega = \gamma H_u \cos\theta$, 并且

$$\dot{\theta} = -\left[\alpha\gamma H_u \cos\theta + \frac{I_e g(\theta)}{S_2 e}\right]\sin\theta \tag{8-11}$$

可以看出, θ 随时间的演化与通过系统电流的大小和铁磁体的极化率有关, 并且依赖于各向异性场 H_u 的符号.

当 $H_u < 0$ 时, 对于恒定的电流来说, 会出现一个具有恒定极化角 θ 的稳态进动, 使 $\pm\hat{\boldsymbol{c}}$ 成为右边铁磁体的难磁化轴方向. 当 $\theta \neq 0$ 和 π 时, 对于满足下列关系的频率 ν:

$$\nu = \frac{\omega}{2\pi} = \frac{I_e g}{2\pi e \alpha S_2} \tag{8-12}$$

$\dot{\theta} = 0$, 即出现稳态进动. 由于频率 ν 与通过系统的电流大小成正比, 因此实验上可调. 当通过系统的电流密度 $I_e = 10^6 \mathrm{A/cm^2}$ 时, 对于合理的材料参数, 可以得到 $\nu = 10 \mathrm{GHz}$. 这个结果表明, 人们通过调节系统外加的电流, 可以实现单畴亚微米尺度的微波频率振荡器 (monodomain sub-micron-scaled microwave-frequency oscillator)[22].

当 $H_u > 0$ 时, $\pm \hat{c}$ 成为 $\boldsymbol{S}_2$ 的易轴方向. 在适当的条件下, 方程 (8-10) 给出的与时间有关的解表明, $\theta(t)$ 在接近于易轴方向 $\theta = 0$ 和 π 之间开关转换. 通过小 θ 展开, 发现当满足条件 $I_e < -eS_2 \alpha \gamma H_u / g(0)$ 时, 发生远离 $\theta = 0$ 的转换; 对于 $P < 1$, 当 $I_e > eS_2 \alpha \gamma H_u / g(\pi)$ 时, 发生远离 $\theta = \pi$ 的转换. 对合理的材料参数, 当外加电流密度在 $10^7 \mathrm{A/cm^2}$ 量级时, 可以估计出重复转换的脉冲宽度为 $1 \mathrm{ns}$. 这个性质在高速度、高密度数字储存和记忆中可能会有重要的应用价值[22].

与此同时, Berger[23] 也发现了类似的效应, 指出由于电流诱导的自旋角动量转移效应, 在正常金属和铁磁层界面附近, 自旋波和巡游电子之间的相互作用被显著地增强, 导致支配自旋动力学的 Gilbert 阻尼系数局域增加. 当一股直流电流通过该界面时, 在正常金属中自旋向上和自旋向下电子的费米能级发生位移, 如对于铜来说, 费米能级位移的大小约为 $-1.31 \times 10^{-4} \mathrm{eV}$, 可以引起频率为 $\nu = 10 \mathrm{GHz}$ 的振荡, 产生自旋波的受激发射. 对于低频自旋波来讲, 最容易被激发. Berger 认为这种自旋波发射二极管和注入式激光器具有某种程度的相似性. 他将这种装置命名为辐射受激发射自旋波放大器 (spin-wave amplification by stimulated emission of radiation, SWASER)[23]. 正是通过这种自旋向上和向下电子费米能级之间的差别, 导致电子被 "泵浦 (pumped up)", 在满足适当的条件下, 引起自旋波的发射. Berger 提出了 SWASER 的一个可能的五层膜结构构型, 由两层铁磁材料、两层非磁金属材料和一层绝缘材料组成, 其中一层铁磁材料被做成具有正方形横截面的棒状插入绝缘层中, 膜厚尽量地小 (1～10nm), 另一层铁磁材料的厚度保持在自旋扩散长度量级 (1μm 左右), 铁磁材料建议用 $\mathrm{Ni_{80}Fe_{20}}$, 因这种材料自旋向上与向下电导率的比值较大, 铁磁共振线宽较小, Gilbert 阻尼系数较小, 非磁正常金属建议用 Mn 或 Pt 的溶解物, 要求具有非常短的自旋扩散长度. 插入绝缘层中圆棒状的铁磁材料可以产生圆偏振的自旋波. 比较容易实现的另一个方案是将插入绝缘层中的铁磁材料做成圆盘状, 并在面内施加外磁场, 这样产生的自旋波是椭圆偏振的. 在 SWASER 中, 要克服的一个技术问题是如何有效消除两铁磁层之间的静磁耦合. 有关详细讨论, 请读者参考 Berger 的原文[23].

在 Slonczewski 和 Berger 针对全金属自旋阀磁性多层结构提出了自旋转移效应后, 许多人从理论上对此进行了进一步研究, 如 Waintal 等[24～26] 发展了散射矩阵理论来研究自旋转移矩; Brataas 等[27, 28] 在散射矩阵理论的基础上进一步又提出了电路理论; Berger[29] 对自旋流和电流诱导的自旋进动的物理根源进行了探讨,自旋流随空间位置的变化对应于驱动施加在磁性层上的矩, 这些矩导致在一个特定电流阈值之上的自旋进动; Fert 等[30] 最近基于分布函数的经典自旋扩散方程以及自旋流纵向和横向分量的相关边界条件, 提出了描述电流诱导的自旋转移矩的一个模型; 张曙丰等[31] 考虑了局域磁矩与传导电子自旋累积间的交换作用, 发现交换作用导致了 Landau-Lifshitz-Gilbert 方程中出现了两项附加项, 一项是有效场, 另一项是自旋矩, 发现这两项正比于横向自旋累积; Stiles 等[32, 33] 发展了利用玻尔兹曼方程求解自旋转移矩的方法, 并提出了自旋转移的反射机制和平均机制, 前者与界面电子的自旋相关反射有关, 后者与电子绕局域磁矩进动时总自旋的平均有关; Grollier 等[34] 基于引入的自旋转移矩的 Landau-Lifshitz-Gilbert 方程, 讨论了磁矩平行和反平行态的稳定性和不稳定性, 计算发现当外磁场小于某阈值时, 铁磁层磁化方向平行和反平行态间的转变是快速和不可逆的, 当磁场高于这个阈值时, 转变是渐变和可逆的; 等等. 有兴趣的读者可以进一步参阅有关文献.

8.3　几类磁性多层纳米结构中的自旋转移效应

以上我们讨论了全金属磁性多层 (自旋阀) 结构中的自旋角动量转移效应. 本节我们将讨论磁性隧道结、铁磁–Marginal 费米液体、铁磁–量子点耦合多层纳米结构中电流诱导的自旋转移效应.

8.3.1　磁性隧道结中的自旋转移效应

Slonczewski 在他提出自旋转移效应的经典论文[22] 中指出, 由于磁性隧道结中能量耗散较大, 引致系统温度升高, 因此在磁性隧道结中可能观察不到通过隧穿势垒的自旋转移效应. 这是因为在早期制作的磁性隧道结中, 受镀膜的工艺水平和膜厚的限制, 导致隧道结电阻过大, 电流通过后容易引起加热升温, 从而掩盖了自旋转移矩产生的物理效应. 然而, 最近几年来, 随着沉积技术的发展和磁性结制备工艺的进步, 人们已经能够制备出具有低结电阻的高质量磁性隧道结, 同时已经有相当多的研究组报道了在磁性隧道结中观察到了电流诱导的自旋转移矩会引起磁化强度的翻转, 并且尝试利用其制造两端口的记忆元件. 因此, 磁性隧道结中的自旋转移效应是目前人们关注较多的课题之一.

考虑如图 8-1 所示的磁性多层结构, 其中的非磁金属层由一层很薄的绝缘层来代替, 这样就构成了一个单结磁性隧道结. 该系统的 Hamilton 由三部分组成[35]

$$H = H_{\mathrm{L}} + H_{\mathrm{R}} + H_{\mathrm{T}} \tag{8-13}$$

其中

$$H_L = \sum_{k\sigma} \varepsilon_{k\sigma}^L a_{k\sigma}^\dagger a_{k\sigma}$$

$$H_R = \sum_{q\sigma} [(\varepsilon_R(\boldsymbol{q}) - \sigma M_R \cos\theta) c_{q\sigma}^\dagger c_{q\sigma} - M_R \sin\theta c_{q\sigma}^\dagger c_{q\bar\sigma}]$$

$$H_T = \sum_{kq\sigma\sigma'} [T_{kq}^{\sigma\sigma'} a_{k\sigma}^\dagger c_{q\sigma'} + T_{kq}^{\sigma\sigma'*} c_{q\sigma'}^\dagger a_{k\sigma}]$$

其中, $a_{k\sigma}$ 和 $c_{k\sigma}$ 分别为左边和右边金属铁磁体中动量为 k、自旋为 σ ($=\uparrow,\downarrow$) 的电子的消灭算符; $\varepsilon_{k\sigma}^L = \varepsilon_L(\boldsymbol{k}) - eV - \sigma M_L$, $M_L = g\mu_B h_L/2$, $M_R = g\mu_B h_R/2$, g 为 Landé因子, μ_B 是 Bohr 磁子, h_L 和 h_R 分别是左、右两边铁磁体的分子场, $\varepsilon_L(\boldsymbol{k})$ 和 $\varepsilon_R(\boldsymbol{q})$ 分别是左、右两边铁磁体中单电子的能量, V 是外加偏压; $T_{kq}^{\sigma\sigma'}$ 为与动量和自旋有关的通过势垒的隧穿矩阵元. 为了不失一般性, 我们在隧穿项 H_T 中引入了自旋翻转散射, 即 $\sigma' = \bar\sigma = -\sigma$ 时, 由 $T_{kq}^{\sigma\bar\sigma}$ 刻画这种翻转效应. 当电子从左边铁磁体隧穿到右边铁磁体中后, 由于传导电子的总自旋是守恒的, 隧穿过来的极化电子会转移部分角动量给局域磁矩, 相当于施加了一个力矩. 注意, 在铁磁体内部, 由于存在局域交换作用引起的自旋相关散射, 自旋流在铁磁体内部是不守恒的. 正是这种非平衡自旋流的不守恒导致了电流诱导的非平衡自旋转移矩.

我们可以通过讨论总自旋随时间演化的平均值来研究磁性隧道结中电流诱导的自旋转移矩. 总自旋的演化由 Heisenberg 运动方程 $\langle \partial \boldsymbol{S}_{1,2}(t)/\partial t \rangle = (i/\hbar)\langle [\boldsymbol{H}, \boldsymbol{S}_{1,2}(t)] \rangle$ 来决定. 这个方程包含有两种矩, 一种矩是前面讲的由磁性交换作用引起的自旋相关散射势产生的平衡矩, 而另一种矩就是自旋极化的电子隧穿过势垒后产生的非平衡自旋转移矩, 后者由 Hamilton 中的隧穿项 H_T 决定. 因此, 我们定义磁性隧道结中施加在右边铁磁体磁矩上电流诱导的自旋转移矩为

$$\boldsymbol{\tau}_2 = \frac{i}{\hbar} \langle [H_T, \boldsymbol{S}_2(t)] \rangle \tag{8-14}$$

这里我们将不考虑由自旋相关势引起的平衡矩. 利用非平衡格林函数技术, 经过冗长地计算[35], 可以得到

$$|\boldsymbol{\tau}_2| = \frac{I_e \hbar}{e} \frac{P_L \sin\theta - P_{flip} \cos\theta}{1 + P_R(P_L \cos\theta + P_{flip} \sin\theta)} \tag{8-15}$$

其中

$$P_L = \frac{D_{L\uparrow}(T_1^2 - T_2^2) - D_{L\downarrow}(T_4^2 - T_3^2)}{D_{L\uparrow}(T_1^2 + T_2^2) + D_{L\downarrow}(T_3^2 + T_4^2)}$$

$$P_R = \frac{D_{R\uparrow} - D_{R\downarrow}}{D_{R\uparrow} + D_{R\downarrow}}$$

$$P_{flip} = \frac{2(D_{L\uparrow}T_1 T_2 + D_{L\downarrow}T_3 T_4)}{D_{L\uparrow}(T_1^2 + T_2^2) + D_{L\downarrow}(T_3^2 + T_4^2)} \tag{8-16}$$

其中, P_L 为考虑到自旋翻转散射后与左边铁磁体相关的有效极化率; P_R 为右边铁磁体的极化率; P_{flip} 为与自旋翻转散射有关的物理量, 其中 $D_{L(R)\sigma}$ 代表左边 (右边) 铁磁体中费米面上自旋为 σ 的电子态密度; 同时假定隧穿发生在费米面附近, 可以认为 $T_{kq}^{\sigma\sigma'}$ 与动量无关, 因此, 我们定义 $T^{\uparrow\uparrow} = T_1$, $T^{\uparrow\downarrow} = T_2$, $T^{\downarrow\uparrow} = T_3$, $T^{\downarrow\downarrow} = T_4$.

显然, 当不考虑自旋翻转散射效应时, $T_2 = T_3 = 0$. 在这种情况下, P_L 在对称情形下 ($T_1 = T_4$) 就退化成左边铁磁体的极化率, $P_{flip} = 0$, 可以很容易看出 $|\tau_2| = \dfrac{I_e \hbar}{e} \dfrac{P_L \sin\theta}{1 + P_R P_L \cos\theta}$, 与 Slonczewski[22] 在全金属磁性多层结构中得到的自旋转移矩公式 (8-7) 一致.

当考虑到自旋翻转散射效应时, $T_2, T_3 \neq 0$. 为了方便讨论, 我们假定 $T_1 = T_4$, 并引入两个表征自旋翻转散射效应的因子: $\gamma_1 = T_2/T_1$, $\gamma_2 = T_3/T_1$. 自旋转移矩对不同的 γ_1 和 γ_2 随磁矩的相对取向角度 θ 的变化如图 8-4(a) 和 (b) 所示. 从图 8-4 中可以看出, 当存在自旋翻转散射效应时, 自旋转移矩在 $\theta = 0$ 和 π 时不为零, 说明自旋翻转散射效应可以诱导出一个附加矩. 当 $\theta = \theta_f = \arctan(P_{flip}/P_L)$ 时[36], 自旋转移矩为零. 因此, 式 (8-15) 可以重新写为

$$|\boldsymbol{\tau}_2| = \frac{I_e \hbar}{e} \frac{\sqrt{P_L^2 + P_{flip}^2} \sin(\theta - \theta_f)}{1 + P_R \sqrt{P_L^2 + P_{flip}^2} \cos(\theta - \theta_f)} \tag{8-17}$$

式 (8-17) 可以被视为当考虑了自旋翻转散射效应时, Slonczewski 自旋转移矩公式 (8-7)[22] 的推广.

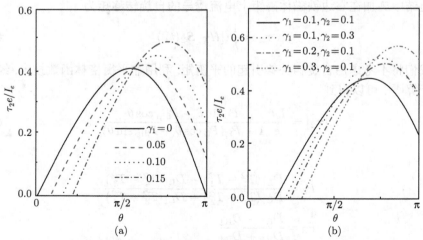

图 8-4　磁性隧道结中自旋转移矩随磁矩相对取向角度的变化关系[35];

(a) $\gamma_1 = \gamma_2$; (b) $\gamma_1 \neq \gamma_2$

当对磁性隧道结同时加上交流和直流偏压时, 利用含时非平衡格林函数技术, 可以得到自旋转移矩对时间的平均值[37]

$$\tau_2^{\text{aver}} = \pi \sum_{mnm'n'} {}' \int dE J^{(m'n')}_{mn} [f_{\text{L}}(E'') - f_{\text{R}}(E')] \Gamma(E', E'') P(E'', \theta) \tag{8-18}$$

其中, $\sum'$ 表示求和满足 $m + m' = n + n'$, $E' = E - n'\omega_0$, $E'' = E - m\omega_0 + eV_0$, $J^{(m'n')}_{mn} = J_m\left(\dfrac{eV_{\text{L}}}{\omega_0}\right) J_n\left(\dfrac{eV_{\text{L}}}{\omega_0}\right) J_{m'}\left(\dfrac{eV_{\text{R}}}{\omega_0}\right) J_{n'}\left(\dfrac{eV_{\text{R}}}{\omega_0}\right)$, $P(E'', \theta) = [P_{\text{L}}(E'') \sin\theta - P_{\text{flip}}(E'') \cos\theta]$, $\Gamma(E', E'') = [D_{\text{R}\uparrow}(E') + D_{\text{R}\downarrow}(E')][D_{\text{L}\uparrow}(E'')(T_1^2 + T_2^2) + D_{\text{L}\downarrow}(E'')(T_3^2 + T_4^2)]$. 这里, ω_0 是外加交流偏压的频率, V_{L} 和 V_{R} 分别是左边和右边铁磁体外加交流偏压的振幅, V_0 是外加的直流偏压, $J_m(x)$ 是 m 阶贝塞尔函数. 图 8-5(a) 和 (b) 给出了当不存在外加的直流偏压时施加于右边铁磁体上由交流电流诱导的自旋转移矩的时间平均值随交流偏压的频率和振幅的变化关系, 其中图 8-5(b) 中的插图给出了当时间平均的自旋转移矩取最大值时对应的交流偏压的频率和振幅间的关系, 其他参数的取值可参见文献 [37].

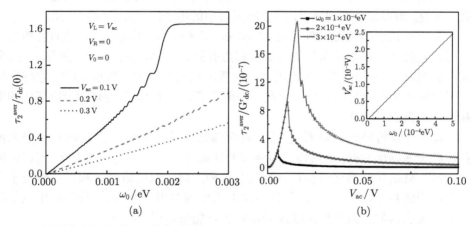

图 8-5 自旋转移矩的时间平均值随外加交流偏压的频率 (a) 和振幅 (b) 的变化关系, 以及其峰值处对应的频率和振幅间的关系[37]

可以看出, 当交流频率较小时, 时间平均的自旋转移矩随频率近似呈现线性关系; 在高频时, 时间平均的自旋转移矩趋向于跟频率几乎无关的值, 说明时间平均的自旋转移矩在低频时表现出 "电容" 行为, 而在高频时表现出 "电阻" 行为. 时间平均的自旋转移矩在给定频率的情况下随交流电流振幅的增加开始时急剧增大, 然后又很快地减小, 因此平均自旋转移矩在一个很窄的振幅范围内有显著变化, 如图 8-5(b) 所示, 这是因为自旋转移矩与左、右铁磁电极的费米能的差有关, 该差值在只存在交流偏压时很小. 当平均自旋转移矩出现峰值时, 外加交流偏压的振幅和频率近似满足线性关系. 研究还发现, 当交流偏压和直流偏压同时存在时, 图 8-5(b) 中平均自旋转移矩的峰更加尖锐. 这些峰值的来源可以认为是光子辅助的隧穿引起的自旋转移矩的增加. 上述结果说明, 外加频率和振幅具有特定依赖关系的交流偏压可以增强磁性隧道结中的自旋转移矩. 这或许为人们提供了一个增强自旋转移矩的机制和方法.

最近, Slonczewski[38] 对磁性隧道结中的自旋转移矩进行了讨论, 发现在恒定外加电压下, 自旋矩随磁矩方向的变化正比于 $\sin\theta$; 当铁磁体的极化率给定以后, 电压驱动的自旋矩正比于另一铁磁体的极化率; 自旋矩随电压变化的不对称行为来自于铁磁体的极化率因子随偏压增加会很快减小. Levy 和 Fert[39] 最近研究了磁子对磁性隧道结中自旋转移效应的影响, 发现来源于热电子的磁激发可以减小隧穿磁电阻, 同时会增强隧穿电流以及自旋转移矩, 但自旋矩与电流的比值不会出现大的变化.

8.3.2   铁磁体–Marginal 费米液体–铁磁体双隧道结中的自旋转移效应

我们前面讨论的全金属自旋阀磁性多层结构中的非磁金属隔层由近自由电子近似来描述, 但在某些情况下, 中间金属隔层中的电子间存在着相互作用.

首先来讨论当中间金属隔层用 Marginal 费米液体来描述时, 电子间的相互作用对磁性双隧道结中电流诱导的自旋转移矩有何影响. Marginal 费米液体是 20 多年前在研究高温氧化物超导体的正常态性质时提出的一个唯象模型[40], 它将金属中电子之间的相互作用唯象地包含在一个单粒子自能中, 该自能来源于电子间的电荷和自旋涨落交换效应.

考虑一个磁性隧道双结系统, 左、右两端的铁磁电极由一层 Marginal 费米液体描述的金属隔层分开, 金属隔层与两边的铁磁体间分别由绝缘层隔开, 形成铁磁层–绝缘层–Marginal 费米液体层–绝缘层–铁磁层磁性双隧道结结构[41]. 假定电子从左面电极隧穿通过中心金属层, 然后从右面电极穿出. 中心区金属隔层中电子间电荷和自旋涨落的交换作用由唯象的单粒子自能来体现[40]

$$\Sigma(\varepsilon) = \lambda \left[\varepsilon \ln \frac{x}{E_c} - i\frac{\pi}{2} x \right] \tag{8-19}$$

其中, $x = \max(|\varepsilon|, k_B T)$; E_c 为截断能量; T 为温度; λ 为 Marginal 费米液体中引入的相互作用耦合常数. 当 $\lambda = 0$ 时, Marginal 费米液体就退回到常规的费米液体. 在接下来的计算中, 我们将采用一个形式上如费米液体的 Hamilton, 但其电子算符被理解成准粒子算符. 由于最后的计算结果用格林函数来表示, 我们只需要用 Marginal 费米液体包含自能式 (8-19) 的格林函数去代替常规费米液体的格林函数[41]. 利用非平衡格林函数技术, 并且在假定对称隧穿的情形下, 经过繁复的运算,

最后得到作用在右边铁磁层上的自旋转移矩为[42]

$$|\boldsymbol{\tau}_2(\theta)| = \pi \int d\varepsilon (f_R - f_L) \text{Tr}[\boldsymbol{T}^\dagger G^r(\varepsilon) \boldsymbol{T} \boldsymbol{D}_L \boldsymbol{T}^\dagger \boldsymbol{B} G^a(\varepsilon)$$
$$\times \boldsymbol{T} \boldsymbol{R} \boldsymbol{D}_R \boldsymbol{R}^\dagger (-\cos\theta \hat{\boldsymbol{\sigma}}_1 + \sin\theta \hat{\boldsymbol{\sigma}}_3)] \tag{8-20}$$

其中, Tr 表示对动量和自旋空间求迹; $G^{r,a}(\varepsilon)$ 是中心区 Marginal 费米液体的推迟和超前格林函数, 隧穿矩阵 $\boldsymbol{T} = \begin{bmatrix} T_1 & T_2 \\ T_3 & T_4 \end{bmatrix}$, $\boldsymbol{D}_{L(R)} = \begin{bmatrix} D_{L(R)\uparrow} & 0 \\ 0 & D_{L(R)\downarrow} \end{bmatrix}$, 转动

矩阵 $\boldsymbol{R} = \begin{bmatrix} \cos\dfrac{\theta}{2} & -\sin\dfrac{\theta}{2} \\ \sin\dfrac{\theta}{2} & \cos\dfrac{\theta}{2} \end{bmatrix}$, 矩阵 $\boldsymbol{B} = (\Sigma_0^r - \Sigma_0^a)^{-1}(\Sigma^r - \Sigma^a)$, $\Sigma_0^r(\varepsilon) - \Sigma_0^a(\varepsilon) =$

$-2\pi i[\boldsymbol{T}^\dagger \boldsymbol{D}_L \boldsymbol{T} + \boldsymbol{T} \boldsymbol{R} \boldsymbol{D}_R \boldsymbol{R}^\dagger \boldsymbol{T}^\dagger]$, $\Sigma^r(\varepsilon) - \Sigma^a(\varepsilon) = \Sigma_0^r(\varepsilon) - \Sigma_0^a(\varepsilon) - i\pi\lambda x$, Pauli 矩阵

$\hat{\boldsymbol{\sigma}}_1 = \begin{bmatrix} 0 & 1 \\ 1 & 0 \end{bmatrix}$, $\hat{\boldsymbol{\sigma}}_3 = \begin{bmatrix} 1 & 0 \\ 0 & -1 \end{bmatrix}$.

可以看出, 在该结构中的自旋转移矩随磁矩相对取向的变化与磁性隧道结中的结果定性上一致, 表明来自于 s-d 交换作用的自旋过滤效应仍然是电流诱导的自旋转移矩的主要物理机制. 由于中心区 Marginal 费米液体考虑了电子间电荷和自旋涨落引起的相互作用, 我们现在来讨论电子间这种相互作用的大小对自旋转移效应

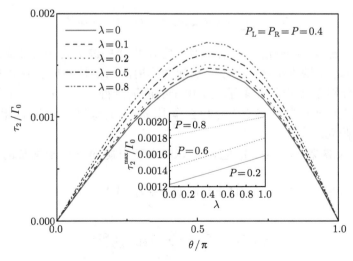

图 8-6　铁磁–Marginal 费米液体耦合系统中自旋转移矩随磁矩相对取向
以及电子间相互作用大小的变化关系

的影响. 通过计算发现, 随着相互作用参数的增大, 自旋转移矩的大小也相应增大, 如图 8-6 所示, 其中标度因子 $\Gamma_0 = T_0^2 D_0$, D_0 是不存在分子场时的费米面处态密度, $T_1 = T_4 = T_0$. 插图中给出的是自旋转移矩的最大值随相互作用参数的变化关系, 可以看出, 对于不同的自旋极化率 P, 自旋转移矩的最大值与相互作用参数 λ 呈线性关系. 该结果可以这样来理解, 由于单粒子的散射率正比于 λ, 随着相互作用的增强, 导致 Marginal 费米液体中量子阱能级被展宽, 使得更多的电子可以隧穿过势垒, 从而增强了自旋转移效应. 当铁磁体接近完全极化时, 自旋转移矩随相互作用参数 λ 几乎不变. 当考虑到自旋翻转散射时, 也发现了一个诱导的附加自旋转移矩. 因此, 自旋翻转散射会增强自旋转移效应, 引起非线性的角度位移[42].

8.3.3　铁磁体–量子点–铁磁体耦合系统中的自旋转移效应

在本节中, 我们来讨论铁磁体–量子点–铁磁体耦合系统中的自旋转移效应. 考虑单能级量子点与左、右两个铁磁电极相耦合, 两个铁磁电极磁化方向的相对取向夹角为 θ, 其 Hamilton 由下面各部分组成[43]:

$$H = H_{\mathrm{L}} + H_{\mathrm{R}} + H_{\mathrm{d}} + H_{\mathrm{T}} \tag{8-21}$$

$$H_{\mathrm{L}} = \sum_{k\sigma} \varepsilon_{k\mathrm{L}\sigma} a_{k\mathrm{L}\sigma}^{\dagger} a_{k\mathrm{L}\sigma} \tag{8-22}$$

$$H_{\mathrm{R}} = \sum_{k\sigma} [\varepsilon_{\mathrm{R}}(k) - \sigma M_{\mathrm{R}} \cos\theta] a_{k\mathrm{R}\sigma}^{\dagger} a_{k\mathrm{R}\sigma} - M_{\mathrm{R}} \sin\theta a_{k\mathrm{R}\sigma}^{\dagger} a_{k\mathrm{R}\bar{\sigma}} \tag{8-23}$$

$$H_{\mathrm{d}} = \sum_{\sigma} \varepsilon_0 c_{\sigma}^{\dagger} c_{\sigma} + U n_{\uparrow} n_{\downarrow} \tag{8-24}$$

$$H_{\mathrm{T}} = \sum_{k\alpha\sigma} T_{k\alpha} a_{k\alpha\sigma}^{\dagger} c_{\sigma} + h.c. \quad (\alpha = \mathrm{L}, \mathrm{R}) \tag{8-25}$$

其中, $\varepsilon_{k\alpha\sigma} = \varepsilon_{\alpha}(k) - \sigma M_{\alpha} - eV_{\alpha}$, $\varepsilon_{\alpha}(k)$ 是 α 电极中波矢为 $\boldsymbol{k}$、自旋为 σ 的单电子能量, M_{α} 是 α 铁磁电极中分子场引起的作用能, V_{α} 是外加在 α 电极上的偏压, $a_{k\alpha\sigma}$ 和 c_{σ} 分别是 α 电极和量子点上电子的湮灭算符; ε_0 是量子点上的单能级; U 表示量子点上电子间的同格点库仑相互作用, $n_{\sigma} = c_{\sigma}^{\dagger} c_{\sigma}$, $T_{k\alpha}$ 表示 α 电极和量子点间的隧穿矩阵元.

我们引入隧穿电流 $I(V)$, 它由自旋向上和自旋向下电子携带的电流之和来定义

$$I(V) = I_{\mathrm{L}\uparrow}(V) + I_{\mathrm{L}\downarrow}(V) \tag{8-26}$$

其中

$$I_{\mathrm{L}\uparrow}(V) = -\frac{2e}{\hbar} \Re e \sum_{k} T_{k\mathrm{L}} G_{k\mathrm{L}}^{\uparrow\uparrow,<}(t, t)$$

$$I_{\mathrm{L}\downarrow}(V) = -\frac{2e}{\hbar} \Re e \sum_{k\mathrm{L}} T_{k\mathrm{L}} G_{k\mathrm{L}}^{\downarrow\downarrow,<}(t, t)$$

其中, $G_{kL}^{\sigma'\sigma,<}(t,t') = i\langle a_{kL\sigma}^\dagger(t')c_{\sigma'}(t)\rangle$ 为 Lesser 格林函数.

另外, 自旋向上和自旋向下电子携带电流的差可以定义为自旋流[44]

$$I_s(V) = I_{L\uparrow}(V) - I_{L\downarrow}(V) \tag{8-27}$$

通过适当变换, 发现隧穿电流和自旋流可以写成较为简洁的形式[43]

$$I(V) = \frac{e}{\hbar}\int\frac{\mathrm{d}\varepsilon}{2\pi}(f_R - f_L)\mathrm{Tr}\boldsymbol{X} \tag{8-28}$$

$$I_s(V) = \frac{e}{\hbar}\int\frac{\mathrm{d}\varepsilon}{2\pi}(f_R - f_L)\mathrm{Tr}(\boldsymbol{X}\hat{\sigma}_3) \tag{8-29}$$

其中, 矩阵 $\boldsymbol{X}$ 定义为 $\boldsymbol{X} = G^r\boldsymbol{R}\boldsymbol{\Gamma}_R\boldsymbol{R}^\dagger BG^a\boldsymbol{\Gamma}_L = \begin{bmatrix} X_{\uparrow\uparrow} & X_{\uparrow\downarrow} \\ X_{\downarrow\uparrow} & X_{\downarrow\downarrow} \end{bmatrix}$, $\boldsymbol{\Gamma}_\alpha(\varepsilon) = \begin{bmatrix} \Gamma_{\alpha\uparrow}(\varepsilon) & \\ & \Gamma_{\alpha\downarrow}(\varepsilon) \end{bmatrix}$, $\Gamma_{\alpha\sigma}(\varepsilon) = 2\pi\sum_{k\alpha}|T_{k\alpha}|^2\delta(\varepsilon - \varepsilon_{k\alpha\sigma})$.

我们假定, 电子从左边电极隧穿过量子点, 然后从右边电极流出. 这样, 由于自旋转移效应, 施加于右边铁磁电极的电流诱导的自旋转移矩可以求得[43]

$$\tau_2 = \frac{1}{4\pi}\int\mathrm{d}\varepsilon(f_R - f_L)\mathrm{Tr}[G^r(\varepsilon)\boldsymbol{\Gamma}_L BG^a(\varepsilon)\boldsymbol{R}\boldsymbol{\Gamma}_R\boldsymbol{R}^\dagger(-\cos\theta\hat{\sigma}_1 + \sin\theta\hat{\sigma}_3)] \tag{8-30}$$

在式 (8-28)~ 式 (8-30) 中, 都包含有推迟和超前格林函数以及自能函数. 利用非平衡格林函数技术, 经过非常复杂的推导, 准确到三阶格林函数, 可以得到决定上述未知函数的一系列耦合方程[43]. 通过进一步的数值计算, 就可以得到该系统自旋极化隧穿和自旋转移效应的有用信息. 假定两个铁磁体材料相同, 引入 $\Gamma_{L\uparrow,\downarrow} = \Gamma_{R\uparrow,\downarrow} = \Gamma_0(1\pm P)$, $\Gamma_0 = \Gamma_{L(R)\uparrow}(P=0) = \Gamma_{L(R)\downarrow}(P=0)$ 作为能量标度.

图 8-7 给出了铁磁体–量子点耦合系统中自旋流随外加偏压的变化情况. 在外加正向偏压时, 对于 $\theta < \pi/2$, 自旋流 I_s 呈台阶状行为, 分别对应于量子点在 ε_0 和

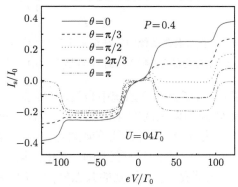

图 8-7 铁磁体–量子点耦合系统中自旋流随外加偏压的变化[43]

$\varepsilon_0 + U$ 能级处电子的共振隧穿, 这时 $I_s > 0$; 当 $\theta > \pi/2$ 时, I_s 呈现盆状行为, 且在盆底 $I_s < 0$. 这个结果表明, 铁磁体磁化方向的相对取向对自旋流的影响非常明显. 在 ε_0 和 $\varepsilon_0 + U$ 的两个共振位置处, I_s 急剧改变.

　　量子点上库仑相互作用的大小对该系统中自旋流随外加偏压的变化行为也有影响. 图 8-8 给出了两铁磁体磁矩共线 (平行和反平行) 情形时的行为. 可以看到, I_s 随 V 的变化与图 8-7 定性一致, 但随着 U 的增大, 磁矩平行排列时 I_s 的第二个平台变宽, 但对第一个平台出现时的位置没有影响, 如图 8-8(a) 所示; 当两个磁矩反平行取向时, I_s 随 V 变化呈现盆状行为, 随着 U 的增大, 盆底变深, 盆的左壁不变, 右壁向右增大, 如图 8-8(b) 所示. 由于 U 的增大使得量子点两个分离能级 ε_0 和 $\varepsilon_0 + U$ 的间距被拉开, 说明右边的盆壁来源于 $\varepsilon_0 + U$ 能级处的共振.

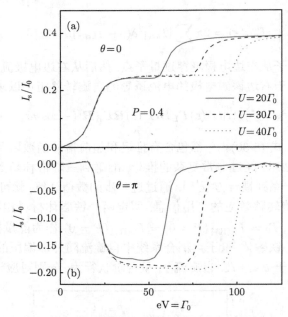

图 8-8　铁磁体–量子点耦合系统中共线情形下库仑相互作用对自旋流随
外加偏压变化行为的影响[43], (a) 平行情形; (b) 反平行情形

　　图 8-9 给出了铁磁体–量子点耦合系统中自旋转移矩对不同的自旋极化率和量子点上的库仑相互作用随外加偏压的变化情况. 可以看出, 随着偏压的增大, 自旋转移矩先缓慢地到达一个尖峰, 然后急剧地下降到几乎为零. 经过一个宽的平台后, 再突然增加, 到达另一个平台. 自旋转移矩随 V 变化的第一个尖峰的位置与极化率和库仑相互作用无关, 表明是 ε_0 能级处的共振峰; 自旋转移矩随 V 的再次急剧增加来自于量子点离散能级 $\varepsilon_0 + U$ 位置处的共振. 从图 8-9(a) 可以看出, 随极化

率的增大, 两个共振位置处的自旋转移矩也增大, 这是因为电子的透射系数正比于极化率, 而自旋转移矩依赖于由透射系数决定的隧穿电流, 因此极化率的增大使得两个共振位置处的自旋转移矩增大. 图 8-9(b) 给出了库仑相互作用 U 对自旋转移矩的影响. 可以看出, 第一个共振峰的位置与 U 无关, 说明是 ε_0 能级处的共振; 随 U 的增大, 第二个共振峰的位置向右移动, 表明这是在 $\varepsilon_0 + U$ 能级处的共振造成的. 另外, 对给定的自旋极化率, 自旋转移矩在偏压大于 $(\varepsilon_0 + U)/e$ 后到达一个与库仑作用大小无关的饱和平台. 上述结果说明, 在量子点的离散能级处由于电子的共振隧穿, 自旋转移矩可以被显著地增强. 因此, 这个结果提供了一个可以通过调整量子点门电压来实现增大自旋转移矩的可能方案, 对制造基于电流控制的自旋电子学元器件具有重要的启示意义.

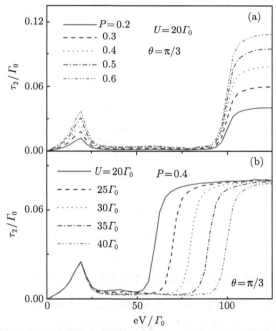

图 8-9 铁磁体–量子点耦合系统中自旋极化率 (a) 和库仑相互作用 (b) 对自旋转移矩随外加偏压变化行为的影响[43]

图 8-10 给出了铁磁体–量子点耦合系统中自旋转移矩与外加电流和自旋流之间的变化关系. 在该系统中, 自旋转移矩与外加电流呈现出非线性关系, 随着电流的增大, 自旋转移矩近乎线性地到达一个圆形小丘, 再缓慢下降到一个圆形的谷底, 然后急剧增大, 如图 8-10(a) 所示. 显然, 第一个圆形小丘是由于 ε_0 能级处的共振隧穿引起的, 而经过圆形谷底后的急剧增加是由于 $\varepsilon_0 + U$ 处的共振隧穿造成的. 自旋转移矩与自旋流之间的关系如图 8-10(b) 所示. 随着 I_s 的增大, 自旋转移矩随自

旋流先近似线性增加, 到达一个位置处后又非常快速地减小到接近于零, 然后又再次几乎线性地增大. 很明显, 这种扭结行为是由 ε_0 和 $\varepsilon_0 + U$ 能级处的共振隧穿引起的. 在扭结区域之外, 自旋转移矩与自旋流几乎呈线性关系, 这是因为, 具有不同自旋的电子从左端电极进入右端电极后, 会对右端电极的磁矩施加相反方向的矩, 使得自旋转移矩的大小由自旋向上和自旋向下电子施加的矩的大小的差来决定, 考虑到自旋流是由自旋向上和向下的电流的差来定义的, 而自旋转移矩与电流的关系如图 8-10(a) 所示, 因此自旋转移矩与自旋流的上述关系是合理的. 从图 8-10 还可以看出, 自旋转移矩随外加电流和自旋流变化的曲线对不同的 U 几乎不变, 表明库仑相互作用对自旋转移矩与 I 和 I_s 之间的关系影响很小[43].

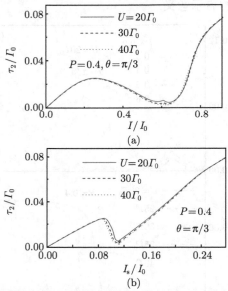

图 8-10　铁磁体–量子点耦合系统中自旋转移矩与外加电流 (a) 和自旋流 (b) 的变化关系[43]

最近, 我们研究了具有 Rashba 自旋–轨道耦合的铁磁体–量子点 (绝缘体)–铁磁体 Aharonov-Bohm(AB) 环状系统中的自旋转移效应[45], 发现作用在右边铁磁电极上自旋转移矩的大小和方向可以通过改变穿过 AB 环的磁通或者加在量子点上的门电压来进行有效调制. 当穿过 AB 环的磁通与自旋–轨道耦合作用满足一个合适的值时, 在电流较低的情况下也能够实现大幅度地增强自旋转移矩. 同时还发现, 自旋转移矩、电流和自旋流随磁通产生振荡现象.

8.4　自旋转移效应对畴壁动力学的影响

在 8.2 节和 8.3 节, 我们讨论了几种磁性多层纳米结构中的自旋角动量转移效应. 本节我们将讨论自旋转移效应对畴壁动力学的影响. 实验上发现, 当铁磁层的尺寸足够小 (小于 100nm), 并且通过铁磁导体的自旋极化电流密度足够强 (大约要高于 $10^6 \mathrm{A/cm^2}$), 自旋转移矩的大小与 Gilbert 阻尼矩可以相比拟, 这时会引起电流诱导的动力学激发和磁化强度反转现象.

一般地, 铁磁体中磁化强度对有效磁场的集体响应的动力学由著名的 Landau-Lifshitz-Gilbert (LLG) 方程来唯象地描述. 假定 M 是铁磁体的磁化强度, H_{eff} 是包含外磁场、各向异性场、退磁场和交换场等作用的有效磁场, 由 $H_{\mathrm{eff}} = -\partial G / \partial M$ 决定, 其中 G 是系统的自由能, 则 LLG 方程由下式给出:

$$\frac{\partial M}{\partial t} = -\gamma M \times H_{\mathrm{eff}} + \alpha M \times \frac{\partial M}{\partial t} \tag{8-31}$$

其中, α 为 Gilbert 阻尼系数. 该方程描写的动力学响应的时间尺度一般大于 100ps, 差别取决于各向异性能的强弱.

前面已经看到, 当自旋极化的电流通过铁磁体时, 处于非平衡态的传导电子会转移部分自旋角动量给局域磁矩, 因而给磁化强度施加了一个自旋矩. 在自旋矩存在的情况下, LLG 方程变成如下形式:

$$\frac{\partial M}{\partial t} = -\gamma M \times H_{\mathrm{eff}} + \alpha M \times \frac{\partial M}{\partial t} + \tau \tag{8-32}$$

其中, τ 为自旋角动量转移矩. 式 (8-32) 正是 Slonczewski 给出的方程 (8-10), 其中 $\tau = -\frac{g I_e}{e} M \times (M \times M_P)$, M_P 是钉扎层的磁化强度, 参见式 (8-4). 在可忽略掉 Gilbert 阻尼二次项的情况下, 式 (8-32) 可以写成

$$-\frac{1}{\gamma} \frac{\partial M}{\partial t} = M \times \left[H_{\mathrm{eff}} + \alpha M \times \left(H_{\mathrm{eff}} + \frac{g I_e}{\alpha e} M_P \right) \right]$$
$$+ \frac{\alpha g I_e}{e} M \times [M \times (M \times M_P)] \tag{8-33}$$

可以看到, 式 (8-33) 中的第三项相当于由极化电流和自旋转移效应引起的等效磁场. 注意, 式 (8-32) 中的最后一项是 out-of-plane 的分量, 来自于自旋转移效应和 Gilbert 阻尼的联合贡献. 式 (8-32) 决定了自由铁磁层中考虑到自旋转移效应后磁化强度的动力学. 这是一个复杂的耦合方程组, 需要通过数值计算求解. 值得指出的是, 自旋极化电子输运的响应时间快于自旋翻转散射时间, 或与自旋翻转散射时间同一量级, 通常在几十皮秒或更短. 因此, 磁化强度对有效磁场和对自旋转移效应的动力学响应时间尺度有较大差别.

在有限温度 T 下, 系统的热激活寿命 ι 由下式给出[46, 47]:

$$\iota = \iota_0 \exp \left[\frac{\Delta U}{k_{\mathrm{B}} T} \left(1 - \frac{I_e}{I_e^{\mathrm{c}}} \right) \right] \tag{8-34}$$

其中, k_B 为玻尔兹曼常量; ΔU 为从磁化强度绕其涨落的局域极小值处度量的势垒高度; I_e^c 为阈值电流, 与铁磁体的 Gilbert 阻尼系数和自旋极化率密切相关. $\ln(\iota/\iota_0)$ 与电流 I_e 的上述线性关系, 在电流满足 $|I_e| < I_e^c$ 的情形下, 可以直接跟实验进行比较[46].

在铁磁体磁化强度取向共线情形下, 若自旋转移效应足够强, 电流接近或超过阈值电流, 并且突然施加的话, 会引起自由层中磁化强度的反转. 在零温度下, 其反转时间可以由下式估算[48]:

$$\frac{1}{\iota} = \frac{P\mu_B}{eM_s \ln(\pi/2\theta_0)}(I_e - I_e^c) \quad (I_e > I_e^c) \tag{8-35}$$

其中, θ_0 为 M 最初偏离易磁化轴方向的夹角; M_s 为自由铁磁层单位体积内的饱和磁化强度. 在有限温度下, 进一步地分析表明, 当电流高于阈值电流时, 磁化强度的平均反转速度 $\langle\iota\rangle^{-1}$ 与电流成正比; 当电流低于阈值电流时, 平均反转速度与电流呈指数关系[46].

Stiles 等[32] 利用自由电子模型和第一性原理计算对真实材料的界面进行了研究, 考虑了对自旋转移效应有贡献的三个不同过程, 即自旋相关的反射和穿透, 反射和穿透自旋的旋转, 以及铁磁体中自旋的空间进动. 当对费米面上所有电子求和以后, 发现对大多数感兴趣的系统, 这些过程使得穿透和反射的自旋极化电流的横向分量减小到几乎为零. 因此, 自旋转移矩跟入射极化电流的横向分量成正比.

夏珂等[28] 考虑了过渡金属电子结构和磁性与非磁材料界面处的无序等因素, 利用第一性原理计算了通过多种磁性与非磁性材料界面的自旋混合电导, 发现即使有非常小的一股电流通过系统, 多端口器件中铁磁绝缘体的磁化强度的方向也会发生反转.

张曙丰等[49] 对铁磁结构中的自旋转移矩作了推广. 他们发现, 若磁化强度随空间位置不均匀, 自旋流密度 $I_s(x,t)$ 随空间位置的变化会对磁化强度施加一个力矩, 定义为 $\tau_{lz} = \partial I_s(x,t)/\partial x = b_J\partial M(x,t)/\partial x$, $b_J = PI_e\mu_B/eM_s$. 假定在远低于居里温度下铁磁体磁化强度的大小是一个常数, 这时可以将上面定义的自旋矩写成

$$\tau_{lz} = -\frac{b_J}{M_s^2}M \times \left[M \times \left(\hat{I}_e \cdot \nabla\right)M\right] \tag{8-36}$$

其中, $\hat{I}_e$ 为电流方向的单位矢量. 这样定义的自旋矩具有与磁性多层膜中几乎一样的形式, 并与稍早前在半金属材料的弹道输运区考虑的自旋矩[50] 形式上一致. 如果将上述形式的自旋矩加入到 LLG 方程中去, 会得到新的有趣的性质. 他们认为[49], 前面提到的 Slonczewski 给出的磁性多层膜中的自旋矩对铁磁自由层中磁化强度的反转时间具有决定性作用[51], 而自旋矩 τ_{lz} 决定了畴壁运动的速度. 在全金属自旋阀结构中, 自旋矩出现在界面附近, 数值较大, 可以将整个自由层的磁矩反转. 在畴壁内, 由于磁矩随空间位置的变化缓慢, 虽然自旋矩较小, 但畴壁内的每一个磁

矩都会感受到自旋矩. 对纳米线中磁畴结构和畴壁动力学的研究发现, 当畴壁的运动仅由自旋矩驱动时, 畴壁不会移动较长的距离. 这跟由磁场驱动的畴壁运动方式完全不同, 在这种情况下畴壁运动起初较慢, 但随后运动越来越快, 直到速度饱和. 而自旋矩的作用是将能量泵浦进系统, 畴壁开始运动时受到的阻尼较小, 速度较大, 但随着沿电流方向的进一步移动, 畴壁会产生轻微变形, 引起一个指向面外的磁矩分量, 其结果是能量的耗散率增加, 最终使得畴壁运动速度减慢, 当泵浦的能量恰好与耗散掉的能量一样多时, 畴壁的运动就停止了. 当给系统同时加上电流和外磁场时, 由上面的分析可以知道, 畴壁运动的最初速度由电流决定, 其最终速度由磁场决定. 因此, 要使得畴壁高速运动, 就必须同时选择合适的自旋极化的电流密度和外磁场的大小. 例如, 在外加电流密度为 $10^9 \mathrm{A/cm}^2$ 和磁场为 8Oe 的情况下, 计算表明, 坡莫合金线中的畴壁在 0.13ns 内可以移动 50nm; 而在不加电流的情况下, 畴壁仅在外磁场的驱动下移动同样的距离需要花费 0.5ns. 另外, 他们还发现[49], 自旋矩可以产生体自旋波和表面自旋波激发, 并认为在早前点接触实验中观察到的磁激发很可能是表面自旋波.

值得一提的是, Ho 等[52] 提出自旋矩和 Gilbert 阻尼控制的磁化强度弛豫过程可以由所谓的辐射–自旋相互作用 (radiation-spin interaction) 来描写, 而辐射场是由磁矩的进动自身产生的. 他们发现包含 Gilbert 阻尼项和自旋矩项的 LLG 方程可以从包含辐射–自旋相互作用的自旋 Hamilton 量中自洽地推导出来.

Fert 等[53] 对于长而窄包含了单畴壁磁性层的自旋阀系统, 从引入了 STT 的推广 LLG 方程出发, 利用数值计算, 发现当自旋极化的电流垂直通过该自旋阀时, 磁畴壁运动的速度远大于从自旋阀平面内流过的极化电流驱动的畴壁运动的速度, 如对于电流 I=0.01mA 时, 前者可达 80m/s 而后者为 5m/s.

王向荣等[54] 从 LLG 方程出发给出了单轴 Stoner 磁性颗粒的最小磁化强度翻转场和最优场的理论极限, 发现在弱耦合极限下该极限正比于阻尼常数, 而在大阻尼情形下接近 Stoner-Wohlfarth 极限. 在翻转过程中, 若磁场的大小不变但方向改变, 则存在一组可以给出最短切换时间的优化参数, 包括磁场大小、阻尼常数和磁各向异性的. 另外, 基于推广的 LLG 方程, 他们还给出了在 STT 作用下对于任意大小的自旋极化电流翻转 Stoner 磁性颗粒的磁化强度所需临界电流的理论极限[55]. 最近, 他们提出了利用圆偏振的微波磁场可以沿一根纳米线有效地驱动磁畴壁的运动[56], 发现了低频下刚性的畴壁传播和高频下畴壁的振荡传播两种运动模式. 此外, 他们还发现在上述微波磁场下畴壁的运动可以等效为在垂直于磁化强度平面内的自旋极化电流驱动下磁畴壁的运动, 其中圆极化的微波场频率起着电流的作用.

我们最近利用非平衡格林函数方法和包含了自旋转移矩的推广 LLG 方程, 系统研究了铁磁体–铁磁体–铁磁体双势垒磁性隧穿结中的自旋转移效应和磁化强度翻转的临界电流[57], 发现 TMR 随中间铁磁层分子场的增加而显著增大; 对纳米尺度的中间铁磁体, 作用其上的自旋转移矩随偏压发生振荡; 磁化强度翻转的临界电压和临界电流随分子场和极化率的增大呈现台阶状增加现象; 临界电流的数量级大为 $10^5 \sim 10^6 \mathrm{A/cm^2}$.

有关自旋转移效应对畴壁动力学运动影响的较详细讨论, 有兴趣的读者可参阅文献 [46] 或其他相关文献.

8.5   自旋转移效应的实验进展

自从 Slonczewski 和 Berger 发现自旋转移效应以来, 人们已经在多个不同的系统中实验上观察到了这种电流诱导的全新物理现象.

1998 年, Tsoi 等[58] 用一个银制成的针尖通过点接触 Co/Cu 多层膜, 向其中注入密度为 $10^9 \mathrm{A/cm^2}$ 的高强度电流, 磁场加在垂直于膜面的方向, 他们在点接触结的 *I-V* 特性曲线上观察到了台阶, 证实了电流诱导的磁矩反转和局域磁激发, 并发现这种电流诱导的磁激发只在一种电流方向下出现, 阈值电压或电流与外磁场的大小呈线性关系, 这个结果给 Slonczewski 和 Berger 的预言提供了实验上的证据. 1999 年, Wegrowe 等[59] 在磁性纳米线中观察到了电流诱导的磁化强度反转现象; Sun[60] 在锰化物三层结系统中也观察到了电流驱动的磁矩反转现象, 表现在 *I-V* 特性曲线上出现突然的跳变行为; Myers 等[61] 在点接触 Co/Cu/Co 磁性多层结构中沿垂直于膜面的方向加上电流, 通过施加适当符号的电流脉冲, 可以操控相邻 Co 层磁畴平行和反平行取向, 在 4.2K 下观察到了电流诱导的具有磁滞的磁矩取向转变, 同时还看到了磁激发的迹象. 他们认为这个实验结果可以用 Slonczewski 预言的由于磁矩和传导电子之间相互作用导致自旋极化的电流在磁性和非磁性材料界面处施加一个力矩的自旋转移现象来解释. 由于在上述点接触实验中, 为了观察到自旋转移效应引起的系统特性曲线上的转变现象, 外加给系统的电流密度必须很大. 2000 年, Katine 等[62] 在直径为 100nm 的 Co/Cu/Co 柱状结构系统中沿垂直于膜面的方向施加密度小于 $10^8 \mathrm{A/cm^2}$ 的电流, 使自旋极化的电流入射到一个孤立的铁磁颗粒上, 导致磁畴的反转. 在高磁场区域, 虽然不能观察到铁磁薄层磁矩的全部反转, 但看到了比以前的点接触实验中更清晰的进动自旋波激发信号; 在低磁场下, 发现从薄的 Co 层进入厚的 Co 层的自旋极化电子可以使薄层的磁矩转向与厚层磁矩反平行, 而一个反方向电流可以使其回到与厚层磁矩平行的状态.

Albert 等[63] 研究了自旋极化电流对 Co 薄膜纳米磁体磁矩的反转, 发现在其 CPP 结构中可以通过施加自旋极化电流来突然改变两个铁磁层磁矩的相对取向, 尽管磁场与临界电流的关系与理论预言不一致, 但是得到的自旋极化反转临界电流与理论计算一致. 2001 年, Grollier 等[64] 在 Co/Cu/Co 柱状结构中研究了自旋极化电流引起的磁矩反转现象, 并用 Slonczewski 模型与 Valet 和 Fert 提出的自旋累积理论[65] 对实验结果进行了分析, 发现计算得到的临界电流值与实验一致, 但对磁矩平行和反平行取向的计算结果是对称的, 而实验结果是不对称的. 后来, 还有一些相关的实验进一步证实了全金属自旋阀结构中自旋转移效应的存在[66].

近来对磁性隧道结进行的一系列实验, 也证实了存在着自旋极化电流诱导的自旋转移现象. Huai 等[67] 在面积为 $0.1\mu m \times 0.2\mu m$ 的 PtMn/CoFe/Ru/CoFe/Al$_2$O$_3$/CoFe/NiFe 隧道结中观察到了磁化强度反转现象, 临界电流密度为 $8 \times 10^6 A/cm^2$. 他们通过研究电流诱导的磁电阻的变化, 发现磁化强度反转现象来源于自旋转移效应. 同以前在磁性金属多层膜结构中观察到的一样, 在磁性隧道结中磁化强度反转的临界电流与外加磁场有关. Fuchs 等[68] 制备了 Py 4/Cu 80/Ta 10/CoFeB 8/Al 0.65(Ox) /CoFeB 2/Cu 5/Pt 30 的磁性隧道结, 其中 Py 是 Ni$_{81}$Fe$_{19}$, CoFeB 是 Co$_{88.2}$Fe$_{9.8}$B$_2$, Ox 表示 Al 层在 300K 温度下被氧化, 各层厚度的单位为 nm, 隧穿结电阻小于 $5\ \Omega \cdot \mu m^2$. 他们在该隧道结中, 当给固定的铁磁层和自由层纳米磁体间通过电流时, 可重复观察到纳米磁体磁化状态的转变和微波振荡现象, 该结果被归因于自旋转移效应的驱动; 并且发现引起磁化反转的电流密度类似于全金属自旋阀的临界电流密度; 发现在引起磁化反转的临界电压处隧穿磁电阻完全消失, 意味着在没有 TMR 效应的电压处电流仍然处于极化状态. 此后, 他们又在上述隧道结的结构中附加了一层固定的铁磁层, 作为自旋极化电子的第二个来源, 发现随着两个固定铁磁层磁化方向相对取向的变化, 作用在自由层上的自旋转移矩可以被大大地增强或减小; 该结构可以被用来分析焦耳自加热效应和定量地比较电子通过绝缘势垒和通过金属隔层引起的自旋转移矩; 该结果可能对制造基于电流控制的磁性随机存储器具有重要意义.

Chiba 等[69] 在基于铁磁半导体的 (Ga,Mn)As/GaAs/(Ga,Mn)As 三层磁性隧道结中在温度 30K 下观察到了电流驱动的磁化强度反转现象, 尽管在 p 型半导体中存在着自旋–轨道耦合作用, 他们在 $1.5\mu m \times 0.3\mu m$ 面积的长方形器件上利用脉冲电流和磁电阻测量, 发现引起磁化强度反转的临界电流密度相当低, 为 $1.1 \times 10^5 \sim 2.2 \times 10^5 A/cm^2$, 比全金属磁性多层结构低两个量级. 他们通过分析排除了 Oersted 场和电流脉冲加热效应引起磁反转的可能性, 认为最有可能的物理原因是由自旋极化电流施加的自旋转移矩引起的. Elsen 等[70] 在圆柱状的铁磁半导体磁性隧道结 (Ga,Mn)As/(In,Ga)As/(Ga,Mn)As 中观察到了电流诱导的磁化强度转变现象, 由转变电流的符号证实了在 (Ga,Mn)As 中价带上的空穴和 Mn 原子的自旋极化方向相反, 也发现在该系统中反转电流的大小比全金属结构小两个数量级; 同时还观察到电流诱导的磁化强度转变发生在隧穿磁电阻下降到几乎为零的外加偏压范围, 表明电压诱导的自旋波激发对隧穿磁电阻和电流诱导的磁化强度反转起不同作用.

Fuchs 等[71] 制备了包含超薄 MnO 隧穿势垒的磁性隧道结, 形成了一个纳米柱状结构 Ta 3nm/Cu 28.5nm/Ta 3nm/PtMn 15.4nm/CoFe 1.9nm/Ru 0.7nm/CoFe 2.2nm/MgO 0.8nm/CoFe 1.0nm/Py 1.8nm/Ru 1.5nm/Ta 3.0nm/Cu 10nm, 其中 CoFe 代表 $Co_{90}Fe_{10}$, Py 代表 $Ni_{91.5}Fe_{8.5}$, 自由层为 CoFe/Py 双层, 参考层为 CoFe/Ru/CoFe 结构, 并被反铁磁 PtMn 层强烈钉扎. 他们从实验上研究了该磁性隧道结系统中有限偏压下自旋转移效应和隧穿磁电阻之间的关系, 结果发现, 施加于自由层上单位电流的自旋矩随偏压的增加几乎不变, 而隧穿磁电阻在此电压区间剧烈地减小, 跟近自由电子自旋极化隧穿模型和表面电阻减小模型给出的隧穿磁电阻与偏压关系不一致. Levy 和 Fert[39] 对此给出了一个解释, 认为电流诱导源于热电子的激发在减小磁电阻的同时, 使隧穿结中的电流和自旋转移效应同时增强, 导致自旋矩与电流的比值没有大的变化.

　　Kläui 等[72] 利用原位高分辨率的自旋极化扫描电子显微成像技术, 在具有锯齿状结构的亚微米 $Fe_{20}Ni_{80}$ 线中直接观察到了电流诱导的磁畴壁移动现象, 发现在电流流动的方向上电流脉冲使头对头和尾对尾的畴壁发生移动, 畴壁运动的速度随注入电流脉冲的数目在减小; 随着电流脉冲的连续施加, 发现磁畴结构从涡旋状结构向横向结构转变, 畴结构的变化与畴壁移动速度的减小直接相关.

　　Ozatay 等[73] 研究了非均匀电流注入到纳米磁体中引起的自旋转移效应. 他们利用纳米制备技术, 在椭圆形的磁性多层膜中制作了一个直径为 20~30nm 的纳米孔, 使自旋极化的电流能够局域地注入到薄层纳米磁体中. 实验发现, 这样的设计使得纳米磁体中至少部分磁矩反转以及使磁矩动力学进动开始所需要的自旋转移的电流非常低. 利用包含自旋矩的 LLG 方程进行的微磁学模拟表明, 在注入点远离纳米孔的磁矩反转首先是通过畴壁成核来发生, 然后是通过畴壁的移动来实现; 取决于电流幅度的大小, 纳米磁体最后停留在不同磁状态的某一个态上.

　　Kubota 等[74] 利用自旋矩二极管效应 (spin-torque diode effect)[75, 76] 在不同偏压下定量测量了 MgO 磁性隧道结中的自旋转移矩, 发现与理论预言[77] 一致. 几乎同时, Sankey 等[78] 利用新发展的自旋转移效应驱动的铁磁共振技术定量测量了 MgO 磁性隧穿结中的自旋转移矩的大小和方向随偏压和角度的依赖关系, 发现在低偏压下, 微分转移矩位于电极的磁化强度定义的平面内, 其大小与理论预言[38, 39, 77, 79] 的一致; 发现随偏压的增加, 面内的微分转移矩的强度几乎保持不变, 而器件的磁电阻显著减小; 随偏压增加, 自旋转移矩朝面外旋转. 该研究工作表明, 自旋转移矩的垂直分量很重要, 因其可能使磁矩在转换过程中改变径迹, 但该因素在以前的自旋转移矩驱动磁矩翻转的理论模型中没有考虑, 所以未来的理论模型应该包含自旋转移矩的垂直分量.

　　2007 年, Hatami 等[80] 将无序磁电子学电路和器件中热电输运的有限元理论应用到金属自旋阀上, 从理论上预言了在自旋电子学器件中, 自旋极化的热电热流也会诱导出自旋转移矩, 他们称其为热自旋转移矩, 该自旋矩也会翻转铁磁体磁化强度的方向. 他们发现当热化不完全时, 会在自旋阀的正常金属隔层中多数自旋和少数自旋的温度出现有方向性的不平衡, 形成一个自旋热累积矢量. 最近, Yu 等[81]在 Co/Cu/Co 自旋阀中得到了大的热流. 他们利用二次谐波电压对外加电流的响应来研究热流对自旋阀中磁矩翻转的影响, 结果实验上发现开关场和电压响应的大小与热流相关, 这可能提供了热自旋转移矩存在的实验证据.

除了利用自旋转移效应可以翻转自由铁磁层的磁化方向外, 利用自旋–轨道耦合效应并联合交换作用, 也可以实现自由铁磁层磁化方向的翻转. 最近, Miron 等[82]在不具有结构反演对称性的铁磁金属薄膜中产生了 Rashba 效应诱导的强磁场, 实现了电流驱动的自旋矩. 他们在具有非对称的 Pt 和 AlO$_x$ 界面的 Co 层平面内利用 $10^8 A/cm^2$ 的电流产生了大小为 1T 的有效横向磁场. 这个发现也许对制备室温的自旋电子学器件提供了可能的选择.

另外, 人们对基于自旋转移效应的磁性随机存储器 (STT-MRAM)[46] 的研究也取得了重要进展. 与其他技术比较, 基于 STT-MRAM 的写入方法具有高速率、低功率、低阈值电流和碟片面积小等优点, 可望会得到大规模的工业应用. 目前, STT-MRAM 原型器件已经做出[83].

针对可用于无线和雷达通信的自旋矩振荡器 (spin torque oscillator, STO)[84]的研究近年来也取得了重要进展. 基于自旋转移效应的纳米尺度微波振荡器具有较高的品质因数, 但输出功率较低, 并需要外加磁场驱动. 最近的研究表明[85], STO 可在 5~45GHz 范围实现电流和磁场可调, Q 值可以高达 18200. 最近 Ruotolo 等[86]发现, 在不外加磁场的情形下, 通过反涡旋与涡旋的相互作用可以使 4 个磁涡旋实现同步, 朝向 STO 的实用化迈进了一步. 由于 STO 拥有潜在的巨大商业用途, 目前有关的国际专利申请也很多, 如 Koui 等[87] 申请的美国专利.

对自旋转移矩的实验研究, 国际上几个著名实验室的研究工作很活跃. 有关进一步的研究情况可以参见相关文献[88, 89].

8.6 结 束 语

以上几节我们介绍了自旋角动量转移效应的有关理论和实验进展, 对此进行的进一步理论和实验研究仍然在快速地发展之中. 可以看到, 自旋转移效应能够引起纳米磁矩取向的完全反转和磁畴壁的动力学移动现象, 具体情形取决于外加电流和磁场的大小.

在大多数的实验中, 能够清晰观察到自旋转移信号的磁性多层结构的尺寸在几百纳米甚至更小, 薄膜的厚度一般在几十纳米到 1nm 以下[46]. 需要指出的是, 自旋转移效应一方面可以潜在地用于制造自旋相关的固体微电子器件, 如高密度磁性随机存取器、可调微波发生器、可调高频率振荡器、逻辑和数据储存磁畴壁器件等, 另一方面该效应对某些电子器件如磁性传感器等是有害的, 自旋转移激发引起热噪声的放大会对磁盘驱动器读出头的运行产生重要影响. 对自旋转移矩大小的直接测量遇到的问题是如何区分由外加电流诱导的 Oersted 磁场产生的矩和自旋转移效应引起的矩, 因为实验上观察到的信号是上述两种矩的叠加. 实验研究必须想办法尝试消除或者补偿掉 Oersted 磁场, 从而能够在实验上直接分离出自旋转移矩的大小. 要做到这一点, 有必要选择合适的物理系统 (如横向自旋阀结构等). 实验探索的一个非常重要的方面就是如何更好地利用自旋转移效应制造出人们所需的自旋电子学器件, 如何设计具有特殊结构或由特殊材料组成的磁性多层系统使其引起自旋转移激发的阈值电流密度低到可用于集成到现在成熟的半导体集成电路技术中, 如何能够有效提高自旋转移效应输出的信号, 如何能够有效地操控由自旋转移效应导致的磁畴壁的运动, 等等. 因此, 在实验方面还有许多重要问题有待进一步研究.

在理论研究方面, 目前大多数的理论模型采用了绝热近似, 即电流的自旋极化方向与铁磁体中磁化强度的方向一致. 这些理论虽然能够定性地解释电流诱导的自旋转移现象, 但理论计算得到的电流阈值往往比实验观察到的值大很多, 因此, 考虑了非绝热效应的更微观的理论模型需要进一步建立. 另外, 由自旋转移效应 (同时包含面内和面外 STT) 引起的磁畴壁动力学运动的微观理论模型尚需深入研究. 此外, 自旋转移矩与自旋电子学中其他重要物理现象如自旋 Hall 效应[90]、自旋流[91]、拓扑绝缘体[92] 等之间的关系及其相互影响的讨论仍然在发展之中. 对这些问题的研究将加深对自旋转移效应这一全新物理现象的更深入理解.

综上所述, 自旋转移效应是一个全新的物理现象. 从实验、理论和应用方面来看, 自旋转移效应的研究都涉及多学科领域的交叉, 由于正处在快速发展阶段, 许多深层次的物理问题尚待进一步探索.

致谢: 感谢国家自然科学基金委和中国科学院的支持.

苏　刚

中国科学院大学

苏刚, 教授、博士生导师, 现任中国科学院大学副校长. 长期从事凝聚态理论、统计物理及计算材料物理与化学等方面的研究, 包括强关联系统、量子磁性、自旋电子学、分子磁体、超导物理、纳米结构与材料设计、新型能源材料等. 已在包括 *Phys. Rev. Lett.*、*J. Am. Chem. Soc.*、*Angew. Chem. Int. Ed.* 等期刊和专著上发表了 160 余篇研究论文和章节, 部分工作被 *Materials Today*、*NPG Asia Materials*、*Nature China, Science News*、*American Scientist*、*PhysOrg.com* 等作为研究亮点报道. 曾获国务院政府特殊津贴、中国分析测试协会科学技术奖 (CAIA

奖) 一等奖、教育部自然科学奖一等奖、国家杰出青年科学基金、国家自然科学奖二等奖、新世纪百千万人才工程国家级人选等.

参 考 文 献

[1] Prinz G A. Science, 1998, 282: 1660–1663.

[2] Wolf S A, Awschalom D D, Buhrman R A, et al. Science, 2001, 294: 1488–1495; Awschalom D D, Flatte M E. Nat. Physics, 2007, 3: 153.

[3] Žutić I, Fabian J, Sarma S D. Rev. Mod. Phys., 2004, 76: 323–410.

[4] Grünberg P, Schreiber R, Pang Y, et al. Phys. Rev. Lett., 1986, 57: 2442–2445.

[5] Baibich M N, Broto J M, Fert A, et al. Phys. Rev. Lett., 1988, 61: 2472–2475.

[6] Binash G, Grünberg P, Saurenbach F, et al. Phys. Rev. B, 1989, 39: 4828–4830.

[7] Parkin S S, More N, Roche K P. Phys. Rev. Lett., 1990, 64: 2304.

[8] Unguris J, Celotta R J, Pierce D T. Phys. Rev. Lett., 1991, 67: 140.

[9] Zhang S, Levy P M. J. Appl. Phys., 1991, 69: 4786.

[10] Pratt Jr W P, Lee S F, Slaughter J M. et al. Phys. Rev. Lett., 1991, 66: 3060.

[11] Johnson M. Phys. Rev. Lett., 1993, 70: 2142.

[12] Johnson M. Science, 1993, 260: 320.

[13] Prinz G A. Physics Today, 1995, (4): 58.

[14] Meservey R, Tedrow P M, Fulde P. Phys. Rev. Lett., 1970, 25: 1270.

[15] Julliére M. Phys. Lett. A, 1975, 54: 225–226.

[16] Slonczewski J C. Phys. Rev. B, 1989, 39: 6995–7002.

[17] Moodera J S, Kinder L R, Wong T M, et al. Phys. Rev. Lett., 1995, 74: 3273–3276.

[18] Moodera J S, Nassar J, Mathon G. Annu. Rev. Mater. Sci., 1999, 29: 381–432.

[19] Maekawa S, Shinjo T. Spin-Dependent Transport in Magnetic Nanostructures. London and New York: Taylor & Francis, 2002.

[20] Tsymbal E Y, Mryasov O N, LeClair P R. J. Phys. Condens. Matter, 2003, 15: R109–R142.

[21] Gang Su. Theory of spintronic transport in magnetic tunnel junctions. In: Murray V N. Progress in Ferromagnetism Research Chapter 5. New York: Nova Science Publishers, Inc., 2006: 85–123.

[22] Slonczewski J C. J. Magn. Magn. Mater., 1996, 159: L1–L7.

[23] Berger L. Phys. Rev. B, 1996, 54: 9353–9358.

[24] Waintal X, Myers E B, Brouwer P W, et al. Phys. Rev. B, Inc., 2000, 62: 12317.

[25] Waintal X, Brouwer P W. Phys. Rev. B, 2001, 63: 220407.

[26] Waintal X, Brouwer P W. Phys. Rev. B, 2002, 65: 050407.

[27] Brataas A, Nazarov Y V, Bauer G E W. Phys. Rev. Lett., 2002, 84: 2481–2484.

[28] Xia K, Kelly P J, Bauer G E W, et al. Phys. Rev. B, 2002, 65: 220401(R).

[29] Berger L. J. Appl. Phys., 2001, 89: 5521.

[30]	Barnas J, Fert A, Gmitra M, et al. Phys. Rev. B, 2005, 72: 024426.

[31]	Zhang S, Levy P M. Fert A. Phys. Rev. Lett., 2002, 88: 236601.

[32]	Stiles M D. Zangwill A. Phys. Rev. B, 2002, 66: 014407.

[33]	Stiles M D. Zangwill A. J. Appl. Phys., 2002, 91: 6812–6817.

[34]	Grollier J, Cros V, Jaffrès H, et al. Phys. Rev. B, 2003, 67: 174402.

[35]	Zhu Z G, Su G, Jin B, et al. Phys. Lett. A, 2003, 306: 249–254.

[36]	Zhu Z G, Su G, Zheng Q R, et al. Phys. Lett. A, 2002, 300: 658–665.

[37]	Zhu Z G, Su G, Zheng Q R, et al. Phys. Rev. B, 2003, 68: 224413.

[38]	Slonczewski J C. Phys. Rev. B, 2005, 71: 024411.

[39]	Levy P M. Fert A. Phys. Rev. Lett., 2006, 97: 097205.

[40]	Varma C M, Littlewood P B, Schmitt-Rink S, et al. Phys. Rev. Lett., 1989, 63: 1996–1999.

[41]	Mu H F, Su G, Zheng Q R, et al. Phys. Rev. B, 2005, 71: 064412.

[42]	Mu H F, Zheng Q R, Jin B, et al. Phys. Lett. A, 2005, 336: 66–70.

[43]	Mu H F, Su G, Zheng Q R. Phys. Rev. B, 2006, 73: 054414.

[44]	Maekawa S. J. Magn. Magn. Mater., 2004, 272–276: 1459–1463(E).

[45]	Chen X, Zheng Q R, Su G. J. Phys. Condens. Matter, 2010, 22: 186004.

[46]	Sun J Z. IBM J. Res. & Dev., 2006, 50: 81.

[47]	Li Z, Zhang S. Phys. Rev. B, 2004, 69: 134416.

[48]	Sun J Z, Monsma D J, Kuan T S, et al. J. Appl. Phys., 2003, 93: 6859.

[49]	Li Z, Zhang S. Phys. Rev. Lett., 2004, 92: 207203.

[50]	Bazaliy Y B, Jones B A, Zhang S C. Phys. Rev. B, 1998, 57: R3213.

[51]	Sun J Z. Phys. Rev. B, 2000, 62: 570; Li Z, Zhang S. Phys. Rev. B, 2003, 68: 024404.

[52]	Ho J, Khanna F C, Choi B C. Phys. Rev. Lett., 2004, 92: 097601.

[53]	Khvalkovskiy A V, Zvezdin K A, Gorbunov Y V, et al. Phys. Rev. Lett., 2009, 102: 067206.

[54]	Sun Z Z, Wang X R. Phys. Rev. Lett., 2006, 97: 077205.

[55]	Wang X R, Sun Z Z. Phys. Rev. Lett., 2007, 98: 077201.

[56]	Yan P, Wang X R. Phys. Rev. B, 2009, 80: 214426.

[57]	Chen X, Zheng Q R, Su G. Phys. Rev. B, 2008, 78: 104410.

[58]	Tsoi M, Jansen A G M, Bass J, et al. Phys. Rev. Lett., 1998, 80: 4281–4284.

[59]	Wegrowe J E, Kelly D, Jaccard Y, et al. Europhys. Lett., 1999, 45: 626–632.

[60]	Sun J Z, J Magn. Magn. Mater., 1999, 202: 157–162; Sun J 2 Physica C, 2000, 350: 3201.

[61]	Myers E B, Ralph D C, Katine J A, et al. Science, 1999, 285: 867–870.

[62]	Katine J A, Albert F J, Buhrman R A, et al. Phys. Rev. Lett., 2000, 84: 3149–3152.

[63]	Albert F J, Katine J A, Buhrman R A, et al. Appl. Phys. Lett., 2000, 77: 3809–3811.

[64]	Grollier J, Cros V, Hamzic A, et al. Appl. Phys. Lett., 2001, 78: 3663–3665.

[65] Valet T. Fert A, Phys. Rev. B, 1993, 48: 7099–7113.

[66] Sun J Z, Monsma D J, Abraham D W, et al. Appl. Phys. Lett. 2002, 81: 2202; Puffall
      M R, Rippard W H, Silva T J. Appl. phys. Leff. 2003, 83: 323; Urazhdin S, Kurt H,
      Pratt W P, et al. Appl. phys. Leff. 2003, 83: 114.

[67] Huai Y, Albert F, Nguyen P, et al. Appl. Phys. Lett., 2004, 84: 3118.

[68] Fuchs G D, Emley N C, Krivorotov I N, et al. Appl. Phys. Lett., 2004, 85: 1205;
      Emley N C, Krivorotov I N, 2005, 86: 152509.

[69] Chiba D, Sato Y, Kita T, et al. Phys. Rev. Lett., 2004, 93: 216602.

[70] Elsen M, Boulle O, George J M, et al. Phys. Rev. B, 2006, 73: 035303.

[71] Fuchs G D, Katine J A, Kiselev S I, et al. Phys. Rev. Lett., 2006, 96: 186603.

[72] Kläui M, Jubert P O, Alluespach R, et al. Phys. Rev. Lett., 2005, 95: 026601.

[73] Ozatay O, Emley N C, Bragance P M, et al. Appl. Phys. Lett., 2006, 88: 202502.

[74] Kubota H, et al. Nat. Physics, 2008, 4: 37.

[75] Tulapurkar A A, Suzuki Y, Fukushima A, et al., Nature, 2005, 438: 339.

[76] Sankey J C, Bragance P M, Garcia A G F, et al. Phys. Rev. Lett., 2006, 96: 227601.

[77] Theodonis I, Kioussis N, Kalitsov A, et al. Phys. Rev. Lett., 2006, 97: 237205.

[78] Sankey J C, Cui Y T, Sun J Z, et al. Nat. Physics, 2008, 4: 67.

[79] Slonczewski J C, Sun J Z, J. Magn Magn. Mater. 2007, 310: 169.

[80] Hatami M, Bauer G E W, Zhang Q, et al. Phys. Rev. Lett. 2007, 99: 066603; Hatami
      M, Bauer G E W, Zhang Q, et al. Phys. Rev. B, 2009, 79: 174426.

[81] Yu H, Granville S, Yu D P, et al. Phys. Rev. Lett., 2010, 104: 146601.

[82] Miron I M, Gaudin G, Auffret S, et al. Nat. Materials, 2010, 9: 230.

[83] Zhao W, Belhaire E, Chappert C, et al. ACM Trans. Embedd. Comput. Syst., 2009,
      9(2): Article 14.

[84] Kiselev S I, Sankey J C, Krivorotov I N, et al. Nature, 2003, 425: 380.

[85] Rippard W H, Pufall M R, Kata S, et al. Phys. Rev. B, 2004, 70: 100406(R).

[86] Ruotolo A, Cros V, Georges B, et al. Nature Nanotech., 2009, 4: 528.

[87] Koui K, et al. US Patent Application Publication, No. US 2010/0110592 A1. 2010.

[88] Grunberg P, Bürgler D E, Dassow H, et al. Acta Materialia, 2007, 55: 1171.

[89] Chappertc Fert A, Dau F, et al. Nat. Materials, 2007, 6: 813.

[90] Hirsch J E. Phys. Rev. Lett., 1999, 83: 1834; Bernevig B A, Zhang S C. Phys. Rev.
      Lett., 2006, 96: 106802; etc.

[91] Zhang J, Levy P M, Zhang S F, et al. Phys. Rev. Lett., 2004, 93: 256602; Zhang S,
      Yang Z. Phys. Rev. Lett., 2005, 94: 066602; Sun Q F, Xie X C. Phys. Rev. B, 2005,
      72: 245305; Wang B, Peng J, Xing D Y, et al. Phys. Rev. Lett., 2005, 95: 086608;
      Wang Y, Xia K, Su Z B, et al. Phys. Rev. Lett. 2006, 96: 066601; Shi J, Zhang P,
      Xiao D, et al. Phys. Rev. Lett., 2006, 96: 076604; etc.

[92] 叶飞, 苏刚. 物理, 2010, 39: 564–569.

第9章　自旋动量矩转移矩对传统技术磁化的发展

9.1　自旋动量矩转移, 物理和技术上的历史性突破

1. 物理和技术上的历史性突破

自从 4000 多年以前发现磁铁矿, 以及 200 多年前现代电磁学发展以来, 人们公认的是, 只有磁场才可能使物质的磁矩或磁化矢量发生变化. 因而在科学技术中定义了磁化率、磁导率, 磁化曲线等, 发展了磁性物质的磁化理论的研究. 对于在技术应用上有实用价值的强磁物质, 包括铁磁与亚铁磁物质, 进行了大量而系统的实验和理论研究, 积累了相当完整而成熟的技术磁化知识. 1996 年 Slonsczewski[1] 和 Berger[2] 分别提出自旋动量矩转移或自旋转移力矩 (STT) 的理论, 预言自旋极化的电流通过纳米尺寸的磁体时可以直接引起该磁体中磁化的变化, 而不需要借助于磁场. 不久 STT 理论为实验所证实[3~5], 引发了许多实验、理论、应用和开发等方面的研究[6]. 电流直接引起磁化变化或电流诱导磁化 (CIM) 而不通过磁场, 无疑是 4000 多年来历史性的突破. 这也是基本粒子的自旋在介观体系中的一个效应. 此外, 在微电子学中的一个长期的技术难题是磁场的植入, 产生磁场的器件难以微型化与集成. 电流直接引起磁化正在解决这一难题, 也是集成电路发展以来技术上的历史性突破.

2. 自旋动量矩转移、电流诱导磁化是巨磁电阻和自旋相关导电的逆效应

当电流通过铁磁体或铁磁多层膜时, 电子散射引起传导电子与局域磁矩的动量和动量矩的交换. 传导电子的动量变化, 成为电阻的来源. 在强磁物质中不同自旋方向的传导电子与局域磁矩散射的几率不同, 称为自旋相关散射, 这是自旋相关导电 (SDC) 的一种机制. 另一方面, 电子受到散射的反作用, 使局域磁矩的动量和动量矩发生变化. 自旋相关散射使不同自旋的传导电子转移给局域磁矩的动量矩不同, 从而转移给局域磁矩一个净力矩. 同理, 自旋极化电流通过磁体时, 两种自旋取向的电子的数量不同, 它们与局域磁矩间的散射也转移给局域磁矩一个净力矩, 均称为自旋转移力矩 (STT). 若这个力矩与局域磁矩的动量矩方向不同就会引起其磁矩的转动, 导致磁化. 图 9-1 为自旋相关导电, SDC 与 STT 互为逆效应的示意图. SDC, 横向磁场改变多层膜中磁矩的排列, 从而影响纵向电流和电阻的大小; STT,

纵向电流改变多层膜中磁矩的排列, 最终也改变纵向电流和电阻的大小.

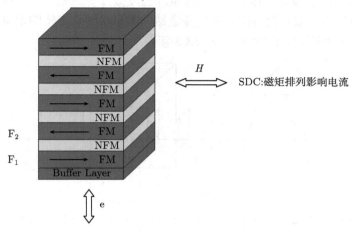

图 9-1 自旋转移力矩是自旋相关导电的逆效应 (取自 Chien 的 PPT)

然而 1988 年发现 GMR 以后的七八年中人们的注意力都集中在自旋相关导电的有关研究与开发上, 却忽略了对其逆效应的研究.

3. 自旋转移力矩、电流诱导磁化的物理图像

图 9-2 为电子流通过一个纳米尺度的 CPP(电流垂直于平面) 三层膜 $F_1/N/F_2$ 时自旋动量矩转移的示意图. F_1 为钉扎层或极化层. 电子流从左流入 F_1, 成为自旋极化电子流. 自旋极化电子流通过非磁层 N 进入自由磁层 F_2, 与 F_2 中的磁矩发生自旋相关散射, 引起了自旋动量矩转移, 将自旋转移力矩 τ_a 传给 F_2, 如图 9-2 所示. 或如 Slonczewski 所述, 自旋极化的传导电子在铁磁体 F_2 的有效交换场中发生自旋退相干效应, 将自旋动量矩转移给 F_2. 自旋转移力矩矢量可表为[1,6,7]

$$\tau_a = -\frac{a_J}{M_s} \boldsymbol{M}_1 \times (\boldsymbol{M}_1 \times \boldsymbol{M}_2) \tag{9-1}$$

其中, $\boldsymbol{M}_1$ 为自由层的磁化矢量; $\boldsymbol{M}_2$ 为钉扎层的磁化矢量; M_s 为磁化强度; 系数 a_J 为一个与相互作用有关的参量, 正比于电流强度, 其符号可正可负, 依赖于电流的方向. 与本文第 9.2 节第 3 小节关于磁矩进动的 Landau-Lifshits 方程、公式 (9-5) 对比, 可以看出该自旋转移力矩矢量 τ_a 与磁矩进动的阻尼边距共线. 若电流的方向合适, 自旋转移力矩 τ_α 与阻尼力矩方向相反, 可使 M_1 离开原来的方向, 发生转动和进动. Stiles 等[6] 给出一个直观的图像示于图 9-2: 当自旋极化电子流入铁磁层时, 所携带的动量矩中与自由层的局域磁矩垂直的分量被局域磁矩吸收, 自旋转移力矩正

比于被吸收的自旋电流动量矩的垂直分量. 对自旋转移力矩、电流诱导磁化进动和反转的动力过程, 以及临界电流、开关速度和温度效应等的系统了解可参看孙赞红等[5,7] 的研究. 而直接对自旋阀和磁性隧道结中的自旋转移力矩的定量测量的实验则在多年之后分别发表于 2005 年和 2008 年[8].

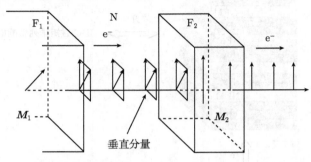

图 9-2   自旋动量矩转移示意图 (部分取自 Fert 和 Grollier 的 PPT)

4. 自旋转移力矩的研究与开发取得许多成果

十几年来自旋转移力矩的实验、理论和应用、开发研究掀起了新的高潮, 令人鼓舞、意想不到的新成果不断出现. 电流诱导磁化反转已开始用于磁性随机存储器中 MTJ 存储单元的写入. 利用自旋转移力矩效应进行存储器的写入, 称为 STS, 这比传统的磁场写入方式更节省能量, 并减少与邻近存储单元的相互影响[9]. STT 电流诱导磁矩的进动频率在微波区域. 直流电通过纳米器件可产生微波频率的振荡, 反之微波电流通过纳米器件可产生直流分量. STT 电流诱导微波发生器和微波整流器等纳米微波器件成为另一类很有意义的研究和开发对象[10,11]. 此外, 电流诱导畴壁位移是另一个研究热点[12]. 除了它在基础研究的意义外, 利用纳米线中的电流诱导畴壁位移开发新型高密度存储器–跑道存储器 (racetrack memory) 的研究正进行[13]. 文献 [14] 和本书第 8 章对自旋转移力矩的研究与开发有较详细的叙述.

另外, 电流诱导纳米磁体磁化的理论和实验研究正在改写百多年来形成的系统而成熟的磁场作用下技术磁化的理论和实验知识与传统的铁磁学. 本章对传统的磁场诱导技术磁化与 STT 电流诱导磁化作了综述与对比. 限于篇幅, 将不深入介绍相关的理论和实验, 只作定性的叙述.

9.2   传统铁磁学中的磁场诱导磁化[15~20]

本节将对传统铁磁学中磁场诱导磁化作简短回顾, 以便与自旋转移力矩–电流诱导磁化的研究进行对比.

9.2.1 磁化的可逆转动和不可逆转动 (Stoner-Wohlfarth 模型)[18~20]

一个单磁畴椭球颗粒的磁化矢量 M_s 的方向决定于总自由能 E 的极小, 即

$$\frac{\partial E}{\partial \theta} = 0 \quad \frac{\partial E}{\partial \phi} = 0; \quad \frac{\partial^2 E}{\partial \theta^2} > 0, \quad \frac{\partial^2 E}{\partial \phi^2} > 0$$

θ 与 ϕ 确定 M_s 在极坐标中的方向. 若只考虑 θ 为变量, 且 H 的方向如图 9-3 所示, 则

$$E = K\sin^2(\theta - \theta_0) + HM_s\cos\theta \tag{9-2}$$

其中, 第一项为单轴各向异性能, 可以是磁晶各向异性、感生各向异性、磁弹性能或退磁场能; 第二项为磁场作用能. θ_0 为磁场与易磁化轴的夹角. 求能量极小得到平衡方程, $\dfrac{\mathrm{d}E}{\mathrm{d}\theta} = 0$, 即

$$K\sin 2(\theta - \theta_0) = HM_s\sin\theta \tag{9-3}$$

其意义为磁各向异性引起的内力矩 L_K 与磁场作用的力矩 L_H 平衡

$$L_K = -L_H$$

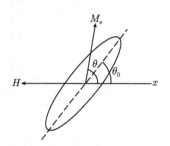

图 9-3 单畴转动过程示意图

而沿磁场方向的磁化强度为

$$M = M_s\cos\theta$$

满足平衡方程式 (9-3) 的 M 与 H 的关系为磁滞回线的可逆转动部分, 其特点是连续和可逆, 如图 9-4 中磁滞回线的曲线部分所示.

当 H 达到临界值 H_0 时, 满足

$$\frac{\mathrm{d}^2 E}{\mathrm{d}\theta^2} = 0 \tag{9-4}$$

出现不可逆转动. 相应于图 9-4 中的竖直线. 因此, 磁畴转动的磁化过程常为: 可逆转动 → 跳跃式不可逆转动 → 可逆转动. 不同 θ_0 的磁滞回线如图 9-4 所示. 当 H 沿单畴微粒的易磁化轴时, $H_c = 2K/M_s$. 高各向异性的单畴微粒成为寻求优质永磁的重要方向. Fe 和 FeCo 合金具有高 M_s, 其细长微粒具有高的形状各向异形和高矫顽力, 沿易磁化方向 H_c 最大, $H_c = 2K/M_s = (N_n - N_p)M_s \cong 2\pi M_s$.

在微小的单畴粒子中, 反磁化也可以是不均匀转动过程. 图 9-5 中给出了椭球形单畴微粒的均匀转动和两种不均匀转动的示意图. 图 9-5(a) 为均匀转动; 图 9-5(b) 为扭旋式 (buckling) 非均匀转动, 图 9-5(c) 为涡旋式 (curling) 非均匀转动. 非均匀转动过程中退磁场位垒减小, 而交换能增加. 对于高饱和磁化强度的 Fe 或 FeCo 单畴微粒不均匀转动的矫顽力比均匀转动低.

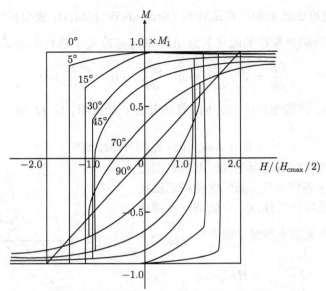

图 9-4　磁场沿不同方向时单畴转动过程的磁滞回线

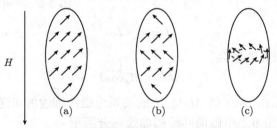

图 9-5　单畴微粒的均匀和不均匀转动过程

(a) 均匀转动; (b) 扭旋式; (c) 漏旋式

9.2.2　可逆和不可逆畴壁位移[19]

当铁磁体中存在多个磁畴时, 磁畴间的畴壁是一个过渡层. 图 9-6 为一个 180°
Bloch 畴壁中磁矩方向转动的示意图. 畴壁中的磁矩的方向随畴壁法线 x 逐步过
渡, 从正 z 转动到向下. 畴壁中的每层原子的磁矩均在 yz 面中, 磁矩方向随 x 逐
步过渡, 保持 $\mathrm{Div}M = 0$. 相邻层磁矩的转动决定于交换能和磁各向异性能的平衡.

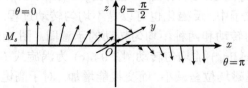

图 9-6　一个 180° 畴壁中磁矩方向转动的示意图

固体缺陷使畴壁的能量密度 $\gamma_w(x)$ 随其位置而变. $H = 0$ 时, 畴壁处于能量 γ_w 最低处. 当加入磁场 H 时, 畴壁两侧磁畴的磁场作用能不同, 等效于一个 "压力" P_H, 使畴壁移动位置. 如图 9-7 所示, 当外加磁场与左侧磁畴的磁化平行时, $P_H = 2HM_s$ 使畴壁向右移动. 位移使畴壁能增加, 等效为对畴壁位移的 "阻力" P_{DW}. 二者的平衡, $P_H = P_{DW}$, 决定了在磁场作用下畴壁的位置. 若磁场增加 ΔH, 则可逆畴壁位移 Δx 满足 $2M\Delta H = \dfrac{\mathrm{d}P_{DW}}{\mathrm{d}x}\Delta x$. 当畴壁移动至阻力最大的位置 b 时, 出现跳跃式的不可逆畴壁位移, 使畴壁移动至新的平衡位置 b'. 畴壁位移常是可逆 $\rightarrow$ 不可逆 $\rightarrow$ 可逆位移交替进行.

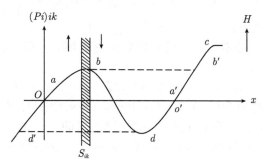

图 9-7 畴壁位移示意图

9.2.3 磁畴转动与反磁化的动力过程[16,17,21]

1. 磁矩转动的动力过程

磁矩来自电子的自旋和轨道运动, 而它们都具有动量矩. 当磁化矢量 $\boldsymbol{M}$ 与等效磁场 $\boldsymbol{H}$ 不平行时, 磁场力矩 $\boldsymbol{H} \times \boldsymbol{M}$ 使 $\boldsymbol{M}$ 绕 $\boldsymbol{H}$ 做右旋进动. 准静态的试验证明, 经过一定时间, $\boldsymbol{M}$ 最终转至与 $\boldsymbol{H}$ 平行的方向. 这说明 $\boldsymbol{M}$ 取向的变化实际上是阻尼进动过程. 这是由于自旋–轨道耦合等阻尼机制将磁矩进动的动能传给了晶格. 阻尼进动过程是 $\boldsymbol{M}$ 受到磁场力矩 $\boldsymbol{H} \times \boldsymbol{M}$ 和与进动 $\mathrm{d}\boldsymbol{M}$ 垂直的阻尼力矩的共同作用形成的, 如图 9-8 所示.

磁矩的阻尼运动方程常表为下面两种形式[21].

(1) Landau-Lifshitz 方程

$$\dot{\boldsymbol{M}} = \gamma_g(\boldsymbol{H} \times \boldsymbol{M}) + \frac{\lambda}{M^2}[\boldsymbol{M} \times (\boldsymbol{H} \times \boldsymbol{M})] \quad (9\text{-}5)$$

当式 (9-5) 的第二项远小于第一项时, 该式可写为

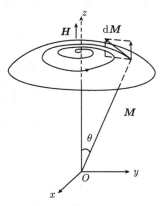

图 9-8 磁化矢量的阻尼进动

$$\dot{M} = \gamma_g (H \times M) + \frac{G}{\gamma_g M^2}(M \times \dot{M}) \tag{9-5}'$$

(2) Landau-Lifshitz-Gilbert 方程

$$\dot{M} = \gamma_g^* (H \times M) + \frac{\alpha_0}{M}(M \times \dot{M}) \tag{9-6}$$

式 (9-5) 和式 (9-6) 两式中的第一项为磁场力矩, 导致 M 围绕磁场做右旋进动; 第二项为阻尼力矩, 与磁场力矩的方向垂直, 使进动张角减小. λ 或 G 与 α_0 为阻尼因子. 两个力矩相互作用形成阻尼进动过程.

若略去阻尼项, 自由进动的频率为 ω_0. $\omega_0 = \gamma H, \gamma_g = g\dfrac{e}{2mc}$.

若磁矩只来自电子自旋, 则 $g \cong 2$, $\gamma_g = 1.76 \times 10^7 \mathrm{s}^{-1}$. 当 $H = 10^3 \mathrm{Oe}$ 时, $\omega_0 = 1.76 \times 10^{10} \mathrm{s}^{-1}$. 磁矩的自由进动频率在微波频率范围. 若考虑阻尼因子的影响, 进动频率稍有变化.

式 (9-6) 中 $\gamma^* = \gamma(1 + \alpha_0^2), \alpha_0 \cong \lambda/\gamma_g M$. 当 $\alpha_0 \ll 1$ 时, 式 (9-5) 与式 (9-6) 等同. 以 NiFe 合金薄膜为例, $\lambda \cong 0.8 \times 10^8 \sim 1.9 \times 10^8 \mathrm{s}^{-1}$. 在直流磁场作用下通过转动, 即阻尼进动, 进行磁化或反磁化时, 弛豫时间 $\tau \approx M/H\lambda$. 若 $M \approx 1000 \mathrm{Gs}$, $H \approx 100 \mathrm{Oe}$, 阻尼进动过程的弛豫时间为 0.1μs 量级. 故准静态磁测量仪器无法测出其进动过程.

2. 磁畴转动反磁化的动力过程

存储元件在反向磁场作用下完成反磁化的时间十分重要. 反磁化时间 τ 依赖于阻尼因子的大小及磁场强度. 图 9-9 为在反向直流磁场 H 作用下磁矩通过阻尼进动进行反转过程的示意图. 直流或脉冲场 H 对 M 的力矩为 $H \times M$, 稳定的反向磁场与 M 作用的力矩为零. 但由于涨落效应, M 出现与 H 不平行的几率, 因而力矩不等于零, 于是发生进动. 力矩随进动角变大而增大. 当 $H = -H_c$ 时, M 的进

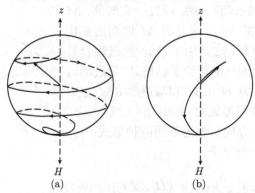

图 9-9　在反向直流磁场作用下磁矩的进动和反转过程示意图

(a) 低阻尼进动反转; (b) 过阻尼反转[16]

动角 θ 可达到 $\pi/2$, 从而实现反磁化. 当阻尼较小时, 阻尼进动反复进行, 反磁化时间较长, 如图 9-9(a) 所示; 当阻尼很大时, 为过阻尼进动, 反磁化时间也较长, 如图 9-9(b) 所示. 当阻尼为临界值时, 反磁化时间最短. 为了缩短反磁化时间, 适当控制材料的阻尼因子是一个手段. 一个巧妙的研究发现, 在与铁磁体的 M 垂直的方向加一个脉冲磁场使 M 沿脉冲场 90° 的方向进动, 从而在进动的半个周期便能够实现超快速的反转磁化[22].

9.2.4 畴壁位移的动态过程[23,24]

仍以图 9-6 和图 9-7 中 180° Bloch 畴壁与磁场的方位为例. 直流磁场 H 的加入使畴壁中的磁矩发生围绕 H 进动的趋势. 但这种进动稍一发生, 就破坏了静态畴壁中 $\mathrm{Div}M = 0$ 的磁矩排列, 使静态畴壁原本沿畴壁平面的磁矩翘出畴壁平面, 因而出现了沿畴壁运动方向的内退磁场 H_D. 于是畴壁中的磁矩均绕 H_D 进动, 从而使畴壁发生移动. 因此, 畴壁位移的动态过程是畴壁中各个原子面的磁矩逐次绕畴壁移动方向的内场 H_D 的进动, 且运动中畴壁面中的磁矩翘出一个小角度. 若磁场 H 增加, 则翘角增大, H_D 增大, Larmor 进动加快, 因而畴壁运动的速度随磁场增大而增快.

运动中的畴壁能量高于静止畴壁的能量. 令所增加的能量 $\Delta\gamma$ 相当于动能 $\frac{1}{2}m_w v^2$, 可得到运动畴壁的惯性质量 m_w, 但并无质量的运动. 如畴壁有加速度, 则有惯性力 $m_w\ddot{x}$. 根据磁矩进动方程的公式 (9-5), 可得到与进动阻尼相关的正比于畴壁速度的阻尼力 $\beta\dot{x}$. 此外, 还有在 9.2.2 节讨论过的准静态畴壁位移的阻力或恢复力 αx, 以及外磁场驱动力 $2H_0 M_s$. 畴壁位移的动态方程为

$$m_\omega\ddot{x} + \beta\dot{x} + \alpha x = 2H_0 M_s \tag{9-7}$$

$$m_\omega = \frac{1}{4\pi\gamma_g^2\delta_0}, \beta = \frac{\lambda}{\gamma_g^2\delta_0} = 4\pi\lambda m_\omega \quad (\delta_0\ \text{为畴壁厚度})$$

以 Fe 为例, 其计算值 $m_\omega \approx 10^{-10}\mathrm{g/cm}^3$.

若外加磁场为交变场, 可得到如下复量磁化率的表达式:

$$\tilde{\chi} = \chi' - \mathrm{j}\chi'' = \chi_i \Big/ \left[1 - \left(\frac{\omega}{\omega_0}\right)^2 + \mathrm{j}\frac{\omega}{\omega_c}\right] \tag{9-8}$$

其中, χ_i 为直流磁化率, $\omega_0 = (\alpha/m_w)^{1/2}, \omega_c = \alpha/\beta$. 式 (9-8) 已多次为交变场下的初始磁化率的磁谱的实验所验证与研究.

20 世纪 30 年代, Sixtus 和 Tonks 对直流磁场下不可逆畴壁位移的速度进行了有趣的实验研究[25]. 这个早年的试验原理如图 9-10 所示.

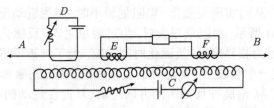

图 9-10   Sixtus-Tonks 实验原理图

样品为直径略小于 1mm, 长度约几十厘米的 Ni-Fe 合金丝 AB, 加张力后具有矩形磁滞回线. 磁化饱和后, 在局部线圈 D 的负磁场作用下出现一小的反向磁畴. 当主线圈中加一负磁场 H 大于不可逆畴壁位移临界场 H_0 时, 反向磁畴的一片畴壁沿合金丝进行不可逆位移, 实现反磁化. 畴壁的不可逆位移近似为恒速, 故式 (9-7) 近似地成为

$$\beta v = 2M_s(H - H_0), \quad \text{或} \quad v = A(H - H_0)$$

畴壁位移速度可用线圈 E 和 F 的感应信号间的时间间隔和距离求出. 图 9-11 为一种 NiFe 丝的结果, 速度随磁场强度增大而单调增加, 超过了 200m/s.

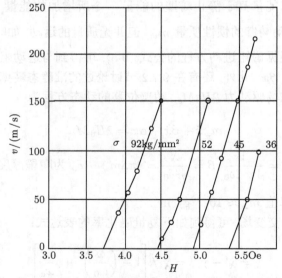

图 9-11   NiFe 丝在不同张力 σ 下畴壁位移速度 (m/s) 与磁场强度 H 的依赖关系
横坐标的截距为 H_0

以后, 对磁泡及纳米线中磁畴壁移动的研究发现, 畴壁位移的速度并非随磁场单调上升. 当畴壁位移的速度随磁场上升至一个临界值 H_B 后, 继续增加磁场反而使畴壁移动的速度减小. 这个临界值称为Walker速度崩溃场 (Walker breakdown)[24].

此后, 速度反而随磁场增加而下降, 畴壁不再保持与静态磁畴相似的结构. 当磁场继续增大, 越过速度崩溃区域后, 速度逐步上升, 但上升的斜率小于弱磁场区域. 如图 9-12 所示[26]. 人们正尝试采取不同的措施抑制速度崩溃场, 使畴壁在纳米线中具有较高的位移速度, 以满足新兴纳米线存储器或逻辑元件的要求[27]. 有文章报道, 在亚微米 NiFe 合金薄带中当磁场为 50Oe 时, 观察到高达 1.5km/s 的畴壁位移速度[28]. 而 1994 年曾报道过在正铁氧体中观察到高达 2×10^6m/s 的速度[29].

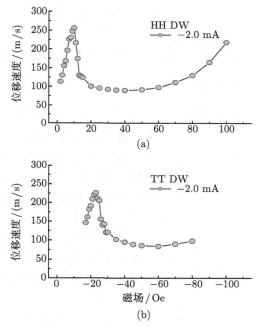

图 9-12　在纳米线中畴壁位移速度与磁场的关系和 Walker 崩溃场

HH 和 TT 分别为头对头和尾对尾的两种畴壁. 2.0mA 为偏压电流

9.2.5　用交变磁场研究磁矩进动、铁磁共振[21,30]

对在磁场作用下磁矩进动的研究主要有三种实验方法. 早在 1947 年已经开始而且得到充分使用和研究的是铁磁共振, 包括均匀和不均匀进动的共振激发. 另一种是利用布里渊光散射技术检测自旋波. 二者都属于频率域测量. 第三种属于时间域测量, 即在磁场突然变化后或温度突然变化后直接观察磁矩的进动.

1. 磁化矢量的均匀进动和铁磁共振

样品被均匀直流磁场 H_0 均匀磁化, 同时叠加一远低于直流场的均匀交变磁场 $h = h_0 \mathrm{e}^{\mathrm{i}\omega t}$, 磁化矢量被强迫进动.

$$\boldsymbol{H} = \boldsymbol{H}_0 + \boldsymbol{h}_0 \mathrm{e}^{\mathrm{i}\omega t}, \quad \boldsymbol{M} = \boldsymbol{M}_0 + \boldsymbol{m}_0 \mathrm{e}^{\mathrm{i}\omega t}$$

代入 Landau-Lifshitz 方程, 在一级近似下, 只考虑微波磁化的线性项, 可得到 $\boldsymbol{m}$ 正比于 $\boldsymbol{h}$. 磁矩的进动使 $x(y)$ 方向的 h 可引起 $y(x)$ 方向的 m. 比例常数为一张量磁化率 $\overleftrightarrow{\chi}$.

$$\boldsymbol{m} = \overleftrightarrow{\chi}\boldsymbol{h} \tag{9-9}$$

$$\overleftrightarrow{\chi} = \begin{vmatrix} \chi & j\chi_a & 0 \\ -j\chi_a & \chi & 0 \\ 0 & 0 & \chi_{//} \end{vmatrix}$$

$$\chi = \chi_0 \frac{\omega_{\text{res}}^2 + j\omega\omega_r}{\omega_{\text{res}}^2 - \omega^2 + 2j\omega\omega_r}, \quad \chi_a = \chi_0 \frac{\omega W_H}{\omega_{\text{res}}^2 - \omega^2 + 2j\omega\omega_r}$$

$$\chi_{//} = \chi_0 \frac{\omega}{j\omega + \omega_r} \quad \omega_{\text{res}} = (\omega_H^2 + \omega_r^2)^{1/2}$$

$$\omega_H = \gamma H_0, \quad \omega_r = \lambda/\chi_0, \quad \chi_0 = M_0/H_0$$

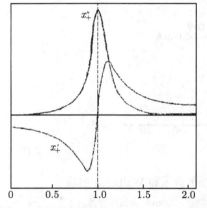

图 9-13　右旋微波场下 χ'_+ 和 χ''_+ 在铁磁共振附近的频率依赖性的示意图　横坐标为约化磁场 H/H_{res}

当右旋的微波磁场频率 $\omega = \omega_{\text{res}}$ 时, 出现铁磁共振. 这时右旋磁化率 χ_+ 的虚数项 χ''_+ 出现极大值, 而实数项 χ'_+ 出现激烈频散, 如图 9-13 所示. 铁磁共振时, 磁化矢量进动的角度为极大, 故损耗极大.

对于均匀进动, 磁化矢量 $\boldsymbol{M}$ 的方向, 由极坐标 θ 和 φ 确定. 在足够大的直流磁场 $\boldsymbol{H}$ 作用下, θ 和 φ 的数值由转动过程的自由能极小决定

$$E(\theta, \varphi) = \min \tag{9-10}$$

其中, E 中包含了各种各向异性能和磁场 $\boldsymbol{H}$ 作用能或 Zeeman 能. $\boldsymbol{M}$ 的进动由 Landau-Lifshitz 方程 (9-5) 决定. 式 (9-5) 和式 (9-10) 两个方程联立, 即可解出均匀进动铁磁共振的表达式. 略去阻尼项, 可有

$$(\omega/\gamma)^2 = \frac{1}{(M\sin\theta)^2}\{E_{\theta\theta}E_{\varphi\varphi} - F_{\theta\varphi}^2\} \tag{9-11}$$

其中, $E_{\theta\varphi}$ 等为自由能对 θ 和 φ 的二次导数. 铁磁共振的频率依赖于磁场 $\boldsymbol{H}$, 并依赖于 $\boldsymbol{M}$ 与 $\boldsymbol{H}$ 的方向. 简单情况下, 如当磁场 $\boldsymbol{H}_0$ 沿易磁化方向时, 一个椭球状多晶铁磁体的铁磁共振场与频率的关系为

$$\omega_0 = \gamma\{[H_0 + (N_x - N_z)M_s][H_0 + (N_y - N_z)M_s]\}^{\frac{1}{2}} \tag{9-12}$$

其中, γ 为旋磁比; H_0 为直流磁场; M_s 为饱和磁化强度; N_x、N_y 和 N_z 为退磁因子. 从铁磁共振的实验可求出铁磁体的若干基本性能.

铁磁共振 χ''-H 曲线的半宽度 ΔH 称为线宽, 根据方程式 (9-5) 和式 (9-6), ΔH 正比于阻尼因子, 且与 $\boldsymbol{M}$ 和 $\boldsymbol{H}$ 的方向有关, 如式 (9-13) 所示. 但线宽 ΔH 与材料的结构缺陷有密切的关系, 线宽的机制和从 ΔH 确定阻尼因子是一个复杂问题.

$$\Delta H = \frac{\Delta\omega}{\left(\dfrac{\mathrm{d}\omega}{\mathrm{d}H}\right)} = \frac{G[F_{\theta\theta} + F_{\phi\phi}(\sin^2\theta)^{-1}]}{\sqrt{3}M^2\left(\dfrac{\mathrm{d}\omega}{\mathrm{d}H}\right)} \tag{9-13}$$

传统的铁磁共振的样品的尺寸约几 mm, 不能测量局域和更小样品的性能. 近十几年新型的局域或更小样品甚至纳米颗粒的铁磁共振技术有新的发展[31~33,65].

2. **磁化矢量非均匀进动和激发**[17,21]

强磁体中可存在磁化矢量的非均匀进动. 进动的张角、角频率以及相位均可以不均匀. 但交换作用和内退磁场 (Div$M \neq 0$ 产生的磁偶极子场) 使不均匀进动耦合在一起, 统称为自旋波或磁波. 波长 λ 或波数 $k = 2\pi/\lambda$ 不同的自旋波中的交换作用和内退磁场作用的比重各有不同. 在 $30 < k < 10^6 \mathrm{cm}^{-1}$ 范围自旋波中的相互作用几乎完全决定于磁偶极子相互作用, 称为偶极子静磁自旋波; 波长较短, $k > 10^6 \mathrm{cm}^{-1}$ 时, 必须考虑短程的交换作用, 称为交换–静磁波; 极短波长的自旋波的相互作用以交换作用为主, 称为交换自旋波; 相反, 波长与样品尺寸相当时, 称为静磁模. 在无限大介质中传播的偶极子–交换自旋波的频谱, 即自旋波进动频率 f 与自旋波传播的波数 k 的关系为下式:

$$\omega = 4\pi f = \gamma\left[\left(H + \frac{2A}{M_s}k^2\right)\left(H + \frac{2A}{M_s}k^2 + 4\pi M_s \sin^2\theta_k\right)\right]^{1/2} \tag{9-14}$$

其中, A 为交换劲度系数; θ_k 为自旋波传播方向与磁化强度 M 的夹角.

非均匀进动的激发有以下几种机制.

1) 热激发

理论指出, 温度高于绝对温度时, 强磁体 M_s 随温度上升而下降是由于各种波长的自旋波的热激发. 热激发使一些自旋呈现与饱和磁化 M 反向的几率. 宏观的概念是, 一些自旋与 M 的平衡方向稍有偏离并作为波动传播, 即自旋波. 热激发的机制在于晶格热振动 (声子) 与自旋波 (磁振子) 间的耦合或散射. Bloch[34] 最早提出自旋波热激发的量子理论. 短波长的自旋波的频率 ω_k 依赖于分子场 H_m 或交换积分 J_e 及其波数 k, $\omega_k = -\gamma H_m a^2 k^2$, $H_m = J_e/\gamma h$. 理论给出了 $(M_s/M_0) = 1 - CT^{3/2}$ 的关系. 以后的理论还有进一步的改进. M_s-T 的理论关系与低温下实验的吻合是最早对自旋波存在的间接证明.

2) 均匀进动与自旋波的耦合和通过均匀进动激发自旋波

均匀进动与自旋波的耦合是均匀进动重要的阻尼机制之一：磁化矢量的均匀进动与相同频率的自旋波耦合, 将动能传给自旋波, 然后自旋波将能量传给晶格. 20 世纪 50 年代对铁氧体有过很好的证明[35], 近十几年对金属薄膜和超薄膜有许多研究[36]. 另外, 高微波功率下的铁磁共振出现了非线性效应. 图 9-14 给出了 $NiFe_2O_4$ 单晶高功率铁磁共振的实验结果[37]. 当微波功率超过一定临界值时, 铁磁共振的低场侧出现一个副吸收峰, 随微波功率增高而增高; 另外, 铁磁共振峰的相对吸收随微波功率增高而降低, 进动张角不随微波场的增强相应地增大, 称为过早饱和. 其原因是高功率下, 均匀进动与自旋波出现了非线性耦合, 频率为 ω 的均匀进动激发起特定频率 ω_k 的自旋波, 使之呈指数型地增长. Suhl 称其为某些自旋波的参量共振不稳定性[38]. 以后的研究进一步证明这种非线性效应属于固态湍流和混沌力学[39].

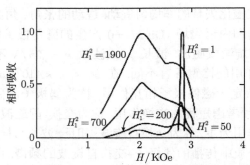

图 9-14　不同强度的微波场下 $NiFe_2O_4$ 单晶铁磁共振的实验结果

纵坐标为相对的微波吸收, H 为与微波场垂直的直流磁场强度, H_1 为微波磁场强度 (Oe). 注意,
$H_1^2 = 1Oe^2$ 和 $50Oe^2$ 的吸收曲线的纵坐标的尺度与其他曲线不同[37]

3) 自旋波共振

20 世纪 50 年代 Kittel 提出均匀微波磁场可在均匀磁化而表面钉扎的铁磁薄膜中直接激发自旋波驻波[40], 同年为实验所证实[41], 称为自旋波共振. 图 9-15 为厚度为 560nm 的 NiFe 合金薄膜中观察到的自旋波共振吸收谱. 直流磁场垂直于膜面, 均匀的微波磁场平行于膜面. 图中最高峰为均匀进动铁磁共振峰. 左侧的若干小峰相应于沿厚度方向激发的不同波长的自旋波驻波. 自旋波共振提供了一个直接测量交换能的实验方法. 近 20 年来, 在微米、亚微米以及纳米小颗粒和阵列结构中对自旋波的激发和性能继续进行研究, 成为研究小颗粒磁性的重要手段之一[42].

最近的研究进而发现长波长的自旋波可以在纳米颗粒中产生并在纳米线中传播, 其传播速度可达 1km/s, 与磁场诱导畴壁移动的最高速度相当. 因而提出其在存储器和逻辑元件中应用的可能[43,44].

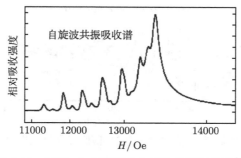

图 9-15 NiFe 合金薄膜的自旋波共振吸收谱[41]

4) 布里渊散射对自旋波的研究[45]

布里渊散射是一个激光光谱学方法研究频率在千兆赫兹范围的自旋波的实验方法. 将聚焦激光束射向一铁磁体表面时, 根据激光束的光子与铁磁体中的自旋波 (磁振子) 散射的能量守恒和动量守恒规律, 从入射光和散射光的频率 (能量) 和波长 (动量) 之差可得到自旋波的能量和动量. 布里渊散射与铁磁共振方法比较, 有其优点. 其一, 可用以研究波矢 k 具有不同数值和不同传播方向的自旋波; 其二, 具有较广的动态范围, 既可检测小振幅的热激发自旋波, 又可以检测微波场激发的较大振幅的自旋波; 其三, 具有高的空间分辨率, 可测量铁磁体中微小范围中的自旋波的分布, 决定于激光聚焦束斑的尺寸, 直径可达微米甚至到几百纳米, 便于研究单个微小粒子中的自旋波[46].

9.2.6 磁矩进动的时间域测量

磁化突然变化后观察磁矩随时间的动态变化过程称为时间域的测量. 由于磁矩的阻尼进动频率在微波范围, 磁矩进动随时间变化的直接观察必须借助超短脉冲检测仪. 早期使用准静态测量只能观察到磁矩随时间缓慢、单调变化的弛豫过程. 近期, 超短脉冲检测仪器的发展才使磁矩进动的动态过程的观察获得成功. 导致磁化突然变化的方法常用上升时间为皮秒的脉冲强磁场[47,48]或高功率光脉冲引起温度的瞬时变化导致的磁化变化[49,50]. 测量磁化快速随时间的响应常用有时间延迟的脉冲磁光学方法进行. 它们简称为脉冲泵浦–探测法 (pump-probe). 图 9-16 给出光脉冲泵浦–探测法对一个 7nm 厚的 Ni 薄膜样品磁化进动的测量结果[49]. 强激光波长为 780nm, 脉冲宽度为 0.1ps. 强激光使得样品的温度瞬时上升, 样品的磁化强度 M 和各向异性下降, M 偏离其恒定磁场方向, 因而 M 围绕 H 做阻尼进动. 图中为利用有时间延迟的弱脉冲磁光效应仪测量得到的阻尼进动引起 M 的一个分量 ΔM_z 的振荡变化. 可以看到, 在约 10ps 后, 样品温度恢复, ΔM_z 获得稳定的阻尼振荡变化. 经拟合计算, 确定了进动频率 f 和阻尼系数 α. 时间域测量得到的阻尼系数 α 远比用铁磁共振的线宽间接推算准确.

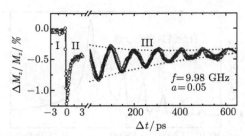

图 9-16　光脉冲泵浦–探测法对一个 Ni 薄膜样品磁化进动的测量结果[49]

9.2.7　磁场诱导磁化过程小结

1. 磁场诱导磁化有磁畴转动和畴壁位移

(1) 磁畴转动有可逆和不可逆转动之分. 不可逆转动有均匀和不均匀转动之分. 导致不同的 H_c.

(2) 畴壁位移有可逆和不可逆畴壁位移之分. 一般不可逆畴壁位移的 H_c 比不可逆转动的 H_c 低.

2. 磁畴转动和畴壁位移的动力过程

(1) 磁畴转动为阻尼进动, 可用 Landau-Lifshitz-Gilbert 方程描述. 在准静态测量中, 用直流磁场可以观察到确定的磁化和反磁化 $[M(H)]$, 但不能观察到 M 的进动. 利用超短脉冲泵浦–探测技术可检测 M 的进动, 得到进动频率和阻尼系数.

(2) 不可逆畴壁位移的动力过程有丰富的研究结果, 得到较高的位移速度.

3. 利用交变磁场观察磁化矢量 M 的进动有长期的研究

(1) 不同频率的交变磁场均可使 M 强迫进动.

(2) 铁磁共振频率为 M 的固有进动频率. 均匀进动铁磁共振频率依赖于外加磁场的大小和方向、退磁场、磁各向异性.

(3) 不均匀进动的频谱还依赖于自旋间的磁偶极矩耦合和交换耦合. 不均匀进动有热激发、低微波磁场激发及高功率微波场非线性激发.

9.3　电流的自旋转移力矩 (STT) 诱导磁化的主要进展和特点

9.3.1　磁场诱导与电流诱导磁化机理的相同之处与特征

1. 磁场诱导与电流诱导磁化的相同之处

它们都是磁畴的变化, 即磁畴转动和畴壁位移, 其动力过程均基于磁矩的进动.

2. 磁场诱导与电流诱导磁化的基本差别

其一, 磁化的推动力: 磁场诱导磁化的推动力为磁场 H, 它的作用是连续的. 可以获得准静态的磁化性能. 电流诱导磁化的推动力为电子流的散射, 其作用是断续的, 测出的总是自旋的进动过程.

其二, 磁化的对象: 磁场诱导磁化的对象从块材到小颗粒和纳米材料. 电流诱导磁化的实验对象则限于纳米材料. 小颗粒和纳米材料中的不均匀性使交换作用和静磁作用普遍出现.

3. 磁场和电流可以共同作用诱导磁化

磁场和电流共同作用下, 可得到特殊的反磁化过程, 例如可逆反磁化等.

9.3.2 STT 导致的磁化转动和磁化反转

1. 电流诱导磁化反转和不可逆转动

电流直接诱导磁化反转而不通过磁场是一个物理上和微电子技术上历史性的突破, 是自旋电子学中继巨磁电阻传感器和记录磁头的第二个重大应用. 早期的一个实验结果如图 9-17 所示[51]. 所研究的样品为 Co(10nm)/Cu(6nm)/Co(2.5nm) 三层膜柱体. 用电子束光刻制造, 面积约为 130nm, 为一个电流垂直于膜面的 CPP 巨磁电阻结构. 实验时, 可加一个横向磁场 H 使两个 Co 薄膜平行. 在垂直方向通过电流以得到和观察电子自旋动量矩转移的效应. 以图中横向磁场 $H = 1200\mathrm{Oe}$ 的曲线为例, 当 $I = 0$ 开始时, 两个 Co 膜的磁矩平行, 样品处于低电阻状态. 自旋极化

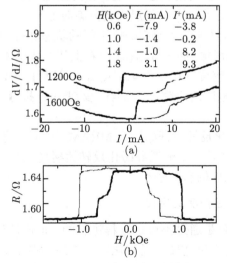

图 9-17 电流诱导 (a) 和磁场诱导 (b) 的磁化反转的实验结果对比[51]

的电子流从薄的 Co 层流向厚的 Co 层时, 设定为正电流 I^+. 当 I^+ 从零缓慢上升时, 样品的电阻缓慢上升, 图中纵坐标为微分电阻. 当 I 达到临界值 9mA 与 13mA 时, 出现了两个电阻率突然上升的台阶, 使样品处于高电阻状态, 意味着较薄的 Co 膜发生两种磁化突然翻转. 电流下降时, 出现类似于磁滞的现象, 直到电流为负值达到另一个临界值时, 电阻通过一个跳跃转变, 回到低电阻状态. 图 9-17(b) 为零电流时横向磁场扫描对同一样品引起的巨磁电阻回线. 电阻的最大变化与图 9-17(a) 中电流引起的跳跃式电阻的总变化 73mΩ 相当. 证明图 9-17(a) 中电阻的跳跃式变化是由于电流的 STT 效应引起薄 Co 层磁矩的 180° 不可逆转动和正、负两个方向的磁化反转. 以后有多篇文章报道了 STT 导致的磁化不可逆转动和磁化反转.

2. 不可逆磁化反转的临界电流

引起不可逆磁化反转的电流称为临界电流 I_c. 相应于负和正向的磁化反转的电流称为正、负的临界电流 I_c^+ 和 I_c^-. 在传统的磁化理论中, 均匀转动磁化反转的临界磁场为矫顽力 H_c. 当磁场与单轴各向异性的易磁化方向平行时, 准静态下, $H_c = 2K/M_s$, 用以克服源于各向异性的位垒 K. STT 电流诱导转动磁化反转与磁场诱导转动磁化反转的相同之处在于: 它们都必须克服各种磁各向异性的位垒, 但电流诱导转动磁化反转还必须克服阻尼力矩, 而且还依赖于电流的自旋极化度, 并受外加磁场的影响. 一个 CPP 柱体的临界磁场有如下表达式[1,5,6]:

$$I_c = \left(\frac{2e}{\hbar}\right)\left(\frac{\alpha}{\eta}\right) m(H + H_k + 2\pi M_s) \tag{9-15}$$

其中, H 和 H_k 分别代表外加磁场和薄膜的单轴各向异性场. H 与磁性薄膜的易轴方向一致. M_s 是自由层的饱和磁化强度, α 为阻尼系数; η 是电流的自旋极化率, $\eta = (I_\uparrow - I_\downarrow)/(I_\uparrow + I_\downarrow)$, $I_\uparrow$ 和 $I_\downarrow$ 分别代表自旋向上和向下的电流强度, m 是自由层的总磁矩. 由于正的磁场使两薄膜磁化平行的状态加强, 因此磁场增大使 I_c^+ 和 I_c^- 的数值向正的方向增加, 如图 9-17(a) 中右上部的数据所示. 临界电流的强度在毫安的范围, 临界电流密度则在 $10^7 \sim 10^8 A/cm^2$. 这样的电流密度会产生发热效应. 现已有不少降低临界电流的研究[14]. 例如, 文献 [52] 报道了非均匀电流使临界电流大大降低的研究.

STT/电流诱导磁化反转已开始用于 MRAM 中 MTJ 存储单元的磁矩反转. 研究证明, 对纳米 MTJ 器件, 电流诱导磁化反转比磁场诱导磁化反转更有利[53]: 消耗功率较低, 对附近元件的影响较小.

3. 电流诱导的可逆转动反磁化

磁场诱导反磁化总是通过不可逆过程进行的. 但电流诱导的磁矩反转除上述不可逆过程外, 还发现了可逆转动反磁化[54]. 在对与图 9-17 相似的样品进行电流诱导磁矩转动的实验时, 如不另加磁场或所加的磁场小于 H_K 时, 观察到的电流诱导磁矩转动与图 9-17 相似. 在电流达到临界值 I_c 时, 出现跳跃式的不可逆转动, 如图 9-18(a) 所示. 然而, 当与磁化同方向的磁场达到或超过 H_K 时, 不再发生跳跃式的不可逆转动, 电流诱导磁矩反转呈现为无滞的渐进式和单纯的可逆转动, 如图 9-18(b) 灰线所示. 由于电流的 CTT 效应是电子的动量矩转移, 这个过程必然是持续的进动和进动角的可逆变化. 这可以理解为乃是由于在强的磁场作用下, 单轴各向异性转变为单向各向异性之故. 与此相似, 当纳米柱体中的 Co 层间出现铁磁或反铁磁耦合时, 也出现无滞型的可逆的反磁化过程[55].

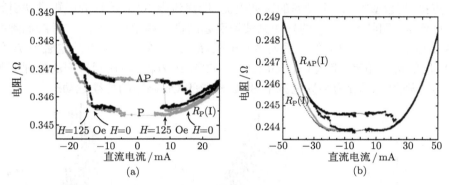

图 9-18　(a) 磁场 H 为零和较低时的跳跃型不可逆电流诱导磁矩反转, 图中 AP 为两磁膜反平行排列, **P** 代表平行排列; (b) 高磁场下的可逆电流诱导磁矩反转, $H = 500$ Oe 为灰线, $H = 5000$ Oe 为点线, $H = 0$ 为黑线 [54]

此外, 当电流小于临界电流时似乎也会引起磁矩的可逆转动. 在以上实验中, 当电流小于临界电流时, 三层膜柱体的电阻随电流的增加而缓慢上升合理地解释为由于热效应; 但也可能包括了磁矩进动角缓慢的可逆增加.

9.3.3　STT 导致的磁矩持续进动及自旋波的激发

在传统磁学中只有交变场才可以引起磁矩的进动. 电流的 STT 可直接激发磁矩在微波频率下持续进动与自旋波. 直流电直接引起微波电流是崭新的原理, 从而引起物理和科技界的极大重视.

1. STT 导致的磁矩持续进动的代表性实验

上面曾提及, 在高磁场作用下 STT 导致的可逆渐进式反磁化是磁矩的持续进动. 其实直流电诱导磁矩的持续进动是 STT 效应最早的有趣的实验证实[3,56]. 图 9-19 给出了该试验的主要情况. 图 9-19(a) 中 1 为微波谐振腔; 2 为一银线尖端, 用以将直流电通过尖端触点引向具有巨磁电阻的 $(Co/Cu)_N$ 多层膜 3, 触点面积约 $10^2 nm^2$, 当电流为毫安量级时, 电流密度可达 $10^8 A/cm^2$; 4 为波导; 5 和 6 为谐振腔中的微波磁场和电场的分布图形. 多层膜紧贴谐振腔壁, 该处微波磁场最强. 电流可通过银尖端引入多层膜. 外加磁场 B 垂直于多层膜平面, 高达 2T 以上. 图 9-19(b) 为在不同的磁场强度 B 的作用下, 当不同强度的直流电流 I 通过银线尖端进入多层膜时, 点接触的微分电阻 dV/dI 的测量结果. 图中微分电阻的峰相当于静电阻 V/I 的跳跃式变化. 这表明多层膜的点接触处发生了磁矩的转动或进动. 为了证明这个微分电阻峰确实是由于出现了持续的磁矩进动或自旋波的激发, 而不是如图 9-18 中所示的磁矩反转, 进一步从波导将频率为 ω_2 的外加微波场引入谐振腔, $\omega_2/2\pi = 50.6 \mathrm{GHz}$. 该微波磁场作用使多层膜的磁矩出现频率为 ω_2 的强迫进动. 于是在点接触处出现了两个频率的微波电流, 即直流电 STT 诱导的磁矩进动引起的微波电流 ω_1 和频率为 ω_2 的外加微波场引起的进动和微波电流. 二者的混频产生了图 9-19(c) 中所示的另外一系列微分电阻峰. ω_2 已知, ω_1 为在给定磁场 B 作用下 Co 层的进动频率, 服从 Landau-Lifshits-Gilbert 方程. 对所得数据的处理证明了微分电阻峰的出现确为临界电流下 STT 诱导的 Co 磁矩的持续进动.

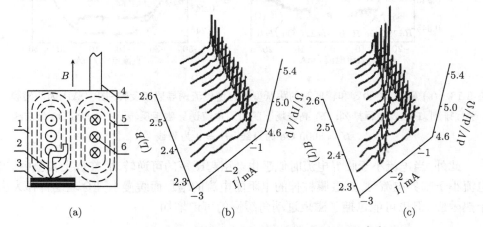

图 9-19　早期的直流电诱导磁矩持续进动的实验[56]

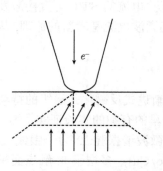

图 9-20　电流通过电接触在单层膜中诱导磁矩持续进动的示意图

出现 STT 诱导磁矩持续进动的纳米结构除点接触的多层膜和纳米三层膜柱体外, 点接触的单层膜也是一个很有创意的研究[57], 如图 9-20 所示. 电子从银质尖端接触点进入垂直磁化的 Co 单层膜. 在紧靠接触点的部分电流密集, 当电流密度大于临界值时, 该层 Co 膜的磁矩持续进动, 激发自旋波. 电子深入到下层时, 电子束散开, 密度下降, 使之小于临界值, Co 磁矩保持静止. 电子从尖端接触点进入 Co 单层膜后, 电子的高梯度分布使单层膜等效地分裂成固定层和自由层. 点接触的多层膜和三层膜纳米柱体激发自旋波的原理也适用于点接触单层膜.

2. 纳米尺度的 STT 微波发生器 (STO) 的研发

STT 导致的磁矩持续进动的发现引起研发 STT 微波发生器 (STO) 的极大热情. 常用的研究设置如图 9-21 所示[58]. 其纳米元件示于图 9-21(a), 为一个椭圆截面 CPP 柱体. 直流磁场 H 加在 Co 薄膜平面内与易磁化方向相差一个小角度. 当 $H = 0$ 或小于 $H_k \sim 600\text{Oe}$, 而电流大于临界值时, 观察到与图 9-17 和图 9-18 相似的磁矩反磁化相应的电阻回线. 当 H 大于 600Oe 且电流大于临界值 $I = 2.0\text{mA}$ 时出现了直流电激发的磁矩持续进动引起的微分电阻峰, 示于图 9-21(b) 中上面的四条线. 磁矩的持续进动在微波频率, 因而引起微波频率的电阻变化. 于是在电路中出现微波电流分量. 图 9-21(a) 的测量原理图中的 Bias-T 将直流电与微波电流分离, 然后通过外差、混频和滤波定量测出所产生的微波电流的频率和强度. 图 9-21(c)

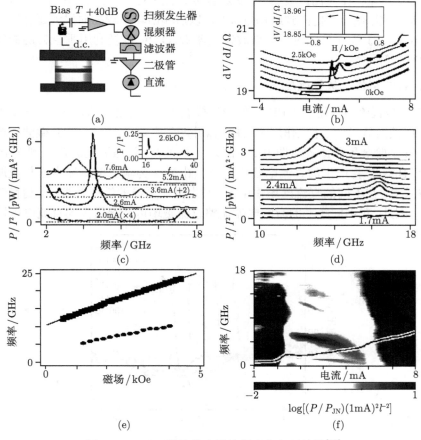

图 9-21 STT 微波发生器的原理和主要结果[58]

和图 9-21(d) 为产生的微波电流的频谱. 图 9-21(e) 为频率与直流磁场的关系, 符合与 LLG 公式给出的磁薄膜中小角度进动时的铁磁共振的公式

$$f_0 = \frac{\gamma}{2\pi} \sqrt{(H + H_{\mathrm{K}} + H_{\mathrm{d}})(H + H_{\mathrm{K}} + H_{\mathrm{d}} + 4\pi M_{\mathrm{eff}})} \tag{9-16}$$

值得注意的是, 当电流增大至 2.4~3.6mA 或更高时, 纳米磁体呈现出另一种自旋波激发的状况, 示于图 9-21(c) 和图 9-21(d). 产生的微波功率猛增了两个数量级. 微波峰的频率激烈移动, 频谱出现了低频的背景. 有时由于背景功率很高, 以致微波峰被淹没. 大电流下自旋波的激发的反常与高功率铁磁共振似乎相应, 但机制不同. 高功率铁磁共振解释为非线性效应和自旋波的相互作用, 而大电流下自旋波激发的反常解释为局部区域进动的不均匀性和自旋波的非相干性, 源于 STT 引起的局部磁场和进动频率的不均匀分布[59].

直流电激发的纳米尺度 STT 微波发生器 STO 在原理上十分引人入胜, 但最初报告的功率低, 在皮瓦量级, 如图 9-21 所示. 后继的工作在不断改进. 例如, 几个元件并联锁相, 使功率提高到纳瓦量级[60], 以后输出功率较高的报道还有以不同类型的 Mgo-MTJ 为元件的 STT- 微波发生器 STO[61], 以及利用垂直自旋极化电流的 STO[62] 等.

3. STT 微波二极管效应

STO 是直流电作用于 CPP 器件产生微波电流. 利用它的逆效应, 一个很有意义的应用被发展, 即交流电作用于 CPP 器件产生直流电, 称为 STT 微波二极管效应[63]. 其试验装置和原理与图 9-21 相似; 不同的是, 将微波电流输入到一个 MTJ 器件上, Bias-T 将产生的直流电分离出来. 图 9-22 为输出的直流电压与微波频率的依赖关系. 在不同的直流磁场作用下, 发生电流诱导的铁磁共振, 得到直流电压的峰值. 因此, 对不同频率的微波电流调整直流磁场可获得最大的直流电压输出.

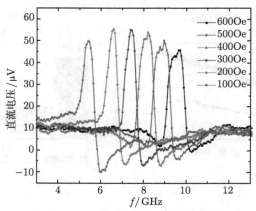

图 9-22　输出的直流电压与微波频率的依赖关系[63]

文献 [63] 指出, 这种 STT 微波二极管与半导体二极管相比有其独特的优点, 如由于通过调整直流磁场实现铁磁共振, 因而有大的抗噪声能力及相位敏感性; 但该文的灵敏度还不够高. 以后的研究正在不断改进. 例如, 对具有富 Fe 的 CoFeB/MgO/CoFeB 磁性隧道结, 在最佳的直流磁场作用下, 当微波场为 25dBm 时可以获得 180μV 的直流电压. 最高的灵敏度可达 170mV/mW (阻抗匹配后 280mV/mW), 与半导体二极管达到同样的数量级[64].

4. STT 铁磁共振

传统的铁磁共振用微波磁场激发磁矩进动, 样品约几毫米, 难以对 10~100nm 量级的样品进行测量. 以后曾有多种方法进行局域或小样品的测量. STT 铁磁共振是一个崭新的方法, 它利用自旋极化的电流激发磁矩进动, 可对小于 100nm 的样品进行测量. 实际上, 图 9-21(e) 所示的直流自旋极化电流激发的微波电流功率峰对直流磁场 H 的依赖性服从公式 (9-16), 这就是 SST 铁磁共振, 自旋极化直流电激发的铁磁共振. 图 9-22 则是利用自旋极化交流电激发的铁磁共振, 相当于变频的铁磁共振. 这种新型的 STT 铁磁共振, 引起大家的重视与进一步研究[65]. STT 铁磁共振既可以测量最低频率的均匀进动模式, 还可以测量高阶的不均匀进动模式. 特别是, 直流电驱动的铁磁共振能获得比传统铁磁共振更窄的共振线宽, 便于研究单个纳米磁体的阻尼因子[66].

9.3.4 STT 诱导的畴壁位移

Berger 早期曾预言电流 STT 直接引起畴壁位移[67]. 21 世纪初, 大量实验和理论研究使 STT 诱导畴壁位移的研究取得巨大的进展[12,68~71], 并开始了应用开发的研究[72,73].

1. STT 畴壁位移的原理和实验证实

STT 畴壁位移的机制与磁畴转动相似, 如图 9-23 所示. 这种畴壁常见于纳米磁线中, 两侧为磁化方向相反的两个磁畴. 中间的畴壁称为尾对尾畴壁, 其中的磁化 M_2 逐步过渡. 电子 e 由左流入, 其自旋极化方向与 M_1 同向. 电子进入畴壁, 自旋力矩转移使 M_2 转动, 因而畴壁发生位移. 根据文献 [70] 的理论, 在畴壁中获得的自旋转移力矩为

$$\tau_b = -\frac{b_J}{M_s^2} M \times [M \times (\hat{j}_e \cdot \nabla)M]$$

其中, $b_J = P j_e \mu_B / e M_s$; P 为电流的自旋极化度; j_e 为电流密度; μ_B 为玻尔磁子.

2004 年有几个实验室观察到电流诱导畴壁位移[12,68,69]. 图 9-24 为文献 [12] 对电流诱导畴壁位移观察和模拟计算的结果, 材料为 NiFe 纳米丝. 图 9-24(a)、(g)、(h)、(i) 为用磁力显微镜观察到的畴壁及电流诱导的畴壁位移. 图 9-24(c)、(d)、(e)、

(f) 为用 OOMMF 软件的模拟结果. 图 9-24(c) 和 (d) 分别为涡旋式和横向型畴壁. 该文测出的电流诱导畴壁位移速度 v 随电流强度的增大而增加, v 小于 10m/s. 电流诱导畴壁位移的临界电流 I_c 约为 $1 \times 10^8 \mathrm{A/cm^2}$. 电流小于 I_c 时, 畴壁被缺陷钉扎. 但该文报道的 v 很小, I_c 偏高, 以后有所改进.

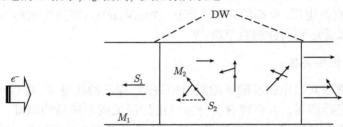

图 9-23　STT 畴壁位移示意图 (参看 J.Grollier 的 ppt 讲稿)

2. 电流诱导畴壁位移可能的新应用 —— 跑道存储器

STT 畴壁位移的出现引发了新型应用的研究与探索. 一个引人入胜的研究项目是跑道存储器 (race track memory)[13,72]. 图 9-25 为其原理.

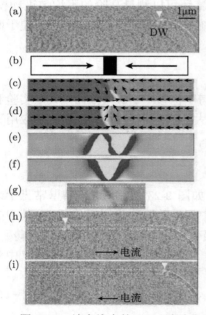

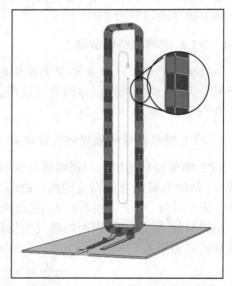

图 9-24　纳米线中的 STT 畴壁位移的
　　　　　观察及模拟像[12]

图 9-25　跑道存储器的原理图[75]

跑道存储器用垂直 "跑道" 的畴壁存储信息. "读"、"写" 在底部进行. 由 MTJ 读出, 由底部另一个纳米磁线中移动的畴壁产生的磁场 "写". 用纳秒长的电脉冲使磁畴沿跑道移动, 以在底部实现读与写. 大量跑道排列, 形成三维存储器. 作者预冀存储器容量为当前固态存储器容量的 10~100 倍, 将与闪存和硬盘竞争. 跑道存储器的实现还需要进行大量工作. 最后是否能成功也未可知. 但其开发研究包含了磁电子学发展以来的多方面的成果并已取得了不少进展. 例如, 例如畴壁位移的速度达到了 150M/sec, 利用畴壁位移共振放大的原理, 畴壁位移需要的电流可降低 5 倍[75].

新近 Chanthbouala 的实验发现, 用较低的电流可在 MgO- 磁性隧道结中实现畴壁位移, 因而利用畴壁位移进行反磁化的高性能磁性隧道结的研制和应用引起人们的重视[76].

3. STT 畴壁位移共振与畴壁有效质量的测定

前已提及, 运动的畴壁具有动能和有效质量, 但未有磁场驱动畴壁的实验值. 图 9-26 给出文献 [77] 报道的电流驱动畴壁的实验原理. 沿 y 磁化到饱和然后令磁场为零, 使半圆的 NiFe 纳米线的底部出现一个头对头的畴壁. 其磁矩沿 y, 如图 9-26(c) 和 (d) 所示. 实验时, 沿 y 加一个弱直流磁场, 使畴壁有适当的磁势能, 有似单摆. 在 x 向电极加交流电, STT 效应使畴壁发生振荡式运动. 共振时损耗的等效电阻出现极大值. 可计算出该畴壁有效质量的实验值为 6.6×10^{-23}kg, 与前人得到的理论值基本符合.

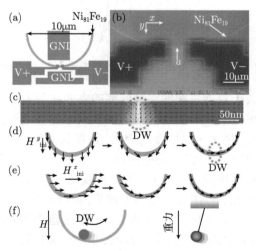

图 9-26 STT 畴壁有效质量测定的实验原理[77]

9.3.5 自旋泵浦、自旋流和非局域自旋进动阻尼

自旋泵浦 (spin pumping) 为上述自旋极化电流诱导磁矩进动的逆效应. 自旋极化电流可将自旋动量矩转移给局域磁矩. 反之, 局域磁矩的进动可激发自旋极化

流[78], 或称自旋流. 进动的局域磁矩可看作自旋流的一种源.

图 9-27 给出局域磁矩 m 绕等效磁场 H_{eff} 进动时, 可能受到的各种力矩的示意图形. 各种力矩分别引起 m 进动的变化 $\left(\dfrac{\mathrm{d}m}{\mathrm{d}t}\right)$. 箭头 1 表示当 m 与 H_{eff} 偏离时的进动力矩; 箭头 2 表示阻尼力矩; 箭头 3 表示负电流的转移力矩, 它与阻尼力矩的方向相反, 引起局域磁矩的转动、进动或反转; 箭头 4 表示正电流的转移力矩, 与阻尼力矩同方向, 外加正向电流不引起局域磁矩转动、进动或反转. 进动的磁矩发出自旋极化流, 相当于正电流, 其力矩与阻尼力矩同向, 因而使阻尼增大.

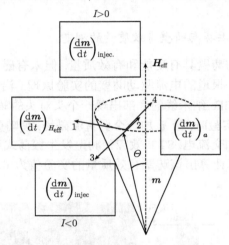

图 9-27　局域磁矩进动有关的各种力矩 [仿 Grollier 图]

图 9-28 为一个关于自旋泵浦的实验研究的主要结果[79]. 该图表示出 NiFe(20, 30,40Å)/Cu (d_{Cu})/Pt (50Å)[空心] 和 NiFe(20,30,40Å)/Cu (d_{Cu})[实心] 的层状薄膜铁磁共振的线宽 ΔH_{pp} 随 Cu 层厚度的变化. 该层状薄膜中只有 NiFe 膜具有铁磁性, 因此 ΔH_{pp} 是 NiFe 膜的铁磁共振的线宽. NiFe 单层膜的铁磁共振的线宽约 30~40Oe. NiFe/Cu 双层膜的线宽随 Cu 的厚度仅仅略有增加, 如图 9-28(b) 中实心数据点所示. 若在 Cu 层外侧再加一层 Pt 薄膜, 则线宽大幅度增加. Cu 层越薄增加越大, 见空心数据点. 图 9-28(a)、(b) 为 Cu 层厚度范围不同的结果. NiFe 膜的线宽变化主要是由于其阻尼因子的变化, 为什么非铁磁金属膜 Cu, 特别是与 NiFe 膜不接触的顺磁金属 Pt 膜对 NiFe 膜的阻尼有很大的影响, 文献 [78] 和 [79] 用自旋泵浦、自旋流和非局域自旋进动阻尼给出了令人信服的解释. NiFe 膜铁磁共振的磁矩进动在相邻的非铁磁金属 Cu/Pt 层中激发出传播的自旋进动, 即自旋流 (spin current), 因而减弱了 NiFe 膜的进动, 即增大了它的阻尼和线宽. Cu 的 s 电子的 L-S 耦合弱, 在其中传播的自旋流衰减慢, 因而对线宽和阻尼因子影响较弱, 过渡金

属 Pt 的强 L-S 耦合使其中的自旋流强烈衰减, 称为汇 (sink), 因而对 NiFe 膜的线宽和阻尼因子有较大的增加. 局域磁矩激发流动的自旋进动称为自旋泵浦. 自旋进动的流动, 这种没有电荷移动的自旋流动称为自旋流. 由于相邻物质中自旋流的衰减使自旋流的源–自旋泵浦的铁磁层的进动阻尼增大称为非局域自旋进动阻尼. 这些研究成果是 STT 动力学中的重要发现, 引起人们的重视.

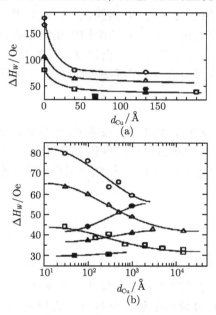

图 9-28 关于自旋泵浦的一些实验结果[79]

在应用上, 如何使电流产生的 STT 的效率提高是十分重要的. 利用自旋流自然是一个重要方向. 近期的一个研究发现, 用自旋泵浦从亚铁磁非金属钇铁石榴石 (YIG)[80] 通过界面向无磁序的金属 Au 中注入自旋流有较高的效率, 可能是自旋流走向应用的有意义的工作.

近几年自旋流的另一个引人注目的进展是被称为 spin caloritronics[81~83] 的新领域. 这里自旋流的产生不是利用诸如自旋泵浦那样的磁的原理, 而是来自物质中热的梯度, 如利用磁性绝缘体 (如 YIG)/正常金属结构中热的梯度造成热的流动与扩散, 形成和驱动自旋流.

9.4 结 束 语

十几年来, 自旋转移力矩的研究取得了重大的突破性的进展. 它在纳米材料中实现并大大地发展了数百年来铁磁学关于磁化的研究成果; 实现了电流诱导不可逆转动和可逆转动. 电流诱导磁矩反转已用于磁性随机存储器 (MRAM) 中记忆单元的磁化反转. 电流诱导畴壁位移也已实现, 不可逆畴壁位移已达到相当高的速度, 利用电流诱导畴壁位移发展新型磁存储器等的开发研究取得不少研究成果. 但不可逆畴壁位移的速度仍低于磁场诱导畴壁位移的最高速度. 电流诱导磁矩进动和自旋波的激发在基础研究和微波应用方面取得惊人的进展. 纳米尺寸的电流诱导微波振荡器和微波整流器可望获得应用. 自旋泵浦、自旋流展现了新的研究领域. 新的自旋动力学正在形成. 现代的铁磁学除传统的磁场诱导磁化外, 必须包含纳米材料中的电流诱导磁化和自旋动力学. 此外, 自旋物理还有更广泛的前景, 包括自旋–光学、自旋–声学、自旋–热学以及自旋在各种新型材料中的物理和应用.[84]

致谢

作者在撰写本节的过程中得到 Fert、张曙丰、韩秀峰教授和他的研究生刘厚方和梁世恒以及 IBM 孙赞红研究员提供的信息和文献; 得到东南大学物理系翟亚教授和她的研究生孙丽、黄兆聪等的许多帮助; 得到中国科学院苏刚教授的帮助, 特此致谢.

翟宏如

南京大学现代分析中心

翟宏如, 南京大学教授、博导. 1955 年参与在国内大学建立磁学专业. 讲授铁磁学和固体磁性 50 年. 曾在国内和 8 个国外大学或研究所讲授固体磁性等讲座或建立科研合作. 在磁学和自旋电子学多个领域开展研究, 发表论文近 400 篇. 参与写作 2 本专著. 共获奖 9 个.

参 考 文 献

[1] Slonczewski J C. Current-driven excitation of magnetic multilayers. Magn J. Magn. Mater., 1996, 159: L1.

[2] Berger L. Emission of spin waves by a magnetic multilayer traversed by a current. Phys. Rev. B, 1996, 54: 9353.

[3] Tsoi M, Jansen A G M, Bass J, et al. Excitation of a magnetic multilayer by an electric current. PRL, 1998, 80: 4281; 1998, 81: 493.

[4] Myers E B, Ralph D C, Katine J A, et al. Current-induced switching of domains in magnetic multilayer Devices. Science, 1999, 285: 867.

[5] Sun J Z. Current-driven magnetic switching in manganite trilayer Junctions. J. Magn. Magn. Mater., 1999, 202: 157; Sun J Z. Spin-current interaction with a monodomain magnetic body: a model study. Phys. Rev. B, 2000, 62:570; Sun J Z. Spin angular momentum transfer in current-perpendicular nanomagnetic junctions. IBM J. Res. &

Dev., 2006, 50: 81.

[6]   Stiles M D, Zangwill A. Anatomy of spin-transfer torque. Phys. Rev. B, 2002, 66: 014407.

[7]   Koch R H, Katine J A, Sun J Z. Time-resolved reversal of spin-transfer switching in a nanomagnet. Phys. Rev. Lett., 2004, 92: 088302; Sun J Z, Kuan T S, Katine J A, et al. Spin angular momentum transfer in a current-perpendicular spin-valve nanomagnet. Proc. SPIE, 2004, 5339: 445.

[8]   Krivorotov I N, Emley N C, Sankey J C, et al. Time-domain studies of very-large-angle magnetization dynamics excited by spin transfer torques. Science, 2005, 307: 228; Sankey J C, Cui Y T, Buhrman R A, et al. Measurement of the spin-transfer-torque vector in magnetic tunnel junctions. Nature Physics Nature Physics, 2008, 4: 67.

[9]   Yuasa S. Giant TMR effect and spin momentum transfer in MgO-based magnetic tunnel junctions. International Workshop on Surface, Interface and Thin Film Physics Shanghai, 2006.

[10]   Kaka S, Pufall M R, Rippard W H, et al. Mutual phase-locking of microwave spin torque nano-oscillators. Nature, 2005, 437: 389.

[11]   Tulapurkar A A, Suzuki Y, Fukushima A, et al. Spin-torque diode effect in magnetic tunnel junctions. Nature, 2005, 438: 339.

[12]   Yamaguchi A, Ono T, Nasu S. et al. Real-space observation of current-driven domain wall motion in submicron magnetic wires. Phys. Rev. Lett., 2004, 92: 077205.

[13]   Parkin S S P, Hayashi M, Thomas L, et al. Magnetic domain-wall racetrack memory.Science, 2008, 320: 190.

[14]   姜勇. 自旋角动量转移矩效应的实验研究. 物理学进展, 2008, 28: 215.

[15]   戴道生, 钟文定, 廖绍彬. 铁磁学. 北京：科学出版社, 1992.

[16]   Chikazumi S. Physics of Magnetism. John Wiley & Sons, Inc., New York, 1964.

[17]   Morrish A H. The Physical Principles of Magnetism. John Wiley & Sons, Inc., New York, 1965.

[18]   Bozorth R M. Ferromagnetism. D.Van Nostrand Co. Inc., Princeton, 1951; IEEE Press, New York, 1993.

[19]   翟宏如. 金属磁性//金属物理学. 第四卷. 冯端主编. 北京：科学出版社, 1998.

[20]   Stoner E C, Wohlfarth E P. Mechanism of Magnetic Hysteresis in Heterogeneous Alloys. Phil. Trans. Roy. Soc. A, 1948, 240: 599.

[21]   Vonsovskii S V. Ferromagnetic Resonance. London: Pergamon Press. 1966.

[22]   Back C H, Allenspach R, Weber W, et al. Minimum Field Strength in Precessional Magnetization Reversal. Science, 1999, 285: 864.

[23]   Doring W. Über die Trägheit der Wände zwischen Weißchen Bezirken. Inhaltsverze-ichnis Naturforsch Z. 3a, 1948: 373.

[24] Malozemoff A P, Slonczewski J C. Magnetic domain walls in bubble materials. New York: Academic Press. Inc., 1979.

[25] Sixtus K J, Tonks L. Propagation of large barkhausen discontinuities. Phys. Rev. 1931, 137: 930; 1932, 42: 419; 1933, 43: 70; 1933, 43: 931.

[26] Jiang X, Thomas L, Moriya L, et al. Enhanced stochasticity of domain wall motion in magnetic racetracks due to dynamic pinning. Nature Communications, 2010, 1:25; Parkin S S P. Private Communication.

[27] Lee J Y, Lee K S, Kim S K. Remarkable enhancement of domain-wall velocity in magnetic nanostripes. Appl. Phys. Letters, 2007, 91: 122513.

[28] Atkinson D, Allwood D A, Xiong G, et al. Magnetic domain-wall dynamics in a submicrometre ferromagnetic structure. Nature Materials, 2003, 2: 85.

[29] Bar'yakhtar V G, Chetkin M V, Ivanov B A, et al. Dynamics of topological magnetic solitons. Berlin: Springer-Verlag, 1994.

[30] Farle M. Ferromagnetic resonance of ultrathin metallic layers. Rep. Prog. Phys., 1998, 61: 755.

[31] Meckenstock R, van Geisau O, Pelzl J, et al., Conventional and photothermally modulated ferromagnetic resonance investigations of anisotropy fields in an epitaxial Fe(001) film. J. Appl. Phys., 1994, 77: 6439.

[32] Midzor M M, Wigen P E, Pelekhov D, et al. Piezoresistive detection-based ferromagnetic resonance force microscopy of microfabricated exchange bias systems. J. Appl. Phys., 2000, 87: 6493.

[33] Wigen P E, Roukes M L, Hammel P C. Spin dynamics in confined magnetic structures III. ferromagnetic resonance force microscopy. Topics Appl. Physics, 2006, 101: 105.

[34] Bloch F, Ferromagnetism and ferromagnetic spin waves. Z. Physik 1930, 61: 206.

[35] Clogston A M, Suhl H, Walker L R, et al. Ferromagnetic resonance line width in insulating materials. J. Phys. Chem. Solids, 1956, 1: 129.

[36] Arias R, Mills D L. Extrinsic contributions to the ferromagnetic resonance response of ultrathin films. Phys. Rev. B, 1999, 60: 7395.

[37] Damon R W. Relaxation effects in the ferromagnetic resonance. Rev. Mod. Phys. 1953, 25: 239; Bloembergen N, Wang S. Relaxation effects in para- and ferromagnetic resonance. Phys. Rev., 1954, 93: 72.

[38] Suhl H. Parametric coupling of the magnetization and strain in a ferrimagnet. Proc. IRE, 1957, 44: 1270; J. Phys. Chem. Solids, 1957, 1: 209.

[39] Elmer F J. Pattern formation due to spin-wave instabilities: squares, hexagons, and quasiperiodic patterns. Phys. Rev. Letters, 1993, 70: 2028.

[40] Kittel C. Excitation of spin waves in a ferromagnet by a uniform rf field. Phys. Rev., 1958, 110: 1295.

[41] Seavey M H, Tennenwald P E. et al. Direct observation of spin-wave resonance. Phys.

Rev. Letters, 1958, 1: 168.

[42] Jung S, Watkins B, Delong L, et al., Ferromagnetic resonance in periodic particle arrays. Phys. Rev. B, 2002, 66: 132401.

[43] Hertel R, Wulfhekel W, Kirschner J. Domain-wall induced phase shifts in spin waves. Phys. Rev. Letters, 2004, 39: 257202.

[44] Troi S, Lee K S, Kim S K, et al., Strong radiation of spin waves by core reversal of a magnetic vortex and their wave behaviors in magnetic nanowire waveguides. Phys. Rev. Letters, 2007, 98: 087205.

[45] Demokritov S O, Hillebrands B, Slavin A N. Brillouin light scattering studies of confined spin waves: linear and nonlinear confinement. Physics Reports, 2001, 348: 441.

[46] Perzlmaier K, Buess M, Back C H. et al. Spin-wave eigenmodes of permalloy squares with a closure domain structure. Phys. Rev. Letters, 2005. 94: 057202.

[47] Acremann Y, Back C H, Buess M, et al. Imaging precessional motion of the magnetization vector, Science, 2000, 290: 492.

[48] Schumacher H W, Chappert C, Crozat P, et al. Phase coherent precessional magnetization reversal in microscopic spin valve elements. Phys. Rev. Letters, 2003, 90: 017201.

[49] van Kampen M, Jozsa C, Kohlhepp J T, et al. All-optical probe of coherent spin waves. Phys. Rev. Lett., 2002, 88: 227201.

[50] Zhao H B, Smith K J, Fan Y. et al. Viscous spin exchange torque on precessional magnetization in $(LaMnO_3)_{2n}/(SrMnO_3)_n$ superlattices. Phys. Rev. Lett, 2008, 100: 117208.

[51] Katine J A, Albert F J, Buhrman R A, et al. Current-driven magnetization reversal and spin-wave excitations in Co/Cu/Co pillars. Phys. Rev. Letters, 2000, 84: 3149; Myers E B, Ralph D C, Katine J A, et al. Current-driven magnetization reversal and spin-wave excitations in Co/Cu/Co pillars. Science, 1999, 285: 867.

[52] Ozatay O, Emley N C, Braganca P M, et al. Spin transfer by nonuniform current injection into a nanomagnet. Appl. Phys. Lett., 2006, 88: 202502.

[53] Yuasa S, Suzuki Y, Katayama T et al. Characterization of growth and crystallization processes in CoFeB/MgO/CoFeB magnetic tunnel junction structure by reflective high-energy electron diffraction. Appl. Phys. Lett., 2005, 87: 242503; Yuasa S. PPT for international workshop on surface, interface and thin film physics, Shanghai, 2006.

[54] Grollier J, Cros V, Jaffres H, et al. Field dependence of magnetization reversal by spin transfer. Phys. Rev. B, 2003, 67: 174402.

[55] Urazhdin S, Pratt W P Jr, Bass J. Effect of interlayer coupling on current-assisted magnetization switching in nanopillars. Condensed-Met, 2003: 0304299.

[56] Tsoi M, Jansen A G M, Bass J, et al. Generation and detection of phase-coherent current-driven magnons in magnetic multilayers. Nature, 2003, 406: 46.

[57] Ji Y, Chien C L, Stiles M D, et al. Current-induced spin-wave excitations in a single ferromagnetic layer. Phys. Rev. Lett., 2003, 90: 106601.

[58] Kiselev S I, Sankey J C, Krivorotov I N, et al. Microwave oscillations of a nanomagnet driven by a spin-polarized current. Nature, 2003, 425: 380.

[59] Lee K J, Deac A, Redon O, et al. Excitations of incoherent spin-waves due to spin-transfer torque. Nature, 2004, 3: 877.

[60] Mancoff F B, Rizzo N D, Engel B N, et al. Phase-locking in double-point-contact spin-transfer devices. Nature, 2005. 437: 393.

[61] Deac A M, Fukushima A, Kubota H, et al. Bias-driven high-power microwave emission from MgO-based tunnel magnetoresistance devices. Nature Physics, 2008. 4: 803; Dussaux A, Georges B, Grollier J, et al. Large microwave generation from current-driven magnetic vortex oscillators in magnetic tunnel junctions. Nature Communications, 2010, 1006: 1.

[62] Houssameddine D, Ebels U, Dela B, et al. Spin-torque oscillator using a perpendicular polarizer and a planar free layer. Nature Materials, 2007, 6: 447.

[63] Tulapurkar A A, Suzuki Y, Fukushima1 A, et al. Spin-torque diode effect in magnetic tunnel junctions. Nature, 2005, 438: 339.

[64] Ishibashi S, Seki T, Nozaki T, et al. Influence of perpendicular magnetic anisotropy on spin-transfer switching current in CoFeB/MgO/CoFeB magnetic tunnel junctions. Appl. Phys. Exp. 2010, 3: 073001.

[65] Sankey J C, Bragance P M, Garcia A G F, et al. Spin-transfer-driven ferromagnetic resonance of individual nanomagnets. PRL, 2006, 96: 227601.

[66] Sankey J, Krivorotov I, Ozatay O, et al. Invited talk at MMM/intermag joint conf., 2007; Fuchs G D, Sankey J C, Pribiag V S, et al. Spin-torque ferromagnetic resonance measurements of damping in nanomagnets. Appl. Phys. Lett. 2007, 91: 062507.

[67] Freitas P P, Berger L, Observation of s-d exchange force between domain walls and electric current in very thin permalloy films. J. Appl. Lett., 1985, 57: 1266.

[68] Lepadatu S, Xu Y B. Direct observation of domain wall scattering in patterned $Ni_{80}Fe_{20}$ and Ni nanowires by current-voltage measurements. Phys. Rev. Lett., 2004, 92: 127201.

[69] Grollier J, Boulenc P, Cros V, et al. Spin-transfer-induced domain wall motion in a spin valve. J Appl. Phys., 2004, 95: 6777.

[70] Li Z, Zhang S. Domain-wall dynamics and spin-wave excitations with spin-transfer torques. Phys. Rev. B, 2004, 92: 207203.

[71] Marrows C H. Spin-polarised currents and magnetic domain walls. Advances in Physics, 2005. 54: 585.

[72] Hayashi M, Thomas L, Moriya R, et al. Current-controlled magnetic domain-wall nanowire shift register. Science, 2008, 320: 209.

[73] Vernier N, Allwood D A, Atkinson D, et al. Domain wall propagation in magnetic nanowires by spin-polarized current injection. Europhys. Lett., 2004, 65: 526.

[74] Parkin S S P. Invited talk at MMM-intermag joint conference, 2007.

[75] Hayashi M, Thomas L, Rettner C, et al. Current driven domain wall velocities exceeding the spin angular momentum transfer rate in permalloy nanowires. PRL, 2007, 98: 037204; Parkin S S P. Data in the fast lanes of racetrack memory. Scientific American. 2009, 300: 76; Thomas L, Hayashi M, Jiang X, et al. Resonant amplification of magnetic domain-wall motion by a train of current pulses. Science, 2007, 315: 1553.

[76] Chanthbouala A, Matsumoto1 R, Grollier1 J, et al. Vertical-current-induced domain-wall motion in MgO-based magnetic tunnel junctions with low current densities. Nature Physics online, 2011, 1968: 1.

[77] Saitoh E, Miyajima H, Yamaoka T, et al. Current-induced resonance and mass determination of a single magnetic domain wall. Nature, 2004, 432: 203.

[78] Tserkovnyak Y, Brataas A, Bauer G E W, et al. Enhanced gilbert damping in thin ferromagnetic films. Phys. Rev. Lett., 2002, 88: 117601; Tserkovnyak Y, Brataas A, Bauer G E W, et al. Spin pumping and magnetization dynamics in metallic multilayers. Phys. Rev., B, 2002, 66: 224403.

[79] Mizukami S, Ando Y, Miyazaki T. Ferromagnetic resonance linewidth for NM/80NiFe/NM films (NM=Cu, Ta, Pd and Pt). J. Magn. Magn. Mater., 2001, 226: 1640; Mizukami S, Ando Y, Miyazaki T. The study on ferromagnetic resonance linewidth for NM/80NiFe/NM (NM=Cu, Ta, Pd and Pt) films. Jpn. J. Appl. Phys., 2001, 40: 580; Mizukami S, Ando Y, Miyazaki T. Effect of spin diffusion on gilbert damping for a very thin permalloy layer in Cu/permalloy/Cu/Pt films. Phys. Rev. B, 2002, 66: 104413.

[80] Heinrich B, Burrowes C, Montoya E, et al. Spin pumping at the magnetic insulator (YIG)/normal metal (Au) interface. Phys. Rev. Lett. 2011,107: 066604.

[81] Xiao J, Bauer G E W, Uchida K C, et al. Theory of magnon-driven spin Seebeck effect. Phys. Rev. B 2010, 81: 214418.

[82] Slonczewski J C. Initiation of spin-transfer torque by thermal transport from magnons. Physical Review B 2010, 82, 054403.

[83] Bauer G E W, MacDonald A H, Maekawa S. Spin caloritronics. Special issue of Solid State Commun, 2010, 150: 459-552.

[84] Dlubak B, Martin M B, Deranlot C, et al. Highly efficient spin transport in epitaxial graphene on SiC. Nature Physics, online 2012, 2331: 1; Niimi Y, Kawanishi Y, Wei D H, et al. Giant spin hall effect induced by skew scattering from bismuth impurities inside thin film CuBi alloys. PRL, 2012, 109: 156602; Reyren N, Bibes M, Lesne E, et al. Gate-controlled spin injection at $LaAlO_3/SrTiO_3$ interfaces. PRL, 2012, 108: 186802.

第 10 章　磁电子学器件应用原理

10.1　巨磁电阻、隧穿磁电阻传感器

　　磁传感器主要指利用固体元件感知与磁有关的物理量的变化而检测出对象的状态和信息的器件. 依据其物理效应的不同, 磁传感器主要为超导量子干涉仪、磁通门、霍尔元件和磁电阻传感器, 以及电磁感应传感器、磁弹性 (应力) 传感器、温度传感器 (利用居里点磁性转变)、磁光效应电流传感器、磁共振弱磁场探测等. 磁电阻传感器始于 20 世纪 70 年代中期, 这是人们第一次利用磁性材料的导电特性与其磁化状态的相关性, 即各向异性磁电阻 (AMR) 效应制作的磁传感器. 它具有灵敏度高、功耗低、体积小、可靠性高、温度特性好、工作频率高、耐恶劣环境能力强以及易于与数字电路匹配等优点, 很快成为磁传感器家族中的后起之秀. 30 多年来各向异性磁电阻传感器已发展成一个大家族, 如磁性编码器、位移传感器、电子罗盘等, 它们广泛应用于工业与民用自动化设备、飞行器与导弹的导航、全球卫星定位、安全检测、探矿等领域. 有关各向异性磁电阻传感器的设计、制作与应用, 成都电子科技大学的过璧君教授在一部专著中 [7] 进行过总结和论述, 而种类繁多的各向异性磁电阻传感器产品在美国 Honeywell 公司网页 (http://www.ssec.honeywell.com/magnetic/index.html) 的产品目录可以领略.

　　尽管如此, 磁性材料的各向异性磁电阻比值室温下仅 3% 左右, 磁性纳米薄膜"铁磁金属/非磁金属或绝缘体/铁磁金属"的巨磁电阻 (GMR)、隧穿磁电阻 (TMR) 比磁性材料的各向异性磁电阻大一到两个数量级, 具有更大的磁场响应范围和更高的磁场灵敏度 (表 10-1); 此外, 巨磁电阻效应与隧穿磁电阻效应主要是界面效应, 这就使得磁电阻元件在更微小的尺度仍不受退磁场的影响, 因而具有更高的空间分辨率. 本章有关巨磁电阻读出磁头的部分将对此加以进一步叙述; 还有一点, 各向异性磁电阻取决于磁化方向与电流方向夹角的余弦平方 ($R = R_0 + \Delta R \cos^2 \theta$, 其中 θ 为电流方向与磁化方向的夹角), 而巨磁电阻与隧穿磁电阻仅依赖于磁性层之间的磁化方向的相对夹角的余弦, 故巨磁电阻效应与隧穿磁电阻效应都是全角度依赖的. 可以想见, 利用巨磁电阻材料和隧穿磁电阻材料设计制作传感器将是磁电阻传感器的一次革命, 其精准度和可靠性都将提升到一个前所未有的高度. 目前, 巨磁电阻 (多层膜和自旋阀) 传感器正方兴未艾, 引领时代风骚; 隧穿磁电阻传感器由于其极高的灵敏度也在开发之中.

表 10-1 适合于磁电阻传感器的典型材料的性能比较

	磁电阻比/%	饱和磁场/mT	磁场灵敏度/(%/mT)
AMR 磁性薄膜	2～3	0.5～2	～4
GMR 多层膜	10～80	10～200	～1
GMR 自旋阀	5～20	0.5～5	～10
磁性隧道结	30～70(最新 230%)	0.5～5	～40

顺便指出, 磁性颗粒膜也具有巨磁电阻效应, 但大多数情况下其饱和场较大, 磁场灵敏度很低, 加之大多需要特定温度退火处理, 因而在传感器应用方面, 相对于 GMR 多层膜、自旋阀、磁性隧道结, 巨磁电阻颗粒膜没有特别的优势; 另外, 氧化物庞磁电阻 (CMR) 尽管比 GMR 和 TMR 都大许多, 但所需磁场通常也很大, 且温度效应十分显著, 也不适合作为磁电阻传感器材料开发; 除此以外, 属于经典物理范畴的与磁电子学无关的软磁非晶丝的巨磁阻抗 (GMI) 效应, 尽管表现出灵敏度高、热稳定性好、响应快、无磁滞等一系列优越性[8], 但 GMI 效应由趋肤效应产生, 必须采用兆赫兹频段以上的高频技术, 导致传感器电路及线圈的复杂化, 加之 GMI 软磁材料不能与已有的微电子工艺相兼容, 难以集成到已有的微电子系统中, 所以这方面的应用开发没有受到人们的太多重视, 本章不准备对此作细致介绍.

10.1.1 巨磁电阻传感器设计两要素

设计磁电阻传感器时首先需要考虑的是材料的磁电阻响应曲线. 巨磁电阻多层膜由于存在反铁磁层间交换耦合, 相邻铁磁层的磁矩反平行排列, 在外磁场作用下所有磁性层的磁矩朝外磁场方向转动, 相邻磁性层磁矩之间的夹角随着磁场的增大从 π 逐渐减小为 0. 相应地, 巨磁电阻多层膜的电阻仅对面内磁场的大小敏感, 在较大的磁场范围内电阻随磁场大小线性变化, 且磁滞较小 [图 10-1(a)], NVE 公司 (Nonvolatile Electronic Inc.) 开发的大多数巨磁电阻传感器都是利用巨磁电阻多层膜的这一特性而设计制作的. 当然, 在实际应用中, 通常采用的巨磁电阻多层膜材料包括 $Co_{90}Fe_{10}/Cu$、$Ni_{81}Fe_{19}/Cu$(可在 NiFe、Cu 的界面插入 Co 薄层以增强 GMR 效应), 它们兼具有较小饱和场和较大磁电阻值.

对于巨磁电阻自旋阀 (GMR-SV) 来说, 被钉扎层与自由层之间的磁耦合很弱, 且外磁场小于钉扎场, 被钉扎层的磁矩不受外磁场的影响 (自旋阀工作的基本出发点), 而自由层具有很小的单轴各向异性 K_u, 磁性很软, 其磁矩方向取决于外磁场的大小和方向. 于是自旋阀的电阻对被钉扎层和自由层的磁矩方向的依赖关系可表示为

$$R = R_0 - \Delta R \cos(\theta_f - \theta_p)$$

其中, θ_f、θ_p 分别为自由层和被钉扎层的磁矩相对于自由层的易轴方向. 在大于自由层饱和场的外磁场作用下, 自由层的磁矩方向将与外磁场方向基本保持一致, 于

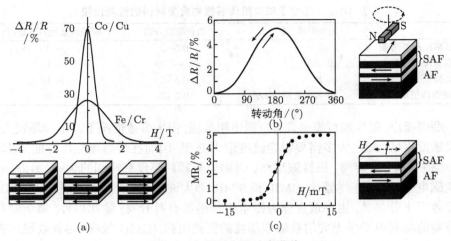

图 10-1　巨磁电阻响应曲线

(a) 巨磁电阻多层膜; (b) 旋转磁场作用下的自旋阀; (c) 线性化处理后的自旋阀. 图片来自文献 [9~12]

是当磁场转动时, 自旋阀电阻产生余弦响应 [图 10-1(b)], Infineon 公司开发的巨磁电阻传感器根据自旋阀材料的这一特点设计制作. 另外, 若将自旋阀的被钉扎层的磁矩方向设置于自由层易轴的垂直方向, 这时 $\theta_p = 90°$, 外磁场 H 作用于自由层易轴的垂直方向, 其磁矩方向转动角 θ_f 满足: $\sin\theta_f = H/H_K (H < H_K, H_K = 2K_u/M_s$ 为自由层易轴的各向异性场, M_s 为自由层的饱和磁化强度). 显然, 在这种情形下, 自旋阀的电阻对弱小外磁场具有高灵敏的线性响应 [图 10-1(c)], 大多数自旋阀传感器包括计算机读头都是依据自旋阀的这一特性设计制作的.

　　磁电阻传感器输出信号的绝对值不但依赖于磁电阻值的大小, 还依赖于传感单元的电阻绝对值, 这是磁传感器设计时需要考虑的另一个要素. GMR 薄膜系全金属薄膜, 面电阻 (或方块电阻) 较小, 仅 2~20Ω/□, 如果直接将巨磁电阻多层膜或自旋阀薄膜作为传感器单元, 要求有较大的工作电流才能得到足够的电压输出, 且功率消耗也太大; 另外, 如果单元尺度太大, 传感器的空间分辨率也受到限制. 所以通常将巨磁电阻薄膜光刻成微米宽度的长条状或甚至迂回状的 GMR 电阻条, 很容易增大其电阻至千欧数量级, 使其在较小工作电流下得到合适的电压输出, 同时, GMR 电阻条的微米级尺度也保证了其足够的空间分辨率. 显然, 一个单一的 GMR 电阻条, 理论上可作为一个最简单的巨磁电阻传感器, 但它具有一个较大的与磁场无关的直流信号. 对于通常在低频情况工作的传感器, 按惠斯通电桥方式连接光刻刻蚀的四个尺度相同的 GMR 电阻条 (图 10-2), 可将背景去除, 同时, 由于桥式结构的四臂材料、性能完全相同, 温度系数也完全一样, GMR 电阻条的温度效应的一级项被抵消掉, 所以桥式结构基本上没有温度效应, 这是应用桥式结构设计巨磁电阻传感器被普遍认同的两个主要原因.

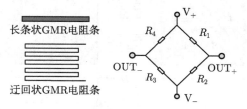

图 10-2 巨磁电阻传感器的基本桥式单元结构

尽管如此, 对于惠斯通电桥方式组合 GMR 电阻条的单元结构, 如果四个 GMR 电阻条对磁场的响应完全同步, 就不会有信号输出. 如何使这四个 GMR 电阻条对某一个空间分布的磁场产生不同的且存在某种关联的响应, 使电桥产生输出并从中得到磁场大小和方向的有关信息, 依赖于设计者对 GMR 多层膜或自旋阀本身以及对所检测磁场特性的综合考虑. 以下介绍几种具有典型意义的巨磁电阻传感器.

10.1.2 多层膜巨磁电阻传感器

1994 年 NVE 公司的 Daughton 等[13] 提出了第一个基于 GMR 多层膜对磁场大小敏感的桥式结构, 称为磁场强度传感器. 将处在对角位置的两个 GMR 电阻条覆盖一层高导磁率的材料如坡莫合金, 以屏蔽外磁场对它们的影响, 使它们变成对外磁场无响应的参考电阻条, 而另两个 GMR 电阻条在磁响应方面是激活的, 于是桥式结构在磁场作用下产生正比于磁场大小的输出. Daughton 等进一步指出, 桥式结构的坡莫合金屏蔽层可特意地同时设计为 "磁通聚集器"(图 10-3). 由于屏蔽层的高导磁率将磁力线聚集在两个激活的 GMR 电阻条所在的空间, 进一步提高了这一结构的磁场灵敏度. NVE 公司有一个简单的经验公式来计算 "磁通聚集器" 的作用

$$H_{\mathrm{Gap}} = H_{\mathrm{ex}}(0.6L/D)$$

其中, H_{Gap}、H_{ex} 分别为 "磁通聚集器" 之间的磁场和外磁场; L 和 D 分别为 "磁通聚集器" 的宽度和 "磁通聚集器" 之间的间距. 对于一个 L 和 D 分别为 $400\mu\mathrm{m}$ 和 $100\mu\mathrm{m}$ 的巨磁电阻传感器, 如果它暴露在 1mT 的外磁场下, 激活 GMR 电阻条所感受到的实际磁场接近 2.4mT, 由此可见 "磁通聚集器" 的显著作用.

上述结构是 NVE 公司商品化多层膜巨磁电阻传感器的一款最基本的结构. 通过不同 GMR 多层膜材料及其结构参数、屏蔽结构参数、外围比较电路数字化处理, 形成了一大类不同规格的 GMR 传感器 (见 http://www.nve.com), 据称, 在 5V 工作电压和 2~10mT 的外磁场下, 其输出信号约 350mV(见图 10-3 右下), 而同等条件下的霍尔传感器元件的输出信号只有 5mV, 各向异性磁电阻传感器元件也仅达 100mV. 这里读者可以看出, GMR 多层膜磁场强度传感器只对磁场大小敏感, 方

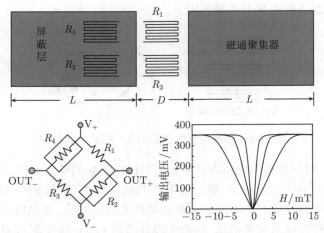

图 10-3　磁通聚集巨磁电阻传感器示意图

右下为 NVE 公司产品的性能曲线

向相反的磁场产生同样的输出, 且由于电桥的一对 GMR 电阻条被屏蔽, 输出信号减小一半. 为此, 葡萄牙 Freitas 研究组[14] 提出, 在 GMR 多层膜电阻条附近设置硬磁体 (溅射 CoPt 合金薄膜) 使相邻的 GMR 电阻条朝相反方向被偏置, 所有 GMR 电阻条均以激活方式工作, 在 ±20mT 磁场范围得到高灵敏的线性响应信号. 当然, 这一方案也存在一些不足, 如制作过程比较烦琐、零场下非零的输出信号 (偏置结构难以严格对称)、硬磁体不能承受强大磁场等.

　　在成功的商品化 GMR 多层膜传感器中, 还有 NVE 公司的另一款对磁场的空间梯度敏感的所谓梯度或微分传感器 (见 http://www.nve.com). 实际上, 如果磁场在局域空间变化明显, 也就是说, 磁场存在一定的梯度, 即使不刻意屏蔽桥式结构中的任何一个 GMR 多层膜电阻条, 所有 GMR 多层膜电阻条都是激活的, 但由于各 GMR 电阻条感受到的磁场不同, 该结构仍然有信号输出. 实际设计和光刻制作过程中, 将一对紧邻的 GMR 电阻条与另一对紧邻的 GMR 电阻条分隔开一定的距离, 并将这两对 GMR 电阻条分别相连于惠斯通电桥的两个对角位, 便构成桥式多层膜巨磁电阻梯度或微分传感器单元 (图 10-4).

　　桥式巨磁电阻梯度传感器的输出信号除了取决于待探测磁场的梯度外, 还取决于两对 GMR 电阻条之间的间距, NVE 公司商品化产品对这一间距有不同规格可供选择, 但通常在 1mm 以下, 它们构成了 NVE 公司多层膜巨磁电阻传感器中的另一大类. 在工业应用的典型梯度场下, 目前桥式巨磁电阻梯度或微分传感器很容易获得 100~200mV 的输出信号. 这里给出它在检测齿轮的转速和位移过程的应用原理. 如图 10-5 所示, 将永磁体放置于齿轮前方, 由于齿轮系钢铁材料 (除了特殊的无磁钢), 在永磁体磁场作用下产生磁化, 当永磁体产生的空间磁场在相对于齿牙不

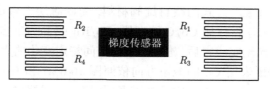

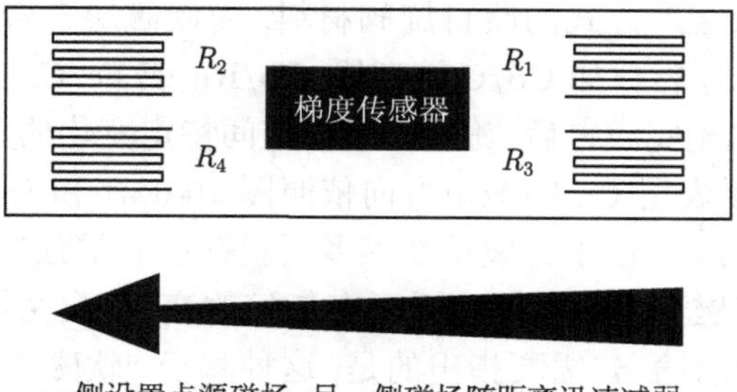

R_2
R_1
梯度传感器
R_4
R_3
一侧设置点源磁场, 另一侧磁场随距离迅速减弱

图 10-4 巨磁电阻梯度传感器示意图

图片来自 NVE 公司网页介绍材料

R_2,R_4
磁体
R_1,R_3

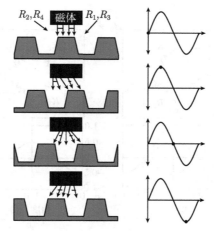

图 10-5 齿轮转速与位移的监控, 相对于不同位置产生不同输出

图片来自 NVE 公司网页介绍材料

同位置时, 产生不同的梯度磁场, 于是, 在齿轮转动过程中, 每转过一个齿牙便产生一个完整的波形输出. 这一原理可普遍应用于电动马达轴柄的转速与位移监控、汽车自动变速与防死刹系统 (ABS) 以及线性齿轮定位.

10.1.3 自旋阀方向传感器

如果桥式结构的 GMR 电阻条系自旋阀材料, 可将被钉扎层的磁矩设置于不同方向, 在中等强度的旋转磁场作用下, 各自旋阀电阻条产生的余弦信号将具有一定的位相差, 于是通过桥式结构产生相对应的输出, 据此确定旋转磁场的转速、角度及线性位移等, 此即 Infineon 公司的自旋阀磁场方向传感器的大致工作原理 (见 http://www.infineon.com /products). 如何将不同自旋阀电阻条被钉扎层磁矩设置于不同方向对自旋阀传感器来说并不是件容易的事, Infineon 公司的自旋阀实际上

采用 "软磁/非磁/硬磁" 方式的赝自旋阀材料, 而硬磁层乃合成反铁磁 (synthetic antiferromagnet, SAF) 材料如 Co/Cu (当然, Co/Ru 或 Fe/Cr 多层膜合成反铁磁亦可), 该材料制备及光刻完成之后, 施加一个在空间特定变化的大磁场, 将四个 GMR 电阻条的合成反铁磁表层 Co 的磁矩方向依照图 10-6(a) 和 (b) 所示设定成所谓的 B6 和 C6 两种桥式方式. 由于合成反铁磁多层膜存在非常强的交换耦合, 在中等强度的工作磁场下, 其磁性层的磁矩几乎没有任何改变, 而自由层磁矩方向随外磁场同步旋转, 产生对应的输出. 需要指出的是, 这种基于 "软磁/非磁/硬磁" 赝自旋阀工作的桥式传感器, 由于合成反铁磁 (或其他任何硬磁层) 的磁矩在过大的外磁场作用下都将改变其初始设定状态, 因而过大的外磁场将摧毁桥式结构的工作基础, 应该说, 这是其严重不足之处.

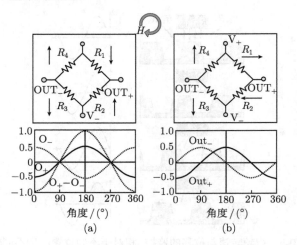

图 10-6　自旋阀磁场方向传感器示意图: (a) B6 桥式结构 (b) C6 桥式结构

图片来自 Infineon 公司网页材料

如果通过反铁磁材料 (如 IrMn) 将合成反铁磁的磁性层钉扎住, 显然, 这样的自旋阀材料在任何外磁场的作用之后都立即恢复初始状态, 各项性能也都非常稳定, 不过, 被钉扎层磁矩方向的设置不可能像赝自旋阀的设置一样简单, 这是所有自旋阀传感器设计者关注的焦点. 1999 年 Marrows 等[15] 提出通过改变合成反铁磁三明治磁性层的相对厚度, 在同样的生长磁场下可使合成反铁磁的磁化状态从 "↑/spacer/↓" 变成 "↓/spacer/↑"(合成反铁磁的净磁矩方向应当与生长磁场方向一致, 上、下层相对磁矩大小的变化导致上、下层磁矩方向与磁场的相对取向不同), 从而诱使反铁磁对合成反铁磁的钉扎方向完全相反. 因此, 如果在同一基片的适当位置两次分别沉积自旋阀, 仅调换合成反铁磁三明治上、下磁性层的厚度参数, 在对应的位置光刻并按桥式方式连接, 便实现图 10-6(a) 所示方式的自旋阀方向传感器. 2000 年 Philips 公司的 Lenssen 等[16] 则提出, 用相反方向的沉积磁场两次沉积结构完全相同的自旋阀薄膜于同一基片的适当位置 (可采用简单的掩膜方式, 这是本书作者的猜测), 两部分被钉扎层磁矩方向相反, 在对应的位置光刻并按桥式方式连接, 同样实现图 10-6(a) 所示方式的自旋阀方向传感器. 总的来说, 这两款自旋阀方向传感器的稳定性应该是无可挑剔的, 不过制作过程复杂一点.

GMR 多层膜的磁场灵敏度不及 AMR 与 GMR 自旋阀 (表 10-1), 但对于许多机械工业应用为了防止周围环境的无规磁场的影响, 工作磁场通常数毫特斯拉至数十毫特斯拉, 而 GMR 多层膜的磁场线性响应范围大且磁电阻效应大, 所以正好适合多层膜巨磁电阻传感器; 同样, 这样大小的工作磁场令自旋阀自由层磁矩方向完全跟随磁场方向, 也比较适合于自旋阀磁场方向传感器. 显然, 以上介绍的 NVE 公司的多层膜巨磁电阻传感器和 Infineon 公司的自旋阀方向传感器, 都主要针对这类大工业用途, 有兴趣的读者可以查看两公司的网站.

10.1.4 线性化自旋阀传感器

相对于巨磁电阻多层膜, 线性化自旋阀巨磁电阻模式具有高得多的磁场灵敏度, 对于弱小的磁场的检测, 后者显然是更合适的选择. 需要强调的是, 为了减小磁滞实现线性化, 要求被钉扎层的磁矩方向与自由层的易轴垂直, 通常将自由层和被钉扎层的生长磁场转动 90°, 于是自由层的感生单轴各向异性垂直于被钉扎层的钉扎方向; 对于生长磁场不变的情形, 沿自由层易轴垂直方向引入一个偏置磁场, 且该偏置磁场稍大于自由层易轴的各向异性场 (当然, 它必须足够小不至于影响被钉扎层), 同样能使自由层与被钉扎层的磁矩方向相互正交; 除此以外, 自旋阀电阻条在微小尺度下, 电流的自偏置效应及形状各向异性也可以考虑加以利用. Marrows 和 Lenssen 等[15,16] 在他们各自的试验中指出, 通过施加一个偏置场, 其自旋阀传感器均可实现低磁场的线性化, 对弱小外磁场敏感. 外加额外的偏置场对 Marrows 和 Lenssen 等各自的试验来说, 或许有点无奈, 被钉扎层与自由层的易轴垂直实现线性化, 可省去不必要的累赘, 当然, 设计者必须同时牢记相邻桥臂对外磁场的响应极性必须刚好相反.

IBM 公司的 Spong 等[17] 最早于 1996 年提出第一套不需要额外偏置的线性化自旋阀传感器. 基本过程如下, 将 FeMn 钉扎的自旋阀材料刻蚀并连接成电桥结构, 自旋阀材料制备过程不必改变磁场方向, 自由层易轴沿电阻条方向. 在电桥相隔一层绝缘层的上方设置一简单的 "分合" 电路 (图 10-7), 该电路中通以适当大小的电流, 一方面它产生的磁场在相邻的电阻条处将被钉扎层的磁矩转动至自由层易轴的垂直角度且方向相反; 另一方面, 它产生的焦耳热使电阻条的温度升高至 FeMn 的 Blocking 温度, 然后适当减小电流 (这时电流磁场仍足够大使各电阻条的被钉扎层磁矩停留在它们原来的方向), 使电阻条冷却至 Blocking 温度以下, 相邻自旋阀电阻条的被钉扎层磁矩于是被钉扎在垂直自由层易轴的相反方向. 外磁场作用下相邻桥臂产生变化相反的信号, 电桥达到最佳输出. Spong 等得出的原型器件的结果表明, 在同样的动态范围内, 其灵敏度是商用低磁场、宽频范围 AMR 传感器最好值的 3 倍, 探测极限为 $0.26(nT)/(Hz)^{1/2}$. 遗憾的是, FeMn 的 Blocking 温度太低, 这一方案最终并没有商品化. 采用其他反铁磁材料如 IrMn 能否实现, 至今没有报道, 但是非常显然, 流经 "分合" 电路中的电流是非常有限的, 所产生的电流磁场大小及所能达到的温度或许都是很有限的, 其可行性需要仔细考虑电路及隔热等方面的设计.

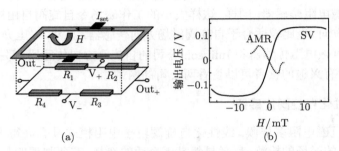

图 10-7   Spong 等设计的弱磁场自旋阀传感器结构示意图 (a)
及对应传感器的输出与 AMR 传感器的对比 (b)

图片来自文献 [17]

理论上说, 以自由层和钉扎层生长磁场转动 90° 的方式沉积的自旋阀材料, 光刻成自旋阀电阻条, 借助磁屏蔽方式, 仅激活一对相对的自旋阀电阻条, 而另一对自旋阀电阻条对外磁场没有响应, 同样可获得正比于外磁场的响应信号, 据作者查阅的所有资料, 似乎没有人肯定这一方案. 当然, 屏蔽方式有一个缺点, 那就是输出信号只有所有电阻条均激活的最佳态的一半. Freitas 等[12,18] 于 1999 年提出, 对普通自旋阀材料, 自由层与被钉扎层之间基本上没有磁耦合, 或者更严格地说, 交换耦合、静磁耦合都非常弱, 于是在弱小磁场作用下自由层磁化状态改变, 但结构参数相同的自旋阀材料如果具有较大的粗糙度 (如生长在粗糙的基片上), 将导致很强的 Neel 橘子皮 (orange peel) 静磁耦合, 自由层磁化状态的改变被偏置到一个较大的磁场处, 在弱小外磁场下, 自由层的磁矩状态将不再改变, 所以当自旋阀材料沉积在特殊处理的基片上, 该基片在不同位置具有不同粗糙度, 在对应的位置将刻蚀的自旋阀电阻条并联成惠斯通电桥结构, 两个处在对角位的具有较强磁耦合的电阻条对较小的外磁场没有响应, 而另两个没有磁耦合的电阻条则是激活的, 电桥的输出类似于一对自旋阀电阻条被屏蔽的结果. Freitas 等得出的结果显示, 1.2nm 左右的粗糙度使自由层被耦合场偏置约 15mT. 为获得线性响应, 需要在电阻条中通以一定大小的电流产生自偏置; 另外, 自旋阀电阻条由于微结构的不一致, 导致零场下非零的输出信号 (传感器原型输出 ±200mV, 零场输出达 340mV), 需要附加电路才能消除. 所有这些加之基片需要特殊处理, 都表明这一方案虽然具有一定的新意, 但作为器件开发可能缺乏竞争力.

2001 年 Prieto 等[19] 利用一种特殊磁路结构的软磁体对磁通的聚集, 将被检测外磁场引导至自旋阀电阻条所处的局域空间, 并且使相邻的自旋阀电阻条所感受到的局域磁场刚好相反 (图 10-8). 虽然组成电桥的所有自旋阀电阻条完全相同, 被钉扎层的磁矩方向也完全一致, 但特殊的磁通聚集方式使相邻的自旋阀电阻条产生相反的响应, 当外磁场反向, 所有局域磁场均同时反向, 四个同时激活的线性化的自旋阀电阻条导致电桥的最佳输出. 总的来说, 这一设计方案对自旋阀材料生长和电阻条的处理非常简单, 薄膜生长过程中只需要将被钉扎层和自由层的生长磁场转动 90°, 无须将四个自旋阀电阻条的被钉扎层磁矩设置于不同方向. 软磁体本身及其磁路决定了该传感器的灵敏度、动态响应范围、磁滞等, 为了实现零磁场的零输出, 也需要反馈电路支持, 应该说这是它的不足之处.

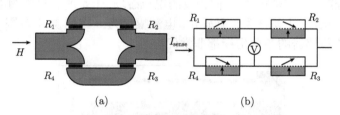

图 10-8 Prieto 等设计的弱磁场自旋阀传感器结构示意图 (a) 和等效电路 (b)

有人认为以软磁材料制作的磁通聚集器一方面效果太小, 另一方面软磁材料本身也会产生噪声. 为了获得更高的磁场灵敏度, Pannetier 等[20] 将超导线圈置于自旋阀上方 (中间以绝缘层隔开), 外磁场极小的扰动也使超导线圈产生超导电流, 自旋阀于是对超导电流磁场产生响应. 这一自旋阀传感器原型的磁场灵敏度在温度 4.2K 高达 $32\mathrm{fT/(Hz)}^{1/2}$. 需要指出的是, 在此之前, 有人提出了超导线圈与霍尔传感器相结合的新型传感器, 应该说 Pannetier 等实际上沿用了这一设计思想. Pannetier 等认为, 采用磁隧道结并结合高温超导体, 理论上类似的高灵敏磁场传感器还有更大的发展空间.

与各向异性磁电阻传感器相比, 巨磁电阻传感器的输出信号更大、体积更小、温度稳定性更好、消耗功率更低、总体造价更低廉, 所以巨磁电阻传感器可以在许多领域大显身手, 如各类机械装置的速度监控和定位与机器人操控、车辆探测、地质勘探与地下隐蔽军火侦探、货币甄别、趋肤电流金属检伤、电路 (包括印刷电路) 的电流探测与追踪等, 甚至生化过程鉴定也在尝试着利用巨磁电阻传感器[21,22]. 读者可以从有关巨磁电阻传感器应用的文献中了解巨磁电阻传感器在以上不同领域的工作过程, 但简言之, 它们无一不是通过与被监测对象相关联的 (特意设置的) 永磁体、线圈电流磁场 (数十至数百高斯) 或者地磁场、磁性颗粒磁场、电路弱电流磁场 (数十至数百毫高斯) 作用于巨磁电阻传感器从而给出相关的未知磁场的大小和方向, 或者已知磁场的扰动. 当然, 很难有一种万能的磁传感器设计模式可在各种不同的使用场合均有最佳表现, 设计者往往需要根据不同的需求构思结构最简单、性能最优异的巨磁电阻桥式单元结构传感器甚至阵列单元结构传感器[23,24]. 除了前面所叙的基本模式, 本章不打算再对针对各种场合的所有方案都逐一详细分解. 作为这部分的结束, 最后给出 Reig 等[25] 于 2004 年设计的一款用于测量电流强度的自旋阀传感器, 以说明 "简约" 是设计者们孜孜追求的风格. Reig 等对自旋阀材料生长和电阻条的处理非常简单, 薄膜生长过程中将被钉扎层和自由层的生长磁场转动 90°, 经过简单的光刻、引线, 得到四个完全一致的对外磁场线性响应的自旋阀电阻条所组成的电桥. 同时, 设计者再制作一个辅助的印刷电路板, 将电桥置于对应的印刷电路板上, 如图 10-9 所示. 当待检测电流流过印刷电路时, 在相邻的自旋阀电阻条处产生大小相同但方向相反的电流磁场, 于是所有自旋阀电阻条激活且相邻桥臂响应相反, 电桥产生最佳输出. 电流幅度为 0~5A, 频率范围 0~20kHz, 这款自旋阀电流传感器的各项指标都非常优异.

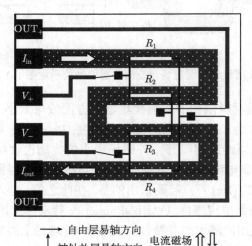

图 10-9　Reig 等设计的自旋阀电流传感器结构示意图

图片来自文献 [25]

10.1.5　自旋阀线性位移传感器

以上以经典模式设计的巨磁电阻传感器已经取得了巨大的成功, 现在再介绍另一种基于不同理念设计的高精度线性位移巨磁电阻传感器[26], 其中心思想是将自旋阀的自由层由 180° 畴壁分成反平行的两部分, 通过操控自由层的磁畴壁位置而使自旋阀的磁电阻值随之线性变化, 从而实现精确的线性定位. 如图 10-10 所示, 自旋阀材料光刻成长条的形状, 通过反铁磁层的交换各向异性, 被钉扎层的磁矩方向被钉扎在长条的垂直方向, 同时通过自由层本身的单轴各向异性使自由层的磁化方向也处在长条的垂直方向. 众所周知, 当自由层和被钉扎层的磁化方向相同时, 自旋阀的电阻最小; 反之, 若自由层和被钉扎层的磁化方向相反, 自旋阀的电阻最大. 因此, 如果在自由层引入一个位置可控制的 180° 畴壁, 它将自由层分成磁化方向相反的两部分, 那么自旋阀的电阻大小将严格线性地依赖畴壁的位置, 反过来, 通过自旋阀的电阻值就可知道畴壁的绝对位置. 事实上, 由图 10-10 所示的一对极性反置的楔形永磁体产生的磁场, 在楔形磁体顶点连线附近迅速改变方向, 并在远处呈环形状, 可将自由层分成磁化方向相反的两部分, 畴壁的位置就是磁场的梯度极大处, 即楔形磁体对的顶点连线, 于是, 自旋阀的电阻值严格线性地依赖于楔形磁体对的位置. 需要指出的是, 磁场的梯度越大, 畴壁位置就越准确, 自然器件的灵敏度就越高, 不过为了自旋阀钉扎层不受影响, 楔形磁体的磁场必须小于钉扎场, 以保证器件正常工作. 上述线性位移传感器的尺寸大小取决于基片尺寸; 空间分辨率大致由畴壁大小决定, 据报道目前为 1μm, 经过进一步仔细设计加工, 有可能获得更高的空间分辨率和精确度; 由于巨磁电阻的温度效应, 其精确度为 0.3%/°C. 最后顺便指出, 线性位移巨磁电阻传感器即使在断电后仍具有记忆功能.

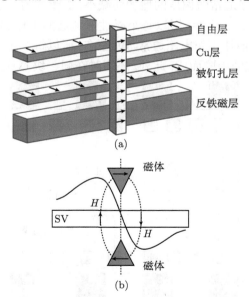

图 10-10 线性位移巨磁电阻自旋阀传感器结构 (a) 与其俯视图 (b)

图片来自文献 [26]

10.1.6　磁隧道结隧穿磁电阻传感器

隧穿磁电阻效应比巨磁电阻效应更大, 磁场灵敏度更高; 还有一点, 对相同面积大小的磁性隧道结, 其电阻大小通过改变绝缘层几个原子层的厚度便可以在 $10^{-2} \sim 10^{8}\Omega$ 范围任意调整; 另外, 依靠目前的光刻技术, 可轻易获得尺度从微米至深度亚微米 (或纳米级) 的高性能磁隧道结, 所有这些使磁隧道结兼具无与伦比的磁场分辨率 (理论上达 10^{-12}T) 与空间分辨率 (纳米级), 因而, 以磁隧道结为基础的传感器将挑战以往磁电阻传感器对弱磁场的分辨极限, 同时, 隧穿磁电阻传感器的应用空间也必然向外不断延伸. 和以往的 AMR、GMR 传感器一样, 经典的惠斯通电桥的单元结构仍是设计者们处理隧穿磁电阻传感器时最青睐的模式. 需要指出的是, 虽然隧穿磁电阻效应与巨磁电阻效应的物理机制完全不同, 但磁隧道结和自旋阀的层状结构相似, 对外磁场的响应也都完全取决于自由层与钉扎层磁矩的相对取向, 因而对于磁隧道结传感器, 为了不产生磁滞效应, 获得最佳的线性响应, 和低磁场自旋阀传感器一样, 必须使磁隧道结的自由层和被钉扎层的磁矩方向在无外磁场作用时相互正交, 外磁场的作用使自由层的磁矩产生一致转动.

NVE 公司的 Tondra 等[27] 于 1998 年首次对低磁场隧穿磁电阻传感器进行了考虑, 认为其磁场灵敏度可达 1pT. 图 10-11 是 NVE 公司开发中的隧穿磁电阻传感器的简单示意图, 磁通聚集桥式单元结构被采用. 由于磁隧道结存在偏压效应, 也就是说, 隧穿磁电阻通常随偏压的增加而减小, 更糟糕的是过大的偏压 (1V 左右或稍高) 将使磁隧道结被击穿, 所以每个磁性隧道结的工作偏压约 100mV 比较理想, 而普通传感器的最佳工作电压通常 5V 左右, 所以每一个桥臂实际上由十数个甚至数十个磁性隧道结串联而成; 此外, 还同时在同一块芯片上配置了两套集成螺

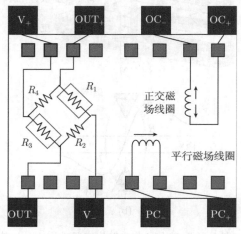

图 10-11　隧穿磁电阻传感器结构示意图

图片来自 NVE 公司网站

绕平面线圈, 其中一套沿难轴方向产生偏置磁场以减小磁滞获得线性响应, 另一套沿易轴方向产生恒定、脉冲或交流磁场用于反馈. 目前, NVE 公司试制的这款 "普适型" 隧道磁电阻传感器的磁场线性范围为 $\pm 50\mu$T; 在 100μT 左右的磁场与 5V 的工作电压下, 最大输出信号约 500mV, 不过, 它仍存在许多不足和技术问题, 研发人员正应对这些挑战.

另外, 由于磁隧道结在磁场灵敏度与空间分辨率方面的显著优势, Micro Magnetics Inc 公司于 2003 年前后成功地发展出 "扫描隧穿磁电阻磁显微" 电路探测的新技术[28] (见 http://www.micromagnetics.com). 该技术以磁隧道结作为弱磁场传感器探头, 结合一定的线性位移扫描方式 (类似于扫描隧道电子显微镜或其他扫描显微技术的两种扫描方式: 固定探头高度或者探头接触式), 可非常精确地探测出集成电路的电流磁场 (最小 10^{-8}T) 分布, 进而严格推算出电流的密度分布, 从而最终实现对亚微米集成电路的检测. 该技术的空间分辨率达 50nm, 据称集成电路中仅 60nm 大小的缺陷都可以被探测到. 其实, 扫描磁电阻磁显微技术 (scanning magneto-resistance microcopy, SMRM) 于 1996 年由加利福尼亚大学的 Yamamoto 等提出, 不过, 他们当时以各向异性磁电阻传感器作为探头, 用于探测磁性材料表面的显微磁图[29,30], 由于各向异性磁电阻效应很小, 空间分辨率仅为 0.1μm$\times 2.0\mu$m, 磁隧道结的应用才使之有了革命性的改变. 据介绍, 扫描隧穿磁电阻磁显微技术在结构上仍将隧道结连接成惠斯通电桥, 以得到更有效的输出, 由于涉及技术保密, 电桥的具体结构、磁屏蔽、隧道结的自由层与被钉扎层的磁矩取向及其稳定等方面的细节未见诸文献报道.

10.2 巨磁电阻隔离器

对于工业控制系统, 传感器感应到有用的信息不过是整个控制过程的一半, 将这些有用的信息通过数据通道传送到处理终端是不可或缺的另一半. 应该指出, 在这个信息传送的数据通道里, 不同的接地回路, 其电势位往往不同, 还有瞬态事件、温差、速度瓶颈等, 长期以来, 一直依赖光隔离器将这些破坏性的不速之客隔离开来. 然而, 光隔离器具有体积大、速度慢、能耗高、温度范围窄等先天不足之处, 远不能跟上工业网络与传感技术不断进取的步伐. 1997 年 NVE 公司的 Hermann 与 Iowa 州立大学的 Black 和 Hui[31] 首次提出基于巨磁电阻效应的磁耦合线性隔离器, 并通过原型器件予以试验论证. 经过三年的研发, NVE 公司于 2000 年推出商用巨磁电阻隔离器 (见 http://www.nve.com), 跨越了光隔离器在许多方面无法跨越的极限.

从简单原理[32] 上来说, 光隔离器利用输入电流流经一个光发射二极管 (LED) 发出相应的光, 光经过绝缘介电物质激活半导体光探测器, 产生和输入电流强度成

比例的输出 [图 10-12(a)]; 而巨磁电阻隔离器则将输入电流流经一个线圈产生对应的磁场, 该磁场经过高绝缘的介电薄膜被巨磁电阻单元检出, 产生和输入电流成比例的输出 [图 10-12(b)], 所以无论是光隔离器还是巨磁电阻隔离器最终都能将输入与输出回路通过介电物质在电性上完全隔离开, 从交变到直流信号, 两者的信号走向都单向传送.

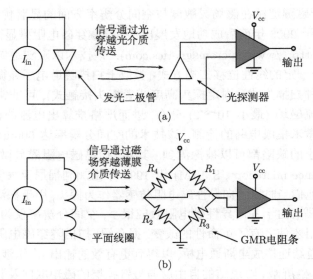

图 10-12　光隔离器 (a) 与巨磁电阻隔离器 (b) 的简单原理对比

　　巨磁电阻隔离器的大致结构如图 10-13 所示. 紧靠基片的最底层是连接成惠斯通电桥的四个全同的迂回的微米级 GMR 电阻条, 它们由 GMR 自旋阀薄膜通过光刻而获得, 每个 GMR 电阻条的阻值为千欧数量级. 对应于自旋阀自由层的两种剩磁态 (平行或反平行于钉扎层磁矩), 四个电阻条或者为高电阻态或者为低电阻态. 电桥之上是一层数微米厚的高绝缘介电材料 (如聚合物、氮化硅等), 这层介电薄膜可耐压 3000~6000V(据称介电层的合适工艺是原型器件的最大技术挑战). 介电薄膜之上是厚度数百纳米的铝铜合金或其他金属材质的螺绕平面线圈, 位于电桥的正上方, 电流方向相反的两部分刚好对应电桥两个对角位的两对 GMR 电阻条, 因而螺绕平面线圈流过一个正向电流时, 线圈产生的磁场决定了一个对角位的两个 GMR 电阻条同时处在高阻态 (或低阻态), 另一个对角位的两个 GMR 电阻条则同时处在低阻态 (或高阻态), 电桥输出一个极性的信号; 若电流方向改变, 两对 GMR 电阻条感受到的磁场同时反向, 它们的电阻态也各自同时改变, 这时电桥输出极性相反的信号. 螺绕平面线圈之上是一层微米级的钝化绝缘层 (氮化硅或其他), 紧靠该钝化绝缘层位于最顶层的最后一层 10μm 左右的高磁导率材料如坡莫合金薄膜,它一方面屏蔽外部杂散磁场对 GMR 电阻条的影响, 另一方面增大螺绕平面线圈电流在 GMR 电阻条处所产生的磁场. 除此之外, 第一代巨磁电阻隔离器还应用了一个称为发射器的电子装置[33], 集成于同一集成电路片上. 发射器的作用是将输入的脉冲电流 "微分" 为正的和负的尖峰电流, 这些尖峰电流推动两对 GMR 电阻条电阻态的改变, 对应电桥不同极性的输出, 通过设置一个比较电路, 最终获得与输入信号一致的输出信号. 需要指出的是, 这一设计方式使尖峰电流结束后输入电流截止为零直至下一个输入脉冲, 于是隔离器的能耗达到极小.

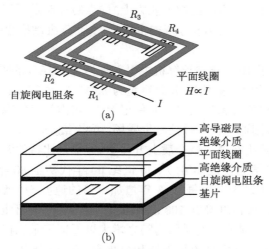

图 10-13　巨磁电阻隔离器的原理结构图 (a) 与制作结构图 (b)

巨磁电阻隔离器的面积非常小, 单元占据面积小于 $1mm^2$. 巨磁电阻隔离器非常适合与其他通信电子元件一起集成化实现单一芯片的多通道隔离, 目前, 四通道的巨磁电阻隔离器已经商品化, 其面积大小还不足 $2mm^2$. 相对于最快的传输速度约 20Mbit/s 的商用光隔离器, 磁电阻隔离器的传输速度达到 200Mbit/s, 是它的 10 倍, 且后者的信号传播延迟小于 10nm, 差不多是前者的二分之一. 另外, 光隔离器抗瞬态干扰为 10kV/μs, 最高工作温度为 75°C, 相比之下, 巨磁电阻隔离器抗瞬态干扰高达 25kV/μs, 最高工作温度至少 100°C.

目前, 巨磁电阻隔离器的 GMR 电阻条自由层磁化反转是通过畴壁位移方式实现的, 若变成磁畴转动模式, 磁化反转的时间可降至 0.2nm; 优化各种引线与连接、减小封装尺寸可将寄生电感和寄生电容导致的信号延迟减小至三分之一; 直接使用输入电流驱动而不是将输入电流转变为尖峰电流驱动并使用更高效率的集成电路可减小电路方面的限制 (目前巨磁电阻隔离器的速度主要受制于集成的硅电子器件的速度), 综合考虑以上几方面以改进巨磁电阻隔离器, 可使其传输速度最终达到 2000Mbit/s, 信号延迟小于 0.5nm.

巨磁电阻隔离器的研发正朝着速度更快、通道更多、功能更全、应用范围更广等方面迅速推进, 它最终将给工业控制过程、仪器仪表、远程通信等带来深刻的变革.

10.3　巨磁电阻、隧穿磁电阻硬盘读出磁头

目前, 信息存储有多种技术方式, 如相变存储、半导体存储器、磁记录等, 在信息面密度和存取时间等方面的综合能力上, 硬盘磁存储是所有其他技术无法匹敌的, 为 IT 业的支柱之一. 让我们首先来回顾一下计算机硬磁盘技术的辉煌发展历史[34].

IBM 公司最早于 1955 年在计算机中引入称为 RAMAC 的磁盘, 这是一个由 50个 24 英寸盘片组成的"大家伙", 其总容量为 5.6Mbit, 面密度仅 2kbit/in². 这一系统信息的写入与读出依赖感应式单一元件记录头, 它由具有气隙的块状铁氧体软磁芯绕上线圈而成, 线圈通电在气隙处产生磁场, 可将信息写入磁记录介质; 在线圈不通电的情况下该记录头在磁记录介质上方移动时, 记录比特的漏磁场使线圈产生感生电动势, 于是记录信息便被读出. 从 20 世纪 60 年代初至 80 年代末, 这一技术的改进和完善使磁盘记录密度以每 2~3 年增加一倍的速度 (年增长率为 30%~40%)向前发展, 1990 年记录密度接近 100Mbit/in². 这一时期, 由于记录密度的提高, 记录比特的尺度减小, 记录介质的矫顽力随之增大以保证记录比特的稳定和较低的噪声, 于是要求记录头具有更高的写入场和分辨率. 在 70 年代后期至 80 年代早期, 主要的技术进步先后表现为, 使用较高饱和磁化强度的软磁材料如 Sendust 代替低饱和磁化强度的铁氧体, 或在铁氧体气隙的磁极尖上涂敷一层高饱和磁化强度的金属 (metal-in-gap) 以提高记录头的写入场, 以及利用光刻技术制作薄膜感应式记录头提高写入场和分辨率. 读者可以想象, 随着记录密度的不断提高, 记录比特的尺度越来越小, 记录比特的退磁场也变得越来越大 (退磁场正比于 $M_{\mathrm{r}}t/\lambda$, M_{r} 为记录介质的剩磁, t 为记录介质的厚度, λ 为记录比特的尺度), 对记录比特的稳定性不利 (记录介质矫顽力的增加有限), 除非记录介质的厚度随记录比特的尺度按比例减小, 但减小介质厚度也将减小记录比特的漏磁场 (漏磁场也正比于 $M_{\mathrm{r}}t$), 因而读出信号的强度也随之减小, 虽然增大感应式读头的移动速度可以加大读出信号强度, 但机械移动速度的增大是非常有限的, 且读头高速行进在读取尺度很小的记录比特上会发生读出信号的叠加现象, 所以, 感应式 (兼有写入和读出两个功能的) 单一元件记录头于 90 年代初完成了它的历史使命.

IBM 公司经过十多年的研发后于 1990 年将感应式的写入薄膜磁头与坡莫合金制作的各向异性磁电阻式读出磁头组合成双元件一体化的磁头[35], 在 CoPtCr 合金薄膜磁记录介质盘上实现了面密度为 1Gbit/in² 的高密度记录. 自此, 由感应式

的写头和磁电阻读头组成的双元件磁头开始引领潮流, 图 10-14 描述了双元件磁头纵向磁记录的工作过程. 各向异性磁电阻读头利用其电阻在不同外磁场下发生改变的特性将记录比特的漏磁场转变为电信号, 不依赖于磁头的移动速度, 其灵敏度是感应方式的数倍, 加之写头和读头的分别优化, 使硬盘记录密度以更快的速度向前发展, 平均每 18 个月便翻一番 (年增长率为 60%). 坡莫合金薄膜各向异性磁电阻效应只有 2%~3%, 且这一数值仅当坡莫合金的厚度大于十几纳米时才有效, 随着厚度的减薄, AMR 效应明显减小. 记录密度的进一步提高已经使记录比特的尺度达到亚微米甚至深度亚微米 (图 10-15), 一方面, 各向异性磁电阻元件的有限灵敏度面对越来越弱小的记录比特漏磁场开始勉为其难; 另一方面, 能够分辨如此细小记录比特的各向异性磁电阻元件, 其几何尺度已经与它的厚度可相比拟, 退磁效

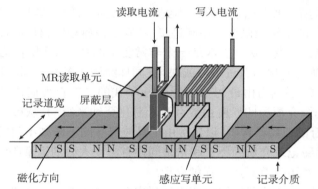

图 10-14 双元件磁头纵向磁记录工作过程

图片来自文献 [36]

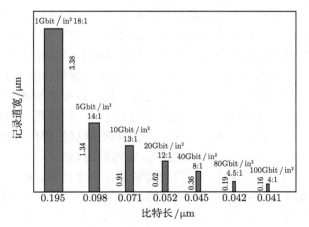

图 10-15 信息面密度与记录比特尺寸的发展

图片来自 Seagate 演讲报告

应变得非常强烈, 严重影响其性能, 所以各向异性磁电阻读头于 20 世纪 90 年代末期让位于巨磁电阻自旋阀读头. 巨磁电阻自旋阀除了其磁电阻比值比各向异性磁电阻大数倍甚至一个数量级, 使其具有高得多的磁场灵敏度, 同时, 由于它主要是界面效应, 承接信号的磁性层的厚度仅为几纳米, 这就使得巨磁电阻自旋阀元件在更微小的尺度仍很少受退磁场的影响, 因而同时具有高得多的空间分辨率, 所以巨磁电阻的发现, 便标志了一个新时代即将来临. 1994 年 IBM 公司[37] 试验了第一款巨磁电阻自旋阀读头原型, 显示 GMR 磁头技术在 GMR 效应发现之后的六年就已经基本成熟. 之后三四年 GMR 磁头进入市场全面取代各向异性磁头, 并且使硬盘记录密度提高的速度甚至超越了 Moore 定律, 以每年翻一番的速度向磁记录的物理极限靠近.

需要指出的是, 硬盘记录密度在不到半个世纪的时间里攀升了七个数量级, 这其中占主导地位的是记录磁头的不断进步, 特别是巨磁电阻自旋阀读头的应用所带来的空前大发展. 当然, 硬盘技术是一个非常复杂的系统工程, 作为信息载体的薄膜磁记录介质随之演化和改进不可或缺, 它同样经历了多种不同材料发展阶段, 经受了一次次挑战, 矫顽力由最初 20 世纪 50 年代的二三百奥斯特增大至目前的三千多奥斯特, 记录介质层的厚度由数百微米薄化至纳米级, 并从单一层结构发展至反铁磁交换耦合的双层结构[38] 以延缓由于晶粒尺寸的不断减小引发的对超顺磁极限的逼近. 尽管磁记录介质的历史和未来同样有激动人心的篇章[34], 但它本身与磁电子学无关, 本章不打算对此作仔细介绍.

图 10-16 是 IBM 公司发展的商用巨磁电阻自旋阀双元件磁头的基本结构, 目前磁头结构仍沿用这一基本构型. 薄膜极头 P1、P2 层及它们之间的平面线圈构成感应写头部分, 写头间隙 g_w, 写头长度 W_P; 屏蔽层、巨磁电阻自旋阀传感单元以及 "引线/永磁偏置层" 组成自旋阀读头部分. 读头间隙 g_R, 读头自旋阀单元长度 W_R. 这里 P1 层同时作为读头部分的屏蔽层之一, 屏蔽层 I、II 可屏蔽周围比特磁信号及杂散磁场的影响, 仅仅使被探测的比特漏磁场有效地进入自旋阀传感单元所在空间, 所以记录密度与 g_R 密切相关; 永磁偏置层提供传感单元纵向偏置场, 抑制磁噪声. 需要指出的是, 自旋阀传感单元包括其引线必须与其两侧的磁性金属屏蔽层绝缘, 通常由氧化铝薄层实现. 记录密度的提高, 比特尺度的缩小 (图 10-15), 要求 g_R 相应减小, 为保证绝缘层的效果, 氧化铝绝缘层的薄化总有一定的限度, 显然, 自旋阀的总厚度在高密度存储中很容易受到限制 (姑且不论自旋阀的磁电阻比值比较有限), 实际上, 目前无论是自旋阀薄膜的总厚度还是其磁电阻比都已快接近其上限; 另外, 磁隧道结的电流输运是垂直膜面 (CPP) 方式, 因而, 将磁隧道结直接置于屏蔽层 I、II 之间, 以屏蔽层作为电极引线, 于是氧化铝绝缘层占用的空间便被节省出来, 适合更高的记录密度, 当然, 磁隧道结的磁电阻比值大大高于自旋阀的磁电阻比, 这是磁隧道结作为读头核心单元的第二个显著优点, 所以将磁隧道

结应用于硬盘读头已是大势所趋.

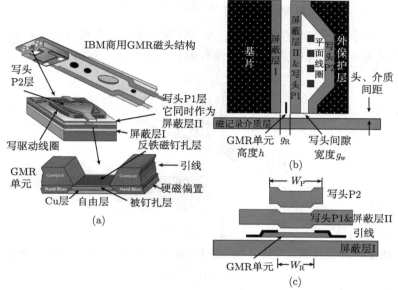

图 10-16 IBM 商用自旋阀双元件磁头的基本结构示意图 (a)、侧截面图 (b) 及磁头气垫面方向视图 (c),

图片来自文献 [39,40]

10.3.1 巨磁电阻磁头的自旋阀单元工作的要点

简单地说, 自旋阀读头部分的核心就是一个基于自旋阀材料的弱磁场传感器, 和前面介绍的普通自旋阀弱磁场传感器不同的是, 自旋阀读头传感器工作在高频范围, 因而无须采用桥式结构来去除与磁场无关的直流信号, 单一一条细长的自旋阀电阻条便构成自旋阀读头传感器的核心单元, 而背景通过一个简单的高通滤波器被滤掉[5,10]. 性能优良的自旋阀材料被刻蚀成极为细小的条带, 细带的有效长度为 W_R、宽度或者说高度为 h, 这些几何参数依赖于记录密度. 图 10-17 是自旋阀读头核心单元无屏蔽时的基本工作过程. 由于待检测的弱小信号磁场沿垂直介质表面方向, 所以自旋阀薄膜细带实际上通过间距非常小的空气层 (air-bearing, 气垫) 树立于介质表面上方, 且其长边平行于气垫面, 短边垂直于气垫面, 以便自旋阀膜面平行于信号磁场方向, 同时其自由层对弱小信号磁场的反应最敏感. 无外磁场时, 自由层磁矩沿电阻条的长边方向 ($\theta_f = 0$), 在信号磁场的作用下, 自由层磁矩朝垂直磁头气垫面的方向或向上或向下一致转动 (依赖于信号磁场朝上还是朝下); 另外, 将被钉扎层的磁矩方向通过反铁磁层的交换偏置设定于细带的竖直高度方向 ($\theta_p = \pi/2$). 于是当电流 I 流经时, 自旋阀电阻条输出电压的改变量正比于信号磁

场

$$\Delta V = IR\left(\frac{\Delta R}{R}\right)\cos(\theta_f - \theta_p) \propto \sin\theta_f \propto H$$

其中, $\Delta R/R$ 对应自旋阀的磁电阻比; R 为电阻. 保证读头输出信号对外磁场的线性依赖是关系读头性能的第一要素, 但有多种因素可以影响这一点.

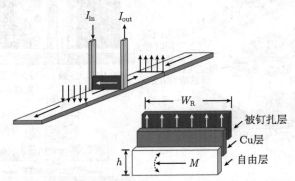

图 10-17　自旋阀读头传感单元信号读取及自旋阀磁性层磁矩取向示意图

图片来自文献 [41]

如果被钉扎层的交换偏置场没有足够大到可以完全克服外磁场或其自身退磁场的影响 (随着记录密度的提高, 作为读头传感器的自旋阀细条的高度甚至宽度已经和薄膜厚度可相比拟, 因而细条边沿磁荷的影响不能忽略), 那么退磁场或外磁场的作用将使被钉扎层的磁化不均匀或偏离垂直方向, 导致对外磁场的非线性响应. 因此, 自旋阀材料除磁电阻比外, 确保反铁磁层对被钉扎层的有效钉扎是自旋阀读头非常重要的一个方面. 实际上, 反铁磁钉扎是一切基于自旋阀和磁隧道结的磁电子器件工作的核心环节之一. 总结起来, 反铁磁钉扎材料必须具备以下几项基本要求:

(1) 大的交换偏置场;

(2) 高的截止温度 (磁头制备工艺过程需要较高温度的处理, 通常要求反铁磁层 Blocking 温度在 300°C 以上);

(3) 良好的抗腐蚀性 (不差于坡莫合金 $Ni_{81}Fe_{19}$);

(4) 较薄的反铁磁层厚度 (过厚的反铁磁层影响自旋阀的结构、超高记录密度下 g_R 限制了自旋阀多层膜的总膜厚、金属反铁磁的分流作用不利于 GMR 比值等);

(5) 极少的后处理工艺等.

至今为止, 接近于实用化要求的反铁磁材料主要有三类.

(1) 氧化物反铁磁：$(Co_{1-x}Ni_x)O$、NiO.

(2) Cr 系反铁磁.

① 无序合金 (体心立方或四方结构)：$Cr_{50}Mn_{50}$(加添加物 Pt、Pd 或 Rh)；

② $L1_0$ 相合金：$Cr_{50}Pt_{50}$.

(3) Mn 系反铁磁.

①无序合金 (面心立方结构)：$Fe_{50}Mn_{50}$、$Rh_{20}Mn_{80}$、$Ir_{\sim20}Mn_{\sim80}$；

② $L1_0$ 相合金：$Ni_{50}Mn_{50}$、$Pt_{50}Mn_{50}$、$(Pt,Pd)_{50}Mn_{50}$、$Pd_{50}Mn_{50}$ 等.

综合各项指标，IrMn、PtMn 为目前自旋阀磁电子器件中最常用的反铁磁钉扎层材料. $L1_0$ 相 $Cr_{50}Pt_{50}$ 合金是作者和其同事最新发现的一种具有大交换偏置和极好的温度与化学稳定性的反铁磁钉扎材料[42]，其截止温度高达 600°C, 是 IrMn 的两倍以上，比 PtMn 的高出 200°C, 难能可贵的是，该钉扎材料中不存在对磁电阻效应极具破坏性的 Mn 扩散，对特定场合需要的自旋阀尤其磁隧道结可能非常有意义[43]. 总而言之，改进现有反铁磁钉扎材料性能、探索新的反铁磁钉扎材料以及交换偏置的物理机制仍是当前应用与应用基础研究中的一个难点与热点. 关于反铁磁交换偏置，近年发表了若干综述文献，有兴趣的读者可参考文献 [2, 44~46].

对于自旋阀读头传感单元来说，无外磁场下自由层磁矩沿自旋阀电阻条的长边方向取向，也就是说，自由层最终的易轴与电阻条的长边方向一致，是保证线性响应的另一个关键[40]，且较为复杂. 首先，亚微米甚至深度亚微米尺度的自旋阀传感单元，其自由层和被钉扎层的边沿磁荷所造成的静磁耦合十分可观，这一耦合作用倾向于使自由层和被钉扎层的磁化方向反平行，而耦合大小依赖于各层的厚度、传感单元的高度以及传感单元周围的磁屏蔽；其次，自旋阀 Cu 分隔层厚度非常小，由于其非理想平整而导致的静磁耦合使自由层和被钉扎层出现所谓的铁磁性层间耦合，这一耦合作用倾向于使自由层和被钉扎层的磁化方向平行，耦合的大小依赖于自旋阀薄膜的基片的平整度、薄膜本身的形貌，是十分难以控制的；再次，传感单元中流经的电流将产生显著的偏置场，这一偏置磁场可以使自由层与被钉扎层的磁化方向倾向于平行，也可以使它们倾向于反平行，完全取决于电流流向的正、反两个不同方向，而偏置磁场的强度依赖于电流强度以及传感单元的几何尺度. 以上三种作用的总和决定自由层易轴的最终取向. 对于极为细小的自旋阀传感单元，第一项静磁耦合最为强大，所以通常选择电流方向以使电流偏置场加之铁磁性的层间耦合尽可能将静磁耦合抵消，使自由层的易轴趋向于传感单元的长边方向.

磁噪声抑制是自旋阀读头必须考虑的另一个基本要素[40]，其来源和各向异性磁电阻读头一样，均由于磁性层的多畴态在磁化过程中导致巴克豪森噪声. 各向异性磁电阻读头的噪声抑制通常采用所谓的尾部稳定法，这就是在传感单元的尾部设置反铁磁层或永磁偏置层，通过由尾部区产生的静磁场偏置使传感单元保持纵向单畴态，从而消除巴克豪森噪声. 对于自旋阀读头来说，尾部稳定法仍然是一种不错的选择，不过，在应用细节上有所不同，且存在较大挑战. 由于自旋阀的被钉扎层已经由反铁磁材料钉扎于垂直方向，所以唯一需要保证的是自由层沿长边方向的单畴态. 不过, 如果这一要求仍然希望通过反铁磁交换偏置的尾部稳定来实现, 整个自旋阀就需要两种具有显著不同截止温度的反铁磁材料, 且它们同时满足作为反铁磁钉扎材料的多种要求, 从目前已开发的反铁磁钉扎材料来看, 这一方案实际上难以实现, 所以采用永磁偏置在自旋阀读头中是比较现实的做法 (图 10-16). 需要指出的是, 由于自旋阀传感单元的自由层极薄, 尾部稳定层也随之大大减薄, 因而精确控制尾部区与读出区合适的磁矩之比非常困难; 另外, 如何使被钉扎层与自由层及稳定层互不干扰也是工程技术人员必须解决的复杂问题. 当自由层成功地处于单畴态, 磁噪声被完全抑制, 自旋阀传感单元的噪声主要来自电子热噪声, 即 Johnson 噪声. 电子热噪声属于白噪声, 普遍存在于金属导体中, 由自由电子的布朗运动所致. Johnson 噪声电压幅度的均方根 (RMS) 为 $V_{\mathrm{Johnson}} = \sqrt{4k_{\mathrm{B}}TR\Delta f}$, 其中 k_{B} 是玻尔兹曼常量, T 为温度, R 为自旋阀传感单元的电阻, Δf 为频宽. 于是, 自旋阀传感单元的信噪比 (SNR) 可表示为

$$\mathrm{SNR} = \frac{\Delta V}{V_{\mathrm{Johnson}}} = \left(\frac{\Delta R}{R}\right) \frac{\sqrt{\mathrm{Power}}}{\sqrt{4k_{\mathrm{B}}T\Delta f}}$$

其中, $\mathrm{Power} = IR^2$ 为自旋阀单元消耗的焦耳热功率. 可以看出, 自旋阀传感单元输出信号的幅度及信噪比都直接正比于磁电阻比值.

10.3.2 高密度巨磁电阻读头发展对自旋阀材料的新要求

对于实际的自旋阀读头, 传感单元处于屏蔽层内, 在较为理想的情况下, 其输出电压[47] 可进一步表示为

$$\Delta V = IR\left(\frac{\Delta R}{R}\right)\left(\frac{W_{\mathrm{R}}}{2h}\right)\langle\cos(\theta_{\mathrm{f}} - \theta_{\mathrm{p}})\rangle$$

$$\langle\cos(\theta_{\mathrm{f}} - \theta_{\mathrm{p}})\rangle = E\frac{\Phi_{\mathrm{ABS}}}{4\pi M_{\mathrm{s}}t}$$

其中, W_{R} 为自旋阀单元的长度; h 为其高度 (图 10-16); 尖括号表示对整个自旋阀单元在其高度方向取平均; t 为自旋阀薄膜自由层的厚度; Φ_{ABS} 为介质漏磁场在读头表面进入读头的磁通; E 称为读头效率, 是读头传感单元实际感受到的磁通 Φ_{W} 与进入读头的磁通 Φ_{ABS} 的比值

$$E = \left\langle\frac{\Phi_{\mathrm{W}}}{\Phi_{\mathrm{ABS}}}\right\rangle \approx \frac{\tanh(h/2l_{\mathrm{c}})}{h/l_{\mathrm{c}}}$$

$$l_{\mathrm{c}} = \sqrt{\mu_{\mathrm{in}}t(g_{\mathrm{R}} - t)/4}$$

其中, l_{c} 为磁通传播长度; μ_{in} 为自由层的相对导磁率; g_{R} 为读头两屏蔽层的间距, 也就是读出隙缝宽. 由此可以看出, 自旋阀读头的输出大小完全取决于自旋阀巨磁电阻比值、读头的几何设计以及介质参数. 表 10-2 列出了面密度的不断提升对读头各项参数的大致要求.

表 10-2　近年不同面密度对读头各项参数的大致要求[48]

年份	面密度/(Gbit/in^2)	$W_R/\mu m$	g_R/nm	t/nm	$\Delta R/R/\%$	读头类型
1998	3∼5	1.5∼0.8	250∼200	12∼9	1.8∼1.5	AMR
2000	10	0.5	140	5	6.5	SV
2003	40	0.25	70	2.5	12	SV
2005	80	0.18	50	1.8	18	SV or MTJ

　　读者可以看到, 面密度的提高要求自旋阀材料的自由层不断减薄, 以提高读头的输出 (见读头输出信号公式), 这方面的进展主要通过两条途径. 第一种是采用 "自旋过滤器"(spin filter) 的方式[49,50], 也就是将一层高电导层 (通常为 Cu 层) 置于自由层的外侧; 第二种方式为 "合成自由层"[51,52](synthetic free layer, SF), 即通过薄层 Ru 层 (0.5∼0.7nm) 将反铁磁耦合的两层铁磁层作为自由层, 这里要求 "合成自由层" 必须整体一致转动, 于是, "合成自由层" 的有效厚度 $t_{eff} = (M_a t_a - M_b t_b)/\langle M \rangle$, 但物理厚度为 $t_a + t_b$. 通过 "合成自由层" 的方式, 其有效厚度减小至 1nm, 同时能维持其磁电阻比. 还有一点必须指出, "合成自由层" 可以显著减小自由层的退磁场, 以及自由层与被钉扎层的铁磁耦合作用.

　　对被钉扎层来说, 除了前面提到的性能优异的反铁磁钉扎材料, 还有一种方式可进一步提高钉扎性能, 以利于高密度读头的性能, 这就是所谓的 "合成反铁磁层"(synthetic antiferromagnetic layer, SAF). SAF 通常由薄层 Ru 层 (0.5∼0.7nm) 将两层厚度差不多相同的 Co 或 CoFe 形成强烈的反铁磁耦合, 同时将其中一层铁磁层通过反铁磁层交换偏置以避免两铁磁层的自旋同时翻转 (spin flop transition). "合成反铁磁层" 有效地提高了钉扎场大小, 特别有意义的是, 退磁场效应显著减小, 对自由层的铁磁耦合作用也大大减弱. 顺便指出, Ru 层对原子扩散还有一定的抑制作用. "合成自由层" 和 "合成反铁磁层" 自旋阀 [图 10-18(a)] 的采用应该说是自旋阀的一次革新发展.

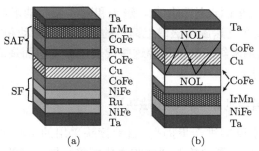

图 10-18　(a) 具有 "合成自由层 (SF)"、"合成反铁磁层 (SAF)" 的自旋阀结构示意图;
(b) 纳米氧化层自旋阀结构示意图

　　从表 10-2 还可以看到, 记录密度的提升对磁电子材料的磁电阻比提出越来越高的要求. 目前, 主要有两种方式提高自旋阀的磁电阻比. 第一种是采用所谓的对称双自旋阀结构. 这一结构实际上是将底部钉扎和顶部钉扎的两个自旋阀组合在一起, 它们共享一个处在中央位置的自由层, 这样, 增加了电子的平均自由程以及自旋相关的散射, 从而磁电阻比提高. 例如, NiO/Co/Cu/Co/Cu/Co/NiO, 其磁电阻比达 20% 以上. 由于 NiO 的交换偏置场太小、截止温度太低, Read Rite 及 Fujitsu 公司采用 IrMn 和 PtMn 作为反铁磁钉扎层将对称双自旋阀结构制作成读出磁头[53,54], 记录密度达到 20Gbit/in². 对于面密度 80Gbit/in² 以上的读头, 其屏蔽层间的读头间隙小于 50nm, 扣除自旋阀单元两侧的氧化铝绝缘层厚度, 自旋阀薄膜的总厚度得小于 35nm 左右, 而对称双自旋阀结构的总厚度较普通自旋阀要大得多, 将其减薄至 35nm 以下几乎不太可能, 所以对称双自旋阀结构难以在高端自旋阀读头上派上用场. 另一种提高自旋阀磁电阻比的方式是控制自旋阀外表面对电子的散射, 类似于镜面反射, 同样可以增加电子的平均自由程与自旋相关的散射. 例如, NiO/Co/Cu/Co/NiO, 其磁电阻比接近 20%, 当然由于 NiO 的交换偏置场太小、截止温度太低, 同样无法应用于自旋阀读头. Toshiba 公司[55,56] 首次提出, 在标准自旋阀 CoFe/Cu/CoFe 中 (两个 CoFe 层之一由 Mn 系反铁磁钉扎), 利用纳米氧化层 (NOL) 可以得到镜面反射的效果, 将磁电阻比从 6%~8% 提高到 12%~20%. 纳米氧化层自旋阀技术 [图 10-18(b)] 被认为是自旋阀的又一次革新发展, 非常有意思的是纳米氧化层大大提高了磁电阻比, 同时对反铁磁层的交换偏置不但没有减弱, 还稍微有所增强; 此外, 纳米氧化层即使面对大量 Mn 原子的扩散, 也能非常有效地阻挡, 提高自旋阀的热稳定性.

以上所述主要为目前自旋阀读头传感单元涉及的物理问题, 实际上, 先进的巨磁电阻自旋阀磁头集磁电子学、材料科学、微电子工程学、化学、微空气动力学、微机械力学和工程学等多学科的极至发展于一身[57]. 目前先进的自旋阀读头传感单元在三维方向已经全面突破 100nm 界限, 所以除磁电子学以外, 纳米加工技术、纳米飞行高度磁头气垫面设计和加工、磁头和磁碟表面纳米精度抛光和其界面上的纳米摩擦学、磁头在高速旋转磁碟上读写的纳米精度驱动和定位机械系统、磁头和磁碟表面/界面的纳米级清洗工程等这些代表当今多层面最高技术的全面结合才形成了今天的硬盘技术.

10.3.3　基于磁隧道结的新一代读出磁头

随着超高记录密度的进一步提高, 目前读头采用的电流平行膜面 (CIP) 的自旋阀模式受读头间隙 g_R 和自旋阀两侧的氧化铝绝缘层厚度的制约, 已接近其极限. 由于磁隧道结的输运模式是电流垂直膜面 (CPP), 以磁隧道结作为传感单元, 直接置于屏蔽层 I、II 的读头间隙中, 以屏蔽层作为电极引线, 氧化铝绝缘层占用的空间可被节省出来, 加之磁隧道结的磁电阻比值大大高于自旋阀的磁电阻比, 这样的磁头结构理当适合更高的记录密度.

磁隧道结作为读出磁头传感单元的最大问题在于隧道结的结电阻 R 通常太大. 一方面, 由于回路存在电容 C, 读头响应时间受回路的截止频率 ($\omega_0 = 1/RC$) 制约, 显然大的结电阻 R 导致较低的工作频率, 从而导致较慢的数据率; 另一方面, 大的结电阻还将使磁隧道结传感单元产生大的噪声. 磁隧道结的噪声主要是发射噪声 (shot noise), 它源于隧穿电流的离散特性, 即隧穿电子以泊松分布的方式一个接一个地穿越势垒层, 由此产生的噪声电压幅度的均方根可表示为

$$V_{\text{shot}} = \sqrt{2eVR\Delta f \coth\left(\frac{eV}{k_{\text{B}}T}\right)}$$

工作温度为 50~100°C, 公式中的 coth 项接近于 1, 所以发射噪声 $V_{\text{shot}} = \sqrt{2eVR\Delta f}$, 可见, 结电阻 R 是决定磁隧道结噪声大小的关键.

以 AlO_x 作为隧穿势垒层的 "经典" 磁隧道结, 隧穿磁电阻 TMR=30%~70%, 明显优于自旋阀, 然而, 结电阻 R 与面积 A 之积 RA 一般在 $100\Omega\cdot\mu\text{m}^2 \sim 100\text{k}\Omega\cdot\mu\text{m}^2$ 或更高. 为了实现 100Gbit/in² 以上的记录密度, 要求 RA 为 $2\Omega\cdot\mu\text{m}^2$ 左右 (更高的密度要求更小的 RA), 对应 AlO_x 隧穿势垒层的厚度必须小于 1nm, 可想而知, 磁隧道结制作工艺将有多么苛刻. 尽管如此, 基于磁隧道结的新一代超高密度读出磁头已经在实验室诞生并将走向市场. 需要指出的是, 随着 AlO_x 势垒层减薄至 1nm 以下, 隧穿电子的自旋极化率及隧穿磁电阻均大幅度下降 (TMR~20%), 其未来的发展似乎非常有限. 令人鼓舞的是 MgO 作为势垒层磁隧道结的成功, TMR 飞跃到了一个新的高度 (> 200%)[6,58,59], 尤为甚者最近日本 Anelva 公司[60] 制备的低结电阻磁隧道结 CoFeB/MgO(001)/CoFeB 已经实现 $RA = 2.4\Omega\cdot\mu\text{m}^2$, TMR = 138%, 相信基于磁隧道结的磁头一定可以继往开来, 在硬盘技术的历史上留下同样精彩的一页.

当然, 磁隧道结势垒层的减薄、磁隧道结 RA 的降低无论如何是有限的, 甚至可以说是非常有限的. 不过, CPP 输运模式的自旋阀, 由于其全金属属性, RA 一般在 $0.02\sim0.05\Omega\cdot\mu\text{m}^2$, 对于记录密度低于 300Gbit/in² 所对应尺度大小的读头, 虽然 CPP 自旋阀拥有的电阻极小, 信号太弱, 无法应用, 但随着其尺度的减小, CPP 自旋阀的电阻将快速增大, 所以对应未来超高密度的极微小读头, CPP 自旋阀可能就有了用武之地. 需要指出的是, 尽管磁性金属多层膜 CPP 模式的磁电阻效应比其 CIP 模式的要大得多, 但对于自旋阀来说, 高电阻率的反铁磁层及缓冲层在 CPP 模式下与磁输运活性单元部分是串联在一起的, 导致 CPP 自旋阀的磁电阻比值比其 CIP 模式的 MR 要小许多, 目前 CPP 自旋阀的最好值也不过 3%~4%, 提高 CPP 自旋阀的磁电阻比看来有待于人们的进一步探索.

10.4　磁电阻随机存储器

　　计算机发展至今已有 60 年的历史. 硬盘技术按顺序存取信息, 速度相对较慢, 但容量很大, 适合用于计算机的外存; 在计算机的运算过程中, 还需要和运算器速度同步的按任意地址存取信息的随机存储器 (即内存). 历史上先后曾以继电器、电子管触发器、汞声延迟线以及电子束管作为存储器. 将具有矩形磁滞回线的磁性材料应用于计算机的存储器和控制系统首先由华人工程师何慧棠和王安两人倡导. 20 世纪 50 年代发展的具有矩形磁滞回线的铁氧体环芯磁存储器及后来的磁性薄膜存储器 (尤其是前者), 在前后长达二三十年的岁月中一直作为计算机的随机存储器, 是这一时期推动计算机技术日益进步的原动力之一.

　　让我们简单回顾一下铁氧体环芯磁随机存储器 (图 10-19). 具有矩形磁滞回线的铁氧体环芯 (直径小于 1mm) 作为存储单元, 由环芯的两个不同的剩磁方向代表 0 和 1. 正交的系列 X 和 Y 导线在它们的每一个交叉点穿过铁氧体环芯, 单独每根导线的电流磁场 (H_{current}) 不足以将其沿路的任何一个铁氧体环的磁化方向反转, 但两个交叉电流产生的总磁场却超过铁氧体环磁化反转的阈值磁场 (H_{c}), 从而将该交叉位的铁氧体环的磁化方向反转

$$H_{\text{current}} < H_{\text{c}} < 2H_{\text{current}}$$

于是, 由 X 导线和 Y 导线定义存储单元的地址. 另外, 第三根导线穿过 X、Y 导线面内的所有环芯, 用以感受 X、Y 面内的环芯的磁化状态是否反转, 这根线就是读出线. 对选定地址存储单元的信息的写入, 通过正或负极性的一对 X、Y 询问脉冲, 使该地址的环芯的磁矩处于相应的方向, 于是 0 或 1 被写入该地址的存储单元. 读出信息时, 可通以写 "0" 的一对 X、Y 询问脉冲电流, 如果该地址原存储信息为 "0", 则剩磁方向不变, 磁通变化很小, 读出线中的感生电压很小; 如果原存储信息为 "1", 则磁芯的磁化方向发生翻转, 磁通变化很大, 由于电磁感应, 读出线中的感生电压很大, 这样通过读出线的感生电压可读出存储的信息. 显然, 信息 "1" 在进

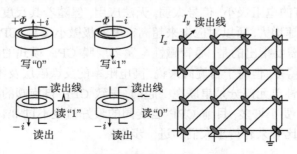

图 10-19　铁氧体环芯磁随机存储器结构示意图

行读数之后便被破坏, 必须进行重写, 也就是说, 铁氧体环芯存储器的读出方式是破坏性的 (DRO). 因此, 需要一个或两个电流脉冲来询问一个地址并且留下不变的记忆.

铁氧体环芯存储器受到制造和组装系列微型部件能力的限制, 按照今天的标准, 其处理速度太慢、存储密度太低、比特价格太高. 不过, 在 20 世纪 50~60 年代, 它却是当时的工业标准. 这一时期, 性能更佳、密度更高的磁性薄膜存储器也在着手研发, 并最终应用于计算机. 磁性薄膜存储器是利用具有单轴各向异性的软磁薄膜通过掩膜或光刻技术制作的微小单元阵列作为一个个存储单元, 信息 "0" 和 "1" 同样由每个单元的磁矩沿其易磁化轴的两个稳定的磁化状态来表示; 存储单元信息的读写通过沉积在存储单元上方且相互绝缘的薄膜导体 —— 字线 (word line)、位线 (bit line) 和感线 (sense line) 来操作. 这里不打算对磁性薄膜随机存储器的具体结构和读写过程再详细叙述, 但总而言之, 无论是铁氧体环芯磁随机存储器还是磁性薄膜随机存储器, 当且仅当两条或多条电流线 ($I_x, I_y, \cdots$) 共同作用于一个磁性存储单元时, 该存储单元的磁化状态才被改变, 比特信息因此被写入选定地址的存储单元, 而其他存储单元的状态不被改变; 而比特信息的读出则是通过电流磁场对选定地址的存储单元的磁化状态进行扰动, 感生出大小或者极性与所存储的比特信息 "0" 或 "1" 相关的感生电压, 从而将信息读出. 相对于铁氧体环芯磁随机存储器, 磁性薄膜存储器的最大进步表现为, 单个铁氧体芯和它们的穿线组装被平版印刷技术制造的磁性薄膜存储单元和薄膜工艺所取代. 尽管如此, 通过电磁感应的方式将存储的信息读出的磁随机存储器的发展严重受制于读出信号的不足, 这一点随着存储密度的提高 (存储单元的尺度相应地减小), 以及读写速度的加快变得尤为显著; 与此同时, 半导体 RAM 在飞速发展, 虽然六七十年代磁泡技术作为存储器曾被看好, 但也不敌半导体技术的迅猛发展, 始终未走出实验室, 所以自 70 年代开始, 所有磁随机存储器被半导体芯片逐渐取代并退出历史舞台. 不过, 以磁性材料的磁化状态作为记忆元的磁随机存储器由于其特有的非易失性、抗辐射性等并没有从此从人们的心头消失.

1984 年 Honeywell 公司的 Pohm 和 Daughton 提出利用磁性薄膜的各向异性磁电阻效应以设计具有全新概念的磁电阻随机存储器 (MRAM), 开启了真正现代电子学意义上的磁随机存储器; 1988 年巨磁电阻效应的发现则为 MRAM 带来了新的生机, 而 1995 年室温磁隧道结的成功更为 MRAM 的大力开发提供了坚实的物质基础. 短短 10 多年, 由于 GMR、MTJ 等磁电子材料的发展, MRAM 的研发很快从 AMR 型转移到 GMR 型, 之后迅速集中于 MTJ 型. 目前, Motorola、IBM 与 Infineon(IBM 与 Infineon 两者合股成立 Altis)、NVE、Honeywell、Cypress、Sony、Toshiba 与 NEC(两者联合攻关)、Sharp、Samsung 等世界电子工业巨头都展开了对隧穿磁电阻随机存储器的研发. 实际上, 20 世纪 90 年代 Honeywell 公司先后推出过

16kbit、256kbit 的 AMR 型 MRAM 芯片, 之后又实现了 GMR 型的 MRAM, 这些产品因其写入与读取时间较长、记录密度也较低, 主要用在太空和军事领域; 而其他大多数公司则直接从研发隧穿磁电阻随机存储器切入, 2000 年 2 月 IBM 公司率先公布其在隧穿磁电阻随机存储器方面的重要进展, 几年来, 世界许多高科技公司不断刷新他们在隧穿磁电阻随机存储器方面的研发成果. 自 2000 年开始, Motorola 公司陆续公开报道了 512bit、256kbit、1Mbit 的 MTJ 型 MRAM 芯片, 2003 年 10 月该公司又推出采用 0.18μm 技术的容量达 4Mbit 的隧穿磁电阻随机存储器芯片. 2004 年 6 月在夏威夷举行的 VLSI 电路研讨会上, Infineon 公司和 IBM 公司展示了他们共同开发的一款 16Mbit 的 MRAM 原型. 可以看出, 一场 MRAM 的商业大比拼即将拉开序幕. 以下简单介绍各向异性磁电阻随机存储器与巨磁电阻随机存储器的大致过程与发展, 最后介绍隧穿磁电阻随机存储器的基本原理和过程.

10.4.1　各向异性磁电阻随机存储器的历史

作为一种先进的磁随机存储器, 各向异性磁电阻随机存储器利用具有单轴各向异性的磁性薄膜的两个易磁化方向来存储信息, 其全新的理念在于通过存储单元本身的各向异性磁电阻特性来直接读取所存储的信息[61,62]. 此后, 在此基础上迅速发展的巨磁电阻随机存储器以及当前最具前景的隧穿磁电阻随机存储器除了由于磁电阻薄膜本身的结构和输运的特点不同, 导致存储器结构上和信息读取细节上的差异, 比特信息 "0" 和 "1" 原则上仍然是通过先进磁电阻多层膜存储单元的信息记忆层的磁矩沿其易磁化轴的两个不同磁化方向来表示, 因而历史上最早发展起来的二维 (2D) 单元排列与单元选取方式至少目前看来仍然是最理想、最现实的信息写入基本模式. 虽然在简介铁氧体环芯和磁性薄膜随机存储器时 2D 单元排列与单元选取方式已有所涉及, 作为先进磁电阻随机存储器的基础, 这里先系统总结一下 2D 单元排列与单元选取方式的特点.

如图 10-20 所示, 磁存储单元按矩阵排列, I_x、I_y 电流线交叉于磁存储单元处, 设计脉冲电流对 (I_x、I_y) 的宽度、极性和大小, 使 I_x、I_y 共同作用地址处的磁性存储单元的磁化状态按指定方向被改变, 而其他单独受 I_x 或者 I_y 作用的存储单元的状态不被改变. 对于铁氧体环芯存储器, 由于电流线穿过环芯中心, 在铁氧体环芯处 I_x 和 I_y 所产生的磁场方向基本一致, 所以单独 I_x 或者 I_y 所产生的磁场只要大于铁氧体环芯磁化反转阈值磁场的一半同时又小于阈值磁场就可达到要求. 对于磁性薄膜和磁电阻存储单元, 信息记忆体具有单轴各向异性, 其易磁化轴平行于 x 或者 y 方向, I_x 和 I_y 在信息记忆体处所产生的磁场是相互垂直的, 这时信息记忆体的磁化反转受 Stoner-Wohlfarth 阈值磁场的支配, 也就是单独 I_x 或者 I_y 所产生的磁场必须在著名的星形线 (astroid curve) 以内, 而它们的合成磁场则须在星形线以外. 需要指出的是, 星形线只针对理想的单轴各向异性的单畴体, 许多因素包括退磁场、交换作用等都会对信息记忆体的磁化反转的阈值磁场有所影响, 本书在隧穿磁电阻存储器一节将对此详细讨论.

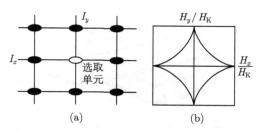

图 10-20   2D 单元排列与单元选取方式 (a); 单轴各向异性单畴磁体在 H_x、H_y 作用下磁化反转满足 $H_x^{2/3} = H_y^{2/3} = H_K^{2/3}$, 即星形线 (b)

各向异性磁电阻随机存储器存储单元的具体结构如图 10-21 所示. 两铁磁层 (使用 $Ni_{81}Fe_{19}$ 或 $Ni_{65}Fe_{15}Co_{20}$, 系磁致伸缩为零的软磁材料, 在磁场下沉积薄膜产生单轴各向异性) 中间夹一层导电性较差的 TaN 组成三明治结构, 其长条形单元用低电阻通道连接形成感线, 磁性层的易磁化轴沿长条形存储单元的短边, 即垂直于感线电流方向; 在存储单元的上方是与感线正交的宽的字线. 因而, 感线电流的磁场与磁性层的易磁化轴平行, 而字线电流的磁场与磁性层的易磁化轴垂直. 依照上面所说的 2D 单元排列与单元选取的原则, 在较大的字线电流 (写入电流值) 和不同极性的感线电流的共同作用下 (不同极性的感线电流产生顺时针和逆时针方向的磁场, 在上、下两磁性层处, 感线电流磁场方向相反), 合成磁场超越 Stoner-Wohlfarth 阈值磁场, 两磁性层的磁矩反平行, 且或为顺时针或为逆时针方式排列, 定义顺时针和逆时针的两种磁化状态为存储单元的 "0" 和 "1", 信息被写入存储单元中. 当然, 单独字线或感线电流磁场处在星形线以内, 不会令其他存储单元的磁性层的磁矩发生翻转, 所以信息只写入选定地址的存储单元. 信息读出时[63~65], 在感线中通过一定极性 (如写 "1" 时的极性) 的适当大小的电流, 对于信息 "0" 来说, 感线电流磁场与磁性层中的磁化方向相反; 而对于信息 "1" 来说, 感线电流磁场与磁性层中的磁化方向一致. 当然, 无论是 "0" 还是 "1", 感线电流磁场单独对磁性层的磁矩方向几乎不产生影响; 这时, 当在字线中通过一个较写入电流值为小的读出电流时 (读出电流值), 对于信息 "0", 字线和感线电流的合成磁场将使磁性层中的磁矩朝垂直方向产生比较大的转动; 而对于信息 "1", 合成磁场的作用仅使磁性层中的磁矩朝垂直方向产生很小的转动 (图 10-21). 由于磁性层的各向异性磁电阻效应

$$\rho = \rho_0 + \Delta\rho \cos^2 \theta$$

其中, θ 为磁性层的磁矩方向与电流方向的夹角. 于是 "0" 和 "1" 对应的电阻值不同, 感线的输出电压也就不同, 因而选定地址存储单元的比特信息便被读出. 信息

读出之后, 撤走字线和感线电流磁场, 磁性层的磁矩回到其起始状态, 因而各向异性磁电阻随机存储器是非破坏性读出 (NDRO).

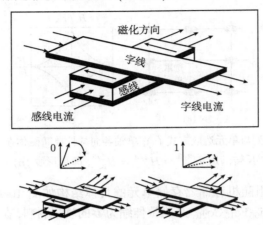

图 10-21　各向异性磁电阻随机存储器存储单元结构

摘自 J M Daughton 撰写的 "*Magnetoresistive Random Access Memory (MRAM)*",

公开于 NVE 公司的网页

各向异性磁电阻随机存储器存储的制作过程需要进行三次掩膜刻蚀. 磁性三明治薄膜沉积后进行第一次掩膜刻蚀, 形成一个个独立的矩阵方式排列的长条形磁存储单元, 长轴方向为感线方向, 薄膜的易磁化轴垂直于感线方向; 然后在这些单元的上方覆盖上掩膜, 采用标准的集成电路刻蚀工艺将这些存储单元用低电阻通道连接起来, 形成完整感线; 之后在整个感线上方镀上绝缘层, 再通过掩膜刻蚀在存储单元的正上方镀上与感线正交的低电阻字线. 坡莫合金或钴-坡莫合金的各向异性磁电阻只有 2% 左右, 在信息读出过程中, 存储单元的 "0" 和 "1" 态之间的电阻差最大也只能实现材料各向异性磁电阻的四分之一, 约 0.5%. 在实际的各向异性磁随机存储器中, 0.5% 的电阻变化对应感线的读出电压输出为 0.5~1.0mV. 这样大小的信号对于 16kbit 的 MRAM, 信息读取时间为 250ns, 写入时间为 100ns, 读者可以从相关文献[63~69] 详尽了解器件的性能. 20 世纪 90 年代中期, Honeywell 公司经过改进, 最终实现了总容量为 256kbit 的各向异性磁电阻随机存储器芯片. 由于退磁场, 存储单元的边沿位置的磁矩方向可能无规地偏离易磁化方向, 产生所谓卷曲磁化 (curling magnetization), 实际制作过程中, 通过施加一个大的外磁场, 使卷曲磁化朝一个方向 (图 10-22). 这些卷曲的边沿磁矩在读写过程中将没有任何响应, 因而不产生任何信号贡献[70], 随着单元尺寸的减小, 卷曲部分所占的份额越来越大, 使信号越来越小, 所以存储单元的临界宽度必须大于 1μm, 与同期的半导体RAM 相比, 要落后好几代; 另外, 从存储密度、读写速度以及价格上来说, 各向异性磁电阻随机存储器芯片也根本无法与半导体 RAM 相竞争, 但是由于其特有的非易失性、抗辐射性使之在军事、太空技术中大显身手.

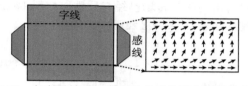

图 10-22　各向异性磁电阻存储单元边沿位置的卷曲磁化

图片来自文献 [61]

10.4.2　巨磁电阻随机存储器的新篇章

巨磁电阻效应的发现带给磁电阻随机存储器一片新的天地. 这一时期, 几种利用巨磁电阻效应的单元结构的设计方案被先后提出. 最简单的是以磁性层中间夹 Cu 层的三明治巨磁电阻薄膜直接取代三明治结构 AMR 薄膜作为存储单元[71], 所有制作过程沿用各向异性磁电阻随机存储器的工艺方式. 三明治巨磁电阻薄膜的磁电阻值约 6%, 是传统 AMR 的三倍, 由于读取时间随读出信号大小的平方而改进, 故巨磁电阻随机存储器读取时间可以缩短 9 倍. Honeywell 公司按照这种方式实现了 50ns 的读取速度. 尽管如此, 感线信号还是太小, 半导体 RAM 的运行速度仍旧快于这种设计方式的巨磁电阻随机存储器. 更为糟糕的是, 存储单元的尺寸减小依然受制于边沿磁矩的卷曲效应, 和各向异性磁电阻随机存储器的存储单元一样, 存储单元宽度的最小尺度为 1μm. 另一种方案则以巨磁电阻自旋阀作为存储单元[72~74], 被钉扎层与自由层的易轴均平行于长条形存储单元的长边, 自由层的磁矩方向与被钉扎层的磁矩方向平行和反平行两种状态定义为 "0" 和 "1". 将自旋阀存储单元矩阵沿长轴方向用低电阻通道连接起来, 形成感线或位线, 在存储单元的上方是与感线正交的字线或数字线 (字线有时与晶体管相连, 专门用以选取存储单元或单元序列; 而用另一条称为数字线, 产生驱动脉冲电流磁场), 依照 2D 单元排列与单元选取的原则, 可以实现选定地址存储单元的写操作 [图 10-23(a)]; 信息的读出可以采用破坏性读出 (DRO), 即通以写 "0" 时的脉冲电流对, 比较存储单元电阻是否增大, 在这种方式下, 信息读取之后自然必须进行重写, 将大大降低存储器的效率. 为了实现非破坏性读出 (NDRO), 每个存储单元必须再配置一个晶体管以便对选定地址的存储单元进行读操作[75][图 10-23(b)]. 因为自旋阀为低电阻的全金属, 要求其中通过较大的电流才能产生和晶体管相比拟的信号, 这就要求自旋阀存储单元较大, 同样无法实现小单元尺寸、高密度的磁电阻随机存储器. 以上可以看出, 自旋阀方式的随机存储器, 虽然信息的读出利用了整个 GMR 数值, 增大了读出信号, 是按照 AMR 方案的 4 倍, 并且由于存储单元的易磁化方向处在长轴方向, 限制存储单元尺度的磁化卷曲效应不复存在, 但无论是 DRO 还是 NDRO 方式, 都还有各自的严重缺陷. 此外, 随着自旋阀存储单元尺寸的减小, 试验发现自由层的磁化反转场几乎以反比于存储单元宽度的方式增大, 对于 0.5~0.25μm 宽度的自旋阀存储单元, 试验发现自由层的反转场已经与反铁磁材料 FeMn 的钉扎场可相比拟了, 这一点成为自旋阀随机存储器的基本原则较困难.

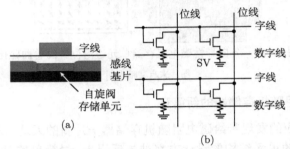

图 10-23　(a) 自旋阀存储单元结构; (b)NDRO 自旋阀磁 MRAM 构建图, 每个存储单元须配置一个晶体管

图片来自文献 [73,75]

赝自旋阀作为存储单元[70,76] 可能是巨磁电阻效应应用于随机存储器的设计方案中最先进、最有效的一种. 所谓赝自旋阀指 "铁磁/非磁/铁磁" 的三明治结构, 依靠两磁性层的不同矫顽力来实现两磁性层磁矩的平行与反平行从而导致巨磁电阻效应. 对于赝自旋阀存储单元来说, 两磁性层的单轴各向异性 (包括感生各向异性和形状各向异性) 均沿着长条形 (或椭圆形) 存储单元的长轴方向, 比特信息 "0" 和 "1" 由赝自旋阀中矫顽力较大的磁性层 (以下简称硬磁层) 的正、负方向两个易磁化状态表示, 通过矫顽力较小的磁性层 (以下简称软磁层) 的磁化方向的翻转进而改变存储单元的电阻态以实现信息的读出. 类似地, 将赝自旋阀存储单元矩阵沿长轴方向用低电阻通道连接起来, 形成感线或位线, 在存储单元的上方是与位线正交的字线或数字线. 依照 2D 单元排列与单元选取的原则, 在较大的字线电流 (写入电流值) 和不同极性的感线电流的共同作用下, 合成磁场超越赝自旋阀的硬磁层的 Stoner-Wohlfarth 阈值磁场, 从而将信息写入选定地址的硬磁层中. 信息读出时, 字线电流和感线电流的合成磁场小于硬磁层的阈磁场, 但大于软磁层的阈磁场, 于是它可以对选定地址的软磁层的磁化方向进行操控而不破坏硬磁信息存储层的磁矩方向, 所以赝自旋阀存储器的读操作是非破坏性的. 在具体的读操作过程中, 首先施加一个负的合成脉冲磁场, 将软磁层的磁矩方向转向负方向, 这时通过感线放大器将感线信号自动复零, 然后施加一个正的合成脉冲磁场, 使软磁层的磁矩方向转向正方向, 于是当硬磁层中存储的信息为 "0" 或 "1" 时, 对应感线中信号为 $+\Delta V$ 和 $-\Delta V$, 取决于图 10-24, 而正、负信号的幅度均正比于 GMR 值, 因而比特信息 "0" 和 "1" 在这一设计方案中的读出信号差别是直接将 GMR 三明治按照 AMR 方

案的 8 倍.

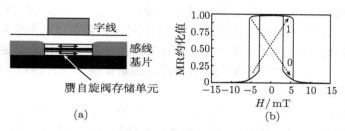

图 10-24 (a) 赝自旋阀存储单元;(b) 赝自旋阀存储单元磁电阻与磁场关系

赝自旋阀存储单元的硬磁层和软磁层实际上采用相同的材料, 仅仅厚度的改变使它们的矫顽力不同. 一般情况下, 相对较厚的磁性层的矫顽力较大一些, 这一磁性层作为信息存储层. 和自旋阀存储单元的情况类似, 赝自旋阀存储单元的易磁化方向也处在长轴方向, 所以限制存储单元尺度的磁化卷曲效应同样不复存在. 另外, 虽然赝自旋阀的两磁性层之间基本上不存在反铁磁交换耦合 (大多数情况下具有 orange peel 静磁型的铁磁耦合), 但在亚微米的尺度下, 由于退磁场的作用, 这两个磁性层的磁矩在静态下总是反平行的, 这一点对于存储单元的磁状态的稳定是有利的, 所以赝自旋阀单元的磁状态比自旋阀单元的要稳定得多. 在原型器件的设计中, 赝自旋阀存储单元的最小宽度可小至 $0.2\mu m$, 据称甚至可以更窄, 赝自旋阀存储器理论上在所有磁电阻存储器中具有最高的信息存储密度, 不过, 过小的存储单元宽度对应的写入磁场太高, 目前的集成电路难以实现.

和各向异性磁电阻随机存储器相比, 巨磁电阻随机存储器尽管单元结构甚至制作工艺基本和前者相似, 但性能上由于 GMR 效应的引入而有了大的飞跃. 需要指出的是, GMR 薄膜系全金属薄膜, 其面电阻较半导体配套电路晶体管小得多, 所以除 NDRO 方式的自旋阀存储器之外, 所有设计方案均采用串联方式将多个存储单元 (N 个) 串联起来 (即感线或位线), 再和半导体晶体管外围电路串联, 虽然从设计的观点来看, 串联方式有其可取之处, 但这种方式将信息读取时的有用信号减小了 N 倍 (~GMR/N)[77], 所以巨磁电阻随机存储器仍然无法与半导体 RAM(包括 DRAM 和 SRAM) 相竞争.

10.4.3 隧穿磁电阻随机存储器的新起点

室温隧穿磁电阻效应为 20%~70%(目前的最新结果为 230%), 是自旋阀巨磁电阻效应的数倍, 还有一点非常重要的是, 隧道结的结电阻可以通过改变绝缘势垒层的厚度在数个数量级的范围内调节, 因而以磁性隧道结作为存储单元比较容易与半导体配套晶体管相匹配, 所以室温隧穿磁电阻效应于 1995 年一经确立人们便立刻把它和 MRAM 联系起来. 在室温隧穿磁电阻效应发现后的两三年里, 有关隧穿磁电阻随机存储器的设计方案便纷纷出台. 当然, 无论何种设计方案, 磁隧道结作为存储单元, 类似于 GMR 随机存储器, 同样由磁性层的不同磁矩方向定义为比特信息 "0" 和 "1". 而另外需要指出的是, 由于小尺寸隧道结的结电阻通常至少在数千欧姆, 但隧道结的击穿电压通常为 1~2V, 因而用以探测磁性隧道结磁矩状态的感线电流 (小于 1mA) 不大可能有助于存储单元的磁化翻转, 所以和 GMR 存储单元相比, 通常需要额外的写入线.

作为隧穿磁电阻随机存储器的奠基者, IBM 公司提出过多种方案, 且对其性能作了细致的考虑[78], 并联型隧穿磁电阻随机存储器 (parallel cell MTJ-MRAM) 便是其中之一, 可以说它基本沿用自旋阀随机存储器的设计理念. 在这一方案中, 多个磁隧道结存储单元的上电极通过感线相连, 而所有磁隧道结的下电极与公共地相连, 也就是说, N 个磁隧道结是并联起来的, 当任何一个磁隧道结的磁性层磁矩的状态 (平行和反平行) 发生改变时, 对应感线中的电压都将产生变化; 另外, 磁隧道结存储单元的正上、下方是两条与隧道结绝缘且彼此正交的字线和写线 (write line), 通过 2D 单元排列与单元选取的原则对选定地址磁隧道结的磁矩方向进行操控. 存储单元可采用钉扎型磁隧道结 (自由层的磁矩方向定义比特信息, 读出方式为破坏性读出), 也可采用赝自旋阀型磁隧道结 ("硬磁层" 的磁矩方向定义比特信息, 读出方式为非破坏性读出). 由于字线和写线均与隧道结的磁性层相隔较大距离, 需要较大的驱动电流才能对磁隧道结的磁矩翻转进行操控, 这是这一方案的明显缺陷; 另外, 隧道结存储单元按照并联的方式相连, 类似于串联方式的全金属 AMR 和 GMR 随机存储器, 感线的读出电压减小了 N 倍, 无法得到高的信噪比, 这是该方案的一个致命缺点. 由于这些严重问题, 并联型及相近的方案除作为比较出现在早年一些报告中[78], 此后没有人再理会.

交叉点型隧穿磁电阻随机存储器[77,79](cross-point cell MTJ-MRAM) 是 IBM 公司在隧穿磁电阻随机存储器开发方面真正实施多位原型器件研制的第一个方案, 其构建和单元结构如图 10-25 所示. 磁隧道结采用钉扎型, 其自由层的磁矩方向定义比特信息. 每一个磁隧道结存储单元的下方有一个 pn 结二极管在垂直方向与隧道结相串联; 感线 (或位线) 位于磁隧道结的上方, 且与隧道结的上电极相接触, 而字线位于 pn 结底下方, 与感线正交且与 pn 结的下端相接触. 对选定地址信息的写入, 为了不让磁隧道结被击穿, 所有字线电位略高于感线电位, 因而二极管处都在截止状态, 这时没有电流通过磁隧道结, 同时, 受星形线法则支配, 感线电流 (电流方向可变) 与字线电流的共同作用决定存储单元自由层的磁矩方向, 从而将信息写入选取地址存储单元. 存储器在写入信息和静态下, 字线电位一直保持略高于感线电位的状态, 当进行读操作时, 将选定存储单元下方字线的电位降低 (通常选择接地), 而所有其他字线维持略高的电位, 于是, 该存储单元处的二极管正向导通但所有其他二极管仍为截止状态, 从而感线电流仅仅通过该存储单元, 将隧道结的高电阻或低电阻 (磁矩平行或反平行) 信息检出. 可以看出, 信息读出过程后, 磁隧道结的磁矩状态不变, 为非破坏性读出. 交叉点型设计方案的感线电流在信息读出时仅仅流过一个选定地址的存储单元, 因而其信噪比第一次产生了真正质的飞跃, 可与半导体 DRAM 相比拟, 还有一点, 感线与磁隧道结的上电极直接相连, 对写入电流强度的要求大大降低; 另外, 读写过程只需要两条线, 这些都是其可贵的优点. 不过, 半导体平面非晶 Si 二极管在微米尺度时的动态电阻就已经很大, 为了减小这一阻值, 必须把面积做得很大, 因而无法实现随机存储器的高密度[75,80].

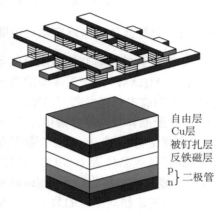

图 10-25 交叉点型隧穿磁电阻随机存储器构建图

图片来自文献 [78]

如果可以将二极管去掉, 显然可轻松地获得高密度的随机存储器, 2000 年有人提出采用无二极管的交叉点型的设计[81,82], 有时也称为交叉点型隧穿磁电阻存储器. 其工作原理大致如下: 隧道结的上、下电极分别与正交的位线和字线直接相连. 信息写入时, 选定地址处的位线和字线通以驱动电流, 而所有其他未被选取的位线和字线都置于一个等电位 V_{eq}, 使其与所选取的位线和字线相连的隧道结上、下电极的电压降接近于零, 电流磁场的共同作用使交叉位磁隧道结的自由层磁矩处在 "0" 或 "1" 对应的方向. 需要指出的是, 由于所有隧道结以及位线和字线构成一个电阻网络, 所以沿着选取的位线和字线的所有隧道结都可能有漏电流的存在, 使位线电流和字线电流逐渐减小. 位线和字线电流的变化除了依赖于 V_{eq} 的大小, 还取决于隧道结的结电阻、隧道结的数目以及位线和字线本身的电阻, 为了减小漏电流, 适当的 V_{eq} 当然是一方面, 但同时隧道结的结电阻要远大于位线和字线本身的电阻, 结电阻的增加毫无疑问将减小读出信号, 使存储器的速度减慢. 信息读取时, 同样将所有未被选取的位线和字线通过外围电路都置于等电位 V_{eq}, 而被选取的字线接地, 置于零电位, 同时被选取的位线通过前置放大器将 V_{eq} 大小的电压施加在被选取的磁隧道结上, 于是位线中的读出电流大小依赖于隧道结的磁矩状态, 从而信息被读出. 需要指出的是, 外围电路晶体管与前置放大器设定的电压 V_{eq} 通常总是小有偏差, 从而在未被选取的隧道结上也引起小的电压降 (V_{os}), 降低了读出信号的信噪比. 对此, 设计者认为可采用自动复零放大器补偿这一偏差. 可以看出, 无二极管交叉点型设计方案大大简化了存储单元的工艺过程, 理论上可取得最高的存储密度, 不过它是以牺牲处理速度为代价的, 性能同时弱化, 更有真正实施时许许多多的工程困难, 所以目前还停留在设计理念上, 其前景不明朗.

10.4.4　单配晶体管型隧穿磁电阻随机存储器面面观

　　单配晶体管型隧穿磁电阻存储器 (Switch/TMR cell MTJ-MRAM, 有时也称作 1T1MTJ-MRAM) 是交叉点型的进一步发展, 其各项指标可以与半导体 DRAM 相竞争, 为当前工业研发部门的宠儿, 已处在大产业化的黎明, 以下对它详细介绍. 大体上, 单配晶体管型隧穿磁电阻存储器的结构特征与交叉点型的基本相似, 磁隧道结同样采用钉扎型, 自由层的磁矩方向定义比特信息; 改进之处在于, 以具有开关特性的场效应晶体管 (CMOS) 取代二极管, 字线专门用以控制晶体管的开关特性 [这条字线有时被称为读字线 (read word line)]; 另外再增加一条与字线平行且与晶体管及磁隧道结均绝缘的数字线 (digital line)[有时也称为写字线 (write word line)], 如图 10-26 所示. 所以人们将这种设计方案有时也统称为交叉点型隧穿磁电阻存储器. 存储器在静态和写操作时, 所有字线处在低电位, 晶体管处在截止状态. 对选定地址写入信息依据 2D 单元选取的原则, 施加位线和数字线脉冲电流对, 交叉位处隧道结自由层的磁矩方向受位线和数字线磁场的支配. 具体地, 晶体管处在截止状态, 位线电流不会穿过磁隧道结, 隧道结上方位线电流产生易轴磁场, 位线电流的 (正反) 方向决定隧道结自由层的磁矩方向; 处在隧道结下方的数字线产生难轴磁场, 减小自由层磁矩在易轴正、反方向的翻转场, 于是位线和数字线电流磁场的共同作用将信息写入; 读取信息时, 地址的选取由位线和字线共同完成, 也就是说, 将选取地址处的字线电位升高, 这时相应的晶体管处在导通状态, 比特电流穿过所选取的磁隧道结和晶体管形成的通道, 并将隧道结的高电阻或低电阻 (磁矩平行或反平行) 信息检出, 完成信息的读取.

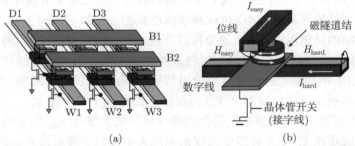

图 10-26　单配晶体管型隧穿磁电阻随机存储器构建图 (a) 及信息的写入和读取过程 (b) 为了增强写入电流产生的磁场, Motorola 公司提出在位线和数字线相对隧道结的外围镀上一层高导磁材料

图片来自文献 [83,84]

　　在单配晶体管型隧穿磁电阻存储器的实际制作中, 存在多方面的难题, 主要包

括磁隧道结材料、磁性功能层自旋取向控制工程, 以及磁隧道结与 CMOS 电路的集成等, 隧穿磁电阻存储器的发展水平将完全取决于人们综合处理这些难题所能企及的层次, 目前人们在各方面都已经取得了长足的进步[83~85], 使容量达 4Mbit 甚至 16Mbit 的 MRAM 在研发实验室成为现实. 对于磁隧道结材料来说, 诸多材料问题与物理问题都极具挑战性, 最为人们所关注. 首先, 合适大小的结电阻及结电阻的均匀性是磁隧道结材料必须满足的第一要求. 由于隧穿电阻的大小以指数方式依赖于绝缘层厚度, 亚微米尺度的磁隧道结作为 MRAM 的存储单元, 绝缘体 AlO_x 势垒层的厚度约 1.5nm, 如此薄的绝缘层, 其厚度的微小起伏都将导致隧穿电阻的显著变化, 从而极大地影响结电阻的均匀性, 因而在数英寸尺度的基片上实现均匀的结电阻远非一件易事. 更为艰巨的是, 随着 MRAM 密度的提高, 磁隧道结单元面积相应减小, 绝缘层的厚度需要同步减小 (同时满足均匀性), 这样才能保证结电阻不至于过大, 进而影响其响应时间导致信息读取速度的减慢, 所以总的说来, 由绝缘势垒层材料及其工艺所决定的结电阻大小与电阻均匀性, 无论现在还是将来都是隧穿磁电阻存储器至关重要的一环. 其次, 高的隧穿磁电阻比值是磁隧道结材料必须满足的另一项基本指标, 是研究人员孜孜以求的一个重要目标. 实际上, 隧穿磁电阻存储器读取信号的大小取决于一定偏压下磁隧道结材料的磁电阻比, 高密度、高容量的 MRAM 要求具有更高磁电阻比的磁隧道结材料. 选择拥有高的自旋极化率的铁磁电极是提高隧穿磁电阻效应的一条理想途径, 为此, 自旋完全极化的半金属材料的研究成为近年人们热心关注的一个课题; 另外, 绝缘势垒层的晶体结构可影响不同波函数特征的电子的隧穿过程, 从而影响隧穿磁电阻大小, 日前所发现的以 MgO 为势垒层的磁隧道结, 其 TMR 高达 230%, 说明势垒层材料本身也是决定隧穿磁电阻效应的关键之一. 最后, 由于隧穿磁电阻存储器总是在一定偏压下工作, 并且存储密度的提高要求磁隧道结存储单元在更高的偏压下工作, 而隧穿磁电阻比值受偏压值影响, 且通常随偏压值的增大而减小, 甚至在较大偏压下出现负的磁电阻比值, 所以偏压效应可以说是磁隧道结材料性能的一个重要方面, 同时, 从其物理过程来看, 偏压效应主要来自铁磁电极能量相关的态密度、能量相关的自旋翻转散射、势垒高度以及铁磁电极与绝缘体势垒的界面微结构等, 因而偏压效应蕴含着深刻的物理, 是磁隧穿过程的一个重要方面.

隧穿磁电阻存储器的信息由磁隧道结存储单元自由层磁矩相对被钉扎层磁矩的取向决定, 因而其磁性功能层自旋取向的有效控制是 MRAM 工作关键的一环. 作为磁性参考层的被钉扎层, 其磁矩通过反铁磁层被固定于一个特定的方向, 钉扎性能优异的反铁磁钉扎材料同样是磁隧道结的核心之一, 对于它的要求与自旋阀磁电子器件相似, 在自旋阀读出磁头部分已经作了介绍. 不过, 不同于自旋阀 CIP 模式下金属反铁磁钉扎层的分流效应对 GMR 比值的影响, 磁隧道结的输运特性表现在垂直膜面方向 (CPP 模式), 无须苛求反铁磁钉扎层厚度很小, 当然, 过厚的反铁磁钉扎层不利于磁隧道结的总体结构. 需要特别强调的是, Mn 系反铁磁钉扎层在磁隧道结退火过程 (包括器件制作过程) 中, Mn 原子的扩散对铁磁电极的磁性和自旋极化度以及隧道结势垒层均带来破坏性的影响, 这方面的问题已经引起研究人员的高度关注, 事实上, 防止 Mn 的扩散、发展新的反铁磁钉扎材料是目前全世界许多研究组的 "众矢之的". 除此以外, 合成反铁磁结构已经被很自然地引入磁隧道结的被钉扎层中, 其作用和自旋阀中的完全类似, 详情请读者参见本章关于自旋阀读出磁头部分.

　　自由层是真正存储信息的物质载体, 信息的写入原则上通过 2D 单元排列与单元选取方式使被选取单元的自由层磁矩翻转至指定的方向而实现, 但实际上有许多问题需要认真考虑. Stoner-Wohlfarth 模型仅对理想的、具有单轴各向异性的单畴磁体有效. 实际存储单元的自由层有时并非单畴, 其微磁结构取决于磁隧道结存储单元的大小、形状及长宽比 (aspect ratio) 等参数, 自由层的磁化反转过程因此受到严重影响, 如长方形单元显现出 "尾部" 畴, 它们对难轴方向的磁场几乎没有响应, 需要提高易轴方向的磁场才能使之磁化反转. 所幸椭圆形的单元结构可以避免这类 "尾部" 畴的出现, 是相对比较理想的单元形状. 但即便如此, 由于热效应或其他原因, 如单元的大小或形状、处理过程、材料等的细微差异, 高密度情形下甚至由于不同存储单元之间的磁相互作用, 都使得数目庞大的存储单元的反转场存在一定分布, 这就要求单独位线或数字线电流所产生的磁场不能高于所有存储单元反转场的最低值, 同时位线和数字线电流所产生的合成磁场必须高于所有存储单元反转场的最大值, 也就是说, 实际的位线、数字线电流磁场比理想星形线所定义的范围要小得多, 如图 10-27(a) 的三角阴影区所示. 由于这一约束, 磁隧道结材料及 MRAM 加工过程必须满足相当苛刻的要求.

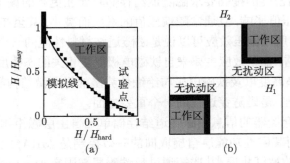

图 10-27　单配晶体管型隧穿磁电阻随机存储器的信息写入窗口

(a) 传统模式对位线和数字线磁场的要求; (b) 合成反铁磁作为信息存储层对两写线磁场的要求

图片来自文献 [84,85]

Motorola 公司的研究者们[85] 于是提出, 将磁隧道结的单一层自由层以合成反铁磁三明治取代, 作为信息的物质载体. 三明治结构上、下铁磁层的磁矩由于强大的交换耦合 (耦合场远大于单层膜的各向异性场), 总是基本保持反平行排列, 相对于被钉扎层的两种不同反平行排列方式同样可分别代表 "0" 和 "1", 由于隧穿磁电阻的大小仅依赖于与势垒层相近的铁磁层的磁矩方向[86], 因此, "0" 和 "1" 仍然对应高、低电阻两种状态, 所以信息的读出沿用传统模式不变, 即通过与磁隧道结上电极相连的位线 (或感线) 及与之正交的控制晶体管开关特性的字线, 选取任意地址存储单元, 并判断其电阻大小. 信息的写入采用全新的模式: 位线完全用于信息读出, 不再参与信息的写入; 原数字线作为写线之一依旧位于存储单元的下方, 新增设另一条写线, 位于位线的上方 (与位线绝缘), 两写线彼此正交, 比较特别的是, 为了有效控制合成反铁磁三明治两铁磁层的磁矩同时反转, 两写线与合成反铁磁的铁磁层的易轴均为 45° 角 (图 10-28). 由于合成反铁磁的最大特点是外磁场 (远小于反铁磁耦合作用) 对它的作用相当于提供了一个与磁场方向垂直的有效单轴各向异性, 而有效各向异性的大小与磁场的二次方成正比, 所以一个大于临界场的磁场将导致合成反铁磁的两铁磁层磁矩同时转动至垂直外磁场的方向, 而彼此却基本保持反平行状态, 因而在两写线的序列电流脉冲磁场作用下, 很容易实现合成反铁磁三明治两铁磁层的磁矩同时转动 180°(图 10-28). 反之, 任何单一的写线电流磁场, 只要不足以与反铁磁耦合场相抗衡使铁磁层磁矩方向越过其难轴势垒, 电流磁场消失后, 合成反铁磁三明治的两铁磁层的磁矩都立即恢复原来的状态, 于是写线电流磁场拥有一个十分安全的区域, 作为与传统模式的比较, 这里将这一结果列于图 10-27(b) 中. Motorola 公司 4Mbit 的 MRAM 即是采用上述设计模式.

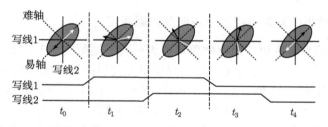

图 10-28　单配晶体管型隧穿磁电阻随机存储器的新模式下 (合成反铁磁作为信息存储层), 两写线与合成反铁磁的取向关系及信息写入过程

图片来自文献 [85]

磁隧道结与半导体 CMOS 电路的集成是单配晶体管型隧穿磁电阻存储器的一道富有挑战性的工艺过程. 由于磁隧道结 (MTJ) 与 CMOS 相对独立, 而 MTJ 又无法承受 cmos 工艺所必需的高温处理 (~450 °C), 所以目前最理想的工艺过程是, 在半导体基片上依照标准半导体器件处理工艺先完成前端 CMOS 模块 (front-end CMOS module) 的制作, 包括 CMOS 电路及其他相关的半导体控制器、处理

器等, 之后在平面化处理的 CMOS 上再完成后端 MRAM 模块 (back-end MRAM module), 包括数字线、MTJ 单元、位线及合成反铁磁作为信息存储层时所需的额外写线. 后端 (back-end) 工艺的最大好处是将磁隧道结材料、工艺流程与 CMOS 分开优化. 图 10-29 是 Motorola 公司采用 0.18μm 的 CMOS 工艺以五级金属 (five level metal) 的电路制作其 1Mbit 的 MRAM 截面示意图. 据称其 4Mbit 的 MRAM 虽然以合成反铁磁作为信息存储层, 并增设了额外写线, 但上述工艺过程完全一致. 由于集成工艺涉及技术秘密, 见诸公开报道的材料不多, 这里只好"蜻蜓点水".

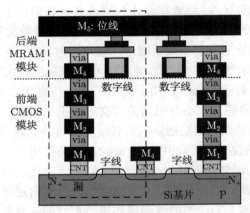

图 10-29　Motorola 公司 1Mbit 的 MRAM 截面示意图

图片来自文献 [84]

10.4.5　触发器型隧穿磁电阻随机存储器的新特点

　　单配晶体管型隧穿磁电阻存储器可作为一种普适型的 MRAM, 为了获取更高的处理速度, 一种新的设计方案是每个存储单元使用两个单配晶体管磁隧道结, 采用类似于半导体 SRAM 触发器方式的结构[87,88]. 图 10-30 是这种触发器型隧穿磁电阻存储器 (flip-flop like cell MTJ-MRAM) 的电路结构图. 设计中采用传统的具有单一层自由层的钉扎型磁隧道结, 存储单元中的两个磁隧道结的自由层磁矩总处在相反的方向, 也就是说, 两个磁隧道结的电阻态为 "左高右低"(对应隧道结磁矩状态左反平行、右平行) 和 "左低右高"(对应磁矩状态左平行、右反平行) 两种状态, 它们被定义为存储单元的比特信息 "0" 和 "1". 信息写入时, 晶体管处在截止状态, 电流不会穿过磁隧道结, 对应每一列存储单元中左、右两个磁隧道结上方的两条位线在外围形成回路, 因而同一存储单元的两条位线电流总是相反方向, 结合位线不同回路方向电流与数字线 (或写字线) 电流的磁场, 每一存储单元的两个隧道结的磁矩方向可选择性地被设置为 "左反平行、右平行" 或 "左平行、右反平行", 从而信息被写入. 信息的读取也类似于单配晶体管型的方式, 对应被选取单元

的字线 (或读字线) 置于高电位, 晶体管处于导通状态, 对应被选取单元的两位线电流穿过所选取单元的磁隧道结和晶体管形成的各自通道, 通过外置电路得到对应不同信息的输出 $(V_{\uparrow\downarrow} - V_{\uparrow\uparrow})$ 和 $-(V_{\uparrow\downarrow} - V_{\uparrow\uparrow})$, 因而读出信号相对于传统的单配晶体管型隧穿磁电阻存储器来说被翻倍了; 另外, 触发器型通过比较相邻两个全同磁隧道结的结电阻以读取信息, 而普通单配晶体管型则通过比较结电阻与参考电阻以检测信息, 所以触发器型设计方案还可能大大消除结电阻起伏而导致的噪声. 触发器型隧穿磁电阻存储器的原型器件[73] 被证实已达到 10ns 的读写速度, 据估计最快可达 1ns, 这一速度已接近半导体 SRAM 的高水平; 当然, 其代价和 SRAM 一样, 增大了单元尺寸, 牺牲了高密度. 可以看出, 设计者这里是基于传统的单配晶体管型隧穿磁电阻存储器的工作模式而提出以上思想的, 当然, 它同样存在传统模式的问题, 不过, 以合成反铁磁作为信息存储层可以克服同样的不足.

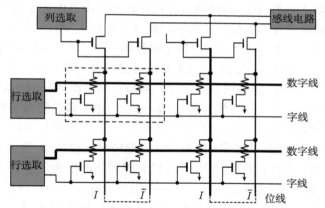

图 10-30　触发器型隧穿磁电阻随机存储器电路结构示意图

图片来自文献 [88]

　　由于纳米薄膜技术的进步、磁电子材料的新发现, 磁电阻随机存储器显现出坚强的生命力, 今日的隧穿磁电阻存储器的潜在强大竞争力更无须赘言. 本节仅对所有磁电阻随机存储器的发展过程和大致原理进行了简单总结, 并对隧穿磁电阻存储器的材料、物理问题作了 "浮光掠影式" 的叙述, 目前来看, 隧穿磁电阻存储器大工业化所面临的挑战似乎无论怎样高估都不为过.

10.5　自旋转移磁化反转与纳米柱微波振荡器

　　1996 年 IBM 公司的 Slonczewski 及 Carnegie-Mellon 大学的 Berger 分别独立撰文, 预言自旋转移效应[89,90], 即自旋极化的电流通过金属铁磁体, 极化电流 (巡游电子) 所携带的自旋角动量将转移给铁磁体, 使后者遭受力矩的作用 (称为 spin torque), 驱使其进入振荡磁模态 (oscillatory magnetic modes), 从而有可能导致该铁磁体 (纳米尺度) 的磁化方向反转或产生动力学激发. 这一理论预言随后几年内在磁纳米线[91]、自旋阀纳米柱 (spin-valve nano-pillar)[92~95]、纳米点接触 (point-contact geometry)[96,97] 以及磁隧道结[98,99] 等结构中获得广泛的试验验证.

图 10-31 是自旋转移效应的原理示意图. 电流沿垂直膜面方向流经自旋阀纳米柱, 当传导电子通过磁矩方向固定的磁性层 (通常较厚或者被钉扎), 其自旋方向被极化, 之后穿过厚度小于自旋扩散长度的中间非磁性层, 保持其自旋极化方向. 极化的传导电子流 (或自旋流) 进入自由磁性层 (厚度较小), 由于与自由层局域磁矩的相互作用, 传导电子的自旋方向被再度极化, 其自旋角动量被改变, 基于总角动量必须守恒的原则, 自由层局域磁矩的角动量必定获得相反方向的等量改变, 也就是说, 自由层局域磁矩受到了传导电子的自旋力矩的作用. 受自旋力矩作用的自由层纳米磁体以微波频率围绕其对称轴发生进动; 当电流强度大于阈值, 自旋转移力矩将抽运足够的能量使自由层磁矩的进动幅度不断加大, 最终反转其方向; 若电流强度远大于阈值, 自由层磁矩方向将被迅速反转[100]. 对于相反方向的电流, 自由层局域磁矩受到固定层反射的电子 (主要是自旋方向与固定层自旋方向相反的电子) 的自旋力矩的作用, 但显然自旋力矩方向与正向电流相反, 所以通过改变电流方向便可控制自由层的自旋或磁矩的取向. 自旋力矩的最大特点是[101], 它既不同于 Landau-Lifshitz-Gilbert 方程中的有效磁场 —— 决定无能量消耗的进动频率, 也不同于 Gilbert 阻尼项耗散能量, 使系统迅速弛豫至能量极小, 而是同时表现出阻尼 (或反阻尼) 与有效场的特性, 在稳恒电流和静磁场的平衡条件下, 可产生持续的磁进动, 从而辐射微波, 在此过程中, Gilbert 阻尼对能量的消耗通过自旋流而源源不断地得到补充. 自旋转移效应通过自旋极化电流向纳米磁体抽运能量, 以 "非磁

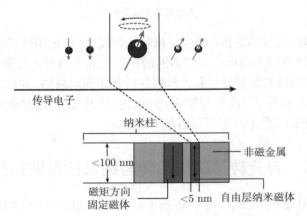

图 10-31　自旋转移效应的原理示意图

图片来自文献 [100]

场" 的方式使纳米磁体的磁化反转, 或产生高频 (微波) 辐射 (这是仅有磁场无法实现的), 开启了磁电子学研究和应用探索的一扇新大门.

自旋转移磁化反转拥有巨大的应用前景, 理论估计, 一个需要几特 [斯拉] 的强磁场才能反转磁化方向的纳米磁体仅需要数百微安极化电流产生的自旋力矩就能同样实现其磁化反转[98], 这对于目前正在发展的 MRAM 无疑具有十分深刻的影响力. 事实上, 由于现有 MRAM 的信息写入依靠电流磁场, 所以 MRAM 的能耗问题十分突出, 更为糟糕的是, 随着 MRAM 密度的提高, 单元尺度的减小, 磁性单元的反转场将同时显著提高, 需要同步增长的电流磁场才能写入信息, 这就说明依靠目前的写入方式, MRAM 很快就遇到瓶颈而难以为继. 自旋转移磁化反转提供了 MRAM 信息写入的有效新方式, 尤其可贵的是, 自旋转移力矩随单元尺度的减小而更为有效, 表明自旋转移磁化反转方式可与 MRAM 密度提高协同发展, 使 MRAM 拥有真正广阔的未来. 也正因为此, 自旋转移效应被认为是磁电子学发展中的又一个具有里程碑式意义的新发现, 吸引了全世界一流研究单位的最热切关注. 自旋转移磁化反转阈值电流密度为 $10^7\mathrm{A/cm^2}$[102], 这一数值距实用化还有一定的差距, 所以说, 除深刻的物理机制, 减小阈值电流密度[103] 至可实用化的幅度 ($10^5\mathrm{A/cm^2}$) 是目前研究者们努力追逐的目标. 当然, 自旋转移效应对有的磁电子器件也有不利的一面, 在电流垂直膜面的自旋阀读出磁头以及磁隧道结读出磁头中, 自旋转移效应 (包括磁化反转和磁激发) 带来显著噪声甚至使其无法工作[104], 需要努力克服和抑制.

微波电流振荡是康奈尔大学和耶鲁大学的 Kiselev 等给出的自旋转移效应的最有力直接证明, 同时也创造了一个全新的磁电子器件 —— 微波振荡器[105]. 尽管无机械运动, 但由于自旋转移效应, 简单的磁性多层膜纳米柱的行为如同马达一样, 将直流电转换成高频的磁性旋转. Kiselev 等的试验是这样的, 在表面氧化的 Si 基片上通过溅射生长磁性多层膜 "80 nm Cu/40 nm Co/10 nm Cu/3 nm Co/ 2 nm Cu/ 30 nm Pt", 然后刻蚀成椭圆面的纳米柱 (截面尺寸 "130nm × 70 nm"), 电子从较厚的 Co 层透射或反射, 产生自旋极化的电流, 从而对较薄的 Co 层施加力矩, 导致自由薄 Co 层的磁化方向相对于固定层 Co 的磁化方向发生振荡, 从而引起器件电阻发生相应变化, 因此, 在直流偏置下, 磁动力学产生一时变的电压. 作者采用外差式混频器, 测得 $25\sim100\mathrm{pW/mA^2}$ 的微波信号, 比室温下对应的热噪声 (即 Johnson 噪声) 高出 40 余倍. 当然, 作为实用化微波振荡器, 输出信号有待增强. 为此, 美国国家标准局与日立 San Jose 研究中心及 Freescale 半导体公司的研究人员提出[106,107], 利用相位相干的 N 个自旋转移振荡器阵列, 可使输出功率以 N^2 方式增长, 同时, 振荡半峰宽也大大变窄, 在微米尺度上的振荡器阵列室温下实现微瓦数量级的输出原则上是可行的, 尽管还是原型器件, 尽管还面临各种技术挑战, 但自旋转移微波振荡器作为磁电子器件的新乐章将带给人们美妙新音符.

10.6　自旋晶体管 —— 磁电子器件的新理念

前面介绍了基于巨磁电阻效应和隧穿磁电阻效应而工作的各种磁电子器件以及基于自旋转移效应的磁电子器件新原型, 它们有的已经在产业界引领风骚, 有的或许将成为明天产业的新旗舰. 推动人类社会不断进步的动力之源是人类不断进取的新理念, 磁电子学以操控自旋极化输运过程为中心、以创造基于电子自旋而运作的新的功能器件为目的, 因而磁电子学的物理内涵在不断丰富和扩张, 同时磁电子器件的新蓝图也日渐缤纷绚丽, 甚至一个范围更广阔、意义更深远的所谓 "自旋电子学" 已经应运而生. 从自旋注入到自旋弛豫, 从自旋相干到退相干, 从半金属 (half metal) 材料 (其自旋完全极化) 到磁性半导体材料, 自旋电子学中每一个这样的棘手大课题都吸引了大批的开拓者, 真正实现具有实用功能意义上的自旋晶体管将集磁学、半导体、纳米科学三者交集之大成. Johnson 全金属双极性自旋晶体管是第一个试验上予以验证的利用自旋极化输运的三端电子器件; 另外, 将自旋极化的理念嵌入传统的半导体晶体管备受人们青睐, Datta-Das 自旋场效应晶体管、半导体双极性自旋晶体管的设计方案先后从理论上提出并予以论证, 试验方面遭遇到前所未有的挑战, 人们正试图突破; Monsma 晶体管也称为热电子自旋晶体管, 是首次将磁电子材料与半导体真正结合起来的自旋晶体管. 作为本书的最后一部分, 这里依次简单介绍以上几种自旋晶体管的新理念, 虽然所有这些自旋晶体管都还处在类似于儿童手中的纸飞机一样稚嫩的阶段, 但谁说长空展翅永远是梦?

10.6.1　全金属双极性自旋晶体管

普通金属中, 传导电子频繁地受到晶格以及杂质和缺陷的散射, 其平均自由程为 10nm 左右, 但电子经受了许多次散射之后大多仍然记得它原来的自旋方向, 其自旋翻转的概率只占散射事件的百分之几甚至千分之几, 因而自旋扩散长度是平均自由程的数百倍. 室温下银、金、铜、铝的自旋扩散长度为 $1\sim10\mu m$. 1993 年 Johnson[108] 指出, 由一个铁磁金属发射极、一个厚度小于自旋扩散长度的非磁金属基极和另一个铁磁金属接收极组成的 "铁磁金属/非磁金属/铁磁金属" 三明治构成一个全金属的双极性自旋晶体管 (图 10-32), 形式上类似于电流垂直膜面的自旋阀结构.

Johnson 全金属自旋晶体管的工作原理大致是这样的, 假定铁磁金属发射极的磁化方向向上 (多数自旋子带电子的自旋方向朝下), 当发射极与基极之间无电流通过时, 非磁基极的自旋向上与自旋向下的子带的化学势及发射极、接收极 (无论其磁化方向与发射极平行还是反平行) 的相应的化学势是一致的; 在电源 V_0 的推动下, 发射极和基极之间持续通过电流, 伴随发射极电流的是方向朝上的自旋流持

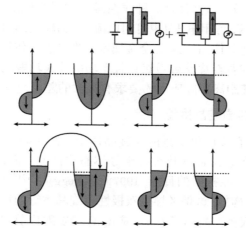

图 10-32 全金属双极性自旋晶体管结构原理图

图片来自文献 [108]

续地注入基极, 顺磁基极中出现自旋的积聚, 从而使其产生非平衡磁化, 导致非磁金属中自旋朝上子带的化学势向上移动, 同时自旋朝下子带的化学势向下移动. 如果铁磁金属接收极处在开路状态, 必须调整其费米面以便与非磁金属相同自旋子带的化学势相平衡. 当它的磁化方向与发射极的磁化方向一致时, 它必须相应地提高它的化学势, 才不会有持续的电流从基极流往接收极, 于是接收极带正电位; 当接收极的磁化方向与发射极的磁化方向反平行时, 它必须相应地降低它的化学势, 才不会有持续的电流从接收极流往基极, 于是接收极带负电位. 也就是说, 接收极的电位依赖于它的磁矩方向, 而后者可以通过磁场来改变, 完全不同于普通的晶体管.

简单地, 非磁基极中自旋积聚所导致的非平衡磁化 δM 可表示为

$$\delta M \approx \frac{I_{\mathrm{S}}\tau_{\mathrm{S}}}{\mathrm{Vol}} = \frac{P_1\mu_{\mathrm{B}}I}{eAd}\tau_{\mathrm{S}}$$

其中, I_{S} 为伴随发射极至基极电流 I 所产生的自旋流; τ_{S} 为自旋弛豫时间; Vol 为基极中非平衡磁化的体积 (相当于发射极与基极接触面积 A 与基极的厚度 d 的乘积); P_1 为发射极的自旋极化率; μ_{B} 为玻尔磁子; e 为电子电荷. 采用自由电子的磁化率 χ, 可证明接收极的开路电压 V_{S} 与发射极电流 I 的关系[109] 为

$$V_{\mathrm{S}} = \frac{P_2\mu_{\mathrm{B}}\delta M}{e\chi} = \frac{P_1 P_2}{e^2}\frac{\tau_{\mathrm{S}}E_{\mathrm{F}}}{1.5nAd}I$$

其中, E_{F}、n 分别为非磁金属基极的费密能和自由电子的密度; P_2 为铁磁接收极的自旋极化率.

从以上结果可以看出, 非平衡磁化是 Johnson 全金属晶体管工作的内在动力, 基极尺寸越小, 非平衡磁化强度越大, 其性能因而越强, 故自旋晶体管的性能随其

尺度的减小而增强; 另外, 该器件是一种线性器件 (半导体 pn 结具有非线性的 I-V 特性), 用电流作为偏置, 可用电压 (也可用电流) 作为输出, 输出信号与偏置电流成正比. 作为一种原理性器件, Johnson 全金属双极性自旋晶体管有许多可取之处, 但其输出信号太小 (纳伏甚至皮伏数量级), 且无功率放大功能, 另外工作过程属于全欧姆性等, 这一切使其距离实际应用的要求有很大的差距.

10.6.2　半导体双极性自旋晶体管

为了实现真正具有实用化前景的自旋晶体管, 半导体的一些独有特质不可或缺, 因而将自旋极化的理念嵌入传统的半导体晶体管是人们自然想到并着手从理论上论证甚至试验上开始探索的目标. 1997 年 Gregg 等[110] 引入自旋极化注入电流发射器 (SPICE) 的构想, 这是半导体双极性自旋晶体管的第一个雏形思想. 其理念是, 在普通半导体双极性晶体管 (pnp 或 npn) 的发射极前端附加一铁磁体, 通过铁磁体使发射极发出的是自旋极化的电流, 同时在集电极和基极之间也附加一铁磁体, 通过其磁化方向的改变调制集电极接收的电流大小, 也就是说, 通过自旋或磁控制的方式控制晶体管的电流或功率放大. 对于 SPICE, 所有半导体材料都是常规半导体, 其本身没有平衡态的净自旋或自旋劈裂的能带结构, 但自旋自由度的引入在这里涉及了一系列全新的物理问题, 如铁磁体对半导体的自旋注入过程、半导体中的自旋输运与自旋退相干过程、铁磁材料与半导体材料从界面到输运特性的匹配等, 深入认识所有这些问题并自由裁剪半导体与磁性材料的特性是横亘在人们前面的艰巨任务.

比上述原始构想进一步的是最近 Fabian 等[111] 提出的一种新的半导体双极性自旋晶体管 npn 结构, 该结构本身有一个区域是磁性的, 这就是基极 (base), 为 p 型的磁性或稀磁半导体 (通过交换作用或者塞曼效应, 基极具有平衡的自旋极化或能带自旋劈裂); 发射极 (emitter) 为普通非磁性 n 型半导体, 但通过外部自旋注入产生非平衡自旋极化; 集电极 (collector) 为普通非磁性 n 型半导体. 考虑 V_{BE} 正向偏压而 V_{BC} 反向偏压, 电子在扩散和漂移作用下很容易从发射极渡越至基极, 形成发射极电子电流 I_E^n, 这些电子少数与空穴复合, 绝大多数在 BC 耗尽层强大电场作用下到达集电极, 形成集电极电子电流 I_C^n, 同时空穴从基极渡越至发射极, 形成发射极空穴电流 I_E^p, 于是发射极电流 $I_E = I_E^n + I_E^p$, 集电极电流 $I_C = I_C^n$, 基极电流 $I_B = I_E - I_C$, 电流放大倍数 $\beta = I_C/I_B$. 实际上, 基极平衡态下具有自旋极化度 α_{0b}, 而发射极由于外部注入自旋, 对应的非平衡自旋极化度为 α_e, 假定耗尽层小于自旋扩散长度, 由于自旋向上和自旋向下的载流子分别独立通过耗尽层且不同自旋的载流子不产生复合, 理论预言集电极产生非平衡自旋 α_c

$$\alpha_c \propto n_{0b}e^{qV_{be}/k_BT}(\alpha_{0b} + \alpha_e)$$

其中, n_{0b} 为基极平衡态的电子数, 同时预言电流放大系数为

$$\beta(\alpha_e, \alpha_{0b}) = \beta(\alpha_e = 0, \alpha_{0b} = 0)\frac{1 + \alpha_e\alpha_{0b}}{\sqrt{1 - \alpha_{0b}^2}}$$

说明电流放大系数可通过发射极和基极的自旋极化度控制, 当两者平行时, 放大系数最大; 反平行时, 放大系数最小. 上述半导体双极性自旋晶体管的试验原型虽然尚未实现, 但基于现有的研究成果, 其可能性是毋庸置疑的. 基极采用磁性半导体或稀磁半导体, 从材料的角度如 $Cd_{0.95}Mn_{0.05}$ 的 g 因子高达 500, 在一定的磁场下便可使其能带产生较大的劈裂, 另外, 磁性半导体如 (Ga,Mn)As 已成功合成, 具有一定的交换劈裂; 发射极当然也可采用磁性半导体或稀磁半导体以提供自旋极化, 但必须同时保证和基极相结合制备完美的 pn 结且两者自旋极化的独立调控, 应该说目前还有很大的难度, 所以发射极采用普通的非磁半导体通过自旋注入导致非平衡自旋极化比较现实, 实际上, 光极化的方式产生非平衡自旋极化早已经得到试验证明, 而电的方式自旋注入半导体在引入 MgO 隧穿势垒后于最近已经取得长足的进步[112]. 相信半导体双极性自旋晶体管试验原型的实现不需要太长的时间.

10.6.3 Datta-Das 自旋场效应晶体管

自旋场效应晶体管的方案最早于 1990 年由 Datta 和 Das[113] 提出, 其大致结构与普通场效应晶体管相似, 只是源、漏极均由铁磁材料制作, 分别作为自旋注入的发射极与自旋检测的接收极 (图 10-33), 半导体异质结界面的反型层提供具有高迁移率的二维电子气通道. 自旋极化的电子从源极铁磁体注入反型层, 电子以弹道输运方式通过反型层, 当漏极铁磁体的磁化方向与源极铁磁体的磁化方向一致时, 电子可以顺利进入漏极, 但如果两者磁化方向相反, 电子将在漏极受到强烈散射. 实际上, 对于异质结来说, 由于自旋–轨道耦合, 结构反演的不对称性与输运通道的几何约束导致一个与栅极电压相关的有效磁场, 称为 Bychkov-Rashba 场, 这一有效磁场使反型层中载流子的自旋方向在迁移过程中发生进动, 于是源、漏极之间的转移电流可通过源、漏极的相对磁化方向或栅极电压独立调控.

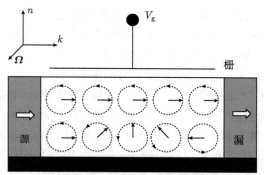

图 10-33 自旋极化场效应晶体管结构原理图

图片来自文献 [114]

具体地[114], 考虑异质结受限的二维电子气, 垂直反型层面的单位矢量为 n, 从源极铁磁体注入的自旋极化的电子具有波矢 k, 电子自旋由于 Bychkov-Rashba 场以拉莫尔进动矢量 $\Omega(k)$ 进动

$$\Omega(k) = 2\alpha_{\mathrm{BR}}(k \times n)$$

其中, 参数 α_{BR} 依赖于异质结的自旋–轨道耦合以及异质结的非对称静电势. 通过求解对应电子自旋进动的哈密顿 $H(k) = \frac{1}{2}\hbar\sigma \cdot \Omega(k)$ 的运动方程, 可获得电子自旋进动的解. 作者没有仔细追踪理论家们的推演过程, 直接引用 Zutic 等的结果, 沿波矢 k 方向的自旋从源极到达漏极的进动角正比于 α_{BR}, 具体结果为

$$\phi = 2\alpha_{\mathrm{BR}}mL/\hbar$$

其中, m 为电子的有效质量; L 为源、漏极之间的间距. 源、漏极之间的转移电流最终正比于 $1 - \cos^2\varphi\sin^2(\varphi/2)$, 这里 φ 为波矢 k 与源、漏轴线之间的夹角. 基于此, Datta 和 Das 提出电子应该束缚在 1D 通道 (对应 $\varphi = 0$) 才具有最佳效果.

需要强调的是, 电子自旋进动过程中必须保持弹道输运, 另外, 异质结材料必须具有较强的自旋–轨道耦合, 同时, 结构反演非对称性必须是自旋进动的主宰, 且 α_{BR} 被栅极电压有效控制以致自旋进动角可达 π 左右, 所有这些条件的满足是获得显著效果的基础. 由此对异质结材料提出了极其苛刻的要求, 从合适材料的选取, 到完美的材料制备如控制均匀的 α_{BR}、极干净的界面等, 这些都是非常艰巨的任务; 除此之外, 从铁磁体将自旋极化电子注入二维电子气也是一个巨大的挑战, 对于试验研究来说, 可能仍需旷日持久的探索. 虽然试验上至今尚未实现, 10 多年来, 无论理论还是试验都一直吸引了众多的开拓者, 人们对这一领域的认识正越来越深入.

10.6.4   热电子自旋晶体管

1995 年 Monsma 等[115] 将金属铁磁体与半导体结合起来, 利用热电子在 GMR 多层膜中自旋相关的散射实现了第一个杂化的自旋电子器件, 称为 Monsma 晶体管或自旋阀晶体管 (SVT), 是热电子自旋晶体管的第一个试验原型. Monsma 晶体管的三端结构为 "Si 基片/GMR 多层膜/Si 基片" 三明治 (图 10-34), 分别对应发射极 E、基极 B 和集电极 C, 磁性金属 GMR 多层膜与两 Si 基片之间的界面皆为肖特基接触. 器件的制备过程比较简单, 高质量 Si 基片适当浓度 n 型掺杂, 背面沉积 Pt 层形成欧姆接触, 正面去掉氧化层获得干净表面, 然后在其干净表面溅射生长 GMR 薄膜, 将其与另一片经过同样处理的 Si 基片的干净表面接触, 便构成了 Monsma 晶体管. E、B 之间为正向偏压 V_{EB}, 同时 B、C 之间为反向偏压 V_{BC}. 调整 V_{EB} 大小使之稍大于发射极的肖特基势垒, 发射极便向基极发射能量明显高于金属费米能的热电子 (自旋未极化), 形成发射电流 I_{E}; 进入基极的热电子垂直通过

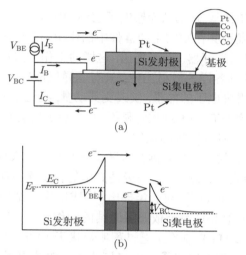

图 10-34 Monsma 晶体管结构 (a) 及原理图 (b)

图片来自文献 [116]

GMR 多层膜 (电流垂直膜面即 CPP 模式) 经受自旋相关的散射, 损失部分能量, 之后只有能量足够大的电子才能克服基极与集电极之间的肖特基势垒到达集电极 (集电极肖特基势垒应该小于发射极肖特基势垒), 形成集电极电流 I_C. 当 GMR 多层膜的磁性层磁化反平行时, 自旋向上和向下的两种热电子均遭受严重的散射, 热电子的平均能量以较小的衰减长度按指数方式减小 (或者说它们具有较小的平均自由程); 相反, 如果施加一个磁场使 GMR 多层膜的磁化方向平行, 虽然自旋方向与磁化方向反平行的热电子在每一个磁性层都受到严重的散射, 这部分电子具有小的平均自由程, 但自旋方向与磁化方向平行的另一半热电子受到较少的散射, 它们具有较大的平均自由程, 从而这部分热电子的平均能量以较大的衰减长度按指数方式减小. 于是, 集电极电流大小及电流放大系数受 GMR 多层膜的磁化状态影响, 可以通过外磁场调制. 通常这一响应过程以磁电流 (MC) 来表示

$$\mathrm{MC} = (I_{C\uparrow\uparrow} - I_{C\uparrow\downarrow})/I_{C\uparrow\downarrow}$$

类似于 GMR 和 TMR 效应的表达式, 不同的箭头方向表示磁性层的磁化方向平行与反平行. Monsma 晶体管具有很高的磁电流和磁场灵敏度, MC 室温下可以达到 200% 以上, 磁场灵敏度超过每高斯 130%.

显然, 由于 CPP 模式, 较厚的 GMR 薄膜使磁的效应显著, 磁电流数值很大, 不过, 集电极电流非常小; 相反, 较小的 GMR 薄膜厚度将使磁电流效应减小, 这时虽然集电极电流可增大一些, 但数值仍然很小. 实际上, Monsma 晶体管的集电极电流在纳安数量级, 而 I_C/I_E 转换比 (transfer ratio) 为 10^{-5}, 这是大多数以金属作为基极的晶体管所共有的严重缺陷从而影响了它们的实用化. 另外, 对于 Monsma 晶体管, 半导体并没有发挥其在别的主动器件中的作用, 仅仅依靠基极和集电极之间的肖特基势垒作为能量选择器. 应当指出, 这样的工作方式决定了热电子在 GMR 多层膜基极内经受各种各样的散射当中, 只有非弹性散射才对晶体管的工作有意义, 弹性散射过程不损失电子的能量, 仅改变其动量, 在这里是没有多少意义的, 这一点是和普通 GMR 效应的物理过程明显不同的, 后者所有涉及动量改变的碰撞过程对 GMR 效应的贡献具有同等的地位.

热电子自旋晶体管的进一步发展是以隧道结势垒取代发射极肖特基势垒, 发射极乃普通非磁金属薄膜 (Al 或 Cu), 基极是简单的自旋阀三明治, 称为磁隧穿晶体管 (MTT), 由 Mizushima 等于 1997 年提出 [117,118]. 在合适的半导体基片上 (大多数为 n 型 GaAs 或 n 型 Si), 完全依照隧道结的制作工艺, 生长所需的薄膜结构便形成了 MTT. 显然, MTT 制作工艺过程明显优于 SVT. 图 10-35 是 MTT 的原理示意图. 从非磁性金属发射极发出的自旋非极化的热电子穿过隧道结势垒注入自旋阀基极中, 由于自旋阀基极强烈地自旋过滤, 集电极电流大小显著地依赖于自旋阀铁磁层的自旋相对取向, 因而可以获得巨大的磁电流 MC. IBM 公司 Parkin 研究组 [119] 的工作指出, 自旋非极化的热电子经过厚度为 t 的铁磁层后由于自旋相关的散射具有有效透射自旋极化度 P

$$P = \frac{N_\uparrow - N_\downarrow}{N_\uparrow + N_\downarrow} = \frac{e^{-t/\lambda_\uparrow} - e^{-t/\lambda_\downarrow}}{e^{-t/\lambda_\uparrow} + e^{-t/\lambda_\downarrow}}$$

其中, $N_\uparrow$、$N_\downarrow$ 为穿透过的自旋向上和向下的热电子的数目; $\lambda_\downarrow$、$\lambda_\uparrow$ 为自旋向上和向下的热电子的衰减长度. 忽略自旋阀中自旋相关的界面散射, 而半导体界面的散射虽然十分显著, 但却是自旋无关的, 于是经过自旋阀基极过滤后, 集电极磁电流可表示为

$$\text{MC} = \frac{2P_1 P_2}{1 - P_1 P_2}$$

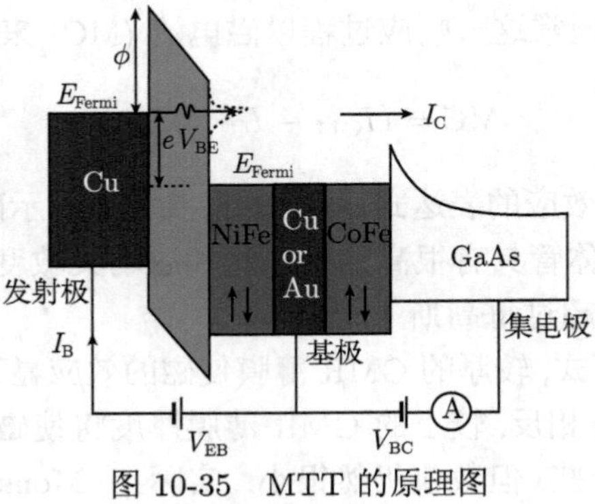

图 10-35　MTT 的原理图

图片来自文献 [119]

完全类似于磁隧道结的 Julliére 公式. 应当指出, 这里自旋极化度的定义和磁隧道结的完全不同, 研究结果表明, 热电子经过 3nm 左右的铁磁层很容易具有 90% 以上的有效透射自旋极化度, 这是 MTT 具有的磁电流 MC 高达百分之数千的原因.

对于以自旋阀作为基极的 MTT, 集电极电流可以写为 $I_C = I_E \alpha_B \alpha_C$, 是发射电流 I_E 与热电子在自旋阀界面的透射系数 α_B 以及热电子在基极/集电极界面的接受系数 α_C 三者的乘积. 隧道结势垒的采用, 可以显著提高发射极与基极之间的偏压 V_{EB}(但需小于隧道结的击穿电压), 发射电流 I_E 随 V_{EB} 依据隧穿电流的 Simmons 公式以指数方式增大, 同时, 由于半导体 (GaAs) 导带状态数急剧增加导致基极/集电极界面的接受系数 α_C 也迅速上升, 所以 MTT 的集电极电流 I_C 随 V_{EB} 可增大几个数量级. 当然, α_C 强烈依赖于基极与集电极界面的热电子散射, 因而适当的材料选取及生长工艺是 MTT 获得大的 α_C, 进而实现大的 I_C 与 I_C/I_E 转换比的一个要素; 另外, 减少热电子在基极自旋阀的界面散射以增加热电子在这些界面的透射系数 α_B, 同样是获得大的 I_C 与 I_C/I_E 转换比必须考虑的一个问题, 这涉及自旋阀材料 (包括晶格匹配与能带匹配) 的选取与制备的优化. 目前 MTT 的 I_C 已达数微安, I_C/I_E 转换比为 10^{-3}.

也有人将顶钉扎型的磁隧道结生长于半导体 (n 型 GaAs) 之上, 两者之间肖特基接触, 隧道结的被钉扎层作为发射极, 薄的磁性金属自由层作为基极, 半导体基片作为集电极, 构成另一种类型的磁隧穿晶体管 (MTT)[120]. 从铁磁金属发射极发出自旋极化的热电子穿过隧道结势垒注入铁磁金属基极被进一步自旋过滤, 集电极电流大小于是强烈依赖于基极与发射极的相对磁化方向, 因而同样具有大的磁电流 MC, 由于基极为薄的铁磁金属单层膜, 这种类型的 MTT 可实现较大的集电极电流和较高的 I_C/I_E 转换比. 除此之外, 还有人将自旋阀型 MTT 的普通半导体集电极用 GaAs/AlGaAs 雪崩放大集电极取代[121], 获得集电极电流 35 倍放大, 同时磁电流 MC 大于 1000%. 总而言之, 热电子自旋晶体管目前已被试验广泛证明, 虽然小的集电极电流与小的 I_C/I_E 转换比制约了它真正作为晶体管的应用, 但无论如何, 热电子自旋晶体管的磁电流对磁场具有极高的灵敏度, 作为磁传感器的潜在可能性是研究者们所公认的.

10.7 结 束 语

本章粗略地介绍了几类成功的磁电子器件, 以及部分概念型自旋电子器件的略图, 无须赘言, 电子自旋自由度的开发将使电子器件表现出怎样独有的特性, 这片无垠的开阔地已经成为缤纷的新物理、新器件表演的新舞台. 我们可以欣喜地看到, 电子自旋的属性已经在人们的思维中刻下了深深的烙印, 因而有关电子的任何现象和器件, 从传统的到新奇的, 人们都会不自觉地引入自旋而深入探讨, 从普通电流到自旋流、从普通霍尔效应到自旋霍尔效应, 从库仑阻塞到自旋阻塞、从单电子晶体管到自旋单电子晶体管. IBM 公司在开发巨磁电阻效应作为计算机读头的应用之际曾感言 "GMR 时代的到来", 相信真正的 "自旋电子时代" 随着未来更多自旋电子器件的诞生而悄悄来临.

后记

本章写作于 2005 年, 磁电子器件七年来又有了长足的进步. 由于作者近期时间、精力受限, 所有内容未作补充和细述, 请读者参阅相关的最新材料. 几年来, 磁电子器件最新发展中特别值得一提的是, TMR 硬盘磁头于 2006 年全面进入市场, 取代 GMR 自旋阀磁头, 目前 TMR 磁头甚至早已从 AlO_x 势垒磁隧道结进入 MgO 势垒磁隧道结的时代. 据报道 2008 年 TDK 公司开发的、作为技术储备的 MgO 势垒隧道结硬盘磁头, 密度就达到了 $803Gbit/in^2$. 以 GMR、TMR 为核心的生物磁性传感器近年来的发展也已使之越来越接近实用化, 美国斯坦福大学、布朗大学、明尼苏达大学、葡萄牙里斯本理工大学等在这方面的研究较为领先. 另一方面, 隧穿磁电阻随机存储器的研究和发展则已从外置线路电流磁场驱动信息存储单元磁矩翻转的传统模式, 转为以自旋极化电流的自旋转移力矩 (STT) 控制其磁矩翻转为核心议题; 相关磁隧道结的磁性电极从面内磁化到垂直磁化的探索也日渐成为当前研究的新焦点; 同时, 电场对磁性的调控, 尤其是电场对垂直各向异性的影响正为隧穿磁电阻随机存储器的发展注入新动力. IBM 公司以全新设计理念提出的赛道磁存储器 (Racetrack Memory) 于 2008 年前后闪亮登场, 目前, 与此相关的极化电流驱动磁畴壁运动规律的研究形成了磁电子器件领域中的又一个热点. 此外, 由所谓 "全金属双极性自旋晶体管" 发展的 "介观横向自旋阀", 在非局域自旋流、自旋积聚、自旋霍尔效应等方面广受研究人员的关注.

蔡建旺

中国科学院物理研究所

蔡建旺, 中国科学院物理研究所研究员、博士生导师、中国科学院 "百人计划" 获得者. 主要从事金属磁性纳米多层膜的制备生长、磁性表征和自旋相关输运的研究, 包括交换耦合和交换偏置、磁邻近效应、磁电阻效应、反常霍尔效应以及垂直磁各向异性等方面.

参 考 文 献

[1] Barthelemy A, Fert A, Petroff F Buschow K H J. Giant magneto-resistance in Magnetic Multilayers *In:* Handbook of Magnetic Materials. Vol.12. Amsterdam: North-Holland, 1999: 1–96.

[2]   Coehoorn R. *In:* Buschow K H J. Giant magneto-resistance and magnetic interactions in exchange-biased spin valves Handbook of Magnetic Materials. Vol.15. Amsterdam: North-Holland, 2003: 1–197.

[3]   蔡建旺, 赵见高, 詹文山, 等. 物理学进展, 1997, 17: 119–149.

[4]   Moodera J S, Mathon G. J. Magn. Magn. Mater. 1999, 200: 248–273.

[5]   Tsymbal E Y, Mryasov O N, LeClair P R. J. Phys. Condens. Matter., 2003, 15(03): R109–R142.

[6]   Butler W H, Gupta A. Nature Mater., 2004, 3: 845–847.

[7]   过壁君. 薄膜磁阻传感器. 福州: 福建科技出版社, 1993.

[8]   Mohri K, Kohzawa T, Yoshida H, et al. IEEE Trans. Magn., 1992, 28: 3150–3152.

[9]   Parkin S S P. Aspects of modern magnetism. *In:* Pu F C, Wang Y J, Shang C H. Lecture Notes of the Eighth Chinese International Summer School of Physics. Singapore: World Scientific, 1996: 118–147.

[10] Grunberg P A. Sensors and Actuators A, 2001, 91: 153–160.

[11] Clemens W, van den Berg H A M, Rupp G, et al. J. Appl. Phys., 1997, 81: 4310–4312.

[12] Freitas P P, Silva F, Oliveira N J, et al. Sensors and Actuators, 2000, 81: 2–8.

[13] Daughton J, Brown J, Chen E, et al. IEEE Trans. Magn., 1994, 30: 4608–4610.

[14] Ku W J, Silva F, Bernardo J, et al. J. Appl. Phys., 2000, 87: 5353–5355.

[15] Marrows C H, Stanley F E, Hickey B J. Appl. Phys. Lett., 1999, 75: 3847–3849.

[16] Lenssen K -M H, Adelerhof D J, Gassen H J, et al. Sensors and Actuators, 2000, 85: 1–8.

[17] Spong J K, Spenosu V S, Fontana R E Jr. IEEE Trans. Magn., 1996, 32: 366–371.

[18] Freitas P P, Costa J L, Almeida N, et al. J. Appl. Phys., 1999, 85: 5459–5461.

[19] Prieto J L, Rouse N, Todd N K, et al. Sensors and Actuators A, 2001, 94: 64–68.

[20] Pannetier M, Fermon C, Le Goff G, et al. Science, 2004, 304: 1648–1650.

[21] Tondra M, Porter M, Lipert R J. J. Vac. Sci. Technol. A, 2000, 18: 1125–1129.

[22] Tondra M, Smith C. Proc. SPIE Int. Soc. Opt. Eng., 2005, 5732: 417–425.

[23] Smith C H, Schneider R W, Pohm A V. J. Appl. Phys., 2003, 93: 6864–6866.

[24] Smith C H, Schneider R W, Dogaru T, et al. AIP Conference Proceedings, 2003, 657: 419–426.

[25] Reig C, Ramirez D, Silva F, et al. Sensors and Actuators A, 2004, 115: 259–266.

[26] Miller M M, Prinz G A, Lubitz P, et al. J. Appl. Phys., 1997, 81: 4284–4286.

[27] Tondra M, Daughton J M, Wang D, et al. J. Appl. Phys., 1998, 83: 6688–6690.

[28] Schrag B D, Xiao Gang. Appl. Phys. Lett., 2003, 82: 3272–3274.

[29] Yamamoto S Y, Schultz S. Appl, Phys. Lett., 1996, 69: 3263–3265.

[30] Yamamoto S Y, Vier D, Schultz S. IEEE Trans. Magn., 1996, 35: 3410.

[31] Hermann T M, Black W C, Hui S. IEEE Trans. Magn., 1997, 33: 4029–4031.

[32] Daughton J M. J. Magn. Magn. Mater., 1999, 192: 334–342.

[33] Daughton J M. IEEE Trans. Magn., 2000, 36: 2773–2778.

[34]   Daniel E D, Mee C D, Clark M H. Magnetic Recording - The First 100 Years. New York: Wiley-IEEE Press, 1998.

[35]   Tsang C, Chen M M, Yogi T, et al. IEEE Trans. Magn., 1990, 26: 1689–1693.

[36]   Thompson D A, Best J S. IBM J. Res. Develop., 2000, 44: 311–322.

[37]   Tsang C, Fontana R E, Lin T, et al. IEEE Trans. Magn., 1994, 30: 3801–3806.

[38]   Fullerton E E, Margulies D T, Schabes M E, et al. Appl. Phys. Lett., 2000, 77: 3806–3808.

[39]   Nanotechnology Research Directions: IWGN Workshop Report, National Science and Technology Council Committee on Technology Interagency Working Group on Nanoscience, Engineering and Technology (IWGN), 1999.

[40]   Tsang C H, Fontana R E Jr, Lin T, et al. IBM J. Res. Develop., 1998, 42: 103–116.

[41]   Prinz G A. Science, 1998, 282: 1660–1663.

[42]   Dai B, Cai J W, Lai W Y, et al. Appl. Phys. Lett., 2005, 87: 092506-1-3.

[43]   Dai B, Cai J W, Lai W Y, et al. J. Appl. Phys., 2006, 99: 073902-1-4.

[44]   Nogues J, Schuller I K. J. Magn. Magn. Mater., 1999, 192: 203–232.

[45]   Berkowitz A E, Takano K. J. Magn. Magn. Mater., 1999, 200: 552–570.

[46]   Kiwi M. J. Magn. Magn. Mater., 2001, 234: 584–595.

[47]   Bertram H N. IEEE Trans. Magn., 1995, 31: 2573–2578.

[48]   Freitas P P. Lecture Notes in Physics. Heidelberg: Springer-Verlag 2001: 569: 464–488.

[49]   Gurney B A, Speriosu V S, Nozieres J P, et al. Phys. Rev. Lett., 1993, 71: 4023–4026.

[50]   Iwasaki H, Fukuzawa H, Kamiguchi Y, et al. Digest of INTERMAG 99, 1999: BA04-BA04.

[51]   Speriosu V S, Gurney B A, Wilhoit D R, et al. Presented at INTERMAG 96.

[52]   Veloso A, Freitas P P. J. Appl. Phys., 2000, 87: 5744–5746.

[53]   Tanaka A, Shimizu Y, Kishi H, et al. IEEE Trans. Magn., 1999, 35: 700–705.

[54]   Tong H C, Shi J, Liu F, et al. IEEE Trans. Magn., 1999, 35: 2574–2579.

[55]   Kamiguchi Y, Yuasa H, Fukuzawa H, et al. Digest of INTERMAG 99, 1999: DB01.

[56]   Sakakima H, Satomi M, Sugita Y, et al. J. Magn. Magn. Mater., 2000, 210: 20–24.

[57]   蒋致诚. 物理, 2004, 33: 529–533.

[58]   Parkin S S P, Kaiser C, Panchula A, et al. Nature Mater., 2004, 3: 862–867.

[59]   Yuasa S, Nagahama T, Fukushima A, et al. Nature Mater., 2004, 3: 868–871.

[60]   Tsunekawa K, Djayaprawira D D, Nagai M, et al. Appl. Phys. Lett., 2005, 87: 072503-1-3.

[61]   Daughton J M. Thin Solid Films, 1992, 216: 162–168.

[62]   Dax M. Semiconductor International, 1997, 20: 84–91.

[63]   Pohm A V, Daughton J M, Comstock C S, et al. IEEE Trans. Magn., 1987, 23: 2575–2577.

[64]   Comstock C S, Yoo H Y, Pohm A V. J. Appl. Phys., 1988, 63: 4321–4323.

[65] Pohm A V, Huang J S T, Daughton J M, et al. IEEE Trans. Magn., 1988, 24: 3117–3119.

[66] Yoo H Y, Pohm A V, Hur J H, et al. IEEE Trans. Magn., 1989, 25: 4269–4271.

[67] Pohm A V, Comstock C S, Ranmuthu K T M. IEEE Trans. Magn., 1991, 27: 5514–5516.

[68] Granley G B, Daughton J M, Pohm A V, et al. IEEE Trans. Magn., 1991, 27: 5517–5519.

[69] Pohm A V, Comstock C S, Granley G B, et al. IEEE Trans. Magn., 1991, 27: 5520–5522.

[70] Everitt B A, Pohm A V. J. Vac. Sci. Technol. A, 1998, 16: 1794–1800.

[71] Brown J L, Pohm A V. IEEE Trans Components, Packaging, and Manufacturing Technology, Part A, 1994, 17: 373–379.

[72] Tang D D, Wang P K, Speriosu V S, et al. IEEE Trans. Magn., 1995, 31: 3206–3208.

[73] Chen E Y, Tehrani S, Zhu T, et al. J. Appl. Phys., 1997, 81: 3992–3994.

[74] Tehrani S, Chen E, Durlam M, et al. J. Appl. Phys., 1999, 85: 5822–5827.

[75] Tehrani S, Slaughter J M, Chen E, et al. IEEE. Trans. Magn., 1999, 35: 2814–2819.

[76] Everitt B A, Pohm A V, Daughton J M. J. Appl. Phys., 1997, 81: 4020–4022.

[77] Parkin S S P, Roche K P, Samant M G, et al. J. Appl. Phys., 1999, 85: 5828–5833.

[78] Scheuerlein R E. 1998 International NonVolatile Memory Technology Conference, 1998: 47–50.

[79] Gallagher W J, Parkin S S P, Scheuerlein R E, et al. 1997: US Patent 5640343.

[80] Freitas P P, Cardoso S, Sousa R, et al. IEEE Trans. Magn., 2000, 36: 2796–2801.

[81] Wang F Z. Appl. Phys. Lett., 2000, 77: 2036–2038.

[82] Reohr W, Honigschmid H, Robertazzi R, et al. IEEE Circuits Devices Mag, 2002, 18: 17–27.

[83] Tehrani S, Engel B, Slaughter J M, et al. IEEE Trans. Magn., 2000, 36: 2752–2757.

[84] Tehrani S, Slaughter J M, DeHerrera. M, et al. Proc. IEEE, 2003, 91: 703–714.

[85] Engel B N, Åkerman J, Butcher B, et al. IEEE Trans. Magn., 2005, 41: 132–136.

[86] 朱涛, 詹文山. 中国发明专利 "一种共振隧穿型磁隧道结元件". 专利号 ZL200410033657.4, 授权日期: 2006 年 11 月 8 日.

[87] Daughton J M. J. Appl. Phys., 1997, 81: 3758–3763.

[88] Scheuerlein R, Gallagher W, Parkin S, et al. A 10ns read and write non-volatile memory array using a magnetic tunnel junction and FET switch in each cell 2000 IEEE International Solid-State Circuits Conference (ISSCC 2000 / Session 7 / TD: Emerging Memory & Device Technologies/ Paper TA 7.2), Digest of Technical Papers: 128–129.

[89] Slonczewski J C. J. Magn. Magn. Mater., 1996, 159: L1–L7.

[90] Berger L. Phys. Rev. B, 1996, 54: 9353–9358.

[91] Wegrowe J E, Kelly D, Jaccard Y, et al. Europhys Lett., 1999, 45: 626–632.

[92] Myers E B, Ralph D C, Katine J A, et al. Science, 1999, 285: 867–870.

[93] Katine J A, Albert F J, Buhrman R A, et al. Phys. Rev. Lett., 2000, 84: 3149–3152.

[94] Grollier J, Cros V, Hamzic A, et al. Appl. Phys. Lett., 2001, 78: 3663–3665.

[95] Sun J Z, Monsma D J, Rooks M J, et al. Appl. Phys. Lett., 2002, 81: 2202–2204.

[96] Tsoi M, Jansen A G M, Bass J, et al. Phys. Rev. Lett., 1998, 80: 4281–4284.

[97] Tsoi M, Jansen A G M, Bass J, et al. Nature, 2000, 406: 46–48.

[98] Sun J Z. J. Magn. Magn. Mater., 1999, 202: 157–162.

[99] Huai Y, Albert F, Nguyen P, et al. Appl. Phys. Lett., 2004, 84: 3118–3120.

[100] Sun J. Nature, 2003, 425: 359–361.

[101] Li Z, Zhang S. Phys. Rev. B, 2003, 68: 024404-1-10.

[102] Sun J Z. Phys Rev. B, 2000, 62: 570–578.

[103] Jiang Y, Nozaki T, Abe S, et al. Nature Mater., 2004, 3: 361–363.

[104] Lee K J, Liu Y, Deac A, et al. J. Appl. Phys., 2004, 95: 7423–7428.

[105] Kiselev S I, Sankey J C, Krivorotov I N, et al. Nature, 2003, 425: 380–383.

[106] Mancoff F B, Rizzo N D, Engel B N, et al. Nature, 2005, 437: 393–395.

[107] Kaka S, Pufall M R, Rippard W H, et al. Nature, 2005, 437: 389–392.

[108] Johnson M. Science, 1993, 260: 320–323.

[109] Johnson M, Silsbee R H. Phys. Rev. Lett., 1985, 55: 1790–1793; Johnson M, Silsbee R H. Phys. Rev. B, 1988, 37: 5326–5335; Johnson M, Silsbee R H. Phys. Rev. B, 1988, 37: 5312–5325.

[110] Gregg J, Allen W, Viart N, et al. J. Magn. Magn. Mater., 1997, 175: 1–9.

[111] Fabian J, Zutic I, Sarma S D. Appl. Phys. Lett., 2004, 84: 85–87.

[112] Wang R, Jiang X, Shelby R M, et al. Appl. Phys. Lett., 2005, 86: 052901-1-3.

[113] Datta S, Das B. Appl. Phys. Lett., 1990, 56: 665–667.

[114] Zutic I, Fabian J, Sarma S D. Review of Modern Physics, 2004, 76: 323–410.

[115] Monsma D J, Lodder J C, Popma Th J A, et al. Phys. Rev. Lett., 1995, 74: 5260–5263.

[116] Monsma D J, Vlutters R, Lodder J C. Science, 1998, 281: 407–409.

[117] Mizushima K, Kinno T, Yamauchi T, et al. IEEE Trans. Magn., 1997, 33: 3500–3504.

[118] Mizushima K, Kinno T, Tanaka K, et al. Phys. Rev. B, 1998, 58: 4660–4665.

[119] Dijken S van, Jiang X, Parkin S S P. Appl. Phys. Lett., 2003, 82: 775–777.

[120] Dijken S van, Jiang X, Parkin S S P. Appl. Phys. Lett., 2002, 80: 3364–3366.

[121] Russell K J, Appelbaum I, Yi W, Monsma D J, et al. Appl. Phys. Lett., 2004, 85: 44502–44504.

彩　图

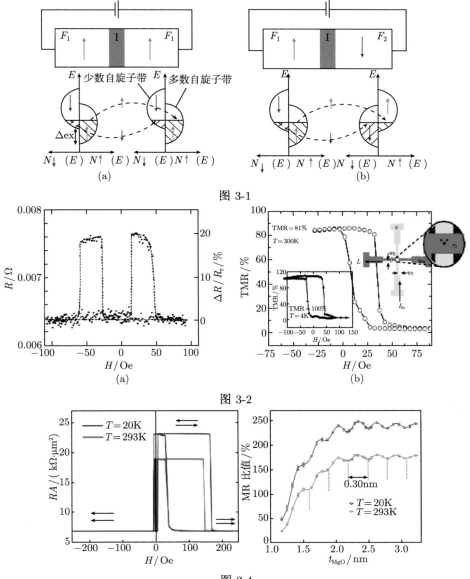

图 3-1

图 3-2

图 3-4

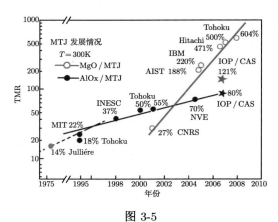

图 3-5

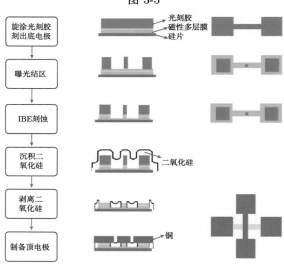

图 3-8

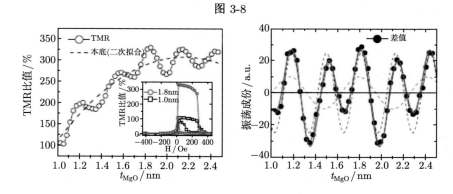

图 3-13

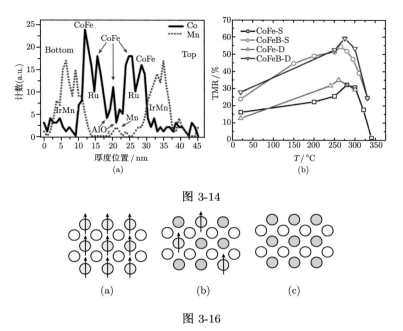

图 3-14

图 3-16

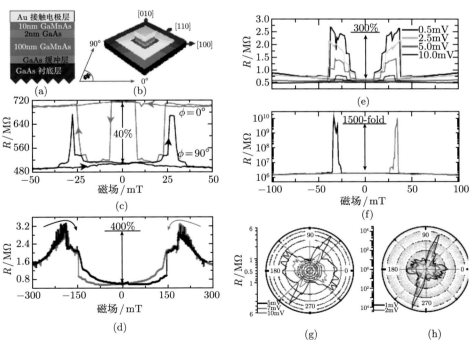

图 3-17

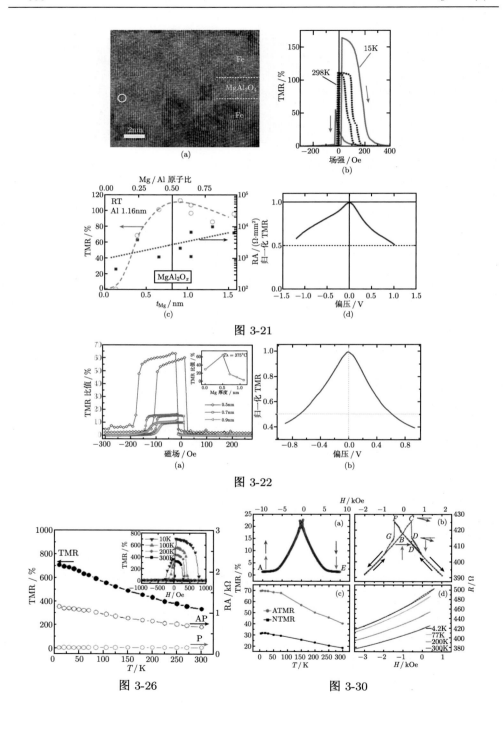

图 3-21

图 3-22

图 3-26

图 3-30

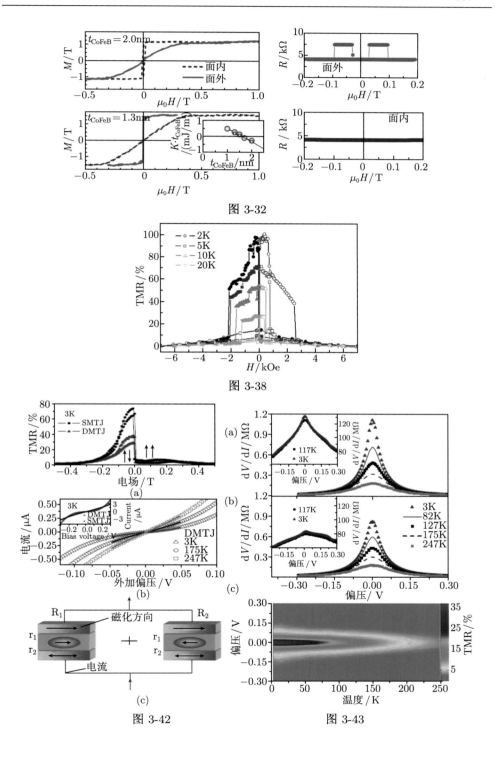

图 3-32

图 3-38

图 3-42

图 3-43

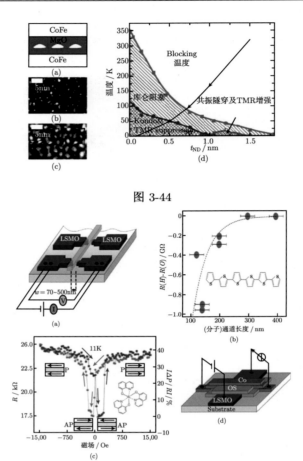

图 3-44

图 3-46

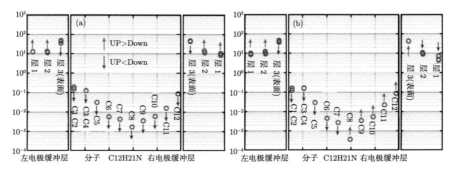

图 3-48

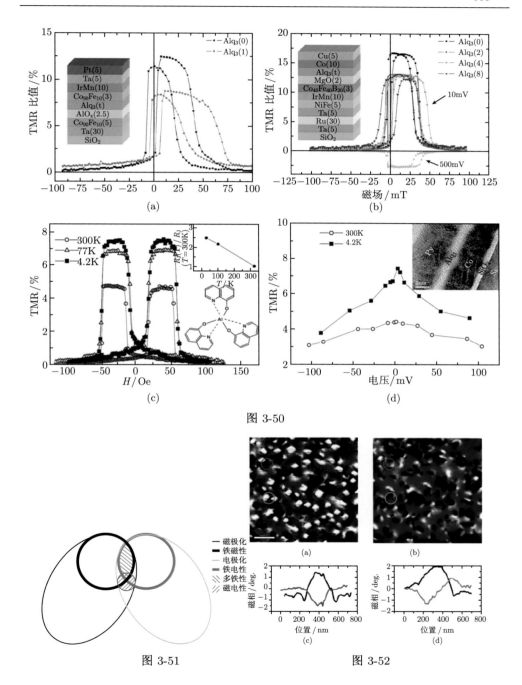

图 3-50

图 3-51

图 3-52

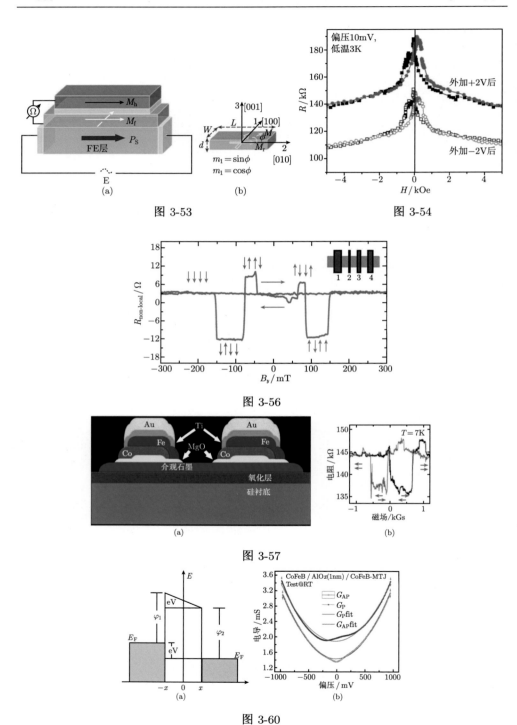

图 3-53

图 3-54

图 3-56

图 3-57

图 3-60

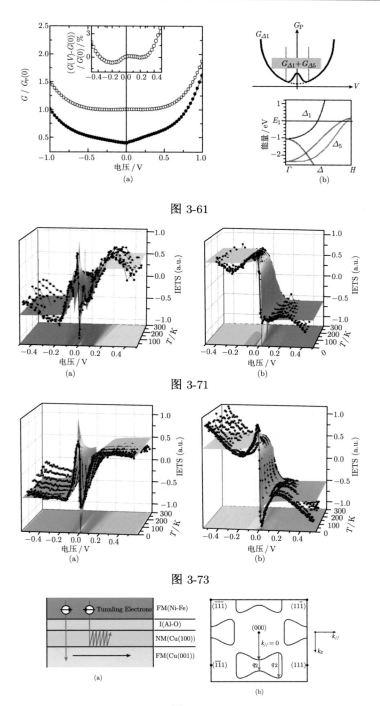

图 3-61

图 3-71

图 3-73

图 3-75

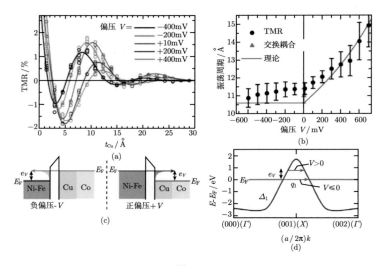

图 3-77

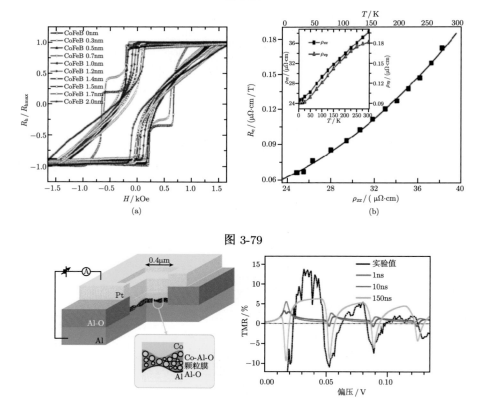

图 3-79

图 3-97

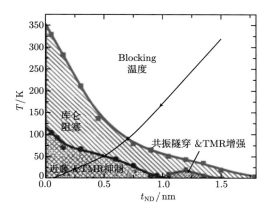

图 3-98

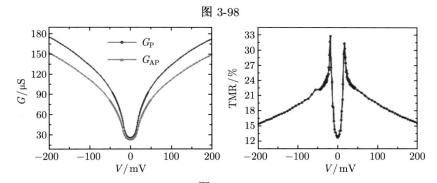

图 3-100

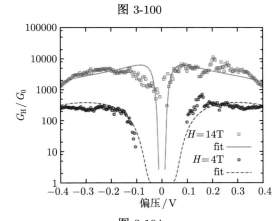

图 3-104

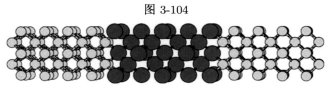

图 3-105

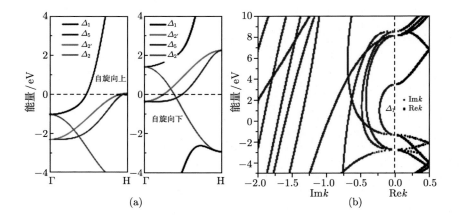

图 3-106

图 3-109

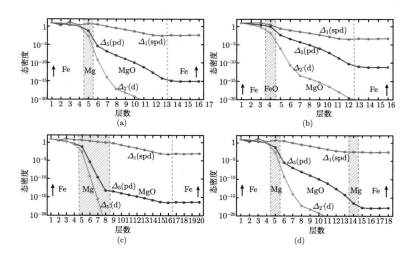

图 3-110

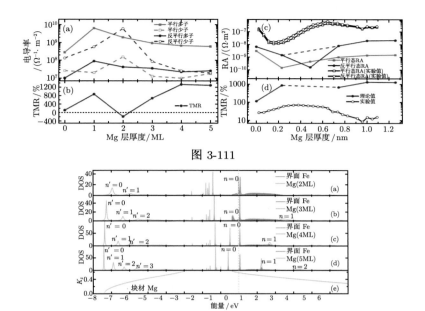

图 3-111

图 3-112

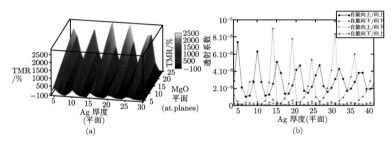

图 3-114

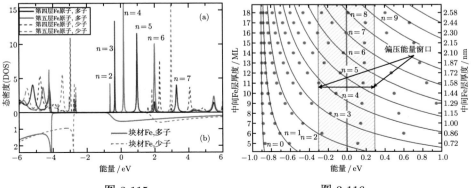

图 3-115　　　　　　　　　　　　　　　图 3-116

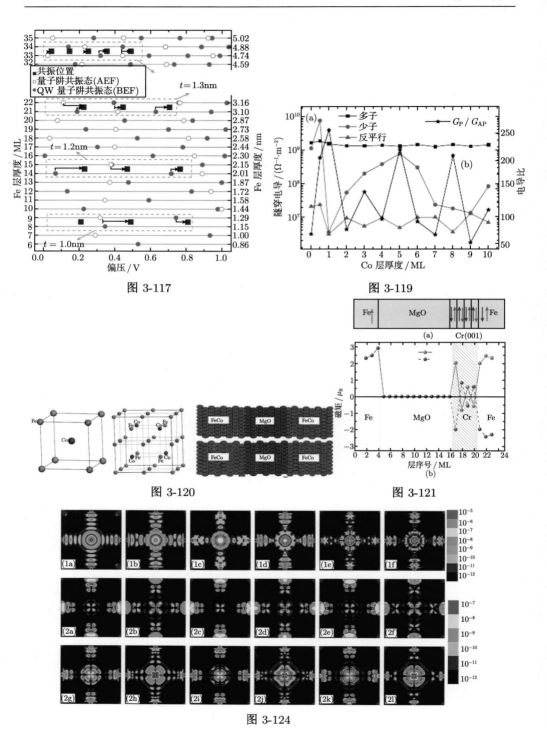

图 3-117

图 3-119

图 3-120

图 3-121

图 3-124

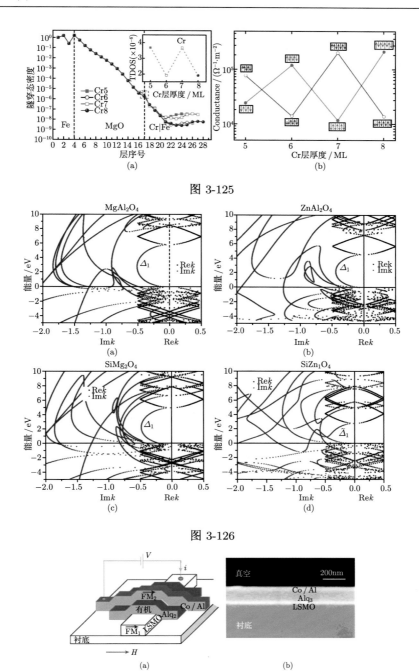

图 3-125

图 3-126

图 3-128

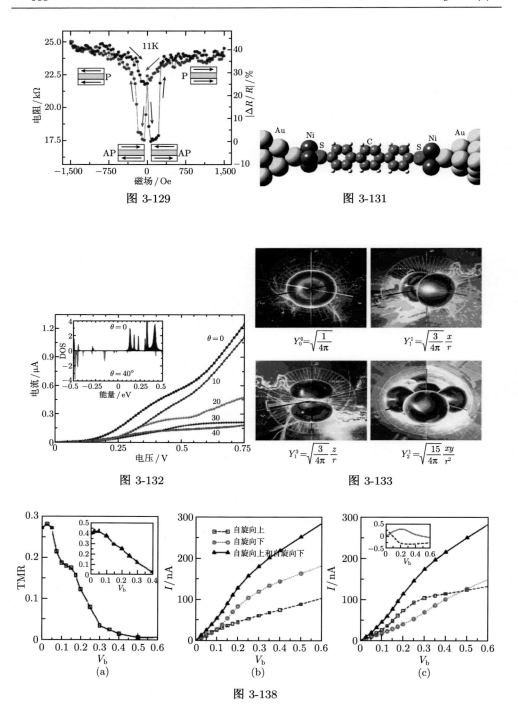

图 3-129

图 3-131

图 3-132

图 3-133

$$Y_0^0 = \sqrt{\frac{1}{4\pi}}$$

$$Y_1^1 = \sqrt{\frac{3}{4\pi}} \frac{x}{r}$$

$$Y_1^3 = \sqrt{\frac{3}{4\pi}} \frac{z}{r}$$

$$Y_2^1 = \sqrt{\frac{15}{4\pi}} \frac{xy}{r^2}$$

(a)　　　　　　　　　　(b)　　　　　　　　　　(c)

图 3-138

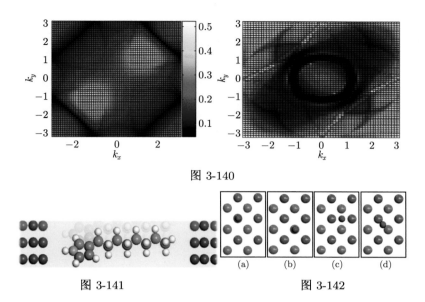

图 3-140

图 3-141　　　　　　图 3-142

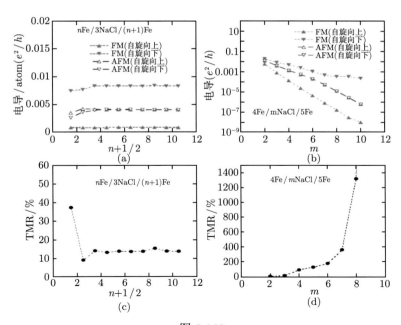

图 3-146

图 3-147

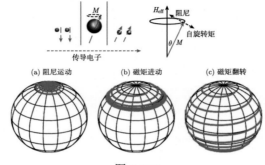

图 3-150

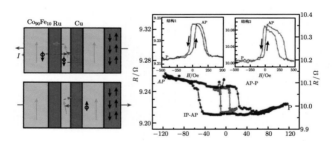

图 3-153

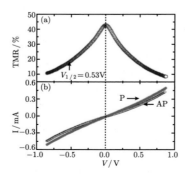

图 3-160

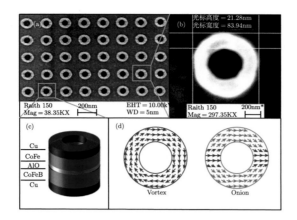

图 3-162

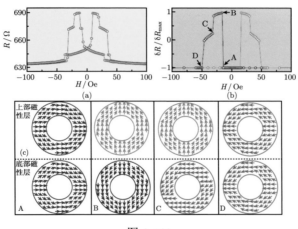

图 3-163

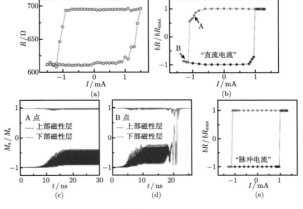

图 3-165

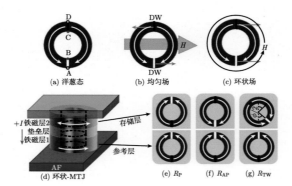

图 3-167

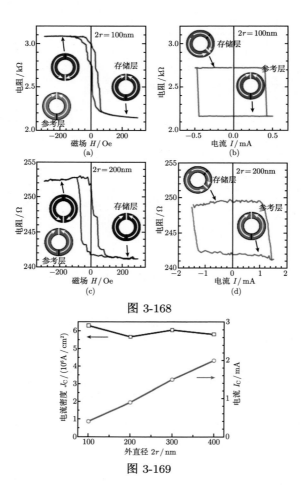

图 3-168

图 3-169

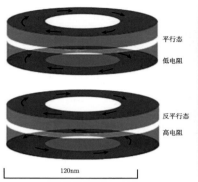

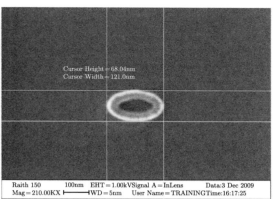

图 3-170

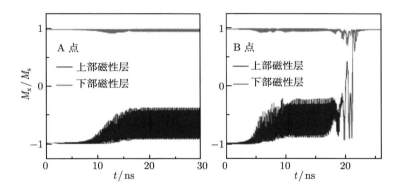

图 3-173

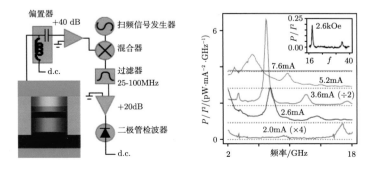

图 3-174

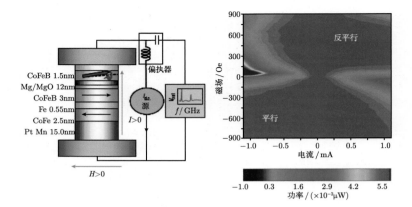

图 3-175

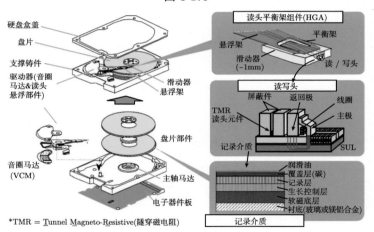

图 3-177

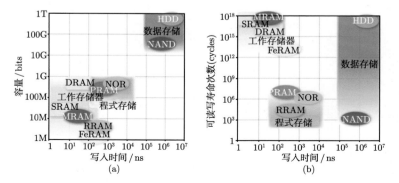

图 3-184

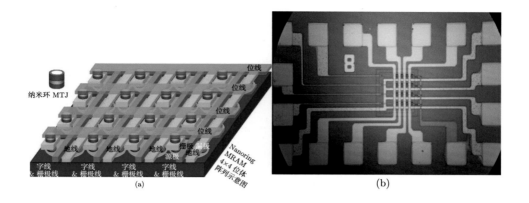

图 3-188

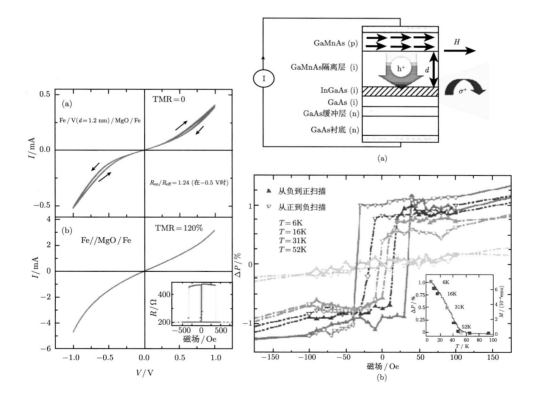

图 3-201　　　　　　　　　　　图 5-51

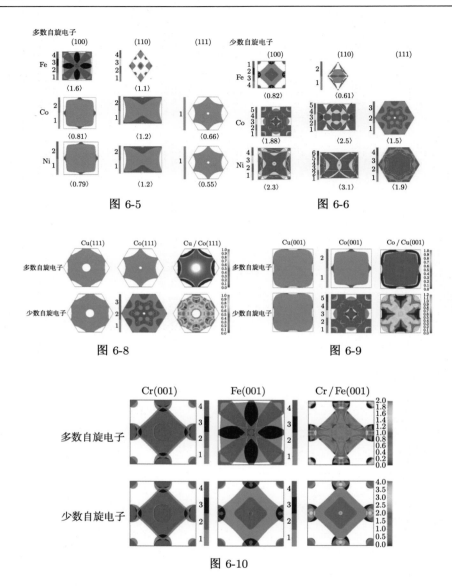

图 6-5　　　　　　　　　　　　　　　图 6-6

图 6-8　　　　　　　　　　　　　　　图 6-9

图 6-10